启航教育 云图 YUN TU



启航经综数学系列

# 张宇经济类综合能力数学通关优题库

试题分册

○主编 张宇
○副主编 杨晶

编委（按姓氏拼音排序）
董士源 方夕 巩竹颖 李洁 李鹏飞 梁琪 刘玲 吕倩 石娜
王慧珍 吴丽晨 杨晶 杨松梅 张青云 张宇 郑利娜

北京理工大学出版社

图书在版编目(CIP)数据

张宇经济类综合能力数学通关优题库. 试题分册 / 张宇主编. — 北京 : 北京理工大学出版社, 2023.2(2025.4 重印)
ISBN 978-7-5763-1405-2

Ⅰ. ①张… Ⅱ. ①张… Ⅲ. ①高等数学-研究生-入学考试-习题集 Ⅳ. ①O13-44

中国版本图书馆 CIP 数据核字(2022)第 103662 号

**责任编辑**: 封 雪　　**文案编辑**: 封 雪
**责任校对**: 刘亚男　　**责任印制**: 李志强

**出版发行** / 北京理工大学出版社有限责任公司
**社　　址** / 北京市丰台区四合庄路 6 号
**邮　　编** / 100070
**电　　话** / (010)68944451(大众售后服务热线)
(010)68912824(大众售后服务热线)
**网　　址** / http://www.bitpress.com.cn

**版 印 次** / 2025 年 4 月第 1 版第 7 次印刷
**印　　刷** / 三河市文阁印刷有限公司
**开　　本** / 787 mm × 1092 mm 1/16
**印　　张** / 11
**字　　数** / 275 千字
**定　　价** / 88.80 元(共两册)

# 前言

本书命名为《张宇经济类综合能力数学通关优题库》，是专门为参加经济类综合能力考试的考生编写的数学辅导用书。经济类综合能力考试虽开考时间不长，但其考试大纲和命题形式却经过多次变化和调整，与考试相关的考题信息也极为有限。市面上要想找到一本与经济类综合能力考试最贴近的并且有足够数量习题的习题集是十分困难的，本书正是根据广大考生备考的需求编写的。

本书最大的特点是紧扣最新的考试大纲，所有题目严格限定在大纲要求的考试范围内，并且实现对各个考点的全覆盖，尽可能全方位、多角度显现经济类综合能力考试的命题特点和题目类型，在题型结构和难度上与真题保持一致。

本书共两册，分为试题分册和解析分册，并按照考试大纲分为微积分、线性代数和概率论三大部分。每部分划分为若干章，每章的题目数量分布与考试大纲中样卷及真题对应各章的考题数量所占比重大体相当。解析分册给出每道题目的参考答案，并配有答案解析，其中很多题目还添加了评注。

多年从事研究生招生考试数学考试辅导的经验表明，有一本好的辅导教材和足够的模拟练习，对于研究生考试的备考工作是十分必要的。但要想成功上岸，最为关键的是如何科学合理地规划好复习计划，用好辅导教材和《张宇经济类综合能力数学通关优题库》，充分发挥其作用，达到事半功倍的效果。下面就本书的使用提供几点参考意见。

首先，在使用本书之前，应该对考试大纲划定的所有知识点进行一次系统的复习，至少对其中的基本概念、基本理论和基本运算有所了解，以保证在使用本书过程中的流畅性。

其次，考试得高分是参加经济类综合能力数学考试的最终目标，使用《张宇经济类综合能力数学通关优题库》是尽快提高解题能力的关键，其中最重要的是培养并提高分析问题的能力。简单地说，如果考生拿到一个试题，第一时间内就能确定题目对应的考点，给出解题思路，那么他离考试得到高分就不远了。要做到这一点，必然要经历一个由未知到已知，由生疏到熟练的磨合过程。本书题量较大，多数考生很难将所有题目逐一做完。实际上，本书的题目集中体现大纲划定的有限考点，使用本书时，大致可分为两步。第一步，与答案解析相结合，以阅读和模仿为主，围绕大纲划定的考点进行归纳总结，厘清每个考点可能出现的题型，以及不同角度下的有效解题方法。第二步，采用点面结合的方法，以独立解题为主，验证前一阶段练习的成果。可选择部分题目，严格按照考试流程进行解答，并对照参考答案验证。对于更多的题目，以浏览为主，每读一题，只要能说出其对应考点、解题思路及合适的计算公式，就算通过。对未熟练掌握的考点和第二步出现的问题，可以有针对性地进行复习和训练。

最后，还要强调的是，经济类综合能力数学考试的题型都是五选一的单项选择题，许多考生对该题型不适应，而且在有限的时间内完成35道试题是有一定难度的。本书的所有题目都采用五选一的形式，这将有助于培养各位考生的适应能力。另外，在使用本书时，还要加强两个方面的训练：一是培养时间观念，解答选择题一般用时不能过长，因此，求解本书中的题目时仅仅会做还是不够的，必须在有限的时间内完成，这一点十分重要。二是要有意识地掌握解答选择题的方法和技巧，由于选择题只要结果不要过程，可选择的方法和技巧更多，如借助几何直观、逻辑推断等，这些技巧性的方法在本书的解析中都有详细介绍，望大家认真阅读。

我们始终相信，成功和机遇永远属于那些充满自信、科学理智、脚踏实地、勤奋努力的人。

# 目　录

# 第一部分

# 微积分

# 第一章 函数、极限与连续

## 【考向 1】函数

**1.** 已知 $f(x)=e^{x^2}$，$f[\varphi(x)]=2-x$，且 $\varphi(x)\geqslant 0$，则 $\varphi(x)$ 的定义域为（　　）.

(A) $(-\infty,1]$　(B) $(-\infty,1)$　(C) $(-\infty,0]$　(D) $(-\infty,0)$　(E) $[0,1]$

**2.** 若 $x>0$ 时，$g(x)>0$，且 $f(e^x)=1+x$，$f[g(x)]=1+x\ln x$，则 $g(x)=$（　　）.

(A) $\frac{1}{2}xe^x$　(B) $x^x$　(C) $2xe^x$　(D) $\frac{1}{2}x^2e^x$　(E) $2x^x$

**3.** 若函数 $f(x)$ 与 $g(x)$ 的图像关于直线 $y=x$ 对称，且 $f(x)=\frac{e^x-e^{-x}}{e^x+e^{-x}}$，则 $g(x)=$（　　）.

(A) $2\ln\frac{x+1}{x-1}$　(B) $\ln\frac{x+1}{1-x}$　(C) $\frac{1}{2}\ln\frac{x+1}{1-x}$

(D) $\frac{1}{2}\ln\frac{x-1}{x+1}$　(E) $\ln\frac{x-1}{x+1}$

**4.** 设 $g(x)=\begin{cases}2-x, & x\leqslant 0,\\ x+2, & x>0,\end{cases}$ $f(x)=\begin{cases}x^2, & x<0,\\ -x, & x\geqslant 0,\end{cases}$ 则 $g[f(x)]=$（　　）.

(A) $\begin{cases}2+x^2, & x<0,\\ x-2, & x\geqslant 0\end{cases}$　(B) $\begin{cases}2-x^2, & x<0,\\ 2+x, & x\geqslant 0\end{cases}$　(C) $\begin{cases}2-x^2, & x<0,\\ 2-x, & x\geqslant 0\end{cases}$

(D) $\begin{cases}2+x^2, & x<0,\\ 2+x, & x\geqslant 0\end{cases}$　(E) $\begin{cases}2+x, & x<0,\\ 2+x^2, & x\geqslant 0\end{cases}$

**5.** 函数 $f(x)=|x\sin x|e^{\cos x}(-\infty<x<+\infty)$ 是（　　）.

(A) 有界函数　(B) 单调函数　(C) 周期函数

(D) 偶函数　(E) 奇函数

**6.** 在下列区间内，函数 $f(x)=\frac{x\sin(x-3)}{(x-2)(x-3)^2}$ 有界的是（　　）.

(A) $(-1,0)$　(B) $(0,2)$　(C) $(1,2)$

(D) $(2,3)$　(E) $(3,6)$

**7.** 设数列 $\{x_n\}$ 满足 $x_{n+1}=\ln x_n+1$，$x_n>0$，$n=1,2,\cdots$，则 $\{x_n\}$（　　）.

(A) 单调不减　(B) 单调不增　(C) 严格单增

(D) 严格单减　(E) 不具有单调性

## 【考向 2】极限的计算

**8.** 设 $\{x_n\}$ 是数列，下列命题中不正确的是（　　）.

(A) 若 $\lim\limits_{n\to\infty}x_n=a$，则 $\lim\limits_{n\to\infty}x_{2n}=\lim\limits_{n\to\infty}x_{2n+1}=a$

(B)若$\lim\limits_{n\to\infty}x_{2n}=\lim\limits_{n\to\infty}x_{2n+1}=a$,则$\lim\limits_{n\to\infty}x_n=a$

(C)若$\lim\limits_{n\to\infty}x_n=a$,则$\lim\limits_{n\to\infty}x_{3n}=\lim\limits_{n\to\infty}x_{3n+1}=a$

(D)若$\lim\limits_{n\to\infty}x_{3n}=\lim\limits_{n\to\infty}x_{3n+1}=a$,则$\lim\limits_{n\to\infty}x_n=a$

(E)若$\lim\limits_{n\to\infty}x_n=a$,则$\lim\limits_{n_i\to\infty}x_{n_i}=a$

**9.** 已知数列$\{a_n\}$,$\{b_n\}$,$\{c_n\}$,且$\lim\limits_{n\to\infty}a_n=0$,$\lim\limits_{n\to\infty}b_n=1$,$\lim\limits_{n\to\infty}c_n=\infty$,则(　　).

(A)对任意正整数$n$,$a_n<b_n$都成立　　(B)对任意正整数$n$,$b_n<c_n$都成立

(C)极限$\lim\limits_{n\to\infty}a_nc_n$不存在　　(D)极限$\lim\limits_{n\to\infty}b_nc_n$不存在

(E)极限$\lim\limits_{n\to\infty}a_nc_n$总存在

**10.** 极限$\lim\limits_{n\to\infty}\left(\dfrac{n+1}{n}\right)^{(-1)^n}$(　　).

(A)等于1　　(B)等于e　　(C)等于$-1$

(D)为$\infty$　　(E)不存在,也不为$\infty$

**11.** 设$x_n=\begin{cases}\dfrac{n^2+\sqrt{n+1}}{n}, & n\text{为奇数},\\ \dfrac{1}{n}, & n\text{为偶数},\end{cases}$则当$n\to\infty$时,变量$x_n$(　　).

(A)为无穷大量　　(B)为无穷小量

(C)为有界变量,但不是无穷小量　　(D)为无界变量,但不是无穷大量

(E)依题中条件无法判断

**12.** 设$x_n=\left(1+\dfrac{1}{2}\right)\left(1+\dfrac{1}{4}\right)\cdots\left(1+\dfrac{1}{2^{2^{n-1}}}\right)$,则$\lim\limits_{n\to\infty}x_n$(　　).

(A)等于1　　(B)等于2　　(C)等于3

(D)等于4　　(E)为$\infty$

**13.** 设$x_n=\dfrac{n\sin\dfrac{1}{n}}{3+\cos\dfrac{2}{n}}\mathrm{e}^{\frac{1}{n}}$,则当$n\to\infty$时,$x_n$的极限(　　).

(A)等于$\dfrac{1}{4}$　　(B)等于1　　(C)等于4

(D)为$\infty$　　(E)不存在,也不为$\infty$

**14.** 极限$\lim\limits_{n\to\infty}\left(\dfrac{n+2}{n-3}\right)^n=$(　　).

(A)e　　(B)$\mathrm{e}^2$　　(C)$\mathrm{e}^3$　　(D)$\mathrm{e}^4$　　(E)$\mathrm{e}^5$

**15.** 极限$\lim\limits_{n\to\infty}\left(n\tan\dfrac{1}{n}\right)^{n^2}=$(　　).

(A)$\mathrm{e}^2$　　(B)e　　(C)$\mathrm{e}^{\frac{1}{2}}$　　(D)$\mathrm{e}^{\frac{1}{3}}$　　(E)1

**16.** 若$\lim\limits_{n\to\infty}\dfrac{n^{100}}{n^k-(n-1)^k}=A$($A$为非零常数),则$A=$(　　).

(A)$-\frac{1}{101}$　(B)$-\frac{1}{100}$　(C)$\frac{1}{101}$　(D)1　(E)2

**17.** 极限$\lim\limits_{n\to\infty}\left[\frac{1}{2!}+\frac{2}{3!}+\cdots+\frac{n}{(n+1)!}\right]=$(　　).

(A)3　(B)2　(C)1　(D)$\frac{1}{2}$　(E)$\frac{1}{3}$

**18.** $\lim\limits_{n\to\infty}\left[\frac{1}{1\times 2}+\frac{1}{2\times 3}+\cdots+\frac{1}{n(n+1)}\right]^n=$(　　).

(A)e　(B)$e^2$　(C)1　(D)$e^{-1}$　(E)$e^{-2}$

**19.** 当$0<a<b$时,$\lim\limits_{n\to\infty}\left(\frac{1}{a^n}+\frac{1}{b^n}\right)^{\frac{1}{n}}=$(　　).

(A)$a$　(B)$b$　(C)$\frac{1}{a}$　(D)$\frac{1}{b}$　(E)1

**20.** 若对于数列$\{x_n\}$,存在常数$k(0<k<1)$,使得$|x_{n+1}-a|\leqslant k|x_n-a|$,$n=1,2,\cdots$,则数列$\{x_n\}$(　　).

(A)单调增加　(B)单调减少　(C)收敛,且收敛于$a$

(D)发散　(E)不能判断收敛性

**21.** 当$n\leqslant x<n+1$时,$2n\leqslant f(x)<2(n+1)$,则$\lim\limits_{x\to+\infty}\frac{f(x)}{x}=$(　　).

(A)2　(B)1　(C)0　(D)$\frac{1}{2}$　(E)$\frac{1}{3}$

**22.** 极限$\lim\limits_{n\to\infty}\left(\frac{n}{n^2+n+1}+\frac{n}{n^2+n+2}+\cdots+\frac{n}{n^2+n+n}\right)=$(　　).

(A)3　(B)2　(C)1　(D)$\frac{1}{2}$　(E)$\frac{1}{3}$

**23.** 设对任意的$x$,总有$\varphi(x)\leqslant f(x)\leqslant g(x)$,且$\lim\limits_{x\to\infty}[g(x)-\varphi(x)]=0$,则$\lim\limits_{x\to\infty}f(x)$(　　).

(A)存在且为零　(B)存在且小于零　(C)存在且大于零

(D)一定不存在　(E)不一定存在

**24.** 极限$\lim\limits_{n\to\infty}(3^{-n}+4^{-n})^{\frac{1}{n}}=$(　　).

(A)3　(B)2　(C)$\frac{1}{2}$　(D)$\frac{1}{3}$　(E)$\frac{1}{6}$

**25.** 设$\alpha>0$,则极限$\lim\limits_{n\to\infty}\frac{1^\alpha+2^\alpha+\cdots+n^\alpha}{n^{\alpha+1}}=$(　　).

(A)$\frac{1}{\alpha}$　(B)$\frac{1}{\alpha+1}$　(C)$\frac{1}{\alpha+2}$　(D)$\frac{1}{\alpha+3}$　(E)$\frac{1}{\alpha+4}$

**26.** $\lim\limits_{n\to\infty}\left(\frac{1}{n+1}+\frac{1}{n+2}+\cdots+\frac{1}{n+n}\right)=$(　　).

(A)$\frac{1}{2}$　(B)ln 2　(C)1　(D)2ln 2　(E)$+\infty$

**27.** $\lim\limits_{n\to\infty}\sum\limits_{i=1}^{n}\frac{1}{n}\sqrt{1+\cos\frac{i}{n}\pi}=$(　　).

(A)$\sqrt{2}\pi$ (B)$\frac{2\sqrt{2}}{\pi}$ (C)$\frac{2}{\pi}$ (D)$\frac{\sqrt{2}}{\pi}$ (E)$\frac{1}{\pi}$

**28.** $\lim\limits_{n\to\infty}\ln\sqrt[n]{\left(1+\frac{1}{n}\right)^2\left(1+\frac{2}{n}\right)^2\cdots\left(1+\frac{n}{n}\right)^2}=($ $)$.

(A)$2\ln 2+1$ (B)$\ln 2+1$ (C)$2\ln 2-1$

(D)$4\ln 2-1$ (E)$4\ln 2-2$

**29.** 设函数 $f(x)$满足$\lim\limits_{x\to x_0}f(x)=2$,则下列结论成立的是( ).

(A)$f(x)$在 $x_0$ 处必定有定义

(B)$f(x_0)=2$

(C)在 $x_0$ 的某去心邻域内恒有 $f(x)>\frac{5}{2}$

(D)在 $x_0$ 的某去心邻域内恒有 $f(x)<\frac{3}{2}$

(E)在 $x_0$ 的某去心邻域内恒有 $f(x)>\frac{3}{2}$

**30.** 设$\lim\limits_{x\to x_0}f(x)$存在,则下列结论正确的是( ).

(A)若$\lim\limits_{x\to x_0}[f(x)\cdot g(x)]$存在,则$\lim\limits_{x\to x_0}g(x)$必定存在

(B)若$\lim\limits_{x\to x_0}[f(x)\cdot g(x)]$存在,则$\lim\limits_{x\to x_0}g(x)$必定不存在

(C)若$\lim\limits_{x\to x_0}[f(x)\cdot g(x)]$存在,则$\lim\limits_{x\to x_0}g(x)$可能不存在

(D)若$\lim\limits_{x\to x_0}[f(x)+g(x)]$存在,则$\lim\limits_{x\to x_0}g(x)$可能不存在

(E)若$\lim\limits_{x\to x_0}[f(x)+g(x)]$不存在,则$\lim\limits_{x\to x_0}g(x)$必定存在

**31.** 已知$\lim\limits_{x\to 1}f(x)$存在,且函数 $f(x)=x^2+x-\lim\limits_{x\to 1}f(x)$,则$\lim\limits_{x\to 1}f(x)=($ $)$.

(A)2 (B)0 (C)$-1$ (D)$-2$ (E)1

**32.** 下列式子中正确的是( ).

(A)$\lim\limits_{x\to 0}x\sin\frac{1}{x}=1$ (B)$\lim\limits_{x\to\infty}\frac{\sin x}{x}=1$ (C)$\lim\limits_{x\to 0}\frac{\sin x}{x}=\mathrm{e}$

(D)$\lim\limits_{x\to\infty}x\sin\frac{1}{x}=1$ (E)$\lim\limits_{x\to 0}\frac{\sin x}{x}=0$

**33.** 下列式子中正确的是( ).

(A)$\lim\limits_{x\to 0^+}\left(1+\frac{1}{x}\right)^x=\mathrm{e}$ (B)$\lim\limits_{x\to\infty}\left(1+\frac{1}{x}\right)^x=1$ (C)$\lim\limits_{x\to\infty}\left(1+\frac{1}{x}\right)^{-x}=-\mathrm{e}$

(D)$\lim\limits_{x\to\infty}\left(1-\frac{1}{x}\right)^{-x}=\mathrm{e}$ (E)$\lim\limits_{x\to 0^-}\left(1-\frac{1}{x}\right)^{-x}=0$

**34.** 当 $x\to 1$ 时,函数$\frac{x^2-1}{x-1}\mathrm{e}^{\frac{1}{x-1}}$的极限( ).

(A)等于 2 (B)等于 1 (C)等于 0

(D)为$\infty$ (E)不存在,也不为$\infty$

**35.** 极限$\lim\limits_{x\to 0}\dfrac{2+e^{\frac{1}{x}}}{3-e^{\frac{1}{x}}}$(　　).

(A)等于 1　　(B)等于$\dfrac{2}{3}$　　(C)等于$-1$

(D)为$\infty$　　(E)不存在,也不是$\infty$

**36.** 设$\lim\limits_{x\to 0}\left(\dfrac{e^{\frac{1}{x}}-\pi}{e^{\frac{2}{x}}+1}+a\cdot\arctan\dfrac{1}{x}\right)$存在,则 $a$ 与所给极限分别为(　　).

(A)$2,\dfrac{\pi}{2}$　　(B)$1,-\dfrac{\pi}{2}$　　(C)$1,\dfrac{\pi}{2}$　　(D)$-1,\dfrac{\pi}{2}$　　(E)$-1,-\dfrac{\pi}{2}$

**37.** 若$\lim\limits_{x\to 0}\left[a\arctan\dfrac{1}{x}+(1+|x|)^{\frac{1}{x}}\right]$存在,则 $a=$(　　).

(A)$\pi\left(\dfrac{1}{e}-e\right)$　　(B)$\pi\left(e-\dfrac{1}{e}\right)$　　(C)$\dfrac{1}{e}-e$

(D)$\dfrac{1}{\pi}\left(\dfrac{1}{e}-e\right)$　　(E)$\dfrac{1}{\pi}\left(e-\dfrac{1}{e}\right)$

**38.** 设$\lim\limits_{x\to 0}\dfrac{1-e^{a\tan^2 x}}{\ln\cos x}=4$,则 $a=$(　　).

(A)$-4$　　(B)$-2$　　(C)$\dfrac{1}{4}$　　(D)2　　(E)4

**39.** 极限$\lim\limits_{x\to 0}\dfrac{\sqrt{2-\cos x}-1}{\sin x^2}=$(　　).

(A)$-\dfrac{1}{4}$　　(B)$-\dfrac{1}{2}$　　(C)$\dfrac{1}{4}$　　(D)$\dfrac{1}{2}$　　(E)1

**40.** 若$\lim\limits_{x\to 0}\dfrac{\sqrt{1+f(x)\sin x}-1}{e^{2x}-1}=a$,其中 $f(x)$为连续函数,则 $f(0)=$(　　).

(A)0　　(B)$a$　　(C)$2a$　　(D)$3a$　　(E)$4a$

**41.** 极限$\lim\limits_{x\to 0}\dfrac{\ln(x^2+x+e^x)}{\sqrt{1+\sin x}-1}=$(　　).

(A)0　　(B)1　　(C)2　　(D)4　　(E)6

**42.** 极限$\lim\limits_{x\to 0}\dfrac{e^{\sin^2 x}-\cos x}{\tan x^2}=$(　　).

(A)0　　(B)$\dfrac{1}{2}$　　(C)1　　(D)$\dfrac{3}{2}$　　(E)2

**43.** 极限$\lim\limits_{x\to 4}\dfrac{\sqrt{x+5}-3}{\sqrt{x}-2}$(　　).

(A)等于$\dfrac{2}{3}$　　(B)等于$\dfrac{3}{2}$　　(C)等于 1

(D)为$\infty$　　(E)不存在,也不为$\infty$

**44.** 极限$\lim\limits_{x\to 0}\dfrac{5\sin x+x^2\cos\dfrac{1}{x}}{(2+\cos x)\ln(1+x)}=$(　　).

(A)$\frac{3}{2}$ (B)$\frac{5}{2}$ (C)$\frac{5}{3}$ (D)3 (E)2

**45.** 极限$\lim\limits_{x\to\infty}x\sin\frac{3x^2}{x^3+x^2}=$(　　).

(A)0 (B)$\frac{2}{3}$ (C)1 (D)$\frac{3}{2}$ (E)3

**46.** 极限$\lim\limits_{x\to 0}\frac{\sin x-\tan x}{\sin x^3}=$(　　).

(A)$-\frac{1}{2}$ (B)$-\frac{1}{3}$ (C)0 (D)$\frac{1}{3}$ (E)$\frac{1}{2}$

**47.** 极限$\lim\limits_{x\to 0}\frac{\sin x+2x^2\cos\frac{1}{x}}{(3+x^2)\ln(1+x)}=$(　　).

(A)1 (B)$\frac{1}{2}$ (C)$\frac{1}{3}$ (D)0 (E)$-\frac{1}{2}$

**48.** 极限$\lim\limits_{x\to 0^+}\frac{\sqrt{x}}{2x-e^{2\sqrt{x}}+1}=$(　　).

(A)$\infty$ (B)2 (C)1 (D)$-1$ (E)$-\frac{1}{2}$

**49.** 极限$\lim\limits_{x\to+\infty}\frac{\ln\left(1+\frac{1}{x}\right)}{\operatorname{arccot} x}=$(　　).

(A)1 (B)$\frac{1}{2}$ (C)$\frac{1}{3}$ (D)2 (E)3

**50.** 极限$\lim\limits_{x\to 0}\frac{\sqrt{1+x}+\sqrt{1-x}-2}{x^2}=$(　　).

(A)$\frac{1}{4}$ (B)$\frac{1}{2}$ (C)$-\frac{1}{2}$ (D)$-\frac{1}{4}$ (E)$-1$

**51.** 极限$\lim\limits_{x\to 0}\frac{[\sin x-\sin(\sin x)]\sin x}{x^4}=$(　　).

(A)$\frac{1}{2}$ (B)$\frac{1}{3}$ (C)$\frac{1}{6}$ (D)$-\frac{1}{6}$ (E)$-\frac{1}{3}$

**52.** 极限$\lim\limits_{x\to\infty}\frac{x^3+3\sin x}{2x^3-\frac{3}{5}\cos x}=$(　　).

(A)$-5$ (B)$\frac{1}{2}$ (C)$\frac{3}{2}$ (D)2 (E)$-\frac{1}{2}$

**53.** 极限$\lim\limits_{x\to-\infty}\frac{\sqrt{4x^2+x-1}+3x+1}{\sqrt{x^2+\sin x}}=$(　　).

(A)$-3$ (B)$-1$ (C)1 (D)2 (E)5

**54.** 设$f(x-3)=2x^2+x+2$,则$\lim\limits_{x\to\infty}\frac{f(x)}{x^2}=$(　　).

(A)1　　(B)2　　(C)3　　(D)4　　(E)0

**55.** 当 $f(x)=5^x$ 时，极限 $\lim\limits_{n\to\infty}\frac{1}{n^2}\ln[f(1)\cdot f(2)\cdot\cdots\cdot f(n)]=$ (　　).

(A) $\frac{1}{6}\ln 5$　　(B) $\frac{1}{5}\ln 5$　　(C) $\frac{1}{4}\ln 5$　　(D) $\frac{1}{3}\ln 5$　　(E) $\frac{1}{2}\ln 5$

**56.** 极限 $\lim\limits_{x\to+\infty}\frac{\sqrt[4]{5x^7+x-11}-\sin^{\frac{7}{4}}x+8}{\sqrt[4]{13x^7+x^6}}=$ (　　).

(A)1　　(B)0　　(C) $\sqrt[4]{\frac{5}{13}}$　　(D) $\sqrt{\frac{5}{13}}$　　(E) $\frac{5}{13}$

**57.** 极限 $\lim\limits_{x\to1^-}\frac{\tan\frac{\pi}{2}x}{\ln(1-x)}=$ (　　).

(A) $+\infty$　　(B) $-\infty$　　(C) $\frac{\pi}{2}$　　(D)1　　(E)0

**58.** 设 $a\neq0$，则极限 $\lim\limits_{x\to0}\left[\frac{a}{x}-\left(\frac{1}{x^2}-a^2\right)\ln(1+ax)\right]=$ (　　).

(A) $\frac{a^2}{3}$　　(B) $\frac{a^2}{2}$　　(C) $a^2$　　(D) $2a^2$　　(E) $3a^2$

**59.** 若 $\lim\limits_{x\to0}\left[\frac{1}{\sin x}-\left(\frac{1}{x}-a\right)e^x\right]=1$，则 $a$ 的值为(　　).

(A)3　　(B)2　　(C)1　　(D) $-2$　　(E) $-3$

**60.** 极限 $\lim\limits_{x\to0}\left[\frac{1}{\ln(x+1)}-\frac{1}{\sin x}\right]=$ (　　).

(A)2　　(B) $\frac{3}{2}$　　(C)1　　(D) $\frac{1}{2}$　　(E) $\frac{1}{3}$

**61.** 若 $\lim\limits_{x\to+\infty}(\alpha x+\sqrt{x^2-x+1}-\beta)=0$，则 $\alpha,\beta$ 分别为(　　).

(A) $\alpha=1,\beta=\frac{1}{2}$　　(B) $\alpha=1,\beta=-\frac{1}{2}$　　(C) $\alpha=-1,\beta=\frac{1}{2}$

(D) $\alpha=-1,\beta=-\frac{1}{2}$　　(E) $\alpha=1,\beta=2$

**62.** 极限 $\lim\limits_{x\to+\infty}x[\ln(x+2)-\ln x]=$ (　　).

(A)2e　　(B)e　　(C)3　　(D)2　　(E)1

**63.** 极限 $\lim\limits_{x\to0}\frac{1}{x^2}\ln\frac{\sin x}{x}=$ (　　).

(A) $-\frac{1}{3}$　　(B) $-\frac{1}{6}$　　(C) $\frac{1}{6}$　　(D) $\frac{1}{3}$　　(E) $\frac{1}{2}$

**64.** 极限 $\lim\limits_{x\to0}\left[\frac{\ln(1+x)}{x}\right]^{\frac{2}{e^x-1}}=$ (　　).

(A) $e^3$　　(B) $e^2$　　(C) e　　(D) $e^{-1}$　　(E) $e^{-\frac{1}{2}}$

**65.** 已知 $n>0$ 为给定的自然数，则极限 $\lim\limits_{x\to0}\left(\frac{e^x+e^{2x}+\cdots+e^{nx}}{n}\right)^{\frac{1}{x}}=$ (　　).

(A)$e^{1+n}$　　(B)$e^{n}$　　(C)$e^{\frac{1+n}{2}}$　　(D)$e$　　(E)1

**66.** 极限 $\lim\limits_{x\to+\infty}\left(\dfrac{\pi}{2}-\arctan x\right)^{\frac{1}{x}}=(\quad)$.

(A)2　　(B)1　　(C)$\dfrac{\pi}{2}$　　(D)$\dfrac{1}{2}$　　(E)0

**67.** 设 $f\left(x+\dfrac{1}{x}\right)=\dfrac{x+x^3}{1+x^4}$,则$\lim\limits_{x\to2}f(x)=(\quad)$.

(A)$-1$　　(B)$-\dfrac{1}{2}$　　(C)$\dfrac{1}{2}$　　(D)1　　(E)0

**68.** 设极限$\lim\limits_{x\to0}\dfrac{\sin 6x+xf(x)}{x^3}=0$,则$\lim\limits_{x\to0}f(x)=(\quad)$.

(A)$-2$　　(B)$-4$　　(C)$-6$　　(D)$-8$　　(E)6

**69.** 设$\lim\limits_{x\to\infty}f(x)$存在,且$\lim\limits_{x\to\infty}2xf(x)=\lim\limits_{x\to\infty}[4f(x)+5]$,则$\lim\limits_{x\to\infty}xf(x)=(\quad)$.

(A)$\dfrac{7}{2}$　　(B)3　　(C)$\dfrac{5}{2}$　　(D)2　　(E)$\dfrac{3}{2}$

**70.** 设 $f(x)=\dfrac{\frac{7}{4}x^2-5x+a}{x-2}$,且$\lim\limits_{x\to2}f(x)=2$,则 $a=(\quad)$.

(A)1　　(B)2　　(C)3　　(D)4　　(E)5

**71.** 若$\lim\limits_{x\to0}\dfrac{\ln\left[1+\dfrac{f(x)}{\sin x}\right]}{e^x-1}=3$,则$\lim\limits_{x\to0}\dfrac{f(x)}{x^2}=(\quad)$.

(A)4　　(B)3　　(C)2　　(D)1　　(E)$\dfrac{1}{3}$

**72.** 若 $\alpha,\beta$ 为非零实数,则$\lim\limits_{x\to\infty}\left(\dfrac{2x+\alpha}{2x+1}\right)^{x+\beta}=(\quad)$.

(A)$e^{\alpha-1}$　　(B)$e^{\frac{\alpha-1}{2}}$　　(C)$e^{\frac{\alpha+\beta-1}{2}}$　　(D)$e^{\alpha+\beta-1}$　　(E)$\beta e^{\frac{\alpha-1}{2}}$

**73.** 设 $f(x)=\begin{cases}x\sin\dfrac{5}{x}, & x<0,\\ 2, & x=0,\\ x, & x>0,\end{cases}$ 则$\lim\limits_{x\to0}f(x)=(\quad)$.

(A)0　　(B)$\dfrac{1}{5}$　　(C)1　　(D)5　　(E)$\infty$

**74.** 设 $f(x)=\begin{cases}x^2, & x<0,\\ 1, & x=0,\\ x\sin\dfrac{3}{x}, & x>0,\end{cases}$ 则$\lim\limits_{x\to\infty}f(x)(\quad)$.

(A)不存在,也不为$\infty$　　(B)等于$\dfrac{1}{3}$　　(C)等于 1

(D)等于 3　　(E)为$+\infty$

**75.** 设 $f(x)=\begin{cases}(1+x)^{\frac{1}{x}}, & x<0,\\ \dfrac{\sin 2x}{x}, & x>0,\end{cases}$ 则 $\lim\limits_{x\to 0}f(x)$（　　）.

(A)等于 $\dfrac{1}{2}$　(B)等于 1　(C)等于 2　(D)等于 e　(E)不存在

**76.** 设 $f(x)=\begin{cases}\dfrac{\tan ax}{x}, & x<0,\\ \left(1+\dfrac{3}{2}x\right)^{\frac{2}{x}}, & x>0\end{cases}$ 在 $x=0$ 处极限存在，则 $a=$（　　）.

(A)0　(B)$\dfrac{2}{3}$　(C)1　(D)$\dfrac{3}{2}$　(E)$e^3$

**77.** 设函数 $f(x-1)=\begin{cases}x+1, & x\leqslant 0,\\ x\sin\dfrac{1}{x}, & x>0,\end{cases}$ 则当 $x\to -1$ 时，$f(x)$ 的（　　）.

(A)左极限不存在，右极限存在　(B)左极限存在，右极限不存在

(C)极限存在　(D)左极限与右极限都存在，但不相等

(E)左极限与右极限都不存在

**78.** 设 $f(x)=\begin{cases}\dfrac{e^{\tan x}-1}{\sin\dfrac{x}{4}}, & x<0,\\ 3, & x=0,\\ (1+ax)^{\frac{1}{x}}, & x>0,\end{cases}$ 且 $\lim\limits_{x\to 0}f(x)$ 存在，则 $a=$（　　）.

(A)4　(B)ln 4　(C)0　(D)$-\ln 4$　(E)$-4$

**79.** 设 $f(x)=\begin{cases}\left(\dfrac{a+x}{a-x}\right)^{\frac{1}{2x}}, & x<0,\\ x^2-ax+e, & x\geqslant 0,\end{cases}$ 且 $\lim\limits_{x\to 0}f(x)$ 存在，则 $a=$（　　）.

(A)$\dfrac{1}{2}$　(B)1　(C)2　(D)e　(E)$-2$

**80.** 设 $f(x)=\begin{cases}\dfrac{e^{\tan x}-1}{\sin\dfrac{x}{2}}, & x<0,\\ a\cos x^2, & x\geqslant 0,\end{cases}$ $\lim\limits_{x\to 0}f(x)$ 存在，则 $a=$（　　）.

(A)3　(B)2　(C)$\dfrac{1}{2}$　(D)$-1$　(E)$-2$

**81.** 设 $f(x)=\begin{cases}(1+kx)^{\frac{1}{x}}, & x<0,\\ 3, & x=0,\\ \dfrac{\sin 2x}{x}, & x>0,\end{cases}$ $\lim\limits_{x\to 0}f(x)$ 存在，则 $k=$（　　）.

(A)ln 6　(B)ln 5　(C)ln 4　(D)ln 3　(E)ln 2

**82.** 设$\lim\limits_{x\to\infty}\left(\dfrac{ax^2+bx+c}{x+1}+2x\right)=3$,则(　　).

(A)$a=-2,b=1,c$ 任意　(B)$a=-2,b$ 任意,$c$ 任意　(C)$a=1,b=2,c=3$

(D)$a=2,b=2,c=3$　(E)$a=2,b=1,c=3$

**83.** 设$\lim\limits_{x\to\infty}\left(\dfrac{x^2+1}{x+1}-ax-b\right)=0$,则 $a$ 与 $b$ 分别为(　　).

(A)$-1,1$　(B)$-1,-1$　(C)$1,1$　(D)$1,-1$　(E)$1,2$

**84.** 若极限$\lim\limits_{x\to\infty}[(x^5+7x^4-12)^{\alpha}-x]=c$($c$ 为非零常数),则 $\alpha$ 与 $c$ 分别为(　　).

(A)$\dfrac{1}{5},\dfrac{7}{5}$　(B)$\dfrac{1}{5},\dfrac{6}{5}$　(C)$\dfrac{1}{5},1$　(D)$\dfrac{1}{5},\dfrac{4}{5}$　(E)$\dfrac{1}{5},\dfrac{3}{5}$

**85.** 若当 $x\to\infty$时,函数 $f(x)=\dfrac{px^2-7}{x+1}+3qx+5$ 为无穷小量,则 $p,q$ 的值分别为(　　).

(A)$4,\dfrac{4}{3}$　(B)$5,-\dfrac{5}{3}$　(C)$-4,\dfrac{4}{3}$

(D)$-5,-\dfrac{5}{3}$　(E)$3,4$

**86.** 设$\lim\limits_{x\to1}\dfrac{x^2+ax+b}{x-1}=3$,则(　　).

(A)$a=1,b=-2$　(B)$a=2,b=1$　(C)$a=1,b=2$

(D)$a=2,b=2$　(E)$a=1,b=3$

**87.** 设$\lim\limits_{x\to2}\dfrac{ax^2+bx+3}{x-2}=2$,则(　　).

(A)$a=1,b=-3$　(B)$a=\dfrac{7}{4},b=-3$　(C)$a=\dfrac{7}{4},b=-5$

(D)$a=2,b=-5$　(E)$a=3,b=-5$

**88.** 设$\lim\limits_{x\to0}\dfrac{\sin x}{e^x-a}(\cos x-b)=5$,则 $a$ 与 $b$ 分别为(　　).

(A)$-1,4$　(B)$1,-4$　(C)$1,4$　(D)$-1,-4$　(E)$2,1$

**89.** 若$\lim\limits_{x\to0}\dfrac{\sin 6x+xf(x)}{x^3}=0$,则$\lim\limits_{x\to0}\dfrac{6+f(x)}{x^2}$为(　　).

(A)0　(B)6　(C)36　(D)$-36$　(E)$\infty$

**90.** 若$\lim\limits_{x\to0}\dfrac{f(x^2)}{1-e^{x^2}}=2$,给出四个结论:

①$f(0)=0$;　②$\lim\limits_{x\to0^+}f(x)=0$;

③$f'(0)=0$;　④当 $x\to0^+$时,$f(x)$与 $x$ 为同阶但不等价无穷小量.

则所有正确结论的序号为(　　).

(A)①②　(B)①③　(C)①④　(D)②③　(E)②④

## 【考向 3】无穷小

**91.** 若当 $x\to0$ 时,$\alpha(x),\beta(x)$都是无穷小量,下列给出四个结论:

①若 $\alpha(x)\sim\beta(x)$，则 $\alpha^2(x)\sim\beta^2(x)$；

②若 $\alpha^2(x)\sim\beta^2(x)$，则 $\alpha(x)\sim\beta(x)$；

③若 $\alpha(x)\sim\beta(x)$，则 $\alpha(x)-\beta(x)=o(\alpha(x))$；

④若 $\alpha(x)-\beta(x)=o(\alpha(x))$，则 $\alpha(x)\sim\beta(x)$.

其中所有正确结论的序号为(　　).

(A)①②③　(B)①②④　(C)①③④　(D)②③④　(E)②④

**92.** 设 $f(x)=\ln(1-x)$，$g(x)=2^{x^2}-1$，$h(x)=1-\cos 2\sqrt{x}$，$w(x)=\sin x^2$，则当 $x\to0^+$ 时，为 $x$ 的高阶无穷小量的是(　　).

(A) $f(x),g(x)$　(B) $f(x),w(x)$　(C) $g(x),h(x)$

(D) $g(x),w(x)$　(E) $h(x),w(x)$

**93.** 当 $x\to0$ 时，$(1-\cos x)\ln(1+x^2)$ 是比 $x\sin x^n$ 高阶的无穷小，而 $x\sin x^n$ 是比 $e^{x^2}-1$ 高阶的无穷小，则正整数 $n$ 等于(　　).

(A)1　(B)2　(C)3　(D)4　(E)5

**94.** 设 $f(x)$ 满足 $\lim\limits_{x\to0}\dfrac{f(x)}{x^2}=-1$，当 $x\to0$ 时，$\ln\cos x^2$ 是比 $x^nf(x)$ 高阶的无穷小，而 $x^nf(x)$ 是比 $\cos(\sin x)-1$ 高阶的无穷小，则正整数 $n$ 等于(　　).

(A)1　(B)2　(C)3　(D)4　(E)5

**95.** 设当 $x\to0$ 时，$(e^{x^2}-1)\ln(1+x^2)$ 是比 $x^n\sin x$ 高阶的无穷小，而 $x^n\sin x$ 是比 $1-\cos x$ 高阶的无穷小，则正整数 $n$ 的值为(　　).

(A)5　(B)4　(C)3　(D)2　(E)1

**96.** 当 $x\to0$ 时，$\sin x^a$，$(1-\cos x)^{\frac{1}{a}}$ 均是比 $x$ 高阶的无穷小量，则 $a$ 的取值范围为(　　).

(A) $1<a<2$　(B) $1\leqslant a\leqslant2$　(C) $1<a\leqslant2$

(D) $2<a<3$　(E) $2\leqslant a<3$

**97.** 设当 $x\to\infty$ 时，$\dfrac{1}{ax^2+bx+c}=o\left(\dfrac{1}{x+1}\right)$，则 $a,b,c$ 的关系为(　　).

(A) $a=b$，$c$ 任意取值　(B) $a=b=c=1$　(C) $a=0$，$b,c$ 任意取值

(D) $a,b,c$ 任意取值　(E) $a\neq0$，$b,c$ 任意取值

**98.** 若 $f(x)=\ln^5x$，$g(x)=x$，$h(x)=e^{\frac{x}{5}}$，则当 $x\to+\infty$ 时，(　　).

(A) $f(x)<g(x)<h(x)$　(B) $f(x)<h(x)<g(x)$　(C) $h(x)<g(x)<f(x)$

(D) $g(x)<f(x)<h(x)$　(E) $h(x)<f(x)<g(x)$

**99.** 若 $\lim\limits_{x\to0}\left[\dfrac{\ln(1+x^3)}{x^4}-\dfrac{f(x)}{x^3}\right]=k$，且当 $x\to0$ 时，$f(x)$ 为 $x$ 的 $m$ 阶无穷小，则 $m=$(　　).

(A)1　(B)2　(C)3　(D)4　(E)5

**100.** 当 $x\to0^+$ 时，下列无穷小中与 $\sqrt{x}$ 等价的是(　　).

(A) $1-e^{\sqrt{x}}$　(B) $\ln\dfrac{1-x}{1-\sqrt{x}}$　(C) $\sqrt{1+\sqrt{x}}-1$

(D) $1-\cos\sqrt{x}$　　(E) $\ln(1-\sqrt{x})$

**101.** 当 $x\to0^+$ 时，下列选项中与 $x$ 为等价无穷小量的是（　　）.

(A) $\dfrac{\arcsin x}{\sqrt{x}}$　　(B) $\dfrac{\sin x}{x}$　　(C) $\sqrt{1+x}-\sqrt{1-x}$

(D) $x\sin\dfrac{1}{x}$　　(E) $1-\cos\sqrt{x}$

**102.** 已知当 $x\to0$ 时，$\left(1-\dfrac{x}{e^x-1}\right)\tan^3 2x$ 与 $ax^4$ 为等价无穷小，则 $a=$（　　）.

(A) 1　　(B) 2　　(C) 3　　(D) 4　　(E) 5

**103.** 已知 $f(x)=e^{ax}+b(x+1)$，$g(x)=\ln(1+x)^c$，$h(x)=\sin\pi x$，当 $x\to0$ 时，$f(x)$ 是 $g(x)$ 的高阶无穷小，$g(x)$ 与 $h(x)$ 为等价无穷小，则 $a,b,c$ 的值分别为（　　）.

(A) $1,-1,\pi$　　(B) $-1,-1,\pi$　　(C) $1,1,\pi$　　(D) $-1,1,\pi$　　(E) $1,2,\pi$

**104.** 设当 $x\to0$ 时，$\sqrt{1+ax^2}-1$ 与 $\cos x-1$ 为等价无穷小，则 $a=$（　　）.

(A) $-2$　　(B) $-1$　　(C) $-\dfrac{1}{2}$　　(D) 1　　(E) 2

**105.** 设当 $x\to0$ 时，$(\cos x-1)^3$ 与 $x^a\sin bx$ 为等价无穷小，则 $a,b$ 分别为（　　）.

(A) $5,\dfrac{1}{2}$　　(B) $5,\dfrac{1}{4}$　　(C) $5,-\dfrac{1}{8}$　　(D) $-1,\dfrac{1}{2}$　　(E) $-1,\dfrac{1}{4}$

**106.** 当 $x\to0$ 时，$\alpha(x)=kx^2$ 与 $\beta(x)=\sqrt{1+x\arcsin x}-\sqrt{\cos x}$ 是等价无穷小，则 $k=$（　　）.

(A) 3　　(B) 2　　(C) $\dfrac{3}{2}$　　(D) $\dfrac{4}{3}$　　(E) $\dfrac{3}{4}$

**107.** 设 $f(x)=e^{x^2}+a(x^2-1)$，$g(x)=\ln(1-x^2)^b$，$h(x)=1-\cos x$. 当 $x\to0$ 时，$f(x)$ 为 $g(x)$ 的同阶无穷小量，$g(x)$ 与 $h(x)$ 为等价无穷小量，则 $a,b$ 分别为（　　）.

(A) $1,\dfrac{1}{2}$　　(B) $1,-\dfrac{1}{2}$　　(C) $-1,\dfrac{1}{2}$

(D) $-1,-\dfrac{1}{2}$　　(E) $-\dfrac{1}{2},1$

**108.** 设 $f(x)=\sqrt{1-2x}-1$，$g(x)=\tan x$，$h(x)=1-\cos\dfrac{\sqrt{x}}{2}$，$w(x)=\tan(e^{x^2}-1)$，则当 $x\to0^+$ 时，与 $x$ 为同阶但非等价的无穷小量是（　　）.

(A) $f(x),g(x)$　　(B) $f(x),h(x)$　　(C) $g(x),h(x)$

(D) $f(x),w(x)$　　(E) $g(x),w(x)$

**109.** 若 $\alpha,\beta$ 为非零实数，且当 $x\to0$ 时，$\ln(1-\alpha\sin^\beta x)$ 与 $\sqrt{\cos x}-1$ 为同阶但不等价的无穷小量，则（　　）.

(A) $\alpha=\dfrac{1}{4},\beta=1$　　(B) $\alpha\neq\dfrac{1}{4},\beta=2$　　(C) $\alpha\neq\dfrac{1}{3},\beta=2$

(D) $\alpha\neq\dfrac{1}{2},\beta=2$　　(E) $\alpha\neq2,\beta=2$

**110.** 已知当 $x\to 0$ 时，函数 $f(x)=3\sin x-\sin 2x$ 与 $x^k$ 是等价无穷小量，则 $k=$(　　).

(A)1　　(B)2　　(C)3　　(D)4　　(E)5

**111.** 当 $x\to 0$ 时，$e^{\tan x}-e^{\sin x}$ 与 $x^a$ 为同阶无穷小量，则 $a=$(　　).

(A)1　　(B)2　　(C)3　　(D)4　　(E)5

**112.** 若 $\lim\limits_{x\to 0}\left[-\dfrac{f(x)}{x^3}+\dfrac{\sin x^3}{x^4}\right]=5$，且当 $x\to 0$ 时，$f(x)$ 与 $x^a$ 为同阶无穷小，则 $a=$(　　).

(A)5　　(B)4　　(C)3　　(D)2　　(E)1

**113.** 设 $f(\sin^2 x)=\dfrac{x^2}{|\sin x|}$，则当 $x\to 0^+$ 时，(　　).

(A) $f(x)$ 与 $x$ 为等价无穷小量　　(B) $f(x)$ 与 $x$ 为同阶非等价无穷小量

(C) $f(x)$ 为比 $x$ 高阶的无穷小量　　(D) $f(x)$ 为比 $x$ 低阶的无穷小量

(E) $f(x)$ 与 $x$ 不能作阶的比较

**114.** 设 $f(x)=x-\sin x\cos x\cos 2x$，$g(x)=\begin{cases}\dfrac{\ln(1+\sin^4 x)}{x}, & x\neq 0,\\ 0, & x=0,\end{cases}$ 则当 $x\to 0$ 时，(　　).

(A) $f(x)$ 是 $g(x)$ 的高阶无穷小　　(B) $f(x)$ 是 $g(x)$ 的低阶无穷小

(C) $f(x)$ 是 $g(x)$ 的同阶非等价无穷小　　(D) $f(x)$ 是 $g(x)$ 的等价无穷小

(E) $f(x)$ 与 $g(x)$ 不能作阶的比较

**115.** 当 $n\to\infty$ 时，$\left(1+\dfrac{1}{n}\right)^n-e$ 与 $\dfrac{a}{n}$ 是等价无穷小量，则 $a=$(　　).

(A) $-\dfrac{e}{2}$　　(B) $-e$　　(C) $\dfrac{e}{2}$　　(D) $e$　　(E)1

**116.** 当 $x\to 0$ 时，变量 $\dfrac{1}{x^2}\sin\dfrac{1}{x}$ 是(　　).

(A)无穷小量　　(B)无穷大量

(C)有界变量，但不是无穷小量　　(D)无界变量，但不是无穷大量

(E)不能判定其性态的

## 【考向 4】连续

**117.** 设 $f(x)$ 为 $(a,b)$ 内的连续函数，则在 $(a,b)$ 内(　　).

(A) $f(x)$ 为有界函数

(B) $f(x)$ 存在最大值与最小值

(C)若 $\lim\limits_{x\to a^+}f(x)$ 与 $\lim\limits_{x\to b^-}f(x)$ 都存在，$f(x)$ 必为有界函数

(D)若 $\lim\limits_{x\to a^+}f(x)$ 与 $\lim\limits_{x\to b^-}f(x)$ 都存在，$f(x)$ 也可能为无界函数

(E)至少存在一点 $\xi\in(a,b)$，使得 $\lim\limits_{x\to\xi}f(\xi)$ 不存在

**118.** "$f(x)$ 在 $x=a$ 处连续"是"$|f(x)|$ 在 $x=a$ 处连续"的(　　).

(A)必要非充分条件　　(B)充分非必要条件

(C)充要条件　　(D)既非充分又非必要条件

(E)充要条件与否和 $a$ 有关

**119.** 函数 $y=f(x)$ 在点 $x=0$ 处连续，且 $\lim\limits_{x\to 0^-}f(x)=2$，则 $f(0)+\lim\limits_{x\to 0^+}f(x)+\lim\limits_{x\to 0}f(x)$(　　).

(A)不一定存在　　(B)等于 3　　(C)等于 4

(D)等于 5　　(E)等于 6

**120.** 设 $f(x)$ 与 $g(x)$ 都在 $(-\infty,+\infty)$ 内有定义，$f(x)$ 为连续函数，$g(x)$ 有间断点，则(　　).

(A)$f[g(x)]$ 必有间断点　　(B)$g[f(x)]$ 必有间断点

(C)$f(x)+g(x)$ 必有间断点　　(D)$f(x)\cdot g(x)$ 必有间断点

(E)$[g(x)]^2$ 必有间断点

**121.** 已知函数 $f(x)$ 在 $x=a$ 处连续，且 $\lim\limits_{x\to 0}\dfrac{\tan 2x}{x}f\left(\dfrac{e^{ax}-1}{x}\right)=6$，则 $f(a)=$(　　).

(A)0　　(B)1　　(C)2　　(D)3　　(E)6

**122.** 设 $f(x)=\begin{cases}\dfrac{\sin ax}{x}, & x<0,\\ b, & x=0,\\ (1-x)^{\frac{1}{x}}, & x>0,\end{cases}$ 且 $f(x)$ 在点 $x=0$ 处连续，则 $ab=$(　　).

(A)$e^{-2}$　　(B)$e^{-1}$　　(C)1　　(D)e　　(E)$e^2$

**123.** 设 $f(x)=\begin{cases}a-e^{2x}, & x<0,\\ 2, & x=0,\\ \dfrac{\tan bx}{x}, & x>0,\end{cases}$ 且 $f(x)$ 在点 $x=0$ 处连续，则(　　).

(A)$a=2,b=2$　　(B)$a=2,b=3$　　(C)$a=3,b=2$

(D)$a=3,b=3$　　(E)$a=2,b=4$

**124.** 设函数 $f(x)=\begin{cases}-2, & x<-1,\\ x^2+ax+b, & -1\leqslant x\leqslant 1,\\ 2, & x>1\end{cases}$ 在 $(-\infty,+\infty)$ 内连续，则(　　).

(A)$a=2,b=-1$　　(B)$a=2,b=1$　　(C)$a=-1,b=2$

(D)$a=1,b=2$　　(E)$a=1,b=-1$

**125.** 设函数 $f(x)=\begin{cases}a+bx^2, & x<-1,\\ 1, & x=-1,\\ \ln(b+x+x^2), & x>-1\end{cases}$ 在点 $x=-1$ 处连续，则(　　).

(A)$a=e,b=e$　　(B)$a=1,b=e$　　(C)$a=0,b=e$

(D)$a=1+e,b=e$　　(E)$a=1-e,b=e$

**126.** 若 $f(x)=\begin{cases}\dfrac{\sin 2x+e^{2ax}-1}{x}, & x\neq 0,\\ a, & x=0\end{cases}$ 在 $(-\infty,+\infty)$ 内连续，则 $a=$(　　).

(A)2　　(B)1　　(C)$-1$　　(D)$-2$　　(E)$-3$

**127.** 若 $F(x)=\begin{cases}\dfrac{f(x)+a\sin x}{x}, & x\neq 0,\\ A, & x=0,\end{cases}$ 其中 $a,A$ 为非零实数，且 $F(x)$ 在 $x=0$ 处连续，下面给出四个结论：

①$\lim\limits_{x\to 0}f(x)=0$；

②$f(x)$ 在 $x=0$ 处连续；

③当 $x\to 0$ 且 $A=a+1$ 时，$f(x)$ 与 $x$ 为等价无穷小量；

④当 $x\to 0$ 且 $A=a$ 时，$f(x)$ 为 $x$ 的高阶无穷小量.

其中所有正确结论的序号为(　　).

(A)①②③　　(B)①②④　　(C)①③④

(D)②③④　　(E)②

**128.** 若 $f(x)=\begin{cases}\dfrac{a(1-\cos x)}{x^2}, & x<0,\\ 1, & x=0,\\ \ln(b+x^2), & x>0\end{cases}$ 在点 $x=0$ 处连续，则 $a,b$ 的值分别为(　　).

(A)2，1　　(B)2，2　　(C)2，e　　(D)1，e　　(E)3，e

**129.** 设 $f(x)=\begin{cases}\dfrac{\tan 3x+e^{2ax}-1}{\sin\dfrac{x}{2}}, & x\neq 0,\\ a, & x=0\end{cases}$ 在点 $x=0$ 处连续，则 $a=$(　　).

(A)$-3$　　(B)$-2$　　(C)$-1$　　(D)1　　(E)2

**130.** 设 $f(x)=\begin{cases}a\sin x^2, & x<-1,\\ b, & x=-1,\\ (2+x)^{\frac{1}{x+1}}, & x>-1\end{cases}$ 在点 $x=-1$ 处连续，则 $a,b$ 分别为(　　).

(A)1，e　　(B)2sin 1，e　　(C)sin 1，e　　(D)e，e　　(E)$\dfrac{e}{\sin 1}$，e

**131.** 设 $f(x)=\begin{cases}x\sin\dfrac{1}{x}+\dfrac{1}{x}\sin 3x, & x<0,\\ a, & x=0,\\ (1+bx)^{\frac{2}{x}}, & x>0\end{cases}$ 在点 $x=0$ 处连续，则 $a,b$ 分别为(　　).

(A)3，$\dfrac{1}{2}\ln 3$　　(B)3，ln 3　　(C)3，2ln 3

(D)2，$\dfrac{1}{2}\ln 3$　　(E)2，ln 3

**132.** 设 $c>0$，$f(x)=\begin{cases}x^2+1, & |x|\leqslant c,\\ 5, & |x|>c\end{cases}$ 在 $(-\infty,+\infty)$ 内连续，则 $c=$(　　).

(A)1　　(B)2　　(C)3　　(D)4　　(E)5

**133.** 函数 $f(x)=\lim\limits_{n\to\infty}\dfrac{1-2x^{2n}}{1+x^{2n}}\cdot x$ 的连续区间为(　　).

(A)$(-\infty,-1),(-1,1),(1,+\infty)$　　(B)$(-\infty,0),(0,1),(1,+\infty)$

(C)$(-\infty,2),(2,+\infty)$　　(D)$(-\infty,+\infty)$

(E)$(-\infty,1),(1,+\infty)$

**134.** 函数 $y=\ln\dfrac{x}{1-x}$的连续区间为(　　).

(A)$(0,1)$　　(B)$(1,+\infty)$　　(C)$(-\infty,-1)$

(D)$(0,+\infty)$　　(E)$(-\infty,+\infty)$

## 【考向 5】间断

**135.** 设 $f(x)=\begin{cases}\dfrac{\cos 2x+e^{x}-2}{x}, & x\neq 0,\\ a, & x=0\end{cases}$ 在点 $x=0$ 处间断，则 $a$ 的取值范围与间断点类型为(　　).

(A)$a\neq 2$,可去间断点　　(B)$a\neq 2$,跳跃间断点

(C)$a\neq 1$,无穷间断点　　(D)$a\neq 1$,可去间断点

(E)$a\neq 1$,跳跃间断点

**136.** 设函数 $f(x-1)=\begin{cases}x+2, & x<0,\\ 2, & x=0,\\ x\sin\dfrac{1}{x}, & x>0,\end{cases}$ 则 $f(x)$在点 $x=-1$ 处(　　).

(A)连续　　(B)间断，但左连续

(C)间断，但右连续　　(D)间断，既不左连续，也不右连续

(E)极限存在

**137.** 设函数 $f(x)$在$(-\infty,+\infty)$内有定义，且$\lim\limits_{x\to\infty}f(x)=a$，$g(x)=\begin{cases}f\left(\dfrac{1}{x}\right), & x\neq 0,\\ 0, & x=0,\end{cases}$ 则(　　).

(A)$x=0$ 必是 $g(x)$的可去间断点　　(B)$x=0$ 必是 $g(x)$的无穷间断点

(C)$x=0$ 必是 $g(x)$的跳跃间断点　　(D)$x=0$ 必是 $g(x)$的连续点

(E)$x=0$ 是不是 $g(x)$的连续点与 $a$ 的取值有关

**138.** 函数 $f(x)=\begin{cases}\dfrac{2^{\frac{1}{x}}-1}{2^{\frac{1}{x}}+1}, & x\neq 0,\\ 1, & x=0\end{cases}$ 的间断点及其类型为(　　).

(A)没有间断点　　(B)0,可去间断点

(C)0,无穷间断点　　(D)0,跳跃间断点

(E)1,跳跃间断点

**139.** 设函数 $f(x)=\begin{cases}x+1, & x\leqslant 0,\\ x-1, & x>0,\end{cases}$ $g(x)=\begin{cases}x^2, & x<1,\\ 2x-1, & x\geqslant 1,\end{cases}$ 则函数 $f(x)+g(x)$(　　).

(A)只有间断点 $x=0$　　(B)只有间断点 $x=1$

(C)只有间断点 $x=2$　　(D)有间断点 $x=0$ 和 $x=1$

(E)在 $(-\infty,+\infty)$ 内连续

**140.** 设 $f(x)=\begin{cases}x, & x<1,\\ a, & x\geqslant 1,\end{cases}$ $g(x)=\begin{cases}x-\pi, & x<0,\\ x+\pi, & x\geqslant 0,\end{cases}$ 则 $f(x)+g(x)$ 的连续性与 $a$ 的关系为(　　).

(A)当 $a\neq 1$ 时,只有间断点 $x=0$;当 $a=1$ 时,没有间断点

(B)当 $a\neq 1$ 时,只有间断点 $x=1$;当 $a=1$ 时,没有间断点

(C)当 $a=1$ 时,只有间断点 $x=0$;当 $a\neq 1$ 时,有两个间断点 $x=0,x=1$

(D)当 $a=1$ 时,只有间断点 $x=0$;当 $a\neq 1$ 时,只有间断点 $x=1$

(E)$a$ 取任意数时,都没有间断点

**141.** 设函数 $f(x)=\lim\limits_{n\to\infty}\dfrac{1-x}{1+x^{2n}}$,则 $f(x)$(　　).

(A)不存在间断点　　(B)存在间断点 $x=1$　　(C)存在间断点 $x=0$

(D)存在间断点 $x=-1$　　(E)存在间断点 $x=-2$

**142.** 设 $f(x)=\lim\limits_{n\to\infty}\dfrac{(n-3)x}{nx^2+5}$,则 $f(x)$ 的间断点及其类型为(　　).

(A)$x=0$,第二类间断点　　(B)$x=0$,第一类间断点　　(C)$x=1$,第二类间断点

(D)$x=1$,第一类间断点　　(E)没有间断点

**143.** 设 $f(x)=\dfrac{x^2+x}{|x|(x^2-1)}$,则 $f(x)$ 的间断点及其类型分别为(　　).

(A)$x=-1,x=0,x=1$ 都是第一类间断点

(B)$x=-1,x=0,x=1$ 都是第二类间断点

(C)$x=-1,x=0$ 是第一类间断点;$x=1$ 是第二类间断点

(D)$x=0$ 是第一类间断点;$x=-1,x=1$ 是第二类间断点

(E)$x=-1,x=1$ 是第一类间断点;$x=0$ 是第二类间断点

**144.** 设 $g(x)=\begin{cases}\dfrac{\ln(1+x^a)\cdot\sin x}{x^2}, & x>0,\\ 0, & x\leqslant 0,\end{cases}$ 其中 $a>0$,则(　　).

(A)$x=0$ 必是 $g(x)$ 的可去间断点　　(B)$x=0$ 必是 $g(x)$ 的无穷间断点

(C)$x=0$ 必是 $g(x)$ 的跳跃间断点　　(D)$x=0$ 必是 $g(x)$ 的连续点

(E)$g(x)$ 在点 $x=0$ 处的连续性与 $a$ 的取值有关

## 【考向 6】渐近线

**145.** 曲线 $y=f(x)=\dfrac{(x+1)\sin x}{x^2}$ 的渐近线的条数为(　　).

(A)4 (B)3 (C)2 (D)1 (E)0

**146.** 下列曲线有渐近线的是(　　).

(A) $y=x+\sin x$ (B) $y=x^2+\sin x$ (C) $y=x+\sin\frac{1}{x}$

(D) $y=x^2+\sin\frac{1}{x}$ (E) $y=x^2$

**147.** 曲线 $y=\frac{1}{x}+\ln(1+2e^x)$ 的渐近线的条数为(　　).

(A)0 (B)1 (C)2 (D)3 (E)4

**148.** 曲线 $f(x)=\frac{x^2-1}{x}e^x$ 的渐近线的条数为(　　).

(A)0 (B)1 (C)2 (D)3 (E)4

# 第二章 一元函数微分学

## 【考向 1】导数定义的应用

1. 设函数 $y=f(x)$ 在点 $x=1$ 处可导,则 $f'(1)=$(　　).

(A) $\lim\limits_{\Delta x\to 0}\dfrac{f(1)-f(1+\Delta x)}{\Delta x}$　　(B) $\lim\limits_{\Delta x\to 0}\dfrac{f(1-\Delta x)-f(1)}{\Delta x}$

(C) $\lim\limits_{\Delta x\to 0}\dfrac{f(1+2\Delta x)-f(1)}{\Delta x}$　　(D) $\lim\limits_{\Delta x\to 0}\dfrac{f(1+2\Delta x)-f(1+\Delta x)}{\Delta x}$

(E) $\lim\limits_{\Delta x\to 0}\dfrac{f(1-2\Delta x)-f(1)}{\Delta x}$

2. 设 $f(x)$ 在点 $x=2$ 处可导,且 $\lim\limits_{x\to 1}\dfrac{f(x+1)-f(2)}{3x-3}=\dfrac{1}{3}$,则 $f'(2)=$(　　).

(A) $-1$　　(B) $1$　　(C) $\dfrac{1}{3}$　　(D) $-\dfrac{1}{3}$　　(E) $\dfrac{1}{2}$

3. 设 $f'(0)$ 存在,且 $\lim\limits_{x\to 0}\dfrac{2}{x}\left[f(x)-f\left(\dfrac{x}{3}\right)\right]=a$,则 $f'(0)=$(　　).

(A) $\dfrac{a}{3}$　　(B) $\dfrac{a}{2}$　　(C) $\dfrac{4}{3}a$　　(D) $a$　　(E) $\dfrac{3}{4}a$

4. 设函数 $y=f(x)$ 在点 $x=0$ 处可导,$f(0)=0$,若 $\lim\limits_{x\to\infty}xf\left(\dfrac{1}{2x+3}\right)=1$,则 $f'(0)=$(　　).

(A) 1　　(B) 2　　(C) 3　　(D) 4　　(E) 5

5. 若 $f(x)$ 在 $x=1$ 处可导,且

$$\lim_{x\to 0}\frac{f(e^{x^2})-5f(1+\sin^2 x)}{x^2}=2.$$

给出四个结论:

①$f(1)=0$;　　②$f(1)=1$;　　③$f'(1)=1$;　　④$f'(1)=-\dfrac{1}{2}$.

则所有正确结论的序号为(　　).

(A) ①③　　(B) ①④　　(C) ②③　　(D) ②④　　(E) ④

6. 设函数 $f(x)$ 在 $x=0$ 的某邻域内连续,且 $\lim\limits_{x\to 0}\left[\dfrac{\sin x}{x}+\dfrac{f(x)}{x}\right]=3$,则 $f'(0)=$(　　).

(A) 3　　(B) 2　　(C) 1　　(D) $\dfrac{1}{2}$　　(E) $\dfrac{1}{3}$

7. 若 $f(x+1)=af(x)$,$f'(0)=b$,给出四个结论:

①$f(x)$ 在 $x=1$ 处连续;

②$f(x)$ 在 $x=1$ 处可导,且 $f'(1)=a$;

③$f(x)$ 在 $x=1$ 处可导,且 $f'(1)=ab$;

④$f(x)$在$x=1$处不可导.

则所有正确结论的序号为(　　).

(A)①②　　(B)①③　　(C)①④　　(D)②　　(E)④

**8.** 对任意的$x\in(-\infty,+\infty)$,函数$f(x)$满足$f(x+1)=f^2(x)$,且$f(0)=f'(0)=1$,则$f'(1)=$(　　).

(A)0　　(B)1　　(C)2　　(D)3　　(E)4

**9.** 设$f(x)=x(x+1)(x+2)\cdots(x+10)$,则$f'(-1)=$(　　).

(A)$-9!$　　(B)$9!$　　(C)$10!$　　(D)$-10!$　　(E)1

**10.** 设$f(x)$为可导函数,$f(0)=3$,$f'(0)=2$,则$\lim\limits_{x\to 0}\frac{(e^{x^2}-1)[3-f(x)]}{x^3}=$(　　).

(A)$-2$　　(B)$-1$　　(C)$\frac{1}{2}$　　(D)1　　(E)2

**11.** 已知$f'(2)=-1$,则$\lim\limits_{x\to 0}\frac{x}{f(2-2x)-f(2-x)}=$(　　).

(A)$-1$　　(B)$-\frac{1}{3}$　　(C)$-\frac{1}{2}$　　(D)$\frac{1}{2}$　　(E)1

**12.** 设函数$f(x)$在点$x=0$处可导,且$f(0)=0$,则$\lim\limits_{x\to 0}\frac{xf(x)-f(x^2)}{x^2}=$(　　).

(A)$-2f'(0)$　　(B)$-f'(0)$　　(C)$f'(0)$　　(D)0　　(E)$2f'(0)$

**13.** 设函数$f(x)$可导,$f(0)=0$,$f'(0)=1$,$\lim\limits_{x\to 0}\frac{f(\sin^3 x)}{\lambda x^k}=\frac{1}{2}$,则(　　).

(A)$k=2,\lambda=2$　　(B)$k=3,\lambda=3$　　(C)$k=3,\lambda=2$

(D)$k=3,\lambda=1$　　(E)$k=4,\lambda=1$

**14.** 设$y=f(x)$为可导函数,且$f'(1)=4$,$f(1)=2$,则$\lim\limits_{x\to 0}\frac{e^{2x}[2-f(x+1)]}{x^2+x}=$(　　).

(A)$-4$　　(B)$-2$　　(C)1　　(D)2　　(E)4

**15.** 设$f(x)$满足$f(0)=0$,且$f'(0)$存在,则$\lim\limits_{x\to 0}\frac{f(1-\sqrt{\cos x})}{\ln(1-x\sin x)}=$(　　).

(A)$f'(0)$　　(B)$-\frac{1}{2}f'(0)$　　(C)$\frac{1}{2}f'(0)$

(D)$-\frac{1}{4}f'(0)$　　(E)$\frac{1}{4}f'(0)$

**16.** 已知$f(x)$是以5为周期的可导函数,且$f'(1)=1$,则$\lim\limits_{x\to 3}\frac{f(2x)-f(6)}{x-3}=$(　　).

(A)1　　(B)2　　(C)3　　(D)4　　(E)0

**17.** 函数$f(x)=(x^2-x-2)|x^3-x|$的不可导点的个数为(　　).

(A)4　　(B)3　　(C)2　　(D)1　　(E)0

**18.** 下列函数中,在点$x=0$处不可导的是(　　).

(A)$f(x)=|x|\sin x$　　(B)$f(x)=\cos\sqrt{|x|}$　　(C)$f(x)=|x|x^2$

(D) $f(x)=|x|\tan x$　　(E) $f(x)=|x|\ln(1+x^2)$

**19.** 设函数 $f(x)$ 可导，$F(x)=f(x)(1-|\sin x|)$，则 $F(x)$ 在点 $x=0$ 处可导的充分必要条件是(　　).

(A) $f(0)=0$　　(B) $f(0)=1$　　(C) $f(0)=2$

(D) $f(0)=3$　　(E) $f(0)=4$

**20.** 设 $f(0)=0$，则函数 $f(x)$ 在点 $x=0$ 处可导的充分必要条件是(　　).

(A) $\lim\limits_{h\to 0}\dfrac{f(h^2)}{h^2}$ 存在　　(B) $\lim\limits_{h\to 0}\dfrac{f(e^{2h}-1)}{h}$ 存在　　(C) $\lim\limits_{h\to 0}\dfrac{f(2h)-f(h)}{h}$ 存在

(D) $\lim\limits_{n\to\infty} nf\left(\dfrac{1}{n}\right)$ 存在　　(E) $\lim\limits_{h\to 0}\dfrac{f(1-\cos h)}{1-\cos h}$ 存在

**21.** 设 $f(x)$ 在点 $x=a$ 的某个邻域内有定义，则 $f(x)$ 在点 $x=a$ 处可导的一个充分条件是(　　).

(A) $\lim\limits_{h\to +\infty} h\left[f\left(a+\dfrac{1}{h}\right)-f(a)\right]$ 存在　　(B) $\lim\limits_{h\to 0}\dfrac{f(a+2h)-f(a+h)}{h}$ 存在

(C) $\lim\limits_{h\to 0}\dfrac{f(a+h)-f(a-h)}{2h}$ 存在　　(D) $\lim\limits_{h\to 0}\dfrac{f(a)-f(a-h)}{h}$ 存在

(E) $\lim\limits_{h\to 0}\dfrac{f(a+h^2)-f(a)}{h^2}$ 存在

**22.** 设 $f(x)=\begin{cases}\dfrac{\sin 2x}{x}, & x\neq 0,\\ 2, & x=0,\end{cases}$ 则 $f'(0)+f'\left(\dfrac{\pi}{4}\right)=$(　　).

(A) $-\dfrac{16}{\pi^2}$　　(B) $\dfrac{16}{\pi^2}$　　(C) $-\dfrac{4}{\pi^2}$　　(D) $\dfrac{4}{\pi^2}-1$　　(E) $\dfrac{4}{\pi^2}+1$

**23.** 若函数 $f(x)$ 与 $g(x)$ 均在 $x=0$ 处连续，且

$$f(x)=\begin{cases}\dfrac{g(x)}{x}, & x\neq 0,\\ 2, & x=0.\end{cases}$$

给出四个结论：

①$\lim\limits_{x\to 0}g(x)=0$；　②$g(0)=0$；　③$g'(0)=0$；　④$g'(0)=2$.

则所有正确结论的序号为(　　).

(A)①②③　　(B)①③④　　(C)①②④

(D)①③　　(E)②③

**24.** 若 $f(x)=\begin{cases}x^{\alpha}\sin\dfrac{1}{x^2}, & x\neq 0,\\ \beta, & x=0,\end{cases}$ 其中 $\alpha,\beta$ 为实数，且 $f(x)$ 在 $x=0$ 处可导，给出四个结论：

①$\alpha>0$；　②$\alpha>1$；　③$\beta=0$；　④$f'(0)=0$.

则所有正确结论的序号为(　　).

(A)①②③　　(B)①③④　　(C)②③④

(D)①③　　(E)①④

**25.** 设函数 $f(x)=\begin{cases}\dfrac{e^{x^2}-1}{x}, & x>0,\\ x^2g(x), & x\leqslant 0,\end{cases}$ 其中 $g(x)$ 为有界函数，则 $f(x)$ 在点 $x=0$ 处(　　).

(A)极限不存在　(B)极限存在但不连续　(C)连续但不可导

(D)可导　(E)依题设条件不能判定是否可导

**26.** 设 $f(x)=\begin{cases}e^x, & x\leqslant 1,\\ ax+b, & x>1\end{cases}$ 在点 $x=1$ 处可导，则(　　).

(A)$a=0,b=1$　(B)$a=0,b=e$　(C)$a=e,b=1$

(D)$a=1,b=e$　(E)$a=e,b=0$

**27.** 设 $f(x)=\begin{cases}a+e^x, & x<0,\\ b, & x=0,\\ \sin cx, & x>0,\end{cases}$ 且 $f(x)$ 在 $x=0$ 处可导，则(　　).

(A)$a=1,b=1,c=1$　(B)$a=-1,b=-1,c=-1$

(C)$a=1,b=0,c=-1$　(D)$a=-1,b=0,c=1$

(E)$a=1,b=0,c=1$

**28.** 设 $f(x)=\begin{cases}x^3, & x\leqslant 1,\\ x^2, & x>1,\end{cases}$ 则 $f(x)$ 在点 $x=1$ 处(　　).

(A)左导数存在，右导数不存在

(B)左导数不存在，右导数存在

(C)左导数不存在，右导数也不存在

(D)左导数与右导数都存在，但不相等

(E)左导数与右导数都存在，且相等

**29.** 设函数 $f(x)=\begin{cases}x^2\sin\dfrac{1}{x}, & x\neq 0,\\ 0, & x=0,\end{cases}$ 则 $f(x)$ 在点 $x=0$ 处(　　).

(A)不连续

(B)连续但不可导

(C)可导，但 $x=0$ 为 $f'(x)$ 的第一类间断点

(D)可导，但 $x=0$ 为 $f'(x)$ 的第二类间断点

(E)可导，且 $x=0$ 为 $f'(x)$ 的连续点

**30.** 设 $f(x)=\begin{cases}\dfrac{\sin(x-1)}{x-1}, & x\neq 1,\\ a, & x=1\end{cases}$ 在 $x=1$ 处可导，则 $f'(1)+f'(2)=$(　　).

(A)$\cos 1-\sin 1$　(B)$\sin 1-\cos 1$　(C)$\cos 1+\sin 1$

(D)$1-\cos 1+\sin 1$　(E)$1+\cos 1-\sin 1$

**31.** 设函数 $f(x)$ 有连续导函数，$f(0)=0$ 且 $f'(0)=b$，若函数 $F(x)=\begin{cases}\dfrac{f(x)+a\sin x}{x}, & x\neq 0,\\ A, & x=0\end{cases}$ 在

$x=0$处连续，则 $A=($　　$)$.

(A)$a+b$　　(B)$a-b$　　(C)$ab$

(D)$b-a$　　(E)$-ab$

**32.** 设函数

$$f(x)=\begin{cases}\sin x+2ae^{x}, & x<0,\\ 9\arctan x+2b(x-1)^{3}, & x\geqslant 0\end{cases}$$

在点 $x=0$ 处可导，则 $a,b$ 分别为(　　).

(A)$-1,1$　　(B)$1,-1$　　(C)$1,1$　　(D)$-1,-1$　　(E)$1,2$

**33.** 设函数 $f(x)$在$(-\infty,+\infty)$内满足 $f''(x)>0,f(0)=0$,且

$$g(x)=\begin{cases}\dfrac{f(x)}{x}, & x\neq 0,\\ f'(0), & x=0,\end{cases}$$

则 $g(x)($　　$)$.

(A)在 $x=0$ 处间断

(B)在 $x=0$ 处连续，且在$(-\infty,0)$内单调增加，在$(0,+\infty)$内单调减少

(C)在 $x=0$ 处连续，且在$(-\infty,0)$内单调减少，在$(0,+\infty)$内单调增加

(D)在 $x=0$ 处连续，且在$(-\infty,+\infty)$内单调增加

(E)在 $x=0$ 处连续，且在$(-\infty,+\infty)$内单调减少

## 【考向 2】导数计算

**34.** 设 $y=f(\ln x)\cdot e^{f(x)}$，其中 $f(x)$为可导函数，则 $y'=($　　$)$.

(A)$\dfrac{1}{x}f'(\ln x)\cdot e^{f(x)}+f(\ln x)\cdot e^{f(x)}\cdot f'(x)$

(B)$f'(\ln x)\cdot e^{f(x)}+f(\ln x)\cdot e^{f(x)}\cdot f'(x)$

(C)$\dfrac{1}{x}f'(\ln x)\cdot e^{f(x)}+f(\ln x)\cdot e^{f(x)}$

(D)$f'(\ln x)\cdot e^{f(x)}\cdot f'(x)$

(E)$f'(\ln x)\cdot e^{f'(x)}$

**35.** 设点 $x=1$ 为函数 $y=x^{3}+ax^{2}$ 的驻点，则常数 $a$ 的值为(　　).

(A)$\dfrac{3}{2}$　　(B)1　　(C)$\dfrac{1}{2}$　　(D)$-\dfrac{1}{2}$　　(E)$-\dfrac{3}{2}$

**36.** 设 $y=\cos x^{2}\cdot\sin^{2}\dfrac{1}{x}$，则 $y'\Big|_{x=1}=($　　$)$.

(A)$-2\sin^{3}1-\cos 1\cdot\sin 2$　　(B)$-2\sin^{3}1+\cos 1$

(C)$2\sin^{3}1-\cos 1\cdot\sin 2$　　(D)$2\sin^{3}1+\cos 1\cdot\sin 2$

(E)$-\sin^{3}1-\cos 1\cdot\sin 2$

**37.** 设 $y=\frac{\sqrt{x+2}(3-x)^4}{(x+1)^3}$，则 $y'\Big|_{x=2}=$（　　）.

(A) $\frac{13}{36}$　(B) $\frac{11}{36}$　(C) $\frac{7}{36}$　(D) $-\frac{11}{36}$　(E) $-\frac{13}{36}$

**38.** 设 $f(x)=x\varphi(x)$，其中 $\varphi(x)$ 可导，且 $\lim\limits_{x\to 0}\varphi(x)=\lim\limits_{x\to 0}\varphi'(x)=\varphi'(0)=1$，则 $f''(0)=$（　　）.

(A) $-2$　(B) $-1$　(C) 0　(D) 1　(E) 2

**39.** 设函数 $f(x)=\ln\tan\frac{x}{2}+e^{-x}\cos 2x$，则 $f''\left(\frac{\pi}{2}\right)=$（　　）.

(A) $3e^{-\frac{\pi}{2}}$　(B) $2e^{-\frac{\pi}{2}}$　(C) $e^{-\frac{\pi}{2}}$　(D) $2e^{\frac{\pi}{2}}$　(E) $3e^{\frac{\pi}{2}}$

**40.** 已知函数 $f(x)=\arctan\sqrt{x^2-1}+\arcsin\frac{1}{x}$ 在某个区间上恒为常数，则该区间及在该区间上 $f(x)$ 的函数值分别为（　　）.

(A) $[1,+\infty),\frac{\pi}{2}$　(B) $[1,+\infty),\frac{\pi}{4}$　(C) $(0,+\infty),\frac{\pi}{2}$

(D) $(0,+\infty),\frac{\pi}{4}$　(E) $(1,+\infty),\pi$

**41.** 若 $f(x)$ 为可导函数，$f(0)=0$，$f'(0)=2$，$g(x)=f[f(3x)]$，则 $d[g(x)]\Big|_{x=0}=$（　　）.

(A) 0　(B) $2dx$　(C) $3dx$　(D) $6dx$　(E) $12dx$

**42.** 设 $y=f(x)$ 为可导函数，$f(2)=2$，$f'(2)=3$，$g(x)=f[f(x^2+1)]$，则 $g'(x)\Big|_{x=1}=$（　　）.

(A) 2　(B) 3　(C) 6　(D) 12　(E) 18

**43.** 设 $f'(e^x)=e^{-x}$，则 $[f(e^x)]'=$（　　）.

(A) $e^x$　(B) $e^{2x}$　(C) $e^{-2x}$　(D) $-1$　(E) 1

**44.** 设 $f(x)=\ln(4x+\sin^2 2x)$，则 $f'\left(\frac{\pi}{8}\right)=$（　　）.

(A) $\frac{3}{\pi+1}$　(B) $\frac{4}{\pi}$　(C) $\frac{2}{\pi+1}$　(D) $\frac{2}{\pi}$　(E) $\frac{12}{\pi+1}$

**45.** 设 $y=\ln\sqrt[3]{\frac{1-x}{1+x^2}}$，则 $dy\Big|_{x=0}=$（　　）.

(A) $-\frac{1}{3}dx$　(B) $\frac{1}{2}dx$　(C) $-2dx$　(D) $2dx$　(E) $dx$

**46.** 设 $y=f(x)$ 可导，$f'(0)=2$，$g(x)=f(\tan 2x)$，则 $d[g(x)]\Big|_{x=0}=$（　　）.

(A) $5dx$　(B) $4dx$　(C) $3dx$　(D) $2dx$　(E) $dx$

**47.** 设 $f(x)$ 为可导函数，且 $f'(0)=2$，$g(x)=f(3x^2e^{2x})$，则 $d[g(x)]\Big|_{x=0}=$（　　）.

(A) $12dx$　(B) $6dx$　(C) $3dx$　(D) $2dx$　(E) 0

**48.** 设 $f(x)$ 为可导函数，$f'(0)=3$，$g(x)=f\left(\frac{x}{1+e^x}\right)$，则 $d[g(x)]\Big|_{x=0}=$（　　）.

(A) $3\mathrm{d}x$　　(B) $2\mathrm{d}x$　　(C) $\frac{3}{2}\mathrm{d}x$　　(D) $\frac{1}{2}\mathrm{d}x$　　(E) $\mathrm{d}x$

**49.** 设 $y=\ln\frac{1+\sqrt{x}}{1-\sqrt{x}}$，则 $y'=$（　　）.

(A) $\frac{\sqrt{x}}{1-x}$　　(B) $\frac{\sqrt{x}}{1+x}$　　(C) $\frac{1}{\sqrt{x}(1-x)}$

(D) $\frac{1}{\sqrt{x}(1+x)}$　　(E) $\frac{1}{x(1-x)}$

**50.** 设 $y=f(\tan x)$，其中 $f(x)$ 为可导函数，且 $f'(0)=4$，则 $\mathrm{d}y\big|_{x=0}=$（　　）.

(A) $-4\mathrm{d}x$　　(B) $-3\mathrm{d}x$　　(C) $2\mathrm{d}x$　　(D) $3\mathrm{d}x$　　(E) $4\mathrm{d}x$

**51.** 设 $y=f\left(\frac{x-1}{x+1}\right)$，$f'(x)=\arctan x^2$，则 $\frac{\mathrm{d}y}{\mathrm{d}x}\Big|_{x=0}=$（　　）.

(A) $-\frac{\pi}{2}$　　(B) $-\frac{\pi}{4}$　　(C) $\frac{\pi}{4}$　　(D) $\frac{\pi}{2}$　　(E) $\pi$

**52.** 设 $y=y(x)$ 由方程 $\ln(x^2+y)=x^2y+\sin x$ 确定，则 $\mathrm{d}y\big|_{x=0}=$（　　）.

(A) $2\mathrm{d}x$　　(B) $\mathrm{d}x$　　(C) $0$　　(D) $-\mathrm{d}x$　　(E) $-2\mathrm{d}x$

**53.** 设函数 $y=y(x)$ 由方程 $y+\mathrm{e}^x-xy^2=1$ 所确定，则 $y'\big|_{x=0}=$（　　）.

(A) $-2$　　(B) $-1$　　(C) $0$　　(D) $1$　　(E) $2$

**54.** 设 $y=y(x)$ 由方程 $y-x\mathrm{e}^y=2$ 所确定，则 $y''\big|_{x=0}=$（　　）.

(A) $\mathrm{e}^4$　　(B) $\frac{3}{2}\mathrm{e}^4$　　(C) $2\mathrm{e}^4$　　(D) $-\frac{3}{2}\mathrm{e}^4$　　(E) $-\mathrm{e}^4$

**55.** 设 $y=f(x)$ 由方程 $\sin(xy)+\ln y-x=1$ 确定，则 $\lim\limits_{t\to\infty}t\left[f\left(\frac{2}{t}\right)-\mathrm{e}\right]=$（　　）.

(A) $\mathrm{e}(1-\mathrm{e})$　　(B) $\mathrm{e}(1+\mathrm{e})$　　(C) $2\mathrm{e}(1-\mathrm{e})$

(D) $2\mathrm{e}(1+\mathrm{e})$　　(E) $\frac{1}{2}\mathrm{e}(1-\mathrm{e})$

**56.** 设 $y=(1+\sin x)^x$，则 $\mathrm{d}y\big|_{x=2\pi}=$（　　）.

(A) $\pi\mathrm{d}x$　　(B) $\frac{\pi}{2}\mathrm{d}x$　　(C) $\mathrm{d}x$　　(D) $-\frac{\pi}{2}\mathrm{d}x$　　(E) $2\pi\mathrm{d}x$

**57.** 已知由方程 $(2y)^{x-1}=\left(\frac{x}{2}\right)^{y-1}$ 确定的隐函数 $y=f(x)$，则 $\mathrm{d}y\big|_{x=1}=$（　　）.

(A) $2\mathrm{d}x$　　(B) $\mathrm{d}x$　　(C) $-\mathrm{d}x$　　(D) $-2\mathrm{d}x$　　(E) $0$

**58.** 设 $y''$ 存在，$\frac{\mathrm{d}x}{\mathrm{d}y}=\frac{1}{y'}$，则 $\frac{\mathrm{d}^2x}{\mathrm{d}y^2}=$（　　）.

(A) $\frac{y''}{(y')^2}$　　(B) $\frac{-y''}{(y')^2}$　　(C) $\frac{y''}{(y')^3}$　　(D) $\frac{-y''}{(y')^3}$　　(E) $\frac{-2y''}{(y')^3}$

**59.** 设 $y=\frac{1-x}{1+x}$，则 $y^{(10)}\Big|_{x=0}=(\quad)$.

(A) $2\cdot 10!$　(B) $2\cdot 11!$　(C) $-2\cdot 10!$

(D) $-10!$　(E) $10!$

**60.** 设 $y=\ln(1-2x)$，则 $y^{(n)}(0)=(\quad)$.

(A) $-2^n\cdot(n+1)!$　(B) $2^n\cdot n!$　(C) $-2^n\cdot n!$

(D) $2^n\cdot(n-1)!$　(E) $-2^n\cdot(n-1)!$

**61.** 设函数 $f(x)=\begin{cases}\ln\sqrt{x}, & x\geqslant 1,\\ 2-x, & x<1,\end{cases}$ $y=f[f(x)]$，则 $\frac{\mathrm{d}y}{\mathrm{d}x}\Big|_{x=0}=(\quad)$.

(A) 1　(B) $\frac{1}{4}$　(C) 0　(D) $-\frac{1}{4}$　(E) $-1$

## 【考向 3】微分的定义与性质

**62.** 设 $f(x)$ 为可导函数，且满足

$$f(x+\Delta x)-f(x+2\Delta x)=x\sin x\cdot\Delta x+o(\Delta x),$$

其中 $o(\Delta x)$ 为当 $\Delta x\to 0$ 时 $\Delta x$ 的高阶无穷小量，则 $\mathrm{d}[f(x)]=(\quad)$.

(A) $x\sin x\mathrm{d}x$　(B) $-x\sin x\mathrm{d}x$　(C) $x\cos x\mathrm{d}x$

(D) $-x\cos x\mathrm{d}x$　(E) $x\sin x$

**63.** 若 $y=f(x)$ 可导，则当 $\Delta x\to 0$ 时，$\Delta y-\mathrm{d}y(\quad)$.

(A) 是 $\Delta x$ 的高阶无穷小　(B) 是 $\Delta x$ 的低阶无穷小

(C) 是 $\Delta x$ 的同阶但不等价无穷小　(D) 是 $\Delta x$ 的等价无穷小

(E) 与 $\Delta x$ 的阶无法比较

**64.** 设函数 $f(x)$ 可导，$y=f(x^3)$. 当自变量 $x$ 在 $x=-1$ 处取得增量 $\Delta x=-0.1$ 时，相应的函数增量 $\Delta y$ 的线性主部为 0.3，则 $f'(-1)=(\quad)$.

(A) $-1$　(B) 0.1　(C) 1　(D) 0.3　(E) 0.2

**65.** 设当 $\Delta x\to 0$ 时，$f(x+\Delta x)-f(x)=3x^2\Delta x+o(\Delta x)$，则 $f(3)-f(1)=(\quad)$.

(A) 26　(B) 25　(C) 24　(D) 20　(E) 0

**66.** 设 $y=3^{\tan x}\cdot\sin x$，则 $\mathrm{d}y\Big|_{x=0}=(\quad)$.

(A) 0　(B) $2\mathrm{d}x$　(C) $\mathrm{d}x$　(D) $-\mathrm{d}x$　(E) $-2\mathrm{d}x$

## 【考向 4】中值定理

**67.** 若 $f(x)$ 在 $[0,1]$ 上有 $f''(x)>0$，则 $f'(1)$，$f'(0)$，$f(1)-f(0)$ 或 $f(0)-f(1)$ 的顺序是(　　).

(A) $f'(1)>f'(0)>f(1)-f(0)$　(B) $f'(1)>f(1)-f(0)>f'(0)$

(C) $f(1)-f(0)>f'(1)>f'(0)$　(D) $f'(1)>f(0)-f(1)>f'(0)$

(E) $f(1)-f(0)>f'(0)>f'(1)$

## 【考向 5】切线与法线

**68.** 若函数 $f(x)$ 在 $x=0$ 处可导，且 $\lim\limits_{x\to\infty}xf(e^{\frac{1}{x}}-1)=2$，则曲线 $y=f(x)$ 在 $(0,f(0))$ 处切线的斜率为(　　).

(A) $-1$　　(B) $0$　　(C) $1$　　(D) $2$　　(E) $3$

**69.** 设 $f(x)$ 为可导函数，当 $x\to0$ 时，$f(1+x)-2f(1-2x)$ 与 $2x$ 为等价无穷小量，则曲线 $y=f(x)$ 在点 $(1,f(1))$ 处的切线方程为(　　).

(A) $y=\frac{2}{5}(x-1)$　　(B) $y=\frac{1}{5}(x-1)$　　(C) $y=2(x-1)$

(D) $y=\frac{1}{2}(x-1)$　　(E) $y=x-1$

**70.** 曲线 $\sin(xy)+\ln(y-x)=x$ 在点 $(0,1)$ 处的切线方程是(　　).

(A) $y=-x+1$　　(B) $y=x+1$　　(C) $y=2x+1$

(D) $y=3x+1$　　(E) $y=x-1$

**71.** 曲线 $y=\ln x$ 上与直线 $x+y=1$ 垂直的切线方程为(　　).

(A) $y=-x+1$　　(B) $y=-x-1$　　(C) $y=x+1$

(D) $y=x-1$　　(E) $y=x+2$

**72.** 曲线 $y=x^2+2x+5$ 上平行于直线 $y=2x+3$ 的切线方程为(　　).

(A) $y=2x$　　(B) $y=2x+1$　　(C) $y=2x+3$

(D) $y=2x+5$　　(E) $y=2x+7$

**73.** 设 $y=y(x)$ 由方程 $y+x^2e^{xy}=2$ 确定，则曲线 $y(x)$ 在点 $(0,2)$ 处的切线方程为(　　).

(A) $y=3x+2$　　(B) $y=2x+2$　　(C) $y=x+2$

(D) $y=x-2$　　(E) $y=2$

**74.** 设曲线 $f(x)=x^n$ 在点 $(1,1)$ 处的切线与 $x$ 轴的交点为 $(\xi_n,0)$，则 $\lim\limits_{n\to\infty}f(\xi_n)=$(　　).

(A) $e$　　(B) $\frac{1}{e}$　　(C) $-\frac{1}{e}$

(D) $-e$　　(E) $1$

**75.** 设 $(x_0,y_0)$ 是抛物线 $y=ax^2+bx+c$ 上的一点，其中 $x_0\neq0$，$a\neq0$，若抛物线在该点的切线过原点，则系数 $a,b,c$ 应满足关系(　　).

(A) $\frac{c}{a}<0,b=a$　　(B) $\frac{c}{a}\geqslant0,b=c$　　(C) $\frac{c}{a}>0$，$b$ 任意

(D) $\frac{c}{a}>0,b=c$　　(E) $\frac{c}{a}<0$，$b$ 任意

**76.** 设 $f(x)=x^3+3x^2-2x+1$，则曲线 $y=f(x)$ 在点 $(0,1)$ 处的切线方程与法线方程分别为(　　).

(A) $2x-y-1=0,x+2y+2=0$　　(B) $2x+y-1=0,x-2y+2=0$

(C) $2x-y+1=0,x+2y-2=0$　　(D) $2x+y+1=0,x-2y-2=0$

(E) $x+y-1=0, x-y-2=0$

**77.** 设曲线 $y=x^3+ax$ 与曲线 $y=bx^3+c$ 相交于点 $(-1,0)$，并且在该点有公切线，则 $a,b,c$ 和公切线方程分别为(　　).

(A) $-1,\frac{2}{3},\frac{2}{3},y=2(x+1)$　　(B) $1,\frac{2}{3},\frac{2}{3},y=x+1$

(C) $-1,\frac{1}{3},\frac{1}{3},y=2(x+1)$　　(D) $1,\frac{1}{3},\frac{1}{3},y=x+1$

(E) $-1,\frac{1}{3},\frac{2}{3},y=2(x+1)$

**78.** 设周期函数 $f(x)$ 在 $(-\infty,+\infty)$ 内可导，$f(x)$ 的周期为 4，$\lim\limits_{x\to 0}\frac{f(1)-f(1-x)}{2x}=-1$，则曲线 $y=f(x)$ 在点 $(5,f(5))$ 处的切线斜率为(　　).

(A) 2　　(B) 1　　(C) 0　　(D) $-1$　　(E) $-2$

**79.** 曲线 $y=y(x)$ 由方程 $y+xe^{xy}=1$ 确定，则该曲线过点 $(0,1)$ 的法线方程为(　　).

(A) $x-y=1$　　(B) $x+y=1$　　(C) $x-y=-1$

(D) $x+y=-1$　　(E) $x-y=0$

**80.** 设函数 $y=f(x)$ 由方程 $e^{2x+y}-\cos(xy)=e-1$ 所确定，则曲线 $y=f(x)$ 在点 $(0,1)$ 处的法线方程为(　　).

(A) $x+2y+2=0$　　(B) $x+y+2=0$　　(C) $x-2y+2=0$

(D) $x-y+2=0$　　(E) $2x-y+2=0$

**81.** 曲线 $x^{2y}=y^{3x}$ 在点 $(1,1)$ 处的切线斜率为(　　).

(A) $\frac{2}{3}$　　(B) 1　　(C) $\frac{3}{2}$　　(D) 2　　(E) 3

## 【考向 6】单调性与极值

**82.** 设 $f(x)$ 为奇函数，且在 $(-\infty,+\infty)$ 内存在二阶导数，若当 $x>0$ 时，$f'(x)>0,f''(x)>0$，则当 $x<0$ 时，有(　　).

(A) $f'(x)>0,f''(x)>0$　　(B) $f'(x)<0,f''(x)>0$

(C) $f'(x)>0,f''(x)<0$　　(D) $f'(x)<0,f''(x)<0$

(E) $f'(x)>0$，$f''(x)$ 符号不确定

**83.** 设 $y=f(x)$ 与 $y=g(x)$ 互为反函数，且在各自定义区间内存在二阶导数，并满足 $f'(x)>0$，$f''(x)>0$，则有(　　).

(A) $g'(x)>0,g''(x)>0$　　(B) $g'(x)>0,g''(x)<0$

(C) $g'(x)<0,g''(x)>0$　　(D) $g'(x)<0,g''(x)<0$

(E) 无法判定 $g'(x)$ 与 $g''(x)$ 的符号

**84.** 设 $f(x),g(x)$ 是恒大于零的可导函数，且 $f'(x)g(x)+g'(x)f(x)<0$，则当 $a<x<b$ 时，有(　　).

(A)$f(x)g(b)>f(b)g(x)$　　(B)$f(x)g(a)>f(a)g(x)$

(C)$f(x)g(x)>f(b)g(b)$　　(D)$f(x)g(x)>f(a)g(a)$

(E)以上选项均不成立

**85.** 设 $f(x)$ 可导，且 $f(x)f'(x)>0$，则(　　).

(A)$f(1)>f(-1)$　　(B)$f(1)<f(-1)$　　(C)$|f(1)|=|f(-1)|$

(D)$|f(1)|>|f(-1)|$　　(E)$|f(1)|<|f(-1)|$

**86.** 设函数 $y=f(t)$ 表示 $t$ 时刻某产品的产量，若在时间段 $(0,T)$ 内，曲线 $y=f(t)$ 是凹的，则在这个时间段内，随着时间向前推移，该产品产量的变化不可能的是(　　).

(A)由单调下降转变单调上升　　(B)由单调上升转变单调下降

(C)持续单调上升　　(D)持续单调下降

(E)选项(A)，(C)，(D)都有可能成立

**87.** 设函数 $f(x)$ 在 $(-\infty,+\infty)$ 内连续，其导函数的图形如图所示. 则 $f(x)$ 有(　　).

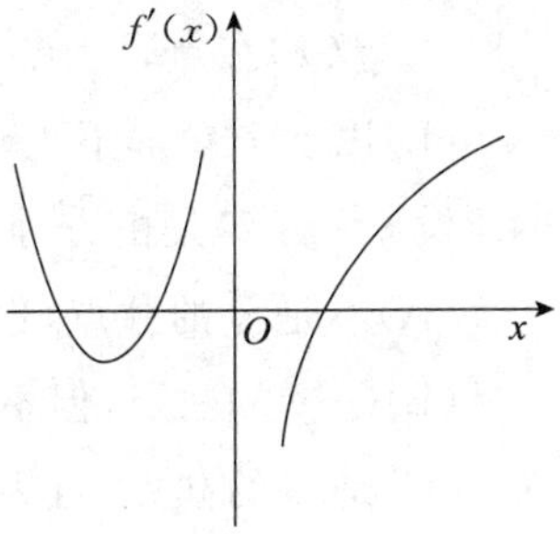


(A)一个极小值点和两个极大值点

(B)两个极小值点和一个极大值点

(C)两个极小值点和两个极大值点

(D)三个极小值点和一个极大值点

(E)一个极小值点和三个极大值点

**88.** 设 $f(x)=x\sin x+\cos x$，下列命题中正确的是(　　).

(A)$f(0)$ 是极大值，$f\left(\frac{\pi}{2}\right)$ 是极小值　　(B)$f(0)$ 是极小值，$f\left(\frac{\pi}{2}\right)$ 是极大值

(C)$f(0)$ 是极大值，$f\left(\frac{\pi}{2}\right)$ 也是极大值　　(D)$f(0)$ 是极小值，$f\left(\frac{\pi}{2}\right)$ 也是极小值

(E)$f(0)$ 与 $f\left(\frac{\pi}{2}\right)$ 都不是极值

**89.** 已知函数 $f(x)$ 的导函数 $f'(x)$ 的图形如图所示，则函数 $f(x)$ 的极大值点个数为(　　).

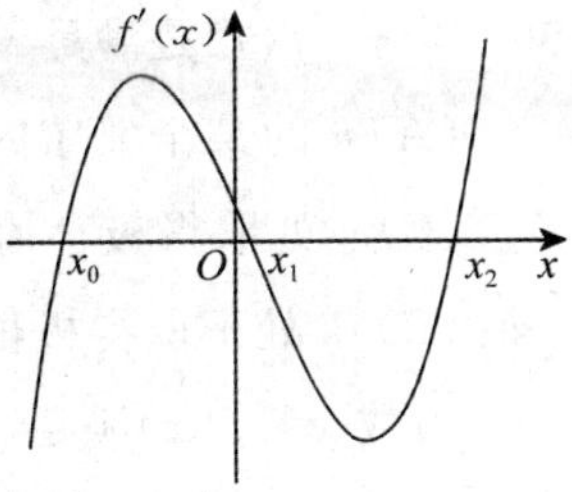


(A)4　　(B)3

(C)2　　(D)1

(E)0

**90.** 设函数 $y=x^2+ax+b$ 在点 $x=2$ 处取得极小值 3，则常数 $a,b$ 的值分别为(　　).

(A)4，7　　(B)4，$-7$　　(C)$-4$，7

(D)$-4$，$-7$　　(E)3，6

**91.** 函数 $y=x^3-3x^2-5$ 的极大值点与极大值分别为(　　).

(A)2，$-9$　　(B)2，$-5$　　(C)0，$-5$

(D)0，5　　(E)2，9

**92.** 曲线 $y=3x^5-5x^3$ 的极值点分别是(    ).

(A) $x=-1$ 为极大值点, $x=1$ 为极小值点

(B) $x=-1$ 为极小值点, $x=1$ 为极大值点

(C) $x=0,-1,1$ 都为极大值点

(D) $x=0,-1,1$ 都为极小值点

(E) $x=0,-1$ 为极小值点, $x=1$ 为极大值点

**93.** 下列结论中正确的是(    ).

(A)若 $x_0$ 为 $f(x)$ 的极值点,则必有 $f'(x_0)=0$

(B)若 $x_0$ 为 $f(x)$ 的极值点,且 $f'(x_0)=0$,则 $f''(x_0)$ 一定存在

(C)若 $x_0$ 为 $f(x)$ 的极值点,且 $f''(x_0)$ 存在,则必有 $f'(x_0)=0$

(D)若 $x_0$ 为 $f(x)$ 的极小值点,则必定存在 $x=x_0$ 的某个邻域,在此邻域内,函数 $y=f(x)$ 在点 $x=x_0$ 左侧单调减少,在点 $x=x_0$ 右侧单调增加

(E)以上命题都不正确

**94.** 设 $y=y(x)$ 是由方程 $e^y=(x^2+1)^2-y$ 确定的隐函数,则点 $x=0$(    ).

(A)不是 $y$ 的驻点,也不是 $y$ 的极值点

(B)是 $y$ 的驻点,但不是 $y$ 的极值点

(C)是 $y$ 的驻点,且为 $y$ 的极小值点

(D)是 $y$ 的驻点,且为 $y$ 的极大值点

(E)不是 $y$ 的唯一驻点

**95.** 设 $f(x)$ 在点 $x=0$ 的某邻域内连续, $f(0)=0$, $\lim\limits_{x\to 0}\dfrac{f(x)}{1-\cos x}=2$,则在 $x=0$ 处 $f(x)$(    ).

(A)不可导　　(B)可导且 $f'(0)\neq 0$　　(C)可导,但不取得极值

(D)取得极大值　　(E)取得极小值

**96.** 设 $y=f(x)$ 是满足 $y''+y'-e^{\sin x}=0$ 的解,且 $f'(x_0)=0$,则 $f(x)$ 在(    ).

(A) $x_0$ 的某个邻域内单调增加　　(B) $x_0$ 的某个邻域内单调减少

(C) $x_0$ 处取得极小值　　(D) $x_0$ 处取得极大值

(E) $x_0$ 处不取得极值

**97.** 函数 $y=f(x)$ 满足 $y''-2y'+4y=0$,若 $f(x_0)>0$,且 $f'(x_0)=0$,则 $f(x)$ 在点 $x_0$ 处(    ).

(A)取得极大值　　(B)取得极小值　　(C)不取得极值

(D)某邻域内单调增加　　(E)某邻域内单调减少

**98.** 设 $y=\dfrac{1}{xe^x}$,则(    ).

(A) $x=-1$ 为该函数的极大值点,也是其最大值点

(B) $x=-1$ 为该函数的极大值点,但不是其最大值点

(C) $x=-1$ 为该函数的极小值点,也是其最小值点

(D)$x=-1$ 为该函数的极小值点，但不是其最小值点

(E)点$(-1,-e)$为曲线 $y=\frac{1}{xe^x}$ 的拐点

**99.** 设 $y=(x^2-3)e^x$，则(　　).

(A)$x=-3$ 为 $y$ 的极大值点，也是最大值点

(B)$x=1$ 为 $y$ 的极小值点，但不是最小值点

(C)$x=1$ 为 $y$ 的极小值点，也是最小值点

(D)在$(-\infty,+\infty)$内 $y$ 为单调函数

(E)$y$ 的单调增加区间为$(-\infty,0)$

**100.** 设函数 $f(x)=ax^3-6ax^2+b$ 在区间$[-1,2]$上的最大值为 3，最小值为$-29$，又 $a>0$，则常数 $a,b$ 的值分别为(　　).

(A)1,2　　(B)1,3　　(C)2,3　　(D)2,1　　(E)2,2

## 【考向 7】凹凸性与拐点

**101.** 设 $f(x)=\ln(1+x^2)$，则在区间$(-1,0)$内(　　).

(A)函数 $y=f(x)$ 单调减少，曲线为凹

(B)函数 $y=f(x)$ 单调减少，曲线为凸

(C)函数 $y=f(x)$ 单调增加，曲线为凹

(D)函数 $y=f(x)$ 单调增加，曲线为凸

(E)曲线 $y=f(x)$ 有凹区间也有凸区间

**102.** 设点$(-1,3)$为曲线 $y=ax^3+bx^2+x$ 的拐点，则常数 $a,b$ 的值分别为(　　).

(A)6,2　　(B)2,6　　(C)3,7　　(D)7,3　　(E)1,5

**103.** 设函数 $y=f(x)$ 二阶可导，且 $f''(x)>0$，则(　　).

(A)$y=f(x)$ 为单调增加函数

(B)$y=f(x)$ 为单调减少函数

(C)函数 $y=f(x)$ 至少存在一个极值点

(D)曲线 $y=f(x)$ 为凸的

(E)曲线 $y=f(x)$ 上的任意两点连线必定在该曲线弧上方

**104.** 若 $f(x)=x\ln x$，当 $x_2>x_1>0$ 时，给出四个结论：

①$f\left(\frac{x_1+x_2}{2}\right)\geqslant\frac{f(x_1)+f(x_2)}{2}$；　　②$f\left(\frac{x_1+x_2}{2}\right)\leqslant\frac{f(x_1)+f(x_2)}{2}$；

③$f(x)$在$\left[\frac{1}{e},+\infty\right)$上为单调增加函数；　④$f(x)$在$\left(0,\frac{1}{e}\right]$上为单调减少函数.

则所有正确结论的序号为(　　).

(A)①③　　(B)①④　　(C)①③④　　(D)①　　(E)②③④

**105.** 设 $f(x)=e^{\arctan x}$，当 $x_2>x_1>\frac{1}{2}$时，给出四个结论：

①$f\left(\frac{x_1+x_2}{2}\right)\geqslant\frac{f(x_1)+f(x_2)}{2}$； ②$f\left(\frac{x_1+x_2}{2}\right)\leqslant\frac{f(x_1)+f(x_2)}{2}$；

③在$(1,+\infty)$内 $f(x)$为单调增加函数； ④在$(1,+\infty)$内 $f(x)$为单调减少函数.

则所有正确结论的序号为(　　).

(A)①③　(B)①④　(C)②③

(D)②④　(E)②

**106.** 设 $f(x)=x^4(12\ln x-7)$，对任意 $x_2>x_1>1$，给出四个结论：

①$f\left(\frac{x_1+x_2}{2}\right)\geqslant\frac{f(x_1)+f(x_2)}{2}$； ②$f\left(\frac{x_1+x_2}{2}\right)\leqslant\frac{f(x_1)+f(x_2)}{2}$；

③$f(x_2)-f(x_1)\geqslant f'(x_1)(x_2-x_1)$； ④$f(x_2)-f(x_1)\leqslant f'(x_1)(x_2-x_1)$.

则所有正确结论的序号为(　　).

(A)①③　(B)①④　(C)②③

(D)②④　(E)①

**107.** 设曲线 $y=x^4-2x^3+3$，则该曲线的拐点为(　　).

(A)(1,2),(2,3)　(B)(0,3),(2,3)　(C)(0,3),(3,30)

(D)(1,2),(3,30)　(E)(0,3),(1,2)

**108.** 曲线 $f(x)=(x-1)^2(x-3)^3$ 的拐点个数为(　　).

(A)0　(B)1　(C)2　(D)3　(E)4

**109.** 设函数 $y=y(x)$由方程 $y\ln y-x+y=0$ 确定，则曲线$y=y(x)$在点(1,1)附近的凹凸性为(　　).

(A)凹　(B)凸　(C)先凹后凸

(D)先凸后凹　(E)依条件无法判定

**110.** 设函数 $y=x^3+3ax^2+3bx+3c$ 在 $x=-1$ 处取得极大值，点(0,3)是相应曲线的拐点，则 $a+b+2c=$(　　).

(A)$-2$　(B)$-1$　(C)0　(D)1　(E)2

**111.** 设 $f(x)$的导函数在 $x=a$ 处连续，又$\lim\limits_{x\to a}\frac{f'(x)}{x-a}=-1$，则(　　).

(A)$x=a$ 是 $f(x)$的极小值点

(B)$x=a$ 是 $f(x)$的极大值点

(C)$x=a$ 不是 $f(x)$的极值点，但$(a,f(a))$是曲线 $y=f(x)$的拐点

(D)$x=a$ 不是 $f(x)$的极值点，$(a,f(a))$也不是曲线 $y=f(x)$的拐点

(E)依条件不能判定 $x=a$ 是否为 $f(x)$的极值点

**112.** 设 $f(x)=|x(2-x)|$，则(　　).

(A)$x=0$ 是 $f(x)$的极值点，但(0,0)不是曲线 $y=f(x)$的拐点

(B)$x=0$ 不是 $f(x)$的极值点，但(0,0)是曲线 $y=f(x)$的拐点

(C)$x=0$ 是 $f(x)$的极值点，且(0,0)是曲线 $y=f(x)$的拐点

(D)$x=0$ 不是 $f(x)$的极值点，且(0,0)也不是曲线 $y=f(x)$的拐点

(E)依条件不能判定 $f(x)$ 的极值点及相应曲线的拐点

**113.** 设 $y=\begin{cases}-x^2+2x, & x<0, \\ x^2, & x\geqslant 0,\end{cases}$ 则(　　).

(A) $x=0$ 是 $y$ 的驻点，但不是极值点

(B) $x=0$ 是 $y$ 的极小值点，点 $(0,0)$ 是曲线 $y$ 的拐点

(C) $x=0$ 是 $y$ 的极小值点，但点 $(0,0)$ 不是曲线 $y$ 的拐点

(D) $x=0$ 不是 $y$ 的极小值点，但点 $(0,0)$ 是曲线 $y$ 的拐点

(E) $x=0$ 不是 $y$ 的极小值点，点 $(0,0)$ 也不是曲线 $y$ 的拐点

**114.** 设 $f'(x_0)=f''(x_0)=0$，$f'''(x_0)>0$，则下列选项正确的是(　　).

(A) $f'(x_0)$ 是 $f'(x)$ 的极大值

(B) $f'(x_0)$ 不是 $f'(x)$ 的极值

(C) $f(x_0)$ 是 $f(x)$ 的极大值

(D) $f(x_0)$ 是 $f(x)$ 的极小值

(E) $(x_0,f(x_0))$ 是曲线 $y=f(x)$ 的拐点

**115.** 设函数 $f(x)$ 存在二阶连续导数，满足 $f'(0)=0$ 且 $\lim\limits_{x\to 0}\dfrac{f''(x)}{|x|}=1$，则(　　).

(A) $f(0)$ 为极大值

(B) $f(0)$ 为极小值

(C) $(0,f(0))$ 是曲线 $y=f(x)$ 的拐点，但 $f(0)$ 不是极值

(D) $(0,f(0))$ 不是曲线 $y=f(x)$ 的拐点，且 $f(0)$ 不是极值

(E) $f''(0)\neq 0$

**116.** 设函数 $y=f(x)$ 在点 $x=0$ 的某邻域内连续，且 $\lim\limits_{x\to 0}\dfrac{f(x)}{x^2}=2$，则点 $x=0$(　　).

(A)不为 $f(x)$ 的驻点，但 $f(0)=0$　　(B)不为 $f(x)$ 的驻点，且 $f(0)\neq 0$

(C)为 $f(x)$ 的极大值点　　(D)为 $f(x)$ 的极小值点

(E)为 $f(x)$ 的驻点，但不为极值点

**117.** 设函数 $f(x)$ 存在二阶连续导数，且满足 $xf''(x)+3x[f'(x)]^2=1-\mathrm{e}^{-x}$，若 $x_0(\neq 0)$ 为 $f(x)$ 的驻点，则(　　).

(A) $f(x_0)$ 为 $f(x)$ 的极大值

(B) $f(x_0)$ 为 $f(x)$ 的极小值

(C) $(x_0,f(x_0))$ 是曲线 $y=f(x)$ 的拐点，但 $f(x_0)$ 不是 $f(x)$ 的极值

(D) $(x_0,f(x_0))$ 不是曲线 $y=f(x)$ 的拐点，$f(x_0)$ 也不是 $f(x)$ 的极值

(E) $f''(x_0)=0$

**118.** 已知当 $x>0$ 时函数 $f(x)$ 满足 $f''(x)+3[f'(x)]^2=x\ln x$，且 $f'(1)=0$，则(　　).

(A) $f(1)$ 是函数 $f(x)$ 的极大值

(B) $f(1)$ 是函数 $f(x)$ 的极小值

(C) $f(1)$不是函数 $f(x)$的极值,$(1,f(1))$是曲线 $y=f(x)$的拐点

(D) $f(1)$不是函数 $f(x)$的极值,$(1,f(1))$也不是曲线 $y=f(x)$的拐点

(E) $x=1$ 不是 $f(x)$的驻点

## 【考向 8】导数的综合应用

**119.** 设函数 $f(x)=(x-1)(x-2)(x-3)(x-5)$,则 $f'(x)$的零点个数为(　　).

(A)4　(B)3　(C)2　(D)1　(E)0

**120.** 若方程 $x^4-4x+k=0$ 有两个不等实根,则(　　).

(A) $k<3$　(B) $k>3$　(C) $k=3$　(D) $k=2$　(E) $k>2$

**121.** 设方程 $x^3-3x+a=0$ 仅有两个不等实根,则 $a$ 等于(　　).

(A) $-3$　(B)3　(C) $-2$ 或 2

(D) $-3$ 或 3　(E) $-2$ 或 $-1$

**122.** 设方程 $x^3-27x+c=0$ 有三个不等实根,则 $c$ 的取值范围为(　　).

(A) $-27<c<67$　(B) $-27<c<64$　(C) $-64<c<27$

(D) $-64<c<64$　(E) $-54<c<54$

**123.** 假设某种商品的需求量 $Q$ 是单价 $p$(单位:元)的函数:$Q=12\,000-80p$,商品的总成本 $C$ 是需求量 $Q$ 的函数:$C=25\,000+50Q$,每单位商品需要纳税 2 元,则使销售利润最大的商品单价为(　　).

(A)98 元　(B)99 元　(C)100 元　(D)101 元　(E)102 元

**124.** 已知某厂生产 $x$ 件产品的成本为 $C=25\,000+200x+\frac{1}{40}x^2$(元).

(1)若使平均成本最小,应生产产品的件数为(　　).

(A)600　(B)700　(C)800　(D)900　(E)1 000

(2)若产品以每件 500 元售出,要使利润最大,应生产产品的件数为(　　).

(A)1 000　(B)2 000　(C)4 000　(D)6 000　(E)8 000

**125.** 一商家销售某种商品的价格 $p$(万元/吨)与销售量 $x$(单位:吨)之间满足关系 $p=7-0.2x$,商品的成本函数 $C=3x+1$.

(1)若每销售一吨商品,政府要征税 $t$ 万元,则该商家获最大利润时的销售量为(　　).

(A) $\frac{5}{2}(4-t)$吨　(B) $\frac{5}{2}(3-t)$吨　(C) $\frac{5}{2}(2-t)$吨

(D) $\frac{5}{2}(1-t)$吨　(E) $\frac{3}{2}(3-t)$吨

(2)商家获得最大利润时,若要使政府税收总额最大,$t$ 应为(　　).

(A)5　(B)4　(C)3　(D)2　(E)1

# 第三章　一元函数积分学

## 【考向 1】原函数与不定积分

**1.** 设下列不定积分都存在，则正确的是（　　）.

(A) $\int f'(x)\mathrm{d}x = f(x)$

(B) $\int \mathrm{d}[f(x)] = f(x)$

(C) $\frac{\mathrm{d}}{\mathrm{d}x}\left[\int f(x)\mathrm{d}x\right] = f(x)$

(D) $\mathrm{d}\left[\int f(x)\mathrm{d}x\right] = f(x)$

(E) $\frac{\mathrm{d}}{\mathrm{d}x}\left[\int f'(x)\mathrm{d}x\right] = f(x)$

**2.** 设下列不定积分都存在，则正确的是（　　）.

(A) $\int f'(2x)\mathrm{d}x = \frac{1}{2}f(2x) + C$

(B) $\left[\int f(2x)\mathrm{d}x\right]' = 2f(2x)$

(C) $\int f'(2x)\mathrm{d}x = f(2x) + C$

(D) $\left[\int f(2x)\mathrm{d}x\right]' = \frac{1}{2}f(2x)$

(E) $\int f'(2x)\mathrm{d}x = f(x) + C$

**3.** 设 $f(x) = \begin{cases} \frac{1}{\sqrt{1+x^2}}, & x \leqslant 0, \\ (x+1)\cos x, & x > 0, \end{cases}$ 则它的一个原函数为（　　）.

(A) $F(x) = \begin{cases} \ln(\sqrt{1+x^2} - x), & x \leqslant 0, \\ (x+1)\cos x - \sin x, & x > 0 \end{cases}$

(B) $F(x) = \begin{cases} \ln(\sqrt{1+x^2} - x) + 1, & x \leqslant 0, \\ (x+1)\cos x - \sin x, & x > 0 \end{cases}$

(C) $F(x) = \begin{cases} \ln(\sqrt{1+x^2} - x), & x \leqslant 0, \\ (x+1)\sin x + \cos x, & x > 0 \end{cases}$

(D) $F(x) = \begin{cases} \ln(\sqrt{1+x^2} + x) + 1, & x \leqslant 0, \\ (x+1)\sin x + \cos x, & x > 0 \end{cases}$

(E) $F(x) = \begin{cases} \ln(\sqrt{1+x^2} - x) - 1, & x \leqslant 0, \\ (x+1)\sin x + \cos x, & x > 0 \end{cases}$

**4.** 设函数 $f(x)$ 在 $(-\infty, +\infty)$ 上连续并可导，则 $\mathrm{d}\left[\int f(x)\mathrm{d}x\right] =$（　　）.

(A) $f(x)$　　(B) $f(x)\mathrm{d}x$　　(C) $f(x) + C$

(D) $f'(x)\mathrm{d}x$　　(E) $f'(x)$

**5.** 设 $F(x)$ 是 $x\sin x$ 的一个原函数，则 $\mathrm{d}[F(x^2)] =$（　　）.

(A) $2x^2\sin x\mathrm{d}x$　(B) $2x^3\sin x\mathrm{d}x$　(C) $2x^2\sin x^2\mathrm{d}x$

(D) $2x^3\sin x^2\mathrm{d}x$　(E) $x^2\sin x^2\mathrm{d}x$

**6.** 已知函数 $f(x)$ 的一个原函数为 $\mathrm{e}^{-2x}$，则 $f'(x)=$（　　）.

(A) $-4\mathrm{e}^{-2x}$　(B) $-2\mathrm{e}^{-2x}$　(C) $-\mathrm{e}^{-2x}$　(D) $2\mathrm{e}^{-2x}$　(E) $4\mathrm{e}^{-2x}$

**7.** 若 $f(x)$ 是闭区间 $[a,b]$ 上的连续函数，则在开区间 $(a,b)$ 内 $f(x)$ 必有（　　）.

(A) 导函数　(B) 原函数　(C) 最大值　(D) 最小值　(E) 极值

**8.** 设 $f(x)$ 为连续函数，$F(x)$ 是 $f(x)$ 的一个原函数，则下列命题错误的是（　　）.

(A) 若 $F(x)$ 为奇函数，则 $f(x)$ 必定为偶函数

(B) 若 $f(x)$ 为奇函数，则 $F(x)$ 必定为偶函数

(C) 若 $f(x)$ 为偶函数，则 $F(x)$ 必定为奇函数

(D) 若 $F(x)$ 为偶函数，则 $f(x)$ 必定为奇函数

(E) 若 $f(x)$ 为偶函数，则有且仅有一个 $F(x)$ 为奇函数

**9.** 设 $f(x)$ 为连续的奇函数，$F(x)$ 为 $f(x)$ 的一个原函数，则（　　）.

(A) $\int_{-a}^{a}F(x)\mathrm{d}x=0$　(B) $\int_{-a}^{a}F(-x)\mathrm{d}x=0$　(C) $\int_{-a}^{a}f(x)F(x)\mathrm{d}x=0$

(D) $\int_{-a}^{a}F[f(x)]\mathrm{d}x=0$　(E) $\int_{-a}^{a}f[F(x)]\mathrm{d}x=0$

**10.** 设 $f(x)$ 在 $(-\infty,+\infty)$ 内为连续的偶函数，$F(x)=\int_0^x(x-2t)f(t)\mathrm{d}t$，则 $F(x)$ 为（　　）.

(A) 偶函数　(B) 奇函数　(C) 非奇非偶函数

(D) 单调增函数　(E) 单调减函数

**11.** 已知 $F(x)$ 是连续函数 $f(x)$ 的一个原函数，则 $\int_a^x f(2t+a)\mathrm{d}t=$（　　）.

(A) $F(2x+a)-F(a)$　(B) $\frac{1}{2}[F(2x+a)-F(a)]$

(C) $\frac{1}{2}[F(2x+a)-F(2a)]$　(D) $\frac{1}{2}[F(2x+a)-F(3a)]$

(E) $F(2x+a)-F(3a)$

## 【考向 2】不定积分的计算

**12.** 设 $f(x)$ 为 $5^x$ 的一个原函数，则 $f''(x)=$（　　）.

(A) $5^x$　(B) $5^x\ln 5$　(C) $5^x\ln^2 x$　(D) $5^x\ln^3 5$　(E) $(5^x\ln x)^2$

**13.** 已知 $x+\frac{1}{x}$ 是 $f(x)$ 的一个原函数，则 $\int xf(x)\mathrm{d}x=$（　　）.

(A) $\frac{1}{2}x^2-\ln|x|+C$　(B) $x-\frac{1}{2}\ln|x|+C$　(C) $-\ln|x|+C$

(D) $\frac{1}{2}x-\ln|x|+C$　(E) $x^2-\ln|x|+C$

**14.** 已知 $\sin x$ 是 $f(x)$ 的一个原函数，则 $\int xf'(x)\mathrm{d}x=$（　　）.

(A) $x\cos x+\sin x+C$　　(B) $x\cos x-\sin x+C$

(C) $x\sin x+\cos x+C$　　(D) $x\sin x-\cos x+C$

(E) $\cos x-\sin x+C$

**15.** 设 $f(x)$ 的一个原函数为 $\frac{\cos x}{x}$,则 $\int xf'(x)\mathrm{d}x=$ (　　).

(A) $\frac{\cos x}{x}+C$　　(B) $-\frac{\cos x}{x}+C$

(C) $\sin x-\frac{\cos x}{x}+C$　　(D) $\sin x+\frac{\cos x}{x}+C$

(E) $-\sin x-\frac{2\cos x}{x}+C$

**16.** 设 $f(x)$ 为 $xe^x$ 的一个原函数,则 $\int xf''(x)\mathrm{d}x=$ (　　).

(A) $(x^2+x+1)e^x+C$　　(B) $(x^2-x+1)e^x+C$

(C) $(x^2+x-1)e^x+C$　　(D) $(x^2-x-1)e^x+C$

(E) $(x^2+x)e^x+C$

**17.** 设 $f(x)$ 为可导函数,且满足关系式

$$f(x+\Delta x)-f(x-\Delta x)=e^{2x}\Delta x+\alpha(\Delta x),$$

其中,当 $\Delta x\to 0$ 时,$\alpha(\Delta x)$ 为 $\Delta x$ 的高阶无穷小量,则 $f(x)=$ (　　).

(A) $2e^{2x}+C$　　(B) $e^{2x}+C$　　(C) $\frac{1}{2}e^{2x}+C$

(D) $\frac{1}{4}e^{2x}+C$　　(E) $\frac{1}{8}e^{2x}+C$

**18.** 设 $f(x)$ 为可导函数,且满足

$$f(x+\Delta x)-f(x-\Delta x)=-2\cos x\cdot\Delta x+\alpha(\Delta x),$$

其中,当 $\Delta x\to 0$ 时,$\alpha(\Delta x)$ 为 $\Delta x$ 的高阶无穷小量,则下列函数中不为 $f(x)$ 的原函数的是(　　).

(A) $\cos x+C_1x+C_2$　　(B) $\cos x+Cx$　　(C) $\cos x+C$

(D) $\cos x$　　(E) $-\cos x$

**19.** 设 $f'(x)=\cos x$,则 $f(x)$ 的一个原函数为(　　).

(A) $1-\sin x$　　(B) $1+\sin x$　　(C) $\cos x-1$

(D) $1+\cos x$　　(E) $1-\cos x$

**20.** 若 $f'(e^x)=xe^{-x}$,且 $f(1)=0$,则 $f(x)=$ (　　).

(A) $2\ln^2 x$　　(B) $\ln^2 x$　　(C) $\frac{1}{2}\ln^2 x$　　(D) $\ln x$　　(E) $\frac{1}{2}\ln x$

**21.** 设 $\int(1-x^2)f(x^2)\mathrm{d}x=\arcsin x+C$,则当 $0\leqslant x<1$ 时,$\int\frac{1}{f(x)}\mathrm{d}x=$ (　　).

(A) $\frac{2}{5}(1-x)^{\frac{5}{2}}+C$　　(B) $-\frac{2}{5}(1-x)^{\frac{5}{2}}+C$

(C) $-\frac{2}{3}(1-x)^{\frac{3}{2}}+C$ (D) $\frac{2}{3}(1-x)^{\frac{3}{2}}+C$

(E) $\frac{2}{5}(1-x)^{\frac{3}{2}}+C$

**22.** 设 $f(x)$ 非常函数且可导，$\int \sin f(x)\mathrm{d}x = x\sin f(x) - \int \cos f(x)\mathrm{d}x$，则 $f(x)=$（ ）.

(A) $\ln|x|+C$ (B) $\ln|x|$ (C) $x+C$

(D) $x$ (E) $|x|$

**23.** 设 $\int f(x)\mathrm{e}^{-x^2}\mathrm{d}x = -\mathrm{e}^{-x^2}+C$，则 $f(x)=$（ ）.

(A) $-1$ (B) $-2x$ (C) $2x$ (D) $\frac{1}{2x}$ (E) $-\frac{1}{2x}$

**24.** 设 $F(x)$ 是 $f(x)$ 的一个原函数，且 $F(x)=\frac{f(x)}{\tan x}(x\neq 0)$，则 $F(x)=$（ ）.

(A) $\frac{C}{\cos x}$ (B) $\frac{C}{\sin x}$ (C) $\frac{1}{\cos x}+C$

(D) $-\frac{1}{\cos x}+C$ (E) $\frac{1}{\tan x}+C$

**25.** 若 $f(x)=\int_0^x f(t)\mathrm{d}t+1$，则 $f(x)=$（ ）.

(A) $C\mathrm{e}^x$ (B) $\mathrm{e}^x+C$ (C) $\mathrm{e}^{-x}+C$ (D) $\mathrm{e}^x$ (E) $C\mathrm{e}^{-x}$

**26.** 设 $f'(x)=\mathrm{e}^{3x}-\sin 3x$，且 $f(0)=\frac{2}{3}$，则 $f(x)=$（ ）.

(A) $\frac{1}{3}(\mathrm{e}^{3x}+\cos 3x)$ (B) $\frac{1}{3}(\mathrm{e}^{3x}-\cos 3x)+1$ (C) $\frac{1}{3}(\mathrm{e}^{3x}+\sin 3x)+\frac{1}{3}$

(D) $\frac{1}{3}(\mathrm{e}^{3x}-\sin 3x)$ (E) $\mathrm{e}^{3x}-\cos 3x+\frac{4}{3}$

**27.** 设 $\int \frac{f(\ln x)}{x}\mathrm{d}x = x^2+C$，则 $\int \cos x\cdot f(\sin x)\mathrm{d}x=$（ ）.

(A) $\mathrm{e}^{\sin x}+C$ (B) $\mathrm{e}^{2\sin x}+C$ (C) $2\mathrm{e}^{\sin x}+C$

(D) $\mathrm{e}^{\sin 2x}+C$ (E) $2\mathrm{e}^{\sin 2x}+C$

**28.** 设 $F(x)$ 是 $f(x)$ 的一个原函数，则下列命题正确的是（ ）.

(A) $\int \frac{1}{x}f(\ln ax)\mathrm{d}x = \frac{1}{a}F(\ln ax)+C$

(B) $\int \frac{1}{x}f(\ln ax)\mathrm{d}x = F(\ln ax)+C$

(C) $\int \frac{1}{x}f(\ln ax)\mathrm{d}x = aF(\ln ax)+C$

(D) $\int \frac{1}{x}f(\ln ax)\mathrm{d}x = \frac{1}{x}F(\ln ax)+C$

(E) $\int \frac{1}{x}f(\ln ax)\mathrm{d}x = \frac{a}{x}F(\ln ax)+C$

**29.** 不定积分$\int \frac{\cos x + x\sin x}{x^2 + \cos^2 x}dx =$ (　　).

(A)$\arctan \frac{\sin x}{x} + C$　　(B)$-\arctan \frac{\sin x}{x} + C$

(C)$\arctan \frac{\cos x}{x} + C$　　(D)$-\arctan \frac{\cos x}{x} + C$

(E)$\text{arccot} \frac{x}{\cos x} + C$

**30.** 不定积分$\int \frac{x dx}{x^4 + 2x^2 + 5} =$ (　　).

(A)$\arctan \frac{x^2+1}{2} + C$　　(B)$\frac{1}{2}\arctan \frac{x^2+1}{2} + C$

(C)$\frac{1}{3}\arctan \frac{x^2+1}{2} + C$　　(D)$\frac{1}{4}\arctan \frac{x^2+1}{2} + C$

(E)$\frac{1}{6}\arctan \frac{x^2+1}{2} + C$

**31.** 不定积分$\int x^2 \sqrt{1-x^3}\, dx =$ (　　).

(A)$-\frac{1}{3}(1-x^3)^{\frac{3}{2}} + C$　　(B)$-\frac{2}{9}(1-x^3)^{\frac{3}{2}} + C$

(C)$-3(1-x^3)^{\frac{3}{2}} + C$　　(D)$-\frac{9}{2}(1-x^3)^{\frac{3}{2}} + C$

(E)$-\frac{1}{9}(1-x^3)^{\frac{3}{2}} + C$

**32.** 不定积分$\int x^2 \sin(3-2x^3) dx =$ (　　).

(A)$-\frac{1}{2}\cos(3-2x^3) + C$　　(B)$-\frac{1}{3}\cos(3-2x^2) + C$

(C)$-\frac{1}{6}\cos(3-2x^2) + C$　　(D)$\frac{1}{6}\cos(3-2x^3) + C$

(E)$\frac{1}{3}\cos(3-2x^2) + C$

**33.** 不定积分$\int \frac{\tan x}{\sqrt{\cos x}} dx =$ (　　).

(A)$2\cos^{-\frac{1}{2}} x + C$　　(B)$-2\cos^{-\frac{1}{2}} x + C$　　(C)$\cos^{-\frac{1}{2}} x + C$

(D)$-\cos^{-\frac{1}{2}} x + C$　　(E)$\frac{1}{2}\cos^{-\frac{1}{2}} x + C$

**34.** 不定积分$\int \frac{dx}{1+\sin x} =$ (　　).

(A)$\tan x + \frac{1}{\cos x} + C$　　(B)$\tan x - \frac{1}{\cos x} + C$　　(C)$-\tan x + \frac{1}{\cos x} + C$

(D)$-\tan x - \frac{1}{\cos x} + C$　　(E)$\cot x + \frac{1}{\cos x} + C$

**35.** 不定积分$\int \frac{x}{\sqrt{1-x^2}}dx=$（　　）.

(A) $\sqrt{1-x^2}+C$　　(B) $-\sqrt{1-x^2}+C$　　(C) $\frac{1}{2}\sqrt{1-x^2}+C$

(D) $-\frac{1}{2}\sqrt{1-x^2}+C$　　(E) $2\sqrt{1-x^2}+C$

**36.** 不定积分$\int \frac{\ln(\sqrt{x}+1)}{2\sqrt{x}}dx=$（　　）.

(A) $-(\sqrt{x}+1)\ln(\sqrt{x}+1)-\sqrt{x}+C$

(B) $(\sqrt{x}+1)\ln(\sqrt{x}+1)-\sqrt{x}+C$

(C) $-(\sqrt{x}+1)\ln(\sqrt{x}+1)+\sqrt{x}+C$

(D) $(\sqrt{x}-1)\ln(\sqrt{x}+1)+\sqrt{x}+C$

(E) $(\sqrt{x}-1)\ln(\sqrt{x}+1)-\sqrt{x}+C$

**37.** 不定积分$\int \frac{\arcsin\sqrt{x}}{\sqrt{x}}dx=$（　　）.

(A) $2\sqrt{x}\arcsin\sqrt{x}+2\sqrt{1-x}+C$　　(B) $2\sqrt{x}\arcsin\sqrt{x}-2\sqrt{1-x}+C$

(C) $\sqrt{x}\arcsin\sqrt{x}+2\sqrt{1-x}+C$　　(D) $\sqrt{x}\arcsin\sqrt{x}-2\sqrt{1-x}+C$

(E) $2x\arcsin\sqrt{x}+2\sqrt{1-x}+C$

**38.** 不定积分$\int \frac{\ln(2+\sqrt{x})}{x+2\sqrt{x}}dx=$（　　）.

(A) $\ln(2+\sqrt{x})+C$　　(B) $2\ln(2+\sqrt{x})+C$　　(C) $\ln(2+x)+C$

(D) $2\ln(2+x)+C$　　(E) $\ln^2(2+\sqrt{x})+C$

**39.** 不定积分$\int \frac{\arcsin\sqrt{x}+1}{\sqrt{x}}dx=$（　　）.

(A) $2\sqrt{x}\arcsin\sqrt{x}+\sqrt{1-x}+\sqrt{x}+C$

(B) $2\sqrt{x}\arcsin\sqrt{x}-\sqrt{1-x}-\sqrt{x}+C$

(C) $2\sqrt{x}\arcsin\sqrt{x}+\sqrt{1-x}-\sqrt{x}+C$

(D) $2\sqrt{x}\arcsin\sqrt{x}+2\sqrt{1-x}+2\sqrt{x}+C$

(E) $2\sqrt{x}\arcsin\sqrt{x}+2\sqrt{1-x}+\sqrt{x}+C$

**40.** 不定积分$\int \frac{\arcsin\sqrt{x}+\ln x}{\sqrt{x}}dx=$（　　）.

(A) $2\sqrt{x}\arcsin x+2\sqrt{x}\ln x-2\sqrt{1-x}-4\sqrt{x}+C$

(B) $2\sqrt{x}\arcsin x+2\sqrt{x}\ln x-2\sqrt{1-x}+4\sqrt{x}+C$

(C) $2\sqrt{x}\arcsin\sqrt{x}+2\sqrt{x}\ln x+2\sqrt{1-x}-4\sqrt{x}+C$

(D) $2\sqrt{x}\arcsin\sqrt{x}-2\sqrt{x}\ln x-2\sqrt{1-x}+4\sqrt{x}+C$

(E) $2\sqrt{x}\arcsin\sqrt{x}-2\sqrt{x}\ln x-\sqrt{1-x}-4\sqrt{x}+C$

**41.** 不定积分 $\int(\sin x+x\cos x+\mathrm{e}^{2x})\mathrm{d}x=(\quad)$.

(A) $x\sin x+\mathrm{e}^{2x}+C$

(B) $x\sin x-\mathrm{e}^{2x}+C$

(C) $x\cos x-\mathrm{e}^{2x}+C$

(D) $x\sin x+\frac{1}{2}\mathrm{e}^{2x}+C$

(E) $x\cos x+\frac{1}{2}\mathrm{e}^{2x}+C$

**42.** 不定积分 $\int x^3\mathrm{e}^{x^2}\mathrm{d}x=(\quad)$.

(A) $\frac{1}{2}(x+1)\mathrm{e}^{x}+C$

(B) $\frac{1}{2}(x^2+1)\mathrm{e}^{x^2}+C$

(C) $\frac{1}{2}(x^2-1)\mathrm{e}^{x^2}+C$

(D) $(x^2-1)\mathrm{e}^{x^2}+C$

(E) $2(x^2-1)\mathrm{e}^{x^2}+C$

**43.** 不定积分 $\int\frac{\ln x}{x^2}\mathrm{d}x=(\quad)$.

(A) $-\frac{\ln x+1}{x}+C$

(B) $\frac{\ln x+1}{x}+C$

(C) $-\frac{\ln(x+1)}{x}+C$

(D) $\frac{\ln(x+1)}{x}+C$

(E) $-\frac{\ln x+1}{x^2}+C$

**44.** 不定积分 $\int\frac{1}{x^3}\sin\frac{1}{x}\mathrm{d}x=(\quad)$.

(A) $\frac{1}{x}\cos\frac{1}{x}+\sin\frac{1}{x}+C$

(B) $\frac{1}{x}\cos\frac{1}{x}-\sin\frac{1}{x}+C$

(C) $\cos\frac{1}{x}+\frac{1}{x}\sin\frac{1}{x}+C$

(D) $\cos\frac{1}{x}-\frac{1}{x}\sin\frac{1}{x}+C$

(E) $\cos\frac{1}{x}+\sin\frac{1}{x}+C$

**45.** 不定积分 $\int\sin 2x\cdot\mathrm{e}^{\cos x}\mathrm{d}x=(\quad)$.

(A) $2(1+\cos x)\mathrm{e}^{\cos x}+C$

(B) $(1+\cos x)\mathrm{e}^{\cos x}+C$

(C) $2(1-\cos x)\mathrm{e}^{\cos x}+C$

(D) $(1-\cos x)\mathrm{e}^{\cos x}+C$

(E) $(1-2\sin x)\mathrm{e}^{\cos x}+C$

**46.** 不定积分 $\int\frac{\arcsin\sqrt{x}}{\sqrt{1-x}}\mathrm{d}x=(\quad)$.

(A) $2\sqrt{1-x}\arcsin\sqrt{x}+2\sqrt{x}+C$

(B) $2\sqrt{1-x}\arcsin\sqrt{x}-2\sqrt{x}+C$

(C) $-2\sqrt{1-x}\arcsin\sqrt{x}+2\sqrt{x}+C$

(D) $-2\sqrt{1-x}\arcsin\sqrt{x}-2\sqrt{x}+C$

(E) $\sqrt{1-x}\arcsin\sqrt{x}-2\sqrt{x}+C$

**47.** 不定积分$\int\sin(\ln x)\mathrm{d}x=$(    ).

(A) $\frac{1}{2}[\sin(\ln x)-\cos(\ln x)]+C$

(B) $\frac{1}{2}[\sin(\ln x)+\cos(\ln x)]+C$

(C) $\frac{x}{2}[\sin(\ln x)-\cos(\ln x)]+C$

(D) $\frac{x}{2}[\sin(\ln x)+\cos(\ln x)]+C$

(E) $\frac{x}{2}[\cos(\ln x)-\sin(\ln x)]+C$

**48.** 不定积分$\int\frac{x\mathrm{e}^{-x}}{(1+\mathrm{e}^{-x})^2}\mathrm{d}x=$(    ).

(A) $\frac{x}{1+\mathrm{e}^x}-\ln(\mathrm{e}^x+1)+C$

(B) $\frac{x}{1+\mathrm{e}^x}+\ln(\mathrm{e}^x+1)+C$

(C) $\frac{x}{1+\mathrm{e}^{-x}}-\ln(\mathrm{e}^x+1)+C$

(D) $\frac{x}{1+\mathrm{e}^{-x}}+\ln(\mathrm{e}^x+1)+C$

(E) $\frac{1}{1-\mathrm{e}^{-x}}-\ln(\mathrm{e}^x+1)+C$

**49.** 不定积分$\int(\arcsin x)^2\mathrm{d}x=$(    ).

(A) $x(\arcsin x)^2+2\sqrt{1-x^2}\arcsin x+2x+C$

(B) $x(\arcsin x)^2+2\sqrt{1-x^2}\arcsin x-2x+C$

(C) $x(\arcsin x)^2-2\sqrt{1-x^2}\arcsin x+2x+C$

(D) $x(\arcsin x)^2-2\sqrt{1-x^2}\arcsin x-2x+C$

(E) $x(\arcsin x)^2-\sqrt{1-x^2}\arcsin x-x+C$

**50.** 不定积分$\int\frac{x+2}{x^2+4x+5}\mathrm{d}x=$(    ).

(A) $\ln(x^2+4x+5)+C$

(B) $\frac{1}{2}\ln(x^2+4x+5)+C$

(C) $\frac{1}{3}\ln(x^2+4x+5)+C$

(D) $\frac{1}{4}\ln(x^2+4x+5)+C$

(E) $\frac{1}{6}\ln(x^2+4x+5)+C$

**51.** 不定积分$\int\frac{2x+3}{x^2-4x+5}\mathrm{d}x=$(    ).

(A) $\ln(x^2+4x+5)-7\arctan(x-2)+C$

(B) $\ln(x^2-4x+5)+6\arctan(x-2)+C$

(C) $\ln(x^2-4x+5)+7\arctan(x-2)+C$

(D) $\ln(x^2-4x+5)-6\arctan(x-2)+C$

(E) $\ln(x^2-4x+5)+3\arctan(x-2)+C$

**52.** 不定积分 $\int \frac{x^2}{1+x^2}\arctan x\,\mathrm{d}x=$（　　）.

(A) $x\arctan x+\frac{1}{2}\ln(1+x^2)-\frac{1}{2}\arctan^2 x+C$

(B) $x\arctan x-\frac{1}{2}\ln(1+x^2)-\frac{1}{2}\arctan^2 x+C$

(C) $x\arctan x+\frac{1}{2}\ln(1+x^2)+\frac{1}{2}\arctan^2 x+C$

(D) $x\arctan x-\frac{1}{2}\ln(1+x^2)+\frac{1}{2}\arctan^2 x+C$

(E) $x\arctan x-\ln(1+x^2)+\arctan^2 x+C$

**53.** 不定积分 $\int \frac{\arctan x}{x^2(1+x^2)}\mathrm{d}x=$（　　）.

(A) $-\frac{1}{x}\arctan x+\ln|x|-\frac{1}{2}\ln(1+x^2)-\frac{1}{2}\arctan^2 x+C$

(B) $\frac{1}{x}\arctan x+\ln|x|-\frac{1}{2}\ln(1+x^2)-\frac{1}{2}\arctan^2 x+C$

(C) $-\frac{1}{x}\arctan x+\ln|x|+\frac{1}{2}\ln(1+x^2)-\frac{1}{2}\arctan^2 x+C$

(D) $-\frac{1}{x}\arctan x+\ln|x|+\frac{1}{2}\ln(1+x^2)+\frac{1}{2}\arctan^2 x+C$

(E) $-\frac{1}{x}\arctan x+\ln|x|-\frac{1}{2}\ln(1+x^2)+\frac{1}{2}\arctan^2 x+C$

**54.** 不定积分 $\int \frac{\arctan \mathrm{e}^x}{\mathrm{e}^{2x}}\mathrm{d}x=$（　　）.

(A) $\frac{1}{2}(\mathrm{e}^{-2x}\arctan \mathrm{e}^x+\mathrm{e}^{-x}+\arctan \mathrm{e}^x)+C$

(B) $\frac{1}{2}(\mathrm{e}^{-2x}\arctan \mathrm{e}^x-\mathrm{e}^{-x}+\arctan \mathrm{e}^x)+C$

(C) $\frac{1}{2}(\mathrm{e}^{-2x}\arctan \mathrm{e}^x-\mathrm{e}^{-x}-\arctan \mathrm{e}^x)+C$

(D) $-\frac{1}{2}(\mathrm{e}^{-2x}\arctan \mathrm{e}^x-\mathrm{e}^{-x}+\arctan \mathrm{e}^x)+C$

(E) $-\frac{1}{2}(\mathrm{e}^{-2x}\arctan \mathrm{e}^x+\mathrm{e}^{-x}+\arctan \mathrm{e}^x)+C$

## 【考向 3】变限积分函数

**55.** 已知 $\int_0^1 [f(x)+xf(tx)]\mathrm{d}t$ 与变量 $x$ 无关，$f(x)$ 可导，则 $f(x)=$（　　）.

(A)$Ce^{2x}$　(B)$Ce^{x}$　(C)$Ce^{-x}$　(D)$Ce^{-2x}$　(E)$Ce^{-3x}$

**56.** 设函数 $f(x)$是可导函数,且$\int_0^1 f(ux)\mathrm{d}u=\frac{1}{3}f(x)+2$,则 $f(x)=$(　　).

(A)$Cx^2$　(B)$1+Cx^2$　(C)$2+Cx^2$　(D)$3+Cx^2$　(E)$4+Cx^2$

**57.** 设函数 $f(x)$具有连续的一阶导数,且满足 $f(x)=\int_0^x (x^2-t^2)f'(t)\mathrm{d}t+x^2$,则 $f(x)$的表达式为(　　).

(A)$e^{2x^2}-1$　(B)$e^{x^2}-1$　(C)$e^{2x}-1$　(D)$e^{-x}-1$　(E)$e^{x}-1$

**58.** 设 $f(x)=\int_1^x e^{-t^2}\mathrm{d}t$,则$\int_0^1 f(x)\mathrm{d}x=$(　　).

(A) $\frac{1}{2}(e^{-1}+1)$　(B) $\frac{1}{2}(e^{-1}-1)$　(C) $\frac{1}{2}(e+1)$

(D) $\frac{1}{2}(e-1)$　(E)$e-1$

**59.** 设 $f(x)=\int_1^{x^2} e^{-t^2}\mathrm{d}t$,则$\int_0^1 2xf(x)\mathrm{d}x=$(　　).

(A) $\frac{1}{2}(e^{-1}+1)$　(B) $\frac{1}{2}(e^{-1}-1)$　(C) $\frac{1}{2}(e+1)$

(D) $\frac{1}{2}(e-1)$　(E)$e-1$

**60.** 设连续函数 $f(x)$满足$\int_0^x f(x-u)e^u\mathrm{d}u=\sin x$,则 $f(x)=$(　　).

(A)$\cos x-\sin x$　(B)$\cos x+\sin x$　(C)$\cos x$

(D)$\sin x$　(E)$\sin x-\cos x$

**61.** 设 $y=\frac{\mathrm{d}}{\mathrm{d}x}\int_0^{e^x}\ln(1+t^2)\mathrm{d}t$,则曲线 $y$ 过点$(0,\ln 2)$的切线方程为(　　).

(A)$y=(1+x)\ln 2$　(B)$y=(1-x)\ln 2$

(C)$y=(1+\ln 2)x+\ln 2$　(D)$y=(1-\ln 2)x+\ln 2$

(E)$y=(x-1)\ln 2$

**62.** 设 $f(x)$ 为可导函数,且$\int_0^{3x-6\pi} f\left(\frac{1}{3}t\right)\mathrm{d}t=x\sin x+\cos x-1$,则 $f(0)\cdot f'(0)=$(　　).

(A)$\pi$　(B) $\frac{3\pi}{4}$　(C) $\frac{2}{9}\pi$　(D) $\frac{1}{9}\pi$　(E) $\frac{1}{12}\pi$

**63.** 设 $f(x)$ 为连续函数,且 $F(x)=\int_1^{x^2} x^2 f(t)\mathrm{d}t$,则 $F'(x)=$(　　).

(A)$2x\int_1^{x^2} f(t)\mathrm{d}t+xf(x^2)$　(B)$2x\int_1^{x^2} f(t)\mathrm{d}t+2x^2f(x^2)$

(C)$2x^3f(x^2)$　(D)$2x\int_1^{x^2} f(t)\mathrm{d}t+2x^3f(x^2)$

(E)$2x^4f(x)$

**64.** 设 $f(x)$ 为连续函数,当 $x>0$ 时,$F(x)=\int_{x^2}^1 f(xt)\mathrm{d}t$,则 $F'(x)=$(　　).

(A) $\frac{1}{x^2}\int_{x^2}^{x} f(u)\mathrm{d}u - \frac{1}{x}[f(x) - 3x^2 f(x^3)]$

(B) $-\frac{1}{x^2}\int_{x^2}^{x} f(u)\mathrm{d}u - \frac{1}{x}[f(x) - 3x^2 f(x^3)]$

(C) $-\frac{1}{x^2}\int_{x^2}^{x} f(u)\mathrm{d}u - \frac{1}{x}[f(x) + 3x^2 f(x^3)]$

(D) $-\frac{1}{x^2}\int_{x^3}^{x} f(u)\mathrm{d}u + \frac{1}{x}[f(x) + 3x^2 f(x^3)]$

(E) $-\frac{1}{x^2}\int_{x^3}^{x} f(u)\mathrm{d}u + \frac{1}{x}[f(x) - 3x^2 f(x^3)]$

**65.** 设 $F(x) = \int_0^x \frac{1}{1+t^2}\mathrm{d}t + \int_0^{\frac{1}{x}} \frac{1}{1+t^2}\mathrm{d}t(x \neq 0)$，则(　　).

(A) $F(x) \equiv 0$　(B) $F(x) \equiv \frac{\pi}{2}$　(C) $F(x) \equiv -\frac{\pi}{2}$

(D) $F(x) \equiv \pi$　(E) $F(x)$在定义域内非定常数

**66.** 若 $f(x)$ 在区间$[a,b]$上连续，且 $f(x) > 0$，又

$$F(x) = \int_a^x f(t)\mathrm{d}t + \int_b^x \frac{1}{f(t)}\mathrm{d}t,$$

给出以下四个结论：在$(a,b)$内，

①$F(x)$ 为单调增加函数；

②$F(x)$ 为单调减少函数；

③ 方程 $F(x) = 0$ 没有实根；

④ 方程 $F(x) = 0$ 有且仅有一个实根.

则所有正确结论的序号为(　　).

(A)①③　(B)①④　(C)②③

(D)②④　(E) 不存在

**67.** 已知 $f(x)$为连续函数，且$\int_0^x tf(2x-t)\mathrm{d}t = \frac{1}{2}\arctan x^2$，$f(1) = 1$，则$\int_1^2 f(x)\mathrm{d}x =$(　　).

(A)3　(B)2　(C) $\frac{4}{3}$　(D)1　(E) $\frac{3}{4}$

**68.** 已知 $f(x)$ 连续，$\int_0^x tf(x-t)\mathrm{d}t = 1 - \cos x$，则$\int_0^{\frac{\pi}{2}} f(x)\mathrm{d}x$ 的值为(　　).

(A)$\pi$　(B) $\frac{\pi}{2}$　(C)1　(D) $\frac{1}{2}$　(E) $-1$

**69.** 设 $f(x) = \int_0^{x^2} t(t-1)\mathrm{d}t$，则函数 $f(x)$的极值点个数为(　　).

(A)1　(B)2　(C)3　(D)4　(E)5

**70.** 设 $F(x) = \int_1^x \left(2 - \frac{1}{\sqrt{t}}\right)\mathrm{d}t(x > 0)$，则 $F(x)$ 的单调增加区间为(　　).

(A) $\left(0, \frac{1}{4}\right)$　(B) $\left(0, \frac{1}{2}\right)$　(C)$(0,1)$

(D)$\left(\frac{1}{2},+\infty\right)$　　(E)$\left(\frac{1}{4},+\infty\right)$

**71.** 设当 $x>0$ 时，$f(x)$ 为可导函数，且 $f(x)=1+\frac{1}{x}\int_1^x f(t)\mathrm{d}t$，则 $f(x)$ 的表达式及其单调性分别为(　　).

(A)$1-\ln x$，单调减少　(B)$1+\ln x$，单调增加　(C)$2-\ln x$，单调减少

(D)$2+\ln x$，单调增加　(E)$\ln x$，单调增加

**72.** 函数 $F(x)=\int_1^x t(t-4)\mathrm{d}t$ 在$[-1,3]$上的最大值与最小值分别为(　　).

(A)$F(0)=\frac{3}{4},F(-1)=-\frac{2}{3}$　　(B)$F(1)=0,F(3)=-\frac{22}{3}$

(C)$F(0)=\frac{7}{3},F(3)=-\frac{5}{3}$　　(D)$F(0)=\frac{5}{3},F(3)=-\frac{22}{3}$

(E)$F(1)=\frac{4}{3},F(-1)=-\frac{2}{3}$

**73.** 函数 $f(x)=\int_1^{x^2}(x^2-t)\mathrm{e}^{-t^2}\mathrm{d}t$ 的单调区间与极值分别为(　　).

(A) 单调增区间:$(-1,0),(1,+\infty)$;单调减区间:$(-\infty,-1),(0,1)$;极小值 $f(\pm 1)=0$,极大值 $f(0)=\frac{1}{2}(1-\mathrm{e}^{-1})$

(B) 单调增区间:$(-\infty,-1),(0,1)$;单调减区间:$(-1,0),(1,+\infty)$;极小值 $f(0)=\frac{1}{2}(1-\mathrm{e}^{-1})$,极大值 $f(\pm 1)=0$

(C) 单调增区间:$(-\infty,-1)$;单调减区间:$(-1,+\infty)$;极大值 $f(-1)=0$,极小值不存在

(D) 单调增区间:$(-1,+\infty)$;单调减区间:$(-\infty,-1)$;极小值 $f(-1)=0$,极大值不存在

(E) 单调增区间:$(-\infty,1)$;单调减区间:$(1,+\infty)$;极大值 $f(1)=0$,极小值不存在

**74.** 设 $y=y(x)$ 由 $\int_0^y \mathrm{e}^{t^2}\mathrm{d}t=\frac{1}{2}(x^{\frac{1}{3}}-1)^2(x>0)$ 确定，则 $y(x)$ 的极值为(　　).

(A) 极小值 $y(1)=0$　　(B) 极小值 $y(1)=1$

(C) 极小值 $y(2)=0$　　(D) 极小值 $y(2)=1$

(E) 极小值 $y(1)=\frac{1}{2}$

**75.** 设三次多项式 $f(x)=ax^3+bx^2+cx+d$ 满足 $\frac{\mathrm{d}}{\mathrm{d}x}\left[\int_x^{x+1}f(t)\mathrm{d}t\right]=12x^2+18x+1$，则 $f(x)$ 的极大值点为 $x=$(　　).

(A)1　(B)$\frac{1}{2}$　(C)$-\frac{1}{2}$　(D)$-1$　(E)$-\frac{1}{4}$

**76.** 设函数 $f(x)$ 在区间$[-1,1]$上连续，则 $x=0$ 是函数 $g(x)=\frac{\int_0^x f(t)\mathrm{d}t}{x}$ 的(　　).

(A) 跳跃间断点　(B) 可去间断点　(C) 无穷间断点
(D) 振荡间断点　(E) 连续点

**77.** 设 $f(x)=\begin{cases}\dfrac{1}{x^3}\displaystyle\int_0^x \tan t^2\,\mathrm{d}t, & x\neq 0,\\ a, & x=0\end{cases}$ 在 $x=0$ 处连续，则 $a=$（　）.

(A)3　(B) $\dfrac{3}{2}$　(C)1　(D) $\dfrac{1}{2}$　(E) $\dfrac{1}{3}$

**78.** 设 $f(x)=\begin{cases}1, & x>0,\\ 0, & x=0,\\ -1, & x<0,\end{cases}$ $F(x)=\displaystyle\int_0^x f(t)\,\mathrm{d}t$，则（　）.

(A) $F(x)$ 在点 $x=0$ 处不连续
(B) $F(x)$ 在 $(-\infty,+\infty)$ 内连续，但在点 $x=0$ 处不可导
(C) $F(x)$ 在 $(-\infty,+\infty)$ 内可导，且满足 $F'(x)=f(x)$
(D) $F(x)$ 在 $(-\infty,+\infty)$ 内可导，但不一定满足 $F'(x)=f(x)$
(E) 上述结论都不正确

**79.** 设 $f(x)=\begin{cases}\mathrm{e}^{x^2}, & x<0,\\ 0, & x=0,\\ 2x-1, & x>0,\end{cases}$ $F(x)=\displaystyle\int_0^x f(t)\,\mathrm{d}t$，则 $F'(x)=$（　）.

(A) $\begin{cases}\mathrm{e}^{x^2}, & x<0,\\ 2x-1, & x>0\end{cases}$　(B) $\begin{cases}\mathrm{e}^{x^2}, & x\leqslant 0,\\ 2x-1, & x>0\end{cases}$

(C) $\begin{cases}\mathrm{e}^{x^2}, & x<0,\\ 2x-1, & x\geqslant 0\end{cases}$　(D) $\begin{cases}\mathrm{e}^{x^2}, & x>0,\\ 0, & x=0,\\ 2x-1, & x<0\end{cases}$

(E) $\begin{cases}\mathrm{e}^{x^2}, & x<0,\\ 0, & x=0,\\ 2x-1, & x>0\end{cases}$

**80.** 设 $\displaystyle\int xf(x)\,\mathrm{d}x=x\sin x+C$，则当 $x>0$ 时，$\left[\displaystyle\int_1^x f(t)\,\mathrm{d}t\right]'=$（　）.

(A) $\dfrac{\sin x}{x}-\cos x$　(B) $\dfrac{\sin x}{x}+\cos x$　(C) $\dfrac{\cos x}{x}+\sin x$

(D) $\dfrac{\cos x}{x}-\sin x$　(E) $\sin x+x\cos x$

**81.** 设 $g(x)=\displaystyle\int_{-1}^x f(u)\,\mathrm{d}u$，其中 $f(x)=\begin{cases}\dfrac{1}{1+\cos x}, & -1\leqslant x<0,\\ x\mathrm{e}^{-x^2}, & 0\leqslant x\leqslant 2,\end{cases}$ 则 $g(x)$ 在 $(-1,2)$ 内（　）.

(A) 无界　(B) 可导
(C) $x=0$ 是第一类间断点　(D) $x=0$ 是第二类间断点

(E) 连续

**82.** 极限$\lim\limits_{x\to 0}\dfrac{2\int_0^x\left(3\sin t+t^2\cos\dfrac{1}{t}\right)\mathrm{d}t}{(1+\cos x)\int_0^x\ln(1+t)\mathrm{d}t}=$ ( ).

(A)1 (B)2 (C)3 (D)4 (E)5

**83.** 设$\alpha(x)=\int_0^{5x}\dfrac{\sin t}{t}\mathrm{d}t,\beta(x)=\int_0^{\sin x}(1+t)^{\frac{1}{t}}\mathrm{d}t$,则当$x\to 0$时,$\alpha(x)$是$\beta(x)$的( ).

(A) 高阶无穷小 (B) 低阶无穷小 (C) 同阶但非等价无穷小

(D) 等价无穷小 (E) 不能比较无穷小阶的量

**84.** 设$f(x)=\int_0^{\sin x}\sin t^2\mathrm{d}t,g(x)=x^3+x^4$,则当$x\to 0$时,$f(x)$是$g(x)$的( ).

(A) 等价无穷小 (B) 高阶无穷小 (C) 同阶但非等价无穷小

(D) 低阶无穷小 (E) 不能比较无穷小阶的量

**85.** 设$f(x),\varphi(x)$在点$x=0$的某邻域内连续,当$x\to 0$时,$f(x)$是$\varphi(x)$的高阶无穷小.则当$x\to 0$时,$\int_0^x f(t)\sin t\mathrm{d}t$是$\int_0^x t\varphi(t)\mathrm{d}t$的( ).

(A) 低阶无穷小 (B) 高阶无穷小 (C) 同阶但非等价无穷小

(D) 等价无穷小 (E) 不能比较无穷小阶的量

**86.** 设$f(x)$有连续导数,$f(0)=0,f'(0)\neq 0,F(x)=\int_0^x(x^2-t^2)f(t)\mathrm{d}t$,且当$x\to 0$时,$F'(x)$与$x^k$为同阶无穷小,则$k=$ ( ).

(A)5 (B)4 (C)3 (D)2 (E)1

## 【考向4】定积分定义与性质

**87.** 设$f'(x)$为连续函数,则下列命题错误的是( ).

(A) $\dfrac{\mathrm{d}}{\mathrm{d}x}\left[\int_a^b f(x)\mathrm{d}x\right]=0$ (B) $\dfrac{\mathrm{d}}{\mathrm{d}x}\left[\int_a^b f(x)\mathrm{d}x\right]=f(x)$

(C) $\int_a^x f'(t)\mathrm{d}t=f(x)-f(a)$ (D) $\dfrac{\mathrm{d}}{\mathrm{d}x}\left[\int_a^x f(t)\mathrm{d}t\right]=f(x)$

(E) $\dfrac{\mathrm{d}}{\mathrm{d}x}\left[\int f'(x)\mathrm{d}x\right]=f'(x)$

**88.** 设$f(x)$的导函数连续,则$\dfrac{\mathrm{d}}{\mathrm{d}x}\left[\int_0^a(x-t)f'(t)\mathrm{d}t\right]=$ ( ).

(A)0 (B)$f(a)$ (C)$f(x)-f(a)$

(D)$f(x)-f(0)$ (E)$f(a)-f(0)$

**89.** 设$f(x)$为$[a,b]$上的连续函数,$[c,d]\subseteq[a,b]$,则下列命题正确的是( ).

(A)$\int_a^b f(x)\mathrm{d}x=\int_a^b f(t)\mathrm{d}t$ (B)$\int_a^b f(x)\mathrm{d}x\geqslant\int_c^d f(x)\mathrm{d}x$

(C)$\int_a^b f(x)\mathrm{d}x\leqslant\int_c^d f(x)\mathrm{d}x$ (D)$2\int_a^b f(x)\mathrm{d}x>\int_a^b f(x)\mathrm{d}x$

(E) $\int_a^b f(x)\mathrm{d}x$ 与 $\int_a^b f(t)\mathrm{d}t$ 不能比较大小

## 【考向 5】定积分比较大小

**90.** 设函数 $f(x)$ 与 $g(x)$ 在[0,1]上连续，且 $f(x)\leqslant g(x)$，则对任意 $c\in(0,1)$，有(　　).

(A) $\int_{\frac{1}{2}}^{c} f(t)\mathrm{d}t \geqslant \int_{\frac{1}{2}}^{c} g(t)\mathrm{d}t$　　(B) $\int_{\frac{1}{2}}^{c} f(t)\mathrm{d}t \leqslant \int_{\frac{1}{2}}^{c} g(t)\mathrm{d}t$

(C) $\int_{c}^{1} f(t)\mathrm{d}t \geqslant \int_{c}^{1} g(t)\mathrm{d}t$　　(D) $\int_{c}^{1} f(t)\mathrm{d}t \leqslant \int_{c}^{1} g(t)\mathrm{d}t$

(E) $\int_{c}^{1} f(t)\mathrm{d}t$ 与 $\int_{c}^{1} g(t)\mathrm{d}t$ 的大小关系不确定

**91.** 设 $I_1=\int_0^{\frac{\pi}{4}}\frac{\sin x}{x}\mathrm{d}x, I_2=\int_0^{\frac{\pi}{4}}\frac{x}{\sin x}\mathrm{d}x$，则(　　).

(A) $I_1<\frac{\pi}{4}<I_2$　　(B) $I_1<I_2<\frac{\pi}{4}$　　(C) $\frac{\pi}{4}<I_1<I_2$

(D) $I_2<\frac{\pi}{4}<I_1$　　(E) $\frac{\pi}{4}<I_2<I_1$

**92.** 设 $I=\int_0^{\frac{\pi}{4}}\ln\sin x\mathrm{d}x$，$J=\int_0^{\frac{\pi}{4}}\ln\cot x\mathrm{d}x$，$K=\int_0^{\frac{\pi}{4}}\ln\cos x\mathrm{d}x$，则(　　).

(A) $I<J<K$　　(B) $I<K<J$　　(C) $J<I<K$

(D) $K<J<I$　　(E) $K<I<J$

**93.** 设 $M=\int_{-\frac{\pi}{2}}^{\frac{\pi}{2}}\frac{\sin x}{1+x^2}\cos^6 x\mathrm{d}x$，$N=\int_{-\frac{\pi}{2}}^{\frac{\pi}{2}}(\sin^3 x+\cos^6 x)\mathrm{d}x$，$P=\int_{-\frac{\pi}{2}}^{\frac{\pi}{2}}(x^2\sin^3 x-\cos^6 x)\mathrm{d}x$，则(　　).

(A) $N<P<M$　　(B) $M<P<N$　　(C) $N<M<P$

(D) $P<M<N$　　(E) $P<N<M$

## 【考向 6】定积分计算

**94.** 设 $f'(x)=2\cos 2x+\sin x$，则 $f\left(\frac{\pi}{2}\right)-f(0)=$ (　　).

(A) $-2$　　(B) $-1$　　(C) 0　　(D) 1　　(E) 2

**95.** 设 $f(x)=\mathrm{e}^{2x}$，$\varphi(x)=\ln x$，则 $\int_0^1\{f[\varphi(x)]+\varphi[f(x)]\}\mathrm{d}x=$ (　　).

(A) $\frac{1}{3}$　　(B) 1　　(C) $\frac{4}{3}$　　(D) 2　　(E) 3

**96.** 定积分 $\int_0^1\frac{1}{\mathrm{e}^x+\mathrm{e}^{-x}}\mathrm{d}x=$ (　　).

(A) $\arctan \mathrm{e}+\frac{\pi}{4}$　　(B) $\arctan \mathrm{e}$　　(C) $\arctan \mathrm{e}-\frac{\pi}{4}$

(D) $\arctan \mathrm{e}-1$　　(E) $\arctan \mathrm{e}-\frac{\pi}{2}$

**97.** 设 $f(x)$ 有连续导数，$f(4)=3, f(1)=1$，则 $\int_1^2 xf(x^2)f'(x^2)\mathrm{d}x=$（　　）.

(A)0　　(B)1　　(C)2　　(D)3　　(E)4

**98.** 定积分 $\int_0^{\pi}\sqrt{\sin x-\sin^3 x}\,\mathrm{d}x=$（　　）.

(A) $-\frac{4}{3}$　　(B) $-\frac{3}{4}$　　(C) $\frac{1}{4}$　　(D) $\frac{2}{3}$　　(E) $\frac{4}{3}$

**99.** 定积分 $\int_1^{e}\frac{\sqrt[3]{2+5\ln x}}{x}\mathrm{d}x=$（　　）.

(A) $\frac{3}{10}(7^{\frac{3}{4}}-2^{\frac{3}{4}})$　　(B) $\frac{3}{20}(7^{\frac{3}{4}}-2^{\frac{3}{4}})$　　(C) $\frac{3}{20}(7^{\frac{4}{3}}-2^{\frac{4}{3}})$

(D) $\frac{3}{10}(7^{\frac{4}{3}}-2^{\frac{4}{3}})$　　(E) $\frac{3}{5}(7^{\frac{3}{4}}-2^{\frac{3}{4}})$

**100.** 定积分 $\int_1^5 x\sqrt{x-1}\,\mathrm{d}x=$（　　）.

(A) $\frac{272}{15}$　　(B) $\frac{272}{5}$　　(C) $\frac{272}{3}$　　(D)136　　(E)272

**101.** 定积分 $\int_0^{\pi^2}\sqrt{x}\cos\sqrt{x}\,\mathrm{d}x=$（　　）.

(A)$4\pi$　　(B)$2\pi$　　(C)$\pi$　　(D)$-2\pi$　　(E)$-4\pi$

**102.** 定积分 $\int_0^9 3\sqrt{1+\sqrt{x}}\,\mathrm{d}x=$（　　）.

(A) $\frac{232}{5}$　　(B) $\frac{222}{5}$　　(C) $\frac{212}{5}$　　(D) $\frac{202}{5}$　　(E) $\frac{192}{5}$

**103.** 定积分 $\int_0^1\frac{x\mathrm{d}x}{(2-x^2)\sqrt{1-x^2}}=$（　　）.

(A) $\frac{\pi}{2}$　　(B) $\frac{\pi}{4}$　　(C) $-\frac{\pi}{4}$　　(D) $-\frac{\pi}{2}$　　(E) $-\pi$

**104.** 定积分 $\int_0^{\frac{1}{\sqrt{3}}}\frac{\mathrm{d}x}{(1+5x^2)\sqrt{1+x^2}}=$（　　）.

(A)$\pi$　　(B) $\frac{\pi}{2}$　　(C) $\frac{\pi}{4}$　　(D) $\frac{\pi}{8}$　　(E) $-\frac{\pi}{4}$

**105.** 定积分 $\int_1^{e}\frac{\ln x-1}{x^2}\mathrm{d}x=$（　　）.

(A)$-e$　　(B)e　　(C) $-\frac{1}{e}$　　(D) $\frac{1}{e}$　　(E) $\frac{2}{e}$

**106.** 设 $xe^{x^2}$ 是 $f(x)$ 的一个原函数，则 $\int_0^1[f(x)+xf'(x)]\mathrm{d}x=$（　　）.

(A)1　　(B)e　　(C)2e　　(D)3e　　(E)4e

**107.** 设 $\frac{\sin x}{x}$ 是 $f(x)$ 的一个原函数，则 $\int_0^{\frac{\pi}{2}}x^3f(x)\mathrm{d}x=$（　　）.

(A) $\frac{\pi^2}{2}-3$　　(B) $\frac{\pi^2}{2}+3$　　(C) $\frac{\pi^2}{2}$　　(D) $\frac{\pi^2}{4}+3$　　(E) $\frac{\pi^2}{4}-3$

**108.** 若 $x\sin x$ 为 $f(x)$ 的一个原函数，则 $\int_0^{\pi} xf'(x)\mathrm{d}x=$（　　）.

(A) $2\pi^2$　　(B) $\pi^2$　　(C) 0　　(D) $-\pi^2$　　(E) $-2\pi^2$

**109.** 已知函数 $f(x)$ 的一个原函数为 $\dfrac{\ln x}{x}$，则 $\int_1^{\mathrm{e}} xf'(x)\mathrm{d}x=$（　　）.

(A) $1+\dfrac{1}{\mathrm{e}}$　　(B) $1-\dfrac{1}{\mathrm{e}}$　　(C) $-1+\dfrac{1}{\mathrm{e}}$

(D) $-1-\dfrac{1}{\mathrm{e}}$　　(E) $\dfrac{1}{\mathrm{e}}$

**110.** 设 $f(\sin^2 x)=\dfrac{x}{\sin x}, x\in\left(0,\dfrac{\pi}{2}\right)$，则 $\int_0^1 \dfrac{\sqrt{x}}{\sqrt{1-x}}f(x)\mathrm{d}x=$（　　）.

(A) 2　　(B) $2-\dfrac{\pi}{2}$　　(C) $1+\dfrac{\pi}{2}$　　(D) $2-\dfrac{\pi}{4}$　　(E) $2+\dfrac{\pi}{2}$

**111.** 定积分 $\int_{\mathrm{e}}^{\mathrm{e}^2}\left(\dfrac{\ln x}{x}+x\ln x\right)\mathrm{d}x=$（　　）.

(A) $\mathrm{e}^2(3\mathrm{e}^2-1)$　　(B) $\mathrm{e}^2(3\mathrm{e}^2+1)$　　(C) $\dfrac{\mathrm{e}^2}{4}(3\mathrm{e}^2-1)+\dfrac{3}{2}$

(D) $\dfrac{\mathrm{e}^2}{4}(3\mathrm{e}^2+1)+\dfrac{3}{2}$　　(E) $\dfrac{\mathrm{e}^2}{2}(3\mathrm{e}^2-1)+\dfrac{3}{2}$

**112.** 定积分 $\int_0^1 x\arctan x\mathrm{d}x=$（　　）.

(A) $\dfrac{\pi}{6}-\dfrac{1}{2}$　　(B) $\dfrac{\pi}{4}-\dfrac{1}{2}$　　(C) $\dfrac{\pi}{3}-\dfrac{1}{2}$　　(D) $\dfrac{\pi}{2}-1$　　(E) $\dfrac{\pi}{2}+1$

**113.** 设 $\lim\limits_{x\to\infty}\left(\dfrac{x+a}{x-a}\right)^{\frac{x}{2}}=\int_1^2 2x^3\mathrm{e}^{x^2}\mathrm{d}x$，则 $a=$（　　）.

(A) $4+\ln 3$　　(B) $4-\ln 3$　　(C) $3+\ln 3$

(D) $3-\ln 3$　　(E) $2-\ln 2$

**114.** 定积分 $\int_3^5 \dfrac{x+5}{x^2-6x+13}\mathrm{d}x=$（　　）.

(A) $2\ln 2+\pi$　　(B) $2\ln 2$　　(C) $\pi$

(D) $\ln 2+\pi$　　(E) $\dfrac{1}{2}\ln 2+\pi$

**115.** 定积分 $\int_{-1}^1 (x+\sqrt{1-x^2})^2\mathrm{d}x=$（　　）.

(A) 1　　(B) 2　　(C) 3　　(D) 4　　(E) 5

**116.** 设 $a>0$，则 $\int_{-a}^a (x-2a)\sqrt{a^2-x^2}\mathrm{d}x=$（　　）.

(A) $-\dfrac{1}{2}\pi a^2$　　(B) $\dfrac{1}{2}\pi a^2$　　(C) $\dfrac{1}{2}\pi a^3$　　(D) $-\dfrac{1}{2}\pi a^3$　　(E) $-\pi a^3$

**117.** 定积分 $\int_{-2}^2\left(\sqrt{4-x^2}+\dfrac{x}{1+x^2}\right)\mathrm{d}x=$（　　）.

(A) $-2\pi$　　(B) $-\pi$　　(C) 0　　(D) $\pi$　　(E) $2\pi$

**118.** 定积分$\int_{-1}^{1}(e^{x^2}\cdot x^3+e^x\cdot x^2)dx=$（　　）.

(A)$e-4$　　(B)$e+4$　　(C)$e-5e^{-1}$　　(D)$2e+4$　　(E)$2e-2$

**119.** 定积分$\int_{-2}^{2}\frac{x+|x|}{2+x^2}dx=$（　　）.

(A)$\ln 5$　　(B)$\ln 4$　　(C)$\ln 3$　　(D)$\ln 2$　　(E)$-\ln 3$

**120.** 定积分$\int_{0}^{2}|x-x^2|dx=$（　　）.

(A)5　　(B)4　　(C)3　　(D)2　　(E)1

**121.** 设$f(x)=\begin{cases}xe^{x^2}, & -\frac{1}{2}\leqslant x<\frac{1}{2},\\ -1, & x\geqslant\frac{1}{2},\end{cases}$则$\int_{\frac{1}{2}}^{2}f(x-1)dx=$（　　）.

(A)1　　(B)$\frac{1}{2}$　　(C)$\frac{1}{3}$　　(D)$-\frac{1}{3}$　　(E)$-\frac{1}{2}$

**122.** 定积分$\int_{\frac{1}{2}}^{3}\max\left\{\frac{1}{x},x^2\right\}dx=$（　　）.

(A)$\frac{26}{3}+\ln 2$　　(B)$\frac{26}{3}-\ln 2$　　(C)$\ln 2-\frac{26}{3}$

(D)$\frac{7}{24}+\ln 3$　　(E)$\frac{7}{24}-\ln 3$

**123.** 设$f(t)=\int_{0}^{1}t|t-x|dx$,则$\int_{-1}^{2}f(t)dt=$（　　）.

(A)$\frac{7}{6}$　　(B)$\frac{6}{7}$　　(C)$\frac{5}{6}$　　(D)$\frac{5}{7}$　　(E)$\frac{5}{8}$

**124.** 设$f(x)$为连续函数,且$f(x)=\frac{1}{1+x^2}+x^3\int_{0}^{1}f(x)dx$,则$f(x)=$（　　）.

(A)$\frac{1}{1+x^2}+\frac{\pi}{3}x^3$　　(B)$\frac{1}{1+x^2}+\frac{\pi}{2}x^3$　　(C)$\frac{1}{1+x^2}+\pi x^3$

(D)$\frac{1}{1+x^2}+\frac{3}{2}\pi x^3$　　(E)$\frac{1}{1+x^2}+2\pi x^3$

**125.** 设$f(x)$在$[-1,1]$上连续,$f(x)+\int_{0}^{1}f(x)dx=\frac{1}{2}-x$,则$\int_{-1}^{1}f(x)\sqrt{1-x^2}dx=$（　　）.

(A)$\frac{\pi}{2}$　　(B)$\frac{\pi}{4}$　　(C)$\frac{\pi}{6}$　　(D)$\frac{\pi}{12}$　　(E)$\frac{\pi}{24}$

**126.** 设函数$f(x)=\frac{x}{1+x^2}+\sqrt{1-x^2}\int_{0}^{1}f(x)dx$,则$f(x)=$（　　）.

(A)$\frac{x}{1+x^2}+\frac{2\ln 2}{4-\pi}\sqrt{1-x^2}$　　(B)$\frac{x}{1+x^2}+\frac{\ln 2}{4-\pi}\sqrt{1-x^2}$

(C)$\frac{x}{1+x^2}-\frac{2\ln 2}{4-\pi}\sqrt{1-x^2}$　　(D)$\frac{x}{1+x^2}-\frac{\ln 2}{4-\pi}\sqrt{1-x^2}$

(E)$-\frac{x}{1+x^2}+\frac{2\ln 2}{4-\pi}\sqrt{1-x^2}$

**127.** 设 $xe^x\int_0^1 f(x)\mathrm{d}x+\dfrac{1}{1+x^2}+f(x)=1$，则 $\int_0^1 f(x)\mathrm{d}x=$（　　）.

(A) $\dfrac{1}{2}+\dfrac{\pi}{8}$　(B) $\dfrac{1}{2}+\dfrac{\pi}{4}$　(C) $\dfrac{1}{2}+\dfrac{\pi}{3}$

(D) $\dfrac{1}{2}-\dfrac{\pi}{4}$　(E) $\dfrac{1}{2}-\dfrac{\pi}{8}$

## 【考向 7】反常积分

**128.** 下列反常积分收敛的是（　　）.

(A) $\int_e^{+\infty}\dfrac{1}{x\sqrt{\ln^3 x}}\mathrm{d}x$　(B) $\int_e^{+\infty}\dfrac{1}{x\sqrt[3]{\ln^2 x}}\mathrm{d}x$　(C) $\int_e^{+\infty}\dfrac{1}{x\sqrt{\ln x}}\mathrm{d}x$

(D) $\int_e^{+\infty}\dfrac{1}{x\sqrt[3]{\ln x}}\mathrm{d}x$　(E) $\int_e^{+\infty}\dfrac{\sqrt[3]{\ln x}}{x}\mathrm{d}x$

**129.** 反常积分 $\int_{-\infty}^{+\infty}\dfrac{1}{e^x+6e^{-x}+5}\mathrm{d}x=$（　　）.

(A) $\ln 3-\ln 4$　(B) $\ln 2-\ln 3$　(C) $\ln 5-\ln 4$

(D) $\ln 4-\ln 3$　(E) $\ln 3-\ln 2$

**130.** 反常积分 $\int_0^{+\infty}\dfrac{xe^{-x}}{(1+e^{-x})^2}\mathrm{d}x=$（　　）.

(A) $\infty$　(B) 2　(C) $\ln 2$　(D) 0　(E) $-\ln 2$

**131.** 反常积分 $\int_1^{+\infty}\dfrac{\arctan x}{x^2}\mathrm{d}x=$（　　）.

(A) $\dfrac{\pi}{4}-\ln 2$　(B) $\dfrac{\pi}{4}-\dfrac{1}{2}\ln 2$　(C) $\dfrac{\pi}{2}+\ln 2$

(D) $\dfrac{\pi}{4}+\ln 2$　(E) $\dfrac{\pi}{4}+\dfrac{1}{2}\ln 2$

**132.** 若 $\lim\limits_{x\to+\infty}\left(\dfrac{x-a}{x+a}\right)^x=\int_a^{+\infty}xe^{-2x}\mathrm{d}x$，则 $a=$（　　）.

(A) $\dfrac{1}{3}$　(B) $\dfrac{2}{3}$　(C) 1　(D) $\dfrac{3}{2}$　(E) 2

**133.** 下列反常积分中，发散的是（　　）.

(A) $\int_0^{+\infty}xe^{-x}\mathrm{d}x$　(B) $\int_{-\infty}^{+\infty}xe^{-x^2}\mathrm{d}x$　(C) $\int_{-\infty}^{+\infty}\dfrac{\arctan x}{1+x^2}\mathrm{d}x$

(D) $\int_{-\infty}^{+\infty}\dfrac{x}{1+x^2}\mathrm{d}x$　(E) $\int_2^{+\infty}\dfrac{1}{x\ln^2 x}\mathrm{d}x$

**134.** 若反常积分 $\int_0^{+\infty}\dfrac{\ln x}{(1+x)x^{1-p}}\mathrm{d}x$ 收敛，则（　　）.

(A) $p<1$　(B) $p>1$　(C) $p>2$

(D) $0\leqslant p<1$　(E) $0<p<1$

**135.** 设 $a>b>0$，反常积分 $\int_0^{+\infty}\dfrac{1}{x^a+x^b}\mathrm{d}x$ 收敛，则（　　）.

(A)$a>1$ 且 $b>1$　(B)$a>1$ 且 $b<1$　(C)$a<1$ 且 $a+b>1$

(D)$a<1$ 且 $b<1$　(E)$a>1$ 且 $a-b>1$

**136.** 若反常积分$\int_1^{+\infty}(e^{-\cos\frac{1}{x}}-e^{-1})x^k dx$ 收敛,则 $k$ 的取值范围是(　　).

(A)$k<0$　(B)$k<1$　(C)$k<2$　(D)$k>1$　(E)$1<k<2$

**137.** 以下反常积分发散的是(　　).

(A)$\int_1^{+\infty}\left[\ln\left(1+\frac{1}{x}\right)-\frac{1}{1+x}\right]dx$　(B)$\int_0^{+\infty}\frac{\ln x}{1+x^2}dx$

(C)$\int_{-1}^1\frac{dx}{\sin x}$　(D)$\int_{-\infty}^{+\infty}\frac{\sin x}{1+x^2}dx$

(E)$\int_{-\infty}^{+\infty}|x|e^{-x^2}dx$

**138.** 已知 $\alpha>0$,则对于反常积分$\int_0^1\frac{\ln x}{x^\alpha}dx$ 的敛散性的判别,正确的是(　　).

(A) 当 $\alpha\geqslant 1$ 时,积分收敛　(B) 当 $\alpha<1$ 时,积分收敛

(C) 敛散性与 $\alpha$ 的取值无关,必收敛　(D) 敛散性与 $\alpha$ 的取值无关,必发散

(E) 当 $\alpha>1$ 时,积分收敛

**139.** 已知 $\alpha>0$,则对于反常积分$\int_1^{+\infty}\frac{\ln x}{x^\alpha}dx$ 的敛散性的判别,正确的是(　　).

(A) 当 $0<\alpha\leqslant 1$ 时,积分收敛　(B) 当 $\alpha>1$ 时,积分收敛

(C) 敛散性与 $\alpha$ 无关,必收敛　(D) 敛散性与 $\alpha$ 无关,必发散

(E) 当 $\alpha>1$ 时,积分发散

**140.** 设$\int_{-\infty}^a te^t dt=\frac{1}{2}\int_a^{+\infty}te^{2a-t}dt$,则 $a=$(　　).

(A)0　(B)1　(C)2　(D)3　(E)4

**141.** 设常数 $k>0$,若$\int_0^{+\infty}\frac{x^5}{e^{kx}}dx=\frac{15}{8}$,则 $k=$(　　).

(A) $\frac{1}{4}$　(B) $\frac{1}{2}$　(C)2　(D)4　(E)8

**142.** 考虑下列反常积分:

①$\int_0^{+\infty}\sqrt{x}e^{-x}dx$;②$\int_0^{+\infty}\frac{e^{-x}}{\sqrt{x}}dx$;③$\int_0^{+\infty}xe^{-x^2}dx$;④$\int_0^{+\infty}\frac{e^{-x^2}}{x}dx$.

其中所有收敛的序号是(　　).

(A)①③　(B)②③　(C)③④　(D)①②③　(E)②③④

**143.** 已知反常积分:①$\int_0^{+\infty}\frac{\ln x}{e^x}dx$;②$\int_0^{+\infty}\frac{e^x}{\ln x}dx$;③$\int_0^{+\infty}e^x\ln x dx$. 其中所有收敛的序号是(　　).

(A)①　(B)②　(C)③　(D)①②　(E)①③

**144.** 若反常积分$\int_0^{+\infty} x^k e^{-x^2} dx$收敛，则常数 $k$ 的取值范围为(　　).

(A)$k<-1$　　(B)$k>-1$　　(C)$k\geqslant 0$

(D)$-1<k\leqslant 0$　　(E)$-1<k\leqslant 1$

## 【考向 8】平面图形的面积

**145.** 设 $f(x)$ 为非负的二阶可导函数，且 $f''(x)<0$，则下列结论正确的是(　　).

(A)$\int_0^2 f(x)dx > f(0)+f(2)$　　(B)$\int_0^2 f(x)dx = f(0)+f(2)$

(C)$\int_0^2 f(x)dx < f(0)+f(2)$　　(D)$2f(1)=f(0)+f(2)$

(E)$2f(1)<f(0)+f(2)$

**146.** 由曲线 $y=\cos x\sqrt{|\sin x|}$，$|x|=a\left(0<a\leqslant\frac{\pi}{2}\right)$及 $x$ 轴围成的封闭图形记为 $D$，设 $D$ 的面积为$\frac{4}{3}$，则 $a=$(　　).

(A) $\frac{\pi}{6}$　　(B) $\frac{\pi}{5}$　　(C) $\frac{\pi}{4}$　　(D) $\frac{\pi}{3}$　　(E) $\frac{\pi}{2}$

**147.** 设 $f(x)$ 在区间$[a,b]$上 $f(x)>0$，$f'(x)<0$，$f''(x)>0$. 记 $S_1=\int_a^b f(x)dx$，$S_2=f(b)(b-a)$，$S_3=\frac{1}{2}[f(b)+f(a)](b-a)$，则(　　).

(A)$S_1<S_2<S_3$　　(B)$S_3<S_1<S_2$　　(C)$S_2<S_3<S_1$

(D)$S_2<S_1<S_3$　　(E)$S_3<S_2<S_1$

**148.** 设$f(x)>0$，$f'(x)>0$，$f''(x)<0$，记

$$N=\int_a^b f(x)dx,P=f(a)(b-a),Q=\frac{1}{2}[f(a)+f(b)](b-a),$$

则(　　).

(A)$N<P<Q$　　(B)$Q<P<N$　　(C)$P<N<Q$

(D)$P<Q<N$　　(E)$N<Q<P$

**149.** 曲线 $y=x(x-1)(2-x)$ 与 $x$ 轴所围图形的面积可表示为(　　).

(A) $-\int_0^2 x(x-1)(2-x)dx$

(B) $\int_0^1 x(x-1)(2-x)dx-\int_1^2 x(x-1)(2-x)dx$

(C) $-\int_0^1 x(x-1)(2-x)dx+\int_1^2 x(x-1)(2-x)dx$

(D) $\int_0^2 x(x-1)(2-x)dx$

(E)$2\int_0^1 x(x-1)(2-x)dx$

**150.** 定积分$\int_0^1 \sqrt{2x-x^2}\,dx=$（　　）.

(A)1　(B) $\frac{\pi}{2}$　(C) $\frac{\pi}{3}$　(D) $\frac{\pi}{4}$　(E) $\frac{\pi}{6}$

**151.** 设 $f(x)$ 为非负的二阶可导函数，且 $f''(x)>0$. 又设 $a<b$，则（　　）.

(A) $\int_a^b f(x)dx<f(a)+f(b)$

(B) $\int_a^b f(x)dx=f(a)+f(b)$

(C) $\int_a^b f(x)dx>f(a)+f(b)$

(D) $\int_a^b f(x)dx<\frac{b-a}{2}[f(a)+f(b)]$

(E) $\int_a^b f(x)dx>\frac{b-a}{2}[f(a)+f(b)]$

**152.** 若非负函数 $y=f(x)$ 在区间$(a,b)$内二阶可导，且 $f''(x)>0$，给出以下四个结论：

①$\int_a^b f(x)dx\leqslant\frac{f(a)+f(b)}{2}\cdot(b-a)$；

②$\int_a^b f(x)dx\geqslant\frac{f(a)+f(b)}{2}\cdot(b-a)$；

③$f\left(\frac{a+b}{2}\right)\leqslant\frac{f(a)+f(b)}{2}$；

④$f\left(\frac{a+b}{2}\right)\geqslant\frac{f(a)+f(b)}{2}$.

其中所有正确结论的序号为（　　）.

(A)①③　(B)①④　(C)②③　(D)②④　(E)②

**153.** 从原点$(0,0)$引两条直线与曲线 $y=1+x^2$ 相切，则由这两条切线与 $y=1+x^2$ 所围图形的面积为（　　）.

(A) $\frac{5}{6}$　(B) $\frac{3}{4}$　(C) $\frac{2}{3}$　(D) $\frac{1}{2}$　(E) $\frac{1}{3}$

**154.** 设曲线 $y=x\ln x(x\geqslant 1)$，直线 $x=2$ 与 $x$ 轴围成平面封闭区域 $D$，则 $D$ 的面积 $S=$（　　）.

(A) $-2\ln 2+\frac{3}{2}$　(B) $2\ln 2+\frac{1}{2}$　(C) $\ln 2+\frac{1}{2}$

(D) $2\ln 2-\frac{3}{4}$　(E) $\ln 2-\frac{1}{2}$

**155.** 设曲线 $y=x\arctan x^2$ 与直线 $x=-1$ 及 $x$ 轴围成平面图形 $D$，则 $D$ 的面积 $S=$（　　）.

(A) $\frac{\pi}{4}+\frac{1}{2}\ln 2$　(B) $\frac{\pi}{4}-\frac{1}{2}\ln 2$　(C) $\frac{\pi}{4}-\ln 2$

(D) $\frac{\pi}{8}+\frac{1}{4}\ln 2$　(E) $\frac{\pi}{8}-\frac{1}{4}\ln 2$

**156.** 设曲线 $y=x\cos x$ 介于 $0\leqslant x\leqslant\frac{3}{2}\pi$ 的曲线弧与 $x$ 轴围成平面区域 $D$，则 $D$ 的面积 $S=$（　　）.

(A) $\frac{3}{2}\pi+1$　(B) $\frac{3}{2}\pi-1$　(C) $\frac{5}{2}\pi+1$

(D) $2\pi-1$　(E) $\frac{5}{2}\pi-1$

**157.** 若曲线 $f(x)=\frac{1}{x^2+2x+2}$ 与 $x$ 轴围成无界区域 $D$，则 $D$ 的面积 $S=($　　$)$.

(A) $2\pi$　(B) $\frac{3\pi}{2}$　(C) $\frac{\pi}{2}$　(D) $\pi$　(E) $+\infty$

**158.** 若曲线 $f(x)=\frac{-1}{x\sqrt{1-(\ln x)^2}}$ 与直线 $x=1$，$x=\mathrm{e}$ 及 $x$ 轴围成无界区域 $D$，则 $D$ 的面积 $S=($　　$)$.

(A) $\frac{\pi}{5}$　(B) $\frac{\pi}{4}$　(C) $\frac{\pi}{2}$　(D) $\pi$　(E) $+\infty$

**159.** 若区域 $D$ 是位于曲线 $y=\mathrm{e}^x$ 下方，且在该曲线过原点的切线左方与 $x$ 轴所围图形，则 $D$ 的面积 $S=($　　$)$.

(A) $+\infty$　(B) $\mathrm{e}$　(C) $\frac{3}{4}\mathrm{e}$　(D) $\frac{1}{2}\mathrm{e}$　(E) $\frac{1}{4}\mathrm{e}$

**160.** 曲线 $x=\cos y, 0\leqslant y\leqslant 2\pi$ 与 $y$ 轴所围成的封闭图形的面积为(　　).

(A) 4　(B) 3　(C) 2　(D) $\frac{3}{2}$　(E) 1

**161.** 曲线 $y=(x-1)(x-2)(x-3)$ 与 $x$ 轴所围平面图形的面积为(　　).

(A) $\frac{1}{4}$　(B) $\frac{1}{2}$　(C) $\frac{2}{3}$　(D) 1　(E) $\frac{3}{2}$

**162.** 设 $D=\{(x,y)\mid x^2+y^2\leqslant 2(x-y), y\geqslant 0\}$，则 $D$ 的面积为(　　).

(A) $\frac{\pi-1}{2}$　(B) $\frac{\pi-2}{2}$　(C) $\frac{\pi+1}{2}$　(D) $\frac{2\pi-3}{2}$　(E) $\frac{2\pi-5}{2}$

**163.** 若曲线 $y=ax^2(a>0)$ 与 $y=x^3$ 所围图形被直线 $x=\frac{1}{2}a$ 分割为 $D_1$ 与 $D_2$ 两部分($D_1$ 位于直线 $x=\frac{1}{2}a$ 的左侧)，则 $D_1$ 与 $D_2$ 的面积之比为(　　).

(A) 3 : 5　(B) 4 : 7　(C) 5 : 11　(D) 6 : 13　(E) 7 : 15

**164.** 设曲线 $x=\sqrt{4-y}$ 与直线 $x=1$ 及 $x$ 轴所围平面图形的面积为 $A_1$，曲线 $x=\sqrt{4-y}$ 与直线 $x=3$ 及 $x$ 轴所围平面图形的面积为 $A_2$. 则 $A_1 : A_2=($　　$)$.

(A) 2 : 3　(B) 3 : 5　(C) 5 : 7　(D) 7 : 9　(E) 9 : 13

**165.** 曲线 $y=\frac{\mathrm{e}^x-\mathrm{e}^{-x}}{\mathrm{e}^x+\mathrm{e}^{-x}}(x\geqslant 0)$ 与其水平渐近线及 $y$ 轴所围的无界区域的面积为(　　).

(A) $2\ln 2-1$　(B) $\frac{1}{2}\ln 2$　(C) $\ln 2$　(D) $2\ln 2$　(E) $\ln 2+1$

**166.** 由曲线 $y=a-\frac{1}{a}x^2(a>0)$ 与 $\begin{cases}x=a\cos^3 t,\\ y=a\sin^3 t\end{cases}(0\leqslant t\leqslant\pi)$ 所围平面图形的面积为(　　).

(A) $\frac{2}{3}a^2-\frac{3}{32}\pi a^2$　(B) $\frac{4}{3}a^2-\frac{3}{16}\pi a^2$

(C) $\frac{2}{3}a^2+\frac{3}{32}\pi a^2$　(D) $\frac{4}{3}a^2+\frac{3}{16}\pi a^2$

(E) $\frac{4}{3}a^2-\frac{3}{32}\pi a^2$

**167.** 过点$(0,-2)$作曲线$y=x^3$的切线$L$，则曲线$y=x^3$与切线$L$所围平面图形的面积为(　　).

(A) $\frac{23}{4}$　(B) $\frac{25}{4}$　(C) $\frac{27}{4}$　(D) $\frac{29}{4}$　(E) $\frac{31}{4}$

**168.** 设曲线$y=\cos x\left(0\leqslant x\leqslant\frac{\pi}{2}\right)$与两坐标轴所围成的平面图形被曲线$y=a\sin x$，$y=b\sin x(a>b>0)$分成面积相等的三部分，则常数$a$，$b$依次为(　　).

(A) $\frac{4}{3},\frac{5}{12}$　(B) $\frac{4}{3},\frac{4}{5}$　(C) $\frac{3}{4},\frac{5}{12}$　(D) $\frac{4}{3},\frac{5}{6}$　(E) $\frac{5}{3},\frac{5}{12}$

**169.** 若双纽线$(x^2+y^2)^2=2a^2xy(a>0)$所围平面图形的面积为8，则常数$a=$(　　).

(A) $\sqrt{2}$　(B) 2　(C) $2\sqrt{2}$　(D) 3　(E) 4

**170.** 心形线$\rho=a(1+\sin\theta)(a>0)$所围平面图形的面积为(　　).

(A) $\frac{2}{3}\pi a^2$　(B) $\frac{3}{4}\pi a^2$　(C) $\frac{3}{2}\pi a^2$　(D) $2\pi a^2$　(E) $3\pi a^2$

## 【考向9】旋转体体积

**171.** 曲线段$x=\sin y(0\leqslant y\leqslant 2\pi)$绕$y$轴旋转一周所成旋转体体积为(　　).

(A) $4\pi$　(B) $\pi^2$　(C) $\frac{\pi^2}{2}$　(D) $\pi$　(E) $\frac{\pi}{2}$

**172.** 曲线弧$y=\ln x$，$x$轴，$y$轴及$y=a(a>0)$围成区域$D$，$D$绕$y$轴旋转一周所成旋转体体积为$\frac{\pi}{2}(e^2-1)$，则$a=$(　　).

(A) $\pi$　(B) 1　(C) $\frac{1}{2}$　(D) $\frac{1}{4}$　(E) $\frac{1}{\pi}$

**173.** 曲线$f(x)=\min\{e^{-x},e^x\}$与$x$轴围成的无界区域$D$绕$x$轴旋转一周所成旋转体体积$V=$(　　).

(A) $\frac{\pi}{2}$　(B) $\pi$　(C) $\frac{3}{2}\pi$　(D) $2\pi$　(E) $+\infty$

**174.** 若区域$D=\{(x,y)\mid x^2\leqslant y\leqslant\sqrt{2-x^2}\}$，则$D$绕$y$轴旋转一周生成旋转体的体积$V=$(　　).

(A) $\left(\frac{2}{3}\sqrt{2}+\frac{7}{6}\right)\pi$　(B) $\left(\frac{5}{3}\sqrt{2}-\frac{7}{6}\right)\pi$　(C) $\left(\frac{4}{3}\sqrt{2}+\frac{7}{6}\right)\pi$

(D) $\left(\frac{4}{3}\sqrt{2}-\frac{7}{6}\right)\pi$　(E) $\left(2\sqrt{2}-\frac{7}{6}\right)\pi$

**175.** 曲线$y=x^2$与直线$y=1$围成封闭图形$D$，则$D$绕$y=1$旋转一周所生成旋转体体积$V=$(　　).

(A) $\frac{1}{5}\pi$　(B) $\frac{2}{5}\pi$　(C) $\frac{13}{15}\pi$　(D) $\frac{16}{15}\pi$　(E) $\frac{8}{5}\pi$

**176.** 若曲线 $y^2-2y-x+2=0$ 与直线 $y=x$ 围成封闭区域 $D$，则 $D$ 绕 $x=1$ 旋转一周所生成的旋转体体积 $V=$（　　）.

(A) $\frac{1}{15}\pi$　(B) $\frac{2}{15}\pi$　(C) $\frac{1}{5}\pi$　(D) $\frac{\pi}{2}$　(E) $\frac{3}{5}\pi$

**177.** 若区域 $D$ 是位于曲线 $y=e^{-x}$ 下方，且在该曲线过原点的切线右方及 $x$ 轴上方之间的图形，则 $D$ 绕 $x$ 轴旋转一周所生成的旋转体的体积 $V=$（　　）.

(A) $+\infty$　(B) $\pi e^2$　(C) $\frac{1}{2}\pi e^2$　(D) $\frac{1}{3}\pi e^2$　(E) $\frac{1}{6}\pi e^2$

**178.** 曲线 $y=e^x$ 与该曲线过原点的切线及 $y$ 轴所围平面图形绕 $x$ 轴旋转一周所形成的旋转体的体积为（　　）.

(A) $\frac{e^2}{6}\pi$　(B) $\frac{e^2-1}{6}\pi$　(C) $\frac{e^2-2}{6}\pi$　(D) $\frac{e^2-3}{6}\pi$　(E) $\frac{e^2-4}{6}\pi$

**179.** 曲线 $y=e^x$ 与该曲线过原点的切线及 $y$ 轴所围平面图形绕 $y$ 轴旋转一周所形成的旋转体的体积为（　　）.

(A) $\frac{(3-e)\pi}{3}$　(B) $\frac{2(3-e)\pi}{3}$　(C) $\frac{2e\pi}{3}$　(D) $\frac{2(1+e)\pi}{3}$　(E) $\frac{(3+e)\pi}{3}$

**180.** 由曲线 $y=x^2$ 与其点 $(1,1)$ 处的切线及直线 $x=0$ 围成的平面图形绕直线 $y$ 轴旋转一周所形成的旋转体的体积为（　　）.

(A) $\frac{\pi}{15}$　(B) $\frac{\pi}{12}$　(C) $\frac{\pi}{6}$　(D) $\frac{\pi}{4}$　(E) $\frac{\pi}{3}$

**181.** 由曲线 $y=x^2$ 与其点 $(1,1)$ 处的切线及直线 $y=0$ 围成的平面图形绕直线 $x=1$ 旋转一周所形成的旋转体的体积为（　　）.

(A) $\frac{\pi}{15}$　(B) $\frac{\pi}{12}$　(C) $\frac{\pi}{6}$　(D) $\frac{\pi}{4}$　(E) $\frac{\pi}{3}$

**182.** 曲线 $y=\sin x, y=\cos x\left(0\leqslant x\leqslant\frac{\pi}{2}\right)$ 与直线 $x=0$ 及 $x=\frac{\pi}{2}$ 所围平面图形绕 $x$ 轴旋转一周所形成的旋转体的体积为（　　）.

(A) $\frac{1}{2}\pi$　(B) $\frac{2}{3}\pi$　(C) $\frac{3}{4}\pi$　(D) $\pi$　(E) $2\pi$

**183.** 曲线 $y=\sin x, y=\cos x\left(0\leqslant x\leqslant\frac{\pi}{2}\right)$ 与直线 $x=\frac{\pi}{2}$ 所围平面图形绕直线 $x=\frac{\pi}{2}$ 旋转一周所形成的旋转体的体积为（　　）.

(A) $\frac{\sqrt{2}}{2}\pi^2-2\pi$　(B) $\frac{\sqrt{2}}{2}\pi^2-\pi$　(C) $\frac{\sqrt{2}}{2}\pi^2-\sqrt{2}\pi$

(D) $\sqrt{2}\pi^2-2\pi$　(E) $\sqrt{2}\pi^2-\pi$

**184.** 由曲线 $y=\ln x$ 与其过原点的切线及 $x$ 轴所围成的平面图形绕 $y$ 轴旋转所得旋转体的体积为（　　）.

(A) $\frac{e^2-1}{6}\pi$　(B) $\frac{e^2-2}{6}\pi$　(C) $\frac{e^2-3}{6}\pi$　(D) $\frac{e^2-4}{6}\pi$　(E) $\frac{e^2-5}{6}\pi$

**185.** 由曲线 $y=\ln x$ 与其过原点的切线及直线 $x=1$ 所围成的平面图形绕 $y$ 轴旋转所得旋转体的体积为(　　).

(A) $\frac{e^3-3e-4}{6e}\pi$　　(B) $\frac{e^3-3e+4}{6e}\pi$　　(C) $\frac{e^3-4e+3}{6e}\pi$

(D) $\frac{e^3+e-4}{6e}\pi$　　(E) $\frac{e^3-2e-3}{6e}\pi$

**186.** 由曲线 $y=e^{-x^2}$ 与 $y=e^{-x}$ 所围平面图形绕 $y$ 轴旋转一周所形成的旋转体的体积为(　　).

(A) $\left(\frac{3}{e}-1\right)\pi$　　(B) $\left(\frac{4}{e}-1\right)\pi$　　(C) $\left(\frac{6}{e}-2\right)\pi$

(D) $\left(\frac{2}{e}-\frac{1}{2}\right)\pi$　　(E) $\left(\frac{3}{e}-\frac{1}{2}\right)\pi$

**187.** 由曲线弧 $y=\int_x^1 \sin t^3\,dt(0\leqslant x\leqslant 1)$ 与两坐标轴所围平面图形绕 $y$ 轴旋转一周所形成的旋转体的体积为(　　).

(A) $\frac{\pi}{6}(2-\cos 1)$　　(B) $\frac{\pi}{3}(1-\cos 1)$　　(C) $\frac{\pi}{6}(1-\cos 1)$

(D) $\frac{\pi}{3}(2-\cos 1)$　　(E) $\frac{\pi}{6}(1+\cos 1)$

## 【考向 10】曲线的弧长

**188.** 曲线弧 $y=\frac{2}{3}x^{\frac{3}{2}}$ 介于 $3\leqslant x\leqslant 8$ 的弧长为(　　).

(A) $\frac{41}{3}$　　(B) $\frac{40}{3}$　　(C) $\frac{38}{3}$　　(D) $\frac{35}{3}$　　(E) $\frac{31}{3}$

**189.** 若曲线弧方程为 $y=\int_{-\frac{\pi}{2}}^{x}\sqrt{\cos t}\,dt$,则该曲线弧段的长度 $s=$ (　　).

(A)1　　(B)2　　(C)3　　(D)4　　(E)5

**190.** 若函数 $f(x)$ 满足 $\int\frac{f(x)}{\sqrt{x}}dx=\frac{1}{6}x^2-x+C$,$L$ 为曲线弧段 $y=f(x)(4\leqslant x\leqslant 9)$,则 $L$ 的弧长 $s=$ (　　).

(A)9　　(B)8　　(C) $\frac{22}{3}$　　(D) $\frac{19}{3}$　　(E) $\frac{17}{3}$

**191.** 曲线弧 $x=\frac{1}{4}y^2-\frac{1}{2}\ln y(1\leqslant y\leqslant e)$ 的弧长为(　　).

(A) $e^2+1$　　(B) $\frac{1}{2}(e^2+1)$　　(C) $\frac{1}{3}(e^2+1)$

(D) $\frac{1}{4}(e^2+1)$　　(E) $\frac{1}{2}(e^2-1)$

**192.** 曲线 $y=x^{\frac{3}{2}}$ 在区间 $[0,a]$ 的长度为(　　).

(A) $\frac{2}{3}\left[\left(1+\frac{9}{4}a\right)^{\frac{3}{2}}-1\right]$　　(B) $\frac{2}{3}\left[\left(1+\frac{3}{2}a\right)^{\frac{3}{2}}-1\right]$

(C) $\frac{4}{9}\left[\left(1+\frac{9}{4}a\right)^{\frac{3}{2}}-1\right]$　　(D) $\frac{4}{9}\left[\left(1+\frac{3}{2}a\right)^{\frac{3}{2}}-1\right]$

(E) $\frac{8}{27}\left[\left(1+\frac{9}{4}a\right)^{\frac{3}{2}}-1\right]$

**193.** 曲线 $y=e^{\frac{x}{2}}+e^{-\frac{x}{2}}$ 在区间[0,3]的长度为(　　).

(A) $\frac{1}{2}(e^{\frac{3}{2}}-e^{-\frac{3}{2}})$　　(B) $e^{\frac{3}{2}}-e^{-\frac{3}{2}}$　　(C) $\frac{3}{2}(e^{\frac{3}{2}}-e^{-\frac{3}{2}})$

(D) $e^{\frac{3}{2}}+e^{-\frac{3}{2}}$　　(E) $\frac{1}{2}(e^{\frac{3}{2}}+e^{-\frac{3}{2}})$

**194.** 曲线 $y=\frac{1}{2}x^2$ 在区间[0,2]的长度为(　　).

(A) $\sqrt{5}+1+\ln(1+\sqrt{5})$　　(B) $\sqrt{5}+\frac{1}{2}\ln(2+\sqrt{5})$

(C) $\sqrt{5}+\ln(1+\sqrt{5})$　　(D) $\sqrt{5}-2+\ln(2+\sqrt{5})$

(E) $\sqrt{5}-3+\ln(2+\sqrt{5})$

**195.** 曲线弧 $y=e^{\frac{x}{2}}+e^{-\frac{x}{2}}(|x|\leqslant a)$ 的弧长为 $2\left(e-\frac{1}{e}\right)$,则 $a=$(　　).

(A)1　　(B)2　　(C)4　　(D)6　　(E)8

**196.** 曲线 $y=\ln\sin x\left(\frac{\pi}{6}\leqslant x\leqslant\frac{\pi}{3}\right)$的弧长为(　　).

(A) $\frac{2\sqrt{3}}{3}+1$　　(B) $\ln\frac{2\sqrt{3}+3}{3}$　　(C) $\ln 3$　　(D) $\frac{1}{2}\ln 3$　　(E)1

**197.** 曲线 $r=e^{\theta}$ 从 $\theta=0$ 到 $\theta=1$ 的弧长为(　　).

(A) $\sqrt{2}$　　(B) $\sqrt{2}-1$　　(C) $\sqrt{2}(e-1)$　　(D) $e-1$　　(E) $e-2$

**198.** 曲线 $y=\ln(1-x^2)\left(0\leqslant x\leqslant\frac{1}{2}\right)$的长度为(　　).

(A) $\ln 3-\frac{1}{2}$　　(B) $\ln 3$　　(C) $\frac{1}{2}\ln 3$

(D) $\ln 3+\frac{1}{2}$　　(E) $\frac{1}{2}\ln 3-\frac{1}{2}$

**199.** 星形线 $x=\cos^3 t, y=\sin^3 t(0\leqslant t\leqslant 2\pi)$ 的弧长为(　　).

(A)2　　(B)3　　(C)4　　(D)5　　(E)6

**200.** 已知函数 $y=y(x)$ 由方程 $y^4-6xy+3=0(1\leqslant y\leqslant 2)$ 所确定,则曲线 $y=y(x)$ 从点 $\left(\frac{2}{3},1\right)$到点 $\left(\frac{19}{12},2\right)$的长度为(　　).

(A) $\frac{5}{4}$　　(B) $\frac{1}{2}$　　(C) $\frac{2\sqrt{3}}{3}$　　(D) $\frac{5}{12}$　　(E) $\frac{17}{12}$

**201.** 曲线弧 $y=x^{\frac{1}{2}}-\frac{1}{3}x^{\frac{3}{2}}(4\leqslant x\leqslant 9)$ 的长度为(　　).

(A) $\frac{17}{3}$　(B) $\frac{19}{3}$　(C) $\frac{20}{3}$　(D) $\frac{22}{3}$　(E) $\frac{23}{3}$

**202.** 曲线弧 $y=2\sqrt{x}\left(\frac{1}{8}\leqslant x\leqslant\frac{1}{3}\right)$的长度为(　　).

(A) $\frac{7}{24}-\frac{1}{2}\ln\frac{3}{2}$　(B) $\frac{7}{24}+\frac{1}{2}\ln\frac{3}{2}$　(C) $\frac{7}{24}+\ln\frac{3}{2}$

(D) $\frac{7}{24}-\ln\frac{3}{2}$　(E) $\frac{7}{24}-2\ln\frac{3}{2}$

**203.** 曲线弧 $y=\frac{1}{2}\ln x-\frac{1}{4}x^2(1\leqslant x\leqslant 2)$ 的长度为(　　).

(A) $\frac{\ln 2}{2}-\frac{1}{4}$　(B) $\frac{\ln 2}{2}+\frac{1}{4}$　(C) $\frac{\ln 2}{2}+\frac{3}{4}$

(D) $\frac{3\ln 2}{2}-\frac{1}{2}$　(E) $\frac{3\ln 2}{2}-\frac{3}{4}$

**204.** 曲线弧 $y=\ln(1+\sin x)\left(0\leqslant x\leqslant\frac{\pi}{2}\right)$的长度为(　　).

(A) $\ln(3+2\sqrt{2})$　(B) $\ln(2+3\sqrt{2})$　(C) $\ln(\sqrt{2}+1)$

(D) $\ln(2\sqrt{2}+1)$　(E) $\ln(2\sqrt{2}-1)$

**205.** 曲线弧 $y=\ln(1+\cos x)\left(0\leqslant x\leqslant\frac{\pi}{3}\right)$的长度为(　　).

(A) $\frac{1}{2}\ln 3$　(B) $\ln 3$　(C) $2\ln 3$　(D) $\ln(2\sqrt{3}-1)$　(E) $\ln(\sqrt{3}+1)$

**206.** 曲线弧 $y^2=\frac{4}{9}(x-1)^3(1\leqslant x\leqslant 16)$ 的长度为(　　).

(A)21　(B)28　(C)42　(D)56　(E)84

**207.** 曲线弧 $y=\frac{1}{2}x\sqrt{1-x^2}+\frac{1}{2}\arcsin x(-1\leqslant x\leqslant 1)$ 的长度为(　　).

(A) $\frac{\pi}{4}+\frac{1}{2}$　(B) $\frac{\pi}{4}+1$　(C) $\frac{\pi}{2}+\frac{1}{2}$　(D) $\frac{\pi}{2}+1$　(E) $\frac{\pi}{2}+2$

**208.** 曲线弧 $y=\int_0^x\sqrt{\cos t}\,\mathrm{d}t\left(0\leqslant x\leqslant\frac{\pi}{2}\right)$的长度为(　　).

(A)1　(B) $\sqrt{2}$　(C)2　(D) $2\sqrt{2}$　(E)4

**209.** 曲线弧 $y=\int_0^x\sqrt{\mathrm{e}^{4t}+\mathrm{e}^{-4t}+1}\,\mathrm{d}t(-1\leqslant x\leqslant 1)$ 的长度为(　　).

(A) $\frac{1}{4}(\mathrm{e}^2-\mathrm{e}^{-2})$　(B) $\frac{1}{2}(\mathrm{e}^2-\mathrm{e}^{-2})$　(C) $\mathrm{e}^2-\mathrm{e}^{-2}$

(D) $2(\mathrm{e}^2-\mathrm{e}^{-2})$　(E) $4(\mathrm{e}^2-\mathrm{e}^{-2})$

**210.** 曲线弧 $y=\ln\cos x\left(-\frac{\pi}{4}\leqslant x\leqslant\frac{\pi}{4}\right)$的长度为(　　).

(A) $\frac{1}{2}\ln(\sqrt{2}+1)$　　(B) $\ln(\sqrt{2}+1)$　　(C) $2\ln(\sqrt{2}+1)$

(D) $4\ln(\sqrt{2}+1)$　　(E) $4\ln 2-2$

**211.** 曲线弧 $y^2=x^3(x\leqslant 4)$ 的长度为(　　).

(A) $\frac{8}{27}(10\sqrt{10}-1)$　　(B) $\frac{16}{27}(10\sqrt{10}-1)$　　(C) $\frac{2}{3}(10\sqrt{10}-1)$

(D) $\frac{4}{3}(10\sqrt{10}-1)$　　(E) $3(10\sqrt{10}-1)$

**212.** 若曲线弧 $y=\int_0^x\sqrt{t^2+4t+3}\,dt\ (0\leqslant x\leqslant a)$ 的长度为 6,则 $a=$(　　).

(A)1　　(B)2　　(C)3　　(D)4　　(E)5

**213.** 曲线弧 $\begin{cases}x=\sqrt{2+t},\\ y=\sqrt{2-t}\end{cases}(1\leqslant t\leqslant 2)$ 的长度为(　　).

(A) $\frac{\pi}{24}$　　(B) $\frac{\pi}{12}$　　(C) $\frac{\pi}{6}$　　(D) $\frac{\pi}{3}$　　(E) $\frac{\pi}{2}$

**214.** 曲线弧 $\begin{cases}x=\arctan t,\\ y=\frac{1}{2}\ln(1+t^2)\end{cases}(0\leqslant t\leqslant 1)$ 的长度为(　　).

(A) $\ln(\sqrt{2}-1)$　　(B) $\ln(2\sqrt{2}-1)$　　(C) $\ln(\sqrt{2}+1)$

(D) $\ln(\sqrt{2}+2)$　　(E) $\ln(2\sqrt{2}+1)$

**215.** 若曲线 $\begin{cases}x=e^{-t}\cos\omega t,\\ y=e^{-t}\sin\omega t\end{cases}(0\leqslant t<+\infty$ 且 $\omega>0)$ 的弧长为 $5\sqrt{2}$,则常数 $\omega=$(　　).

(A)5　　(B)6　　(C)7　　(D)8　　(E)10

**216.** 曲线弧 $\begin{cases}x=\int_0^t\frac{e^u}{\sqrt{1+u^2}}du,\\ y=\int_0^t\frac{ue^u}{\sqrt{1+u^2}}du\end{cases}(0\leqslant t\leqslant 1)$ 的长度为(　　).

(A) $e-1$　　(B) $e-2$　　(C) $2e-1$　　(D) $2e-4$　　(E) $4e-2$

**217.** 设曲线 $y=\sin x(0\leqslant x\leqslant\pi)$ 的弧长为 $s_1$,椭圆 $x^2+2y^2=2$ 的周长为 $s_2$,则(　　).

(A) $s_2=s_1$　　(B) $s_2=\sqrt{2}s_1$　　(C) $s_2=2s_1$　　(D) $s_2=2\sqrt{2}s_1$　　(E) $s_2=4s_1$

**218.** 若曲线弧 $\begin{cases}x=\int_1^t\frac{\cos u}{u}du,\\ y=\int_1^t\frac{\sin u}{u}du\end{cases}(1\leqslant t\leqslant a)$ 的长度为 2,则 $a=$(　　).

(A)2　　(B)e　　(C)2e　　(D) $e^2$　　(E) $2e^2$

**219.** 曲线弧 $\rho=\frac{1}{\theta}\left(\frac{\sqrt{3}}{3}\leqslant\theta\leqslant\sqrt{3}\right)$ 的长度为(　　).

(A) $\ln\frac{2\sqrt{3}+3}{3}+\frac{6-2\sqrt{3}}{3}$　　(B) $\ln\frac{2\sqrt{3}+3}{3}+\frac{3-\sqrt{3}}{3}$

(C) $\ln\frac{2\sqrt{3}-3}{3}+\frac{6-2\sqrt{3}}{3}$　　(D) $\ln\frac{2\sqrt{3}-3}{3}+\frac{6+2\sqrt{3}}{3}$

(E) $\ln\frac{2\sqrt{3}+3}{3}+\frac{3+\sqrt{3}}{3}$

**220.** 曲线弧 $\rho=\theta(0\leqslant\theta\leqslant 1)$ 的长度为(　　).

(A) $\frac{\sqrt{2}}{2}+\frac{1}{2}\ln(1+\sqrt{2})$　　(B) $\frac{\sqrt{2}}{2}-\frac{1}{2}\ln(1+\sqrt{2})$

(C) $\frac{\sqrt{2}}{2}+\ln(1+\sqrt{2})$　　(D) $\sqrt{2}+\frac{1}{2}\ln(1+\sqrt{2})$

(E) $\sqrt{2}-\frac{1}{2}\ln(1+\sqrt{2})$

## 【考向 11】积分中值定理

**221.** 函数 $f(x)=x^2$ 在区间$[1,3]$上的平均值为(　　).

(A) 5　　(B) $\frac{13}{3}$　　(C) 4　　(D) $\frac{11}{3}$　　(E) $\frac{10}{3}$

**222.** 函数 $y=\frac{x}{\sqrt{1-x^2}}$ 在区间$\left[0,\frac{1}{4}\right]$上的平均值为(　　).

(A) $4+\sqrt{15}$　　(B) $4+\sqrt{2}$　　(C) $4-\sqrt{2}$　　(D) $4-\sqrt{15}$　　(E) $\sqrt{15}-\sqrt{2}$

**223.** 函数 $y=\frac{x^2}{\sqrt{1-x^2}}$ 在区间$\left[\frac{1}{2},\frac{\sqrt{3}}{2}\right]$上的平均值为(　　).

(A) $\frac{\sqrt{3}+1}{4}\pi$　　(B) $\frac{\sqrt{3}+1}{6}\pi$　　(C) $\frac{\sqrt{3}+1}{12}\pi$

(D) $\frac{\sqrt{2}+1}{6}\pi$　　(E) $\frac{\sqrt{2}+1}{12}\pi$

**224.** 极限 $\lim\limits_{n\to\infty}\int_n^{n+p}\frac{\sin x}{x}\mathrm{d}x$(　　).

(A) 不存在　　(B) 等于 $p+1$　　(C) 等于 $p$

(D) 等于 1　　(E) 等于 0

## 【考向 12】定积分的经济应用

**225.** 设某水池的水从 0 时刻到 $t$ 时刻的蒸发量为 $x(t)=kt(t\in[0,T],k>0)$,若到 $T$ 时刻总量为 $A$ 的池水将全部蒸发掉,则在$[0,T]$的时间段上池水的平均剩余量为(　　).

(A) $\frac{A}{2}$　　(B) $\frac{A}{3}$　　(C) $\frac{A}{4}$　　(D) $\frac{A}{5}$　　(E) $\frac{A}{6}$

**226.** 设某商品从时刻 0 到时刻 $t$ 的销售量为 $x(t)=2kt(t\in[0,T],k>0)$. 欲在时刻 $T$ 将数量为 $A$ 的该商品销售完,则在时刻 $t$ 的商品剩余量和在时间段$[0,T]$上的平均剩余量分别为(　　).

(A)$A-\frac{A}{2T}t,\frac{3A}{4}$　　(B)$\frac{A}{2T}t,\frac{3A}{4}$　　(C)$\frac{A}{2T}t,\frac{A}{T}$

(D)$A-\frac{A}{T}t,\frac{A}{2}$　　(E)$A-\frac{A}{T}t,\frac{3A}{4}$

**227.** 已知某商品总产量的变化率 $f(t)=200+5t-t^2(0\leqslant t\leqslant 16)$,则时间 $t$ 从 2 变化到 8 时,总产量增加值 $\Delta Q$ 为(　　).

(A)1 266　　(B)1 182　　(C)266　　(D)86　　(E)66

**228.** 已知变量 $y$ 关于 $x$ 的变化率为 $\frac{10}{(x+2)^2}+1$,当 $x$ 从 3 变到 8 时,$y$ 的变化量为(　　).

(A)9　　(B)8　　(C)7　　(D)6　　(E)5

# 第四章　多元函数微分学

## 【考向 1】多元函数的概念

**1.** 二元函数 $z=\ln(y-x)+\dfrac{\sqrt{x}}{\sqrt{1-x^2-y^2}}$ 的定义域为(　　).

(A) $y>x\geqslant 0, x^2+y^2\leqslant 1$　　(B) $y>x\geqslant 0, x^2+y^2<1$

(C) $y\geqslant x\geqslant 0, x^2+y^2<1$　　(D) $y\geqslant x\geqslant 0, x^2+y^2\leqslant 1$

(E) $y\geqslant x>0, x^2+y^2<1$

**2.** 已知 $f(x,y)=3x+2y$,则 $f[1,f(x,y)]=$(　　).

(A) $3x+2y+1$　　(B) $3x+2y+3$　　(C) $3x+4y+3$

(D) $6x+4y+1$　　(E) $6x+4y+3$

**3.** 已知 $f\left(\dfrac{1}{x},\dfrac{1}{y}\right)=x-2x^2y+3y^3$,则 $f(x,y)=$(　　).

(A) $\dfrac{1}{x}-\dfrac{2}{x^2y}+\dfrac{3}{y^3}$　　(B) $\dfrac{1}{x}+\dfrac{2}{x^2y}+\dfrac{3}{y^3}$　　(C) $\dfrac{1}{x}-\dfrac{2}{xy^2}+\dfrac{3}{y^3}$

(D) $\dfrac{1}{x}+\dfrac{2}{xy^2}+\dfrac{3}{y^3}$　　(E) $\dfrac{1}{x}-\dfrac{2}{xy^2}-\dfrac{3}{y^3}$

**4.** 设 $z=x+f(\sqrt{y}-1)$,当 $x=1$ 时,$z=y$,则当 $u\geqslant -1, y\geqslant 0$ 时,(　　).

(A) $f(u)=u^2+2u, z=x+y-1$　　(B) $f(u)=u^2+2u, z=x+y+1$

(C) $f(u)=u^2+u, z=x+y-1$　　(D) $f(u)=u^2+u, z=x+y+1$

(E) $f(u)=u^2+u, z=x-y-1$

**5.** 二元函数 $f(x,y)=\begin{cases}\dfrac{xy^2}{x^2+y^4}, & (x,y)\neq(0,0),\\ 0, & (x,y)=(0,0)\end{cases}$ 在点 $(0,0)$ 处必定(　　).

(A) 连续且偏导数存在　　(B) 连续但偏导数不存在

(C) 不连续但偏导数存在　　(D) 不连续且偏导数不存在

(E) 可微分

**6.** 设 $f(x,y)=\begin{cases}\dfrac{xy}{x^2+y^2}, & (x,y)\neq(0,0),\\ 0, & (x,y)=(0,0),\end{cases}$ $g(x,y)=\begin{cases}\dfrac{xy}{\sqrt{x^2+y^2}}, & (x,y)\neq(0,0),\\ 0, & (x,y)=(0,0),\end{cases}$

则在点 $(0,0)$ 处给出以下结论:

①$f(x,y)$ 连续,$g(x,y)$ 不连续;

②$f(x,y)$ 不连续,$g(x,y)$ 连续;

③$f(x,y)$ 与 $g(x,y)$ 的所有偏导数都存在;

④$f(x,y)$ 与 $g(x,y)$ 都可微分.

其中所有正确结论的序号是(　　).

(A)①　　(B)②　　(C)②③　　(D)①③　　(E)②③④

**7.** 设函数 $f(x,y)=\begin{cases}(x^2+y^2)\sin\dfrac{1}{x^2+y^2}, & (x,y)\neq(0,0),\\ 0, & (x,y)=(0,0),\end{cases}$ 则下列结论不正确的是(　　).

(A)$f(x,y)$ 在点 $(0,0)$ 处连续

(B)点 $(0,0)$ 为 $f(x,y)$ 的驻点

(C)$f'_x(x,0)$ 与 $f'_y(0,y)$ 在 $x=0$ 及 $y=0$ 处分别不连续

(D)$f(x,y)$ 在点 $(0,0)$ 处可微分

(E)$f(x,y)$ 在点 $(0,0)$ 处不可微分

**8.** 设 $f(x,y)=\begin{cases}\dfrac{\tan x^2\cdot\cos y}{\sqrt{x^2+y^2}}, & (x,y)\neq(0,0),\\ 0, & (x,y)=(0,0),\end{cases}$ 则在点 $(0,0)$ 处给出以下四个结论：

①$f(x,y)$ 连续；　　② $\dfrac{\partial f}{\partial x}$ 存在，$\dfrac{\partial f}{\partial y}$ 不存在；

③ $\dfrac{\partial f}{\partial x}$ 不存在，$\dfrac{\partial f}{\partial y}$ 存在；　　④$z=f(x,y)$ 不可微分.

其中所有正确结论的序号是(　　).

(A)①②　　(B)①③　　(C)①③④　　(D)②④　　(E)③④

**9.** 下列命题正确的是(　　).

(A) 若 $f(x,y)$ 在点 $(x_0,y_0)$ 处连续，则 $f(x,y)$ 在 $(x_0,y_0)$ 处两个偏导数必定存在

(B) 若 $f(x,y)$ 在点 $(x_0,y_0)$ 处两个偏导数连续，则 $f(x,y)$ 在 $(x_0,y_0)$ 处必定可微分

(C) 若 $f(x,y)$ 在点 $(x_0,y_0)$ 处可微分，则 $f(x,y)$ 在 $(x_0,y_0)$ 处两个偏导数必定连续

(D) 若 $f(x,y)$ 在点 $(x_0,y_0)$ 处两个偏导数存在，则 $f(x,y)$ 在 $(x_0,y_0)$ 处必定可微分

(E) 若 $f(x,y)$ 在点 $(x_0,y_0)$ 处两个偏导数存在，则 $f(x,y)$ 在 $(x_0,y_0)$ 处必定连续

**10.** 下列命题错误的是(　　).

(A) $\lim\limits_{(x,y)\to(x_0,y_0)}f(x,y)=A$ 的充分必要条件是 $f(x,y)=A+\alpha$，其中 $\alpha$ 满足 $\lim\limits_{(x,y)\to(x_0,y_0)}\alpha=0$

(B) 若函数 $z=f(x,y)$ 在点 $M_0(x_0,y_0)$ 处存在偏导数 $\left.\dfrac{\partial z}{\partial x}\right|_{M_0}$，$\left.\dfrac{\partial z}{\partial y}\right|_{M_0}$，则 $z=f(x,y)$ 在点 $M_0(x_0,y_0)$ 处必定连续

(C) 若函数 $z=f(x,y)$ 在点 $M_0(x_0,y_0)$ 处可微分，则 $z=f(x,y)$ 在点 $M_0(x_0,y_0)$ 处必定存在偏导数，且 $\left.dz\right|_{M_0}=\left.\dfrac{\partial z}{\partial x}\right|_{M_0}dx+\left.\dfrac{\partial z}{\partial y}\right|_{M_0}dy$

(D) 若函数 $z=f(x,y)$ 在点 $M_0(x_0,y_0)$ 处存在连续偏导数，则 $z=f(x,y)$ 在点 $M_0(x_0,y_0)$ 处必定可微分，且 $\left.dz\right|_{M_0}=\left.\dfrac{\partial z}{\partial x}\right|_{M_0}dx+\left.\dfrac{\partial z}{\partial y}\right|_{M_0}dy$

(E) 若函数 $z=f(x,y)$ 在点 $M_0(x_0,y_0)$ 处可微分，则 $z=f(x,y)$ 在点 $M_0(x_0,y_0)$ 处必定连续

**11.** 设函数 $f(x,y)$存在二阶偏导数，则(　　).

(A) $\dfrac{\partial^2[f(x,y)]}{\partial x\partial y}=\dfrac{\partial^2[f(x,y)]}{\partial y\partial x}$

(B) $f(x,y)$连续，但不可微分

(C) $f(x,y)$ 不连续，但可微分

(D) $f(x,y)$连续且可微分

(E) 对给定的 $x$ 或 $y$，$f(x,y)$连续

**12.** 设二元函数 $f(x,y)$ 在点$(a,b)$处存在偏导数，则$\lim\limits_{y\to 0}\dfrac{f(a,b+y)-f(a,b-y)}{y}=$(　　).

(A) $f'_y(a,b)$　　(B) $-f'_y(a,b)$　　(C) $2f'_y(a,b)$

(D) 0　　(E) $-2f'_y(a,b)$

**13.** 设 $z=\sqrt{x^4+y^2}$，则(　　).

(A) $\left.\dfrac{\partial z}{\partial x}\right|_{(0,0)}=0$，$\left.\dfrac{\partial z}{\partial y}\right|_{(0,0)}=0$　　(B) $\left.\dfrac{\partial z}{\partial x}\right|_{(0,0)}=1$，$\left.\dfrac{\partial z}{\partial y}\right|_{(0,0)}$ 不存在

(C) $\left.\dfrac{\partial z}{\partial x}\right|_{(0,0)}=0$，$\left.\dfrac{\partial z}{\partial y}\right|_{(0,0)}$ 不存在　　(D) $\left.\dfrac{\partial z}{\partial x}\right|_{(0,0)}$ 不存在，$\left.\dfrac{\partial z}{\partial y}\right|_{(0,0)}=0$

(E) $\left.\dfrac{\partial z}{\partial x}\right|_{(0,0)}$ 与$\left.\dfrac{\partial z}{\partial y}\right|_{(0,0)}$ 都不存在

**14.** 设 $f(x,y)=e^{\sqrt{x^2+y^4}}$，则(　　).

(A) $f'_x(0,0)$ 存在，$f'_y(0,0)$ 也存在　　(B) $f'_x(0,0)$ 存在，$f'_y(0,0)$ 不存在

(C) $f'_x(0,0)$ 不存在，$f'_y(0,0)=0$　　(D) $f'_x(0,0)$ 不存在，$f'_y(0,0)=1$

(E) $f'_x(0,0)$ 不存在，$f'_y(0,0)$ 也不存在

## 【考向 2】显函数偏导数与全微分的计算

**15.** 设函数 $f(x,y)=x+(y-1)\arcsin\sqrt{\dfrac{x}{y}}$，则 $f'_x(x,2)=$(　　).

(A) $\dfrac{\sqrt{2}}{\sqrt{2-x}}$　　(B) $\dfrac{\sqrt{2}}{2\sqrt{2-x}}$　　(C) $1+\dfrac{1}{2\sqrt{(2-x)x}}$

(D) $1-\dfrac{\sqrt{2}}{2\sqrt{2-x}}$　　(E) $1+\dfrac{\sqrt{2}}{\sqrt{2-x}}$

**16.** 设函数 $z=\dfrac{xy}{x^2-y^2}$，则(　　).

(A) $\left.\dfrac{\partial z}{\partial x}\right|_{(2,1)}=-2\left.\dfrac{\partial z}{\partial y}\right|_{(2,1)}$　　(B) $\left.\dfrac{\partial z}{\partial x}\right|_{(2,1)}=-\left.\dfrac{\partial z}{\partial y}\right|_{(2,1)}$

(C) $\left.\dfrac{\partial z}{\partial x}\right|_{(2,1)}=-\dfrac{1}{2}\left.\dfrac{\partial z}{\partial y}\right|_{(2,1)}$　　(D) $\left.\dfrac{\partial z}{\partial x}\right|_{(2,1)}=\dfrac{1}{2}\left.\dfrac{\partial z}{\partial y}\right|_{(2,1)}$

(E) $\left.\frac{\partial z}{\partial x}\right|_{(2,1)}=\left.\frac{\partial z}{\partial y}\right|_{(2,1)}$

**17.** 设 $f(x,y)=\frac{\mathrm{e}^x}{x-y}$，则(　　).

(A) $f'_x-f'_y=0$　　(B) $f'_x+f'_y=0$　　(C) $f'_x+f'_y=1$

(D) $f'_x-f'_y=f$　　(E) $f'_x+f'_y=f$

**18.** 设二元函数 $z=\sin\frac{x}{y}+\cos\frac{y}{x}$，则$\frac{\partial z}{\partial x}=$(　　).

(A) $\frac{1}{y}\cos\frac{x}{y}+\frac{y}{x^2}\sin\frac{y}{x}$　　(B) $\frac{1}{y}\cos\frac{x}{y}-\frac{y}{x^2}\sin\frac{y}{x}$

(C) $-\frac{1}{y}\cos\frac{x}{y}+\frac{y}{x^2}\sin\frac{y}{x}$　　(D) $-\frac{1}{y}\cos\frac{x}{y}-\frac{y}{x^2}\sin\frac{y}{x}$

(E) $y\cos\frac{x}{y}+\frac{y}{x}\sin\frac{y}{x}$

**19.** 设二元函数 $z=5-x^2y+\sqrt{x^2+y^2}$，则$\left.\frac{\partial z}{\partial x}\right|_{(3,4)}=$(　　).

(A) $\frac{117}{4}$　　(B) $\frac{117}{5}$　　(C) $-\frac{117}{4}$

(D) $-\frac{117}{5}$　　(E) $-\frac{117}{7}$

**20.** 设函数 $z=(2x+y)^{3xy}$，则$\left.\frac{\partial z}{\partial x}\right|_{(1,1)}=$(　　).

(A) $3^2\cdot(3\ln 3+2)$　　(B) $3^2\cdot(\ln 3+2)$　　(C) $3\ln 3+2$

(D) $3^3\cdot(3\ln 3-2)$　　(E) $3^3\cdot(3\ln 3+2)$

**21.** 设 $z=(3x+2y)^{3x+2y}$，则 $2\frac{\partial z}{\partial x}-3\frac{\partial z}{\partial y}=$(　　).

(A) $5(3x+2y)^{3x+2y}[1+\ln(3x+2y)]$

(B) $3(3x+2y)^{3x+2y}[1+\ln(3x+2y)]$

(C) $(3x+2y)^{3x+2y}[1+\ln(3x+2y)]$

(D) $\frac{1}{3}(3x+2y)^{3x+2y}[1+\ln(3x+2y)]$

(E) $0$

**22.** 设 $f(x+y,xy)=x^3+y^3+x^2y+xy^2+x^2+y^2$，则$\frac{\partial[f(x,y)]}{\partial x}=$(　　).

(A) $3x^2+y^2+2xy+2x$　　(B) $3x^2-2y+2x$　　(C) $2x-2y$

(D) $x^2+2y-2$　　(E) $-2x-2$

**23.** 设 $z=u^v,u=x^2+2y,v=\sin xy$，则$\left.\frac{\partial z}{\partial x}\right|_{(1,\frac{\pi}{2})}=$(　　).

(A) $\frac{3}{2}\pi$　　(B) $\pi$　　(C) $2$　　(D) $\frac{\pi}{2}$　　(E) $1$

**24.** 设 $z=\sin xy$，则 $\dfrac{\partial^2 z}{\partial x^2}+\dfrac{\partial^2 z}{\partial y^2}=$（　　）.

(A) $-(x^2+y^2)\sin xy$　(B) $(x^2+y^2)\sin xy$　(C) $(x^2+y^2)\cos xy$

(D) $(x^2-y^2)\sin xy$　(E) $(y^2-x^2)\sin xy$

**25.** 设 $z=\arctan\dfrac{x-y}{x+y}$，则 $\dfrac{\partial^2 z}{\partial x^2}=$（　　）.

(A) $-\dfrac{xy}{(x^2+y^2)^2}$　(B) $\dfrac{xy}{(x^2+y^2)^2}$　(C) $-\dfrac{2xy}{(x^2+y^2)^2}$

(D) $\dfrac{2xy}{(x^2+y^2)^2}$　(E) $-\dfrac{3xy}{(x^2+y^2)^2}$

**26.** 设二元函数 $z=e^{5xy^2}$，则 $\dfrac{\partial^2 z}{\partial x\partial y}=$（　　）.

(A) $50xy^3e^{5xy^2}$　(B) $5ye^{5xy^2}(5xy^2+1)$　(C) $8ye^{5xy^2}(5xy^2+1)$

(D) $6ye^{5xy^2}(5xy^2+1)$　(E) $10ye^{5xy^2}(5xy^2+1)$

**27.** 设 $z=3-x^2y+\sqrt{x^2+y^2}$，则 $\dfrac{\partial^2 z}{\partial x\partial y}=$（　　）.

(A) $-2x-\dfrac{xy}{x^2+y^2}$　(B) $2x-\dfrac{xy}{(x^2+y^2)^{\frac{3}{2}}}$

(C) $-2x+\dfrac{xy}{(x^2+y^2)^{\frac{3}{2}}}$　(D) $2x+\dfrac{xy}{(x^2+y^2)^{\frac{3}{2}}}$

(E) $-2x-\dfrac{xy}{(x^2+y^2)^{\frac{3}{2}}}$

**28.** 设 $z=e^{2x^2y}$，则 $\dfrac{\partial^2 z}{\partial x^2}$，$\dfrac{\partial^2 z}{\partial y^2}$ 分别为（　　）.

(A) $4ye^{2x^2y}(1+4x^2y)$，$x^4e^{2x^2y}$　(B) $ye^{2x^2y}(1+4xy)$，$2x^4e^{2x^2y}$

(C) $ye^{2x^2y}(1+4xy)$，$3x^4e^{2x^2y}$　(D) $4ye^{2x^2y}(1+4x^2y)$，$4x^4e^{2x^2y}$

(E) $ye^{2x^2y}(1+4xy)$，$5x^4e^{2x^2y}$

**29.** 设 $z=\sin(e^{xy}+2y)$，则 $\left.\dfrac{\partial^2 z}{\partial x\partial y}\right|_{(0,1)}=$（　　）.

(A) $2\sin 3+\cos 3$　(B) $2\sin 3-\cos 3$　(C) $-2\sin 3-\cos 3$

(D) $-2\sin 3+\cos 3$　(E) $\sin 3-2\cos 3$

**30.** 设 $z=x^2\arctan\dfrac{y}{x}-y^2\arctan\dfrac{x}{y}$，则 $\left.\dfrac{\partial^2 z}{\partial x\partial y}\right|_{(1,2)}=$（　　）.

(A) $-\dfrac{4}{5}$　(B) $-\dfrac{3}{5}$　(C) $-\dfrac{1}{5}$　(D) $\dfrac{1}{5}$　(E) $\dfrac{3}{5}$

**31.** 已知 $(axy^3-y^2\cos x)dx+(1+by\sin x+3x^2y^2)dy$ 是某函数的全微分，则 $a,b$ 的取值依次为（　　）.

(A) $-2,2$　(B) $2,-2$　(C) $3,-3$

(D) $-3,3$　(E) $1,-2$

**32.** 已知 $F(x,y)$ 一阶偏导连续，且 $F(x,y)(ydx+xdy)$ 是某函数的全微分，则（　　）.

(A) $\frac{\partial F}{\partial x}=\frac{\partial F}{\partial y}$　(B) $x\frac{\partial F}{\partial x}-y\frac{\partial F}{\partial y}=0$　(C) $x\frac{\partial F}{\partial x}+y\frac{\partial F}{\partial y}=0$

(D) $x\frac{\partial F}{\partial y}-y\frac{\partial F}{\partial x}=0$　(E) $x\frac{\partial F}{\partial y}+y\frac{\partial F}{\partial x}=0$

**33.** 设 $z=\frac{y}{\sqrt{x^2+y^2}}$，则 $\mathrm{d}z=(\quad)$.

(A) $\frac{y}{(x^2+y^2)^{\frac{3}{2}}}(x\mathrm{d}x+y\mathrm{d}y)$　(B) $\frac{x}{(x^2+y^2)^{\frac{3}{2}}}(y\mathrm{d}x+x\mathrm{d}y)$

(C) $\frac{x}{(x^2+y^2)^{\frac{3}{2}}}(y\mathrm{d}x-x\mathrm{d}y)$　(D) $-\frac{y}{(x^2+y^2)^{\frac{3}{2}}}(x\mathrm{d}x-y\mathrm{d}y)$

(E) $-\frac{x}{(x^2+y^2)^{\frac{3}{2}}}(y\mathrm{d}x-x\mathrm{d}y)$

**34.** 设函数 $z=\arctan \mathrm{e}^{-xy}$，则 $\mathrm{d}z=(\quad)$.

(A) $-\frac{\mathrm{e}^{xy}}{1+\mathrm{e}^{2xy}}(y\mathrm{d}x+x\mathrm{d}y)$　(B) $\frac{\mathrm{e}^{xy}}{1+\mathrm{e}^{2xy}}(y\mathrm{d}x-x\mathrm{d}y)$

(C) $\frac{\mathrm{e}^{xy}}{1+\mathrm{e}^{2xy}}(\mathrm{d}x+y\mathrm{d}y)$　(D) $\frac{\mathrm{e}^{xy}}{1+\mathrm{e}^{2xy}}(x\mathrm{d}y-y\mathrm{d}x)$

(E) $\frac{\mathrm{e}^{xy}}{1+\mathrm{e}^{2xy}}(y\mathrm{d}x+x\mathrm{d}y)$

**35.** 设 $z=\mathrm{e}^{\sin xy}$，则 $\mathrm{d}z\Big|_{(1,0)}+\mathrm{d}z\Big|_{(0,1)}=(\quad)$.

(A) $\mathrm{d}x+\mathrm{d}y$　(B) $\mathrm{d}x-\mathrm{d}y$　(C) $\mathrm{d}x$

(D) $\mathrm{d}y$　(E) $\mathrm{e}(\mathrm{d}x+\mathrm{d}y)$

**36.** 设 $z=x\mathrm{e}^{x+y}+(x+1)\ln(1+y)$，则 $\mathrm{d}z\Big|_{(1,0)}=(\quad)$.

(A) $\mathrm{e}\mathrm{d}x+(\mathrm{e}+2)\mathrm{d}y$　(B) $2\mathrm{e}\mathrm{d}x-(\mathrm{e}-2)\mathrm{d}y$　(C) $2\mathrm{e}\mathrm{d}x-(\mathrm{e}+2)\mathrm{d}y$

(D) $2\mathrm{e}\mathrm{d}x+(\mathrm{e}-2)\mathrm{d}y$　(E) $2\mathrm{e}\mathrm{d}x+(\mathrm{e}+2)\mathrm{d}y$

**37.** 设 $z=(x^2+y^2)\mathrm{e}^{-\arctan\frac{y}{x}}$，则 $\mathrm{d}z\Big|_{(1,1)}=(\quad)$.

(A) $\mathrm{e}^{-\frac{\pi}{4}}(\mathrm{d}x+\mathrm{d}y)$　(B) $\mathrm{e}^{-\frac{\pi}{4}}(2\mathrm{d}x+\mathrm{d}y)$　(C) $\mathrm{e}^{-\frac{\pi}{4}}(3\mathrm{d}x+\mathrm{d}y)$

(D) $\mathrm{e}^{-\frac{\pi}{4}}(2\mathrm{d}x+3\mathrm{d}y)$　(E) $\mathrm{e}^{-\frac{\pi}{4}}(\mathrm{d}x+3\mathrm{d}y)$

**38.** 设函数 $z=\left(1+\frac{x}{y}\right)^2$，则 $\mathrm{d}z\Big|_{(1,1)}=(\quad)$.

(A) $\mathrm{d}x-\mathrm{d}y$　(B) $\mathrm{d}x+\mathrm{d}y$　(C) $2(\mathrm{d}x-\mathrm{d}y)$

(D) $3(\mathrm{d}x-\mathrm{d}y)$　(E) $4(\mathrm{d}x-\mathrm{d}y)$

**39.** 设二元函数 $z=\ln\sqrt{x^2+y^3}$，则 $\mathrm{d}z\Big|_{(1,2)}=(\quad)$.

(A) $\frac{1}{3}\mathrm{d}x+\frac{2}{3}\mathrm{d}y$　(B) $\frac{2}{3}\mathrm{d}x+\frac{1}{3}\mathrm{d}y$　(C) $\frac{1}{9}\mathrm{d}x-\frac{1}{3}\mathrm{d}y$

(D) $\frac{1}{9}\mathrm{d}x+\frac{1}{3}\mathrm{d}y$　(E) $\frac{1}{9}\mathrm{d}x+\frac{2}{3}\mathrm{d}y$

**40.** 设二元函数 $z=e^{x^2-xy}$，则 $dz\Big|_{(1,2)}=(\quad)$.

(A) $-\frac{1}{e}dx$ (B) $-\frac{1}{e}dy$ (C) $\frac{1}{e}dx$

(D) $\frac{1}{e}dy$ (E) $edx$

**41.** 设函数 $u=\left(\frac{y}{x}\right)^z$，则 $du\Big|_{(1,1,2)}=(\quad)$.

(A) $-2dx+2dy$ (B) $dx-dy$

(C) $\frac{1}{2}dx+dy-dz$ (D) $\frac{1}{2}dx+dy+dz$

(E) $dx+dy+dz$

**42.** 设二元函数 $z=e^{x+y}\cos\frac{1}{x+y}$，则 $dz\Big|_{\left(\frac{1}{2\pi},\frac{1}{2\pi}\right)}=(\quad)$.

(A) $e^{-\frac{1}{\pi}}(dx+dy)$ (B) $e^{-\frac{1}{\pi}}(dx-dy)$ (C) $e^{\frac{1}{\pi}}(dx+dy)$

(D) $-e^{\frac{1}{\pi}}(dx+dy)$ (E) $-e^{\pi}(dx+dy)$

**43.** 设 $z=\int_{xy}^{y^2}e^{t^2}dt$，则 $\frac{\partial z}{\partial y}=(\quad)$.

(A) $2ye^{y^4}-xe^{x^2y^2}$ (B) $ye^{y^4}-xe^{x^2y^2}$ (C) $2ye^{y^4}+xe^{x^2y^2}$

(D) $ye^{y^4}+xe^{x^2y^2}$ (E) $ye^{y^4}-2xe^{x^2y^2}$

**44.** 设 $f(x,y)=\int_0^{xy}e^{-t^2}dt$，则 $\frac{x}{y}\frac{\partial^2 f}{\partial x^2}-2\frac{\partial^2 f}{\partial x\partial y}+\frac{y}{x}\frac{\partial^2 f}{\partial y^2}=(\quad)$.

(A) $-2e^{-x^2y^2}$ (B) $2e^{-x^2y^2}$ (C) $-e^{-x^2y^2}$

(D) $e^{-x^2y^2}$ (E) $-\frac{1}{2}e^{-x^2y^2}$

**45.** 设函数 $z=\int_{xy}^{2}e^{-t^2}dt$，则 $\frac{\partial^2 z}{\partial x\partial y}=(\quad)$.

(A) $(2x^2y^2-1)e^{-x^2y^2}$ (B) $(2x^2y^2+1)e^{-x^2y^2}$ (C) $(x^2y^2-1)e^{-x^2y^2}$

(D) $(x^2y^2+1)e^{-x^2y^2}$ (E) $(x^2y^2-2)e^{-x^2y^2}$

**46.** 设 $z=\int_0^{x^2y}f(t,e^t)dt$，其中 $f(u,v)$ 有连续偏导数，且 $f(1,e)=5$ 为 $f(u,v)$ 的极值，则 $\frac{\partial^2 z}{\partial x\partial y}\Big|_{(1,1)}=(\quad)$.

(A) $3e^2$ (B) $2e^2$ (C) $5e$ (D) $10$ (E) $8$

**47.** 设 $f(x,y)=\int_0^{xy^2}e^{t^2}dt$，则 $f(x,y)$ 在 $x=2,y=1,\Delta x=0.2,\Delta y=0.1$ 时的全微分值为 $(\quad)$.

(A) $e^4$ (B) $0.9e^4$ (C) $0.7e^4$

(D) $0.6e^4$ (E) $0.5e^4$

**48.** 已知函数 $f(x,y)$ 的全微分为 $\mathrm{d}[f(x,y)]=(x^2+2xy-y^2)\mathrm{d}x+(x^2-2xy-y^2)\mathrm{d}y$，则函数 $f(x,y)=$（　　）.

(A) $3x^3+x^2y-xy^2-y^3+C$，其中 $C$ 为任意常数

(B) $x^3+x^2y-xy^2+y^3+C$，其中 $C$ 为任意常数

(C) $\frac{1}{3}x^3+x^2y-xy^2-\frac{1}{3}y^3+C$，其中 $C$ 为任意常数

(D) $-\frac{1}{3}x^3+x^2y+xy^2+\frac{1}{3}y^3+C$，其中 $C$ 为任意常数

(E) $\frac{2}{3}x^3-x^2y-xy^2-\frac{1}{3}y^3+C$，其中 $C$ 为任意常数

## 【考向 3】复合函数偏导数与全微分的计算

**49.** 设 $z=f\left[x+\varphi\left(\frac{y}{x}\right)\right]$，$u=x+\varphi\left(\frac{y}{x}\right)$，$v=\frac{y}{x}$，且 $f(u)$，$\varphi(v)$ 均为可导函数，则 $\frac{\partial z}{\partial x}=$（　　）.

(A) $f'(u)[1+y\varphi'(v)]$

(B) $f'(u)\left[1+\frac{y}{x}\varphi'(v)\right]$

(C) $f'(u)\left[1-\frac{y}{x}\varphi'(v)\right]$

(D) $f'(u)\left[1+\frac{y}{x^2}\varphi'(v)\right]$

(E) $f'(u)\left[1-\frac{y}{x^2}\varphi'(v)\right]$

**50.** 设二元函数 $f(x,x+y)=2x^2y$，$z=f(x,y)$，则 $\frac{\partial z}{\partial x}=$（　　）.

(A) $6xy-4x^2$　　(B) $3xy-4x^2$　　(C) $3xy+4x^2$

(D) $4xy-6x^2$　　(E) $4xy+6x^2$

**51.** 设 $z=\mathrm{e}^{-x}-f(x-2y)$，且当 $y=0$ 时，$z=x^2$，则 $\left.\frac{\partial z}{\partial x}\right|_{(2,1)}=$（　　）.

(A) $1+\mathrm{e}^2$　　(B) $1-\mathrm{e}^2$　　(C) $\mathrm{e}^2$

(D) $1+\frac{1}{\mathrm{e}^2}$　　(E) $1-\frac{1}{\mathrm{e}^2}$

**52.** 设 $f\left(x+y,\frac{y}{x}\right)=x^2-y^2$，$z=f(x,y)$，则 $\frac{\partial z}{\partial y}=$（　　）.

(A) $\frac{x(1-y)}{1+y}$　　(B) $\frac{x(1+y)}{1-y}$　　(C) $\frac{2y(1-x)}{1+y}$

(D) $\frac{-2x^2}{(1+y)^2}$　　(E) $\frac{2x^2}{(1+y)^2}$

**53.** 设 $f(x,y)=3x+2y$，$z=f[xy,f(x,y)]$，则 $\frac{\partial z}{\partial y}=$（　　）.

(A) $4x+3$　　(B) $4x-3$　　(C) $3x+4$

(D) $3x-4$　　(E) $3x+4y$

**54.** 设 $f(x,y)=(5x^2-4y)e^{3x^2-2y^3}$，$g(x)=f(x,x)$，$h(x)=f(x^2,x^3)$，给出以下四个结论：

① $\left.\dfrac{\partial f}{\partial x}\right|_{(1,1)}=16e$，$\left.\dfrac{\partial f}{\partial y}\right|_{(1,1)}=-10e$；　　②$\left.df\right|_{(1,1)}=16edx-10edy$；

③$g'(1)=6e$；　　④$h'(1)=2e$.

其中正确结论的个数为(　　).

(A)0　　(B)1　　(C)2　　(D)3　　(E)4

**55.** 设 $f(x,y)=x^2+2xy-3y^2+2x-y$，$g(x)=f\left(x,\dfrac{1}{x}\right)$，$h(x)=f\left(x^2,\dfrac{1}{x^3}\right)$，给出以下四个结论：

① $\left.\dfrac{\partial f}{\partial x}\right|_{(1,1)}=6$，$\left.\dfrac{\partial f}{\partial y}\right|_{(1,1)}=-5$；　　②$\left.df\right|_{(1,1)}=6dx-5dy$；

③$g'(1)=11$；　　④$h'(1)=27$.

其中正确结论的个数为(　　).

(A)0　　(B)1　　(C)2　　(D)3　　(E)4

**56.** 设 $z=f(x,y)=2x^3-3y^2+\sqrt[3]{2x^2y-xy^2}$，$g(x)=f\left(x,\dfrac{1}{x}\right)$，$h(x)=f(x,x^3)$，给出以下四个结论：

① $\left.\dfrac{\partial f}{\partial x}\right|_{(1,1)}=7$，$\left.\dfrac{\partial f}{\partial y}\right|_{(1,1)}=-6$；　　②$\left.dz\right|_{(1,1)}=7dx-6dy$；

③$\left.g'(x)\right|_{x=1}=13$；　　④$\left.h'(x)\right|_{x=1}=-11$.

其中正确结论的个数为(　　).

(A)0　　(B)1　　(C)2　　(D)3　　(E)4

**57.** 设 $f(x,y)$ 可微，$f(x,x^2)=x^2e^{-x}$，$\left.f'_1(x,y)\right|_{y=x^2}=-x^2e^{-x}$，则 $\left.f'_2(x,y)\right|_{y=x^2}=$(　　).

(A)$2xe^{-x}$　　(B)$(-x^2+2x)e^{-x}$　　(C)$e^{-x}$

(D)$2e^{-x}$　　(E)$(2x-1)e^{-x}$

**58.** 设 $f(x+y,x-y)=2(x^2+y^2)e^{x^2-y^2}$，则 $xf'_x(x,y)-yf'_y(x,y)=$(　　).

(A)$(x^2-y^2)e^{xy}$　　(B)$(x^2+y^2)e^{xy}$　　(C)$2(x^2-y^2)e^{xy}$

(D)$2(x^2+y^2)e^{xy}$　　(E)$3(x^2+y^2)e^{xy}$

**59.** 设 $z=x^y$，$x=\sin t$，$y=\tan t$，则 $\left.\dfrac{dz}{dt}\right|_{t=\frac{\pi}{4}}=$(　　).

(A) $-\dfrac{\sqrt{2}}{2}\ln 2$　　(B) $\dfrac{\sqrt{2}}{2}\ln 2$　　(C) $\dfrac{\sqrt{2}}{2}(-1-\ln 2)$

(D) $\dfrac{\sqrt{2}}{2}(1-\ln 2)$　　(E) $\dfrac{\sqrt{2}}{2}(1+\ln 2)$

**60.** 已知 $z=u^v$，$u=\ln\sqrt{x^2+y^2}$，$v=x$，则 $\left.dz\right|_{(e,0)}=$(　　).

(A)$dx$　　(B)$dy$　　(C)$dx-dy$

(D) $dx + dy$　　(E) $-dx + dy$

**61.** 设 $z = f[x^3, f(x,2x)]$,其中 $f(u,v)$ 为可微函数,且 $f(1,2)=2, f_2'(1,2)=4, \left.\frac{dz}{dx}\right|_{x=1} = 4$,则 $f_1'(1,2) = ($　　$)$.

(A) 2　　(B) 1　　(C) $-1$　　(D) $-2$　　(E) $-4$

**62.** 设 $z = f[f(x^2,\ln x),\ln x]$,其中 $f(u,v)$ 为可微函数,$f(1,0)=1, f_1'(1,0)=3$, $\left.\frac{dz}{dx}\right|_{x=1} = 7$,则 $f_2'(1,0) = ($　　$)$.

(A) $-\frac{11}{4}$　　(B) $-\frac{2}{7}$　　(C) $\frac{11}{4}$　　(D) $\frac{7}{3}$　　(E) $\frac{7}{2}$

**63.** 设 $z = f\left(xy, \frac{x}{y}\right) + g\left(\frac{y}{x}\right)$,其中 $f, g$ 均为可微函数,则 $\frac{\partial z}{\partial x} = ($　　$)$.

(A) $yf_1' + \frac{1}{y}f_2' + \frac{y}{x^2}g'$　　(B) $yf_1' + \frac{1}{y}f_2' - \frac{y}{x^2}g'$

(C) $yf_1' - \frac{1}{y}f_2' + \frac{y}{x^2}g'$　　(D) $yf_1' - \frac{1}{y}f_2' - \frac{y}{x^2}g'$

(E) $-yf_1' + \frac{1}{y}f_2' - \frac{y}{x^2}g'$

**64.** 设 $f(u,v)$ 有连续偏导数,且 $g(x,y) = f\left[xy, \frac{1}{2}(x^2 - y^2)\right]$,则 $y\frac{\partial g}{\partial x} + x\frac{\partial g}{\partial y} = ($　　$)$.

(A) $2xyf_2'$　　(B) $(x^2 - y^2)f_1'$　　(C) $(y^2 - x^2)f_1'$

(D) $2xyf_1'$　　(E) $(x^2 + y^2)f_1'$

**65.** 设 $f(t)$ 有连续导数,且 $g(x,y) = f\left(\frac{y}{x}\right) + yf\left(\frac{x}{y}\right)$,则 $x\frac{\partial g}{\partial x} + y\frac{\partial g}{\partial y} = ($　　$)$.

(A) $yf\left(\frac{x}{y}\right)$　　(B) $2f'\left(\frac{y}{x}\right) + f'\left(\frac{x}{y}\right)$　　(C) $xf\left(\frac{y}{x}\right)$

(D) $yf\left(\frac{y}{x}\right)$　　(E) $f'\left(\frac{y}{x}\right) + 2f'\left(\frac{x}{y}\right)$

**66.** 设 $f(u,v)$ 为二元可微函数,$z = f[\sin(x+y), e^{xy}]$,则 $\frac{\partial z}{\partial x} = ($　　$)$.

(A) $-\cos(x+y)f_1' + ye^{xy}f_2'$　　(B) $\sin(x+y)f_1' + xe^{xy}f_2'$

(C) $-\sin(x+y)f_1' + xe^{xy}f_2'$　　(D) $\sin(x+y)f_1' + e^{xy}f_2'$

(E) $\cos(x+y)f_1' + ye^{xy}f_2'$

**67.** 设 $z = f(x+y, x-y, xy)$,其中 $f$ 具有连续偏导数,则 $\frac{\partial z}{\partial y} = ($　　$)$.

(A) $f_1' + f_2' + xf_3'$　　(B) $f_1' - f_2' + xf_3'$　　(C) $-f_1' + f_2' + xf_3'$

(D) $-f_1' - f_2' + xf_3'$　　(E) $f_1' - f_2' - f_3'$

**68.** 设 $f(u,v)$ 是二元可微函数,$z = f\left(\frac{x}{y}, \frac{y}{x}\right)$,则 $x\frac{\partial z}{\partial x} + y\frac{\partial z}{\partial y} = ($　　$)$.

(A) $-2\left(-\frac{y}{x}f_1' + \frac{x}{y}f_2'\right)$　　(B) $-2\left(\frac{y}{x}f_1' + \frac{x}{y}f_2'\right)$

(C) $2\left(-\frac{y}{x}f'_1+\frac{x}{y}f'_2\right)$　　(D) $2\left(\frac{y}{x}f'_1+\frac{x}{y}f'_2\right)$

(E) 0

**69.** 设 $z=xyf\left(\frac{y}{x}\right)$，其中 $f(u)$ 可导，则 $xz'_x-yz'_y=($　　$)$.

(A) $yf'\left(\frac{y}{x}\right)$　　(B) $2yf'\left(\frac{y}{x}\right)$　　(C) $-2yf'\left(\frac{y}{x}\right)$

(D) $2y^2f'\left(\frac{y}{x}\right)$　　(E) $-2y^2f'\left(\frac{y}{x}\right)$

**70.** 设 $z=\frac{1}{x}f(xy)+y\varphi(x+y)$，其中 $f,\varphi$ 具有一阶连续导数，则 $\frac{\partial z}{\partial x}=($　　$)$.

(A) $-\frac{1}{x}f(xy)-\frac{y}{x}f'(xy)+y\varphi'(x+y)$

(B) $\frac{1}{x^2}f(xy)+\frac{y}{x}f'(xy)+y\varphi'(x+y)$

(C) $-\frac{1}{x^2}f(xy)+\frac{y}{x}f'(xy)+y\varphi'(x+y)$

(D) $\frac{1}{x}f(xy)+\frac{y}{x}f'(xy)+y\varphi'(x+y)$

(E) $-\frac{1}{x^2}f(xy)-\frac{y}{x}f'(xy)+y\varphi'(x+y)$

**71.** 设 $z=e^{xy}f(x^2+y)$，其中 $f(t)$ 是可导函数，则 $\frac{\partial z}{\partial x}=($　　$)$.

(A) $e^{xy}[yf(x^2+y)+f'(x^2+y)]$　　(B) $e^{xy}[yf(x^2+y)+xf'(x^2+y)]$

(C) $e^{xy}[yf(x^2+y)+2f'(x^2+y)]$　　(D) $e^{xy}[yf(x^2+y)+2xf'(x^2+y)]$

(E) $e^{xy}[f(x^2+y)+2f'(x^2+y)]$

**72.** 设二元函数 $z=\frac{y}{f(x^2+y^2)}$，其中 $f(u)$ 为可微函数，则 $\frac{1}{x}\frac{\partial z}{\partial x}-\frac{1}{y}\frac{\partial z}{\partial y}=($　　$)$.

(A) $\frac{x}{y^2}$　　(B) $\frac{z}{x^2}$　　(C) $\frac{y}{x^2}$

(D) $-\frac{x}{z^2}$　　(E) $-\frac{z}{y^2}$

**73.** 设 $z=f(u,v)$，$f[xg(y),y]=x+g(y)$，且 $g(y)$ 可微，$g(y)\neq 0$，则 $\frac{\partial^2 f}{\partial u\partial v}=($　　$)$.

(A) $-\frac{2g'(v)}{[g(v)]^2}$　　(B) $\frac{2g'(v)}{[g(v)]^2}$　　(C) $-\frac{g'(v)}{[g(v)]^2}$

(D) $\frac{g'(v)}{[g(v)]^2}$　　(E) $\frac{g'(v)}{g(v)}$

**74.** 设 $z=e^{x^2}-f(x-3y)$，其中 $f$ 具有二阶连续导数，则 $\frac{\partial^2 z}{\partial x\partial y}=($　　$)$.

(A) $3f''(x-3y)$　　(B) $-3f''(x-3y)$　　(C) $f''(x-3y)$

(D) $-f''(x-3y)$　　　(E) $-\frac{1}{3}f''(x-3y)$

**75.** 设函数 $z=f[xy,g(x)]$，其中函数 $f$ 具有二阶连续偏导数，函数 $g(x)$ 可导且在 $x=1$ 处取得极值 $g(1)=1$，则 $\left.\frac{\partial^2 z}{\partial x\partial y}\right|_{(1,1)}=$（　　）.

(A) $f_1'(1,1)+f_{11}''(1,1)$　　　(B) $f_1'(1,1)-f_{11}''(1,1)$

(C) $f_2'(1,1)+f_{11}''(1,1)$　　　(D) $f_2'(1,1)-f_{11}''(1,1)$

(E) $f_1'(1,1)-f_{12}''(1,1)$

**76.** 设函数 $z=f(2x-y)+g(x,xy)$，且 $f(t)$ 二阶可导，$g(u,v)$ 存在二阶连续偏导数，则 $\frac{\partial^2 z}{\partial x\partial y}=$（　　）.

(A) $2f''(2x-y)+xg_{12}''(x,xy)+xyg_{22}''(x,xy)+g_2'(x,xy)$

(B) $-2f''(2x-y)+xg_{12}''(x,xy)+xyg_{22}''(x,xy)+g_2'(x,xy)$

(C) $f''(2x-y)+xg_{12}''(x,xy)+xyg_{22}''(x,xy)+g_2'(x,xy)$

(D) $-f''(2x-y)+xg_{12}''(x,xy)+xyg_{22}''(x,xy)+g_2'(x,xy)$

(E) $f''(2x-y)-xg_{12}''(x,xy)+xyg_{22}''(x,xy)+g_2'(x,xy)$

**77.** 设 $z=\frac{1}{x}f(x^2y)+x\varphi(x+y^2)$，其中 $f,\varphi$ 具有二阶连续导数，则 $\left.\frac{\partial^2 z}{\partial x\partial y}\right|_{(1,0)}=$（　　）.

(A) $f''(0)+\varphi''(1)$　　　(B) $f''(0)+\varphi'(1)$　　　(C) $f'(0)+\varphi'(1)$

(D) $f'(0)-\varphi'(1)$　　　(E) $f'(0)$

**78.** 设 $z=f\left(xy,\frac{y}{x}\right)+g\left(\frac{x}{y}\right)$，其中 $f$ 具有二阶连续偏导数，$g$ 具有二阶连续导数，则 $\frac{\partial^2 z}{\partial x\partial y}=$（　　）.

(A) $f_1'+\frac{1}{x^2}f_2'+xyf_{11}''-\frac{y}{x^3}f_{22}''+\frac{1}{y^2}g'-\frac{x}{y^3}g''$

(B) $f_1'+\frac{1}{x^2}f_2'+xyf_{11}''+\frac{y}{x^3}f_{22}''+\frac{1}{y^2}g'+\frac{x}{y^3}g''$

(C) $f_1'-\frac{1}{x^2}f_2'+xyf_{11}''+\frac{y}{x^3}f_{22}''+\frac{1}{y^2}g'+\frac{x}{y^3}g''$

(D) $f_1'-\frac{1}{x^2}f_2'+xyf_{11}''+\frac{y}{x^3}f_{22}''+\frac{1}{y^2}g'-\frac{x}{y^3}g''$

(E) $f_1'-\frac{1}{x^2}f_2'+xyf_{11}''-\frac{y}{x^3}f_{22}''-\frac{1}{y^2}g'-\frac{x}{y^3}g''$

**79.** 设 $z=f[x,f(x,y)]$，其中 $f(u,v)$ 有二阶连续偏导数，$f(1,1)=1$ 是 $f(u,v)$ 的极值，则 $\left.\frac{\partial^2 z}{\partial y^2}\right|_{(1,1)}=$（　　）.

(A)4　　　(B)3　　　(C)2　　　(D)1　　　(E)0

**80.** 设 $z=\left(1+\frac{x}{y}\right)^{\frac{x}{y}}$，则 $\left.dz\right|_{(1,1)}=$（　　）.

(A) $(1+2\ln 2)(dx+dy)$　　　(B) $(1+2\ln 2)(dx-dy)$

(C) $(1+2\ln 2)(-\mathrm{d}x+\mathrm{d}y)$　　(D) $-(1+2\ln 2)(\mathrm{d}x+\mathrm{d}y)$

(E) $(1-2\ln 2)(\mathrm{d}x-\mathrm{d}y)$

**81.** 设函数 $f(x)$ 可微，且 $f'(0)=\dfrac{1}{2}$，则 $z=f(x^2-4y^2)$ 在点 $(2,1)$ 处的全微分 $\mathrm{d}z\Big|_{(2,1)}=$ (　　).

(A) $2\mathrm{d}x-4\mathrm{d}y$　　(B) $2\mathrm{d}x+4\mathrm{d}y$　　(C) $-2\mathrm{d}x+4\mathrm{d}y$

(D) $4\mathrm{d}x-2\mathrm{d}y$　　(E) $-4\mathrm{d}x-\mathrm{d}y$

**82.** 设 $f(u,v)$ 为二元可微函数，$z=f\left(\dfrac{y}{x},\dfrac{x}{y}\right)$，且 $f_1'(1,1)=2$，$f_2'(1,1)=3$，则 $\mathrm{d}z\Big|_{(1,1)}=$ (　　).

(A) $2\mathrm{d}x+3\mathrm{d}y$　　(B) $3\mathrm{d}x+2\mathrm{d}y$　　(C) $\mathrm{d}x+\mathrm{d}y$

(D) $\mathrm{d}x-\mathrm{d}y$　　(E) $-\mathrm{d}x+\mathrm{d}y$

**83.** 设 $f(u,v)$ 是二元可微函数，$z=f\left(x,\dfrac{x}{y}\right)$，则 $\mathrm{d}z=$ (　　).

(A) $\left(f_1'+\dfrac{1}{y}f_2'\right)\mathrm{d}x+\dfrac{x}{y^2}f_2'\mathrm{d}y$　　(B) $\left(f_1'+\dfrac{1}{y}f_2'\right)\mathrm{d}x-\dfrac{x}{y^2}f_2'\mathrm{d}y$

(C) $\left(f_1'-\dfrac{1}{y}f_2'\right)\mathrm{d}x+\dfrac{x}{y^2}f_2'\mathrm{d}y$　　(D) $\left(f_1'-\dfrac{1}{y}f_2'\right)\mathrm{d}x-\dfrac{x}{y^2}f_2'\mathrm{d}y$

(E) $\left(f_1'+\dfrac{1}{y^2}f_2'\right)\mathrm{d}x-\dfrac{x}{y}f_2'\mathrm{d}y$

**84.** 设 $f(u,v)$ 为可微函数，$z=f[x,f(x,x)]$，则 $\dfrac{\mathrm{d}z}{\mathrm{d}x}=$ (　　).

(A) $f_1'[x,f(x,x)]+f_2'[x,f(x,x)]\cdot[f_1'(x,x)+f_2'(x,x)]$

(B) $f_1'[x,f(x,x)]+2f_2'[x,f(x,x)]\cdot f_1'(x,x)$

(C) $f_1'[x,f(x,x)]+2f_2'[x,f(x,x)]\cdot f_2'(x,x)$

(D) $f_1'[x,f(x,x)]+f_2'[x,f(x,x)]$

(E) $f_1'[x,f(x,x)]\cdot f(x,x)$

**85.** 设 $f(u,v)$ 为可微函数，

$$g(x)=f[\sin x,f(\sin x,\cos x)],$$

且
$$f(0,1)=1,\frac{\partial f}{\partial u}\Big|_{(0,1)}=3,\frac{\partial f}{\partial v}\Big|_{(0,1)}=4,$$

则 $\dfrac{\mathrm{d}[g(x)]}{\mathrm{d}x}\Big|_{x=0}=$ (　　).

(A) 3　　(B) 5　　(C) 12　　(D) 15　　(E) 16

**86.** 设函数 $f(u,v)$ 有二阶连续偏导数，且 $\dfrac{\partial^2 f}{\partial u^2}\Big|_{(0,1)}=3$，$f(0,1)$ 为 $f(u,v)$ 的极值，$g(x)=f(\sin x,\cos x)$，则 $\dfrac{\mathrm{d}^2[g(x)]}{\mathrm{d}x^2}\Big|_{x=0}=$ (　　).

(A) 4　　(B) 3　　(C) 2　　(D) 1　　(E) 0

**87.** 设 $z(x,y)=\varphi(x+y)+\varphi(x-y)+\int_{x-y^2}^{0}\psi(t)\mathrm{d}t$，其中 $\varphi$ 为可导函数，$\psi$ 为连续函数，则

$\frac{\partial z}{\partial x}+\frac{\partial z}{\partial y}=($ $)$.

(A) $\varphi'(x+y)+(2y-1)\psi(x-y^2)$

(B) $2\varphi'(x+y)+(2y-1)\psi(x-y^2)$

(C) $\varphi'(x+y)-(2y-1)\psi(x-y^2)$

(D) $2\varphi'(x+y)-(2y-1)\psi(x-y^2)$

(E) $\varphi'(x+y)+(y-1)\psi(x-y^2)$

## 【考向 4】二元隐函数偏导数与全微分的计算

**88.** 设 $z=z(x,y)$ 由方程 $z-y-x+xe^{z-y-x}=0$ 确定,且 $1+xe^{z-y-x}\neq 0$,则 $\frac{\partial z}{\partial y}=($ $)$.

(A) $-1$

(B) $1$

(C) $-1+e^{z-y-x}$

(D) $-1-e^{z-y-x}$

(E) $e^{z-y-x}$

**89.** 设 $z=z(x,y)$ 由方程 $x^3-z^3=y\varphi\left(\frac{z}{y}\right)$ 确定,其中 $\varphi$ 可微,且 $3z^2+\varphi'\left(\frac{z}{y}\right)\neq 0$,则 $\frac{\partial z}{\partial y}=$ ( ).

(A) $\dfrac{y\varphi\left(\frac{z}{y}\right)-z\varphi'\left(\frac{z}{y}\right)}{y\left[3z^2+\varphi'\left(\frac{z}{y}\right)\right]}$

(B) $-\dfrac{y\varphi\left(\frac{z}{y}\right)-z\varphi'\left(\frac{z}{y}\right)}{y\left[3z^2+\varphi'\left(\frac{z}{y}\right)\right]}$

(C) $\dfrac{y\varphi\left(\frac{z}{y}\right)+z\varphi'\left(\frac{z}{y}\right)}{y\left[3z^2+\varphi'\left(\frac{z}{y}\right)\right]}$

(D) $-\dfrac{y\varphi\left(\frac{z}{y}\right)+z\varphi'\left(\frac{z}{y}\right)}{y\left[3z^2+\varphi'\left(\frac{z}{y}\right)\right]}$

(E) $\dfrac{y\varphi\left(\frac{z}{y}\right)+z\varphi'\left(\frac{z}{y}\right)}{2y\left[3z^2+\varphi'\left(\frac{z}{y}\right)\right]}$

**90.** 设函数 $z=z(x,y)$ 由方程 $F\left(\frac{y}{x},\frac{z}{x}\right)=0$ 确定,其中 $F$ 具有一阶连续偏导数,且 $F'_2\neq 0$,

则 $x\frac{\partial z}{\partial x}+y\frac{\partial z}{\partial y}=($ $)$.

(A) $x$

(B) $z$

(C) $-x$

(D) $-z$

(E) $y$

**91.** 设 $z=z(x,y)$ 是由方程 $x^2y+z=\varphi(x-y+z)$ 所确定的函数,其中 $\varphi$ 可导,且 $\varphi'\neq 1$,

则 $\frac{\partial z}{\partial y}=($ $)$.

(A) $\dfrac{xy-\varphi'}{1-\varphi'}$

(B) $\dfrac{x^2+\varphi'}{1-\varphi'}$

(C) $\dfrac{2xy-\varphi'}{1-\varphi'}$

(D) $\dfrac{2xy+\varphi'}{1-\varphi'}$

(E) $-\dfrac{x^2+\varphi'}{1-\varphi'}$

**92.** 设 $z=z(x,y)$ 是由方程 $x^2+y^2-z=\varphi(x+y+z)$ 所确定的函数,其中 $\varphi$ 具有二阶导数,

且 $\varphi'\neq -1$. 记 $u(x,y)=\frac{1}{x-y}\left(\frac{\partial z}{\partial x}-\frac{\partial z}{\partial y}\right)$,则 $\frac{\partial u}{\partial x}=($ $)$.

(A) $-\dfrac{(1+2x)\varphi''}{(1+\varphi')^3}$

(B) $\dfrac{(1+2x)\varphi''}{(1+\varphi')^3}$

(C) $-\dfrac{2(1+2x)\varphi''}{(1+\varphi')^3}$

(D) $\dfrac{2(1+2x)\varphi''}{(1+\varphi')^3}$

(E) $\dfrac{3(1+2x)\varphi''}{(1+\varphi')^3}$

**93.** 设函数 $u = xe^{2z}\sin\frac{\pi y}{2}$,其中 $z = z(x,y)$ 是由 $x^2 + 2y + z - 3 = 0$ 确定的二元函数,则 $du\Big|_{(1,1)} = ($　　$)$.

(A)$3dx + 4dy$　　(B)$3dx - 4dy$　　(C)$4dx + 3dy$

(D)$4dx - 3dy$　　(E)$-3dx - 4dy$

**94.** 设 $f(x,y) = e^x yz^2$,其中 $z = z(x,y)$ 由 $x + y + z + xyz = 0(xy \neq -1)$ 确定,则 $f'_x(0,1) = ($　　$)$.

(A)4　　(B)3　　(C)2　　(D)1　　(E)0

**95.** 设 $f(u,v)$ 具有连续偏导数,且 $f(x,-x^2) = 1, f'_1(x,-x^2) = x$,则 $f'_2(x,-x^2) = ($　　$)$.

(A)$-1$　　(B)$-\frac{1}{2}$　　(C)$\frac{1}{2}$　　(D)1　　(E)2

**96.** 设在点$(1,2,3)$的某个邻域内 $z = z(x,y)$ 由方程 $2z - z^2 + 2xy = 1$ 确定,则 $dz\Big|_{(1,2)} = ($　　$)$.

(A)$dx - \frac{1}{2}dy$　　(B)$dx + \frac{1}{2}dy$　　(C)$\frac{1}{2}dx - dy$

(D)$\frac{1}{2}dx + dy$　　(E)$dx - 2dy$

**97.** 设 $z = z(x,y)$ 由方程 $z - y - x + xe^{x-y-z} = 0$ 确定,则 $dz\Big|_{(0,1)} = ($　　$)$.

(A)$(1 - e^{-2})dx + dy$　　(B)$(1 - e^{-2})dx - dy$　　(C)$(1 + e^{-2})dx + dy$

(D)$(1 + e^{-2})dx - dy$　　(E)$(e^{-2} - 1)dx - dy$

**98.** 设 $z = z(x,y)$ 由方程 $x + y + z - xyz = 0(xy \neq 1)$ 确定,则 $dz = ($　　$)$.

(A)$\frac{1}{xy-1}[(1 - yz)dx + (1 - xz)dy]$

(B)$\frac{1}{xy+1}[(1 - yz)dx + (1 - xy)dy]$

(C)$\frac{1}{xy-1}[(1 + yz)dx - (1 - xz)dy]$

(D)$\frac{1}{xy+1}[(1 + yz)dx - (1 - xz)dy]$

(E)$\frac{1}{xy+1}[(1 + yz)dx - (1 + xz)dy]$

**99.** 设 $z = z(x,y)$ 由方程 $x^2y + e^z = 2z(e^z \neq 2)$ 确定,则 $dz = ($　　$)$.

(A)$\frac{y}{2 - e^z}(2ydx - xdy)$　　(B)$\frac{y}{2 + e^z}(2ydx + xdy)$

(C)$\frac{y}{2 - e^z}(2ydx + xdy)$　　(D)$\frac{x}{2 + e^z}(2ydx + xdy)$

(E)$\frac{x}{2 - e^z}(2ydx + xdy)$

**100.** 设 $y=y(z,x)$ 由方程 $xyz+\sqrt{x^2+y^2+z^2}=\sqrt{2}$ 所确定，则在点 $(x,y,z)=(1,0,-1)$ 处 $\mathrm{d}y=($　　$)$.

(A) $\sqrt{2}(\mathrm{d}x+\mathrm{d}z)$　　(B) $\mathrm{d}x+\mathrm{d}z$　　(C) $\frac{1}{\sqrt{2}}(\mathrm{d}x+\mathrm{d}z)$

(D) $\mathrm{d}x-\mathrm{d}z$　　(E) $\frac{1}{\sqrt{2}}(\mathrm{d}x-\mathrm{d}z)$

**101.** 设 $\frac{x}{z}=\ln\frac{z}{y}$，$x+z\neq 0$，则 $\frac{\partial^2 z}{\partial x^2}=($　　$)$.

(A) $\frac{y^2}{(x+y)^3}$　　(B) $-\frac{z^2}{x(x+z)^3}$　　(C) $\frac{z^2}{(x+y)^3}$

(D) $-\frac{z^2}{(x+z)^3}$　　(E) $\frac{y^2}{(x+z)^2}$

**102.** 设 $u=f(x,y,z)$，$f(x,y,z)$ 有连续偏导数，$y=y(x)$，$z=z(x)$ 分别由 $\mathrm{e}^{xy}+y=0$ 和 $\mathrm{e}^z+xz=0$ 确定，则 $\frac{\mathrm{d}u}{\mathrm{d}x}=($　　$)$.

(A) $f'_1-\frac{y\mathrm{e}^{xy}}{1+x\mathrm{e}^{xy}}f'_2+\frac{z}{z+x}f'_3$　　(B) $f'_1-\frac{y\mathrm{e}^{xy}}{1-x\mathrm{e}^{xy}}f'_2-\frac{z}{\mathrm{e}^z-x}f'_3$

(C) $f'_1+\frac{y\mathrm{e}^{xy}}{1-x\mathrm{e}^{xy}}f'_2+\frac{z}{\mathrm{e}^z-x}f'_3$　　(D) $f'_1-\frac{y\mathrm{e}^{xy}}{1+x\mathrm{e}^{xy}}f'_2-\frac{z}{\mathrm{e}^z+x}f'_3$

(E) $f'_1-\frac{z\mathrm{e}^{xy}}{1-x\mathrm{e}^{xy}}f'_2+\frac{y}{z-x}f'_3$

**103.** 设函数 $z=f(u)$，方程 $u=\varphi(u)+\int_x^y p(t)\mathrm{d}t$ 确定 $u$ 是 $x,y$ 的函数，其中 $f(u)$，$\varphi(u)$ 可微，$p(t)$，$\varphi'(u)$ 连续，且 $\varphi'(u)\neq 1$，则 $p(y)\frac{\partial z}{\partial x}+p(x)\frac{\partial z}{\partial y}=($　　$)$.

(A) $p(x)-p(y)$　　(B) $p(x)+p(y)$　　(C) 0

(D) 1　　(E) $-1$

## 【考向 5】多元函数极值问题

**104.** 设 $z=\sqrt{x^2+y^2}$，则点 $(0,0)$ (　　).

(A) 是 $z$ 的驻点，且是 $z$ 的极小值点　　(B) 是 $z$ 的驻点，但不是 $z$ 的极小值点

(C) 不是 $z$ 的驻点，但是 $z$ 的极大值点　　(D) 不是 $z$ 的驻点，但是 $z$ 的极小值点

(E) 不是 $z$ 的驻点，也不是 $z$ 的极值点

**105.** 设二元函数 $z=xy$，则点 $(0,0)$ 是 $z=xy$ 的(　　).

(A) 驻点且是极小值点　　(B) 驻点且是极大值点

(C) 驻点但不是极值点　　(D) 极值点但不是驻点

(E) 连续点，但不是驻点，也不是极值点

**106.** 设函数 $f(x,y)=x^2+xy$，则点 $(0,0)$ (　　).

(A) 不是驻点也不是极值点　　(B) 不是驻点，但是极值点

(C) 是驻点且是极大值点　　(D) 是驻点且是极小值点

(E) 是驻点但不是极值点

**107.** 设可微函数 $f(x,y)$ 在点 $(x_0,y_0)$ 处取得极小值,则下列结论正确的是(　　).

(A) $f(x_0,y)$ 在 $y=y_0$ 处的导数等于零,$f(x,y_0)$ 在 $x=x_0$ 处的导数也等于零

(B) $f(x_0,y)$ 在 $y=y_0$ 处的导数大于零,$f(x,y_0)$ 在 $x=x_0$ 处的导数小于零

(C) $f(x_0,y)$ 在 $y=y_0$ 处的导数小于零,$f(x,y_0)$ 在 $x=x_0$ 处的导数也小于零

(D) $f(x_0,y)$ 在 $y=y_0$ 处的导数小于零,$f(x,y_0)$ 在 $x=x_0$ 处的导数等于零

(E) $f(x_0,y)$ 在 $y=y_0$ 处的导数不存在,$f(x,y_0)$ 在 $x=x_0$ 处的导数也不存在

**108.** 设 $f(x,y)=x^2y^2+x\ln x$,则点 $\left(\frac{1}{\mathrm{e}},0\right)$(　　).

(A) 不是 $f(x,y)$ 的驻点,但是 $f(x,y)$ 的极大值点

(B) 不是 $f(x,y)$ 的驻点,但是 $f(x,y)$ 的极小值点

(C) 不是 $f(x,y)$ 的驻点,也不是 $f(x,y)$ 的极值点

(D) 是 $f(x,y)$ 的驻点,也是 $f(x,y)$ 的极大值点

(E) 是 $f(x,y)$ 的驻点,也是 $f(x,y)$ 的极小值点

**109.** 设 $z=x^3-4x^2+2xy-y^2$,则(　　).

(A) 极大值点为(0,0),极大值为 0;极小值点为(2,2),极小值为 $-4$

(B) 唯一的极大值点为(0,0),极大值为 0;没有极小值点

(C) 极小值点为(0,0),极小值为 0;极大值点为(2,2),极大值为 $-4$

(D) 唯一的极大值点为(2,2),极大值为 $-4$;没有极小值点

(E) 唯一的极小值点为(0,0),极小值为 0;没有极大值点

**110.** 设 $f(x,y)=x^2(2+y^2)+y\ln y$,则(　　).

(A) 极小值点为 $\left(0,\frac{1}{\mathrm{e}}\right)$,极小值为 $-\frac{1}{\mathrm{e}}$

(B) 极大值点为 $\left(0,\frac{1}{\mathrm{e}}\right)$,极大值为 $-\frac{1}{\mathrm{e}}$

(C) 极小值点为(0,e),极小值为 e

(D) 极大值点为(0,e),极大值为 e

(E) 没有极值点

**111.** 已知函数 $f(x,y)$ 在点 $(x_0,y_0)$ 的某邻域内有定义,且 $\lim\limits_{(x,y)\to(x_0,y_0)}\frac{f(x,y)-f(x_0,y_0)}{(x^2+y^2)^2}=2$,则 $f(x_0,y_0)$(　　).

(A) 为 $f(x,y)$ 的一个极大值

(B) 为 $f(x,y)$ 的一个极小值

(C) 不为 $f(x,y)$ 的极值,但点 $(x_0,y_0)$ 为 $f(x,y)$ 的驻点

(D) 不为 $f(x,y)$ 的极值,且点 $(x_0,y_0)$ 也不为 $f(x,y)$ 的驻点

(E) 依条件不能判定是否为 $f(x,y)$ 的极值

**112.** 函数 $f(x,y)=3axy-x^3-y^3(a>0)$(　　).

(A) 没有极值　　(B) 既有极大值也有极小值

(C) 仅有极小值　　(D) 仅有极大值

(E) 依题目条件不能判定 $f(x,y)$ 是否有极值

**113.** 设 $dz_1=xdx+ydy, dz_2=ydx+xdy$,则点$(0,0)$(　　).

(A) 是 $z_1$ 的极大值点,也是 $z_2$ 的极大值点

(B) 是 $z_1$ 的极小值点,也是 $z_2$ 的极小值点

(C) 是 $z_1$ 的极大值点,也是 $z_2$ 的极小值点

(D) 是 $z_1$ 的极小值点,也是 $z_2$ 的极大值点

(E) 是 $z_1$ 的极小值点,不是 $z_2$ 的极值点

**114.** 设 $z=x^4+y^4-x^2-2xy-y^2$,则(　　).

(A) 极小值点为$(-1,-1)$,$(1,1)$

(B) 极大值点为$(-1,-1)$,$(0,0)$,极小值点为$(1,1)$

(C) 极小值点为$(0,0)$,$(1,1)$,$(-1,-1)$

(D) 极大值点为$(1,1)$,极小值点为$(-1,-1)$

(E) 极大值点为$(1,1)$,极小值点为$(0,0)$

**115.** 设 $z=e^{2x}(x+2y+y^2)$,则(　　).

(A) 极小值点为$\left(\frac{1}{2},-1\right)$,极小值为$-\frac{e}{2}$

(B) 极大值点为$\left(\frac{1}{2},-1\right)$,极大值为$-\frac{e}{2}$

(C) 极小值点为$\left(\frac{1}{2},1\right)$,极小值为$\frac{7}{2}e$

(D) 极大值点为$\left(\frac{1}{2},1\right)$,极大值为$\frac{7}{2}e$

(E) 没有极值点

**116.** 已知函数 $f(x,y)$ 在点$(0,0)$的某个邻域内连续,且 $\lim\limits_{(x,y)\to(0,0)}\frac{f(x,y)}{(x^2+y^2)^2}=-1$,则(　　).

(A) 点$(0,0)$不是 $f(x,y)$ 的驻点,但是极值点

(B) 点$(0,0)$不是 $f(x,y)$ 的驻点,也不是极值点

(C) 点$(0,0)$是 $f(x,y)$ 的驻点,且是极大值点

(D) 点$(0,0)$是 $f(x,y)$ 的驻点,且是极小值点

(E) 点$(0,0)$是 $f(x,y)$ 的驻点,但不是极值点

**117.** 设 $f(x,y)$ 与 $\varphi(x,y)$ 均具有连续的一阶偏导数,且 $\varphi'_y(x,y)\neq 0$. 已知$(x_0,y_0)$是$f(x,y)$在约束条件 $\varphi(x,y)=0$ 下的一个极值点,则下列选项正确的是(　　).

(A) 若 $f'_x(x_0,y_0)=0$,则 $f'_y(x_0,y_0)=0$

(B) 若 $f'_x(x_0,y_0)=0$,则 $f'_y(x_0,y_0)\neq 0$

(C) 若 $f'_x(x_0,y_0)\neq 0$,则 $f'_y(x_0,y_0)=0$

(D) 若 $f'_x(x_0,y_0)\neq 0$,则 $f'_y(x_0,y_0)\neq 0$

(E) $f'_x(x_0,y_0)$ 与 $f'_y(x_0,y_0)$ 的值无关联

**118.** 设 $f(x,y)=xe^{-\frac{x^2+y^2}{2}}$,则(　　).

(A)$(1,0)$ 为 $f(x,y)$ 的极小值点,$(-1,0)$ 为 $f(x,y)$ 的极大值点

(B)$(1,0)$ 为 $f(x,y)$ 的极大值点,$(-1,0)$ 为 $f(x,y)$ 的极小值点

(C)$(1,0)$ 为 $f(x,y)$ 的极大值点,$(-1,0)$ 不为 $f(x,y)$ 的极小值点

(D)$f(x,y)$ 没有极大值点,只有唯一的极小值点

(E)$f(x,y)$ 没有极小值点,只有唯一的极大值点

**119.** 设 $z=f(x,y)=xe^{ax+y^2}$,其中 $a$ 为非零实数,给出以下四个结论:

①$\left(-\frac{1}{a},0\right)$为 $f(x,y)$ 的驻点;

②$\left(-\frac{1}{a},0\right)$不为 $f(x,y)$ 的极值点;

③$\left(-\frac{1}{a},0\right)$为 $f(x,y)$ 的极值点;

④$\left(-\frac{1}{a},0\right)$是否为 $f(x,y)$ 的极值点与 $a$ 有关.

其中所有正确结论的序号是(　　).

(A)①②　　(B)①③　　(C)①④　　(D)③　　(E)④

**120.** 设非负函数 $f(x)$ 有二阶连续导数,$f(0)=a$ 为 $f(x)$ 的极值,且 $f''(0)\neq 0$,$z=f(x)\cdot\ln f(y)$. 给出以下四个结论:

①$(0,0)$ 是 $z$ 的驻点;

② 当 $a>1$ 且 $f''(0)<0$ 时,$(0,0)$ 为 $z$ 的极大值点;

③ 当 $a>1$ 且 $f''(0)>0$ 时,$(0,0)$ 为 $z$ 的极小值点;

④ 当 $0<a<1$ 时,$(0,0)$ 不为 $z$ 的极值点.

上述正确结论的个数为(　　).

(A)0　　(B)1　　(C)2　　(D)3　　(E)4

**121.** 设 $f(x,y)=x^2(4-x+y^2+2y)$,给出以下四个结论:

①$(2,-1)$ 为 $f(x,y)$ 的唯一驻点;

②$(2,-1)$,$(0,a)$(其中 $a$ 为任意实数)都为 $f(x,y)$ 的驻点;

③$(2,-1)$ 不是 $f(x,y)$ 的极值点;

④$(2,-1)$ 是 $f(x,y)$ 的极值点.

上述正确结论的个数为(　　).

(A)0　　(B)1　　(C)2　　(D)3　　(E)4

**122.** 设 $z=e^{ay}(x^2+2x+y)$,其中 $a\neq 0$ 为实数,给出以下四个结论:

①$\left(-1,\dfrac{a-1}{a}\right)$为 $z$ 的唯一驻点；

② 当 $a>0$ 时，$\left(-1,\dfrac{a-1}{a}\right)$为 $z$ 的极大值点；

③ 当 $a>0$ 时，$\left(-1,\dfrac{a-1}{a}\right)$为 $z$ 的极小值点；

④ 当 $a<0$ 时，$\left(-1,\dfrac{a-1}{a}\right)$不为 $z$ 的极值点.

其中所有正确结论的序号是(　　).

(A)①②　　(B)①③　　(C)①④

(D)①②④　　(E)①③④

**123.** 设 $z=f(x,y)$ 在点$(0,0)$的某个邻域内连续，且 $\lim\limits_{(x,y)\to(0,0)}\dfrac{f(x,y)-xy}{(x^2+y^2)^2}=2$，则(　　).

(A) $f(0,0)=1$

(B) 点$(0,0)$是 $f(x,y)$ 的极大值点

(C) 点$(0,0)$是 $f(x,y)$ 的极小值点

(D) 点$(0,0)$不是 $f(x,y)$ 的极值点

(E) 依条件不能判定点$(0,0)$是否为 $f(x,y)$ 的极值点

**124.** 设 $z=z(x,y)$ 是由 $x^2-6xy+10y^2-2yz-z^2+2=0$ 确定的函数，则 $z=z(x,y)$ 的极值点和极值分别为(　　).

(A) 极小值点为$(3,1)$，极小值为 1；没有极大值

(B) 极大值点为$(-3,-1)$，极大值为 $-1$；没有极小值

(C) 极小值点为$(-3,-1)$，极小值为 $-1$；没有极大值

(D) 极大值点为$(3,1)$，极大值为 1；极小值点为$(-3,-1)$，极小值为 $-1$

(E) 极小值点为$(3,1)$，极小值为 1；极大值点为$(-3,-1)$，极大值为 $-1$

**125.** 当 $x^2+y^2=1$ 时，$f(x,y)=xy$ 的最大值、最小值依次为(　　).

(A)$1,-1$　　(B) $\dfrac{1}{2},-\dfrac{1}{2}$　　(C) $\dfrac{1}{3},-\dfrac{1}{3}$

(D) $\dfrac{1}{4},-\dfrac{1}{4}$　　(E) $\dfrac{1}{5},-\dfrac{1}{5}$

**126.** 设函数 $z=\dfrac{1}{2}(x^n+y^n)(n\geqslant 1,x\geqslant 0,y\geqslant 0)$，则在约束条件 $x+y=\mathrm{e}$ 下，对于 $z(x,y)$而言(　　).

(A)$\left(\dfrac{\mathrm{e}}{2},\dfrac{\mathrm{e}}{2}\right)$是极小值点也是最小值点

(B)$\left(\dfrac{\mathrm{e}}{2},\dfrac{\mathrm{e}}{2}\right)$是极小值点但非最小值点

(C)$\left(\dfrac{\mathrm{e}}{2},\dfrac{\mathrm{e}}{2}\right)$是极大值点也是最大值点

(D) $\left(\frac{e}{2},\frac{e}{2}\right)$ 是极大值点但非最大值点

(E) 无极值点

**127.** 函数 $f(x,y)=xy$ 在约束条件 $x+y=2$ 下的极值是(　　).

(A) $-1$　　(B) 0　　(C) 1　　(D) 2　　(E) 3

**128.** 函数 $z=xy$ 在约束条件 $x+y=1$ 下的极大值是(　　).

(A) 1　　(B) 2　　(C) $\frac{1}{2}$　　(D) $\frac{1}{4}$　　(E) $\frac{1}{5}$

**129.** 设 $e^x+y^2+|z|=3$,其中 $x,y,z$ 为实数,若 $e^xy^2|z|\leqslant k$ 恒成立,则 $k$ 的取值范围为(　　).

(A) $k>-1$　　(B) $k>1$　　(C) $k\geqslant 1$　　(D) $k<1$　　(E) $k\leqslant 1$

**130.** 函数 $u=x^2+y^2+z^2$ 在约束条件 $z=x^2+y^2$ 和 $x+y+z=4$ 下的最大值与最小值分别为(　　).

(A) 72,6　　(B) 62,6　　(C) 72,7

(D) 70,6　　(E) 72,8

**131.** 将周长为 $2p$ 的矩形绕它的一边旋转而成一个圆柱体,则矩形的邻边长各是(　　)时,圆柱体的体积最大.

(A) $\frac{1}{3}p,\frac{2}{3}p$　　(B) $\frac{1}{6}p,\frac{5}{6}p$　　(C) $\frac{1}{2}p,\frac{1}{2}p$

(D) $\frac{1}{4}p,\frac{3}{4}p$　　(E) $\frac{1}{5}p,\frac{4}{5}p$

**132.** 斜边长为 $l$ 的一切直角三角形中,周长最大的直角三角形的两条直角边之长分别为(　　).

(A) $\frac{l}{\sqrt{6}},\frac{\sqrt{5}l}{\sqrt{6}}$　　(B) $\frac{l}{\sqrt{3}},\frac{\sqrt{2}l}{\sqrt{3}}$　　(C) $\frac{l}{\sqrt{2}},\frac{l}{\sqrt{2}}$

(D) $\frac{\sqrt{3}l}{2},\frac{l}{2}$　　(E) $\frac{2l}{\sqrt{5}},\frac{l}{\sqrt{5}}$

**133.** 平面 $xOy$ 上,到 $x=0,y=0$ 及 $x+2y-16=0$ 三条直线的距离平方和最小的点为(　　).

(A) $(1,1)$　　(B) $\left(\frac{8}{5},\frac{16}{5}\right)$　　(C) $\left(\frac{8}{5},\frac{13}{5}\right)$

(D) $\left(\frac{4}{5},\frac{16}{5}\right)$　　(E) $\left(\frac{4}{5},\frac{8}{5}\right)$

**134.** 内接于半径为 $a$ 的球且有最大体积的长方体的长、宽、高分别为(　　).

(A) $\frac{a}{\sqrt{3}},\frac{a}{\sqrt{3}},\frac{a}{\sqrt{3}}$　　(B) $\frac{a}{2},\frac{\sqrt{2}a}{2},\frac{a}{2}$　　(C) $\frac{2a}{\sqrt{3}},\frac{2a}{\sqrt{3}},\frac{2a}{\sqrt{3}}$

(D) $a,\sqrt{2}a,a$　　(E) $\frac{2a}{\sqrt{5}},\frac{4a}{\sqrt{5}},\frac{2a}{\sqrt{5}}$

**135.** 函数 $z=xy^2$ 在区域 $x^2+y^2\leqslant 1$ 上的最大值、最小值依次为(　　).

(A) $\frac{\sqrt{2}}{9},-\frac{\sqrt{2}}{9}$　(B) $\frac{\sqrt{3}}{9},-\frac{\sqrt{3}}{9}$　(C) $\frac{2\sqrt{2}}{9},-\frac{2\sqrt{2}}{9}$

(D) $\frac{2\sqrt{3}}{9},-\frac{2\sqrt{3}}{9}$　(E) $\frac{3\sqrt{2}}{9},-\frac{3\sqrt{2}}{9}$

**136.** 设某企业生产甲、乙两种产品，售价分别为 10 千元 / 件与 9 千元 / 件，生产 $x$ 件甲产品、$y$ 件乙产品的总成本为 $C(x,y)=200+2x+3y+0.01(3x^2+xy+3y^2)$ (单位：千元)，则企业最大的利润为(　　).

(A)500 千元　(B)600 千元　(C)620 千元

(D)520 千元　(E)720 千元

**137.** 某工厂生产两种型号的机床，其产量分别为 $x$ 台和 $y$ 台，成本函数为

$$C(x,y)=x^2+2y^2-xy \text{ (单位：万元)},$$

若根据市场调查预测，这两种机床共需 8 台，则最小成本为(　　).

(A)25 万元　(B)26 万元　(C)27 万元

(D)28 万元　(E)29 万元

# 第二部分

# 线性代数

# 第五章　行列式

## 【考向1】排列与逆序

**1.** 设 $a_{ij}(i,j=1,2,3,4)$ 为四阶行列式的元素，则下列乘积中，

$$①a_{13}a_{24}a_{31}a_{42}，②a_{13}a_{24}a_{33}a_{42}，③a_{41}a_{12}a_{23}a_{34}，④a_{22}a_{44}a_{33}a_{11}，$$

为四阶行列式展开式中项前符号取正的项是(　　).

(A)①②　(B)②③　(C)③④　(D)①④　(E)①③

**2.** 已知 $a_{i1}a_{24}a_{43}a_{k2}$ 为四阶行列式展开式中项前符号为负的项，则 $i,k$ 分别为(　　).

(A)1,2　(B)1,3　(C)3,1　(D)2,1　(E)3,2

## 【考向2】行列式定义

**3.** 下列行列式中等于零的为(　　).

(A) $\begin{vmatrix} 1 & 2 & 3 \\ -1 & 0 & 3 \\ 2 & 2 & 5 \end{vmatrix}$　(B) $\begin{vmatrix} 1 & 2 & 3 \\ -1 & 0 & 2 \\ 2 & 2 & 3 \end{vmatrix}$　(C) $\begin{vmatrix} 1 & 2 & 3 \\ 0 & -4 & 0 \\ -2 & -7 & -6 \end{vmatrix}$

(D) $\begin{vmatrix} 2 & 0 & 0 \\ 0 & 0 & 1 \\ 0 & -2 & 3 \end{vmatrix}$　(E) $\begin{vmatrix} 2 & 0 & 0 \\ 0 & 1 & 1 \\ 0 & -2 & 2 \end{vmatrix}$

**4.** 设行列式

$$①\begin{vmatrix} 0 & 0 & 0 & 1 \\ 0 & 0 & 2 & 0 \\ 0 & 3 & 0 & 0 \\ 4 & 0 & 0 & 0 \end{vmatrix}，②\begin{vmatrix} 0 & 0 & 1 & 0 \\ 0 & 0 & 0 & 2 \\ 0 & 3 & 0 & 0 \\ 4 & 0 & 0 & 0 \end{vmatrix}，③\begin{vmatrix} 0 & 0 & 0 & 4 \\ 1 & 0 & 0 & 0 \\ 0 & 2 & 0 & 0 \\ 0 & 0 & 3 & 0 \end{vmatrix}，④\begin{vmatrix} 0 & 0 & 0 & 3 \\ 0 & 1 & 0 & 0 \\ 0 & 0 & 2 & 0 \\ 4 & 0 & 0 & 0 \end{vmatrix}，$$

其中所有等于 4!的行列式是(　　).

(A)①　(B)①②　(C)①②③　(D)②③④　(E)①②③④

**5.** $\begin{vmatrix} 404 & 4 & 1 \\ -297 & -3 & 3 \\ 199 & 2 & -3 \end{vmatrix} =$ (　　).

(A)49　(B)39　(C)8　(D)$-10$　(E)$-16$

**6.** $\begin{vmatrix} 1 & 4 & 5 \\ -3 & 16 & 25 \\ 9 & 64 & 125 \end{vmatrix} =$ (　　).

(A)1 600　(B)1 500　(C)1 120　(D)1 200　(E)1 000

**7.** 下列行列式中不恒等于零的是（　　）.

(A) $\begin{vmatrix} 0 & a & b \\ -a & 0 & -c \\ -b & c & 0 \end{vmatrix}$　　(B) $\begin{vmatrix} a-1 & b & c \\ a & b-2 & c \\ a & b & c-3 \end{vmatrix}$

(C) $\begin{vmatrix} a-1 & b-1 & c-1 \\ a-2 & b-2 & c-2 \\ a-3 & b-3 & c-3 \end{vmatrix}$　　(D) $\begin{vmatrix} a & a+b & c \\ -2a & a-b & 0 \\ 3a & 2b & c \end{vmatrix}$

(E) $\begin{vmatrix} -a & b & 0 \\ -c & 0 & -b \\ 0 & c & a \end{vmatrix}$

**8.** 设 $f(x)=\begin{vmatrix} x & -1 & -x & 1 \\ 2 & 1 & 0 & 0 \\ x & 0 & 2x & 0 \\ -2 & 0 & 0 & 2 \end{vmatrix}$，则多项式 $f(x)$ 中 $x$ 的最高幂次是（　　）.

(A)4　　(B)3　　(C)2　　(D)1　　(E)0

**9.** 设多项式 $f(x)=\begin{vmatrix} x-1 & 1 & 1 & 1 \\ 2 & x-2 & 2 & 2 \\ 3 & 3 & x-3 & 3 \\ 4 & 4 & 4 & x-4 \end{vmatrix}$，则 $x^3$ 的系数为（　　）.

(A)$-10$　　(B)35　　(C)$-40$　　(D)24　　(E)$-12$

**10.** 设多项式 $f(x)=\begin{vmatrix} x & 1 & 2 & 3x \\ 2 & -1 & x+1 & 4 \\ 0 & x & 2 & 4 \\ x-1 & 1 & 0 & 5 \end{vmatrix}$，则 $f(x)$ 的 4 阶导数 $f^{(4)}(x)=$（　　）.

(A)72　　(B)36　　(C)$-18$　　(D)$-36$　　(E)$-72$

**11.** 设多项式 $f(x)=\begin{vmatrix} x & 2 & 1 & 2 \\ -3 & 17 & -x & 2 \\ 9 & 0 & 9 & 3 \\ 0 & 5 & x & 2x \end{vmatrix}$，则该多项式的常数项为（　　）.

(A)90　　(B) 60　　(C) 30　　(D) $-90$　　(E) $-135$

**12.** 记 $f(x)=\begin{vmatrix} x-2 & x-1 & x-2 & x-3 \\ 2x-2 & 2x-1 & 2x-2 & 2x-3 \\ 3x-3 & 3x-2 & 4x-5 & 3x-5 \\ 4x & 4x-3 & 5x-7 & 4x-3 \end{vmatrix}$，则方程 $f(x)=0$ 的实根的个数为（　　）.

(A)1　　(B)2　　(C)3　　(D)4　　(E)0

13. 记 $f(x)=\begin{vmatrix} 2-x & 2 & -2 \\ 2 & 5-x & -4 \\ -2 & -4 & 5-x \end{vmatrix}$,则方程 $f(x)=0$(　　).

(A) 有三个正根　(B) 有三个负根　(C) 没有实根

(D) 有两个正根、一个负根　(E) 有一个正根、两个负根

14. 方程

$$f(x)=\begin{vmatrix} 3-x & 2 & -2 \\ x & 6-x & -4 \\ -4 & -4 & 4 \end{vmatrix}=0$$

的解为(　　).

(A)4,5　(B)3,4　(C)2,3　(D)1,2　(E)0,1

15. 已知 $f(x)=\begin{vmatrix} 1 & 2 & 3+x \\ 1 & 2+x & 3 \\ 1+x & 2 & 3 \end{vmatrix}$,则 $f(x)=0$ 的根为(　　).

(A)$x=0$(三重)　(B)$x=6,0$(二重)　(C)$x=-6,0$(二重)

(D)$x=0,6$(二重)　(E)$x=-6$(三重)

16. 设函数 $f(x)=\begin{vmatrix} 1 & 1 & 1+x \\ 2 & -1 & 3 \\ 3 & 2 & 2-x \end{vmatrix}$,则方程 $f(x)=0$(　　).

(A) 有大于 1 的根　(B) 有小于 1 的正根

(C) 有大于 $-1$ 的负根　(D) 有小于 $-1$ 的根

(E) 无实根

17. 已知方程 $\begin{vmatrix} \lambda-2 & 0 & 0 \\ -3 & \lambda-1 & a \\ 2 & -a & \lambda-5 \end{vmatrix}=0$ 有二重根,则满足条件的常数 $a$ 为(　　).

(A) $\sqrt{3}$　(B) $-\sqrt{3}$　(C) $\pm\sqrt{3}$

(D) $\pm 2$　(E) $\pm\sqrt{3}$ 或 $\pm 2$

## 【考向 3】行列式性质

18. 行列式中两行(列) 成比例是行列式为零的(　　).

(A) 充分但非必要条件

(B) 必要但非充分条件

(C) 既非必要又非充分条件

(D) 充分必要条件

(E) 两行(列) 成比例与行列式为零的关系不确定

**19.** 若 $D=\begin{vmatrix} a_{11} & a_{12} & a_{13} \\ a_{21} & a_{22} & a_{23} \\ a_{31} & a_{32} & a_{33} \end{vmatrix}=d\neq 0$，则 $D_1=\begin{vmatrix} 2a_{13}-a_{12} & a_{13}-a_{12} & 3a_{13}+a_{11} \\ 2a_{23}-a_{22} & a_{23}-a_{22} & 3a_{23}+a_{21} \\ 2a_{33}-a_{32} & a_{33}-a_{32} & 3a_{33}+a_{31} \end{vmatrix}=(\quad)$.

(A)$d$　(B)$2d$　(C)$4d$　(D)$8d$　(E)$12d$

**20.** 设行列式 $A_n=\begin{vmatrix} a_{11} & a_{12} & \cdots & a_{1n} \\ a_{21} & a_{22} & \cdots & a_{2n} \\ \vdots & \vdots & & \vdots \\ a_{n1} & a_{n2} & \cdots & a_{nn} \end{vmatrix}$ 和 $B_n=\begin{vmatrix} a_{1n} & a_{1,n-1} & \cdots & a_{11} \\ a_{2n} & a_{2,n-1} & \cdots & a_{21} \\ \vdots & \vdots & & \vdots \\ a_{nn} & a_{n,n-1} & \cdots & a_{n1} \end{vmatrix}$，$n=2,3,4,5,6$，则满足 $A_n=B_n$ 的组合 $(A_n,B_n)$ 有(　　).

(A)1 组　(B)2 组　(C)3 组　(D)4 组　(E)5 组

**21.** 设 $|\boldsymbol{A}|$ 为四阶行列式，$\boldsymbol{\alpha}_i(i=1,2,3,4)$ 为矩阵 $\boldsymbol{A}$ 的第 $i$ 列，则下列行列式与 $2|\boldsymbol{A}|$ 等值的是(　　).

(A) $|\boldsymbol{\alpha}_4,\boldsymbol{\alpha}_3,\boldsymbol{\alpha}_2,\boldsymbol{\alpha}_1|+|\boldsymbol{\alpha}_3,\boldsymbol{\alpha}_4,\boldsymbol{\alpha}_1,\boldsymbol{\alpha}_2|$　(B) $|2\boldsymbol{\alpha}_1,\boldsymbol{\alpha}_2,\boldsymbol{\alpha}_3,\boldsymbol{\alpha}_3|$

(C) $|\boldsymbol{\alpha}_1,\boldsymbol{\alpha}_2,\boldsymbol{\alpha}_3,\boldsymbol{\alpha}_4|+|\boldsymbol{\alpha}_1,\boldsymbol{\alpha}_4,\boldsymbol{\alpha}_3,\boldsymbol{\alpha}_2|$　(D) $|\boldsymbol{\alpha}_1,\boldsymbol{\alpha}_2,\boldsymbol{\alpha}_3+\boldsymbol{\alpha}_1,\boldsymbol{\alpha}_4|$

(E) $|\boldsymbol{\alpha}_1,\boldsymbol{\alpha}_2,\boldsymbol{\alpha}_3+2\boldsymbol{\alpha}_2,\boldsymbol{\alpha}_4|$

**22.** 已知四阶行列式 $|\boldsymbol{\alpha}_1,\boldsymbol{\alpha}_2,\boldsymbol{\alpha}_3,\boldsymbol{\beta}|=a$，$|2\boldsymbol{\beta}+\boldsymbol{\gamma},\boldsymbol{\alpha}_2,\boldsymbol{\alpha}_3,\boldsymbol{\alpha}_1|=b$，其中 $\boldsymbol{\alpha}_1,\boldsymbol{\alpha}_2,\boldsymbol{\alpha}_3,\boldsymbol{\beta},\boldsymbol{\gamma}$ 均为 4 维列向量，则 $|\boldsymbol{\alpha}_1,\boldsymbol{\alpha}_2,\boldsymbol{\alpha}_3,\boldsymbol{\gamma}|=(\quad)$.

(A)$a+b$　(B)$2a+b$　(C)$-2a+b$　(D)$-2a-b$　(E)$2a-b$

**23.** 设四阶矩阵 $\boldsymbol{A}=(\boldsymbol{\alpha},\boldsymbol{\gamma}_3,2\boldsymbol{\gamma}_1,\boldsymbol{\gamma}_2)$，$\boldsymbol{B}=(3\boldsymbol{\gamma}_1,\boldsymbol{\gamma}_3,-\boldsymbol{\gamma}_2,2\boldsymbol{\beta})$，其中 $\boldsymbol{\alpha},\boldsymbol{\beta},\boldsymbol{\gamma}_1,\boldsymbol{\gamma}_2,\boldsymbol{\gamma}_3$ 均为 4 维列向量，若 $|\boldsymbol{A}|=3$，$|\boldsymbol{B}|=-2$，则 $|2\boldsymbol{\alpha}-6\boldsymbol{\beta},2\boldsymbol{\gamma}_1,2\boldsymbol{\gamma}_2,2\boldsymbol{\gamma}_3|=(\quad)$.

(A)16　(B)8　(C)4　(D)3　(E)2

**24.** 设四阶矩阵 $\boldsymbol{A}=(\boldsymbol{\alpha}_1,\boldsymbol{\alpha}_2,\boldsymbol{\alpha}_3,\boldsymbol{\alpha}_4)$，$\boldsymbol{B}=(\boldsymbol{\alpha}_1,\boldsymbol{\alpha}_2,\boldsymbol{\beta}_3,\boldsymbol{\alpha}_4)$，且 $|\boldsymbol{A}|=-2$，$|\boldsymbol{B}|=5$，则 $|\boldsymbol{A}+\boldsymbol{B}|=(\quad)$.

(A)3　(B)6　(C)12　(D)24　(E)48

## 【考向 4】行列式计算

**25.** 行列式 $D=\begin{vmatrix} 1 & 1 & -2 & 1 \\ 2 & 2 & 2 & -1 \\ -1 & -4 & -1 & -1 \\ 0 & 3 & 3 & 3 \end{vmatrix}=(\quad)$.

(A)$-54$　(B)$-27$　(C)$-18$　(D)27　(E)54

**26.** $\begin{vmatrix} (a-1)^2 & (a-2)^2 & (a+1)^2 & (a+2)^2 \\ (b-1)^2 & (b-2)^2 & (b+1)^2 & (b+2)^2 \\ (c-1)^2 & (c-2)^2 & (c+1)^2 & (c+2)^2 \\ (d-1)^2 & (d-2)^2 & (d+1)^2 & (d+2)^2 \end{vmatrix}=(\quad)$.

(A)$(abcd)^4$ (B)$(a+b+c+d)^4$ (C)$a^2+b^2+c^2+d^2$

(D)0 (E)$a^2-b^2+c^2-d^2$

**27.** 已知行列式 $\begin{vmatrix} x & 0 & 3 & 0 \\ 0 & 0 & 0 & 2 \\ 0 & x & 0 & 0 \\ 4 & 0 & 0 & 0 \end{vmatrix}=1$,则 $x=$(　　).

(A)$-1$ (B)$-\frac{1}{2}$ (C)$-\frac{1}{6}$ (D)$-\frac{1}{12}$ (E)$-\frac{1}{24}$

**28.** $\begin{vmatrix} 1 & 2 & 1 & 4 \\ 0 & -1 & 2 & 1 \\ 1 & 0 & 1 & 3 \\ 0 & 1 & 3 & 1 \end{vmatrix}=$(　　).

(A)7 (B)5 (C)3 (D)$-5$ (E)$-7$

**29.** 若四阶行列式 $\begin{vmatrix} 1 & 0 & 0 & t \\ t & 1 & 0 & 0 \\ 0 & t & 1 & 0 \\ 0 & 0 & t & 1 \end{vmatrix}>0$,则(　　).

(A)$t<-1$ (B)$-1<t<1$ (C)$t>1$

(D)$t$ 为偶数 (E)$t$ 为奇数

**30.** 设 $M_{ij}$,$A_{ij}$ 分别为 $n$ 阶行列式 $D$ 中元素 $a_{ij}$ 的余子式和代数余子式,则下列各式中必定等于零的是(　　).

(A)$a_{11}M_{11}+a_{12}M_{12}+\cdots+a_{1n}M_{1n}$ (B)$a_{11}A_{11}+a_{12}A_{12}+\cdots+a_{1n}A_{1n}$

(C)$a_{11}M_{12}+a_{21}M_{22}+\cdots+a_{n1}M_{n2}$ (D)$a_{11}A_{12}+a_{21}A_{22}+\cdots+a_{n1}A_{n2}$

(E)$a_{11}M_{11}+a_{21}M_{12}+\cdots+a_{n1}M_{1n}$

**31.** 行列式 $D=\begin{vmatrix} 2 & 2 & 2 & -3 \\ 2 & 2 & -3 & 2 \\ 2 & -3 & 2 & 2 \\ -3 & 2 & 2 & 2 \end{vmatrix}=$(　　).

(A)$-375$ (B)$-75$ (C)$-15$ (D)75 (E)375

**32.** $\begin{vmatrix} y & x & x+y \\ x & x+y & y \\ x+y & y & x \end{vmatrix}=$(　　).

(A)$2(x^3-y^3)$ (B)$-2(x^3-y^3)$ (C)$-2(x^3+y^3)$

(D)$2(x^3+y^3)$ (E)$x^3+y^3$

**33.** $\begin{vmatrix} 1 & 1 & 1 & 1 & 1 \\ 1 & 2 & 0 & 0 & 0 \\ 1 & 0 & 3 & 0 & 0 \\ 1 & 0 & 0 & 4 & 0 \\ 1 & 0 & 0 & 0 & 5 \end{vmatrix} =$ (　　).

(A)$5!$　　(B)$5!-1$　　(C)$5!-2$

(D)$\left(5-\sum\limits_{i=2}^{5}\frac{1}{i}\right)4!$　　(E)$\left(1-\sum\limits_{i=2}^{5}\frac{1}{i}\right)5!$

## 【考向5】余子式与代数余子式

**34.** 设 $D=\begin{vmatrix} 2 & 1 \\ a_{21} & a_{22} \end{vmatrix}$，其对应元素的代数余子式 $A_{11}=1$，$A_{12}=-3$，则元素 $a_{21}$，$a_{22}$ 的取值依次为(　　).

(A)1，3　　(B)3，1　　(C)3，$-1$　　(D)$-3$，1　　(E)$-3$，$-1$

**35.** 设 $D=\begin{vmatrix} a_{11} & a_{12} & a_{13} \\ a_{21} & a_{22} & a_{23} \\ a_{31} & a_{32} & a_{33} \end{vmatrix}$，$A_{ij}$ 为 $D$ 中 $a_{ij}$ 的代数余子式，则 $A_{13}+2A_{23}+3A_{33}=$ (　　).

(A)$\begin{vmatrix} a_{11} & a_{12} & a_{13} \\ a_{21} & a_{22} & a_{23} \\ 1 & 2 & 3 \end{vmatrix}$　　(B)$\begin{vmatrix} a_{11} & a_{12} & a_{13} \\ a_{21} & a_{22} & a_{23} \\ 1 & -2 & 3 \end{vmatrix}$　　(C)$\begin{vmatrix} a_{11} & a_{12} & 1 \\ a_{21} & a_{22} & 2 \\ a_{31} & a_{32} & 3 \end{vmatrix}$

(D)$\begin{vmatrix} a_{11} & a_{12} & 1 \\ a_{21} & a_{22} & -2 \\ a_{31} & a_{32} & 3 \end{vmatrix}$　　(E)$\begin{vmatrix} a_{11} & a_{12} & -1 \\ a_{21} & a_{22} & 2 \\ a_{31} & a_{32} & -3 \end{vmatrix}$

**36.** 设行列式

$$D=\begin{vmatrix} 1 & 2 & 1 & 2 \\ -3 & 3 & 3 & 2 \\ 9 & 4 & 9 & 2 \\ -27 & 5 & 27 & 2 \end{vmatrix},$$

$M_{ij}$ 为 $D$ 的 $(i,j)$ 元的余子式，则 $M_{12}+M_{22}+M_{32}+M_{42}=$ (　　).

(A)$-1\ 536$　　(B)$-384$　　(C)0　　(D)384　　(E)1 536

**37.** 行列式 $D=\begin{vmatrix} 1 & -2 & 3 & -4 \\ 0 & 2 & -3 & 4 \\ 0 & 0 & 3 & \beta \\ 0 & 0 & 0 & 4 \end{vmatrix}$，若 $M_{21}-\alpha M_{22}+M_{23}-M_{24}=0$，则(　　).

(A)$\alpha=2$，$\beta=-4$　　(B)$\alpha=-2$，$\beta=4$

(C)$\alpha=-2$，$\beta$ 为任意常数　　(D)$\alpha=-2$，$\beta=-4$

(E)$\alpha = 2, \beta = 4$

## 【考向 6】利用矩阵运算求解

38. 设 $\boldsymbol{A},\boldsymbol{B}$ 均为 $n$ 阶矩阵,且 $\boldsymbol{A}$ 可逆,则下列结论正确的是(　　).

(A) 若 $\boldsymbol{A} = 2\boldsymbol{B}$,则 $|\boldsymbol{A}| = 2|\boldsymbol{B}|$　　(B) $|\boldsymbol{B}| = |\boldsymbol{A}^{-1}\boldsymbol{B}\boldsymbol{A}|$

(C) $|\boldsymbol{A}-\boldsymbol{B}| = |\boldsymbol{B}-\boldsymbol{A}|$　　(D) $|\boldsymbol{A}-\boldsymbol{B}| = -|\boldsymbol{B}-\boldsymbol{A}|$

(E) $|\boldsymbol{A}\boldsymbol{B}| = -|\boldsymbol{B}\boldsymbol{A}|$

39. 设三阶矩阵 $\boldsymbol{A}$ 的伴随矩阵为 $\boldsymbol{A}^*$,且 $|\boldsymbol{A}| = \frac{1}{2}$,则 $|\boldsymbol{A}^{-1} + 2\boldsymbol{A}^*| =$(　　).

(A)8　　(B)16　　(C)4　　(D)2　　(E)1

40. 已知 $\boldsymbol{A}$ 为三阶矩阵,且 $|\boldsymbol{A}| = -2$,则 $|2(\boldsymbol{A}^*)^{-1} + (\boldsymbol{A}^*)^*| =$(　　).

(A)6　　(B)27　　(C)54　　(D)$-27$　　(E)$-6$

41. 设 $\boldsymbol{A},\boldsymbol{B}$ 为三阶矩阵,且 $|\boldsymbol{A}| = 3$,$|\boldsymbol{B}| = 2$,$|\boldsymbol{A}^{-1} - \boldsymbol{B}| = 2$,则 $|\boldsymbol{A} - \boldsymbol{B}^{-1}| =$(　　).

(A)$-3$　　(B)$-2$　　(C)1　　(D)2　　(E)3

42. 设 $\boldsymbol{A}$ 为四阶可逆矩阵,且 $\boldsymbol{A}^2 + 2\boldsymbol{A} = \boldsymbol{O}$,则 $|\boldsymbol{A}^2| + |2\boldsymbol{A}| =$(　　).

(A)256　　(B)$-256$　　(C)512　　(D)$-512$　　(E)128

43. 设 $\boldsymbol{A},\boldsymbol{B}$ 为三阶矩阵,且 $|\boldsymbol{A}| = 3$,$|\boldsymbol{B}| = 2$,$|\boldsymbol{A}^{-1} + \boldsymbol{B}| = 2$,则 $|\boldsymbol{A} + \boldsymbol{B}^{-1}| =$(　　).

(A)3　　(B)2　　(C)1　　(D)$\frac{1}{2}$　　(E)$\frac{1}{3}$

44. 设 $n$ 维向量 $\boldsymbol{\alpha} = \left(\frac{1}{2}, 0, \cdots, 0, \frac{1}{2}\right)$,矩阵 $\boldsymbol{A} = \boldsymbol{E} - \boldsymbol{\alpha}^{\mathrm{T}}\boldsymbol{\alpha}$,$\boldsymbol{C} = \boldsymbol{E} + 2\boldsymbol{\alpha}^{\mathrm{T}}\boldsymbol{\alpha}$,则 $|\boldsymbol{A}\boldsymbol{C}| =$(　　).

(A)2　　(B)1　　(C)$\frac{1}{2}$　　(D)$\frac{1}{4}$　　(E)$\frac{1}{8}$

45. 设 $\boldsymbol{\alpha} = (1,2,3)$,$\boldsymbol{\beta} = \left(1, \frac{1}{2}, \frac{1}{3}\right)$,$\boldsymbol{A} = \boldsymbol{\alpha}^{\mathrm{T}}\boldsymbol{\beta}$,则 $|\boldsymbol{A}^2 - 3\boldsymbol{E}| =$(　　).

(A)2　　(B)6　　(C)18　　(D)54　　(E)108

46. 设 $\boldsymbol{A}$ 为三阶非零方阵,且 $a_{ij} = A_{ij}\,(i,j = 1,2,3)$,则(　　).

(A) $|\boldsymbol{A}| = 0$　　(B) $|\boldsymbol{A}| = 1$　　(C) $|\boldsymbol{A}| < 0$

(D)$\boldsymbol{A}^2 = \boldsymbol{A}$　　(E)$\boldsymbol{A} = \boldsymbol{E}$

47. 设 $\boldsymbol{A},\boldsymbol{P}$ 为四阶方阵且 $\boldsymbol{P}$ 可逆,若 $\boldsymbol{P}^{-1}\boldsymbol{A}\boldsymbol{P} = k\boldsymbol{E}$,则 $|\boldsymbol{E} - \boldsymbol{A}^2| =$(　　).

(A)$(1-k^2)^4$　　(B)$(1-k^2)^3$　　(C)$(1-k^2)^2$

(D)$1-k^2$　　(E)$1-k$

48. 设 $\boldsymbol{A}$ 为 $n$ 阶矩阵,满足 $\boldsymbol{A}^{\mathrm{T}}\boldsymbol{A} = \boldsymbol{E}$,且 $|\boldsymbol{A}| < 0$,则 $|\boldsymbol{E} + \boldsymbol{A}| =$(　　).

(A)$2^n$　　(B)8　　(C)4　　(D)2　　(E)0

49. 设 $\boldsymbol{A},\boldsymbol{B}$ 为 $n$ 阶矩阵,满足 $\boldsymbol{A}^{\mathrm{T}}\boldsymbol{A} = \boldsymbol{B}^{\mathrm{T}}\boldsymbol{B} = \boldsymbol{E}$,且 $|\boldsymbol{A}| + |\boldsymbol{B}| = 0$,则 $|\boldsymbol{A} + \boldsymbol{B}| =$(　　).

(A)$2^n$　　(B)8　　(C)4　　(D)2　　(E)0

**50.** 设矩阵 $\boldsymbol{A}=\begin{pmatrix}1&2&4\\1&3&3\\2&2&3\end{pmatrix}$，$\boldsymbol{B}=\begin{pmatrix}A_{11}+A_{21}&A_{12}+A_{22}&A_{13}+A_{23}\\A_{21}+A_{31}&A_{22}+A_{32}&A_{23}+A_{33}\\A_{31}-2A_{11}&A_{32}-2A_{12}&A_{33}-2A_{13}\end{pmatrix}$，$A_{ij}$ 为行列式 $|\boldsymbol{A}|$ 中元素 $a_{ij}$ 的代数余子式，则 $|\boldsymbol{B}|=$（　　）.

(A) $-64$　　(B) $-49$　　(C) $-36$　　(D) $25$　　(E) $49$

# 第六章　矩阵

## 【考向 1】矩阵的运算

1. 已知 $\boldsymbol{A}=\begin{pmatrix}1 & 2\\ -2 & 3\end{pmatrix}$，$\boldsymbol{B}=\begin{pmatrix}1 & 0\\ -1 & 1\end{pmatrix}$，则 $\boldsymbol{A}^2-2\boldsymbol{AB}+\boldsymbol{B}^2=$（　　）.

(A)$\begin{pmatrix}0 & 3\\ 0 & 0\end{pmatrix}$　　(B)$\begin{pmatrix}0 & 4\\ 0 & 0\end{pmatrix}$　　(C)$\begin{pmatrix}0 & 4\\ 1 & 0\end{pmatrix}$

(D)$\begin{pmatrix}-2 & 0\\ 0 & 3\end{pmatrix}$　　(E)$\begin{pmatrix}-2 & 4\\ 2 & 2\end{pmatrix}$

2. 若 $\begin{pmatrix}a & 1 & 1\\ 3 & 0 & 1\\ 0 & 2 & -1\end{pmatrix}\begin{pmatrix}3\\ a\\ -3\end{pmatrix}=\begin{pmatrix}b\\ 6\\ -b\end{pmatrix}$，则 $a,b$ 分别为（　　）.

(A)0，−1　　(B)0，−2　　(C)0，−3　　(D)1,2　　(E)1,3

3. 若 $\begin{pmatrix}a & b\\ c+1 & 0\end{pmatrix}=\begin{pmatrix}1 & -1\\ 0 & 1\end{pmatrix}\begin{pmatrix}2 & 1\\ b & -c\end{pmatrix}\begin{pmatrix}1 & 0\\ -1 & 1\end{pmatrix}$，则 $a,b,c$ 分别为（　　）.

(A)−1,1,0　　(B)0,1,1　　(C)1,1,0　　(D)0,1,0　　(E)1,0,1

4. 若有矩阵 $\boldsymbol{A}_{m\times l}$，$\boldsymbol{B}_{l\times n}$，$\boldsymbol{C}_{m\times n}$，则下列运算可以进行的是（　　）.

(A)$|\boldsymbol{C}(\boldsymbol{AB})^{\mathrm{T}}|$　　(B)$(\boldsymbol{CA})^{\mathrm{T}}\boldsymbol{B}$　　(C)$(\boldsymbol{CB})^{\mathrm{T}}\boldsymbol{A}$

(D)$|\boldsymbol{A}||\boldsymbol{B}||\boldsymbol{C}|$　　(E)$|\boldsymbol{AB}|\boldsymbol{C}^{\mathrm{T}}$

5. 设 $\boldsymbol{A},\boldsymbol{B}$ 为 $n$ 阶矩阵，若 $\boldsymbol{AB}=\boldsymbol{O}$，则（　　）.

(A)$\boldsymbol{B}^2\boldsymbol{A}^2=\boldsymbol{O}$　　(B)$(\boldsymbol{A}+\boldsymbol{B})^2=\boldsymbol{A}^2+\boldsymbol{B}^2$

(C)$(\boldsymbol{A}-\boldsymbol{B})(\boldsymbol{A}+\boldsymbol{B})=\boldsymbol{A}^2-\boldsymbol{B}^2$　　(D)$\boldsymbol{A},\boldsymbol{B}$ 可能均为非零矩阵

(E)$\boldsymbol{A},\boldsymbol{B}$ 中至少有一个零矩阵

6. 设 $\boldsymbol{\alpha}_j$ 与 $\boldsymbol{\beta}_j$ 分别是 $n$ 阶矩阵 $\boldsymbol{A}$ 的第 $j$ 行元素构成的行矩阵和第 $j$ 列元素构成的列矩阵，$\boldsymbol{e}_j$ 是 $n$ 阶单位矩阵 $\boldsymbol{E}$ 的第 $j$ 列元素构成的列矩阵，则（　　）.

(A)$\boldsymbol{Ae}_j=\boldsymbol{\alpha}_j$　　(B)$\boldsymbol{e}_j\boldsymbol{A}=\boldsymbol{\alpha}_j$　　(C)$\boldsymbol{Ae}_j=\boldsymbol{\beta}_j$

(D)$\boldsymbol{e}_j\boldsymbol{A}=\boldsymbol{\beta}_j$　　(E)$\boldsymbol{A}^{\mathrm{T}}\boldsymbol{e}_j=\boldsymbol{\beta}_j$

7. 设 $\boldsymbol{A}=\dfrac{1}{2}(\boldsymbol{B}+\boldsymbol{E})$，则以下结论不成立的是（　　）.

(A) 若 $\boldsymbol{A}^2=\boldsymbol{A}$，则 $\boldsymbol{B}^2=\boldsymbol{E}$　　(B) 若 $\boldsymbol{B}^2=\boldsymbol{E}$，则 $\boldsymbol{A}^2=\boldsymbol{A}$

(C) 若 $\boldsymbol{B}$ 可逆，则 $\boldsymbol{A}$ 可逆　　(D)$\boldsymbol{A}^2=\boldsymbol{A}$ 的充分必要条件是 $\boldsymbol{B}^2=\boldsymbol{E}$

(E) 若 $\boldsymbol{A}$ 为对称矩阵，则 $\boldsymbol{B}$ 也为对称矩阵

8. 设 $\boldsymbol{A}$ 为 $n$ 阶矩阵，则 $\boldsymbol{A}=\boldsymbol{O}$ 是 $\boldsymbol{A}^{\mathrm{T}}\boldsymbol{A}=\boldsymbol{O}$ 的（　　）.

(A) 充分但非必要条件　　(B) 必要但非充分条件

(C) 必要且充分条件　　(D) 既非必要又非充分条件

(E) 不能明确 $\boldsymbol{A}=\boldsymbol{O}$ 与 $\boldsymbol{A}^{\mathrm{T}}\boldsymbol{A}=\boldsymbol{O}$ 之间的关系

**9.** 设 $\boldsymbol{A},\boldsymbol{B},\boldsymbol{C}$ 为 $n$ 阶矩阵，若 $\boldsymbol{A}\neq\boldsymbol{O}$，则(　　).

(A) $\boldsymbol{A}^2\neq\boldsymbol{O}$　　(B) $|\boldsymbol{A}^2|>0$

(C) 当 $\boldsymbol{AB}=\boldsymbol{AC}$ 时，$\boldsymbol{B}=\boldsymbol{C}$　　(D) $\boldsymbol{A}^{\mathrm{T}}\boldsymbol{A}$ 可能为零矩阵

(E) $\boldsymbol{A}^{\mathrm{T}}\boldsymbol{A}\neq\boldsymbol{O}$

**10.** 已知 $\boldsymbol{A},\boldsymbol{B}$ 为 $n$ 阶矩阵，且 $\boldsymbol{AB}=\boldsymbol{E}$，则下列结论不正确的是(　　).

(A) $\boldsymbol{A}+\boldsymbol{B}$ 可逆　　(B) $(\boldsymbol{AB})^2=\boldsymbol{A}^2\boldsymbol{B}^2$

(C) $(\boldsymbol{AB})^{-1}=\boldsymbol{A}^{-1}\boldsymbol{B}^{-1}$　　(D) $(\boldsymbol{AB})^{\mathrm{T}}=\boldsymbol{A}^{\mathrm{T}}\boldsymbol{B}^{\mathrm{T}}$

(E) $\boldsymbol{A}^2-\boldsymbol{B}^2=(\boldsymbol{A}+\boldsymbol{B})(\boldsymbol{A}-\boldsymbol{B})$

**11.** 设 $\boldsymbol{A}$ 为 $n$ 阶可逆方阵，$k$ 为非零常数，则(　　).

(A) $(k\boldsymbol{A})^{-1}=k\boldsymbol{A}^{-1}$　　(B) $(k\boldsymbol{A})^{\mathrm{T}}=k\boldsymbol{A}^{\mathrm{T}}$　　(C) $|k\boldsymbol{A}|=k|\boldsymbol{A}|$

(D) $(k\boldsymbol{A})^*=k\boldsymbol{A}^*$　　(E) $(k\boldsymbol{A})^2=k\boldsymbol{A}^2$

**12.** 设 $\boldsymbol{A}$ 为可逆矩阵，则 $[(\boldsymbol{A}^{-1})^{\mathrm{T}}]^{-1}=$ (　　).

(A) $\boldsymbol{A}$　　(B) $\boldsymbol{A}^{-1}$　　(C) $\boldsymbol{A}^{\mathrm{T}}$　　(D) $(\boldsymbol{A}^{-1})^{\mathrm{T}}$　　(E) $(\boldsymbol{A}^{\mathrm{T}})^{-1}$

**13.** 设 $\boldsymbol{A}$ 为 $n$ 阶矩阵，$\boldsymbol{B}$ 为同阶对角矩阵，若 $\boldsymbol{AB}=\boldsymbol{BA}$，则下列结论正确的是(　　).

(A) $\boldsymbol{B}$ 为单位矩阵　　(B) $\boldsymbol{B}$ 为任意对角矩阵

(C) $\boldsymbol{B}$ 为零矩阵　　(D) $\boldsymbol{B}$ 为数量矩阵

(E) $\boldsymbol{B}$ 的对角线元素为自然数列

**14.** 设 $\boldsymbol{A}$ 为 $n$ 阶可逆矩阵，$\boldsymbol{A}^*$ 为其伴随矩阵，则下列结论不正确的是(　　).

(A) $\boldsymbol{A}$ 与 $\boldsymbol{A}^*$ 可交换　　(B) $\boldsymbol{A}$ 与 $\boldsymbol{A}^{\mathrm{T}}$ 可交换

(C) $\boldsymbol{A}$ 与 $\boldsymbol{A}^{-1}$ 可交换　　(D) $\boldsymbol{A}$ 与 $\boldsymbol{A}^2$ 可交换

(E) $\boldsymbol{A}^*$ 与 $\boldsymbol{A}^{-1}$ 可交换

**15.** 设 $\boldsymbol{A}=\begin{pmatrix}1&-1&-1&-1\\-1&1&-1&-1\\-1&-1&1&-1\\-1&-1&-1&1\end{pmatrix}$，则 $\boldsymbol{A}^7=$ (　　).

(A) $32\boldsymbol{E}$　　(B) $8\boldsymbol{E}$　　(C) $8\boldsymbol{A}$　　(D) $32\boldsymbol{A}$　　(E) $64\boldsymbol{A}$

**16.** 设 $\boldsymbol{A}=\begin{pmatrix}0&-1&0\\1&0&0\\0&0&-1\end{pmatrix}$，$\boldsymbol{B}=\boldsymbol{P}^{-1}\boldsymbol{AP}$，其中 $\boldsymbol{P}$ 为三阶可逆矩阵，则 $\boldsymbol{B}^{2\,004}-2\boldsymbol{A}^2=$ (　　).

(A) $\begin{pmatrix}3&0&0\\0&3&0\\0&0&-1\end{pmatrix}$　　(B) $\begin{pmatrix}3&0&0\\0&-1&0\\0&0&3\end{pmatrix}$　　(C) $\begin{pmatrix}-1&0&0\\0&-1&0\\0&0&3\end{pmatrix}$

(D) $\begin{pmatrix}3 & 0 & 0\\0 & -1 & 0\\0 & 0 & -1\end{pmatrix}$　　(E) $\begin{pmatrix}-1 & 0 & 0\\0 & 3 & 0\\0 & 0 & -1\end{pmatrix}$

**17.** 已知 $\boldsymbol{\alpha}=(1,2,3)$，$\boldsymbol{\beta}=\left(1,\frac{1}{2},\frac{1}{3}\right)$，$\boldsymbol{A}=\boldsymbol{\alpha}^{\mathrm{T}}\boldsymbol{\beta}$，若 $\boldsymbol{A}$ 满足方程 $\boldsymbol{A}^3-2\lambda\boldsymbol{A}^2-\lambda^2\boldsymbol{A}=\boldsymbol{O}$，则 $\lambda$ 的取值为(　　).

(A)2　(B)3　(C)$-3$　(D)$3\pm\sqrt{3}$　(E)$-3\pm3\sqrt{2}$

**18.** 设 $\boldsymbol{A}=\begin{pmatrix}1 & -1 & 2\\2 & -2 & 4\\1 & -1 & 2\end{pmatrix}$，$f(x)=1+x+\cdots+x^n$，则 $f(\boldsymbol{A})=$(　　).

(A)$-\boldsymbol{A}$　(B)$\boldsymbol{A}$　(C)$\boldsymbol{E}-\boldsymbol{A}$　(D)$\boldsymbol{E}+\boldsymbol{A}$　(E)$\boldsymbol{E}+n\boldsymbol{A}$

**19.** 设 $\boldsymbol{A},\boldsymbol{B}$ 为 $n$ 阶三角矩阵，则下列运算结果仍为三角矩阵的是(　　).

(A)$\boldsymbol{A}+\boldsymbol{B}$　(B)$\boldsymbol{AB}$　(C)$\boldsymbol{A}^m,m\in\mathbf{Z}^+$　(D)$\boldsymbol{AB}^{\mathrm{T}}$　(E)$\boldsymbol{A}^2\boldsymbol{B}$

**20.** 设 $\boldsymbol{A}$ 为 $m\times n$ 矩阵，$\boldsymbol{E}$ 为 $m$ 阶单位矩阵，则下列结论不正确的是(　　).

(A)$\boldsymbol{A}^{\mathrm{T}}\boldsymbol{A}$ 是对称矩阵　(B)$\boldsymbol{AA}^{\mathrm{T}}$ 是对称矩阵

(C)$\boldsymbol{A}^{\mathrm{T}}\boldsymbol{A}+\boldsymbol{AA}^{\mathrm{T}}$ 是对称矩阵　(D)$\boldsymbol{E}+\boldsymbol{AA}^{\mathrm{T}}$ 是对称矩阵

(E)$\boldsymbol{E}-\boldsymbol{AA}^{\mathrm{T}}$ 是对称矩阵

**21.** 设 $\boldsymbol{A},\boldsymbol{B}$ 为同阶可逆的对称矩阵，则下列矩阵中不是对称矩阵的为(　　).

(A)$(\boldsymbol{A}+\boldsymbol{E})^2$　(B)$\boldsymbol{A}^{-1}$　(C)$\boldsymbol{A}^*$　(D)$\boldsymbol{AB}$　(E)$\boldsymbol{A}+2\boldsymbol{B}$

**22.** 设 $\boldsymbol{A}$ 为二阶矩阵，向量 $\boldsymbol{\alpha}=(1,2)^{\mathrm{T}}$，$\boldsymbol{\beta}=(1,3)^{\mathrm{T}}$，且 $\boldsymbol{A\alpha}=\boldsymbol{\alpha}$，$\boldsymbol{A\beta}=-2\boldsymbol{\beta}$，则 $\boldsymbol{A}=$(　　).

(A) $\begin{pmatrix}-7 & 3\\18 & -8\end{pmatrix}$　(B) $\begin{pmatrix}7 & -3\\18 & -8\end{pmatrix}$　(C) $\begin{pmatrix}7 & 3\\-18 & -8\end{pmatrix}$

(D) $\begin{pmatrix}7 & -3\\-18 & 8\end{pmatrix}$　(E) $\begin{pmatrix}1 & 0\\0 & -2\end{pmatrix}$

**23.** 设 $\boldsymbol{A}=\begin{pmatrix}a_{11} & a_{12}\\a_{21} & a_{22}\end{pmatrix}$，$\boldsymbol{B}=\begin{pmatrix}b_{11} & b_{12}\\b_{21} & b_{22}\end{pmatrix}$，$\boldsymbol{P}$ 为二阶可逆矩阵，及

$$f(x)=|\boldsymbol{A}-x\boldsymbol{E}|=\begin{vmatrix}a_{11}-x & a_{12}\\a_{21} & a_{22}-x\end{vmatrix},g(x)=|\boldsymbol{B}-x\boldsymbol{E}|=\begin{vmatrix}b_{11}-x & b_{12}\\b_{21} & b_{22}-x\end{vmatrix},$$

以下结论正确的是(　　).

(A) 若 $\boldsymbol{A}=\boldsymbol{P}^{-1}\boldsymbol{BP}$，则方程 $f(x)=0$ 的解一定是方程 $g(x)=0$ 的解，但反之不然

(B) 若 $\boldsymbol{A}=\boldsymbol{P}^{-1}\boldsymbol{BP}$，则方程 $g(x)=0$ 的解一定是方程 $f(x)=0$ 的解，但反之不然

(C) 若 $\boldsymbol{A}=\boldsymbol{P}^{-1}\boldsymbol{BP}$，则方程 $f(x)=0$ 与方程 $g(x)=0$ 同解

(D)$\boldsymbol{A}=\boldsymbol{P}^{-1}\boldsymbol{BP}$ 与方程 $f(x)=0$ 和 $g(x)=0$ 之间的解没有关系

(E) 若方程 $f(x)=0$ 与方程 $g(x)=0$ 同解，则 $\boldsymbol{A}=\boldsymbol{P}^{-1}\boldsymbol{BP}$

## 【考向 2】方阵的行列式

**24.** 设 $\boldsymbol{\alpha}_1,\boldsymbol{\alpha}_2,\boldsymbol{\alpha}_3$ 为 3 维列向量，$\boldsymbol{A}=(\boldsymbol{\alpha}_1,\boldsymbol{\alpha}_2,\boldsymbol{\alpha}_3)$，$\boldsymbol{B}=(\boldsymbol{\alpha}_1+\boldsymbol{\alpha}_2+\boldsymbol{\alpha}_3,\boldsymbol{\alpha}_1+2\boldsymbol{\alpha}_2+4\boldsymbol{\alpha}_3,\boldsymbol{\alpha}_1+$

$3\boldsymbol{\alpha}_2+9\boldsymbol{\alpha}_3$)，$|\boldsymbol{A}|=1$，则 $|\boldsymbol{B}|=$（　　）.

(A)0　　(B)1　　(C)2　　(D)3　　(E)5

**25.** 设 $\boldsymbol{A},\boldsymbol{B}$ 为三阶矩阵，满足方程 $\boldsymbol{A}^2\boldsymbol{B}-\boldsymbol{A}-\boldsymbol{B}=\boldsymbol{E}$，$\boldsymbol{A}=\begin{pmatrix}1&0&1\\0&2&0\\-2&0&1\end{pmatrix}$，则 $|\boldsymbol{B}|=$（　　）.

(A)0　　(B)1　　(C) $\frac{1}{2}$　　(D) $\frac{1}{3}$　　(E) $\frac{1}{4}$

**26.** 设矩阵 $\boldsymbol{A}=\begin{pmatrix}2&1&0\\1&2&0\\0&0&1\end{pmatrix}$，矩阵 $\boldsymbol{B}$ 满足方程 $\boldsymbol{ABA}^*=2\boldsymbol{BA}^*+\boldsymbol{E}$，其中 $\boldsymbol{A}^*$ 为 $\boldsymbol{A}$ 的伴随矩阵，则 $|\boldsymbol{B}|=$（　　）.

(A)0　　(B)1　　(C) $\frac{1}{3}$　　(D) $\frac{1}{6}$　　(E) $\frac{1}{9}$

**27.** 设 $\boldsymbol{\alpha}_1,\boldsymbol{\alpha}_2,\boldsymbol{\alpha}_3$ 是 3 维线性无关的列向量组，$\boldsymbol{A}=(\boldsymbol{\alpha}_1,\boldsymbol{\alpha}_2,\boldsymbol{\alpha}_3)$，并设向量组

$$\boldsymbol{\beta}_1=\boldsymbol{\alpha}_1+\boldsymbol{\alpha}_2+k\boldsymbol{\alpha}_3,\boldsymbol{\beta}_2=\boldsymbol{\alpha}_1+k\boldsymbol{\alpha}_2+\boldsymbol{\alpha}_3,\boldsymbol{\beta}_3=-2\boldsymbol{\alpha}_1+\boldsymbol{\alpha}_2-3\boldsymbol{\alpha}_3,$$

$\boldsymbol{B}=(\boldsymbol{\beta}_1,\boldsymbol{\beta}_2,\boldsymbol{\beta}_3)$，若 $|\boldsymbol{B}|=4|\boldsymbol{A}|$，则 $k$ 的取值为（　　）.

(A) $-1$ 或 2　　(B) $-1$ 或 1　　(C)0 或 1　　(D) $-1$ 或 0　　(E)1 或 2

**28.** 设 $\boldsymbol{A}$ 为 $m\times n$ 矩阵，$\boldsymbol{B}$ 为 $n\times m$ 矩阵，则（　　）.

(A) 当 $m>n$ 时，必有行列式 $|\boldsymbol{AB}|\neq 0$

(B) 当 $m>n$ 时，必有行列式 $|\boldsymbol{AB}|=0$

(C) 当 $m<n$ 时，必有行列式 $|\boldsymbol{AB}|\neq 0$

(D) 当 $m<n$ 时，必有行列式 $|\boldsymbol{AB}|=0$

(E) 当 $m=n$ 时，必有行列式 $|\boldsymbol{AB}|\neq 0$

## 【考向 3】伴随矩阵

**29.** 设 $\boldsymbol{A}$ 为 $n$ 阶矩阵，且 $|\boldsymbol{A}|=1$，则 $(\boldsymbol{A}^*)^*=$（　　）.

(A) $\boldsymbol{A}^{-1}$　　(B) $-\boldsymbol{A}^{-1}$　　(C) $\boldsymbol{A}$　　(D) $-\boldsymbol{A}$　　(E) $\boldsymbol{A}^2$

**30.** 设 $\boldsymbol{A}$ 为三阶可逆矩阵，$\boldsymbol{P}=\begin{pmatrix}0&1&0\\1&0&0\\0&0&1\end{pmatrix}$，$\boldsymbol{Q}=\begin{pmatrix}1&0&0\\0&0&1\\0&1&0\end{pmatrix}$，且 $\boldsymbol{B}=\boldsymbol{PAQ}$，$\boldsymbol{A}^*,\boldsymbol{B}^*$ 分别为 $\boldsymbol{A}$，$\boldsymbol{B}$ 的伴随矩阵，则 $\boldsymbol{B}^*=$（　　）.

(A) $\boldsymbol{PA}^*\boldsymbol{Q}$　　(B) $\boldsymbol{QA}^*\boldsymbol{P}$　　(C) $-\boldsymbol{PA}^*\boldsymbol{Q}$　　(D) $-\boldsymbol{QA}^*\boldsymbol{P}$　　(E) $2\boldsymbol{QA}^*\boldsymbol{P}$

**31.** 设 $\boldsymbol{A}=\begin{pmatrix}1&0&1\\1&1&0\\0&1&1\end{pmatrix}$，则行列式 $|(\boldsymbol{A}^*)^*+(\boldsymbol{A}^*)^{-1}|=$（　　）.

(A) $\frac{125}{16}$　　(B) $\frac{125}{8}$　　(C) $\frac{125}{4}$　　(D) $\frac{125}{2}$　　(E) 125

32. 设 $A,B$ 为 $n$ 阶矩阵，且 $|A|=-2$，$|B|=3$，则 $A^2(BA)^*(AB^{-1})^{-1}=$（　　）.

(A)$6E$　(B)$-6E$　(C)$3E$　(D)$-3E$　(E)$-6$

33. 设 $A,B$ 为三阶矩阵，$D=A^2(B+E)A^*B^{-1}$，其中 $A^*$ 是 $A$ 的伴随矩阵，若 $|A|=-2$，$|D|=-16$，则 $|E+B^{-1}|=$（　　）.

(A)$-1$　(B)$-2$　(C)$1$　(D)$2$　(E)$3$

34. 已知 $A=\begin{pmatrix}-1&0&2\\0&-1&0\\1&0&-1\end{pmatrix}$，$A^*$ 是 $A$ 的伴随矩阵，且 $ABA^*=3AB-2E$，则 $B=$（　　）.

(A) $\frac{3}{2}\begin{pmatrix}-1&0&2\\0&1&0\\1&0&-1\end{pmatrix}$　(B) $\frac{1}{8}\begin{pmatrix}8&0&12\\0&-1&0\\6&0&8\end{pmatrix}$　(C) $\frac{2}{3}\begin{pmatrix}1&0&2\\0&1&0\\1&0&1\end{pmatrix}$

(D) $\begin{pmatrix}4&0&6\\0&-\frac{1}{2}&0\\3&0&4\end{pmatrix}$　(E) $\frac{2}{3}\begin{pmatrix}1&0&-2\\0&1&0\\-1&0&1\end{pmatrix}$

35. 设 $A$ 可逆，$A^{-1}=\begin{pmatrix}1&0&0\\0&2&0\\0&0&-3\end{pmatrix}$，且满足方程 $A^*BA+A^*B=5E$，则 $B=$（　　）.

(A) $\begin{pmatrix}15&0&0\\0&10&0\\0&0&-15\end{pmatrix}$　(B) $\begin{pmatrix}-15&0&0\\0&-10&0\\0&0&15\end{pmatrix}$　(C) $\begin{pmatrix}-15&0&0\\0&10&0\\0&0&15\end{pmatrix}$

(D) $\begin{pmatrix}15&0&0\\0&-10&0\\0&0&15\end{pmatrix}$　(E) $\begin{pmatrix}-15&0&0\\0&10&0\\0&0&-15\end{pmatrix}$

## 【考向 4】矩阵的逆

36. 设 $A,B,C$ 为 $n$ 阶矩阵，若 $AB=BC=CA=E$，则 $A^2+B^2+C^2=$（　　）.

(A)$E$　(B)$2E$　(C)$3E$　(D)$4E$　(E)$5E$

37. 设 $A$ 为 $n$ 阶矩阵，且 $A+E$ 可逆，则下列结论不正确的是（　　）.

(A)$(A+E)^{-1}$ 与 $A-E$ 可交换　(B)$A+E$ 与 $A-E$ 可交换

(C)$A^2+E$ 可逆　(D)$A-E$ 未必可逆

(E) 若 $A^2=E$，可知 $A=E$

38. 设 $A,B,A+B,A^{-1}+B^{-1}$ 为 $n$ 阶可逆矩阵，则 $(A^{-1}+B^{-1})^{-1}=$（　　）.

(A)$A+B$　(B)$(A+B)^{-1}$　(C)$A(A+B)^{-1}B$

(D)$A^{-1}+B^{-1}$　(E)$A^*+B^*$

**39.** 若 $n$ 阶矩阵 $\boldsymbol{A}$ 满足方程 $\boldsymbol{A}^2-2\boldsymbol{A}+\boldsymbol{E}=\boldsymbol{O}$，则下列结论不正确的是(　　).

(A)$\boldsymbol{A}$ 可逆　　(B)$\boldsymbol{A}-2\boldsymbol{E}$ 可逆　　(C)$\boldsymbol{A}+\boldsymbol{E}$ 可逆

(D)$\boldsymbol{A}=\boldsymbol{E}$　　(E)$\boldsymbol{A}-3\boldsymbol{E}$ 可逆

**40.** 设 $\boldsymbol{A}$ 为 $n$ 阶矩阵，且满足 $4(\boldsymbol{A}-\boldsymbol{E})^2=(\boldsymbol{A}+2\boldsymbol{E})^2$，则矩阵 $\boldsymbol{A},\boldsymbol{A}-\boldsymbol{E},\boldsymbol{A}-2\boldsymbol{E},\boldsymbol{A}-3\boldsymbol{E},\boldsymbol{A}-4\boldsymbol{E}$ 中，必定是可逆矩阵的个数为(　　).

(A)5　　(B)4　　(C)3　　(D)2　　(E)1

**41.** 设 $\boldsymbol{A}$ 为 $n$ 阶矩阵，$\boldsymbol{E}$ 为 $n$ 阶单位矩阵，若 $\boldsymbol{A}^3=\boldsymbol{O}$，则(　　).

(A)$\boldsymbol{E}-\boldsymbol{A}$ 不可逆，且 $\boldsymbol{E}+\boldsymbol{A}$ 不可逆　　(B)$\boldsymbol{E}-\boldsymbol{A}$ 不可逆，但 $\boldsymbol{E}+\boldsymbol{A}$ 可逆

(C)$\boldsymbol{E}-\boldsymbol{A}$ 可逆，且 $\boldsymbol{E}+\boldsymbol{A}$ 可逆　　(D)$\boldsymbol{E}-\boldsymbol{A}$ 可逆，但 $\boldsymbol{E}+\boldsymbol{A}$ 不可逆

(E)由条件不能判断 $\boldsymbol{E}-\boldsymbol{A}$ 和 $\boldsymbol{E}+\boldsymbol{A}$ 的可逆性

**42.** 设 $\boldsymbol{A},\boldsymbol{B},\boldsymbol{C}$ 均为 $n$ 阶矩阵，$\boldsymbol{E}$ 为 $n$ 阶单位矩阵，若 $\boldsymbol{B}=\boldsymbol{E}+\boldsymbol{AB},\boldsymbol{C}=\boldsymbol{A}+\boldsymbol{CA}$，则 $\boldsymbol{B}-\boldsymbol{C}=$(　　).

(A)$-\boldsymbol{E}$　　(B)$\boldsymbol{E}$　　(C)$2\boldsymbol{E}$　　(D)$-2\boldsymbol{E}$　　(E)$\boldsymbol{A}+\boldsymbol{E}$

**43.** 设 $\boldsymbol{A},\boldsymbol{B}$ 均为三阶矩阵，$\boldsymbol{E}$ 为三阶单位矩阵，已知 $\boldsymbol{AB}=2\boldsymbol{A}+2\boldsymbol{B},\boldsymbol{B}=\begin{pmatrix}3&2&0\\0&3&2\\0&0&3\end{pmatrix}$，则 $\boldsymbol{A}-\boldsymbol{E}=$(　　).

(A)$\begin{pmatrix}5&12&4\\0&5&12\\0&0&5\end{pmatrix}$　　(B)$\begin{pmatrix}5&-8&16\\0&5&-8\\0&0&5\end{pmatrix}$　　(C)$\begin{pmatrix}5&-4&8\\0&5&-4\\0&0&5\end{pmatrix}$

(D)$\begin{pmatrix}5&4&8\\0&5&4\\0&0&5\end{pmatrix}$　　(E)$\begin{pmatrix}5&-2&1\\0&5&-2\\0&0&5\end{pmatrix}$

**44.** 设 $\boldsymbol{A}=\begin{pmatrix}1&0&0\\-2&3&0\\0&-4&5\end{pmatrix}$，$\boldsymbol{E}$ 为三阶单位矩阵，且 $\boldsymbol{B}=(\boldsymbol{E}+\boldsymbol{A})^{-1}(\boldsymbol{E}-\boldsymbol{A})$，则 $(\boldsymbol{E}+\boldsymbol{B})^{-1}=$(　　).

(A)$\begin{pmatrix}1&0&0\\-1&2&0\\0&-2&3\end{pmatrix}$　　(B)$\begin{pmatrix}-1&0&0\\1&-2&0\\0&2&-3\end{pmatrix}$　　(C)$\begin{pmatrix}2&0&0\\-2&4&0\\0&-4&6\end{pmatrix}$

(D)$\begin{pmatrix}-2&0&0\\2&-4&0\\0&4&-6\end{pmatrix}$　　(E)$\begin{pmatrix}1&0&0\\-2&2&0\\0&-4&3\end{pmatrix}$

**45.** 设 $\boldsymbol{A}=\begin{pmatrix}1&0&1\\0&2&0\\1&0&1\end{pmatrix}$，且满足 $\boldsymbol{AX}+\boldsymbol{E}=\boldsymbol{A}^2+\boldsymbol{X}$，则 $\boldsymbol{X}=$(　　).

(A)$\begin{pmatrix}2&0&1\\0&3&0\\1&0&2\end{pmatrix}$　　(B)$\begin{pmatrix}3&0&2\\0&2&0\\2&0&3\end{pmatrix}$　　(C)$\begin{pmatrix}-1&0&2\\0&2&0\\2&0&-1\end{pmatrix}$

(D)$\begin{pmatrix} -1 & 0 & 2 \\ 0 & 3 & 0 \\ 2 & 0 & -1 \end{pmatrix}$　　(E)$\begin{pmatrix} -2 & 0 & 1 \\ 0 & 3 & 0 \\ 1 & 0 & -2 \end{pmatrix}$

**46.** 设 $\boldsymbol{A}=\begin{pmatrix} a & 0 & b \\ -1 & 3 & 1 \end{pmatrix}$，$\boldsymbol{B}=\begin{pmatrix} 3 & 0 & 0 \\ 0 & 2 & -1 \\ 0 & 1 & 2 \end{pmatrix}$，若 $\boldsymbol{X}=\begin{pmatrix} 2 & -1 \\ -4 & 1 \\ 0 & -3 \end{pmatrix}$ 满足矩阵方程 $\boldsymbol{BX}=\boldsymbol{A}^{\mathrm{T}}+2\boldsymbol{X}$，则(　　).

(A) $a=2,b=2$　　(B)$a=-2,b=2$　　(C)$a=2,b=-4$

(D) $a=-2,b=-2$　　(E) $a=3,b=2$

## 【考向 5】矩阵的秩

**47.** 已知 $r(\boldsymbol{A})=r$，则(　　).

(A)$\boldsymbol{A}$ 的所有 $r$ 阶子式不为零　　(B)$\boldsymbol{A}$ 的所有 $r+1$ 阶子式全为零

(C)$\boldsymbol{A}$ 的所有 $r-1$ 阶子式不为零　　(D)$r$ 小于 $\boldsymbol{A}$ 的行、列数

(E)$\boldsymbol{A}$ 经初等行变换可化为标准形 $\begin{pmatrix} \boldsymbol{E}_r & \boldsymbol{O} \\ \boldsymbol{O} & \boldsymbol{O} \end{pmatrix}$

**48.** 设三阶矩阵 $\boldsymbol{A}=\begin{pmatrix} a & 1 & 1 \\ 1 & a & 1 \\ 1 & 1 & a \end{pmatrix}$，若 $\boldsymbol{A}$ 的秩为 2，则(　　).

(A)$a=1$ 或 $a=-2$　　(B)$a=1$

(C)$a=-2$　　(D)$a\neq 1$ 且 $a\neq -2$

(E)$a\neq 1$ 或 $a\neq -2$

**49.** 设三阶矩阵 $\boldsymbol{A}=\begin{pmatrix} 1-a & a & 0 \\ -1 & 1-a & a \\ 0 & -1 & 1-a \end{pmatrix}$，则(　　).

(A) 对任意的 $a$，有 $r(\boldsymbol{A})=3$　　(B) 对任意的 $a$，有 $r(\boldsymbol{A})=2$

(C) 当 $a=1$ 时，$r(\boldsymbol{A})=2$　　(D) 当 $a=1$ 时，$r(\boldsymbol{A})=1$

(E) 当 $a=2$ 时，$r(\boldsymbol{A})=2$

**50.** 设 $\boldsymbol{A}=\begin{pmatrix} 0 & 1 & 0 & 0 \\ 0 & 0 & 1 & 0 \\ 0 & 0 & 0 & 1 \\ 0 & 0 & 0 & 0 \end{pmatrix}$，$k$ 为大于 3 的正整数，则 $r(\boldsymbol{A}^k)=$(　　).

(A)0　　(B)1　　(C)2　　(D)3　　(E)4

**51.** 设矩阵 $\boldsymbol{A}=\begin{pmatrix} 1 & 2 & -1 & 1 \\ 2 & 0 & 2 & 1 \\ 0 & -4 & 4 & -1 \end{pmatrix}$，$\boldsymbol{P}$ 为四阶可逆矩阵，则 $\boldsymbol{AP}$ 的秩为(　　).

(A)0　　(B)1　　(C)2　　(D)3　　(E)4

**52.** 设 $\boldsymbol{AB}=\boldsymbol{E}$,其中 $\boldsymbol{E}$ 为 $n$ 阶单位矩阵,则下列结论正确的是(　　).

(A) $|\boldsymbol{A}|=1$ 且 $|\boldsymbol{B}|=1$　　(B) $r(\boldsymbol{A})=r(\boldsymbol{B})=n$

(C) $\boldsymbol{A},\boldsymbol{B}$ 互为逆矩阵　　(D) $|\boldsymbol{A}||\boldsymbol{B}|=1$

(E) $\boldsymbol{A},\boldsymbol{B}$ 中至少有一个矩阵的秩大于 $n$

**53.** 设 $\boldsymbol{\alpha},\boldsymbol{\beta}$ 为 $n$ 维非零列向量,$\boldsymbol{A}=\boldsymbol{\alpha\beta}^{\mathrm{T}}$,$k,k_1,k_2$ 均为大于 2 的正整数,则(　　).

(A) $r(\boldsymbol{A}^k)>0$

(B) $r(\boldsymbol{A}^k)>1$

(C) 若 $k_1>k_2$,则 $r(\boldsymbol{A}^{k_1})>r(\boldsymbol{A}^{k_2})$

(D) 若 $k_1>k_2$,则 $r(\boldsymbol{A}^{k_1})<r(\boldsymbol{A}^{k_2})$

(E) 无论 $k_1$ 与 $k_2$ 是怎样的大小关系,总有 $r(\boldsymbol{A}^{k_1})=r(\boldsymbol{A}^{k_2})$

**54.** 设 $\boldsymbol{A}$ 为 $m\times n(m>n)$ 矩阵,则下列结论正确的是(　　).

(A) $r(\boldsymbol{A}^{\mathrm{T}}\boldsymbol{A})>r(\boldsymbol{A})$　　(B) $r(\boldsymbol{A}^{\mathrm{T}}\boldsymbol{A})<r(\boldsymbol{A})$

(C) $r(\boldsymbol{A}^{\mathrm{T}}\boldsymbol{A})=r(\boldsymbol{A})$　　(D) 若 $\boldsymbol{A}\neq\boldsymbol{O}$,则 $|\boldsymbol{A}^{\mathrm{T}}\boldsymbol{A}|>0$

(E) 由 $\boldsymbol{A}\neq\boldsymbol{O}$,未必有 $\boldsymbol{A}^{\mathrm{T}}\boldsymbol{A}\neq\boldsymbol{O}$

**55.** 设 $\boldsymbol{A}$ 为三阶矩阵,则有以下结论:

① 若 $|\boldsymbol{A}^2|=|\boldsymbol{A}|$,则 $\boldsymbol{A}^2=\boldsymbol{A}$;

② 若 $|\boldsymbol{A}^2|=|\boldsymbol{A}|$,则 $r(\boldsymbol{A})<3$;

③ 若 $\boldsymbol{A}^2=\boldsymbol{A}$,则 $\boldsymbol{A}=\boldsymbol{E}$ 或 $\boldsymbol{A}=\boldsymbol{O}$;

④ 若 $\boldsymbol{A}^2=\boldsymbol{A}$,则 $r(\boldsymbol{A}-\boldsymbol{E})+r(\boldsymbol{A})=3$.

其中所有正确结论的序号是(　　).

(A)④　　(B)③　　(C)②　　(D)①　　(E)①②③

**56.** 设 $\boldsymbol{A}$ 为 $n$ 阶矩阵,$k$ 为正整数.若 $\boldsymbol{A}$ 为下列 5 种矩阵:① 三角矩阵;② 对角矩阵;③ 单位矩阵;④ 可逆矩阵;⑤ 零矩阵,其中满足 $r(\boldsymbol{A})=r(\boldsymbol{A}^k)$ 的有(　　).

(A)1 种　　(B)2 种　　(C)3 种　　(D)4 种　　(E)5 种

**57.** 设 $\boldsymbol{A}$ 为 $m\times n$ 矩阵,$\boldsymbol{B}$ 为 $n\times m$ 矩阵,$\boldsymbol{E}$ 为 $m$ 阶单位矩阵,若 $\boldsymbol{AB}=\boldsymbol{E}$,则(　　).

(A) $r(\boldsymbol{A})=m,r(\boldsymbol{B})=m$　　(B) $r(\boldsymbol{A})=m,r(\boldsymbol{B})=n$

(C) $r(\boldsymbol{A})=n,r(\boldsymbol{B})=m$　　(D) $r(\boldsymbol{A})=n,r(\boldsymbol{B})=n$

(E) $r(\boldsymbol{A})=r(\boldsymbol{B})=\max\{m,n\}$

## 【考向 6】分块矩阵

**58.** 设 $\boldsymbol{A}=\begin{pmatrix}0&0&1&2\\0&0&3&5\\1&-4&0&0\\0&2&0&0\end{pmatrix}$,则 $\boldsymbol{A}^*=$(　　).

(A) $\begin{pmatrix} 10 & -4 & 0 & 0 \\ -6 & 2 & 0 & 0 \\ 0 & 0 & -2 & -4 \\ 0 & 0 & 0 & -1 \end{pmatrix}$　　(B) $\begin{pmatrix} 0 & 0 & 2 & 4 \\ 0 & 0 & 0 & 1 \\ -10 & 4 & 0 & 0 \\ 6 & -2 & 0 & 0 \end{pmatrix}$

(C) $\begin{pmatrix} 0 & 0 & 10 & -4 \\ 0 & 0 & -6 & 2 \\ -2 & -4 & 0 & 0 \\ 0 & -1 & 0 & 0 \end{pmatrix}$　　(D) $\begin{pmatrix} 0 & 0 & -10 & 4 \\ 0 & 0 & 6 & -2 \\ 2 & 4 & 0 & 0 \\ 0 & 1 & 0 & 0 \end{pmatrix}$

(E) $\begin{pmatrix} 0 & 0 & -2 & -4 \\ 0 & 0 & 0 & -1 \\ 10 & -4 & 0 & 0 \\ -6 & 2 & 0 & 0 \end{pmatrix}$

## 【考向 7】初等矩阵

**59.** 下列矩阵中不是初等矩阵的是(　　).

(A) $\begin{pmatrix} 1 & 0 & 0 \\ 0 & 0 & 1 \\ 0 & 1 & 0 \end{pmatrix}$　　(B) $\begin{pmatrix} 1 & 0 & 0 \\ 0 & -3 & 0 \\ 0 & 0 & 1 \end{pmatrix}$　　(C) $\begin{pmatrix} 1 & 3 & 0 \\ 0 & 0 & 1 \\ 0 & 1 & 0 \end{pmatrix}$

(D) $\begin{pmatrix} 1 & 0 & 3 \\ 0 & 1 & 0 \\ 0 & 0 & 1 \end{pmatrix}$　　(E) $\begin{pmatrix} 1 & 0 & 0 \\ -1 & 1 & 0 \\ 0 & 0 & 1 \end{pmatrix}$

**60.** 设 $\boldsymbol{A}$ 是三阶方阵，将 $\boldsymbol{A}$ 的第 1 列与第 2 列交换得 $\boldsymbol{B}$，再把 $\boldsymbol{B}$ 的第 2 列加到第 3 列得 $\boldsymbol{C}$，则满足 $\boldsymbol{AQ}=\boldsymbol{C}$ 的可逆矩阵 $\boldsymbol{Q}$ 为(　　).

(A) $\begin{pmatrix} 0 & 1 & 0 \\ 1 & 0 & 0 \\ 1 & 0 & 1 \end{pmatrix}$　　(B) $\begin{pmatrix} 0 & 1 & 0 \\ 1 & 0 & 1 \\ 0 & 0 & 1 \end{pmatrix}$　　(C) $\begin{pmatrix} 0 & 1 & 0 \\ 1 & 0 & 0 \\ 0 & 1 & 1 \end{pmatrix}$

(D) $\begin{pmatrix} 0 & 1 & 1 \\ 1 & 0 & 0 \\ 0 & 0 & 1 \end{pmatrix}$　　(E) $\begin{pmatrix} 1 & 0 & 0 \\ 0 & 1 & 0 \\ 1 & 0 & 1 \end{pmatrix}$

**61.** 设 $\boldsymbol{A}$ 为三阶可逆矩阵，将 $\boldsymbol{A}$ 的第 1 行的 2 倍加至第 2 行，然后再交换第 2，3 行的位置，得到 $\boldsymbol{B}$，则 $\boldsymbol{AB}^{-1}=($　　$)$.

(A) $\begin{pmatrix} 1 & 0 & 0 \\ -2 & 0 & 1 \\ 0 & 1 & 0 \end{pmatrix}$　　(B) $\begin{pmatrix} 1 & 0 & 0 \\ 0 & 0 & 1 \\ 2 & 1 & 0 \end{pmatrix}$　　(C) $\begin{pmatrix} 1 & 0 & -2 \\ 0 & 0 & 1 \\ 0 & 1 & 0 \end{pmatrix}$

(D) $\begin{pmatrix} 1 & 1 & 0 \\ 0 & 0 & 1 \\ -2 & 0 & 0 \end{pmatrix}$　　(E) $\begin{pmatrix} 1 & 1 & 0 \\ 0 & 0 & 1 \\ 2 & 0 & 0 \end{pmatrix}$

**62.** $E^{10}(1,2)\begin{pmatrix}1&2&3\\4&5&6\\7&8&9\end{pmatrix}[E^{-1}(2,3(-1))]^6=(\quad)$.

(A) $\begin{pmatrix}1&20&3\\4&41&6\\7&62&9\end{pmatrix}$　(B) $\begin{pmatrix}1&2&15\\4&5&36\\7&8&57\end{pmatrix}$　(C) $\begin{pmatrix}1&2&-9\\4&5&-24\\7&8&-39\end{pmatrix}$

(D) $\begin{pmatrix}1&2&3\\4&5&6\\-17&-22&-27\end{pmatrix}$　(E) $\begin{pmatrix}1&2&3\\4&5&6\\31&38&45\end{pmatrix}$

**63.** 设 $A=\begin{pmatrix}a_{11}&a_{12}&a_{13}&a_{14}\\a_{21}&a_{22}&a_{23}&a_{24}\\a_{31}&a_{32}&a_{33}&a_{34}\\a_{41}&a_{42}&a_{43}&a_{44}\end{pmatrix}$，$B=\begin{pmatrix}a_{14}&a_{13}&a_{12}&a_{11}\\a_{24}&a_{23}&a_{22}&a_{21}\\a_{34}&a_{33}&a_{32}&a_{31}\\a_{44}&a_{43}&a_{42}&a_{41}\end{pmatrix}$，

$$P_1=\begin{pmatrix}0&0&0&1\\0&1&0&0\\0&0&1&0\\1&0&0&0\end{pmatrix},P_2=\begin{pmatrix}1&0&0&0\\0&0&1&0\\0&1&0&0\\0&0&0&1\end{pmatrix},$$

其中 $A$ 可逆，则 $B^{-1}=(\quad)$.

(A) $A^{-1}P_1P_2$　(B) $P_1A^{-1}P_2$　(C) $P_1P_2A^{-1}$　(D) $P_2A^{-1}P_1$　(E) $A^{-1}P_2P_1$

**64.** 设 $B=\begin{pmatrix}1&0&0\\0&0&1\\0&1&0\end{pmatrix}$，$C=\begin{pmatrix}1&0&-2\\0&1&0\\0&0&1\end{pmatrix}$，$A=B^{\mathrm T}CB$，则 $A^{200}=(\quad)$.

(A) $\begin{pmatrix}1&0&0\\0&1&400\\0&0&1\end{pmatrix}$　(B) $\begin{pmatrix}1&0&0\\0&1&-400\\0&0&1\end{pmatrix}$　(C) $\begin{pmatrix}1&0&0\\-400&1&0\\0&0&1\end{pmatrix}$

(D) $\begin{pmatrix}1&-400&0\\0&1&0\\0&0&1\end{pmatrix}$　(E) $\begin{pmatrix}1&400&0\\0&1&0\\0&0&1\end{pmatrix}$

**65.** 设 $A,P$ 均为三阶矩阵，$P^{\mathrm T}$ 为 $P$ 的转置矩阵，且 $P^{\mathrm T}AP=\begin{pmatrix}1&0&0\\0&1&0\\0&0&2\end{pmatrix}$，若 $P=(\boldsymbol{\alpha}_1,\boldsymbol{\alpha}_2,\boldsymbol{\alpha}_3)$，

$Q=(\boldsymbol{\alpha}_1+\boldsymbol{\alpha}_2,\boldsymbol{\alpha}_2,\boldsymbol{\alpha}_3)$，则 $Q^{\mathrm T}AQ=(\quad)$.

(A) $\begin{pmatrix}1&1&0\\0&1&0\\0&0&2\end{pmatrix}$　(B) $\begin{pmatrix}1&2&0\\0&1&0\\0&0&2\end{pmatrix}$　(C) $\begin{pmatrix}2&1&0\\1&1&0\\0&0&2\end{pmatrix}$

(D) $\begin{pmatrix}1&1&0\\1&2&0\\0&0&2\end{pmatrix}$　　(E) $\begin{pmatrix}1&0&0\\2&1&0\\0&0&2\end{pmatrix}$

**66.** 设 $\boldsymbol{A}=\begin{pmatrix}1&3&-1\\0&-2&1\\0&0&3\end{pmatrix}$，$\boldsymbol{B}$ 是将 $\boldsymbol{A}$ 的伴随矩阵 $\boldsymbol{A}^*$ 中第 2 行的 $-2$ 倍加至第 3 行得到的矩阵，则 $\boldsymbol{A}^{-1}\boldsymbol{B}^{-1}=$（　　）.

(A) $\frac{1}{6}\begin{pmatrix}1&0&0\\0&1&0\\0&2&1\end{pmatrix}$　　(B) $-\frac{1}{6}\begin{pmatrix}1&0&0\\0&1&0\\0&2&1\end{pmatrix}$　　(C) $-\frac{1}{6}\begin{pmatrix}1&0&0\\0&1&2\\0&0&1\end{pmatrix}$

(D) $-\frac{1}{3}\begin{pmatrix}1&0&0\\0&1&0\\0&2&1\end{pmatrix}$　　(E) $-\frac{1}{2}\begin{pmatrix}1&0&0\\0&1&0\\0&2&1\end{pmatrix}$

**67.** 设 $\boldsymbol{A}$ 为三阶矩阵，将 $\boldsymbol{A}$ 的第 2 列加到第 1 列得矩阵 $\boldsymbol{B}$，再交换 $\boldsymbol{B}$ 的第 2 行与第 3 行得单位矩阵，记

$$\boldsymbol{P}_1=\begin{pmatrix}1&0&0\\1&1&0\\0&0&1\end{pmatrix},\boldsymbol{P}_2=\begin{pmatrix}1&0&0\\0&0&1\\0&1&0\end{pmatrix},$$

则 $\boldsymbol{A}=$（　　）.

(A) $\boldsymbol{P}_1\boldsymbol{P}_2$　　(B) $\boldsymbol{P}_1^{-1}\boldsymbol{P}_2$　　(C) $\boldsymbol{P}_1^{-1}\boldsymbol{P}_2^{-1}$　　(D) $\boldsymbol{P}_2\boldsymbol{P}_1$　　(E) $\boldsymbol{P}_2\boldsymbol{P}_1^{-1}$

**68.** $\boldsymbol{E}^{2\,017}(1,2)\begin{pmatrix}1&2&3\\4&5&6\\7&8&9\end{pmatrix}\boldsymbol{E}^{2\,018}(2,3)=$（　　）.

(A) $\begin{pmatrix}1&2&3\\4&5&6\\7&8&9\end{pmatrix}$　　(B) $\begin{pmatrix}4&5&6\\1&2&3\\7&8&9\end{pmatrix}$　　(C) $\begin{pmatrix}1&3&2\\4&6&5\\7&9&8\end{pmatrix}$

(D) $\begin{pmatrix}2&1&3\\8&7&9\\5&4&6\end{pmatrix}$　　(E) $\begin{pmatrix}4&6&5\\1&3&2\\7&9&8\end{pmatrix}$

# 第七章　向量和线性方程组

## 【考向 1】向量的运算

1. 设 $\boldsymbol{A}$ 是 3 阶矩阵，且 $\boldsymbol{A}\boldsymbol{\alpha}_1=-\boldsymbol{\alpha}_1+\boldsymbol{\alpha}_2+\boldsymbol{\alpha}_3$，$\boldsymbol{A}\boldsymbol{\alpha}_2=\boldsymbol{\alpha}_1-2\boldsymbol{\alpha}_2+\boldsymbol{\alpha}_3$，$\boldsymbol{A}\boldsymbol{\alpha}_3=\boldsymbol{\alpha}_1+\boldsymbol{\alpha}_2-3\boldsymbol{\alpha}_3$，其中 $\boldsymbol{\alpha}_1$，$\boldsymbol{\alpha}_2$，$\boldsymbol{\alpha}_3$ 是 3 维线性无关的列向量组，则 $|\boldsymbol{A}|=$(　　).

(A)$-6$　　(B)$-2$　　(C)2　　(D)3　　(E)6

## 【考向 2】向量组的秩

2. 设 $\boldsymbol{\alpha}_1=(1,2,3,4)$，$\boldsymbol{\alpha}_2=(2,-1,1,3)$，$\boldsymbol{\alpha}_3=(0,5,a,a)$，$\boldsymbol{\alpha}_4=(4,1,a,9)$. 若向量组 $\boldsymbol{\alpha}_1$，$\boldsymbol{\alpha}_2$，$\boldsymbol{\alpha}_3$，$\boldsymbol{\alpha}_4$ 线性相关，则该向量组的秩为(　　).

(A)1　　(B)2　　(C)3　　(D)4　　(E)与 $a$ 值有关

3. 设 4 维列向量组 $\boldsymbol{\alpha}_1$，$\boldsymbol{\alpha}_2$，$\boldsymbol{\alpha}_3$ 的秩为 3，$\boldsymbol{\beta}_1$，$\boldsymbol{\beta}_2$ 为 4 维非零列向量组，且 $\boldsymbol{\beta}_1\neq\boldsymbol{\beta}_2$. 令 $\boldsymbol{A}=(\boldsymbol{\alpha}_1,\boldsymbol{\alpha}_2,\boldsymbol{\alpha}_3)$，$\boldsymbol{B}=(\boldsymbol{\beta}_1,\boldsymbol{\beta}_2)$，若 $\boldsymbol{B}^{\mathrm{T}}\boldsymbol{A}=\boldsymbol{O}$，则(　　)

(A)$\boldsymbol{\beta}_1$，$\boldsymbol{\beta}_2$ 线性相关　　(B)$\boldsymbol{\beta}_1$，$\boldsymbol{\beta}_2$ 线性无关

(C)$\boldsymbol{\alpha}_1$，$\boldsymbol{\alpha}_2$，$\boldsymbol{\alpha}_3$，$\boldsymbol{\beta}_1$ 线性相关　　(D)$\boldsymbol{\alpha}_1$，$\boldsymbol{\alpha}_2$，$\boldsymbol{\alpha}_3$，$\boldsymbol{\beta}_2$ 线性相关

(E)$\boldsymbol{\alpha}_1$，$\boldsymbol{\alpha}_2$，$\boldsymbol{\beta}_1$，$\boldsymbol{\beta}_2$ 线性无关

4. 设 $\boldsymbol{\alpha}_1$，$\boldsymbol{\alpha}_2$，$\boldsymbol{\alpha}_3$，$\boldsymbol{\alpha}_4$ 是线性无关的 5 维列向量组，$\boldsymbol{\beta}_1$，$\boldsymbol{\beta}_2$，$\boldsymbol{\beta}_3$，$\boldsymbol{\beta}_4$，$\boldsymbol{\beta}_5$ 是 5 维非零列向量组，且 $\boldsymbol{\alpha}_i^{\mathrm{T}}\boldsymbol{\beta}_j=0(i=1,2,3,4;j=1,2,3,4,5)$，则向量组 $\boldsymbol{\beta}_1$，$\boldsymbol{\beta}_2$，$\boldsymbol{\beta}_3$，$\boldsymbol{\beta}_4$，$\boldsymbol{\beta}_5$ 的秩为(　　).

(A)1　　(B)2　　(C)3　　(D)4　　(E)5

5. 设有向量组(Ⅰ)：$\boldsymbol{\alpha}_1=(1,1,0)^{\mathrm{T}}$，$\boldsymbol{\alpha}_2=(0,1,1)^{\mathrm{T}}$，向量组(Ⅱ)：$\boldsymbol{\beta}_1=(1,0,1)^{\mathrm{T}}$，$\boldsymbol{\beta}_2=(2,1,1)^{\mathrm{T}}$，则以下说法正确的是(　　).

(A)向量组(Ⅰ)能由向量组(Ⅱ)线性表示，但向量组(Ⅱ)不能由向量组(Ⅰ)线性表示

(B)向量组(Ⅱ)能由向量组(Ⅰ)线性表示，但向量组(Ⅰ)不能由向量组(Ⅱ)线性表示

(C)向量组(Ⅰ)与向量组(Ⅱ)的秩相等，但它们不等价

(D)向量组(Ⅰ)与向量组(Ⅱ)不等价，且它们的秩不相等

(E)向量组(Ⅰ)与向量组(Ⅱ)等价

6. 设 $\boldsymbol{\alpha}_1=(2,a,1)^{\mathrm{T}}$，$\boldsymbol{\alpha}_2=(2,5,a)^{\mathrm{T}}$，$\boldsymbol{\alpha}_3=(2,7,5)^{\mathrm{T}}$，$\boldsymbol{\alpha}_4=(0,-1,2)^{\mathrm{T}}$，若向量组 $\boldsymbol{\alpha}_1$，$\boldsymbol{\alpha}_2$，$\boldsymbol{\alpha}_3$，$\boldsymbol{\alpha}_4$ 的秩为 2，则 $a=$(　　).

(A)$-9$　　(B)$-3$　　(C)2　　(D)3　　(E)9

7. 设 $\boldsymbol{\alpha}_1=(1,4,4)^{\mathrm{T}}$，$\boldsymbol{\alpha}_2=(1,t+3,5)^{\mathrm{T}}$，$\boldsymbol{\alpha}_3=(1,0,2)^{\mathrm{T}}$，$\boldsymbol{\beta}_1=(1,8,-3)^{\mathrm{T}}$，$\boldsymbol{\beta}_2=(0,-5,t)^{\mathrm{T}}$，$\boldsymbol{\beta}_3=(1,t,0)^{\mathrm{T}}$，若 $r(\boldsymbol{\alpha}_1,\boldsymbol{\alpha}_2,\boldsymbol{\alpha}_3)>r(\boldsymbol{\beta}_1,\boldsymbol{\beta}_2,\boldsymbol{\beta}_3)$，则 $t=$(　　).

(A)$-5$　　(B)$-3$　　(C)1　　(D)3　　(E)5

8. 设 $\boldsymbol{\alpha}_1=(1,-2,1,3)$，$\boldsymbol{\alpha}_2=(0,1,2,-1)$，$\boldsymbol{\alpha}_3=(1,-1,3,2)$，$\boldsymbol{\alpha}_4=(1,-3,-1,4)$，$\boldsymbol{\alpha}_5=(2,-1,8,3)$，则向量组 $\boldsymbol{\alpha}_1,\boldsymbol{\alpha}_2,\boldsymbol{\alpha}_3,\boldsymbol{\alpha}_4,\boldsymbol{\alpha}_5$ 的秩为(　　).

(A)1　(B)2　(C)3　(D)4　(E)5

9. 若向量组 $\boldsymbol{\alpha}_1=(1,0,2,-1)$，$\boldsymbol{\alpha}_2=(2,1,3,a)$，$\boldsymbol{\alpha}_3=(0,1,b,0)$，$\boldsymbol{\alpha}_4=(1,1,1,b)$ 的秩为 2，则常数 $a,b$ 依次为(　　).

(A)$-1,-2$　(B)$-2,-1$　(C)$-1,2$　(D)$2,-1$　(E)$1,2$

10. 设 4 维列向量组 $\boldsymbol{\alpha}_1,\boldsymbol{\alpha}_2,\boldsymbol{\alpha}_3,\boldsymbol{\alpha}_4$ 线性无关，$\boldsymbol{\beta}_1=\boldsymbol{\alpha}_1+2\boldsymbol{\alpha}_2$，$\boldsymbol{\beta}_2=2\boldsymbol{\alpha}_2+3\boldsymbol{\alpha}_3$，$\boldsymbol{\beta}_3=3\boldsymbol{\alpha}_3+4\boldsymbol{\alpha}_4$，$\boldsymbol{\beta}_4=4\boldsymbol{\alpha}_4+\boldsymbol{\alpha}_1$，$\boldsymbol{\gamma}_1=\boldsymbol{\alpha}_1-2\boldsymbol{\alpha}_2$，$\boldsymbol{\gamma}_2=2\boldsymbol{\alpha}_2-3\boldsymbol{\alpha}_3$，$\boldsymbol{\gamma}_3=3\boldsymbol{\alpha}_3-4\boldsymbol{\alpha}_4$，$\boldsymbol{\gamma}_4=4\boldsymbol{\alpha}_4-\boldsymbol{\alpha}_1$. 令 $r(\boldsymbol{\beta}_1,\boldsymbol{\beta}_2,\boldsymbol{\beta}_3,\boldsymbol{\beta}_4)=r_1$，$r(\boldsymbol{\gamma}_1,\boldsymbol{\gamma}_2,\boldsymbol{\gamma}_3,\boldsymbol{\gamma}_4)=r_2$，则(　　).

(A)$r_1=r_2=2$　(B)$r_1=r_2=3$　(C)$r_1=r_2=4$

(D)$r_1=3,r_2=4$　(E)$r_1=4,r_2=3$

11. 设 $\boldsymbol{\alpha}_1=(1,1,0,1)$，$\boldsymbol{\alpha}_2=(1,0,2,0)$，$\boldsymbol{\alpha}_3=(1,2,-2,2)$，$\boldsymbol{\alpha}_4=(-1,2,k,k)$，$\boldsymbol{\alpha}_5=(0,2,3,k)$，则向量组 $\boldsymbol{\alpha}_1,\boldsymbol{\alpha}_2,\boldsymbol{\alpha}_3,\boldsymbol{\alpha}_4,\boldsymbol{\alpha}_5$ 的秩为 3 的充分必要条件为 $k=$(　　).

(A)0　(B)1　(C)2　(D)0 或 2　(E)1 或 2

12. 设 $\boldsymbol{\alpha}_1=(1,0,0,k)$，$\boldsymbol{\alpha}_2=(0,-k,-k,0)$，$\boldsymbol{\alpha}_3=(1,2,2,k)$，$\boldsymbol{\alpha}_4=(1,1,-k,k)$，则向量组 $\boldsymbol{\alpha}_1,\boldsymbol{\alpha}_2,\boldsymbol{\alpha}_3,\boldsymbol{\alpha}_4$ 的秩为 3 的充分必要条件是(　　).

(A)$k=-1$　(B)$k=0$　(C)$k\neq-1$　(D)$k\neq0$　(E)$k\neq2$

13. 设 4 维列向量组 $\boldsymbol{\alpha}_1,\boldsymbol{\alpha}_2,\boldsymbol{\alpha}_3,\boldsymbol{\alpha}_4$ 线性无关，向量

$$\boldsymbol{\beta}_i=i\boldsymbol{\alpha}_1+(i+1)\boldsymbol{\alpha}_2+(i+2)\boldsymbol{\alpha}_3+(i+3)\boldsymbol{\alpha}_4\ (i=1,2,3,4,5).$$

则向量组 $\boldsymbol{\beta}_1,\boldsymbol{\beta}_2,\boldsymbol{\beta}_3,\boldsymbol{\beta}_4,\boldsymbol{\beta}_5$ 的秩为(　　).

(A)1　(B)2　(C)3　(D)4　(E)5

14. 设 $\boldsymbol{\alpha}_1=(1,-2,1)^{\mathrm{T}}$，$\boldsymbol{\alpha}_2=(1,-1,2)^{\mathrm{T}}$，$\boldsymbol{\alpha}_3=(2,-k,k)^{\mathrm{T}}$，$\boldsymbol{\beta}_1=(1,1,2)^{\mathrm{T}}$，$\boldsymbol{\beta}_2=(-2,3,1)^{\mathrm{T}}$，$\boldsymbol{\beta}_3=(2,1,k)^{\mathrm{T}}$，若 $r(\boldsymbol{\alpha}_1,\boldsymbol{\alpha}_2,\boldsymbol{\alpha}_3)=r(\boldsymbol{\beta}_1,\boldsymbol{\beta}_2,\boldsymbol{\beta}_3)<3$，则 $k=$(　　).

(A)$-3$　(B)$-1$　(C)0　(D)1　(E)3

15. 设 $\boldsymbol{\alpha}_1=(1,1,1)^{\mathrm{T}}$，$\boldsymbol{\alpha}_2=(1,a,a^2)^{\mathrm{T}}$，$\boldsymbol{\alpha}_3=(a,a^2,1)^{\mathrm{T}}$，$\boldsymbol{\alpha}_4=(a^2,1,a)^{\mathrm{T}}$，其中 $a$ 为实数. 对于向量组 $\boldsymbol{\alpha}_1,\boldsymbol{\alpha}_2,\boldsymbol{\alpha}_3,\boldsymbol{\alpha}_4$，正确的结论是(　　).

(A)存在 $a\in\mathbf{R}$，使得向量组 $\boldsymbol{\alpha}_1,\boldsymbol{\alpha}_2,\boldsymbol{\alpha}_3,\boldsymbol{\alpha}_4$ 的秩为 2

(B)存在 $a\in\mathbf{R}$，使得向量组 $\boldsymbol{\alpha}_1,\boldsymbol{\alpha}_2,\boldsymbol{\alpha}_3,\boldsymbol{\alpha}_4$ 的秩为 4

(C)当 $a=0$ 时，向量组 $\boldsymbol{\alpha}_1,\boldsymbol{\alpha}_2,\boldsymbol{\alpha}_3,\boldsymbol{\alpha}_4$ 的秩为 2

(D)对任意的 $a\neq1$，向量组 $\boldsymbol{\alpha}_1,\boldsymbol{\alpha}_2,\boldsymbol{\alpha}_3,\boldsymbol{\alpha}_4$ 的秩均为 2

(E)对任意的 $a\neq1$，向量组 $\boldsymbol{\alpha}_1,\boldsymbol{\alpha}_2,\boldsymbol{\alpha}_3,\boldsymbol{\alpha}_4$ 的秩均为 3

16. 设有 3 维向量组(Ⅰ)：$\boldsymbol{\alpha}_1,\boldsymbol{\alpha}_2,\boldsymbol{\alpha}_3$ 可由向量组(Ⅱ)：$\boldsymbol{\beta}_1,\boldsymbol{\beta}_2,\boldsymbol{\beta}_3,\boldsymbol{\beta}_4,\boldsymbol{\beta}_5$ 线性表示. 若向量组(Ⅰ)线性无关，则向量组(Ⅱ)的秩为(　　).

(A)1　(B)2　(C)3　(D)4　(E)5

## 【考向 3】极大线性无关组

17. 设 $\boldsymbol{\alpha}_1=(1,-1,3,-1)$，$\boldsymbol{\alpha}_2=(1,-2,4,-1)$，$\boldsymbol{\alpha}_3=(1,3,-1,-1)$，$\boldsymbol{\alpha}_4=(1,2,0,-1)$，

$\boldsymbol{\alpha}_5=(0,1,-1,0)$，则向量组 $\boldsymbol{\alpha}_1,\boldsymbol{\alpha}_2,\boldsymbol{\alpha}_3,\boldsymbol{\alpha}_4,\boldsymbol{\alpha}_5$ 的极大线性无关组的个数为(　　).

(A)1　　(B)3　　(C)4　　(D)5　　(E)10

**18.** 设 $\boldsymbol{\alpha}_1=(1,-4,1,2)$，$\boldsymbol{\alpha}_2=(1,2,3,6)$，$\boldsymbol{\alpha}_3=(1,-1,2,4)$，$\boldsymbol{\alpha}_4=(2,1,5,10)$，$\boldsymbol{\alpha}_5=(1,-2,2,4)$，则向量组 $\boldsymbol{\alpha}_1,\boldsymbol{\alpha}_2,\boldsymbol{\alpha}_3,\boldsymbol{\alpha}_4,\boldsymbol{\alpha}_5$ 的一个极大线性无关组为(　　).

(A)$\boldsymbol{\alpha}_1,\boldsymbol{\alpha}_2,\boldsymbol{\alpha}_3$　　(B)$\boldsymbol{\alpha}_1,\boldsymbol{\alpha}_2,\boldsymbol{\alpha}_4$　　(C)$\boldsymbol{\alpha}_1,\boldsymbol{\alpha}_3,\boldsymbol{\alpha}_5$

(D)$\boldsymbol{\alpha}_1,\boldsymbol{\alpha}_2,\boldsymbol{\alpha}_3,\boldsymbol{\alpha}_5$　　(E)$\boldsymbol{\alpha}_2,\boldsymbol{\alpha}_3,\boldsymbol{\alpha}_4,\boldsymbol{\alpha}_5$

**19.** 设 3 维列向量组 $\boldsymbol{\alpha}_1,\boldsymbol{\alpha}_2,\boldsymbol{\alpha}_3$ 线性无关，$k$ 为常数，$\boldsymbol{\beta}_1=k\boldsymbol{\alpha}_1+(k+1)\boldsymbol{\alpha}_2+(k+2)\boldsymbol{\alpha}_3$，$\boldsymbol{\beta}_2=(k+2)\boldsymbol{\alpha}_1+k\boldsymbol{\alpha}_2+(k+1)\boldsymbol{\alpha}_3$，$\boldsymbol{\beta}_3=(k+2)\boldsymbol{\alpha}_1+(k+1)\boldsymbol{\alpha}_2+k\boldsymbol{\alpha}_3$，若向量组 $\boldsymbol{\beta}_1,\boldsymbol{\beta}_2,\boldsymbol{\beta}_3$ 线性相关，则其极大线性无关组(　　).

(A)只有一个，为 $\boldsymbol{\beta}_1,\boldsymbol{\beta}_2$　　(B)共有两个，为 $\boldsymbol{\beta}_1,\boldsymbol{\beta}_2$ 和 $\boldsymbol{\beta}_1,\boldsymbol{\beta}_3$

(C)共有两个，为 $\boldsymbol{\beta}_1,\boldsymbol{\beta}_3$；$\boldsymbol{\beta}_2,\boldsymbol{\beta}_3$　　(D)共有两个，为 $\boldsymbol{\beta}_1,\boldsymbol{\beta}_2$ 和 $\boldsymbol{\beta}_2,\boldsymbol{\beta}_3$

(E)共有三个，为 $\boldsymbol{\beta}_1,\boldsymbol{\beta}_2$；$\boldsymbol{\beta}_2,\boldsymbol{\beta}_3$ 和 $\boldsymbol{\beta}_1,\boldsymbol{\beta}_3$

**20.** 设 $\boldsymbol{\alpha}_1=(1,0,0,1)$，$\boldsymbol{\alpha}_2=(-2,3,-3,1)$，$\boldsymbol{\alpha}_3=(3,-1,1,2)$，$\boldsymbol{\alpha}_4=(6,2,-1,8)$，$\boldsymbol{\alpha}_5=(-1,1,-1,0)$，则(　　).

(A)向量组 $\boldsymbol{\alpha}_1,\boldsymbol{\alpha}_2,\boldsymbol{\alpha}_3$ 与向量组 $\boldsymbol{\alpha}_2,\boldsymbol{\alpha}_3,\boldsymbol{\alpha}_4$ 等价

(B)向量组 $\boldsymbol{\alpha}_1,\boldsymbol{\alpha}_2,\boldsymbol{\alpha}_3$ 与向量组 $\boldsymbol{\alpha}_1,\boldsymbol{\alpha}_2,\boldsymbol{\alpha}_4$ 等价

(C)向量组 $\boldsymbol{\alpha}_1,\boldsymbol{\alpha}_3,\boldsymbol{\alpha}_4$ 与向量组 $\boldsymbol{\alpha}_2,\boldsymbol{\alpha}_3,\boldsymbol{\alpha}_5$ 等价

(D)向量组 $\boldsymbol{\alpha}_2,\boldsymbol{\alpha}_3,\boldsymbol{\alpha}_4$ 与向量组 $\boldsymbol{\alpha}_3,\boldsymbol{\alpha}_4,\boldsymbol{\alpha}_5$ 等价

(E)向量组 $\boldsymbol{\alpha}_2,\boldsymbol{\alpha}_3,\boldsymbol{\alpha}_4$ 与向量组 $\boldsymbol{\alpha}_1,\boldsymbol{\alpha}_3,\boldsymbol{\alpha}_5$ 等价

**21.** 设 $\boldsymbol{\alpha}_1=(1,-1,2,4)$，$\boldsymbol{\alpha}_2=(0,3,1,2)$，$\boldsymbol{\alpha}_3=(3,0,7,14)$，$\boldsymbol{\alpha}_4=(1,-2,2,0)$，$\boldsymbol{\alpha}_5=(2,1,5,10)$，则与向量组 $\boldsymbol{\alpha}_3,\boldsymbol{\alpha}_4,\boldsymbol{\alpha}_5$ 等价的向量组为(　　).

(A)$\boldsymbol{\alpha}_1,\boldsymbol{\alpha}_2,\boldsymbol{\alpha}_3$　　(B)$\boldsymbol{\alpha}_1,\boldsymbol{\alpha}_2,\boldsymbol{\alpha}_5$　　(C)$\boldsymbol{\alpha}_1,\boldsymbol{\alpha}_3,\boldsymbol{\alpha}_5$

(D)$\boldsymbol{\alpha}_2,\boldsymbol{\alpha}_3,\boldsymbol{\alpha}_4$　　(E)$\boldsymbol{\alpha}_2,\boldsymbol{\alpha}_3,\boldsymbol{\alpha}_5$

**22.** 设 $\boldsymbol{\alpha}_1,\boldsymbol{\alpha}_2,\boldsymbol{\alpha}_3,\boldsymbol{\alpha}_4,\boldsymbol{\alpha}_5$ 是 5 阶矩阵 $\boldsymbol{A}$ 的列向量组，$A_{ij}$ 是 $|\boldsymbol{A}|$ 的元素 $a_{ij}$ 的代数余子式，若线性方程组 $\boldsymbol{Ax}=\boldsymbol{0}$ 有非零解，且 $A_{21}A_{34}\neq 0$，则(　　).

(A)向量组 $\boldsymbol{\alpha}_1,\boldsymbol{\alpha}_3,\boldsymbol{\alpha}_4,\boldsymbol{\alpha}_5$ 与向量组 $\boldsymbol{\alpha}_1,\boldsymbol{\alpha}_2,\boldsymbol{\alpha}_4,\boldsymbol{\alpha}_5$ 等价

(B)向量组 $\boldsymbol{\alpha}_1,\boldsymbol{\alpha}_3,\boldsymbol{\alpha}_4,\boldsymbol{\alpha}_5$ 与向量组 $\boldsymbol{\alpha}_1,\boldsymbol{\alpha}_2,\boldsymbol{\alpha}_3,\boldsymbol{\alpha}_5$ 等价

(C)向量组 $\boldsymbol{\alpha}_2,\boldsymbol{\alpha}_3,\boldsymbol{\alpha}_4,\boldsymbol{\alpha}_5$ 与向量组 $\boldsymbol{\alpha}_1,\boldsymbol{\alpha}_2,\boldsymbol{\alpha}_4,\boldsymbol{\alpha}_5$ 等价

(D)向量组 $\boldsymbol{\alpha}_2,\boldsymbol{\alpha}_3,\boldsymbol{\alpha}_4,\boldsymbol{\alpha}_5$ 与向量组 $\boldsymbol{\alpha}_1,\boldsymbol{\alpha}_2,\boldsymbol{\alpha}_3,\boldsymbol{\alpha}_5$ 等价

(E)向量组 $\boldsymbol{\alpha}_1,\boldsymbol{\alpha}_2,\boldsymbol{\alpha}_3,\boldsymbol{\alpha}_4$ 与向量组 $\boldsymbol{\alpha}_2,\boldsymbol{\alpha}_3,\boldsymbol{\alpha}_4,\boldsymbol{\alpha}_5$ 等价

**23.** 设 $\boldsymbol{A}=(a_{ij})_{5\times 5}$ 是不可逆矩阵，$\boldsymbol{\alpha}_1,\boldsymbol{\alpha}_2,\boldsymbol{\alpha}_3,\boldsymbol{\alpha}_4,\boldsymbol{\alpha}_5$ 是 $\boldsymbol{A}$ 的列向量组，$|\boldsymbol{A}|$ 的元素 $a_{23}$ 的代数余子式 $A_{23}\neq 0$，则向量组 $\boldsymbol{\alpha}_1,\boldsymbol{\alpha}_2,\boldsymbol{\alpha}_3,\boldsymbol{\alpha}_4,\boldsymbol{\alpha}_5$ 的一个极大线性无关组为(　　).

(A)$\boldsymbol{\alpha}_1,\boldsymbol{\alpha}_2,\boldsymbol{\alpha}_3,\boldsymbol{\alpha}_4$　　(B)$\boldsymbol{\alpha}_1,\boldsymbol{\alpha}_2,\boldsymbol{\alpha}_3,\boldsymbol{\alpha}_5$　　(C)$\boldsymbol{\alpha}_1,\boldsymbol{\alpha}_2,\boldsymbol{\alpha}_4,\boldsymbol{\alpha}_5$

(D)$\boldsymbol{\alpha}_1,\boldsymbol{\alpha}_3,\boldsymbol{\alpha}_4,\boldsymbol{\alpha}_5$　　(E)$\boldsymbol{\alpha}_2,\boldsymbol{\alpha}_3,\boldsymbol{\alpha}_4,\boldsymbol{\alpha}_5$

**24.** 设 $\boldsymbol{\alpha}_1=(1,1,1)^{\mathrm{T}}$，$\boldsymbol{\alpha}_2=(1,2,3)^{\mathrm{T}}$，$\boldsymbol{\alpha}_3=(1,3,k)^{\mathrm{T}}$，若向量组 $\boldsymbol{\alpha}_1,\boldsymbol{\alpha}_2,\boldsymbol{\alpha}_3$ 的极大线性无关组是唯一的，则常数 $k$ 的取值为（　　）.

(A)$k=4$　　(B)$k=5$　　(C)$k=6$　　(D)$k\neq4$　　(E)$k\neq5$

**25.** 设 $\boldsymbol{\alpha}_1=(1,0,2,3)^{\mathrm{T}}$，$\boldsymbol{\alpha}_2=(1,1,3,5)^{\mathrm{T}}$，$\boldsymbol{\alpha}_3=(1,-1,a,1)^{\mathrm{T}}$，$\boldsymbol{\alpha}_4=(1,2,4,a+7)^{\mathrm{T}}$，若向量组 $\boldsymbol{\alpha}_1,\boldsymbol{\alpha}_2,\boldsymbol{\alpha}_3,\boldsymbol{\alpha}_4$ 的秩为 3，且其极大线性无关组中必含有 $\boldsymbol{\alpha}_4$，则常数 $a=$（　　）.

(A)$-4$　　(B)$-1$　　(C)0　　(D)1　　(E)2

**26.** 设 $\boldsymbol{\alpha}_1=(1,1,3,5)^{\mathrm{T}}$，$\boldsymbol{\alpha}_2=(1,3,5,9)^{\mathrm{T}}$，$\boldsymbol{\alpha}_3=(2,1,a,8)^{\mathrm{T}}$，$\boldsymbol{\alpha}_4=(1,2,4,a+3)^{\mathrm{T}}$，若向量组 $\boldsymbol{\alpha}_1,\boldsymbol{\alpha}_2,\boldsymbol{\alpha}_3,\boldsymbol{\alpha}_4$ 的秩为 3，且向量组 $\boldsymbol{\alpha}_1,\boldsymbol{\alpha}_2,\boldsymbol{\alpha}_3,\boldsymbol{\alpha}_4$ 与向量组 $\boldsymbol{\alpha}_1,\boldsymbol{\alpha}_2,\boldsymbol{\alpha}_3$ 等价，则常数 $a=$（　　）.

(A)0　　(B)2　　(C)4　　(D)5　　(E)6

**27.** 设 $\boldsymbol{\alpha}_1=(1,1,1,1)^{\mathrm{T}}$，$\boldsymbol{\alpha}_2=(1,2,3,4)^{\mathrm{T}}$，$\boldsymbol{\alpha}_3=(2,3,4,5)^{\mathrm{T}}$，$\boldsymbol{\alpha}_4=(3,2,1,4)^{\mathrm{T}}$，则向量组 $\boldsymbol{\alpha}_1,\boldsymbol{\alpha}_2,\boldsymbol{\alpha}_3,\boldsymbol{\alpha}_4$ 的极大线性无关组的个数为（　　）.

(A)2　　(B)3　　(C)4　　(D)5　　(E)6

## 【考向 4】向量组线性相关与线性无关

**28.** 设 $\boldsymbol{A},\boldsymbol{B}$ 均为 $n(n\geqslant2)$ 阶矩阵，$\boldsymbol{A},\boldsymbol{B}$ 及 $\boldsymbol{AB}$ 的列向量组依次记为（Ⅰ），（Ⅱ），（Ⅲ），若向量组（Ⅲ）线性相关，则（　　）.

(A)向量组（Ⅰ）线性相关　　(B)向量组（Ⅱ）线性相关

(C)向量组（Ⅰ）与（Ⅱ）都线性相关　　(D)向量组（Ⅰ）与（Ⅱ）至少有一个线性相关

(E)向量组（Ⅰ）与（Ⅱ）至多有一个线性相关

**29.** 设 3 维列向量组 $\boldsymbol{\alpha}_1,\boldsymbol{\alpha}_2,\boldsymbol{\alpha}_3$ 线性无关，则下列向量组中线性相关的是（　　）.

(A)$\boldsymbol{\alpha}_1,\boldsymbol{\alpha}_1+\boldsymbol{\alpha}_2,\boldsymbol{\alpha}_1+\boldsymbol{\alpha}_2+\boldsymbol{\alpha}_3$　　(B)$\boldsymbol{\alpha}_1,\boldsymbol{\alpha}_1-\boldsymbol{\alpha}_2,\boldsymbol{\alpha}_1-\boldsymbol{\alpha}_2-\boldsymbol{\alpha}_3$

(C)$\boldsymbol{\alpha}_1+\boldsymbol{\alpha}_2,\boldsymbol{\alpha}_2+\boldsymbol{\alpha}_3,\boldsymbol{\alpha}_3+\boldsymbol{\alpha}_1$　　(D)$\boldsymbol{\alpha}_1-2\boldsymbol{\alpha}_2,\boldsymbol{\alpha}_2-2\boldsymbol{\alpha}_3,\boldsymbol{\alpha}_3-2\boldsymbol{\alpha}_1$

(E)$\boldsymbol{\alpha}_1-2\boldsymbol{\alpha}_2,2\boldsymbol{\alpha}_2-3\boldsymbol{\alpha}_3,3\boldsymbol{\alpha}_3-\boldsymbol{\alpha}_1$

**30.** 设 $\boldsymbol{A}=\begin{pmatrix}4&6&6\\-3&-5&-6\\0&0&1\end{pmatrix}$，$\boldsymbol{\xi}=\begin{pmatrix}a\\b\\0\end{pmatrix}$. 若 $\boldsymbol{A\xi}$ 与 $\boldsymbol{\xi}$ 线性相关，且 $\boldsymbol{A\xi}\neq\boldsymbol{\xi}$，则（　　）.

(A)$a+2b=0$　　(B)$a-2b=0$　　(C)$2a-b=0$

(D)$a+b=0$　　(E)$a-b=0$

**31.** 设 $\boldsymbol{A}=\begin{pmatrix}2&1&a\\a&2&-1\\1&b&2\end{pmatrix}$，$\boldsymbol{\alpha}=\begin{pmatrix}1\\-2\\3\end{pmatrix}$. 若 $\boldsymbol{A\alpha},\boldsymbol{\alpha}$ 线性相关，则 $a+b=$（　　）.

(A)$-2$　　(B)$-1$　　(C)0　　(D)1　　(E)2

**32.** 设向量组 $\boldsymbol{\alpha}_1=(1,0,1)^{\mathrm{T}}$，$\boldsymbol{\alpha}_2=(3,k,0)^{\mathrm{T}}$，$\boldsymbol{\alpha}_3=(k,k-1,1)^{\mathrm{T}}$ 线性相关，而向量组 $\boldsymbol{\beta}_1=(2,-1,1)^{\mathrm{T}}$，$\boldsymbol{\beta}_2=(3,-3,4)^{\mathrm{T}}$，$\boldsymbol{\beta}_3=(-5,k,0)^{\mathrm{T}}$ 线性无关，则 $k=$（　　）.

(A)$-3$　　(B)$-1$　　(C)0　　(D)1　　(E)3

**33.** 设 $\boldsymbol{\alpha}_1=(1,1,2)^{\mathrm{T}}$，$\boldsymbol{\alpha}_2=(1,k,5)^{\mathrm{T}}$，$\boldsymbol{\alpha}_3=(0,2,k)^{\mathrm{T}}$，$\boldsymbol{\beta}_1=(3,k,-5)^{\mathrm{T}}$，$\boldsymbol{\beta}_2=(2,k,-4)^{\mathrm{T}}$，$\boldsymbol{\beta}_3=(5,3,k)^{\mathrm{T}}$. 若向量组 $\boldsymbol{\alpha}_1,\boldsymbol{\alpha}_2,\boldsymbol{\alpha}_3$ 与向量组 $\boldsymbol{\beta}_1,\boldsymbol{\beta}_2,\boldsymbol{\beta}_3$ 均线性相关，则 $k=$（　　）.

(A) $-3$　(B) $-2$　(C) 1　(D) 2　(E) 3

**34.** 若向量组 $\boldsymbol{\alpha}_1=(1,3,k)^{\mathrm{T}}$，$\boldsymbol{\alpha}_2=(1,k,3)^{\mathrm{T}}$，$\boldsymbol{\alpha}_3=(2,3,k)^{\mathrm{T}}$ 线性相关，且其中任意两个向量所组成的部分组均线性无关，则 $k=$（　　）.

(A) $-3$　(B) $-1$　(C) 0　(D) 1　(E) 3

**35.** 设 $\boldsymbol{A}$ 是 $m\times n$ 非零矩阵，$\boldsymbol{B}$ 是 $n\times m$ 非零矩阵. 若 $\boldsymbol{AB}=\boldsymbol{O}$，则（　　）.

(A) $\boldsymbol{A}$ 的行向量组线性相关，$\boldsymbol{B}$ 的行向量组线性无关

(B) $\boldsymbol{A}$ 的行向量组线性相关，$\boldsymbol{B}$ 的列向量组线性无关

(C) $\boldsymbol{A}$ 的列向量组线性无关，$\boldsymbol{B}$ 的行向量组线性相关

(D) $\boldsymbol{A}$ 的列向量组线性相关，$\boldsymbol{B}$ 的列向量组线性无关

(E) $\boldsymbol{A}$ 的列向量组线性相关，$\boldsymbol{B}$ 的行向量组线性相关

**36.** 设 $\boldsymbol{A}$ 为 $m\times n$ 矩阵，若齐次线性方程组 $\boldsymbol{Ax}=\boldsymbol{0}$ 有非零解，而齐次线性方程组 $\boldsymbol{A}^{\mathrm{T}}\boldsymbol{y}=\boldsymbol{0}$ 只有零解，则（　　）.

(A) $\boldsymbol{A}$ 的行向量组线性相关，列向量组线性无关

(B) $\boldsymbol{A}$ 的行向量组线性无关，列向量组线性相关

(C) $\boldsymbol{A}$ 的行向量组与列向量组都线性相关

(D) $\boldsymbol{A}$ 的行向量组与列向量组都线性无关

(E) $\boldsymbol{A}$ 的行向量组与列向量组的线性相关性无法判断

**37.** 设 $\boldsymbol{\alpha}_1=(1,1,1,1)^{\mathrm{T}}$，$\boldsymbol{\alpha}_2=(1,-1,0,t)^{\mathrm{T}}$，$\boldsymbol{\alpha}_3=(-1,1,t,-1)^{\mathrm{T}}$，则（　　）.

(A) 当 $t=0$ 时，向量组 $\boldsymbol{\alpha}_1,\boldsymbol{\alpha}_2,\boldsymbol{\alpha}_3$ 线性相关

(B) 当 $t=1$ 时，向量组 $\boldsymbol{\alpha}_1,\boldsymbol{\alpha}_2,\boldsymbol{\alpha}_3$ 线性相关

(C) 仅当 $t\neq 0$ 且 $t\neq 1$ 时，向量组 $\boldsymbol{\alpha}_1,\boldsymbol{\alpha}_2,\boldsymbol{\alpha}_3$ 线性无关

(D) 对任意的实数 $t$，向量组 $\boldsymbol{\alpha}_1,\boldsymbol{\alpha}_2,\boldsymbol{\alpha}_3$ 线性相关

(E) 对任意的实数 $t$，向量组 $\boldsymbol{\alpha}_1,\boldsymbol{\alpha}_2,\boldsymbol{\alpha}_3$ 线性无关

**38.** 设 $\boldsymbol{\alpha}_1=(1,2,3)^{\mathrm{T}}$，$\boldsymbol{\alpha}_2=(1,3-t,2)^{\mathrm{T}}$，$\boldsymbol{\alpha}_3=(2,6,7)^{\mathrm{T}}$，$\boldsymbol{\beta}_1=(1,-2,3)^{\mathrm{T}}$，$\boldsymbol{\beta}_2=(2,1,t)^{\mathrm{T}}$，$\boldsymbol{\beta}_3=(1,t,0)^{\mathrm{T}}$，则（　　）.

(A) 当 $t=1$ 时，向量组 $\boldsymbol{\alpha}_1,\boldsymbol{\alpha}_2,\boldsymbol{\alpha}_3$ 线性相关，而向量组 $\boldsymbol{\beta}_1,\boldsymbol{\beta}_2,\boldsymbol{\beta}_3$ 线性无关

(B) 当 $t=1$ 时，向量组 $\boldsymbol{\alpha}_1,\boldsymbol{\alpha}_2,\boldsymbol{\alpha}_3$ 线性无关，而向量组 $\boldsymbol{\beta}_1,\boldsymbol{\beta}_2,\boldsymbol{\beta}_3$ 线性相关

(C) 当 $t=3$ 时，向量组 $\boldsymbol{\alpha}_1,\boldsymbol{\alpha}_2,\boldsymbol{\alpha}_3$ 线性相关，而向量组 $\boldsymbol{\beta}_1,\boldsymbol{\beta}_2,\boldsymbol{\beta}_3$ 线性无关

(D) 当 $t=3$ 时，向量组 $\boldsymbol{\alpha}_1,\boldsymbol{\alpha}_2,\boldsymbol{\alpha}_3$ 线性无关，而向量组 $\boldsymbol{\beta}_1,\boldsymbol{\beta}_2,\boldsymbol{\beta}_3$ 线性相关

(E) 当 $t=1$ 时，向量组 $\boldsymbol{\alpha}_1,\boldsymbol{\alpha}_2,\boldsymbol{\alpha}_3$ 与向量组 $\boldsymbol{\beta}_1,\boldsymbol{\beta}_2,\boldsymbol{\beta}_3$ 均线性相关

**39.** 设 3 维列向量组 $\boldsymbol{\alpha}_1,\boldsymbol{\alpha}_2,\boldsymbol{\alpha}_3$ 线性无关，常数 $k\neq 1$. 则向量组 $k\boldsymbol{\alpha}_1+\boldsymbol{\alpha}_2+\boldsymbol{\alpha}_3$，$\boldsymbol{\alpha}_1+k\boldsymbol{\alpha}_2+\boldsymbol{\alpha}_3$，$\boldsymbol{\alpha}_1+\boldsymbol{\alpha}_2+k\boldsymbol{\alpha}_3$ 线性相关的充分必要条件为（　　）.

(A) $k=-3$　(B) $k=-2$　(C) $k=-1$　(D) $k=2$　(E) $k=0$

**40.** 设 3 维列向量组 $\boldsymbol{\alpha}_1,\boldsymbol{\alpha}_2,\boldsymbol{\alpha}_3$ 线性无关，$k$ 是非零常数，$\boldsymbol{\beta}_1=\boldsymbol{\alpha}_1-\boldsymbol{\alpha}_2+k\boldsymbol{\alpha}_3$，$\boldsymbol{\beta}_2=k\boldsymbol{\alpha}_1+\boldsymbol{\alpha}_2-\boldsymbol{\alpha}_3$，

$\boldsymbol{\beta}_3=-\boldsymbol{\alpha}_1+k\boldsymbol{\alpha}_2+\boldsymbol{\alpha}_3$，则下列结论正确的是(　　).

(A)当 $k=-2$ 时，$\boldsymbol{\beta}_1,\boldsymbol{\beta}_2,\boldsymbol{\beta}_3$ 线性相关　　(B)当 $k=-1$ 时，$\boldsymbol{\beta}_1,\boldsymbol{\beta}_2,\boldsymbol{\beta}_3$ 线性相关

(C)当 $k=1$ 时，$\boldsymbol{\beta}_1,\boldsymbol{\beta}_2,\boldsymbol{\beta}_3$ 线性相关　　(D)当 $k=2$ 时，$\boldsymbol{\beta}_1,\boldsymbol{\beta}_2,\boldsymbol{\beta}_3$ 线性相关

(E)对任意的 $k\neq0$，$\boldsymbol{\beta}_1,\boldsymbol{\beta}_2,\boldsymbol{\beta}_3$ 均线性无关

**41.** 对于 3 维向量组 $\boldsymbol{\alpha}_1,\boldsymbol{\alpha}_2,\boldsymbol{\alpha}_3$，下列结论正确的是(　　).

(A)若 $\boldsymbol{\alpha}_1,\boldsymbol{\alpha}_2,\boldsymbol{\alpha}_3$ 线性相关，则 $\boldsymbol{\alpha}_1-\boldsymbol{\alpha}_3,\boldsymbol{\alpha}_2-\boldsymbol{\alpha}_3$ 也线性相关

(B)若 $\boldsymbol{\alpha}_1,\boldsymbol{\alpha}_2,\boldsymbol{\alpha}_3$ 线性无关，则 $\boldsymbol{\alpha}_1-\boldsymbol{\alpha}_2,\boldsymbol{\alpha}_2-\boldsymbol{\alpha}_3,\boldsymbol{\alpha}_3-\boldsymbol{\alpha}_1$ 也线性无关

(C)若 $\boldsymbol{\alpha}_1,\boldsymbol{\alpha}_3$ 线性无关，$\boldsymbol{\alpha}_2,\boldsymbol{\alpha}_3$ 线性无关，则 $\boldsymbol{\alpha}_1,\boldsymbol{\alpha}_2$ 也线性无关

(D)若 $\boldsymbol{\alpha}_1,\boldsymbol{\alpha}_2,\boldsymbol{\alpha}_3$ 中任意两个向量组成的向量组均线性无关，则 $\boldsymbol{\alpha}_1,\boldsymbol{\alpha}_2,\boldsymbol{\alpha}_3$ 线性无关

(E)若 $\boldsymbol{\alpha}_1,\boldsymbol{\alpha}_2$ 线性无关，且 $\boldsymbol{\alpha}_3$ 不能由 $\boldsymbol{\alpha}_1,\boldsymbol{\alpha}_2$ 线性表示，则 $\boldsymbol{\alpha}_1,\boldsymbol{\alpha}_2,\boldsymbol{\alpha}_3$ 线性无关

**42.** 设 $\boldsymbol{\alpha}_1,\boldsymbol{\alpha}_2,\boldsymbol{\alpha}_3,\boldsymbol{\alpha}_4$ 为 3 维向量组，则下列结论正确的是(　　).

(A)该向量组可能线性无关

(B)该向量组一定线性无关

(C)该向量组一定线性相关

(D)若其中任意 3 个向量组成的部分组都线性无关，则该向量组也线性无关

(E)若该向量组线性相关，则必存在由 3 个向量组成的线性无关的部分组

**43.** 设向量组 $\boldsymbol{\alpha}_1,\boldsymbol{\alpha}_2,\boldsymbol{\alpha}_3$ 中任意两个向量组成的部分组均线性无关，则一定线性无关的向量组是(　　).

(A)$\boldsymbol{\alpha}_1+\boldsymbol{\alpha}_2,\boldsymbol{\alpha}_2+\boldsymbol{\alpha}_3$　　(B)$\boldsymbol{\alpha}_1-\boldsymbol{\alpha}_2,\boldsymbol{\alpha}_2-\boldsymbol{\alpha}_3$　　(C)$\boldsymbol{\alpha}_1+\boldsymbol{\alpha}_2,\boldsymbol{\alpha}_3$

(D)$\boldsymbol{\alpha}_1-\boldsymbol{\alpha}_2,\boldsymbol{\alpha}_3$　　(E)$\boldsymbol{\alpha}_1+\boldsymbol{\alpha}_2,\boldsymbol{\alpha}_1-\boldsymbol{\alpha}_2$

**44.** 设 $\boldsymbol{\alpha}_1=\begin{pmatrix}1\\1\\0\\2\end{pmatrix},\boldsymbol{\alpha}_2=\begin{pmatrix}1\\0\\1\\2\end{pmatrix},\boldsymbol{\alpha}_3=\begin{pmatrix}-2\\2\\3\\3\end{pmatrix},\boldsymbol{\alpha}_4=\begin{pmatrix}0\\a\\b\\c\end{pmatrix}$，其中 $a,b,c$ 为实数，若向量组 $\boldsymbol{\alpha}_1,\boldsymbol{\alpha}_2,\boldsymbol{\alpha}_3,\boldsymbol{\alpha}_4$ 线性相关，则必有(　　).

(A)$a=b+c$　　(B)$b=a+c$　　(C)$c=a+b$

(D)$a+b+c=0$　　(E)$a+b+c=1$

**45.** 设 $\boldsymbol{\alpha}_1=\begin{pmatrix}1\\a\\a^2\\a^3\end{pmatrix},\boldsymbol{\alpha}_2=\begin{pmatrix}1\\b\\b^2\\b^3\end{pmatrix},\boldsymbol{\alpha}_3=\begin{pmatrix}1\\c\\c^2\\c^3\end{pmatrix},\boldsymbol{\alpha}_4=\begin{pmatrix}1\\a\\b\\c\end{pmatrix}$，其中 $a,b,c$ 为互不相等的实数，则必有(　　).

(A)$\boldsymbol{\alpha}_1,\boldsymbol{\alpha}_2,\boldsymbol{\alpha}_3,\boldsymbol{\alpha}_4$ 线性相关　　(B)$\boldsymbol{\alpha}_1,\boldsymbol{\alpha}_2,\boldsymbol{\alpha}_3,\boldsymbol{\alpha}_4$ 线性无关

(C)$\boldsymbol{\alpha}_1,\boldsymbol{\alpha}_2,\boldsymbol{\alpha}_3$ 线性相关　　(D)$\boldsymbol{\alpha}_1,\boldsymbol{\alpha}_2,\boldsymbol{\alpha}_3$ 线性无关

(E)$\boldsymbol{\alpha}_1,\boldsymbol{\alpha}_2,\boldsymbol{\alpha}_4$ 线性相关

**46.** 设 $\boldsymbol{\alpha}_1=(1,0,1,0)$，$\boldsymbol{\alpha}_2=(0,1,0,-1)$，$\boldsymbol{\alpha}_3=(2,-1,k,k)$，$\boldsymbol{\alpha}_4=(2,0,k,3)$，则向量组 $\boldsymbol{\alpha}_1$，

$\boldsymbol{\alpha}_2,\boldsymbol{\alpha}_3,\boldsymbol{\alpha}_4$ 线性相关的充分必要条件是 $k=$(　　).

(A)1　(B)2　(C)4　(D)5　(E)2 或 4

**47.** 设 $\boldsymbol{\alpha}_1=(1,2,3,4),\boldsymbol{\alpha}_2=(2,3,4,5),\boldsymbol{\alpha}_3=(3,4,5,6),\boldsymbol{\alpha}_4=(4,5,6,7)$，则以下关于向量组 $\boldsymbol{\alpha}_1,\boldsymbol{\alpha}_2,\boldsymbol{\alpha}_3,\boldsymbol{\alpha}_4$ 的线性相关性的说法正确的是(　　).

(A)向量组 $\boldsymbol{\alpha}_1,\boldsymbol{\alpha}_2,\boldsymbol{\alpha}_3,\boldsymbol{\alpha}_4$ 线性无关

(B)向量组 $\boldsymbol{\alpha}_1,\boldsymbol{\alpha}_2,\boldsymbol{\alpha}_3,\boldsymbol{\alpha}_4$ 线性相关，其极大线性无关组唯一，为 $\boldsymbol{\alpha}_1,\boldsymbol{\alpha}_2,\boldsymbol{\alpha}_3$

(C)向量组 $\boldsymbol{\alpha}_1,\boldsymbol{\alpha}_2,\boldsymbol{\alpha}_3,\boldsymbol{\alpha}_4$ 线性相关，其极大线性无关组唯一，为 $\boldsymbol{\alpha}_1,\boldsymbol{\alpha}_3,\boldsymbol{\alpha}_4$

(D)向量组 $\boldsymbol{\alpha}_1,\boldsymbol{\alpha}_2,\boldsymbol{\alpha}_3,\boldsymbol{\alpha}_4$ 线性相关，且其中任意两个向量组成的部分向量组均为其极大线性无关组

(E)向量组 $\boldsymbol{\alpha}_1,\boldsymbol{\alpha}_2,\boldsymbol{\alpha}_3,\boldsymbol{\alpha}_4$ 线性相关，且其中任意三个向量组成的部分向量组均为其极大线性无关组

**48.** 设向量组 $\boldsymbol{\alpha}_1,\boldsymbol{\alpha}_2,\boldsymbol{\alpha}_3$ 线性无关，向量 $\boldsymbol{\beta}_1=2\boldsymbol{\alpha}_1+k\boldsymbol{\alpha}_2,\boldsymbol{\beta}_2=4\boldsymbol{\alpha}_2+k\boldsymbol{\alpha}_3,\boldsymbol{\beta}_3=8\boldsymbol{\alpha}_3+k\boldsymbol{\alpha}_1$. 若向量组 $\boldsymbol{\beta}_1,\boldsymbol{\beta}_2,\boldsymbol{\beta}_3$ 线性相关，则 $k=$(　　).

(A)$-4$　(B)$-2$　(C)$-1$　(D)2　(E)4

**49.** 设向量组 $\boldsymbol{\alpha}_1,\boldsymbol{\alpha}_2,\boldsymbol{\alpha}_3$ 线性无关，向量 $\boldsymbol{\beta}=k_1\boldsymbol{\alpha}_1+k_2\boldsymbol{\alpha}_2+k_3\boldsymbol{\alpha}_3$，其中 $k_1,k_2,k_3$ 为常数. 若向量组 $\boldsymbol{\alpha}_1,\boldsymbol{\alpha}_2,\boldsymbol{\beta}$ 线性相关，则(　　).

(A)$k_1=0$　(B)$k_2=0$

(C)$k_3=0$　(D)$k_1+k_2+k_3=0$

(E)$k_1+k_2=0$

## 【考向 5】向量间的线性表示

**50.** 设 $\boldsymbol{\alpha}_1$ 能由向量组 $\boldsymbol{\alpha}_2,\boldsymbol{\alpha}_3,\boldsymbol{\alpha}_4$ 线性表示，$\boldsymbol{\alpha}_4$ 不能由向量组 $\boldsymbol{\alpha}_1,\boldsymbol{\alpha}_2,\boldsymbol{\alpha}_3$ 线性表示，则(　　).

(A)$\boldsymbol{\alpha}_1,\boldsymbol{\alpha}_2,\boldsymbol{\alpha}_3$ 线性相关　(B)$\boldsymbol{\alpha}_1,\boldsymbol{\alpha}_2,\boldsymbol{\alpha}_3$ 线性无关

(C)$\boldsymbol{\alpha}_2,\boldsymbol{\alpha}_3,\boldsymbol{\alpha}_4$ 线性相关　(D)$\boldsymbol{\alpha}_2,\boldsymbol{\alpha}_3,\boldsymbol{\alpha}_4$ 线性无关

(E)$\boldsymbol{\alpha}_1,\boldsymbol{\alpha}_2,\boldsymbol{\alpha}_4$ 线性相关

**51.** 设 $\boldsymbol{\alpha}_1,\boldsymbol{\alpha}_2,\boldsymbol{\alpha}_3,\boldsymbol{\alpha}_4,\boldsymbol{\alpha}_5$ 为 $n$ 维列向量组，$\boldsymbol{A}=(\boldsymbol{\alpha}_1,\boldsymbol{\alpha}_2,\boldsymbol{\alpha}_3,\boldsymbol{\alpha}_4)$，$\boldsymbol{B}=(\boldsymbol{\alpha}_2,\boldsymbol{\alpha}_3,\boldsymbol{\alpha}_4,\boldsymbol{\alpha}_5)$. 若齐次线性方程组 $\boldsymbol{Ax}=\boldsymbol{0}$ 有非零解，而齐次线性方程组 $\boldsymbol{Bx}=\boldsymbol{0}$ 只有零解，则(　　).

(A)$\boldsymbol{\alpha}_4$ 可由 $\boldsymbol{\alpha}_1,\boldsymbol{\alpha}_2,\boldsymbol{\alpha}_3$ 线性表示　(B)$\boldsymbol{\alpha}_1$ 可由 $\boldsymbol{\alpha}_3,\boldsymbol{\alpha}_4,\boldsymbol{\alpha}_5$ 线性表示

(C)$\boldsymbol{\alpha}_5$ 可由 $\boldsymbol{\alpha}_1,\boldsymbol{\alpha}_3,\boldsymbol{\alpha}_4$ 线性表示　(D)$\boldsymbol{\alpha}_5$ 可由 $\boldsymbol{\alpha}_1,\boldsymbol{\alpha}_2,\boldsymbol{\alpha}_3$ 线性表示

(E)$\boldsymbol{\alpha}_1$ 可由 $\boldsymbol{\alpha}_2,\boldsymbol{\alpha}_3,\boldsymbol{\alpha}_4$ 线性表示

**52.** 设向量组 $\boldsymbol{\alpha}_1=(1,-1,2)^{\mathrm{T}},\boldsymbol{\alpha}_2=(-1,1,k)^{\mathrm{T}},\boldsymbol{\alpha}_3=(2,k-1,-1)^{\mathrm{T}}$ 中任一向量均可由其余向量线性表示，则 $k=$(　　).

(A)$-2$　(B)$-1$　(C)0　(D)1　(E)2

**53.** 设 $\boldsymbol{A}$ 是 $5\times8$ 矩阵，则矩阵 $\boldsymbol{A}$ 的列向量组中(　　).

(A)至少有三个向量可以由其余向量线性表示

(B)至多有三个向量可以由其余向量线性表示

(C)至少有五个向量可以由其余向量线性表示

(D)至多有五个向量可以由其余向量线性表示

(E)恰好有三个向量可以由其余向量线性表示

**54.** 设 3 维向量组 $\boldsymbol{\alpha}_1,\boldsymbol{\alpha}_2,\boldsymbol{\alpha}_3,\boldsymbol{\alpha}_4$ 中任一含 3 个向量的部分组均线性无关,则该向量组中(　　).

(A)至少有一个向量可由其余向量线性表示

(B)至多有一个向量可由其余向量线性表示

(C)有且仅有一个向量可由其余向量线性表示

(D)任一向量均可由其余向量线性表示

(E)任一向量均不可由其余向量线性表示

**55.** 设 $\boldsymbol{\alpha}_1=(1,-4,1,2)$,$\boldsymbol{\alpha}_2=(1,2,3,6)$,$\boldsymbol{\alpha}_3=(1,-1,2,4)$,$\boldsymbol{\alpha}_4=(2,1,5,10)$,$\boldsymbol{\alpha}_5=(1,-2,2,4)$,则(　　).

(A)$\boldsymbol{\alpha}_1$ 不能由 $\boldsymbol{\alpha}_2,\boldsymbol{\alpha}_3,\boldsymbol{\alpha}_4$ 线性表示

(B)$\boldsymbol{\alpha}_2$ 不能由 $\boldsymbol{\alpha}_3,\boldsymbol{\alpha}_4,\boldsymbol{\alpha}_5$ 线性表示

(C)$\boldsymbol{\alpha}_3$ 不能由 $\boldsymbol{\alpha}_1,\boldsymbol{\alpha}_2,\boldsymbol{\alpha}_4$ 线性表示

(D)$\boldsymbol{\alpha}_4$ 不能由 $\boldsymbol{\alpha}_2,\boldsymbol{\alpha}_3,\boldsymbol{\alpha}_5$ 线性表示

(E)$\boldsymbol{\alpha}_5$ 不能由 $\boldsymbol{\alpha}_1,\boldsymbol{\alpha}_3,\boldsymbol{\alpha}_4$ 线性表示

**56.** 设 $\boldsymbol{\alpha}_1,\boldsymbol{\alpha}_2,\boldsymbol{\alpha}_3,\boldsymbol{\alpha}_4,\boldsymbol{\alpha}_5$ 是 5 阶矩阵 $\boldsymbol{A}$ 的行向量组,$A_{ij}$ 是 $|\boldsymbol{A}|$ 的元素 $a_{ij}$ 的代数余子式,若 $|\boldsymbol{A}|=0$,且 $A_{12}\neq 0$,则(　　).

(A)$\boldsymbol{\alpha}_1$ 可由向量组 $\boldsymbol{\alpha}_2,\boldsymbol{\alpha}_3,\boldsymbol{\alpha}_4,\boldsymbol{\alpha}_5$ 线性表示

(B)$\boldsymbol{\alpha}_2$ 可由向量组 $\boldsymbol{\alpha}_1,\boldsymbol{\alpha}_3,\boldsymbol{\alpha}_4,\boldsymbol{\alpha}_5$ 线性表示

(C)$\boldsymbol{\alpha}_3$ 可由向量组 $\boldsymbol{\alpha}_1,\boldsymbol{\alpha}_2,\boldsymbol{\alpha}_4,\boldsymbol{\alpha}_5$ 线性表示

(D)$\boldsymbol{\alpha}_4$ 可由向量组 $\boldsymbol{\alpha}_1,\boldsymbol{\alpha}_2,\boldsymbol{\alpha}_3,\boldsymbol{\alpha}_5$ 线性表示

(E)$\boldsymbol{\alpha}_5$ 可由向量组 $\boldsymbol{\alpha}_1,\boldsymbol{\alpha}_2,\boldsymbol{\alpha}_3,\boldsymbol{\alpha}_4$ 线性表示

**57.** 设 $\boldsymbol{A},\boldsymbol{B},\boldsymbol{C}$ 均为 $n$ 阶方阵,且 $\boldsymbol{AB}+\boldsymbol{A}=\boldsymbol{C}$,$\boldsymbol{B}^2-\boldsymbol{B}-3\boldsymbol{E}=\boldsymbol{O}$,则(　　).

(A)$\boldsymbol{A}$ 的行向量组与 $\boldsymbol{B}$ 的行向量组等价

(B)$\boldsymbol{A}$ 的列向量组与 $\boldsymbol{B}$ 的列向量组等价

(C)$\boldsymbol{A}$ 的行向量组与 $\boldsymbol{C}$ 的行向量组等价

(D)$\boldsymbol{A}$ 的列向量组与 $\boldsymbol{C}$ 的列向量组等价

(E)$\boldsymbol{B}$ 的列向量组与 $\boldsymbol{C}$ 的列向量组等价

**58.** 设 $\boldsymbol{\alpha}_1,\boldsymbol{\alpha}_2,\boldsymbol{\beta}_1,\boldsymbol{\beta}_2$ 均为 3 维向量,若向量组 $\boldsymbol{\alpha}_1,\boldsymbol{\alpha}_2$ 与向量组 $\boldsymbol{\beta}_1,\boldsymbol{\beta}_2$ 均线性无关,则(　　).

(A)向量组 $\boldsymbol{\alpha}_1,\boldsymbol{\alpha}_2,\boldsymbol{\beta}_1,\boldsymbol{\beta}_2$ 的秩为 3

(B)向量组 $\boldsymbol{\alpha}_1,\boldsymbol{\alpha}_2,\boldsymbol{\beta}_1,\boldsymbol{\beta}_2$ 线性无关

(C)向量组 $\boldsymbol{\alpha}_1,\boldsymbol{\beta}_1$ 与向量组 $\boldsymbol{\alpha}_2,\boldsymbol{\beta}_2$ 等价

(D)向量组 $\boldsymbol{\alpha}_1,\boldsymbol{\alpha}_2$ 与向量组 $\boldsymbol{\beta}_1,\boldsymbol{\beta}_2$ 等价

(E)存在可同时由向量组 $\boldsymbol{\alpha}_1,\boldsymbol{\alpha}_2$ 与向量组 $\boldsymbol{\beta}_1,\boldsymbol{\beta}_2$ 线性表示的非零向量

**59.** 设 $\boldsymbol{\alpha}_1=(1,-2,0)^{\mathrm{T}}$,$\boldsymbol{\alpha}_2=(1,0,2)^{\mathrm{T}}$,$\boldsymbol{\alpha}_3=(1,2,a)^{\mathrm{T}}$,$\boldsymbol{\beta}_1=(1,2,4)^{\mathrm{T}}$,$\boldsymbol{\beta}_2=(1,0,b)^{\mathrm{T}}$,若向量组 $\boldsymbol{\alpha}_1,\boldsymbol{\alpha}_2,\boldsymbol{\alpha}_3$ 与向量组 $\boldsymbol{\beta}_1,\boldsymbol{\beta}_2$ 等价,则 $a+b=$(　　).

(A)2　(B)4　(C)6　(D)8　(E)10

**60.** 已知向量组(Ⅰ):$\boldsymbol{\alpha}_1=(1,1,4)^{\mathrm{T}}$,$\boldsymbol{\alpha}_2=(1,0,4)^{\mathrm{T}}$,$\boldsymbol{\alpha}_3=(1,2,a^2+3)^{\mathrm{T}}$ 和向量组(Ⅱ):$\boldsymbol{\beta}_1=(1,1,a+3)^{\mathrm{T}}$,$\boldsymbol{\beta}_2=(0,2,1-a)^{\mathrm{T}}$,$\boldsymbol{\beta}_3=(1,3,a^2+3)^{\mathrm{T}}$. 若向量组(Ⅰ)和(Ⅱ)等价,则(　　).

(A)$a=1$　(B)$a=-1$　(C)$a\neq1$　(D)$a\neq-1$　(E)$a\neq\pm1$

## 【考向 6】解的判定

**61.** 对于线性方程组$\begin{cases}x_1+x_2+x_3+x_4=0,\\x_1+2x_2+3x_3+3x_4=1,\\3x_1+2x_2+x_3+x_4=-1,\\x_1-x_2-3x_3-3x_4=-2,\end{cases}$以下说法正确的是(　　).

(A)有无穷多解,且其通解中自由未知量的个数为 1

(B)有无穷多解,且其通解中自由未知量的个数为 2

(C)有无穷多解,且其通解中自由未知量的个数为 3

(D)有唯一解

(E)无解

**62.** 对于线性方程组$\begin{cases}x_1-x_2-2x_3+2x_4=-1,\\2x_1+x_2-x_3+x_4=1,\\x_1+2x_2+x_3-x_4=2,\\x_1+x_2+2x_3+x_4=3,\end{cases}$以下说法正确的是(　　).

(A)有无穷多解,且其通解中自由未知量的个数为 1

(B)有无穷多解,且其通解中自由未知量的个数为 2

(C)有无穷多解,且其通解中自由未知量的个数为 3

(D)有唯一解

(E)无解

**63.** 已知线性方程组$\begin{cases}x_1-x_2+x_3=1,\\x_1-2x_2+ax_3=2,\\x_1+ax_2-7x_3=3,\end{cases}$则(　　).

(A)当 $a\neq3$ 时,方程组有唯一解　(B)当 $a\neq-3$ 时,方程组有唯一解

(C)当 $a=3$ 时,方程组有无穷多解　(D)当 $a=-3$ 时,方程组有无穷多解

(E)当 $a=-3$ 时,方程组无解

**64.** 设 $\boldsymbol{A}$ 是 $m\times n$ 矩阵,$\boldsymbol{B}$ 是 $n\times m$ 矩阵,且 $m<n$. 若齐次线性方程组$(\boldsymbol{AB})\boldsymbol{x}=\mathbf{0}$只有零解,则(　　).

(A)方程组 $\boldsymbol{A}^{\mathrm{T}}\boldsymbol{x}=\mathbf{0}$ 有非零解,方程组 $\boldsymbol{B}^{\mathrm{T}}\boldsymbol{y}=\mathbf{0}$ 只有零解

(B)方程组 $\boldsymbol{A}^{\mathrm{T}}\boldsymbol{x}=\mathbf{0}$ 有非零解,方程组 $\boldsymbol{Bx}=\mathbf{0}$ 只有零解

(C)方程组 $\boldsymbol{A}\boldsymbol{y}=\boldsymbol{0}$ 有非零解，方程组 $\boldsymbol{B}\boldsymbol{x}=\boldsymbol{0}$ 只有零解

(D)方程组 $\boldsymbol{A}\boldsymbol{y}=\boldsymbol{0}$ 只有零解，方程组 $\boldsymbol{B}^{\mathrm{T}}\boldsymbol{y}=\boldsymbol{0}$ 有非零解

(E)方程组 $\boldsymbol{A}^{\mathrm{T}}\boldsymbol{x}=\boldsymbol{0}$ 只有零解，方程组 $\boldsymbol{B}\boldsymbol{x}=\boldsymbol{0}$ 有非零解

**65.** 设向量组 $\boldsymbol{\alpha}_1,\boldsymbol{\alpha}_2,\boldsymbol{\alpha}_3$ 线性相关，向量组 $\boldsymbol{\alpha}_2,\boldsymbol{\alpha}_3,\boldsymbol{\alpha}_4$ 线性无关，令 $\boldsymbol{A}=(\boldsymbol{\alpha}_1,\boldsymbol{\alpha}_2,\boldsymbol{\alpha}_3)$，$\boldsymbol{B}=(\boldsymbol{\alpha}_2,\boldsymbol{\alpha}_3,\boldsymbol{\alpha}_4)$，则(　　).

(A)线性方程组 $\boldsymbol{A}\boldsymbol{x}=\boldsymbol{\alpha}_4$ 有唯一解，线性方程组 $\boldsymbol{B}\boldsymbol{x}=\boldsymbol{\alpha}_1$ 有无穷多解

(B)线性方程组 $\boldsymbol{A}\boldsymbol{x}=\boldsymbol{\alpha}_4$ 无解，线性方程组 $\boldsymbol{B}\boldsymbol{x}=\boldsymbol{\alpha}_1$ 有唯一解

(C)线性方程组 $\boldsymbol{A}\boldsymbol{x}=\boldsymbol{\alpha}_4$ 无解，线性方程组 $\boldsymbol{B}\boldsymbol{x}=\boldsymbol{\alpha}_1$ 有无穷多解

(D)线性方程组 $\boldsymbol{A}\boldsymbol{x}=\boldsymbol{\alpha}_4$ 有唯一解，线性方程组 $\boldsymbol{B}\boldsymbol{x}=\boldsymbol{\alpha}_1$ 无解

(E)线性方程组 $\boldsymbol{A}\boldsymbol{x}=\boldsymbol{\alpha}_4$ 有无穷多解，线性方程组 $\boldsymbol{B}\boldsymbol{x}=\boldsymbol{\alpha}_1$ 无解

**66.** 设 $\boldsymbol{A}$ 为行满秩矩阵，考虑下列 4 个命题：

①若齐次线性方程组 $\boldsymbol{A}\boldsymbol{x}=\boldsymbol{0}$ 有非零解，则非齐次线性方程组 $\boldsymbol{A}\boldsymbol{x}=\boldsymbol{b}$ 有无穷多解；

②若齐次线性方程组 $\boldsymbol{A}\boldsymbol{x}=\boldsymbol{0}$ 只有零解，则非齐次线性方程组 $\boldsymbol{A}\boldsymbol{x}=\boldsymbol{b}$ 有唯一解；

③若非齐次线性方程组 $\boldsymbol{A}\boldsymbol{x}=\boldsymbol{b}$ 有无穷多解，则齐次线性方程组 $\boldsymbol{A}\boldsymbol{x}=\boldsymbol{0}$ 有非零解；

④若非齐次线性方程组 $\boldsymbol{A}\boldsymbol{x}=\boldsymbol{b}$ 有唯一解，则齐次线性方程组 $\boldsymbol{A}\boldsymbol{x}=\boldsymbol{0}$ 只有零解.

其中所有真命题的序号是(　　).

(A)①②　　(B)③④　　(C)①③　　(D)②④　　(E)①②③④

**67.** 对于方程组 $\begin{cases}x_1+x_2+\lambda x_3=1,\\2x_1+\lambda x_2+4x_3=\lambda,\\\lambda x_1+2x_2+4x_3=\lambda,\end{cases}$ 正确的结论是(　　).

(A)当 $\lambda=2$ 时有无穷多解　　(B)当 $\lambda=2$ 时无解

(C)当 $\lambda=-4$ 时有无穷多解　　(D)当 $\lambda\neq-4$ 时有唯一解

(E)当 $\lambda\neq2$ 时有唯一解

**68.** 若方程组 $\begin{cases}x_1+x_2+2x_3=0,\\2x_1+\lambda x_2+x_3=0,\\\lambda x_1+2x_2+x_3=0\end{cases}$ 有非零解，则 $\lambda=$(　　).

(A)$-2$　　(B)$-1$　　(C)1　　(D)2　　(E)$-1$ 或 2

**69.** 设 $\boldsymbol{\alpha}_1=(1,1,1)$，$\boldsymbol{\alpha}_2=(1,k,2)$，$\boldsymbol{\alpha}_3=(0,2,k)$，$\boldsymbol{\beta}_1=(1,-1,-1)$，$\boldsymbol{\beta}_2=(-3,k,5)$，$\boldsymbol{\beta}_3=(0,-1,k)$，$\boldsymbol{A}=(\boldsymbol{\alpha}_1^{\mathrm{T}},\boldsymbol{\alpha}_2^{\mathrm{T}},\boldsymbol{\alpha}_3^{\mathrm{T}})$，$\boldsymbol{B}=(\boldsymbol{\beta}_1^{\mathrm{T}},\boldsymbol{\beta}_2^{\mathrm{T}},\boldsymbol{\beta}_3^{\mathrm{T}})$. 若齐次线性方程组 $\boldsymbol{A}\boldsymbol{x}=\boldsymbol{0}$ 有非零解，而齐次线性方程组 $\boldsymbol{B}\boldsymbol{x}=\boldsymbol{0}$ 只有零解，则 $k=$(　　).

(A)$-2$　　(B)$-1$　　(C)0　　(D)1　　(E)2

**70.** 设 $\boldsymbol{\alpha}_1=(1,1,1)$，$\boldsymbol{\alpha}_2=(1,k,2)$，$\boldsymbol{\alpha}_3=(0,2,k)$，$\boldsymbol{\beta}_1=(1,-1,-1)$，$\boldsymbol{\beta}_2=(-3,k,5)$，$\boldsymbol{\beta}_3=(0,-1,k)$，$\boldsymbol{A}=(\boldsymbol{\alpha}_1^{\mathrm{T}},\boldsymbol{\alpha}_2^{\mathrm{T}},\boldsymbol{\alpha}_3^{\mathrm{T}})$，$\boldsymbol{B}=(\boldsymbol{\beta}_1^{\mathrm{T}},\boldsymbol{\beta}_2^{\mathrm{T}},\boldsymbol{\beta}_3^{\mathrm{T}})$. 若齐次线性方程组 $\boldsymbol{A}\boldsymbol{x}=\boldsymbol{0}$ 与 $\boldsymbol{B}\boldsymbol{x}=\boldsymbol{0}$均有非零解，则 $k=$(　　).

(A)$-2$　　(B)$-1$　　(C)0　　(D)1　　(E)2

**71.** 设 $\boldsymbol{A}$ 是 $m\times n$ 矩阵，$\boldsymbol{B}$ 是 $n\times m$ 矩阵，且 $m<n$. 若 $\boldsymbol{AB}=\boldsymbol{E}$，则(　　).

(A)齐次线性方程组 $\boldsymbol{Ax}=\boldsymbol{0}$ 只有零解,齐次线性方程组 $\boldsymbol{B}^{\mathrm{T}}\boldsymbol{x}=\boldsymbol{0}$有非零解

(B)齐次线性方程组 $\boldsymbol{Ax}=\boldsymbol{0}$ 有非零解,齐次线性方程组 $\boldsymbol{B}^{\mathrm{T}}\boldsymbol{x}=\boldsymbol{0}$只有零解

(C)齐次线性方程组 $\boldsymbol{A}^{\mathrm{T}}\boldsymbol{y}=\boldsymbol{0}$ 有非零解,齐次线性方程组 $\boldsymbol{By}=\boldsymbol{0}$只有零解

(D)齐次线性方程组 $\boldsymbol{A}^{\mathrm{T}}\boldsymbol{y}=\boldsymbol{0}$ 有非零解,齐次线性方程组 $\boldsymbol{B}^{\mathrm{T}}\boldsymbol{x}=\boldsymbol{0}$只有零解

(E)齐次线性方程组 $\boldsymbol{A}^{\mathrm{T}}\boldsymbol{y}=\boldsymbol{0}$ 只有零解,齐次线性方程组 $\boldsymbol{B}^{\mathrm{T}}\boldsymbol{x}=\boldsymbol{0}$有非零解

**72.** 设 $\boldsymbol{A}=\begin{pmatrix}1+a & 2 & 3 & \cdots & n\\ 1 & 2+a & 3 & \cdots & n\\ 1 & 2 & 3+a & \cdots & n\\ \vdots & \vdots & \vdots & & \vdots\\ 1 & 2 & 3 & \cdots & n+a\end{pmatrix}$,则齐次线性方程组 $\boldsymbol{Ax}=\boldsymbol{0}$ 只有零解的充分必要条件是(　　).

(A)$a=0$　　(B)$a=-\dfrac{n(n+1)}{2}$　　(C)$a\neq 0$

(D)$a\neq-\dfrac{n(n+1)}{2}$　　(E)$a\neq-\dfrac{n(n+1)}{2}$且 $a\neq 0$

**73.** 对于线性方程组$\begin{cases}x_1+x_2+2x_3=1,\\ 2x_1+3x_2+5x_3=2,\\ x_1+ax_2-3x_3=b,\end{cases}$以下说法错误的是(　　).

(A)当 $a=4,b=1$ 时,方程组有唯一解

(B)当 $a=4,b=-1$ 时,方程组有唯一解

(C)当 $a=-4,b=1$ 时,方程组有无穷多解

(D)当 $a=-4,b=-1$ 时,方程组无解

(E)当 $a=4,b\neq 1$ 时,方程组无解

**74.** 对于方程组$\begin{cases}x_1+x_2+x_3+x_4=0,\\ 4x_1+3x_2+2x_3+2x_4=-1,\\ x_1+2x_2+3x_3+3x_4=1,\\ 3x_1+2x_2+ax_3+x_4=b,\end{cases}$以下说法错误的是(　　).

(A)当 $a\neq 1$ 时,方程组有无穷多解,且其通解中含有 1 个自由未知量

(B)当 $a=1,b\neq-1$ 时,方程组无解

(C)当 $b=-1$ 时,方程组有解

(D)当 $a=1,b=-1$ 时,方程组有无穷多解,且其通解中含有 1 个自由未知量

(E)当 $a=1,b=-1$ 时,方程组有无穷多解,且其通解中含有 2 个自由未知量

**75.** 线性方程组$\begin{cases}x_1+2x_2+3x_3=4,\\ 2x_1+3x_2+4x_3=5,\\ 3x_1+4x_2+ax_3=b\end{cases}$有唯一解的充分必要条件是(　　).

(A)$a\neq 5,b\neq 6$　　(B)$a\neq 5,b=6$　　(C)$a=5,b\neq 6$

(D)$a=5,b=6$　　(E)$a\neq 5$

76. 对于线性方程组$\begin{cases}x_1+2x_2-2x_3=0,\\4x_1+kx_2+3x_3=0,\\3x_1-x_2+x_3=0,\\x_1+x_2+kx_3=0,\end{cases}$以下说法正确的是(　　).

(A)当 $k=-1$ 时，方程组有非零解

(B)当 $k=-3$ 时，方程组有非零解

(C)当且仅当 $k\neq -1$ 且 $k\neq -3$ 时，方程组只有零解

(D)对任意的实数 $k$，方程组有非零解

(E)对任意的实数 $k$，方程组只有零解

77. 对于线性方程组$\begin{cases}x_1+2x_2-2x_3=1,\\x_1+x_2-x_3=1,\\2x_1+kx_2-3x_3=k-1,\\3x_1-x_2+kx_3=k+2,\end{cases}$以下说法正确的是(　　).

(A)当 $k=1$ 时，方程组有无穷多解

(B)当 $k=3$ 时，方程组有无穷多解

(C)当且仅当 $k\neq 1$ 且 $k\neq 3$ 时，方程组有解

(D)对任意的实数 $k$，方程组均有唯一解

(E)对任意的实数 $k$，方程组均有无穷多解

78. 若线性方程组$\begin{cases}ax_1+ax_2+bx_3=-2,\\ax_1+bx_2+ax_3=-a,\\bx_1+ax_2+ax_3=4\end{cases}$有解但不唯一，则常数 $a,b$ 应满足(　　).

(A)$a=b$　　(B)$a=2,b=-4$　　(C)$a=-2,b=4$

(D)$a=b=2$　　(E)$2a+b=0$

## 【考向 7】解的性质

79. 设 $\boldsymbol{A}$ 是行满秩的 $3\times 5$ 矩阵，$\boldsymbol{\alpha}_1,\boldsymbol{\alpha}_2,\boldsymbol{\alpha}_3$ 是非齐次线性方程组 $\boldsymbol{Ax}=\boldsymbol{b}$ 的 3 个互不相同的解，则(　　).

(A)$\boldsymbol{\alpha}_1+\boldsymbol{\alpha}_2-\boldsymbol{\alpha}_3$ 是方程组 $\boldsymbol{Ax}=\boldsymbol{0}$ 的解

(B)$\boldsymbol{\alpha}_1+2\boldsymbol{\alpha}_2-3\boldsymbol{\alpha}_3$ 是方程组 $\boldsymbol{Ax}=\boldsymbol{0}$ 的基础解系

(C)$\boldsymbol{\alpha}_1-\boldsymbol{\alpha}_2,\boldsymbol{\alpha}_1-\boldsymbol{\alpha}_3$ 是方程组 $\boldsymbol{Ax}=\boldsymbol{0}$ 的基础解系

(D)$2\boldsymbol{\alpha}_1+3\boldsymbol{\alpha}_2-4\boldsymbol{\alpha}_3$ 是方程组 $\boldsymbol{Ax}=\boldsymbol{b}$ 的解

(E)$k_1\boldsymbol{\alpha}_1+k_2\boldsymbol{\alpha}_2+(1-k_1-k_2)\boldsymbol{\alpha}_3$($k_1,k_2$ 为任意常数)是方程组 $\boldsymbol{Ax}=\boldsymbol{b}$ 的通解

80. 设 $\boldsymbol{A}$ 是 $5\times 6$ 矩阵，$r(\boldsymbol{A})=4$，$\boldsymbol{\alpha}_1,\boldsymbol{\alpha}_2,\boldsymbol{\alpha}_3$ 是非齐次线性方程组 $\boldsymbol{Ax}=\boldsymbol{b}$ 的 3 个线性无关的解，$k_1,k_2,k_3$ 为任意常数，则方程组 $\boldsymbol{Ax}=\boldsymbol{b}$ 的通解为 $\boldsymbol{x}=$(　　).

(A) $k_1\boldsymbol{\alpha}_1+k_2\boldsymbol{\alpha}_2+k_3\boldsymbol{\alpha}_3$

(B) $k_1\boldsymbol{\alpha}_1+k_2\boldsymbol{\alpha}_2-(k_1+k_2)\boldsymbol{\alpha}_3$

(C) $k_1\boldsymbol{\alpha}_1+k_2\boldsymbol{\alpha}_2-(k_1+k_2+1)\boldsymbol{\alpha}_3$

(D) $k_1\boldsymbol{\alpha}_1+k_2\boldsymbol{\alpha}_2+(k_1+k_2-1)\boldsymbol{\alpha}_3$

(E) $(k_1+1)\boldsymbol{\alpha}_1+(k_2+1)\boldsymbol{\alpha}_2-(k_1+k_2+1)\boldsymbol{\alpha}_3$

**81.** 设 $\boldsymbol{A}$ 为 $4\times5$ 矩阵，且 $r(\boldsymbol{A})=3$，$\boldsymbol{\alpha}_1,\boldsymbol{\alpha}_2,\boldsymbol{\alpha}_3$ 是非齐次线性方程组 $\boldsymbol{Ax}=\boldsymbol{b}$ 的三个线性无关的解，$k_1,k_2$ 为任意常数，则方程组 $\boldsymbol{Ax}=\boldsymbol{b}$ 的通解为 $\boldsymbol{x}=$(　　).

(A) $(k_1+k_2-1)\boldsymbol{\alpha}_1-k_1\boldsymbol{\alpha}_2-k_2\boldsymbol{\alpha}_3$

(B) $(k_1+k_2+1)\boldsymbol{\alpha}_1-k_1\boldsymbol{\alpha}_2-k_2\boldsymbol{\alpha}_3$

(C) $(k_1+k_2-1)\boldsymbol{\alpha}_1+k_1\boldsymbol{\alpha}_2+k_2\boldsymbol{\alpha}_3$

(D) $(k_1-k_2+1)\boldsymbol{\alpha}_1-k_1\boldsymbol{\alpha}_2-k_2\boldsymbol{\alpha}_3$

(E) $(k_1-k_2+1)\boldsymbol{\alpha}_1+k_1\boldsymbol{\alpha}_2+k_2\boldsymbol{\alpha}_3$

## 【考向 8】解的结构

**82.** 设 $\boldsymbol{A}=\begin{pmatrix}0&1&2\\1&-1&2\\1&0&a\end{pmatrix}$，$\boldsymbol{\alpha}=\begin{pmatrix}1\\0\\m\end{pmatrix}$，$\boldsymbol{\beta}=\begin{pmatrix}m\\-m\\0\end{pmatrix}$，若线性方程组 $\boldsymbol{Ax}=\boldsymbol{\alpha}$ 有无穷多解，则线性方程组 $\boldsymbol{Ax}=\boldsymbol{\beta}$(　　).

(A) 无解

(B) 有唯一解

(C) 有无穷多解，其通解为 $\begin{pmatrix}x_1\\x_2\\x_3\end{pmatrix}=\begin{pmatrix}0\\2\\0\end{pmatrix}+k\begin{pmatrix}-4\\-1\\1\end{pmatrix}$($k$ 为任意常数)

(D) 有无穷多解，其通解为 $\begin{pmatrix}x_1\\x_2\\x_3\end{pmatrix}=\begin{pmatrix}0\\2\\0\end{pmatrix}+k\begin{pmatrix}-4\\-2\\1\end{pmatrix}$($k$ 为任意常数)

(E) 有无穷多解，其通解为 $\begin{pmatrix}x_1\\x_2\\x_3\end{pmatrix}=\begin{pmatrix}0\\1\\0\end{pmatrix}+k\begin{pmatrix}-4\\-2\\1\end{pmatrix}$($k$ 为任意常数)

**83.** 设 $\boldsymbol{A}=\begin{pmatrix}1&1&2\\1&0&1\\1&-1&a\end{pmatrix}$，$\boldsymbol{b}=\begin{pmatrix}1\\m\\3\end{pmatrix}$，若线性方程组 $\boldsymbol{Ax}=\boldsymbol{b}$ 有无穷多解，则该方程组的一个解为(　　).

(A) $\begin{pmatrix}-1\\-2\\2\end{pmatrix}$　(B) $\begin{pmatrix}0\\3\\-1\end{pmatrix}$　(C) $\begin{pmatrix}1\\4\\-2\end{pmatrix}$　(D) $\begin{pmatrix}2\\-3\\1\end{pmatrix}$　(E) $\begin{pmatrix}3\\0\\-1\end{pmatrix}$

**84.** 设 $\boldsymbol{A}$ 为 3 阶矩阵，已知线性方程组 $\boldsymbol{Ax}=\begin{pmatrix}1\\2\\-1\end{pmatrix}$ 的通解为 $\boldsymbol{x}=\begin{pmatrix}1\\0\\0\end{pmatrix}+k_1\begin{pmatrix}-1\\1\\0\end{pmatrix}+k_2\begin{pmatrix}1\\0\\1\end{pmatrix}$($k_1$，

$k_2$ 为任意常数)，则矩阵 $\boldsymbol{A}$ 的主对角线元素之和为(　　).

(A) $-1$　　(B) 0　　(C) 2　　(D) 3　　(E) 4

**85.** 若方程组 $\begin{cases} x_1-3x_2-2x_3=3, \\ x_1-3x_2-7x_3=b, \\ x_1+ax_2-3x_3=2 \end{cases}$ 有无穷多解，$k$ 为任意常数，则该方程组的通解为 $\begin{pmatrix} x_1 \\ x_2 \\ x_3 \end{pmatrix}=$ (　　).

(A) $\begin{pmatrix} 5 \\ 1 \\ 0 \end{pmatrix}+k\begin{pmatrix} 3 \\ 1 \\ 0 \end{pmatrix}$　　(B) $\begin{pmatrix} 5 \\ 1 \\ 0 \end{pmatrix}+k\begin{pmatrix} 3 \\ -1 \\ 0 \end{pmatrix}$　　(C) $\begin{pmatrix} 5 \\ 0 \\ 1 \end{pmatrix}+k\begin{pmatrix} 3 \\ 1 \\ 0 \end{pmatrix}$

(D) $\begin{pmatrix} 5 \\ 0 \\ 1 \end{pmatrix}+k\begin{pmatrix} 3 \\ -1 \\ 0 \end{pmatrix}$　　(E) $\begin{pmatrix} 5 \\ 0 \\ 1 \end{pmatrix}+k\begin{pmatrix} 3 \\ 1 \\ 1 \end{pmatrix}$

**86.** 若方程组 $\begin{cases} x_1-x_2-x_3=3, \\ x_1+x_2+\lambda x_3=1, \\ \lambda x_1+x_2+x_3=4\lambda+1 \end{cases}$ 有无穷多解，则其导出组的一个基础解系为(　　).

(A) $\begin{pmatrix} 1 \\ -1 \\ -1 \end{pmatrix}$　　(B) $\begin{pmatrix} 2 \\ 1 \\ 1 \end{pmatrix}$　　(C) $\begin{pmatrix} 1 \\ 0 \\ 1 \end{pmatrix}$　　(D) $\begin{pmatrix} 1 \\ 1 \\ 0 \end{pmatrix}$　　(E) $\begin{pmatrix} 0 \\ -1 \\ 1 \end{pmatrix}$

**87.** 若方程组 $\begin{cases} x_1-x_2-x_3=3, \\ x_1+x_2+\lambda x_3=1, \\ \lambda x_1+x_2+x_3=4\lambda+1 \end{cases}$ 无解，则其导出组的一个基础解系为(　　).

(A) $\begin{pmatrix} 0 \\ -1 \\ 1 \end{pmatrix}$　　(B) $\begin{pmatrix} 2 \\ 1 \\ 1 \end{pmatrix}$　　(C) $\begin{pmatrix} 1 \\ 0 \\ 1 \end{pmatrix}$　　(D) $\begin{pmatrix} 1 \\ 1 \\ 0 \end{pmatrix}$　　(E) $\begin{pmatrix} 1 \\ 0 \\ -1 \end{pmatrix}$

**88.** 设 $\boldsymbol{A}$ 是 4 阶矩阵，$\boldsymbol{\alpha}_1,\boldsymbol{\alpha}_2,\boldsymbol{\alpha}_3,\boldsymbol{\alpha}_4$ 是 $\boldsymbol{A}$ 的列向量组，$A_{ij}$ 是 $|\boldsymbol{A}|$ 的元素 $a_{ij}$ 的代数余子式，若线性方程组 $\boldsymbol{A}\boldsymbol{x}=\boldsymbol{0}$ 有非零解，且 $A_{21}\neq 0$，则方程组 $\boldsymbol{A}^*\boldsymbol{x}=\boldsymbol{0}$ 的基础解系为(　　).

(A) $\boldsymbol{\alpha}_1$　　(B) $\boldsymbol{\alpha}_2$　　(C) $\boldsymbol{\alpha}_3,\boldsymbol{\alpha}_4$　　(D) $\boldsymbol{\alpha}_1,\boldsymbol{\alpha}_3,\boldsymbol{\alpha}_4$　　(E) $\boldsymbol{\alpha}_2,\boldsymbol{\alpha}_3,\boldsymbol{\alpha}_4$

**89.** 设矩阵 $\boldsymbol{A}=\begin{pmatrix} a_{11} & a_{12} & a_{13} \\ a_{21} & a_{22} & a_{23} \\ a_{31} & a_{32} & a_{33} \end{pmatrix}$，$|\boldsymbol{A}|=-1$，$A_{ij}$ 为 $|\boldsymbol{A}|$ 的元素 $a_{ij}$ 的代数余子式，且 $A_{ij}=-a_{ij}$，则方程组 $\boldsymbol{A}\boldsymbol{x}=\begin{pmatrix} 0 \\ 0 \\ -1 \end{pmatrix}$ 的解为 $\boldsymbol{x}=$(　　).

(A) $\begin{pmatrix} -a_{31} \\ -a_{32} \\ -a_{33} \end{pmatrix}$　　(B) $\begin{pmatrix} a_{31} \\ a_{32} \\ a_{33} \end{pmatrix}$　　(C) $\begin{pmatrix} -a_{13} \\ -a_{23} \\ -a_{33} \end{pmatrix}$

(D) $\begin{pmatrix} a_{13} \\ a_{23} \\ a_{33} \end{pmatrix}$ (E) $\begin{pmatrix} 0 \\ 0 \\ -a_{33} \end{pmatrix}$

**90.** 设矩阵 $\boldsymbol{A}=\begin{pmatrix} a_{11} & a_{12} & a_{13} \\ a_{21} & a_{22} & a_{23} \\ a_{31} & a_{32} & a_{33} \end{pmatrix}$，$|\boldsymbol{A}|=8$，$A_{ij}$ 为 $|\boldsymbol{A}|$ 的元素 $a_{ij}$ 的代数余子式，且 $A_{ij}=2a_{ji}$，则方程组 $\boldsymbol{A}\begin{pmatrix} x_1 \\ x_2 \\ x_3 \end{pmatrix}=\begin{pmatrix} 1 \\ 0 \\ -1 \end{pmatrix}$ 的解为 $\begin{pmatrix} x_1 \\ x_2 \\ x_3 \end{pmatrix}=($　　$)$.

(A) $\begin{pmatrix} a_{11}-a_{13} \\ a_{21}-a_{23} \\ a_{31}-a_{33} \end{pmatrix}$ (B) $\begin{pmatrix} a_{11}-a_{31} \\ a_{12}-a_{32} \\ a_{13}-a_{33} \end{pmatrix}$ (C) $\begin{pmatrix} 2(a_{11}-a_{13}) \\ 2(a_{21}-a_{23}) \\ 2(a_{31}-a_{33}) \end{pmatrix}$

(D) $\begin{pmatrix} 2(a_{11}-a_{31}) \\ 2(a_{12}-a_{32}) \\ 2(a_{13}-a_{33}) \end{pmatrix}$ (E) $\begin{pmatrix} \frac{1}{4}(a_{11}-a_{13}) \\ \frac{1}{4}(a_{21}-a_{23}) \\ \frac{1}{4}(a_{31}-a_{33}) \end{pmatrix}$

**91.** 设 $\boldsymbol{A}$ 为 3 阶矩阵，已知线性方程组 $\boldsymbol{Ax}=\begin{pmatrix} 1 \\ -1 \\ 2 \end{pmatrix}$ 的通解为 $\boldsymbol{x}=\begin{pmatrix} 1 \\ 0 \\ 0 \end{pmatrix}+k_1\begin{pmatrix} -3 \\ 1 \\ 0 \end{pmatrix}+k_2\begin{pmatrix} -1 \\ 0 \\ 1 \end{pmatrix}$（$k_1$，$k_2$ 为任意常数），则齐次线性方程组 $\boldsymbol{A}^{\mathrm{T}}\boldsymbol{x}=\boldsymbol{0}$ 的通解为 $\boldsymbol{x}=($　　$)$.

(A) $k_1\begin{pmatrix} 1 \\ 1 \\ 0 \end{pmatrix}+k_2\begin{pmatrix} -2 \\ 0 \\ 1 \end{pmatrix}$ (B) $k_1\begin{pmatrix} 1 \\ 1 \\ 0 \end{pmatrix}+k_2\begin{pmatrix} 2 \\ 0 \\ 1 \end{pmatrix}$ (C) $k_1\begin{pmatrix} 1 \\ 1 \\ 0 \end{pmatrix}+k_2\begin{pmatrix} 0 \\ -2 \\ 1 \end{pmatrix}$

(D) $k_1\begin{pmatrix} 1 \\ 0 \\ 0 \end{pmatrix}+k_2\begin{pmatrix} 0 \\ 2 \\ 1 \end{pmatrix}$ (E) $k_1\begin{pmatrix} 1 \\ 0 \\ 1 \end{pmatrix}+k_2\begin{pmatrix} 0 \\ -2 \\ 1 \end{pmatrix}$

**92.** 设 $\boldsymbol{A}$ 为 3 阶矩阵，$\boldsymbol{A}$ 的每行元素之和均为 4. 若齐次线性方程组 $\boldsymbol{Ax}=\boldsymbol{0}$ 的通解为 $\boldsymbol{x}=k_1\begin{pmatrix} 1 \\ 1 \\ 0 \end{pmatrix}+k_2\begin{pmatrix} 0 \\ 2 \\ 1 \end{pmatrix}$（$k_1$，$k_2$ 为任意常数），则 $\boldsymbol{A}$ 的第 1 列元素之和为(　　).

(A) $-3$　(B) $-6$　(C) 3　(D) 6　(E) 9

**93.** 若非齐次线性方程组 $\begin{cases} x_1+x_2+ax_3=a-2, \\ x_1+ax_2+x_3=-1, \\ ax_1+x_2+x_3=a-2 \end{cases}$ 无解，$k$，$k_1$，$k_2$ 为任意常数，则其导出组

$\begin{cases}x_1+x_2+ax_3=0,\\ x_1+ax_2+x_3=0,\\ ax_1+x_2+x_3=0\end{cases}$的通解为$\begin{pmatrix}x_1\\x_2\\x_3\end{pmatrix}=$(　　).

(A)$k\begin{pmatrix}1\\1\\1\end{pmatrix}$　　(B)$k\begin{pmatrix}1\\1\\-1\end{pmatrix}$　　(C)$k\begin{pmatrix}1\\-1\\1\end{pmatrix}$

(D)$k_1\begin{pmatrix}-1\\1\\0\end{pmatrix}+k_2\begin{pmatrix}-1\\0\\1\end{pmatrix}$　　(E)$k_1\begin{pmatrix}-1\\1\\0\end{pmatrix}+k_2\begin{pmatrix}2\\0\\1\end{pmatrix}$

**94.** 若线性方程组$\begin{cases}x_1+x_2+\lambda x_3=1,\\ \lambda x_1+\lambda x_2+x_3=-1,\\ \lambda x_1+x_2+x_3=-2\end{cases}$有无穷多解，$k$为任意常数，则该方程组的通解为$\begin{pmatrix}x_1\\x_2\\x_3\end{pmatrix}=$(　　).

(A)$\begin{pmatrix}3\\-1\\0\end{pmatrix}+k\begin{pmatrix}1\\0\\1\end{pmatrix}$　　(B)$\begin{pmatrix}\frac{3}{2}\\-\frac{1}{2}\\0\end{pmatrix}+k\begin{pmatrix}1\\0\\1\end{pmatrix}$　　(C)$\begin{pmatrix}\frac{3}{2}\\-\frac{1}{2}\\0\end{pmatrix}+k\begin{pmatrix}0\\1\\1\end{pmatrix}$

(D)$\begin{pmatrix}1\\-\frac{1}{2}\\-\frac{1}{2}\end{pmatrix}+k\begin{pmatrix}1\\1\\0\end{pmatrix}$　　(E)$\begin{pmatrix}2\\-1\\-1\end{pmatrix}+k\begin{pmatrix}1\\0\\1\end{pmatrix}$

**95.** 设$\boldsymbol{\alpha}_1=(1,1,1)$，$\boldsymbol{\alpha}_2=(1,k,2)$，$\boldsymbol{\alpha}_3=(1,1,k)$，$\boldsymbol{A}=(\boldsymbol{\alpha}_1^{\mathrm{T}},\boldsymbol{\alpha}_2^{\mathrm{T}},\boldsymbol{\alpha}_3^{\mathrm{T}})$，若齐次线性方程组$\boldsymbol{Ax}=\boldsymbol{0}$有非零解，则齐次线性方程组$\boldsymbol{A}^{\mathrm{T}}\boldsymbol{x}=\boldsymbol{0}$的一个基础解系为(　　).

(A)$\begin{pmatrix}-1\\1\\0\end{pmatrix}$　　(B)$\begin{pmatrix}1\\1\\0\end{pmatrix}$　　(C)$\begin{pmatrix}-1\\0\\1\end{pmatrix}$　　(D)$\begin{pmatrix}0\\1\\-1\end{pmatrix}$　　(E)$\begin{pmatrix}-1\\1\\1\end{pmatrix}$

**96.** 设$\boldsymbol{A}$是$5\times6$矩阵，齐次线性方程组$\boldsymbol{A}^{\mathrm{T}}\boldsymbol{x}=\boldsymbol{0}$的基础解系所含解的个数为3，则齐次线性方程组$\boldsymbol{Ay}=\boldsymbol{0}$的基础解系所含解的个数为(　　).

(A)1　　(B)2　　(C)3　　(D)4　　(E)5

**97.** 设$\boldsymbol{A}$是行满秩的$4\times7$矩阵，则齐次线性方程组$(\boldsymbol{A}^{\mathrm{T}}\boldsymbol{A})\boldsymbol{x}=\boldsymbol{0}$的基础解系所含解的个数为(　　).

(A)1　　(B)2　　(C)3　　(D)4　　(E)5

**98.** 设$\boldsymbol{A}$为$7\times6$矩阵，齐次线性方程组$\boldsymbol{Ax}=\boldsymbol{0}$有非零解，且任意两个非零解均线性相关，则

$r(\boldsymbol{A})=(\quad)$.

(A)1 (B)2 (C)3 (D)4 (E)5

**99.** 设 $\boldsymbol{A},\boldsymbol{B}$ 均为 6 阶矩阵，且 $r(\boldsymbol{A})=6$，$r(\boldsymbol{AB})=4$，则齐次线性方程组 $(\boldsymbol{A}^*\boldsymbol{B})\boldsymbol{x}=\boldsymbol{0}$ 的基础解系所含解的个数为(　　).

(A)1 (B)2 (C)3 (D)4 (E)5

**100.** 设 $\boldsymbol{A},\boldsymbol{B}$ 都是 6 阶矩阵，若齐次线性方程组 $\boldsymbol{Ax}=\boldsymbol{0}$ 只有零解，齐次线性方程组 $\boldsymbol{B}^*\boldsymbol{x}=\boldsymbol{0}$ 的基础解系所含解的个数为 5，则齐次线性方程组 $(\boldsymbol{A}^*\boldsymbol{B})\boldsymbol{x}=\boldsymbol{0}$ 的基础解系所含解的个数为(　　).

(A)1 (B)2 (C)3 (D)4 (E)5

**101.** 设 $\boldsymbol{A}=\begin{pmatrix}1&1&0\\0&t&t\\1&2t+1&t^2\end{pmatrix}$，若齐次线性方程组 $\boldsymbol{Ax}=\boldsymbol{0}$ 的基础解系只含一个解，则该方程组的一个基础解系为(　　).

(A) $\begin{pmatrix}1\\-1\\1\end{pmatrix}$ (B) $\begin{pmatrix}1\\1\\-1\end{pmatrix}$ (C) $\begin{pmatrix}-1\\1\\1\end{pmatrix}$

(D) $\begin{pmatrix}1\\-1\\0\end{pmatrix}$ (E) $\begin{pmatrix}1\\0\\-1\end{pmatrix}$

**102.** 设 $\boldsymbol{A}=\begin{pmatrix}1&1&0\\0&t&t\\1&2t+1&t^2\end{pmatrix}$，若齐次线性方程组 $\boldsymbol{Ax}=\boldsymbol{0}$ 的基础解系所含解的个数为 2，$k_1,k_2$ 为任意常数，则齐次线性方程组 $\boldsymbol{A}^{\mathrm{T}}\boldsymbol{x}=\boldsymbol{0}$ 的通解为(　　).

(A) $\boldsymbol{x}=k_1\begin{pmatrix}-1\\1\\0\end{pmatrix}+k_2\begin{pmatrix}0\\0\\1\end{pmatrix}$ (B) $\boldsymbol{x}=k_1\begin{pmatrix}0\\1\\0\end{pmatrix}+k_2\begin{pmatrix}-1\\0\\1\end{pmatrix}$

(C) $\boldsymbol{x}=k_1\begin{pmatrix}0\\1\\0\end{pmatrix}+k_2\begin{pmatrix}0\\0\\1\end{pmatrix}$ (D) $\boldsymbol{x}=k_1\begin{pmatrix}-1\\1\\0\end{pmatrix}+k_2\begin{pmatrix}-1\\0\\1\end{pmatrix}$

(E) $\boldsymbol{x}=k_1\begin{pmatrix}0\\1\\0\end{pmatrix}+k_2\begin{pmatrix}1\\0\\1\end{pmatrix}$

**103.** 设 $\boldsymbol{\alpha}_1,\boldsymbol{\alpha}_2,\boldsymbol{\alpha}_3$ 是 3 阶矩阵 $\boldsymbol{A}$ 的列向量组，若齐次线性方程组 $\boldsymbol{Ax}=\boldsymbol{0}$ 的通解为 $\boldsymbol{x}=k\begin{pmatrix}1\\0\\0\end{pmatrix}$($k$ 为任意常数)，则齐次线性方程组 $\boldsymbol{A}^*\boldsymbol{x}=\boldsymbol{0}$ 的一个基础解系为(　　).

(A) $\boldsymbol{\alpha}_2$　(B) $\boldsymbol{\alpha}_3$　(C) $\boldsymbol{\alpha}_2,\boldsymbol{\alpha}_3$　(D) $\boldsymbol{\alpha}_1,\boldsymbol{\alpha}_2$　(E) $\boldsymbol{\alpha}_1,\boldsymbol{\alpha}_3$

**104.** 设 $\boldsymbol{\alpha}_1,\boldsymbol{\alpha}_2,\boldsymbol{\alpha}_3$ 是 3 元线性方程组 $\boldsymbol{Ax}=\boldsymbol{b}$ 的 3 个不同的解向量，且 $r(\boldsymbol{A})=2$，$\boldsymbol{\alpha}_1+\boldsymbol{\alpha}_2=(3,2,-3)^{\mathrm{T}}$，$\boldsymbol{\alpha}_1+\boldsymbol{\alpha}_2+\boldsymbol{\alpha}_3=(3,0,-6)^{\mathrm{T}}$，则其导出组 $\boldsymbol{Ax}=\boldsymbol{0}$ 的一个基础解系为(　　).

(A) $(0,2,3)^{\mathrm{T}}$　(B) $(1,0,-2)^{\mathrm{T}}$　(C) $(2,2,-1)^{\mathrm{T}}$　(D) $(1,2,1)^{\mathrm{T}}$　(E) $(5,2,-7)^{\mathrm{T}}$

**105.** 设 $\boldsymbol{A}=\begin{pmatrix}1&2&a\\a&0&-1\\a&1&0\end{pmatrix}(a>0)$，若齐次线性方程组 $\boldsymbol{Ax}=\boldsymbol{0}$ 有非零解，则非齐次线性方程组 $\boldsymbol{Ax}=\begin{pmatrix}4\\0\\2\end{pmatrix}$(　　).

(A) 有无穷多解，其通解为 $\boldsymbol{x}=\begin{pmatrix}2\\0\\2\end{pmatrix}+k\begin{pmatrix}-1\\1\\-1\end{pmatrix}$（$k$ 为任意常数）

(B) 有无穷多解，其通解为 $\boldsymbol{x}=\begin{pmatrix}0\\2\\0\end{pmatrix}+k\begin{pmatrix}1\\0\\1\end{pmatrix}$（$k$ 为任意常数）

(C) 有无穷多解，其通解为 $\boldsymbol{x}=\begin{pmatrix}0\\2\\0\end{pmatrix}+k\begin{pmatrix}1\\0\\-1\end{pmatrix}$（$k$ 为任意常数）

(D) 有无穷多解，其通解为 $\boldsymbol{x}=\begin{pmatrix}0\\2\\0\end{pmatrix}+k_1\begin{pmatrix}1\\1\\0\end{pmatrix}+k_2\begin{pmatrix}-1\\0\\1\end{pmatrix}$（$k_1,k_2$ 为任意常数）

(E) 无解

**106.** 设 $\boldsymbol{A},\boldsymbol{B}$ 都是 5 阶矩阵，齐次线性方程组 $\boldsymbol{Ax}=\boldsymbol{0}$ 有非零解，且任意两个非零解均线性相关，齐次线性方程组 $\boldsymbol{Bx}=\boldsymbol{0}$ 只有零解，则齐次线性方程组 $(\boldsymbol{AB})\boldsymbol{x}=\boldsymbol{0}$(　　).

(A) 有非零解，其基础解系含有 1 个解　(B) 有非零解，其基础解系含有 2 个解

(C) 有非零解，其基础解系含有 3 个解　(D) 有非零解，其基础解系含有 4 个解

(E) 只有零解

**107.** 已知 $\boldsymbol{\alpha}_1,\boldsymbol{\alpha}_2,\boldsymbol{\alpha}_3,\boldsymbol{\alpha}_4$ 是 4 维非零列向量组，$\boldsymbol{A}=(\boldsymbol{\alpha}_1,\boldsymbol{\alpha}_2,\boldsymbol{\alpha}_3,\boldsymbol{\alpha}_4)$，若齐次线性方程组 $\boldsymbol{Ax}=\boldsymbol{0}$ 的一个基础解系为 $(0,-1,0,1)^{\mathrm{T}}$，$k_1,k_2,k_3$ 为任意常数，则齐次线性方程组 $\boldsymbol{A}^*\boldsymbol{x}=\boldsymbol{0}$ 的通解为(　　).

(A) $\boldsymbol{x}=k_1\boldsymbol{\alpha}_1+k_2\boldsymbol{\alpha}_2$　(B) $\boldsymbol{x}=k_1\boldsymbol{\alpha}_2+k_2\boldsymbol{\alpha}_3$

(C) $\boldsymbol{x}=k_1\boldsymbol{\alpha}_1+k_2\boldsymbol{\alpha}_2+k_3\boldsymbol{\alpha}_3$　(D) $\boldsymbol{x}=k_1\boldsymbol{\alpha}_1+k_2\boldsymbol{\alpha}_2+k_3\boldsymbol{\alpha}_4$

(E) $\boldsymbol{x}=k_1\boldsymbol{\alpha}_2+k_2\boldsymbol{\alpha}_3+k_3\boldsymbol{\alpha}_4$

**108.** 设 $\boldsymbol{A}^*$ 及 $\boldsymbol{B}$ 都是 6 阶非零矩阵，且 $\boldsymbol{AB}=\boldsymbol{O}$，则齐次线性方程组 $\boldsymbol{Bx}=\boldsymbol{0}$ 的基础解系所含解的个数为(　　).

(A)1　　(B)2　　(C)3　　(D)4　　(E)5

**109.** 若方程组$\begin{cases}x_1+x_2+2x_3=3,\\ x_1+ax_2+x_3=2,\\ x_1+x_2+ax_3=2\end{cases}$无解，$k$ 为任意常数，则其导出组的通解为$\begin{pmatrix}x_1\\x_2\\x_3\end{pmatrix}=$(　　).

(A)$k\begin{pmatrix}-1\\1\\0\end{pmatrix}$　　(B)$k\begin{pmatrix}0\\1\\-1\end{pmatrix}$　　(C)$k\begin{pmatrix}-3\\1\\1\end{pmatrix}$　　(D)$k\begin{pmatrix}-3\\-1\\1\end{pmatrix}$　　(E)$k\begin{pmatrix}3\\-1\\1\end{pmatrix}$

**110.** 设 $\boldsymbol{\alpha}_1,\boldsymbol{\alpha}_2,\boldsymbol{\alpha}_3,\boldsymbol{\alpha}_4$ 均为 4 维列向量，记 $\boldsymbol{A}=(\boldsymbol{\alpha}_1,\boldsymbol{\alpha}_2,\boldsymbol{\alpha}_3,\boldsymbol{\alpha}_4)$，$\boldsymbol{B}=(\boldsymbol{\alpha}_1,\boldsymbol{\alpha}_2,\boldsymbol{\alpha}_3)$，非齐次线性方程组 $\boldsymbol{Ax}=\boldsymbol{\beta}$ 的通解为$(1,-1,2,1)^{\mathrm{T}}+k_1(1,2,0,1)^{\mathrm{T}}+k_2(-1,1,1,0)^{\mathrm{T}}$($k_1,k_2$ 为任意常数)，则方程组 $\boldsymbol{By}=\boldsymbol{\beta}$ 的通解为 $\boldsymbol{y}=$(　　).

(A)$\begin{pmatrix}0\\-3\\2\end{pmatrix}+k\begin{pmatrix}-1\\1\\1\end{pmatrix}$($k$ 为任意常数)　　(B)$\begin{pmatrix}0\\-3\\2\end{pmatrix}+k\begin{pmatrix}1\\-1\\1\end{pmatrix}$($k$ 为任意常数)

(C)$\begin{pmatrix}1\\2\\1\end{pmatrix}+k\begin{pmatrix}-1\\1\\1\end{pmatrix}$($k$ 为任意常数)　　(D)$\begin{pmatrix}1\\2\\0\end{pmatrix}+k\begin{pmatrix}-1\\1\\1\end{pmatrix}$($k$ 为任意常数)

(E)$\begin{pmatrix}2\\-5\\0\end{pmatrix}+k\begin{pmatrix}1\\1\\-1\end{pmatrix}$($k$ 为任意常数)

**111.** 设 $\boldsymbol{A}=\begin{pmatrix}1&2&0\\2&a&a\\a&3&1\end{pmatrix}$($a>0$)，若齐次线性方程组 $\boldsymbol{Ax}=\boldsymbol{0}$ 有非零解，则齐次线性方程组 $\boldsymbol{A}^*\boldsymbol{x}=\boldsymbol{0}$的一个基础解系为(　　).

(A)$\begin{pmatrix}1\\2\\2\end{pmatrix}$　　(B)$\begin{pmatrix}2\\2\\3\end{pmatrix}$　　(C)$\begin{pmatrix}0\\2\\1\end{pmatrix}$

(D)$\begin{pmatrix}1\\2\\-1\end{pmatrix},\begin{pmatrix}2\\-1\\3\end{pmatrix}$　　(E)$\begin{pmatrix}1\\0\\1\end{pmatrix},\begin{pmatrix}1\\4\\3\end{pmatrix}$

**112.** 设 $\boldsymbol{A}$ 为 3 阶非零矩阵，3 阶矩阵 $\boldsymbol{B}=(\boldsymbol{\beta}_1,\boldsymbol{\beta}_2,\boldsymbol{\beta}_3)$，且 $\boldsymbol{AB}=\boldsymbol{O}$，若齐次线性方程组 $\boldsymbol{Bx}=\boldsymbol{0}$ 的一个基础解系为$\begin{pmatrix}1\\0\\1\end{pmatrix}$，则齐次线性方程组 $\boldsymbol{Ax}=\boldsymbol{0}$ 的一个基础解系为(　　).

(A)$\boldsymbol{\beta}_1$　　(B)$\boldsymbol{\beta}_2$　　(C)$\boldsymbol{\beta}_3$　　(D)$\boldsymbol{\beta}_1,\boldsymbol{\beta}_2$　　(E)$\boldsymbol{\beta}_1,\boldsymbol{\beta}_3$

**113.** 设 $\boldsymbol{\alpha}_1,\boldsymbol{\alpha}_2,\boldsymbol{\alpha}_3,\boldsymbol{\alpha}_4$ 是 4 维列向量，记 $\boldsymbol{A}=(\boldsymbol{\alpha}_1,\boldsymbol{\alpha}_2,\boldsymbol{\alpha}_3,\boldsymbol{\alpha}_4)$，$\boldsymbol{B}=(\boldsymbol{\alpha}_1,\boldsymbol{\alpha}_2,\boldsymbol{\alpha}_3)$，齐次线性方程组 $\boldsymbol{Ax}=\boldsymbol{0}$ 的通解为 $\boldsymbol{x}=k_1(1,0,1,1)^{\mathrm{T}}+k_2(0,1,2,1)^{\mathrm{T}}$($k_1,k_2$ 为任意常数)，则齐次线性方

程组 $\boldsymbol{B}\boldsymbol{y}=\mathbf{0}$ 的一个基础解系为（　　）.

(A) $\begin{pmatrix}1\\0\\1\end{pmatrix}$　(B) $\begin{pmatrix}0\\1\\2\end{pmatrix}$　(C) $\begin{pmatrix}-1\\1\\1\end{pmatrix}$　(D) $\begin{pmatrix}1\\0\\1\end{pmatrix},\begin{pmatrix}0\\1\\2\end{pmatrix}$　(E) $\begin{pmatrix}-1\\1\\1\end{pmatrix},\begin{pmatrix}1\\1\\3\end{pmatrix}$

**114.** 设 $\boldsymbol{A},\boldsymbol{B}$ 都是 3 阶矩阵，$r(\boldsymbol{B})=3$，且 $\boldsymbol{AB}=\begin{pmatrix}1&1&1\\1&1&1\\1&1&1\end{pmatrix}$，$\boldsymbol{\alpha}_1,\boldsymbol{\alpha}_2,\boldsymbol{\alpha}_3$ 是矩阵 $\boldsymbol{B}$ 的列向量组，$\boldsymbol{\beta}=\begin{pmatrix}2\\2\\2\end{pmatrix}$，则以下说法正确的是（　　）.

(A)齐次线性方程组 $\boldsymbol{Ax}=\mathbf{0}$ 只有零解

(B)齐次线性方程组 $\boldsymbol{Ax}=\mathbf{0}$ 有非零解，其通解中含有一个自由未知量

(C)非齐次线性方程组 $\boldsymbol{Ax}=\boldsymbol{\beta}$ 不一定有解

(D)非齐次线性方程组 $\boldsymbol{Ax}=\boldsymbol{\beta}$ 有无穷多解，其通解为

$\boldsymbol{x}=\frac{2}{3}(\boldsymbol{\alpha}_1+\boldsymbol{\alpha}_2+\boldsymbol{\alpha}_3)+k(\boldsymbol{\alpha}_1+\boldsymbol{\alpha}_2-2\boldsymbol{\alpha}_3)$（$k$ 为任意常数）

(E)非齐次线性方程组 $\boldsymbol{Ax}=\boldsymbol{\beta}$ 有无穷多解，其通解为

$\boldsymbol{x}=2\boldsymbol{\alpha}_1+k_1(\boldsymbol{\alpha}_1-\boldsymbol{\alpha}_2)+k_2(\boldsymbol{\alpha}_1-\boldsymbol{\alpha}_3)$（$k_1,k_2$ 为任意常数）

## 【考向 9】方程组公共解问题

**115.** 设 $\boldsymbol{A}$ 与 $\boldsymbol{B}$ 均为 $n$ 阶方阵，则方程组 $\boldsymbol{Ax}=\mathbf{0}$ 与 $\boldsymbol{Bx}=\mathbf{0}$ 有非零公共解的一个充分条件是（　　）.

(A) $r(\boldsymbol{A})=r(\boldsymbol{B})$　　(B) $r(\boldsymbol{A})=r(\boldsymbol{B})=n$

(C) $r(\boldsymbol{A})=r(\boldsymbol{B})<n$　　(D) $r(\boldsymbol{A})+r(\boldsymbol{B})<n$

(E) $r(\boldsymbol{A})+r(\boldsymbol{B})<2n$

**116.** 若方程组（Ⅰ）：$\begin{cases}x_1-x_2+2x_3=0,\\x_1+kx_2+3x_3=0\end{cases}$ 与方程组（Ⅱ）：$\begin{cases}x_1-x_2+2x_3=0,\\2x_1+x_2+x_3=0\end{cases}$ 有非零公共解，则 $k=$（　　）.

(A) $-2$　(B) $-1$　(C) 0　(D) 1　(E) 2

**117.** 线性方程组 $\begin{cases}x_1-x_2=b_1,\\x_3-x_4=b_2\end{cases}$ 与 $\begin{cases}x_1-x_4=b_3,\\x_2-x_3=b_4\end{cases}$ 有公共解的充分必要条件是（　　）.

(A) $b_1-b_2-b_3-b_4=0$　　(B) $b_1-b_2+b_3+b_4=0$

(C) $b_1+b_2-b_3+b_4=0$　　(D) $b_1+b_2+b_3-b_4=0$

(E) $b_1+b_2+b_3+b_4=0$

**118.** 若方程组 $\begin{cases}x_1+x_2+x_3+x_4=0,\\x_1+2x_2+3x_3+3x_4=1,\\3x_1+2x_2+ax_3+x_4=2\end{cases}$ 与方程 $x_1-x_2-3x_3+ax_4=-2$ 没有公共解，则常数

$a=$(　　).

(A)$-3$　　(B)0　　(C)1　　(D)3　　(E)5

**119.** 若方程组$\begin{cases}x_1+x_2+x_3+x_4=0,\\x_1+2x_2+3x_3+3x_4=-1\end{cases}$与$\begin{cases}2x_1+x_2+x_4=2,\\x_1-x_2-3x_3+ax_4=3\end{cases}$有公共解,则常数 $a=$(　　).

(A)$-3$　　(B)$-2$　　(C)1　　(D)2　　(E)3

**120.** 若方程组(Ⅰ)$\begin{cases}x_1+x_2+x_3=0,\\x_1+3x_2+ax_3=0,\\x_1+3x_2+a^2x_3=0\end{cases}$与(Ⅱ)$\begin{cases}x_1+3x_2+x_3=a-1,\\x_1+x_2+x_3=a^2-a\end{cases}$有唯一公共解,则该公共解为(　　).

(A)$\left(\frac{3}{2},-\frac{1}{2},-1\right)^{\mathrm{T}}$　　(B)$(3,-1,-2)^{\mathrm{T}}$　　(C)$(-1,0,1)^{\mathrm{T}}$

(D)$(1,-1,0)^{\mathrm{T}}$　　(E)$(1,0,-1)^{\mathrm{T}}$

# 第三部分

# 概率论

# 第八章　随机事件与概率

## 【考向 1】事件的关系与运算

**1.** 设 $A$ 和 $B$ 为两个事件，则下列结论中正确的是(　　).

(A) 对于任意的事件 $A$ 和 $B$，总有 $(A+B)-A=B$

(B) 对于任意的事件 $A$ 和 $B$，总有 $(A+B)-A=\overline{A}B$

(C) 对于任意的事件 $A$ 和 $B$，总有 $(A+B)-A=\varnothing$

(D) 仅当事件 $A$ 和 $B$ 对立时，有 $(A+B)-A=B$

(E) 仅当事件 $A$ 和 $B$ 相互独立时，有 $(A+B)-A=B$

**2.** 设 $A,B,C$ 为三个随机事件，则下列事件中与 $A$ 一定互不相容的是(　　).

(A) $\overline{ABC}$　　(B) $\overline{A+B+C}+\overline{B+C}$　　(C) $\overline{A(B+C)}$

(D) $\overline{B(A+C)}$　　(E) $(\overline{A}+B)(A+B)(\overline{A}+\overline{B})(A+\overline{B})$

**3.** 设事件 $A$ 与 $B$ 互不相容，则(　　).

(A) $\overline{A}$ 与 $\overline{B}$ 互不相容　　(B) $\overline{A}$ 与 $\overline{B}$ 相互对立　　(C) $\overline{A}$ 与 $\overline{B}$ 相互独立

(D) $P(A)=1-P(B)$　　(E) $P(\overline{A}\cup\overline{B})=1$

**4.** 设 $A$ 和 $B$ 为两个随机事件，且 $\overline{B}\supset A$，则一定有(　　).

(A) $A+B=\Omega$　　(B) $A=\Omega$　　(C) $B=\Omega$

(D) $AB=\varnothing$　　(E) $B=\overline{A}$

**5.** 对于任意两个事件 $A$ 和 $B$，若 $A\cap B\subset B$，则(　　).

(A) $A\subset B$　　(B) $\overline{B}\subset\overline{A}$　　(C) $\overline{A}\,\overline{B}\neq\varnothing$

(D) $AB\neq\varnothing$　　(E) 以上结论都不正确

**6.** 对于任意两个事件 $A$ 和 $B$，下列结论正确的是(　　).

(A) 若 $A$ 和 $B$ 不相容，则 $A,B$ 一定独立

(B) 若 $A$ 和 $B$ 不相容，则 $A,B$ 有可能独立

(C) 若 $A$ 和 $B$ 相容，则 $A,B$ 一定不独立

(D) 若 $A$ 和 $B$ 相互对立，则 $A,B$ 一定不独立

(E) 若 $A\supset B$，则 $A,B$ 一定不独立

**7.** 设 $A$ 与 $B$ 为互不相容事件，且 $A=B$，则(　　).

(A) $P(A+B)=1$　　(B) $0<P(A+B)<1$　　(C) $P(A+B)=0$

(D) $P(A+B)=\dfrac{1}{2}$　　(E) $0<P(A+B)<\dfrac{1}{2}$

**8.** 设 $A$ 和 $B$ 为两个随机事件，则一定有(　　).

(A) $P(\overline{A}+\overline{B})=1$　　(B) $P(\overline{A}+\overline{B})=0$

(C) $0 < P(\overline{A}+\overline{B}) < 1$　　(D) $P(\overline{A}+\overline{B}) = 1-P(AB)$

(E) $P(\overline{A}+\overline{B}) = 1-P(\overline{A}\,\overline{B})$

**9.** 设事件 $A$ 与 $B$ 互斥，则(　　).

(A) $\overline{A}$ 与 $\overline{B}$ 互斥　　(B) $A+B=\Omega$

(C) $P(AB)=P(A)P(B)$　　(D) $P(\overline{A}\cup\overline{B})=1$

(E) $P(A)=1-P(B)$

## 【考向 2】概率的性质及公式

**10.** 设 $A,B,C$ 为三个相互独立的随机事件，且 $P(A)=0.4$，$P(B)=0.5$，$P(C)=0.5$，则 $P(A-C\mid AB\cup C)=$(　　).

(A) $\frac{1}{2}$　(B) $\frac{1}{3}$　(C) $\frac{1}{4}$　(D) $\frac{1}{5}$　(E) $\frac{1}{6}$

**11.** 设 $A,B$ 是两个随机事件，且 $P(A)=P(B)=0.4$，$P(A\cup B)=0.5$，则 $P(A\mid\overline{B})=$(　　).

(A) $\frac{1}{6}$　(B) $\frac{1}{5}$　(C) $\frac{1}{4}$　(D) $\frac{1}{3}$　(E) $\frac{2}{5}$

**12.** 设$A,B,C$是随机事件，$A$ 与 $C$ 互不相容，$P(AB)=\frac{1}{2}$，$P(C)=\frac{1}{3}$，则 $P(AB\mid\overline{C})=$(　　).

(A) $\frac{3}{4}$　(B) $\frac{3}{5}$　(C) $\frac{1}{2}$　(D) $\frac{1}{3}$　(E) $\frac{1}{4}$

**13.** 已知 $P(A)=P(B)=\frac{1}{3}$，$P(A\mid B)=\frac{1}{6}$，则 $P(B\mid\overline{A})=$(　　).

(A) $\frac{5}{18}$　(B) $\frac{1}{3}$　(C) $\frac{7}{18}$　(D) $\frac{5}{12}$　(E) $\frac{3}{4}$

**14.** 设 $A,B,C$ 为三个随机事件，且 $P(A)=1-P(B)$，$0<P(C)<1$，则下列结论中**不一定**正确的是(　　).

(A) $P(A\mid C)=1-P(B\mid C)$　　(B) $P(A\mid\overline{C})=1-P(B\mid\overline{C})$

(C) $P(A+B)=1$　　(D) $0\leqslant P(AB)\leqslant 1$

(E) $P(\overline{A})=1-P(\overline{B})$

## 【考向 3】三大概型

**15.** 将编号为 1 至 4 的 4 个球随机装入对应编号的 4 个口袋中，则 4 个球都能按照号码正确装入袋中的概率为(　　).

(A) $\frac{1}{2}$　(B) $\frac{1}{3}$　(C) $\frac{1}{4}$　(D) $\frac{1}{12}$　(E) $\frac{1}{24}$

**16.** 7 本书随意地排成一排，则其中指定的一本书的排放位置既不在中间也不在两端的概率为(　　).

(A) $\frac{6}{7}$　(B) $\frac{5}{7}$　(C) $\frac{4}{7}$　(D) $\frac{3}{7}$　(E) $\frac{2}{7}$

**17.** 为了防止意外发生，在矿井下同时装有甲、乙两种报警系统，单独工作时其有效概率：甲系统为 0.92，乙系统为 0.93，在甲系统失灵的条件下，乙系统仍然有效的概率为 0.85，则发生意外时这两个报警系统至少有一个有效的概率为(　　).

(A)0.992　(B)0.988　(C)0.984　(D)0.98　(E)0.976

**18.** 将一颗骰子连续掷两次，则两次投掷得到的点数乘积恰好为一个数的平方的概率为(　　).

(A) $\frac{1}{9}$　(B) $\frac{2}{9}$　(C) $\frac{1}{3}$　(D) $\frac{4}{9}$　(E) $\frac{5}{9}$

**19.** 某银行规定启动账户时密码最多允许输错三次，若三次均输错，密码将被锁定，已知某客户启动账户时忘记了密码的最后一位数字，便随意输入一个数字尝试，则账户能够启动的概率为(　　).

(A) $\frac{1}{2}$　(B) $\frac{7}{15}$　(C) $\frac{5}{12}$　(D) $\frac{1}{3}$　(E) $\frac{3}{10}$

**20.** 在 10 到 99 的所有两位数中，任取一个数，这个数能被 3 或 5 整除的概率为(　　).

(A) $\frac{3}{5}$　(B) $\frac{7}{15}$　(C) $\frac{1}{3}$　(D) $\frac{1}{4}$　(E) $\frac{1}{5}$

**21.** 有五条线段，长度分别为 1，3，5，7，9，从这五条线段中任取三条，这三条线段能构成三角形的概率为(　　).

(A)0.2　(B)0.3　(C)0.4　(D)0.5　(E)0.6

**22.** 将 5 封信投入 3 个信箱，事件{有一个信箱有 2 封信}发生的概率为(　　).

(A) $\frac{50}{81}$　(B) $\frac{8}{9}$　(C) $\frac{4}{9}$　(D) $\frac{2}{9}$　(E) $\frac{1}{9}$

**23.** $n$ 件产品含有 $m$ 件次品，从中任取 $k$ 件($0<k\leqslant n-m, m<n$)，则其中至少有 1 件次品的概率为(　　).

(A) $1-\frac{C_{n-m}^{k}}{C_{n}^{k}}$　(B) $\sum_{r=1}^{m}\frac{C_{m}^{r}C_{n-m}^{k-r}}{C_{n}^{k}}$　(C) $\frac{C_{m}^{1}C_{n-m}^{k-1}}{C_{n}^{k}}$

(D) $\frac{m}{C_{n}^{k}}$　(E) $\sum_{r=1}^{k}\frac{C_{m}^{r}C_{n-m}^{k-r}}{C_{n}^{k}}$

**24.** 设有 $n$ 个不同的质点，每个质点等可能地落到 $N(n\leqslant N)$ 个格子中，假设每个格子容纳质点数是没有限制的，则某指定的 $n$ 个格子中各有一个质点的概率为(　　).

(A) $\frac{C_{N}^{n}n!}{N^{n}}$　(B) $\frac{n!}{N^{n}}$　(C) $\frac{C_{n}^{m}(N-1)^{n-m}}{N^{n}}$

(D) $\frac{C_{n}^{m}n!}{A_{N}^{n}}$　(E) $\frac{n!}{A_{N}^{n}}$

**25.** 现有 10 件产品，其中有 6 件正品，4 件次品，从中任意抽取 3 件，则这 3 件产品中出现次品数大于正品数的概率为(　　).

(A) $\frac{1}{5}$　(B) $\frac{1}{4}$　(C) $\frac{1}{3}$　(D) $\frac{2}{5}$　(E) $\frac{1}{2}$

**26.** 从 52 张扑克牌(大小王除外)中任取 4 张，其中有 3 张点数相同的概率为(　　).

(A) $\frac{384}{20825}$　(B) $\frac{196}{20825}$　(C) $\frac{192}{20825}$　(D) $\frac{96}{20825}$　(E) $\frac{48}{20825}$

**27.** 袋内有 $n$ 个球($n-2$ 个白球,2 个红球),$n$ 个人依次从袋中随机地无放回地抽取 1 个球,则第 3 个人取到红球的概率为(　　).

(A)0　(B) $\frac{1}{n}$　(C) $\frac{2}{n}$　(D) $\frac{1}{n-1}$　(E) $\frac{2}{n-1}$

**28.** 10 件产品中有 5 件一等品,3 件二等品,2 件次品,无放回地抽取,则取到二等品之前取到一等品的概率为(　　).

(A) $\frac{1}{8}$　(B) $\frac{3}{8}$　(C) $\frac{1}{2}$　(D) $\frac{5}{8}$　(E) $\frac{7}{8}$

**29.** 一个质点落在平面区域 $D=\{(x,y)\mid |x|\leqslant 1,0\leqslant y\leqslant 1\}$ 内各点是等可能的,则该质点落在区域 $A=\{(x,y)\mid x^2\leqslant y\leqslant 1\}$ 内的概率为(　　).

(A) $\frac{5}{6}$　(B) $\frac{2}{3}$　(C) $\frac{1}{2}$　(D) $\frac{1}{3}$　(E)0

**30.** 甲、乙两人相约在一个小时内到达某个地点会面,并且商定,如果任何一方等待 20 分钟对方未到,会面取消. 现已知乙到达会面地点时间不早于甲,则在该条件下双方能够会面的概率为(　　).

(A) $\frac{1}{9}$　(B) $\frac{2}{9}$　(C) $\frac{1}{3}$　(D) $\frac{4}{9}$　(E) $\frac{5}{9}$

**31.** 口袋中有 4 个白球,2 个黑球,某人连续从袋中有放回地取出一球,则此人在第 5 次取球时,恰好第 2 次取出黑球的概率为(　　).

(A) $C_4^1\frac{1}{3}\left(1-\frac{1}{3}\right)^3$　(B) $C_4^1\left(\frac{1}{3}\right)^2\left(1-\frac{1}{3}\right)^3$　(C) $A_5^1\frac{1}{3}\left(1-\frac{1}{3}\right)^3$

(D) $A_5^1\left(\frac{1}{3}\right)^2\left(1-\frac{1}{3}\right)^3$　(E) $C_5^2\left(\frac{1}{3}\right)^2\left(1-\frac{1}{3}\right)^3$

**32.** 某人打靶每次击中的概率是 0.7,现独立地重复射击 5 次,则靶子被击中的概率等于(　　).

(A) $C_5^4(0.7)^4 0.3$　(B) $(0.7)^5$　(C) $\sum_{i=1}^{5}(0.7)^i$

(D) $\sum_{i=1}^{5}(0.3)^i$　(E) $1-(0.3)^5$

**33.** 某机构有一个 9 人组成的顾问组,若每个顾问贡献正确意见的概率为 0.7,现在该机构针对某个事项可行性咨询顾问组意见,并按照多数人的意见做出决策,则做出正确决策的概率为(　　).

(A)0.901　(B)0.88　(C)0.821　(D)0.782　(E)0.731

**34.** 如果每次试验成功的概率都是 $p$,且三次独立重复试验中至少成功一次的概率为 $\frac{19}{27}$,则 $p=$(　　).

(A) $\frac{1}{6}$　(B) $\frac{1}{5}$　(C) $\frac{1}{4}$　(D) $\frac{1}{3}$　(E) $\frac{2}{3}$

**35.** 甲、乙两人每人有 4 枚硬币，则两人全部掷完后出现正面的次数相等的概率为（　　）．

(A) $\frac{1}{2}$　　(B) $\frac{3}{8}$　　(C) $\frac{9}{32}$　　(D) $\frac{35}{128}$　　(E) $\frac{25}{128}$

## 【考向 4】随机事件的独立性

**36.** 甲、乙两人打靶，每人各射击 1 次，射击结果相互独立，各自所得环数的概率分布如下：

甲

| $X$ | 6 | 7 | 8 | 9 |
|---|---|---|---|---|
| $P$ | 0.2 | 0.3 | 0.4 | 0.1 |

乙

| $Y$ | 5 | 6 | 8 | 10 |
|---|---|---|---|---|
| $P$ | 0.2 | 0.4 | 0.3 | 0.1 |

则两人打靶所得环数之和超过 15 环的概率为（　　）．

(A)0.25　　(B)0.26　　(C)0.27　　(D)0.28　　(E)0.29

**37.** 假设每个人血清中含有 $a$ 号病毒的概率为 0.004，若混合 100 人的血清，则混合后的血清含有 $a$ 号病毒的概率为（　　）．

(A)$1-0.996^{100}$　　(B)$1-0.9961^{100}$　　(C)$1-0.997^{100}$

(D)$1-0.9971^{100}$　　(E)$1-0.998^{100}$

**38.** 某班车起点站上车人数是随机的，每位乘客中途下车的概率为 0.3，并且他们下车与否相互独立，则在发车时有 10 位乘客的条件下，中途有 3 位下车的概率为（　　）．

(A)$C_{10}^{2}0.3^{3}0.7^{7}$　　(B)$3\times0.3^{3}0.7^{7}$　　(C)$C_{10}^{3}0.3^{3}0.7^{7}$

(D)$0.3^{3}0.7^{7}$　　(E)$0.3^{3}$

**39.** 甲、乙两人射击，甲击中目标的概率为 80%，乙击中目标的概率为 70%，两人同时射击，且两人是否击中目标相互独立，则目标被击中的概率为（　　）．

(A)0.86　　(B)0.88　　(C)0.9　　(D)0.92　　(E)0.94

**40.** 已知 $A,B,C$ 是三个相互独立的事件，且 $0<P(C)<1$，则在下列给定的 5 对随机事件中，**不相互独立**的是（　　）．

(A) $\overline{AB}$ 与 $C$　　(B) $\overline{A\cup C}$ 与 $C$　　(C)$A-\overline{B}$ 与 $\overline{C}$

(D)$A\overline{B}$ 与 $\overline{C}$　　(E)$\overline{A}\cup\overline{B}$ 与 $\overline{C}$

**41.** 设 $A,B$ 为两个事件，且 $P(A)=\frac{2}{3}$，$P(B)=\frac{1}{2}$，$P(AB)=\frac{1}{3}$，则（　　）．

(A)$A$ 包含 $B$　　(B)$A$ 与 $B$ 相互独立　　(C)$B$ 包含 $A$

(D)$A$ 与 $B$ 互不相容　　(E)$B$ 是必然事件

**42.** 设事件 $A$ 和 $B$ 相互独立，$P(A)=P(\overline{B})=a-1$，$P(A+B)=\frac{7}{9}$，则 $a=$（　　）．

(A) $\frac{3}{2}$　　(B) $\frac{4}{3}$　　(C) $\frac{5}{3}$　　(D) $\frac{5}{4}$　　(E) $\frac{4}{3}$ 或 $\frac{5}{3}$

**43.** 已知事件 $A,B$ 相互独立，且 $P(A)=P(\overline{B})$，$P(A\cup B)=\frac{7}{9}$，则 $P(A)=$（　　）．

(A) $\frac{1}{3}$　　(B) $\frac{2}{3}$　　(C) $\frac{3}{4}$　　(D) $\frac{1}{3}$ 或 $\frac{2}{3}$　　(E) $\frac{2}{3}$ 或 $\frac{3}{4}$

**44.** 甲、乙、丙三部机床独立工作，由一个工人照管，某段时间内它们不需要工人照管并工作的概率分别为 0.9，0.8 及 0.85，则在这段时间内因无人照管三部机床都不工作的概率为(　　).

(A)0.003　　(B)0.068　　(C)0.108　　(D)0.153　　(E)0.612

**45.** 随机事件 $A,B$ 相互独立，已知只有 $A$ 发生的概率为 $\frac{1}{3}$，只有 $B$ 发生的概率为 $\frac{1}{6}$，则 $P(A)=($　　$)$.

(A) $\frac{1}{2}$　　(B) $\frac{2}{3}$　　(C) $\frac{1}{4}$　　(D) $\frac{1}{2}$ 或 $\frac{2}{3}$　　(E) $\frac{1}{4}$ 或 $\frac{2}{3}$

**46.** 设 $A,B$ 为两个独立的随机事件，若 $P(A+B)=P(\overline{A}\overline{B})$，且 $P(A)=\frac{1}{3}$，则 $P(B)=($　　$)$.

(A) $\frac{1}{5}$　　(B) $\frac{1}{4}$　　(C) $\frac{1}{3}$　　(D) $\frac{1}{2}$　　(E) $\frac{2}{3}$

**47.** 如图所示，电路中有开关 $a,b,c,d$，它们的状态为开或关的概率都是 0.5，而且是相互独立的，则电路中灯亮的概率为(　　).

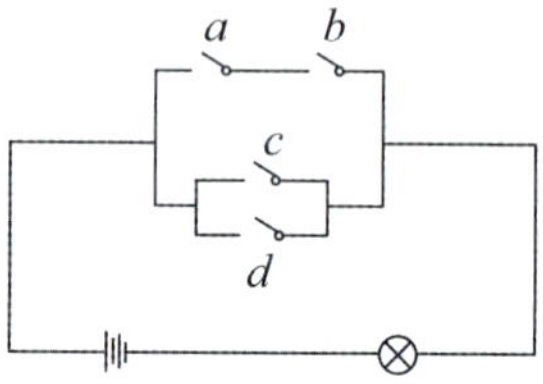


(A) $\frac{13}{16}$　　(B) $\frac{11}{16}$

(C) $\frac{9}{16}$　　(D) $\frac{7}{16}$

(E) $\frac{5}{16}$

**48.** 一电路装有三个同种电气元件，其工作状态相互独立，在某个时间段内每个元件无故障工作的概率均为 0.8，则该电路在三个元件并联的情况下无故障工作的概率为(　　).

(A)0.992　　(B)0.988　　(C)0.984　　(D)0.98　　(E)0.976

## 【考向 5】五大公式

**49.** 设 $A,B,C$ 为三个随机事件，且 $A\supset B,A\supset C,P(A)=0.9,P(\overline{B}\cup\overline{C})=0.8$，则 $P(A-BC)=($　　$)$.

(A)0.1　　(B)0.3　　(C)0.5　　(D)0.7　　(E)0.9

**50.** 设 $A,B,C$ 是三个随机事件，且

$$P(A)=P(B)=P(C)=\frac{1}{3},P(AB)=P(BC)=0,P(AC)=\frac{1}{7},$$

则 $A,B,C$ 中至少有一个发生的概率为(　　).

(A) $\frac{2}{7}$　　(B) $\frac{3}{7}$　　(C) $\frac{4}{7}$　　(D) $\frac{5}{7}$　　(E) $\frac{6}{7}$

**51.** 某校男生中，有 60% 的男生爱好踢足球，45% 的男生爱好打篮球，30% 的男生对踢足球和打篮球都爱好，则在该学校中任找一名男生，这名男生对这两种运动都不爱好的概率

为(　　).

(A)0.22　　(B)0.25　　(C)0.28　　(D)0.32　　(E)0.36

**52.** 设 $P(A)=0.6, P(B)=0.9$,则 $P(A\cup B)-P(AB)$ 可能取得的最大值是(　　).

(A)0　　(B)0.2　　(C)0.3　　(D)0.4　　(E)0.5

**53.** 设事件 $A=\{X\geqslant 0\}, B=\{Y\geqslant 0\}$,且 $P(A)=P(B)=\frac{4}{7}, P(AB)=\frac{3}{7}$,则 $P\{\max\{X,Y\}\geqslant 0\}=$(　　).

(A) $\frac{5}{7}$　　(B) $\frac{4}{7}$　　(C) $\frac{3}{7}$　　(D) $\frac{2}{7}$　　(E) $\frac{1}{7}$

**54.** 从2,3,4,5中任取一个数,记为 $X$,再从 $2,\cdots,X$ 中任取一个数,记为 $Y$,则 $P\{Y=2\}=$(　　).

(A) $\frac{17}{48}$　　(B) $\frac{19}{48}$　　(C) $\frac{23}{48}$　　(D) $\frac{25}{48}$　　(E) $\frac{29}{48}$

**55.** 一个商店出售的商品是由三个分厂生产的同型号产品组成的,而这三个分厂生产的产品比例为4∶2∶3,它们的产品不合格率依次为1%,4%,5%.某顾客从这批产品中任意选购一件,则该顾客购到不合格品的概率为(　　).

(A)0.01　　(B)0.02　　(C)0.03　　(D)0.04　　(E)0.05

**56.** 12个乒乓球都是新球,每次比赛时取出3个,用完放回,则第三次比赛时取出的3个球都是新球的概率为(　　).

(A)0.112　　(B)0.123　　(C)0.134　　(D)0.146　　(E)0.152

**57.** 设工厂 $A$ 和工厂 $B$ 的产品次品率分别为1%和2%,现从 $A$ 和 $B$ 的产品分别占60%和40%的一批产品中随机抽取一件,发现是次品,则该次品属于工厂 $B$ 的概率为(　　).

(A) $\frac{2}{7}$　　(B) $\frac{3}{7}$　　(C) $\frac{4}{7}$　　(D) $\frac{5}{7}$　　(E) $\frac{6}{7}$

**58.** 一个口袋中有黑、白两种颜色的球共5个,每个球是黑球还是白球的机会均等.从中有放回地任取2次,每次取1个,发现两次取得的都是白球,则口袋中有2个白球的概率为(　　).

(A) $\frac{1}{48}$　　(B) $\frac{5}{48}$　　(C) $\frac{1}{6}$　　(D) $\frac{1}{3}$　　(E) $\frac{3}{8}$

# 第九章　随机变量及其分布

## 【考向 1】分布函数

**1.** 设 $F(x)$ 为随机变量 $X$ 的分布函数，则（　　）.

(A) $F(x)$ 存在间断点　(B) $F(x)$ 为可导函数　(C) $F(x)$ 存在极值点

(D) $F(x_0) \geqslant P\{X = x_0\}$　(E) $F(x)$ 为无界函数

**2.** 设 $F(x)$ 为随机变量 $X$ 的分布函数，则 $P\{a < X < b\} =$（　　）.

(A) $F(b) - F(a)$　(B) $F(b-0) - F(a-0)$　(C) $F(b) - F(a-0)$

(D) $F(b+0) - F(a)$　(E) $F(b-0) - F(a)$

**3.** 设 $F_1(x), F_2(x)$ 分别为随机变量 $X_1, X_2$ 的分布函数，则以下函数中不能作为某个随机变量的分布函数的是（　　）.

(A) $F_1(2x)$　(B) $F_1(x) \cdot F_2(x)$　(C) $F_1(x^2)$

(D) $F_1^3(x)$　(E) $aF_1(x) + bF_2(x)$，其中 $a, b > 0, a + b = 1$

**4.** 下列函数中，能够作为某个随机变量的分布函数的是（　　）.

(A) $F(x) = \begin{cases} 0, & x \leqslant -1, \\ -\dfrac{1}{2}x^2 + \dfrac{1}{2}x + 1, & -1 < x \leqslant 1, \\ 1, & x > 1 \end{cases}$

(B) $F(x) = \begin{cases} 0, & x \leqslant -1, \\ x^2 - 1, & -1 < x \leqslant \sqrt{2}, \\ 1, & x > \sqrt{2} \end{cases}$

(C) $F(x) = \begin{cases} 0, & x \leqslant 0, \\ x^2, & 0 < x < 1, \\ 1, & x > 1 \end{cases}$

(D) $F(x) = \begin{cases} 0, & x \leqslant 0, \\ \sin x, & 0 < x \leqslant \dfrac{5\pi}{2}, \\ 1, & x > \dfrac{5\pi}{2} \end{cases}$

(E) $F(x) = \dfrac{1}{2} + \dfrac{1}{\pi}\arctan x, -\infty < x < +\infty$

**5.** 设 $F_1(x), F_2(x)$ 分别为随机变量 $X_1$ 与 $X_2$ 的分布函数，为使函数 $F(x) = aF_1(x) - bF_2(x)$ 为某一随机变量的分布函数，则在下列给定的各组数值中应取（　　）.

(A) $a=\frac{3}{5},b=-\frac{2}{5}$　　(B) $a=\frac{2}{3},b=\frac{2}{3}$　　(C) $a=-\frac{1}{2},b=\frac{3}{2}$

(D) $a=\frac{1}{2},b=-\frac{3}{2}$　　(E) $a=\frac{1}{4},b=\frac{3}{4}$

**6.** 设随机变量 $X$ 的分布函数为

$$F(x)=\begin{cases}0, & x<0,\\ \frac{1}{2}, & 0\leqslant x<2,\\ 1-\frac{1}{x^2}, & x\geqslant 2,\end{cases}$$

则 $P\{X=2\}=$(　　).

(A) 0　　(B) $\frac{1}{8}$　　(C) $\frac{1}{4}$　　(D) $\frac{1}{3}$　　(E) $\frac{3}{4}$

**7.** 设 $X$ 为连续型随机变量，其分布函数为

$$F(x)=\begin{cases}0, & x\leqslant a,\\ x^2+c, & a<x\leqslant b,\\ 1, & x>b,\end{cases}$$

且 $P\left\{X\leqslant\frac{1}{2}\right\}=\frac{1}{4}$，则 $a,b,c$ 的取值依次为(　　).

(A) $a=0,b=\frac{1}{2},c=0$　　(B) $a=0,b=1,c=0$　　(C) $a=\frac{1}{4},b=1,c=\frac{1}{4}$

(D) $a=\frac{1}{4},b=\frac{3}{4},c=0$　　(E) $a=\frac{1}{4},b=\frac{3}{2},c=\frac{1}{4}$

## 【考向 2】离散型随机变量

**8.** 设离散型随机变量 $X$ 的分布函数为

$$F(x)=\begin{cases}0, & x<-1,\\ 0.3, & -1\leqslant x<1,\\ 0.8, & 1\leqslant x<3,\\ 0.5a, & x\geqslant 3,\end{cases}$$

则 $X$ 的分布阵为(　　).

(A) $\begin{pmatrix}-1 & 1 & 3\\ 0.3 & 0.5 & 0.2\end{pmatrix}$　　(B) $\begin{pmatrix}-1 & 1 & 3\\ 0.3 & 0.3 & 0.4\end{pmatrix}$

(C) $\begin{pmatrix}-1 & 1 & 3\\ 0.3 & 0.4 & 0.3\end{pmatrix}$　　(D) $\begin{pmatrix}-1 & 1 & 3\\ 0.4 & 0.3 & 0.3\end{pmatrix}$

(E) $\begin{pmatrix}1 & 3\\ 0.4 & 0.6\end{pmatrix}$

**9.** 设离散型随机变量 $X$ 的分布函数为

$$F(x)=\begin{cases}0, & x<-1,\\ 0.4, & -1\leqslant x<2,\\ 0.7, & 2\leqslant x<3,\\ 1, & x\geqslant 3,\end{cases}$$

则（　　）.

(A) $P\{X=1.5\}=0.4$

(B) $P\{-2<X<1\}=0.4$

(C) $P\{X<3\}=0.4$

(D) $P\{X\leqslant 3\}=0.4$

(E) $P\{1\leqslant X<3\}=0.4$

**10.** 设随机变量 $X$ 的分布律为

| $X$ | 1 | 2 |
|---|---|---|
| $P$ | $3a^2-a$ | $2a-1$ |

则 $a=$（　　）.

(A) $\frac{1}{3}$　(B) $\frac{2}{3}$　(C) $\frac{4}{3}$　(D) $\frac{5}{3}$　(E) 2

**11.** 已知离散型随机变量 $X$ 的分布律为 $P\{X=k\}=\frac{1}{4}p^k(k=0,1,\cdots,0<p<1)$，则 $p=$（　　）.

(A) $\frac{3}{4}$　(B) $\frac{2}{3}$　(C) $\frac{1}{2}$　(D) $\frac{1}{3}$　(E) $\frac{1}{4}$

**12.** 已知离散型随机变量 $X$ 的概率分布为

$$X\sim\begin{pmatrix}-\frac{1}{3} & 0 & \frac{2}{3} & 2\\ \frac{1}{3a} & \frac{2}{9a} & \frac{5}{27a} & \frac{1}{27a}\end{pmatrix},$$

则 $P\left\{|X|\geqslant\frac{1}{2}\right\}=$（　　）.

(A) $\frac{6}{7}$　(B) $\frac{4}{7}$　(C) $\frac{2}{7}$　(D) $\frac{1}{7}$　(E) $\frac{5}{21}$

**13.** 已知离散型随机变量 $X$ 的概率分布为

$$X\sim\begin{pmatrix}-3 & 0 & 1 & 2\\ \frac{3}{7} & \frac{2}{7} & \frac{5}{27a} & \frac{1}{27a}\end{pmatrix},$$

则 $P\{|X|\geqslant 2\}=$（　　）.

(A) $\frac{6}{7}$　(B) $\frac{4}{7}$　(C) $\frac{2}{7}$　(D) $\frac{1}{7}$　(E) $\frac{10}{21}$

**14.** 已知离散型随机变量 $X$ 的概率分布为

$$X\sim\begin{pmatrix}-1 & 0 & 1 & 2 & 3\\ 0.16 & 0.1a & a^2 & 0.2a & 0.3\end{pmatrix},$$

则 $P\{1<X<3 \mid X\geqslant 0\}=($　　$)$.

(A) $\frac{6}{7}$　　(B) $\frac{4}{7}$　　(C) $\frac{2}{7}$　　(D) $\frac{1}{7}$　　(E) $\frac{5}{21}$

**15.** 袋中有 3 个黑球和 6 个白球，从袋中随机摸取一个球，如果摸到黑球，则换成白球并放回，第二次再从袋中摸取一个球，如此下去，直到取到白球为止. 记 $X$ 为抽取次数，则 $X$ 的分布阵为(　　).

(A) $\begin{pmatrix} 1 & 2 & 3 & 4 \\ \frac{2}{3} & \frac{8}{27} & \frac{7}{243} & \frac{2}{243} \end{pmatrix}$　　(B) $\begin{pmatrix} 1 & 2 & 3 & 4 \\ \frac{2}{3} & \frac{7}{27} & \frac{16}{243} & \frac{2}{243} \end{pmatrix}$

(C) $\begin{pmatrix} 1 & 2 & 3 & 4 \\ \frac{2}{3} & \frac{2}{9} & \frac{25}{243} & \frac{2}{243} \end{pmatrix}$　　(D) $\begin{pmatrix} 1 & 2 & 3 & 4 \\ \frac{2}{3} & \frac{2}{9} & \frac{8}{81} & \frac{1}{81} \end{pmatrix}$

(E) $\begin{pmatrix} 1 & 2 & 3 & 4 \\ \frac{2}{3} & \frac{2}{9} & \frac{2}{27} & \frac{1}{27} \end{pmatrix}$

**16.** 将一个质点等可能地投入边长为 2 的正方形区域，曲线 $y=\frac{1}{2}x^2$，$y=2x^2$ 将区域划分为三部分，如图所示，若设

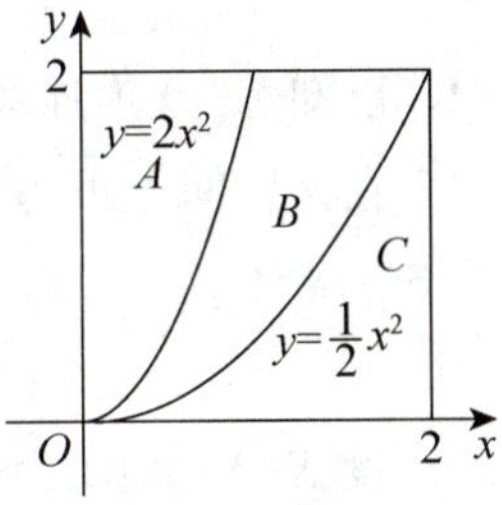


$$X=\begin{cases}1, & \text{质点落入区域 } A, \\ 2, & \text{质点落入区域 } B, \\ 3, & \text{质点落入区域 } C,\end{cases}$$

则 $X$ 的分布阵为(　　).

(A) $\begin{pmatrix} 1 & 2 & 3 \\ \frac{1}{4} & \frac{1}{4} & \frac{1}{2} \end{pmatrix}$　　(B) $\begin{pmatrix} 1 & 2 & 3 \\ \frac{1}{5} & \frac{2}{5} & \frac{2}{5} \end{pmatrix}$　　(C) $\begin{pmatrix} 1 & 2 & 3 \\ \frac{1}{3} & \frac{1}{3} & \frac{1}{3} \end{pmatrix}$

(D) $\begin{pmatrix} 1 & 2 & 3 \\ \frac{1}{6} & \frac{1}{3} & \frac{1}{2} \end{pmatrix}$　　(E) $\begin{pmatrix} 1 & 2 & 3 \\ \frac{2}{7} & \frac{1}{7} & \frac{4}{7} \end{pmatrix}$

## 【考向 3】连续型随机变量

**17.** 设 $f(x)$ 是连续型随机变量 $X$ 的密度函数，$F(x)$ 为其分布函数，则(　　).

(A) $0\leqslant f(x)\leqslant 1$　　(B) $f(x)$ 为连续函数

(C) $f(x)$ 为奇函数　　(D) $P\{X=x\}=F'(x)$

(E) $P\{X=x\}\leqslant F(x)$

**18.** 设 $f(x)$ 为连续型随机变量 $X$ 的密度函数，则(　　).

(A) $f(x)$ 可以是奇函数　　(B) $f(x)$ 可以是偶函数

(C) $f(x)$ 是连续函数　　(D) $f(x)$ 可以是单调增加函数

(E) $f(x)<1$

**19.** 设 $F_1(x),F_2(x)$ 为两个分布函数,其相应的密度函数 $f_1(x),f_2(x)$ 是连续函数,则以下函数必为某一随机变量的密度函数的是(　　).

(A) $f_1(x)F_2(x)$　　(B) $f_1(x)F_1(x)$　　(C) $\frac{1}{2}f_1(x)F_1(x)$

(D) $2f_1(x)F_1(x)$　　(E) $\frac{3}{2}f_1(x)-\frac{1}{2}f_2(x)$

**20.** 以下函数中,不能作为连续型随机变量的密度函数的是(　　).

(A) $f(x)=\begin{cases}\frac{1}{x+1}, & 0\leqslant x<\mathrm{e}-1,\\ 0, & \text{其他}\end{cases}$　　(B) $f(x)=\begin{cases}3x^2, & -1\leqslant x<0,\\ 0, & \text{其他}\end{cases}$

(C) $f(x)=\begin{cases}\frac{2}{\pi}, & -\frac{\pi}{2}\leqslant x<0,\\ 0, & \text{其他}\end{cases}$　　(D) $f(x)=\begin{cases}\cos x, & 0\leqslant x<\frac{\pi}{2},\\ 0, & \text{其他}\end{cases}$

(E) $f(x)=\begin{cases}\sin x, & -\frac{\pi}{2}\leqslant x<0,\\ 0, & \text{其他}\end{cases}$

**21.** 已知 $f(x)$ 为连续型随机变量 $X$ 的密度函数,且 $f(x)$ 不为零的定义区间为 $[0,\pi]$,则 $f(x)$ 在该区间上可为(　　).

(A) $\frac{1}{2}\sin x$　　(B) $\sin x$　　(C) $\cos\frac{x}{2}$　　(D) $|\cos x|$　　(E) $\frac{2x}{\pi}$

**22.** 设 $X(X\geqslant 0)$ 为随机变量,$P\{X=0\}=\frac{1}{2}$,当 $x>0$ 时,其密度函数为 $\mathrm{e}^{-ax}$,其中 $a>0$,则 $X$ 的分布函数 $F(x)=$(　　).

(A) $\begin{cases}1-\frac{1}{2}\mathrm{e}^{-x}, & x\geqslant 0,\\ 0, & x<0\end{cases}$　　(B) $\begin{cases}1-\mathrm{e}^{-x}, & x\geqslant 0,\\ 0, & x<0\end{cases}$

(C) $\begin{cases}1-\frac{1}{2}\mathrm{e}^{-2x}, & x\geqslant 0,\\ 0, & x<0\end{cases}$　　(D) $\begin{cases}1-\mathrm{e}^{-2x}, & x\geqslant 0,\\ 0, & x<0\end{cases}$

(E) $\begin{cases}\frac{1}{2}-\frac{1}{2}\mathrm{e}^{-2x}, & x\geqslant 0,\\ 0, & x<0\end{cases}$

**23.** 设 $X$ 为连续型随机变量,其密度函数为

$$f(x)=\begin{cases}\ln x, & 1\leqslant x<a,\\ 0, & \text{其他},\end{cases}$$

则 $X$ 的分布函数 $F(x)=$(　　).

(A) $\begin{cases}0, & x<1,\\ x\ln x-x+1, & 1\leqslant x<\mathrm{e},\\ 1, & x\geqslant \mathrm{e}\end{cases}$　　(B) $\begin{cases}0, & x<1,\\ x^2\ln x-x^2+1, & 1\leqslant x<\mathrm{e},\\ 1, & x\geqslant \mathrm{e}\end{cases}$

(C) $\begin{cases} 0, & x<1, \\ x-x\ln x+1, & 1\leqslant x<\mathrm{e}, \\ 1, & x\geqslant \mathrm{e} \end{cases}$　　(D) $\begin{cases} 0, & x<1, \\ x\ln(x+1)-x+1, & 1\leqslant x<\mathrm{e}-1, \\ 1, & x\geqslant \mathrm{e}-1 \end{cases}$

(E) $\begin{cases} 0, & x<1, \\ x\ln(x+1)+1, & 1\leqslant x<\mathrm{e}-1, \\ 1, & x\geqslant \mathrm{e}-1 \end{cases}$

**24.** 已知连续型随机变量 $X$ 的分布函数为

$$F(x)=\begin{cases} 1-\dfrac{10}{\sqrt{x}}, & x\geqslant 100, \\ 0, & x<100, \end{cases}$$

则 $X$ 的密度函数 $f(x)=($　　$)$.

(A) $\dfrac{5}{x\sqrt{x}}$　　(B) $1-\dfrac{10}{x\sqrt{x}}$　　(C) $1-\dfrac{5}{x\sqrt{x}}$

(D) $\begin{cases} \dfrac{5}{x\sqrt{x}}, & x>100, \\ 0, & x\leqslant 100 \end{cases}$　　(E) $\begin{cases} 1-\dfrac{10}{x\sqrt{x}}, & x>100, \\ 0, & x\leqslant 100 \end{cases}$

**25.** 设连续型随机变量 $X$ 的密度函数为 $f(x)=\begin{cases} k\mathrm{e}^{-\frac{x}{2}}, & x>0, \\ 0, & x\leqslant 0, \end{cases}$ 则 $P\{X\geqslant 2\}=($　　$)$.

(A) $\mathrm{e}^{-1}$　　(B) $\dfrac{1}{2}k\mathrm{e}^{-1}$　　(C) $2\mathrm{e}^{-1}$　　(D) $\mathrm{e}^{-2}$　　(E) $\dfrac{1}{2}\mathrm{e}^{-2}$

**26.** 设随机变量 $X$ 的密度函数为

$$f(x)=\begin{cases} \dfrac{A}{\sqrt{1-x^2}}, & |x|<1, \\ 0, & \text{其他}, \end{cases}$$

则 $P\left\{|X|<\dfrac{1}{2}\right\}=($　　$)$.

(A) $\dfrac{2}{3}$　　(B) $\dfrac{1}{2}$　　(C) $\dfrac{1}{3}$　　(D) $\dfrac{1}{4}$　　(E) $\dfrac{1}{5}$

**27.** 设连续型随机变量 $X$ 的分布函数为 $F(x)=\begin{cases} a\arctan x, & x>0, \\ b, & x\leqslant 0, \end{cases}$ 则常数 $a,b$ 分别等于(　　).

(A) $\dfrac{1}{\pi},0$　　(B) $\dfrac{2}{\pi},0$　　(C) $\dfrac{1}{\pi},1$　　(D) $\dfrac{1}{2\pi},0$　　(E) $\dfrac{1}{2\pi},1$

**28.** 若连续型随机变量 $X$ 的分布函数如图所示，则 $X$ 的密度函数 $f(x)=($　　$)$.

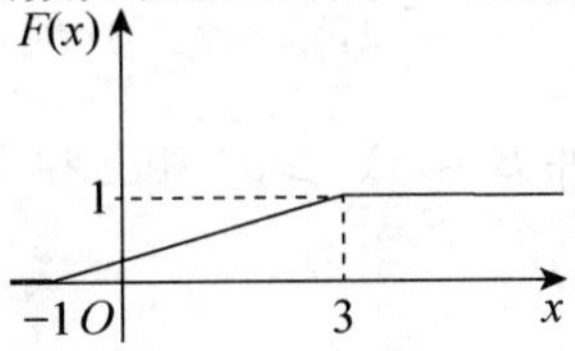

(A) $\begin{cases} \frac{1}{4}x^2, & -1 \leqslant x \leqslant 3, \\ 0, & 其他 \end{cases}$

(B) $\begin{cases} \frac{1}{3}x, & -1 < x < 3, \\ 0, & 其他 \end{cases}$

(C) $\begin{cases} \frac{1}{4}x, & -1 < x < 3, \\ 0, & 其他 \end{cases}$

(D) $\begin{cases} \frac{1}{4}, & -1 < x < 3, \\ 0, & 其他 \end{cases}$

(E) $\begin{cases} \frac{1}{3}, & -1 < x < 3, \\ 0, & 其他 \end{cases}$

**29.** 若连续型随机变量 $X$ 的分布函数如图所示，则 $X$ 的密度函数 $f(x)=$ (　　).

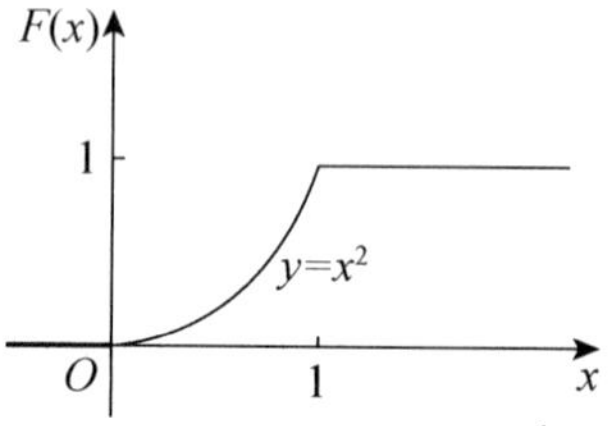


(A) $\begin{cases} x, & 0 \leqslant x \leqslant 1, \\ 0, & 其他 \end{cases}$

(B) $\begin{cases} 2x, & 0 < x < 1, \\ 0, & 其他 \end{cases}$

(C) $\begin{cases} x^2, & 0 < x < 1, \\ 0, & 其他 \end{cases}$

(D) $\begin{cases} \frac{1}{2}x, & 0 < x < 1, \\ 0, & 其他 \end{cases}$

(E) $\begin{cases} 1, & 0 < x < 1, \\ 0, & 其他 \end{cases}$

**30.** 若连续型随机变量 $X$ 的分布函数如图所示，则 $P\{-1 < X \leqslant 1\}=$ (　　).

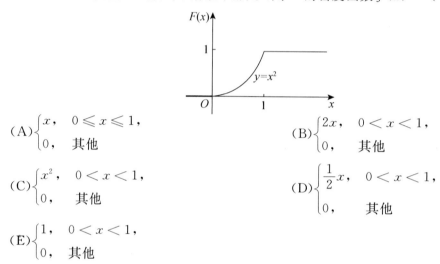

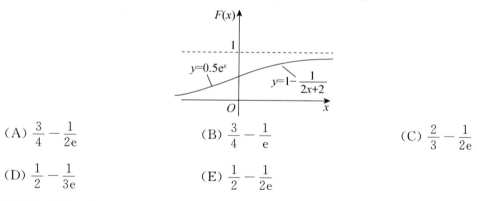

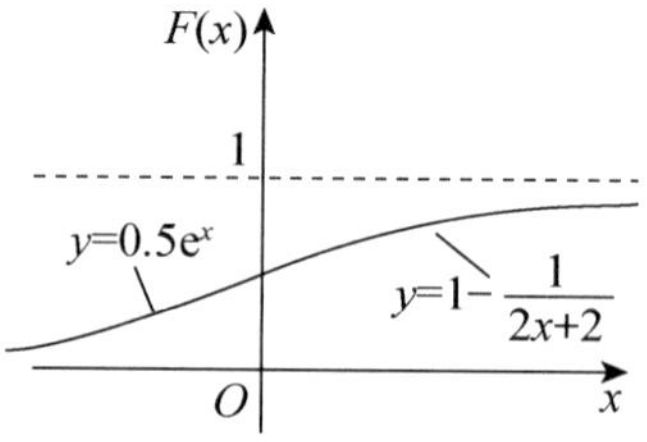


(A) $\frac{3}{4}-\frac{1}{2\mathrm{e}}$　　(B) $\frac{3}{4}-\frac{1}{\mathrm{e}}$　　(C) $\frac{2}{3}-\frac{1}{2\mathrm{e}}$

(D) $\frac{1}{2}-\frac{1}{3\mathrm{e}}$　　(E) $\frac{1}{2}-\frac{1}{2\mathrm{e}}$

**31.** 设随机变量 $X$ 与 $Y$ 同分布，且 $X$ 的密度函数为

$$f(x)=\begin{cases} \frac{5}{3}\sqrt[3]{x^2}, & 0 < x < 1, \\ 0, & 其他, \end{cases}$$

又知事件 $A=\{X \geqslant a\}$ 和事件 $B=\{Y \geqslant a\}$ 相互独立，且 $P(A \cup B)=\frac{3}{4}$，则常数 $a=$ (　　).

(A) $\frac{1}{\sqrt[5]{10}}$　　(B) $\frac{1}{\sqrt[5]{8}}$　　(C) $\frac{1}{\sqrt[5]{6}}$　　(D) $\frac{1}{\sqrt[5]{4}}$　　(E) $\frac{1}{\sqrt[5]{2}}$

**32.** 设连续型随机变量 $X$ 的密度函数为 $f(x)$，且 $f(2-x)=f(2+x)$，若 $P\{-3<X<7\}=0.8$，则 $P\{X\leqslant -3\}=$ (　　).

(A)0.5　　(B)0.4　　(C)0.3　　(D)0.2　　(E)0.1

**33.** 已知随机变量 $X$ 的密度函数 $f(x)=\begin{cases}\frac{1}{2}, & 0\leqslant x<1,\\ \frac{1}{4}, & 1\leqslant x\leqslant 3,\\ 0, & \text{其他}.\end{cases}$ 若存在常数 $k$，使得 $P\{X\geqslant k\}=\frac{1}{4}$，则 $P\left\{\frac{1}{2}\leqslant X\leqslant k\right\}=$ (　　).

(A) $\frac{1}{3}$　　(B) $\frac{1}{2}$　　(C) $\frac{3}{4}$　　(D) $\frac{4}{5}$　　(E) $\frac{5}{6}$

**34.** 设 $X$ 是连续型随机变量，其密度函数为

$$f(x)=\begin{cases}x, & 0\leqslant x\leqslant 1,\\ 2-x, & 1<x\leqslant 2,\\ 0, & \text{其他},\end{cases}$$

则 $P\left\{X\leqslant 1 \,\middle|\, \frac{1}{2}\leqslant X\leqslant 2\right\}=$ (　　).

(A) $\frac{3}{4}$　　(B) $\frac{2}{3}$　　(C) $\frac{1}{2}$　　(D) $\frac{3}{7}$　　(E) $\frac{1}{4}$

## 【考向 4】七大分布

**35.** 设 $X\sim B(3,p)$，$Y\sim B(6,p)$，$0<p<1$，且 $P\{X\geqslant 1\}=\frac{19}{27}$，则 $P\{Y\leqslant 1\}=$ (　　).

(A) $4\left(\frac{2}{3}\right)^6$　　(B) $3\left(\frac{2}{3}\right)^6$　　(C) $2\left(\frac{2}{3}\right)^6$　　(D) $\left(\frac{2}{3}\right)^6$　　(E) $\frac{1}{2}\left(\frac{2}{3}\right)^6$

**36.** 设随机变量 $X$ 的密度函数为

$$f(x)=\begin{cases}\frac{1}{2}\sin x, & 0<x<\pi,\\ 0, & \text{其他},\end{cases}$$

$Y$ 表示对 $X$ 的 3 次独立重复观察中事件 $\left\{X\geqslant\frac{\pi}{4}\right\}$ 出现的次数，则 $P\{Y=2\}=$ (　　).

(A) $\frac{3}{16}\left(1-\frac{\sqrt{2}}{2}\right)$　　(B) $\frac{3}{16}\left(1+\frac{\sqrt{2}}{2}\right)$　　(C) $\frac{3}{8}\left(1+\frac{\sqrt{2}}{2}\right)$

(D) $\frac{3}{8}\left(1-\frac{\sqrt{2}}{2}\right)$　　(E) $\frac{1}{4}\left(1+\frac{\sqrt{2}}{2}\right)$

**37.** 设离散型随机变量 $X$ 服从参数为 $\lambda(\lambda>0)$ 的泊松分布，且 $P\{X=1\}=P\{X=3\}$，则 $\lambda=$ (　　).

(A) $\sqrt{2}$　(B) $\sqrt{3}$　(C) $\sqrt{5}$　(D) $\sqrt{6}$　(E) $\sqrt{7}$

**38.** 通过某交叉路口的汽车流可以看作服从泊松分布. 已知在 1 分钟内有汽车通过的概率为 0.8,则 1 分钟内最多有 1 辆汽车通过的概率是(　　).

(A) $0.2(1+\ln 5)$　(B) $0.2(1+\ln 4)$　(C) $0.2(1+\ln 3)$

(D) $0.3(1+\ln 4)$　(E) $0.3(1+\ln 5)$

**39.** 某储备粮公司管辖三个相互独立的粮仓,假设每个粮仓内老鼠数量服从参数相同的泊松分布,根据统计,一个粮仓内有老鼠与无老鼠的概率相同,则该公司三个粮仓老鼠数量不超过一只的概率为(　　).

(A) $\dfrac{1+3\ln 2}{6}$　(B) $\dfrac{1+3\ln 2}{8}$　(C) $\dfrac{1+3\ln 3}{6}$

(D) $\dfrac{1+3\ln 3}{8}$　(E) $\dfrac{1+\ln 2}{8}$

**40.** 某人打靶,等可能地将子弹射入直径为 1 m 的圆盘靶内,圆盘靶内画有半径依次为 10 cm, 20 cm, 35 cm 的同心圆,将圆盘划分为 4 个区域,由里向外,得分依次为 10,9,8,7,若记 $X$ 为射击一次所得分数,则 $X$ 的分布阵为(　　).

(A) $\begin{pmatrix} 10 & 9 & 8 & 7 \\ 0.04 & 0.10 & 0.35 & 0.51 \end{pmatrix}$　(B) $\begin{pmatrix} 10 & 9 & 8 & 7 \\ 0.04 & 0.11 & 0.33 & 0.52 \end{pmatrix}$

(C) $\begin{pmatrix} 10 & 9 & 8 & 7 \\ 0.04 & 0.12 & 0.33 & 0.51 \end{pmatrix}$　(D) $\begin{pmatrix} 10 & 9 & 8 & 7 \\ 0.04 & 0.14 & 0.32 & 0.50 \end{pmatrix}$

(E) $\begin{pmatrix} 10 & 9 & 8 & 7 \\ 0.04 & 0.10 & 0.34 & 0.52 \end{pmatrix}$

**41.** 社会上定期发行某种奖券,每张 1 元,中奖率为 $p(0<p<1)$. 某人每次购买 1 张奖券,如果没有中奖下次再购买 1 张,直至中奖为止,则此人购买次数 $X$ 的概率分布为(　　).

(A) $P\{X=k\}=(1-p)^{k-1}p, k=1,2,\cdots$

(B) $P\{X=k\}=p^{k-1}(1-p), k=1,2,\cdots$

(C) $P\{X=k\}=C_n^{k-2}(1-p)^{k-2}p^2, k=2,3,\cdots$

(D) $P\{X=k\}=C_n^{k}(1-p)^{k-1}p, k=1,2,\cdots$

(E) $P\{X=k\}=C_n^{k-1}(1-p)^{k-1}p, k=1,2,\cdots$

**42.** 已知随机变量 $X$ 服从正态分布 $N(1,1)$,其密度函数为 $f_1(x)$,$Y$ 服从参数为 $\lambda=3$ 的指数分布,其密度函数为 $f_2(x)$,若

$$f(x)=\begin{cases} af_1(x), & x\leqslant 1, \\ bf_2(x), & x>1 \end{cases}\ (a>0,b>0)$$

为某个随机变量的密度函数,则 $a,b$ 应满足(　　).

(A) $ae^{-3}+2b=1$　(B) $2a+be^{-3}=1$　(C) $a+2be^{-3}=2$

(D) $a+2be=1$　(E) $2a+b=1$

**43.** 设随机变量 $X$ 服从正态分布 $N(\mu,\sigma^2)(\sigma>0)$，$F(x)$ 是 $X$ 的分布函数，若对于任意实数 $\alpha$，总有 $F(-\alpha)+F(\alpha)=1$，则必有（　　）.

(A) $\mu=0,\sigma^2=0$　　(B) $\mu=0,\sigma^2=1$

(C) $\mu=1,\sigma^2=1$　　(D) $\mu=0,\sigma^2$ 为任意正常数

(E) $\mu=1,\sigma^2$ 为任意正常数

**44.** 设随机变量 $X$ 服从正态分布 $N(\mu,\sigma^2)(\sigma>0)$，则随着 $\sigma$ 增加，概率 $P\{|X-\mu|<\sigma\}$ 的值（　　）.

(A) 增加　　(B) 减少　　(C) 不变

(D) 先增加后减少　　(E) 变化无规律

**45.** 设随机变量 $X,Y$ 分别服从正态分布 $N(\mu,9)$，$N(\mu,4)$，记 $p_1=P\{X\leqslant\mu-3\}$，$p_2=P\{Y\geqslant\mu+4\}$，则（　　）.

(A) 对于任何实数 $\mu$，都有 $p_1=p_2$　　(B) 对于任何实数 $\mu$，都有 $p_1<p_2$

(C) 对于任何实数 $\mu$，都有 $p_1>p_2$　　(D) 仅对于 $\mu$ 的个别值，有 $p_1=p_2$

(E) 仅对于 $\mu$ 的个别值，有 $p_1>p_2$

**46.** 设随机变量 $X$ 服从正态分布 $N(\mu,\sigma^2)(\sigma>0)$，且二次方程 $y^2+4y+3X=0$ 无实根的概率为 $\frac{1}{2}$，则 $\mu=$（　　）.

(A) $\frac{1}{2}$　　(B) $\frac{1}{3}$　　(C) 1　　(D) $\frac{4}{3}$　　(E) $\frac{5}{3}$

**47.** 若随机变量 $X$ 服从正态分布 $N(1,\sigma^2)(\sigma>0)$，且 $P\{1<X<4\}=0.3$，则 $P\{X<-2\}=$（　　）.

(A) 0.2　　(B) 0.3　　(C) 0.5　　(D) 0.6　　(E) 0.7

**48.** 已知随机变量 $X$ 服从正态分布 $N(0,\sigma^2)$，且

$$P\{X\leqslant x^2-1\}+P\{X\leqslant 2x+1\}=1,$$

则 $x=$（　　）.

(A) 0 或 $-2$　　(B) 0　　(C) 1　　(D) 2　　(E) 0 或 2

**49.** 某元件的工作寿命为 $X$（单位：小时），其分布函数为

$$F(x)=\begin{cases}1-2^{-x}, & x\geqslant 0,\\ 0, & x<0,\end{cases}$$

则该元件已正常工作 10 小时后再正常工作 5 小时的概率为（　　）.

(A) $1-e^{-5\ln 2}$　　(B) $e^{-15\ln 2}$　　(C) $e^{-10\ln 2}$

(D) $e^{-5\ln 2}$　　(E) $e^{-\ln 2}$

**50.** 某元件的工作寿命为 $X$（单位：小时），其分布函数为 $F(x)=\begin{cases}1-a3^{-x}, & x>0,\\ 0, & x\leqslant 0,\end{cases}$ 则该元件已正常工作 10 小时后再正常工作 10 小时的概率为（　　）.

(A) 0　　(B) $3^{-10}$　　(C) $3^{-20}$　　(D) $e^{-10}$　　(E) $e^{-20}$

**51.** 设 $f_1(x),f_2(x)$ 分别为区间 $[-2,1]$ 和 $[1,5]$ 上均匀分布的密度函数，若 $f(x)=\begin{cases}af_1(x), & x\leqslant 0,\\ bf_2(x), & x>0\end{cases}$ $(a>0,b>0)$ 为密度函数，则 $a,b$ 应满足（　　）.

(A) $a+b=1$　　(B) $a+b=2$　　(C) $2a+3b=3$

(D) $3a+2b=3$　　(E) $3a+2b=4$

**52.** 设随机变量 $X$ 服从 $[-2,4]$ 上的均匀分布，若 $P\{X\geqslant a\}=\dfrac{1}{2}$，则 $a=$（　　）.

(A) 0　　(B) 1　　(C) 2　　(D) 2.5　　(E) 3

## 【考向 5】一维随机变量函数的分布

**53.** 已知随机变量 $X$ 的概率分布为 $P\{X=k\}=\dfrac{1}{2^k}(k=1,2,\cdots)$，则 $Y=\cos\left(\dfrac{\pi}{2}X\right)$ 的分布阵为（　　）.

(A) $\begin{pmatrix}-1 & 0 & 1\\ \dfrac{4}{15} & \dfrac{2}{3} & \dfrac{1}{15}\end{pmatrix}$　　(B) $\begin{pmatrix}-1 & 0 & 1\\ \dfrac{4}{15} & \dfrac{3}{5} & \dfrac{2}{15}\end{pmatrix}$　　(C) $\begin{pmatrix}-1 & 0 & 1\\ \dfrac{4}{15} & \dfrac{19}{30} & \dfrac{1}{10}\end{pmatrix}$

(D) $\begin{pmatrix}-1 & 0 & 1\\ \dfrac{1}{5} & \dfrac{2}{3} & \dfrac{2}{15}\end{pmatrix}$　　(E) $\begin{pmatrix}-1 & 0 & 1\\ \dfrac{1}{5} & \dfrac{1}{5} & \dfrac{3}{5}\end{pmatrix}$

**54.** 设随机变量 $X$ 的分布律为

$$P\{X=-1\}=\frac{1}{2},P\{X=0\}=\frac{1}{3},P\{X=3\}=\frac{1}{6},$$

则 $Y=(X-1)^2$ 的分布阵为（　　）.

(A) $\begin{pmatrix}1 & 4\\ \dfrac{2}{3} & \dfrac{1}{3}\end{pmatrix}$　　(B) $\begin{pmatrix}1 & 4\\ \dfrac{1}{3} & \dfrac{2}{3}\end{pmatrix}$　　(C) $\begin{pmatrix}1 & 4\\ \dfrac{1}{2} & \dfrac{1}{2}\end{pmatrix}$

(D) $\begin{pmatrix}1 & 4\\ \dfrac{1}{6} & \dfrac{5}{6}\end{pmatrix}$　　(E) $\begin{pmatrix}1 & 4\\ \dfrac{1}{4} & \dfrac{3}{4}\end{pmatrix}$

**55.** 设随机变量 $X$ 的密度函数为

$$f_X(x)=\begin{cases}e^{-x}, & x>0,\\ 0, & x\leqslant 0,\end{cases}$$

则随机变量 $Y=e^X$ 的密度函数 $f_Y(y)=$（　　）.

(A) $\begin{cases}\dfrac{1}{2y^2}, & y>1,\\ 0, & y\leqslant 1\end{cases}$　　(B) $\begin{cases}1-\dfrac{1}{y^2}, & y>1,\\ 0, & y\leqslant 1\end{cases}$

(C) $\begin{cases}e^{-y}, & y>0,\\ 0, & y\leqslant 0\end{cases}$　　(D) $\begin{cases}e^{-y+1}, & y>1,\\ 0, & y\leqslant 1\end{cases}$

(E) $\begin{cases} \dfrac{1}{y^2}, & y > 1, \\ 0, & y \leqslant 1 \end{cases}$

**56.** 设随机变量 $X$ 服从标准正态分布，即 $X \sim N(0,1)$，则随机变量 $Y = |X|$ 的密度函数 $f_Y(y) = ($　　$)$.

(A) $\begin{cases} \dfrac{2}{\sqrt{\pi}} e^{-\frac{1}{2}y^2}, & y \geqslant 0, \\ 0, & y < 0 \end{cases}$　　(B) $\begin{cases} \dfrac{1}{\sqrt{2\pi}} e^{-\frac{1}{2}y^2}, & y \geqslant 0, \\ 0, & y < 0 \end{cases}$

(C) $\begin{cases} \sqrt{\dfrac{2}{\pi}} e^{-\frac{1}{2}y^2}, & y \geqslant 0, \\ 0, & y < 0 \end{cases}$　　(D) $\begin{cases} \sqrt{\dfrac{2}{\pi}} e^{-y^2}, & y \geqslant 0, \\ 0, & y < 0 \end{cases}$

(E) $\begin{cases} \sqrt{\dfrac{2}{\pi}} e^{-\frac{1}{4}y^2}, & y \geqslant 0, \\ 0, & y < 0 \end{cases}$

**57.** 设连续型随机变量 $X$ 的分布函数为

$$F(x) = \begin{cases} 0, & x < 0, \\ A\sqrt{x}, & 0 \leqslant x \leqslant 1, \\ 1, & x > 1, \end{cases}$$

则 $Y = 2X + 1$ 的密度函数为(　　).

(A) $f_Y(y) = \begin{cases} \dfrac{1}{\sqrt{y-1}}, & 1 < y < 3, \\ 0, & \text{其他} \end{cases}$　　(B) $f_Y(y) = \begin{cases} \dfrac{1}{\sqrt{2(y-1)}}, & 1 < y < 3, \\ 0, & \text{其他} \end{cases}$

(C) $f_Y(y) = \begin{cases} \dfrac{1}{\sqrt{4(y-1)}}, & 1 < y < 3, \\ 0, & \text{其他} \end{cases}$　　(D) $f_Y(y) = \begin{cases} \dfrac{1}{\sqrt{6(y-1)}}, & 1 < y < 3, \\ 0, & \text{其他} \end{cases}$

(E) $f_Y(y) = \begin{cases} \dfrac{1}{\sqrt{8(y-1)}}, & 1 < y < 3, \\ 0, & \text{其他} \end{cases}$

**58.** 设连续型随机变量 $X$ 服从区间 $\left[0, \dfrac{\pi}{2}\right]$ 上的均匀分布，则 $Y = \sin X$ 的密度函数为(　　).

(A) $f_Y(y) = \begin{cases} \dfrac{2}{\sqrt{y-y^2}}, & 0 < y < 1, \\ 0, & \text{其他} \end{cases}$　　(B) $f_Y(y) = \begin{cases} \dfrac{1}{\sqrt{1-y^2}}, & 0 < y < 1, \\ 0, & \text{其他} \end{cases}$

(C) $f_Y(y) = \begin{cases} \dfrac{1}{\pi\sqrt{y-y^2}}, & 0 < y < 1, \\ 0, & \text{其他} \end{cases}$　　(D) $f_Y(y) = \begin{cases} \dfrac{2}{\pi\sqrt{1-y^2}}, & 0 < y < 1, \\ 0, & \text{其他} \end{cases}$

(E) $f_Y(y) = \begin{cases} \dfrac{1}{\pi\sqrt{1-y^2}}, & 0 < y < 1, \\ 0, & \text{其他} \end{cases}$

## 【考向 6】二维离散型随机变量

**59.** 已知随机变量 $X,Y$ 相互独立,其分布律分别为

| $X$ | 1 | 2 |
|---|---|---|
| $P$ | 0.4 | 0.6 |

| $Y$ | 1 | 2 | 4 |
|---|---|---|---|
| $P$ | 0.3 | 0.4 | 0.3 |

设 $Z=XY$,则 $Z$ 的分布律为(　　).

(A)

| $Z$ | 1 | 2 | 4 | 8 |
|---|---|---|---|---|
| $P$ | 0.18 | 0.34 | 0.36 | 0.12 |

(B)

| $Z$ | 1 | 2 | 4 | 8 |
|---|---|---|---|---|
| $P$ | 0.12 | 0.18 | 0.34 | 0.36 |

(C)

| $Z$ | 1 | 2 | 4 | 8 |
|---|---|---|---|---|
| $P$ | 0.12 | 0.24 | 0.32 | 0.32 |

(D)

| $Z$ | 1 | 2 | 4 | 8 |
|---|---|---|---|---|
| $P$ | 0.12 | 0.36 | 0.34 | 0.18 |

(E)

| $Z$ | 1 | 2 | 4 | 8 |
|---|---|---|---|---|
| $P$ | 0.12 | 0.34 | 0.36 | 0.18 |

**60.** 设离散型随机变量 $X,Y$ 相互独立,其分布列分别为

| $X$ | 0 | 1 | 2 |
|---|---|---|---|
| $P$ | 1/2 | 3/8 | 1/8 |

| $Y$ | 0 | 1 |
|---|---|---|
| $P$ | 1/3 | 2/3 |

则随机变量 $Z=X+Y$ 的分布列为(　　).

(A)

| $Z$ | 0 | 1 | 2 | 3 |
|---|---|---|---|---|
| $P$ | 1/8 | 1/4 | 5/16 | 5/16 |

(B)

| $Z$ | 0 | 1 | 2 | 3 |
|---|---|---|---|---|
| $P$ | 1/7 | 3/7 | 5/14 | 1/14 |

(C)

| $Z$ | 0 | 1 | 2 | 3 |
|---|---|---|---|---|
| $P$ | 1/6 | 11/24 | 7/24 | 1/12 |

(D)

| $Z$ | 0 | 1 | 2 | 3 |
|---|---|---|---|---|
| $P$ | 1/5 | 2/5 | 3/10 | 1/10 |

(E)

| $Z$ | 0 | 1 | 2 | 3 |
|---|---|---|---|---|
| $P$ | 2/9 | 1/3 | 1/3 | 1/9 |

**61.** 设随机变量 $X,Y$ 独立同分布，且 $P\{X=-1\}=\frac{1}{6}$，$P\{X=0\}=\frac{1}{2}$，$P\{X=2\}=\frac{1}{3}$，则 $P\{X-Y\geqslant 1\}=$(　　).

(A) $\frac{1}{18}$　(B) $\frac{1}{12}$　(C) $\frac{1}{6}$　(D) $\frac{5}{36}$　(E) $\frac{11}{36}$

**62.** 已知随机变量 $X,Y$ 相互独立，其分布阵分别为

$$\begin{pmatrix} -1 & 2 \\ 0.3 & 0.7 \end{pmatrix},\begin{pmatrix} 1 & 2 & 3 \\ 0.3 & 0.2 & 0.5 \end{pmatrix},$$

设 $Z=\min\{X,Y\}$，则 $P\{Z=2\}=$(　　).

(A)0.3　(B)0.35　(C)0.42　(D)0.49　(E)0.56

**63.** 设随机变量 $X,Y$ 相互独立，且分别服从参数为 $\lambda_1=2,\lambda_2=3$ 的泊松分布，$Z=X+Y$，则 $P\{2\leqslant Z<4\}=$(　　).

(A) $\frac{80}{3}e^{-5}$　(B) $\frac{85}{3}e^{-5}$　(C) $\frac{91}{3}e^{-5}$　(D) $\frac{100}{3}e^{-5}$　(E) $\frac{104}{3}e^{-5}$

**64.** 某研究人员第一天重复进行 10 次科学试验，第二天又重复进行 6 次同一个科学试验，已知每次试验成功的概率为0.6，且是否成功相互独立，则两天试验共取得10次成功的概率为(　　).

(A)$C_{16}^{10}0.6^{10}0.4^{6}$　(B)$C_{16}^{10}0.6^{10}$　(C)$0.6^{10}0.4^{6}$

(D)$1-C_{16}^{6}0.4^{6}$　(E)$\sum_{k=1}^{10}C_{10}^{k}0.6^{k}0.4^{10-k}+\sum_{k=1}^{6}C_{6}^{k}0.6^{k}0.4^{6-k}$

## 【考向 7】二维常见分布

**65.** 设随机变量 $X,Y$ 相互独立，且同服从[0,2]上的均匀分布，则(　　).

(A)$P\{X=Y\}=1$　(B)$P\{X=Y\}=0$

(C)$P\{X=Y\}=\frac{1}{2}$　(D)$\{X=Y\}$ 是不可能事件

(E)$\{X=Y^2\}$ 是不可能事件

**66.** 设随机变量 $X,Y$ 相互独立，且分别服从正态分布 $N(0,4)$，$N(-1,1)$，则随机变量 $Z=X+Y$ 的密度函数为(　　).

(A)$f(z)=\frac{1}{\sqrt{2\pi\sqrt{5}}}e^{-\frac{(z+1)^2}{10}},-\infty<z<+\infty$

(B)$f(z)=\frac{1}{\sqrt{10\pi}}e^{-\frac{(z+1)^2}{10}},-\infty<z<+\infty$

(C)$f(z)=\frac{1}{\sqrt{5\pi}}e^{-\frac{(z+1)^2}{8}},-\infty<z<+\infty$

(D) $f(z)=\frac{1}{\sqrt{4\pi}}e^{-\frac{(z+1)^2}{10}}, -\infty < z < +\infty$

(E) $f(z)=\frac{1}{\sqrt{6\pi}}e^{-\frac{(z-1)^2}{10}}, -\infty < z < +\infty$

# 第十章　随机变量的数字特征

## 【考向 1】期望和方差的定义与性质

**1.** 设离散型随机变量 $X$ 的分布函数为

$$F(x)=\begin{cases}0, & x<0,\\ \dfrac{1}{3}, & 0\leqslant x<1,\\ \dfrac{1}{2}, & 1\leqslant x<a,\\ 1, & x\geqslant a.\end{cases}$$

已知 $E(X)=\dfrac{7}{6}$，则 $P\left\{1<X\leqslant\dfrac{5}{2}\right\}=(\quad)$.

(A) $\dfrac{1}{2}$　(B) $\dfrac{1}{3}$　(C) $\dfrac{1}{4}$　(D) $\dfrac{1}{6}$　(E)0

**2.** 设离散型随机变量 $X$ 的分布函数为

$$F(x)=\begin{cases}0, & x<-1,\\ 0.2, & -1\leqslant x<3,\\ 0.5, & 3\leqslant x<6,\\ 1, & x\geqslant 6,\end{cases}$$

则 $E(X)=(\quad)$.

(A)4.1　(B)3.7　(C)3.2　(D)2.8　(E)2.3

**3.** 有 4 封信随机投入 3 个信箱，设 $X$ 为第 1 个信箱可能投入的信件数量，则 $E(X)=(\quad)$.

(A) $\dfrac{2}{3}$　(B) $\dfrac{4}{3}$　(C)2　(D) $\dfrac{8}{3}$　(E) $\dfrac{10}{3}$

**4.** 设随机变量 $X$ 的分布列为

| $X$ | 3 | 6 | … | $3\cdot 2^{k-1}$ | … |
|---|---|---|---|---|---|
| $P$ | $\dfrac{2}{3}$ | $\dfrac{2}{3^2}$ | … | $\dfrac{2}{3^k}$ | … |

则 $E(X)(\quad)$.

(A) 不存在　(B) 等于 2　(C) 等于 3　(D) 等于 4　(E) 等于 6

**5.** 设随机变量 $X$ 的分布列为

| $X$ | $-1$ | 0 | 2 | 3 | 5 |
|---|---|---|---|---|---|
| $P$ | $\dfrac{1}{6}$ | $a$ | $b$ | $\dfrac{1}{3}$ | $\dfrac{1}{4}$ |

且 $E(X)=\dfrac{9}{4}$，则 $P\{0<X\leqslant 3\}=(\quad)$.

(A) $\frac{1}{4}$　　(B) $\frac{5}{12}$　　(C) $\frac{7}{12}$　　(D) $\frac{3}{4}$　　(E) $\frac{5}{6}$

**6.** 设随机变量 $X$ 的分布列为

| $X$ | 3 | 9 | … | $3^k$ | … |
| --- | --- | --- | --- | --- | --- |
| $P$ | $\frac{2}{3}$ | $\frac{2}{3^2}$ | … | $\frac{2}{3^k}$ | … |

则 $E(X)$(　　).

(A) 不存在　　(B) 等于 2　　(C) 等于 3　　(D) 等于 4　　(E) 等于 6

**7.** 一袋中有若干个白球和黑球，且白球和黑球数都不小于 5. 若从中取出 1 个球，则取到白球数的期望为 $a$. 若从中取出 5 个球，则取到白球数的期望为(　　).

(A)$a$　　(B)$2a$　　(C)$3a$　　(D)$4a$　　(E)$5a$

**8.** 已知离散型随机变量 $X$ 的分布函数为

$$F(x)=\begin{cases}0, & x<-1,\\ a+0.2, & -1\leqslant x<0,\\ 2a+0.2, & 0\leqslant x<2,\\ 1, & x\geqslant 2,\end{cases}$$

则 $E(X)=$(　　).

(A)$1.8-a$，其中 $-0.1<a<0.4$　　(B)$1.8-a$，其中 $a>-0.1$

(C)$1.4-5a$，其中 $a<0.4$　　(D)$1.4-5a$，其中 $a>-0.2$

(E)$1.4-5a$，其中 $0<a<0.4$

**9.** 设随机变量 $X$ 的取值为 $-1,0,1$，且 $E(X)=0.1$，$E[(X+1)^2]=2$，则 $X$ 的分布律为(　　).

(A)

| $X$ | $-1$ | 0 | 1 |
| --- | --- | --- | --- |
| $P$ | 0.3 | 0.25 | 0.45 |

(B)

| $X$ | $-1$ | 0 | 1 |
| --- | --- | --- | --- |
| $P$ | 0.35 | 0.2 | 0.45 |

(C)

| $X$ | $-1$ | 0 | 1 |
| --- | --- | --- | --- |
| $P$ | 0.4 | 0.2 | 0.4 |

(D)

| $X$ | $-1$ | 0 | 1 |
| --- | --- | --- | --- |
| $P$ | 0.4 | 0.25 | 0.35 |

(E)

| $X$ | $-1$ | 0 | 1 |
| --- | --- | --- | --- |
| $P$ | 0.4 | 0.3 | 0.3 |

**10.** 设随机变量 $X$ 的分布函数为

$$F(x)=\begin{cases}0, & x<-1,\\ \dfrac{x+1}{2}, & -1\leqslant x<0,\\ \dfrac{x+2}{4}, & 0\leqslant x<2,\\ 1, & x\geqslant 2,\end{cases}$$

则 $E(X)=$（　　）.

（A）$\frac{1}{4}$　　（B）$\frac{1}{3}$　　（C）$\frac{1}{2}$　　（D）$\frac{2}{3}$　　（E）$\frac{3}{4}$

**11.** 设随机变量 $X$ 的分布函数为

$$F(x)=\begin{cases}0, & x<0,\\ \frac{x}{4}, & 0\leqslant x<2,\\ 1-\frac{1}{x}, & x\geqslant 2,\end{cases}$$

则 $E(X)$（　　）.

（A）等于 1　　（B）等于 2　　（C）等于 3　　（D）等于 4　　（E）不存在

**12.** 设随机变量 $X$ 的密度函数为

$$f(x)=\frac{1}{\pi(4+x^2)},x\in(-\infty,+\infty),$$

则 $E(X)$（　　）.

（A）等于 0　　（B）等于 1　　（C）等于 2　　（D）等于 $\pi$　　（E）不存在

**13.** 设连续型随机变量 $X$ 的密度函数为

$$f(x)=\frac{1}{\pi(1+x^2)}(-\infty<x<+\infty),$$

则 $E(\min\{|X|,1\})$（　　）.

（A）等于 0　　（B）等于 1　　（C）等于 $\pi$

（D）等于$\frac{1}{\pi}\ln 2+\frac{1}{2}$　　（E）不存在

**14.** 设连续型随机变量 $X$ 的密度函数为

$$f(x)=\begin{cases}Cx\mathrm{e}^{-\frac{1}{2}x}, & x>0,\\ 0, & x\leqslant 0,\end{cases}$$

则 $E(X)=$（　　）.

（A）5　　（B）4　　（C）3　　（D）2　　（E）1

**15.** 设连续型随机变量 $X$ 的分布函数为

$$F(x)=\begin{cases}0, & x<0,\\ Ax^2, & 0\leqslant x<1,\\ 1, & x\geqslant 1,\end{cases}$$

则 $E(X)=$（　　）.

（A）$\frac{4}{5}$　　（B）$\frac{3}{4}$　　（C）$\frac{1}{3}$　　（D）$\frac{2}{3}$　　（E）$\frac{1}{5}$

**16.** 设 $X$ 为连续型随机变量，其分布函数为

$$F(x)=\begin{cases}0, & x<0,\\ x^2, & 0\leqslant x\leqslant \frac{1}{2},\\ x-\frac{1}{4}, & \frac{1}{2}<x\leqslant 1,\\ -x^2+3x-\frac{5}{4}, & 1<x\leqslant \frac{3}{2},\\ 1, & x>\frac{3}{2},\end{cases}$$

则 $E(X)=(\quad)$.

(A) $\frac{5}{6}$　(B) $\frac{4}{5}$　(C) $\frac{3}{4}$　(D) $\frac{2}{3}$　(E) $\frac{1}{3}$

**17.** 设 $X$ 为连续型随机变量,其密度函数为

$$f(x)=\begin{cases}\frac{1}{2}\cos x, & -\frac{\pi}{2}\leqslant x<0,\\ \frac{1}{2}\sin x, & 0\leqslant x\leqslant \frac{\pi}{2},\\ 0, & \text{其他},\end{cases}$$

则 $E(|\sin X|)=(\quad)$.

(A) $\frac{\pi}{8}+\frac{1}{3}$　(B) $\frac{\pi}{8}+\frac{1}{4}$　(C) $\frac{\pi}{8}+\frac{1}{5}$　(D) $\frac{\pi}{8}-\frac{1}{4}$　(E) $\frac{\pi}{8}-\frac{1}{8}$

**18.** 设 $X$ 为连续型随机变量,其密度函数为

$$f(x)=\begin{cases}\frac{3}{2}x^2\mathrm{e}^{-\frac{1}{2}x^3}, & x\geqslant 0,\\ 0, & x<0,\end{cases}$$

则 $E(X^6)=(\quad)$.

(A)4　(B)6　(C)8　(D) $\frac{1}{6}$　(E) $\frac{1}{8}$

**19.** 设随机变量 $X$ 的密度函数为

$$f(x)=\begin{cases}kx^{\alpha}, & 0<x<1,\\ 0, & \text{其他}\end{cases}(k,\alpha>0),$$

又 $E(X)=\frac{2}{3}$,则 $k,\alpha$ 分别为(　　).

(A)2,3　(B)3,2　(C)1,2　(D)2,1　(E)2,2

**20.** 已知连续型随机变量 $X$ 与 $Y$ 有相同的密度函数,且

$$X\sim f(x)=\begin{cases}3x^2\theta^3, & 0<x<\frac{1}{\theta},\\ 0, & \text{其他}\end{cases}(\theta>0),$$

$E[a(2X-Y)]=\frac{1}{\theta}$,则 $a=(\quad)$.

(A) $\frac{4}{3}$　　(B) $\frac{2}{3}$　　(C) $\frac{1}{2}$　　(D) $\frac{1}{3}$　　(E) $\frac{1}{6}$

**21.** 设连续型随机变量 $X$ 服从参数为 2 的指数分布，则 $E(2X-\mathrm{e}^{-3X})=$ (　　).

(A)0.6　　(B)0.75　　(C)0.8　　(D)0.95　　(E)1

**22.** 设随机变量 $X$ 的分布函数为

$$F(x)=\begin{cases}0, & x\leqslant 0,\\ \sin x, & 0<x\leqslant \frac{\pi}{2},\\ 1, & x>\frac{\pi}{2},\end{cases}$$

则 $D(\sin^2 X)=$ (　　).

(A) $\frac{4}{45}$　　(B) $\frac{2}{5}$　　(C) $\frac{1}{5}$　　(D) $\frac{3}{8}$　　(E) $\frac{7}{8}$

**23.** 设离散型随机变量 $X$ 的分布律为

| $X$ | 0 | $a$ | 1 |
|---|---|---|---|
| $P$ | 1/4 | 1/2 | 1/4 |

若使方差 $D(X)$ 取最小值，则 $a=$ (　　).

(A) $\frac{1}{2}$　　(B) $\frac{1}{3}$　　(C) $\frac{1}{4}$　　(D) $\frac{1}{5}$　　(E) $\frac{1}{6}$

**24.** 某人要打开保险箱，忘记了保险箱设定密码的最后一个数字，因此随机地逐个试开，设 $X$ 为打开保险箱需要试开的次数，则 $D(X)=$ (　　).

(A)6.25　　(B)7.25　　(C)8.25　　(D)9.25　　(E)10.25

**25.** 箱中装有 10 件电子元器件，其中有 2 件废品. 装配仪器时，从中任取 1 件，如果是废品，扔掉再重新任取 1 件，如果还是废品，扔掉再重新任取 1 件，则在取到正品前已取得废品件数 $X$ 的方差为(　　).

(A) $\frac{46}{405}$　　(B) $\frac{58}{405}$　　(C) $\frac{68}{405}$　　(D) $\frac{88}{405}$　　(E) $\frac{78}{405}$

**26.** 设随机变量 $X,Y$ 相互独立，且

$$X\sim\begin{pmatrix}-1 & 0 & 1\\ 0.2 & 0.5 & 0.3\end{pmatrix},Y\sim\begin{pmatrix}0 & 1\\ 0.5 & 0.5\end{pmatrix},Z=X-Y,$$

则 $D(Z)=$ (　　).

(A)1　　(B)0.52　　(C)0.68　　(D)0.74　　(E)0.8

**27.** 设相互独立的两个随机变量 $X_1$ 与 $X_2$ 具有同一分布律，且 $X_1$ 的分布律为

| $X_1$ | 0 | 1 |
|---|---|---|
| $P$ | $\frac{1}{4}$ | $\frac{3}{4}$ |

随机变量 $Y=\min\{X_1,X_2\}$，则 $D(Y^2)=$ (　　).

(A) $\frac{101}{81}$　(B) $\frac{109}{81}$　(C) $\frac{110}{81}$　(D) $\frac{63}{256}$　(E) $\frac{81}{256}$

**28.** 设随机变量 $X$ 的分布函数为

$$F(x)=\begin{cases}0, & x<-1,\\ 0.2, & -1\leqslant x<0,\\ 0.8, & 0\leqslant x<1,\\ 1, & x\geqslant 1,\end{cases}$$

则 $D(X^2)=(\quad)$.

(A)0.24　(B)0.28　(C)0.32　(D)0.36　(E)0.42

**29.** 设随机变量 $X$ 的密度函数为

$$f(x)=\begin{cases}\frac{3x^2}{\theta^3}, & 0<x<\theta,\\ 0, & \text{其他},\end{cases}$$

又 $E(X)=\frac{3}{2}$,则 $D(2X+1)=(\quad)$.

(A) $\frac{3}{5}$　(B) $\frac{2}{5}$　(C) $\frac{1}{5}$　(D) $\frac{3}{8}$　(E) $\frac{7}{8}$

**30.** 设随机变量 $X$ 的密度函数为

$$f(x)=\mathrm{e}^{-|2x|},x\in(-\infty,+\infty),$$

则 $D(X)=(\quad)$.

(A)4　(B)3　(C)2　(D)1　(E) $\frac{1}{2}$

**31.** 设随机变量 $X$ 的密度函数为

$$f(x)=\begin{cases}\frac{2+x}{4}, & -2\leqslant x\leqslant 0,\\ \frac{2-x}{4}, & 0<x<2,\\ 0, & \text{其他},\end{cases}$$

则 $D(X)=(\quad)$.

(A)1　(B) $\frac{2}{3}$　(C) $\frac{1}{2}$　(D) $\frac{1}{3}$　(E) $\frac{1}{4}$

**32.** 设随机变量 $X$ 的分布函数为

$$F(x)=\begin{cases}0, & x<1,\\ x-1, & 1\leqslant x<2,\\ 1, & x\geqslant 2,\end{cases}$$

则 $D(2-3X^2)=(\quad)$.

(A) $\frac{34}{5}$　(B) $\frac{27}{5}$　(C) $\frac{19}{5}$　(D) $\frac{18}{5}$　(E) $\frac{17}{5}$

**33.** 设 $X$ 的密度函数为

$$f(x)=\begin{cases}2(1+x)^3, & -1\leqslant x\leqslant 0,\\ 2(1-x)^3, & 0<x\leqslant 1,\\ 0, & 其他,\end{cases}$$

则 $D(X)=(\quad)$.

(A) $\frac{1}{16}$　(B) $\frac{1}{15}$　(C) $\frac{1}{14}$　(D) $\frac{1}{12}$　(E) $\frac{1}{9}$

**34.** 设连续型随机变量 $X$ 的密度函数为

$$f(x)=\begin{cases}\sin x, & 0<x<\frac{\pi}{2},\\ 0, & 其他,\end{cases}$$

则 $D(\cos^2 X)=(\quad)$.

(A) $\frac{4}{45}$　(B) $\frac{7}{45}$　(C) $\frac{11}{45}$　(D) $\frac{17}{45}$　(E) $\frac{7}{15}$

**35.** 设随机变量 $X$ 的密度函数为 $f(x)=\begin{cases}0, & x\leqslant 0,\\ \frac{1}{2}, & 0<x<1,\\ \frac{1}{2x^2}, & x\geqslant 1,\end{cases}$ 若 $Y=\begin{cases}0, & X<\frac{1}{2},\\ 1, & \frac{1}{2}\leqslant X<2,\\ 2, & X\geqslant 2,\end{cases}$ 则 $D(Y)=(\quad)$.

(A) $\frac{3}{4}$　(B) $\frac{5}{8}$　(C) $\frac{1}{2}$　(D) $\frac{3}{8}$　(E) $\frac{1}{4}$

**36.** 设 $X$ 是随机变量，$E(X)=\mu$，$D(X)=\sigma^2$（$\mu,\sigma>0$ 且为常数），则对任意常数 $C$，必有（　　）.

(A) $E[(X-C)^2]<D(X)$　(B) $E[(X-C)^2]=D(X)$

(C) $E[(X-C)^2]<E[(X-\mu)^2]$　(D) $E[(X-C)^2]=E[(X-\mu)^2]$

(E) $E[(X-C)^2]\geqslant E[(X-\mu)^2]$

**37.** 设 $E(X)$，$D(X)$，$E(Y)$，$D(Y)$ 分别为随机变量 $X$，$Y$ 的数学期望和方差，则下列结论正确的是（　　）.

(A) 若 $X$ 存在密度函数 $f(x)$，且 $f(x)=f(-x)$，则 $E(X)=0$

(B) 若 $X$，$Y$ 同分布，则 $D(X\pm Y)=D(X)+D(Y)$

(C) $D(2X+C)=2D(X)+C$

(D) $E[X\cdot E(Y)]=E(X)E(Y)$

(E) $D(XY)=D(X)D(Y)$

**38.** 已知 $E(X)=-1$，$D(X)=2$，则 $E[2(X^2-3)]=(\quad)$.

(A) 9　(B) 6　(C) 3　(D) 0　(E) $-1$

## 【考向 2】七大分布期望和方差公式的应用

**39.** 设随机变量 $X$ 的概率分布为 $P\{X=k\}=\frac{C^k}{2\cdot k!}$，$k=0,1,2,\cdots$，则 $E(X^2)=(\quad)$.

(A)$\ln 2(1+\ln 2)$　　(B)$\ln 2(2+\ln 2)$

(C)$\ln 2(2-\ln 2)$　　(D)$\ln^2 2$

(E)$1+\ln 2$

**40.** 已知随机变量 $X,Y$ 相互独立，且都服从泊松分布，又知 $E(X)=1,E(Y)=3$，则$E[(2X-Y)^2]=(\quad)$.

(A)1　(B)4　(C)6　(D)8　(E)9

**41.** 设随机变量 $X$ 服从参数为$\lambda$ 的泊松分布，且已知 $E[(X-1)(X+2)]=1$，则$\lambda=(\quad)$.

(A)0　(B)1　(C)2　(D)3　(E)4

**42.** 已知某电话交换台电话呼叫次数服从参数为$\lambda$ 的泊松分布，经统计，在某段时间间隔内平均电话呼叫次数为 3，则在该段时间间隔内电话呼叫次数 $X$ 不少于 2 的概率为(　　).

(A)$1-3e^{-2}$　(B)$1-3e^{-3}$　(C)$1-4e^{-3}$　(D)$1-4e^{-4}$　(E)$1-5e^{-4}$

**43.** 已知随机变量 $X,Y$ 相互独立，且都服从泊松分布，又知 $E(X)=2,E(Y)=3$，则 $P\{X+Y\leqslant 1\}=(\quad)$.

(A)$3e^{-2}$　(B)$4e^{-3}$　(C)$5e^{-4}$　(D)$6e^{-5}$　(E)$7e^{-6}$

**44.** 设随机变量 $X$ 服从泊松分布，且 $P\{X=0\}=e^{-2}$，则 $P\{X=E(X^2)\}=(\quad)$.

(A) $\frac{2}{45e^2}$　(B) $\frac{1}{15e^2}$　(C) $\frac{4}{45e^2}$　(D) $\frac{1}{9e^2}$　(E) $\frac{5}{9e^2}$

**45.** 设离散型随机变量 $X$ 服从参数为 2 的泊松分布，则 $P\{X\geqslant\sqrt{E(X^2)}\}=(\quad)$.

(A)$1-e^{-2}$　(B)$1-2e^{-2}$　(C)$1-3e^{-2}$　(D)$1-4e^{-2}$　(E)$1-5e^{-2}$

**46.** 某人向前方一个边长为 30 米的正方形区域投掷手榴弹，若可能的投掷点均匀分布在该区域内，且该区域内中心设有一个直径为 10 米的靶区，此人连续投掷 6 枚手榴弹，记手榴弹投入靶区的个数为 $X$，则 $E(X)=(\quad)$.

(A) $\frac{\pi}{3}$　(B) $\frac{\pi}{4}$　(C) $\frac{\pi}{5}$　(D) $\frac{\pi}{6}$　(E) $\frac{\pi}{7}$

**47.** 设离散型随机变量 $X$ 服从二项分布 $B(n,p)$，且 $E(3X)=12,D(5X)=60$，则 $P\{X=3\}=(\quad)$.

(A)$56\times(0.3)^3(0.7)^5$　(B)$42\times(0.3)^3(0.7)^6$

(C)$42\times(0.4)^3(0.6)^6$　(D)$120\times(0.4)^3(0.6)^7$

(E)$60\times(0.5)^3(0.5)^7$

**48.** 已知随机变量 $X$ 服从二项分布，且 $E(X)=2.4,D(X)=1.44$，则 $P\{X\geqslant 1\}=(\quad)$.

(A)$1-(0.6)^6$　(B)$1-(0.5)^6$　(C)$1-(0.4)^6$

(D)$1-(0.3)^6$　(E)$1-(0.1)^6$

**49.** 某项试验分为5期，每期连续试验3次，假设每次试验相互独立运行，试验成功率均为$p$，若已知 15 次试验平均成功 12 次，则连续试验 6 次，成功次数超过 4 次的概率为(　　).

(A)$2\times 0.8^5$　(B) $0.8^5$　(C) $0.8^6$　(D) $0.8^7$　(E) $0.8^8$

**50.** 设一次试验成功的概率为 $p$，进行 200 次独立重复试验，当成功次数的标准差最大时，$p=$(　　).

(A)1　　(B) $\frac{1}{2}$　　(C) $\frac{1}{3}$　　(D) $\frac{1}{4}$　　(E) $\frac{1}{5}$

**51.** 设随机变量 $X$ 与 $Y$ 相互独立且分别服从 $N(2,3^2)$，$N(3,2^2)$，则 $E[(XY)^2]=$(　　).

(A)144　　(B)156　　(C)169　　(D)196　　(E)225

**52.** 已知 $X$ 的密度函数为

$$f(x)=\begin{cases}\frac{1}{2}\mid\cos x\mid, & 0\leqslant x\leqslant\pi,\\ 0, & \text{其他},\end{cases}$$

对 $X$ 重复观察 4 次，用 $Y$ 表示观察值不小于 $\frac{\pi}{6}$ 的次数，则 $E(Y^2)=$(　　).

(A) $\frac{31}{4}$　　(B) $\frac{33}{4}$　　(C) $\frac{35}{4}$　　(D) $\frac{37}{4}$　　(E) $\frac{39}{4}$

**53.** 设 $X$ 为做一次某项随机试验 $A$ 失败的次数，若每次试验 $A$ 成功的概率为 $p(0<p<1)$，则 $E(X)=$(　　).

(A)$1-p$　　(B)$p$　　(C)$(1-p)p$　　(D) $\frac{p}{2}$　　(E)0

**54.** 已知随机变量 $X$ 服从区间$[-1,3]$上的均匀分布，若对 $X$ 独立观察 12 次，则事件$\left\{X\geqslant\frac{1}{2}\right\}$发生次数 $Y$ 的期望值 $E(Y)=$(　　).

(A) $\frac{11}{2}$　　(B) $\frac{13}{2}$　　(C) $\frac{15}{2}$　　(D) $\frac{17}{2}$　　(E) $\frac{19}{2}$

**55.** 如图所示，点 $A$ 是区间$[0,1]$内的任意一点，$X$ 表示从坐标原点到 $A$ 点的长度，$Y$ 表示以线段 $OA$ 和 $OB$ 为直角边构成的直角三角形的面积，若 $\mid OB\mid=b$，则 $E(Y)=$(　　).

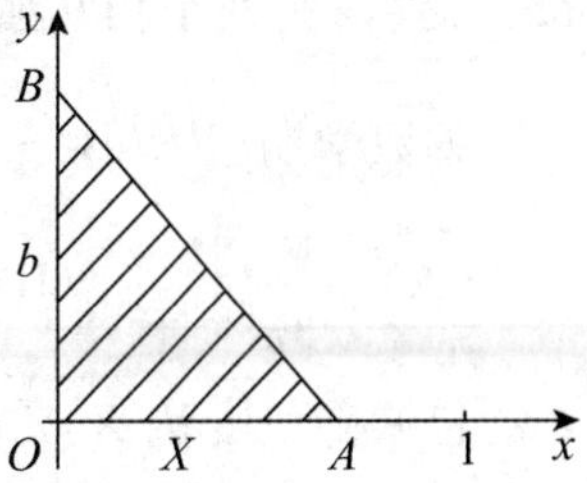


(A) $\frac{1}{2}b$　　(B) $\frac{1}{3}b$　　(C) $\frac{1}{4}b$

(D) $\frac{1}{5}b$　　(E) $\frac{1}{6}b$

**56.** 已知随机变量 $X$ 服从区间$[-1,2]$上的均匀分布，则 $P\{X\leqslant E(X)\}=$(　　).

(A) $\frac{1}{3}$　　(B) $\frac{1}{2}$　　(C) $\frac{2}{3}$　　(D) $\frac{3}{4}$　　(E) $\frac{4}{5}$

**57.** 设随机变量 $X$ 服从区间$[a,b]$上的均匀分布，且 $E(X)=0$，$D(X)=1$，则$[a,b]=$(　　).

(A)$[-\sqrt{2},\sqrt{2}]$　　(B)$[-\sqrt{3},\sqrt{3}]$　　(C)$[1-\sqrt{2},1+\sqrt{2}]$

(D)$[1-\sqrt{3},1+\sqrt{3}]$　　(E)$[1,2]$

**58.** 设随机变量 $X$，$Y$ 相互独立，且分别服从区间$[0,3]$，$[0,2]$上的均匀分布，并设随机变量

$$Z=\begin{cases}-1, & X+2Y\leqslant 3,\\ 2, & 3<X+2Y\leqslant 4,\\ 3, & X+2Y>4,\end{cases}$$

则 $D(3Z-1)=($　　$)$.

(A) $\frac{5}{4}$　　(B) $\frac{19}{4}$　　(C) $\frac{25}{16}$　　(D) $\frac{459}{16}$　　(E) $\frac{81}{4}$

**59.** 设随机变量 $X$ 服从区间 $[-1,3]$ 上的均匀分布，则 $D(|X-1|)=($　　$)$.

(A) $\frac{1}{5}$　　(B) $\frac{1}{4}$　　(C) $\frac{1}{3}$　　(D) $\frac{1}{2}$　　(E) 1

**60.** 设随机变量 $X$ 在 $[-1,a]$ 上服从均匀分布，且 $E(X)=\frac{1}{2}$，$Y=X^2$，则 $D(XY)=($　　$)$.

(A) $\frac{1}{112}$　　(B) $\frac{513}{112}$　　(C) $\frac{19}{14}$　　(D) $\frac{607}{102}$　　(E) $\frac{1}{4}$

**61.** 已知随机变量 $X$ 的密度函数为 $f(x)=\frac{1}{\sqrt{\pi}}e^{-x^2+4x-4}(-\infty<x<+\infty)$，则 $E(X)$，$D(X)$ 的值分别为(　　).

(A) $2,\frac{1}{2}$　　(B) $2,\frac{1}{4}$　　(C) $2,1$　　(D) $-2,\frac{1}{2}$　　(E) $-2,1$

**62.** 设随机变量 $X$ 的分布函数为 $F(x)=0.4\Phi(x)+0.6\Phi\left(\frac{x-1}{2}\right)$，其中 $\Phi(x)$ 为标准正态分布函数，则 $E(X)=($　　$)$.

(A) 0　　(B) 0.3　　(C) 0.7　　(D) 1　　(E) 0.6

**63.** 设 $\xi,\eta$ 是两个相互独立且均服从正态分布 $N\left(0,\left(\frac{1}{\sqrt{2}}\right)^2\right)$ 的随机变量，则随机变量 $|\xi-\eta|$ 的数学期望 $E(|\xi-\eta|)=($　　$)$.

(A) $\frac{1}{\sqrt{3\pi}}$　　(B) $\frac{1}{\sqrt{2\pi}}$　　(C) $\frac{2}{\sqrt{\pi}}$　　(D) $\sqrt{\frac{3}{\pi}}$　　(E) $\sqrt{\frac{2}{\pi}}$

**64.** 已知随机变量 $X,Y$ 的密度函数分别为

$$f_1(x)=\frac{1}{\sqrt{4\pi}}e^{-\frac{1}{4}x^2+\frac{1}{2}x-\frac{1}{4}},\ f_2(y)=\frac{1}{\sqrt{6\pi}}e^{-\frac{1}{6}(y^2+4y+4)},$$

则有(　　).

(A) $E(X)>E(Y),D(X)>D(Y)$　　(B) $E(X)>E(Y),D(X)<D(Y)$

(C) $E(X)<E(Y),D(X)>D(Y)$　　(D) $E(X)<E(Y),D(X)<D(Y)$

(E) $E(X)=E(Y),D(X)=D(Y)$

**65.** 设随机变量 $X\sim N(0,1)$，$Y=2X-3$，则 $Y$ 服从的分布是(　　).

(A) $N(1,4)$　　(B) $N(0,1)$　　(C) $N(1,1)$

(D) $N(-1,2)$　　(E) $N(-3,4)$

**66.** 设随机变量 $X$ 服从正态分布 $N(-1,2)$，$Y=2+X$，则 $Y$ 的密度函数 $\varphi_Y(y)=($　　$)$.

(A) $\frac{1}{\sqrt{2\pi}}e^{-\frac{(y+1)^2}{2}}$　(B) $\frac{1}{2\sqrt{2\pi}}e^{-\frac{(y+1)^2}{8}}$　(C) $\frac{1}{2\sqrt{\pi}}e^{-\frac{(y-1)^2}{4}}$

(D) $\sqrt{\frac{2}{\pi}}e^{-(y-1)^2}$　(E) $\sqrt{\frac{2}{\pi}}e^{-\frac{(y-1)^2}{2}}$

**67.** 设随机变量 $X,Y$ 相互独立，且 $X\sim N(1,2)$，$Y\sim N(-1,3)$，则 $Z=X+Y$ 的密度函数为 $\varphi_Z(z)=$（　　）.

(A) $\frac{1}{2\sqrt{2\pi}}e^{-\frac{z^2}{4}}$　(B) $\frac{1}{\sqrt{6\pi}}e^{-\frac{z^2}{6}}$　(C) $\frac{1}{\sqrt{10\pi}}e^{-\frac{z^2}{50}}$

(D) $\sqrt{\frac{5}{2\pi}}e^{-\frac{5z^2}{2}}$　(E) $\frac{1}{\sqrt{10\pi}}e^{-\frac{z^2}{10}}$

**68.** 设随机变量 $X$ 服从参数为 $\lambda$ 的指数分布，已知 $E(X^2+X+1)=2$，则 $P\{X>3\}=$（　　）.

(A) $e^{-2}$　(B) $e^{-3}$　(C) $e^{-4}$　(D) $e^{-5}$　(E) $e^{-6}$

**69.** 一批电子产品使用寿命 $X$ 服从指数分布，若该产品的平均寿命为 1 000 小时，则 $P\{X\leqslant\sqrt{D(X)}\}=$（　　）.

(A) $e^{-1}$　(B) $e^{-2}$　(C) $1-e^{-1}$　(D) $1-e^{-2}$　(E) $1-e^{-3}$

**70.** 设随机变量 $X$ 的密度函数为

$$f(x)=\begin{cases}\lambda e^{-\lambda x}, & x>0,\\ 0, & \text{其他},\end{cases}$$

又 $P\{X>2\}=\frac{1}{2}$，则 $\frac{E(X)}{D(X)}=$（　　）.

(A) $\frac{\ln 2}{4}$　(B) $\frac{\ln 2}{2}$　(C) $\ln 2$　(D) $\frac{2}{\ln 2}$　(E) $\frac{4}{\ln 2}$

**71.** 设连续型随机变量 $X$ 服从参数为 1 的指数分布，则 $D(e^{-2X})=$（　　）.

(A) $\frac{2}{9}$　(B) $\frac{1}{4}$　(C) $\frac{4}{45}$　(D) $\frac{1}{3}$　(E) $\frac{2}{3}$

**72.** 设随机变量 $X_1,X_2,X_3$ 相互独立，其中 $X_1$ 在区间[2,5]上服从均匀分布，$X_2$ 服从正态分布 $N(-1,2^2)$，$X_3$ 服从参数为 3 的泊松分布，记 $Y=X_1-2X_2+3X_3$，则 $D(Y)=$（　　）.

(A) $\frac{17}{2}$　(B) $\frac{21}{2}$　(C) $\frac{125}{4}$　(D) $\frac{133}{2}$　(E) $\frac{175}{4}$

**73.** 设随机变量 $X_1,X_2,X_3$ 相互独立，其中 $X_1$ 服从[0,6]上的均匀分布，$X_2$ 服从参数为 2 的指数分布，$X_3$ 服从参数为 2 的泊松分布，则 $E[(X_1X_2X_3)^2]=$（　　）.

(A)28　(B)36　(C)42　(D)46　(E)52

启航教育 云图 YUN TU

启航经综数学系列——○

# 张宇经济类综合能力数学通关优题库

解析分册

○主编 张宇

○副主编 杨晶

编委（按姓氏拼音排序）

董士源 方夕 巩竹颖 李洁 李鹏飞 梁琪 刘玲 吕倩 石娜

王慧珍 吴丽晨 杨晶 杨松梅 张青云 张宇 郑利娜

北京理工大学出版社

图书在版编目(CIP)数据

张宇经济类综合能力数学通关优题库. 解析分册 / 张宇主编. — 北京 : 北京理工大学出版社, 2023.2(2025.4 重印)

ISBN 978-7-5763-1405-2

Ⅰ. ①张…　Ⅱ. ①张…　Ⅲ. ①高等数学-研究生-入学考试-题解　Ⅳ. ①O13-44

中国版本图书馆 CIP 数据核字(2022)第 103621 号

责任编辑：封　雪　　　文案编辑：封　雪
责任校对：刘亚男　　　责任印制：李志强

出版发行 / 北京理工大学出版社有限责任公司
社　　址 / 北京市丰台区四合庄路 6 号
邮　　编 / 100070
电　　话 / (010)68944451(大众售后服务热线)
　　　　　(010)68912824(大众售后服务热线)
网　　址 / http://www.bitpress.com.cn

版 印 次 / 2025 年 4 月第 1 版第 7 次印刷
印　　刷 / 三河市文阁印刷有限公司
开　　本 / 787 mm × 1092 mm　1/16
印　　张 / 21
字　　数 / 524 千字
定　　价 / 88.80 元(共两册)

# 目　录

# 第一部分

# 微积分

# 第一章　函数、极限与连续

## 答案速查表

| | | | | | |
|---|---|---|---|---|---|
| 1 ~ 5 | ABCDD | 6 ~ 10 | ABDDA | 11 ~ 15 | DBAED |
| 16 ~ 20 | CCDCC | 21 ~ 25 | ACEDB | 26 ~ 30 | BBEEC |
| 31 ~ 35 | EDDEE | 36 ~ 40 | EDDCE | 41 ~ 45 | DDACE |
| 46 ~ 50 | ACEAD | 51 ~ 55 | CBBBE | 56 ~ 60 | CBBBD |
| 61 ~ 65 | DDBDC | 66 ~ 70 | BDCCC | 71 ~ 75 | BBAAE |
| 76 ~ 80 | EDBBB | 81 ~ 85 | EADAB | 86 ~ 90 | ACBCE |
| 91 ~ 95 | CDBAD | 96 ~ 100 | AEABB | 101 ~ 105 | CDABC |
| 106 ~ 110 | EBBBA | 111 ~ 115 | CDDCA | 116 ~ 120 | DCBEC |
| 121 ~ 125 | DACAE | 126 ~ 130 | DCCBE | 131 ~ 135 | ABAAD |
| 136 ~ 140 | BEDAC | 141 ~ 145 | DACEC | 146 ~ 148 | CDC |

## 【考向 1】函数

**1.【参考答案】**A

**【答案解析】**由 $e^{[\varphi(x)]^2}=2-x$,得 $\varphi(x)=\sqrt{\ln(2-x)}$. 由 $\ln(2-x)\geqslant 0$ 得 $2-x\geqslant 1$,即 $x\leqslant 1$. 故选 A.

**2.【参考答案】**B

**【答案解析】**由于 $f(e^x)=1+x$,因此

$$f[g(x)]=f[e^{\ln g(x)}]=1+\ln g(x).$$

又由 $f[g(x)]=1+x\ln x$,从而有

$$1+\ln g(x)=1+x\ln x,$$

$$g(x)=e^{x\ln x}=x^x.$$

故选 B.

**3.【参考答案】**C

**【答案解析】**由于函数仅与其反函数的图像关于直线 $y=x$ 对称,因此 $g(x)$ 为 $f(x)$ 的反函数. 若记 $y=f(x)$,则

$$y=\frac{e^x-e^{-x}}{e^x+e^{-x}}=\frac{(e^{2x}-1)e^{-x}}{(e^{2x}+1)e^{-x}}=\frac{e^{2x}-1}{e^{2x}+1},$$

因此

$$y\cdot(e^{2x}+1)=e^{2x}-1,$$

整理可得

$$e^{2x}(y-1)=-(y+1),x=\frac{1}{2}\ln\frac{y+1}{1-y},$$

可知
$$g(x)=\frac{1}{2}\ln\frac{x+1}{1-x}.$$
故选 C.

**4.【参考答案】** D

**【答案解析】** $g[f(x)]=\begin{cases}2-f(x), & f(x)\leqslant 0,\\ f(x)+2, & f(x)>0.\end{cases}$

先根据 $f(x)$ 的定义求解不等式 $f(x)\leqslant 0,f(x)>0$.

当 $x<0$ 时,$f(x)=x^2$,此时恒有 $f(x)>0$;

当 $x\geqslant 0$ 时,$f(x)=-x$,此时恒有 $f(x)\leqslant 0$.

由此可知,$f(x)\leqslant 0$ 等价于 $x\geqslant 0$,$f(x)>0$ 等价于 $x<0$. 即
$$g[f(x)]=\begin{cases}2-f(x), & x\geqslant 0,\\ f(x)+2, & x<0\end{cases}=\begin{cases}2+x, & x\geqslant 0,\\ x^2+2, & x<0,\end{cases}$$
故选 D.

**【评注】** 分段函数的复合函数的计算方法如下:

设函数 $f(x)=\begin{cases}f_1(x), & x\in D_1,\\ f_2(x), & x\in D_2,\end{cases}$ 则根据复合函数的定义有
$$f[g(x)]=\begin{cases}f_1[g(x)], & g(x)\in D_1,\\ f_2[g(x)], & g(x)\in D_2.\end{cases}$$
先根据 $g(x)$ 的解析式解出使得 $g(x)\in D_1$ 的 $x$ 的范围,再将 $f_1(x)$ 中的 $x$ 替换成 $g(x)$;计算 $f_2[g(x)]$ 方法类似.

**5.【参考答案】** D

**【答案解析】** 由于 $f(-x)=|-x\sin(-x)|\mathrm{e}^{\cos(-x)}=|x\sin x|\mathrm{e}^{\cos x}=f(x)$,因此 $f(x)$ 为偶函数. 故选 D.

**6.【参考答案】** A

**【答案解析】** 由于 $f(x)$ 在 $x_1=2,x_2=3$ 处没有定义,故当 $x\neq 2,x\neq 3$ 时,$f(x)$ 为初等函数,则为连续函数. 由
$$\lim_{x\to 2}f(x)=\lim_{x\to 2}\frac{x\sin(x-3)}{(x-2)(x-3)^2}=\infty,\lim_{x\to 3}f(x)=\lim_{x\to 3}\frac{x\sin(x-3)}{(x-2)(x-3)^2}=\infty,$$
可知在区间端点为 2 或 3 的开区间内,$f(x)$ 为无界函数,故选 A.

**【评注】** 若 $y=f(x)$ 为闭区间 $[a,b]$ 上的连续函数,则 $f(x)$ 在 $[a,b]$ 上必定有界. 若 $y=f(x)$ 为开区间 $(a,b)$ 内的连续函数,且 $\lim\limits_{x\to a^+}f(x)$ 与 $\lim\limits_{x\to b^-}f(x)$ 都存在,则 $f(x)$ 在 $(a,b)$ 内必定有界.

**7.【参考答案】** B

**【答案解析】** 当 $x>0$ 时,由 $x-1\geqslant \ln x$,知 $x_{n+1}=\ln x_n+1\leqslant x_n$,即 $x_{n+1}\leqslant x_n$,则数列 $\{x_n\}$ 单调不增. 故选 B.

**【评注】** 若取 $x_n=1$,则 $\{x_n\}$ 为常数列.

## 【考向 2】极限的计算

**8.【参考答案】**D

**【答案解析】方法 1** 对于 A,C,E,由收敛数列的子列的性质“若数列$\{x_n\}$收敛于 $a$,则其任意一个子列$\{x_{n_i}\}$也收敛,且极限为 $a$”,可知 A,C,E 正确.

对于 B,由数列极限的性质“若$\lim\limits_{n\to\infty}x_{2n}=a$,且$\lim\limits_{n\to\infty}x_{2n+1}=a$,则$\lim\limits_{n\to\infty}x_n=a$”,可知 B 正确.

故选 D.

**方法 2** 举反例,设

$$x_n=\begin{cases}1, & n=3k,\\ 1, & n=3k+1,\\ 2, & n=3k+2,\end{cases}$$

其中 $k=0,1,2,\cdots$,易见$\lim\limits_{k\to\infty}x_{3k}=1$,$\lim\limits_{k\to\infty}x_{3k+1}=1$,$\lim\limits_{k\to\infty}x_{3k+2}=2$,但$\lim\limits_{n\to\infty}x_n$不存在,即 D 不正确. 故选 D.

**9.【参考答案】**D

**【答案解析】**极限描述的是在自变量变化过程中函数(数列)变化的趋势,数列极限存在与否与其前有限项的值无关,因此可以排除 A,B.

极限$\lim\limits_{n\to\infty}a_nc_n$为“$0\cdot\infty$”型极限,为未定型,可知应排除 C,E. 故选 D.

**10.【参考答案】**A

**【答案解析】**记 $x_n=\left(\dfrac{n+1}{n}\right)^{(-1)^n}$,当 $n=2k(k=1,2,\cdots)$ 时,

$$\lim_{k\to\infty}x_{2k}=\lim_{k\to\infty}\left(\frac{2k+1}{2k}\right)^{(-1)^{2k}}=\lim_{k\to\infty}\frac{2k+1}{2k}=1;$$

当 $n=2k-1(k=1,2,\cdots)$ 时,

$$\lim_{k\to\infty}x_{2k-1}=\lim_{k\to\infty}\left(\frac{2k-1+1}{2k-1}\right)^{(-1)^{2k-1}}=\lim_{k\to\infty}\left(\frac{2k}{2k-1}\right)^{-1}=1.$$

可知$\lim\limits_{k\to\infty}x_{2k}=\lim\limits_{k\to\infty}x_{2k-1}=1$,因此$\lim\limits_{n\to\infty}x_n=1$,即

$$\lim_{n\to\infty}\left(\frac{n+1}{n}\right)^{(-1)^n}=1.$$

故选 A.

**【评注】**本题利用数列极限的性质:若$\lim\limits_{n\to\infty}x_{2n}=\lim\limits_{n\to\infty}x_{2n-1}=A$,则$\lim\limits_{n\to\infty}x_n=A$. 有些考生误认为$\lim\limits_{n\to\infty}\left(\dfrac{n+1}{n}\right)^{(-1)^n}$为重要极限形式,从而导致计算错误.

**11.【参考答案】**D

**【答案解析】**由题设可知

$$\lim_{k\to\infty}x_{2k}=\lim_{k\to\infty}\frac{1}{2k}=0,\lim_{k\to\infty}x_{2k-1}=\lim_{k\to\infty}\frac{(2k-1)^2+\sqrt{2k}}{2k-1}=\infty,$$

所以 $x_n$ 不是无穷大量,不是无穷小量,也不是有界变量,是无界变量,故选 D.

**12.【参考答案】**B

**【答案解析】**

$$x_n = \frac{1-\frac{1}{2}}{1-\frac{1}{2}}\left(1+\frac{1}{2}\right)\left(1+\frac{1}{4}\right)\cdots\left(1+\frac{1}{2^{2^{n-1}}}\right)$$

$$= 2\left(1-\frac{1}{4}\right)\left(1+\frac{1}{4}\right)\cdots\left(1+\frac{1}{2^{2^{n-1}}}\right)$$

$$= 2\left(1-\frac{1}{16}\right)\left(1+\frac{1}{16}\right)\cdots\left(1+\frac{1}{2^{2^{n-1}}}\right)$$

$$= 2\left(1-\frac{1}{2^{2^n}}\right).$$

因此$\lim\limits_{n\to\infty}x_n = 2$,故选 B.

**13.【参考答案】**A

**【答案解析】**当 $n\to\infty$ 时,$\cos\frac{2}{n}\to 1, e^{\frac{1}{n}}\to 1, \sin\frac{1}{n}\sim\frac{1}{n}$,则

$$\lim_{n\to\infty}x_n = \lim_{n\to\infty}\frac{n\sin\frac{1}{n}\cdot e^{\frac{1}{n}}}{3+\cos\frac{2}{n}} = \lim_{n\to\infty}\frac{n\cdot\frac{1}{n}}{3+1} = \frac{1}{4}.$$

故选 A.

**【评注】**等价无穷小量代换也适用于求数列极限的情形.

**14.【参考答案】**E

**【答案解析】**

$$\lim_{n\to\infty}\left(\frac{n+2}{n-3}\right)^n = \lim_{n\to\infty}\left(\frac{1+\frac{2}{n}}{1-\frac{3}{n}}\right)^n = \frac{\lim\limits_{n\to\infty}\left(1+\frac{2}{n}\right)^n}{\lim\limits_{n\to\infty}\left(1-\frac{3}{n}\right)^n} = \frac{e^2}{e^{-3}} = e^5.$$

故选 E.

**【评注】**本题中,求数列极限所使用的方法与相应求函数极限的方法相同.

**15.【参考答案】**D

**【答案解析】**本题为"$1^\infty$"型未定式,用取对数求极限法,由于数列求极限不能用洛必达法则,可化为在 $x\to+\infty$ 下的极限,即

$$\text{原式} = e^{\lim\limits_{x\to+\infty}x^2\ln\left(x\tan\frac{1}{x}\right)},$$

其中

$$\lim_{x\to+\infty}x^2\ln\left(x\tan\frac{1}{x}\right) = \lim_{x\to+\infty}x^2\left(x\tan\frac{1}{x}-1\right)$$

$$\xlongequal{t=\frac{1}{x}} \lim_{t\to0^+}\frac{1}{t^2}\left(\frac{\tan t}{t}-1\right) = \lim_{t\to0^+}\frac{\tan t - t}{t^3}$$

$$= \lim_{t\to0^+}\frac{\sec^2 t-1}{3t^2} = \lim_{t\to0^+}\frac{\sin^2 t}{3t^2\cos^2 t} = \frac{1}{3},$$

故原极限为 $e^{\frac{1}{3}}$. 故选 D.

**16.【参考答案】** C

**【答案解析】** 依题设，当 $n\to\infty$ 时，$n^{100}$ 与 $n^k-(n-1)^k$ 同阶，由 $n^k-(n-1)^k\sim kn^{k-1}$，知 $k-1=100, k=101$，因此，

$$\lim_{n\to\infty}\frac{n^{100}}{n^k-(n-1)^k}=\lim_{n\to\infty}\frac{n^{100}}{101\cdot n^{100}}=\frac{1}{101},$$

故选 C.

**17.【参考答案】** C

**【答案解析】** 由于 $\frac{k}{(k+1)!}=\frac{k+1-1}{(k+1)!}=\frac{1}{k!}-\frac{1}{(k+1)!}(k=1,2,\cdots)$，因此有

$$\lim_{n\to\infty}\left[\frac{1}{2!}+\frac{2}{3!}+\cdots+\frac{n}{(n+1)!}\right]=\lim_{n\to\infty}\left[\frac{1}{1!}-\frac{1}{2!}+\frac{1}{2!}-\frac{1}{3!}+\cdots+\frac{1}{n!}-\frac{1}{(n+1)!}\right]=1.$$

故选 C.

**18.【参考答案】** D

**【答案解析】** 由于 $\frac{1}{1\times2}+\frac{1}{2\times3}+\cdots+\frac{1}{n(n+1)}=1-\frac{1}{2}+\frac{1}{2}-\frac{1}{3}+\cdots+\frac{1}{n}-\frac{1}{n+1}=1-\frac{1}{n+1}$，故

$$\text{原式}=\lim_{n\to\infty}\left(1-\frac{1}{n+1}\right)^n=e^{\lim\limits_{n\to\infty}n\cdot\frac{-1}{n+1}}=e^{-1}.$$

故选 D.

**19.【参考答案】** C

**【答案解析】** 由于 $(a^{-n})^{\frac{1}{n}}<(a^{-n}+b^{-n})^{\frac{1}{n}}<(2\cdot a^{-n})^{\frac{1}{n}}$，当 $n\to\infty$ 时，$\lim\limits_{n\to\infty}(a^{-n})^{\frac{1}{n}}=\frac{1}{a}$，$\lim\limits_{n\to\infty}(2\cdot a^{-n})^{\frac{1}{n}}=\frac{1}{a}$，故由夹逼准则，得 $\lim\limits_{n\to\infty}\left(\frac{1}{a^n}+\frac{1}{b^n}\right)^{\frac{1}{n}}=\frac{1}{a}$.

故选 C.

**20.【参考答案】** C

**【答案解析】** 因为

$$0\leqslant|x_{n+1}-a|\leqslant k|x_n-a|\leqslant k^2|x_{n-1}-a|\leqslant\cdots\leqslant k^n|x_1-a|,$$

且 $\lim\limits_{n\to\infty}k^n=0$，根据夹逼准则，有 $\lim\limits_{n\to\infty}|x_{n+1}-a|=0$，即 $\{x_n\}$ 收敛于 $a$.

故选 C.

**21.【参考答案】** A

**【答案解析】** 由于 $\frac{2n}{n+1}<\frac{f(x)}{x}<\frac{2(n+1)}{n}$，当 $x\to+\infty$ 时，$n\to\infty$，根据夹逼准则，得 $\lim\limits_{x\to+\infty}\frac{f(x)}{x}=2$. 故选 A.

**22.【参考答案】** C

**【答案解析】** $\lim\limits_{n\to\infty}\left(\frac{n}{n^2+n+1}+\frac{n}{n^2+n+2}+\cdots+\frac{n}{n^2+n+n}\right)=\lim\limits_{n\to\infty}\sum\limits_{i=1}^{n}\frac{n}{n^2+n+i}$，对和

式$\sum_{i=1}^{n}\frac{n}{n^2+n+i}$作适当的放缩，有

$$n\cdot\frac{n}{n^2+2n}\leqslant\sum_{i=1}^{n}\frac{n}{n^2+n+i}\leqslant n\cdot\frac{n}{n^2+n+1},$$

由于$\lim\limits_{n\to\infty}\frac{n^2}{n^2+2n}=1$，$\lim\limits_{n\to\infty}\frac{n^2}{n^2+n+1}=1$，根据夹逼准则，原式$=1$. 故选 C.

**23.【参考答案】** E

**【答案解析】** 注意题设条件与夹逼准则不同，夹逼准则中条件为①当$|x|>M$时，$\varphi(x)\leqslant f(x)\leqslant g(x)$；②$\lim\limits_{x\to\infty}\varphi(x)=A$，$\lim\limits_{x\to\infty}g(x)=A$. 则$\lim\limits_{x\to\infty}f(x)=A$. 条件中要求$\lim\limits_{x\to\infty}g(x)$与$\lim\limits_{x\to\infty}\varphi(x)$都存在. 而本题条件为$\lim\limits_{x\to\infty}[g(x)-\varphi(x)]=0$，并不能保证$\lim\limits_{x\to\infty}g(x)$与$\lim\limits_{x\to\infty}\varphi(x)$都存在. 例如：$g(x)=\sqrt{x^2+3}$，$\varphi(x)=\sqrt{x^2+1}$，$f(x)=\sqrt{x^2+2}$符合本题条件，但$\lim\limits_{x\to\infty}f(x)$不存在. 而取$g(x)=\frac{3}{x^2+1}$，$\varphi(x)=\frac{1}{x^2+1}$，$f(x)=\frac{2}{x^2+1}$也符合本题条件，有$\lim\limits_{x\to\infty}f(x)=0$，故选 E.

**24.【参考答案】** D

**【答案解析】** $\lim\limits_{n\to\infty}(3^{-n}+4^{-n})^{\frac{1}{n}}=\lim\limits_{n\to\infty}3^{-1}\left[1+\left(\frac{3}{4}\right)^n\right]^{\frac{1}{n}}$. 令$x=\left(\frac{3}{4}\right)^n$，则$\lim\limits_{n\to\infty}\left(\frac{3}{4}\right)^n=0$，即$\lim\limits_{n\to\infty}x=0$.

$$\text{原式}=\lim_{n\to\infty}\frac{1}{3}(1+x)^{\frac{1}{n}}=\lim_{n\to\infty}\frac{1}{3}\left[(1+x)^{\frac{1}{x}}\right]^{\frac{x}{n}}=\frac{1}{3}.$$

故选 D.

**25.【参考答案】** B

**【答案解析】** 利用定积分定义，有

$$\lim_{n\to\infty}\frac{1^\alpha+2^\alpha+\cdots+n^\alpha}{n^{\alpha+1}}=\lim_{n\to\infty}\sum_{k=1}^{n}\left(\frac{k}{n}\right)^\alpha\cdot\frac{1}{n}=\int_0^1x^\alpha\mathrm{d}x=\frac{1}{\alpha+1},$$

故选 B.

**26.【参考答案】** B

**【答案解析】** 该极限不能利用极限四则运算法则（因为这里是无限项之和的运算！），也不能利用夹逼准则. 可将其转化为定积分的形式，即先转化为$\lim\limits_{n\to\infty}\sum_{i=1}^{n}f(\xi_i)\Delta x_i=\int_a^bf(x)\mathrm{d}x$，确定出$f(x)$，$a$和$b$.

由于

$$\frac{1}{n+1}+\frac{1}{n+2}+\cdots+\frac{1}{n+n}=\sum_{i=1}^{n}\frac{1}{n+i}=\sum_{i=1}^{n}\frac{1}{1+\frac{i}{n}}\cdot\frac{1}{n},$$

取$\Delta x_i=\frac{1}{n}$，$a=1$，$b=2$，$f(x)=\frac{1}{x}$，则

$$\lim_{n\to\infty}\left(\frac{1}{n+1}+\frac{1}{n+2}+\cdots+\frac{1}{n+n}\right)=\lim_{n\to\infty}\sum_{i=1}^{n}\frac{1}{1+\frac{i}{n}}\cdot\frac{1}{n}$$

$$=\int_1^2 \frac{1}{x}\mathrm{d}x=\ln x\Big|_1^2=\ln 2.$$

故选 B.

【评注】如果取 $\Delta x_i=\frac{1}{n}, a=0, b=1, f(x)=\frac{1}{x+1}$，则

$$\lim_{n\to\infty}\left(\frac{1}{n+1}+\frac{1}{n+2}+\cdots+\frac{1}{n+n}\right)=\lim_{n\to\infty}\sum_{i=1}^{n}\frac{1}{1+\frac{i}{n}}\cdot\frac{1}{n}$$

$$=\int_0^1 \frac{1}{1+x}\mathrm{d}x=\ln(1+x)\Big|_0^1=\ln 2.$$

亦正确.

**27.【参考答案】**B

**【答案解析】**所求极限依然为无穷多项和的极限问题.

$$\lim_{n\to\infty}\sum_{i=1}^{n}\frac{1}{n}\sqrt{1+\cos\frac{i}{n}\pi}=\int_0^1\sqrt{1+\cos\pi x}\,\mathrm{d}x$$

$$=\int_0^1\sqrt{2\cos^2\frac{\pi}{2}x}\,\mathrm{d}x=\sqrt{2}\int_0^1\cos\frac{\pi}{2}x\mathrm{d}x$$

$$=\frac{2\sqrt{2}}{\pi}\sin\frac{\pi}{2}x\Big|_0^1=\frac{2\sqrt{2}}{\pi}.$$

故选 B.

**28.【参考答案】**E

**【答案解析】**

$$\lim_{n\to\infty}\ln\sqrt[n]{\left(1+\frac{1}{n}\right)^2\left(1+\frac{2}{n}\right)^2\cdots\left(1+\frac{n}{n}\right)^2}$$

$$=\lim_{n\to\infty}\frac{2}{n}\ln\left[\left(1+\frac{1}{n}\right)\left(1+\frac{2}{n}\right)\cdots\left(1+\frac{n}{n}\right)\right]$$

$$=\lim_{n\to\infty}\frac{2}{n}\sum_{i=1}^{n}\ln\left(1+\frac{i}{n}\right)=2\int_0^1\ln(1+x)\mathrm{d}x$$

$$=2\left[x\ln(1+x)\Big|_0^1-\int_0^1\frac{x}{1+x}\mathrm{d}x\right]$$

$$=2\ln 2-2[x-\ln(1+x)]\Big|_0^1$$

$$=2\ln 2-2(1-\ln 2)=4\ln 2-2.$$

故选 E.

**29.【参考答案】**E

**【答案解析】**由极限定义"设函数 $f(x)$ 在点 $x_0$ 的某去心邻域内有定义，如果存在常数 $A$，对于任意给定的正数 $\varepsilon$，总存在正数 $\delta$，使得当 $x$ 满足不等式 $0<|x-x_0|<\delta$ 时，对应的函数值 $f(x)$ 都满足不等式 $|f(x)-A|<\varepsilon$，则称 $A$ 为 $f(x)$ 当 $x\to x_0$ 时的极限，记为 $\lim\limits_{x\to x_0}f(x)=A$"，表明 $\lim\limits_{x\to x_0}f(x)=A$ 不要求 $f(x)$ 在 $x_0$ 处有定义，也不要求 $f(x_0)=A$，可知 A，B 都不正确.

已知$\lim\limits_{x \to x_0} f(x)=2$，取$\varepsilon=\frac{1}{2}$，则必定存在正数$\delta$，当$0<|x-x_0|<\delta$时，总有$|f(x)-2|<\varepsilon=\frac{1}{2}$，从而

$$2-\frac{1}{2}<f(x)<2+\frac{1}{2},$$

即

$$\frac{3}{2}<f(x)<\frac{5}{2}.$$

可知C，D都不正确. 故选E.

**30.【参考答案】** C

**【答案解析】** 若$f(x)=x$，则$\lim\limits_{x \to 0} f(x)=\lim\limits_{x \to 0} x=0$存在. 令$g(x)=2$，则$\lim\limits_{x \to 0}[f(x)\cdot g(x)]=\lim\limits_{x \to 0} 2x=0$存在，表明B不正确；

令$g(x)=\frac{1}{x^{\frac{1}{3}}}$，$\lim\limits_{x \to 0}[f(x)\cdot g(x)]=\lim\limits_{x \to 0}\frac{x}{x^{\frac{1}{3}}}=\lim\limits_{x \to 0} x^{\frac{2}{3}}=0$存在，而$\lim\limits_{x \to 0} g(x)=\lim\limits_{x \to 0}\frac{1}{x^{\frac{1}{3}}}$不存在，表明A不正确，C正确.

利用反证法可证明若$\lim\limits_{x \to x_0}[f(x)+g(x)]$存在，且$\lim\limits_{x \to x_0} f(x)$存在，则$\lim\limits_{x \to x_0} g(x)$必定存在，可知D，E不正确.

故选C.

**31.【参考答案】** E

**【答案解析】** 由于极限值为一个确定的数值，因此可设$\lim\limits_{x \to 1} f(x)=A$，于是

$$f(x)=x^2+x-A.$$

上式两端同时取$x \to 1$时的极限，有

$$\lim_{x \to 1} f(x)=\lim_{x \to 1}(x^2+x-A)=2-A,$$

于是$A=2-A$，解得$A=1$. 故选E.

**【评注】** 利用极限的概念或性质求极限是一种常见的解题技巧，考生应掌握并会运用. 本题具有代表性.

**32.【参考答案】** D

**【答案解析】** 当$x \to 0$时，$x$为无穷小量，$\sin\frac{1}{x}$为有界变量，由于无穷小量与有界变量之积仍为无穷小量，因此$\lim\limits_{x \to 0} x\sin\frac{1}{x}=0$，可知A不正确.

当$x \to \infty$时，$\frac{1}{x} \to 0$，因此$\lim\limits_{x \to \infty}\frac{\sin x}{x}=\lim\limits_{x \to \infty}\frac{1}{x}\sin x=0$，可知B不正确.

由重要极限公式$\lim\limits_{x \to 0}\frac{\sin x}{x}=1$，可知C，E不正确.

当$x \to \infty$时，$\frac{1}{x} \to 0$，由重要极限公式可得

$$\lim_{x\to\infty} x\sin\frac{1}{x}=\lim_{x\to\infty}\frac{\sin\frac{1}{x}}{\frac{1}{x}}=1.$$

可知 D 正确，故选 D.

**33.【参考答案】**D

**【答案解析】**令 $x=-t$，则

$$\lim_{x\to0^+}\left(1+\frac{1}{x}\right)^x=\lim_{t\to0^-}\left(1-\frac{1}{t}\right)^{-t}=\lim_{x\to0^+}e^{x\ln\left(1+\frac{1}{x}\right)}=1,$$

可知 A,E 不正确.

由重要极限公式

$$\lim_{x\to0}(1+x)^{\frac{1}{x}}=e,\lim_{x\to\infty}\left(1+\frac{1}{x}\right)^x=e,$$

可知 B 不正确.

对于 C，$\lim\limits_{x\to\infty}\left(1+\frac{1}{x}\right)^{-x}=\lim\limits_{x\to\infty}\frac{1}{\left(1+\frac{1}{x}\right)^x}=\frac{1}{e}$，可知 C 不正确.

对于 D，$\lim\limits_{x\to\infty}\left(1-\frac{1}{x}\right)^{-x}=\lim\limits_{x\to\infty}\left[1+\left(-\frac{1}{x}\right)\right]^{-x}=e$，可知 D 正确. 故选 D.

**34.【参考答案】**E

**【答案解析】**由于

$$\lim_{x\to1^-}\frac{x^2-1}{x-1}e^{\frac{1}{x-1}}=\lim_{x\to1^-}(x+1)e^{\frac{1}{x-1}}=0,$$

$$\lim_{x\to1^+}\frac{x^2-1}{x-1}e^{\frac{1}{x-1}}=\lim_{x\to1^+}(x+1)e^{\frac{1}{x-1}}=+\infty,$$

因此当 $x\to1$ 时，函数$\frac{x^2-1}{x-1}e^{\frac{1}{x-1}}$ 的极限不存在，也不为 $\infty$. 故选 E.

**35.【参考答案】**E

**【答案解析】**记 $f(x)=\frac{2+e^{\frac{1}{x}}}{3-e^{\frac{1}{x}}}$. 当 $x\to0^-$ 时，$\frac{1}{x}\to-\infty$，$e^{\frac{1}{x}}\to0$；当 $x\to0^+$ 时，$\frac{1}{x}\to+\infty$，$e^{\frac{1}{x}}\to+\infty$. 因此需讨论 $f(x)$ 在点 $x=0$ 处的左极限与右极限. 由于

$$\lim_{x\to0^-}f(x)=\lim_{x\to0^-}\frac{2+e^{\frac{1}{x}}}{3-e^{\frac{1}{x}}}=\frac{2}{3},$$

$$\lim_{x\to0^+}f(x)=\lim_{x\to0^+}\frac{2+e^{\frac{1}{x}}}{3-e^{\frac{1}{x}}}=\lim_{x\to0^+}\frac{e^{\frac{1}{x}}(2e^{-\frac{1}{x}}+1)}{e^{\frac{1}{x}}(3e^{-\frac{1}{x}}-1)},$$

当 $x\to0^+$ 时，$-\frac{1}{x}\to-\infty$，$e^{-\frac{1}{x}}\to0$，因此

$$\lim_{x\to0^+}\frac{2+e^{\frac{1}{x}}}{3-e^{\frac{1}{x}}}=\lim_{x\to0^+}\frac{2e^{-\frac{1}{x}}+1}{3e^{-\frac{1}{x}}-1}=-1.$$

可知 $f(x)$ 在 $x=0$ 处的左极限与右极限都存在，但不相等，因此$\lim\limits_{x\to0}f(x)$ 不存在，也不是 $\infty$. 故选 E.

**36.【参考答案】** E

**【答案解析】** 当 $x \to 0$ 时，$\dfrac{1}{x}$ 两侧的极限是不同的，于是有

$$\lim_{x\to 0^-}\left(\frac{e^{\frac{1}{x}}-\pi}{e^{\frac{2}{x}}+1}+a\cdot\arctan\frac{1}{x}\right)=-\pi-\frac{\pi}{2}a,$$

$$\lim_{x\to 0^+}\left(\frac{e^{\frac{1}{x}}-\pi}{e^{\frac{2}{x}}+1}+a\cdot\arctan\frac{1}{x}\right)=0+\frac{\pi}{2}a.$$

由于原极限存在，则左、右极限相等，即 $-\pi-\dfrac{\pi}{2}a=\dfrac{\pi}{2}a$，则 $a=-1$，因此原极限 $=-\dfrac{\pi}{2}$.

故选 E.

**37.【参考答案】** D

**【答案解析】** 由于所给极限表达式中含有绝对值符号，应考虑左极限与右极限.

$$\lim_{x\to 0^+}\left[a\arctan\frac{1}{x}+(1+|x|)^{\frac{1}{x}}\right]=\lim_{x\to 0^+}\left[a\arctan\frac{1}{x}+(1+x)^{\frac{1}{x}}\right]=\frac{\pi}{2}a+e,$$

$$\lim_{x\to 0^-}\left[a\arctan\frac{1}{x}+(1+|x|)^{\frac{1}{x}}\right]=\lim_{x\to 0^-}\left[a\arctan\frac{1}{x}+(1-x)^{\frac{1}{x}}\right]=-\frac{\pi}{2}a+\frac{1}{e}.$$

由于所给极限存在，可知左极限 $=$ 右极限，因此必有

$$\frac{\pi}{2}a+e=-\frac{\pi}{2}a+\frac{1}{e}.$$

解得 $a=\dfrac{1}{\pi}\left(\dfrac{1}{e}-e\right)$.

故选 D.

**38.【参考答案】** D

**【答案解析】** 由等价无穷小量代换，可得

$$\lim_{x\to 0}\frac{1-e^{a\tan^2 x}}{\ln\cos x}=\lim_{x\to 0}\frac{-a\tan^2 x}{\ln[1+(\cos x-1)]}$$

$$=\lim_{x\to 0}\frac{-ax^2}{\cos x-1}=-\lim_{x\to 0}\frac{ax^2}{-\frac{1}{2}x^2}$$

$$=2a=4,$$

因此 $a=2$，故选 D.

**39.【参考答案】** C

**【答案解析】** 所给极限为“$\dfrac{0}{0}$”型，可以利用等价无穷小量代换简化运算.

$$\lim_{x\to 0}\frac{\sqrt{2-\cos x}-1}{\sin x^2}=\lim_{x\to 0}\frac{\sqrt{1+(1-\cos x)}-1}{x^2}$$

$$=\lim_{x\to 0}\frac{\frac{1}{2}(1-\cos x)}{x^2}=\lim_{x\to 0}\frac{\frac{1}{2}x^2}{2x^2}=\frac{1}{4}.$$

故选 C.

**40.【参考答案】**E

**【答案解析】**由题设知 $f(x)$ 为连续函数，因此

$$\lim_{x\to 0}f(x)=f(0).$$

由于题设求极限的函数为分式，极限存在，且分母的极限为 0，可知分子极限必定为 0. 极限为"$\frac{0}{0}$"型. 题目可考虑利用多种方式运算，由等价无穷小量代换可得

$$\lim_{x\to 0}\frac{\sqrt{1+f(x)\sin x}-1}{e^{2x}-1}=\lim_{x\to 0}\frac{\frac{1}{2}f(x)\sin x}{2x}=\frac{1}{4}f(0)=a,$$

可得 $f(0)=4a$. 故选 E.

**41.【参考答案】**D

**【答案解析】**本题为"$\frac{0}{0}$"型极限运算，先利用等价无穷小量代换简化运算，再利用洛必达法则求解.

$$\lim_{x\to 0}\frac{\ln(x^2+x+e^x)}{\sqrt{1+\sin x}-1}=\lim_{x\to 0}\frac{\ln[1+(x^2+x+e^x-1)]}{\frac{1}{2}\sin x}$$

$$=\lim_{x\to 0}\frac{x^2+x+e^x-1}{\frac{1}{2}x}=2\lim_{x\to 0}\frac{2x+1+e^x}{1}=4.$$

故选 D.

**42.【参考答案】**D

**【答案解析】**本题为"$\frac{0}{0}$"型极限，可利用等价无穷小量代换简化运算.

$$\lim_{x\to 0}\frac{e^{\sin^2 x}-\cos x}{\tan x^2}=\lim_{x\to 0}\frac{e^{\sin^2 x}-1+1-\cos x}{\tan x^2}$$

$$=\lim_{x\to 0}\left(\frac{e^{\sin^2 x}-1}{\tan x^2}+\frac{1-\cos x}{\tan x^2}\right)$$

$$=\lim_{x\to 0}\frac{\sin^2 x}{x^2}+\lim_{x\to 0}\frac{\frac{1}{2}x^2}{x^2}=\frac{3}{2}.$$

故选 D.

**43.【参考答案】**A

**【答案解析】**当 $x\to 4$ 时，分子与分母的极限都为零，不能直接利用极限的商的运算法则. 又由于分子与分母中都含有根式，故先有理化再求极限.

$$\lim_{x\to 4}\frac{\sqrt{x+5}-3}{\sqrt{x}-2}=\lim_{x\to 4}\frac{(\sqrt{x+5}-3)(\sqrt{x+5}+3)(\sqrt{x}+2)}{(\sqrt{x}-2)(\sqrt{x}+2)(\sqrt{x+5}+3)}$$

$$=\lim_{x\to 4}\frac{(x-4)(\sqrt{x}+2)}{(x-4)(\sqrt{x+5}+3)}=\lim_{x\to 4}\frac{\sqrt{x}+2}{\sqrt{x+5}+3}=\frac{2}{3}.$$

故选 A.

**44.【参考答案】** C

**【答案解析】** 所给极限为“$\frac{0}{0}$”型，不能直接利用极限的四则运算法则. 首先进行等价无穷小代换，再分组，可简化运算.

$$\lim_{x\to 0}\frac{5\sin x+x^2\cos\frac{1}{x}}{(2+\cos x)\ln(1+x)}=\lim_{x\to 0}\frac{1}{2+\cos x}\cdot\frac{5\sin x+x^2\cos\frac{1}{x}}{x}$$
$$=\frac{1}{3}\lim_{x\to 0}\left(\frac{5\sin x}{x}+x\cos\frac{1}{x}\right)=\frac{5}{3}.$$

故选 C.

**45.【参考答案】** E

**【答案解析】** 当 $x\to\infty$ 时，$\frac{3x^2}{x^3+x^2}$ 为无穷小量，因此

$$\lim_{x\to\infty}x\sin\frac{3x^2}{x^3+x^2}=\lim_{x\to\infty}x\cdot\frac{3x^2}{x^3+x^2}=3.$$

故选 E.

**46.【参考答案】** A

**【答案解析】** $\lim\limits_{x\to 0}\frac{\sin x-\tan x}{\sin x^3}=\lim\limits_{x\to 0}\frac{\sin x-\frac{\sin x}{\cos x}}{x^3}=\lim\limits_{x\to 0}\frac{\sin x}{x}\cdot\frac{\cos x-1}{x^2\cos x}$

$$=\lim_{x\to 0}\frac{\sin x}{x}\cdot\lim_{x\to 0}\frac{1}{\cos x}\cdot\lim_{x\to 0}\frac{-\frac{x^2}{2}}{x^2}=-\frac{1}{2}.$$

故选 A.

**【评注】** 不能将原式分子化为“$x-x$”，因为等价无穷小代换在加、减法中不能随意使用，否则容易出现计算错误.

**47.【参考答案】** C

**【答案解析】** 当 $x\to 0$ 时，分子与分母的极限皆为零，故不能直接利用极限的四则运算法则. 由于$\lim\limits_{x\to 0}(3+x^2)=3$，当 $x\to 0$ 时，$\ln(1+x)\sim x$，因此

$$\lim_{x\to 0}\frac{\sin x+2x^2\cos\frac{1}{x}}{(3+x^2)\ln(1+x)}=\lim_{x\to 0}\frac{1}{3+x^2}\cdot\lim_{x\to 0}\frac{\sin x+2x^2\cos\frac{1}{x}}{x}$$
$$=\frac{1}{3}\lim_{x\to 0}\left(\frac{\sin x}{x}+2x\cos\frac{1}{x}\right)=\frac{1}{3}\left(\lim_{x\to 0}\frac{\sin x}{x}+\lim_{x\to 0}2x\cos\frac{1}{x}\right)=\frac{1}{3}.$$

故选 C.

**48.【参考答案】** E

**【答案解析】** 本题是“$\frac{0}{0}$”型极限，但若直接用洛必达法则，求导会比较麻烦. 考虑到分子、分母都有$\sqrt{x}$，故可先令 $t=\sqrt{x}$，代入原式，然后用洛必达法则.

$$\lim_{x\to 0^+}\frac{\sqrt{x}}{2x-e^{2\sqrt{x}}+1}=\lim_{t\to 0^+}\frac{t}{2t^2-e^{2t}+1}=\lim_{t\to 0^+}\frac{1}{4t-2e^{2t}}=-\frac{1}{2}.$$

故选 E.

**49.【参考答案】**A

**【答案解析】**本题是“$\frac{0}{0}$”型极限，注意到当 $x\to+\infty$ 时，$\ln\left(1+\frac{1}{x}\right)\sim\frac{1}{x}$，可得

$$\lim_{x\to+\infty}\frac{\ln\left(1+\frac{1}{x}\right)}{\operatorname{arccot}x}=\lim_{x\to+\infty}\frac{\frac{1}{x}}{\operatorname{arccot}x}=\lim_{x\to+\infty}\frac{-\frac{1}{x^2}}{-\frac{1}{1+x^2}}=\lim_{x\to+\infty}\frac{1+x^2}{x^2}=1.$$

故选 A.

**【评注】**本题先进行等价无穷小代换，可以简化运算.

**50.【参考答案】**D

**【答案解析】**

$$\lim_{x\to0}\frac{\sqrt{1+x}+\sqrt{1-x}-2}{x^2}$$

$$=\lim_{x\to0}\frac{(\sqrt{1+x}+\sqrt{1-x}-2)(\sqrt{1+x}+\sqrt{1-x}+2)}{x^2(\sqrt{1+x}+\sqrt{1-x}+2)}$$

$$=\frac{1}{4}\lim_{x\to0}\frac{(\sqrt{1+x}+\sqrt{1-x})^2-4}{x^2}=\frac{1}{4}\lim_{x\to0}\frac{2\sqrt{1-x^2}-2}{x^2}$$

$$=\frac{1}{4}\lim_{x\to0}\frac{2(\sqrt{1-x^2}-1)(\sqrt{1-x^2}+1)}{x^2(\sqrt{1-x^2}+1)}=-\frac{1}{4}.$$

故选 D.

**51.【参考答案】**C

**【答案解析】**先用等价无穷小量代换，再使用洛必达法则.

$$\lim_{x\to0}\frac{[\sin x-\sin(\sin x)]\sin x}{x^4}=\lim_{x\to0}\frac{\sin x-\sin(\sin x)}{x^3}$$

$$=\lim_{x\to0}\frac{\cos x-\cos(\sin x)\cdot\cos x}{3x^2}=\lim_{x\to0}\frac{[1-\cos(\sin x)]\cos x}{3x^2}.$$

注意到当 $x\to0$ 时，$\sin x\to0$，故 $1-\cos(\sin x)\sim\frac{1}{2}\sin^2x$，可知

$$\text{原式}=\lim_{x\to0}\frac{\frac{1}{2}\sin^2x}{3x^2}=\frac{1}{6}.$$

故选 C.

**52.【参考答案】**B

**【答案解析】**当 $x\to\infty$ 时，原式分子与分母的极限皆为 $\infty$，不能利用极限的四则运算法则，可以将分子、分母同乘以 $\frac{1}{x^3}$，则

$$\text{原式}=\lim_{x\to\infty}\frac{1+\frac{3}{x^3}\sin x}{2-\frac{3}{5x^3}\cos x}=\frac{1}{2}.$$

故选 B.

【评注】这种运算技巧可以推广到数列极限.

**53.【参考答案】**B

【答案解析】所给极限为“$\frac{\infty}{\infty}$”型，不能利用极限的四则运算法则，也不适合利用洛必达法则. 通常对无穷大量运算的基本原则是将其转化为无穷小量运算.

$$\lim_{x\to-\infty}\frac{\sqrt{4x^2+x-1}+3x+1}{\sqrt{x^2+\sin x}}\overset{(*)}{=\!=}\lim_{x\to-\infty}\frac{-x\sqrt{4+\frac{1}{x}-\frac{1}{x^2}}+3x+1}{-x\sqrt{1+\frac{\sin x}{x^2}}}$$

$$=\lim_{x\to-\infty}\frac{-\sqrt{4+\frac{1}{x}-\frac{1}{x^2}}+3+\frac{1}{x}}{-\sqrt{1+\frac{\sin x}{x^2}}}=-1.$$

故选 B.

【评注】在上述(＊)处，将无穷大量的运算转化为了无穷小量的运算.

若(＊)处忽略了条件 $x\to-\infty$，则有

$$\lim_{x\to-\infty}\frac{\sqrt{4x^2+x-1}+3x+1}{\sqrt{x^2+\sin x}}=\lim_{x\to-\infty}\frac{x\sqrt{4+\frac{1}{x}-\frac{1}{x^2}}+3x+1}{x\sqrt{1+\frac{\sin x}{x^2}}}=5,$$

计算结果错误. 当 $x\to-\infty$ 时，有 $\sqrt{x^2}=|x|=-x$，这是解题的关键，许多考生在此处出现错误，误选 E.

**54.【参考答案】**B

【答案解析】设 $t=x-3$，则 $x=t+3$，由题设可得

$$f(t)=2(t+3)^2+(t+3)+2=2t^2+13t+23,$$

即 $f(x)=2x^2+13x+23$，则

$$\lim_{x\to\infty}\frac{f(x)}{x^2}=\lim_{x\to\infty}\frac{2x^2+13x+23}{x^2}=2.$$

故选 B.

**55.【参考答案】**E

【答案解析】

$$\lim_{n\to\infty}\frac{1}{n^2}\ln[f(1)\cdot f(2)\cdot\cdots\cdot f(n)]$$

$$=\lim_{n\to\infty}\frac{1}{n^2}\ln(5\cdot5^2\cdot\cdots\cdot5^n)=\lim_{n\to\infty}\frac{1}{n^2}\ln 5^{1+2+\cdots+n}$$

$$=\lim_{n\to\infty}\frac{1+2+\cdots+n}{n^2}\ln 5=\lim_{n\to\infty}\frac{n(n+1)}{2n^2}\ln 5$$

$$\overset{(*)}{=\!=}\frac{1}{2}\ln 5.$$

故选 E.

【评注】极限公式：当 $a_0b_0 \neq 0, m, k$ 为非负整数时，有

$$\lim_{x\to\infty}\frac{a_0x^k+a_1x^{k-1}+\cdots+a_k}{b_0x^m+b_1x^{m-1}+\cdots+b_m}=\begin{cases}\dfrac{a_0}{b_0}, & m=k,\\ 0, & m>k,\\ \infty, & m<k.\end{cases}$$

考生应熟记并会运用. 当 $x$ 换为正整数 $n$ 时，仍有相同的结论. 本题（ * ）处即利用此结论.

**56.【参考答案】** C

【答案解析】原式 $=\lim\limits_{x\to+\infty}\dfrac{\sqrt[4]{5+\dfrac{1}{x^6}-\dfrac{11}{x^7}-\dfrac{\sin^{\frac{7}{4}}x}{x^{\frac{7}{4}}}+\dfrac{8}{x^{\frac{7}{4}}}}}{\sqrt[4]{13+\dfrac{1}{x}}}=\sqrt[4]{\dfrac{5}{13}}$. 故选 C.

**57.【参考答案】** B

【答案解析】$\lim\limits_{x\to1^-}\tan\dfrac{\pi}{2}x=+\infty$，$\lim\limits_{x\to1^-}\ln(1-x)=-\infty$，所以本题是“$\dfrac{\infty}{\infty}$”型极限.

$$\lim_{x\to1^-}\frac{\tan\frac{\pi}{2}x}{\ln(1-x)}=\lim_{x\to1^-}\frac{\frac{\pi}{2}\sec^2\frac{\pi}{2}x}{\frac{-1}{1-x}}=\lim_{x\to1^-}\frac{\pi}{2}\cdot\frac{x-1}{\cos^2\frac{\pi}{2}x}$$

$$=\frac{\pi}{2}\cdot\lim_{x\to1^-}\frac{1}{-2\cos\frac{\pi}{2}x\cdot\sin\frac{\pi}{2}x\cdot\frac{\pi}{2}}=-\infty.$$

故选 B.

【评注】本题中不可用 $-x$ 代换 $\ln(1-x)$，因为这里是 $x\to1^-$，因此 $\ln(1-x)\to-\infty$，不是无穷小量. 注意只有当 $\square\to0$ 时，才有 $\ln(1+\square)\sim\square$.

**58.【参考答案】** B

【答案解析】原式 $=\lim\limits_{x\to0}\left[\dfrac{a}{x}-\dfrac{\ln(1+ax)}{x^2}+a^2\ln(1+ax)\right]$

$$=\lim_{x\to0}\frac{ax-\ln(1+ax)}{x^2}\xlongequal{\text{洛必达法则}}\lim_{x\to0}\frac{a-\frac{a}{1+ax}}{2x}$$

$$=\lim_{x\to0}\frac{a^2x}{2x(1+ax)}=\frac{a^2}{2}.$$

故选 B.

【评注】注意本题中有一项 $a^2\ln(1+ax)$，当 $x\to0$ 时，此项极限存在且为 0，所以此项应单独提出来，剩余两项为“$\infty-\infty$”型未定式，应先通分然后用洛必达法则.

**59.【参考答案】** B

【答案解析】$\lim\limits_{x\to0}\left[\dfrac{1}{\sin x}-\left(\dfrac{1}{x}-a\right)e^x\right]=\lim\limits_{x\to0}\left(\dfrac{x-\sin x\cdot e^x}{x\sin x}+ae^x\right)$

$$=\lim_{x\to0}\frac{x-\sin x}{x\sin x}+\lim_{x\to0}\frac{\sin x(1-e^x)}{x\sin x}+a\lim_{x\to0}e^x$$

$$=-1+a=1,$$

所以 $a=2$. 故选 B.

**60.【参考答案】** D

**【答案解析】** 本题属于"$\infty-\infty$"型,应通分化成"$\frac{0}{0}$"型.

$$\lim_{x\to0}\left[\frac{1}{\ln(x+1)}-\frac{1}{\sin x}\right]=\lim_{x\to0}\frac{\sin x-\ln(x+1)}{\sin x\ln(x+1)}=\lim_{x\to0}\frac{\sin x-x}{x^2}+\lim_{x\to0}\frac{x-\ln(x+1)}{x^2}$$

$$=\lim_{x\to0}\frac{\cos x-1}{2x}+\lim_{x\to0}\frac{1-\frac{1}{x+1}}{2x}=\lim_{x\to0}\frac{-\sin x}{2}+\lim_{x\to0}\frac{x+1-1}{2x(x+1)}=\frac{1}{2}.$$

故选 D.

**61.【参考答案】** D

**【答案解析】** 所给极限为"$\infty-\infty$"型. 由于当 $x\to+\infty$ 时,$\sqrt{x^2-x+1}\to+\infty$,而所给极限存在,因此有 $\alpha<0$.

又
$$\lim_{x\to+\infty}(\alpha x+\sqrt{x^2-x+1}-\beta)$$
$$=\lim_{x\to+\infty}\frac{[(\alpha x-\beta)+\sqrt{x^2-x+1}]\cdot[(\alpha x-\beta)-\sqrt{x^2-x+1}]}{(\alpha x-\beta)-\sqrt{x^2-x+1}}$$
$$=\lim_{x\to+\infty}\frac{(\alpha x-\beta)^2-(x^2-x+1)}{\alpha x-\beta-\sqrt{x^2-x+1}}$$
$$=\lim_{x\to+\infty}\frac{(\alpha^2-1)x^2+(1-2\alpha\beta)x+(\beta^2-1)}{\alpha x-\beta-\sqrt{x^2-x+1}}$$
$$=\lim_{x\to+\infty}\frac{(\alpha^2-1)x+(1-2\alpha\beta)+\frac{\beta^2-1}{x}}{\alpha-\frac{\beta}{x}-\sqrt{1-\frac{1}{x}+\frac{1}{x^2}}}=0,$$

可知应有 $\alpha^2-1=0$,$1-2\alpha\beta=0$. 由于 $\alpha<0$,因此 $\alpha=-1$,$\beta=-\frac{1}{2}$.

故选 D.

**62.【参考答案】** D

**【答案解析】** 所求极限为"$0\cdot\infty$"型,不能利用极限的四则运算法则. 由对数的性质及连续函数的性质,有

$$原式=\lim_{x\to+\infty}\ln\left(\frac{x+2}{x}\right)^x=\ln\left[\lim_{x\to+\infty}\left(1+\frac{2}{x}\right)^x\right]=\ln e^2=2.$$

故选 D.

**【评注】** 本题利用连续函数的性质求极限. 以后遇到极限运算,先考虑是否可以利用连续函数的性质.

**63.【参考答案】** B

**【答案解析】** 当 $x\to0$ 时,$\ln\frac{\sin x}{x}=\ln\left(1+\frac{\sin x}{x}-1\right)\sim\frac{\sin x}{x}-1$,于是

$$\text{原极限}=\lim_{x\to 0}\frac{1}{x^2}\left(\frac{\sin x}{x}-1\right)=\lim_{x\to 0}\frac{\sin x-x}{x^3}$$

$$\xlongequal{\text{洛必达法则}}\lim_{x\to 0}\frac{\cos x-1}{3x^2}=\lim_{x\to 0}\frac{-\sin x}{6x}=-\frac{1}{6}.$$

故选 B.

64. **【参考答案】** D

**【答案解析】** 本题所求极限属于"$1^\infty$"型.

$$\lim_{x\to 0}\left[\frac{\ln(1+x)}{x}\right]^{\frac{2}{e^x-1}}=e^{\lim\limits_{x\to 0}\left[\frac{\ln(1+x)}{x}-1\right]\cdot\frac{2}{e^x-1}}$$

$$=e^{2\lim\limits_{x\to 0}\frac{\ln(1+x)-x}{x^2}}=e^{2\lim\limits_{x\to 0}\frac{\frac{1}{1+x}-1}{2x}}=e^{\lim\limits_{x\to 0}\frac{-2}{2(1+x)}}=e^{-1}.$$

故选 D.

65. **【参考答案】** C

**【答案解析】** 因为$\lim\limits_{x\to 0}\dfrac{e^x+e^{2x}+\cdots+e^{nx}}{n}=\dfrac{n}{n}=1$,所以本题所求极限是"$1^\infty$"型,可以利用取对数法则.

$$\lim_{x\to 0}\left(\frac{e^x+e^{2x}+\cdots+e^{nx}}{n}\right)^{\frac{1}{x}}=\lim_{x\to 0}e^{\frac{1}{x}\ln\frac{e^x+e^{2x}+\cdots+e^{nx}}{n}},$$

其中

$$\lim_{x\to 0}\frac{1}{x}\ln\frac{e^x+e^{2x}+\cdots+e^{nx}}{n}=\lim_{x\to 0}\frac{\ln(e^x+e^{2x}+\cdots+e^{nx})-\ln n}{x}$$

$$=\lim_{x\to 0}\frac{e^x+2e^{2x}+\cdots+ne^{nx}}{e^x+e^{2x}+\cdots+e^{nx}}=\frac{1+2+\cdots+n}{n}$$

$$=\frac{1}{2}(1+n),$$

所以

$$\lim_{x\to 0}\left(\frac{e^x+e^{2x}+\cdots+e^{nx}}{n}\right)^{\frac{1}{x}}=e^{\frac{1+n}{2}}.$$

故选 C.

66. **【参考答案】** B

**【答案解析】** 所求极限是"$0^0$"型.

$$\lim_{x\to+\infty}\left(\frac{\pi}{2}-\arctan x\right)^{\frac{1}{x}}=\exp\left\{\lim_{x\to+\infty}\frac{1}{x}\ln\left(\frac{\pi}{2}-\arctan x\right)\right\},$$

其中

$$\lim_{x\to+\infty}\frac{\ln\left(\frac{\pi}{2}-\arctan x\right)}{x}=\lim_{x\to+\infty}\frac{-\frac{1}{1+x^2}}{\frac{\pi}{2}-\arctan x}=\lim_{x\to+\infty}\frac{\frac{2x}{(1+x^2)^2}}{-\frac{1}{1+x^2}}=0,$$

所以

$$\lim_{x\to+\infty}\left(\frac{\pi}{2}-\arctan x\right)^{\frac{1}{x}}=1.$$

故选 B.

**67.【参考答案】**D

**【答案解析】**由于

$$f\left(x+\frac{1}{x}\right)=\frac{x+x^3}{1+x^4}=\frac{x^2\left(\frac{1}{x}+x\right)}{x^2\left(\frac{1}{x^2}+x^2\right)}=\frac{\frac{1}{x}+x}{\left(\frac{1}{x}+x\right)^2-2},$$

因此

$$f(x)=\frac{x}{x^2-2},\lim_{x\to 2}f(x)=\lim_{x\to 2}\frac{x}{x^2-2}=1.$$

故选 D.

**68.【参考答案】**C

**【答案解析】**由$\lim\limits_{x\to 0}\frac{\sin 6x+xf(x)}{x^3}=0$知，当$x\to 0$时，$\sin 6x+xf(x)$是$x^3$的高阶无穷小量，于是可表示为

$$\sin 6x+xf(x)=o(x^3),$$

从而得$f(x)=-\frac{\sin 6x}{x}+\frac{o(x^3)}{x}(x\neq 0)$，因此

$$\lim_{x\to 0}f(x)=\lim_{x\to 0}\left[-\frac{\sin 6x}{x}+\frac{o(x^3)}{x}\right]=-6,$$

故选 C.

**69.【参考答案】**C

**【答案解析】**因为$\lim\limits_{x\to\infty}f(x)$存在，所以$\lim\limits_{x\to\infty}[4f(x)+5]$存在，进而知$\lim\limits_{x\to\infty}2xf(x)$存在，即$\lim\limits_{x\to\infty}\frac{2f(x)}{\frac{1}{x}}$存在，从而可知$\lim\limits_{x\to\infty}f(x)=0$，于是

$$\lim_{x\to\infty}xf(x)=\lim_{x\to\infty}\frac{1}{2}[4f(x)+5]=\frac{5}{2}.$$

故选 C.

**70.【参考答案】**C

**【答案解析】**由于$\lim\limits_{x\to 2}f(x)$存在，$f(x)=\frac{\frac{7}{4}x^2-5x+a}{x-2}$的分母在$x\to 2$时极限为零，因此应有

$$\lim_{x\to 2}\left(\frac{7}{4}x^2-5x+a\right)=\frac{7}{4}\times 2^2-5\times 2+a=-3+a=0,$$

故$a=3$. 此时

$$\lim_{x\to 2}f(x)=\lim_{x\to 2}\frac{\frac{7}{4}x^2-5x+3}{x-2}$$

$$\overset{(*)}{=\!=}\lim_{x\to 2}\left(\frac{7}{2}x-5\right)=2.$$

故选 C.

【评注】在(*)处可以利用洛必达法则求极限，也可以将分子先变形，再分解因式.

**71.【参考答案】**B

【答案解析】由于所给分式的极限存在且分母的极限为零，因此其分子的极限必定为零，即

$$\lim_{x\to 0}\ln\left[1+\frac{f(x)}{\sin x}\right]=0.$$

由对数的性质可知，当 $x\to 0$ 时，$\frac{f(x)}{\sin x}\to 0$，因此当 $x\to 0$ 时，$\ln\left[1+\frac{f(x)}{\sin x}\right]\sim\frac{f(x)}{\sin x}$. 故

$$\lim_{x\to 0}\frac{\ln\left[1+\frac{f(x)}{\sin x}\right]}{e^x-1}=\lim_{x\to 0}\frac{\frac{f(x)}{\sin x}}{x}=\lim_{x\to 0}\frac{f(x)}{x\sin x}=\lim_{x\to 0}\frac{f(x)}{x^2}.$$

由题设条件知
$$\lim_{x\to 0}\frac{f(x)}{x^2}=3.$$

故选 B.

**72.【参考答案】**B

【答案解析】
$$\begin{aligned}\lim_{x\to\infty}\left(\frac{2x+\alpha}{2x+1}\right)^{x+\beta}&=\lim_{x\to\infty}\left(\frac{2x+\alpha}{2x+1}\right)^{x}\cdot\left(\frac{2x+\alpha}{2x+1}\right)^{\beta}\\&=\lim_{x\to\infty}\left(\frac{1+\frac{\alpha}{2x}}{1+\frac{1}{2x}}\right)^{x}\cdot\left(\frac{2x+\alpha}{2x+1}\right)^{\beta}\\&=\frac{e^{\frac{\alpha}{2}}}{e^{\frac{1}{2}}}=e^{\frac{\alpha-1}{2}}.\end{aligned}$$

故选 B.

**73.【参考答案】**A

【答案解析】由于 $f(x)$ 为分段函数，在点 $x=0$ 两侧 $f(x)$ 表达式不同，为求得 $\lim\limits_{x\to 0}f(x)$ 需考虑 $\lim\limits_{x\to 0^-}f(x)$ 与 $\lim\limits_{x\to 0^+}f(x)$.

由于
$$\lim_{x\to 0^+}f(x)=\lim_{x\to 0^+}x=0,$$
$$\lim_{x\to 0^-}f(x)=\lim_{x\to 0^-}x\sin\frac{5}{x}=0,$$

上式中当 $x\to 0^-$ 时，$x$ 为无穷小量，$\sin\frac{5}{x}$ 为有界变量.

可知
$$\lim_{x\to 0^-}f(x)=\lim_{x\to 0^+}f(x)=\lim_{x\to 0}f(x)=0.$$

虽然 $f(0)=2$，但是极限存在与否与 $f(x)$ 在该点有无定义无关，故选 A.

【评注】本题若改写为去掉 $f(0)$ 的条件，或 $f(0)=a$，上述讨论仍适用.

**74.【参考答案】**A

【答案解析】
$$\lim_{x\to+\infty}f(x)=\lim_{x\to+\infty}x\sin\frac{3}{x}=\lim_{x\to+\infty}\frac{3\sin\frac{3}{x}}{\frac{3}{x}}=3,$$

或利用等价无穷小量代换简化：$\lim\limits_{x\to+\infty} x\sin\dfrac{3}{x}=\lim\limits_{x\to+\infty} x\cdot\dfrac{3}{x}=3$.

又
$$\lim_{x\to-\infty} f(x)=\lim_{x\to-\infty} x^2=+\infty,$$
可知$\lim\limits_{x\to\infty} f(x)$不存在，也不为$\infty$，故选 A.

**【评注】**题目考查$\lim\limits_{x\to\infty} f(x)$，由于$f(x)$为分段函数，当$x\to+\infty$与$x\to-\infty$时，$f(x)$表达式不同，因此应分别计算$\lim\limits_{x\to+\infty} f(x)$与$\lim\limits_{x\to-\infty} f(x)$.

另外，要注意极限不存在与极限为无穷大不是同一概念.

**75.【参考答案】**E

**【答案解析】**$\lim\limits_{x\to0} f(x)$存在与否与$f(x)$在点$x=0$处有无定义无关. 由于$f(x)$在$x=0$的两侧表达式不同，需考虑左极限、右极限.
$$\lim_{x\to0^-} f(x)=\lim_{x\to0^-}(1+x)^{\frac{1}{x}}=\mathrm{e},$$
$$\lim_{x\to0^+} f(x)=\lim_{x\to0^+}\frac{\sin 2x}{x}=2,$$
由于$\lim\limits_{x\to0^-} f(x)\neq\lim\limits_{x\to0^+} f(x)$，因此$\lim\limits_{x\to0} f(x)$不存在，故选 E.

**【评注】**本题中$f(0)$不存在，但这不影响对$\lim\limits_{x\to0} f(x)$的讨论.

**76.【参考答案】**E

**【答案解析】**
$$\lim_{x\to0^-} f(x)=\lim_{x\to0^-}\frac{\tan ax}{x}=\lim_{x\to0^-}\frac{ax}{x}=a,$$
$$\lim_{x\to0^+} f(x)=\lim_{x\to0^+}\left(1+\frac{3}{2}x\right)^{\frac{2}{x}}=\mathrm{e}^3.$$
由于$\lim\limits_{x\to0} f(x)$存在，因此应有$\lim\limits_{x\to0^-} f(x)=\lim\limits_{x\to0^+} f(x)$，即$a=\mathrm{e}^3$，此时$\lim\limits_{x\to0} f(x)=\mathrm{e}^3$. 故选 E.

**77.【参考答案】**D

**【答案解析】**令$t=x-1$，则$x=t+1$，可得
$$f(t)=\begin{cases}t+2, & t\leqslant-1,\\ (t+1)\sin\dfrac{1}{t+1}, & t>-1,\end{cases}$$
故
$$f(x)=\begin{cases}x+2, & x\leqslant-1,\\ (x+1)\sin\dfrac{1}{x+1}, & x>-1.\end{cases}$$
又
$$\lim_{x\to(-1)^-} f(x)=\lim_{x\to(-1)^-}(x+2)=1,$$
$$\lim_{x\to(-1)^+} f(x)=\lim_{x\to(-1)^+}(x+1)\sin\frac{1}{x+1},$$
当$x\to(-1)^+$时，$x+1$为无穷小量，$\sin\dfrac{1}{x+1}$为有界变量，可知$\lim\limits_{x\to(-1)^+} f(x)=0$.

故当$x\to-1$时，$f(x)$的左极限与右极限都存在，但二者不相等. 故选 D.

**78.【参考答案】**B

**【答案解析】**点$x=0$为$f(x)$的分段点，在分段点两侧$f(x)$表达式不同，应考虑左极限与

右极限.

$$\lim_{x\to0^-}f(x)=\lim_{x\to0^-}\frac{e^{\tan x}-1}{\sin\frac{x}{4}}=\lim_{x\to0^-}\frac{\tan x}{\frac{x}{4}}=\lim_{x\to0^-}\frac{x}{\frac{x}{4}}=4,$$

$$\lim_{x\to0^+}f(x)=\lim_{x\to0^+}(1+ax)^{\frac{1}{x}}=e^a.$$

由于$\lim\limits_{x\to0}f(x)$存在，因此 $e^a=4$，从而 $a=\ln 4$. 故选 B.

**79.【参考答案】**B

**【答案解析】**点 $x=0$ 为 $f(x)$ 的分段点，在分段点两侧 $f(x)$ 表达式不同，应考虑左极限与右极限.

$$\lim_{x\to0^-}f(x)=\lim_{x\to0^-}\left(\frac{a+x}{a-x}\right)^{\frac{1}{2x}}=\lim_{x\to0^-}\left[\frac{a\left(1+\frac{x}{a}\right)}{a\left(1-\frac{x}{a}\right)}\right]^{\frac{1}{2x}}$$

$$=\lim_{x\to0^-}\frac{\left(1+\frac{x}{a}\right)^{\frac{1}{2x}}}{\left(1-\frac{x}{a}\right)^{\frac{1}{2x}}}=\frac{\lim\limits_{x\to0^-}\left(1+\frac{x}{a}\right)^{\frac{1}{2x}}}{\lim\limits_{x\to0^-}\left(1-\frac{x}{a}\right)^{\frac{1}{2x}}}$$

$$=\frac{e^{\frac{1}{2a}}}{e^{\frac{-1}{2a}}}=e^{\frac{1}{a}},$$

$$\lim_{x\to0^+}f(x)=\lim_{x\to0^+}(x^2-ax+e)=e.$$

由于$\lim\limits_{x\to0}f(x)$存在，则 $e^{\frac{1}{a}}=e$，可得 $a=1$. 故选 B.

**【评注】**考生可以验证下列规律：

$$\lim_{x\to0}(1+ax)^{\frac{b}{x}+c}=e^{ab}.$$

以后可以用作公式，简化运算.

类似地，
$$\lim_{x\to\infty}\left(1+\frac{a}{x}\right)^{bx+c}=e^{ab}.$$

如：
$$\lim_{x\to\infty}\left(\frac{x+3}{x-2}\right)^{2x}=\lim_{x\to\infty}\left(\frac{1+\frac{3}{x}}{1-\frac{2}{x}}\right)^{2x}=\lim_{x\to\infty}\frac{\left(1+\frac{3}{x}\right)^{2x}}{\left(1-\frac{2}{x}\right)^{2x}}=\frac{e^6}{e^{-4}}\doteq e^{10}.$$

**80.【参考答案】**B

**【答案解析】**所给函数 $f(x)$ 为分段函数，点 $x=0$ 为分段点，需考虑 $f(x)$ 在该点的左极限与右极限.

$$\lim_{x\to0^-}f(x)=\lim_{x\to0^-}\frac{e^{\tan x}-1}{\sin\frac{x}{2}}=\lim_{x\to0^-}\frac{\tan x}{\frac{x}{2}}=2,$$

$$\lim_{x\to0^+}f(x)=\lim_{x\to0^+}a\cos x^2=a,$$

由于$\lim\limits_{x\to0}f(x)$存在，则应有$\lim\limits_{x\to0^-}f(x)=\lim\limits_{x\to0^+}f(x)$，即 $a=2$.

故选 B.

**81.【参考答案】**E

**【答案解析】**由于点 $x=0$ 为函数的分段点，在点 $x=0$ 两侧 $f(x)$ 的表达式不同，应考虑利用左极限与右极限来求解.

$$\lim_{x\to0^-}f(x)=\lim_{x\to0^-}(1+kx)^{\frac{1}{x}}=\mathrm{e}^k,\lim_{x\to0^+}f(x)=\lim_{x\to0^+}\frac{\sin 2x}{x}=2.$$

由于$\lim\limits_{x\to0}f(x)$ 存在，因此有 $\lim\limits_{x\to0^-}f(x)=\lim\limits_{x\to0^+}f(x)$，所以 $\mathrm{e}^k=2$，即 $k=\ln 2$.

故选 E.

**【评注】**第 73 ~ 81 题为同一类型题目，讨论 $f(x)$ 在 $x=x_0$ 处的极限时都没有考虑 $f(x)$ 在该点的值. 这是因为极限只表示在自变量变化过程中 $f(x)$ 的变化趋势，与 $f(x)$ 在点 $x=x_0$ 处的取值无关.

**82.【参考答案】**A

**【答案解析】**由于$\lim\limits_{x\to\infty}\dfrac{ax^2+bx+c}{x+1}$ 不存在，$\lim\limits_{x\to\infty}2x$ 也不存在，但$\lim\limits_{x\to\infty}\left(\dfrac{ax^2+bx+c}{x+1}+2x\right)$存在. 因此将原式变形，得

$$\lim_{x\to\infty}\left(\frac{ax^2+bx+c}{x+1}+2x\right)-3=0,$$

则

$$\begin{aligned}&\lim_{x\to\infty}\left(\frac{ax^2+bx+c}{x+1}+2x\right)-3\\=&\lim_{x\to\infty}\frac{ax^2+bx+c+2x(x+1)-3(x+1)}{x+1}\\=&\lim_{x\to\infty}\frac{(a+2)x^2+(b-1)x+(c-3)}{x+1}=0,\end{aligned}$$

应有 $a+2=0,b-1=0$，即 $a=-2,b=1,c$ 任意.

故选 A.

**83.【参考答案】**D

**【答案解析】**所给问题为求极限的反问题.

$$\begin{aligned}\text{原式}&=\lim_{x\to\infty}\frac{x^2+1-ax(x+1)-b(x+1)}{x+1}\\&=\lim_{x\to\infty}\frac{(1-a)x^2-(a+b)x-(b-1)}{x+1}=0,\end{aligned}$$

因此应有 $1-a=0,-(a+b)=0$，解得 $a=1,b=-1$.

故选 D.

**【评注】**由于$\lim\limits_{x\to\infty}\dfrac{x^2+1}{x+1}=\infty$，可知应有$\lim\limits_{x\to\infty}ax=\infty$，因此本题不能直接利用极限的四则运算法则. 应先将三式通分，再考虑求解办法.

**84.【参考答案】**A

**【答案解析】**由于$\lim\limits_{x\to\infty}[(x^5+7x^4-12)^\alpha-x]=c\neq0$，因此当 $x\to\infty$ 时，$(x^5+7x^4-12)^\alpha$ 与 $x$ 为同阶无穷大，故 $\alpha=\dfrac{1}{5}$，于是，

$$c=\lim_{x\to\infty}\left[(x^5+7x^4-12)^{\frac{1}{5}}-x\right]=\lim_{x\to\infty}x\left[\left(1+\frac{7}{x}-\frac{12}{x^5}\right)^{\frac{1}{5}}-1\right]$$

$$=\lim_{x\to\infty}x\cdot\frac{1}{5}\left(\frac{7}{x}-\frac{12}{x^5}\right)=\frac{7}{5},$$

其中,当 $x\to\infty$ 时,$\left(1+\frac{7}{x}-\frac{12}{x^5}\right)^{\frac{1}{5}}-1\sim\frac{1}{5}\left(\frac{7}{x}-\frac{12}{x^5}\right)$.

故选 A.

**85.【参考答案】** B

**【答案解析】** 由题设可知

$$\lim_{x\to\infty}f(x)=\lim_{x\to\infty}\left(\frac{px^2-7}{x+1}+3qx+5\right)$$

$$=\lim_{x\to\infty}\frac{(p+3q)x^2+(3q+5)x-2}{x+1}=0,$$

可得
$$p+3q=0,$$
$$3q+5=0,$$

从而知 $p=5,q=-\frac{5}{3}$.

故选 B.

**86.【参考答案】** A

**【答案解析】** 由于 $\lim\limits_{x\to1}\frac{x^2+ax+b}{x-1}$ 存在,且所求极限的表达式为分式,分母在 $x\to1$ 时极限值为零,从而

$$\lim_{x\to1}(x^2+ax+b)=1+a+b=0,$$

可得 $b=-(1+a)$,从而

$$\lim_{x\to1}\frac{x^2+ax+b}{x-1}=\lim_{x\to1}\frac{x^2+ax-(1+a)}{x-1}$$

$$\xlongequal{(*)}\lim_{x\to1}\frac{(x-1)(x+1+a)}{x-1}=\lim_{x\to1}(x+1+a)$$

$$=a+2=3,$$

可知 $a=1,b=-2$. 故选 A.

**【评注】** 在(*)处也可以利用洛必达法则求解.

**87.【参考答案】** C

**【答案解析】** 由于 $\lim\limits_{x\to2}\frac{ax^2+bx+3}{x-2}$ 存在,所求极限的函数为分式,其分母在 $x\to2$ 时极限值为零,从而

$$\lim_{x\to2}(ax^2+bx+3)=4a+2b+3=0,$$

可得 $b=-\frac{1}{2}(4a+3)$.

$$\lim_{x\to 2}\frac{ax^2+bx+3}{x-2}=\lim_{x\to 2}\frac{ax^2-\frac{1}{2}(4a+3)x+3}{x-2}$$

$$=\lim_{x\to 2}\frac{ax^2-2ax-\frac{3}{2}(x-2)}{x-2}$$

$$=\lim_{x\to 2}\left(ax-\frac{3}{2}\right)=2a-\frac{3}{2}=2,$$

可知 $a=\frac{7}{4}$,从而 $b=-5$. 故选 C.

【评注】第 86 与 87 题中都含两个待定系数,虽然其位置不同,但是解题思路相同.

**88.【参考答案】**B

**【答案解析】**所给问题为求极限的反问题. 所给表达式为分式,分子的极限

$$\lim_{x\to 0}\sin x\cdot(\cos x-b)=0,$$

而表达式的极限存在且不为零,因此分母的极限应为零,即

$$\lim_{x\to 0}(e^x-a)=1-a=0,$$

可得 $a=1$,则

$$\text{原式}=\lim_{x\to 0}\frac{\sin x}{e^x-1}(\cos x-b)=\lim_{x\to 0}\frac{x}{x}(\cos x-b)=1-b=5,$$

可得 $b=-4$. 故选 B.

**89.【参考答案】**C

**【答案解析】方法 1** 由

$$\lim_{x\to 0}\frac{\sin 6x+xf(x)}{x^3}=\lim_{x\to 0}\frac{\sin 6x-6x+6x+xf(x)}{x^3}$$

$$=\lim_{x\to 0}\frac{\sin 6x-6x}{x^3}+\lim_{x\to 0}\frac{6x+xf(x)}{x^3}$$

$$=-\frac{1}{6}\times 6^3+\lim_{x\to 0}\frac{6+f(x)}{x^2}=0,$$

得 $\lim_{x\to 0}\frac{6+f(x)}{x^2}=36$. 故选 C.

**方法 2** 对 $\sin 6x$ 使用泰勒展开,得

$$\lim_{x\to 0}\frac{\sin 6x+xf(x)}{x^3}=\lim_{x\to 0}\frac{6x-\frac{1}{6}(6x)^3+o(x^3)+xf(x)}{x^3}=\lim_{x\to 0}\frac{6+f(x)}{x^2}-36=0,$$

故 $\lim_{x\to 0}\frac{6+f(x)}{x^2}=36$. 故选 C.

**方法 3** 由 $\lim_{x\to 0}\frac{\sin 6x+xf(x)}{x^3}=0$,得 $xf(x)=-\sin 6x+o(x^3)$,故

$$\lim_{x\to 0}\frac{6+f(x)}{x^2}=\lim_{x\to 0}\frac{6x-\sin 6x+o(x^3)}{x^3}=36.$$

故选 C.

**90.【参考答案】**E

**【答案解析】**令 $t=x^2$，则 $x\to 0$ 时，$t\to 0^+$，因此

$$\lim_{x\to 0}\frac{f(x^2)}{1-e^{x^2}}=\lim_{t\to 0^+}\frac{f(t)}{1-e^t}=\lim_{t\to 0^+}\frac{f(t)}{-t}=2. \qquad (*)$$

因此知当 $x\to 0^+$ 时，$f(x)$ 与 $x$ 为同阶但不等价无穷小量，结论④正确.

由（*）式可知，分式的极限存在，且分母极限为零，因此分子极限存在，且为零，因此 $\lim\limits_{x\to 0}f(x^2)=0$，进而可知 $\lim\limits_{x\to 0^+}f(x)=0$，结论②正确.

由于题设未给出 $f(x)$ 在 $x=0$ 的条件，虽然 $\lim\limits_{x\to 0^+}f(x)=0$，但不能判定 $f(0)=0$，结论①不正确.

由于不能保证 $f(x)$ 在 $x=0$ 处连续，必定也不能保证 $f'(0)$ 存在，结论③也不正确.

故选 E.

## 【考向 3】无穷小

**91.【参考答案】**C

**【答案解析】**对于结论①，当 $x\to 0$ 时，$\alpha(x)\sim\beta(x)$，可知 $\lim\limits_{x\to 0}\dfrac{\alpha(x)}{\beta(x)}=1$.

$$\lim_{x\to 0}\frac{\alpha^2(x)}{\beta^2(x)}=\lim_{x\to 0}\left[\frac{\alpha(x)}{\beta(x)}\right]^2=1,$$

可知当 $x\to 0$ 时，$\alpha^2(x)\sim\beta^2(x)$，因此结论①正确.

对于结论②，当 $x\to 0$ 时，$\alpha^2(x)\sim\beta^2(x)$，则

$$\lim_{x\to 0}\frac{\alpha^2(x)}{\beta^2(x)}=\lim_{x\to 0}\left[\frac{\alpha(x)}{\beta(x)}\right]^2=1,$$

可知应有 $\lim\limits_{x\to 0}\dfrac{\alpha(x)}{\beta(x)}=\pm 1$，因此当 $x\to 0$ 时，$\alpha(x)$ 与 $\beta(x)$ 不一定为等价无穷小量，可知结论②不正确.

对于结论③，若 $\alpha(x)\sim\beta(x)$，则 $\alpha(x)=\beta(x)+o(\alpha(x))$，即 $\alpha(x)-\beta(x)=o(\alpha(x))$，③正确.

对于结论④，若 $\alpha(x)-\beta(x)=o(\alpha(x))$，则 $\alpha(x)=\beta(x)+o(\alpha(x))$，即 $\alpha(x)\sim\beta(x)$，④正确.

故选 C.

**92.【参考答案】**D

**【答案解析】**由于

$$\lim_{x\to 0^+}\frac{f(x)}{x}=\lim_{x\to 0^+}\frac{\ln(1-x)}{x}=\lim_{x\to 0^+}\frac{-x}{x}=-1,$$

$$\lim_{x\to 0^+}\frac{g(x)}{x}=\lim_{x\to 0^+}\frac{2^{x^2}-1}{x}=\lim_{x\to 0^+}2^{x^2}\cdot 2x\cdot\ln 2=0,$$

$$\lim_{x\to0^+}\frac{h(x)}{x}=\lim_{x\to0^+}\frac{1-\cos2\sqrt{x}}{x}=\lim_{x\to0^+}\frac{\frac{1}{2}\cdot(2\sqrt{x})^2}{x}=2,$$

$$\lim_{x\to0^+}\frac{w(x)}{x}=\lim_{x\to0^+}\frac{\sin x^2}{x}=\lim_{x\to0^+}\frac{x^2}{x}=0,$$

因此，当 $x\to0^+$ 时，$g(x)$ 与 $w(x)$ 为 $x$ 的高阶无穷小量，故选 D.

**93.【参考答案】**B

**【答案解析】**由常见的等价无穷小公式可得，当 $x\to0$ 时，

$$(1-\cos x)\ln(1+x^2)\sim\frac{1}{2}x^2\cdot x^2=\frac{1}{2}x^4,$$

$$x\sin x^n\sim x^{n+1},\mathrm{e}^{x^2}-1\sim x^2.$$

根据题意，有 $2<n+1<4$，也即 $1<n<3$，可得 $n=2$. 故选 B.

**94.【参考答案】**A

**【答案解析】**由 $\lim\limits_{x\to0}\frac{f(x)}{x^2}=-1$ 知，当 $x\to0$ 时，$f(x)\sim-x^2$，于是 $x^nf(x)\sim-x^{n+2}$. 又当 $x\to0$ 时，$\ln\cos x^2=\ln[1+(\cos x^2-1)]\sim\cos x^2-1\sim-\frac{1}{2}x^4$，

$$\cos(\sin x)-1\sim-\frac{1}{2}\sin^2x\sim-\frac{1}{2}x^2.$$

故根据题设有 $2<n+2<4$，可知 $n=1$. 故选 A.

**95.【参考答案】**D

**【答案解析】**当 $x\to0$ 时，

$$(\mathrm{e}^{x^2}-1)\ln(1+x^2)\sim x^2\cdot x^2=x^4,$$

$$x^n\sin x\sim x^{n+1},1-\cos x\sim\frac{x^2}{2}.$$

由题设可知，应有 $2<n+1<4$，因此 $n=2$.

故选 D.

**96.【参考答案】**A

**【答案解析】**由于当 $x\to0,a\leqslant0$ 时，$\sin x^a$ 不为无穷小量，因此 $a>0$，此时 $\sin x^a\sim x^a$，由题设知 $\sin x^a$ 是比 $x$ 高阶的无穷小量，因此有

$$\lim_{x\to0}\frac{\sin x^a}{x}=\lim_{x\to0}\frac{x^a}{x}=\lim_{x\to0}x^{a-1}=0,$$

可知 $a>1$.

又当 $x\to0$ 时，$1-\cos x\sim\frac{1}{2}x^2$，由题设知 $(1-\cos x)^{\frac{1}{a}}$ 是比 $x$ 高阶的无穷小量，因此有

$$\lim_{x\to0}\frac{(1-\cos x)^{\frac{1}{a}}}{x}=\lim_{x\to0}\frac{\left(\frac{x^2}{2}\right)^{\frac{1}{a}}}{x}=\left(\frac{1}{2}\right)^{\frac{1}{a}}\lim_{x\to0}x^{\frac{2}{a}-1}=0,$$

可知应有 $\frac{2}{a}-1>0$，即 $0<a<2$.

综上，有 $1 < a < 2$. 故选 A.

**97.【参考答案】**E

**【答案解析】**由题设知，当 $x \to \infty$ 时，$\frac{1}{ax^2+bx+c}$ 是比 $\frac{1}{x+1}$ 高阶的无穷小量，因此

$$\lim_{x\to\infty}\frac{\frac{1}{ax^2+bx+c}}{\frac{1}{x+1}}=\lim_{x\to\infty}\frac{x+1}{ax^2+bx+c}=0.$$

故 $a \neq 0$，$b$ 与 $c$ 可取任意值.

故选 E.

**【评注】**第 55 题"评注"中给出当 $x \to \infty$ 时多项式之商(有理式)的极限公式，本题即利用此结论.

**98.【参考答案】**A

**【答案解析】**当 $x \to +\infty$ 时，所给三个函数皆为无穷大量，则可直接利用洛必达法则，有

$$\lim_{x\to+\infty}\frac{f(x)}{g(x)}=\lim_{x\to+\infty}\frac{\ln^5 x}{x}\xlongequal{\left(\frac{\infty}{\infty}\right)}\lim_{x\to+\infty}\frac{5\cdot\frac{1}{x}\ln^4 x}{1}=\lim_{x\to+\infty}\frac{5\ln^4 x}{x}=\cdots=\lim_{x\to+\infty}\frac{5!}{x}=0.$$

可知当 $x \to +\infty$ 时，$f(x) < g(x)$.

$$\lim_{x\to+\infty}\frac{h(x)}{g(x)}=\lim_{x\to+\infty}\frac{e^{\frac{x}{5}}}{x}\xlongequal{\left(\frac{\infty}{\infty}\right)}\lim_{x\to+\infty}\frac{e^{\frac{x}{5}}}{5}=+\infty,$$

可知当 $x \to +\infty$ 时，$g(x) < h(x)$.

因此当 $x \to +\infty$ 时，$f(x) < g(x) < h(x)$.

故选 A.

**99.【参考答案】**B

**【答案解析】**$\lim\limits_{x\to0}\left[\frac{\ln(1+x^3)}{x^4}-\frac{f(x)}{x^3}\right]=\lim\limits_{x\to0}\frac{\ln(1+x^3)-xf(x)}{x^4}=k$，因此

$$\frac{\ln(1+x^3)-xf(x)}{x^4}=k+\alpha(\text{当 } x\to0 \text{ 时}，\alpha \text{ 为无穷小量}),$$

则

$$f(x)=\frac{\ln(1+x^3)-kx^4+o(x^4)}{x}(x\neq0).$$

由于

$$\lim_{x\to0}\frac{f(x)}{x^m}=\lim_{x\to0}\left[\frac{\ln(1+x^3)}{x^{m+1}}-\frac{kx^4}{x^{m+1}}+\frac{o(x^4)}{x^{m+1}}\right]$$

为非零常数，应有 $m+1=3$，即 $m=2$.

故选 B.

**【评注】**本题利用了极限基本定理：若 $\lim\limits_{x\to x_0}f(x)=A$，则其充分必要条件为 $f(x)=A+\alpha$，其中当 $x \to x_0$ 时，$\alpha$ 为无穷小量.

**100.【参考答案】**B

【答案解析】由等价无穷小公式可知，当 $x\to 0^+$ 时，

$$1-e^{\sqrt{x}}\sim-\sqrt{x};\ln\frac{1-x}{1-\sqrt{x}}=\ln(1+\sqrt{x})\sim\sqrt{x};\sqrt{1+\sqrt{x}}-1\sim\frac{1}{2}\sqrt{x};$$

$$1-\cos\sqrt{x}\sim\frac{x}{2};\ln(1-\sqrt{x})\sim-\sqrt{x}.$$

故选 B.

【评注】考生需要熟记常见的等价无穷小公式：当 $x\to 0$ 时，

$$x\sim\sin x\sim\arcsin x\sim\tan x\sim\arctan x\sim\ln(1+x)\sim e^x-1\sim\frac{a^x-1}{\ln a}\sim\frac{(1+x)^a-1}{a};$$

$$1-\cos x\sim\frac{1}{2}x^2.$$

对于上述等价无穷小公式，考试用得较多的是它们的广义形式，如由 $x\to 0,x\sim\sin x$，有 $\square\to 0,\square\sim\sin\square$，其中 $\square\neq 0$.

**101.【参考答案】** C

【答案解析】对于 A，$\lim\limits_{x\to 0^+}\dfrac{\frac{\arcsin x}{\sqrt{x}}}{x}=\lim\limits_{x\to 0^+}\dfrac{x}{x\sqrt{x}}=+\infty$，可知应排除 A.

对于 B，$\lim\limits_{x\to 0^+}\dfrac{\sin x}{x}=1$，可知 $x\to 0^+$ 时，$\dfrac{\sin x}{x}$ 不是无穷小量，应排除 B.

对于 C，

$$\lim_{x\to 0^+}(\sqrt{1+x}-\sqrt{1-x})=0,$$

$$\begin{aligned}\lim_{x\to 0^+}\frac{\sqrt{1+x}-\sqrt{1-x}}{x}&=\lim_{x\to 0^+}\frac{(\sqrt{1+x}-\sqrt{1-x})(\sqrt{1+x}+\sqrt{1-x})}{x(\sqrt{1+x}+\sqrt{1-x})}\\&=\lim_{x\to 0^+}\frac{1+x-(1-x)}{2x}=1,\end{aligned}$$

可知当 $x\to 0^+$ 时，$\sqrt{1+x}-\sqrt{1-x}$ 与 $x$ 为等价无穷小量，故选 C.

对于 D，当 $x\to 0^+$ 时，$x\sin\dfrac{1}{x}$ 为无穷小量，但是 $\lim\limits_{x\to 0^+}\dfrac{x\sin\frac{1}{x}}{x}=\lim\limits_{x\to 0^+}\sin\dfrac{1}{x}$ 不存在，这表明当 $x\to 0^+$ 时，无穷小量 $x\sin\dfrac{1}{x}$ 的阶不能与 $x$ 的阶进行比较，因此排除 D.

对于 E，当 $x\to 0^+$ 时，$1-\cos\sqrt{x}\sim\dfrac{1}{2}x$，其与 $x$ 不是等价无穷小量，因此排除 E.

**102.【参考答案】** D

【答案解析】由于

$$\begin{aligned}&\lim_{x\to 0}\frac{\left(1-\frac{x}{e^x-1}\right)\tan^3 2x}{ax^4}\\&=\lim_{x\to 0}\frac{(e^x-1-x)\cdot(2x)^3}{ax^4(e^x-1)}=\frac{8}{a}\lim_{x\to 0}\frac{e^x-1-x}{x^2}\end{aligned}$$

$$=\frac{8}{a}\lim_{x\to 0}\frac{e^x-1}{2x}=\frac{8}{a}\lim_{x\to 0}\frac{x}{2x}=\frac{4}{a},$$

已知两个无穷小为等价无穷小，因此$\frac{4}{a}=1$，解得 $a=4$.

故选 D.

**103.【参考答案】**A

**【答案解析】**由题设，当 $x\to 0$ 时，$f(x)$ 是无穷小量，因此

$$\lim_{x\to 0}f(x)=\lim_{x\to 0}[e^{ax}+b(x+1)]=1+b=0,$$

可知 $b=-1$.

由于当 $x\to 0$ 时，$f(x)$ 是 $g(x)$ 的高阶无穷小，从而

$$\lim_{x\to 0}\frac{f(x)}{g(x)}=\lim_{x\to 0}\frac{e^{ax}-(x+1)}{\ln(1+x)^c}$$

$$=\lim_{x\to 0}\frac{e^{ax}-x-1}{c\ln(1+x)}=\frac{1}{c}\lim_{x\to 0}\frac{e^{ax}-x-1}{x}$$

$$=\frac{1}{c}\lim_{x\to 0}(ae^{ax}-1)=\frac{1}{c}(a-1),$$

可知$\frac{1}{c}(a-1)=0$，从而 $a=1$.

由于当 $x\to 0$ 时，$g(x)$ 与 $h(x)$ 为等价无穷小，从而

$$\lim_{x\to 0}\frac{g(x)}{h(x)}=\lim_{x\to 0}\frac{\ln(1+x)^c}{\sin \pi x}$$

$$=\lim_{x\to 0}\frac{c\ln(1+x)}{\sin \pi x}=c\lim_{x\to 0}\frac{x}{\sin \pi x}$$

$$=c\lim_{x\to 0}\frac{1}{\pi\cos \pi x}=\frac{c}{\pi}=1,$$

因此 $c=\pi$. 综上，$a=1$，$b=-1$，$c=\pi$，故选 A.

**104.【参考答案】**B

**【答案解析】**当 $x\to 0$ 时，$\sqrt{1+ax^2}-1\sim\frac{a}{2}x^2$，$1-\cos x\sim\frac{x^2}{2}$，依题设，有

$$\lim_{x\to 0}\frac{\sqrt{1+ax^2}-1}{\cos x-1}=\lim_{x\to 0}\frac{\frac{a}{2}x^2}{-\frac{x^2}{2}}=-a=1,$$

因此 $a=-1$. 故选 B.

**105.【参考答案】**C

**【答案解析】**当 $x\to 0$ 时，$1-\cos x\sim\frac{x^2}{2}$. 又 $x^a\sin bx$ 为 $x\to 0$ 时的无穷小量，故 $a+1>0$，且此时 $x^a\sin bx\sim bx^{a+1}$. 由题设，有

$$\lim_{x\to 0}\frac{(\cos x-1)^3}{x^a\sin bx}=\lim_{x\to 0}\frac{-\frac{x^6}{8}}{bx^{a+1}}=-\frac{1}{8b}\lim_{x\to 0}x^{5-a}=1,$$

因此有 $5-a=0,-\frac{1}{8b}=1$，得

$$a=5,b=-\frac{1}{8}.$$

故选 C.

**106.【参考答案】**E

**【答案解析】**由题设，

$$\begin{aligned}\lim_{x\to 0}\frac{\beta(x)}{\alpha(x)}&=\lim_{x\to 0}\frac{\sqrt{1+x\arcsin x}-\sqrt{\cos x}}{kx^2}\\&=\lim_{x\to 0}\frac{\sqrt{1+x\arcsin x}-1+1-\sqrt{\cos x}}{kx^2}.\end{aligned}$$

由于 $\sqrt{1+x\arcsin x}-1\sim\frac{1}{2}x\arcsin x\sim\frac{1}{2}x^2(x\to 0)$，可知极限 $\lim\limits_{x\to 0}\frac{\sqrt{1+x\arcsin x}-1}{kx^2}$ 存在，故

$$\begin{aligned}\lim_{x\to 0}\frac{\beta(x)}{\alpha(x)}&=\lim_{x\to 0}\frac{\sqrt{1+x\arcsin x}-1}{kx^2}+\lim_{x\to 0}\frac{1-\sqrt{\cos x}}{kx^2}\\&=\lim_{x\to 0}\frac{\frac{1}{2}x^2}{kx^2}-\lim_{x\to 0}\frac{(1+\cos x-1)^{\frac{1}{2}}-1}{kx^2}\\&=\frac{1}{2k}-\lim_{x\to 0}\frac{\cos x-1}{2kx^2}\\&=\frac{3}{4k}.\end{aligned}$$

由题设知，当 $x\to 0$ 时，$\alpha(x)\sim\beta(x)$，所以 $\frac{3}{4k}=1$，得 $k=\frac{3}{4}$. 故选 E.

**【评注】**本题也可以直接使用洛必达法则，但计算较为烦琐.

**107.【参考答案】**B

**【答案解析】**由于当 $x\to 0$ 时，$f(x)$ 为无穷小量，则

$$\lim_{x\to 0}f(x)=\lim_{x\to 0}[e^{x^2}+a(x^2-1)]=1-a=0,$$

可得 $a=1$.

因为

$$\lim_{x\to 0}\frac{g(x)}{h(x)}=\lim_{x\to 0}\frac{\ln(1-x^2)^b}{1-\cos x}=\lim_{x\to 0}\frac{b\ln(1-x^2)}{\frac{1}{2}x^2}=\lim_{x\to 0}\frac{2b\cdot(-x^2)}{x^2}=-2b=1,$$

可知 $b=-\frac{1}{2}$，故选 B.

**108.【参考答案】**B

**【答案解析】**由于

$$\lim_{x\to 0^+}\frac{f(x)}{x}=\lim_{x\to 0^+}\frac{\sqrt{1-2x}-1}{x}=\lim_{x\to 0^+}\frac{\frac{1}{2}\cdot(-2x)}{x}=-1,$$

$$\lim_{x\to0^+}\frac{g(x)}{x}=\lim_{x\to0^+}\frac{\tan x}{x}=\lim_{x\to0^+}\frac{x}{x}=1,$$

$$\lim_{x\to0^+}\frac{h(x)}{x}=\lim_{x\to0^+}\frac{1-\cos\frac{\sqrt{x}}{2}}{x}=\lim_{x\to0^+}\frac{\frac{1}{2}\cdot\left(\frac{\sqrt{x}}{2}\right)^2}{x}=\frac{1}{8},$$

$$\lim_{x\to0^+}\frac{w(x)}{x}=\lim_{x\to0^+}\frac{\tan(e^{x^2}-1)}{x}=\lim_{x\to0^+}\frac{e^{x^2}-1}{x}=\lim_{x\to0^+}\frac{x^2}{x}=0,$$

因此，当 $x\to0^+$ 时，$f(x)$，$h(x)$ 均与 $x$ 为同阶但非等价的无穷小量，故选 B.

**109.【参考答案】** B

**【答案解析】** 由于

$$\lim_{x\to0}\frac{\ln(1-\alpha\sin^\beta x)}{\sqrt{\cos x}-1}=\lim_{x\to0}\frac{-\alpha\sin^\beta x}{\sqrt{1+(\cos x-1)}-1}$$

$$=\lim_{x\to0}\frac{-\alpha x^\beta}{\frac{1}{2}(\cos x-1)}=\lim_{x\to0}\frac{-\alpha x^\beta}{-\frac{1}{4}x^2}=4\alpha x^{\beta-2},$$

可知当 $x\to0$ 时，$\ln(1-\alpha\sin^\beta x)$ 与 $\sqrt{\cos x}-1$ 为同阶但不等价的无穷小量，需 $\beta=2$，$\alpha\neq\frac{1}{4}$.

故选 B.

**110.【参考答案】** A

**【答案解析】** 由题意有

$$\lim_{x\to0}\frac{f(x)}{x^k}=\lim_{x\to0}\frac{3\sin x-\sin 2x}{x^k}=c(c\text{ 为非零常数}).$$

所给极限为“$\frac{0}{0}$”型，由洛必达法则可得

$$\lim_{x\to0}\frac{3\sin x-\sin 2x}{x^k}=\lim_{x\to0}\frac{3\cos x-2\cos 2x}{kx^{k-1}},$$

此时分子的极限为 1，由于比值的极限为 1，因此 $k=1$. 故选 A.

**111.【参考答案】** C

**【答案解析】**

$$\lim_{x\to0}\frac{e^{\tan x}-e^{\sin x}}{x^a}=\lim_{x\to0}e^{\sin x}\cdot\frac{e^{\tan x-\sin x}-1}{x^a}$$

$$=\lim_{x\to0}e^{\sin x}\cdot\frac{\tan x-\sin x}{x^a}=\lim_{x\to0}e^{\sin x}\cdot\sin x\cdot\frac{\frac{1}{\cos x}-1}{x^a}$$

$$=\lim_{x\to0}e^{\sin x}\cdot\frac{\sin x}{x}\cdot\frac{1}{\cos x}\cdot\frac{1-\cos x}{x^{a-1}}=\lim_{x\to0}\frac{\frac{1}{2}x^2}{x^{a-1}}.$$

由题意知，该极限为不等于 0 和 1 的常数，因此 $a-1=2$，得 $a=3$. 故选 C.

**112.【参考答案】** D

**【答案解析】** 已知 $\lim\limits_{x\to0}\left[-\frac{f(x)}{x^3}+\frac{\sin x^3}{x^4}\right]=5$，即 $\lim\limits_{x\to0}\frac{\sin x^3-xf(x)}{x^4}=5$，可知

$$\frac{\sin x^3 - xf(x)}{x^4} = 5 + \alpha(\text{当 } x \to 0 \text{ 时}, \alpha \text{ 为无穷小量}),$$

即
$$f(x) = \frac{\sin x^3 - 5x^4 + o(x^4)}{x}(x \neq 0).$$

由于

$$\lim_{x \to 0} \frac{f(x)}{x^a} = \lim_{x \to 0} \frac{\sin x^3 - 5x^4 + o(x^4)}{x^{a+1}}$$
$$= \lim_{x \to 0} \left[\frac{\sin x^3}{x^{a+1}} - \frac{5x^4}{x^{a+1}} + \frac{o(x^4)}{x^{a+1}}\right]$$

为不等于 0 和 1 的常数，应有 $a + 1 = 3$，因此 $a = 2$.

故选 D.

**113.【参考答案】**D

**【答案解析】**设 $t = \sin^2 x$，则存在 $x = 0$ 的较小邻域，使得

$$|\sin x| = \sin|x| = \sqrt{t}, |x| = \arcsin\sqrt{t}.$$

因此 $f(\sin^2 x) = \dfrac{x^2}{|\sin x|}$ 可化为 $f(t) = \dfrac{(\arcsin\sqrt{t})^2}{\sqrt{t}}(t > 0)$. 则有

$$\lim_{x \to 0^+} \frac{f(x)}{x} = \lim_{x \to 0^+} \frac{(\arcsin\sqrt{x})^2}{\sqrt{x} \cdot x} = \lim_{x \to 0^+} \frac{x}{x\sqrt{x}} = +\infty,$$

又

$$\lim_{x \to 0^+} f(x) = \lim_{x \to 0^+} \frac{(\arcsin\sqrt{x})^2}{\sqrt{x}} = \lim_{x \to 0^+} \frac{x}{\sqrt{x}} = 0,$$

即当 $x \to 0^+$ 时，$f(x)$ 为无穷小量. 因此当 $x \to 0^+$ 时，$f(x)$ 为 $x$ 的低阶无穷小量，故选 D.

**【评注】**判定当 $x \to 0^+$ 时，$f(x)$ 为无穷小量是不可缺少的一步.

**114.【参考答案】**C

**【答案解析】**由题设，有

$$\lim_{x \to 0} \frac{f(x)}{g(x)} = \lim_{x \to 0} \frac{x - \sin x\cos x\cos 2x}{\dfrac{\ln(1 + \sin^4 x)}{x}}$$

$$= \lim_{x \to 0} \frac{x - \dfrac{1}{4}\sin 4x}{x^3}(\text{等价无穷小代换，当 } x \to 0 \text{ 时}, \ln(1 + \sin^4 x) \sim \sin^4 x \sim x^4)$$

$$= \lim_{x \to 0} \frac{1 - \cos 4x}{3x^2} = \lim_{x \to 0} \frac{\dfrac{1}{2}(4x)^2}{3x^2} = \frac{8}{3}.$$

可知当 $x \to 0$ 时，$f(x)$ 是 $g(x)$ 的同阶非等价无穷小. 故选 C.

**115.【参考答案】**A

**【答案解析】**当 $x \to 0^+$ 时，$(1 + x)^{\frac{1}{x}} - e \sim -\dfrac{e}{2}x$. 由归结原则，$\left(1 + \dfrac{1}{n}\right)^n - e \sim -\dfrac{e}{2} \cdot \dfrac{1}{n}(n \to \infty)$. 故 $a = -\dfrac{e}{2}$. 故选 A.

**116.【参考答案】** D

**【答案解析】** 取点列 $x_n = \dfrac{1}{n\pi}(n = 1,2,\cdots)$，则变量值为

$$\frac{1}{\left(\frac{1}{n\pi}\right)^2} \cdot \sin \frac{1}{\frac{1}{n\pi}} = (n\pi)^2 \sin(n\pi) = 0,$$

此时变量值为点列 0,0,…,0,….

取点列 $x_n = \dfrac{1}{2n\pi + \frac{\pi}{2}}(n = 1,2,\cdots)$，则变量值为

$$\frac{1}{\left(\frac{1}{2n\pi + \frac{\pi}{2}}\right)^2} \cdot \sin \frac{1}{\frac{1}{2n\pi + \frac{\pi}{2}}} = \left(2n\pi + \frac{\pi}{2}\right)^2,$$

此时变量值 $\left\{\left(2n\pi + \frac{\pi}{2}\right)^2\right\}$ 为无界点列.

综上可知，当 $x \to 0$ 时，变量 $\dfrac{1}{x^2}\sin \dfrac{1}{x}$ 是无界变量，但不是无穷大量，故选 D.

## 【考向 4】连续

**117.【参考答案】** C

**【答案解析】** 闭区间上的连续函数，在该区间上必定为有界函数，也必定能取得最大值与最小值. 在开区间上这两个结论都不成立，如 $y = \dfrac{1}{x}$ 在 (0,1) 内为无界函数. $y = x$ 在 (0,1) 内无最大值也无最小值. 因此 A,B 不正确.

由连续性的定义知 E 不正确，且由连续性的定义可以证明 C 正确，从而知 D 不正确.

故选 C.

**118.【参考答案】** B

**【答案解析】** $f(x)$ 在 $x = a$ 处连续，则 $|f(x)|$ 在 $x = a$ 处连续($||f(x)| - |f(a)|| \leqslant |f(x) - f(a)|$)，但 $|f(x)|$ 在 $x = a$ 处连续推不出 $f(x)$ 在 $x = a$ 处连续，如

$$f(x) = \begin{cases} 1, & x \geqslant a, \\ -1, & x < a, \end{cases} \quad |f(x)| = 1,$$

$|f(x)|$ 在 $x = a$ 处连续，但 $f(x)$ 在 $x = a$ 处间断. 故选 B.

**119.【参考答案】** E

**【答案解析】** 由于 $f(x)$ 在 $x = 0$ 处连续，由连续性定义知 $\lim\limits_{x \to 0} f(x) = f(0)$. 又由连续性的性质可知，$\lim\limits_{x \to 0} f(x)$ 存在且必有

$$\lim_{x \to 0^-} f(x) = \lim_{x \to 0^+} f(x) = \lim_{x \to 0} f(x),$$

从而知 $\lim\limits_{x \to 0^+} f(x) = \lim\limits_{x \to 0} f(x) = f(0) = 2$. 因此

$$f(0)+\lim_{x\to 0^+}f(x)+\lim_{x\to 0}f(x)=2+2+2=6,$$

故选 E.

**120.【参考答案】**C

**【答案解析】方法 1**　若 $f(x)+g(x)$ 为连续函数，则由连续函数性质可知 $[f(x)+g(x)]-f(x)=g(x)$ 必为连续函数. 这与已知矛盾，可知 $f(x)+g(x)$ 在 $(-\infty,+\infty)$ 内必有间断点，故选 C.

**方法 2**　可举反例说明 A,B,D,E 都不正确.

若 $g(x)=\begin{cases}-1, & x<0,\\ 1, & x\geqslant 0,\end{cases}$ 有间断点 $x=0$.

取 $f(x)=\begin{cases}-x, & x<0,\\ x, & x\geqslant 0,\end{cases}$ 可知 $f[g(x)]=1$ 在 $(-\infty,+\infty)$ 内连续，因此 A 不正确.

取 $f(x)=0$，则 $g[f(x)]=1$ 在 $(-\infty,+\infty)$ 内没有间断点，因此 B 不正确.

取 $f(x)=0$，则 $f(x)\cdot g(x)=0$ 在 $(-\infty,+\infty)$ 内没有间断点，因此 D 不正确.

$[g(x)]^2=1$，则 $[g(x)]^2$ 在 $(-\infty,+\infty)$ 内没有间断点，因此 E 不正确. 故选 C.

**121.【参考答案】**D

**【答案解析】**由于 $f(x)$ 在点 $x=a$ 处连续，故由题设知

$$\begin{aligned}6&=\lim_{x\to 0}\frac{\tan 2x}{x}f\left(\frac{e^{ax}-1}{x}\right)=\lim_{x\to 0}\frac{2x}{x}f\left(\frac{e^{ax}-1}{x}\right)\\&=2\lim_{x\to 0}f\left(\frac{e^{ax}-1}{x}\right)=2f\left(\lim_{x\to 0}\frac{e^{ax}-1}{x}\right)=2f\left(\lim_{x\to 0}\frac{ax}{x}\right)=2f(a).\end{aligned}$$

得 $f(a)=3$，故选 D.

**122.【参考答案】**A

**【答案解析】**由于

$$\lim_{x\to 0^-}f(x)=\lim_{x\to 0^-}\frac{\sin ax}{x}=a,$$

$$\lim_{x\to 0^+}f(x)=\lim_{x\to 0^+}(1-x)^{\frac{1}{x}}=e^{-1},$$

且 $f(x)$ 在 $x=0$ 处连续，因此有

$$\lim_{x\to 0^-}f(x)=\lim_{x\to 0^+}f(x)=\lim_{x\to 0}f(x)=f(0),$$

从而有 $a=e^{-1}$，$b=e^{-1}$，可知 $ab=e^{-2}$. 故选 A.

**123.【参考答案】**C

**【答案解析】**由于

$$\lim_{x\to 0^-}f(x)=\lim_{x\to 0^-}(a-e^{2x})=a-1,$$

$$\lim_{x\to 0^+}f(x)=\lim_{x\to 0^+}\frac{\tan bx}{x}=b,$$

且 $f(x)$ 在点 $x=0$ 处连续，因此有

$$\lim_{x\to 0^-}f(x)=\lim_{x\to 0^+}f(x)=\lim_{x\to 0}f(x)=f(0),$$

故 $a-1=b=2$，即 $a=3,b=2$.

故选 C.

**124.【参考答案】** A

**【答案解析】** 由题设，点 $x=-1$ 与 $x=1$ 为 $f(x)$ 的分段点，在 $(-\infty,-1),(-1,1)$，$(1,+\infty)$ 内 $f(x)$ 都是初等函数，皆连续. 只需考查 $f(x)$ 在点 $x=-1$ 与 $x=1$ 处的连续性.

$$\lim_{x\to(-1)^-} f(x)=\lim_{x\to(-1)^-}(-2)=-2,$$

$$\lim_{x\to(-1)^+} f(x)=\lim_{x\to(-1)^+}(x^2+ax+b)=1-a+b.$$

由 $f(x)$ 在点 $x=-1$ 处连续，则应有 $1-a+b=-2$，即

$$a-b=3. \qquad ①$$

又 $$\lim_{x\to1^-}f(x)=\lim_{x\to1^-}(x^2+ax+b)=1+a+b,$$

$$\lim_{x\to1^+}f(x)=\lim_{x\to1^+}2=2.$$

由 $f(x)$ 在点 $x=1$ 处连续，则应有 $1+a+b=2$，即

$$a+b=1. \qquad ②$$

联立 ①,② 得方程组

$$\begin{cases}a-b=3,\\ a+b=1,\end{cases}$$

解得 $a=2,b=-1$. 故选 A.

**【评注】** 本题利用了“一切初等函数在其定义区间内都是连续的”这一重要结论.

**125.【参考答案】** E

**【答案解析】** 由于

$$\lim_{x\to(-1)^-} f(x)=\lim_{x\to(-1)^-}(a+bx^2)=a+b,$$

$$\lim_{x\to(-1)^+} f(x)=\lim_{x\to(-1)^+}\ln(b+x+x^2)=\ln b.$$

且 $f(-1)=1$，因此当 $a+b=\ln b=1$，即 $a=1-\mathrm{e},b=\mathrm{e}$ 时，$f(x)$ 在点 $x=-1$ 处连续. 故选 E.

**126.【参考答案】** D

**【答案解析】** $\dfrac{\sin 2x+\mathrm{e}^{2ax}-1}{x}$ 在 $x\neq0$ 时是初等函数，因而连续. 由 $f(x)$ 在 $(-\infty,+\infty)$ 内连续，知 $f(x)$ 在 $x=0$ 处也连续，即 $\lim\limits_{x\to0}f(x)=f(0)$.

由极限的四则运算法则和等价无穷小代换知，当 $x\to0$ 时，$\sin x\sim x$；$\mathrm{e}^x-1\sim x$.

$$\lim_{x\to0}\frac{\sin 2x+\mathrm{e}^{2ax}-1}{x}=\lim_{x\to0}\left(\frac{\sin 2x}{x}+\frac{\mathrm{e}^{2ax}-1}{x}\right)$$

$$=\lim_{x\to0}\frac{2x}{x}+\lim_{x\to0}\frac{2ax}{x}=2+2a=a,$$

从而有 $a=-2$. 故选 D.

【评注】初等函数在其定义区间内一定是连续的，因此函数的间断点只可能出现在两类点上：一是函数无定义的点；二是分段函数的分段点. 讨论函数连续性及间断点，只需把这些点讨论清楚即可.

**127.【参考答案】** C

**【答案解析】** 由于 $F(x)$ 在 $x=0$ 处连续，因此

$$\lim_{x\to 0}F(x)=\lim_{x\to 0}\frac{f(x)+a\sin x}{x}=\lim_{x\to 0}\left[\frac{f(x)}{x}+a\cdot\frac{\sin x}{x}\right]=F(0)=A.$$

因此
$$\lim_{x\to 0}\frac{f(x)}{x}=A-a. \qquad (*)$$

由于（*）式中分母极限为零，分式极限存在，从而知

$$\lim_{x\to 0}f(x)=0.$$

可知结论 ① 正确.

由于题设中没有指出 $f(0)$ 的存在性，则 $f(x)$ 在 $x=0$ 处不一定连续，因此结论 ② 不正确.

由（*）式可知，当 $x\to 0$，且 $A-a=1$ 时，$f(x)$ 与 $x$ 为等价无穷小量，因此结论 ③ 正确.

同样由（*）式可知当 $x\to 0$，且 $A-a=0$ 时，$f(x)$ 为 $x$ 的高阶无穷小量，因此结论 ④ 正确.

故选 C.

**128.【参考答案】** C

**【答案解析】** 由题设，

$$\lim_{x\to 0^-}f(x)=\lim_{x\to 0^-}\frac{a(1-\cos x)}{x^2}=\lim_{x\to 0^-}\frac{a\cdot\frac{1}{2}x^2}{x^2}=\frac{a}{2},$$

$$\lim_{x\to 0^+}f(x)=\lim_{x\to 0^+}\ln(b+x^2)=\ln b,$$

若函数 $f(x)$ 在点 $x=0$ 处连续，应有 $\frac{a}{2}=\ln b=1$，所以 $a=2, b=\mathrm{e}$. 故选 C.

**129.【参考答案】** B

**【答案解析】** $f(x)$ 为分段函数，点 $x=0$ 为分段点，但在分段点两侧 $f(x)$ 表达式相同，考查极限：

$$\lim_{x\to 0}f(x)=\lim_{x\to 0}\frac{\tan 3x+\mathrm{e}^{2ax}-1}{\sin\frac{x}{2}}=\lim_{x\to 0}\frac{\tan 3x+\mathrm{e}^{2ax}-1}{\frac{x}{2}}$$

$$=\lim_{x\to 0}\frac{\tan 3x}{\frac{x}{2}}+\lim_{x\to 0}\frac{\mathrm{e}^{2ax}-1}{\frac{x}{2}}=\lim_{x\to 0}\frac{3x}{\frac{x}{2}}+\lim_{x\to 0}\frac{2ax}{\frac{x}{2}}$$

$$=6+4a.$$

由 $f(x)$ 在 $x=0$ 处连续，则应有 $\lim_{x\to 0}f(x)=f(0)$，即 $6+4a=a$，解得 $a=-2$.

故选 B.

**130.【参考答案】** E

**【答案解析】** 点 $x=-1$ 为 $f(x)$ 的分段点，在点 $x=-1$ 两侧 $f(x)$ 表达式不同. 考虑 $f(x)$

在点 $x=-1$ 两侧的连续性.

$$\lim_{x\to(-1)^-} f(x)=\lim_{x\to(-1)^-} a\sin x^2=a\sin 1, f(-1)=b.$$

当 $\lim\limits_{x\to(-1)^-} f(x)=f(-1)$，即 $b=a\sin 1$ 时，$f(x)$ 在点 $x=-1$ 处左连续.

$$\lim_{x\to(-1)^+} f(x)=\lim_{x\to(-1)^+} (2+x)^{\frac{1}{x+1}}=\lim_{x\to(-1)^+} [1+(1+x)]^{\frac{1}{x+1}},$$

令 $t=x+1$，当 $x\to(-1)^+$ 时，$t\to 0^+$，

$$\lim_{x\to(-1)^+} f(x)=\lim_{x\to(-1)^+} [1+(1+x)]^{\frac{1}{x+1}}=\lim_{t\to 0^+}(1+t)^{\frac{1}{t}}=\mathrm{e}.$$

可知当 $\lim\limits_{x\to(-1)^+} f(x)=f(-1)$，即 $b=\mathrm{e}$ 时，$f(x)$ 在点 $x=-1$ 处右连续.

综上可知，当 $a=\dfrac{\mathrm{e}}{\sin 1}$，$b=\mathrm{e}$ 时，$f(x)$ 在点 $x=-1$ 处连续. 故选 E.

**131.【参考答案】** A

**【答案解析】** $f(x)$ 为分段函数，点 $x=0$ 为分段点，在分段点两侧 $f(x)$ 表达式不同，考查 $f(x)$ 在点 $x=0$ 处左连续与右连续.

$$\lim_{x\to 0^-} f(x)=\lim_{x\to 0^-}\left(x\sin\frac{1}{x}+\frac{1}{x}\sin 3x\right).$$

由于 $\sin\dfrac{1}{x}$ 为有界变量，当 $x\to 0$ 时，$x$ 为无穷小量，因此 $\lim\limits_{x\to 0^-} x\sin\dfrac{1}{x}=0$. 而

$$\lim_{x\to 0^-}\frac{1}{x}\sin 3x=\lim_{x\to 0^-}\frac{\sin 3x}{x}=3,$$

可得 $\lim\limits_{x\to 0^-} f(x)=3$，由 $f(0)=a$，可知当 $a=3$ 时，$f(x)$ 在点 $x=0$ 处左连续.

由

$$\lim_{x\to 0^+} f(x)=\lim_{x\to 0^+}(1+bx)^{\frac{2}{x}}=\mathrm{e}^{2b},$$

可知当 $\mathrm{e}^{2b}=a$，即 $b=\dfrac{1}{2}\ln a$ 时，$f(x)$ 在点 $x=0$ 处右连续.

综上可知，当 $a=3$，$b=\dfrac{1}{2}\ln 3$ 时，$f(x)$ 在点 $x=0$ 处连续. 故选 A.

**132.【参考答案】** B

**【答案解析】** 由题设可知，当 $|x|\neq c$ 时，$f(x)$ 为初等函数，在其定义区间内为连续函数，故只需讨论当 $|x|=c$ 时 $f(x)$ 的连续性.

由

$$f(x)=\begin{cases}5, & x<-c,\\ x^2+1, & -c\leqslant x\leqslant c,\\ 5, & x>c,\end{cases}$$

知

$$\lim_{x\to(-c)^-} f(x)=\lim_{x\to(-c)^-} 5=5, f(-c)=c^2+1.$$

当 $c^2+1=5$，即 $c=2$ 时，$f(x)$ 在点 $x=-c$ 处左连续. 此时，

$$\lim_{x\to(-c)^+} f(x)=\lim_{x\to(-c)^+}(x^2+1)=c^2+1=f(-c),$$

$f(x)$ 在 $x=-c$ 处右连续. 因此当 $c=2$ 时,$f(x)$ 在 $x=-c$ 处连续.

又 $$\lim_{x\to c^-}f(x)=\lim_{x\to c^-}(x^2+1)=c^2+1=f(c),$$

可知 $f(x)$ 在点 $x=c$ 处左连续.

因为 $\lim\limits_{x\to c^+}f(x)=5$,所以当 $\lim\limits_{x\to c^+}f(x)=f(c)$,即 $c^2+1=5$ 时,亦即 $c=2$ 时,$f(x)$ 在点 $x=c$ 处右连续. 因此当 $c=2$ 时,$f(x)$ 在 $x=c$ 处连续.

综上可知,当 $c=2$ 时,$f(x)$ 在 $(-\infty,+\infty)$ 内连续.

故选 B.

**133.【参考答案】** A

**【答案解析】** 由于函数 $f(x)$ 是极限形式,因此先求出极限,化为分段函数,再讨论其连续性.

当 $|x|<1$ 时,$\lim\limits_{n\to\infty}x^{2n}=0$,$\lim\limits_{n\to\infty}\dfrac{1-2x^{2n}}{1+x^{2n}}\cdot x=x$;

当 $x=1$ 时,$\lim\limits_{n\to\infty}\dfrac{1-2x^{2n}}{1+x^{2n}}\cdot x=-\dfrac{1}{2}$;

当 $x=-1$ 时,$\lim\limits_{n\to\infty}\dfrac{1-2x^{2n}}{1+x^{2n}}\cdot x=\dfrac{1}{2}$;

当 $|x|>1$ 时,$\lim\limits_{n\to\infty}x^{2n}=+\infty$,$\lim\limits_{n\to\infty}\dfrac{1-2x^{2n}}{1+x^{2n}}$ 为"$\dfrac{\infty}{\infty}$"型,分子、分母同除以 $x^{2n}$,则

$$\lim_{n\to\infty}\frac{1-2x^{2n}}{1+x^{2n}}\cdot x=\lim_{n\to\infty}\frac{x^{-2n}-2}{x^{-2n}+1}\cdot x=-2x.$$

于是,得

$$f(x)=\begin{cases}-2x, & x<-1,\\ \dfrac{1}{2}, & x=-1,\\ x, & -1<x<1,\\ -\dfrac{1}{2}, & x=1,\\ -2x, & x>1,\end{cases}$$

$f(x)$ 的定义域为 $(-\infty,+\infty)$. 当 $x$ 在 $(-\infty,-1)$,$(-1,1)$,$(1,+\infty)$ 时,$f(x)$ 为初等函数,在其定义区间内连续.

注意到 $\lim\limits_{x\to(-1)^-}f(x)=2$,$\lim\limits_{x\to(-1)^+}f(x)=-1$,$\lim\limits_{x\to1^-}f(x)=1$,$\lim\limits_{x\to1^+}f(x)=-2$,所以 $\lim\limits_{x\to-1}f(x)$ 与 $\lim\limits_{x\to1}f(x)$ 都不存在,$x=-1$ 和 $x=1$ 是两个第一类间断点,故 $f(x)$ 的连续区间为 $(-\infty,-1)$,$(-1,1)$,$(1,+\infty)$. 故选 A.

**【评注】** 如果画出 $f(x)$ 的图像,由图易知函数 $f(x)$ 的连续区间.

**134.【参考答案】** A

**【答案解析】** 首先求 $y=\ln\dfrac{x}{1-x}$ 的定义域,应有 $\dfrac{x}{1-x}>0$,且 $1-x\neq0$,解得 $0<x<1$.

可知 $y=\ln\frac{x}{1-x}$ 的定义域为 $(0,1)$，又 $y=\ln\frac{x}{1-x}$ 为初等函数，在其定义区间 $(0,1)$ 内必定为连续函数，可知 $(0,1)$ 为所求连续区间. 故选 A.

## 【考向 5】间断

**135.【参考答案】** D

**【答案解析】** 由

$$\begin{aligned}\lim_{x\to0}f(x)&=\lim_{x\to0}\frac{\cos 2x+\mathrm{e}^x-2}{x}\\&=\lim_{x\to0}\left(\frac{\cos 2x-1}{x}+\frac{\mathrm{e}^x-1}{x}\right)\\&=\lim_{x\to0}\frac{\cos 2x-1}{x}+\lim_{x\to0}\frac{\mathrm{e}^x-1}{x}\\&=\lim_{x\to0}\left(-\frac{2x^2}{x}\right)+\lim_{x\to0}\frac{x}{x}=1,\end{aligned}$$

可知当 $\lim\limits_{x\to0}f(x)=f(0)$，即 $a=1$ 时，$f(x)$ 在点 $x=0$ 处连续；当 $a\neq1$ 时，$f(x)$ 在点 $x=0$ 处间断，且点 $x=0$ 为 $f(x)$ 的可去间断点. 故选 D.

**【评注】** 题目要求讨论 $f(x)$ 在点 $x=0$ 处的连续性，必须对 $a$ 的取值范围进行讨论.

**136.【参考答案】** B

**【答案解析】** 令 $t=x-1$，则 $x=t+1$，由 $f(x-1)$ 的表达式可得

$$f(t)=\begin{cases}t+3, & t<-1,\\ 2, & t=-1,\\ (t+1)\sin\dfrac{1}{t+1}, & t>-1,\end{cases}$$

从而

$$f(x)=\begin{cases}x+3, & x<-1,\\ 2, & x=-1,\\ (x+1)\sin\dfrac{1}{x+1}, & x>-1.\end{cases}$$

由

$$\lim_{x\to(-1)^-}f(x)=\lim_{x\to(-1)^-}(x+3)=2,$$

$$\lim_{x\to(-1)^+}f(x)=\lim_{x\to(-1)^+}(x+1)\sin\frac{1}{x+1}=0,$$

$$f(-1)=2.$$

可知 $\lim\limits_{x\to(-1)^-}f(x)=f(-1)$，即 $f(x)$ 在 $x=-1$ 处左连续；

$\lim\limits_{x\to(-1)^+}f(x)\neq f(-1)$，即 $f(x)$ 在 $x=-1$ 处不右连续.

因此 $f(x)$ 在点 $x=-1$ 处间断，但左连续. 故选 B.

**137.【参考答案】** E

**【答案解析】** 依题设知，$\lim\limits_{x\to0}g(x)=\lim\limits_{x\to0}f\left(\frac{1}{x}\right)=\lim\limits_{u\to\infty}f(u)=a$，当 $x\to0$ 时，$g(x)$ 极限存

在，但在点 $x=0$ 处是否连续，取决于$\lim\limits_{x\to 0}g(x)=g(0)$是否成立，即 $a$ 是否为零. 故选 E.

**138.【参考答案】**D

**【答案解析】**由题设可知，当 $x=0$ 时，$f(x)$ 间断. 由于

$$\lim_{x\to 0^-}\frac{1}{x}=-\infty,\lim_{x\to 0^+}\frac{1}{x}=+\infty,$$

可知
$$\lim_{x\to 0^-}2^{\frac{1}{x}}=0,\lim_{x\to 0^+}2^{\frac{1}{x}}=+\infty,\lim_{x\to 0^+}2^{-\frac{1}{x}}=0,$$

因此
$$\lim_{x\to 0^-}f(x)=\lim_{x\to 0^-}\frac{2^{\frac{1}{x}}-1}{2^{\frac{1}{x}}+1}=-1,$$

$$\lim_{x\to 0^+}f(x)=\lim_{x\to 0^+}\frac{2^{\frac{1}{x}}-1}{2^{\frac{1}{x}}+1}=\lim_{x\to 0^+}\frac{2^{\frac{1}{x}}(1-2^{-\frac{1}{x}})}{2^{\frac{1}{x}}(1+2^{-\frac{1}{x}})}=1.$$

可知$\lim\limits_{x\to 0^-}f(x)\neq\lim\limits_{x\to 0^+}f(x)$，故$\lim\limits_{x\to 0}f(x)$不存在. 所以点 $x=0$ 为 $f(x)$ 的跳跃间断点. 故选 D.

**139.【参考答案】**A

**【答案解析】**
$$f(x)+g(x)=\begin{cases}x^2+x+1, & x\leqslant 0,\\ x^2+x-1, & 0<x<1,\\ 3x-2, & x\geqslant 1,\end{cases}$$

则
$$\lim_{x\to 0^+}[f(x)+g(x)]=\lim_{x\to 0^+}(x^2+x-1)=-1\neq f(0)+g(0)=1,$$

知点 $x=0$ 为间断点.

$$\lim_{x\to 1^+}[f(x)+g(x)]=\lim_{x\to 1^+}(3x-2)=1=f(1)+g(1),$$

$$\lim_{x\to 1^-}[f(x)+g(x)]=\lim_{x\to 1^-}(x^2+x-1)=1=f(1)+g(1),$$

知点 $x=1$ 为连续点. 故选 A.

**【评注】**本题也可以先确定点 $x=0$ 为函数 $f(x)$的间断点，从而确定 $x=0$ 为函数 $f(x)+g(x)$的间断点.

**140.【参考答案】**C

**【答案解析】**由题设知

$$f(x)+g(x)=\begin{cases}2x-\pi, & x<0,\\ 2x+\pi, & 0\leqslant x<1,\\ x+\pi+a, & x\geqslant 1,\end{cases}$$

$f(x)+g(x)$ 为分段函数，分段点为 $x=0,x=1$. 在$(-\infty,0),(0,1),(1,+\infty)$内，$f(x)+g(x)$ 为初等函数，故为连续函数. 只需考查其在点 $x=0,x=1$ 处的连续性.

$$\lim_{x\to 0^-}[f(x)+g(x)]=\lim_{x\to 0^-}(2x-\pi)=-\pi,f(0)+g(0)=\pi,$$

可知 $f(x)+g(x)$ 在点 $x=0$ 处存在左极限，但不左连续.

$$\lim_{x\to 0^+}[f(x)+g(x)]=\lim_{x\to 0^+}(2x+\pi)=\pi=f(0)+g(0),$$

因此 $f(x)+g(x)$ 在 $x=0$ 处右连续. 则 $x=0$ 为 $f(x)+g(x)$ 的第一类间断点.

$$\lim_{x\to 1^-}[f(x)+g(x)]=\lim_{x\to 1^-}(2x+\pi)=2+\pi,$$

$$\lim_{x\to 1^+}[f(x)+g(x)]=\lim_{x\to 1^+}(x+\pi+a)=1+\pi+a=f(1)+g(1).$$

可知当 $a=1$ 时，$f(x)+g(x)$ 在点 $x=1$ 处连续.

综上可知，$f(x)+g(x)$ 在$(-\infty,0),(0,1),(1,+\infty)$ 内连续，点 $x=0$ 为其第一类间断点.

当 $a=1$ 时，点 $x=1$ 为 $f(x)+g(x)$ 的连续点；

当 $a\neq 1$ 时，点 $x=1$ 为 $f(x)+g(x)$ 的第一类间断点. 故选 C.

**141.【参考答案】**D

**【答案解析】**所给问题为判定函数 $f(x)$ 的间断点. 由于 $f(x)$ 以极限的形式给出，因此应该先求出 $f(x)$ 的表达式. 当 $|x|<1$ 时，$\lim\limits_{n\to\infty}x^{2n}=0, f(x)=1-x$；当 $|x|>1$ 时，$f(x)=0$. 所以

$$f(x)=\begin{cases}0, & |x|>1,\\ 1-x, & |x|<1,\\ 1, & x=-1,\\ 0, & x=1,\end{cases}$$

可知 $f(x)$ 为分段函数，分段点为 $x=-1, x=1$. 画出草图易知 $x=-1$ 为其唯一间断点. 故选 D.

**142.【参考答案】**A

**【答案解析】**当 $x=0$ 时，$f(x)=0$；当 $x\neq 0$ 时，$f(x)=\lim\limits_{n\to\infty}\dfrac{(n-3)x}{nx^2+5}=\dfrac{1}{x}$. 可知 $f(x)$ 为分段函数，分段点是 $x=0$. 由 $\lim\limits_{x\to 0}\dfrac{1}{x}=\infty$，可知点 $x=0$ 为 $f(x)$ 的第二类间断点(无穷间断点). 故选 A.

**143.【参考答案】**C

**【答案解析】**当 $x=0, x=-1, x=1$ 时，$f(x)$ 表达式的分母为零，$f(x)$ 没有意义，可知上述三点为 $f(x)$ 的间断点. 在$(-\infty,-1),(-1,0),(0,1),(1,+\infty)$ 内 $f(x)$ 皆为初等函数，因此皆为连续函数.

$$f(x)=\begin{cases}\dfrac{1}{-(x-1)}, & x<0\text{ 且 }x\neq -1,\\[2ex] \dfrac{1}{x-1}, & x>0\text{ 且 }x\neq 1.\end{cases}$$

$$\lim_{x\to -1}f(x)=\lim_{x\to -1}\frac{1}{-(x-1)}=\frac{1}{2},$$

可知点 $x=-1$ 为 $f(x)$ 的第一类间断点(可去间断点).

$$\lim_{x\to 0^-}f(x)=\lim_{x\to 0^-}\frac{1}{-(x-1)}=1,$$

$$\lim_{x\to 0^+}f(x)=\lim_{x\to 0^+}\frac{1}{x-1}=-1,$$

可知 $\lim\limits_{x\to 0}f(x)$ 不存在. 点 $x=0$ 为 $f(x)$ 的第一类间断点(跳跃间断点).

$$\lim_{x\to 1} f(x) = \lim_{x\to 1}\frac{1}{x-1} = \infty,$$

可知点 $x=1$ 为 $f(x)$ 的第二类间断点(无穷间断点).

故选 C.

**144.【参考答案】** E

**【答案解析】** 此题为函数 $g(x)$ 在点 $x=0$ 处的连续性及间断点的类型判定问题.

$$\lim_{x\to 0^+} g(x) = \lim_{x\to 0^+}\frac{\ln(1+x^a)\cdot\sin x}{x^2} = \lim_{x\to 0^+}\frac{x^{a+1}}{x^2} = \lim_{x\to 0^+} x^{a-1},$$

又由 $g(0)=0$,可知:

当 $a>1$ 时,$\lim\limits_{x\to 0^+} g(x) = g(0)$,此时 $g(x)$ 在 $x=0$ 处连续;

当 $a=1$ 时,$\lim\limits_{x\to 0^+} g(x) = 1$,此时 $g(x)$ 在 $x=0$ 处间断,$x=0$ 为 $g(x)$ 的跳跃间断点;

当 $0<a<1$ 时,$\lim\limits_{x\to 0^+} g(x)$ 不存在,此时 $g(x)$ 在 $x=0$ 处间断,$x=0$ 为 $g(x)$ 的无穷间断点.

综上可知,$g(x)$ 在点 $x=0$ 处的连续性与 $a$ 的取值有关. 故选 E.

## 【考向 6】渐近线

**145.【参考答案】** C

**【答案解析】** 由于 $\lim\limits_{x\to\infty} f(x) = \lim\limits_{x\to\infty}\dfrac{(x+1)\sin x}{x^2} = 0$,可知该曲线有水平渐近线 $y=0$;

又由于 $\lim\limits_{x\to 0} f(x) = \lim\limits_{x\to 0}\dfrac{(x+1)\sin x}{x^2} = \lim\limits_{x\to 0}\dfrac{\sin x}{x}\cdot\dfrac{x+1}{x} = \infty$,可知该曲线有铅直渐近线 $x=0$;

又由于 $\lim\limits_{x\to\infty}\dfrac{f(x)}{x} = \lim\limits_{x\to\infty}\dfrac{(x+1)\sin x}{x^3} = 0$,可知曲线没有斜渐近线.

综上,曲线有 2 条渐近线,故选 C.

**【评注】** 由 $\lim\limits_{x\to\infty} f(x) = 0$ 可知曲线 $y=f(x)$ 肯定没有斜渐近线,因此,事实上不必再判定 $\lim\limits_{x\to\infty}\dfrac{f(x)}{x}$.

**146.【参考答案】** C

**【答案解析】方法 1** 对于 $y = x+\sin\dfrac{1}{x}$,可知 $\lim\limits_{x\to\infty} f(x) = \infty$.

$$\lim_{x\to\infty}\frac{f(x)}{x} = \lim_{x\to\infty}\frac{x+\sin\frac{1}{x}}{x} = \lim_{x\to\infty}\left(1+\frac{1}{x}\sin\frac{1}{x}\right) = 1 = a,$$

而
$$\lim_{x\to\infty}[f(x)-ax] = \lim_{x\to\infty}\left(x+\sin\frac{1}{x}-x\right) = \lim_{x\to\infty}\sin\frac{1}{x} = 0 = b,$$

可知直线 $y=x$ 为曲线的唯一一条斜渐近线. 故选 C.

**方法 2** 对于 A,$\lim\limits_{x\to\infty} f(x) = \lim\limits_{x\to\infty}(x+\sin x) = \infty$,可知曲线没有水平渐近线.

$\lim\limits_{x\to x_0} f(x)=\lim\limits_{x\to x_0}(x+\sin x)=x_0+\sin x_0$，可知曲线没有铅直渐近线.

$\lim\limits_{x\to\infty}\frac{f(x)}{x}=\lim\limits_{x\to\infty}\left(1+\frac{1}{x}\sin x\right)=1$，$\lim\limits_{x\to\infty}[f(x)-x]=\lim\limits_{x\to\infty}(x+\sin x-x)$ 不存在，可知曲线没有斜渐近线.

可排除 A. 同理可排除 B,D,E. 故选 C.

**147.【参考答案】** D

**【答案解析】** $y=\frac{1}{x}+\ln(1+2e^x)$ 的定义域为 $(-\infty,0)\cup(0,+\infty)$.

$$\lim_{x\to 0}y=\lim_{x\to 0}\left[\frac{1}{x}+\ln(1+2e^x)\right]=\infty,$$

可知 $x=0$ 为曲线的铅直渐近线.

当 $x\to+\infty$ 时，$e^x\to+\infty$；当 $x\to-\infty$ 时，$e^x\to 0$，从而

$$\lim_{x\to+\infty}\left[\frac{1}{x}+\ln(1+2e^x)\right]=\infty;\ \lim_{x\to-\infty}\left[\frac{1}{x}+\ln(1+2e^x)\right]=0.$$

因此 $y=0$ 为曲线左侧分支的水平渐近线，且曲线在 $x\to-\infty$ 时没有斜渐近线.

$$\begin{aligned}\lim_{x\to+\infty}\frac{f(x)}{x}&=\lim_{x\to+\infty}\left[\frac{1}{x^2}+\frac{\ln(1+2e^x)}{x}\right]=\lim_{x\to+\infty}\frac{\ln(1+2e^x)}{x}\\&=\lim_{x\to+\infty}\frac{2e^x}{1+2e^x}=\lim_{x\to+\infty}\frac{2}{e^{-x}+2}=1=a,\end{aligned}$$

$$\begin{aligned}\lim_{x\to+\infty}[f(x)-ax]&=\lim_{x\to+\infty}\left[\frac{1}{x}+\ln(1+2e^x)-\ln e^x\right]\\&=\lim_{x\to+\infty}\ln(e^{-x}+2)=\ln 2=b,\end{aligned}$$

可知曲线在 $x\to+\infty$ 一侧有一条斜渐近线 $y=x+\ln 2$.

综上，曲线有 3 条渐近线，故选 D.

**148.【参考答案】** C

**【答案解析】** 由于 $$\lim_{x\to 0}f(x)=\lim_{x\to 0}\frac{x^2-1}{x}e^x=\infty,$$

可知 $x=0$ 为曲线 $y=f(x)$ 的铅直渐近线.

由于 $$\lim_{x\to-\infty}f(x)=\lim_{x\to-\infty}\frac{x^2-1}{x}e^x=0,$$

$$\lim_{x\to+\infty}f(x)=\infty.$$

可知 $y=0$ 为曲线在 $x\to-\infty$ 方向的水平渐近线，且曲线在 $x\to-\infty$ 方向没有斜渐近线.

由于 $x\to+\infty$ 时，$\lim\limits_{x\to+\infty}\frac{f(x)}{x}=\lim\limits_{x\to+\infty}\frac{x^2-1}{x^2}e^x=\infty$，可知在 $x\to+\infty$ 方向，曲线没有斜渐近线，因此曲线没有斜渐近线.

故曲线共有 2 条渐近线，故选 C.

# 第二章　一元函数微分学

## 答案速查表

| | | | | | |
|---|---|---|---|---|---|
| 1 ～ 5 | DBEBB | 6 ～ 10 | BBCAA | 11 ～ 15 | EDCAD |
| 16 ～ 20 | BCBAB | 21 ～ 25 | DACCC | 26 ～ 30 | EDDDA |
| 31 ～ 35 | ABDAE | 36 ～ 40 | AEEAA | 41 ～ 45 | EEEEA |
| 46 ～ 50 | BECCE | 51 ～ 55 | DBBCC | 56 ～ 60 | ECDAE |
| 61 ～ 65 | DBAAA | 66 ～ 70 | CBDAB | 71 ～ 75 | DDEBC |
| 76 ～ 80 | BAECC | 81 ～ 85 | ACBCD | 86 ～ 90 | BCBDC |
| 91 ～ 95 | CACCE | 96 ～ 100 | CABCC | 101 ～ 105 | ABEEA |
| 106 ～ 110 | CEDBD | 111 ～ 115 | BCDEB | 116 ～ 120 | DBCBA |
| 121 ～ 125 | CED(ED)(AD) | | | | |

## 【考向 1】导数定义的应用

**1.【参考答案】** D

**【答案解析】** 函数 $y=f(x)$ 在点 $x=1$ 处可导，由导数定义可知

$$\lim_{\Delta x\to 0}\frac{f(1+\Delta x)-f(1)}{\Delta x}=f'(1).$$

对于 A，$\lim\limits_{\Delta x\to 0}\dfrac{f(1)-f(1+\Delta x)}{\Delta x}=-f'(1)$，知 A 不正确.

对于 B，$\lim\limits_{\Delta x\to 0}\dfrac{f(1-\Delta x)-f(1)}{\Delta x}=\lim\limits_{\Delta x\to 0}\dfrac{-[f(1-\Delta x)-f(1)]}{-\Delta x}=-f'(1)$，知 B 不正确.

对于 C，$\lim\limits_{\Delta x\to 0}\dfrac{f(1+2\Delta x)-f(1)}{\Delta x}=\lim\limits_{\Delta x\to 0}2\cdot\dfrac{f(1+2\Delta x)-f(1)}{2\Delta x}=2f'(1)$，知 C 不正确.

对于 D，

$$\begin{aligned}&\lim_{\Delta x\to 0}\frac{f(1+2\Delta x)-f(1+\Delta x)}{\Delta x}\\&=\lim_{\Delta x\to 0}\left[\frac{f(1+2\Delta x)-f(1)}{\Delta x}-\frac{f(1+\Delta x)-f(1)}{\Delta x}\right]\\&=\lim_{\Delta x\to 0}2\cdot\frac{f(1+2\Delta x)-f(1)}{2\Delta x}-\lim_{\Delta x\to 0}\frac{f(1+\Delta x)-f(1)}{\Delta x}\\&=2f'(1)-f'(1)=f'(1).\end{aligned}$$

对于 E，

$$\lim_{\Delta x\to 0}\frac{f(1-2\Delta x)-f(1)}{\Delta x}=\lim_{\Delta x\to 0}(-2)\cdot\frac{f(1-2\Delta x)-f(1)}{-2\Delta x}=-2f'(1),$$

知 E 不正确. 故选 D.

**【评注】**(1) 导数定义$\left(\lim\limits_{\Delta x\to 0}\dfrac{f(x_0+\Delta x)-f(x_0)}{\Delta x}=f'(x_0)\right)$的含义：函数增量与自变量增量之比在 $\Delta x\to 0$ 时的极限，其中函数增量是函数在动点处的值减去在定点处的值.

虽然选项 D 为两动点处的函数值之差与自变量增量之比的极限，但选项 D 正确，这是因为已知 $y=f(x)$ 在点 $x=1$ 处可导. 但反之不对，即使这个极限存在也不可以作为导数存在的充分条件.

(2) 与导数定义等价的形式：

$$\lim_{h\to 0}\frac{f(x_0+h)-f(x_0)}{h}=f'(x_0);$$

$$\lim_{x\to x_0}\frac{f(x)-f(x_0)}{x-x_0}=f'(x_0);$$

$$\lim_{\square\to 0}\frac{f(x_0+\square)-f(x_0)}{\square}=f'(x_0),\square\text{ 可填非零函数.}$$

**2.【参考答案】**B

**【答案解析】**由题设 $f(x)$ 在点 $x=2$ 处可导，且题中极限过程为 $x\to 1$，设 $u=x+1$，则当 $x\to 1$ 时，$u\to 2$，因此

$$\lim_{x\to 1}\frac{f(x+1)-f(2)}{3x-3}=\lim_{u\to 2}\frac{f(u)-f(2)}{3(u-2)}=\frac{1}{3}f'(2)=\frac{1}{3},$$

可得 $f'(2)=1$. 故选 B.

**3.【参考答案】**E

**【答案解析】**由 $f'(0)$存在，知$\lim\limits_{x\to 0}\dfrac{f(x)-f(0)}{x}=f'(0)$，从而有

$$\begin{aligned}\lim_{x\to 0}\frac{2}{x}\left[f(x)-f\left(\frac{x}{3}\right)\right]&=\lim_{x\to 0}\frac{2}{x}\left\{f(x)-f(0)-\left[f\left(\frac{x}{3}\right)-f(0)\right]\right\}\\&=2\lim_{x\to 0}\frac{f(x)-f(0)}{x}-\frac{2}{3}\lim_{x\to 0}\frac{f\left(\frac{x}{3}\right)-f(0)}{\frac{x}{3}}\\&=\left(2-\frac{2}{3}\right)f'(0)=a,\end{aligned}$$

得 $f'(0)=\dfrac{3}{4}a$，故选 E.

**4.【参考答案】**B

**【答案解析】**设 $t=\dfrac{1}{2x+3}$，则当 $x\to\infty$ 时，$t\to 0$. 因此

$$\begin{aligned}\lim_{x\to\infty}xf\left(\frac{1}{2x+3}\right)&=\lim_{t\to 0}\frac{f(t)(1-3t)}{2t}\\&=\frac{1}{2}\lim_{t\to 0}\left[\frac{f(t)}{t}\cdot(1-3t)\right]=\frac{1}{2}\lim_{t\to 0}\left[\frac{f(t)-f(0)}{t}\cdot 1\right]\end{aligned}$$

$$= \frac{1}{2} f'(0) = 1,$$

可知 $f'(0) = 2$. 故选 B.

**5.【参考答案】** B

**【答案解析】** 由于所给极限表达式为分式，极限存在，且分母极限为零，因此分子极限为零，即有

$$\lim_{x \to 0} [f(e^{x^2}) - 5f(1 + \sin^2 x)] = 0,$$

由于 $f(x)$ 在 $x = 1$ 处可导，因此 $f(x)$ 在 $x = 1$ 处必定连续，从而有

$$\lim_{x \to 0} [f(e^{x^2}) - 5f(1 + \sin^2 x)] = f(1) - 5f(1) = -4f(1) = 0,$$

可知 $f(1) = 0$. 结论 ① 正确，结论 ② 不正确.

$$\lim_{x \to 0} \frac{f(e^{x^2}) - 5f(1 + \sin^2 x)}{x^2} = \lim_{x \to 0} \left[ \frac{f(e^{x^2}) - f(1)}{x^2} - 5 \cdot \frac{f(1 + \sin^2 x) - f(1)}{x^2} \right],$$

其中 $$\lim_{x \to 0} \frac{f(e^{x^2}) - f(1)}{x^2} = \lim_{x \to 0} \frac{f(e^{x^2}) - f(1)}{e^{x^2} - 1} \cdot \frac{e^{x^2} - 1}{x^2} = f'(1),$$

$$\lim_{x \to 0} \frac{f(1 + \sin^2 x) - f(1)}{x^2} = \lim_{x \to 0} \frac{f(1 + \sin^2 x) - f(1)}{\sin^2 x} \cdot \frac{\sin^2 x}{x^2} = f'(1),$$

因此 $$\lim_{x \to 0} \frac{f(e^{x^2}) - 5f(1 + \sin^2 x)}{x^2} = f'(1) - 5f'(1) = -4f'(1) = 2,$$

可得 $f'(1) = -\frac{1}{2}$. 结论 ④ 正确，结论 ③ 不正确.

故选 B.

**6.【参考答案】** B

**【答案解析】** 由 $\lim\limits_{x \to 0} \frac{\sin x}{x} = 1$，可知

$$\lim_{x \to 0} \left[ \frac{\sin x}{x} + \frac{f(x)}{x} \right] = \lim_{x \to 0} \frac{\sin x}{x} + \lim_{x \to 0} \frac{f(x)}{x} = 1 + \lim_{x \to 0} \frac{f(x)}{x} = 3,$$

从而知 $\lim\limits_{x \to 0} \frac{f(x)}{x} = 2$.

由于分式极限存在，分母的极限为零，因此分子的极限必定为零. 又由于 $f(x)$ 在点 $x = 0$ 的某邻域内连续，因此 $\lim\limits_{x \to 0} f(x) = 0 = f(0)$. 从而可得

$$\lim_{x \to 0} \frac{f(x)}{x} = \lim_{x \to 0} \frac{f(x) - f(0)}{x} = f'(0) = 2,$$

故选 B.

**7.【参考答案】** B

**【答案解析】** 由于 $f(x + 1) = af(x)$，令 $x = 0$ 得

$$f(1) = af(0),$$

$$\lim_{x \to 0} \frac{f(1 + x) - f(1)}{x} = \lim_{x \to 0} \frac{f(1 + x) - af(0)}{x} = \lim_{x \to 0} \frac{af(x) - af(0)}{x} = af'(0) = ab.$$

可知结论 ③ 正确，结论 ②，④ 不正确.

由 $f(x)$ 在 $x_0$ 处可导，$f(x)$ 在 $x_0$ 处必定连续的性质，可知 $f(x)$ 在 $x=1$ 处连续，故结论①正确.

故选 B.

**8.【参考答案】** C

**【答案解析】** 由已知条件不难得到 $f(1)=1$，且 $f(x)$ 在 $x=0$ 处连续，所以

$$f'(1)=\lim_{\Delta x\to 0}\frac{f(1+\Delta x)-f(1)}{\Delta x}=\lim_{\Delta x\to 0}\frac{f^2(\Delta x)-1}{\Delta x}$$
$$=\lim_{\Delta x\to 0}\frac{f(\Delta x)-1}{\Delta x}\cdot[f(\Delta x)+1]$$
$$=\lim_{\Delta x\to 0}\frac{f(\Delta x)-f(0)}{\Delta x}\cdot[f(\Delta x)+1]$$
$$=2f'(0)=2.$$

故选 C.

**9.【参考答案】** A

**【答案解析】** $f'(-1)=\lim\limits_{x\to -1}\dfrac{f(x)-f(-1)}{x-(-1)}=\lim\limits_{x\to -1}x(x+2)(x+3)\cdots(x+10)=-9!$.

故选 A.

**【评注】** 由于本题是求函数在给定点处的导数，因此直接利用导数定义较为简便. 若先依照导数的运算法则求出 $f'(x)$，再将 $x=-1$ 代入，会使运算复杂化.

**10.【参考答案】** A

**【答案解析】** 由于

$$\lim_{x\to 0}\frac{(e^{x^2}-1)[3-f(x)]}{x^3}=\lim_{x\to 0}\frac{x^2[3-f(x)]}{x^3}$$
$$=\lim_{x\to 0}\frac{3-f(x)}{x}=\lim_{x\to 0}\frac{f(0)-f(x)}{x}=-f'(0)=-2,$$

故选 A.

**11.【参考答案】** E

**【答案解析】** 所给条件为函数在点 $x=2$ 处的导数值. 但是应该明确，若 $f'(2)$ 存在，则

$$f'(2)=\lim_{\Delta x\to 0}\frac{f(2+\Delta x)-f(2)}{\Delta x},$$

即当自变量的增量趋于零时，函数增量与自变量增量之比的极限存在. 注意函数增量的形式：动点处函数值与定点处函数值之差.

本题中函数增量是函数在两个动点处的差值，不属于导数定义的标准形式，也不属于导数定义的等价形式，因此应考虑将其变形，化为导数定义的等价形式，由于 $f'(2)=-1$，则

$$\lim_{x\to 0}\frac{x}{f(2-2x)-f(2-x)}=\lim_{x\to 0}\frac{1}{\frac{f(2-2x)-f(2-x)}{x}}$$

$$= \lim_{x\to 0} \frac{1}{\frac{f(2-2x)-f(2)}{x} + \frac{f(2-x)-f(2)}{-x}}$$

$$= \frac{1}{-2f'(2)+f'(2)} = -\frac{1}{f'(2)} = 1.$$

故选 E.

**12.【参考答案】** D

**【答案解析】** $\lim\limits_{x\to 0} \frac{xf(x)-f(x^2)}{x^2} = \lim\limits_{x\to 0}\left[\frac{f(x)}{x} - \frac{f(x^2)}{x^2}\right]$

$$= \lim_{x\to 0} \frac{f(x)-f(0)}{x-0} - \lim_{x\to 0} \frac{f(x^2)-f(0)}{x^2-0}$$

$$= f'(0) - f'(0) = 0.$$

故选 D.

**【评注】** 利用导数定义求函数在某点处的导数，有以下三种情况：

(1) 若函数表达式中含有抽象函数符号，且仅知其连续，不知其是否可导，求其导数时必须用导数定义；

(2) 求分段函数(如带绝对值符号的函数)在分段点处的导数时，必须用导数的定义；

(3) 求某些简单函数在某点处的导数时，有时利用导数定义也相当简便.

**13.【参考答案】** C

**【答案解析】** $\lim\limits_{x\to 0} \frac{f(\sin^3 x)}{\lambda x^k} = \lim\limits_{x\to 0} \frac{f(\sin^3 x)}{\sin^3 x} \cdot \frac{\sin^3 x}{\lambda x^k} = \lim\limits_{x\to 0} \frac{f(\sin^3 x)-f(0)}{\sin^3 x - 0} \cdot \frac{\sin^3 x}{\lambda x^k}$

$$= f'(0) \cdot \lim_{x\to 0} \frac{\sin^3 x}{\lambda x^k} \xlongequal{f'(0)=1} \lim_{x\to 0} \frac{\sin^3 x}{\lambda x^k}$$

$$= \frac{1}{\lambda} \lim_{x\to 0} \frac{x^3}{x^k} = \frac{1}{2},$$

所以 $\lambda = 2, k = 3$. 故选 C.

**14.【参考答案】** A

**【答案解析】** 由 $f(x)$ 为可导函数，且 $f'(1) = 4, f(1) = 2$，可知

$$\lim_{x\to 0} \frac{e^{2x}[2-f(x+1)]}{x^2+x} = \lim_{x\to 0} \frac{e^{2x} \cdot [f(1)-f(x+1)]}{(x+1)\cdot x}$$

$$= -f'(1) = -4.$$

故选 A.

**15.【参考答案】** D

**【答案解析】** 原式 $= \lim\limits_{x\to 0} \frac{f(1-\sqrt{\cos x})-f(0)}{1-\sqrt{\cos x}-0} \cdot \lim\limits_{x\to 0} \frac{1-\sqrt{\cos x}}{\ln(1-x\sin x)}$

$$= f'(0) \lim_{x\to 0} \frac{1-\sqrt{\cos x}}{\ln(1-x\sin x)}$$

$$\xlongequal{\text{等价无穷小替换}} f'(0) \lim_{x\to 0} \frac{1-\cos x}{-x\sin x} \cdot \frac{1}{1+\sqrt{\cos x}}$$

$$=-\frac{1}{2}f'(0)\lim_{x\to 0}\frac{1-\cos x}{x^2}=-\frac{1}{4}f'(0).$$

故选 D.

**16.【参考答案】**B

**【答案解析】**本题考查的知识点有两个:周期函数的导数性质及导数定义.由于 $f(x)$ 是以 5 为周期的可导函数,因此 $f'(x)$ 也是以 5 为周期的函数,从而知 $f'(1)=f'(6)=1$,$\lim\limits_{x\to 6}\frac{f(x)-f(6)}{x-6}=1$. 所求极限似乎与导数定义的形式相同,但是仔细分析可以发现两者之间的差异.因此可设 $u=2x$,得

$$\lim_{x\to 3}\frac{f(2x)-f(6)}{x-3}=\lim_{u\to 6}\frac{f(u)-f(6)}{\frac{1}{2}u-3}=2\lim_{u\to 6}\frac{f(u)-f(6)}{u-6}=2f'(6)=2.$$

故选 B.

**17.【参考答案】**C

**【答案解析】**函数 $f(x)$ 可能出现的不可导点是使绝对值内的函数为零的点,即 $x=-1$,0,1 三点,其中

$$\lim_{x\to -1}\frac{f(x)-f(-1)}{x-(-1)}=\lim_{x\to -1}\frac{(x+1)(x-2)}{x+1}|x^3-x|=0,$$

因此,可以排除点 $x=-1$.

同理,可以验证 $\lim\limits_{x\to 0}\frac{f(x)-f(0)}{x-0}$ 及 $\lim\limits_{x\to 1}\frac{f(x)-f(1)}{x-1}$ 不存在,故选 C.

**18.【参考答案】**B

**【答案解析】**判断函数在某定点处的可导性应从定义考虑,对于选项 B,由

$$\lim_{x\to 0}\frac{f(x)-f(0)}{x}=\lim_{x\to 0}\frac{\cos\sqrt{|x|}-1}{x}=\lim_{x\to 0}\frac{-\frac{1}{2}|x|}{x}$$

不存在,知 $f(x)=\cos\sqrt{|x|}$ 在点 $x=0$ 处不可导,故选 B.

**19.【参考答案】**A

**【答案解析】**$F(x)$ 在点 $x=0$ 处可导的充分必要条件是 $f(x)|\sin x|$ 在点 $x=0$ 处可导,即 $\lim\limits_{x\to 0}\frac{f(x)|\sin x|}{x}$ 存在. 当 $x\to 0$ 时,$\frac{|\sin x|}{x}$ 的极限不存在,仅为有界变量,若要 $\lim\limits_{x\to 0}\frac{f(x)|\sin x|}{x}$ 存在,则其充分必要条件是 $\lim\limits_{x\to 0}f(x)=0$,即 $f(0)=0$,故选 A.

**20.【参考答案】**B

**【答案解析】**本题主要判断各选项的极限存在能否推出极限 $\lim\limits_{h\to 0}\frac{f(h)}{h}$ 存在. 其中选项 A,E 只能推出 $f(x)$ 在点 $x=0$ 处右导数存在,选项 C,D 不能推出极限 $\lim\limits_{h\to 0}\frac{f(h)}{h}$ 存在,由排除法,故选 B. 事实上,由于 $\lim\limits_{h\to 0}\frac{f(e^{2h}-1)}{h}$ 存在,可知必有 $\lim\limits_{h\to 0}f(e^{2h}-1)=f(0)=0$,则

$$\lim_{h\to 0}\frac{f(e^{2h}-1)}{h}=\lim_{h\to 0}\frac{f(e^{2h}-1)-f(0)}{e^{2h}-1}\cdot\frac{e^{2h}-1}{h}$$

$$=2\lim_{h\to 0}\frac{f(e^{2h}-1)-f(0)}{e^{2h}-1}=2f'(0).$$

**【评注】**即使$\lim\limits_{h\to 0}\dfrac{f(2h)-f(h)}{h}$存在，也得不出

$$\lim_{h\to 0}\frac{f(2h)-f(h)}{h}=\lim_{h\to 0}\frac{[f(2h)-f(0)]-[f(h)-f(0)]}{h}$$

$$\overset{(*)}{=\!=}\lim_{h\to 0}\frac{f(2h)-f(0)}{h}-\lim_{h\to 0}\frac{f(h)-f(0)}{h}.$$

因为(*)处的运算前提是上述表达式中的最后两个极限都存在，因此 C 不正确.

**21.【参考答案】**D

**【答案解析】**对于 A，令$t=\dfrac{1}{h}$，则当$h\to+\infty$时，$t\to 0^+$，可知当$t\to 0^+$时，

$$\lim_{h\to+\infty}h\left[f\left(a+\frac{1}{h}\right)-f(a)\right]=\lim_{h\to+\infty}\frac{f\left(a+\frac{1}{h}\right)-f(a)}{\frac{1}{h}}=\lim_{t\to 0^+}\frac{f(a+t)-f(a)}{t}$$

存在，这只能保证$f'_+(a)$存在，而不能保证$f'(a)$存在，E 选项亦如此，因此排除 A，E.

对于 B，C，可设$f(x)=\begin{cases}1, & x\neq a,\\ 0, & x=a,\end{cases}$$f(x)$在点$x=a$处不连续，因此必不可导，但此时，

$$\lim_{h\to 0}\frac{f(a+2h)-f(a+h)}{h}=0,\lim_{h\to 0}\frac{f(a+h)-f(a-h)}{2h}=0$$

存在，因此排除 B，C.

对于 D，$\lim\limits_{h\to 0}\dfrac{f(a)-f(a-h)}{h}=\lim\limits_{h\to 0}\dfrac{f(a-h)-f(a)}{-h}=f'(a)$，知 D 正确. 故选 D.

**【评注】**在本章第 1 题评注中已指出，当自变量的增量趋于零时，函数在两动点处函数值之差与自变量增量比值的极限存在不能作为函数在某点处导数存在的充分条件.

**22.【参考答案】**A

**【答案解析】**当$x\neq 0$时，

$$f'(x)=\left(\frac{\sin 2x}{x}\right)'=\frac{2x\cos 2x-\sin 2x}{x^2},$$

$$f'\left(\frac{\pi}{4}\right)=-\frac{16}{\pi^2}.$$

当$x=0$时，欲求$f'(0)$，应利用导数定义.

$$f'(0)=\lim_{x\to 0}\frac{f(x)-f(0)}{x}=\lim_{x\to 0}\frac{\frac{\sin 2x}{x}-2}{x}$$

$$=\lim_{x\to 0}\frac{\sin 2x-2x}{x^2}=\lim_{x\to 0}\frac{2\cos 2x-2}{2x}=\lim_{x\to 0}\frac{\cos 2x-1}{x}$$

$$=\lim_{x\to 0}(-2\sin 2x)=0,$$

则
$$f'(0)+f'\left(\frac{\pi}{4}\right)=-\frac{16}{\pi^2}.$$
故选 A.

23.【参考答案】C

【答案解析】由于 $f(x)$ 与 $g(x)$ 均在 $x=0$ 处连续，因此
$$\lim_{x\to 0}f(x)=\lim_{x\to 0}\frac{g(x)}{x}=f(0)=2.$$
由于上述求极限的表达式为分式，其极限存在，又分母的极限为零，从而知分子极限为零，即 $\lim_{x\to 0}g(x)=0$. 可知结论 ① 正确. 由于 $g(x)$ 在 $x=0$ 处连续，从而知
$$g(0)=\lim_{x\to 0}g(x)=0.$$
可知结论 ② 正确.

又
$$g'(0)=\lim_{x\to 0}\frac{g(x)-g(0)}{x}=\lim_{x\to 0}\frac{g(x)}{x}=2.$$
可知结论 ④ 正确，结论 ③ 不正确.

故选 C.

24.【参考答案】C

【答案解析】由于 $f(x)$ 在 $x=0$ 处可导，可知 $f(x)$ 在 $x=0$ 处必定连续，从而
$$\lim_{x\to 0}f(x)=\lim_{x\to 0}x^{\alpha}\sin\frac{1}{x^2}=f(0)=\beta.$$
由于 $\lim_{x\to 0}\sin\frac{1}{x^2}$ 不存在，因此 $\lim_{x\to 0}x^{\alpha}=0$，可知 $\alpha>0$，又由于当 $\alpha>0$ 时，$\sin\frac{1}{x^2}$ 为有界变量，可知
$$\lim_{x\to 0}x^{\alpha}\sin\frac{1}{x^2}=0=\beta.$$
可知结论 ③ 正确.

由于 $f(x)$ 在 $x=0$ 处可导，因此
$$f'(0)=\lim_{x\to 0}\frac{f(x)-f(0)}{x}=\lim_{x\to 0}\frac{x^{\alpha}\sin\frac{1}{x^2}}{x}=\lim_{x\to 0}x^{\alpha-1}\sin\frac{1}{x^2}$$
存在，故有 $\alpha-1>0$，即 $\alpha>1$，且此时 $f'(0)=0$.

可知结论 ② 正确，结论 ① 不正确，结论 ④ 正确.

故选 C.

25.【参考答案】C

【答案解析】$f(x)$ 在分段点 $x=0$ 两侧函数表达式不同，由
$$\lim_{x\to 0^-}f(x)=\lim_{x\to 0^-}x^2g(x)=0,$$
$$\lim_{x\to 0^+}f(x)=\lim_{x\to 0^+}\frac{e^{x^2}-1}{x}=\lim_{x\to 0^+}\frac{x^2}{x}=0,$$
可知 $\lim_{x\to 0^-}f(x)=\lim_{x\to 0^+}f(x)=f(0)$，因此 $f(x)$ 在 $x=0$ 处极限存在且连续，应排除 A，B.

又由单侧导数的定义，有

$$\lim_{x\to 0^-}\frac{f(x)-f(0)}{x}=\lim_{x\to 0^-}\frac{x^2g(x)}{x}=0=f'_-(0),$$

$$\lim_{x\to 0^+}\frac{f(x)-f(0)}{x}=\lim_{x\to 0^+}\frac{\frac{e^{x^2}-1}{x}}{x}=\lim_{x\to 0^+}\frac{x^2}{x^2}=1=f'_+(0).$$

可知 $f'_-(0)\neq f'_+(0)$，从而 $f'(0)$ 不存在，故选 C.

**【评注】**一般遇到判定分段函数在分段点的可导性问题有两种解答方法.

(1) 先判定 $f(x)$ 在该分段点处的连续性. 如果 $f(x)$ 在该点连续且 $f'(x)(x\neq x_0)$ 易求，则可利用 $\lim\limits_{x\to x_0^-}f'(x)=f'_-(x_0)$，$\lim\limits_{x\to x_0^+}f'(x)=f'_+(x_0)$ 来判定 $f(x)$ 在 $x_0$ 处的可导性.

若 $f'(x)(x\neq x_0)$ 不易求得，则不能利用此方法. 本题虽然 $f(x)$ 在点 $x=0$ 处连续但表达式复杂，所以不采用该方法.

(2) 利用左导数、右导数定义来判定，这是经常考查的知识点.

**26.【参考答案】**E

**【答案解析】**由于 $f(x)$ 在点 $x=1$ 处可导，因此必定连续. 又由于

$$\lim_{x\to 1^-}f(x)=\lim_{x\to 1^-}e^x=e,$$

$$\lim_{x\to 1^+}f(x)=\lim_{x\to 1^+}(ax+b)=a+b,$$

因此 $a+b=e$.

由于 $f(x)$ 在点 $x=1$ 处可导，且当 $x<1$ 时，$f(x)=e^x$，$f'(x)=e^x$，

$$\lim_{x\to 1^-}f'(x)=\lim_{x\to 1^-}e^x=e=f'_-(1).$$

当 $x>1$ 时，$f(x)=ax+b$，$f'(x)=a$，

$$\lim_{x\to 1^+}f'(x)=\lim_{x\to 1^+}a=a=f'_+(1).$$

从而有 $f'_-(1)=f'_+(1)$，因此 $a=e$，进而可知 $b=0$. 故选 E.

**【评注】**本题利用第 25 题评注中的第一种方法求解，由于 $f(x)$ 在 $x=1$ 处连续，从而有 $\lim\limits_{x\to 1^-}f'(x)=f'_-(1)$，$\lim\limits_{x\to 1^+}f'(x)=f'_+(1)$. 本题也可以用导数定义求 $f'_-(1)$ 和 $f'_+(1)$.

**27.【参考答案】**D

**【答案解析】**$f(x)$ 为分段函数，$f(x)$ 在 $x=0$ 处可导，因此必定连续.

由于在分段点两侧表达式不同，且

$$\lim_{x\to 0^-}f(x)=\lim_{x\to 0^-}(a+e^x)=a+1,$$

$$\lim_{x\to 0^+}f(x)=\lim_{x\to 0^+}\sin cx=0.$$

可知应有 $a+1=0$，即 $a=-1$. 此时 $\lim\limits_{x\to 0}f(x)=0$. 又 $f(0)=b$，可知 $b=0$. 故

$$f(x)=\begin{cases}-1+e^x, & x<0,\\ 0, & x=0,\\ \sin cx, & x>0.\end{cases}$$

又有
$$\lim_{x\to 0^-}\frac{f(x)-f(0)}{x}=\lim_{x\to 0^-}\frac{-1+e^x}{x}=1=f'_-(0),$$
$$\lim_{x\to 0^+}\frac{f(x)-f(0)}{x}=\lim_{x\to 0^+}\frac{\sin cx-0}{x}=c=f'_+(0),$$
且 $f'(0)$ 存在，必有 $f'_-(0)=f'_+(0)$，因此 $c=1$.

故选 D.

**28.【参考答案】** D

**【答案解析】** 由
$$\lim_{\Delta x\to 0^-}\frac{f(1+\Delta x)-f(1)}{\Delta x}=\lim_{\Delta x\to 0^-}\frac{(1+\Delta x)^3-1}{\Delta x}=3,$$
可知 $f'_-(1)=3$.
$$\lim_{\Delta x\to 0^+}\frac{f(1+\Delta x)-f(1)}{\Delta x}=\lim_{\Delta x\to 0^+}\frac{(1+\Delta x)^2-1}{\Delta x}=2,$$
可知 $f'_+(1)=2$. 故选 D.

**29.【参考答案】** D

**【答案解析】** 所给选项为连续性、可导性及导数连续性的考查，因此应逐个加以讨论.

因为 $\lim\limits_{x\to 0}x^2\sin\frac{1}{x}=0=f(0)$，所以 $f(x)$ 在点 $x=0$ 处连续，这里 $\sin\frac{1}{x}$ 是有界函数.

又 $f'(0)=\lim\limits_{x\to 0}\frac{f(x)-f(0)}{x}=\lim\limits_{x\to 0}\frac{x^2\sin\frac{1}{x}}{x}=0$，所以 $f(x)$ 在点 $x=0$ 处可导.

注意到，当 $x\neq 0$ 时，
$$f'(x)=2x\sin\frac{1}{x}+x^2\cos\frac{1}{x}\cdot\left(-\frac{1}{x^2}\right)=2x\sin\frac{1}{x}-\cos\frac{1}{x},$$
于是
$$f'(x)=\begin{cases}2x\sin\frac{1}{x}-\cos\frac{1}{x}, & x\neq 0,\\ 0, & x=0,\end{cases}$$
由于 $\lim\limits_{x\to 0}\cos\frac{1}{x}$ 不存在，而 $\lim\limits_{x\to 0}2x\sin\frac{1}{x}=0$，可知 $\lim\limits_{x\to 0}f'(x)$ 不存在，则 $f'(x)$ 在 $x=0$ 处不连续，且 $x=0$ 为 $f'(x)$ 的第二类间断点. 故选 D.

**30.【参考答案】** A

**【答案解析】** $f(x)$ 为分段函数，$x=1$ 为分段点，欲求 $f'(1)$，需利用导数定义. 首先注意 $f(x)$ 在 $x=1$ 处可导，从而必定连续. 由于
$$\lim_{x\to 1}f(x)=\lim_{x\to 1}\frac{\sin(x-1)}{x-1}=1,$$
$$f(1)=a.$$
由连续性定义知 $f(1)=\lim\limits_{x\to 1}f(x)$，可知 $a=1$.

由于
$$f'(1)=\lim_{x\to 0}\frac{f(1+x)-f(1)}{x}=\lim_{x\to 0}\frac{\frac{\sin[(1+x)-1]}{(1+x)-1}-1}{x}$$

$$= \lim_{x\to 0}\frac{\frac{\sin x}{x}-1}{x} = \lim_{x\to 0}\frac{\sin x - x}{x^2} = \lim_{x\to 0}\frac{\cos x - 1}{2x}$$

$$= 0,$$

当 $x \neq 1$ 时，

$$f'(x) = \left[\frac{\sin(x-1)}{x-1}\right]' = \frac{(x-1)\cos(x-1)-\sin(x-1)}{(x-1)^2},$$

$$f'(2) = \cos 1 - \sin 1, f'(1) + f'(2) = \cos 1 - \sin 1.$$

故选 A.

**31.【参考答案】**A

**【答案解析】**由连续性的定义可知只需求$\lim\limits_{x\to 0}F(x)$.

**方法 1**　由于 $f(0)=0$,利用洛必达法则可得

$$\lim_{x\to 0}\frac{f(x)+a\sin x}{x} = \lim_{x\to 0}\frac{f'(x)+a\cos x}{1} = f'(0)+a = b+a,$$

由于 $F(x)$ 在点 $x=0$ 处连续,则$\lim\limits_{x\to 0}F(x) = F(0) = A$,从而 $A=b+a$,故选 A.

**方法 2**　由于 $f'(0)=b, f(0)=0$,由导数定义可知

$$\lim_{x\to 0}F(x) = \lim_{x\to 0}\frac{f(x)+a\sin x}{x} = \lim_{x\to 0}\left[\frac{f(x)}{x}+\frac{a\sin x}{x}\right]$$

$$= \lim_{x\to 0}\left[\frac{f(x)-f(0)}{x}+\frac{a\sin x}{x}\right] = f'(0)+a = b+a.$$

由于 $F(x)$ 在点 $x=0$ 处连续,因此$\lim\limits_{x\to 0}F(x) = F(0) = A$,可知 $A=b+a$,故选 A.

**【评注】**在方法1中,使用洛必达法则时,利用了 $f(x)$ 有连续导函数的条件.方法2只需要 $f'(0)$ 存在,可知题目的条件宽松,可以降低为 $f'(0)=b$.又当 $f(x)$ 在点 $x=0$ 处连续,$F(x)$ 在点 $x=0$ 处连续时,有

$$\lim_{x\to 0}F(x) = \lim_{x\to 0}\frac{f(x)+a\sin x}{x}$$

存在,由于分母极限为零,可知分子极限必定为零,从而 $f(0)=0$,这表明题目中条件 $f(0)=0$ 也是可以去掉的.

**32.【参考答案】**B

**【答案解析】**若函数 $f(x)$在点 $x=0$ 处可导,则必连续,即

$$\lim_{x\to 0^-}f(x) = \lim_{x\to 0^+}f(x) = f(0),$$

由

$$\lim_{x\to 0^-}f(x) = \lim_{x\to 0^-}(\sin x + 2ae^x) = 2a,$$

$$\lim_{x\to 0^+}f(x) = \lim_{x\to 0^+}[9\arctan x + 2b(x-1)^3] = -2b,$$

即有 $2a=-2b, a=-b$.又

$$f'_-(0) = \lim_{x\to 0^-}\frac{f(x)-f(0)}{x-0} = \lim_{x\to 0^-}\frac{\sin x + 2ae^x - 2a}{x} = 1+2a,$$

$$f'_+(0) = \lim_{x\to 0^+}\frac{f(x)-f(0)}{x-0} = \lim_{x\to 0^+}\frac{9\arctan x + 2b(x-1)^3 + 2b}{x} = 9+6b,$$

因此，有 $f'_-(0)=f'_+(0)$，即 $1+2a=9+6b$，将 $a=-b$ 代入，解得 $a=1,b=-1$.
故选 B.

**33.【参考答案】** D

**【答案解析】** $\lim\limits_{x\to 0}g(x)=\lim\limits_{x\to 0}\dfrac{f(x)}{x}=\lim\limits_{x\to 0}\dfrac{f(x)-f(0)}{x}=f'(0)=g(0)$，可知 $g(x)$ 在 $x=0$ 处连续. 可知 A 不正确.

当 $x\neq 0$ 时，

$$g'(x)=\left[\frac{f(x)}{x}\right]'=\frac{f'(x)\cdot x-f(x)}{x^2},$$

设 $G(x)=xf'(x)-f(x)$，从而

$$G'(x)=xf''(x)+f'(x)-f'(x)=xf''(x).$$

由于在 $(-\infty,+\infty)$ 内，$f''(x)>0$，可知当 $x<0$ 时，$G'(x)<0$，$G(x)$ 在 $x<0$ 时单调减少. 当 $x>0$ 时，$G'(x)>0$，$G(x)$ 在 $x>0$ 时单调增加. 又 $G'(0)=0$，因此可知 $G(0)$ 为 $G(x)$ 的唯一极小值，$G(0)=0$.

又由于在 $(-\infty,0)$ 内 $G(x)=xf'(x)-f(x)>0$，从而知 $g'(x)>0$.

在 $(0,+\infty)$ 内 $G(x)=xf'(x)-f(x)>0$，从而知 $g'(x)>0$.

因此 $g(x)$ 在 $(-\infty,+\infty)$ 内单调增加.

故选 D.

## 【考向 2】导数计算

**34.【参考答案】** A

**【答案解析】** 由于 $f(x)$ 为可导函数，因此

$$y'=[f(\ln x)\cdot e^{f(x)}]'=f'(\ln x)\cdot\frac{1}{x}\cdot e^{f(x)}+f(\ln x)\cdot e^{f(x)}\cdot f'(x).$$

故选 A.

**35.【参考答案】** E

**【答案解析】** 由 $y=x^3+ax^2$，可得 $y'=3x^2+2ax$，又 $x=1$ 为 $y$ 的驻点，因此 $y'\Big|_{x=1}=3+2a=0$，解得 $a=-\dfrac{3}{2}$.

故选 E.

**36.【参考答案】** A

**【答案解析】** 该函数由两个复合函数的乘积构成，适用复合函数求导法则.

$$\begin{aligned}y'&=(\cos x^2)'\cdot\sin^2\frac{1}{x}+\cos x^2\cdot\left(\sin^2\frac{1}{x}\right)'\\&=-\sin x^2\cdot 2x\cdot\sin^2\frac{1}{x}+\cos x^2\cdot 2\sin\frac{1}{x}\cdot\cos\frac{1}{x}\cdot\left(-\frac{1}{x^2}\right)\\&=-2x\sin x^2\cdot\sin^2\frac{1}{x}-\frac{\cos x^2\cdot\sin\dfrac{2}{x}}{x^2}.\end{aligned}$$

因此 $y'\Big|_{x=1}=-2\sin^3 1-\cos 1\cdot\sin 2$. 故选 A.

**37.【参考答案】**E

**【答案解析】**所给函数为连乘除形式，欲求导宜先利用对数性质，将函数变形，再利用对数求导法则进行计算.

$$y=\frac{\sqrt{x+2}(3-x)^4}{(x+1)^3},$$

$$\ln|y|=\frac{1}{2}\ln(x+2)+4\ln|3-x|-3\ln|x+1|,$$

$$\frac{1}{y}y'=\frac{1}{2(x+2)}(x+2)'+\frac{4}{3-x}\cdot(3-x)'-\frac{3}{x+1}\cdot(x+1)',$$

$$y'\Big|_{x=2}=y\left[\frac{1}{2(x+2)}-\frac{4}{3-x}-\frac{3}{x+1}\right]\Bigg|_{x=2}$$

$$=\frac{\sqrt{x+2}(3-x)^4}{(x+1)^3}\left[\frac{1}{2(x+2)}-\frac{4}{3-x}-\frac{3}{x+1}\right]\Bigg|_{x=2}=-\frac{13}{36}.$$

故选 E.

**38.【参考答案】**E

**【答案解析】**当 $x\neq 0$ 时， $f'(x)=\varphi(x)+x\varphi'(x)$，

当 $x=0$ 时，

$$f'(0)=\lim_{x\to 0}\frac{x\varphi(x)}{x}=\lim_{x\to 0}\varphi(x)=1,$$

因此

$$f'(x)=\begin{cases}\varphi(x)+x\varphi'(x), & x\neq 0,\\ 1, & x=0.\end{cases}$$

于是

$$f''(0)=\lim_{x\to 0}\frac{f'(x)-f'(0)}{x}=\lim_{x\to 0}\frac{\varphi(x)+x\varphi'(x)-1}{x}$$

$$=\lim_{x\to 0}\frac{\varphi(x)-1}{x}+\lim_{x\to 0}\varphi'(x)=2.$$

故选 E.

**39.【参考答案】**A

**【答案解析】**$f(x)=\ln\tan\frac{x}{2}+e^{-x}\cos 2x$，则

$$f'(x)=\frac{1}{\tan\frac{x}{2}}\cdot\sec^2\frac{x}{2}\cdot\frac{1}{2}-e^{-x}\cos 2x+e^{-x}(-2\sin 2x)$$

$$=\csc x-e^{-x}\cos 2x-2e^{-x}\sin 2x.$$

所以

$$f''(x)=-\cot x\cdot\csc x+e^{-x}\cos 2x+e^{-x}\cdot 2\sin 2x-2(-e^{-x}\sin 2x+e^{-x}\cdot 2\cos 2x)$$

$$=-\cot x\cdot\csc x+e^{-x}(4\sin 2x-3\cos 2x),$$

故 $f''\left(\frac{\pi}{2}\right)=3e^{-\frac{\pi}{2}}$. 故选 A.

**40.【参考答案】**A

**【答案解析】**函数 $f(x)$ 的定义域为 $(-\infty,-1]\cup[1,+\infty)$，由

$$f'(x)=\frac{1}{1+x^2-1}\cdot\frac{x}{\sqrt{x^2-1}}+\frac{1}{\sqrt{1-\left(\frac{1}{x}\right)^2}}\cdot\left(-\frac{1}{x^2}\right)=\frac{1}{x\sqrt{x^2-1}}-\frac{1}{|x|\sqrt{x^2-1}},$$

知当 $x\in[1,+\infty)$ 时，$f'(x)\equiv 0$，则在该区间上 $f(x)$ 的函数值恒为常数 $C$，又

$$f(1)=\arctan 0+\arcsin 1=\frac{\pi}{2}=C,$$

从而知在区间 $[1,+\infty)$ 内 $f(x)$ 恒为常数 $\frac{\pi}{2}$. 故选 A.

**41.【参考答案】**E

**【答案解析】**$f(x)$ 为可导函数，$g(x)$ 为复合函数，则

$$g'(x)=f'[f(3x)]\cdot f'(3x)\cdot(3x)',$$

当 $x=0$ 时，$f(3x)=f(0)=0$，$f'(3x)=f'(0)=2$，所以

$$g'(0)=f'[f(0)]\cdot f'(0)\cdot 3=f'(0)\cdot f'(0)\cdot 3=12,$$

$$d[g(x)]\Big|_{x=0}=g'(0)dx=12dx.$$

故选 E.

**42.【参考答案】**E

**【答案解析】**由于 $f(x)$ 可导，则

$$g'(x)=f'[f(x^2+1)]\cdot f'(x^2+1)\cdot(x^2+1)'$$
$$=f'[f(x^2+1)]\cdot f'(x^2+1)\cdot 2x,$$

$$g'(x)\Big|_{x=1}=f'[f(2)]\cdot f'(2)\cdot 2=18,$$

故选 E.

**43.【参考答案】**E

**【答案解析】**由复合函数的链式求导法则，可知

$$[f(e^x)]'=f'(e^x)\cdot e^x=e^{-x}\cdot e^x=1,$$

故选 E.

**44.【参考答案】**E

**【答案解析】**

$$f(x)=\ln(4x+\sin^2 2x),$$

$$f'(x)=\frac{1}{4x+\sin^2 2x}(4+2\sin 2x\cdot\cos 2x\cdot 2)=\frac{4+2\sin 4x}{4x+\sin^2 2x},$$

$$f'\left(\frac{\pi}{8}\right)=\frac{4+2}{\frac{\pi}{2}+\frac{1}{2}}=\frac{12}{\pi+1}.$$

故选 E.

**45.【参考答案】** A

**【答案解析】** $y=\ln\sqrt[3]{\dfrac{1-x}{1+x^2}}=\dfrac{1}{3}[\ln(1-x)-\ln(1+x^2)]$,

$$y'=\frac{1}{3}\left(\frac{-1}{1-x}-\frac{2x}{1+x^2}\right),y'\bigg|_{x=0}=-\frac{1}{3},$$

因此

$$\mathrm{d}y\bigg|_{x=0}=y'\bigg|_{x=0}\mathrm{d}x=-\frac{1}{3}\mathrm{d}x.$$

故选 A.

**【评注】** 本题利用对数性质,将 $y=\ln\sqrt[3]{\dfrac{1-x}{1+x^2}}$ 先变形再求导数,简化了运算,这是常用的技巧.

**46.【参考答案】** B

**【答案解析】** 由于 $f(x)$ 可导,则

$$g'(x)=f'(\tan 2x)\cdot(\tan 2x)'=f'(\tan 2x)\cdot\frac{2}{\cos^2 2x},$$

因此

$$\mathrm{d}[g(x)]\bigg|_{x=0}=f'(0)\cdot\frac{2}{\cos^2 0}\mathrm{d}x=4\mathrm{d}x.$$

故选 B.

**47.【参考答案】** E

**【答案解析】** 由于 $f(x)$ 可导,则

$$g'(x)=f'(3x^2\mathrm{e}^{2x})\cdot(3x^2\mathrm{e}^{2x})'=f'(3x^2\mathrm{e}^{2x})\cdot[6x(1+x)\mathrm{e}^{2x}],$$

$$g'(0)=f'(0)\cdot 0=0,$$

因此 $\mathrm{d}[g(x)]\bigg|_{x=0}=g'(0)\mathrm{d}x=0.$

故选 E.

**48.【参考答案】** C

**【答案解析】** 由于 $f(x)$ 可导,则

$$g'(x)=f'\left(\frac{x}{1+\mathrm{e}^x}\right)\cdot\left(\frac{x}{1+\mathrm{e}^x}\right)'=f'\left(\frac{x}{1+\mathrm{e}^x}\right)\cdot\frac{1+\mathrm{e}^x-x\mathrm{e}^x}{(1+\mathrm{e}^x)^2},$$

$$g'(0)=f'(0)\cdot\frac{1+1-0}{(1+1)^2}=\frac{3}{2},$$

因此 $\mathrm{d}[g(x)]\bigg|_{x=0}=g'(0)\mathrm{d}x=\dfrac{3}{2}\mathrm{d}x.$

故选 C.

**49.【参考答案】** C

**【答案解析】** 有对数运算的函数求导函数时,先利用对数运算法则化简再求导,往往能使

运算过程简化.

$$y = \ln\frac{1+\sqrt{x}}{1-\sqrt{x}} = \ln(1+\sqrt{x}) - \ln(1-\sqrt{x}),$$

$$y' = \frac{1}{1+\sqrt{x}}(1+\sqrt{x})' - \frac{1}{1-\sqrt{x}}(1-\sqrt{x})'$$

$$= \frac{1}{1+\sqrt{x}} \cdot \frac{1}{2\sqrt{x}} + \frac{1}{1-\sqrt{x}} \cdot \frac{1}{2\sqrt{x}} = \frac{1}{\sqrt{x}(1-x)}.$$

故选 C.

**50.【参考答案】**E

**【答案解析】**由于 $f(x)$ 为可导函数,可知

$$\mathrm{d}y = \mathrm{d}[f(\tan x)] = f'(\tan x)\mathrm{d}(\tan x) = f'(\tan x) \cdot \frac{1}{\cos^2 x}\mathrm{d}x,$$

$$\mathrm{d}y\Big|_{x=0} = f'(0)\mathrm{d}x = 4\mathrm{d}x,$$

故选 E.

**51.【参考答案】**D

**【答案解析】**设 $u = \frac{x-1}{x+1}$,则 $y = f\left(\frac{x-1}{x+1}\right) = f(u)$,

$$u' = \left(\frac{x-1}{x+1}\right)' = \frac{(x+1)-(x-1)}{(x+1)^2} = \frac{2}{(x+1)^2},$$

$$\frac{\mathrm{d}y}{\mathrm{d}x} = f'(u) \cdot u' = \arctan u^2 \cdot \frac{2}{(x+1)^2}.$$

当 $x = 0$ 时,$u = -1$,因此

$$\frac{\mathrm{d}y}{\mathrm{d}x}\Big|_{x=0} = \arctan(-1)^2 \cdot \frac{2}{(0+1)^2} = \frac{\pi}{2}.$$

故选 D.

**52.【参考答案】**B

**【答案解析】**当 $x = 0$ 时,由方程 $\ln(x^2+y) = x^2y + \sin x$ 可得 $y = 1$.

将方程两端关于 $x$ 求导,可得

$$\frac{1}{x^2+y} \cdot (2x+y') = 2xy + x^2y' + \cos x, \tag{$*$}$$

将 $x = 0, y = 1$ 代入( * )式,可得 $y'\Big|_{x=0} = 1$,因此

$$\mathrm{d}y\Big|_{x=0} = y'\Big|_{x=0}\mathrm{d}x = \mathrm{d}x.$$

故选 B.

**【评注】**由于问题是求 $y'\Big|_{x=0}$,不必求出 $y'$ 的表达式,将 $x = 0, y = 1$ 代入( * )式求 $y'\Big|_{x=0}$ 能简化运算.

**53.【参考答案】**B

【答案解析】这是一个由隐函数所确定的函数. 将 $x=0$ 代入原方程可得 $y=0$，将方程 $y+e^x-xy^2=1$ 两边对 $x$ 求导，得

$$y'+e^x-y^2-2xyy'=0,$$

化简得 $y'=\dfrac{y^2-e^x}{1-2xy}$，因此 $y'\Big|_{x=0}=-1$，故选 B.

**54.【参考答案】C**

【答案解析】将 $x=0$ 代入方程，得 $y=2$，方程两端分别对 $x$ 求导，得

$$y'-e^y-xe^y\cdot y'=0,$$

$$y'=\frac{e^y}{1-xe^y}, \qquad (*)$$

因为当 $x=0$ 时，$y=2$，所以 $y'\Big|_{x=0}=e^2$.

将(*)式两端对 $x$ 求导，得

$$y''=\frac{e^y\cdot y'(1-xe^y)+(e^y+xe^y\cdot y')e^y}{(1-xe^y)^2},$$

代入 $x=0,y=2,y'\Big|_{x=0}=e^2$，可得 $y''\Big|_{x=0}=2e^4$. 故选 C.

**55.【参考答案】C**

【答案解析】由于当 $t\to\infty$ 时，$\dfrac{2}{t}\to 0, f\left(\dfrac{2}{t}\right)\to f(0)$，将 $x=0$ 代入所给方程，可得 $f(0)=e$.

$$\lim_{t\to\infty}t\left[f\left(\frac{2}{t}\right)-e\right]=\lim_{t\to\infty}\frac{f\left(\frac{2}{t}\right)-f(0)}{\frac{2}{t}}\cdot 2=2f'(0),$$

只需求 $f'(0)$. 将方程两端对 $x$ 求导，有

$$\cos(xy)\cdot(y+xy')+\frac{1}{y}\cdot y'-1=0.$$

将 $x=0$ 及 $y\Big|_{x=0}=e$ 代入上式，可得 $y'\Big|_{x=0}=f'(0)=e(1-e)$，所以

$$\lim_{t\to\infty}t\left[f\left(\frac{2}{t}\right)-e\right]=2e(1-e).$$

故选 C.

**56.【参考答案】E**

【答案解析】**方法 1** 利用恒等变形得

$$y=(1+\sin x)^x=e^{x\ln(1+\sin x)},$$

于是

$$y'=e^{x\ln(1+\sin x)}\cdot\left[\ln(1+\sin x)+x\cdot\frac{\cos x}{1+\sin x}\right],$$

从而

$$\mathrm{d}y\Big|_{x=2\pi} = y'(2\pi)\mathrm{d}x = 2\pi\mathrm{d}x.$$

故选 E.

**方法 2**　两边取对数，得 $\ln y = x\ln(1+\sin x)$，对 $x$ 求导，得

$$\frac{1}{y}\cdot y' = \ln(1+\sin x) + \frac{x\cos x}{1+\sin x},$$

于是

$$y' = (1+\sin x)^x \cdot \left[\ln(1+\sin x) + \frac{x\cos x}{1+\sin x}\right].$$

故 $\mathrm{d}y\Big|_{x=2\pi} = y'(2\pi)\mathrm{d}x = 2\pi\mathrm{d}x$. 故选 E.

**【评注】**求幂指函数的导数时，可以恒等变形之后，再利用复合函数求导法则进行计算；也可以取对数化为隐函数，再用隐函数求导的方法进行计算.

**57.【参考答案】**C

**【答案解析】**将 $x=1$ 代入方程，得 $y=1$. 两边取对数，得

$$(x-1)\ln 2y = (y-1)\ln\frac{x}{2},$$

两边同时对 $x$ 求导，得

$$\ln 2y + \frac{y'}{y}(x-1) = y'\ln\frac{x}{2} + \frac{1}{x}(y-1),$$

将 $x=1, y=1$ 代入上式，可得 $y'\Big|_{x=1} = -1$，因此 $\mathrm{d}y\Big|_{x=1} = -\mathrm{d}x$.

故选 C.

**58.【参考答案】**D

**【答案解析】**本题考查的知识点是反函数导数运算.

由于 $\dfrac{\mathrm{d}x}{\mathrm{d}y} = \dfrac{1}{y'}$，因此

$$\frac{\mathrm{d}^2x}{\mathrm{d}y^2} = \frac{\mathrm{d}}{\mathrm{d}y}\left(\frac{\mathrm{d}x}{\mathrm{d}y}\right) = \frac{\mathrm{d}}{\mathrm{d}x}\left(\frac{\mathrm{d}x}{\mathrm{d}y}\right)\frac{\mathrm{d}x}{\mathrm{d}y} = \frac{-(y')'}{(y')^2}\cdot\frac{1}{y'} = -\frac{y''}{(y')^3}.$$

故选 D.

**59.【参考答案】**A

**【答案解析】**求高阶导数关键在于将函数 $y, y'$ 及 $y''$ 恒等变形，简化运算以寻找规律. 由于

$$y = \frac{1-x}{1+x} = -1 + \frac{2}{1+x} = 2(1+x)^{-1} - 1,$$

$$y' = 2\cdot(-1)(1+x)^{-2},$$

$$y'' = 2\cdot(-1)\cdot(-2)(1+x)^{-3},$$

$$\cdots\cdots$$

可得

$$y^{(10)} = (-1)^{10}2\cdot 10!(1+x)^{-11} = 2\cdot 10!(1+x)^{-11}.$$

故 $y^{(10)}\Big|_{x=0} = 2\cdot 10!$.

故选 A.

**60.【参考答案】**E

**【答案解析】** $y'=\frac{1}{1-2x}\cdot(1-2x)'=\frac{-2}{1-2x}\overset{(*)}{=\!=}-2(1-2x)^{-1}$,

$$y''=-2\cdot(-1)(1-2x)^{-2}\cdot(-2)=-2^2(1-2x)^{-2},$$

$$y'''=-2^2\cdot(-2)(1-2x)^{-3}\cdot(-2)=-2^3\cdot 2(1-2x)^{-3},$$

$$y^{(4)}=-2^3\cdot 2\cdot(-3)(1-2x)^{-4}\cdot(-2)=-2^4\cdot 3!(1-2x)^{-4},$$

……

由此可知 $y^{(n)}=-2^n\cdot(n-1)!(1-2x)^{-n}$, $y^{(n)}(0)=-2^n(n-1)!$.

故选 E.

**【评注】**(*)处运算将$\frac{-2}{1-2x}$化为负指数幂形式,再求导能简化运算. 求解高阶导数时,一定要注意适当将函数 $y$ 及 $y'$, $y''$ 恒等变形,以利于寻求规律.

**61.【参考答案】**D

**【答案解析】**由于 $x=0$, $f(0)=2$ 均不涉及分段点处的导数运算,可用复合函数求导法则计算. 于是,

$$\left.\frac{\mathrm{d}y}{\mathrm{d}x}\right|_{x=0}=f'[f(x)]f'(x)\Big|_{x=0}=f'[f(0)]f'(0)=f'(2)f'(0),$$

其中 $$f'(2)=(\ln\sqrt{x})'\Big|_{x=2}=\frac{1}{4},\ f'(0)=(2-x)'\Big|_{x=0}=-1,$$

因此得$\left.\frac{\mathrm{d}y}{\mathrm{d}x}\right|_{x=0}=-\frac{1}{4}$. 故选 D.

## 【考向 3】微分的定义与性质

**62.【参考答案】**B

**【答案解析】**由题设知

$$\lim_{\Delta x\to 0}\frac{f(x+\Delta x)-f(x+2\Delta x)}{\Delta x}$$

$$=\lim_{\Delta x\to 0}\frac{f(x+\Delta x)-f(x)+f(x)-f(x+2\Delta x)}{\Delta x}$$

$$=\lim_{\Delta x\to 0}\left\{\frac{f(x+\Delta x)-f(x)}{\Delta x}-\frac{2[f(x+2\Delta x)-f(x)]}{2\Delta x}\right\}$$

$$=\lim_{\Delta x\to 0}\frac{x\sin x\cdot\Delta x+o(\Delta x)}{\Delta x}$$

$$=x\sin x,$$

故 $$f'(x)-2f'(x)=x\sin x,$$

$$f'(x)=-x\sin x,$$

$$\mathrm{d}[f(x)]=f'(x)\mathrm{d}x=-x\sin x\mathrm{d}x,$$

故选 B.

63. **【参考答案】** A

**【答案解析】** 由微分的定义可知，当 $\Delta x \to 0$ 时，$\dfrac{\Delta y - \mathrm{d}y}{\Delta x} \to 0$，$\Delta y - \mathrm{d}y$ 是 $\Delta x$ 的高阶无穷小，故选 A.

64. **【参考答案】** A

**【答案解析】** 由于 $f(x)$ 可导，因此 $y = f(x^3)$ 可导. 由微分的定义知，当 $\Delta x \to 0$ 时，$\Delta y - \mathrm{d}y$ 为 $\Delta x$ 的高阶无穷小量，且 $\mathrm{d}y$ 为 $\Delta y$ 的线性主部，因此有

$$\Delta y = \mathrm{d}y + o(\Delta x) = y'\Delta x + o(\Delta x),$$

当 $y = f(x^3)$ 时，有 $y' = 3x^2 f'(x^3)$，由题设有

$$[f'(x^3) \cdot 3x^2]\Big|_{x=-1} \cdot \Delta x\Big|_{\Delta x=-0.1} = 0.3,$$

$$3f'(-1) \cdot (-0.1) = 0.3,$$

$$f'(-1) = -1,$$

故选 A.

65. **【参考答案】** A

**【答案解析】** 由 $f(x+\Delta x) - f(x) = 3x^2\Delta x + o(\Delta x)$，可得

$$\frac{f(x+\Delta x) - f(x)}{\Delta x} = 3x^2 + \frac{o(\Delta x)}{\Delta x},$$

因此

$$\lim_{\Delta x \to 0} \frac{f(x+\Delta x) - f(x)}{\Delta x} = \lim_{\Delta x \to 0}\left[3x^2 + \frac{o(\Delta x)}{\Delta x}\right] = 3x^2.$$

可知 $f'(x) = 3x^2$，$f(x) = x^3 + C$，则 $f(3) - f(1) = 26$. 故选 A.

66. **【参考答案】** C

**【答案解析】**

$$\begin{aligned} y' &= 3^{\tan x} \cdot \ln 3 \cdot (\tan x)' \cdot \sin x + 3^{\tan x} \cdot \cos x \\ &= 3^{\tan x} \cdot \ln 3 \cdot \frac{1}{\cos^2 x} \cdot \sin x + 3^{\tan x} \cdot \cos x, \end{aligned}$$

$$\mathrm{d}y\Big|_{x=0} = y'\Big|_{x=0}\mathrm{d}x = 3^{\tan 0}\left(\ln 3 \cdot \frac{\sin 0}{\cos^2 0} + \cos 0\right)\mathrm{d}x = \mathrm{d}x.$$

故选 C.

## 【考向 4】中值定理

67. **【参考答案】** B

**【答案解析】** 本题考查导函数值大小关系的比较. 题设条件为二阶导函数大于零，可考虑利用二阶导函数的符号判定一阶导函数的增减性来求解.

由于 $f(x)$ 在 $[0,1]$ 上有 $f''(x) > 0$，可知 $f'(x)$ 为 $[0,1]$ 上的单调增加函数，因此

$$f'(1) > f'(0).$$

又 $f''(x)$ 在 $[0,1]$ 上存在，可知 $f'(x)$ 在 $[0,1]$ 上连续，则 $f(x)$ 在 $[0,1]$ 上满足拉格朗日中值定理，可知必定存在点 $\xi \in (0,1)$，使得

$$f(1)-f(0)=f'(\xi),$$

由于 $f'(x)$ 在$[0,1]$上为单调增加函数,必有

$$f'(1)>f'(\xi)>f'(0),$$

即 $$f'(1)>f(1)-f(0)>f'(0).$$

故选 B.

## 【考向 5】切线与法线

**68.【参考答案】** D

**【答案解析】** 令 $t=\dfrac{1}{x}$,则当 $x\to\infty$ 时,$t\to 0$,故

$$\lim_{x\to\infty}xf(e^{\frac{1}{x}}-1)=\lim_{x\to\infty}\frac{f(e^{\frac{1}{x}}-1)}{\frac{1}{x}}$$

$$=\lim_{t\to 0}\frac{f(e^t-1)}{t}=2. \qquad (*)$$

由于 $f(x)$ 在 $x=0$ 处可导,因此 $f(x)$ 在 $x=0$ 处必定连续.

由于$(*)$式极限存在,且分母极限为 0,从而知分子极限必定为 0,即

$$\lim_{t\to 0}f(e^t-1)=f(0)=0.$$

故 $$f'(0)=\lim_{t\to 0}\frac{f(e^t-1)-f(0)}{e^t-1}=\lim_{t\to 0}\frac{f(e^t-1)}{t}\cdot\frac{t}{e^t-1}=2.$$

由导数的几何意义可知,曲线 $y=f(x)$ 在点$(0,f(0))$处切线的斜率为 $f'(0)=2$.

故选 D.

**69.【参考答案】** A

**【答案解析】** 由题设知

$$\lim_{x\to 0}\frac{f(1+x)-2f(1-2x)}{2x}=1.$$

所给极限为分式,分母的极限为 0,因此分子的极限也为 0,故

$$\lim_{x\to 0}[f(1+x)-2f(1-2x)]=f(1)-2f(1)=-f(1)=0,$$

从而 $f(1)=0$. 又由于

$$\lim_{x\to 0}\frac{f(1+x)-2f(1-2x)}{2x}=\lim_{x\to 0}\left\{\frac{f(1+x)-f(1)}{2x}+\frac{2[f(1-2x)-f(1)]}{-2x}\right\}$$

$$=\frac{1}{2}f'(1)+2f'(1)=\frac{5}{2}f'(1)=1,$$

可知 $f'(1)=\dfrac{2}{5}$. 因此曲线 $y=f(x)$ 在点$(1,f(1))$处的切线方程为

$$y=\frac{2}{5}(x-1).$$

故选 A.

**70.【参考答案】** B

【答案解析】本题为由隐函数形式确定的函数曲线的切线问题，这类问题与由显函数形式确定的函数曲线的切线问题相似，只需求出导数值，代入切线方程即可.

将所给方程两端关于 $x$ 求导，可得

$$\cos(xy)\cdot(xy)'+\frac{1}{y-x}\cdot(y-x)'=1,$$

$$(y+xy')\cos(xy)+\frac{y'}{y-x}-\frac{1}{y-x}=1.$$

点(0,1) 在曲线上，故将 $x=0,y=1$ 代入上式，有

$$1+\frac{y'\big|_{x=0}}{1-0}-1=1,$$

$$y'\big|_{x=0}=1,$$

切线方程为

$$y=x+1.$$

故选 B.

【评注】对于显函数，如果 $y=f(x)$ 在点 $x=x_0$ 处可导，则曲线 $y=f(x)$ 在点 $x=x_0$ 处必定存在切线，切线斜率为 $f'(x_0)$，切线方程为

$$y-f(x_0)=f'(x_0)(x-x_0).$$

当 $f'(x_0)\neq 0$ 时，法线方程为

$$y-f(x_0)=\frac{-1}{f'(x_0)}(x-x_0).$$

特别地，当 $f'(x_0)=0$ 时，相应的切线方程为

$$y=f(x_0).$$

对于隐函数，如果函数 $y=y(x)$ 由 $F(x,y)=0$ 确定，且$(x_0,y_0)$ 在曲线 $y=y(x)$ 上，求过该点的切线方程时，只需先依隐函数求导法则求出$\frac{\mathrm{d}y}{\mathrm{d}x}\Big|_{x=x_0}$，再代入切线方程即可.

**71.**【参考答案】D

【答案解析】该题没有给出切点坐标，可设切点坐标为$(x_0,y_0)=(x_0,\ln x_0)$，由于题设切线与直线 $x+y=1$ 垂直，可知该切线斜率为 1，即

$$\frac{1}{x_0}=1,x_0=1,\ln x_0=0,$$

可知切点为(1,0)，故切线方程为

$$y=x-1.$$

故选 D.

**72.**【参考答案】D

【答案解析】所给问题为求切线方程，但没给出切点位置，因此应先确定切点坐标.

由 $y=x^2+2x+5$，可知 $y'=2x+2$.

又由切线与直线 $y=2x+3$ 平行，可知切线斜率为 2，令 $2x+2=2$，得 $x=0$.

代入曲线方程可知 $y=5$，即切点坐标为(0,5)，于是切线方程为 $y-5=2x$，即 $y=2x+$

5. 故选 D.

**73.【参考答案】** E

**【答案解析】** 将方程 $y + x^2 e^{xy} = 2$ 两端关于 $x$ 求导，得

$$y' + 2xe^{xy} + x^2 e^{xy}(y + xy') = 0,$$

点 $(0,2)$ 在给定的曲线上，故将 $x = 0, y = 2$ 代入上式，有 $y'\Big|_{x=0} = 0$. 因此曲线 $y(x)$ 在点 $(0,2)$ 处的切线方程为

$$y - 2 = 0,$$

故选 E.

**74.【参考答案】** B

**【答案解析】** 首先应求出 $\xi_n$，进而得到 $f(\xi_n)$，最后求出极限值. 因为 $\xi_n$ 是曲线 $f(x) = x^n$ 在点 $(1,1)$ 处的切线与 $x$ 轴交点的横坐标，即 $x$ 轴上的截距，所以还需从切线方程入手. 注意点 $(1,1)$ 在曲线 $f(x) = x^n$ 上.

由于 $f'(x) = nx^{n-1}$，因此过点 $(1,1)$ 的切线斜率 $k = f'(1) = n$，切线方程为

$$y - 1 = n(x - 1),$$

令 $y = 0$，代入切线方程，求得的 $x$ 值就是 $\xi_n$，所以

$$\xi_n = 1 - \frac{1}{n}, f(\xi_n) = \left(1 - \frac{1}{n}\right)^n,$$

可知

$$\lim_{n\to\infty} f(\xi_n) = \lim_{n\to\infty}\left(1 - \frac{1}{n}\right)^n = e^{-1} = \frac{1}{e}.$$

故选 B.

**【评注】** $\xi_n$ 的几何意义：随着 $n$ 的增大，曲线 $f(x) = x^n$ 在点 $(1,1)$ 处的切线与 $x$ 轴的交点越来越靠近点 $(1,0)$. 当 $n \to \infty$ 时，切线的极限位置将是一条过点 $(1,1)$ 且垂直于 $x$ 轴的直线，此时切线的斜率 $k$ 不存在.

**75.【参考答案】** C

**【答案解析】** 由题设知

$$y_0 = ax_0^2 + bx_0 + c, \qquad ①$$

由于 $y = ax^2 + bx + c, y' = 2ax + b$，可知过点 $(x_0, y_0)$ 的切线斜率 $k = 2ax_0 + b$. 切线方程为 $y - y_0 = (2ax_0 + b)(x - x_0)$，切线过原点，将 $x = 0, y = 0$ 代入切线方程可得

$$y_0 = 2ax_0^2 + bx_0, \qquad ②$$

解由方程 ①，② 组成的方程组，可得

$$ax_0^2 = c,$$

于是 $\frac{c}{a} = x_0^2 > 0$，$b$ 为任意值. 故选 C.

**76.【参考答案】** B

**【答案解析】** 点 $(0,1)$ 在所给曲线 $y = f(x)$ 上.

$$y' = 3x^2 + 6x - 2, y'\Big|_{x=0} = -2.$$

因此曲线 $y = f(x)$ 在点 $(0,1)$ 处的切线方程为

$$y - 1 = -2(x - 0), \text{即 } 2x + y - 1 = 0,$$

法线方程为

$$y - 1 = \frac{1}{2}(x - 0),$$

即

$$x - 2y + 2 = 0.$$

故选 B.

**77.【参考答案】** A

**【答案解析】** 由于两条曲线相交于点 $(-1,0)$，因此有 $\begin{cases} -1 - a = 0, \\ -b + c = 0, \end{cases}$ 可得 $a = -1, b = c$.

由 $y = x^3 + ax$ 得 $y' = 3x^2 + a = 3x^2 - 1, y'\Big|_{x=-1} = 2$.

由 $y = bx^3 + c$ 得 $y' = 3bx^2, y'\Big|_{x=-1} = 3b$.

由于两曲线在点 $(-1,0)$ 处有公切线，因此 $3b = 2$，即 $b = \frac{2}{3}, c = \frac{2}{3}$. 此时公切线方程为

$$y - 0 = 2[x - (-1)],$$

即

$$y = 2(x + 1).$$

故选 A.

**78.【参考答案】** E

**【答案解析】** 由于 $f(x)$ 在 $(-\infty, +\infty)$ 内可导，且 $f(x) = f(x+4)$，又由于周期函数的导函数也是周期函数，且其周期与相应周期函数的周期相同，故也为 4，即 $f'(1) = f'(5)$.

又由 $\lim\limits_{x \to 0} \frac{f(1) - f(1 - x)}{2x} = -1$，可得 $f'(1) = -2$. 因此曲线 $y = f(x)$ 在点 $(5, f(5))$ 处的切线斜率为 $f'(5) = -2$. 故选 E.

**79.【参考答案】** C

**【答案解析】** 将方程 $y + xe^{xy} = 1$ 两端关于 $x$ 求导，得

$$y' + e^{xy} + xe^{xy} \cdot (y + xy') = 0,$$

$$y' = -\frac{e^{xy}(1 + xy)}{1 + x^2 e^{xy}}.$$

又点 $(0,1)$ 在曲线上，且

$$y'\Big|_{x=0} = -1,$$

即在点 $(0,1)$ 处的切线斜率 $k = -1$，法线斜率为 $-\frac{1}{k} = 1$，法线方程为 $y - 1 = x$，即

$$x - y = -1.$$

故选 C.

**80.【参考答案】** C

**【答案解析】** 点(0,1)在所给曲线 $y=f(x)$ 上，在方程 $e^{2x+y}-\cos(xy)=e-1$ 两边对 $x$ 求导，其中 $y$ 视为 $x$ 的函数，得

$$e^{2x+y}(2x+y)'+\sin(xy)(xy)'=0,$$

即

$$e^{2x+y}\cdot(2+y')+\sin(xy)\cdot(y+xy')=0.$$

将 $x=0,y=1$ 代入上式，得 $e\cdot(2+y')=0$，即 $y'(0)=-2$. 故所求法线方程的斜率 $k=\frac{1}{2}$，根据点斜式得法线方程为 $y-1=\frac{1}{2}x$，即 $x-2y+2=0$.

故选 C.

**81.【参考答案】** A

**【答案解析】** 将 $x^{2y}=y^{3x}$ 两端取对数，可得

$$2y\ln x=3x\ln y,$$

两端关于 $x$ 求导数，可得

$$2y'\ln x+\frac{2y}{x}=3\ln y+\frac{3x}{y}\cdot y'.$$

将 $x=1,y=1$ 代入上式，可得

$$2=3y'\Big|_{x=1}, y'\Big|_{x=1}=\frac{2}{3}.$$

曲线在点(1,1)处的切线斜率为$\frac{2}{3}$.

故选 A.

## 【考向 6】单调性与极值

**82.【参考答案】** C

**【答案解析】** 因为 $f(x)$ 为奇函数，所以其函数图像关于原点对称，借助几何直观，得到 $y$ 轴两侧函数图像有相同的单调性，相反的凹凸性. 故当 $x<0$ 时，有 $f'(x)>0, f''(x)<0$，故选 C.

**83.【参考答案】** B

**【答案解析】** 依题设，如图所示，曲线 $y=f(x)$ 的图形为凹且向上延伸，又 $y=f(x)$ 与 $y=g(x)$ 互为反函数，则 $y=g(x)$ 的图形与 $y=f(x)$ 的图形关于直线 $y=x$ 对称. 借助几何直观，知曲线 $y=g(x)$ 的图形为凸且向上延伸，因此，有 $g'(x)>0$，$g''(x)<0$，故选 B.

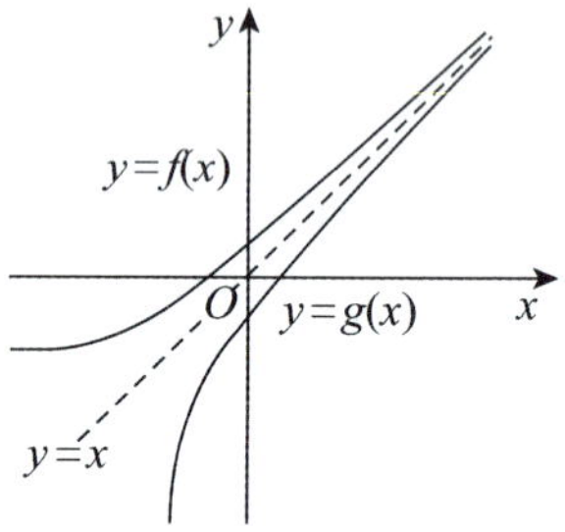


**84.【参考答案】** C

**【答案解析】** $f(x)$，$g(x)$ 都为抽象函数，可以先将选项 A，B 变形：

A 可以变形为$\dfrac{f(x)}{g(x)}>\dfrac{f(b)}{g(b)}$;B 可以变形为$\dfrac{f(x)}{g(x)}>\dfrac{f(a)}{g(a)}$.

由此可得 A,B 是比较$\dfrac{f(x)}{g(x)}$与其两个端点值的大小.

而 C,D 是比较 $f(x)g(x)$ 与其两个端点值的大小.

由于题设条件不能转化为$\left[\dfrac{f(x)}{g(x)}\right]'$,因此 A,B 不一定成立. 而由 $f(x)>0$,$g(x)>0$,且 $f'(x)g(x)+g'(x)f(x)<0$,有$[f(x)g(x)]'<0$,从而知 $f(x)g(x)$ 在$[a,b]$上单调减少,因此当 $a<x<b$ 时,有

$$f(x)g(x)>f(b)g(b).$$

故选 C.

**85.【参考答案】**D

**【答案解析】**设 $F(x)=f^2(x)$,则 $F'(x)=2f(x)f'(x)>0$,故 $F(x)$单调增加,即有 $F(1)>F(-1)$,即$|f(1)|>|f(-1)|$,故选 D.

**86.【参考答案】**B

**【答案解析】**曲线 $y=f(t)$在区间$(0,T)$内为凹的,有三种形态,如图所示.

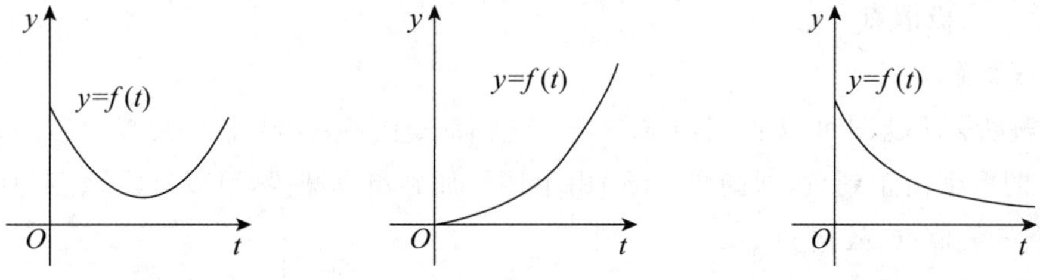


(a)　　(b)　　(c)

或由单调下降转变单调上升;或持续单调上升;或持续单调下降,不可能出现由单调上升转变单调下降的情况,故选 B.

**87.【参考答案】**C

**【答案解析】**由于极值点只能是导数为零的点或不可导的点,因此只需考虑这两类特殊点.

由图可知,导数为零的点有三个,自左至右依次记为 $x_1$,$x_2$,$x_3$. 在这些点的两侧,$f'(x)$异号.

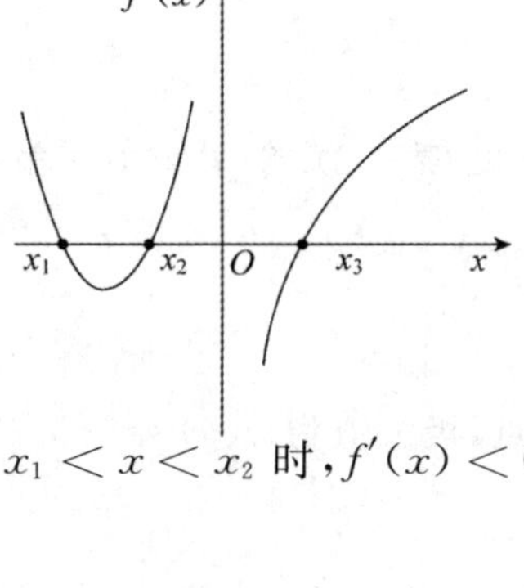


当 $x<x_1$ 时,$f'(x)>0$;当 $x_1<x<x_2$ 时,$f'(x)<0$. 可知 $x_1$ 为 $f(x)$ 的极大值点.

当 $x_1 < x < x_2$ 时，$f'(x) < 0$；当 $x_2 < x < 0$ 时，$f'(x) > 0$. 可知 $x_2$ 为 $f(x)$ 的极小值点.
当 $0 < x < x_3$ 时，$f'(x) < 0$；当 $x > x_3$ 时，$f'(x) > 0$. 可知 $x_3$ 为 $f(x)$ 的极小值点.
由导函数图形知，在点 $x = 0$ 处 $f(x)$ 不可导，但在 $x = 0$ 左侧 $f'(x) > 0$，在 $x = 0$ 右侧 $f'(x) < 0$. 可知点 $x = 0$ 为 $f(x)$ 的极大值点.
综上可知，函数 $f(x)$ 有两个极小值点和两个极大值点. 故选 C.

**88.【参考答案】** B

**【答案解析】** $f'(x) = \sin x + x\cos x - \sin x = x\cos x$，显然 $f'(0) = 0$，$f'\left(\frac{\pi}{2}\right) = 0$.

又 $f''(x) = \cos x - x\sin x$，且 $f''(0) = 1 > 0$，$f''\left(\frac{\pi}{2}\right) = -\frac{\pi}{2} < 0$.

所以 $f(0)$ 是极小值，$f\left(\frac{\pi}{2}\right)$ 是极大值. 故选 B.

**【评注】** 驻点与极值点的关系：极值点不一定为驻点(因为函数在极值点处可能不可导)；驻点也不一定为极值点. 但如果函数在极值点处是可导的，那么极值点一定为驻点. 由该结论可知，函数的极值点只可能出现在驻点或不可导点上. 因此，计算函数极值的一般思路可以概括为先找出函数所有的驻点与不可导点，再通过(第一或第二)充分条件判断每个点是否为极值点.

**89.【参考答案】** D

**【答案解析】** 从题图可以看到，$f'(x)$ 与 $x$ 轴有三个交点，其中在交点 $x = x_1$ 的两侧，$f'(x)$ 的取值由正到负，即函数 $f(x)$ 由单调增加到单调减少，可以确定该点为函数 $f(x)$ 的一个极大值点，故选 D.

**90.【参考答案】** C

**【答案解析】** 由于函数 $y$ 在点 $x = 2$ 处取得极小值 3，因此有

$$3 = 2^2 + 2a + b,$$

即

$$2a + b = -1.$$

又

$$y' = 2x + a, y'\Big|_{x=2} = 4 + a = 0,$$

可得 $a = -4$，进而知 $b = 7$.
故选 C.

**91.【参考答案】** C

**【答案解析】** $y' = 3x^2 - 6x = 3x(x-2)$. 令 $y' = 0$ 可解得 $x_1 = 0$，$x_2 = 2$.

$$y'' = 6x - 6 = 6(x-1),$$

$$y''\Big|_{x=0} = -6, y''\Big|_{x=2} = 6,$$

可知点 $x = 0$ 为 $y$ 的极大值点，极大值为 $y(0) = -5$. 故选 C.

**92.【参考答案】** A

【答案解析】由于 $y=3x^5-5x^3$，$y'=15x^4-15x^2$，令 $y'=0$，可得 $x_1=0$，$x_2=-1$，$x_3=1$.

$$y''=60x^3-30x.$$

$$y''\Big|_{x=0}=0,y''\Big|_{x=-1}=-30,y''\Big|_{x=1}=30.$$

由判定极值的第二充分条件知 $x_2=-1$ 为 $y$ 的极大值点，$x_3=1$ 为 $y$ 的极小值点.

由于 $y'''=180x^2-30$，$y'''\Big|_{x=0}=-30$，可知 $x_1=0$ 不是 $y$ 的极值点，事实上 $(0,0)$ 为曲线 $y=3x^5-5x^3$ 的拐点.

故选 A.

**93.【参考答案】** C

【答案解析】对照函数取极值的定义、定理逐个检验.

对比极值存在的必要条件，易知 A 不正确. 因为 $f'(x_0)$ 不存在时，$x_0$ 也可能是极值点. 例如 $f(x)=|x|$ 在 $x=0$ 处有极小值，但 $f'(0)$ 不存在.

B 不正确. 因为 $f'(x_0)=0$ 且 $f''(x_0)$ 不存在时，$x_0$ 也可能为极值点. 例如函数 $f(x)=x^{\frac{4}{3}}$，容易看出 $x=0$ 是 $f(x)$ 的极小值点，且 $f'(0)=0$. 但 $f''(x)=\dfrac{4}{9}x^{-\frac{2}{3}}$ 在 $x=0$ 处不存在.

C 是正确的. 因为若 $f''(x_0)$ 存在，则 $f'(x_0)$ 必存在，且 $f'(x)$ 在 $x_0$ 处连续. 于是由可导函数取极值的必要条件，必有 $f'(x_0)=0$.

D 容易判断错误. 因为从图形上观察单调与极值的关系，会误认为 D 是正确的. 殊不知我们所画的图形是一些比较简单的函数图形，特别是 $f'(x)$ 在 $x_0$ 连续且 $f'(x_0)=0$ 的情形. 对于一些特殊的、复杂的函数，如

$$f(x)=\begin{cases}x^2\left(2+\sin\dfrac{1}{x}\right), & x\neq 0,\\ 0, & x=0,\end{cases}$$

易得

$$f'(x)=\begin{cases}2x\left(2+\sin\dfrac{1}{x}\right)-\cos\dfrac{1}{x}, & x\neq 0,\\ 0, & x=0,\end{cases}$$

在点 $x=0$ 处有极小值 $f(0)=0$. 但当 $x\to 0$ 时，$2x\left(2+\sin\dfrac{1}{x}\right)\to 0$，$\cos\dfrac{1}{x}$ 却总在 $-1$ 和 1 之间振荡，即 $f'(x)$ 在 $x=0$ 处的极限不存在(且不为无穷大). 所以无法说明左侧单调减少，右侧单调增加. 故选 C.

**94.【参考答案】** C

【答案解析】将所给方程两端关于 $x$ 求导，可得

$$e^y\cdot y'=4x(x^2+1)-y',$$

$$y'=\frac{1}{e^y+1}\cdot 4x(x^2+1).$$

令 $y'=0$,可得 $y$ 的唯一驻点 $x=0$. 当 $x<0$ 时,$y'<0$;当 $x>0$ 时,$y'>0$. 由极值的第一充分条件可知点 $x=0$ 为 $y$ 的极小值点. 故选 C.

**95.【参考答案】** E

**【答案解析】** 先研究 $f(x)$ 在点 $x=0$ 处的可导性.

由于 $f(0)=0$,且 $\lim\limits_{x\to 0}\dfrac{f(x)}{1-\cos x}=2$,可得

$$\lim_{x\to 0}\frac{f(x)}{1-\cos x}=\lim_{x\to 0}\frac{f(x)}{\frac{x^2}{2}}=\lim_{x\to 0}\frac{2f(x)}{x^2}=2,$$

从而知

$$1=\lim_{x\to 0}\frac{f(x)}{x^2}=\lim_{x\to 0}\frac{\frac{f(x)}{x}}{x}=\lim_{x\to 0}\frac{\frac{f(x)-f(0)}{x}}{x},$$

由于上式右端分式的分母极限为零,则其分子极限也必定为零(或当 $x\to 0$ 时,$\dfrac{f(x)-f(0)}{x}\sim x$),即

$$\lim_{x\to 0}\frac{f(x)-f(0)}{x}=0,$$

可知 $f'(0)=0$,因此 A,B 都不正确.

此时知 $x=0$ 为 $f(x)$ 的驻点. 又由 $\lim\limits_{x\to 0}\dfrac{f(x)}{x^2}=1$,由极限基本定理可知

$$\frac{f(x)}{x^2}=1+\alpha(\text{当 } x\to 0 \text{ 时},\alpha \text{ 为无穷小量}),$$

因此可知 $f(x)=x^2+o(x^2)$,在点 $x=0$ 的某去心邻域内,都有

$$f(x)>0=f(0),$$

可知 $f(0)$ 为 $f(x)$ 的极小值. 故选 E.

**96.【参考答案】** C

**【答案解析】** 由于 $y=f(x)$ 满足 $y''+y'-e^{\sin x}=0$,当 $x=x_0$ 时,有

$$f''(x_0)+f'(x_0)=e^{\sin x_0}.$$

又由 $f'(x_0)=0$,有 $f''(x_0)=e^{\sin x_0}>0$,因而点 $x=x_0$ 是 $f(x)$ 的极小值点,故选 C.

**【评注】** 对于抽象函数或当题目中只给出了函数在某一点处的信息时,一般通过极值的第二充分条件来判断函数在该点是否取极值.

**97.【参考答案】** A

**【答案解析】** 由于 $f'(x_0)=0$,则 $x_0$ 为 $f(x)$ 的驻点,又由 $f(x_0)>0$,且当 $x=x_0$ 时,有

$$y''\Big|_{x=x_0}-2y'\Big|_{x=x_0}+4y\Big|_{x=x_0}=0,$$

从而

$$y''\Big|_{x=x_0}=-4y\Big|_{x=x_0}<0,$$

由判定极值的第二充分条件知,点 $x_0$ 为 $f(x)$ 的极大值点,故选 A.

**98.【参考答案】** B

**【答案解析】** $y=\dfrac{1}{xe^x}$ 在点 $x=0$ 处没有定义. $y'=\dfrac{-(x+1)}{x^2e^x}$, $x=-1$ 为函数 $y$ 的唯一驻点.

在 $x=-1$ 左侧, $y'>0$, 在 $x=-1$ 右侧, $y'<0$, 可知 $x=-1$ 为函数 $y=\dfrac{1}{xe^x}$ 的极大值点, 注意

$$\lim_{x\to0^-}\frac{1}{xe^x}=-\infty,\ \lim_{x\to0^+}\frac{1}{xe^x}=+\infty,$$

可知 $x=-1$ 不是函数 $y=\dfrac{1}{xe^x}$ 的最大值点.

$$y''=\left(-\frac{x+1}{x^2e^x}\right)'=\frac{x^2+2x+2}{x^3e^x}=\frac{(x+1)^2+1}{x^3e^x},$$

当 $x<0$ 时, $y''<0$, 曲线 $y$ 为凸的, 当 $x>0$ 时, $y''>0$, 曲线 $y$ 为凹的. 函数在 $x=0$ 处不连续, 所以点 $x=0$ 不是曲线的拐点, 则曲线 $y=\dfrac{1}{xe^x}$ 没有拐点. 故选 B.

事实上, 曲线 $y=\dfrac{1}{xe^x}$ 的图形如图所示.

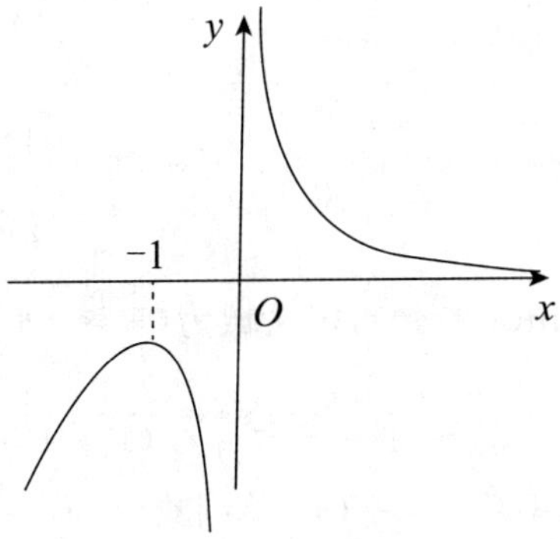


参照图形可知应选 B.

**99.【参考答案】** C

**【答案解析】** $y=(x^2-3)e^x$ 的定义域为 $(-\infty,+\infty)$,

$$y'=(x^2-3+2x)e^x=(x-1)(x+3)e^x,$$

令 $y'=0$, 可知 $x_1=1$, $x_2=-3$ 为 $y$ 的两个驻点.

当 $x<-3$ 时, $y'>0$; 当 $-3<x<1$ 时, $y'<0$; 当 $x>1$ 时, $y'>0$.

可知 $x=-3$ 为 $y$ 的极大值点, 极大值为 $6e^{-3}$, $x=1$ 为 $y$ 的极小值点, 极小值为 $-2e$.

由 $\lim\limits_{x\to+\infty}(x^2-3)e^x=+\infty$, 可知 $x=-3$ 不是 $y$ 的最大值点. 由 $\lim\limits_{x\to-\infty}(x^2-3)e^x=0$, 可知 $x=1$ 为 $y$ 的最小值点. 故选 C. 其图形分析略, 简图如图所示.

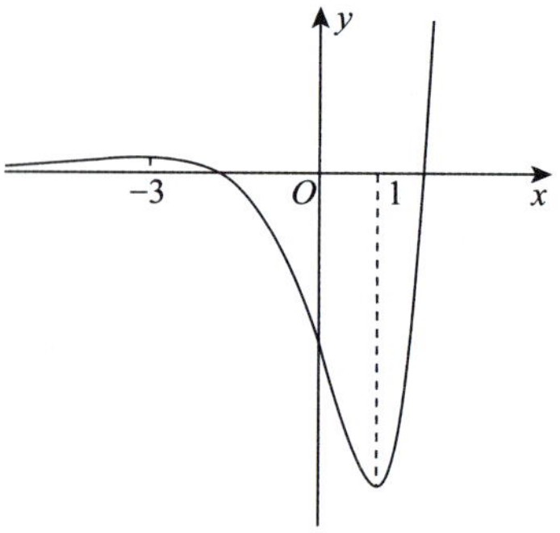


**100.【参考答案】** C

**【答案解析】** 所给问题为最值的反问题，只需依求最值的方法进行求解即可.

$$f(x)=ax^3-6ax^2+b,$$

$$f'(x)=3ax^2-12ax.$$

令 $f'(x)=0$ 得 $f(x)$ 的驻点 $x_1=0,x_2=4$. 由于 $x_2=4$ 不在区间 $[-1,2]$ 内，应舍去.
比较

$$f(0)=b,f(-1)=-7a+b,f(2)=-16a+b,$$

因为 $a>0$，可知最大值为 $f(0)=b$，最小值为 $f(2)=-16a+b$.

由已知最大值为 3，可知 $b=3$；最小值为 $-29$，可知 $-16a+b=-29$，可得 $a=2$.

故选 C.

## 【考向 7】凹凸性与拐点

**101.【参考答案】** A

**【答案解析】** $y=f(x)=\ln(1+x^2)$，定义域为 $(-\infty,+\infty)$，故函数在 $(-1,0)$ 内连续.

$$y'=\frac{2x}{1+x^2},y''=\frac{2(1-x^2)}{(1+x^2)^2}.$$

在区间 $(-1,0)$ 内，$y'<0$，函数 $y=f(x)$ 单调减少；$y''>0$，曲线 $y=f(x)$ 为凹. 故选 A.

**102.【参考答案】** B

**【答案解析】** 由点 $(-1,3)$ 为曲线的拐点，可知点 $(-1,3)$ 在曲线上，因此有

$$3=-a+b-1,$$

即

$$-a+b=4. \qquad (*)$$

$$y'=3ax^2+2bx+1,y''=6ax+2b,$$

因此

$$y''\Big|_{x=-1}=-6a+2b=0,$$

可解得 $b=3a$，代入 (*) 式可得 $a=2,b=6$.

故选 B.

**103.【参考答案】** E

**【答案解析】** 若 $f''(x)>0$，则曲线 $y=f(x)$ 必定为凹的，可知 D 不正确，由凹曲线定义

知，其上任意两点连线必定在该曲线弧之上，可知 E 正确.

如 $y=x^2(x\in(-\infty,+\infty))$，可知在$(-\infty,+\infty)$内有 $y''=(x^2)''=2>0$，但在$(-\infty,+\infty)$内，$y=x^2$ 既非单调增加，也非单调减少. 可知 A，B 皆不正确.

又如 $y=x^2(x\in(0,+\infty))$，在$(0,+\infty)$内有 $y''=(x^2)''=2>0$，但在$(0,+\infty)$内没有极值点，可知 C 不正确. 故选 E.

**104.【参考答案】**E

**【答案解析】**$f(x)=x\ln x$，定义域为$(0,+\infty)$，

$$f'(x)=1+\ln x, f''(x)=\frac{1}{x}.$$

当 $0<x<+\infty$ 时，$f''(x)>0$，可知曲线 $y=f(x)=x\ln x$ 在$(0,+\infty)$内为凹的，由凹曲线的定义知，必有

$$f\left(\frac{x_1+x_2}{2}\right)\leqslant\frac{f(x_1)+f(x_2)}{2},$$

因此结论 ② 正确，结论 ① 不正确.

令 $f'(x)=0$，即 $1+\ln x=0$，得 $x=\frac{1}{e}$ 为 $f(x)$ 的驻点.

当 $0<x<\frac{1}{e}$ 时，$f'(x)<0$，函数 $y=f(x)$ 为单调减少函数.

当 $x>\frac{1}{e}$ 时，$f'(x)>0$，函数 $y=f(x)$ 为单调增加函数，因此结论 ③，④ 都正确，故选 E.

**105.【参考答案】**A

**【答案解析】**$f(x)=e^{\arctan x}$ 定义域为$(-\infty,+\infty)$，$f'(x)=e^{\arctan x}\cdot\frac{1}{1+x^2}$，可知在$(-\infty,+\infty)$内，$f'(x)>0$，即 $f(x)=e^{\arctan x}$ 为$(-\infty,+\infty)$内的单调增加函数. 所以结论 ③ 正确，结论 ④ 不正确.

$$f''(x)=e^{\arctan x}\cdot\frac{1}{(1+x^2)^2}+e^{\arctan x}\cdot\frac{-2x}{(1+x^2)^2}=e^{\arctan x}\cdot\frac{1-2x}{(1+x^2)^2}.$$

当 $x>\frac{1}{2}$ 时，$f''(x)<0$，曲线 $y=f(x)$ 为凸的.

可知
$$f\left(\frac{x_1+x_2}{2}\right)\geqslant\frac{f(x_1)+f(x_2)}{2}.$$

所以结论 ① 正确，结论 ② 不正确.

故选 A.

**106.【参考答案】**C

**【答案解析】**四个结论分为两类：横坐标上两点连线中点处函数值与两端点函数值的平均值的比较；函数曲线上切线与函数在相同横坐标值的比较.

这两类问题都可由曲线的凹凸性来确定.

$f(x)=x^4(12\ln x-7)$ 的定义域为$(0,+\infty)$.

$f'(x)=16x^3(3\ln x-1)$，$f''(x)=144x^2\ln x$.

当 $x>1$ 时，$f''(x)>0$，曲线 $y=f(x)$ 为凹的.

由凹曲线的定义可知，对任意 $x_2>x_1>1$，总有

$$f\left(\frac{x_1+x_2}{2}\right)\leqslant\frac{f(x_1)+f(x_2)}{2}.$$

所以结论 ② 正确，结论 ① 不正确.

同样由凹曲线的性质可知，所给曲线 $y=f(x)$ 上任意一点处的切线总位于曲线下方.

因而对任意 $x_2>x_1>1$，总有

$$f(x_2)\geqslant f(x_1)+f'(x_1)(x_2-x_1),$$

即
$$f(x_2)-f(x_1)\geqslant f'(x_1)(x_2-x_1).$$

所以结论 ③ 正确，结论 ④ 不正确.

故选 C.

**107.【参考答案】** E

**【答案解析】** 由 $y=x^4-2x^3+3$，定义域为$(-\infty,+\infty)$，可得

$$y'=4x^3-6x^2,$$

$$y''=12x^2-12x=12x(x-1),$$

令 $y''=0$，得 $x_1=0$，$x_2=1$.

当 $x<0$ 时，$y''>0$；

当 $0<x<1$ 时，$y''<0$；

当 $x>1$ 时，$y''>0$.

故当 $x=0$ 时，$y=3$，且在 $x=0$ 两侧 $y''$ 异号，因此点$(0,3)$ 为曲线的拐点；

当 $x=1$ 时，$y=2$，且在 $x=1$ 两侧 $y''$ 异号，因此点$(1,2)$ 也是曲线的拐点. 故选 E.

**【评注】** 注意极值点为横坐标轴上的点 $x=x_0$，而拐点为曲线上的点$(x_0,y_0)$.

**108.【参考答案】** D

**【答案解析】** 由

$$\begin{aligned}f'(x)&=2(x-1)(x-3)^3+3(x-1)^2(x-3)^2\\&=(x-1)(x-3)^2(5x-9),\end{aligned}$$

易得 $f''(x)$ 中必含一次因子 $x-3$. 另由 $f'(1)=f'\left(\frac{9}{5}\right)=f'(3)=0$，知必存在点 $x_1\in\left(1,\frac{9}{5}\right)$，$x_2\in\left(\frac{9}{5},3\right)$，使得 $f''(x_1)=f''(x_2)=0$，故可令

$$f''(x)=A(x-x_1)(x-x_2)(x-3),$$

由于 $f''(x)$ 在点 $x_1$，$x_2$，3 两侧都异号，因此该曲线共有 3 个拐点. 故选 D.

**109.【参考答案】** B

**【答案解析】** 由隐函数求出 $y=y(x)$ 在点$(1,1)$处的二阶导数. 方程两边关于 $x$ 求导，有

$$y'\ln y+2y'-1=0,$$

将 $x=1,y=1$ 代入，有 $y'(1)=\frac{1}{2}$，对上式关于 $x$ 求导，有

$$y''\ln y+\frac{1}{y}(y')^2+2y''=0,$$

由 $y(1)=1,y'(1)=\frac{1}{2}$，得 $y''(1)=-\frac{1}{8}<0$，可知曲线 $y=y(x)$ 在点 $(1,1)$ 附近的图形是凸的. 故选 B.

**110.【参考答案】** D

**【答案解析】** 由题意可知，曲线过点 $(0,3)$，则 $3c=3\Rightarrow c=1$. 又 $y'=3x^2+6ax+3b$，由 $x=-1$ 为极大值点，则有 $y'\Big|_{x=-1}=0$，得 $3-6a+3b=0$. 又 $y''=6x+6a$，由点 $(0,3)$ 是拐点，则有 $y''\Big|_{x=0}=0$，得 $a=0$，故 $b=-1$.

综上所述，$a=0,b=-1,c=1$，故 $a+b+2c=1$.

故选 D.

**【评注】** 本题为综合题，解题时，读者应注意由于拐点在曲线上，也可得到方程 $y(0)=3$，不只有 $y''(0)=0$ 这个方程.

**111.【参考答案】** B

**【答案解析】** 由于 $\lim\limits_{x\to a}\frac{f'(x)}{x-a}=-1$，其中求极限的函数为分式，分母的极限为零，因此必定有分子的极限为零，即 $\lim\limits_{x\to a}f'(x)=0$.

由题设知 $f'(x)$ 在点 $x=a$ 处连续，因此有

$$f'(a)=\lim_{x\to a}f'(x)=0,$$

即 $x=a$ 为 $f(x)$ 的驻点. 又

$$f''(a)=\lim_{x\to a}\frac{f'(x)-f'(a)}{x-a}=\lim_{x\to a}\frac{f'(x)}{x-a}=-1<0,$$

由判别极值的第二充分条件知 $x=a$ 为 $f(x)$ 的极大值点. 故选 B.

**112.【参考答案】** C

**【答案解析】** 由于 $f(x)=|x(2-x)|\geqslant 0,f(0)=0$，可知 $x=0$ 为 $f(x)$ 的极小值点，排除 B,D,E. 由

$$f(x)=\begin{cases}-2x+x^2, & x\leqslant 0\text{ 或 }x\geqslant 2,\\ 2x-x^2, & 0<x<2,\end{cases}$$

可得当 $x<0$ 或 $x>2$ 时，$f'(x)=-2+2x,f''(x)=2$；

当 $0<x<2$ 时，$f'(x)=2-2x,f''(x)=-2$.

由于在 $x=0$ 两侧 $f''(x)$ 异号，因此 $(0,f(0))=(0,0)$ 为曲线 $y=f(x)$ 的拐点. 故选 C.

**【评注】** 通过作出本题函数图形得知，极值点与图形的拐点可以重合在一起.

**113.【参考答案】** D

**【答案解析】** 由题可知，$\lim\limits_{x\to 0^-}(-x^2+2x)=0,\lim\limits_{x\to 0^+}x^2=0$，则 $\lim\limits_{x\to 0^-}(-x^2+2x)=\lim\limits_{x\to 0^+}x^2=$

$0=y\Big|_{x=0}$，因此 $y$ 在点 $x=0$ 处连续.

$$\lim_{x\to0^-}\frac{y(x)-y(0)}{x}=\lim_{x\to0^-}\frac{(-x^2+2x)-0}{x}=2=y'_-(0),$$

$$\lim_{x\to0^+}\frac{y(x)-y(0)}{x}=\lim_{x\to0^+}\frac{x^2-0}{x}=0=y'_+(0),$$

可知 $y$ 在点 $x=0$ 处不可导，点 $x=0$ 不是 $y$ 的驻点.

当 $x<0$ 时，$y'=(-x^2+2x)'=-2x+2$.

当 $-\frac{1}{2}<x<0$ 时，$y'>0$.

当 $0<x<\frac{1}{2}$ 时，$y'=(x^2)'=2x>0$，可知 $x=0$ 不是 $y$ 的极小值点.

当 $x<0$ 时，$y''=(-x^2+2x)''=-2<0$.

当 $x>0$ 时，$y''=(x^2)''=2>0$.

当 $x=0$ 时，$y=0$，可知点$(0,0)$为曲线 $y$ 的拐点.

故选 D.

**114.【参考答案】**E

**【答案解析】**需注意，如果 $f''(x_0)=0$，则判定极值的第二充分条件失效.

记 $F(x)=f'(x)$，由题设条件有 $F'(x_0)=0$，$F''(x_0)>0$. 由判别极值的第二充分条件知 $F(x_0)$ 为 $F(x)$ 的极小值，即 $f'(x_0)$ 为 $f'(x)$ 的极小值，因此 A，B 不正确，排除 A，B.

取 $f(x)=x^3$，则 $f'(x)=3x^2$，$f''(x)=6x$，$f'''(x)=6$，因此 $f'(0)=f''(0)=0$，$f'''(0)=6>0$，而 $x=0$ 既不为 $f(x)=x^3$ 的极小值点，也不为 $f(x)=x^3$ 的极大值点，可知 C，D 都不正确，排除 C，D.

由于 $f'''(x_0)>0$，知 $f''(x)$ 在点 $x_0$ 处连续，又 $f''(x_0)=0$，由导数定义可以验证 $f''(x)$ 在 $x_0$ 两侧异号，从而知点$(x_0,f(x_0))$为曲线 $y=f(x)$ 的拐点. 故选 E.

**【评注】**利用泰勒公式可以证明下述命题.

设 $y=f(x)$ 在 $x=x_0$ 处 $n(n\geqslant 2)$ 阶可导，若

$$f'(x_0)=f''(x_0)=\cdots=f^{(n-1)}(x_0)=0,$$

而 $f^{(n)}(x_0)\neq 0$，则以下结论成立.

(1) 当 $n$ 为偶数时，$x_0$ 为 $f(x)$ 的极值点.

① 当 $f^{(n)}(x_0)>0$ 时，$x_0$ 为 $f(x)$ 的极小值点；

② 当 $f^{(n)}(x_0)<0$ 时，$x_0$ 为 $f(x)$ 的极大值点.

(2) 当 $n$ 为奇数时，$x_0$ 不为 $f(x)$ 的极值点. 但点$(x_0,f(x_0))$为曲线 $y=f(x)$ 的拐点.

以后可以将上述结论作为定理使用.

**115.【参考答案】**B

**【答案解析】**根据极限的保号性，由 $\lim\limits_{x\to0}\frac{f''(x)}{|x|}=1$，知在 $x=0$ 的某去心邻域内总有

$\frac{f''(x)}{|x|}>0$，故 $f''(x)>0$，$f'(x)$ 单调增加，又 $f'(0)=0$，故 $f'(x)$ 在 $x=0$ 两侧异号，且左负右正，因此 $f(0)$ 为极小值，故选 B.

**116.【参考答案】** D

**【答案解析】** 已知 $f(x)$ 在点 $x=0$ 的某邻域内连续，且 $\lim\limits_{x\to 0}\frac{f(x)}{x^2}=2$，由于所给极限存在，且它的表达式为分式，当 $x\to 0$ 时，分母 $\to 0$，从而知分子 $\to 0$，因此 $\lim\limits_{x\to 0}f(x)=0$，从而 $f(0)=0$. 故

$$2=\lim_{x\to 0}\frac{f(x)}{x^2}=\lim_{x\to 0}\frac{\frac{f(x)-f(0)}{x}}{x}.$$

由于极限存在，且分母极限为零，可知分子极限也为零，即

$$0=\lim_{x\to 0}\frac{f(x)-f(0)}{x}=f'(0),$$

说明点 $x=0$ 为 $f(x)$ 的驻点.

由极限基本定理知 $\frac{f(x)}{x^2}=2+\alpha$，当 $x\to 0$ 时，$\alpha$ 为无穷小量，因此

$$f(x)=2x^2+\alpha\cdot x^2.$$

当 $x\to 0$ 时，$f(x)$ 的值的符号取决于第一项，可知在点 $x=0$ 的某去心邻域内总有 $f(x)>0=f(0)$. 故点 $x=0$ 为 $f(x)$ 的极小值点，故选 D.

**117.【参考答案】** B

**【答案解析】** 依题设，$f'(x_0)=0$，将 $x=x_0$ 代入题中所给等式，有

$$x_0 f''(x_0)=1-e^{-x_0},\ f''(x_0)=\frac{1-e^{-x_0}}{x_0},$$

由于 $x_0\neq 0$，无论 $x=x_0$ 为正或负，分式 $f''(x_0)$ 中的分子、分母均同号，即有 $f''(x_0)>0$，知 $f(x_0)$ 为 $f(x)$ 的极小值，故选 B.

**118.【参考答案】** C

**【答案解析】**

$$f''(x)=x\ln x-3[f'(x)]^2,\ f''(1)=0.$$

$$f'''(x)=\ln x+1-6f'(x)f''(x),\ f'''(1)=1.$$

可知 $f(1)$ 不是极值，$(1,f(1))$ 是曲线 $y=f(x)$ 的拐点，故选 C.

**【评注】** 拐点的计算及判断与极值点类似. 假设函数具有三阶导数，则先通过必要条件 $f''(x)=0$ 确定可能为拐点的点，再通过充分条件判断这些点是否为拐点.

判断一个点是否为拐点，一般来说，如果能判断出 $f''(x)$ 在每个子区间上的符号，则使用第一充分条件；如果函数存在三阶导数，并且三阶导数的计算比较方便，则使用第二充分条件.

## 【考向 8】导数的综合应用

**119.【参考答案】** B

【答案解析】函数 $f'(x)$ 的零点即方程 $f'(x)=0$ 的根，也即 $f(x)$ 的驻点. 可以直接求出 $f'(x)$，令 $f'(x)=0$ 来求解，但运算较复杂. 注意到由

$$f(x)=(x-1)(x-2)(x-3)(x-5)$$

可知 $f(1)=f(2)=f(3)=f(5)=0$. 在 $[1,2]$，$[2,3]$，$[3,5]$ 上 $f(x)$ 满足罗尔定理的条件，因此必定存在 $\xi_1\in(1,2)$，$\xi_2\in(2,3)$，$\xi_3\in(3,5)$，使得

$$f'(\xi_1)=f'(\xi_2)=f'(\xi_3)=0,$$

由于 $f(x)$ 为四次多项式，$f'(x)$ 为三次多项式，因此三次方程 $f'(x)=0$ 至多有三个实根. 故选 B.

**120.【参考答案】** A

【答案解析】设 $f(x)=x^4-4x+k$，则 $f(x)$ 在 $(-\infty,+\infty)$ 内连续.

令 $f'(x)=4x^3-4=0$，得唯一驻点 $x=1$.

当 $x<1$ 时，$f'(x)<0$，$f(x)$ 单调减少；当 $x>1$ 时，$f'(x)>0$，$f(x)$ 单调增加，故 $f(1)=k-3$ 为极小值，也为最小值.

则当 $k=3$ 时，$f(1)=0$，方程有唯一实根 $x=1$.

当 $k>3$ 时，$f(x)\geqslant f(1)>0$，方程无实根.

当 $k<3$ 时，$f(1)<0$，而

$$\lim_{x\to-\infty}f(x)=\lim_{x\to-\infty}(x^4-4x+k)=+\infty,$$

$$\lim_{x\to+\infty}f(x)=\lim_{x\to+\infty}(x^4-4x+k)=+\infty.$$

根据零点定理可得，方程有两个不等实根. 故选 A.

**121.【参考答案】** C

【答案解析】所给方程为三次方程，最多存在三个实根.

设 $y=x^3-3x+a$，则问题转化为讨论 $a$ 为何值时函数 $y$ 仅有两个不同的零点. 所给函数 $y$ 的定义域为 $(-\infty,+\infty)$，且

$$\lim_{x\to-\infty}(x^3-3x+a)=-\infty,$$

$$\lim_{x\to+\infty}(x^3-3x+a)=+\infty,$$

$y$ 在 $(-\infty,+\infty)$ 内连续，由连续函数性质可知 $y$ 必定存在零点.

$$y'=3x^2-3=3(x-1)(x+1),$$

令 $y'=0$，可得 $x_1=-1$，$x_2=1$ 为 $y$ 的两个驻点.

| $x$ | $(-\infty,-1)$ | $-1$ | $(-1,1)$ | $1$ | $(1,+\infty)$ |
|---|---|---|---|---|---|
| $y'$ | $+$ | $0$ | $-$ | $0$ | $+$ |
| $y$ | ↗ | 极大值 | ↘ | 极小值 | ↗ |

由表可知，$y(-1)=2+a$ 为 $y$ 的极大值，$y(1)=-2+a$ 为 $y$ 的极小值.

当 $y$ 的极大值与极小值其中之一为零时，$y$ 仅有两个不同的零点，即当 $a=-2$ 或 $a=2$ 时，$y$ 仅有两个不同的零点. 因此当 $a=-2$ 或 $a=2$ 时，方程 $x^3-3x+a=0$ 仅有两个不等实根. 故选 C.

**122.【参考答案】** E

**【答案解析】** 设 $y = x^3 - 27x + c$，则 $y$ 的定义域为 $(-\infty, +\infty)$，$y$ 在定义区间内为连续函数，且

$$\lim_{x \to -\infty} (x^3 - 27x + c) = -\infty,$$
$$\lim_{x \to +\infty} (x^3 - 27x + c) = +\infty,$$
$$y' = 3x^2 - 27 = 3(x+3)(x-3).$$

令 $y' = 0$，得点 $x_1 = -3$，$x_2 = 3$ 为函数 $y$ 的两个驻点.

$$y'' = 6x, y''\Big|_{x=-3} = -18 < 0, y''\Big|_{x=3} = 18 > 0,$$

可知点 $x = -3$ 为 $y$ 的极大值点；点 $x = 3$ 为 $y$ 的极小值点. 极大值为 $y\Big|_{x=-3} = c + 54$；极小值为 $y\Big|_{x=3} = c - 54$.

当极大值 $c + 54 > 0$，且极小值 $c - 54 < 0$ 时，$y$ 的图形与 $x$ 轴有三个不同的交点，即函数 $y$ 有三个不同零点，此时应有 $-54 < c < 54$，即当 $-54 < c < 54$ 时，原方程有三个不等实根. 故选 E.

**123.【参考答案】** D

**【答案解析】** 以 $L(p)$ 表示销售利润，则

$$\begin{aligned} L(p) &= (12\,000 - 80p)(p-2) - (25\,000 + 50Q) \\ &= -80p^2 + 16\,160p - 649\,000, \end{aligned}$$
$$L'(p) = -160p + 16\,160,$$

令 $L'(p) = 0$，得唯一驻点 $p = 101$.

由 $L''(p)\Big|_{p=101} = -160 < 0$，可知当 $p = 101$(元) 时，$L(p)$ 为极大值，也是最大值. 故选 D.

**【评注】** 利用单调性和极值的相关知识可以讨论函数的最值，这类问题与实际联系比较紧密，经常以应用题的形式出现. 在这里，经济类综合能力考试考查最多的是经济学应用，对于这类问题，考生需要根据题目的背景及简单的经济学常识抽象出函数关系式，将实际问题转化为数学问题，再借助导数等数学工具求解问题.

**124.【参考答案】** (1)E　(2)D

**【答案解析】** (1) 由 $C = 25\,000 + 200x + \frac{1}{40}x^2$ 得平均成本

$$\overline{C} = \frac{25\,000}{x} + 200 + \frac{1}{40}x,$$

对 $x$ 求导，并令 $\frac{\mathrm{d}\overline{C}}{\mathrm{d}x} = 0$，即

$$\frac{\mathrm{d}\overline{C}}{\mathrm{d}x} = -\frac{25\,000}{x^2} + \frac{1}{40} = 0,$$

解得 $x = 1\,000$ 或 $x = -1\,000$(舍去). 又因为

$$\left.\frac{\mathrm{d}^2\overline{C}}{\mathrm{d}x^2}\right|_{x=1\,000}=\left.\frac{50\,000}{x^3}\right|_{x=1\,000}>0,$$

所以当 $x=1\,000$(件)时,$\overline{C}$ 取极小值,亦即最小值.故生产 1 000 件产品可使平均成本最小.故选 E.

(2) 利润函数

$$L=500x-\left(25\,000+200x+\frac{1}{40}x^2\right),$$

两边对 $x$ 求导,并令 $\frac{\mathrm{d}L}{\mathrm{d}x}=0$,即 $\frac{\mathrm{d}L}{\mathrm{d}x}=300-\frac{x}{20}=0$,解得 $x=6\,000$,又 $\frac{\mathrm{d}^2L}{\mathrm{d}x^2}=-\frac{1}{20}<0$,所以当 $x=6\,000$(件)时,$L$ 取极大值,也是最大值.因此,要使利润最大,应生产 6 000 件产品.故选 D.

**125.【参考答案】**(1)A (2)D

**【答案解析】**(1) 设 $T$ 为总税额,则 $T=tx$.商品销售总收入为

$$R=px=(7-0.2x)x=7x-0.2x^2.$$

利润函数为

$$L=R-C-T=7x-0.2x^2-3x-1-tx=-0.2x^2+(4-t)x-1.$$

令 $L'=0$,即 $-0.4x+4-t=0$,得 $x=\frac{4-t}{0.4}=\frac{5}{2}(4-t)$.

由于 $L''=-0.4<0$,因此,$x=\frac{5}{2}(4-t)$(吨)即为利润最大时的销售量.故选 A.

(2) 将 $x=\frac{5}{2}(4-t)$ 代入 $T=tx$,得 $T=t\cdot\frac{5}{2}(4-t)=10t-\frac{5}{2}t^2$.

由 $T'=10-5t=0$ 得唯一驻点 $t=2$.由于 $T''=-5<0$,可见当 $t=2$ 时,$T$ 有极大值,也是最大值,此时政府税收总额最大.故选 D.

**【评注】**要求获得最大利润时的销售量,需写出利润与销售量之间的关系 $L(x)$,利润等于商品销售总收入减去成本和政府税收.正确写出 $L(x)$ 后,满足 $L'(x_0)=0$ 的 $x_0$ 即为利润最大时的销售量,此时 $x_0(t)$ 是 $t$ 的函数,当商家获得最大利润时,政府税收总额 $T=tx_0(t)$,再由导数知识即可求出既保证商家获利最多,又保证政府税收总额达到最大的税值 $t$.

# 第三章　一元函数积分学

## 答案速查表

| | | | | | |
|---|---|---|---|---|---|
| 1 ～ 5 | CADBD | 6 ～ 10 | EBCCA | 11 ～ 15 | DBABE |
| 16 ～ 20 | BDEEC | 21 ～ 25 | BACAD | 26 ～ 30 | ABBDD |
| 31 ～ 35 | BDABB | 36 ～ 40 | BAEDC | 41 ～ 45 | DCABC |
| 46 ～ 50 | CCCBB | 51 ～ 55 | CBAEC | 56 ～ 60 | DBBBA |
| 61 ～ 65 | CCDEE | 66 ～ 70 | BECCE | 71 ～ 75 | BDAAD |
| 76 ～ 80 | BEBAB | 81 ～ 85 | ECCCB | 86 ～ 90 | CBEAD |
| 91 ～ 95 | ABDDC | 96 ～ 100 | CCECA | 101 ～ 105 | EABDC |
| 106 ～ 110 | DEDDA | 111 ～ 115 | CBAEB | 116 ～ 120 | EECCE |
| 121 ～ 125 | EAAAB | 126 ～ 130 | AEAEC | 131 ～ 135 | EDDEB |
| 136 ～ 140 | BCBBD | 141 ～ 145 | CDABA | 146 ～ 150 | EDDCD |
| 151 ～ 155 | DACDE | 156 ～ 160 | EDCDA | 161 ～ 165 | BBCCC |
| 166 ～ 170 | BCACC | 171 ～ 175 | BBBDD | 176 ～ 180 | BEDBC |
| 181 ～ 185 | BDACA | 186 ～ 190 | ABCDC | 191 ～ 195 | DEBBB |
| 196 ～ 200 | BCAEE | 201 ～ 205 | DBCAB | 206 ～ 210 | EDCCC |
| 211 ～ 215 | BBDCC | 216 ～ 220 | ACDAA | 221 ～ 225 | BDCEA |
| 226 ～ 228 | DBD | | | | |

## 【考向 1】原函数与不定积分

**1.【参考答案】**C

**【答案解析】**对于 A，$\int f'(x)\mathrm{d}x=f(x)+C$，可知 A 不正确.

对于 B，$\int \mathrm{d}[f(x)]=f(x)+C$，可知 B 不正确.

对于 D，$\mathrm{d}\left[\int f(x)\mathrm{d}x\right]=f(x)\mathrm{d}x$，可知 D 不正确.

对于 E，$\frac{\mathrm{d}}{\mathrm{d}x}\left[\int f'(x)\mathrm{d}x\right]=f'(x)$，可知 E 不正确.

故由排除法，可知 C 正确. 故选 C.

**2.【参考答案】**A

**【答案解析】**由不定积分的定义 $\int f'(x)\mathrm{d}x=f(x)+C$，知

$$\int f'(2x)\mathrm{d}x=\frac{1}{2}\int f'(2x)\mathrm{d}(2x)=\frac{1}{2}f(2x)+C,$$

故 A 正确，C，E 不正确.

又由于$\left[\int f(x)\mathrm{d}x\right]'=f(x)$，即先积分后求导，作用抵消，可知 B，D 都不正确.

故选 A.

**3.【参考答案】**D

**【答案解析】**$f(x)$ 为分段函数，分段点为 $x=0$.

需注意原函数 $F'(x)=f(x)$，$F(x)$ 在 $x=0$ 处必须连续！

当 $x<0$ 时，

$$\int f(x)\mathrm{d}x=\int\frac{1}{\sqrt{1+x^2}}\mathrm{d}x=\ln(\sqrt{1+x^2}+x)+C_1,$$

当 $x>0$ 时，

$$\int f(x)\mathrm{d}x=\int(x+1)\cos x\mathrm{d}x=(x+1)\sin x+\cos x+C_2.$$

由于原函数必定连续，故

$$\lim_{x\to 0^-}\ln(\sqrt{1+x^2}+x)+C_1=\lim_{x\to 0^+}[(x+1)\sin x+\cos x]+C_2,$$

解得 $C_1=1+C_2$，若取 $C_2=0$，则 $C_1=1$.

故选 D.

**【评注】**(1)

$$\int\frac{1}{\sqrt{x^2+a^2}}\mathrm{d}x=\ln(x+\sqrt{x^2+a^2})+C,$$

$$\int\frac{1}{\sqrt{x^2-a^2}}\mathrm{d}x=\ln|x+\sqrt{x^2-a^2}|+C.$$

上述两个积分应作为公式记熟，因为往年研究生入学考试中曾多次出现，都是按公式记忆要求的.

(2) 这类题目也可以通过考虑 $F'(x)$ 是否与 $f(x)$ 相等来判定，但是需注意的是，$F(x)$ 必须为连续函数(在分段点可能出现陷阱).

**4.【参考答案】**B

**【答案解析】**由函数的不定积分公式：若 $F(x)$ 是 $f(x)$ 的一个原函数，则

$$\int f(x)\mathrm{d}x=F(x)+C,\mathrm{d}[F(x)]=f(x)\mathrm{d}x,$$

有

$$\mathrm{d}\left[\int f(x)\mathrm{d}x\right]=\left[\int f(x)\mathrm{d}x\right]'\mathrm{d}x=f(x)\mathrm{d}x.$$

故选 B.

**5.【参考答案】**D

**【答案解析】**由题设 $F(x)$ 为 $x\sin x$ 的一个原函数，可知 $F'(x)=x\sin x$，因此

$$\mathrm{d}[F(x^2)]=F'(x^2)\mathrm{d}(x^2)=F'(x^2)\cdot 2x\mathrm{d}x=2x^3\sin x^2\mathrm{d}x.$$

故选 D.

**6.【参考答案】** E

**【答案解析】** 由题设 $e^{-2x}$ 为 $f(x)$ 的一个原函数，可知 $f(x)=(e^{-2x})'=-2e^{-2x}$，因此

$$f'(x)=(-2e^{-2x})'=4e^{-2x}.$$

故选 E.

**7.【参考答案】** B

**【答案解析】** 若 $f(x)$ 为$[a,b]$上的连续函数，则$\int_a^x f(t)\,dt$必定为$f(x)$的一个原函数，可知B正确.

例如，$f(x)=\sqrt[3]{x}$ 在$[-1,1]$上连续，但是 $y=\sqrt[3]{x}$ 在点 $x=0$ 处不可导，应排除 A.

例如，$f(x)=x$ 在$[0,1]$上连续，但在$(0,1)$内不存在极值，也不存在最大值和最小值，应排除 C,D,E. 故选 B.

**【评注】** 连续函数在闭区间$[a,b]$上必定存在最大值与最小值，但是不一定都在区间$(a,b)$内取到.

**8.【参考答案】** C

**【答案解析】** 对于 A，因为 $F(x)$ 为 $f(x)$ 的一个原函数，所以 $F'(x)=f(x)$.

若 $F(x)$ 为奇函数，即 $F(-x)=-F(x)$，两端关于 $x$ 求导，可得

$$-F'(-x)=-F'(x),$$

即

$$F'(-x)=F'(x).$$

从而知 $f(-x)=f(x)$，即 $f(x)$ 为偶函数，可知 A 正确. 对于 B,C,E，由于 $F(x)$ 是 $f(x)$ 的一个原函数，因此 $F(x)=\int_0^x f(t)\,dt+C_0$，则

$$F(-x)=\int_0^{-x} f(t)\,dt+C_0,$$

令 $u=-t$，则

$$F(-x)=\int_0^{x} f(-u)\cdot(-1)\,du+C_0.$$

当 $f(x)$ 为奇函数时，有

$$f(-u)=-f(u),$$

从而有

$$F(-x)=\int_0^{x} f(u)\,du+C_0=F(x),$$

即 $F(x)$ 为偶函数，可知 B 正确. 当 $f(x)$ 为偶函数时，有

$$f(-u)=f(u),$$

故当且仅当 $C_0=0$ 时，

$$F(-x)=-F(x),$$

因此可知 C 不正确，E 正确. 对于 D，若 $F(x)$ 为偶函数，即 $F(-x)=F(x)$，两端关于 $x$ 求导，可得 $-F'(-x)=F'(x)$，即 $-f(-x)=f(x)$，可知 $f(x)$ 为奇函数，因此 D 正确. 故选 C.

9.【参考答案】C

【答案解析】奇函数的原函数必为偶函数，因此，$f(x)F(x)$为奇函数，从而有

$$\int_{-a}^{a} f(x)F(x)\mathrm{d}x = 0,$$

故选 C.

10.【参考答案】A

【答案解析】由于 $$F(-x) = \int_0^{-x}(-x-2t)f(t)\mathrm{d}t,$$

令 $u=-t$，则 $\mathrm{d}u=-\mathrm{d}t$. 当 $t=0$ 时，$u=0$；当 $t=-x$ 时，$u=x$. 因此

$$F(-x) = \int_0^{x} -(-x+2u)f(-u)\mathrm{d}u = \int_0^{x}(x-2u)f(-u)\mathrm{d}u,$$

又 $f(x)$ 为偶函数，所以 $F(-x)=F(x)$. 故选 A.

11.【参考答案】D

【答案解析】设 $u=2t+a$，则 $\mathrm{d}u=2\mathrm{d}t$. 当 $t=a$ 时，$u=3a$；当 $t=x$ 时，$u=2x+a$. 因此

$$\int_a^x f(2t+a)\mathrm{d}t = \int_{3a}^{2x+a}\frac{1}{2}f(u)\mathrm{d}u = \frac{1}{2}F(u)\Big|_{3a}^{2x+a} = \frac{1}{2}[F(2x+a)-F(3a)].$$

故选 D.

## 【考向 2】不定积分的计算

12.【参考答案】B

【答案解析】由于 $f(x)$ 为 $5^x$ 的一个原函数，因此

$$f'(x) = 5^x, f''(x) = (5^x)' = 5^x\ln 5.$$

故选 B.

13.【参考答案】A

【答案解析】由于 $x+\dfrac{1}{x}$ 是 $f(x)$ 的一个原函数，可得

$$f(x) = \left(x+\frac{1}{x}\right)' = 1-\frac{1}{x^2},$$

$$\int xf(x)\mathrm{d}x = \int\left(x-\frac{1}{x}\right)\mathrm{d}x = \frac{1}{2}x^2 - \ln|x| + C.$$

故选 A.

14.【参考答案】B

【答案解析】对于$\int xf'(x)\mathrm{d}x$，被积函数中含有 $f'(x)$，通常是先考虑利用分部积分公式

$$\int xf'(x)\mathrm{d}x = xf(x) - \int f(x)\mathrm{d}x. \qquad (*)$$

由于 $\sin x$ 为 $f(x)$ 的一个原函数，由原函数定义可得

$$f(x) = (\sin x)' = \cos x,$$

$$\int f(x)\mathrm{d}x = \sin x + C_1,$$

代入公式(∗),可得

$$\int xf'(x)\mathrm{d}x = x\cos x - \sin x + C.$$

这里 $C = -C_1$,因为 $C_1, C$ 都为任意常数,所以上述写法是允许的. 故选 B.

**15.【参考答案】**E

**【答案解析】**利用分部积分法,有

$$\int xf'(x)\mathrm{d}x = xf(x) - \int f(x)\mathrm{d}x.$$

由题设 $\frac{\cos x}{x}$ 为 $f(x)$ 的一个原函数,可知

$$f(x) = \left(\frac{\cos x}{x}\right)' = \frac{-x\sin x - \cos x}{x^2},$$

$$\int f(x)\mathrm{d}x = \frac{\cos x}{x} + C_1,$$

因此

$$\int xf'(x)\mathrm{d}x = \frac{-x\sin x - \cos x}{x} - \frac{\cos x}{x} + C$$

$$= -\sin x - \frac{2\cos x}{x} + C.$$

故选 E.

**16.【参考答案】**B

**【答案解析】** $\int xf''(x)\mathrm{d}x = xf'(x) - \int f'(x)\mathrm{d}x = xf'(x) - f(x) + C_1.$

由 $f(x)$ 为 $xe^x$ 的一个原函数,可知

$$f'(x) = xe^x,$$

$$f(x) = \int xe^x\mathrm{d}x = xe^x - \int e^x\mathrm{d}x = (x-1)e^x + C_2.$$

因此

$$\int xf''(x)\mathrm{d}x = x^2e^x - (x-1)e^x + C = (x^2 - x + 1)e^x + C,$$

其中 $C = C_1 - C_2$,故选 B.

**17.【参考答案】**D

**【答案解析】**由于 $f(x)$ 为可导函数,由题设可知

$$\lim_{\Delta x\to 0}\frac{f(x+\Delta x) - f(x-\Delta x)}{\Delta x} = \lim_{\Delta x\to 0}\frac{e^{2x}\Delta x + \alpha(\Delta x)}{\Delta x} = e^{2x},$$

故 $$\lim_{\Delta x\to 0}\frac{f(x+\Delta x) - f(x) + f(x) - f(x-\Delta x)}{\Delta x} = e^{2x},$$

即 $$\lim_{\Delta x\to 0}\left[\frac{f(x+\Delta x) - f(x)}{\Delta x} + \frac{f(x-\Delta x) - f(x)}{-\Delta x}\right] = e^{2x},$$

可得

$$2f'(x)=e^{2x},f'(x)=\frac{1}{2}e^{2x},$$

$$f(x)=\int f'(x)dx=\int\frac{1}{2}e^{2x}dx=\frac{1}{4}e^{2x}+C.$$

故选 D.

**18.【参考答案】** E

**【答案解析】** 由于 $f(x)$ 为可导函数,且

$$f(x+\Delta x)-f(x-\Delta x)=-2\cos x\cdot\Delta x+\alpha(\Delta x),$$

因此 $$\lim_{\Delta x\to0}\frac{f(x+\Delta x)-f(x-\Delta x)}{\Delta x}=\lim_{\Delta x\to0}\frac{-2\cos x\cdot\Delta x+\alpha(\Delta x)}{\Delta x}=-2\cos x,$$

故 $$\lim_{\Delta x\to0}\frac{f(x+\Delta x)-f(x)+f(x)-f(x-\Delta x)}{\Delta x}=-2\cos x,$$

即 $$\lim_{\Delta x\to0}\left[\frac{f(x+\Delta x)-f(x)}{\Delta x}+\frac{f(x-\Delta x)-f(x)}{-\Delta x}\right]=-2\cos x,$$

可得

$$2f'(x)=-2\cos x,f'(x)=-\cos x,$$

$$f(x)=\int f'(x)dx=-\int\cos xdx=-\sin x+C_1,$$

$$\int f(x)dx=\int(-\sin x+C_1)dx=\cos x+C_1x+C_2,$$

可知 A 正确. 若令 $C_2=0$,可知 B 正确;若令 $C_1=0$,可知 C 正确;若令 $C_1=C_2=0$,可知 D 正确. 因此可知 E 不正确,故选 E.

**19.【参考答案】** E

**【答案解析】** 由于 $f'(x)=\cos x$,可知

$$f(x)=\int f'(x)dx=\int\cos xdx=\sin x+C_1,$$

则 $f(x)$ 的原函数为

$$\int f(x)dx=\int(\sin x+C_1)dx=-\cos x+C_1x+C_2.$$

对照五个选项,当 $C_1=0,C_2=1$ 时,得 $f(x)$ 的一个原函数 $1-\cos x$. 故选 E.

**20.【参考答案】** C

**【答案解析】** 由于 $f'(e^x)=xe^{-x}$,令 $t=e^x$,则 $f'(t)=\frac{1}{t}\ln t$,因此

$$f(t)=\int f'(t)dt=\int\frac{1}{t}\ln tdt=\int\ln td(\ln t)=\frac{1}{2}\ln^2t+C.$$

由于 $f(1)=0$,代入 $f(t)$ 表达式可得 $C=0$,因此

$$f(t)=\frac{1}{2}\ln^2t,\text{即 }f(x)=\frac{1}{2}\ln^2x.$$

故选 C.

**21.【参考答案】** B

**【答案解析】** 题中所给等式两边关于 $x$ 求导，得

$$(1-x^2)f(x^2)=\frac{1}{\sqrt{1-x^2}},$$

即 $\frac{1}{f(x^2)}=(1-x^2)^{\frac{3}{2}}$，从而有 $\frac{1}{f(x)}=(1-x)^{\frac{3}{2}}(0\leqslant x<1)$. 故

$$\int\frac{1}{f(x)}\mathrm{d}x=\int(1-x)^{\frac{3}{2}}\mathrm{d}x=-\frac{2}{5}(1-x)^{\frac{5}{2}}+C(0\leqslant x<1),$$

故选 B.

**22.【参考答案】** A

**【答案解析】** 由分部积分公式，得 $\int\sin f(x)\mathrm{d}x=x\sin f(x)-\int xf'(x)\cos f(x)\mathrm{d}x$，故由题设得 $xf'(x)=1$，即 $f'(x)=\frac{1}{x}$，积分得 $f(x)=\ln|x|+C$，故选 A.

**23.【参考答案】** C

**【答案解析】** 由于

$$\int f(x)\mathrm{e}^{-x^2}\mathrm{d}x=-\mathrm{e}^{-x^2}+C,$$

等式两边对 $x$ 求导，有

$$\left[\int f(x)\mathrm{e}^{-x^2}\mathrm{d}x\right]'=(-\mathrm{e}^{-x^2}+C)',$$

$$f(x)\mathrm{e}^{-x^2}=-\mathrm{e}^{-x^2}\cdot(-x^2)'=2x\mathrm{e}^{-x^2},$$

因此 $f(x)=2x$. 故选 C.

**24.【参考答案】** A

**【答案解析】** 依题设，$F'(x)=f(x)$，从而有 $\frac{F'(x)}{F(x)}=\tan x$，等式两边对 $x$ 积分，有

$$\int\frac{F'(x)}{F(x)}\mathrm{d}x=\int\tan x\mathrm{d}x,$$

即

$$\ln|F(x)|=-\ln|\cos x|+\ln C_1,$$

从而有 $F(x)=\frac{C}{\cos x}$，故选 A.

**25.【参考答案】** D

**【答案解析】** 等式两边对 $x$ 求导，有 $f'(x)=f(x)$，即有 $\frac{f'(x)}{f(x)}=1$，两边积分，得

$$\int\frac{f'(x)}{f(x)}\mathrm{d}x=\ln|f(x)|=\int\mathrm{d}x=x+\ln C_1,$$

得 $f(x)=C\mathrm{e}^x$，又 $f(0)=\int_0^0 f(t)\mathrm{d}t+1=1$，从而知 $C=1$，所以 $f(x)=\mathrm{e}^x$，故选 D.

**【评注】** 注意，本题不要忘记给常数 $C$ 定值.

**26.【参考答案】** A

【答案解析】由于 $f'(x)=e^{3x}-\sin 3x$，则

$$f(x)=\int f'(x)dx=\int(e^{3x}-\sin 3x)dx$$
$$=\frac{1}{3}e^{3x}+\frac{1}{3}\cos 3x+C,$$

由于 $f(0)=\frac{2}{3}$，故 $f(0)=\frac{1}{3}e^{0}+\frac{1}{3}\cos 0+C=\frac{2}{3}+C=\frac{2}{3}$，得 $C=0$，可知

$$f(x)=\frac{1}{3}e^{3x}+\frac{1}{3}\cos 3x=\frac{1}{3}(e^{3x}+\cos 3x).$$

故选 A.

**27.【参考答案】**B

【答案解析】设 $u=\ln x,x=e^{u}$，则换元后得 $\int f(u)du=e^{2u}+C$，再将 $u=\sin x$ 代入，得

$$\int\cos x\cdot f(\sin x)dx=e^{2\sin x}+C,$$

故选 B.

**28.【参考答案】**B

【答案解析】由题设 $F(x)$ 为 $f(x)$ 的一个原函数，可知

$$\int f(x)dx=F(x)+C.$$

故 $\int\frac{1}{x}f(\ln ax)dx=\int\frac{1}{ax}f(\ln ax)d(ax)=\int f(\ln ax)d(\ln ax)=F(\ln ax)+C.$

故选 B.

**29.【参考答案】**D

【答案解析】由 $\int\frac{\cos x+x\sin x}{x^{2}+\cos^{2}x}dx=\int\frac{\frac{\cos x+x\sin x}{x^{2}}}{1+\left(\frac{\cos x}{x}\right)^{2}}dx=\int\frac{-\left(\frac{\cos x}{x}\right)'}{1+\left(\frac{\cos x}{x}\right)^{2}}dx$，于是，令

$u=\frac{\cos x}{x}$，有

$$\int\frac{\cos x+x\sin x}{x^{2}+\cos^{2}x}dx=-\int\frac{1}{1+u^{2}}du=-\arctan u+C$$
$$=-\arctan\frac{\cos x}{x}+C.$$

故选 D.

**30.【参考答案】**D

【答案解析】$x^{4}+2x^{2}+5=(x^{2}+1)^{2}+4$，令 $t=x^{2}+1$，有 $dt=2xdx$，于是

$$\int\frac{xdx}{x^{4}+2x^{2}+5}=\frac{1}{2}\int\frac{dt}{4+t^{2}}=\frac{1}{2}\cdot\frac{1}{2}\arctan\frac{t}{2}+C=\frac{1}{4}\arctan\frac{x^{2}+1}{2}+C.$$

故选 D.

**31.【参考答案】**B

【答案解析】利用凑微分法可得

$$\int x^2\sqrt{1-x^3}\,\mathrm{d}x=\frac{1}{3}\int(1-x^3)^{\frac{1}{2}}\mathrm{d}(x^3)=-\frac{1}{3}\int(1-x^3)^{\frac{1}{2}}\mathrm{d}(1-x^3)$$

$$=-\frac{1}{3}\cdot\frac{2}{3}(1-x^3)^{\frac{3}{2}}+C=-\frac{2}{9}(1-x^3)^{\frac{3}{2}}+C.$$

故选 B.

**32.【参考答案】**D

【答案解析】利用凑微分法.

$$\int x^2\sin(3-2x^3)\mathrm{d}x=-\frac{1}{6}\int\sin(3-2x^3)\mathrm{d}(3-2x^3)=\frac{1}{6}\cos(3-2x^3)+C.$$

故选 D.

**33.【参考答案】**A

【答案解析】$\int\frac{\tan x}{\sqrt{\cos x}}\mathrm{d}x=\int\frac{\sin x}{\cos x\sqrt{\cos x}}\mathrm{d}x=\int\sin x\cos^{-\frac{3}{2}}x\mathrm{d}x$

$$=-\int\cos^{-\frac{3}{2}}x\mathrm{d}(\cos x)=2\cos^{-\frac{1}{2}}x+C.$$

故选 A.

**34.【参考答案】**B

【答案解析】$\int\frac{\mathrm{d}x}{1+\sin x}=\int\frac{(1-\sin x)\mathrm{d}x}{(1+\sin x)(1-\sin x)}=\int\frac{1-\sin x}{\cos^2 x}\mathrm{d}x$

$$=\int\frac{1}{\cos^2 x}\mathrm{d}x-\int\frac{\sin x\mathrm{d}x}{\cos^2 x}$$

$$=\int\sec^2 x\mathrm{d}x+\int\frac{\mathrm{d}(\cos x)}{\cos^2 x}$$

$$=\tan x-\frac{1}{\cos x}+C.$$

故选 B.

**35.【参考答案】**B

【答案解析】**方法 1**　利用凑微分法.

$$\int\frac{x}{\sqrt{1-x^2}}\mathrm{d}x=-\frac{1}{2}\int(1-x^2)^{-\frac{1}{2}}\mathrm{d}(1-x^2)=-\frac{1}{2}\cdot\frac{1}{-\frac{1}{2}+1}(1-x^2)^{-\frac{1}{2}+1}+C$$

$$=-(1-x^2)^{\frac{1}{2}}+C=-\sqrt{1-x^2}+C.$$

故选 B.

**方法 2**　利用换元法. 设 $x=\sin t$,则 $\sqrt{1-x^2}=\cos t$,$\mathrm{d}x=\cos t\mathrm{d}t$. 因此

$$\int\frac{x}{\sqrt{1-x^2}}\mathrm{d}x=\int\frac{\sin t}{\cos t}\cdot\cos t\mathrm{d}t=\int\sin t\mathrm{d}t$$

$$=-\cos t+C=-\sqrt{1-x^2}+C.$$

故选 B.

【评注】本题说明求解不定积分(或定积分)有时可能有多种方法,应根据题目特点,选择恰当的解题方法.

36.【参考答案】B

【答案解析】令 $t=\sqrt{x}$,则 $x=t^2$,$\mathrm{d}x=2t\mathrm{d}t$. 所以

$$\begin{aligned}\int\frac{\ln(\sqrt{x}+1)}{2\sqrt{x}}\mathrm{d}x&=\int\ln(t+1)\mathrm{d}t\\&=t\ln(t+1)-\int\frac{t}{t+1}\mathrm{d}t\\&=t\ln(t+1)-\int\left(1-\frac{1}{t+1}\right)\mathrm{d}t\\&=t\ln(t+1)-t+\ln(t+1)+C\\&=(\sqrt{x}+1)\ln(\sqrt{x}+1)-\sqrt{x}+C.\end{aligned}$$

故选 B.

37.【参考答案】A

【答案解析】令 $t=\sqrt{x}$,则 $x=t^2$,$\mathrm{d}x=2t\mathrm{d}t$. 所以

$$\begin{aligned}\int\frac{\arcsin\sqrt{x}}{\sqrt{x}}\mathrm{d}x&=2\int\arcsin t\mathrm{d}t\\&=2\left(t\arcsin t-\int\frac{t}{\sqrt{1-t^2}}\mathrm{d}t\right)\\&=2t\arcsin t+2\sqrt{1-t^2}+C\\&=2\sqrt{x}\arcsin\sqrt{x}+2\sqrt{1-x}+C.\end{aligned}$$

故选 A.

38.【参考答案】E

【答案解析】令 $t=\sqrt{x}$,则 $x=t^2$,$\mathrm{d}x=2t\mathrm{d}t$,则

$$\begin{aligned}\int\frac{\ln(2+\sqrt{x})}{x+2\sqrt{x}}\mathrm{d}x&=\int\frac{\ln(2+t)}{t^2+2t}\cdot 2t\mathrm{d}t=2\int\frac{\ln(2+t)}{t+2}\mathrm{d}t\\&=2\int\ln(2+t)\mathrm{d}[\ln(2+t)]=\ln^2(2+t)+C=\ln^2(2+\sqrt{x})+C.\end{aligned}$$

故选 E.

39.【参考答案】D

【答案解析】令 $t=\sqrt{x}$,则 $x=t^2$,$\mathrm{d}x=2t\mathrm{d}t$,所以

$$\begin{aligned}\text{原式}&=\int\frac{\arcsin t+1}{t}\cdot 2t\mathrm{d}t=2\int(\arcsin t+1)\mathrm{d}t=2t\arcsin t-2\int\frac{t}{\sqrt{1-t^2}}\mathrm{d}t+2t\\&=2t\arcsin t+\int\frac{\mathrm{d}(1-t^2)}{\sqrt{1-t^2}}+2t=2t\arcsin t+2\sqrt{1-t^2}+2t+C\\&=2\sqrt{x}\arcsin\sqrt{x}+2\sqrt{1-x}+2\sqrt{x}+C.\end{aligned}$$

故选 D.

**40.【参考答案】** C

**【答案解析】** 令 $u=\sqrt{x}$，则 $x=u^2$，$\mathrm{d}x=2u\mathrm{d}u$，于是

$$\int \frac{\arcsin\sqrt{x}+\ln x}{\sqrt{x}}\mathrm{d}x=\int(2\arcsin u+4\ln u)\mathrm{d}u$$

$$=(2\arcsin u+4\ln u)u-2\int\frac{u}{\sqrt{1-u^2}}\mathrm{d}u-4\int\mathrm{d}u$$

$$=(2\arcsin u+4\ln u)u+2\sqrt{1-u^2}-4u+C$$

$$=2\sqrt{x}\arcsin\sqrt{x}+2\sqrt{x}\ln x+2\sqrt{1-x}-4\sqrt{x}+C.$$

故选 C.

**41.【参考答案】** D

**【答案解析】** $\int(\sin x+x\cos x+\mathrm{e}^{2x})\mathrm{d}x$ 的被积函数为三项之和，可以拆项分为三个不定积分之和. 第一项利用不定积分公式求解，第二项利用分部积分法求解，第三项利用凑微分法求解，但是注意到

$$\sin x+x\cos x=(x\sin x)',$$

可知

$$\int(\sin x+x\cos x+\mathrm{e}^{2x})\mathrm{d}x=\int(\sin x+x\cos x)\mathrm{d}x+\int\mathrm{e}^{2x}\mathrm{d}x$$

$$=\int(x\sin x)'\mathrm{d}x+\int\mathrm{e}^{2x}\mathrm{d}x=x\sin x+\frac{1}{2}\mathrm{e}^{2x}+C.$$

故选 D.

**42.【参考答案】** C

**【答案解析】** 本题利用不定积分的分部积分公式求解.

$$\text{原式}=\frac{1}{2}\int x^2\mathrm{d}(\mathrm{e}^{x^2})=\frac{1}{2}\left[x^2\mathrm{e}^{x^2}-\int\mathrm{e}^{x^2}\mathrm{d}(x^2)\right]$$

$$=\frac{1}{2}(x^2-1)\mathrm{e}^{x^2}+C.$$

故选 C.

**【评注】** 当被积函数形如 $P_n(x)\mathrm{e}^{kx}$，$P_n(x)\sin ax$，$P_n(x)\cos ax$ 时，其中 $P_n(x)$ 为 $x$ 的 $n$ 次多项式，$k$，$a$ 为常数，这时一般选取 $u(x)=P_n(x)$，$v(x)=\mathrm{e}^{kx}$（或 $\sin ax$，$\cos ax$），反复使用分部积分公式 $n$ 次.

**43.【参考答案】** A

**【答案解析】** 由分部积分公式，

$$\int\frac{\ln x}{x^2}\mathrm{d}x=-\int\ln x\left(\frac{1}{x}\right)'\mathrm{d}x=-\int\ln x\mathrm{d}\left(\frac{1}{x}\right)$$

$$\xlongequal{\text{分部积分法}}-\frac{\ln x}{x}+\int\frac{1}{x}\mathrm{d}(\ln x)=-\frac{\ln x}{x}+\int\frac{1}{x^2}\mathrm{d}x$$

$$=-\frac{\ln x}{x}-\int\left(\frac{1}{x}\right)'\mathrm{d}x=-\frac{\ln x}{x}-\frac{1}{x}+C=-\frac{\ln x+1}{x}+C.$$

故选 A.

**44.【参考答案】** B

**【答案解析】**
$$\int\frac{1}{x^3}\sin\frac{1}{x}\mathrm{d}x=\int\frac{-1}{x}\cdot\sin\frac{1}{x}\mathrm{d}\left(\frac{1}{x}\right),$$

令 $t=\frac{1}{x}$,则

$$\begin{aligned}\text{原式}&=-\int t\sin t\mathrm{d}t=t\cos t-\int\cos t\mathrm{d}t\\&=t\cos t-\sin t+C=\frac{1}{x}\cos\frac{1}{x}-\sin\frac{1}{x}+C.\end{aligned}$$

故选 B.

**45.【参考答案】** C

**【答案解析】**
$$\begin{aligned}\int\sin 2x\cdot \mathrm{e}^{\cos x}\mathrm{d}x&=\int 2\sin x\cdot\cos x\cdot\mathrm{e}^{\cos x}\mathrm{d}x\\&=-2\int\cos x\cdot\mathrm{e}^{\cos x}\mathrm{d}(\cos x),\end{aligned}$$

令 $t=\cos x$,则

$$\begin{aligned}\text{原式}&=-2\int t\mathrm{e}^t\mathrm{d}t=-2t\mathrm{e}^t+2\int\mathrm{e}^t\mathrm{d}t\\&=-2t\mathrm{e}^t+2\mathrm{e}^t+C=2(1-\cos x)\mathrm{e}^{\cos x}+C.\end{aligned}$$

故选 C.

**46.【参考答案】** C

**【答案解析】**
$$\begin{aligned}\int\frac{\arcsin\sqrt{x}}{\sqrt{1-x}}\mathrm{d}x&=-\int\frac{\arcsin\sqrt{x}}{\sqrt{1-x}}\mathrm{d}(1-x)\\&=-2\int\arcsin\sqrt{x}\,\mathrm{d}(\sqrt{1-x})\\&=-2\sqrt{1-x}\arcsin\sqrt{x}+2\int\sqrt{1-x}\,\frac{1}{\sqrt{1-x}}\cdot\frac{1}{2\sqrt{x}}\mathrm{d}x\\&=-2\sqrt{1-x}\arcsin\sqrt{x}+2\sqrt{x}+C.\end{aligned}$$

故选 C.

**47.【参考答案】** C

**【答案解析】** 利用分部积分法.

$$\begin{aligned}\int\sin(\ln x)\mathrm{d}x&=x\sin(\ln x)-\int x\cdot\cos(\ln x)\cdot\frac{1}{x}\mathrm{d}x\\&=x\sin(\ln x)-\int\cos(\ln x)\mathrm{d}x\\&=x\sin(\ln x)-\left[x\cos(\ln x)+\int x\cdot\sin(\ln x)\cdot\frac{1}{x}\mathrm{d}x\right]\end{aligned}$$

$$= x[\sin(\ln x) - \cos(\ln x)] - \int \sin(\ln x)\mathrm{d}x,$$

因此

$$2\int \sin(\ln x)\mathrm{d}x = x[\sin(\ln x) - \cos(\ln x)] + C_1,$$

$$\int \sin(\ln x)\mathrm{d}x = \frac{x}{2}[\sin(\ln x) - \cos(\ln x)] + C.$$

故选 C.

48. **【参考答案】** C

**【答案解析】**

$$\int \frac{x\mathrm{e}^{-x}}{(1+\mathrm{e}^{-x})^2}\mathrm{d}x = -\int \frac{x}{(1+\mathrm{e}^{-x})^2}\mathrm{d}(1+\mathrm{e}^{-x})$$

$$= \int x\mathrm{d}\left(\frac{1}{1+\mathrm{e}^{-x}}\right)$$

$$= \frac{x}{1+\mathrm{e}^{-x}} - \int \frac{1}{1+\mathrm{e}^{-x}}\mathrm{d}x$$

$$= \frac{x}{1+\mathrm{e}^{-x}} - \int \frac{\mathrm{e}^x}{\mathrm{e}^x+1}\mathrm{d}x$$

$$= \frac{x}{1+\mathrm{e}^{-x}} - \ln(\mathrm{e}^x+1) + C.$$

故选 C.

49. **【参考答案】** B

**【答案解析】** 当被积函数仅为反三角函数时,这种积分肯定要用分部积分法.

$$\int (\arcsin x)^2\mathrm{d}x = x(\arcsin x)^2 - \int \frac{2x\arcsin x}{\sqrt{1-x^2}}\mathrm{d}x$$

$$= x(\arcsin x)^2 + 2\int \arcsin x\,\mathrm{d}(\sqrt{1-x^2})$$

$$= x(\arcsin x)^2 + 2\sqrt{1-x^2}\arcsin x - 2\int \mathrm{d}x$$

$$= x(\arcsin x)^2 + 2\sqrt{1-x^2}\arcsin x - 2x + C.$$

故选 B.

50. **【参考答案】** B

**【答案解析】** 利用凑微分法.

$$\int \frac{x+2}{x^2+4x+5}\mathrm{d}x = \int \frac{1}{2}\cdot\frac{1}{x^2+4x+5}\mathrm{d}(x^2+4x)$$

$$= \frac{1}{2}\int \frac{1}{x^2+4x+5}\mathrm{d}(x^2+4x+5)$$

$$= \frac{1}{2}\ln(x^2+4x+5) + C.$$

故选 B.

51. **【参考答案】** C

【答案解析】

$$\begin{aligned}\int\frac{2x+3}{x^2-4x+5}\mathrm{d}x&=\int\frac{2x-4+7}{x^2-4x+5}\mathrm{d}x\\&=\int\frac{\mathrm{d}(x^2-4x+5)}{x^2-4x+5}+7\int\frac{\mathrm{d}(x-2)}{(x-2)^2+1}\\&=\ln(x^2-4x+5)+7\arctan(x-2)+C.\end{aligned}$$

故选 C.

**52.【参考答案】** B

【答案解析】原式 $=\int\left(1-\frac{1}{1+x^2}\right)\arctan x\mathrm{d}x=\int\arctan x\mathrm{d}x-\int\arctan x\mathrm{d}(\arctan x)$

$$=x\arctan x-\int\frac{x}{1+x^2}\mathrm{d}x-\frac{1}{2}\arctan^2x$$

$$=x\arctan x-\frac{1}{2}\ln(1+x^2)-\frac{1}{2}\arctan^2x+C.$$

故选 B.

**53.【参考答案】** A

【答案解析】利用分部积分法.

$$\begin{aligned}\int\frac{\arctan x}{x^2(1+x^2)}\mathrm{d}x&=\int\frac{\arctan x}{x^2}\mathrm{d}x-\int\frac{\arctan x}{1+x^2}\mathrm{d}x\\&=\int\arctan x\mathrm{d}\left(-\frac{1}{x}\right)-\int\arctan x\mathrm{d}(\arctan x)\\&\xlongequal{\text{分部积分法}}-\frac{1}{x}\arctan x+\int\frac{\mathrm{d}x}{x(1+x^2)}-\frac{1}{2}\arctan^2x\\&=-\frac{1}{x}\arctan x+\int\left(\frac{1}{x}-\frac{x}{1+x^2}\right)\mathrm{d}x-\frac{1}{2}\arctan^2x\\&=-\frac{1}{x}\arctan x+\ln|x|-\frac{1}{2}\ln(1+x^2)-\frac{1}{2}\arctan^2x+C.\end{aligned}$$

故选 A.

**54.【参考答案】** E

【答案解析】$\int\frac{\arctan\mathrm{e}^x}{\mathrm{e}^{2x}}\mathrm{d}x=\int\mathrm{e}^{-2x}\arctan\mathrm{e}^x\mathrm{d}x=-\frac{1}{2}\int\mathrm{e}^{-2x}\arctan\mathrm{e}^x\mathrm{d}(-2x)$

$$\begin{aligned}&=-\frac{1}{2}\int\arctan\mathrm{e}^x\mathrm{d}(\mathrm{e}^{-2x})\\&\xlongequal{\text{分部积分法}}-\frac{1}{2}\left[\mathrm{e}^{-2x}\arctan\mathrm{e}^x-\int\mathrm{e}^{-2x}\mathrm{d}(\arctan\mathrm{e}^x)\right]\\&=-\frac{1}{2}\left[\mathrm{e}^{-2x}\arctan\mathrm{e}^x-\int\frac{\mathrm{d}(\mathrm{e}^x)}{\mathrm{e}^{2x}(1+\mathrm{e}^{2x})}\right]\\&=-\frac{1}{2}\left[\mathrm{e}^{-2x}\arctan\mathrm{e}^x-\int\left(\frac{1}{\mathrm{e}^{2x}}-\frac{1}{1+\mathrm{e}^{2x}}\right)\mathrm{d}(\mathrm{e}^x)\right]\\&=-\frac{1}{2}\left[\mathrm{e}^{-2x}\arctan\mathrm{e}^x-\int\mathrm{e}^{-2x}\mathrm{d}(\mathrm{e}^x)+\int\frac{1}{1+\mathrm{e}^{2x}}\mathrm{d}(\mathrm{e}^x)\right]\\&=-\frac{1}{2}(\mathrm{e}^{-2x}\arctan\mathrm{e}^x+\mathrm{e}^{-x}+\arctan\mathrm{e}^x)+C.\end{aligned}$$

故选 E.

## 【考向 3】变限积分函数

55. **【参考答案】** C

**【答案解析】** 因 $\int_0^1 [f(x)+xf(tx)]\mathrm{d}t$ 与变量 $x$ 无关，则 $\frac{\mathrm{d}}{\mathrm{d}x}\left\{\int_0^1 [f(x)+xf(tx)]\mathrm{d}t\right\}=0$.

为此，先将积分整理，

$$\int_0^1 [f(x)+xf(tx)]\mathrm{d}t \xlongequal{u=tx} f(x)+\int_0^x f(u)\mathrm{d}u,$$

再关于 $x$ 求导，得

$$f'(x)+f(x)=0, \text{即} \frac{f'(x)}{f(x)}=-1,$$

两边积分，得 $\ln|f(x)|=-x+\ln C_1$，即 $f(x)=Ce^{-x}$. 故选 C.

56. **【参考答案】** D

**【答案解析】** 先将积分整理，当 $x\neq 0$ 时，

$$\int_0^1 f(ux)\mathrm{d}u \xlongequal{t=ux} \frac{1}{x}\int_0^x f(t)\mathrm{d}t=\frac{1}{3}f(x)+2,$$

有
$$\int_0^x f(t)\mathrm{d}t=\frac{1}{3}xf(x)+2x.$$

上式两边关于 $x$ 求导，得

$$f(x)=\frac{1}{3}f(x)+2+\frac{1}{3}xf'(x),$$

从而可确定 $f(0)=\lim\limits_{x\to 0}f(x)=3$，同时有 $\frac{f'(x)}{f(x)-3}=\frac{2}{x}$，两边积分，得

$$\ln|f(x)-3|=\ln x^2+\ln C_1,$$

即 $f(x)=3+Cx^2$. 故选 D.

57. **【参考答案】** B

**【答案解析】** 将 $x=0$ 代入等式，有 $f(0)=0$，且

$$\int_0^x (x^2-t^2)f'(t)\mathrm{d}t=x^2\int_0^x f'(t)\mathrm{d}t-\int_0^x t^2f'(t)\mathrm{d}t$$
$$=x^2f(x)-\int_0^x t^2\mathrm{d}[f(t)]=2\int_0^x tf(t)\mathrm{d}t,$$

则

$$f(x)=2\int_0^x tf(t)\mathrm{d}t+x^2,$$

两边求导，得

$$f'(x)=2xf(x)+2x=2x[f(x)+1],$$

即
$$\frac{\mathrm{d}[f(x)]}{f(x)+1}=2x\mathrm{d}x,$$

两边积分，得
$$f(x)=Ce^{x^2}-1.$$

由 $f(0)=0$，知 $C=1$，因此 $f(x)=e^{x^2}-1$. 故选 B.

**58.【参考答案】** B

**【答案解析】** 由于 $f(x)=\int_1^x e^{-t^2}\mathrm{d}t$，两端同时关于 $x$ 求导，可得

$$f'(x)=e^{-x^2},$$

$$\begin{aligned}\int_0^1 f(x)\mathrm{d}x &= xf(x)\Big|_0^1-\int_0^1 xf'(x)\mathrm{d}x=f(1)-\int_0^1 xe^{-x^2}\mathrm{d}x\\&=f(1)+\frac{1}{2}\int_0^1 e^{-x^2}\mathrm{d}(-x^2)\\&=f(1)+\frac{1}{2}e^{-x^2}\Big|_0^1=f(1)+\frac{1}{2}e^{-1}-\frac{1}{2}.\end{aligned}$$

当 $x=1$ 时，$f(1)=\int_1^1 e^{-t^2}\mathrm{d}t=0$，因此

$$\int_0^1 f(x)\mathrm{d}x=\frac{1}{2}(e^{-1}-1).$$

故选 B.

**59.【参考答案】** B

**【答案解析】** 将 $f(x)=\int_1^{x^2} e^{-t^2}\mathrm{d}t$ 两端同时关于 $x$ 求导，可得

$$f'(x)=2xe^{-x^4}.$$

由分部积分公式可得

$$\begin{aligned}\int_0^1 2xf(x)\mathrm{d}x &= \int_0^1 f(x)\mathrm{d}(x^2)=x^2f(x)\Big|_0^1-\int_0^1 x^2\cdot f'(x)\mathrm{d}x\\&=f(1)-\int_0^1 2x^3e^{-x^4}\mathrm{d}x=f(1)+\frac{1}{2}\int_0^1 e^{-x^4}\mathrm{d}(-x^4)\\&=f(1)+\frac{1}{2}e^{-x^4}\Big|_0^1=f(1)+\frac{1}{2}e^{-1}-\frac{1}{2}.\end{aligned}$$

当 $x=1$ 时，有 $$f(1)=\int_1^1 e^{-t^2}\mathrm{d}t=0,$$

因此 $$\int_0^1 2xf(x)\mathrm{d}x=\frac{1}{2}(e^{-1}-1).$$

故选 B.

**60.【参考答案】** A

**【答案解析】** 由于 $\int_0^x f(x-u)e^u\mathrm{d}u \xlongequal{t=x-u} \int_0^x f(t)e^{x-t}\mathrm{d}t=e^x\int_0^x f(t)e^{-t}\mathrm{d}t=\sin x$，从而有

$$\int_0^x f(t)e^{-t}\mathrm{d}t=e^{-x}\sin x,$$

等式两边对 $x$ 求导，得

$$f(x)e^{-x}=-e^{-x}\sin x+e^{-x}\cos x=(\cos x-\sin x)e^{-x},$$

即 $f(x)=\cos x-\sin x$. 故选 A.

**61.【参考答案】** C

【答案解析】由于

$$y=\frac{\mathrm{d}}{\mathrm{d}x}\int_0^{e^x}\ln(1+t^2)\mathrm{d}t$$
$$=e^x\ln(1+e^{2x}),$$

当 $x=0$ 时，$y=\ln 2$，表明点 $(0,\ln 2)$ 在曲线 $y$ 上，由

$$y'=e^x\cdot\ln(1+e^{2x})+\frac{2e^{3x}}{1+e^{2x}},$$

$$y'\Big|_{x=0}=1+\ln 2,$$

可知曲线 $y$ 过点 $(0,\ln 2)$ 的切线方程为

$$y-\ln 2=(1+\ln 2)x,$$

故选 C.

62.【参考答案】C

【答案解析】由于 $f(x)$ 为可导函数，从而 $f(x)$ 必定为连续函数，因此将所给表达式两端关于 $x$ 求导，可得

$$3f(x-2\pi)=\sin x+x\cos x-\sin x=x\cos x, \tag{*}$$

令 $x=2\pi$，可知 $f(0)=\frac{2}{3}\pi$，将( * )式两端关于 $x$ 求导，可得

$$3f'(x-2\pi)=\cos x-x\sin x,$$

令 $x=2\pi$，可得 $f'(0)=\frac{1}{3}$，因此 $f(0)\cdot f'(0)=\frac{2}{9}\pi$. 故选 C.

63.【参考答案】D

【答案解析】首先应注意变上限积分求导性质，要求被积函数为连续函数，被积函数不带变上限的变元，即 $\left[\int_a^x f(t)\mathrm{d}t\right]'=f(x)$.

由于 $F(x)=\int_1^{x^2}x^2f(t)\mathrm{d}t$ 的被积函数中含有积分上限的变元 $x$，这个变元 $x$ 在积分过程中认定为给定的值，因此 $F(x)=x^2\int_1^{x^2}f(t)\mathrm{d}t$，从而

$$F'(x)=2x\int_1^{x^2}f(t)\mathrm{d}t+x^2f(x^2)\cdot(x^2)'$$
$$=2x\int_1^{x^2}f(t)\mathrm{d}t+2x^3f(x^2).$$

故选 D.

64.【参考答案】E

【答案解析】由于变下限的变元在被积函数中，且被积函数为抽象函数，不能将 $x$ 分离到积分号外，可令 $u=xt$，则 $\mathrm{d}u=x\mathrm{d}t$，$\mathrm{d}t=\frac{1}{x}\mathrm{d}u$，当 $t=1$ 时，$u=x$；当 $t=x^2$ 时，$u=x^3$.

因此当 $x>0$ 时，

$$F(x)=\int_{x^2}^{1}f(xt)\mathrm{d}t=\int_{x^3}^{x}f(u)\cdot\frac{1}{x}\mathrm{d}u=\frac{1}{x}\int_{x^3}^{x}f(u)\mathrm{d}u,$$

$$F'(x)=-\frac{1}{x^2}\int_{x^3}^{x}f(u)\mathrm{d}u+\frac{1}{x}[f(x)-3x^2f(x^3)].$$

故选 E.

**65.【参考答案】**E

**【答案解析】**$F(x)$的定义域为$(-\infty,0)\cup(0,+\infty)$，对$F(x)$求导，得

$$F'(x)=\frac{1}{1+x^2}+\frac{1}{1+\left(\frac{1}{x}\right)^2}\cdot\left(-\frac{1}{x^2}\right)\equiv 0,$$

因此，$F(x)$在定义的子区间内分别为定常数.

由 $F(1)=2\int_0^1\frac{1}{1+t^2}\mathrm{d}t=2\arctan t\Big|_0^1=\frac{\pi}{2}$ 知，在$(0,+\infty)$内 $F(x)\equiv\frac{\pi}{2}$；

由 $F(-1)=2\int_0^{-1}\frac{1}{1+t^2}\mathrm{d}t=2\arctan t\Big|_0^{-1}=-\frac{\pi}{2}$ 知，在$(-\infty,0)$内 $F(x)\equiv-\frac{\pi}{2}$.

综上所述，$F(x)$在定义域内非定常数，故选 E.

**66.【参考答案】**B

**【答案解析】**

$$F(x)=\int_a^x f(t)\mathrm{d}t+\int_b^x\frac{1}{f(t)}\mathrm{d}t,$$

由于 $f(x)>0$，且在$[a,b]$上连续，可知$\frac{1}{f(x)}$在$[a,b]$上连续.

$$F'(x)=f(x)+\frac{1}{f(x)}>0,$$

可知 $F(x)$ 在$[a,b]$上为单调增加函数，因此结论 ① 正确，结论 ② 不正确.

$$F(a)=\int_b^a\frac{1}{f(x)}\mathrm{d}x=-\int_a^b\frac{1}{f(x)}\mathrm{d}x<0,$$

$$F(b)=\int_a^b f(x)\mathrm{d}x>0.$$

由于 $F(x)$ 为$[a,b]$上的连续函数，由连续函数在闭区间上的零点定理可知至少存在一点 $\xi\in(a,b)$，使 $F(\xi)=0$.

由于 $F(x)$ 在$(a,b)$内为单调函数，因此只能有一个 $\xi\in(a,b)$，使 $F(\xi)=0$，即 $F(x)=0$ 在$(a,b)$内有且仅有一个实根，可知结论 ④ 正确，结论 ③ 不正确.

故选 B.

**67.【参考答案】**E

**【答案解析】**先将等式整理，即

$$\int_0^x tf(2x-t)\mathrm{d}t\xlongequal{u=2x-t}-\int_{2x}^{x}(2x-u)f(u)\mathrm{d}u$$

$$=2x\int_x^{2x}f(u)\mathrm{d}u-\int_x^{2x}uf(u)\mathrm{d}u=\frac{1}{2}\arctan x^2,$$

等式两边关于 $x$ 求导，得

$$2\int_x^{2x} f(u)\mathrm{d}u + 2x[2f(2x) - f(x)] - 4xf(2x) + xf(x)$$

$$= 2\int_x^{2x} f(u)\mathrm{d}u - xf(x) = \frac{x}{1+x^4},$$

从而有
$$2\int_x^{2x} f(u)\mathrm{d}u = xf(x) + \frac{x}{1+x^4},$$

将 $x=1$ 代入，得

$$\int_1^2 f(x)\mathrm{d}x = \frac{1}{2}\left[f(1) + \frac{1}{2}\right] = \frac{3}{4}.$$

故选 E.

**68.【参考答案】**C

**【答案解析】**要想求定积分$\int_0^{\frac{\pi}{2}} f(x)\mathrm{d}x$，可以先求被积函数的表达式. 因为已知条件是关于积分变上限的函数，所以必须通过求导，方可求出 $f(x)$ 或求出$\int_0^x f(t)\mathrm{d}t$.

设 $u = x - t$，则 $\mathrm{d}t = -\mathrm{d}u$. 当 $t=0$ 时，$u=x$；当 $t=x$ 时，$u=0$. 于是

$$1-\cos x = \int_0^x tf(x-t)\mathrm{d}t = \int_0^x (x-u)f(u)\mathrm{d}u = x\int_0^x f(u)\mathrm{d}u - \int_0^x uf(u)\mathrm{d}u.$$

将上式两端同时关于 $x$ 求导，得

$$\sin x = \int_0^x f(u)\mathrm{d}u + xf(x) - xf(x) = \int_0^x f(u)\mathrm{d}u.$$

由$\int_0^x f(u)\mathrm{d}u = \sin x$，令 $x = \frac{\pi}{2}$，得$\int_0^{\frac{\pi}{2}} f(u)\mathrm{d}u = \sin\frac{\pi}{2} = 1$，因此$\int_0^{\frac{\pi}{2}} f(x)\mathrm{d}x = 1$.

故选 C.

**69.【参考答案】**C

**【答案解析】**由 $f'(x) = 2x^3(x^2-1) = 2x^3(x-1)(x+1)$ 知，$f(x)$ 有 3 个单调区间的分界点，且在分界点两侧导函数都异号，即 $f(x)$ 有 3 个极值点，故选 C.

**70.【参考答案】**E

**【答案解析】**因为 $F'(x) = 2 - \frac{1}{\sqrt{x}}$，令 $F'(x)=0$，得 $x=\frac{1}{4}$ 为 $F(x)$ 的唯一驻点.

所以当 $0 < x < \frac{1}{4}$ 时，$F'(x) < 0$，$F(x)$ 单调减少；当 $x > \frac{1}{4}$ 时，$F'(x) > 0$，$F(x)$ 单调增加. 故选 E.

**71.【参考答案】**B

**【答案解析】**由题设可得，当 $x > 0$ 时，

$$\begin{aligned} f'(x) &= -\frac{1}{x^2}\int_1^x f(t)\mathrm{d}t + \frac{f(x)}{x} \\ &= -\frac{1}{x^2}\int_1^x f(t)\mathrm{d}t + \frac{1}{x}\left[1 + \frac{1}{x}\int_1^x f(t)\mathrm{d}t\right] \\ &= -\frac{1}{x^2}\int_1^x f(t)\mathrm{d}t + \frac{1}{x} + \frac{1}{x^2}\int_1^x f(t)\mathrm{d}t = \frac{1}{x}, \end{aligned}$$

由此可得 $f(x)=\int f'(x)\mathrm{d}x=\int \frac{1}{x}\mathrm{d}x=\ln x+C$.

又由于 $f(1)=1=C$,可知 $C=1$,因此 $f(x)=1+\ln x$,$f'(x)=\frac{1}{x}$,所以当 $x>0$ 时,

$f'(x)>0$,故 $f(x)$ 在 $(0,+\infty)$ 内单调增加,故选 B.

**72.【参考答案】**D

**【答案解析】**由于 $F(x)=\int_1^x t(t-4)\mathrm{d}t=\frac{1}{3}x^3-2x^2+\frac{5}{3}$,因此

$$F'(x)=x(x-4),$$

令 $F'(x)=0$,解得 $F(x)$ 的两个驻点分别为 $x_1=0$,$x_2=4$(舍去).

又
$$F(0)=\frac{5}{3},F(-1)=-\frac{2}{3},F(3)=-\frac{22}{3},$$

因此 $F(x)$ 在 $[-1,3]$ 上的最大值与最小值分别为 $F(0)=\frac{5}{3}$,$F(3)=-\frac{22}{3}$,故选 D.

**73.【参考答案】**A

**【答案解析】**$f(x)$ 的定义域为 $(-\infty,+\infty)$,由于

$$f(x)=x^2\int_1^{x^2}\mathrm{e}^{-t^2}\mathrm{d}t-\int_1^{x^2}t\mathrm{e}^{-t^2}\mathrm{d}t,$$

$$f'(x)=2x\int_1^{x^2}\mathrm{e}^{-t^2}\mathrm{d}t+2x^3\mathrm{e}^{-x^4}-2x^3\mathrm{e}^{-x^4}=2x\int_1^{x^2}\mathrm{e}^{-t^2}\mathrm{d}t,$$

令 $f'(x)=0$,得 $f(x)$ 的驻点为 $x=0,\pm1$,列表讨论如下.

| $x$ | $(-\infty,-1)$ | $-1$ | $(-1,0)$ | $0$ | $(0,1)$ | $1$ | $(1,+\infty)$ |
|---|---|---|---|---|---|---|---|
| $f'(x)$ | $-$ | $0$ | $+$ | $0$ | $-$ | $0$ | $+$ |
| $f(x)$ | ↘ | 极小 | ↗ | 极大 | ↘ | 极小 | ↗ |

因此,$f(x)$ 的单调增区间为 $(-1,0)$ 及 $(1,+\infty)$,单调减区间为 $(-\infty,-1)$ 及 $(0,1)$,

极小值为 $f(\pm1)=0$,极大值为 $f(0)=\int_0^1 t\mathrm{e}^{-t^2}\mathrm{d}t=\frac{1}{2}(1-\mathrm{e}^{-1})$. 故选 A.

**74.【参考答案】**A

**【答案解析】**将所给方程两端同时关于 $x$ 求导,得

$$\mathrm{e}^{y^2}\cdot y'=(x^{\frac{1}{3}}-1)\cdot\frac{1}{3}x^{-\frac{2}{3}},y'=\frac{x^{\frac{1}{3}}-1}{3x^{\frac{2}{3}}}\cdot\mathrm{e}^{-y^2},$$

令 $y'=0$,得 $y(x)$ 的唯一驻点 $x=1$. 当 $0<x<1$ 时,$y'<0$;当 $x>1$ 时,$y'>0$.

因此 $x=1$ 为 $y$ 的极小值点,极小值由原方程确定,将 $x=1$ 代入原方程得

$$\int_0^{y(1)}\mathrm{e}^{t^2}\mathrm{d}t=\frac{1}{2}(1-1)^2=0,$$

由被积函数 $\mathrm{e}^{t^2}>0$,可知极小值 $y(1)=0$. 故选 A.

**75.【参考答案】**D

**【答案解析】**由于

$$\frac{\mathrm{d}}{\mathrm{d}x}\left[\int_x^{x+1} f(t)\mathrm{d}t\right] = f(x+1) - f(x) = 3ax^2 + (3a+2b)x + a + b + c$$

$$= 12x^2 + 18x + 1,$$

比较各项系数，得 $a = 4, b = 3, c = -6$. 所以

$$f(x) = 4x^3 + 3x^2 - 6x + d.$$

再由
$$f'(x) = 12x^2 + 6x - 6 = 6(2x-1)(x+1),$$

令 $f'(x) = 0$，得 $f(x)$ 的两个驻点分别为 $x_1 = \frac{1}{2}, x_2 = -1$.

又
$$f''(x) = 24x + 6,$$

则有
$$f''\left(\frac{1}{2}\right) > 0, f''(-1) < 0,$$

由判定极值的第二充分条件知，当 $x = -1$ 时，$f(x)$ 取到极大值. 故选 D.

**76.【参考答案】** B

**【答案解析】** 由于 $g(x)$ 在 $x = 0$ 处没有定义，可知 $x = 0$ 为 $g(x)$ 的间断点.

又
$$\lim_{x\to 0} g(x) = \lim_{x\to 0} \frac{\int_0^x f(t)\mathrm{d}t}{x} = \lim_{x\to 0} \frac{f(x)}{1} = f(0),$$

由 $f(x)$ 连续，知 $f(0)$ 存在，则点 $x = 0$ 为 $g(x)$ 的可去间断点. 故选 B.

**77.【参考答案】** E

**【答案解析】** 由题设知 $f(x)$ 在 $x = 0$ 处连续，且 $f(0) = a$. 又

$$\lim_{x\to 0} f(x) = \lim_{x\to 0} \frac{\int_0^x \tan t^2 \mathrm{d}t}{x^3} = \lim_{x\to 0} \frac{\tan x^2}{3x^2} = \lim_{x\to 0} \frac{x^2}{3x^2} = \frac{1}{3},$$

由 $\lim\limits_{x\to 0} f(x) = f(0)$，得 $a = \frac{1}{3}$. 故选 E.

**78.【参考答案】** B

**【答案解析】** 先求分段函数 $f(x)$ 的变限积分 $F(x) = \int_0^x f(t)\mathrm{d}t$，再讨论函数 $F(x)$ 的连续性与可导性即可.

**方法 1** 关于具有跳跃间断点的函数的变限积分，有下述定理：

设 $f(x)$ 在 $[a,b]$ 上除点 $c \in (a,b)$ 外连续，且 $x = c$ 为 $f(x)$ 的跳跃间断点，又设 $F(x) = \int_c^x f(t)\mathrm{d}t$，则

①$F(x)$ 在 $[a,b]$ 上必连续；

② 当 $x \in [a,b]$，且 $x \neq c$ 时，$F'(x) = f(x)$；

③$F'(c)$ 必不存在，并且 $F'_+(c) = f(c^+)$，$F'_-(c) = f(c^-)$.

直接利用上述结论，这里的 $c = 0$，即可得出选项 B 正确. 故选 B.

**方法 2** 当 $x < 0$ 时，$F(x) = \int_0^x (-1)\mathrm{d}t = -x$；当 $x > 0$ 时，$F(x) = \int_0^x 1\mathrm{d}t = x$；当 $x = 0$ 时，$F(0) = 0$.

故 $F(x)=|x|$.

显然，$F(x)$ 在 $(-\infty,+\infty)$ 内连续，排除选项 A，又 $F'_+(0)=\lim\limits_{x\to0^+}\dfrac{x-0}{x-0}=1$，$F'_-(0)=\lim\limits_{x\to0^-}\dfrac{-x-0}{x-0}=-1$，所以 $F(x)$ 在点 $x=0$ 处不可导. 故选 B.

**79.【参考答案】** A

**【答案解析】** 由于 $x=0$ 为 $f(x)$ 的分段点，且

$$\lim_{x\to0^-}f(x)=\lim_{x\to0^-}e^{x^2}=1,$$
$$\lim_{x\to0^+}f(x)=\lim_{x\to0^+}(2x-1)=-1,$$

可知 $\lim\limits_{x\to0}f(x)$ 不存在，进而知 $f(x)$ 在 $x=0$ 处不连续，从而知可变限积分求导性质不成立.

当 $x<0$ 时，$f(x)=e^{x^2}$ 连续，因此

$$F'(x)=\left[\int_0^x f(t)dt\right]'=\left(\int_0^x e^{t^2}dt\right)'=e^{x^2};$$

当 $x>0$ 时，$f(x)=2x-1$ 连续，因此

$$F'(x)=\left[\int_0^x f(t)dt\right]'=\left[\int_0^x (2t-1)dt\right]'=2x-1;$$

当 $x=0$ 时，

$$F'_-(0)=\lim_{x\to0^-}\frac{\int_0^x e^{t^2}dt-0}{x-0}=\lim_{x\to0^-}\frac{\int_0^x e^{t^2}dt}{x}=\lim_{x\to0^-}\frac{e^{x^2}}{1}=1,$$

$$F'_+(0)=\lim_{x\to0^+}\frac{\int_0^x(2t-1)dt-0}{x-0}=\lim_{x\to0^+}\frac{\int_0^x(2t-1)dt}{x}=\lim_{x\to0^+}(2x-1)=-1.$$

可知 $F(x)$ 在点 $x=0$ 处不可导，故选 A.

**80.【参考答案】** B

**【答案解析】** 由于 $\int xf(x)dx=x\sin x+C$，两端对 $x$ 求导，可得 $xf(x)=\sin x+x\cos x$，

因此 $$f(x)=\frac{\sin x}{x}+\cos x(x\neq 0),$$

$$\left[\int_1^x f(t)\mathrm{d}t\right]'=f(x)=\frac{\sin x}{x}+\cos x(x>0).$$

故选 B.

**81.【参考答案】** E

**【答案解析】** 由于 $f(x)$ 在点 $x=0$ 处不连续，不符合可变限积分求导条件，因此不能说 $g(x)$ 在 $(-1,2)$ 内可导. 应先计算出 $g(x)$，然后再判断.

当 $x\in[-1,0)$ 时，

$$g(x)=\int_{-1}^x f(u)\mathrm{d}u=\int_{-1}^x\frac{1}{1+\cos u}\mathrm{d}u$$
$$=\tan\frac{u}{2}\Big|_{-1}^x=\tan\frac{x}{2}+\tan\frac{1}{2};$$

当 $x\in[0,2]$ 时，

$$g(x)=\int_{-1}^x f(u)\mathrm{d}u=\int_{-1}^0\frac{1}{1+\cos u}\mathrm{d}u+\int_0^x u\mathrm{e}^{-u^2}\mathrm{d}u$$
$$=\tan\frac{u}{2}\Big|_{-1}^0-\frac{1}{2}\mathrm{e}^{-u^2}\Big|_0^x=\tan\frac{1}{2}-\frac{1}{2}\mathrm{e}^{-x^2}+\frac{1}{2},$$

即 $$g(x)=\begin{cases}\tan\dfrac{x}{2}+\tan\dfrac{1}{2}, & -1\leqslant x<0,\\ \tan\dfrac{1}{2}-\dfrac{1}{2}\mathrm{e}^{-x^2}+\dfrac{1}{2}, & 0\leqslant x\leqslant 2,\end{cases}$$

$$\lim_{x\to 0^-}g(x)=\lim_{x\to 0^-}\left(\tan\frac{x}{2}+\tan\frac{1}{2}\right)=\tan\frac{1}{2},$$

$$\lim_{x\to 0^+}g(x)=\lim_{x\to 0^+}\left(\tan\frac{1}{2}-\frac{1}{2}\mathrm{e}^{-x^2}+\frac{1}{2}\right)=\tan\frac{1}{2}=g(0),$$

所以 $g(x)$ 在 $x=0$ 处是连续的，因而它在 $(-1,2)$ 内也是连续的. 故选 E.

**82.【参考答案】** C

**【答案解析】** $$原式=\lim_{x\to 0}\frac{2}{1+\cos x}\cdot\lim_{x\to 0}\frac{\int_0^x\left(3\sin t+t^2\cos\frac{1}{t}\right)\mathrm{d}t}{\int_0^x\ln(1+t)\mathrm{d}t}$$

$$=\lim_{x\to 0}\frac{3\sin x+x^2\cos\frac{1}{x}}{\ln(1+x)}=\lim_{x\to 0}\left(\frac{3\sin x}{x}+x\cos\frac{1}{x}\right)=3.$$

故选 C.

**83.【参考答案】** C

**【答案解析】** 由于

$$\lim_{x\to 0}\frac{\alpha(x)}{\beta(x)}=\lim_{x\to 0}\frac{\int_0^{5x}\frac{\sin t}{t}\mathrm{d}t}{\int_0^{\sin x}(1+t)^{\frac{1}{t}}\mathrm{d}t}=\lim_{x\to 0}\frac{\frac{\sin 5x}{5x}\cdot 5}{(1+\sin x)^{\frac{1}{\sin x}}\cdot\cos x}$$

$$= 5\lim_{x\to 0}\frac{\sin 5x}{5x}\cdot\frac{1}{\lim\limits_{\sin x\to 0}(1+\sin x)^{\frac{1}{\sin x}}\cdot\lim\limits_{x\to 0}\cos x}=5\cdot 1\cdot\frac{1}{e\cdot 1}=\frac{5}{e},$$

因此当 $x\to 0$ 时,$\alpha(x)$ 是 $\beta(x)$ 的同阶但非等价无穷小. 故选 C.

**84.【参考答案】** C

**【答案解析】** 由于

$$\lim_{x\to 0}\frac{\int_0^{\sin x}\sin t^2\mathrm{d}t}{x^3+x^4}\xlongequal{\text{洛必达法则}}\lim_{x\to 0}\frac{\sin(\sin x)^2\cdot\cos x}{3x^2+4x^3}$$

$$=\lim_{x\to 0}\cos x\cdot\frac{\sin^2 x}{3x^2+4x^3}$$

$$=\lim_{x\to 0}\frac{x^2}{3x^2+4x^3}=\frac{1}{3},$$

因此当 $x\to 0$ 时,$f(x)$ 是 $g(x)$ 的同阶但非等价无穷小. 故选 C.

**85.【参考答案】** B

**【答案解析】** 由于 $$\lim_{x\to 0}\frac{\int_0^x f(t)\sin t\mathrm{d}t}{\int_0^x t\varphi(t)\mathrm{d}t}=\lim_{x\to 0}\frac{f(x)\sin x}{\varphi(x)x}=\lim_{x\to 0}\frac{f(x)}{\varphi(x)}=0,$$

因此当 $x\to 0$ 时,$\int_0^x f(t)\sin t\mathrm{d}t$ 是 $\int_0^x t\varphi(t)\mathrm{d}t$ 的高阶无穷小. 故选 B.

**86.【参考答案】** C

**【答案解析】** 由于 $f(x)$ 为连续函数,可知

$$F(x)=\int_0^x(x^2-t^2)f(t)\mathrm{d}t=x^2\int_0^x f(t)\mathrm{d}t-\int_0^x t^2 f(t)\mathrm{d}t,$$

$$F'(x)=2x\int_0^x f(t)\mathrm{d}t+x^2 f(x)-x^2 f(x)=2x\int_0^x f(t)\mathrm{d}t,$$

$$\lim_{x\to 0}\frac{F'(x)}{x^k}=\lim_{x\to 0}\frac{2x\int_0^x f(t)\mathrm{d}t}{x^k}=\lim_{x\to 0}\frac{2\int_0^x f(t)\mathrm{d}t}{x^{k-1}},$$

当 $x\to 0$ 时,因为 $F'(x)$ 与 $x^k$ 为同阶无穷小,则由上述求极限的表达式的分子 $2\int_0^x f(t)\mathrm{d}t$ 在 $x\to 0$ 时极限为 0,可知 $k-1>0$,即 $k>1$,进而

$$\lim_{x\to 0}\frac{F'(x)}{x^k}=\lim_{x\to 0}\frac{2f(x)}{(k-1)x^{k-2}},$$

又由于 $\lim\limits_{x\to 0}f(x)=0$,可知必有 $k-2>0$,上述极限依然为"$\frac{0}{0}$"型. 又 $f(x)$ 有连续导数,因此

$$\lim_{x\to 0}\frac{F'(x)}{x^k}=\lim_{x\to 0}\frac{2f'(x)}{(k-1)(k-2)x^{k-3}},$$

因为上式分子的极限为 $2f'(0)\neq 0$,所以 $k=3$. 故选 C.

## 【考向 4】定积分定义与性质

**87.【参考答案】** B

【答案解析】由 $f'(x)$ 连续,可知 $f(x)$ 必定连续,因此 $\int_a^b f(x)\mathrm{d}x$ 存在,它表示一个确定的数值,可知 A 正确,B 不正确.

由牛顿 - 莱布尼茨公式得 $\int_a^x f'(t)\mathrm{d}t = f(t)\Big|_a^x = f(x)-f(a)$,则 C 正确.

由变限积分求导公式得 $\frac{\mathrm{d}}{\mathrm{d}x}\left[\int_a^x f(t)\mathrm{d}t\right] = f(x)$,则 D 正确.

由于 $\frac{\mathrm{d}}{\mathrm{d}x}\left[\int f'(x)\mathrm{d}x\right] = f'(x)$,则 E 正确. 故选 B.

**88.【参考答案】**E

**【答案解析】**由于被积函数含自变量 $x$,化简为

$$\int_0^a (x-t)f'(t)\mathrm{d}t = x\int_0^a f'(t)\mathrm{d}t - \int_0^a tf'(t)\mathrm{d}t,$$

于是 $\frac{\mathrm{d}}{\mathrm{d}x}\left[\int_0^a (x-t)f'(t)\mathrm{d}t\right] = \int_0^a f'(t)\mathrm{d}t = f(a)-f(0)$,故选 E.

**89.【参考答案】**A

**【答案解析】**由 $f(x)$ 为 $[a,b]$ 上的连续函数知 $\int_a^b f(x)\mathrm{d}x$ 存在,故它的值是确定的,取决于 $f(x)$ 和 $[a,b]$,与积分变量无关,因此 $\int_a^b f(x)\mathrm{d}x = \int_a^b f(t)\mathrm{d}t$,可知 A 正确,E 不正确. 由于题设并没有指明 $f(x)$ 的正负变化,可知 B,C,D 都不正确. 故选 A.

## 【考向 5】定积分比较大小

**90.【参考答案】**D

**【答案解析】**注意定积分的不等式性质:若连续函数 $f(x)$,$g(x)$ 在 $[a,b]$ 上满足 $f(x)\leqslant g(x)$,则当 $a<b$ 时,

$$\int_a^b f(x)\mathrm{d}x \leqslant \int_a^b g(x)\mathrm{d}x.$$

由于 $c\in(0,1)$,因此 $c<1$ 恒成立,但 $c$ 可能大于 $\frac{1}{2}$,也可能小于 $\frac{1}{2}$,可知 A,B 不正确. 由于 $f(x)\leqslant g(x)$,可知应有 $\int_c^1 f(t)\mathrm{d}t \leqslant \int_c^1 g(t)\mathrm{d}t$,所以 D 正确,C,E 不正确. 故选 D.

**91.【参考答案】**A

**【答案解析】**当 $x\in\left(0,\frac{\pi}{4}\right)$ 时,$0<\sin x<x<1$,因此 $\frac{\sin x}{x}<1<\frac{x}{\sin x}$,故

$$\int_0^{\frac{\pi}{4}} \frac{\sin x}{x}\mathrm{d}x < \int_0^{\frac{\pi}{4}} 1\mathrm{d}x < \int_0^{\frac{\pi}{4}} \frac{x}{\sin x}\mathrm{d}x,$$

即 $\int_0^{\frac{\pi}{4}} \frac{\sin x}{x}\mathrm{d}x < \frac{\pi}{4} < \int_0^{\frac{\pi}{4}} \frac{x}{\sin x}\mathrm{d}x$. 故选 A.

**92.【参考答案】**B

【答案解析】因为当 $0<x<\frac{\pi}{4}$ 时，$0<\sin x<\cos x<1<\cot x$，又因为 $\ln x$ 是单调递增函数，所以 $\ln\sin x<\ln\cos x<\ln\cot x$，即 $I<K<J$. 故选 B.

**93.【参考答案】** D

【答案解析】对于关于原点对称的区间上的积分，应该关注被积函数的奇偶性.

由对称区间上奇偶函数积分的性质可知，若被积函数是奇函数，积分区间关于原点对称，则积分为 0，故 $M=0$. 由定积分的性质：如果在区间$[a,b]$上，被积函数 $f(x)\geqslant 0$，且 $f(x)\not\equiv 0$，则$\int_a^b f(x)\mathrm{d}x>0(a<b)$. 所以

$$N=2\int_0^{\frac{\pi}{2}}\cos^6 x\mathrm{d}x>0,P=-2\int_0^{\frac{\pi}{2}}\cos^6 x\mathrm{d}x=-N<0.$$

因而 $P<M<N$，故选 D.

【评注】对称区间上的积分一般需要先通过被积函数的奇偶性进行化简，然后进行相关的讨论.

## 【考向 6】定积分计算

**94.【参考答案】** D

【答案解析】由于 $f'(x)=2\cos 2x+\sin x$，可知

$$f\left(\frac{\pi}{2}\right)-f(0)=\int_0^{\frac{\pi}{2}}f'(x)\mathrm{d}x=\int_0^{\frac{\pi}{2}}(2\cos 2x+\sin x)\mathrm{d}x$$

$$=(\sin 2x-\cos x)\Big|_0^{\frac{\pi}{2}}=1.$$

故选 D.

**95.【参考答案】** C

【答案解析】因为 $f[\varphi(x)]=\mathrm{e}^{2\ln x}=x^2(x>0)$，$\varphi[f(x)]=\ln\mathrm{e}^{2x}=2x$，所以

$$\int_0^1\{f[\varphi(x)]+\varphi[f(x)]\}\mathrm{d}x=\int_0^1(x^2+2x)\mathrm{d}x=\left(\frac{x^3}{3}+x^2\right)\Big|_0^1=\frac{1}{3}+1=\frac{4}{3}.$$

故选 C.

**96.【参考答案】** C

【答案解析】

$$\int_0^1\frac{1}{\mathrm{e}^x+\mathrm{e}^{-x}}\mathrm{d}x=\int_0^1\frac{1}{\mathrm{e}^{-x}(\mathrm{e}^{2x}+1)}\mathrm{d}x=\int_0^1\frac{\mathrm{e}^x}{1+\mathrm{e}^{2x}}\mathrm{d}x$$

$$=\int_0^1\frac{1}{1+\mathrm{e}^{2x}}\mathrm{d}(\mathrm{e}^x)=\arctan\mathrm{e}^x\Big|_0^1$$

$$=\arctan\mathrm{e}-\arctan 1$$

$$=\arctan\mathrm{e}-\frac{\pi}{4}.$$

故选 C.

**97.【参考答案】** C

【答案解析】由于 $f(x)$ 为抽象函数，题设条件只给出其在特定点的值，无法求 $f(x)$ 的表

达式，因此

$$\int_1^2 xf(x^2)f'(x^2)\mathrm{d}x = \int_1^2 \frac{1}{2}f(x^2)f'(x^2)\mathrm{d}(x^2)$$

$$= \int_1^2 \frac{1}{2}f(x^2)\mathrm{d}[f(x^2)]$$

$$= \frac{1}{4}f^2(x^2)\Big|_1^2 = \frac{1}{4}[f^2(4) - f^2(1)] = 2.$$

故选 C.

**98.【参考答案】**E

**【答案解析】** $\int_0^\pi \sqrt{\sin x - \sin^3 x}\,\mathrm{d}x = \int_0^\pi \sqrt{\sin x(1-\sin^2 x)}\,\mathrm{d}x$

$$\xlongequal{(*)} \int_0^\pi \sqrt{\sin x}\ |\cos x|\ \mathrm{d}x$$

$$= \int_0^{\frac{\pi}{2}} \sqrt{\sin x}\cos x\mathrm{d}x - \int_{\frac{\pi}{2}}^{\pi} \sqrt{\sin x}\cos x\mathrm{d}x$$

$$= \int_0^{\frac{\pi}{2}} \sqrt{\sin x}\,\mathrm{d}(\sin x) - \int_{\frac{\pi}{2}}^{\pi} \sqrt{\sin x}\,\mathrm{d}(\sin x) = \frac{4}{3}.$$

故选 E.

**【评注】**注意开平方的表达式，在（$*$）处 $\sqrt{1-\sin^2 x} = \sqrt{\cos^2 x} = |\cos x|$，如果写为 $\cos x$，则是错误的.

**99.【参考答案】**C

**【答案解析】** $\int_1^e \frac{\sqrt[3]{2+5\ln x}}{x}\mathrm{d}x = \int_1^e (2+5\ln x)^{\frac{1}{3}}\mathrm{d}(\ln x)$

$$= \frac{1}{5}\int_1^e (2+5\ln x)^{\frac{1}{3}}\mathrm{d}(2+5\ln x)$$

$$= \frac{1}{5}\cdot\frac{3}{4}(2+5\ln x)^{\frac{4}{3}}\Big|_1^e$$

$$= \frac{3}{20}(7^{\frac{4}{3}} - 2^{\frac{4}{3}}).$$

故选 C.

**【评注】**本题运算中只是利用了凑微分法，并没有引入新变量，因此积分上、下限不变. 如果引入新变量 $t = 2+5\ln x$，则积分上、下限必须随之变化，这也是本题的另一种方法，本题两种方法难度相仿. 但是有些题目的被积函数可能比较复杂，直接引入新变量有困难，此时可以逐步凑微分求解.

**100.【参考答案】**A

**【答案解析】**令 $t = \sqrt{x-1}$，则 $x = t^2+1$，$\mathrm{d}x = 2t\mathrm{d}t$. 当 $x=1$ 时，$t=0$；当 $x=5$ 时，$t=2$. 因此

$$\int_1^5 x\sqrt{x-1}\,\mathrm{d}x = \int_0^2 (t^2+1)t\cdot 2t\mathrm{d}t = 2\int_0^2 (t^4+t^2)\mathrm{d}t$$

$$=2\left(\frac{1}{5}t^5+\frac{1}{3}t^3\right)\Big|_0^2=\frac{272}{15}.$$

故选 A.

**【评注】**定积分中的换元法要特别注意:换元要换限,否则必定出现错误.

**101.【参考答案】**E

**【答案解析】**令 $t=\sqrt{x}$,有 $x=t^2$,$\mathrm{d}x=2t\mathrm{d}t$,当 $x=0$ 时,$t=0$;当 $x=\pi^2$ 时,$t=\pi$.

$$\begin{aligned}\int_0^{\pi^2}\sqrt{x}\cos\sqrt{x}\,\mathrm{d}x&=\int_0^{\pi}t\cos t\cdot 2t\mathrm{d}t\\&=2t^2\cdot\sin t\Big|_0^{\pi}-\int_0^{\pi}4t\sin t\mathrm{d}t\\&=4t\cos t\Big|_0^{\pi}-4\int_0^{\pi}\cos t\mathrm{d}t\\&=-4\pi-4\sin t\Big|_0^{\pi}=-4\pi.\end{aligned}$$

故选 E.

**102.【参考答案】**A

**【答案解析】**为消除根号形式,先设 $t=\sqrt{x}$,则 $x=t^2$,$\mathrm{d}x=2t\mathrm{d}t$.

当 $x=0$ 时,$t=0$;当 $x=9$ 时,$t=3$. 因此

$$\int_0^9 3\sqrt{1+\sqrt{x}}\,\mathrm{d}x=\int_0^3 3\sqrt{1+t}\cdot 2t\mathrm{d}t.$$

再设 $u=\sqrt{1+t}$,则 $t=u^2-1$,$\mathrm{d}t=2u\mathrm{d}u$.

当 $t=0$ 时,$u=1$;当 $t=3$ 时,$u=2$. 因此

$$\int_0^9 3\sqrt{1+\sqrt{x}}\,\mathrm{d}x=12\int_1^2 u^2\cdot(u^2-1)\mathrm{d}u=\left(\frac{12}{5}u^5-4u^3\right)\Big|_1^2=\frac{232}{5}.$$

故选 A.

**103.【参考答案】**B

**【答案解析】**令 $u=\sqrt{1-x^2}$,则 $x\mathrm{d}x=-\frac{1}{2}\mathrm{d}(1-x^2)=-\frac{1}{2}\mathrm{d}(u^2)=-u\mathrm{d}u$.

当 $x=0$ 时,$u=1$;当 $x=1$ 时,$u=0$. 因此

$$\text{原式}=\int_1^0\frac{-u\mathrm{d}u}{(1+u^2)u}=-\int_1^0\frac{\mathrm{d}u}{1+u^2}=-\arctan u\Big|_1^0=\frac{\pi}{4}.$$

故选 B.

**【评注】**本题常规方法:令 $x=\sin t$,读者可试着自行解之,但是不如上面运算简便.

**104.【参考答案】**D

**【答案解析】**令 $x=\tan t$,则 $\mathrm{d}x=\frac{1}{\cos^2 t}\mathrm{d}t$. 于是当 $x=0$ 时,$t=0$;当 $x=\frac{1}{\sqrt{3}}$ 时,$t=\frac{\pi}{6}$.

因此

$$\text{原式}=\int_0^{\frac{\pi}{6}}\frac{1}{(1+5\tan^2 t)\sec t}\cdot\frac{1}{\cos^2 t}\mathrm{d}t$$

$$= \int_0^{\frac{\pi}{6}} \frac{\cos t}{\cos^2 t + 5\sin^2 t} \mathrm{d}t = \int_0^{\frac{\pi}{6}} \frac{\mathrm{d}(\sin t)}{1 + 4\sin^2 t}$$

$$= \frac{1}{2}\int_0^{\frac{\pi}{6}} \frac{\mathrm{d}(2\sin t)}{1 + (2\sin t)^2} = \frac{1}{2}\arctan(2\sin t)\Big|_0^{\frac{\pi}{6}}$$

$$= \frac{1}{2}\arctan 1 = \frac{\pi}{8}.$$

故选 D.

**105.【参考答案】** C

**【答案解析】方法 1**　$\int_1^{\mathrm{e}} \frac{\ln x - 1}{x^2}\mathrm{d}x = \int_1^{\mathrm{e}} \left(\frac{\ln x}{x^2} - \frac{1}{x^2}\right)\mathrm{d}x = \int_1^{\mathrm{e}} \ln x \mathrm{d}\left(-\frac{1}{x}\right) - \int_1^{\mathrm{e}} \frac{1}{x^2}\mathrm{d}x$

$$= -\frac{1}{x}\ln x\Big|_1^{\mathrm{e}} + \int_1^{\mathrm{e}} \frac{1}{x^2}\mathrm{d}x - \int_1^{\mathrm{e}} \frac{1}{x^2}\mathrm{d}x = -\frac{1}{\mathrm{e}}.$$

故选 C.

**方法 2**　直接使用分部积分法.

$$\int_1^{\mathrm{e}} \frac{\ln x - 1}{x^2}\mathrm{d}x = \int_1^{\mathrm{e}} (\ln x - 1)\mathrm{d}\left(-\frac{1}{x}\right) = -\frac{1}{x}(\ln x - 1)\Big|_1^{\mathrm{e}} + \int_1^{\mathrm{e}} \frac{1}{x^2}\mathrm{d}x = -\frac{1}{\mathrm{e}}.$$

故选 C.

**106.【参考答案】** D

**【答案解析】** 由于被积函数为两项之和，可以考虑先分为两项，再利用分部积分法求解第二项. 但是若能注意到微分关系，则可简化运算.

$$\int_0^1 [f(x) + xf'(x)]\mathrm{d}x = \int_0^1 [xf(x)]'\mathrm{d}x = \int_0^1 \mathrm{d}[xf(x)] = xf(x)\Big|_0^1 = f(1).$$

由于 $x\mathrm{e}^{x^2}$ 是 $f(x)$ 的一个原函数，可知

$$f(x) = (x\mathrm{e}^{x^2})' = \mathrm{e}^{x^2} + 2x^2\mathrm{e}^{x^2} = (1 + 2x^2)\mathrm{e}^{x^2},$$

故 $f(1) = 3\mathrm{e}$，因此 $\int_0^1 [f(x) + xf'(x)]\mathrm{d}x = 3\mathrm{e}$. 故选 D.

**107.【参考答案】** E

**【答案解析】** 由题设知 $\frac{\sin x}{x}$ 是 $f(x)$ 的一个原函数，因此 $\left(\frac{\sin x}{x}\right)' = f(x)$，从而

$$\int_0^{\frac{\pi}{2}} x^3 f(x)\mathrm{d}x = \int_0^{\frac{\pi}{2}} x^3 \cdot \left(\frac{\sin x}{x}\right)'\mathrm{d}x$$

$$= x^3 \cdot \frac{\sin x}{x}\Big|_0^{\frac{\pi}{2}} - \int_0^{\frac{\pi}{2}} 3x^2 \cdot \frac{\sin x}{x}\mathrm{d}x$$

$$= \frac{\pi^2}{4} - 3\int_0^{\frac{\pi}{2}} x\sin x\mathrm{d}x$$

$$= \frac{\pi^2}{4} - 3\left(-x\cos x\Big|_0^{\frac{\pi}{2}} + \int_0^{\frac{\pi}{2}} \cos x\mathrm{d}x\right)$$

$$= \frac{\pi^2}{4} - 3\sin x\Big|_0^{\frac{\pi}{2}} = \frac{\pi^2}{4} - 3.$$

故选 E.

**108.【参考答案】**D

**【答案解析】**
$$\int_0^{\pi} xf'(x)\mathrm{d}x = xf(x)\Big|_0^{\pi} - \int_0^{\pi} f(x)\mathrm{d}x.$$

由 $x\sin x$ 为 $f(x)$ 的一个原函数，可知

$$f(x) = (x\sin x)' = \sin x + x\cos x,$$

因此
$$\int_0^{\pi} xf'(x)\mathrm{d}x = x(\sin x + x\cos x)\Big|_0^{\pi} - \int_0^{\pi}(\sin x + x\cos x)\mathrm{d}x$$

$$= -\pi^2 - x\sin x\Big|_0^{\pi} = -\pi^2.$$

故选 D.

**109.【参考答案】**D

**【答案解析】**由题设$\frac{\ln x}{x}$为 $f(x)$ 的一个原函数，可知

$$f(x) = \left(\frac{\ln x}{x}\right)' = \frac{1-\ln x}{x^2}, \int f(x)\mathrm{d}x = \frac{\ln x}{x} + C.$$

因此由分部积分公式可得

$$\int_1^{\mathrm{e}} xf'(x)\mathrm{d}x = xf(x)\Big|_1^{\mathrm{e}} - \int_1^{\mathrm{e}} f(x)\mathrm{d}x = \left(x\cdot\frac{1-\ln x}{x^2}\right)\Big|_1^{\mathrm{e}} - \frac{\ln x}{x}\Big|_1^{\mathrm{e}} = -1-\frac{1}{\mathrm{e}}.$$

故选 D.

**110.【参考答案】**A

**【答案解析】**令 $t = \sin^2 x$，则 $\sin x = \sqrt{t}$，$x = \arcsin\sqrt{t}$，故

$$f(t) = \frac{\arcsin\sqrt{t}}{\sqrt{t}}, f(x) = \frac{\arcsin\sqrt{x}}{\sqrt{x}}.$$

$$\int_0^1 \frac{\sqrt{x}}{\sqrt{1-x}}f(x)\mathrm{d}x = \int_0^1 \frac{\arcsin\sqrt{x}}{\sqrt{1-x}}\mathrm{d}x$$

$$= -\int_0^1 \frac{\arcsin\sqrt{x}}{\sqrt{1-x}}\mathrm{d}(1-x) = -2\int_0^1 \arcsin\sqrt{x}\,\mathrm{d}(\sqrt{1-x})$$

$$= -2\sqrt{1-x}\arcsin\sqrt{x}\Big|_0^1 + 2\int_0^1 \frac{\sqrt{1-x}}{\sqrt{1-x}}\mathrm{d}(\sqrt{x})$$

$$= 2\sqrt{x}\Big|_0^1 = 2.$$

故选 A.

**111.【参考答案】**C

**【答案解析】**
$$\int_{\mathrm{e}}^{\mathrm{e}^2}\left(\frac{\ln x}{x} + x\ln x\right)\mathrm{d}x = \int_{\mathrm{e}}^{\mathrm{e}^2}\frac{\ln x}{x}\mathrm{d}x + \int_{\mathrm{e}}^{\mathrm{e}^2} x\ln x\mathrm{d}x,$$

$$\int_{\mathrm{e}}^{\mathrm{e}^2}\frac{\ln x}{x}\mathrm{d}x = \int_{\mathrm{e}}^{\mathrm{e}^2}\ln x\mathrm{d}(\ln x) = \frac{1}{2}\ln^2 x\Big|_{\mathrm{e}}^{\mathrm{e}^2} = 2-\frac{1}{2} = \frac{3}{2},$$

$$\int_{\mathrm{e}}^{\mathrm{e}^2} x\ln x\mathrm{d}x = \frac{x^2}{2}\ln x\Big|_{\mathrm{e}}^{\mathrm{e}^2} - \int_{\mathrm{e}}^{\mathrm{e}^2}\frac{x^2}{2}\cdot\frac{1}{x}\mathrm{d}x = \left(\mathrm{e}^4 - \frac{\mathrm{e}^2}{2}\right) - \frac{1}{4}x^2\Big|_{\mathrm{e}}^{\mathrm{e}^2}$$

$$= \frac{3}{4}e^4 - \frac{1}{4}e^2 = \frac{e^2}{4}(3e^2 - 1).$$

所以 $$原式 = \frac{e^2}{4}(3e^2 - 1) + \frac{3}{2}.$$

故选 C.

**112.【参考答案】**B

**【答案解析】**利用分部积分法计算，有

$$\int_0^1 x\arctan x\mathrm{d}x = \frac{1}{2}\int_0^1 \arctan x\mathrm{d}(1 + x^2)$$

$$= \frac{1}{2}[(1 + x^2)\arctan x]\Big|_0^1 - \frac{1}{2}\int_0^1 (1 + x^2)\cdot\frac{1}{1 + x^2}\mathrm{d}x = \frac{\pi}{4} - \frac{1}{2}.$$

故选 B.

**113.【参考答案】**A

**【答案解析】** $$左端 = \lim_{x\to\infty}\left(\frac{x + a}{x - a}\right)^{\frac{x}{2}} = \lim_{x\to\infty}\frac{\left(1 + \frac{a}{x}\right)^{\frac{x}{2}}}{\left(1 - \frac{a}{x}\right)^{\frac{x}{2}}} = \frac{e^{\frac{a}{2}}}{e^{-\frac{a}{2}}} = e^a,$$

$$右端 = \int_1^2 2x^3 e^{x^2}\mathrm{d}x = \int_1^2 x^2 e^{x^2}\mathrm{d}(x^2),$$

令 $t = x^2$，当 $x = 1$ 时，$t = 1$；当 $x = 2$ 时，$t = 4$.

$$\int_1^2 x^2 e^{x^2}\mathrm{d}(x^2) = \int_1^4 te^t\mathrm{d}t = te^t\Big|_1^4 - \int_1^4 e^t\mathrm{d}t = 4e^4 - e - e^t\Big|_1^4 = 3e^4.$$

因此有 $$e^a = 3e^4,$$

$$a\ln e = \ln 3 + 4\ln e,$$

即 $$a = 4 + \ln 3.$$

故选 A.

**114.【参考答案】**E

**【答案解析】** $$\int_3^5 \frac{x + 5}{x^2 - 6x + 13}\mathrm{d}x = \int_3^5 \frac{x - 3}{x^2 - 6x + 13}\mathrm{d}x + \int_3^5 \frac{8}{x^2 - 6x + 13}\mathrm{d}x$$

$$= \frac{1}{2}\int_3^5 \frac{\mathrm{d}(x^2 - 6x + 13)}{x^2 - 6x + 13} + \int_3^5 \frac{8}{(x - 3)^2 + 4}\mathrm{d}x$$

$$= \frac{1}{2}\ln(x^2 - 6x + 13)\Big|_3^5 + \int_3^5 \frac{4}{1 + \left(\frac{x - 3}{2}\right)^2}\mathrm{d}\left(\frac{x - 3}{2}\right)$$

$$= \frac{1}{2}(\ln 8 - \ln 4) + 4\arctan\frac{x - 3}{2}\Big|_3^5$$

$$= \frac{1}{2}\ln 2 + \pi.$$

故选 E.

**115.【参考答案】**B

【答案解析】
$$\int_{-1}^{1}(x+\sqrt{1-x^2})^2\mathrm{d}x=\int_{-1}^{1}[x^2+2x\sqrt{1-x^2}+(1-x^2)]\mathrm{d}x$$
$$=\int_{-1}^{1}(1+2x\sqrt{1-x^2})\mathrm{d}x=\int_{-1}^{1}\mathrm{d}x=2.$$

故选 B.

【评注】本题中，由于积分区间为对称区间，因此利用对称区间上被积函数的奇偶性简化运算.

116.【参考答案】E

【答案解析】利用定积分的对称性及其几何背景，有
$$\int_{-a}^{a}(x-2a)\sqrt{a^2-x^2}\mathrm{d}x=-2a\int_{-a}^{a}\sqrt{a^2-x^2}\mathrm{d}x=-2a\times\frac{1}{2}\pi a^2=-\pi a^3,$$
其中$\int_{-a}^{a}\sqrt{a^2-x^2}\mathrm{d}x$表示圆心为(0,0)，半径为 $a$ 的上半圆的面积，故选 E.

117.【参考答案】E

【答案解析】
$$\int_{-2}^{2}\left(\sqrt{4-x^2}+\frac{x}{1+x^2}\right)\mathrm{d}x=2\int_{0}^{2}\sqrt{4-x^2}\mathrm{d}x,$$
由定积分的几何意义，得
$$\int_{-2}^{2}\left(\sqrt{4-x^2}+\frac{x}{1+x^2}\right)\mathrm{d}x=2\cdot\frac{\pi}{4}\cdot 2^2=2\pi.$$
故选 E.

118.【参考答案】C

【答案解析】
$$\int_{-1}^{1}(\mathrm{e}^{x^2}\cdot x^3+\mathrm{e}^x\cdot x^2)\mathrm{d}x=\int_{-1}^{1}\mathrm{e}^x\cdot x^2\mathrm{d}x$$
$$=\int_{-1}^{1}x^2\mathrm{d}(\mathrm{e}^x)=x^2\mathrm{e}^x\Big|_{-1}^{1}-\int_{-1}^{1}2x\cdot\mathrm{e}^x\mathrm{d}x$$
$$=x^2\mathrm{e}^x\Big|_{-1}^{1}-2\int_{-1}^{1}x\mathrm{d}(\mathrm{e}^x)$$
$$=x^2\mathrm{e}^x\Big|_{-1}^{1}-2\left(x\mathrm{e}^x\Big|_{-1}^{1}-\int_{-1}^{1}\mathrm{e}^x\mathrm{d}x\right)$$
$$=(x^2-2x+2)\mathrm{e}^x\Big|_{-1}^{1}$$
$$=\mathrm{e}-5\mathrm{e}^{-1}.$$
故选 C.

119.【参考答案】C

【答案解析】利用被积函数的奇偶性，当积分区间关于原点对称，且被积函数为奇函数时，积分为 0；当被积函数为偶函数时，可以化为 2 倍的半区间上的积分. 所以
$$\text{原式}=\int_{-2}^{2}\frac{x}{2+x^2}\mathrm{d}x+\int_{-2}^{2}\frac{|x|}{2+x^2}\mathrm{d}x=2\int_{0}^{2}\frac{x}{2+x^2}\mathrm{d}x$$
$$=\int_{0}^{2}\frac{1}{2+x^2}\mathrm{d}(x^2)=\ln(2+x^2)\Big|_{0}^{2}$$

$$= \ln 6 - \ln 2 = \ln 3.$$

故选 C.

**【评注】**对于对称区间上的积分,一定要先利用被积函数的奇偶性进行化简.

**120.【参考答案】**E

**【答案解析】**

$$\int_0^2 |x - x^2| \mathrm{d}x = \int_0^1 (x - x^2)\mathrm{d}x + \int_1^2 (x^2 - x)\mathrm{d}x$$

$$= \left(\frac{1}{2}x^2 - \frac{1}{3}x^3\right)\Big|_0^1 + \left(\frac{1}{3}x^3 - \frac{1}{2}x^2\right)\Big|_1^2 = 1.$$

故选 E.

**【评注】**被积函数含有绝对值符号,应考虑将积分区间分为若干个子区间,以消除绝对值符号.

**121.【参考答案】**E

**【答案解析】**令 $x-1=t$,则 $\mathrm{d}x=\mathrm{d}t$,当 $x=\frac{1}{2}$ 时,$t=-\frac{1}{2}$;当 $x=2$ 时,$t=1$. 因此

$$\int_{\frac{1}{2}}^2 f(x-1)\mathrm{d}x = \int_{-\frac{1}{2}}^1 f(t)\mathrm{d}t = \int_{-\frac{1}{2}}^{\frac{1}{2}} t\mathrm{e}^{t^2}\mathrm{d}t + \int_{\frac{1}{2}}^1 (-1)\mathrm{d}t \xlongequal{(*)} 0 - \frac{1}{2} = -\frac{1}{2}.$$

故选 E.

**【评注】**上述运算(*)处利用"对称区间上的奇函数积分等于零"的性质简化运算.

**122.【参考答案】**A

**【答案解析】**

$$\int_{\frac{1}{2}}^3 \max\left\{\frac{1}{x}, x^2\right\}\mathrm{d}x = \int_{\frac{1}{2}}^1 \frac{1}{x}\mathrm{d}x + \int_1^3 x^2\mathrm{d}x$$

$$= \ln x\Big|_{\frac{1}{2}}^1 + \frac{1}{3}x^3\Big|_1^3 = \ln 2 + \frac{26}{3}.$$

故选 A.

**123.【参考答案】**A

**【答案解析】**由 $f(t) = \int_0^1 t|t-x|\mathrm{d}x \xlongequal[\mathrm{d}x=-\mathrm{d}u]{t-x=u} \int_t^{t-1} t|u|(-\mathrm{d}u) = t\int_{t-1}^t |u|\mathrm{d}u$,故

当 $t \geqslant 1$ 时,$f(t) = t\cdot\frac{1}{2}u^2\Big|_{t-1}^t = t\cdot\left(t-\frac{1}{2}\right) = t^2 - \frac{t}{2}$;

当 $0 < t < 1$ 时,$f(t) = t\cdot\frac{1}{2}u^2\Big|_0^{t-1} + t\cdot\frac{1}{2}u^2\Big|_0^t = t^3 - t^2 + \frac{t}{2}$;

当 $t \leqslant 0$ 时,$f(t) = t\cdot\frac{1}{2}u^2\Big|_t^{t-1} = -t^2 + \frac{t}{2}$.

所以有

$$\int_{-1}^2 f(t)\mathrm{d}t = \int_{-1}^0 \left(\frac{t}{2} - t^2\right)\mathrm{d}t + \int_0^1 \left(t^3 - t^2 + \frac{t}{2}\right)\mathrm{d}t + \int_1^2 \left(t^2 - \frac{t}{2}\right)\mathrm{d}t$$

$$= \left(\frac{1}{4}t^2 - \frac{1}{3}t^3\right)\Big|_{-1}^0 + \left(\frac{1}{4}t^4 - \frac{1}{3}t^3 + \frac{1}{4}t^2\right)\Big|_0^1 + \left(\frac{1}{3}t^3 - \frac{1}{4}t^2\right)\Big|_1^2$$

$$= -\frac{7}{12} + \frac{1}{6} + \frac{19}{12} = \frac{7}{6}.$$

故选 A.

**124.【参考答案】**A

**【答案解析】**当$\int_0^1 f(x)\mathrm{d}x$ 存在时，它为一个确定的数值，设 $A=\int_0^1 f(x)\mathrm{d}x$，则

$$f(x)=\frac{1}{1+x^2}+Ax^3,$$

将上述等式两端在$[0,1]$上分别积分，可得

$$A=\int_0^1 f(x)\mathrm{d}x=\int_0^1 \frac{1}{1+x^2}\mathrm{d}x+\int_0^1 Ax^3\mathrm{d}x=\arctan x\Big|_0^1+\frac{1}{4}Ax^4\Big|_0^1=\frac{\pi}{4}+\frac{A}{4},$$

解得 $A=\frac{\pi}{3}$，从而 $f(x)=\frac{1}{1+x^2}+\frac{\pi}{3}x^3$.

故选 A.

**125.【参考答案】**B

**【答案解析】**如果定积分存在，则它表示一个确定的数值. 设$\int_0^1 f(x)\mathrm{d}x=A$，则

$$f(x)+A=\frac{1}{2}-x,$$

$$\int_0^1[f(x)+A]\mathrm{d}x=\int_0^1\left(\frac{1}{2}-x\right)\mathrm{d}x,$$

因此

$$\int_0^1 f(x)\mathrm{d}x+A\int_0^1\mathrm{d}x=\left(\frac{1}{2}x-\frac{1}{2}x^2\right)\Big|_0^1,$$

$$A+A=\frac{1}{2}-\frac{1}{2},A=0.$$

所以

$$f(x)=\frac{1}{2}-x,$$

即

$$\int_{-1}^1 f(x)\sqrt{1-x^2}\mathrm{d}x=\int_{-1}^1\left(\frac{1}{2}-x\right)\sqrt{1-x^2}\mathrm{d}x=\int_{-1}^1\frac{1}{2}\sqrt{1-x^2}\mathrm{d}x.$$

又由于 $y=\sqrt{1-x^2}$ 表示圆心在(0,0)点，半径为1的上半圆周，因此$\int_{-1}^1\sqrt{1-x^2}\mathrm{d}x$ 表示半径为1的上半圆面积，值为$\frac{\pi}{2}$. 所以原式 $=\frac{\pi}{4}$. 故选 B.

**126.【参考答案】**A

**【答案解析】**由于定积分为常数，设$\int_0^1 f(x)\mathrm{d}x=A$，因此 $f(x)=\frac{x}{1+x^2}+A\sqrt{1-x^2}$，上式两边再积分，得

$$\int_0^1 f(x)\mathrm{d}x=\int_0^1\frac{x}{1+x^2}\mathrm{d}x+A\int_0^1\sqrt{1-x^2}\mathrm{d}x,$$

从而有 $A=\frac{1}{2}\ln 2+\frac{1}{4}A\pi$，得 $A=\frac{2\ln 2}{4-\pi}$，因此，$f(x)=\frac{x}{1+x^2}+\frac{2\ln 2}{4-\pi}\sqrt{1-x^2}$.

故选 A.

**127.【参考答案】**E

【答案解析】由于定积分表示确定的数值，设$\int_0^1 f(x)\mathrm{d}x = A$，则所给表达式可以化为

$$Axe^x + \frac{1}{1+x^2} + f(x) = 1.$$

将上式两端同时在[0,1]上取定积分，有

$$\int_0^1 Axe^x\mathrm{d}x + \int_0^1 \frac{1}{1+x^2}\mathrm{d}x + \int_0^1 f(x)\mathrm{d}x = \int_0^1 \mathrm{d}x,$$

可得
$$A\int_0^1 xe^x\mathrm{d}x + \int_0^1 \frac{1}{1+x^2}\mathrm{d}x + A = 1, \qquad (*)$$

其中
$$\int_0^1 xe^x\mathrm{d}x = xe^x\Big|_0^1 - \int_0^1 e^x\mathrm{d}x = e - e^x\Big|_0^1 = 1,$$

$$\int_0^1 \frac{1}{1+x^2}\mathrm{d}x = \arctan x\Big|_0^1 = \frac{\pi}{4},$$

代入（*）式可得
$$A + \frac{\pi}{4} + A = 1,$$

$$A = \frac{1}{2} - \frac{\pi}{8}.$$

所以
$$\int_0^1 f(x)\mathrm{d}x = \frac{1}{2} - \frac{\pi}{8}.$$

故选 E.

## 【考向 7】反常积分

**128.【参考答案】**A

**【答案解析】**对于反常积分$\int_1^{+\infty} \frac{1}{u^\alpha}\mathrm{d}u$而言，当$\alpha > 1$时收敛，当$\alpha \leqslant 1$时发散. 通过换元$u = \ln x$，各选项积分依次变为

$$\int_1^{+\infty} \frac{1}{u^{\frac{3}{2}}}\mathrm{d}u,\ \int_1^{+\infty} \frac{1}{u^{\frac{2}{3}}}\mathrm{d}u,\ \int_1^{+\infty} \frac{1}{u^{\frac{1}{2}}}\mathrm{d}u,\ \int_1^{+\infty} \frac{1}{u^{\frac{1}{3}}}\mathrm{d}u,\ \int_1^{+\infty} u^{\frac{1}{3}}\mathrm{d}x.$$

容易看到，仅有选项 A 满足收敛条件，故选 A.

**129.【参考答案】**E

**【答案解析】**由

$$\int_{-\infty}^{+\infty} \frac{1}{e^x + 6e^{-x} + 5}\mathrm{d}x = \int_{-\infty}^{+\infty} \frac{e^x}{e^{2x} + 5e^x + 6}\mathrm{d}x$$

$$\xlongequal{u = e^x} \int_0^{+\infty} \frac{1}{u^2 + 5u + 6}\mathrm{d}u = \int_0^{+\infty} \left(\frac{1}{u+2} - \frac{1}{u+3}\right)\mathrm{d}u,$$

有
$$\text{原积分} = \ln \frac{u+2}{u+3}\Big|_0^{+\infty} = \ln 3 - \ln 2,$$

故选 E.

**130.【参考答案】**C

**【答案解析】**利用分部积分法，

$$\int_0^{+\infty}\frac{xe^{-x}}{(1+e^{-x})^2}dx=\int_0^{+\infty}\frac{xe^x}{(1+e^x)^2}dx=-\int_0^{+\infty}xd\left(\frac{1}{1+e^x}\right)$$

$$=-\frac{x}{1+e^x}\Big|_0^{+\infty}+\int_0^{+\infty}\frac{1}{1+e^x}dx$$

$$=-\ln(1+e^{-x})\Big|_0^{+\infty}=\ln 2.$$

故选 C.

**131.【参考答案】**E

**【答案解析】**$\int_1^{+\infty}\frac{\arctan x}{x^2}dx=\lim\limits_{b\to+\infty}\int_1^b\frac{\arctan x}{x^2}dx$

$$=\lim_{b\to+\infty}\int_1^b(-\arctan x)d\left(\frac{1}{x}\right)$$

$$=\lim_{b\to+\infty}\left[-\frac{\arctan x}{x}\Big|_1^b+\int_1^b\frac{1}{x(1+x^2)}dx\right]$$

$$=\frac{\pi}{4}+\lim_{b\to+\infty}\int_1^b\left(\frac{1}{x}-\frac{x}{1+x^2}\right)dx$$

$$=\frac{\pi}{4}+\lim_{b\to+\infty}\ln\frac{x}{\sqrt{1+x^2}}\Big|_1^b=\frac{\pi}{4}+\frac{1}{2}\ln 2.$$

故选 E.

**132.【参考答案】**D

**【答案解析】**所给表达式左端为极限,右端为反常积分,应分别计算:

$$\text{左端}=\lim_{x\to+\infty}\left(\frac{x-a}{x+a}\right)^x=\lim_{x\to+\infty}\left(\frac{1-\frac{a}{x}}{1+\frac{a}{x}}\right)^x=\frac{e^{-a}}{e^a}=e^{-2a},$$

$$\text{右端}=\int_a^{+\infty}xe^{-2x}dx=\lim_{b\to+\infty}\int_a^b xe^{-2x}dx$$

$$=\lim_{b\to+\infty}\left(-\frac{1}{2}xe^{-2x}\Big|_a^b+\frac{1}{2}\int_a^b e^{-2x}dx\right)$$

$$=\lim_{b\to+\infty}\left(-\frac{b}{2}e^{-2b}+\frac{a}{2}e^{-2a}-\frac{1}{4}e^{-2x}\Big|_a^b\right)$$

$$=\left(\frac{a}{2}+\frac{1}{4}\right)e^{-2a},$$

因此有$\left(\frac{a}{2}+\frac{1}{4}\right)e^{-2a}=e^{-2a}$,$a=\frac{3}{2}$.

故选 D.

**133.【参考答案】**D

**【答案解析】**由于

$$\int_0^{+\infty}xe^{-x}dx=-\int_0^{+\infty}xd(e^{-x})=-xe^{-x}\Big|_0^{+\infty}+\int_0^{+\infty}e^{-x}dx=-e^{-x}\Big|_0^{+\infty}=1,$$

$$\int_{-\infty}^{+\infty}xe^{-x^2}dx=\frac{1}{2}\int_{-\infty}^{+\infty}e^{-x^2}d(x^2)=-\frac{1}{2}e^{-x^2}\Big|_{-\infty}^{+\infty}=0,$$

$$\int_{-\infty}^{+\infty}\frac{\arctan x}{1+x^2}\mathrm{d}x=\int_{-\infty}^{+\infty}\arctan x\mathrm{d}(\arctan x)=\frac{1}{2}\arctan^2 x\Big|_{-\infty}^{+\infty}=0,$$

$$\int_{2}^{+\infty}\frac{1}{x\ln^2 x}\mathrm{d}x=\int_{2}^{+\infty}(\ln x)^{-2}\mathrm{d}(\ln x)=-(\ln x)^{-1}\Big|_{2}^{+\infty}=\frac{1}{\ln 2},$$

所以选项 A,B,C,E 中的反常积分都是收敛的,而

$$\int_{-\infty}^{+\infty}\frac{x}{1+x^2}\mathrm{d}x=\int_{-\infty}^{0}\frac{x}{1+x^2}\mathrm{d}x+\int_{0}^{+\infty}\frac{x}{1+x^2}\mathrm{d}x,$$

又
$$\int_{-\infty}^{0}\frac{x}{1+x^2}\mathrm{d}x=\frac{1}{2}\int_{-\infty}^{0}\frac{\mathrm{d}(1+x^2)}{1+x^2}=\frac{1}{2}\ln(1+x^2)\Big|_{-\infty}^{0},$$

此积分发散,从而积分$\int_{-\infty}^{+\infty}\frac{x}{1+x^2}\mathrm{d}x$ 发散,故选 D.

**134.【参考答案】**E

**【答案解析】**此积分为有一个瑕点 $x=0$ 的无穷区间上的反常积分,可写为

$$\int_{0}^{+\infty}\frac{\ln x}{(1+x)x^{1-p}}\mathrm{d}x=\int_{0}^{1}\frac{\ln x}{(1+x)x^{1-p}}\mathrm{d}x+\int_{1}^{+\infty}\frac{\ln x}{(1+x)x^{1-p}}\mathrm{d}x.$$

对任意 $\varepsilon>0$,有

$$\lim_{x\to0^+}\frac{\frac{\ln x}{(1+x)x^{1-p}}}{\frac{1}{x^{1-p+\varepsilon}}}=\lim_{x\to0^+}x^{\varepsilon}\ln x=0,$$

若$\int_{0}^{1}\frac{1}{x^{1-p+\varepsilon}}\mathrm{d}x$ 收敛,即 $1-p<1,p>0$,则$\int_{0}^{1}\frac{\ln x}{(1+x)x^{1-p}}\mathrm{d}x$ 也收敛.

对任意 $\varepsilon>0$,有

$$\lim_{x\to+\infty}\frac{\frac{\ln x}{(1+x)x^{1-p}}}{\frac{1}{x^{2-p-\varepsilon}}}=\lim_{x\to+\infty}\frac{\ln x}{x^{\varepsilon}}=0,$$

若$\int_{1}^{+\infty}\frac{1}{x^{2-p-\varepsilon}}\mathrm{d}x$ 收敛,即 $2-p>1,p<1$,则$\int_{1}^{+\infty}\frac{\ln x}{(1+x)x^{1-p}}\mathrm{d}x$ 也收敛.

综上,当 $0<p<1$ 时,反常积分$\int_{0}^{+\infty}\frac{\ln x}{(1+x)x^{1-p}}\mathrm{d}x$ 收敛. 故选 E.

**135.【参考答案】**B

**【答案解析】**由题,

$$\int_{0}^{+\infty}\frac{1}{x^a+x^b}\mathrm{d}x=\int_{0}^{1}\frac{1}{x^a+x^b}\mathrm{d}x+\int_{1}^{+\infty}\frac{1}{x^a+x^b}\mathrm{d}x=I_1+I_2.$$

对于 $I_1$,盯着 $x\to0^+$ 看,由于 $a>b>0$,因此 $x^b$ 趋于 0 的“速度”慢于 $x^a$ 趋于 0 的“速度”,$x^a+x^b\sim x^b$,于是 $I_1$ 与$\int_{0}^{1}\frac{1}{x^b}\mathrm{d}x$ 同敛散,则 $b<1$.

对于 $I_2$,盯着 $x\to+\infty$ 看,由于 $a>b>0$,因此 $x^a$ 趋于 $+\infty$ 的“速度”快于 $x^b$ 趋于 $+\infty$ 的“速度”,$x^a+x^b$ 与 $x^a$ 为等价无穷大量,于是 $I_2$ 与$\int_{1}^{+\infty}\frac{1}{x^a}\mathrm{d}x$ 同敛散,则 $a>1$.

综上，$a>1$ 且 $b<1$，故选 B.

**136.【参考答案】** B

**【答案解析】** 盯着 $x\to+\infty$ 看，由 $e^{-\cos\frac{1}{x}}-e^{-1}=e^{-1}\left(e^{-\cos\frac{1}{x}+1}-1\right)$，又当 $x\to+\infty$ 时，

$$e^{-\cos\frac{1}{x}+1}-1\sim 1-\cos\frac{1}{x}\sim\frac{1}{2}\cdot\frac{1}{x^2},$$

故原反常积分与 $\int_1^{+\infty}\frac{1}{x^{2-k}}dx$ 同敛散，故当 $2-k>1$，即 $k<1$ 时，原反常积分收敛. 故选 B.

**137.【参考答案】** C

**【答案解析】** 对于 A，对 $x\in[1,+\infty)$，有

$$0\leqslant\ln\left(1+\frac{1}{x}\right)-\frac{1}{1+x}\leqslant\frac{1}{x}-\frac{1}{x+1}=\frac{1}{x(x+1)}\leqslant\frac{1}{x^2}.$$

由 $\int_1^{+\infty}\frac{1}{x^2}dx$ 收敛，可知 $\int_1^{+\infty}\left[\ln\left(1+\frac{1}{x}\right)-\frac{1}{1+x}\right]dx$ 收敛.

对于 B，
$$\int_0^{+\infty}\frac{\ln x}{1+x^2}dx=\int_0^1\frac{\ln x}{1+x^2}dx+\int_1^{+\infty}\frac{\ln x}{1+x^2}dx.$$

因为

$$\lim_{x\to0^+}\frac{\frac{\ln x}{1+x^2}}{\ln x}=1,$$

且瑕积分 $\int_0^1\ln x\,dx$ 收敛，所以瑕积分 $\int_0^1\frac{\ln x}{1+x^2}dx$ 收敛.

又因为

$$\lim_{x\to+\infty}\frac{\frac{\ln x}{1+x^2}}{\frac{1}{x^{\frac{3}{2}}}}=0,$$

且反常积分 $\int_1^{+\infty}\frac{1}{x^{\frac{3}{2}}}dx$ 收敛，所以反常积分 $\int_1^{+\infty}\frac{\ln x}{1+x^2}dx$ 收敛.

综上可知，反常积分 $\int_0^{+\infty}\frac{\ln x}{1+x^2}dx$ 收敛.

对于 C，由于 $\lim\limits_{x\to0^+}\frac{\frac{1}{\sin x}}{\frac{1}{x}}=1$，因此 $\int_0^1\frac{1}{\sin x}dx$ 发散. 而 $\int_{-1}^1\frac{1}{\sin x}dx=\int_0^1\frac{1}{\sin x}dx+\int_{-1}^0\frac{1}{\sin x}dx$，可知 $\int_{-1}^1\frac{1}{\sin x}dx$ 发散. 故选 C.

对于 D，$\int_{-\infty}^{+\infty}\frac{\sin x}{1+x^2}dx=\int_0^{+\infty}\frac{\sin x}{1+x^2}dx+\int_{-\infty}^0\frac{\sin x}{1+x^2}dx$，且有

$$\int_0^{+\infty}\frac{\sin x}{1+x^2}dx\leqslant\int_0^{+\infty}\left|\frac{\sin x}{1+x^2}\right|dx\leqslant\int_0^{+\infty}\frac{1}{1+x^2}dx=\arctan x\Big|_0^{+\infty}=\frac{\pi}{2},$$

由对称区间反常积分结论（见下面的评注），可知 $\int_{-\infty}^{+\infty}\frac{\sin x}{1+x^2}dx$ 收敛.

对于E，$\int_{-\infty}^{+\infty}|x|e^{-x^2}dx=2\int_0^{+\infty}xe^{-x^2}dx=-\int_0^{+\infty}e^{-x^2}d(-x^2)=-e^{-x^2}\Big|_0^{+\infty}=1$，显然收敛.

【评注】当 $f(x)$ 为偶函数且$\int_0^{+\infty}f(x)dx$ 收敛时，

$$\int_{-\infty}^{+\infty}f(x)dx=2\int_0^{+\infty}f(x)dx.$$

当 $f(x)$ 为奇函数且$\int_0^{+\infty}f(x)dx$ 收敛时，

$$\int_{-\infty}^{+\infty}f(x)dx=0.$$

**138.【参考答案】**B

【答案解析】当 $\alpha<1$ 时，取充分小的正数 $\varepsilon$，使得 $\alpha+\varepsilon<1$，由于

$$\lim_{x\to0^+}x^{\alpha+\varepsilon}\frac{\ln x}{x^\alpha}=\lim_{x\to0^+}x^\varepsilon\ln x=\lim_{x\to0^+}\frac{\ln x}{x^{-\varepsilon}}=\lim_{x\to0^+}\frac{\frac{1}{x}}{-\varepsilon x^{-\varepsilon-1}}=\lim_{x\to0^+}\left(-\frac{1}{\varepsilon}x^\varepsilon\right)=0,$$

故当 $x\to0^+$ 时，$\frac{1}{x^{\alpha+\varepsilon}}$ 是比$\frac{\ln x}{x^\alpha}$高阶的无穷大量，因为当 $\alpha+\varepsilon<1$ 时，$\int_0^1\frac{1}{x^{\alpha+\varepsilon}}dx$ 收敛，于是$\int_0^1\frac{\ln x}{x^\alpha}dx$ 收敛，故选 B.

当 $\alpha\geqslant1$ 时，由于$\lim\limits_{x\to0^+}x^\alpha\frac{\ln x}{x^\alpha}=\infty$，故当 $x\to0^+$ 时，$\frac{1}{x^\alpha}$ 是比$\frac{\ln x}{x^\alpha}$ 低阶的无穷大量，因为当 $\alpha\geqslant1$ 时，$\int_0^1\frac{1}{x^\alpha}dx$ 发散，于是$\int_0^1\frac{\ln x}{x^\alpha}dx$ 发散.

**139.【参考答案】**B

【答案解析】当 $0<\alpha\leqslant1$ 且 $x$ 充分大时，$\frac{\ln x}{x^\alpha}>\frac{1}{x^\alpha}$，由于$\int_1^{+\infty}\frac{1}{x^\alpha}dx$ 发散，因此$\int_1^{+\infty}\frac{\ln x}{x^\alpha}dx$ 发散；

当 $\alpha>1$ 时，取充分小的正数 $\varepsilon$，使 $\alpha-\varepsilon>1$，由 $\lim\limits_{x\to+\infty}\frac{\frac{\ln x}{x^\alpha}}{\frac{1}{x^{\alpha-\varepsilon}}}\overset{\text{“}\frac{0}{0}\text{”}}{=\!=}\lim\limits_{x\to+\infty}\frac{\ln x}{x^\varepsilon}=0$，且$\int_1^{+\infty}\frac{1}{x^{\alpha-\varepsilon}}dx$ 收敛，故$\int_1^{+\infty}\frac{\ln x}{x^\alpha}dx$ 收敛.

故选 B.

**140.【参考答案】**D

【答案解析】 $\int_{-\infty}^a te^t dt=\int_{-\infty}^a td(e^t)=te^t\Big|_{-\infty}^a-\int_{-\infty}^a e^t dt=(a-1)e^a,$

$$\int_a^{+\infty}te^{2a-t}dt=\int_a^{+\infty}(-t)d(e^{2a-t})=-te^{2a-t}\Big|_a^{+\infty}-\int_a^{+\infty}e^{2a-t}d(2a-t)=(a+1)e^a.$$

由于$\int_{-\infty}^a te^t dt=\frac{1}{2}\int_a^{+\infty}te^{2a-t}dt$，故$(a-1)e^a=\frac{1}{2}(a+1)e^a$，即 $a=3$. 应选 D.

**141.【参考答案】**C

【答案解析】令 $I_n=\int_0^{+\infty}\frac{x^n}{e^{kx}}dx$，则

$$I_n=\int_0^{+\infty}x^n e^{-kx}dx=-\frac{1}{k}\int_0^{+\infty}x^n d(e^{-kx})=-\frac{1}{k}x^n e^{-kx}\Big|_0^{+\infty}+\frac{n}{k}\int_0^{+\infty}x^{n-1}e^{-kx}dx$$

$$=\frac{n}{k}\int_0^{+\infty}x^{n-1}e^{-kx}dx=\frac{n}{k}I_{n-1}=\frac{n}{k}\cdot\frac{n-1}{k}I_{n-2}=\frac{n}{k}\cdot\frac{n-1}{k}\cdots\frac{2}{k}I_1,$$

$$I_1=\int_0^{+\infty}\frac{x}{e^{kx}}dx=-\frac{1}{k}\int_0^{+\infty}xd(e^{-kx})=-\frac{1}{k}xe^{-kx}\Big|_0^{+\infty}+\frac{1}{k}\int_0^{+\infty}e^{-kx}dx=\frac{1}{k^2},$$

故 $I_n=\frac{n!}{k^{n+1}}$，从而 $\int_0^{+\infty}\frac{x^5}{e^{kx}}dx=I_5=\frac{120}{k^6}$. 由 $\int_0^{+\infty}\frac{x^5}{e^{kx}}dx=\frac{15}{8}$ 得，$\frac{120}{k^6}=\frac{15}{8}$，故 $k=2$. 应选 C.

**142.【参考答案】**D

【答案解析】因为 $\lim\limits_{x\to+\infty}x^{\frac{3}{2}}\sqrt{x}e^{-x}=\lim\limits_{x\to+\infty}\frac{x^2}{e^x}=\lim\limits_{x\to+\infty}\frac{2x}{e^x}=\lim\limits_{x\to+\infty}\frac{2}{e^x}=0$，所以反常积分 $\int_0^{+\infty}\sqrt{x}e^{-x}dx$ 收敛.

显然，$x=0$ 是被积函数 $f(x)=\frac{e^{-x}}{\sqrt{x}}$ 的瑕点. 因为

$$\lim_{x\to0^+}\sqrt{x}\frac{e^{-x}}{\sqrt{x}}=\lim_{x\to0^+}e^{-x}=1,\ \lim_{x\to+\infty}x^{\frac{3}{2}}\frac{e^{-x}}{\sqrt{x}}=\lim_{x\to+\infty}\frac{x}{e^x}=0,$$

所以反常积分 $\int_0^1\frac{e^{-x}}{\sqrt{x}}dx$ 与 $\int_1^{+\infty}\frac{e^{-x}}{\sqrt{x}}dx$ 均收敛，从而反常积分 $\int_0^{+\infty}\frac{e^{-x}}{\sqrt{x}}dx$ 收敛.

因为 $\lim\limits_{x\to+\infty}x^2xe^{-x^2}=\lim\limits_{x\to+\infty}\frac{x^3}{e^{x^2}}=\lim\limits_{x\to+\infty}\frac{3x}{2e^{x^2}}=\lim\limits_{x\to+\infty}\frac{3}{4xe^{x^2}}=0$，所以反常积分 $\int_0^{+\infty}xe^{-x^2}dx$ 收敛.

显然，$x=0$ 是被积函数 $f(x)=\frac{e^{-x^2}}{x}$ 的瑕点. 因为 $\lim\limits_{x\to0^+}x\frac{e^{-x^2}}{x}=\lim\limits_{x\to0^+}e^{-x^2}=1$，所以反常积分 $\int_0^1\frac{e^{-x^2}}{x}dx$ 发散，从而反常积分 $\int_0^{+\infty}\frac{e^{-x^2}}{x}dx$ 也发散. 因此，所给的四个反常积分中，收敛的是 ①②③ . 应选 D.

**143.【参考答案】**A

【答案解析】对于反常积分 $\int_0^{+\infty}\frac{\ln x}{e^x}dx$，$x=0$ 是其被积函数 $\frac{\ln x}{e^x}$ 的瑕点. 因为

$$\lim_{x\to0^+}\sqrt{x}\frac{|\ln x|}{e^x}=\lim_{x\to0^+}\frac{-\ln x}{x^{-\frac{1}{2}}}\cdot\lim_{x\to0^+}e^{-x}=\lim_{x\to0^+}2x^{\frac{1}{2}}=0,$$

所以反常积分 $\int_0^1\frac{\ln x}{e^x}dx$ 收敛；因为

$$\lim_{x\to+\infty}x^2\frac{\ln x}{e^x}=\lim_{x\to+\infty}\frac{2x\ln x+x}{e^x}=\lim_{x\to+\infty}\frac{2\ln x+3}{e^x}=\lim_{x\to+\infty}\frac{2}{xe^x}=0,$$

所以反常积分 $\int_1^{+\infty}\frac{\ln x}{e^x}dx$ 收敛. 从而反常积分 $\int_0^{+\infty}\frac{\ln x}{e^x}dx$ 收敛.

对于反常积分$\int_0^{+\infty}\frac{e^x}{\ln x}dx$，$x=1$是其被积函数$\frac{e^x}{\ln x}$的瑕点. 因为

$$\lim_{x\to1^-}(1-x)\frac{e^x}{-\ln x}=\lim_{x\to1^-}\frac{1-x}{-\ln x}\cdot\lim_{x\to1^-}e^x=\lim_{x\to1^-}x\cdot e=e,$$

所以反常积分$\int_0^1\frac{e^x}{-\ln x}dx$发散，从而反常积分$\int_0^1\frac{e^x}{\ln x}dx$也发散. 于是，反常积分$\int_0^{+\infty}\frac{e^x}{\ln x}dx$也发散.

对于反常积分$\int_0^{+\infty}e^x\ln x dx$，因为$\lim\limits_{x\to+\infty}xe^x\ln x=+\infty$，所以反常积分$\int_1^{+\infty}e^x\ln x dx$发散，从而反常积分$\int_0^{+\infty}e^x\ln x dx$发散. 应选 A.

**144.【参考答案】**B

**【答案解析】**当$k<0$时，$x=0$是被积函数的瑕点. 为此，分别讨论下列两个积分

$$I_1=\int_0^1x^ke^{-x^2}dx,I_2=\int_1^{+\infty}x^ke^{-x^2}dx$$

的敛散性.

先讨论$I_1$：当$k\geqslant0$时，$I_1$是定积分. 当$k<0$时，由于$\lim\limits_{x\to0^+}x^{-k}x^ke^{-x^2}=\lim\limits_{x\to0^+}e^{-x^2}=1$. 故当$k\leqslant-1$，即$-k\geqslant1$时，反常积分$I_1$发散；当$-1<k<0$时，即$0<-k<1$时，反常积分$I_1$收敛.

再讨论$I_2$：由于$\lim\limits_{x\to+\infty}x^2x^ke^{-x^2}=\lim\limits_{x\to+\infty}\frac{x^{k+2}}{e^{x^2}}=0$，故不论$k$取何值反常积分$I_2$均收敛.

于是，当且仅当$k>-1$时反常积分$\int_0^{+\infty}x^ke^{-x^2}dx$收敛. 应选 B.

## 【考向 8】平面图形的面积

**145.【参考答案】**A

**【答案解析】**若在区间$(a,b)$内$f''(x)<0$，则曲线$y=f(x)$在$(a,b)$内为凸的，又知$y=f(x)>0$，可知$\int_0^2f(x)dx$的值为由$y=f(x)$，$x=0$，$x=2$及$x$轴围成的位于$x$轴上方的曲边梯形$ABCO$的面积，如图所示.

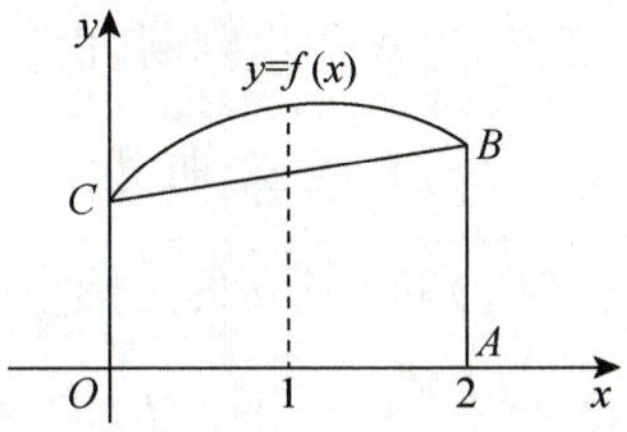


此时凸曲线弧$y=f(x)$在弦$BC$上方，故梯形$ABCO$的面积小于曲边梯形$ABCO$的面积，即

$$\frac{1}{2}[f(0)+f(2)]\cdot2=f(0)+f(2)<\int_0^2f(x)dx,$$

可知 A 正确，B，C 错误.

由凸曲线的定义知，凸弧总在以弧端点为端点的弦线的上方，且

$$f(1)>\frac{f(0)+f(2)}{2}\text{，即 }2f(1)>f(0)+f(2),$$

可知 D，E 错误. 故选 A.

**146.【参考答案】** E

**【答案解析】** $y=\cos x\sqrt{|\sin x|}$ 为偶函数，其图形关于 $y$ 轴对称，由定积分的几何意义可知 $D$ 的面积为

$$\begin{aligned}S&=\int_{-a}^{a}\cos x\sqrt{|\sin x|}\,\mathrm{d}x=2\int_{0}^{a}\cos x\sqrt{\sin x}\,\mathrm{d}x\\&=2\int_{0}^{a}\sin^{\frac{1}{2}}x\,\mathrm{d}(\sin x)=2\cdot\frac{2}{3}\sin^{\frac{3}{2}}x\Big|_{0}^{a}\\&=\frac{4}{3}\sin^{\frac{3}{2}}a=\frac{4}{3},\end{aligned}$$

故 $\sin^{\frac{3}{2}}a=1$，即 $a=\frac{\pi}{2}$.

故选 E.

**147.【参考答案】** D

**【答案解析】** 由于 $f'(x)<0$，可知函数 $f(x)$ 在 $[a,b]$ 上单调减少；由于 $f''(x)>0$，可知曲线 $y=f(x)$ 在 $[a,b]$ 上为凹的，其图形如图所示.

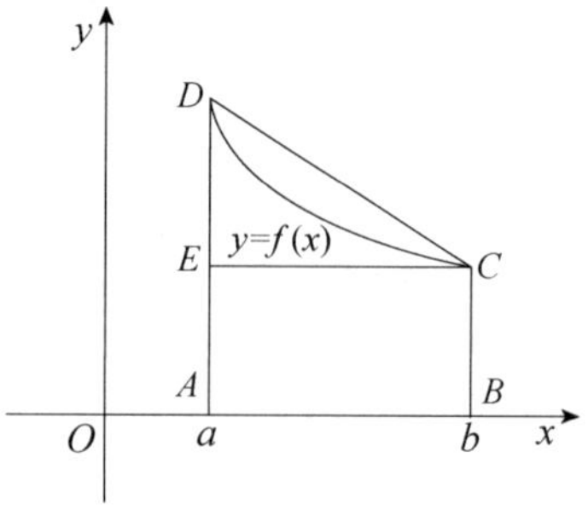


由图可知，$S_1$ 表示曲边梯形 $ABCD$ 的面积，$S_2$ 表示以 $b-a$ 为长，$f(b)$ 为宽的矩形 $ABCE$ 的面积，而 $S_3$ 表示梯形 $ABCD$ 的面积，因此可得 $S_2<S_1<S_3$，故选 D.

**148.【参考答案】** D

**【答案解析】** 本题可借助几何意义，直观作出判断. 由题设，函数 $f(x)$ 的图形特点如图所示，$N=\int_a^b f(x)\mathrm{d}x$ 表示以 $y=f(x)$ 为曲边的曲边梯形 $ABCD$ 的面积，$P=f(a)(b-a)$ 表示边长分别为 $f(a)$ 和 $b-a$ 的矩形 $AECD$ 的面积，

$$Q=\frac{1}{2}[f(a)+f(b)](b-a)$$

表示以 $f(a)$，$f(b)$ 为上、下底，以 $b-a$ 为高的直角梯形 $ABCD$ 的面积，因此有 $P<Q<N$. 故选 D.

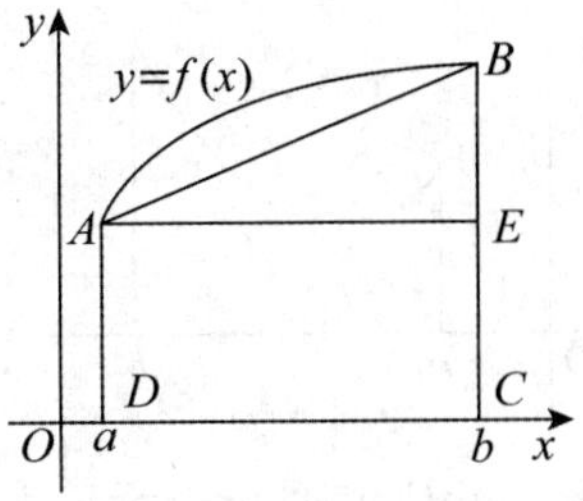


**149.【参考答案】** C

**【答案解析】方法 1**　利用定积分求面积的公式，有

$$\int_0^2 |x(x-1)(2-x)|\,dx = \int_0^2 x|x-1|(2-x)\,dx$$
$$= -\int_0^1 x(x-1)(2-x)\,dx + \int_1^2 x(x-1)(2-x)\,dx.$$

故选 C.

**方法 2**　画出曲线 $y=x(x-1)(2-x)$ 的草图(见图)，所求面积为图中 $D_1$ 与 $D_2$ 两面积之和，即

$$-\int_0^1 x(x-1)(2-x)\,dx + \int_1^2 x(x-1)(2-x)\,dx.$$

故选 C.

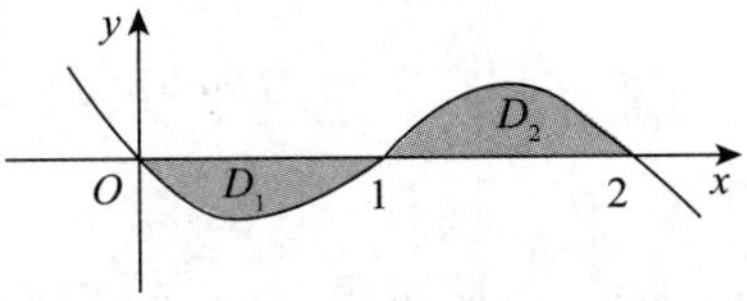


**150.【参考答案】** D

**【答案解析】** $y=\sqrt{2x-x^2}$ 可以化为 $(x-1)^2+y^2=1, y\geqslant 0$，因此 $y=\sqrt{2x-x^2}$ 表示圆心在(1,0)，半径为 1 的上半圆，$\int_0^1 \sqrt{2x-x^2}\,dx$ 的值等于上述半圆的面积的二分之一，即 $\int_0^1 \sqrt{2x-x^2}\,dx=\frac{\pi}{4}$. 故选 D.

**【评注】**(1) 本题利用定积分的几何意义简化了运算.

(2) 由于被积函数含有根式，也可以利用三角代换计算.

如果利用定积分的换元法求解可先化为

$$\int_0^1 \sqrt{2x-x^2}\,dx = \int_0^1 \sqrt{1-(x-1)^2}\,dx,$$

令 $1-x=\sin t$，则

$$\int_0^1 \sqrt{2x-x^2}\,dx = \int_0^{\frac{\pi}{2}} \cos^2 t\,dt = \frac{\pi}{4}.$$

运算显然复杂.

**151.【参考答案】** D

**【答案解析】** $f''(x)>0$，表明曲线 $y=f(x)$ 为凹的，又 $f(x)$ 为非负函数，可知其图形如图所示.

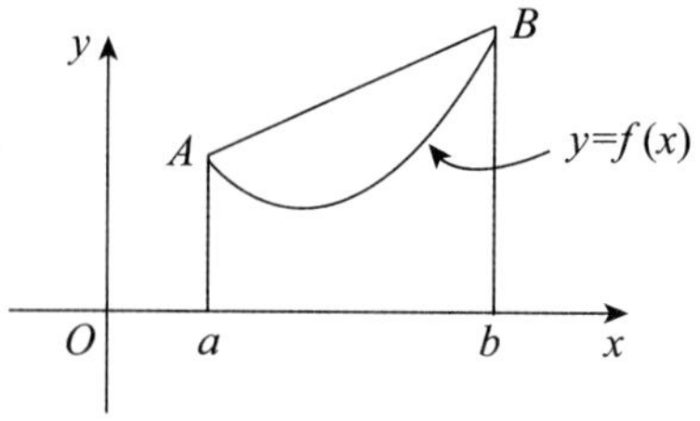


对于任给$[a,b]$,可知曲边梯形 $AabB$ 的面积小于梯形 $AabB$ 的面积.

曲边梯形 $AabB$ 的面积为$\int_a^b f(x)\mathrm{d}x$,梯形 $AabB$ 的面积为

$$\frac{1}{2}[f(a)+f(b)](b-a).$$

因此有

$$\int_a^b f(x)\mathrm{d}x < \frac{1}{2}[f(a)+f(b)](b-a).$$

故选 D.

**【评注】** 因为$\frac{b-a}{2}$可能大于 1,也可能小于 1,即可能不等于 1,因此 A,B,C 都不正确.

当$\frac{b-a}{2}=1$时,A 正确. 当 $b-a=1$ 时,

$$\int_a^b f(x)\mathrm{d}x < \frac{1}{2}[f(a)+f(b)].$$

**152.【参考答案】** A

**【答案解析】** 由于 $y=f(x)$ 非负,二阶可导,且 $f''(x)>0$,可知 $y=f(x)$ 的图形总在 $x$ 轴上方,且曲线 $y=f(x)$ 为凹的,如图所示. $\frac{f(a)+f(b)}{2}\cdot(b-a)$ 表示图中梯形 $AabB$ 的面积.

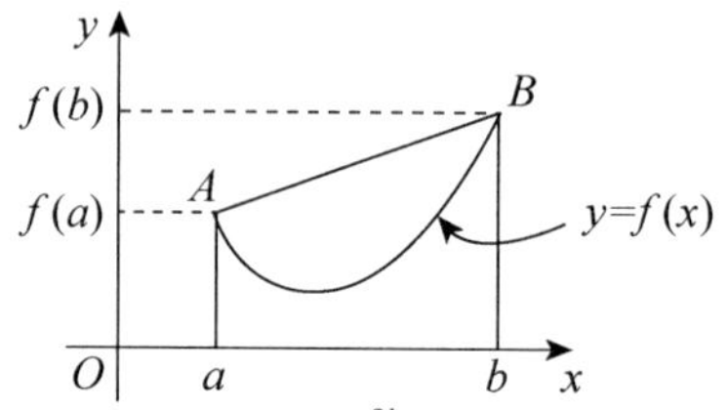


由定积分的几何意义可知,$f(x)\geqslant 0$ 时,$\int_a^b f(x)\mathrm{d}x$ 为曲边梯形 $AabB$ 的面积.

由于曲线弧$\overset{\frown}{AB}$ 为凹的,可知曲线弧两端点连线总在曲线弧上方,可知必有

$$\int_a^b f(x)\mathrm{d}x \leqslant \frac{f(a)+f(b)}{2}\cdot(b-a).$$

从而知结论 ① 正确,结论 ② 不正确.

由曲线弧为凹弧可知曲线弧总在其两端连线下方,

$$f\left(\frac{a+b}{2}\right)\leqslant \frac{f(a)+f(b)}{2}.$$

从而知结论 ③ 正确,结论 ④ 不正确.

故选 A.

**153.【参考答案】**C

**【答案解析】**点(0,0) 不在曲线 $y=1+x^2$ 上,设过点(0,0) 引出的直线与曲线 $y=1+x^2$ 相切,切点为$(x_0,y_0)$,则 $y_0=1+x_0^2$.

由 $y'=2x$,得 $y'\Big|_{x=x_0}=2x_0$,故所求切线方程为 $y-y_0=2x_0(x-x_0)$,即

$$y-(1+x_0^2)=2x_0(x-x_0). \qquad (*)$$

将点(0,0) 代入( * ) 式,得

$$-(1+x_0^2)=-2x_0^2,\text{即 } x_0^2=1,$$

解得 $x_0=\pm 1$.

因此相应的切线方程分别为

$$y-2=-2(x+1),\text{即 } y=-2x,$$
$$y-2=2(x-1),\text{即 } y=2x,$$

且切点坐标分别为(-1,2),(1,2),两条切线与曲线 $y=1+x^2$ 所围图形如图所示.

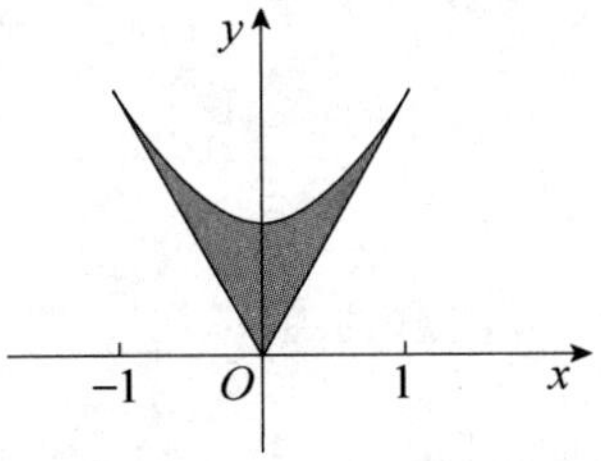


故所求面积为

$$S=\int_{-1}^{0}[1+x^2-(-2x)]dx+\int_{0}^{1}(1+x^2-2x)dx=\frac{2}{3}.$$

故选 C.

**154.【参考答案】**D

**【答案解析】**$y=x\ln x$ 的定义域为$[1,+\infty)$.

当 $1<x<2$ 时,$\ln x>0$,$y=x\ln x$ 的图形在 $x$ 轴上方.

当 $x=1$ 时,

$$y\Big|_{x=1}=x\ln x\Big|_{x=1}=0.$$

因此

$$\begin{aligned}S&=\int_1^2 x\ln x\,dx\\&=\frac{x^2}{2}\ln x\Big|_1^2-\int_1^2\frac{x^2}{2}\cdot\frac{1}{x}dx\\&=2\ln 2-\frac{x^2}{4}\Big|_1^2\\&=2\ln 2-\frac{3}{4}.\end{aligned}$$

故选 D.

**155.【参考答案】**E

**【答案解析】**$y=x\arctan x^2$ 的定义域为$(-\infty,+\infty)$.

当 $x=0$ 时,$y=0$.

当 $x<0$ 时,$y=x\arctan x^2<0$.

可知曲线 $y=x\arctan x^2$ 与直线 $x=-1$ 及 $x$ 轴围成的平面图形 $D$ 位于 $x$ 轴下方.

$$S=-\int_{-1}^{0}x\arctan x^2\mathrm{d}x=\frac{-1}{2}\int_{-1}^{0}\arctan x^2\mathrm{d}(x^2).$$

令 $t=x^2$,则当 $x=-1$ 时,$t=1$;当 $x=0$ 时,$t=0$.

$$\begin{aligned}S&=\frac{-1}{2}\int_{1}^{0}\arctan t\mathrm{d}t\\&=\frac{1}{2}\int_{0}^{1}\arctan t\mathrm{d}t\\&=\frac{1}{2}\left(t\arctan t\Big|_0^1-\int_0^1\frac{t}{1+t^2}\mathrm{d}t\right)\\&=\frac{\pi}{8}-\frac{1}{4}\ln(1+t^2)\Big|_0^1=\frac{\pi}{8}-\frac{1}{4}\ln 2.\end{aligned}$$

故选 E.

**156.【参考答案】**E

**【答案解析】**当 $x=0$ 时,$y=0$. 注意到当 $x=\frac{\pi}{2}$ 时,$y=0$. 当 $x=\frac{3}{2}\pi$ 时,$y=0$.

而当 $0<x<\frac{\pi}{2}$ 时,$\cos x>0$,因此 $y=x\cos x>0$;当$\frac{\pi}{2}<x<\frac{3}{2}\pi$ 时,$\cos x<0$,因此 $y=x\cos x<0$.

因此

$$\begin{aligned}S&=\int_0^{\frac{\pi}{2}}x\cos x\mathrm{d}x-\int_{\frac{\pi}{2}}^{\frac{3}{2}\pi}x\cos x\mathrm{d}x\\&=\left(x\sin x\Big|_0^{\frac{\pi}{2}}-\int_0^{\frac{\pi}{2}}\sin x\mathrm{d}x\right)-\left(x\sin x\Big|_{\frac{\pi}{2}}^{\frac{3}{2}\pi}-\int_{\frac{\pi}{2}}^{\frac{3}{2}\pi}\sin x\mathrm{d}x\right)\\&=\frac{\pi}{2}+\cos x\Big|_0^{\frac{\pi}{2}}-\left(-\frac{3}{2}\pi-\frac{\pi}{2}+\cos x\Big|_{\frac{\pi}{2}}^{\frac{3}{2}\pi}\right)\\&=\frac{5}{2}\pi-1.\end{aligned}$$

故选 E.

**157.【参考答案】**D

**【答案解析】**$f(x)=\frac{1}{x^2+2x+2}$ 的定义域为$(-\infty,+\infty)$.

$$x^2+2x+2=(x+1)^2+1>0,$$

因此曲线 $f(x)=\frac{1}{x^2+2x+2}$ 在 $x$ 轴上方.

当 $x\to+\infty$ 和 $x\to-\infty$ 时，都有 $f(x)\to 0$.

区域 $D$ 的面积可以用无穷区间上的反常积分表示：

$$
\begin{aligned}
S&=\int_{-\infty}^{+\infty}\frac{1}{x^2+2x+2}\mathrm{d}x\\
&=\lim_{a\to-\infty}\int_a^0\frac{1}{x^2+2x+2}\mathrm{d}x+\lim_{b\to+\infty}\int_0^b\frac{1}{x^2+2x+2}\mathrm{d}x\\
&=\lim_{a\to-\infty}\int_a^0\frac{1}{(x+1)^2+1}\mathrm{d}x+\lim_{b\to+\infty}\int_0^b\frac{1}{(x+1)^2+1}\mathrm{d}x\\
&=\lim_{a\to-\infty}\arctan(x+1)\Big|_a^0+\lim_{b\to+\infty}\arctan(x+1)\Big|_0^b\\
&=\left(\frac{\pi}{4}+\frac{\pi}{2}\right)+\left(\frac{\pi}{2}-\frac{\pi}{4}\right)=\pi.
\end{aligned}
$$

故选 D.

**158.【参考答案】** C

**【答案解析】** 当 $x\to \mathrm{e}^-$ 时，$\lim\limits_{x\to\mathrm{e}^-}f(x)=-\infty$.

又当 $1\leqslant x<\mathrm{e}$ 时，$f(x)<0$，因此区域 $D$ 是位于 $x$ 轴下方的图形，此时积分为无界函数的反常积分：

$$
\begin{aligned}
S&=-\int_1^{\mathrm{e}}f(x)\mathrm{d}x=-\int_1^{\mathrm{e}}\frac{-1}{x\sqrt{1-(\ln x)^2}}\mathrm{d}x\\
&=\lim_{\varepsilon\to0^+}\int_1^{\mathrm{e}-\varepsilon}\frac{1}{\sqrt{1-(\ln x)^2}}\mathrm{d}(\ln x)\\
&=\lim_{\varepsilon\to0^+}\arcsin(\ln x)\Big|_1^{\mathrm{e}-\varepsilon}\\
&=\frac{\pi}{2}.
\end{aligned}
$$

故选 C.

**159.【参考答案】** D

**【答案解析】** 设 $(x_0,y_0)$ 为曲线 $y=\mathrm{e}^x$ 的过原点的切线的切点，则 $y_0=\mathrm{e}^{x_0}$.

$$y'=\mathrm{e}^x,\ y'\Big|_{x=x_0}=\mathrm{e}^{x_0},$$

切线方程为

$$y-\mathrm{e}^{x_0}=\mathrm{e}^{x_0}(x-x_0).$$

由于切线过原点，因此

$$0-\mathrm{e}^{x_0}=\mathrm{e}^{x_0}(0-x_0),$$

可解得 $x_0=1$，$y_0=\mathrm{e}^{x_0}=\mathrm{e}$，切点为 $(1,\mathrm{e})$.

切线方程为 $y-\mathrm{e}=\mathrm{e}(x-1)$，即 $y=\mathrm{e}x$，区域 $D$ 如图所示.

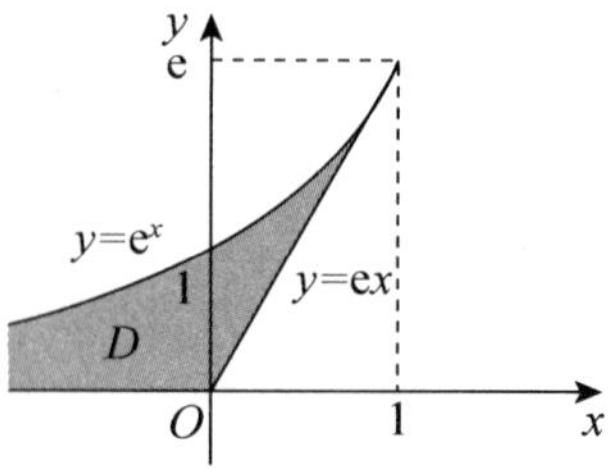


可知 $S$ 可以用无穷区间上的反常积分表示：

$$S=\int_{-\infty}^{1}e^{x}\mathrm{d}x-\int_{0}^{1}ex\mathrm{d}x$$
$$=\lim_{a\to-\infty}\int_{a}^{1}e^{x}\mathrm{d}x-\int_{0}^{1}ex\mathrm{d}x$$
$$=\lim_{a\to-\infty}e^{x}\Big|_{a}^{1}-\frac{1}{2}ex^{2}\Big|_{0}^{1}$$
$$=e-\frac{1}{2}e=\frac{1}{2}e.$$

故选 D.

**160.【参考答案】**A

**【答案解析】**

$$S=\int_{0}^{2\pi}|x(y)|\mathrm{d}y$$
$$=\int_{0}^{2\pi}|\cos y|\mathrm{d}y$$
$$=\int_{0}^{\frac{\pi}{2}}\cos y\mathrm{d}y-\int_{\frac{\pi}{2}}^{\frac{3}{2}\pi}\cos y\mathrm{d}y+\int_{\frac{3}{2}\pi}^{2\pi}\cos y\mathrm{d}y$$
$$=\sin y\Big|_{0}^{\frac{\pi}{2}}-\sin y\Big|_{\frac{\pi}{2}}^{\frac{3}{2}\pi}+\sin y\Big|_{\frac{3}{2}\pi}^{2\pi}$$
$$=1-(-1-1)+[0-(-1)]$$
$$=4.$$

故选 A.

**161.【参考答案】**B

**【答案解析】**曲线 $y=(x-1)(x-2)(x-3)$ 与 $x$ 轴的交点为 $(1,0),(2,0),(3,0)$. 在 $[1,2]$ 上，$(x-1)(x-2)(x-3)\geqslant 0$；在 $[2,3]$ 上，$(x-1)(x-2)(x-3)\leqslant 0$. 故曲线 $y=(x-1)(x-2)(x-3)$ 与 $x$ 轴所围平面图形的面积为

$$A=\int_{1}^{2}(x-1)(x-2)(x-3)\mathrm{d}x-\int_{2}^{3}(x-1)(x-2)(x-3)\mathrm{d}x$$
$$=\int_{1}^{2}[(x-2)^{3}-(x-2)]\mathrm{d}(x-2)-\int_{2}^{3}[(x-2)^{3}-(x-2)]\mathrm{d}(x-2)$$
$$=\left[\frac{1}{4}(x-2)^{4}-\frac{1}{2}(x-2)^{2}\right]\Big|_{1}^{2}-\left[\frac{1}{4}(x-2)^{4}-\frac{1}{2}(x-2)^{2}\right]\Big|_{2}^{3}$$
$$=\frac{1}{4}+\frac{1}{4}=\frac{1}{2}.$$

应选 B.

**162.【参考答案】**B

**【答案解析】**$D$ 的面积为

$$A=\int_0^2\left[-1+\sqrt{2-(x-1)^2}\,\right]dx=-2+\int_0^2\sqrt{2-(x-1)^2}\,dx$$

$$\xlongequal{x=1+\sqrt{2}\sin t}-2+2\int_{-\frac{\pi}{4}}^{\frac{\pi}{4}}\cos^2 t\,dt=-2+2\int_0^{\frac{\pi}{4}}(1+\cos 2t)\,dt$$

$$=-2+2\left(t+\frac{1}{2}\sin 2t\right)\Big|_0^{\frac{\pi}{4}}=\frac{\pi-2}{2}.$$

应选 B.

**163.【参考答案】**C

**【答案解析】**$D_1$ 与 $D_2$ 的面积之和为 $\int_0^a(ax^2-x^3)dx=\frac{1}{12}a^4$，$D_1$ 的面积为 $A_1=\int_0^{\frac{1}{2}a}(ax^2-x^3)dx=\frac{5}{192}a^4$，从而 $D_2$ 的面积为 $A_2=\frac{1}{12}a^4-\frac{5}{192}a^4=\frac{11}{192}a^4$. 故 $D_1$ 与 $D_2$ 的面积之比为 $A_1:A_2=\frac{5}{192}a^4:\frac{11}{192}a^4=5:11$. 应选 C.

**164.【参考答案】**C

**【答案解析】**$A_1=\int_1^2(4-x^2)dx=\left(4x-\frac{1}{3}x^3\right)\Big|_1^2=\frac{5}{3}$，$A_2=-\int_2^3(4-x^2)dx=-\left(4x-\frac{1}{3}x^3\right)\Big|_2^3=\frac{7}{3}$. 故 $A_1:A_2=5:7$. 应选 C.

**165.【参考答案】**C

**【答案解析】**因为 $\lim\limits_{x\to+\infty}\frac{e^x-e^{-x}}{e^x+e^{-x}}=1$，所以曲线 $y=\frac{e^x-e^{-x}}{e^x+e^{-x}}(x\geqslant 0)$ 的水平渐近线方程为 $y=1$. 于是，曲线 $y=\frac{e^x-e^{-x}}{e^x+e^{-x}}(x\geqslant 0)$ 与其水平渐近线及 $y$ 轴所围的无界区域的面积为

$$A=\int_0^{+\infty}\left(1-\frac{e^x-e^{-x}}{e^x+e^{-x}}\right)dx=\left[x-\ln(e^x+e^{-x})\right]\Big|_0^{+\infty}=\ln\frac{e^x}{e^x+e^{-x}}\Big|_0^{+\infty}=\ln 2.$$

应选 C.

**166.【参考答案】**B

**【答案解析】**曲线 $y=a-\frac{1}{a}x^2$ 与 $\begin{cases}x=a\cos^3 t,\\ y=a\sin^3 t\end{cases}(0\leqslant t\leqslant\pi)$ 的交点坐标为 $(-a,0)$，$(0,a)$，$(a,0)$. 设曲线 $\begin{cases}x=a\cos^3 t,\\ y=a\sin^3 t\end{cases}(0\leqslant t\leqslant\pi)$ 的普通方程为 $y=y(x)$，则由对称性，两曲线所围平面图形的面积为

$$A=2\int_0^a\left(a-\frac{1}{a}x^2\right)dx-2\int_0^a y(x)dx=\frac{4}{3}a^2-2\int_0^a y(x)dx$$

$$\xlongequal{x=a\cos^3 t}\frac{4}{3}a^2-2\int_{\frac{\pi}{2}}^0 a\sin^3 t\cdot 3a\cdot\cos^2 t\cdot(-\sin t)\,dt$$

$$= \frac{4}{3}a^2 - 6a^2\int_0^{\frac{\pi}{2}}(\sin^4 t - \sin^6 t)\mathrm{d}t$$

$$= \frac{4}{3}a^2 - 6a^2\left(\frac{3}{4}\cdot\frac{1}{2}\cdot\frac{\pi}{2} - \frac{5}{6}\cdot\frac{3}{4}\cdot\frac{1}{2}\cdot\frac{\pi}{2}\right) = \frac{4}{3}a^2 - \frac{3}{16}\pi a^2.$$

应选 B.

**167.【参考答案】** C

**【答案解析】** 设切点为$(a,a^3)$，则切线 $L$ 的方程为 $y-a^3=3a^2(x-a)$. 将点$(0,-2)$代入得 $a=1$，从而切线 $L$ 的方程为 $y=3x-2$. 由$\begin{cases} y=3x-2, \\ y=x^3 \end{cases}$解得曲线 $y=x^3$ 与切线 $L$ 的交点坐标为$(1,1)$与$(-2,-8)$. 故所求平面图形的面积为

$$A=\int_{-2}^{1}[x^3-(3x-2)]\mathrm{d}x=\left(\frac{x^4}{4}-\frac{3}{2}x^2+2x\right)\Bigg|_{-2}^{1}=\frac{27}{4}.$$

应选 C.

**168.【参考答案】** A

**【答案解析】** 设曲线弧 $y=\cos x\left(0\leqslant x\leqslant\frac{\pi}{2}\right)$与曲线 $y=a\sin x$，$y=b\sin x$ 的交点分别为$(x_1,y_1)$，$(x_2,y_2)$，则 $\tan x_1=\frac{1}{a}$，$\tan x_2=\frac{1}{b}$. 于是，

$$\sin x_1=\frac{1}{\sqrt{1+a^2}},\cos x_1=\frac{a}{\sqrt{1+a^2}};\sin x_2=\frac{1}{\sqrt{1+b^2}},\cos x_2=\frac{b}{\sqrt{1+b^2}}.$$

由题设得

$$\begin{cases} \int_0^{x_1}(\cos x-a\sin x)\mathrm{d}x=\frac{1}{3}\int_0^{\frac{\pi}{2}}\cos x\mathrm{d}x, \\ \int_0^{x_2}b\sin x\mathrm{d}x+\int_{x_2}^{\frac{\pi}{2}}\cos x\mathrm{d}x=\frac{1}{3}\int_0^{\frac{\pi}{2}}\cos x\mathrm{d}x, \end{cases} \text{即}\begin{cases} \sin x_1+a\cos x_1-a=\frac{1}{3}, \\ -b\cos x_2+b+1-\sin x_2=\frac{1}{3}. \end{cases}$$

由此得：$\begin{cases} \dfrac{1}{\sqrt{1+a^2}}+\dfrac{a^2}{\sqrt{1+a^2}}-a=\dfrac{1}{3}, \\ \dfrac{-b^2}{\sqrt{1+b^2}}+b-\dfrac{1}{\sqrt{1+b^2}}=-\dfrac{2}{3}, \end{cases}$ 故$\begin{cases} a=\dfrac{4}{3}, \\ b=\dfrac{5}{12}. \end{cases}$ 应选 A.

**169.【参考答案】** C

**【答案解析】** 双纽线$(x^2+y^2)^2=2a^2xy$的极坐标方程为$\rho^2=a^2\sin 2\theta$，由对称性，双纽线$(x^2+y^2)^2=2a^2xy(a>0)$所围平面图形的面积为

$$A=2\int_0^{\frac{\pi}{2}}\frac{1}{2}\rho^2(\theta)\mathrm{d}\theta=\int_0^{\frac{\pi}{2}}a^2\sin 2\theta\mathrm{d}\theta=\frac{1}{2}a^2\cdot(-\cos 2\theta)\Bigg|_0^{\frac{\pi}{2}}=a^2.$$

由 $A=8$，得 $a=2\sqrt{2}$. 应选 C.

**170.【参考答案】** C

**【答案解析】** 由对称性，心形线 $\rho=a(1+\sin\theta)$ 所围平面图形的面积为

$$A=2\int_{-\frac{\pi}{2}}^{\frac{\pi}{2}}\frac{1}{2}\rho^2(\theta)\mathrm{d}\theta=2\int_{-\frac{\pi}{2}}^{\frac{\pi}{2}}\frac{1}{2}a^2(1+\sin\theta)^2\mathrm{d}\theta=a^2\int_{-\frac{\pi}{2}}^{\frac{\pi}{2}}(1+\sin^2\theta)\mathrm{d}\theta$$

$$= 2a^2\int_0^{\frac{\pi}{2}}(1+\sin^2\theta)\mathrm{d}\theta = 2a^2\left(\frac{\pi}{2}+\frac{\pi}{4}\right)=\frac{3}{2}\pi a^2.$$

应选 C.

## 【考向 9】旋转体体积

**171.【参考答案】** B

**【答案解析】**

$$\begin{aligned}V &= \int_0^{2\pi}\pi x^2\mathrm{d}y\\ &= \int_0^{2\pi}\pi\sin^2 y\mathrm{d}y\\ &= \frac{\pi}{2}\int_0^{2\pi}(1-\cos 2y)\mathrm{d}y\\ &= \frac{\pi}{2}\left(y-\frac{1}{2}\sin 2y\right)\Big|_0^{2\pi}=\pi^2.\end{aligned}$$

故选 B.

**172.【参考答案】** B

**【答案解析】** 曲线弧 $y=\ln x$，$x$ 轴，$y$ 轴及 $y=a(a>0)$ 围成区域绕 $y$ 轴旋转一周所得旋转体体积为

$$\begin{aligned}V &= \int_0^a \pi x^2\mathrm{d}y = \pi\int_0^a \mathrm{e}^{2y}\mathrm{d}y\\ &= \frac{\pi}{2}\mathrm{e}^{2y}\Big|_0^a\\ &= \frac{\pi}{2}(\mathrm{e}^{2a}-1),\end{aligned}$$

又 $V=\frac{\pi}{2}(\mathrm{e}^2-1)$，可知 $a=1$.

故选 B.

**173.【参考答案】** B

**【答案解析】**

$$f(x)=\min\{\mathrm{e}^{-x},\mathrm{e}^x\}=\begin{cases}\mathrm{e}^x, & x<0,\\ \mathrm{e}^{-x}, & x\geqslant 0.\end{cases}$$

$D$ 绕 $x$ 轴旋转一周生成一个无界的旋转体，其体积可由无穷区间的反常积分表示.

$$\begin{aligned}V &= \int_{-\infty}^{+\infty}\pi y^2\mathrm{d}x = \int_{-\infty}^0 \pi\mathrm{e}^{2x}\mathrm{d}x+\int_0^{+\infty}\pi\mathrm{e}^{-2x}\mathrm{d}x\\ &= \lim_{a\to-\infty}\int_a^0\pi\mathrm{e}^{2x}\mathrm{d}x+\lim_{b\to+\infty}\int_0^b\pi\mathrm{e}^{-2x}\mathrm{d}x\\ &= \lim_{a\to-\infty}\left(\frac{\pi}{2}\mathrm{e}^{2x}\right)\Big|_a^0+\lim_{b\to+\infty}\left(\frac{-\pi}{2}\mathrm{e}^{-2x}\right)\Big|_0^b\\ &= \frac{\pi}{2}+\frac{\pi}{2}=\pi.\end{aligned}$$

故选 B.

**174.【参考答案】** D

**【答案解析】** $y=x^2$ 与 $y=\sqrt{2-x^2}$ 的交点坐标满足 $\begin{cases}y=x^2,\\y=\sqrt{2-x^2},\end{cases}$ 可解得 $\begin{cases}x=-1,\\y=1\end{cases}$ 或 $\begin{cases}x=1,\\y=1.\end{cases}$ 区域 $D$ 如图中阴影部分所示，则

$$V=\int_0^1\pi x^2\mathrm{d}y+\int_1^{\sqrt{2}}\pi x^2\mathrm{d}y$$

$$=\pi\int_0^1 y\mathrm{d}y+\pi\int_1^{\sqrt{2}}(2-y^2)\mathrm{d}y$$

$$=\pi\frac{y^2}{2}\bigg|_0^1+\pi\left(2y-\frac{1}{3}y^3\right)\bigg|_1^{\sqrt{2}}$$

$$=\left(\frac{4}{3}\sqrt{2}-\frac{7}{6}\right)\pi.$$

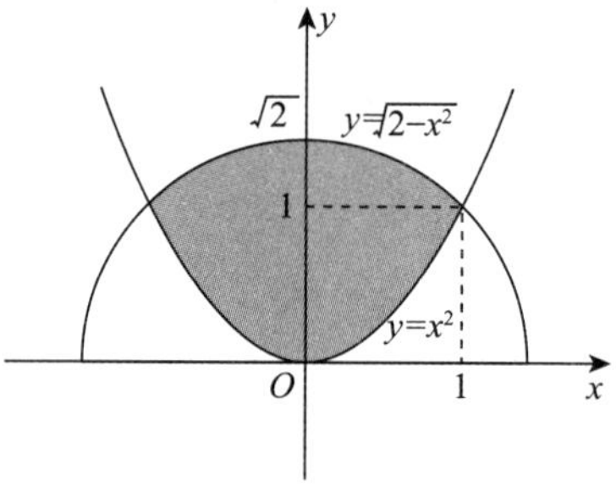


故选 D.

**175.【参考答案】** D

**【答案解析】** 首先指出：曲线段 $y=f(x),a\leqslant x\leqslant b$ 绕 $x$ 轴旋转一周所生成的旋转体体积 $V_x=\pi\int_a^b[f(x)]^2\mathrm{d}x$.

而曲线段 $y=f(x),a\leqslant x\leqslant b$ 绕直线 $y=y_0$ 旋转一周所生成的旋转体体积 $V=\pi\int_a^b[f(x)-y_0]^2\mathrm{d}x$.

曲线 $y=x^2$ 与 $y=1$ 相交，交点坐标满足 $\begin{cases}y=x^2,\\y=1,\end{cases}$ 可解得 $\begin{cases}x=1,\\y=1\end{cases}$ 或 $\begin{cases}x=-1,\\y=1.\end{cases}$ 则 $D$ 绕 $y=1$ 旋转一周所生成的旋转体体积

$$V=\int_{-1}^1\pi(x^2-1)^2\mathrm{d}x=2\pi\int_0^1(x^4-2x^2+1)\mathrm{d}x=\frac{16}{15}\pi.$$

故选 D.

**176.【参考答案】** B

**【答案解析】** 首先指出曲线段 $x=\varphi(y),c\leqslant y\leqslant d$ 绕 $y$ 轴旋转一周所生成的旋转体体积 $V_y=\pi\int_c^d[\varphi(y)]^2\mathrm{d}y$.

曲线段 $x=\varphi(y),c\leqslant y\leqslant d$ 绕直线 $x=x_0$ 旋转一周所生成的旋转体体积

$$V=\pi\int_c^d[\varphi(y)-x_0]^2\mathrm{d}y.$$

将 $y^2-2y-x+2=0$ 变形，可得 $x=(y-1)^2+1$，所给曲线与 $y=x$ 的交点坐标满足：

$$\begin{cases}y^2-2y-x+2=0,\\y=x,\end{cases}$$

可解得 $\begin{cases}x=1,\\y=1\end{cases}$ 或 $\begin{cases}x=2,\\y=2.\end{cases}$

区域 $D$ 如图所示，则 $D$ 绕 $x=1$ 旋转一周所得旋转体体积

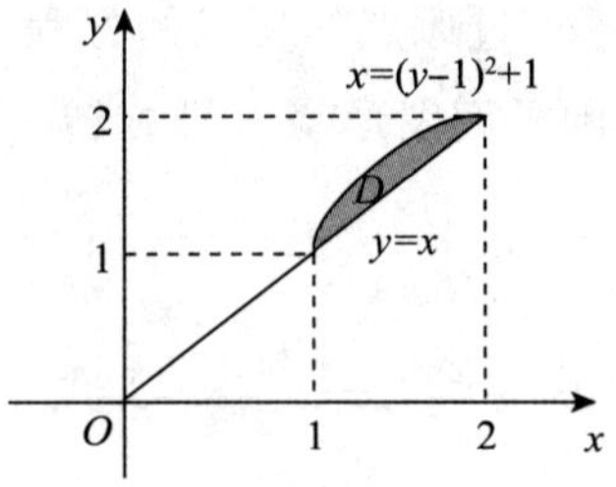


$$V=\pi\int_1^2\{(y-1)^2-[(y-1)^2+1-1]^2\}\mathrm{d}y$$

$$=\pi\left[\frac{1}{3}(y-1)^3-\frac{1}{5}(y-1)^5\right]\Big|_1^2=\frac{2}{15}\pi.$$

故选 B.

**177.【参考答案】**E

**【答案解析】**设$(x_0,y_0)$为曲线 $y=\mathrm{e}^{-x}$ 过原点的切线的切点. 则 $y_0=\mathrm{e}^{-x_0}$.

$$y'\Big|_{x=x_0}=-\mathrm{e}^{-x_0}.$$

设切线方程为 $y-\mathrm{e}^{-x_0}=-\mathrm{e}^{-x_0}(x-x_0)$.

由于切线过原点，令 $x=0,y=0$，可得 $x_0=-1,y_0=\mathrm{e}$.

切线方程为 $y-\mathrm{e}=-\mathrm{e}(x+1)$，即 $y=-\mathrm{e}x$.

记 $M(-1,\mathrm{e})$ 为切点，则直线 $MO$ 为切线，区域 $D$ 如图中阴影部分所示.

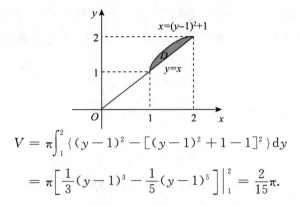

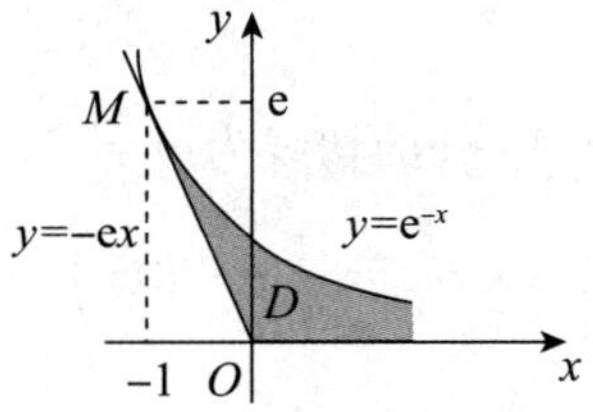


$MO$ 绕 $x$ 轴旋转一周所生成的旋转体为锥体，其体积 $V_1=\frac{1}{3}\pi\mathrm{e}^2$.

曲线 $y=\mathrm{e}^{-x}$，$-1\leqslant x<+\infty$ 绕 $x$ 轴旋转一周所生成的旋转体的体积

$$V_2=\pi\int_{-1}^{+\infty}\mathrm{e}^{-2x}\mathrm{d}x=-\frac{1}{2}\pi\mathrm{e}^{-2x}\Big|_{-1}^{+\infty}=\frac{1}{2}\pi\mathrm{e}^2.$$

因此区域 $D$ 绕 $x$ 轴旋转一周所生成旋转体体积

$$V=V_2-V_1=\frac{1}{2}\pi\mathrm{e}^2-\frac{1}{3}\pi\mathrm{e}^2=\frac{1}{6}\pi\mathrm{e}^2.$$

故选 E.

**178.【参考答案】**D

**【答案解析】**易求得曲线 $y=\mathrm{e}^x$ 过原点的切线的方程为 $y=\mathrm{e}x$. 于是，曲线 $y=\mathrm{e}^x$ 与该曲线过原点的切线及 $y$ 轴所围平面图形绕 $x$ 轴旋转一周所形成的旋转体的体积为

$$V=\int_0^1\pi[(\mathrm{e}^x)^2-(\mathrm{e}x)^2]\mathrm{d}x=\pi\int_0^1(\mathrm{e}^{2x}-\mathrm{e}^2x^2)\mathrm{d}x=\pi\left(\frac{1}{2}\mathrm{e}^{2x}-\frac{1}{3}\mathrm{e}^2x^3\right)\Big|_0^1=\frac{\mathrm{e}^2-3}{6}\pi.$$

应选 D.

**179.【参考答案】** B

**【答案解析】** 易求得曲线 $y=\mathrm{e}^x$ 过原点的切线的方程为 $y=\mathrm{e}x$. 于是,曲线 $y=\mathrm{e}^x$ 与该曲线过原点的切线及 $y$ 轴所围平面图形绕 $y$ 轴旋转一周所形成的旋转体的体积为

$$V=\int_0^1 2\pi x(\mathrm{e}^x-\mathrm{e}x)\mathrm{d}x=2\pi\int_0^1 x\mathrm{e}^x\mathrm{d}x-2\pi\mathrm{e}\int_0^1 x^2\mathrm{d}x=2\pi\int_0^1 x\mathrm{d}(\mathrm{e}^x)-\frac{2\pi\mathrm{e}}{3}$$

$$=2\pi x\mathrm{e}^x\Big|_0^1-2\pi\int_0^1\mathrm{e}^x\mathrm{d}x-\frac{2\pi\mathrm{e}}{3}=\frac{2(3-\mathrm{e})\pi}{3}.$$

应选 B.

**180.【参考答案】** C

**【答案解析】** 曲线 $y=x^2$ 在点(1,1)处的切线方程为 $y=2x-1$. 所求旋转体的体积为

$$V=2\pi\int_0^1 x[x^2-(2x-1)]\mathrm{d}x=2\pi\int_0^1(x^3-2x^2+x)\mathrm{d}x=\frac{\pi}{6}.$$

应选 C.

**181.【参考答案】** B

**【答案解析】方法 1** 曲线 $y=x^2$ 在点(1,1)处的切线为 $y=2x-1$. 所求旋转体的体积为

$$V=\pi\int_0^1\left[(1-\sqrt{y})^2-\left(1-\frac{y+1}{2}\right)^2\right]\mathrm{d}y=\pi\int_0^1\left[1+y-2y^{\frac{1}{2}}-\frac{1}{4}(y-1)^2\right]\mathrm{d}y$$

$$=\pi\left[y+\frac{1}{2}y^2-\frac{4}{3}y^{\frac{3}{2}}-\frac{1}{12}(y-1)^3\right]\Bigg|_0^1=\frac{\pi}{12}.$$

应选 B.

**方法 2** 曲线 $y=x^2$ 在点(1,1)处的切线为 $y=2x-1$. 所求旋转体的体积为

$$V=2\pi\int_0^1(1-x)x^2\mathrm{d}x-\frac{1}{3}\pi\cdot\left(\frac{1}{2}\right)^2\cdot 1=\frac{\pi}{6}-\frac{\pi}{12}=\frac{\pi}{12}.$$

应选 B.

**182.【参考答案】** D

**【答案解析】** $V=\int_0^{\frac{\pi}{4}}\pi(\cos^2x-\sin^2x)\mathrm{d}x+\int_{\frac{\pi}{4}}^{\frac{\pi}{2}}\pi(\sin^2x-\cos^2x)\mathrm{d}x$

$$=\int_0^{\frac{\pi}{4}}\pi\cos 2x\mathrm{d}x-\int_{\frac{\pi}{4}}^{\frac{\pi}{2}}\pi\cos 2x\mathrm{d}x=\frac{\pi}{2}\sin 2x\Big|_0^{\frac{\pi}{4}}-\frac{\pi}{2}\sin 2x\Big|_{\frac{\pi}{4}}^{\frac{\pi}{2}}=\pi.$$

应选 D.

**183.【参考答案】** A

**【答案解析】** $V=\int_{\frac{\pi}{4}}^{\frac{\pi}{2}}2\pi\left(\frac{\pi}{2}-x\right)(\sin x-\cos x)\mathrm{d}x=\int_{\frac{\pi}{4}}^{\frac{\pi}{2}}2\pi\left(x-\frac{\pi}{2}\right)\mathrm{d}(\sin x+\cos x)$

$$=2\pi\left[\left(x-\frac{\pi}{2}\right)(\sin x+\cos x)\right]\Bigg|_{\frac{\pi}{4}}^{\frac{\pi}{2}}-2\pi\int_{\frac{\pi}{4}}^{\frac{\pi}{2}}(\sin x+\cos x)\mathrm{d}x$$

$$=\frac{\sqrt{2}}{2}\pi^2-2\pi.$$

应选 A.

**184.【参考答案】** C

**【答案解析】** 设曲线 $y=\ln x$ 的过原点的切线的切点为 $(a,\ln a)$，则切线方程为 $y=\frac{1}{a}(x-a)+\ln a$. 由于切线过原点，故 $a=\mathrm{e}$，从而切线方程为 $y=\frac{1}{\mathrm{e}}x$. 于是，由曲线 $y=\ln x$ 与其过原点的切线及 $x$ 轴所围成的平面图形绕 $y$ 轴旋转所得旋转体的体积为

$$V=\int_0^1 \pi[(\mathrm{e}^y)^2-(\mathrm{e}y)^2]\mathrm{d}y=\pi\int_0^1(\mathrm{e}^{2y}-\mathrm{e}^2y^2)\mathrm{d}y=\pi\left(\frac{1}{2}\mathrm{e}^{2y}-\frac{1}{3}\mathrm{e}^2y^3\right)\Big|_0^1=\frac{\mathrm{e}^2-3}{6}\pi.$$

应选 C.

**185.【参考答案】** A

**【答案解析】** 设曲线 $y=\ln x$ 的过原点的切线的切点为 $(a,\ln a)$，则切线方程为 $y=\frac{1}{a}\cdot(x-a)+\ln a$. 由于切线过原点，故 $a=\mathrm{e}$，从而切线方程为 $y=\frac{1}{\mathrm{e}}x$. 于是，由曲线 $y=\ln x$ 与其过原点的切线及直线 $x=1$ 所围成的平面图形绕 $y$ 轴旋转所得旋转体的体积为

$$\begin{aligned}V&=\int_1^{\mathrm{e}}2\pi x\left(\frac{x}{\mathrm{e}}-\ln x\right)\mathrm{d}x=\frac{2\pi}{\mathrm{e}}\int_1^{\mathrm{e}}x^2\mathrm{d}x-2\pi\int_1^{\mathrm{e}}x\ln x\mathrm{d}x=\frac{2\mathrm{e}^3-2}{3\mathrm{e}}\pi-\pi\int_1^{\mathrm{e}}\ln x\mathrm{d}(x^2)\\&=\frac{2\mathrm{e}^3-2}{3\mathrm{e}}\pi-\pi x^2\ln x\Big|_1^{\mathrm{e}}+\pi\int_1^{\mathrm{e}}x\mathrm{d}x=\frac{2\mathrm{e}^3-2}{3\mathrm{e}}\pi-\mathrm{e}^2\pi+\frac{\mathrm{e}^2-1}{2}\pi=\frac{\mathrm{e}^3-3\mathrm{e}-4}{6\mathrm{e}}\pi.\end{aligned}$$

应选 A.

**186.【参考答案】** A

**【答案解析】** 两曲线的交点为 $(0,1)$，$(1,\mathrm{e}^{-1})$，故

$$\begin{aligned}V&=2\pi\int_0^1 x(\mathrm{e}^{-x^2}-\mathrm{e}^{-x})\mathrm{d}x=-\pi\int_0^1\mathrm{e}^{-x^2}\mathrm{d}(-x^2)+2\pi\int_0^1 x\mathrm{d}(\mathrm{e}^{-x})\\&=-\pi\mathrm{e}^{-x^2}\Big|_0^1+2\pi x\mathrm{e}^{-x}\Big|_0^1-2\pi\int_0^1\mathrm{e}^{-x}\mathrm{d}x=\left(\frac{3}{\mathrm{e}}-1\right)\pi.\end{aligned}$$

应选 A.

**187.【参考答案】** B

**【答案解析】** 所求体积为

$$\begin{aligned}V&=2\pi\int_0^1 x\left(\int_x^1\sin t^3\mathrm{d}t\right)\mathrm{d}x=\pi\int_0^1\left(\int_x^1\sin t^3\mathrm{d}t\right)\mathrm{d}(x^2)\\&=\pi\left(x^2\int_x^1\sin t^3\mathrm{d}t\right)\Big|_0^1+\pi\int_0^1 x^2\sin x^3\mathrm{d}x\\&=\frac{\pi}{3}\int_0^1\sin x^3\mathrm{d}(x^3)=-\frac{\pi}{3}\cos x^3\Big|_0^1\\&=\frac{\pi}{3}(1-\cos 1).\end{aligned}$$

应选 B.

## 【考向 10】曲线的弧长

**188.【参考答案】** C

【答案解析】
$$s=\int_a^b \sqrt{1+(y')^2}\,\mathrm{d}x$$
$$=\int_3^8\sqrt{1+\left[\left(\frac{2}{3}x^{\frac{3}{2}}\right)'\right]^2}\,\mathrm{d}x=\int_3^8\sqrt{1+x}\,\mathrm{d}x$$
$$=\frac{2}{3}(1+x)^{\frac{3}{2}}\Big|_3^8=\frac{2}{3}(3^3-2^3)=\frac{38}{3}.$$

故选 C.

**189.【参考答案】**D

**【答案解析】**由于 $y=\int_{-\frac{\pi}{2}}^{x}\sqrt{\cos t}\,\mathrm{d}t$，由其被积函数 $\sqrt{\cos t}$ 可知，积分上限 $x\in\left[-\frac{\pi}{2},\frac{\pi}{2}\right]$.
$$y'=\sqrt{\cos x},$$
$$s=\int_{-\frac{\pi}{2}}^{\frac{\pi}{2}}\sqrt{1+(\sqrt{\cos x})^2}\,\mathrm{d}x=\int_{-\frac{\pi}{2}}^{\frac{\pi}{2}}\sqrt{1+\cos x}\,\mathrm{d}x$$
$$=\int_{-\frac{\pi}{2}}^{\frac{\pi}{2}}\sqrt{2}\cos\frac{x}{2}\,\mathrm{d}x=4\sqrt{2}\sin\frac{x}{2}\Big|_0^{\frac{\pi}{2}}=4.$$

故选 D.

**190.【参考答案】**C

**【答案解析】**对于
$$\int\frac{f(x)}{\sqrt{x}}\,\mathrm{d}x=\frac{1}{6}x^2-x+C$$

两端求导，可得$\frac{f(x)}{\sqrt{x}}=\frac{1}{3}x-1$，则
$$f(x)=\frac{1}{3}x^{\frac{3}{2}}-x^{\frac{1}{2}},f'(x)=\frac{1}{2}x^{\frac{1}{2}}-\frac{1}{2}x^{-\frac{1}{2}}=\frac{1}{2\sqrt{x}}(x-1),$$
$$s=\int_4^9\sqrt{1+(y')^2}\,\mathrm{d}x$$
$$=\int_4^9\sqrt{1+\left[\frac{1}{2\sqrt{x}}(x-1)\right]^2}\,\mathrm{d}x$$
$$=\int_4^9\sqrt{\frac{(x+1)^2}{4x}}\,\mathrm{d}x$$
$$=\int_4^9\frac{x+1}{2\sqrt{x}}\,\mathrm{d}x=\frac{22}{3}.$$

故选 C.

**191.【参考答案】**D

**【答案解析】**由弧长公式 $s=\int_c^d\sqrt{1+(x')^2}\,\mathrm{d}y$，得

$$s=\int_1^e\sqrt{1+\left[\left(\frac{1}{4}y^2-\frac{1}{2}\ln y\right)'\right]^2}\,dy=\int_1^e\sqrt{1+\left(\frac{1}{2}y-\frac{1}{2y}\right)^2}\,dy$$
$$=\int_1^e\sqrt{1+\frac{1}{4y^2}(y^2-1)^2}\,dy=\frac{1}{2}\int_1^e\frac{1}{y}\sqrt{y^4+2y^2+1}\,dy$$
$$=\frac{1}{2}\int_1^e\frac{1}{y}(y^2+1)dy=\frac{1}{2}\left(\frac{1}{2}y^2+\ln y\right)\Big|_1^e$$
$$=\frac{1}{4}(e^2+1).$$

故选 D.

**192.【参考答案】** E

**【答案解析】** 由 $y=x^{\frac{3}{2}}$，有 $y'=\frac{3}{2}x^{\frac{1}{2}}$，于是，曲线 $y=x^{\frac{3}{2}}$ 在区间 $[0,a]$ 的长度为

$$s=\int_0^a\sqrt{1+(y')^2}\,dx=\int_0^a\sqrt{1+\frac{9}{4}x}\,dx$$
$$=\frac{4}{9}\cdot\frac{2}{3}\left(1+\frac{9}{4}x\right)^{\frac{3}{2}}\Big|_0^a=\frac{8}{27}\left[\left(1+\frac{9}{4}a\right)^{\frac{3}{2}}-1\right].$$

故选 E.

**193.【参考答案】** B

**【答案解析】** 由 $y=e^{\frac{x}{2}}+e^{-\frac{x}{2}}$，有 $y'=\frac{1}{2}(e^{\frac{x}{2}}-e^{-\frac{x}{2}})$，于是，曲线 $y=e^{\frac{x}{2}}+e^{-\frac{x}{2}}$ 在区间 $[0,3]$ 的长度为

$$s=\int_0^3\sqrt{1+(y')^2}\,dx=\int_0^3\sqrt{1+\frac{1}{4}(e^{\frac{x}{2}}-e^{-\frac{x}{2}})^2}\,dx$$
$$=\int_0^3\frac{1}{2}\sqrt{2+e^{\frac{x}{2}\cdot 2}+e^{-\frac{x}{2}\cdot 2}}\,dx=\frac{1}{2}\int_0^3\sqrt{(e^{\frac{x}{2}}+e^{-\frac{x}{2}})^2}\,dx$$
$$=\frac{1}{2}\int_0^3(e^{\frac{x}{2}}+e^{-\frac{x}{2}})dx=(e^{\frac{x}{2}}-e^{-\frac{x}{2}})\Big|_0^3=e^{\frac{3}{2}}-e^{-\frac{3}{2}}.$$

故选 B.

**194.【参考答案】** B

**【答案解析】** 由 $y=\frac{1}{2}x^2$，有 $y'=x$. 根据弧长公式得曲线 $y=\frac{1}{2}x^2$ 在区间 $[0,2]$ 上的长度为

$$s=\int_0^2\sqrt{1+x^2}\,dx=\sqrt{1+x^2}\cdot x\Big|_0^2-\int_0^2\frac{x^2}{\sqrt{1+x^2}}dx$$
$$=2\sqrt{5}-\int_0^2\frac{1+x^2-1}{\sqrt{1+x^2}}dx$$
$$=2\sqrt{5}-\int_0^2\sqrt{1+x^2}\,dx+\int_0^2\frac{1}{\sqrt{1+x^2}}dx,$$

故 $2\int_0^2\sqrt{1+x^2}\,dx=2\sqrt{5}+\ln|x+\sqrt{1+x^2}|\Big|_0^2$，即

$$\int_0^2 \sqrt{1+x^2}\,dx=\sqrt{5}+\frac{1}{2}\ln(2+\sqrt{5}).$$

故选 B.

**195.【参考答案】**B

**【答案解析】**函数 $y=e^{\frac{x}{2}}+e^{-\frac{x}{2}}(|x|\leqslant a)$ 为偶函数，曲线弧 $y=e^{\frac{x}{2}}+e^{-\frac{x}{2}}(|x|\leqslant a)$ 的弧长为

$$s=\int_{-a}^{a}\sqrt{1+(y')^2}\,dx.$$

由于

$$y'=(e^{\frac{x}{2}}+e^{-\frac{x}{2}})'=\frac{1}{2}(e^{\frac{x}{2}}-e^{-\frac{x}{2}}),$$

$$\begin{aligned}1+(y')^2&=1+\frac{1}{4}(e^x-2+e^{-x})=\frac{1}{4}(e^x+2+e^{-x})\\&=\frac{1}{4}(e^{\frac{x}{2}}+e^{-\frac{x}{2}})^2,\end{aligned}$$

$$\sqrt{1+(y')^2}=\frac{1}{2}(e^{\frac{x}{2}}+e^{-\frac{x}{2}}),$$

因此

$$\begin{aligned}s&=\int_{-a}^{a}\sqrt{1+(y')^2}\,dx=\int_{-a}^{a}\frac{1}{2}(e^{\frac{x}{2}}+e^{-\frac{x}{2}})dx\\&=2\int_0^a(e^{\frac{x}{2}}+e^{-\frac{x}{2}})d\left(\frac{x}{2}\right)=2(e^{\frac{x}{2}}-e^{-\frac{x}{2}})\Big|_0^a\\&=2(e^{\frac{a}{2}}-e^{-\frac{a}{2}}).\end{aligned}$$

故

$$2(e^{\frac{a}{2}}-e^{-\frac{a}{2}})=2\left(e-\frac{1}{e}\right).$$

可得 $a=2$. 故选 B.

**196.【参考答案】**B

**【答案解析】**由于 $y'=\cot x$，因此根据弧长公式，曲线 $y=\ln\sin x\left(\frac{\pi}{6}\leqslant x\leqslant\frac{\pi}{3}\right)$ 的弧长为

$$\begin{aligned}s&=\int_{\frac{\pi}{6}}^{\frac{\pi}{3}}\sqrt{1+(y')^2}\,dx=\int_{\frac{\pi}{6}}^{\frac{\pi}{3}}\sqrt{1+\cot^2 x}\,dx=\int_{\frac{\pi}{6}}^{\frac{\pi}{3}}\csc x\,dx\\&=\ln|\csc x-\cot x|\Big|_{\frac{\pi}{6}}^{\frac{\pi}{3}}=\ln\frac{2\sqrt{3}+3}{3}.\end{aligned}$$

故选 B.

**197.【参考答案】**C

**【答案解析】**

$$s=\int_0^1\sqrt{[(e^\theta)']^2+(e^\theta)^2}\,d\theta=\sqrt{2}\int_0^1 e^\theta d\theta=\sqrt{2}(e-1).$$

故选 C.

**198.【参考答案】**A

**【答案解析】**

$$s=\int_0^{\frac{1}{2}}\sqrt{1+(y')^2}\,dx=\int_0^{\frac{1}{2}}\sqrt{1+\left(\frac{-2x}{1-x^2}\right)^2}\,dx=\int_0^{\frac{1}{2}}\frac{1+x^2}{1-x^2}dx$$

$$=\int_0^{\frac{1}{2}}\left(\frac{1}{1+x}+\frac{1}{1-x}-1\right)\mathrm{d}x=\ln 3-\frac{1}{2}.$$

故选 A.

**199.【参考答案】**E

**【答案解析】**如图所示，曲线具有对称性，我们只需计算在第一象限的弧段，即$t\in\left[0,\frac{\pi}{2}\right]$对应的部分弧长，故

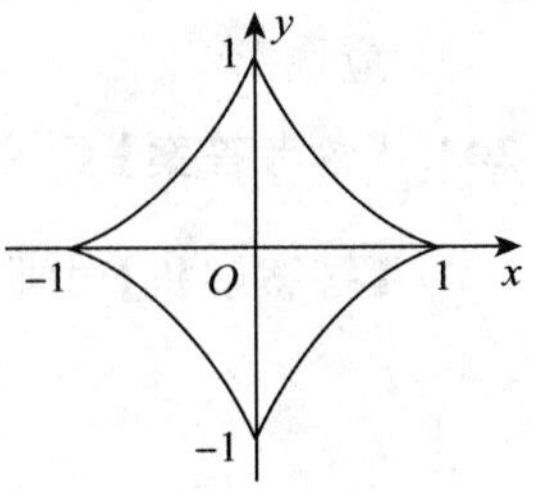


$$\begin{aligned}s&=4\int_0^{\frac{\pi}{2}}\sqrt{[x'(t)]^2+[y'(t)]^2}\,\mathrm{d}t\\&=4\int_0^{\frac{\pi}{2}}\sqrt{(-3\cos^2 t\sin t)^2+(3\sin^2 t\cos t)^2}\,\mathrm{d}t\\&=4\int_0^{\frac{\pi}{2}}3\,|\sin t\cos t|\,\mathrm{d}t=12\int_0^{\frac{\pi}{2}}\sin t\cos t\mathrm{d}t=6.\end{aligned}$$

故选 E.

**200.【参考答案】**E

**【答案解析】**由 $y^4-6xy+3=0$ 可得 $x=\frac{1}{6}y^3+\frac{1}{2y}$，故曲线 $y=y(x)$ 从点$\left(\frac{2}{3},1\right)$到点$\left(\frac{19}{12},2\right)$长度为

$$\begin{aligned}\int_1^2\sqrt{1+[x'(y)]^2}\,\mathrm{d}y&=\int_1^2\sqrt{1+\frac{1}{4}\left(y^2-\frac{1}{y^2}\right)^2}\,\mathrm{d}y\\&=\frac{1}{2}\int_1^2\sqrt{\left(y^2+\frac{1}{y^2}\right)^2}\,\mathrm{d}y\\&=\frac{1}{2}\int_1^2\left(y^2+\frac{1}{y^2}\right)\mathrm{d}y=\frac{17}{12}.\end{aligned}$$

故选 E.

**201.【参考答案】**D

**【答案解析】**由曲线方程 $y=x^{\frac{1}{2}}-\frac{1}{3}x^{\frac{3}{2}}$ 得，$y'=\frac{1}{2}x^{-\frac{1}{2}}-\frac{1}{2}x^{\frac{1}{2}}$，故所求弧长为

$$\begin{aligned}s&=\int_4^9\sqrt{1+(y')^2}\,\mathrm{d}x=\int_4^9\sqrt{\frac{1}{4x}+\frac{x}{4}+\frac{1}{2}}\,\mathrm{d}x\\&=\int_4^9\left(\frac{1}{2}x^{-\frac{1}{2}}+\frac{1}{2}x^{\frac{1}{2}}\right)\mathrm{d}x=\left(\sqrt{x}+\frac{1}{3}x^{\frac{3}{2}}\right)\Big|_4^9=\frac{22}{3}.\end{aligned}$$

应选 D.

**202.【参考答案】**B

**【答案解析】**由曲线方程 $y=2\sqrt{x}$ 得，$y'=\frac{1}{\sqrt{x}}$，故所求弧长为

$$s=\int_{\frac{1}{8}}^{\frac{1}{3}}\sqrt{1+(y')^2}\,\mathrm{d}x=\int_{\frac{1}{8}}^{\frac{1}{3}}\sqrt{1+\left(\frac{1}{\sqrt{x}}\right)^2}\,\mathrm{d}x=\int_{\frac{1}{8}}^{\frac{1}{3}}\sqrt{1+\frac{1}{x}}\,\mathrm{d}x$$

$$\xlongequal{\sqrt{1+\frac{1}{x}}=t}\int_3^2 t\,\mathrm{d}\left(\frac{1}{t^2-1}\right)=\frac{t}{t^2-1}\Big|_3^2-\int_3^2\frac{1}{t^2-1}\mathrm{d}t$$

$$=\frac{7}{24}-\frac{1}{2}\ln\frac{t-1}{t+1}\Big|_3^2=\frac{7}{24}+\frac{1}{2}\ln\frac{3}{2}.$$

应选 B.

**203.【参考答案】**C

**【答案解析】**由曲线方程 $y=\frac{1}{2}\ln x-\frac{1}{4}x^2$ 得，$y'=\frac{1}{2x}-\frac{x}{2}$，故所求弧长为

$$s=\int_1^2\sqrt{1+(y')^2}\,\mathrm{d}x=\int_1^2\sqrt{\frac{1}{4x^2}+\frac{x^2}{4}+\frac{1}{2}}\,\mathrm{d}x$$

$$=\int_1^2\left(\frac{1}{2x}+\frac{x}{2}\right)\mathrm{d}x=\left(\frac{1}{2}\ln x+\frac{1}{4}x^2\right)\Big|_1^2$$

$$=\frac{\ln 2}{2}+\frac{3}{4}.$$

应选 C.

**204.【参考答案】**A

**【答案解析】**由曲线方程 $y=\ln(1+\sin x)$ 得，$y'=\frac{\cos x}{1+\sin x}$，故所求弧长为

$$s=\int_0^{\frac{\pi}{2}}\sqrt{1+(y')^2}\,\mathrm{d}x=\int_0^{\frac{\pi}{2}}\sqrt{1+\left(\frac{\cos x}{1+\sin x}\right)^2}\,\mathrm{d}x$$

$$=\int_0^{\frac{\pi}{2}}\frac{\sqrt{2}}{\sqrt{1+\sin x}}\mathrm{d}x=\int_0^{\frac{\pi}{2}}\frac{\sqrt{2}}{\sin\frac{x}{2}+\cos\frac{x}{2}}\mathrm{d}x$$

$$=\int_0^{\frac{\pi}{2}}\frac{1}{\sin\left(\frac{x}{2}+\frac{\pi}{4}\right)}\mathrm{d}x=\int_0^{\frac{\pi}{2}}\csc\left(\frac{x}{2}+\frac{\pi}{4}\right)\mathrm{d}x$$

$$=2\ln\left|\csc\left(\frac{x}{2}+\frac{\pi}{4}\right)-\cot\left(\frac{x}{2}+\frac{\pi}{4}\right)\right|\Big|_0^{\frac{\pi}{2}}$$

$$=-2\ln(\sqrt{2}-1)=2\ln(\sqrt{2}+1)=\ln(3+2\sqrt{2}).$$

应选 A.

**205.【参考答案】**B

**【答案解析】**由曲线方程 $y=\ln(1+\cos x)$ 得，$y'=\frac{-\sin x}{1+\cos x}$，故所求弧长为

$$s=\int_0^{\frac{\pi}{3}}\sqrt{1+(y')^2}\,\mathrm{d}x=\int_0^{\frac{\pi}{3}}\sqrt{1+\left(\frac{-\sin x}{1+\cos x}\right)^2}\,\mathrm{d}x=\int_0^{\frac{\pi}{3}}\frac{\sqrt{2}}{\sqrt{1+\cos x}}\mathrm{d}x$$

$$=\int_0^{\frac{\pi}{3}}\frac{1}{\cos\frac{x}{2}}\mathrm{d}x=\int_0^{\frac{\pi}{3}}\sec\frac{x}{2}\,\mathrm{d}x$$

$$=2\ln\left|\sec\frac{x}{2}+\tan\frac{x}{2}\right|\Big|_0^{\frac{\pi}{3}}=\ln 3.$$

应选 B.

**206.【参考答案】** E

**【答案解析】** 由曲线方程 $y^2=\frac{4}{9}(x-1)^3(1\leqslant x\leqslant 16)$ 得，$y'=\pm\sqrt{x-1}$. 由对称性，所求弧长为

$$s=2\int_1^{16}\sqrt{1+(y')^2}\,dx=2\int_1^{16}\sqrt{1+(\sqrt{x-1})^2}\,dx$$

$$=2\int_1^{16}\sqrt{x}\,dx=2\left(\frac{2}{3}x^{\frac{3}{2}}\right)\Big|_1^{16}=84.$$

应选 E.

**207.【参考答案】** D

**【答案解析】** 由曲线方程 $y=\frac{1}{2}x\sqrt{1-x^2}+\frac{1}{2}\arcsin x(-1\leqslant x\leqslant 1)$ 得，$y'=\sqrt{1-x^2}$，故所求弧长为

$$s=\int_{-1}^{1}\sqrt{1+(y')^2}\,dx=\int_{-1}^{1}\sqrt{1+(\sqrt{1-x^2})^2}\,dx$$

$$=\int_{-1}^{1}\sqrt{2-x^2}\,dx=2\int_0^1\sqrt{2-x^2}\,dx$$

$$\xlongequal{x=\sqrt{2}\sin t}2\int_0^{\frac{\pi}{4}}2\cos^2 t\,dt=2\int_0^{\frac{\pi}{4}}(1+\cos 2t)\,dt$$

$$=2\left(t+\frac{1}{2}\sin 2t\right)\Big|_0^{\frac{\pi}{4}}=\frac{\pi}{2}+1.$$

应选 D.

**208.【参考答案】** C

**【答案解析】** 由曲线方程 $y=\int_0^x\sqrt{\cos t}\,dt$ 得，$y'=\sqrt{\cos x}$，故所求弧长为

$$s=\int_0^{\frac{\pi}{2}}\sqrt{1+(y')^2}\,dx=\int_0^{\frac{\pi}{2}}\sqrt{1+\cos x}\,dx$$

$$=\int_0^{\frac{\pi}{2}}\sqrt{2\cos^2\frac{x}{2}}\,dx=\sqrt{2}\int_0^{\frac{\pi}{2}}\cos\frac{x}{2}\,dx$$

$$=2\sqrt{2}\sin\frac{x}{2}\Big|_0^{\frac{\pi}{2}}=2.$$

应选 C.

**209.【参考答案】** C

**【答案解析】** 由曲线方程 $y=\int_0^x\sqrt{e^{4t}+e^{-4t}+1}\,dt$ 得，$y'=\sqrt{e^{4x}+e^{-4x}+1}$，故所求弧长为

$$s=\int_{-1}^{1}\sqrt{1+(y')^2}\,dx=\int_{-1}^{1}\sqrt{e^{4x}+e^{-4x}+2}\,dx=\int_{-1}^{1}(e^{2x}+e^{-2x})\,dx$$

$$=2\int_0^1(e^{2x}+e^{-2x})\,dx=(e^{2x}-e^{-2x})\Big|_0^1=e^2-e^{-2}.$$

应选 C.

**210.【参考答案】** C

**【答案解析】** 由曲线方程 $y=\ln\cos x$ 得，$y'=-\tan x$，故所求弧长为

$$s=\int_{-\frac{\pi}{4}}^{\frac{\pi}{4}}\sqrt{1+(y')^2}\,dx=\int_{-\frac{\pi}{4}}^{\frac{\pi}{4}}\sqrt{1+\tan^2 x}\,dx$$

$$=\int_{-\frac{\pi}{4}}^{\frac{\pi}{4}}\sec x\,dx=2\int_0^{\frac{\pi}{4}}\sec x\,dx$$

$$=2\ln(\sec x+\tan x)\Big|_0^{\frac{\pi}{4}}$$

$$=2\ln(\sqrt{2}+1).$$

应选 C.

**211.【参考答案】** B

**【答案解析】** 由曲线方程 $y^2=x^3$ 得，$y=\pm x^{\frac{3}{2}}$，$y'=\pm\frac{3}{2}x^{\frac{1}{2}}$. 注意到曲线弧 $y^2=x^3(x\leqslant 4)$ 关于 $x$ 轴对称，并且 $x\geqslant 0$，所求弧长为

$$s=2\int_0^4\sqrt{1+(y')^2}\,dx=2\int_0^4\sqrt{1+\left(\frac{3}{2}x^{\frac{1}{2}}\right)^2}\,dx=2\int_0^4\sqrt{1+\frac{9}{4}x}\,dx$$

$$=\frac{16}{27}\left(1+\frac{9}{4}x\right)^{\frac{3}{2}}\Big|_0^4=\frac{16}{27}(10\sqrt{10}-1).$$

应选 B.

**212.【参考答案】** B

**【答案解析】** $y'=\sqrt{x^2+4x+3}$，故所求弧长为

$$s=\int_0^a\sqrt{1+(y')^2}\,dx=\int_0^a\sqrt{x^2+4x+4}\,dx=\int_0^a(x+2)\,dx=\frac{1}{2}a^2+2a.$$

由题设知，$\frac{1}{2}a^2+2a=6$，即 $a^2+4a-12=0$，故 $a=2$ 或 $a=-6$. 又 $a>0$，故 $a=2$.

应选 B.

**213.【参考答案】** D

**【答案解析】** 由 $\begin{cases}x=\sqrt{2+t},\\ y=\sqrt{2-t}\end{cases}$ 求导得，$\begin{cases}x'(t)=\dfrac{1}{2\sqrt{2+t}},\\ y'(t)=\dfrac{-1}{2\sqrt{2-t}}.\end{cases}$ 故所求弧长为

$$s=\int_1^2\sqrt{x'^2(t)+y'^2(t)}\,dt=\int_1^2\sqrt{\left(\frac{1}{2\sqrt{2+t}}\right)^2+\left(\frac{-1}{2\sqrt{2-t}}\right)^2}\,dt$$

$$=\int_1^2\frac{1}{\sqrt{4-t^2}}\,dt=\arcsin\frac{t}{2}\Big|_1^2=\frac{\pi}{3}.$$

应选 D.

**214.【参考答案】** C

【答案解析】由$\begin{cases}x=\arctan t,\\ y=\dfrac{1}{2}\ln(1+t^2)\end{cases}$求导得，$\begin{cases}x'(t)=\dfrac{1}{1+t^2},\\ y'(t)=\dfrac{t}{1+t^2}.\end{cases}$故所求弧长为

$$s=\int_0^1\sqrt{x'^2(t)+y'^2(t)}\,dt=\int_0^1\sqrt{\left(\frac{1}{1+t^2}\right)^2+\left(\frac{t}{1+t^2}\right)^2}\,dt=\int_0^1\frac{1}{\sqrt{1+t^2}}dt$$

$$=\ln\left(t+\sqrt{1+t^2}\right)\Big|_0^1=\ln(\sqrt{2}+1).$$

应选 C.

**215.【参考答案】** C

【答案解析】由$\begin{cases}x=e^{-t}\cos\omega t,\\ y=e^{-t}\sin\omega t\end{cases}$求导得，$\begin{cases}x'(t)=-e^{-t}(\cos\omega t+\omega\sin\omega t),\\ y'(t)=-e^{-t}(\sin\omega t-\omega\cos\omega t).\end{cases}$故所求弧长为

$$s=\int_0^{+\infty}\sqrt{x'^2(t)+y'^2(t)}\,dt$$

$$=\int_0^{+\infty}\sqrt{[-e^{-t}(\cos\omega t+\omega\sin\omega t)]^2+[-e^{-t}(\sin\omega t-\omega\cos\omega t)]^2}\,dt$$

$$=\sqrt{1+\omega^2}\int_0^{+\infty}e^{-t}dt=\sqrt{1+\omega^2}.$$

由 $s=5\sqrt{2}$ 得，$\sqrt{1+\omega^2}=5\sqrt{2}$，故 $\omega=7$. 应选 C.

**216.【参考答案】** A

【答案解析】由$\begin{cases}x=\displaystyle\int_0^t\frac{e^u}{\sqrt{1+u^2}}du,\\ y=\displaystyle\int_0^t\frac{ue^u}{\sqrt{1+u^2}}du\end{cases}$得，$\begin{cases}x'(t)=\dfrac{e^t}{\sqrt{1+t^2}},\\ y'(t)=\dfrac{te^t}{\sqrt{1+t^2}}.\end{cases}$由平面曲线弧长的计算公式，所求弧长为

$$s=\int_0^1\sqrt{x'^2(t)+y'^2(t)}\,dt=\int_0^1\sqrt{\left(\frac{e^t}{\sqrt{1+t^2}}\right)^2+\left(\frac{te^t}{\sqrt{1+t^2}}\right)^2}\,dt=\int_0^1e^tdt=e-1.$$

应选 A.

**217.【参考答案】** C

【答案解析】椭圆 $x^2+2y^2=2$ 的参数方程为$\begin{cases}x=\sqrt{2}\cos t,\\ y=\sin t\end{cases}(0\leqslant t\leqslant 2\pi)$.

$$s_1=2\int_0^{\frac{\pi}{2}}\sqrt{1+(y')^2}\,dx=2\int_0^{\frac{\pi}{2}}\sqrt{1+\cos^2x}\,dx$$

$$\xlongequal{x=\frac{\pi}{2}-u}2\int_0^{\frac{\pi}{2}}\sqrt{1+\sin^2u}\,du,$$

$$s_2=4\int_0^{\frac{\pi}{2}}\sqrt{[x'(t)]^2+[y'(t)]^2}\,dt$$

$$= 4\int_0^{\frac{\pi}{2}} \sqrt{(-\sqrt{2}\sin t)^2 + \cos^2 t}\,dt$$

$$= 4\int_0^{\frac{\pi}{2}} \sqrt{2\sin^2 t + \cos^2 t}\,dt$$

$$= 4\int_0^{\frac{\pi}{2}} \sqrt{1 + \sin^2 t}\,dt.$$

故 $s_2 = 2s_1$. 应选 C.

**218.【参考答案】** D

**【答案解析】** 由 $\begin{cases} x = \int_1^t \frac{\cos u}{u}du, \\ y = \int_1^t \frac{\sin u}{u}du \end{cases}$ 得，$\begin{cases} x'(t) = \frac{\cos t}{t}, \\ y'(t) = \frac{\sin t}{t}. \end{cases}$

由平面曲线弧长的计算公式，

$$s = \int_1^a \sqrt{x'^2(t) + y'^2(t)}\,dt$$

$$= \int_1^a \sqrt{\left(\frac{\cos t}{t}\right)^2 + \left(\frac{\sin t}{t}\right)^2}\,dt$$

$$= \int_1^a \frac{1}{t}dt = \ln a = 2,$$

故 $a = e^2$. 应选 D.

**219.【参考答案】** A

**【答案解析】** 由 $\rho = \frac{1}{\theta}$ 得，$\rho'(\theta) = -\frac{1}{\theta^2}$. 故曲线弧 $\rho = \frac{1}{\theta}\left(\frac{\sqrt{3}}{3} \leqslant \theta \leqslant \sqrt{3}\right)$ 的长度为

$$s = \int_{\frac{\sqrt{3}}{3}}^{\sqrt{3}} \sqrt{\rho^2(\theta) + [\rho'(\theta)]^2}\,d\theta = \int_{\frac{\sqrt{3}}{3}}^{\sqrt{3}} \sqrt{\left(\frac{1}{\theta}\right)^2 + \left(-\frac{1}{\theta^2}\right)^2}\,d\theta$$

$$= \int_{\frac{\sqrt{3}}{3}}^{\sqrt{3}} \frac{\sqrt{\theta^2+1}}{\theta^2}d\theta$$

$$\xlongequal{\theta = \tan t} \int_{\frac{\pi}{6}}^{\frac{\pi}{3}} \frac{\sec^3 t}{\tan^2 t}dt = \int_{\frac{\pi}{6}}^{\frac{\pi}{3}} \frac{1}{\sin^2 t\cos t}dt$$

$$= \int_{\frac{\pi}{6}}^{\frac{\pi}{3}} \frac{1}{\sin^2 t(1-\sin^2 t)}d(\sin t)$$

$$= \int_{\frac{\pi}{6}}^{\frac{\pi}{3}} \left(\frac{1}{\sin^2 t} + \frac{1}{1-\sin^2 t}\right)d(\sin t)$$

$$= \left(-\frac{1}{\sin t} + \frac{1}{2}\ln\frac{1+\sin t}{1-\sin t}\right)\Bigg|_{\frac{\pi}{6}}^{\frac{\pi}{3}}$$

$$= \ln\frac{3+2\sqrt{3}}{3} + \frac{6-2\sqrt{3}}{3}.$$

应选 A.

**220.【参考答案】** A

**【答案解析】** 由 $\rho = \theta$ 得，$\rho'(\theta) = 1$. 故曲线弧 $\rho = \theta(0 \leqslant \theta \leqslant 1)$ 的长度为

$$s=\int_0^1\sqrt{\theta^2+1}\,d\theta=\theta\sqrt{\theta^2+1}\Big|_0^1-\int_0^1\frac{\theta^2}{\sqrt{\theta^2+1}}d\theta$$

$$=\sqrt{2}-\int_0^1\frac{\theta^2+1-1}{\sqrt{\theta^2+1}}d\theta$$

$$=\sqrt{2}-\int_0^1\sqrt{\theta^2+1}\,d\theta+\int_0^1\frac{1}{\sqrt{\theta^2+1}}d\theta$$

$$=\sqrt{2}-\int_0^1\sqrt{\theta^2+1}\,d\theta+\ln(\theta+\sqrt{\theta^2+1})\Big|_0^1$$

$$=\sqrt{2}+\ln(1+\sqrt{2})-\int_0^1\sqrt{\theta^2+1}\,d\theta.$$

故 $s=\int_0^1\sqrt{\theta^2+1}\,d\theta=\frac{\sqrt{2}}{2}+\frac{1}{2}\ln(1+\sqrt{2})$. 应选 A.

## 【考向 11】积分中值定理

**221.【参考答案】** B

**【答案解析】** 由连续函数 $f(x)$ 在$[a,b]$上的平均值为$\frac{1}{b-a}\int_a^b f(x)dx$,可知

$$\frac{1}{3-1}\int_1^3 f(x)dx=\frac{1}{2}\int_1^3 x^2dx=\frac{1}{2}\cdot\frac{1}{3}x^3\Big|_1^3=\frac{13}{3}.$$

故选 B.

**222.【参考答案】** D

**【答案解析】** 由题设 $y=\frac{x}{\sqrt{1-x^2}}$,可知 $y$ 在$\left[0,\frac{1}{4}\right]$上连续. 由连续函数在闭区间上平均值的定义可知,所求平均值为

$$\frac{1}{\frac{1}{4}-0}\int_0^{\frac{1}{4}}\frac{x}{\sqrt{1-x^2}}dx=-2\int_0^{\frac{1}{4}}(1-x^2)^{-\frac{1}{2}}d(1-x^2)=-4(1-x^2)^{\frac{1}{2}}\Big|_0^{\frac{1}{4}}=4-\sqrt{15}.$$

故选 D.

**223.【参考答案】** C

**【答案解析】** 按照平均值的定义,有

$$\bar{y}=\frac{1}{\frac{\sqrt{3}}{2}-\frac{1}{2}}\int_{\frac{1}{2}}^{\frac{\sqrt{3}}{2}}\frac{x^2}{\sqrt{1-x^2}}dx,$$

作积分变量代换,令 $x=\sin t$,则 $dx=\cos t dt$,所以

$$\bar{y}=\frac{1}{\frac{\sqrt{3}}{2}-\frac{1}{2}}\int_{\frac{\pi}{6}}^{\frac{\pi}{3}}\frac{\sin^2 t\cos t}{\sqrt{1-\sin^2 t}}dt=\frac{2}{\sqrt{3}-1}\int_{\frac{\pi}{6}}^{\frac{\pi}{3}}\sin^2 t dt$$

$$=(\sqrt{3}+1)\int_{\frac{\pi}{6}}^{\frac{\pi}{3}}\left(\frac{1}{2}-\frac{1}{2}\cos 2t\right)dt$$

$$= (\sqrt{3}+1)\left(\frac{1}{2}t-\frac{1}{4}\sin 2t\right)\Big|_{\frac{\pi}{6}}^{\frac{\pi}{3}}$$

$$= \frac{\sqrt{3}+1}{12}\pi.$$

故选 C.

**224.【参考答案】** E

**【答案解析】** 不妨设 $p>0$. 根据积分中值定理，

$$\int_n^{n+p}\frac{\sin x}{x}\mathrm{d}x = \frac{\sin\xi}{\xi}p,\xi\in[n,n+p],$$

因此，有

$$\lim_{n\to\infty}\int_n^{n+p}\frac{\sin x}{x}\mathrm{d}x = \lim_{\xi\to+\infty}\frac{\sin\xi}{\xi}p = 0,$$

故选 E.

## 【考向 12】定积分的经济应用

**225.【参考答案】** A

**【答案解析】** 若设 $t$ 时刻池水剩余量为 $y(t)$，则

$$y(t) = \text{原池水总量 } A - t \text{ 时刻已蒸发量 } x(t),$$

因此

$$y(t) = A - x(t) = A - kt, t\in[0,T].$$

由于在 $T$ 时刻，池水将全部蒸发，可知

$$A - kT = 0,$$

即

$$k = \frac{A}{T},$$

故

$$y(t) = A - \frac{A}{T}t, t\in[0,T].$$

因此 $y(t)$ 在$[0,T]$上的平均值为

$$\bar{y} = \frac{1}{T}\int_0^T y(t)\mathrm{d}t = \frac{1}{T}\int_0^T\left(A-\frac{A}{T}t\right)\mathrm{d}t = \frac{A}{2}.$$

故选 A.

**226.【参考答案】** D

**【答案解析】** 在时刻 $t$ 的剩余量 $y(t)$ 可用总量 $A$ 减去销售量 $x(t)$ 得到，即

$$y(t) = A - x(t) = A - 2kt, t\in[0,T].$$

在时刻 $T$ 将数量为 $A$ 的该商品销售完，得 $A-2kT=0$，即 $k=\frac{A}{2T}$. 因此

$$y(t) = A - \frac{A}{T}t, t\in[0,T].$$

由于 $y(t)$ 随时间连续变化，因此在时间段$[0,T]$上的平均剩余量，即函数的平均值，可用积分$\frac{1}{T}\int_0^T y(t)\mathrm{d}t$ 表示，所以 $y(t)$ 在$[0,T]$上的平均值为

$$\bar{y} = \frac{1}{T}\int_0^T y(t)\mathrm{d}t = \frac{1}{T}\int_0^T\left(A-\frac{A}{T}t\right)\mathrm{d}t$$

$$=\frac{1}{T}\left(At-\frac{A}{2T}t^2\right)\Big|_0^T=\frac{A}{T}\left(T-\frac{T^2}{2T}\right)=\frac{A}{2}.$$

因此，在时间段$[0,T]$上的平均剩余量为$\frac{A}{2}$. 故选 D.

**227.【参考答案】** B

**【答案解析】** 由总产量函数与其变化率的关系，有 $Q'(t)=f(t)$，于是总产量增加值为

$$\Delta Q=\int_2^8 Q'(t)\mathrm{d}t=\int_2^8 f(t)\mathrm{d}t=\int_2^8(200+5t-t^2)\mathrm{d}t$$

$$=\left(200t+\frac{5}{2}t^2-\frac{1}{3}t^3\right)\Big|_2^8=1\ 182.$$

故选 B.

**228.【参考答案】** D

**【答案解析】** 记 $y$ 的变化量为 $\Delta y$，则

$$\Delta y=\int_3^8\left[\frac{10}{(x+2)^2}+1\right]\mathrm{d}x=\left(-\frac{10}{x+2}+x\right)\Big|_3^8=6,$$

故选 D.

# 第四章　多元函数微分学

答案速查表

| | | | | | |
|---|---|---|---|---|---|
| 1 ～ 5 | BEAAC | 6 ～ 10 | CECBB | 11 ～ 15 | ECCCC |
| 16 ～ 20 | CEADE | 21 ～ 25 | EBCAC | 26 ～ 30 | EEDDB |
| 31 ～ 35 | BBEAA | 36 ～ 40 | ECEEB | 41 ～ 45 | ADAAA |
| 46 ～ 50 | DDCED | 51 ～ 55 | EDCEE | 56 ～ 60 | ECCDA |
| 61 ～ 65 | EABEA | 66 ～ 70 | EBEEC | 71 ～ 75 | DECAA |
| 76 ～ 80 | BEEEB | 81 ～ 85 | ADBAD | 86 ～ 90 | BBBBB |
| 91 ～ 95 | ECEDC | 96 ～ 100 | BAAEE | 101 ～ 105 | DDCDC |
| 106 ～ 110 | EAEBA | 111 ～ 115 | BDEAA | 116 ～ 120 | CDBAE |
| 121 ～ 125 | CEDEB | 126 ～ 130 | ACDCA | 131 ～ 135 | ACBCD |
| 136 ～ 137 | DD | | | | |

## 【考向 1】多元函数的概念

**1.【参考答案】**B

**【答案解析】**与一元函数求定义域相仿，要考虑：分式的分母不能为零；偶次方根号下的表达式非负；对数式的真数大于零；反正弦、反余弦函数中表达式的绝对值小于等于 1. 因此，本题中应有 $y-x>0, x\geqslant 0, 1-x^2-y^2>0$，即

$$y>x\geqslant 0, x^2+y^2<1.$$

故选 B.

**2.【参考答案】**E

**【答案解析】**由题设 $f(x,y)=3x+2y$，意味着 $f(\square,\bigcirc)=3\cdot\square+2\cdot\bigcirc$，其中 $\square,\bigcirc$ 分别表示 $f$ 的表达式中第一个位置和第二个位置的元素. 因此

$$f[1,f(x,y)]=3+2f(x,y)=3+2(3x+2y)=6x+4y+3.$$

故选 E.

**3.【参考答案】**A

**【答案解析】**设 $u=\dfrac{1}{x}, v=\dfrac{1}{y}$，则 $x=\dfrac{1}{u}, y=\dfrac{1}{v}$. 由题设表达式可得

$$f(u,v)=\frac{1}{u}-\frac{2}{u^2v}+\frac{3}{v^3},$$

因此

$$f(x,y)=\frac{1}{x}-\frac{2}{x^2y}+\frac{3}{y^3}.$$

故选 A.

**4.【参考答案】** A

**【答案解析】** 由题设，当 $x=1$ 时，$z=y$，可知

$$y=1+f(\sqrt{y}-1),\text{即 } f(\sqrt{y}-1)=y-1,$$

令 $u=\sqrt{y}-1(u\geqslant -1)$，则 $y=(u+1)^2$，从而 $f(u)=(u+1)^2-1=u^2+2u(u\geqslant -1)$，进而

$$z=x+f(\sqrt{y}-1)=x+y-1(y\geqslant 0).$$

故选 A.

**5.【参考答案】** C

**【答案解析】** 由偏导数的定义可知

$$f'_x(0,0)=\lim_{x\to 0}\frac{f(x,0)-f(0,0)}{x}=0,$$

$$f'_y(0,0)=\lim_{y\to 0}\frac{f(0,y)-f(0,0)}{y}=0,$$

故 $f(x,y)$ 在点 $(0,0)$ 处的偏导数存在，因此排除 B，D. 由于对任意的 $k$，

$$\lim_{\substack{(x,y)\to(0,0)\\ x=ky^2}}\frac{xy^2}{x^2+y^4}=\lim_{y\to 0}\frac{ky^4}{k^2y^4+y^4}=\frac{k}{k^2+1},$$

可知 $\lim\limits_{(x,y)\to(0,0)}f(x,y)$ 不存在，从而知 $f(x,y)$ 在点 $(0,0)$ 处不连续，因此排除 A，E. 故选 C.

**6.【参考答案】** C

**【答案解析】** 多元函数的性质：

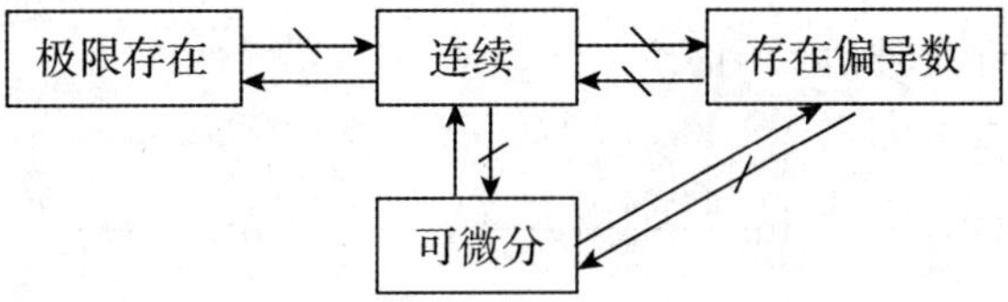


可知几个性质不能互推，需分别讨论.

$$\lim_{y=kx\to 0}f(x,y)=\lim_{x\to 0}\frac{kx^2}{x^2+k^2x^2}=\frac{k}{1+k^2},$$

极限值取决于 $k$，表明沿不同方向的直线 $y=kx$，当点 $(x,y)$ 趋于点 $(0,0)$ 时，$f(x,y)$ 的极限不唯一，故不存在，从而知 $f(x,y)$ 在点 $(0,0)$ 处不连续.

$$\lim_{(x,y)\to(0,0)}g(x,y)=\lim_{\rho\to 0}\frac{\rho^2\cos\theta\cdot\sin\theta}{\sqrt{\rho^2}}=0=g(0,0),$$

表明 $g(x,y)$ 在点 $(0,0)$ 处连续，因此 ① 不正确，② 正确.

又
$$f'_x(0,0)=\lim_{\Delta x\to 0}\frac{f(0+\Delta x,0)-f(0,0)}{\Delta x}=\lim_{\Delta x\to 0}0=0,$$

同理 $f'_y(0,0)=0$；$g'_x(0,0)=0$，$g'_y(0,0)=0$. 因此 ③ 正确.

若记 $z_1=f(x,y)$，$z_2=g(x,y)$.

$$\Delta z_1=f(0+\Delta x,0+\Delta y)-f(0,0)=\frac{\Delta x\cdot\Delta y}{(\Delta x)^2+(\Delta y)^2},$$

$$\Delta z_1 - [f'_x(0,0)\Delta x + f'_y(0,0)\Delta y] = \frac{\Delta x \cdot \Delta y}{(\Delta x)^2 + (\Delta y)^2},$$

$$\frac{\Delta z_1 - [f'_x(0,0)\Delta x + f'_y(0,0)\Delta y]}{\sqrt{(\Delta x)^2 + (\Delta y)^2}} = \frac{\Delta x \cdot \Delta y}{[(\Delta x)^2 + (\Delta y)^2]^{3/2}},$$

当点 $P(\Delta x,\Delta y)$ 沿直线 $y = x$ 趋于点$(0,0)$ 时，

$$\frac{\Delta x \cdot \Delta y}{[(\Delta x)^2 + (\Delta y)^2]^{3/2}} = \frac{(\Delta x)^2}{2^{3/2} \mid \Delta x \mid^3} \to \infty,$$

表明 $f(x,y)$ 在点$(0,0)$ 处不可微分.

同理
$$\frac{\Delta z_2 - [g'_x(0,0)\Delta x + g'_y(0,0)\Delta y]}{\sqrt{(\Delta x)^2 + (\Delta y)^2}} = \frac{\Delta x \cdot \Delta y}{(\Delta x)^2 + (\Delta y)^2}, \qquad (*)$$

当点 $P(\Delta x,\Delta y)$ 沿直线 $y = x$ 趋于点$(0,0)$ 时，$(*)$ 式右端极限为$\frac{1}{2}$，表明 $g(x,y)$ 在点$(0,0)$ 处也不可微分，因此 ④ 不正确，故选 C.

**7.【参考答案】**E

**【答案解析】**由 $f(x,y) = \begin{cases} (x^2+y^2)\sin\dfrac{1}{x^2+y^2}, & (x,y) \neq (0,0), \\ 0, & (x,y) = (0,0), \end{cases}$ 可知

$$\lim_{\substack{x\to 0\\ y\to 0}} f(x,y) = \lim_{\substack{x\to 0\\ y\to 0}} (x^2+y^2)\sin\frac{1}{x^2+y^2}$$
$$= \lim_{\rho\to 0} \rho^2 \sin\frac{1}{\rho^2} = 0 = f(0,0),$$

故 $f(x,y)$ 在点$(0,0)$ 处连续，A 正确.

又
$$f'_x(0,0) = \lim_{x\to 0}\frac{f(x,0)-f(0,0)}{x} = \lim_{x\to 0}\frac{x^2\sin\dfrac{1}{x^2}}{x} = 0,$$

同理 $f'_y(0,0) = 0$. 可知点$(0,0)$ 为 $f(x,y)$ 的驻点，B 正确.

由于 $f(x,0) = x^2\sin\frac{1}{x^2}$，可知

$$f'_x(x,0) = 2x\sin\frac{1}{x^2} + x^2\cos\frac{1}{x^2}\cdot\left(-\frac{2}{x^3}\right)$$
$$= 2x\sin\frac{1}{x^2} - \frac{2}{x}\cos\frac{1}{x^2},$$

当 $x \to 0$ 时，$f'_x(x,0)$ 在点 $x = 0$ 的任一去心邻域内都是无界函数，因此$\lim\limits_{x\to 0} f'_x(x,0)$ 不存在，进而可知 $f'_x(x,0)$ 在点 $x = 0$ 处不连续，同理，$f'_y(0,y)$ 在点 $y = 0$ 处也不连续，C 正确.
又由于

$$\lim_{\substack{x\to 0\\ y\to 0}} \frac{\Delta f - \mathrm{d}f\Big|_{(0,0)}}{\rho} = \lim_{\substack{x\to 0\\ y\to 0}} \frac{(x^2+y^2)\sin\dfrac{1}{x^2+y^2}}{\sqrt{x^2+y^2}}$$
$$= \lim_{\rho\to 0} \rho \cdot \sin\frac{1}{\rho^2} = 0,$$

可知 $f(x,y)$ 在点 $(0,0)$ 处可微分，D 正确，E 不正确.

故选 E.

**8.【参考答案】** C

**【答案解析】** 由 $f(x,y)=\begin{cases}\dfrac{\tan x^2\cdot\cos y}{\sqrt{x^2+y^2}}, & (x,y)\neq(0,0),\\ 0, & (x,y)=(0,0),\end{cases}$ 可知

$$\lim_{\substack{x\to0\\y\to0}}f(x,y)=\lim_{\substack{x\to0\\y\to0}}\frac{\tan x^2\cdot\cos y}{\sqrt{x^2+y^2}}=\lim_{\substack{x\to0\\y\to0}}\frac{x^2\cdot\cos y}{\sqrt{x^2+y^2}},$$

令 $\begin{cases}x=\rho\cos\theta,\\ y=\rho\sin\theta,\end{cases}$ 则

$$\lim_{\substack{x\to0\\y\to0}}f(x,y)=\lim_{\rho\to0}\frac{\rho^2\cos^2\theta\cdot\cos(\rho\sin\theta)}{\rho}=0=f(0,0),$$

可知 $f(x,y)$ 在点 $(0,0)$ 处连续，结论 ① 正确.

$$\left.\frac{\partial f}{\partial x}\right|_{(0,0)}=\lim_{\substack{x\to0\\y=0}}\frac{f(x,0)-f(0,0)}{x}=\lim_{x\to0}\frac{x^2}{x\sqrt{x^2}}$$

不存在，且

$$\left.\frac{\partial f}{\partial y}\right|_{(0,0)}=\lim_{\substack{y\to0\\x=0}}\frac{f(0,y)-f(0,0)}{y}=\lim_{y\to0}\frac{0}{y}=0,$$

可知结论 ② 不正确，结论 ③ 正确.

由于 $\left.\dfrac{\partial f}{\partial x}\right|_{(0,0)}$ 不存在，可知 $z=f(x,y)$ 在点 $(0,0)$ 处不可微分，因此结论 ④ 正确.

故选 C.

**9.【参考答案】** B

**【答案解析】** 若偏导数连续，函数必定可微分，反之不然；而函数可微分则必定存在偏导数；函数可微分则必定连续，但是函数连续并不能保证偏导数存在，也不能保证函数可微分；函数存在偏导数不能保证函数连续，更不能保证函数可微分. 故选 B.

**10.【参考答案】** B

**【答案解析】** 对于命题 A，可仿一元函数极限基本定理证明其正确性，这个命题又称为二元函数的极限基本定理. 可知命题 A 正确.

对于命题 B，偏导数存在不能保证函数连续，如第 5 题. 同样函数连续也不能保证偏导数存在. 可知命题 B 不正确.

由全微分的性质，若函数 $z=f(x,y)$ 在点 $M_0(x_0,y_0)$ 处可微分，则 $\left.\dfrac{\partial z}{\partial x}\right|_{M_0}$ 与 $\left.\dfrac{\partial z}{\partial y}\right|_{M_0}$ 必定存在，且 $\left.dz\right|_{M_0}=\left.\dfrac{\partial z}{\partial x}\right|_{M_0}dx+\left.\dfrac{\partial z}{\partial y}\right|_{M_0}dy$，可知命题 C 正确.

对于命题D，教材中以定理形式出现“如果函数 $z=f(x,y)$ 的偏导数 $\dfrac{\partial z}{\partial x},\dfrac{\partial z}{\partial y}$ 在点 $(x,y)$ 处连续，那么函数在该点可微分”，还给出了定理的证明，这说明命题 D 正确.

若 $z=f(x,y)$ 在点 $M_0(x_0,y_0)$ 处可微分，由其性质可知 $z=f(x,y)$ 在点 $M_0(x_0,y_0)$ 处必定连续，可知命题 E 正确. 故选 B.

**11.【参考答案】** E

**【答案解析】** 偏导数存在反映的是函数 $f(x,y)$ 的局部性质，函数 $f(x,y)$ 的连续性和可微性反映的是函数 $f(x,y)$ 的整体性质，因此，$f(x,y)$ 存在二阶偏导数时，它未必连续和可微分，而二阶混合偏导数与求导次序无关反映的是函数 $f(x,y)$ 的整体性质，因此也不保证有 $\frac{\partial^2[f(x,y)]}{\partial x\partial y}=\frac{\partial^2[f(x,y)]}{\partial y\partial x}$，故由排除法，只有 E 正确. 故选 E.

**12.【参考答案】** C

**【答案解析】** 当 $f(x,y)$ 在点 $(a,b)$ 处存在偏导数时，依定义可得

$$\begin{aligned}\lim_{y\to 0}\frac{f(a,b+y)-f(a,b-y)}{y}&=\lim_{y\to 0}\left[\frac{f(a,b+y)-f(a,b)}{y}+\frac{f(a,b-y)-f(a,b)}{-y}\right]\\&=\lim_{y\to 0}\frac{f(a,b+y)-f(a,b)}{y}+\lim_{y\to 0}\frac{f(a,b-y)-f(a,b)}{-y}\\&=2f'_y(a,b).\end{aligned}$$

故选 C.

**13.【参考答案】** C

**【答案解析】** 令 $z=f(x,y)=\sqrt{x^4+y^2}$，则

$$\lim_{x\to 0}\frac{f(x,0)-f(0,0)}{x}=\lim_{x\to 0}\frac{\sqrt{x^4+0}-0}{x}=\lim_{x\to 0}\frac{x^2}{x}=0,$$

可知 $\left.\frac{\partial z}{\partial x}\right|_{(0,0)}=0$，可排除 B，D，E.

又 $$\lim_{y\to 0}\frac{f(0,y)-f(0,0)}{y}=\lim_{y\to 0}\frac{\sqrt{0+y^2}-0}{y}=\lim_{y\to 0}\frac{|y|}{y}$$

不存在，可知 $\left.\frac{\partial z}{\partial y}\right|_{(0,0)}$ 不存在，可排除 A. 故选 C.

**14.【参考答案】** C

**【答案解析】** $$\lim_{x\to 0}\frac{f(x,0)-f(0,0)}{x-0}=\lim_{x\to 0}\frac{e^{\sqrt{x^2+0}}-1}{x}=\lim_{x\to 0}\frac{e^{|x|}-1}{x},$$

$$\lim_{x\to 0^+}\frac{e^{|x|}-1}{x}=\lim_{x\to 0^+}\frac{e^{x}-1}{x}=1,\lim_{x\to 0^-}\frac{e^{|x|}-1}{x}=\lim_{x\to 0^-}\frac{e^{-x}-1}{x}=-1,$$

故 $f'_x(0,0)$ 不存在.

$$f'_y(0,0)=\lim_{y\to 0}\frac{f(0,y)-f(0,0)}{y-0}=\lim_{y\to 0}\frac{e^{\sqrt{0+y^4}}-1}{y}=\lim_{y\to 0}\frac{e^{y^2}-1}{y}=\lim_{y\to 0}\frac{y^2}{y}=0,$$

故选 C.

**【评注】** 判断函数在一点处的偏导数是否存在，一般直接利用偏导数的定义检验极限是否存在（比如 $\lim\limits_{\Delta x\to 0}\frac{f(x_0+\Delta x,y_0)-f(x_0,y_0)}{\Delta x}$）. 由于偏导数实质上是将多元函数取定其余

变量之后所得一元函数的导数，因此也可以将 $y$ 取定为 $y_0$，检验一元函数 $f(x,y_0)$ 在 $x=x_0$ 处的导数是否存在.

## 【考向 2】显函数偏导数与全微分的计算

**15.【参考答案】** C

**【答案解析】** 由于 $f(x,y)=x+(y-1)\arcsin\sqrt{\dfrac{x}{y}}$，则

$$f(x,2)=x+\arcsin\sqrt{\frac{x}{2}},$$

$$f'_x(x,2)=1+\frac{1}{\sqrt{1-\dfrac{x}{2}}}\cdot\frac{1}{\sqrt{2}}\cdot\frac{1}{2}\cdot\frac{1}{\sqrt{x}}=1+\frac{1}{2\sqrt{(2-x)x}}.$$

故选 C.

**16.【参考答案】** C

**【答案解析】** 由于 $z=\dfrac{xy}{x^2-y^2}$，因此

$$\frac{\partial z}{\partial x}=\frac{y(x^2-y^2)-2x^2y}{(x^2-y^2)^2}=\frac{-y(x^2+y^2)}{(x^2-y^2)^2},$$

$$\frac{\partial z}{\partial y}=\frac{x(x^2-y^2)+2xy^2}{(x^2-y^2)^2}=\frac{x(x^2+y^2)}{(x^2-y^2)^2}.$$

$$\left.\frac{\partial z}{\partial x}\right|_{(2,1)}=-\frac{5}{9},\left.\frac{\partial z}{\partial y}\right|_{(2,1)}=\frac{10}{9},$$

则 $\left.\dfrac{\partial z}{\partial x}\right|_{(2,1)}=-\dfrac{1}{2}\left.\dfrac{\partial z}{\partial y}\right|_{(2,1)}$. 故选 C.

**17.【参考答案】** E

**【答案解析】** 由于 $f(x,y)=\dfrac{e^x}{x-y}$，则

$$f'_x=\frac{(e^x)'_x(x-y)-e^x\cdot(x-y)'_x}{(x-y)^2}=\frac{e^x(x-y-1)}{(x-y)^2},f'_y=\frac{e^x}{(x-y)^2},$$

因此
$$f'_x+f'_y=\frac{e^x(x-y-1)}{(x-y)^2}+\frac{e^x}{(x-y)^2}=\frac{e^x}{x-y}=f.$$

故选 E.

**18.【参考答案】** A

**【答案解析】** 设 $u=\dfrac{x}{y},v=\dfrac{y}{x}$，则 $z=\sin u+\cos v$. 由于

$$\frac{\partial z}{\partial u}=\cos u,\frac{\partial z}{\partial v}=-\sin v,\frac{\partial u}{\partial x}=\frac{1}{y},\frac{\partial v}{\partial x}=-\frac{y}{x^2},$$

因此

$$\frac{\partial z}{\partial x}=\frac{\partial z}{\partial u}\cdot\frac{\partial u}{\partial x}+\frac{\partial z}{\partial v}\cdot\frac{\partial v}{\partial x}=\cos u\cdot\frac{1}{y}-\sin v\cdot\left(-\frac{y}{x^2}\right)=\frac{1}{y}\cos\frac{x}{y}+\frac{y}{x^2}\sin\frac{y}{x}.$$

故选 A.

**19.【参考答案】**D

**【答案解析】**由于$\frac{\partial z}{\partial x}=-2xy+\frac{x}{\sqrt{x^2+y^2}}$,因此

$$\left.\frac{\partial z}{\partial x}\right|_{(3,4)}=-2\times3\times4+\frac{3}{\sqrt{3^2+4^2}}=-24+\frac{3}{5}=-\frac{117}{5}.$$

故选 D.

**20.【参考答案】**E

**【答案解析】**$\ln z=3xy\cdot\ln(2x+y)$,两边对 $x$ 求偏导,得

$$\frac{1}{z}\frac{\partial z}{\partial x}=3y\cdot\ln(2x+y)+3xy\cdot\frac{1}{2x+y}\cdot2,$$

$$\frac{\partial z}{\partial x}=(2x+y)^{3xy}\cdot\left[3y\cdot\ln(2x+y)+\frac{6xy}{2x+y}\right],$$

代入点(1,1),得$\left.\frac{\partial z}{\partial x}\right|_{(1,1)}=3^3\cdot(3\ln3+2)$. 故选 E.

**【评注】**计算偏导数最基本的思路:将所求变量之外的其他变量看作常数,再利用一元函数的求导公式与法则进行求导.

**21.【参考答案】**E

**【答案解析】**若令 $u=3x+2y$,则 $z=u^u$,由此求$\frac{\partial z}{\partial x},\frac{\partial z}{\partial y}$运算较复杂. 如果再令 $v=3x+2y$,则 $z=u^v$.(虽然 $u,v$ 取相同的表达式,但是在 $z=u^v$ 的表达式中 $u,v$ 的地位不同,下面将很快发现这种代换简化了运算!)由于

$$\frac{\partial z}{\partial x}=\frac{\partial z}{\partial u}\frac{\partial u}{\partial x}+\frac{\partial z}{\partial v}\frac{\partial v}{\partial x},\frac{\partial z}{\partial y}=\frac{\partial z}{\partial u}\frac{\partial u}{\partial y}+\frac{\partial z}{\partial v}\frac{\partial v}{\partial y},$$

$$\frac{\partial z}{\partial u}=vu^{v-1},\frac{\partial z}{\partial v}=u^v\ln u,$$

$$\frac{\partial u}{\partial x}=3,\frac{\partial u}{\partial y}=2,\frac{\partial v}{\partial x}=3,\frac{\partial v}{\partial y}=2,$$

因此 $$\frac{\partial z}{\partial x}=vu^{v-1}\cdot3+u^v\ln u\cdot3=3(3x+2y)^{3x+2y}[1+\ln(3x+2y)],$$

$$\frac{\partial z}{\partial y}=vu^{v-1}\cdot2+u^v\ln u\cdot2=2(3x+2y)^{3x+2y}[1+\ln(3x+2y)].$$

所以

$$2\frac{\partial z}{\partial x}-3\frac{\partial z}{\partial y}=0.$$

故选 E.

**【评注】**本题表明中间变量的选取在多元函数求偏导数的运算中是一个值得注意的技巧.

**22.【参考答案】**B

**【答案解析】**由 $f(x+y,xy)=(x+y)^3-2xy(x+y)+(x+y)^2-2xy$,知

$$f(x,y)=x^3-2xy+x^2-2y,$$

从而有$\frac{\partial[f(x,y)]}{\partial x}=3x^2-2y+2x$. 故选 B.

**23.【参考答案】** C

**【答案解析】** 由 $z=u^v$,则$\frac{\partial z}{\partial u}=vu^{v-1}$,$\frac{\partial z}{\partial v}=u^v\ln u$. 又 $u=x^2+2y$,$v=\sin xy$,则

$$\frac{\partial u}{\partial x}=2x,\frac{\partial v}{\partial x}=y\cos xy,$$

可知

$$\begin{aligned}\frac{\partial z}{\partial x}&=\frac{\partial z}{\partial u}\cdot\frac{\partial u}{\partial x}+\frac{\partial z}{\partial v}\cdot\frac{\partial v}{\partial x}=vu^{v-1}\cdot 2x+u^v\ln u\cdot y\cos xy\\&=2x\sin xy\cdot(x^2+2y)^{\sin xy-1}+(x^2+2y)^{\sin xy}\cdot\ln(x^2+2y)\cdot y\cos xy.\end{aligned}$$

因此$\left.\frac{\partial z}{\partial x}\right|_{(1,\frac{\pi}{2})}=2$. 故选 C.

**24.【参考答案】** A

**【答案解析】** 由于 $z=\sin xy$,可得

$$\frac{\partial z}{\partial x}=y\cos xy,\frac{\partial^2 z}{\partial x^2}=-y^2\sin xy,$$

$$\frac{\partial z}{\partial y}=x\cos xy,\frac{\partial^2 z}{\partial y^2}=-x^2\sin xy,$$

因此

$$\frac{\partial^2 z}{\partial x^2}+\frac{\partial^2 z}{\partial y^2}=-(x^2+y^2)\sin xy.$$

故选 A.

**25.【参考答案】** C

**【答案解析】** 由于 $z=\arctan\frac{x-y}{x+y}$,则

$$\frac{\partial z}{\partial x}=\frac{1}{1+\left(\frac{x-y}{x+y}\right)^2}\cdot\frac{(x+y)-(x-y)}{(x+y)^2}=\frac{2y}{(x+y)^2+(x-y)^2}=\frac{y}{x^2+y^2},$$

$$\frac{\partial^2 z}{\partial x^2}=-\frac{2xy}{(x^2+y^2)^2}.$$

故选 C.

**26.【参考答案】** E

**【答案解析】**

$$\frac{\partial z}{\partial x}=e^{5xy^2}\cdot 5y^2,$$

$$\frac{\partial^2 z}{\partial x\partial y}=5y^2e^{5xy^2}\cdot 10xy+e^{5xy^2}\cdot 10y=10ye^{5xy^2}(5xy^2+1).$$

故选 E.

**27.【参考答案】** E

**【答案解析】**

$$\frac{\partial z}{\partial x}=-2xy+\frac{2x}{2\sqrt{x^2+y^2}}=-2xy+\frac{x}{\sqrt{x^2+y^2}},$$

$$\frac{\partial^2 z}{\partial x \partial y} = -2x + \frac{-x\dfrac{2y}{2\sqrt{x^2+y^2}}}{x^2+y^2} = -2x - \frac{xy}{(x^2+y^2)^{\frac{3}{2}}}.$$

故选 E.

**28.【参考答案】** D

**【答案解析】**
$$\frac{\partial z}{\partial x} = e^{2x^2 y} \cdot 4xy, \frac{\partial z}{\partial y} = e^{2x^2 y} \cdot 2x^2,$$

$$\frac{\partial^2 z}{\partial x^2} = 4ye^{2x^2 y} + 4xy \cdot e^{2x^2 y} \cdot 4xy = 4ye^{2x^2 y}(1+4x^2 y),$$

$$\frac{\partial^2 z}{\partial y^2} = 2x^2 \cdot e^{2x^2 y} \cdot 2x^2 = 4x^4 e^{2x^2 y}.$$

故选 D.

**29.【参考答案】** D

**【答案解析】** $z = \sin(e^{xy} + 2y)$,则

$$\frac{\partial z}{\partial x} = \cos(e^{xy} + 2y) \cdot ye^{xy},$$

$$\frac{\partial^2 z}{\partial x \partial y} = -ye^{xy} \cdot \sin(e^{xy}+2y) \cdot (xe^{xy}+2) + e^{xy} \cdot \cos(e^{xy}+2y) +$$

$$y \cdot xe^{xy} \cdot \cos(e^{xy}+2y),$$

$$\left.\frac{\partial^2 z}{\partial x \partial y}\right|_{(0,1)} = -2\sin 3 + \cos 3,$$

故选 D.

**30.【参考答案】** B

**【答案解析】** $z = x^2 \arctan \dfrac{y}{x} - y^2 \arctan \dfrac{x}{y}$,因此

$$\frac{\partial z}{\partial x} = 2x\arctan \frac{y}{x} + \frac{x^2}{1+\left(\dfrac{y}{x}\right)^2} \cdot \left(-\frac{y}{x^2}\right) - \frac{y^2}{1+\left(\dfrac{x}{y}\right)^2} \cdot \frac{1}{y}$$

$$= 2x\arctan \frac{y}{x} - y,$$

$$\frac{\partial^2 z}{\partial x \partial y} = \frac{2x}{1+\left(\dfrac{y}{x}\right)^2} \cdot \frac{1}{x} - 1$$

$$= \frac{x^2 - y^2}{x^2 + y^2},$$

$$\left.\frac{\partial^2 z}{\partial x \partial y}\right|_{(1,2)} = -\frac{3}{5}.$$

故选 B.

**31.【参考答案】** B

**【答案解析】** 设$(axy^3 - y^2\cos x)dx + (1 + by\sin x + 3x^2 y^2)dy$ 是 $u(x,y)$ 的全微分,则

$\frac{\partial u}{\partial x}=axy^3-y^2\cos x,\frac{\partial u}{\partial y}=1+by\sin x+3x^2y^2$. 显然 $u(x,y)$ 存在二阶连续偏导数,因此,

$\frac{\partial^2 u}{\partial x\partial y}=\frac{\partial^2 u}{\partial y\partial x}$,即 $3axy^2-2y\cos x=by\cos x+6xy^2$,比较系数得 $a=2,b=-2$. 故选 B.

**32.【参考答案】** B

**【答案解析】** 设 $F(x,y)(y\mathrm{d}x+x\mathrm{d}y)$ 是 $u(x,y)$ 的全微分,则

$$\frac{\partial u}{\partial x}=yF(x,y),\frac{\partial u}{\partial y}=xF(x,y),$$

因此
$$\frac{\partial^2 u}{\partial x\partial y}=F(x,y)+y\frac{\partial F}{\partial y}=\frac{\partial^2 u}{\partial y\partial x}=F(x,y)+x\frac{\partial F}{\partial x},$$

即 $y\frac{\partial F}{\partial y}=x\frac{\partial F}{\partial x}$. 故选 B.

**33.【参考答案】** E

**【答案解析】** 求 $\mathrm{d}z$ 通常利用可微分的充分条件,即先求出 $\frac{\partial z}{\partial x},\frac{\partial z}{\partial y}$,如果 $\frac{\partial z}{\partial x},\frac{\partial z}{\partial y}$ 为连续函数,

则有 $\mathrm{d}z=\frac{\partial z}{\partial x}\mathrm{d}x+\frac{\partial z}{\partial y}\mathrm{d}y$. 由于

$$\frac{\partial z}{\partial x}=\frac{-xy}{(x^2+y^2)^{\frac{3}{2}}},\frac{\partial z}{\partial y}=\frac{x^2}{(x^2+y^2)^{\frac{3}{2}}},$$

当 $x^2+y^2\neq 0$ 时,$\frac{\partial z}{\partial x},\frac{\partial z}{\partial y}$ 都为连续函数,因此 $\mathrm{d}z=-\frac{x}{(x^2+y^2)^{\frac{3}{2}}}(y\mathrm{d}x-x\mathrm{d}y)$.

故选 E.

**34.【参考答案】** A

**【答案解析】** $\frac{\partial z}{\partial x}=\frac{\mathrm{e}^{-xy}}{1+(\mathrm{e}^{-xy})^2}\cdot(-y)=-\frac{\mathrm{e}^{xy}}{1+\mathrm{e}^{2xy}}\cdot y$.

同理
$$\frac{\partial z}{\partial y}=-\frac{\mathrm{e}^{xy}}{1+\mathrm{e}^{2xy}}\cdot x.$$

故 $\mathrm{d}z=\frac{\partial z}{\partial x}\mathrm{d}x+\frac{\partial z}{\partial y}\mathrm{d}y=-\frac{\mathrm{e}^{xy}}{1+\mathrm{e}^{2xy}}(y\mathrm{d}x+x\mathrm{d}y)$. 故选 A.

**35.【参考答案】** A

**【答案解析】** $z=\mathrm{e}^{\sin xy}$,则

$$\frac{\partial z}{\partial x}=\mathrm{e}^{\sin xy}\cdot\cos xy\cdot y,$$

由 $x,y$ 的对称性可知
$$\frac{\partial z}{\partial y}=\mathrm{e}^{\sin xy}\cdot\cos xy\cdot x.$$

$$\left.\frac{\partial z}{\partial x}\right|_{(1,0)}=0,\left.\frac{\partial z}{\partial y}\right|_{(1,0)}=1,$$

所以
$$\left.\mathrm{d}z\right|_{(1,0)}=\mathrm{d}y.$$

$$\left.\frac{\partial z}{\partial x}\right|_{(0,1)}=1,\left.\frac{\partial z}{\partial y}\right|_{(0,1)}=0,\left.\mathrm{d}z\right|_{(0,1)}=\mathrm{d}x.$$

$$\mathrm{d}z\Big|_{(1,0)}+\mathrm{d}z\Big|_{(0,1)}=\mathrm{d}x+\mathrm{d}y.$$

故选 A.

**36.【参考答案】** E

**【答案解析】** 由于
$$\frac{\partial z}{\partial x}=\mathrm{e}^{x+y}+x\mathrm{e}^{x+y}+\ln(1+y),$$
$$\frac{\partial z}{\partial y}=x\mathrm{e}^{x+y}+\frac{1+x}{1+y},$$

故
$$\frac{\partial z}{\partial x}\Big|_{(1,0)}=2\mathrm{e},\frac{\partial z}{\partial y}\Big|_{(1,0)}=\mathrm{e}+2,$$

因此 $\mathrm{d}z\Big|_{(1,0)}=2\mathrm{e}\mathrm{d}x+(\mathrm{e}+2)\mathrm{d}y$. 故选 E.

**37.【参考答案】** C

**【答案解析】** 由于
$$z=(x^2+y^2)\mathrm{e}^{-\arctan\frac{y}{x}},$$

则
$$\frac{\partial z}{\partial x}=2x\mathrm{e}^{-\arctan\frac{y}{x}}-(x^2+y^2)\mathrm{e}^{-\arctan\frac{y}{x}}\cdot\frac{1}{1+\left(\frac{y}{x}\right)^2}\cdot\left(-\frac{y}{x^2}\right)$$
$$=(2x+y)\mathrm{e}^{-\arctan\frac{y}{x}},$$
$$\frac{\partial z}{\partial y}=2y\mathrm{e}^{-\arctan\frac{y}{x}}-(x^2+y^2)\mathrm{e}^{-\arctan\frac{y}{x}}\cdot\frac{1}{1+\left(\frac{y}{x}\right)^2}\cdot\frac{1}{x}$$
$$=(2y-x)\mathrm{e}^{-\arctan\frac{y}{x}},$$

因此
$$\frac{\partial z}{\partial x}\Big|_{(1,1)}=3\mathrm{e}^{-\frac{\pi}{4}},\frac{\partial z}{\partial y}\Big|_{(1,1)}=\mathrm{e}^{-\frac{\pi}{4}},$$
$$\mathrm{d}z\Big|_{(1,1)}=\frac{\partial z}{\partial x}\Big|_{(1,1)}\mathrm{d}x+\frac{\partial z}{\partial y}\Big|_{(1,1)}\mathrm{d}y=\mathrm{e}^{-\frac{\pi}{4}}(3\mathrm{d}x+\mathrm{d}y).$$

故选 C.

**38.【参考答案】** E

**【答案解析】** 设 $u=\frac{x}{y}$,则
$$z=\left(1+\frac{x}{y}\right)^2=(1+u)^2,$$
$$\frac{\mathrm{d}z}{\mathrm{d}u}=2(1+u),\frac{\partial u}{\partial x}=\frac{1}{y},\frac{\partial u}{\partial y}=-\frac{x}{y^2},$$

故
$$\frac{\partial z}{\partial x}=\frac{\mathrm{d}z}{\mathrm{d}u}\cdot\frac{\partial u}{\partial x}=2(1+u)\cdot\frac{1}{y}=\frac{2}{y}\left(1+\frac{x}{y}\right),$$
$$\frac{\partial z}{\partial y}=\frac{\mathrm{d}z}{\mathrm{d}u}\cdot\frac{\partial u}{\partial y}=2(1+u)\cdot\left(-\frac{x}{y^2}\right)=-\frac{2x}{y^2}\left(1+\frac{x}{y}\right).$$

因此
$$\mathrm{d}z=\frac{\partial z}{\partial x}\mathrm{d}x+\frac{\partial z}{\partial y}\mathrm{d}y=\frac{2}{y}\left(1+\frac{x}{y}\right)\left(\mathrm{d}x-\frac{x}{y}\mathrm{d}y\right),$$

所以
$$dz\Big|_{(1,1)}=4(dx-dy).$$

故选 E.

**39.【参考答案】**E

**【答案解析】**由 $z=\ln\sqrt{x^2+y^3}=\frac{1}{2}\ln(x^2+y^3)$，得

$$\frac{\partial z}{\partial x}=\frac{1}{2}\cdot\frac{1}{x^2+y^3}\cdot 2x=\frac{x}{x^2+y^3},$$

$$\frac{\partial z}{\partial y}=\frac{1}{2}\cdot\frac{1}{x^2+y^3}\cdot 3y^2=\frac{3y^2}{2(x^2+y^3)},$$

$$\frac{\partial z}{\partial x}\Big|_{(1,2)}=\frac{1}{9},\frac{\partial z}{\partial y}\Big|_{(1,2)}=\frac{2}{3}.$$

因此
$$dz\Big|_{(1,2)}=\frac{1}{9}dx+\frac{2}{3}dy.$$

故选 E.

**40.【参考答案】**B

**【答案解析】**设 $u=x^2-xy$，则 $z=e^u$.

$$\frac{\partial u}{\partial x}=2x-y,\frac{\partial u}{\partial y}=-x,$$

$$\frac{\partial z}{\partial x}=\frac{dz}{du}\cdot\frac{\partial u}{\partial x}=e^u\cdot(2x-y)=(2x-y)e^{x^2-xy},$$

$$\frac{\partial z}{\partial y}=\frac{dz}{du}\cdot\frac{\partial u}{\partial y}=e^u\cdot(-x)=-xe^{x^2-xy},$$

$$\frac{\partial z}{\partial x}\Big|_{(1,2)}=0,\frac{\partial z}{\partial y}\Big|_{(1,2)}=-\frac{1}{e}.$$

因此 $dz\Big|_{(1,2)}=-\frac{1}{e}dy$. 故选 B.

**41.【参考答案】**A

**【答案解析】**所给问题为三元函数的微分运算. 这里要指出，对于二元函数的偏导数、全微分运算都可以推广到二元以上的函数之中.

$$\frac{\partial u}{\partial x}=z\left(\frac{y}{x}\right)^{z-1}\cdot\left(-\frac{y}{x^2}\right)=-\frac{zy}{x^2}\left(\frac{y}{x}\right)^{z-1},$$

$$\frac{\partial u}{\partial y}=z\left(\frac{y}{x}\right)^{z-1}\cdot\frac{1}{x}=\frac{z}{x}\left(\frac{y}{x}\right)^{z-1},$$

$$\frac{\partial u}{\partial z}=\left(\frac{y}{x}\right)^{z}\cdot\ln\frac{y}{x}.$$

由幂指函数的定义可知 $\frac{y}{x}>0$，因此上面三个偏导数在其定义区域内都为连续函数，可知

$$\begin{aligned}du&=\frac{\partial u}{\partial x}dx+\frac{\partial u}{\partial y}dy+\frac{\partial u}{\partial z}dz\\&=-\frac{zy}{x^2}\left(\frac{y}{x}\right)^{z-1}dx+\frac{z}{x}\left(\frac{y}{x}\right)^{z-1}dy+\left(\frac{y}{x}\right)^{z}\cdot\ln\frac{y}{x}dz.\end{aligned}$$

当 $x=1,y=1,z=2$ 时，

$$\left.\frac{\partial u}{\partial x}\right|_{(1,1,2)}=-2,\left.\frac{\partial u}{\partial y}\right|_{(1,1,2)}=2,\left.\frac{\partial u}{\partial z}\right|_{(1,1,2)}=0,$$

因此
$$\left.\mathrm{d}u\right|_{(1,1,2)}=-2\mathrm{d}x+2\mathrm{d}y.$$

故选 A.

**42.【参考答案】** D

**【答案解析】** 设 $u=x+y,v=\frac{1}{x+y}$，则 $z=\mathrm{e}^u\cos v$.

$$\frac{\partial z}{\partial u}=\mathrm{e}^u\cos v,\frac{\partial z}{\partial v}=-\mathrm{e}^u\sin v,\frac{\partial u}{\partial x}=1,\frac{\partial v}{\partial x}=\frac{-1}{(x+y)^2},$$

$$\frac{\partial z}{\partial x}=\frac{\partial z}{\partial u}\cdot\frac{\partial u}{\partial x}+\frac{\partial z}{\partial v}\cdot\frac{\partial v}{\partial x}=\mathrm{e}^u\cos v-\mathrm{e}^u\sin v\cdot\frac{-1}{(x+y)^2}=\mathrm{e}^u\left[\cos v+\frac{\sin v}{(x+y)^2}\right]$$

$$=\mathrm{e}^{x+y}\left[\cos\frac{1}{x+y}+\frac{1}{(x+y)^2}\sin\frac{1}{x+y}\right].$$

由函数中 $x,y$ 的地位相等可知 $\frac{\partial z}{\partial y}=\frac{\partial z}{\partial x}$，因此

$$\left.\frac{\partial z}{\partial y}\right|_{\left(\frac{1}{2\pi},\frac{1}{2\pi}\right)}=\left.\frac{\partial z}{\partial x}\right|_{\left(\frac{1}{2\pi},\frac{1}{2\pi}\right)}=-\mathrm{e}^{\frac{1}{\pi}},$$

从而 $\left.\mathrm{d}z\right|_{\left(\frac{1}{2\pi},\frac{1}{2\pi}\right)}=-\mathrm{e}^{\frac{1}{\pi}}(\mathrm{d}x+\mathrm{d}y)$，故选 D.

**43.【参考答案】** A

**【答案解析】** 由变限积分求导公式可得

$$\frac{\partial z}{\partial y}=\mathrm{e}^{y^4}\cdot(y^2)'_y-\mathrm{e}^{x^2y^2}\cdot(xy)'_y=2y\mathrm{e}^{y^4}-x\mathrm{e}^{x^2y^2}.$$

故选 A.

**44.【参考答案】** A

**【答案解析】** 由于 $\frac{\partial f}{\partial x}=y\mathrm{e}^{-x^2y^2},\frac{\partial f}{\partial y}=x\mathrm{e}^{-x^2y^2}$，可得

$$\frac{\partial^2 f}{\partial x^2}=-2xy^3\mathrm{e}^{-x^2y^2},\frac{\partial^2 f}{\partial x\partial y}=(1-2x^2y^2)\mathrm{e}^{-x^2y^2},\frac{\partial^2 f}{\partial y^2}=-2x^3y\mathrm{e}^{-x^2y^2}.$$

因此
$$\frac{x}{y}\frac{\partial^2 f}{\partial x^2}-2\frac{\partial^2 f}{\partial x\partial y}+\frac{y}{x}\frac{\partial^2 f}{\partial y^2}=-2\mathrm{e}^{-x^2y^2}.$$

故选 A.

**45.【参考答案】** A

**【答案解析】** 由于 $z=\int_{xy}^{2}\mathrm{e}^{-t^2}\mathrm{d}t$，则

$$\frac{\partial z}{\partial x}=-\mathrm{e}^{-x^2y^2}\cdot y,$$

$$\frac{\partial^2 z}{\partial x\partial y}=-y\mathrm{e}^{-x^2y^2}\cdot(-2x^2y)-\mathrm{e}^{-x^2y^2}=\mathrm{e}^{-x^2y^2}(2x^2y^2-1).$$

故选 A.

**46.【参考答案】**D

**【答案解析】**由于 $f(u,v)$ 有连续偏导数，

$$z=\int_0^{x^2y}f(t,\mathrm{e}^t)\mathrm{d}t,$$

故

$$\frac{\partial z}{\partial x}=2xyf(x^2y,\mathrm{e}^{x^2y}),$$

$$\frac{\partial^2 z}{\partial x\partial y}=2xf(x^2y,\mathrm{e}^{x^2y})+2xy[f_1'(x^2y,\mathrm{e}^{x^2y})\cdot x^2+f_2'(x^2y,\mathrm{e}^{x^2y})\cdot\mathrm{e}^{x^2y}\cdot x^2].$$

由于 $f(1,\mathrm{e})=5$ 为 $f(u,v)$ 的极值,可知

$$f_1'(1,\mathrm{e})=0,f_2'(1,\mathrm{e})=0.$$

因此

$$\left.\frac{\partial^2 z}{\partial x\partial y}\right|_{(1,1)}=2f(1,\mathrm{e})+2[f_1'(1,\mathrm{e})+f_2'(1,\mathrm{e})\cdot\mathrm{e}]=10.$$

故选 D.

**47.【参考答案】**D

**【答案解析】**由于

$$\frac{\partial f}{\partial x}=y^2\mathrm{e}^{x^2y^4},\frac{\partial f}{\partial y}=2xy\mathrm{e}^{x^2y^4},$$

$$\left.\frac{\partial f}{\partial x}\right|_{(2,1)}=\mathrm{e}^4,\left.\frac{\partial f}{\partial y}\right|_{(2,1)}=4\mathrm{e}^4,$$

则当 $\Delta x=0.2,\Delta y=0.1$ 时,$f(x,y)$ 在点$(2,1)$ 处的全微分值为

$$\begin{aligned}\mathrm{d}[f(x,y)]\Big|_{(2,1)}&=\left.\frac{\partial f}{\partial x}\right|_{(2,1)}\Delta x+\left.\frac{\partial f}{\partial y}\right|_{(2,1)}\Delta y\\&=\mathrm{e}^4\cdot 0.2+4\mathrm{e}^4\cdot 0.1\\&=0.6\mathrm{e}^4.\end{aligned}$$

故选 D.

**48.【参考答案】**C

**【答案解析】**依题设,$\frac{\partial f}{\partial x}=x^2+2xy-y^2,\frac{\partial f}{\partial y}=x^2-2xy-y^2$,因此

$$f(x,y)=\int(x^2+2xy-y^2)\mathrm{d}x=\frac{1}{3}x^3+x^2y-xy^2+C_1(y),$$

同时有

$$f(x,y)=\int(x^2-2xy-y^2)\mathrm{d}y=x^2y-xy^2-\frac{1}{3}y^3+C_2(x).$$

综合对比得

$$f(x,y)=\frac{1}{3}x^3+x^2y-xy^2-\frac{1}{3}y^3+C,$$

其中 $C$ 为任意常数. 故选 C.

## 【考向 3】复合函数偏导数与全微分的计算

**49.【参考答案】**E

**【答案解析】**由 $u=x+\varphi\left(\frac{y}{x}\right)$，$v=\frac{y}{x}$，知 $z=f(u)$，$u=x+\varphi(v)$，又

$$\frac{\partial z}{\partial x}=\frac{\mathrm{d}z}{\mathrm{d}u}\cdot\frac{\partial u}{\partial x},\frac{\mathrm{d}z}{\mathrm{d}u}=f'(u),$$

$$\frac{\partial u}{\partial x}=1+\frac{\mathrm{d}\varphi}{\mathrm{d}v}\cdot\frac{\partial v}{\partial x}=1+\varphi'(v)\cdot\left(-\frac{y}{x^2}\right)=1-\frac{y}{x^2}\varphi'(v),$$

故

$$\frac{\partial z}{\partial x}=f'(u)\left[1-\frac{y}{x^2}\varphi'(v)\right].$$

故选 E.

**50.【参考答案】**D

**【答案解析】**设 $u=x$，$v=x+y$，可得 $x=u$，$y=v-u$. 因此

$$f(x,x+y)=f(u,v)=2u^2(v-u),$$

$$z=f(x,y)=2x^2(y-x)=2x^2y-2x^3,$$

$$\frac{\partial z}{\partial x}=4xy-6x^2.$$

故选 D.

**51.【参考答案】**E

**【答案解析】**由于 $y=0$ 时，$z=x^2$，因此 $\mathrm{e}^{-x}-f(x)=x^2$，则 $f(x)=\mathrm{e}^{-x}-x^2$，所以有

$$f(x-2y)=\mathrm{e}^{-(x-2y)}-(x-2y)^2,$$

$$z=\mathrm{e}^{-x}-\mathrm{e}^{2y-x}+(x-2y)^2,$$

故

$$\frac{\partial z}{\partial x}=\mathrm{e}^{2y-x}-\mathrm{e}^{-x}+2(x-2y).$$

因此

$$\left.\frac{\partial z}{\partial x}\right|_{(2,1)}=1-\frac{1}{\mathrm{e}^2}.$$

故选 E.

**52.【参考答案】**D

**【答案解析】**需先求出 $f(x,y)$，设 $u=x+y$，$v=\frac{y}{x}$，解得

$$x=\frac{u}{1+v},y=\frac{uv}{1+v}.$$

因此

$$f\left(x+y,\frac{y}{x}\right)=f(u,v)=\left(\frac{u}{1+v}\right)^2-\left(\frac{uv}{1+v}\right)^2=\frac{u^2(1-v)}{1+v},$$

$$z=f(x,y)=\frac{x^2(1-y)}{1+y},$$

可得

$$\frac{\partial z}{\partial y}=\frac{-2x^2}{(1+y)^2}.$$

故选 D.

**53.【参考答案】** C

**【答案解析】** 由于 $f(x,y)=3x+2y$,则

$$z=f[xy,f(x,y)]=3xy+2f(x,y)=3xy+6x+4y,$$

从而知$\frac{\partial z}{\partial y}=3x+4$. 故选 C.

**54.【参考答案】** E

**【答案解析】** 由于
$$f(x,y)=(5x^2-4y)e^{3x^2-2y^3},$$
则
$$f_1'(x,y)=10xe^{3x^2-2y^3}+(5x^2-4y)e^{3x^2-2y^3}\cdot 6x,$$
$$f_2'(x,y)=-4e^{3x^2-2y^3}+(5x^2-4y)\cdot e^{3x^2-2y^3}\cdot(-6y^2),$$
故
$$f_1'(1,1)=16e,f_2'(1,1)=-10e,$$
$$df\Big|_{(1,1)}=16edx-10edy.$$

结论 ①,② 皆正确.

$$g(x)=f(x,x),$$
$$g'(x)=f_1'(x,x)+f_2'(x,x),$$
$$g'(1)=f_1'(1,1)+f_2'(1,1)=16e-10e=6e.$$

结论 ③ 正确.

$$h(x)=f(x^2,x^3),$$
$$h'(x)=f_1'(x^2,x^3)\cdot 2x+f_2'(x^2,x^3)\cdot 3x^2,$$
$$h'(1)=2f_1'(1,1)+3f_2'(1,1)=32e-30e=2e.$$

结论 ④ 也正确.

故选 E.

**55.【参考答案】** E

**【答案解析】** 由于
$$f(x,y)=x^2+2xy-3y^2+2x-y,$$
则
$$f_1'(x,y)=2x+2y+2,f_1'(1,1)=6,$$
$$f_2'(x,y)=2x-6y-1,f_2'(1,1)=-5,$$
$$df\Big|_{(1,1)}=6dx-5dy.$$

结论 ①,② 皆正确.

$$g(x)=f\left(x,\frac{1}{x}\right),g'(x)=f_1'\left(x,\frac{1}{x}\right)-f_2'\left(x,\frac{1}{x}\right)\cdot\frac{1}{x^2},$$
$$g'(1)=f_1'(1,1)-f_2'(1,1)=11;$$
$$h(x)=f\left(x^2,\frac{1}{x^3}\right),$$
$$h'(x)=2xf_1'\left(x^2,\frac{1}{x^3}\right)-\frac{3}{x^4}f_2'\left(x^2,\frac{1}{x^3}\right),$$
$$h'(1)=2f_1'(1,1)-3f_2'(1,1)=27.$$

结论 ③,④ 皆正确. 故选 E.

**56.【参考答案】** E

**【答案解析】** $f(x,y)=2x^3-3y^2+\sqrt[3]{2x^2y-xy^2}=2x^3-3y^2+(2x^2y-xy^2)^{\frac{1}{3}}$,

$$\frac{\partial f}{\partial x}=6x^2+\frac{1}{3}(2x^2y-xy^2)^{-\frac{2}{3}}\cdot(4xy-y^2),$$

$$\left.\frac{\partial f}{\partial x}\right|_{(1,1)}=6+1=7;$$

$$\frac{\partial f}{\partial y}=-6y+\frac{1}{3}(2x^2y-xy^2)^{-\frac{2}{3}}\cdot(2x^2-2xy),$$

$$\left.\frac{\partial f}{\partial y}\right|_{(1,1)}=-6,$$

因此 $\left.\mathrm{d}z\right|_{(1,1)}=7\mathrm{d}x-6\mathrm{d}y$,可知结论 ①,② 皆正确.

$$g(x)=f\left(x,\frac{1}{x}\right),$$

$$\frac{\mathrm{d}[g(x)]}{\mathrm{d}x}=f'_1\left(x,\frac{1}{x}\right)-\frac{1}{x^2}f'_2\left(x,\frac{1}{x}\right),$$

$$\left.\frac{\mathrm{d}[g(x)]}{\mathrm{d}x}\right|_{x=1}=f'_1(1,1)-f'_2(1,1)=7+6=13,$$

可知结论 ③ 正确.

$$h(x)=f(x,x^3),$$

$$h'(x)=f'_1(x,x^3)+3x^2f'_2(x,x^3),$$

$$h'(1)=f'_1(1,1)+3f'_2(1,1)=-11,$$

可知结论 ④ 正确.

故选 E.

**57.【参考答案】** C

**【答案解析】** 对 $f(x,x^2)=x^2\mathrm{e}^{-x}$ 两边同时求导,由链式求导法则可得

$$\left.f'_1(x,y)\right|_{y=x^2}+\left.f'_2(x,y)\right|_{y=x^2}\cdot 2x=2x\cdot\mathrm{e}^{-x}-x^2\mathrm{e}^{-x},$$

又 $\left.f'_1(x,y)\right|_{y=x^2}=-x^2\mathrm{e}^{-x}$,则 $\left.f'_2(x,y)\right|_{y=x^2}=\mathrm{e}^{-x}$. 故选 C.

**【评注】** 要注意,在对 $f(x,x^2)$ 求导时,由于两个变量都是 $x$ 的函数,因此需要通过链式求导法则计算.

**58.【参考答案】** C

**【答案解析】** 由于 $f(x+y,x-y)=2(x^2+y^2)\mathrm{e}^{x^2-y^2}$,则有

$$\begin{aligned}f(x+y,x-y)&=[(x^2+2xy+y^2)+(x^2-2xy+y^2)]\mathrm{e}^{x^2-y^2}\\&=[(x+y)^2+(x-y)^2]\mathrm{e}^{(x+y)(x-y)},\end{aligned}$$

因此

$$f(x,y)=(x^2+y^2)\mathrm{e}^{xy},$$

$$f'_x(x,y)=2x\mathrm{e}^{xy}+y(x^2+y^2)\mathrm{e}^{xy},$$

$$f'_y(x,y)=2y\mathrm{e}^{xy}+x(x^2+y^2)\mathrm{e}^{xy}.$$

故
$$xf'_x(x,y)-yf'_y(x,y)=2(x^2-y^2)\mathrm{e}^{xy}.$$

故选 C.

**59.【参考答案】** D

**【答案解析】** 由于
$$\frac{\mathrm{d}z}{\mathrm{d}t}=\frac{\partial z}{\partial x}\frac{\mathrm{d}x}{\mathrm{d}t}+\frac{\partial z}{\partial y}\frac{\mathrm{d}y}{\mathrm{d}t},\frac{\partial z}{\partial x}=yx^{y-1},\frac{\partial z}{\partial y}=x^y\ln x,$$

$$\frac{\mathrm{d}x}{\mathrm{d}t}=\cos t,\frac{\mathrm{d}y}{\mathrm{d}t}=\frac{1}{\cos^2 t},$$

因此
$$\frac{\mathrm{d}z}{\mathrm{d}t}=yx^{y-1}\cdot\cos t+x^y\ln x\cdot\frac{1}{\cos^2 t}=(\sin t)^{\tan t}\left(1+\frac{\ln\sin t}{\cos^2 t}\right),$$

所以
$$\left.\frac{\mathrm{d}z}{\mathrm{d}t}\right|_{t=\frac{\pi}{4}}=\frac{\sqrt{2}}{2}(1-\ln 2).$$

故选 D.

**60.【参考答案】** A

**【答案解析】** 由链式求导法则可知
$$\frac{\partial z}{\partial x}=\frac{\partial z}{\partial u}\cdot\frac{\partial u}{\partial x}+\frac{\partial z}{\partial v}\cdot\frac{\mathrm{d}v}{\mathrm{d}x},\frac{\partial z}{\partial y}=\frac{\partial z}{\partial u}\cdot\frac{\partial u}{\partial y}.$$

注意 $u$ 的表达式,可以先变形为 $u=\frac{1}{2}\ln(x^2+y^2)$,这能简化求$\frac{\partial u}{\partial x},\frac{\partial u}{\partial y}$的运算.

由于
$$\frac{\partial z}{\partial u}=vu^{v-1},\frac{\partial z}{\partial v}=u^v\ln u,$$

$$\frac{\partial u}{\partial x}=\frac{1}{2}\cdot\frac{2x}{x^2+y^2}=\frac{x}{x^2+y^2},\frac{\partial u}{\partial y}=\frac{y}{x^2+y^2},$$

$$\frac{\mathrm{d}v}{\mathrm{d}x}=1,$$

因此
$$\frac{\partial z}{\partial x}=vu^{v-1}\cdot\frac{x}{x^2+y^2}+u^v\ln u\cdot 1=u^{v-1}\left(\frac{x^2}{x^2+y^2}+u\ln u\right),$$

$$\frac{\partial z}{\partial y}=vu^{v-1}\cdot\frac{y}{x^2+y^2}.$$

当 $x=\mathrm{e},y=0$ 时,$u=1,v=\mathrm{e}$,从而
$$\left.\frac{\partial z}{\partial x}\right|_{(\mathrm{e},0)}=1,\left.\frac{\partial z}{\partial y}\right|_{(\mathrm{e},0)}=0,\left.\mathrm{d}z\right|_{(\mathrm{e},0)}=\mathrm{d}x.$$

故选 A.

**61.【参考答案】** E

**【答案解析】** 由于 $f(u,v)$ 为可微函数,
$$z=f[x^3,f(x,2x)],$$

则
$$\frac{\mathrm{d}z}{\mathrm{d}x}=f'_1[x^3,f(x,2x)]\cdot 3x^2+f'_2[x^3,f(x,2x)]\cdot[f'_1(x,2x)+2f'_2(x,2x)],$$

$$\left.\frac{\mathrm{d}z}{\mathrm{d}x}\right|_{x=1}=3f_1'[1,f(1,2)]+f_2'[1,f(1,2)]\cdot[f_1'(1,2)+2f_2'(1,2)]$$
$$=3f_1'(1,2)+4\cdot[f_1'(1,2)+8]$$
$$=7f_1'(1,2)+32,$$

于是
$$4=7f_1'(1,2)+32,$$
$$f_1'(1,2)=-4.$$

故选 E.

**62.【参考答案】** A

**【答案解析】** 由于 $f(u,v)$ 为可微函数，

$$z=f[f(x^2,\ln x),\ln x],$$

$$\frac{\mathrm{d}z}{\mathrm{d}x}=f_1'[f(x^2,\ln x),\ln x]\cdot\left[f_1'(x^2,\ln x)\cdot 2x+f_2'(x^2,\ln x)\cdot\frac{1}{x}\right]+f_2'[f(x^2,\ln x),\ln x]\cdot\frac{1}{x},$$

$$\left.\frac{\mathrm{d}z}{\mathrm{d}x}\right|_{x=1}=f_1'[f(1,0),0]\cdot[f_1'(1,0)\cdot 2+f_2'(1,0)]+f_2'[f(1,0),0]$$
$$=f_1'(1,0)\cdot[f_1'(1,0)\cdot 2+f_2'(1,0)]+f_2'(1,0)$$
$$=18+3f_2'(1,0)+f_2'(1,0)$$
$$=18+4f_2'(1,0),$$

可知 $7=18+4f_2'(1,0)$，$f_2'(1,0)=-\dfrac{11}{4}$.

故选 A.

**63.【参考答案】** B

**【答案解析】方法 1** 所给函数 $f,g$ 均为抽象函数，应引入中间变量. 令 $u=xy$，$v=\dfrac{x}{y}$，$w=\dfrac{y}{x}$，则 $z=f(u,v)+g(w)$，根据四则运算法则与链式求导法则，有

$$\frac{\partial z}{\partial x}=\frac{\partial f}{\partial u}\frac{\partial u}{\partial x}+\frac{\partial f}{\partial v}\frac{\partial v}{\partial x}+g'(w)\frac{\partial w}{\partial x}=y\frac{\partial f}{\partial u}+\frac{1}{y}\frac{\partial f}{\partial v}-\frac{y}{x^2}g',$$

上式中 $\dfrac{\partial f}{\partial u}=f_1'$，$\dfrac{\partial f}{\partial v}=f_2'$. 故选 B.

**方法 2** 记 $f_i'$ 表示 $f$ 对第 $i$ 个位置变元的偏导数，$i=1,2$，注意到第一个位置变元为 $xy$，其对 $x$ 的偏导数为 $y$；第二个位置变元为 $\dfrac{x}{y}$，其对 $x$ 的偏导数为 $\dfrac{1}{y}$. 根据四则运算法则与链式求导法则，有

$$\frac{\partial z}{\partial x}=yf_1'+\frac{1}{y}f_2'-\frac{y}{x^2}g'.$$

故选 B.

**【评注】** 上述方法 2，当 $f$ 的每个位置变元关于 $x,y$ 的偏导数易求时，常能简化运算，特别是对于求高阶偏导数效果更明显.

**64.【参考答案】** E

**【答案解析】方法 1** 由于$\frac{\partial g}{\partial x}=f_1'\cdot y+f_2'\cdot x,\frac{\partial g}{\partial y}=f_1'\cdot x-f_2'\cdot y$,则

$$y\frac{\partial g}{\partial x}+x\frac{\partial g}{\partial y}=y^2f_1'+xyf_2'+x^2f_1'-xyf_2'=(x^2+y^2)f_1'.$$

故选 E.

**方法 2** 设 $u=xy,v=\frac{1}{2}(x^2-y^2)$,则 $g=f(u,v)$. 所以

$$\frac{\partial g}{\partial x}=\frac{\partial f}{\partial u}\cdot\frac{\partial u}{\partial x}+\frac{\partial f}{\partial v}\cdot\frac{\partial v}{\partial x}=y\frac{\partial f}{\partial u}+x\frac{\partial f}{\partial v},$$

$$\frac{\partial g}{\partial y}=\frac{\partial f}{\partial u}\cdot\frac{\partial u}{\partial y}+\frac{\partial f}{\partial v}\cdot\frac{\partial v}{\partial y}=x\frac{\partial f}{\partial u}-y\frac{\partial f}{\partial v}.$$

因此

$$y\frac{\partial g}{\partial x}+x\frac{\partial g}{\partial y}=y^2\frac{\partial f}{\partial u}+xy\frac{\partial f}{\partial v}+x^2\frac{\partial f}{\partial u}-xy\frac{\partial f}{\partial v}=(x^2+y^2)\frac{\partial f}{\partial u},$$

其中$\frac{\partial f}{\partial u}=f_1'$. 故选 E.

**65.【参考答案】** A

**【答案解析】** 设 $u=\frac{y}{x},v=\frac{x}{y}$,则 $g(x,y)=f(u)+yf(v)$.

$$\frac{\partial g}{\partial x}=f'(u)\cdot\frac{\partial u}{\partial x}+yf'(v)\cdot\frac{\partial v}{\partial x}=-\frac{y}{x^2}f'(u)+f'(v),$$

$$\frac{\partial g}{\partial y}=f'(u)\cdot\frac{\partial u}{\partial y}+f(v)+yf'(v)\cdot\frac{\partial v}{\partial y}=\frac{1}{x}f'(u)+f(v)-\frac{x}{y}f'(v).$$

因此

$$x\frac{\partial g}{\partial x}+y\frac{\partial g}{\partial y}=-\frac{y}{x}f'(u)+xf'(v)+\frac{y}{x}f'(u)+yf(v)-xf'(v)=yf\left(\frac{x}{y}\right).$$

故选 A.

**66.【参考答案】** E

**【答案解析】** 根据复合函数求导法则,得

$$\frac{\partial z}{\partial x}=\cos(x+y)f_1'+ye^{xy}f_2'.$$

故选 E.

**67.【参考答案】** B

**【答案解析】** 令 $u=x+y,v=x-y,w=xy$,则

$$\frac{\partial z}{\partial y}=\frac{\partial f}{\partial u}\cdot\frac{\partial u}{\partial y}+\frac{\partial f}{\partial v}\cdot\frac{\partial v}{\partial y}+\frac{\partial f}{\partial w}\cdot\frac{\partial w}{\partial y}=f_1'-f_2'+xf_3'.$$

故选 B.

**68.【参考答案】** E

**【答案解析】** $\frac{\partial z}{\partial x}=f_1'\cdot\frac{\partial\left(\frac{x}{y}\right)}{\partial x}+f_2'\cdot\frac{\partial\left(\frac{y}{x}\right)}{\partial x}=f_1'\cdot\frac{1}{y}+f_2'\cdot\left(-\frac{y}{x^2}\right),$

$$\frac{\partial z}{\partial y}=f_1'\cdot\frac{\partial\left(\frac{x}{y}\right)}{\partial y}+f_2'\cdot\frac{\partial\left(\frac{y}{x}\right)}{\partial y}=f_1'\cdot\left(-\frac{x}{y^2}\right)+f_2'\cdot\frac{1}{x},$$

所以

$$x\frac{\partial z}{\partial x}+y\frac{\partial z}{\partial y}=x\cdot\left[f_1'\cdot\frac{1}{y}+f_2'\cdot\left(-\frac{y}{x^2}\right)\right]+y\cdot\left[f_1'\cdot\left(-\frac{x}{y^2}\right)+f_2'\cdot\frac{1}{x}\right]$$

$$=\frac{x}{y}f_1'-\frac{y}{x}f_2'-\frac{x}{y}f_1'+\frac{y}{x}f_2'=0.$$

故选 E.

**69.【参考答案】**E

**【答案解析】**根据复合函数求导法则,可得

$$z_x'=yf\left(\frac{y}{x}\right)+xyf'\left(\frac{y}{x}\right)\cdot\left(-\frac{y}{x^2}\right)=yf\left(\frac{y}{x}\right)-\frac{y^2}{x}f'\left(\frac{y}{x}\right),$$

$$z_y'=xf\left(\frac{y}{x}\right)+xyf'\left(\frac{y}{x}\right)\cdot\frac{1}{x}=xf\left(\frac{y}{x}\right)+yf'\left(\frac{y}{x}\right).$$

所以 $xz_x'-yz_y'=xyf\left(\frac{y}{x}\right)-y^2f'\left(\frac{y}{x}\right)-xyf\left(\frac{y}{x}\right)-y^2f'\left(\frac{y}{x}\right)=-2y^2f'\left(\frac{y}{x}\right)$.

故选 E.

**70.【参考答案】**C

**【答案解析】**设 $u=xy,v=x+y$,则 $z=\frac{1}{x}f(u)+y\varphi(v)$. 因此

$$\frac{\partial z}{\partial x}=-\frac{1}{x^2}f(u)+\frac{y}{x}f'(u)+y\varphi'(v)$$

$$=-\frac{1}{x^2}f(xy)+\frac{y}{x}f'(xy)+y\varphi'(x+y).$$

故选 C.

**71.【参考答案】**D

**【答案解析】**设 $u=xy,v=x^2+y$,则 $z=\mathrm{e}^uf(v)$.

$$\frac{\partial z}{\partial x}=\frac{\partial z}{\partial u}\frac{\partial u}{\partial x}+\frac{\partial z}{\partial v}\frac{\partial v}{\partial x}=\mathrm{e}^u\cdot y\cdot f(v)+\mathrm{e}^uf'(v)\cdot 2x$$

$$=\mathrm{e}^{xy}[yf(x^2+y)+2xf'(x^2+y)].$$

故选 D.

**72.【参考答案】**E

**【答案解析】**设 $u=x^2+y^2,v=y$,则 $z=\frac{v}{f(u)}$.

$$\frac{\partial u}{\partial x}=2x,\frac{\partial u}{\partial y}=2y,\frac{\mathrm{d}v}{\mathrm{d}y}=1,$$

$$\frac{\partial z}{\partial x}=\frac{\partial z}{\partial u}\cdot\frac{\partial u}{\partial x}=\frac{-v\cdot f'(u)}{[f(u)]^2}\cdot 2x=\frac{-2xyf'(u)}{[f(u)]^2},$$

$$\frac{\partial z}{\partial y}=\frac{\partial z}{\partial u}\cdot\frac{\partial u}{\partial y}+\frac{\partial z}{\partial v}\cdot\frac{\mathrm{d}v}{\mathrm{d}y}=\frac{-vf'(u)\frac{\partial u}{\partial y}}{[f(u)]^2}+\frac{\frac{\mathrm{d}v}{\mathrm{d}y}}{f(u)}=\frac{f(u)-2y^2f'(u)}{[f(u)]^2}.$$

因此

$$\frac{1}{x}\frac{\partial z}{\partial x}-\frac{1}{y}\frac{\partial z}{\partial y}=\frac{-2yf'(u)}{[f(u)]^2}-\frac{f(u)}{y[f(u)]^2}+\frac{2yf'(u)}{[f(u)]^2}=-\frac{1}{yf(x^2+y^2)}=-\frac{z}{y^2}.$$

故选 E.

**73.【参考答案】**C

**【答案解析】**设 $u=xg(y), v=y$，则 $f(u,v)=\frac{u}{g(v)}+g(v)$，所以

$$\frac{\partial f}{\partial u}=\frac{1}{g(v)},\frac{\partial^2 f}{\partial u\partial v}=-\frac{g'(v)}{[g(v)]^2}.$$

故选 C.

**74.【参考答案】**A

**【答案解析】**由于 $z=e^{x^2}-f(x-3y)$，可知$\frac{\partial z}{\partial x}=2xe^{x^2}-f'(x-3y)$，

$$\frac{\partial^2 z}{\partial x\partial y}=-f''(x-3y)\cdot(-3)=3f''(x-3y).$$

故选 A.

**75.【参考答案】**A

**【答案解析】**因为

$$\frac{\partial z}{\partial x}=yf'_1+g'(x)f'_2,$$

$$\frac{\partial^2 z}{\partial x\partial y}=f'_1+yxf''_{11}+g'(x)xf''_{21},$$

由题意，$g'(1)=0$，所以

$$\left.\frac{\partial^2 z}{\partial x\partial y}\right|_{(1,1)}=f'_1(1,1)+f''_{11}(1,1).$$

故选 A.

**76.【参考答案】**B

**【答案解析】**令 $u=x, v=xy$，则

$$\begin{aligned}\frac{\partial z}{\partial x}&=f'(2x-y)\cdot(2x-y)'_x+g'_u(u,v)\cdot u'_x+g'_v(u,v)\cdot v'_x\\&=2f'(2x-y)+g'_u(u,v)+yg'_v(u,v),\end{aligned}$$

$$\begin{aligned}\frac{\partial^2 z}{\partial x\partial y}&=2f''(2x-y)\cdot(2x-y)'_y+g''_{uv}(u,v)\cdot v'_y+yg''_{vv}(u,v)\cdot v'_y+g'_v(u,v)\\&=-2f''(2x-y)+xg''_{uv}(x,xy)+xyg''_{vv}(x,xy)+g'_v(x,xy),\end{aligned}$$

或

$$\frac{\partial^2 z}{\partial x\partial y}=-2f''(2x-y)+xg''_{12}(x,xy)+xyg''_{22}(x,xy)+g'_2(x,xy),$$

其中，$g'_i(x,xy)$表示函数 $g(x,xy)$对第 $i$ 个变元求一阶偏导数，$g''_{ij}(x,xy)$ 表示函数 $g'_i(x,xy)$ 对第 $j$ 个变元求一阶偏导数，$i,j=1,2$. 故选 B.

**77.【参考答案】**E

**【答案解析】**$z=\frac{1}{x}f(x^2y)+x\varphi(x+y^2)$，其中 $f,\varphi$ 具有二阶连续导数，可得知

$$\frac{\partial z}{\partial x}=-\frac{1}{x^2}f(x^2y)+2yf'(x^2y)+\varphi(x+y^2)+x\varphi'(x+y^2),$$

$$\frac{\partial^2 z}{\partial x\partial y}=-f'(x^2y)+2f'(x^2y)+2x^2yf''(x^2y)+2y\varphi'(x+y^2)+2xy\varphi''(x+y^2),$$

$$\left.\frac{\partial^2 z}{\partial x\partial y}\right|_{(1,0)}=-f'(0)+2f'(0)+0+0+0=f'(0),$$

故选 E.

**78.【参考答案】**E

**【答案解析】**

$$\frac{\partial z}{\partial x}=yf'_1-\frac{y}{x^2}f'_2+\frac{1}{y}g',$$

$$\frac{\partial^2 z}{\partial x\partial y}=f'_1+y\left(xf''_{11}+\frac{1}{x}f''_{12}\right)-\frac{1}{x^2}f'_2-\frac{y}{x^2}\left(xf''_{21}+\frac{1}{x}f''_{22}\right)-\frac{1}{y^2}g'+\frac{1}{y}g''\cdot\left(-\frac{x}{y^2}\right)$$

$$=f'_1-\frac{1}{x^2}f'_2+xyf''_{11}-\frac{y}{x^3}f''_{22}-\frac{1}{y^2}g'-\frac{x}{y^3}g''.$$

故选 E.

**79.【参考答案】**E

**【答案解析】**由于 $f(u,v)$ 有二阶连续偏导数,

$$z=f[x,f(x,y)],$$

故

$$\frac{\partial z}{\partial y}=f'_2[x,f(x,y)]\cdot f'_2(x,y),$$

$$\frac{\partial^2 z}{\partial y^2}=f''_{22}[x,f(x,y)]\cdot f'_2(x,y)\cdot f'_2(x,y)+f''_{22}(x,y)\cdot f'_2[x,f(x,y)]$$

$$=f''_{22}[x,f(x,y)]\cdot[f'_2(x,y)]^2+f''_{22}(x,y)\cdot f'_2[x,f(x,y)],$$

$$\left.\frac{\partial^2 z}{\partial y^2}\right|_{(1,1)}=f''_{22}[1,f(1,1)]\cdot[f'_2(1,1)]^2+f''_{22}(1,1)\cdot f'_2[1,f(1,1)].$$

由于 $f(1,1)=1$ 为 $f(u,v)$ 的极值,可知

$$f'_1(1,1)=0,f'_2(1,1)=0.$$

因此

$$\left.\frac{\partial^2 z}{\partial y^2}\right|_{(1,1)}=f''_{22}(1,1)\cdot[f'_2(1,1)]^2+f''_{22}(1,1)\cdot f'_2(1,1)=0.$$

故选 E.

**80.【参考答案】**B

**【答案解析】**设 $u=\frac{x}{y},v=\frac{x}{y}$,则 $z=(1+u)^v$,可知

$$\frac{\partial z}{\partial x}=\frac{\partial z}{\partial u}\cdot\frac{\partial u}{\partial x}+\frac{\partial z}{\partial v}\cdot\frac{\partial v}{\partial x}=v(1+u)^{v-1}\cdot\frac{1}{y}+(1+u)^v\ln(1+u)\cdot\frac{1}{y},$$

$$\frac{\partial z}{\partial y}=\frac{\partial z}{\partial u}\cdot\frac{\partial u}{\partial y}+\frac{\partial z}{\partial v}\cdot\frac{\partial v}{\partial y}=v(1+u)^{v-1}\cdot\left(-\frac{x}{y^2}\right)+(1+u)^v\ln(1+u)\cdot\left(-\frac{x}{y^2}\right).$$

当 $x=1,y=1$ 时,$u=1,v=1$,则

$$\left.\frac{\partial z}{\partial x}\right|_{(1,1)}=1+2\ln 2,\left.\frac{\partial z}{\partial y}\right|_{(1,1)}=-1-2\ln 2,$$

从而

$$\mathrm{d}z\Big|_{(1,1)}=\frac{\partial z}{\partial x}\Big|_{(1,1)}\mathrm{d}x+\frac{\partial z}{\partial y}\Big|_{(1,1)}\mathrm{d}y=(1+2\ln 2)(\mathrm{d}x-\mathrm{d}y),$$

故选 B.

**【评注】**求多元函数偏导数或全微分时，引入中间变量是很重要的，如果本题只引入一个中间变量 $u=\frac{x}{y}$，原式可化为 $z=(1+u)^u$ 为幂指函数，其运算要比引入 $v=\frac{x}{y}$ 化原式为 $z=(1+u)^v$ 求偏导数或全微分运算复杂.

**81.【参考答案】**A

**【答案解析】**令 $u=x^2-4y^2$，则 $z=f(u)$，于是

$$\frac{\partial z}{\partial x}=f'(u)(x^2-4y^2)'_x=2xf'(u),\frac{\partial z}{\partial x}\Big|_{(2,1)}=4f'(0)=2,$$

$$\frac{\partial z}{\partial y}=f'(u)(x^2-4y^2)'_y=-8yf'(u),\frac{\partial z}{\partial y}\Big|_{(2,1)}=-8f'(0)=-4,$$

所以 $\mathrm{d}z\Big|_{(2,1)}=2\mathrm{d}x-4\mathrm{d}y$. 故选 A.

**82.【参考答案】**D

**【答案解析】**$f(u,v)$ 为可微函数，$z=f\left(\frac{y}{x},\frac{x}{y}\right)$，则

$$\frac{\partial z}{\partial x}=f'_1\cdot\left(-\frac{y}{x^2}\right)+f'_2\cdot\frac{1}{y},$$

$$\frac{\partial z}{\partial y}=f'_1\cdot\frac{1}{x}+f'_2\cdot\left(-\frac{x}{y^2}\right),$$

由于 $f'_1(1,1)=2,f'_2(1,1)=3$，可得

$$\frac{\partial z}{\partial x}\Big|_{(1,1)}=-2+3=1,$$

$$\frac{\partial z}{\partial y}\Big|_{(1,1)}=2-3=-1,$$

因此 $\mathrm{d}z\Big|_{(1,1)}=\mathrm{d}x-\mathrm{d}y$. 故选 D.

**83.【参考答案】**B

**【答案解析】**$f(u,v)$ 是可微函数，$z=f\left(x,\frac{x}{y}\right)$，因此

$$\frac{\partial z}{\partial x}=f'_1+\frac{1}{y}f'_2,\frac{\partial z}{\partial y}=f'_2\cdot\left(-\frac{x}{y^2}\right),$$

$$\mathrm{d}z=\left(f'_1+\frac{1}{y}f'_2\right)\mathrm{d}x-\frac{x}{y^2}f'_2\mathrm{d}y,$$

故选 B.

**84.【参考答案】**A

**【答案解析】**记 $f'_i(u,v)$ 为 $f(u,v)$ 对第 $i$ 个位置变元求一阶偏导数，$i=1,2$. 由于 $z$ 为 $x$

的一元函数,可知

$$\frac{\mathrm{d}z}{\mathrm{d}x}=f'_1[x,f(x,x)]+f'_2[x,f(x,x)]\cdot[f'_1(x,x)+f'_2(x,x)].$$

故选 A.

**【评注】**上面运算中 $f'_1[x,f(x,x)]$ 与 $f'_1(x,x)$ 不相同,且 $f'_2[x,f(x,x)]$ 与 $f'_2(x,x)$ 也不相同,这里不能简写为 $f'_1$ 或 $f'_2$,必须将其中的变元表示出来,以免出现错误.

**85.【参考答案】**D

**【答案解析】**由于 $f(u,v)$ 为可微函数,$f(0,1)=1,\left.\frac{\partial f}{\partial u}\right|_{(0,1)}=3,\left.\frac{\partial f}{\partial v}\right|_{(0,1)}=4$,

$$g(x)=f[\sin x,f(\sin x,\cos x)],$$

因此

$$\frac{\mathrm{d}[g(x)]}{\mathrm{d}x}=f'_1[\sin x,f(\sin x,\cos x)]\cdot\cos x+f'_2[\sin x,f(\sin x,\cos x)]\cdot[f'_1(\sin x,\cos x)\cdot\cos x-f'_2(\sin x,\cos x)\cdot\sin x],$$

$$\left.\frac{\mathrm{d}[g(x)]}{\mathrm{d}x}\right|_{x=0}=f'_1[0,f(0,1)]+f'_2[0,f(0,1)]\cdot f'_1(0,1)=f'_1(0,1)+f'_2(0,1)\cdot f'_1(0,1)=15.$$

故选 D.

**86.【参考答案】**B

**【答案解析】**

$$g(x)=f(\sin x,\cos x),$$

$$\frac{\mathrm{d}[g(x)]}{\mathrm{d}x}=f'_1(\sin x,\cos x)\cdot\cos x-f'_2(\sin x,\cos x)\cdot\sin x,$$

$$\frac{\mathrm{d}^2[g(x)]}{\mathrm{d}x^2}=[f''_{11}(\sin x,\cos x)\cdot\cos x-f''_{12}(\sin x,\cos x)\cdot\sin x]\cos x-f'_1(\sin x,\cos x)\cdot\sin x-[f''_{21}(\sin x,\cos x)\cdot\cos x-f''_{22}(\sin x,\cos x)\cdot\sin x]\cdot\sin x-f'_2(\sin x,\cos x)\cdot\cos x.$$

故

$$\left.\frac{\mathrm{d}^2[g(x)]}{\mathrm{d}x^2}\right|_{x=0}=f''_{11}(0,1)-f'_2(0,1).$$

由 $f(0,1)$ 为 $f(u,v)$ 的极值,可知 $f'_2(0,1)=0$.

又 $f''_{11}(0,1)=\left.\frac{\partial^2 f}{\partial u^2}\right|_{(0,1)}=3$,可知$\left.\frac{\mathrm{d}^2[g(x)]}{\mathrm{d}x^2}\right|_{x=0}=3$.

故选 B.

**87.【参考答案】**B

**【答案解析】**设 $u=x+y,v=x-y,w=x-y^2$,则

$$z(x,y)=\varphi(u)+\varphi(v)+\int_w^0\psi(t)\mathrm{d}t,$$

所以

$$\frac{\partial z}{\partial x}=\varphi'(u)\frac{\partial u}{\partial x}+\varphi'(v)\frac{\partial v}{\partial x}-\psi(w)\frac{\partial w}{\partial x}=\varphi'(u)+\varphi'(v)-\psi(w),$$

$$\frac{\partial z}{\partial y}=\varphi'(u)\frac{\partial u}{\partial y}+\varphi'(v)\frac{\partial v}{\partial y}-\psi(w)\frac{\partial w}{\partial y}=\varphi'(u)-\varphi'(v)+2y\psi(w),$$

$$\frac{\partial z}{\partial x}+\frac{\partial z}{\partial y}=2\varphi'(u)+(2y-1)\psi(w)=2\varphi'(x+y)+(2y-1)\psi(x-y^2).$$

故选 B.

## 【考向 4】二元隐函数偏导数与全微分的计算

**88.【参考答案】** B

**【答案解析】** 设 $F(x,y,z)=z-y-x+xe^{z-y-x}$，则

$$F'_y=-1+xe^{z-y-x}\cdot(-1)=-(1+xe^{z-y-x}),F'_z=1+xe^{z-y-x}.$$

因此
$$\frac{\partial z}{\partial y}=-\frac{F'_y}{F'_z}=-\frac{-(1+xe^{z-y-x})}{1+xe^{z-y-x}}=1.$$

故选 B.

**89.【参考答案】** B

**【答案解析】** 设 $F(x,y,z)=x^3-z^3-y\varphi\left(\frac{z}{y}\right)$，则

$$F'_y=-\varphi\left(\frac{z}{y}\right)-y\varphi'\left(\frac{z}{y}\right)\cdot\left(-\frac{z}{y^2}\right)=-\varphi\left(\frac{z}{y}\right)+\frac{z}{y}\varphi'\left(\frac{z}{y}\right),$$

$$F'_z=-3z^2-y\varphi'\left(\frac{z}{y}\right)\cdot\frac{1}{y}=-3z^2-\varphi'\left(\frac{z}{y}\right),$$

$$\frac{\partial z}{\partial y}=-\frac{F'_y}{F'_z}=-\frac{-\varphi\left(\frac{z}{y}\right)+\frac{z}{y}\varphi'\left(\frac{z}{y}\right)}{-3z^2-\varphi'\left(\frac{z}{y}\right)}=-\frac{y\varphi\left(\frac{z}{y}\right)-z\varphi'\left(\frac{z}{y}\right)}{y\left[3z^2+\varphi'\left(\frac{z}{y}\right)\right]}.$$

故选 B.

**90.【参考答案】** B

**【答案解析】** 记 $G(x,y,z)=F\left(\frac{y}{x},\frac{z}{x}\right)$. 由

$$\frac{\partial z}{\partial x}=-\frac{\frac{\partial G}{\partial x}}{\frac{\partial G}{\partial z}}=-\frac{F'_1\cdot\left(-\frac{y}{x^2}\right)+F'_2\cdot\left(-\frac{z}{x^2}\right)}{\frac{1}{x}F'_2}=\frac{yF'_1+zF'_2}{xF'_2},$$

$$\frac{\partial z}{\partial y}=-\frac{\frac{\partial G}{\partial y}}{\frac{\partial G}{\partial z}}=-\frac{\frac{1}{x}F'_1}{\frac{1}{x}F'_2}=-\frac{F'_1}{F'_2},$$

得 $x\frac{\partial z}{\partial x}+y\frac{\partial z}{\partial y}=\frac{yF'_1+zF'_2}{F'_2}-\frac{yF'_1}{F'_2}=z$. 故选 B.

**91.【参考答案】** E

**【答案解析】** 设 $F(x,y,z)=x^2y+z-\varphi(x-y+z)$，则

$$F'_y=x^2+\varphi',F'_z=1-\varphi',$$

可得 $\frac{\partial z}{\partial y}=-\frac{F'_y}{F'_z}=-\frac{x^2+\varphi'}{1-\varphi'}$. 故选 E.

**92.【参考答案】**C

**【答案解析】**依题设，对题干方程两边求微分，有

$$2x\mathrm{d}x+2y\mathrm{d}y-\mathrm{d}z=\varphi'(x+y+z)\cdot(\mathrm{d}x+\mathrm{d}y+\mathrm{d}z),$$

从而得
$$\mathrm{d}z=\frac{2x-\varphi'}{1+\varphi'}\mathrm{d}x+\frac{2y-\varphi'}{1+\varphi'}\mathrm{d}y.$$

可知$\frac{\partial z}{\partial x}-\frac{\partial z}{\partial y}=\frac{2x-\varphi'}{1+\varphi'}-\frac{2y-\varphi'}{1+\varphi'}=\frac{2(x-y)}{1+\varphi'}$，故 $u(x,y)=\frac{2}{1+\varphi'}$. 因此

$$\frac{\partial u}{\partial x}=-\frac{2\varphi''}{(1+\varphi')^2}\cdot\left(1+\frac{\partial z}{\partial x}\right)=-\frac{2(1+2x)\varphi''}{(1+\varphi')^3}.$$

故选 C.

**93.【参考答案】**E

**【答案解析】**由于 $u=xe^{2z}\sin\frac{\pi y}{2}$，其中 $z=z(x,y)$，因此

$$\frac{\partial u}{\partial x}=e^{2z}\cdot\sin\frac{\pi y}{2}+2xe^{2z}\cdot\frac{\partial z}{\partial x}\cdot\sin\frac{\pi y}{2},$$

$$\frac{\partial u}{\partial y}=xe^{2z}\cdot\cos\frac{\pi y}{2}\cdot\frac{\pi}{2}+x\cdot2e^{2z}\cdot\frac{\partial z}{\partial y}\cdot\sin\frac{\pi y}{2},$$

又 $x^2+2y+z-3=0$ 确定 $z=z(x,y)$，可得 $2x+\frac{\partial z}{\partial x}=0,2+\frac{\partial z}{\partial y}=0$，解得

$$\frac{\partial z}{\partial x}=-2x,\ \frac{\partial z}{\partial y}=-2.$$

当 $x=1,y=1$ 时，$z=0,\left.\frac{\partial z}{\partial x}\right|_{(1,1)}=-2,\left.\frac{\partial z}{\partial y}\right|_{(1,1)}=-2$. 因此

$$\left.\frac{\partial u}{\partial x}\right|_{(1,1)}=e^0\cdot\sin\frac{\pi}{2}+2\cdot e^0\cdot(-2)\cdot\sin\frac{\pi}{2}=-3,$$

$$\left.\frac{\partial u}{\partial y}\right|_{(1,1)}=e^0\cdot\cos\frac{\pi}{2}\cdot\frac{\pi}{2}+1\cdot2\cdot e^0\cdot(-2)\cdot\sin\frac{\pi}{2}=-4,$$

$$\left.\mathrm{d}u\right|_{(1,1)}=-3\mathrm{d}x-4\mathrm{d}y.$$

故选 E.

**94.【参考答案】**D

**【答案解析】**依题设，点$(0,1,-1)$ 满足方程 $x+y+z+xyz=0$. 又

$$f'_x(x,y)=e^xyz^2+2e^xyz\frac{\partial z}{\partial x},$$

设 $F(x,y,z)=x+y+z+xyz$，则

$$F'_x=1+yz,F'_z=1+xy,$$

$$\frac{\partial z}{\partial x}=-\frac{F'_x}{F'_z}=-\frac{1+yz}{1+xy},\left.\frac{\partial z}{\partial x}\right|_{(0,1)}=0,$$

所以 $f'_x(0,1)=1$. 故选 D.

**95.【参考答案】**C

【答案解析】对 $f(x,-x^2)=1$ 两端关于 $x$ 求导，可得

$$f_1'(x,-x^2)+f_2'(x,-x^2)\cdot(-2x)=0,$$

当 $x\neq 0$ 时，$f_2'(x,-x^2)=\dfrac{1}{2x}f_1'(x,-x^2)=\dfrac{1}{2}$. 又 $f(u,v)$ 具有连续偏导数，故有 $f_2'(0,0)=\dfrac{1}{2}$.

故选 C.

**96.【参考答案】** B

**【答案解析】方法 1** 记 $F(x,y,z)=2z-z^2+2xy-1$，则 $x=1,y=2,z=3$ 满足方程 $F(x,y,z)=0$. 又

$$F_x'=2y,F_y'=2x,F_z'=2-2z,$$

$$F_x'(1,2,3)=4,F_y'(1,2,3)=2,F_z'(1,2,3)=-4,$$

所以

$$\left.\frac{\partial z}{\partial x}\right|_{(1,2)}=-\left.\frac{F_x'}{F_z'}\right|_{(1,2,3)}=1,$$

$$\left.\frac{\partial z}{\partial y}\right|_{(1,2)}=-\left.\frac{F_y'}{F_z'}\right|_{(1,2,3)}=\frac{1}{2}.$$

因此

$$\left.\mathrm{d}z\right|_{(1,2)}=\mathrm{d}x+\frac{1}{2}\mathrm{d}y.$$

故选 B.

**方法 2** 由于 $2z-z^2+2xy=1$，对方程两端直接求微分，可得

$$2\mathrm{d}z-\mathrm{d}(z^2)+2\mathrm{d}(xy)=0,$$

即

$$2\mathrm{d}z-2z\mathrm{d}z+2y\mathrm{d}x+2x\mathrm{d}y=0,$$

将 $x=1,y=2,z=3$ 代入上式，可得 $-4\mathrm{d}z+4\mathrm{d}x+2\mathrm{d}y=0$，即

$$\left.\mathrm{d}z\right|_{(1,2)}=\mathrm{d}x+\frac{1}{2}\mathrm{d}y.$$

故选 B.

**【评注】**(1) 求隐函数的全微分通常可以采用两种方法.

① 先求$\dfrac{\partial z}{\partial x},\dfrac{\partial z}{\partial y}$，当它们为连续函数时，再由公式 $\mathrm{d}z=\dfrac{\partial z}{\partial x}\mathrm{d}x+\dfrac{\partial z}{\partial y}\mathrm{d}y$ 得到全微分.

② 利用一阶微分形式不变性，对方程两端直接求微分.

(2) 求$\dfrac{\partial z}{\partial x},\dfrac{\partial z}{\partial y}$可以采用两种方法.

① 直接将所给方程两端关于 $x$ 求偏导数，解出$\dfrac{\partial z}{\partial x}$. 同理，将所给方程两端关于 $y$ 求偏导数，解出$\dfrac{\partial z}{\partial y}$.

② 利用在某个邻域内隐函数 $F(x,y,z)=0$ 确定 $z=z(x,y)$ 的存在定理：若 $F_z'\neq 0$，则

$$\frac{\partial z}{\partial x}=-\frac{F_x'}{F_z'},\frac{\partial z}{\partial y}=-\frac{F_y'}{F_z'}.$$

**97.【参考答案】** A

**【答案解析】** 由于

$$z-y-x+x\mathrm{e}^{x-y-z}=0,$$

将方程两端分别微分，则有

$$\mathrm{d}z-\mathrm{d}y-\mathrm{d}x+\mathrm{d}(x\mathrm{e}^{x-y-z})=0,$$

$$\mathrm{d}z-\mathrm{d}y-\mathrm{d}x+\mathrm{e}^{x-y-z}\mathrm{d}x+x\mathrm{e}^{x-y-z}\mathrm{d}(x-y-z)=0,$$

$$\mathrm{d}z-\mathrm{d}y-\mathrm{d}x+\mathrm{e}^{x-y-z}\mathrm{d}x+x\mathrm{e}^{x-y-z}(\mathrm{d}x-\mathrm{d}y-\mathrm{d}z)=0,$$

$$(1-x\mathrm{e}^{x-y-z})\mathrm{d}z-(1-x\mathrm{e}^{x-y-z}-\mathrm{e}^{x-y-z})\mathrm{d}x-(1+x\mathrm{e}^{x-y-z})\mathrm{d}y=0, \qquad (*)$$

由原方程可知，当 $x=0,y=1$ 时，$z=1$，因此将 $x=0,y=1,z=1$ 代入（$*$）式可得

$$\mathrm{d}z\Big|_{(0,1)}-(1-\mathrm{e}^{-2})\mathrm{d}x-\mathrm{d}y=0,$$

$$\mathrm{d}z\Big|_{(0,1)}=(1-\mathrm{e}^{-2})\mathrm{d}x+\mathrm{d}y,$$

故选 A.

**98.【参考答案】** A

**【答案解析】方法 1** 利用全微分形式不变性求解.

$$\mathrm{d}x+\mathrm{d}y+\mathrm{d}z-\mathrm{d}(xyz)=0,$$

$$\mathrm{d}x+\mathrm{d}y+\mathrm{d}z-yz\mathrm{d}x-xz\mathrm{d}y-xy\mathrm{d}z=0,$$

$$(1-yz)\mathrm{d}x+(1-xz)\mathrm{d}y+(1-xy)\mathrm{d}z=0.$$

由 $1-xy\neq 0$，得

$$\mathrm{d}z=\frac{1}{xy-1}[(1-yz)\mathrm{d}x+(1-xz)\mathrm{d}y].$$

故选 A.

**方法 2** 先利用隐函数存在定理求$\frac{\partial z}{\partial x},\frac{\partial z}{\partial y}$，再利用全微分公式求 $\mathrm{d}z$.

令 $F(x,y,z)=x+y+z-xyz$，则

$$F'_x=1-yz,F'_y=1-xz,F'_z=1-xy,$$

由于 $xy\neq 1$，则

$$\frac{\partial z}{\partial x}=-\frac{F'_x}{F'_z}=-\frac{1-yz}{1-xy}=\frac{1-yz}{xy-1},$$

$$\frac{\partial z}{\partial y}=-\frac{F'_y}{F'_z}=-\frac{1-xz}{1-xy}=\frac{1-xz}{xy-1}.$$

因此 $$\mathrm{d}z=\frac{\partial z}{\partial x}\mathrm{d}x+\frac{\partial z}{\partial y}\mathrm{d}y=\frac{1}{xy-1}[(1-yz)\mathrm{d}x+(1-xz)\mathrm{d}y].$$

故选 A.

**99.【参考答案】** E

**【答案解析】方法 1** 设 $F(x,y,z)=x^2y+\mathrm{e}^z-2z$，则

$$F'_x=2xy,F'_y=x^2,F'_z=\mathrm{e}^z-2,$$

$$\frac{\partial z}{\partial x}=-\frac{F'_x}{F'_z}=\frac{2xy}{2-e^z},\frac{\partial z}{\partial y}=-\frac{F'_y}{F'_z}=\frac{x^2}{2-e^z}.$$

$$dz=\frac{\partial z}{\partial x}dx+\frac{\partial z}{\partial y}dy=\frac{x}{2-e^z}(2ydx+xdy).$$

故选 E.

**方法 2**　将方程两端微分，可得

$$d(x^2y)+d(e^z)=d(2z),$$

$$yd(x^2)+x^2dy+e^zdz=2dz,(2-e^z)dz=2xydx+x^2dy,$$

则
$$dz=\frac{x}{2-e^z}(2ydx+xdy).$$

故选 E.

**100.【参考答案】**E

**【答案解析】**由题意，$xyz+\sqrt{x^2+y^2+z^2}=\sqrt{2}$ 确定 $y=y(z,x)$，点$(1,0,-1)$满足所给方程，由于

$$d(xyz)+d(\sqrt{x^2+y^2+z^2})=d(\sqrt{2}),$$

即
$$yzdx+xzdy+xydz+\frac{1}{\sqrt{x^2+y^2+z^2}}(xdx+ydy+zdz)=0,$$

在点$(1,0,-1)$处，有

$$-dy+\frac{1}{\sqrt{2}}(dx-dz)=0,$$

因此
$$dy\bigg|_{(-1,1)}=\frac{1}{\sqrt{2}}(dx-dz).$$

故选 E.

**101.【参考答案】**D

**【答案解析】**记 $F(x,y,z)=\ln\frac{z}{y}-\frac{x}{z}$，因此有

$$\frac{\partial z}{\partial x}=-\frac{F'_x}{F'_z}=-\frac{-\frac{1}{z}}{\frac{1}{z}+\frac{x}{z^2}}=\frac{z}{x+z},$$

$$\frac{\partial^2 z}{\partial x^2}=\frac{z'_x\cdot(x+z)-z\cdot(1+z'_x)}{(x+z)^2}=\frac{xz'_x-z}{(x+z)^2}=-\frac{z^2}{(x+z)^3}.$$

故选 D.

**102.【参考答案】**D

**【答案解析】**由于 $y=y(x),z=z(x)$，可知 $u$ 为 $x$ 的一元函数，则有

$$\frac{du}{dx}=f'_1+f'_2\cdot y'+f'_3\cdot z'.$$

将 $e^{xy}+y=0$ 两端关于 $x$ 求导，可得

$$e^{xy}\cdot(xy)'+y'=0,$$

$$e^{xy}\cdot(y+xy')+y'=0,$$

则
$$y'=-\frac{ye^{xy}}{1+xe^{xy}}.$$

将 $e^z+xz=0$ 两端关于 $x$ 求导，可得

$$e^z\cdot z'+z+xz'=0,z'=-\frac{z}{e^z+x}.$$

因此
$$\frac{du}{dx}=f_1'-\frac{ye^{xy}}{1+xe^{xy}}f_2'-\frac{z}{e^z+x}f_3'.$$

故选 D.

**103.【参考答案】** C

**【答案解析】** 本题为综合性题目. 本题包含隐函数求导、变上(下)限积分函数求导及抽象函数求导.

由 $z=f(u)$ 可得

$$\frac{\partial z}{\partial x}=f'(u)\frac{\partial u}{\partial x},\frac{\partial z}{\partial y}=f'(u)\frac{\partial u}{\partial y}.$$

将方程 $u=\varphi(u)+\int_x^y p(t)dt$ 两端分别关于 $x,y$ 求偏导数，可得

$$\frac{\partial u}{\partial x}=\varphi'(u)\frac{\partial u}{\partial x}-p(x),\frac{\partial u}{\partial y}=\varphi'(u)\frac{\partial u}{\partial y}+p(y),$$

由 $\varphi'(u)\neq 1$ 可得 $\frac{\partial u}{\partial x}=\frac{-p(x)}{1-\varphi'(u)},\frac{\partial u}{\partial y}=\frac{p(y)}{1-\varphi'(u)}$，于是

$$p(y)\frac{\partial z}{\partial x}+p(x)\frac{\partial z}{\partial y}=-\frac{f'(u)p(x)p(y)}{1-\varphi'(u)}+\frac{f'(u)p(x)p(y)}{1-\varphi'(u)}=0.$$

故选 C.

**【评注】** 由于 $f(u)$ 为一元函数，因此上述求导运算用了 $f'(u)$ 的符号，这里不能用偏导数符号.

## 【考向 5】多元函数极值问题

**104.【参考答案】** D

**【答案解析】** 设 $z=f(x,y)=\sqrt{x^2+y^2}$，当 $(x,y)\neq(0,0)$ 时，$f(x,y)=\sqrt{x^2+y^2}>0$，而 $f(0,0)=0$，可知点 $(0,0)$ 为 $f(x,y)$ 的极小值点. 由于 $\lim\limits_{x\to 0}\frac{f(x,0)-f(0,0)}{x}=\lim\limits_{x\to 0}\frac{\sqrt{x^2}}{x}=\lim\limits_{x\to 0}\frac{|x|}{x}$ 不存在，可知在点 $(0,0)$ 处 $\frac{\partial z}{\partial x}$ 不存在，因此点 $(0,0)$ 不是 $z$ 的驻点. 故选 D.

**105.【参考答案】** C

**【答案解析】** 由于 $z=xy$，则 $\frac{\partial z}{\partial x}=y,\frac{\partial z}{\partial y}=x$，且在点 $(0,0)$ 处 $\frac{\partial z}{\partial x},\frac{\partial z}{\partial y}$ 连续，可知 $z=xy$ 在点 $(0,0)$ 处可微，因此函数必定连续. 由于在点 $(0,0)$ 处 $\frac{\partial z}{\partial x}=0,\frac{\partial z}{\partial y}=0$，知点 $(0,0)$ 为

$z=xy$ 的驻点.

又当点$(x,y)$在第一、三象限且在点$(0,0)$的去心邻域内时，$z=xy>0$；当点$(x,y)$在第二、四象限且在点$(0,0)$的去心邻域内时，$z=xy<0$，知点$(0,0)$不是$z=xy$的极值点.故选 C.

**106.【参考答案】** E

**【答案解析】** 由$\begin{cases} f'_x(x,y)=2x+y=0, \\ f'_y(x,y)=x=0, \end{cases}$ 得$\begin{cases} x=0, \\ y=0, \end{cases}$ 知点$(0,0)$是驻点.

又 $f''_{xx}(x,y)=2, f''_{yy}(x,y)=0, f''_{xy}(x,y)=1$，得

$$A=f''_{xx}\Big|_{(0,0)}=2, B=f''_{xy}\Big|_{(0,0)}=1, C=f''_{yy}\Big|_{(0,0)}=0, B^2-AC=1>0,$$

从而知点$(0,0)$不是极值点.故选 E.

**107.【参考答案】** A

**【答案解析】** $f(x,y)$为可微函数，点$(x_0,y_0)$为$f(x,y)$的极小值点，则由极值的必要条件知$f'_x(x_0,y_0)=0, f'_y(x_0,y_0)=0$，而$f(x_0,y)$在$y=y_0$处的导数即为$f'_y(x_0,y_0)$，$f(x,y_0)$在$x=x_0$处的导数即为$f'_x(x_0,y_0)$.故选 A.

**108.【参考答案】** E

**【答案解析】** 由题设可知$f'_x(x,y)=2xy^2+\ln x+1, f'_y(x,y)=2x^2y$.令

$$\begin{cases} f'_x(x,y)=2xy^2+\ln x+1=0, \\ f'_y(x,y)=2x^2y=0, \end{cases}$$

解得$f(x,y)$的唯一驻点为$\left(\frac{1}{e},0\right)$，因此排除 A,B,C.

又
$$f''_{xx}=2y^2+\frac{1}{x}, f''_{xy}=4xy, f''_{yy}=2x^2,$$

则
$$A=f''_{xx}\Big|_{\left(\frac{1}{e},0\right)}=e>0, B=f''_{xy}\Big|_{\left(\frac{1}{e},0\right)}=0, C=f''_{yy}\Big|_{\left(\frac{1}{e},0\right)}=\frac{2}{e^2},$$

$$B^2-AC=\frac{-2}{e}<0,$$

所以由极值的充分条件知$\left(\frac{1}{e},0\right)$为$f(x,y)$的极小值点，故选 E.

**109.【参考答案】** B

**【答案解析】** 令$\begin{cases} \dfrac{\partial z}{\partial x}=3x^2-8x+2y=0, \\ \dfrac{\partial z}{\partial y}=2x-2y=0, \end{cases}$ 解得

$$\begin{cases} x_1=0, \\ y_1=0, \end{cases} \begin{cases} x_2=2, \\ y_2=2, \end{cases}$$

即函数$z$有两个驻点$(0,0)$及$(2,2)$.

$$\frac{\partial^2 z}{\partial x^2}=6x-8, \frac{\partial^2 z}{\partial x\partial y}=2, \frac{\partial^2 z}{\partial y^2}=-2.$$

对于驻点(0,0)，$A=\left.\dfrac{\partial^2 z}{\partial x^2}\right|_{(0,0)}=-8<0,B=\left.\dfrac{\partial^2 z}{\partial x\partial y}\right|_{(0,0)}=2,C=\left.\dfrac{\partial^2 z}{\partial y^2}\right|_{(0,0)}=-2,B^2-AC=-12<0$，由极值的充分条件知点(0,0)是极大值点，极大值为0.

对于驻点(2,2)，$A=\left.\dfrac{\partial^2 z}{\partial x^2}\right|_{(2,2)}=4>0,B=\left.\dfrac{\partial^2 z}{\partial x\partial y}\right|_{(2,2)}=2,C=\left.\dfrac{\partial^2 z}{\partial y^2}\right|_{(2,2)}=-2,B^2-AC=12>0$，由极值的充分条件知点(2,2)不是极值点.

故选 B.

**110.【参考答案】**A

**【答案解析】**令
$$\begin{cases}f'_x(x,y)=2x(2+y^2)=0,\\ f'_y(x,y)=2x^2y+\ln y+1=0,\end{cases}$$

解得唯一驻点为$\left(0,\dfrac{1}{e}\right)$. 由于

$$A=f''_{xx}\Big|_{\left(0,\frac{1}{e}\right)}=2(2+y^2)\Big|_{\left(0,\frac{1}{e}\right)}=2\left(2+\frac{1}{e^2}\right),$$

$$B=f''_{xy}\Big|_{\left(0,\frac{1}{e}\right)}=4xy\Big|_{\left(0,\frac{1}{e}\right)}=0,$$

$$C=f''_{yy}\Big|_{\left(0,\frac{1}{e}\right)}=\left(2x^2+\frac{1}{y}\right)\Big|_{\left(0,\frac{1}{e}\right)}=e,$$

因此$B^2-AC=-2e\left(2+\dfrac{1}{e^2}\right)<0$，且$A>0$，从而知$\left(0,\dfrac{1}{e}\right)$是$f(x,y)$的极小值点，极小值为$f\left(0,\dfrac{1}{e}\right)=-\dfrac{1}{e}$. 故选 A.

**111.【参考答案】**B

**【答案解析】**根据极限的局部保号性，由

$$\lim_{(x,y)\to(x_0,y_0)}\frac{f(x,y)-f(x_0,y_0)}{(x^2+y^2)^2}=2,$$

知在点$(x_0,y_0)$的某个邻域内，对于该邻域内异于$(x_0,y_0)$的任何点$(x,y)$，总有$f(x,y)-f(x_0,y_0)>0$，因此，$f(x_0,y_0)$为$f(x,y)$的一个极小值. 故选 B.

**112.【参考答案】**D

**【答案解析】**所给问题为无约束条件极值问题，则函数$f(x,y)$的定义域为整个$xOy$坐标面. 令

$$\begin{cases}\dfrac{\partial f}{\partial x}=3ay-3x^2=0,\\[2ex] \dfrac{\partial f}{\partial y}=3ax-3y^2=0,\end{cases}$$

解得$\begin{cases}x=a,\\ y=a,\end{cases}\begin{cases}x=0,\\ y=0,\end{cases}$可知$f(x,y)$有驻点$M(a,a),M'(0,0)$.

又由于
$$\frac{\partial^2 f}{\partial x^2}=-6x,\frac{\partial^2 f}{\partial x\partial y}=3a,\frac{\partial^2 f}{\partial y^2}=-6y,$$

对于点 $M$，有

$$A=\left.\frac{\partial^2 f}{\partial x^2}\right|_M=-6a<0, B=\left.\frac{\partial^2 f}{\partial x\partial y}\right|_M=3a, C=\left.\frac{\partial^2 f}{\partial y^2}\right|_M=-6a,$$

$$B^2-AC=9a^2-36a^2=-27a^2<0,$$

所以由极值的充分条件可知点 $M(a,a)$ 为 $f(x,y)$ 的极大值点，极大值为 $f(a,a)=a^3$.

对于点 $M'$，有

$$A=\left.\frac{\partial^2 f}{\partial x^2}\right|_{M'}=0, B=\left.\frac{\partial^2 f}{\partial x\partial y}\right|_{M'}=3a, C=\left.\frac{\partial^2 f}{\partial y^2}\right|_{M'}=0,$$

$$B^2-AC=9a^2>0,$$

故点 $(0,0)$ 不是极值点. 故选 D.

**113.【参考答案】**E

**【答案解析】**由 $\mathrm{d}z_1=x\mathrm{d}x+y\mathrm{d}y$，可知 $\frac{\partial z_1}{\partial x}=x, \frac{\partial z_1}{\partial y}=y$.

令 $\frac{\partial z_1}{\partial x}=0$，可得 $x=0$；令 $\frac{\partial z_1}{\partial y}=0$，可得 $y=0$，即 $(0,0)$ 为 $z_1$ 的驻点.

由 $\frac{\partial^2 z_1}{\partial x^2}=1, \frac{\partial^2 z_1}{\partial x\partial y}=0, \frac{\partial^2 z_1}{\partial y^2}=1$，可得

$$A=\left.\frac{\partial^2 z_1}{\partial x^2}\right|_{(0,0)}=1, B=\left.\frac{\partial^2 z_1}{\partial x\partial y}\right|_{(0,0)}=0, C=\left.\frac{\partial^2 z_1}{\partial y^2}\right|_{(0,0)}=1,$$

$B^2-AC=-1<0, A>0$，因此点 $(0,0)$ 为 $z_1$ 的极小值点.

由 $\mathrm{d}z_2=y\mathrm{d}x+x\mathrm{d}y$，可知 $\frac{\partial z_2}{\partial x}=y, \frac{\partial z_2}{\partial y}=x$.

令 $\frac{\partial z_2}{\partial x}=0$，得 $y=0$；令 $\frac{\partial z_2}{\partial y}=0$，得 $x=0$. 因此点 $(0,0)$ 为 $z_2$ 的驻点.

由 $\mathrm{d}z_2=\mathrm{d}(xy)$，可知 $z_2=xy+C$（$C$ 为任意常数）.

当点 $(x,y)$ 在第一、三象限且在 $(0,0)$ 的去心邻域内时，总有 $xy+C>C$；

当点 $(x,y)$ 在第二、四象限且在 $(0,0)$ 的去心邻域内时，总有 $xy+C<C$.

可知点 $(0,0)$ 不是 $z_2$ 的极值点.

故选 E.

**【评注】**由 $\mathrm{d}z_1=x\mathrm{d}x+y\mathrm{d}y=\frac{1}{2}\mathrm{d}(x^2+y^2)$，可知 $z_1=\frac{1}{2}(x^2+y^2)+C$.

由于 $\left.z_1\right|_{(0,0)}=C$，在 $(0,0)$ 的任一邻域内，对于该邻域内异于 $(0,0)$ 的任何点 $(x,y)$，总有 $\frac{1}{2}(x^2+y^2)+C>C$，可知点 $(0,0)$ 为 $z_1$ 的极小值点.

**114.【参考答案】**A

**【答案解析】**由于 $z=x^4+y^4-x^2-2xy-y^2$，因此

$$\frac{\partial z}{\partial x}=4x^3-2x-2y, \frac{\partial z}{\partial y}=4y^3-2x-2y,$$

令$\begin{cases}\dfrac{\partial z}{\partial x}=0,\\[2ex] \dfrac{\partial z}{\partial y}=0,\end{cases}$ 解得驻点为$(0,0)$,$(1,1)$,$(-1,-1)$.

由于 $$\frac{\partial^2 z}{\partial x^2}=12x^2-2,\frac{\partial^2 z}{\partial x\partial y}=-2,\frac{\partial^2 z}{\partial y^2}=12y^2-2.$$

在点$(1,1)$处,$A=10>0$,$B=-2$,$C=10$,$B^2-AC<0$,可知$(1,1)$为$z$的极小值点.

在点$(-1,-1)$处,$A=10>0$,$B=-2$,$C=10$,$B^2-AC<0$,可知$(-1,-1)$为$z$的极小值点.

在点$(0,0)$处,$A=-2$,$B=-2$,$C=-2$,$B^2-AC=0$,极值的充分条件失效.

当点$(x,y)$沿$y=-x$趋近点$(0,0)$时,

$$z=x^4+(-x)^4-x^2-2x\cdot(-x)-(-x)^2=2x^4,$$

即在点$(0,0)$的某个邻域内,对于该邻域内直线$y=-x$上异于$(0,0)$的任何点,总有$z>0$.

当点$(x,y)$沿$y=0$趋近点$(0,0)$时,

$$z=x^4+0-x^2-2x\cdot 0-0=x^4-x^2,$$

当$0<x<1$,$y=0$时,总有$z<0$,可知点$(0,0)$不是$z$的极值点.

故选 A.

**【评注】**二元函数极值的充分条件中,在驻点处,当$B^2-AC\neq 0$时,可以直接判定驻点是否为极值点.当$B^2-AC=0$时,需从其他角度出发来考虑,如极值定义等.

**115.【参考答案】**A

**【答案解析】**由$z=e^{2x}(x+2y+y^2)$,知

$$\frac{\partial z}{\partial x}=2e^{2x}(x+2y+y^2)+e^{2x}=e^{2x}(2x+4y+2y^2+1),$$

$$\frac{\partial z}{\partial y}=e^{2x}(2+2y).$$

令$\begin{cases}\dfrac{\partial z}{\partial x}=0,\\[2ex] \dfrac{\partial z}{\partial y}=0,\end{cases}$可得$\begin{cases}2x+4y+2y^2+1=0,\\ 2+2y=0,\end{cases}$解得$\begin{cases}x=\dfrac{1}{2},\\ y=-1,\end{cases}$即$z$有唯一驻点$\left(\dfrac{1}{2},-1\right)$.

由于

$$\frac{\partial^2 z}{\partial x^2}=2e^{2x}(2x+4y+2y^2+1)+e^{2x}\cdot 2=e^{2x}(4x+8y+4y^2+4),$$

$$\frac{\partial^2 z}{\partial x\partial y}=e^{2x}(4+4y),\frac{\partial^2 z}{\partial y^2}=2e^{2x},$$

因此

$$A=\left.\frac{\partial^2 z}{\partial x^2}\right|_{(\frac{1}{2},-1)}=2e>0,B=\left.\frac{\partial^2 z}{\partial x\partial y}\right|_{(\frac{1}{2},-1)}=0,C=\left.\frac{\partial^2 z}{\partial y^2}\right|_{(\frac{1}{2},-1)}=2e,$$

$$B^2-AC=-4e^2<0,$$

由极值的充分条件知点$\left(\dfrac{1}{2},-1\right)$为极小值点,极小值为$-\dfrac{e}{2}$.故选 A.

116.【参考答案】C

【答案解析】已知函数 $f(x,y)$ 在点$(0,0)$的某个邻域内连续，且

$$\lim_{(x,y)\to(0,0)}\frac{f(x,y)}{(x^2+y^2)^2}=-1,$$

由于分母极限为零，可知分子极限必定为零，即

$$\lim_{(x,y)\to(0,0)}f(x,y)=0=f(0,0).$$

由于极限存在，故沿子列的极限也必定存在，从而有

$$\lim_{(x,0)\to(0,0)}\frac{f(x,0)}{(x^2+0)^2}=-1,\quad\lim_{(0,y)\to(0,0)}\frac{f(0,y)}{(0+y^2)^2}=-1,$$

因此
$$\lim_{(x,0)\to(0,0)}\frac{f(x,0)-f(0,0)}{x}\cdot\frac{x}{x^4}=-1,$$

上式第二个因式极限为 $\infty$，从而 $\lim\limits_{(x,0)\to(0,0)}\dfrac{f(x,0)-f(0,0)}{x}=0$，即 $f'_x(0,0)=0$.

同理，得 $f'_y(0,0)=0$. 可知$(0,0)$为 $f(x,y)$ 的驻点.

又由二元函数极限基本定理有$\dfrac{f(x,y)}{(x^2+y^2)^2}=-1+\alpha$，其中 $\lim\limits_{(x,y)\to(0,0)}\alpha=0$. 从而

$$f(x,y)=-(x^2+y^2)^2+\alpha(x^2+y^2)^2,$$

当$(x,y)\to(0,0)$时，其符号取决于右端第一项，可知 $f(x,y)<0=f(0,0)$. 因此$(0,0)$为 $f(x,y)$ 的极大值点. 故选 C.

117.【参考答案】D

【答案解析】由于 $\varphi(x,y)$ 具有连续的一阶偏导数，且 $\varphi'_y(x,y)\neq 0$，由隐函数存在定理可知，由 $\varphi(x,y)=0$ 可以确定可导函数 $y=y(x)$. 因此求 $f(x,y)$ 在约束条件 $\varphi(x,y)=0$ 下的极值等价于求 $f[x,y(x)]$ 的无条件极值，可知点$(x_0,y_0)$为 $f[x,y(x)]$ 的极值点. 由于$f[x,y(x)]$可微，因此必定有

$$\frac{\mathrm{d}\{f[x,y(x)]\}}{\mathrm{d}x}=f'_x[x,y(x)]+f'_y[x,y(x)]\cdot y'(x).$$

由隐函数求导公式可知 $y'(x)=-\dfrac{\varphi'_x(x,y)}{\varphi'_y(x,y)}$，从而

$$\frac{\mathrm{d}\{f[x,y(x)]\}}{\mathrm{d}x}=f'_x[x,y(x)]+f'_y[x,y(x)]\cdot\left[-\frac{\varphi'_x(x,y)}{\varphi'_y(x,y)}\right],$$

则
$$f'_x(x_0,y_0)-f'_y(x_0,y_0)\cdot\frac{\varphi'_x(x_0,y_0)}{\varphi'_y(x_0,y_0)}=0.$$

若 $f'_x(x_0,y_0)\neq 0$，由上式可知 $f'_y(x_0,y_0)\neq 0$. 故选 D.

118.【参考答案】B

【答案解析】$f(x,y)=x\mathrm{e}^{-\frac{x^2+y^2}{2}}$，则

$$\frac{\partial f}{\partial x}=(1-x^2)\mathrm{e}^{-\frac{x^2+y^2}{2}},\quad\frac{\partial f}{\partial y}=-xy\mathrm{e}^{-\frac{x^2+y^2}{2}},$$

令$\begin{cases}\dfrac{\partial f}{\partial x}=0,\\ \dfrac{\partial f}{\partial y}=0,\end{cases}$可解得两组解$\begin{cases}x=1,\\ y=0,\end{cases}\begin{cases}x=-1,\\ y=0,\end{cases}$即 $f(x,y)$ 有两个驻点$(1,0),(-1,0)$.

$$f''_{xx}=x(x^2-3)e^{-\frac{x^2+y^2}{2}},$$
$$f''_{xy}=y(x^2-1)e^{-\frac{x^2+y^2}{2}},$$
$$f''_{yy}=x(y^2-1)e^{-\frac{x^2+y^2}{2}},$$

在点$(1,0)$处，

$$A=f''_{xx}(1,0)=-2e^{-\frac{1}{2}},B=f''_{xy}(1,0)=0,C=f''_{yy}(1,0)=-e^{-\frac{1}{2}},$$
$$B^2-AC=-2e^{-1}<0,A<0,$$

可知点$(1,0)$为 $f(x,y)$ 的极大值点.

在点$(-1,0)$处，

$$A=f''_{xx}(-1,0)=2e^{-\frac{1}{2}},B=f''_{xy}(-1,0)=0,C=f''_{yy}(-1,0)=e^{-\frac{1}{2}},$$
$$B^2-AC=-2e^{-1}<0,A>0,$$

可知点$(-1,0)$为 $f(x,y)$ 的极小值点.

故选 B.

**119.【参考答案】**A

**【答案解析】**由
$$z=f(x,y)=xe^{ax+y^2},$$
得
$$\frac{\partial z}{\partial x}=e^{ax+y^2}+axe^{ax+y^2}=(1+ax)e^{ax+y^2},$$
$$\frac{\partial z}{\partial y}=2xye^{ax+y^2}.$$

令$\begin{cases}\dfrac{\partial z}{\partial x}=(1+ax)e^{ax+y^2}=0,\\ \dfrac{\partial z}{\partial y}=2xye^{ax+y^2}=0,\end{cases}$可解得$\begin{cases}x=-\dfrac{1}{a},\\ y=0.\end{cases}$表明$\left(-\dfrac{1}{a},0\right)$为 $f(x,y)$ 的驻点. 结论 ① 正确.

$$\frac{\partial^2 z}{\partial x^2}=ae^{ax+y^2}+(1+ax)\cdot ae^{ax+y^2}=a(2+ax)e^{ax+y^2},$$
$$\frac{\partial^2 z}{\partial x\partial y}=2(1+ax)ye^{ax+y^2},$$
$$\frac{\partial^2 z}{\partial y^2}=2xe^{ax+y^2}+4xy^2e^{ax+y^2}.$$

在驻点$\left(-\dfrac{1}{a},0\right)$处，$A=ae^{-1},B=0,C=-\dfrac{2}{a}e^{-1},B^2-AC=2e^{-2}>0$，可知$\left(-\dfrac{1}{a},0\right)$不为 $f(x,y)$ 的极值点. 可知结论 ② 正确，结论 ③，④ 错误.

故选 A.

**120.【参考答案】**E

**【答案解析】**由于 $f(x)$ 具有二阶连续导数，$f(0)=a$ 为 $f(x)$ 的极值，因此有

$$f'(0)=0.$$

又由于 $z=f(x)\cdot\ln f(y)$，其中 $f(y)>0$，

$$\frac{\partial z}{\partial x}=f'(x)\cdot\ln f(y),\frac{\partial z}{\partial y}=f(x)\cdot\frac{f'(y)}{f(y)},$$

因此

$$\left.\frac{\partial z}{\partial x}\right|_{(0,0)}=f'(0)\ln f(0)=0,$$

$$\left.\frac{\partial z}{\partial y}\right|_{(0,0)}=f(0)\cdot\frac{f'(0)}{f(0)}=0,$$

可知(0,0) 为 $z$ 的驻点，结论 ① 正确.

$$\frac{\partial^2 z}{\partial x^2}=f''(x)\ln f(y),\frac{\partial^2 z}{\partial x\partial y}=f'(x)\cdot\frac{f'(y)}{f(y)},$$

$$\frac{\partial^2 z}{\partial y^2}=f(x)\cdot\frac{f''(y)\cdot f(y)-[f'(y)]^2}{[f(y)]^2}.$$

在驻点(0,0) 处，

$$A=\left.\frac{\partial^2 z}{\partial x^2}\right|_{(0,0)}=f''(0)\cdot\ln f(0)=f''(0)\cdot\ln a,$$

$$B=\left.\frac{\partial^2 z}{\partial x\partial y}\right|_{(0,0)}=f'(0)\cdot\frac{f'(0)}{f(0)}=0,$$

$$C=\left.\frac{\partial^2 z}{\partial y^2}\right|_{(0,0)}=f(0)\cdot\frac{f''(0)\cdot f(0)-0}{[f(0)]^2}=f''(0),$$

$$B^2-AC=-[f''(0)]^2\cdot\ln a.$$

可知当 $a>1$，即 $\ln a>0$ 时，$B^2-AC<0$，(0,0) 为 $z$ 的极值点：

当 $f''(0)<0$ 时，$A<0$，则(0,0) 为 $z$ 的极大值点；

当 $f''(0)>0$ 时，$A>0$，则(0,0) 为 $z$ 的极小值点.

而当 $0<a<1$ 时，$\ln a<0$，$B^2-AC>0$，(0,0) 不为 $z$ 的极值点.

可知结论 ②，③，④ 皆正确.

故选 E.

**121.【参考答案】**C

**【答案解析】**由

$$f(x,y)=x^2(4-x+y^2+2y),$$

得

$$f'_1(x,y)=8x-3x^2+2x(y^2+2y),$$

$$f'_2(x,y)=x^2(2y+2),$$

令 $\begin{cases}f'_1(x,y)=0,\\ f'_2(x,y)=0,\end{cases}$ 可解得 $\begin{cases}x=0,\\ y=a\end{cases}$（其中 $a$ 为任意实数），$\begin{cases}x=2,\\ y=-1.\end{cases}$

因此 $(0,a)$，$(2,-1)$ 为 $f(x,y)$ 的驻点. 可知结论 ② 正确，结论 ① 不正确.

又

$$f''_{11}(x,y)=8-6x+2(y^2+2y),$$

$$f''_{12}(x,y)=4x(y+1),$$

$$f''_{22}(x,y)=2x^2,$$

对于(2, −1),

$$A=8-12+2(1-2)=-6,$$

$$B=8(-1+1)=0, C=8,$$

$$B^2-AC=48>0,$$

可知(2, −1)不为 $f(x,y)$ 的极值点,因此结论 ③ 正确,结论 ④ 不正确.

故选 C.

**122.【参考答案】** E

**【答案解析】** 由

$$z=\mathrm{e}^{ay}(x^2+2x+y),$$

得

$$\frac{\partial z}{\partial x}=2(x+1)\mathrm{e}^{ay},$$

$$\frac{\partial z}{\partial y}=\mathrm{e}^{ay}[a(x^2+2x+y)+1].$$

令 $\begin{cases}\dfrac{\partial z}{\partial x}=0,\\ \dfrac{\partial z}{\partial y}=0,\end{cases}$ 可解得 $\begin{cases}x=-1,\\ y=\dfrac{a-1}{a},\end{cases}$ 即 $\left(-1,\dfrac{a-1}{a}\right)$ 为 $z$ 的唯一驻点,结论 ① 正确.

又

$$\frac{\partial^2 z}{\partial x^2}=2\mathrm{e}^{ay}, \frac{\partial^2 z}{\partial x\partial y}=2a(x+1)\mathrm{e}^{ay},$$

$$\frac{\partial^2 z}{\partial y^2}=a\mathrm{e}^{ay}[a(x^2+2x+y)+1]+a\mathrm{e}^{ay},$$

当 $x=-1, y=\dfrac{a-1}{a}$ 时,

$$A=2\mathrm{e}^{a-1}, B=0, C=a\mathrm{e}^{a-1},$$

$$B^2-AC=-2a\mathrm{e}^{2(a-1)}.$$

当 $a<0$ 时,$B^2-AC>0$,可知 $\left(-1,\dfrac{a-1}{a}\right)$ 不为 $z$ 的极值点,结论 ④ 正确.

当 $a>0$ 时,$B^2-AC<0$,可知 $\left(-1,\dfrac{a-1}{a}\right)$ 为 $z$ 的极值点,此时 $A=2\mathrm{e}^{a-1}>0$,可知 $\left(-1,\dfrac{a-1}{a}\right)$ 为 $z$ 的极小值点.

结论 ③ 正确,结论 ② 不正确.

故选 E.

**123.【参考答案】** D

**【答案解析】** 由于 $\lim\limits_{(x,y)\to(0,0)}\dfrac{f(x,y)-xy}{(x^2+y^2)^2}$ 存在,且分母的极限为零,可知分子的极限也必定为0,即 $\lim\limits_{(x,y)\to(0,0)}[f(x,y)-xy]=0$,又由于 $f(x,y)$ 在点(0,0)的某个邻域内连续,由此可得

$$\lim_{(x,y)\to(0,0)}f(x,y)=0=f(0,0),$$

可知 A 不正确.

由二元函数极限基本定理可知 $\dfrac{f(x,y)-xy}{(x^2+y^2)^2}=2+\alpha$,其中 $\lim\limits_{(x,y)\to(0,0)}\alpha=0$,则

$$f(x,y)=xy+2(x^2+y^2)^2+\alpha(x^2+y^2)^2,$$

当 $(x,y)\to(0,0)$ 时，上式符号取决于右端第一项 $xy$ 的符号，当 $(x,y)$ 在第二、四象限时，$f(x,y)<0$；当 $(x,y)$ 在第一、三象限时，$f(x,y)>0$，可知点 $(0,0)$ 不是 $f(x,y)$ 的极值点. 故选 D.

**124.【参考答案】** E

**【答案解析】** 将方程 $x^2-6xy+10y^2-2yz-z^2+2=0$ 两端分别关于 $x,y$ 求偏导数，得

$$2x-6y-2y\frac{\partial z}{\partial x}-2z\frac{\partial z}{\partial x}=0, \qquad ①$$

$$-6x+20y-2z-2y\frac{\partial z}{\partial y}-2z\frac{\partial z}{\partial y}=0. \qquad ②$$

令 $\begin{cases}\dfrac{\partial z}{\partial x}=0,\\ \dfrac{\partial z}{\partial y}=0,\end{cases}$ 得 $\begin{cases}x-3y=0,\\ -3x+10y-z=0,\end{cases}$ 解得 $\begin{cases}x=3y,\\ z=y.\end{cases}$

将 $\begin{cases}x=3y,\\ z=y\end{cases}$ 代入 $x^2-6xy+10y^2-2yz-z^2+2=0$，可得

$$\begin{cases}x=3,\\ y=1,\\ z=1\end{cases} \text{或} \begin{cases}x=-3,\\ y=-1,\\ z=-1.\end{cases}$$

将 ① 式两端分别关于 $x,y$ 求偏导数，将 ② 式两端关于 $y$ 求偏导数，可得

$$\begin{cases}2-2y\dfrac{\partial^2 z}{\partial x^2}-2\left(\dfrac{\partial z}{\partial x}\right)^2-2z\dfrac{\partial^2 z}{\partial x^2}=0, & ③\\ -6-2\dfrac{\partial z}{\partial x}-2y\dfrac{\partial^2 z}{\partial x\partial y}-2\dfrac{\partial z}{\partial y}\cdot\dfrac{\partial z}{\partial x}-2z\dfrac{\partial^2 z}{\partial x\partial y}=0, & ④\\ 20-2\dfrac{\partial z}{\partial y}-2\dfrac{\partial z}{\partial y}-2y\dfrac{\partial^2 z}{\partial y^2}-2\left(\dfrac{\partial z}{\partial y}\right)^2-2z\dfrac{\partial^2 z}{\partial y^2}=0, & ⑤\end{cases}$$

当 $x=3,y=1,z=1$ 时，$\dfrac{\partial z}{\partial x}=0,\dfrac{\partial z}{\partial y}=0$，代入 ③,④,⑤ 式可得

$$A=\frac{\partial^2 z}{\partial x^2}\bigg|_{(3,1)}=\frac{1}{2},B=\frac{\partial^2 z}{\partial x\partial y}\bigg|_{(3,1)}=-\frac{3}{2},C=\frac{\partial^2 z}{\partial y^2}\bigg|_{(3,1)}=5,$$

故 $B^2-AC=-\dfrac{1}{4}<0$，又 $A=\dfrac{1}{2}>0$，所以点 $(3,1)$ 是函数 $z(x,y)$ 的极小值点，极小值为 $z(3,1)=1$.

类似地，将 $x=-3,y=-1,z=-1$ 代入 ③,④,⑤ 式可得

$$A=\frac{\partial^2 z}{\partial x^2}\bigg|_{(-3,-1)}=-\frac{1}{2},B=\frac{\partial^2 z}{\partial x\partial y}\bigg|_{(-3,-1)}=\frac{3}{2},C=\frac{\partial^2 z}{\partial y^2}\bigg|_{(-3,-1)}=-5,$$

可知 $B^2-AC=-\dfrac{1}{4}<0$，又 $A=-\dfrac{1}{2}<0$，所以点 $(-3,-1)$ 是函数 $z(x,y)$ 的极大值点，极大值为

$$z(-3,-1)=-1.$$

故选 E.

【评注】本题是求解二元隐函数的无条件极值，先用必要条件找出可能的极值点，再利用极值的充分条件判定是否是极值点，是极大值点还是极小值点. 当然这里有一定的运算量，这类问题不难，但一定要确保计算快速、准确！

125.【参考答案】B

【答案解析】用条件极值方法. 设 $F(x,y,\lambda)=xy+\lambda(x^2+y^2-1)$，令

$$\begin{cases}F'_x=y+2\lambda x=0,\\F'_y=x+2\lambda y=0,\\F'_\lambda=x^2+y^2-1=0,\end{cases}$$

解得 $x=y=\pm\dfrac{\sqrt{2}}{2}$ 或 $x=-y=\pm\dfrac{\sqrt{2}}{2}$，从而知 $f(x,y)$ 的最大值为 $\dfrac{1}{2}$，最小值为 $-\dfrac{1}{2}$.

故选B.

126.【参考答案】A

【答案解析】本题化为无条件极值计算更为方便.

将 $y=\mathrm{e}-x$ 代入目标函数，得 $z(x,\mathrm{e}-x)=\dfrac{1}{2}[x^n+(\mathrm{e}-x)^n]$，$0\leqslant x\leqslant\mathrm{e}$.

令 $z'_x=\dfrac{1}{2}[nx^{n-1}-n(\mathrm{e}-x)^{n-1}]=0$，得驻点 $x=\dfrac{1}{2}\mathrm{e}$，且 $z''_{xx}\left(\dfrac{1}{2}\mathrm{e}\right)=n(n-1)\left(\dfrac{1}{2}\mathrm{e}\right)^{n-2}>0$，

知 $x=\dfrac{1}{2}\mathrm{e}$，即 $\left(\dfrac{1}{2}\mathrm{e},\dfrac{1}{2}\mathrm{e}\right)$ 是 $z(x,y)$ 的极小值点，再比较 $z(0,\mathrm{e})=z(\mathrm{e},0)=\dfrac{1}{2}\mathrm{e}^n$，

$z\left(\dfrac{\mathrm{e}}{2},\dfrac{\mathrm{e}}{2}\right)=\left(\dfrac{\mathrm{e}}{2}\right)^n<\dfrac{1}{2}\mathrm{e}^n$，知 $\left(\dfrac{\mathrm{e}}{2},\dfrac{\mathrm{e}}{2}\right)$ 也是最小值点. 故选 A.

127.【参考答案】C

【答案解析】约束条件 $x+y=2$ 可表示为 $y=2-x$，将其代入 $f(x,y)=xy$ 中，问题即转化为求 $f=x(2-x)$ 的无条件极值.

又 $\dfrac{\mathrm{d}f}{\mathrm{d}x}=2-2x$，令 $\dfrac{\mathrm{d}f}{\mathrm{d}x}=0$，解得 $x=1$. 又因为 $\left.\dfrac{\mathrm{d}^2f}{\mathrm{d}x^2}\right|_{x=1}=-2<0$，所以 $x=1$ 为极大值点，且极大值为 $f=1\times(2-1)=1$. 故在条件 $x+y=2$ 下，函数 $f(x,y)=xy$ 在点 $(1,1)$ 处取得极大值 1. 故选 C.

128.【参考答案】D

【答案解析】本题属于条件极值问题，易将它化为无条件极值问题.

条件 $x+y=1$ 可表示成 $y=1-x$，代入 $z=xy$，则问题化为求 $z=x(1-x)$ 的极大值. 由 $\dfrac{\mathrm{d}z}{\mathrm{d}x}=1-2x=0$，得 $x=\dfrac{1}{2}$. 又

$$\left.\frac{\mathrm{d}^2z}{\mathrm{d}x^2}\right|_{x=\frac{1}{2}}=-2<0,$$

由一元函数取得极值的充分条件知，$x=\dfrac{1}{2}$ 为极大值点，极大值为

$$z=\frac{1}{2}\left(1-\frac{1}{2}\right)=\frac{1}{4}.$$

故选 D.

**129.【参考答案】** C

**【答案解析】** 由 $e^x+y^2+|z|=3$ 且 $e^xy^2|z|\leqslant k$ 恒成立，得 $e^xy^2(3-e^x-y^2)\leqslant k$ 恒成立，令

$$f(x,y)=e^xy^2(3-e^x-y^2),$$

求 $f(x,y)=e^xy^2(3-e^x-y^2)$ 在区域 $D=\{(x,y)\mid e^x+y^2\leqslant 3\}$ 上的最大值. 令

$$\begin{cases}\dfrac{\partial f}{\partial x}=e^xy^2(3-e^x-y^2)-e^{2x}y^2=0,\\ \dfrac{\partial f}{\partial y}=2ye^x(3-e^x-y^2)-2y^3e^x=0,\end{cases}$$

得驻点 $\{(x,y)\mid -\infty<x\leqslant \ln 3,y=0\}$，$(0,1)$ 和 $(0,-1)$.

在边界 $e^x+y^2=3$ 上，函数 $f(x,y)=0$. 又

$$f(x,0)=0,f(0,1)=1,f(0,-1)=1,$$

所以 $f(x,y)$ 的最大值为 1，故 $k\geqslant 1$. 故选 C.

**130.【参考答案】** A

**【答案解析】** 作拉格朗日函数

$$F(x,y,z,\lambda,\mu)=x^2+y^2+z^2+\lambda(x^2+y^2-z)+\mu(x+y+z-4),$$

令

$$\begin{cases}F'_x=2x+2\lambda x+\mu=0,\\ F'_y=2y+2\lambda y+\mu=0,\\ F'_z=2z-\lambda+\mu=0,\\ F'_\lambda=x^2+y^2-z=0,\\ F'_\mu=x+y+z-4=0,\end{cases}$$

解方程组得 $(x_1,y_1,z_1)=(1,1,2),(x_2,y_2,z_2)=(-2,-2,8)$.

故所求的最大值为 $u(-2,-2,8)=72$，最小值为 $u(1,1,2)=6$. 故选 A.

**131.【参考答案】** A

**【答案解析】** 设矩形的一边长为 $x$，则另一边长为 $p-x$，假设矩形绕长为 $p-x$ 的一边旋转，则旋转所成圆柱体的体积为 $V=\pi x^2(p-x)$. 令

$$\frac{dV}{dx}=2\pi x(p-x)-\pi x^2=\pi x(2p-3x)=0,$$

求得驻点为 $x=\dfrac{2}{3}p$.

由于驻点唯一，由题意又可知这种圆柱体一定有最大体积，所以当矩形的邻边长为$\dfrac{2p}{3}$ 和 $\dfrac{p}{3}$ 时，绕短边旋转所得圆柱体体积最大. 故选 A.

**132.【参考答案】**C

**【答案解析】**设直角三角形的两直角边之长分别为 $x,y$，则周长

$$S=x+y+l(0<x<l,0<y<l).$$

本题是求周长 $S$ 在 $x^2+y^2=l^2$ 条件下的条件极值问题.

作拉格朗日函数

$$L(x,y,\lambda)=x+y+l+\lambda(x^2+y^2-l^2),$$

令

$$\begin{cases}L'_x=1+2\lambda x=0,\\L'_y=1+2\lambda y=0,\\L'_\lambda=x^2+y^2-l^2=0,\end{cases}$$

解得 $x=y=\frac{l}{\sqrt{2}}$，$\left(\frac{l}{\sqrt{2}},\frac{l}{\sqrt{2}}\right)$是唯一可能的极值点，根据问题性质可知这种周长最大的直角三角形一定存在，所以在斜边长为 $l$ 的一切直角三角形中，周长最大的是直角边为$\frac{l}{\sqrt{2}}$的等腰直角三角形. 故选 C.

**133.【参考答案】**B

**【答案解析】**设所求点为$(x,y)$，则此点到三条直线的距离依次为 $|x|$，$|y|$，$\frac{|x+2y-16|}{\sqrt{5}}$，三个距离的平方和为

$$z=x^2+y^2+\frac{1}{5}(x+2y-16)^2.$$

由

$$\begin{cases}\frac{\partial z}{\partial x}=2x+\frac{2}{5}(x+2y-16)=0,\\\frac{\partial z}{\partial y}=2y+\frac{4}{5}(x+2y-16)=0,\end{cases}$$

求得唯一可能的极值点$\left(\frac{8}{5},\frac{16}{5}\right)$. 根据问题本身可知，使距离平方和最小的点必定存在，故所求点为$\left(\frac{8}{5},\frac{16}{5}\right)$. 故选 B.

**134.【参考答案】**C

**【答案解析】**设长方体各边与坐标轴平行，外接球的球面方程为 $x^2+y^2+z^2=a^2$，$(x,y,z)$是该长方体在第一卦限内的一个顶点，则此长方体的长、宽、高分别为 $2x,2y,2z$，体积为

$$V=2x\cdot 2y\cdot 2z=8xyz.$$

令

$$L(x,y,z,\lambda)=8xyz+\lambda(x^2+y^2+z^2-a^2),$$

由

$$\begin{cases}L'_x=8yz+2\lambda x=0,\\L'_y=8xz+2\lambda y=0,\\L'_z=8xy+2\lambda z=0,\\L'_\lambda=x^2+y^2+z^2-a^2=0,\end{cases}$$

即
$$\begin{cases}4yz+\lambda x=0,\\4xz+\lambda y=0,\\4xy+\lambda z=0,\\x^2+y^2+z^2=a^2,\end{cases}$$

解得 $x^2=y^2=z^2$，代入 $x^2+y^2+z^2=a^2$，得 $x=y=z=\dfrac{a}{\sqrt{3}}$，故 $\left(\dfrac{a}{\sqrt{3}},\dfrac{a}{\sqrt{3}},\dfrac{a}{\sqrt{3}}\right)$ 为唯一可能的极值点，由于内接于球且有最大体积的长方体必定存在，因此当长方体的长、宽、高都为 $\dfrac{2a}{\sqrt{3}}$ 时其体积最大. 故选 C.

**135.【参考答案】** D

**【答案解析】** 先求出区域内可能的极值点，由
$$\begin{cases}z'_x=y^2=0,\\z'_y=2xy=0,\end{cases}$$
得驻点集 $\{(x,y)\mid -1\leqslant x\leqslant 1,y=0\}$，再考虑边界线上的可能的极值点，将 $y^2=1-x^2$ 代入目标函数，得 $z(x)=x-x^3(-1\leqslant x\leqslant 1)$，令 $z'=1-3x^2=0$，得 $x=\pm\dfrac{\sqrt{3}}{3}$，比较 $z(x,0)=0,z\left(\dfrac{\sqrt{3}}{3}\right)=\dfrac{2\sqrt{3}}{9},z\left(-\dfrac{\sqrt{3}}{3}\right)=-\dfrac{2\sqrt{3}}{9},z(\pm 1)=0$，知目标函数在区域 $x^2+y^2\leqslant 1$ 上的最大值、最小值依次为 $\dfrac{2\sqrt{3}}{9},-\dfrac{2\sqrt{3}}{9}$. 故选 D.

**【评注】** 在有界闭区域上求最值，只需要在区域内和边界线上直接找出可能的最值点（极值点和边界点），并由它们函数值的大小最终决定其最大值、最小值.

**136.【参考答案】** D

**【答案解析】** 因为总利润 = 总收益 − 总成本，所以
$$\begin{aligned}L(x,y)&=10x+9y-[200+2x+3y+0.01(3x^2+xy+3y^2)]\\&=8x+6y-0.01(3x^2+xy+3y^2)-200.\end{aligned}$$

由
$$\begin{cases}L'_x(x,y)=8-0.06x-0.01y=0,\\L'_y(x,y)=6-0.01x-0.06y=0,\end{cases}$$
得唯一驻点(120, 80).

由于该实际问题必有最大值，且驻点唯一，因此当甲产品生产 120 件，乙产品生产 80 件时，所得总利润最大，最大总利润为 $L(120,80)=520$ 千元. 故选 D.

**137.【参考答案】** D

**【答案解析】** 此问题可以归结为求成本函数
$$C(x,y)=x^2+2y^2-xy$$
在 $x+y=8$ 条件下的条件极值问题. 构造拉格朗日函数

$$F(x,y,\lambda) = x^2 + 2y^2 - xy + \lambda(x + y - 8).$$

求 $F(x,y,\lambda)$ 对 $x,y,\lambda$ 的偏导数，并令其为零，联立得方程组

$$\begin{cases} F'_x = 2x - y + \lambda = 0, \\ F'_y = 4y - x + \lambda = 0, \\ F'_\lambda = x + y - 8 = 0, \end{cases}$$

解得 $x = 5, y = 3$. 于是$(5,3)$是唯一可能的极值点，即最值点.

因为实际问题的最小值存在，所以当两种型号的机床分别生产 5 台和 3 台时，总成本最小，且最小成本为 $C(5,3) = 28$ 万元. 故选 D.

# 第二部分

# 线性代数

# 第五章　行列式

## 答案速查表

| | | | | | |
|---|---|---|---|---|---|
| 1 ～ 5 | DCCAB | 6 ～ 10 | CBCAA | 11 ～ 15 | EBADC |
| 16 ～ 20 | CEAAB | 21 ～ 25 | ADBDE | 26 ～ 30 | DEEBD |
| 31 ～ 35 | ACEBC | 36 ～ 40 | ECBBC | 41 ～ 45 | ACABD |
| 46 ～ 50 | BAEEB | | | | |

## 【考向 1】排列与逆序

**1.【参考答案】** D

**【答案解析】** ②$a_{13}a_{24}a_{33}a_{42}$ 中列标排列为 3432，并非 4 级排列，故 $a_{13}a_{24}a_{33}a_{42}$ 不是四阶行列式展开式中的项. 余下各项在行标顺排的前提下，列标排列的逆序数依次为 ①$\tau(3412)=4$，③ $\tau(2341)=3$，④ $\tau(1234)=0$，因此，取正号的项为 ①，④，故选 D.

**2.【参考答案】** C

**【答案解析】** $a_{i1}a_{24}a_{43}a_{k2}$ 的行标排列应为 1243 或 3241. 若为 1243，即 $i=1,k=3$，在行标顺排的前提下，对应列标排列的逆序数为 $\tau(1423)=2$，不符合题意，故应为 3241，即 $i=3$，$k=1$，故选 C.

**【评注】** 由行列式的定义，行列式的项应取不同行、不同列的元素，因此，首先要判断题中各项是否可以构成四阶行列式的展开项，即行标和列标排列是否均为 4 级排列. 然后在行标顺排的前提下，考查列标排列的逆序数的奇偶性，若行标不顺排，应先调整项中元素排列的位置.

## 【考向 2】行列式定义

**3.【参考答案】** C

**【答案解析】** 选项均为三阶行列式，且行列式的元素数值较小，直接按行(列)展开或利用对角线法则计算.

选项 C，$\begin{vmatrix} 1 & 2 & 3 \\ 0 & -4 & 0 \\ -2 & -7 & -6 \end{vmatrix} = -4\times(-6+6)=0$，故选 C.

选项 A，$\begin{vmatrix} 1 & 2 & 3 \\ -1 & 0 & 3 \\ 2 & 2 & 5 \end{vmatrix} = 12-6+10-6=10$. 选项 B，$\begin{vmatrix} 1 & 2 & 3 \\ -1 & 0 & 2 \\ 2 & 2 & 3 \end{vmatrix} = 8-6+6-4=4$.

选项 D，$\begin{vmatrix} 2 & 0 & 0 \\ 0 & 0 & 1 \\ 0 & -2 & 3 \end{vmatrix}=4$. 选项 E，$\begin{vmatrix} 2 & 0 & 0 \\ 0 & 1 & 1 \\ 0 & -2 & 2 \end{vmatrix}=4+4=8$.

**4.【参考答案】** A

**【答案解析】** 本题中行列式都仅含有不同行、不同列的 4 个非零元素，即行列式为由这 4 个元素乘积构成的特定项. 在乘积大小同为 4! 的情况下，关键是确定项前符号. 将行标按自然顺序排列时：

行列式 ① 的非零项列标排列的逆序数为 $\tau(4321)=6$，从而知此行列式的值为 4!.

行列式 ② 的非零项列标排列的逆序数为 $\tau(3421)=5$，其值为 $-4!$.

行列式 ③ 的非零项列标排列的逆序数为 $\tau(4123)=3$，其值为 $-4!$.

行列式 ④ 的非零项列标排列的逆序数为 $\tau(4231)=5$，其值为 $-4!$.

综上，等于 4! 的行列式只有 ①，故选 A.

**【评注】** 注意，如果按照对角线法则，行列式 $\begin{vmatrix} 0 & 0 & 0 & 1 \\ 0 & 0 & 2 & 0 \\ 0 & 3 & 0 & 0 \\ 4 & 0 & 0 & 0 \end{vmatrix}$ 展开后，其副对角线乘积为 4!，项前应取负号，这与按行列式的定义计算的结果不相符. 因此，对角线法则只适用于二阶、三阶行列式，对于四阶及四阶以上行列式，应该按照行列式的定义确定项前符号和定值.

**5.【参考答案】** B

**【答案解析】** 利用行列式的性质化简后，再用对角线法则计算，即

$$\begin{vmatrix} 404 & 4 & 1 \\ -297 & -3 & 3 \\ 199 & 2 & -3 \end{vmatrix}=\begin{vmatrix} 400 & 4 & 1 \\ -300 & -3 & 3 \\ 200 & 2 & -3 \end{vmatrix}+\begin{vmatrix} 4 & 4 & 1 \\ 3 & -3 & 3 \\ -1 & 2 & -3 \end{vmatrix}=39,$$

故选 B.

**6.【参考答案】** C

**【答案解析】** 所求行列式为三阶行列式，行列式的元素数值较大，用对角线法则不易计算. 注意到式中元素以升幂排列，应套用范德蒙德行列式的计算公式. 先提取公因子，再由范德蒙德行列式的计算公式计算.

$$\begin{vmatrix} 1 & 4 & 5 \\ -3 & 16 & 25 \\ 9 & 64 & 125 \end{vmatrix}=4\times 5\begin{vmatrix} 1 & 1 & 1 \\ -3 & 4 & 5 \\ (-3)^2 & 4^2 & 5^2 \end{vmatrix}=4\times 5\times(5+3)(5-4)(4+3)=1\ 120,$$

故选 C.

**7.【参考答案】** B

**【答案解析】** 由 $\begin{vmatrix} 0 & a & b \\ -a & 0 & -c \\ -b & c & 0 \end{vmatrix}=abc-abc=0$，或由对应方阵为奇数阶反对称矩阵可得行

列式为零；$\begin{vmatrix} a-1 & b & c \\ a & b-2 & c \\ a & b & c-3 \end{vmatrix} = 6a+3b+2c-6$，不恒等于零；

$$\begin{vmatrix} a-1 & b-1 & c-1 \\ a-2 & b-2 & c-2 \\ a-3 & b-3 & c-3 \end{vmatrix} \xlongequal[r_3-r_1]{r_2-r_1} \begin{vmatrix} a-1 & b-1 & c-1 \\ -1 & -1 & -1 \\ -2 & -2 & -2 \end{vmatrix} = 0;$$

$$\begin{vmatrix} a & a+b & c \\ -2a & a-b & 0 \\ 3a & 2b & c \end{vmatrix} \xlongequal{r_3-r_1+r_2} \begin{vmatrix} a & a+b & c \\ -2a & a-b & 0 \\ 0 & 0 & 0 \end{vmatrix} = 0;\begin{vmatrix} -a & b & 0 \\ -c & 0 & -b \\ 0 & c & a \end{vmatrix} = abc-abc=0.$$

故选 B.

**8.【参考答案】** C

**【答案解析】** 寻找 $x$ 的最高幂次，可根据行列式的定义寻找含 $x$ 的所有项，进而从中找出最高幂次. 注意到，行列式中含 $x$ 的元素有 4 个，其中仅有主对角线上的元素 $a_{11}$，$a_{33}$ 及元素 $a_{13}$，$a_{31}$ 处在不同行、不同列的位置上，从而构成两个 $x^2$ 项，且行列式中两项对应非零展开项的系数和为 6，因此，多项式 $f(x)$ 中 $x$ 的最高幂次为 2. 故选 C.

**【评注】** 本题考查行列式的定义，根据定义确定行列式展开式中满足特定条件的项. 主要依据两个规则，一是各项由取自不同行、不同列的元素的乘积组成，二是各项项前符号在元素按行标自然顺序排列的前提下，取决于乘积元素列标排列的逆序数的奇偶性.

**9.【参考答案】** A

**【答案解析】** 从 $(x-1)(x-2)(x-3)(x-4)$ 中求 $x^3$ 对应的项. 因为每个括号里有 2 个元素，则展开有 $2^4=16$ 项.

直接挑选出 $x^3$ 对应的项，即在 3 个括号里取 $x$，1 个括号里取常数. 即为 $-1\cdot(x-2)(x-3)(x-4)-2(x-1)(x-3)(x-4)-3(x-1)(x-2)(x-4)-4(x-1)(x-2)(x-3) \Rightarrow x^3$ 的系数为 $-1-2-3-4=-10$. 故选 A.

**【评注】** (1) 求解行列式时，每行每列只能取 1 个元素，不可重复；(2) 行列式的值等于所有来自不同行不同列的元素的乘积的代数和.

**10.【参考答案】** A

**【答案解析】** 根据行列式的各项由不同行、不同列的元素组成的规则及行列式中含有变量 $x$ 的各元素的位置，可知该行列式为 4 次多项式，因此，求解的关键是找出 $x^4$ 对应的项. 显然，该项在行列式副对角线的元素乘积中产生，即为 $3x^4$，从而 $f^{(4)}(x)=72$，故选 A.

**【评注】** 求解本题时，应注意在确定四阶行列式副对角线元素的乘积构成的项的项前符号时，应根据行列式的定义，而不能用对角线法则，后者只适用于二阶、三阶行列式.

**11.【参考答案】** E

**【答案解析】** 由降阶法，该多项式的常数项为

$$f(0)=\begin{vmatrix}0&2&1&2\\-3&17&0&2\\9&0&9&3\\0&5&0&0\end{vmatrix}$$

$$=(-1)^{4+2}\times5\times3\times\begin{vmatrix}0&1&2\\-3&0&2\\3&3&1\end{vmatrix}$$

$$=15\times(6-18+3)=-135,$$

故选 E.

**12.【参考答案】**B

**【答案解析】**一般地，方程 $f(x)=0$ 的实根的个数取决于多项式的最高幂次，但无法从所给的行列式直接观察出多项式的次数，需要先利用行列式的性质进行化简.

$$f(x)=\begin{vmatrix}x-2&x-1&x-2&x-3\\2x-2&2x-1&2x-2&2x-3\\3x-3&3x-2&4x-5&3x-5\\4x&4x-3&5x-7&4x-3\end{vmatrix}\xlongequal{r_2-2r_1}\begin{vmatrix}x-2&x-1&x-2&x-3\\2&1&2&3\\3x-3&3x-2&4x-5&3x-5\\4x&4x-3&5x-7&4x-3\end{vmatrix}$$

$$\xlongequal{r_1+r_2}x\begin{vmatrix}1&1&1&1\\2&1&2&3\\3x-3&3x-2&4x-5&3x-5\\4x&4x-3&5x-7&4x-3\end{vmatrix}\xlongequal[r_4-4xr_1]{r_2-2r_1,\ r_3-(3x-3)r_1}x\begin{vmatrix}1&1&1&1\\0&-1&0&1\\0&1&x-2&-2\\0&-3&x-7&-3\end{vmatrix}$$

$$=5x(x-1),$$

所以方程 $f(x)=0$ 有两个实根，故选 B.

**【评注】**在讨论以行列式定义的多项式及其对应方程的根时，如果不能直接由行列式的结构形式进行推断，应该先利用行列式的性质将其化简，直至能解决问题为止.

**13.【参考答案】**A

**【答案解析】**本题行列式的行、列之间的比例关系并不清晰，应利用行列式的性质化简后直接计算出方程的根.

$$f(x)=\begin{vmatrix}2-x&2&-2\\2&5-x&-4\\-2&-4&5-x\end{vmatrix}\xlongequal{r_3+r_2}\begin{vmatrix}2-x&2&-2\\2&5-x&-4\\0&1-x&1-x\end{vmatrix}$$

$$=(1-x)\begin{vmatrix}2-x&2&-2\\2&5-x&-4\\0&1&1\end{vmatrix}\xlongequal{c_2-c_3}(1-x)\begin{vmatrix}2-x&4&-2\\2&9-x&-4\\0&0&1\end{vmatrix}$$

$$=(1-x)\begin{vmatrix}2-x&4\\2&9-x\end{vmatrix}=(1-x)^2(10-x),$$

所以方程的根为 $x=1$(二重)，$x=10$，故选 A.

**14.【参考答案】** D

**【答案解析】** 根据行列式展开式中元素不同行、不同列的原则，知该方程为二次方程，至多有 2 个解，使行列式为零的 $x$ 值至多有 2 个. 本题有两种方法.

**方法 1**　观察行列式的结构，可知当行列式第 1,3 行元素比值为 $-\dfrac{1}{2}$ 时，其值为零，即有 $3-x=2$，解得 $x=1$. 同理，当行列式第 1,2 行元素比值为 $\dfrac{1}{2}$ 时，其值为零，即有 $6-2x=x$ 及 $6-x=4$，解得 $x=2$. 故该方程的解为 1,2. 故选 D.

**方法 2**　将选项直接代入行列式验证.

选项 D，由 $f(1)=\begin{vmatrix}3-1 & 2 & -2\\ 1 & 6-1 & -4\\ -4 & -4 & 4\end{vmatrix}=0$，$f(2)=\begin{vmatrix}3-2 & 2 & -2\\ 2 & 6-2 & -4\\ -4 & -4 & 4\end{vmatrix}=0$，知 $x=1$，$x=2$ 是方程的解.

选项 A，由 $f(4)=\begin{vmatrix}3-4 & 2 & -2\\ 4 & 6-4 & -4\\ -4 & -4 & 4\end{vmatrix}=24\neq 0$，$f(5)=\begin{vmatrix}3-5 & 2 & -2\\ 5 & 6-5 & -4\\ -4 & -4 & 4\end{vmatrix}=48\neq 0$，知 $x=4$，$x=5$ 都不是方程的解，排除选项 A,B.

选项 C，由 $f(3)=\begin{vmatrix}3-3 & 2 & -2\\ 3 & 6-3 & -4\\ -4 & -4 & 4\end{vmatrix}=8\neq 0$，知 $x=3$ 不是方程的解，排除选项 C.

选项 E，由 $f(0)=\begin{vmatrix}3 & 2 & -2\\ 0 & 6 & -4\\ -4 & -4 & 4\end{vmatrix}=8\neq 0$，知 $x=0$ 不是方程的解，排除选项 E. 故选 D.

**【评注】** 讨论以行列式形式构造的方程的解时，一般要先确定方程的次数，从而确定解的个数，以免遗漏.

**15.【参考答案】** C

**【答案解析】** 由

$$f(x)=\begin{vmatrix}1 & 2 & 3+x\\ 1 & 2+x & 3\\ 1+x & 2 & 3\end{vmatrix}=\begin{vmatrix}6+x & 2 & 3+x\\ 6+x & 2+x & 3\\ 6+x & 2 & 3\end{vmatrix}$$

$$=(6+x)\begin{vmatrix}1 & 0 & x\\ 1 & x & 0\\ 1 & 0 & 0\end{vmatrix}=-x^2(6+x),$$

可知 $f(x)=0$ 的根为 $x=-6,0$（二重）. 故选 C.

**16.【参考答案】** C

**【答案解析】** 根据行列式的项由不同行、不同列的元素组成的规则，知函数 $f(x)$ 为一次多

项式,即方程 $f(x)=0$ 存在唯一实根.又

$$f(0)=\begin{vmatrix}1&1&1\\2&-1&3\\3&2&2\end{vmatrix}=4>0,f(-1)=\begin{vmatrix}1&1&0\\2&-1&3\\3&2&3\end{vmatrix}=-6<0,$$

且 $f(x)$ 在$[-1,0]$上连续,由连续函数介值定理可知,存在一点 $\xi\in(-1,0)$,使得 $f(\xi)=0$,即方程 $f(x)=0$ 有大于 $-1$ 的负根.故选 C.

**【评注】**一般地,在讨论 $f(x)$ 的零点及其范围时,在不涉及导数的情况下,应考虑应用闭区间上连续函数的介值定理,这是涉及微积分和线性代数的“跨界”题,重点是计算出函数 $f(x)$ 在几个关键点处的函数值,并找出使函数值异号的相邻两点,如本题中 $-1$ 和 $0$ 两点,从而确定方程根的范围.

**17.【参考答案】**E

**【答案解析】**由

$$\begin{vmatrix}\lambda-2&0&0\\-3&\lambda-1&a\\2&-a&\lambda-5\end{vmatrix}=(\lambda-2)\begin{vmatrix}\lambda-1&a\\-a&\lambda-5\end{vmatrix}=(\lambda-2)(\lambda^2-6\lambda+5+a^2)=0,$$

知方程至少有一实根 $\lambda=2$.

于是,若 $\lambda=2$ 为二重根,则 $\lambda=2$ 也为方程 $\lambda^2-6\lambda+5+a^2=0$ 的根,代入解得 $a^2=3$,即 $a=\pm\sqrt{3}$.若 $\lambda=2$ 不是二重根,则方程 $\lambda^2-6\lambda+5+a^2=0$ 有两个相等的实根,故

$$\Delta=36-4(5+a^2)=0,$$

解得 $a^2=4$,即 $a=\pm2$,此时有 $\lambda=3$.

因此,当 $a=\pm\sqrt{3}$ 时,方程有二重根 $\lambda=2$;当 $a=\pm2$ 时,方程有二重根 $\lambda=3$.故选 E.

## 【考向 3】行列式性质

**18.【参考答案】**A

**【答案解析】**根据行列式的性质,若行列式中两行(列)成比例,则行列式必为零,所以行列式中两行(列)成比例是行列式为零的充分条件,但非必要条件.见反例:行列式 $\begin{vmatrix}1&3&-1\\0&1&3\\1&5&5\end{vmatrix}$ 的任意两行(列)都不成比例,但其值为零.故选 A.

**19.【参考答案】**A

**【答案解析】**在已知行列式 $D=d$ 的条件下,通过行列式的性质将 $D_1$ 还原为 $D$.

$$D_1=\begin{vmatrix}2a_{13}-a_{12}&a_{13}-a_{12}&3a_{13}+a_{11}\\2a_{23}-a_{22}&a_{23}-a_{22}&3a_{23}+a_{21}\\2a_{33}-a_{32}&a_{33}-a_{32}&3a_{33}+a_{31}\end{vmatrix}\xlongequal{c_1-c_2}\begin{vmatrix}a_{13}&a_{13}-a_{12}&3a_{13}+a_{11}\\a_{23}&a_{23}-a_{22}&3a_{23}+a_{21}\\a_{33}&a_{33}-a_{32}&3a_{33}+a_{31}\end{vmatrix}$$

$$\xlongequal[c_3-3c_1]{c_2-c_1}\begin{vmatrix} a_{13} & -a_{12} & a_{11} \\ a_{23} & -a_{22} & a_{21} \\ a_{33} & -a_{32} & a_{31} \end{vmatrix}$$

$$\xlongequal[-c_2]{c_1\leftrightarrow c_3}\begin{vmatrix} a_{11} & a_{12} & a_{13} \\ a_{21} & a_{22} & a_{23} \\ a_{31} & a_{32} & a_{33} \end{vmatrix}=d,$$

故选 A.

**20.【参考答案】** B

**【答案解析】** 通过初等列变换将 $B_n$ 变回 $A_n$，共要交换 $\frac{n(n-1)}{2}$ 次. 当 $n=4k$ 或 $4k+1(k=1,2,3,\cdots)$ 时，交换次数为偶数，即符号要改变偶数次，从而有 $A_n=B_n$；当 $n=4k+2$ 或 $4k+3(k=0,1,2,\cdots)$ 时，交换次数为奇数，即符号要改变奇数次，从而有 $A_n=-B_n$. 于是，当 $n=4,5$ 时，有 $A_n=B_n$，即满足 $A_n=B_n$ 的组合 $(A_n,B_n)$ 有 2 组，故选 B.

**21.【参考答案】** A

**【答案解析】** 通过两列之间的互换，将各行列式中各列的排列顺序恢复到原行列式的结构形式.

选项 A，$|\boldsymbol{\alpha}_4,\boldsymbol{\alpha}_3,\boldsymbol{\alpha}_2,\boldsymbol{\alpha}_1|$ 需要互换的次数等于其列标排列的逆序数，即 $\tau(4321)=6$ 次，因此，由行列式交换行(列)位置的性质，有 $|\boldsymbol{\alpha}_4,\boldsymbol{\alpha}_3,\boldsymbol{\alpha}_2,\boldsymbol{\alpha}_1|=(-1)^{\tau(4321)}|\boldsymbol{A}|=|\boldsymbol{A}|$，类似地，$|\boldsymbol{\alpha}_3,\boldsymbol{\alpha}_4,\boldsymbol{\alpha}_1,\boldsymbol{\alpha}_2|=(-1)^{\tau(3412)}|\boldsymbol{A}|=|\boldsymbol{A}|$，从而有 $|\boldsymbol{\alpha}_4,\boldsymbol{\alpha}_3,\boldsymbol{\alpha}_2,\boldsymbol{\alpha}_1|+|\boldsymbol{\alpha}_3,\boldsymbol{\alpha}_4,\boldsymbol{\alpha}_1,\boldsymbol{\alpha}_2|=2|\boldsymbol{A}|$，故选 A.

选项 B，行列式中有两列相同，故 $|2\boldsymbol{\alpha}_1,\boldsymbol{\alpha}_2,\boldsymbol{\alpha}_3,\boldsymbol{\alpha}_3|=0$.

选项 C，

$$\begin{aligned}|\boldsymbol{\alpha}_1,\boldsymbol{\alpha}_2,\boldsymbol{\alpha}_3,\boldsymbol{\alpha}_4|+|\boldsymbol{\alpha}_1,\boldsymbol{\alpha}_4,\boldsymbol{\alpha}_3,\boldsymbol{\alpha}_2|&=|\boldsymbol{\alpha}_1,\boldsymbol{\alpha}_2,\boldsymbol{\alpha}_3,\boldsymbol{\alpha}_4|+(-1)^{\tau(1432)}|\boldsymbol{\alpha}_1,\boldsymbol{\alpha}_2,\boldsymbol{\alpha}_3,\boldsymbol{\alpha}_4|\\&=|\boldsymbol{A}|-|\boldsymbol{A}|=0.\end{aligned}$$

选项 D，

$$|\boldsymbol{\alpha}_1,\boldsymbol{\alpha}_2,\boldsymbol{\alpha}_3+\boldsymbol{\alpha}_1,\boldsymbol{\alpha}_4|=|\boldsymbol{\alpha}_1,\boldsymbol{\alpha}_2,\boldsymbol{\alpha}_3,\boldsymbol{\alpha}_4|+|\boldsymbol{\alpha}_1,\boldsymbol{\alpha}_2,\boldsymbol{\alpha}_1,\boldsymbol{\alpha}_4|=|\boldsymbol{\alpha}_1,\boldsymbol{\alpha}_2,\boldsymbol{\alpha}_3,\boldsymbol{\alpha}_4|=|\boldsymbol{A}|.$$

选项 E，$|\boldsymbol{\alpha}_1,\boldsymbol{\alpha}_2,\boldsymbol{\alpha}_3+2\boldsymbol{\alpha}_2,\boldsymbol{\alpha}_4|=|\boldsymbol{\alpha}_1,\boldsymbol{\alpha}_2,\boldsymbol{\alpha}_3,\boldsymbol{\alpha}_4|+|\boldsymbol{\alpha}_1,\boldsymbol{\alpha}_2,2\boldsymbol{\alpha}_2,\boldsymbol{\alpha}_4|=|\boldsymbol{\alpha}_1,\boldsymbol{\alpha}_2,\boldsymbol{\alpha}_3,\boldsymbol{\alpha}_4|=|\boldsymbol{A}|$.

**【评注】** 在原行列式的基础上，将其各列(行)的位置重新排列后可以得到一个新的行列式，在对新的行列式定值时通常可采用还原到原行列式的方法，还原过程中两列(行)所需互换的次数等于原列(行)标在新行列式中排列的逆序数.

**22.【参考答案】** D

**【答案解析】** 由

$$\begin{aligned}|2\boldsymbol{\beta}+\boldsymbol{\gamma},\boldsymbol{\alpha}_2,\boldsymbol{\alpha}_3,\boldsymbol{\alpha}_1|&\xlongequal{c_1\leftrightarrow c_4}-|\boldsymbol{\alpha}_1,\boldsymbol{\alpha}_2,\boldsymbol{\alpha}_3,2\boldsymbol{\beta}+\boldsymbol{\gamma}|=-|\boldsymbol{\alpha}_1,\boldsymbol{\alpha}_2,\boldsymbol{\alpha}_3,2\boldsymbol{\beta}|-|\boldsymbol{\alpha}_1,\boldsymbol{\alpha}_2,\boldsymbol{\alpha}_3,\boldsymbol{\gamma}|\\&=-2|\boldsymbol{\alpha}_1,\boldsymbol{\alpha}_2,\boldsymbol{\alpha}_3,\boldsymbol{\beta}|-|\boldsymbol{\alpha}_1,\boldsymbol{\alpha}_2,\boldsymbol{\alpha}_3,\boldsymbol{\gamma}|\\&=-2a-|\boldsymbol{\alpha}_1,\boldsymbol{\alpha}_2,\boldsymbol{\alpha}_3,\boldsymbol{\gamma}|=b,\end{aligned}$$

得 $|\boldsymbol{\alpha}_1,\boldsymbol{\alpha}_2,\boldsymbol{\alpha}_3,\boldsymbol{\gamma}|=-2a-b$，故选 D.

【评注】本题主要利用行列式的性质，尤其是行列式和差的运算性质求解. 使用此性质的前提是两个行列式必须仅一列（行）相异，为此，要对行列式的列（行）的排列顺序作必要调整.

**23.【参考答案】** B

**【答案解析】** 由题设，有

$$|\boldsymbol{A}|=|\boldsymbol{\alpha},\boldsymbol{\gamma}_3,2\boldsymbol{\gamma}_1,\boldsymbol{\gamma}_2|=|2\boldsymbol{\alpha},\boldsymbol{\gamma}_1,\boldsymbol{\gamma}_2,\boldsymbol{\gamma}_3|=3,$$
$$|\boldsymbol{B}|=|3\boldsymbol{\gamma}_1,\boldsymbol{\gamma}_3,-\boldsymbol{\gamma}_2,2\boldsymbol{\beta}|=|-6\boldsymbol{\beta},\boldsymbol{\gamma}_1,\boldsymbol{\gamma}_2,\boldsymbol{\gamma}_3|=-2,$$

从而有

$$\begin{aligned}|2\boldsymbol{\alpha}-6\boldsymbol{\beta},2\boldsymbol{\gamma}_1,2\boldsymbol{\gamma}_2,2\boldsymbol{\gamma}_3| &= 8(|2\boldsymbol{\alpha},\boldsymbol{\gamma}_1,\boldsymbol{\gamma}_2,\boldsymbol{\gamma}_3|+|-6\boldsymbol{\beta},\boldsymbol{\gamma}_1,\boldsymbol{\gamma}_2,\boldsymbol{\gamma}_3|)\\ &= 8\times(3-2)=8,\end{aligned}$$

故选 B.

【评注】本题看似与第 22 题题型相同，但实际上有所区别，第 23 题的运算仅在行列式的性质范围内进行，而本题同时用到了行列式和矩阵间的运算，矩阵间的运算能采用的手段更多，要学会应用，并注意两者的区别.

**24.【参考答案】** D

**【答案解析】** 由

$$\begin{aligned}|\boldsymbol{A}+\boldsymbol{B}| &= |2\boldsymbol{\alpha}_1,2\boldsymbol{\alpha}_2,\boldsymbol{\alpha}_3+\boldsymbol{\beta}_3,2\boldsymbol{\alpha}_4|=8|\boldsymbol{\alpha}_1,\boldsymbol{\alpha}_2,\boldsymbol{\alpha}_3+\boldsymbol{\beta}_3,\boldsymbol{\alpha}_4|\\ &= 8(|\boldsymbol{A}|+|\boldsymbol{B}|)=8(5-2)=24,\end{aligned}$$

故选 D.

## 【考向 4】行列式计算

**25.【参考答案】** E

**【答案解析】** 由

$$D=\begin{vmatrix}1&1&-2&1\\2&2&2&-1\\-1&-4&-1&-1\\0&3&3&3\end{vmatrix}\xlongequal{r_1+\sum_{i=2}^{4}r_i}2\begin{vmatrix}1&1&1&1\\2&2&2&-1\\-1&-4&-1&-1\\0&3&3&3\end{vmatrix}$$

$$\xlongequal[r_4-3r_1]{\substack{r_2-2r_1\\ r_3+r_1}}2\begin{vmatrix}1&1&1&1\\0&0&0&-3\\0&-3&0&0\\-3&0&0&0\end{vmatrix}=2\times(-1)^{\tau(3421)}\times(-3)^3=54,$$

故选 E.

**26.【参考答案】** D

**【答案解析】** 由

$$\begin{vmatrix} (a-1)^2 & (a-2)^2 & (a+1)^2 & (a+2)^2 \\ (b-1)^2 & (b-2)^2 & (b+1)^2 & (b+2)^2 \\ (c-1)^2 & (c-2)^2 & (c+1)^2 & (c+2)^2 \\ (d-1)^2 & (d-2)^2 & (d+1)^2 & (d+2)^2 \end{vmatrix} \xlongequal[c_4-c_2]{c_3-c_1} \begin{vmatrix} (a-1)^2 & (a-2)^2 & 4a & 8a \\ (b-1)^2 & (b-2)^2 & 4b & 8b \\ (c-1)^2 & (c-2)^2 & 4c & 8c \\ (d-1)^2 & (d-2)^2 & 4d & 8d \end{vmatrix} = 0,$$

故选 D.

**27.【参考答案】**E

**【答案解析】**本题行列式只有一个非零项$(-1)^{\tau(3421)} a_{13}a_{24}a_{32}a_{41} = -24x$,即有$-24x=1$,解得 $x=-\dfrac{1}{24}$,故选 E.

**28.【参考答案】**E

**【答案解析】**第 1 列含零元素较多,可按照此列展开,

$$\begin{vmatrix} 1 & 2 & 1 & 4 \\ 0 & -1 & 2 & 1 \\ 1 & 0 & 1 & 3 \\ 0 & 1 & 3 & 1 \end{vmatrix} = 1\times(-1)^{1+1}\begin{vmatrix} -1 & 2 & 1 \\ 0 & 1 & 3 \\ 1 & 3 & 1 \end{vmatrix} + 1\times(-1)^{3+1}\begin{vmatrix} 2 & 1 & 4 \\ -1 & 2 & 1 \\ 1 & 3 & 1 \end{vmatrix} = 13-20=-7.$$

故选 E.

**29.【参考答案】**B

**【答案解析】**按第 1 行展开,有

$$\begin{vmatrix} 1 & 0 & 0 & t \\ t & 1 & 0 & 0 \\ 0 & t & 1 & 0 \\ 0 & 0 & t & 1 \end{vmatrix} = \begin{vmatrix} 1 & 0 & 0 \\ t & 1 & 0 \\ 0 & t & 1 \end{vmatrix} + (-1)^{1+4} t \begin{vmatrix} t & 1 & 0 \\ 0 & t & 1 \\ 0 & 0 & t \end{vmatrix} = 1-t^4,$$

从而知,当$-1<t<1$时,行列式大于零. 故选 B.

**【评注】**形如 $D_n = \begin{vmatrix} 1 & 0 & \cdots & 0 & t \\ t & 1 & \cdots & 0 & 0 \\ \vdots & \vdots & & \vdots & \vdots \\ 0 & 0 & \cdots & 1 & 0 \\ 0 & 0 & \cdots & t & 1 \end{vmatrix}$ 的行列式,非零元素主要位于主对角线及其平行直线上,称为双直线形行列式,计算时只要按第 1 行(列) 展开,即可化为两个三角形行列式的代数和,一般有公式

$$D_n = \begin{vmatrix} 1 & 0 & \cdots & 0 & t \\ t & 1 & \cdots & 0 & 0 \\ \vdots & \vdots & & \vdots & \vdots \\ 0 & 0 & \cdots & 1 & 0 \\ 0 & 0 & \cdots & t & 1 \end{vmatrix} = 1+(-1)^{n+1}t^n.$$

**30.【参考答案】**D

【答案解析】根据行列式按行(列)展开定理及其性质,由某行(列)元素与其他行(列)元素对应的代数余子式相乘得到的和必为零. 容易看到,选项 D 中和式 $a_{11}A_{12}+a_{21}A_{22}+\cdots+a_{n1}A_{n2}$ 是第 1 列元素与第 2 列元素对应的代数余子式乘积的和,因此,其值必为零,故选 D.

选项 A,$a_{11}M_{11}+a_{12}M_{12}+\cdots+a_{1n}M_{1n}$ 是第 1 行元素与第 1 行元素对应的余子式乘积的和,其值与原行列式无关,也不能确定是否为零.

选项 B,$a_{11}A_{11}+a_{12}A_{12}+\cdots+a_{1n}A_{1n}$ 是第 1 行元素与第 1 行元素对应的代数余子式乘积的和,其值等于原行列式,但不能确定是否为零.

选项 C,$a_{11}M_{12}+a_{21}M_{22}+\cdots+a_{n1}M_{n2}$ 是第 1 列元素与第 2 列元素对应的余子式乘积的和,其值与原行列式无关,也不能确定是否为零.

选项 E,$a_{11}M_{11}+a_{21}M_{12}+\cdots+a_{n1}M_{1n}$ 是第 1 列元素与第 1 行元素对应的余子式乘积的和,其值与原行列式无关,也不能确定是否为零.

【评注】行列式按某行(列)展开是大家所熟悉并常用于行列式计算的一种有效方法,但与之相关的另一个性质不应该被忽视,即某行(列)元素与其他行(列)元素对应的代数余子式乘积的和必为零. 在一些题目中往往会用到这个性质.

**31.【参考答案】** A

【答案解析】由

$$D=\begin{vmatrix}2&2&2&-3\\2&2&-3&2\\2&-3&2&2\\-3&2&2&2\end{vmatrix}\xlongequal{r_1+\sum_{i=2}^{4}r_i}3\begin{vmatrix}1&1&1&1\\2&2&-3&2\\2&-3&2&2\\-3&2&2&2\end{vmatrix}$$

$$\xlongequal[(i=2,3,4)]{r_i-2r_1}3\begin{vmatrix}1&1&1&1\\0&0&-5&0\\0&-5&0&0\\-5&0&0&0\end{vmatrix}$$

$$=3\times(-1)^{\tau(4321)}\times(-5)^3=-375,$$

故选 A.

【评注】如果选择题中出现四阶及四阶以上行列式的计算,一般不会有太大的计算量,关键要认真审题,找出其中的规律. 如本题,各行相加至第 1 行,提取公因数,再逐行相减,可化为三角形行列式. 但要注意,由副对角线元素构成的三角形行列式,定值时应严格按照行列式的定义确定展开项的符号.

**32.【参考答案】** C

【答案解析】将第 2,3 列加至第 1 列,得

$$\begin{vmatrix}y&x&x+y\\x&x+y&y\\x+y&y&x\end{vmatrix}=2(x+y)\begin{vmatrix}1&x&x+y\\1&x+y&y\\1&y&x\end{vmatrix}$$

$$\xlongequal[r_3-r_1]{r_2-r_1} 2(x+y)\begin{vmatrix} 1 & x & x+y \\ 0 & y & -x \\ 0 & y-x & -y \end{vmatrix}$$

$$=-2(x+y)(x^2-xy+y^2)$$

$$=-2(x^3+y^3).$$

故选 C.

**【评注】**当计算阶数较低且含有字母的行列式时，一般先根据行列式结构的特点，利用性质进行化简，再降阶至二阶行列式直接算出结果.

**33.【参考答案】**E

**【答案解析】**将第 $i(i=2,3,4,5)$ 列除以 $-i$ 再加至第 1 列，化为三角形行列式，即

$$\begin{vmatrix} 1 & 1 & 1 & 1 & 1 \\ 1 & 2 & 0 & 0 & 0 \\ 1 & 0 & 3 & 0 & 0 \\ 1 & 0 & 0 & 4 & 0 \\ 1 & 0 & 0 & 0 & 5 \end{vmatrix} = \begin{vmatrix} 1-\frac{1}{2}-\cdots-\frac{1}{5} & 1 & 1 & 1 & 1 \\ 0 & 2 & 0 & 0 & 0 \\ 0 & 0 & 3 & 0 & 0 \\ 0 & 0 & 0 & 4 & 0 \\ 0 & 0 & 0 & 0 & 5 \end{vmatrix}$$

$$=\left(1-\sum_{i=2}^{5}\frac{1}{i}\right)5!,$$

故选 E.

**【评注】**本题计算的是五阶行列式，仅第 1 行、第 1 列及主对角线上元素非零，称为爪形行列式，一般地，有公式

$$\begin{vmatrix} a_0 & 1 & 1 & \cdots & 1 & 1 \\ 1 & a_1 & 0 & \cdots & 0 & 0 \\ 1 & 0 & a_2 & \cdots & 0 & 0 \\ \vdots & \vdots & \vdots & & \vdots & \vdots \\ 1 & 0 & 0 & \cdots & a_{n-1} & 0 \\ 1 & 0 & 0 & \cdots & 0 & a_n \end{vmatrix} = \left(a_0-\sum_{i=1}^{n}\frac{1}{a_i}\right)a_1a_2\cdots a_n,$$

其中 $a_1a_2\cdots a_n \neq 0$.

## 【考向 5】余子式与代数余子式

**34.【参考答案】**B

**【答案解析】**依题设，$A_{21}=-1, A_{22}=2$，于是 $|\boldsymbol{A}^*|=\begin{vmatrix} 1 & -1 \\ -3 & 2 \end{vmatrix}=-1=D$，即有

$$A_{11}a_{21}+A_{12}a_{22}=a_{21}-3a_{22}=0, A_{21}a_{21}+A_{22}a_{22}=-a_{21}+2a_{22}=-1,$$

求解方程组 $\begin{cases} a_{21}-3a_{22}=0, \\ -a_{21}+2a_{22}=-1, \end{cases}$ 得 $\begin{cases} a_{21}=3, \\ a_{22}=1, \end{cases}$ 故选 B.

**35.【参考答案】**C

**【答案解析】**本题计算的是行列式中第3列代数余子式的代数和，其值等于将组合系数1，2，3分别置换行列式中的第3列元素 $a_{13}$，$a_{23}$，$a_{33}$ 得到的行列式，即

$$A_{13}+2A_{23}+3A_{33}=\begin{vmatrix} a_{11} & a_{12} & 1 \\ a_{21} & a_{22} & 2 \\ a_{31} & a_{32} & 3 \end{vmatrix},$$

故选C.

选项A，$\begin{vmatrix} a_{11} & a_{12} & a_{13} \\ a_{21} & a_{22} & a_{23} \\ 1 & 2 & 3 \end{vmatrix}=A_{31}+2A_{32}+3A_{33}$.

选项B，$\begin{vmatrix} a_{11} & a_{12} & a_{13} \\ a_{21} & a_{22} & a_{23} \\ 1 & -2 & 3 \end{vmatrix}=A_{31}-2A_{32}+3A_{33}$.

选项D，$\begin{vmatrix} a_{11} & a_{12} & 1 \\ a_{21} & a_{22} & -2 \\ a_{31} & a_{32} & 3 \end{vmatrix}=A_{13}-2A_{23}+3A_{33}$.

选项E，$\begin{vmatrix} a_{11} & a_{12} & -1 \\ a_{21} & a_{22} & 2 \\ a_{31} & a_{32} & -3 \end{vmatrix}=-A_{13}+2A_{23}-3A_{33}$.

**【评注】**求行列式中某行(列)的代数余子式的代数和的定值问题是常见题型. 一般地，$n$ 阶行列式的第 $k$ 行（列）的代数余子式的代数和 $a_1A_{k1}+a_2A_{k2}+\cdots+a_nA_{kn}$ $(b_1A_{1k}+b_2A_{2k}+\cdots+b_nA_{nk})$ 等于将线性组合系数 $a_1,a_2,\cdots,a_n(b_1,b_2,\cdots,b_n)$ 置换第 $k$ 行(列) 对应位置上的元素后得到的行列式.

**36.【参考答案】**E

**【答案解析】** $M_{12}+M_{22}+M_{32}+M_{42}=-A_{12}+A_{22}-A_{32}+A_{42}$

$$=\begin{vmatrix} 1 & -1 & 1 & 2 \\ -3 & 1 & 3 & 2 \\ 9 & -1 & 9 & 2 \\ -27 & 1 & 27 & 2 \end{vmatrix}=-2\begin{vmatrix} 1 & 1 & 1 & 1 \\ -3 & -1 & 3 & 1 \\ (-3)^2 & (-1)^2 & 3^2 & 1^2 \\ (-3)^3 & (-1)^3 & 3^3 & 1^3 \end{vmatrix}$$

$$=-2\times(1+3)\times(1+1)\times(1-3)\times(3+3)\times(3+1)\times(-1+3)$$

$$=1\ 536,$$

故选E.

**37.【参考答案】**C

**【答案解析】**由题设，

$$M_{21}-\alpha M_{22}+M_{23}-M_{24}=0,$$

即

$$-A_{21}-\alpha A_{22}-A_{23}-A_{24}=0,$$

于是有

$$\begin{vmatrix}1&-2&3&-4\\-1&-\alpha&-1&-1\\0&0&3&\beta\\0&0&0&4\end{vmatrix}=12\begin{vmatrix}1&-2\\-1&-\alpha\end{vmatrix}=-12(\alpha+2)=0,$$

知 $\alpha=-2$，$\beta$ 为任意常数，故选 C.

**【评注】** 如果题中出现余子式代数和的运算，一般转化为代数余子式代数和的运算. 另外，对于分块矩阵的行列式 $\begin{vmatrix}\boldsymbol{A}&\boldsymbol{C}\\\boldsymbol{O}&\boldsymbol{B}\end{vmatrix}$，其中 $\boldsymbol{A},\boldsymbol{B},\boldsymbol{C}$ 分别为 $m\times m,n\times n,m\times n$ 的子块，$\boldsymbol{O}$ 为 $n\times m$ 的零子块. 计算时，可转化为两个较少阶数的行列式的乘积，即 $\begin{vmatrix}\boldsymbol{A}&\boldsymbol{C}\\\boldsymbol{O}&\boldsymbol{B}\end{vmatrix}=|\boldsymbol{A}||\boldsymbol{B}|$.

类似地，有 $\begin{vmatrix}\boldsymbol{C}&\boldsymbol{A}\\\boldsymbol{B}&\boldsymbol{O}\end{vmatrix}=(-1)^{mn}|\boldsymbol{A}||\boldsymbol{B}|$.

## 【考向 6】利用矩阵运算求解

**38.【参考答案】** B

**【答案解析】** 选项 B，由矩阵和行列式的关系，有

$$|\boldsymbol{A}^{-1}\boldsymbol{B}\boldsymbol{A}|=|\boldsymbol{A}^{-1}||\boldsymbol{B}||\boldsymbol{A}|=|\boldsymbol{B}|,$$

其中 $|\boldsymbol{A}^{-1}||\boldsymbol{A}|=1$，故选 B.

选项 A，由 $|\boldsymbol{A}|=|2\boldsymbol{B}|=2^n|\boldsymbol{B}|$，知 $|\boldsymbol{A}|\neq 2|\boldsymbol{B}|$.

选项 C，D，由

$$|\boldsymbol{A}-\boldsymbol{B}|=|-(\boldsymbol{B}-\boldsymbol{A})|=(-1)^n|\boldsymbol{B}-\boldsymbol{A}|,$$

知

$$|\boldsymbol{A}-\boldsymbol{B}|\neq|\boldsymbol{B}-\boldsymbol{A}|,$$
$$|\boldsymbol{A}-\boldsymbol{B}|\neq-|\boldsymbol{B}-\boldsymbol{A}|.$$

选项 E，由

$$|\boldsymbol{A}\boldsymbol{B}|=|\boldsymbol{A}||\boldsymbol{B}|=|\boldsymbol{B}||\boldsymbol{A}|=|\boldsymbol{B}\boldsymbol{A}|,$$

知 $|\boldsymbol{A}\boldsymbol{B}|\neq-|\boldsymbol{B}\boldsymbol{A}|$.

**【评注】** 行列式的运算与矩阵的运算有很大的不同，如矩阵乘法无交换律，但加上行列式后变为数的运算，就有交换律，应注意两者的区别.

**39.【参考答案】** B

**【答案解析】** 由 $|\boldsymbol{A}|=\frac{1}{2}$ 知 $\boldsymbol{A}$ 可逆，且 $|\boldsymbol{A}^{-1}|=2$，$\boldsymbol{A}^*=|\boldsymbol{A}|\boldsymbol{A}^{-1}=\frac{1}{2}\boldsymbol{A}^{-1}$，从而有

$$|\boldsymbol{A}^{-1}+2\boldsymbol{A}^*|=\left|\boldsymbol{A}^{-1}+2\times\frac{1}{2}\boldsymbol{A}^{-1}\right|=|2\boldsymbol{A}^{-1}|=2^3\times 2=16.$$

故选 B.

**40.【参考答案】** C

**【答案解析】** 由 $|\boldsymbol{A}|=-2$ 知 $\boldsymbol{A}$ 可逆，且 $\boldsymbol{A}^*=|\boldsymbol{A}|\boldsymbol{A}^{-1}=-2\boldsymbol{A}^{-1}$，从而有

$$(\boldsymbol{A}^*)^{-1}=(-2\boldsymbol{A}^{-1})^{-1}=-\frac{1}{2}\boldsymbol{A},$$

$$(\boldsymbol{A}^*)^*=|\boldsymbol{A}^*|(\boldsymbol{A}^*)^{-1}=|\boldsymbol{A}|^{3-1}\times\left(-\frac{1}{2}\boldsymbol{A}\right)=-2\boldsymbol{A},$$

因此得

$$|2(\boldsymbol{A}^*)^{-1}+(\boldsymbol{A}^*)^*|=\left|2\times\left(-\frac{1}{2}\boldsymbol{A}\right)+(-2\boldsymbol{A})\right|=|-3\boldsymbol{A}|$$
$$=(-3)^3\times(-2)=54,$$

故选 C.

**【评注】** 两个不同矩阵和的行列式的计算是常见的题型，主要方法是运用公式转换为同一矩阵的和，再合并处理. 如第 39 题中，将伴随矩阵转换为逆矩阵，本题中，将矩阵 $(\boldsymbol{A}^*)^{-1}$，$(\boldsymbol{A}^*)^*$ 都统一转换为矩阵 $\boldsymbol{A}$，应熟记这类转换公式.

**41.【参考答案】** A

**【答案解析】** 由矩阵与行列式的关系，有

$$|\boldsymbol{A}^{-1}-\boldsymbol{B}|=|\boldsymbol{A}^{-1}(\boldsymbol{E}-\boldsymbol{AB})|=|\boldsymbol{A}^{-1}||\boldsymbol{E}-\boldsymbol{AB}|=2,$$

则 $|\boldsymbol{E}-\boldsymbol{AB}|=2|\boldsymbol{A}|=6$，从而有

$$|\boldsymbol{A}-\boldsymbol{B}^{-1}|=|\boldsymbol{AB}-\boldsymbol{E}||\boldsymbol{B}^{-1}|=(-1)^3|\boldsymbol{E}-\boldsymbol{AB}||\boldsymbol{B}^{-1}|$$
$$=-6\times\frac{1}{2}=-3.$$

故选 A.

**【评注】** 本题求解的关键是找到行列式 $|\boldsymbol{A}-\boldsymbol{B}^{-1}|$ 与 $|\boldsymbol{A}^{-1}-\boldsymbol{B}|$ 之间的过渡与连接，通过矩阵的运算，不难找到满足要求的过渡行列式 $|\boldsymbol{E}-\boldsymbol{AB}|$.

**42.【参考答案】** C

**【答案解析】** 由 $\boldsymbol{A}^2=-2\boldsymbol{A}$，从而有 $|\boldsymbol{A}|^2=|-2\boldsymbol{A}|=16|\boldsymbol{A}|$，则 $|\boldsymbol{A}|=16$，因此

$$|\boldsymbol{A}^2|+|2\boldsymbol{A}|=16^2+16^2=512,$$

故选 C.

**43.【参考答案】** A

**【答案解析】** 由题设，有 $|\boldsymbol{A}^{-1}|=\dfrac{1}{|\boldsymbol{A}|}=\dfrac{1}{3}$，于是，由矩阵与行列式的关系，有

$$|\boldsymbol{A}^{-1}+\boldsymbol{B}|=|\boldsymbol{A}^{-1}(\boldsymbol{E}+\boldsymbol{AB})|=|\boldsymbol{A}^{-1}||\boldsymbol{E}+\boldsymbol{AB}|$$
$$=\frac{1}{3}|\boldsymbol{E}+\boldsymbol{AB}|=2,$$

得 $|\boldsymbol{E}+\boldsymbol{AB}|=6$，因此

$$|\boldsymbol{A}+\boldsymbol{B}^{-1}|=|\boldsymbol{AB}+\boldsymbol{E}||\boldsymbol{B}^{-1}|=6\times\frac{1}{2}=3,$$

故选 A.

**44.【参考答案】** B

**【答案解析】方法 1**　由题设，

$$\boldsymbol{\alpha}\boldsymbol{\alpha}^{\mathrm{T}}=\frac{1}{2},(\boldsymbol{\alpha}^{\mathrm{T}}\boldsymbol{\alpha})^2=(\boldsymbol{\alpha}^{\mathrm{T}}\boldsymbol{\alpha})(\boldsymbol{\alpha}^{\mathrm{T}}\boldsymbol{\alpha})=\frac{1}{2}\boldsymbol{\alpha}^{\mathrm{T}}\boldsymbol{\alpha},$$

得

$$\begin{aligned}\boldsymbol{AC}&=(\boldsymbol{E}-\boldsymbol{\alpha}^{\mathrm{T}}\boldsymbol{\alpha})(\boldsymbol{E}+2\boldsymbol{\alpha}^{\mathrm{T}}\boldsymbol{\alpha})=\boldsymbol{E}+\boldsymbol{\alpha}^{\mathrm{T}}\boldsymbol{\alpha}-2(\boldsymbol{\alpha}^{\mathrm{T}}\boldsymbol{\alpha})^2\\&=\boldsymbol{E}+\boldsymbol{\alpha}^{\mathrm{T}}\boldsymbol{\alpha}-2\times\frac{1}{2}\boldsymbol{\alpha}^{\mathrm{T}}\boldsymbol{\alpha}=\boldsymbol{E},\end{aligned}$$

因此 $|\boldsymbol{AC}|=|\boldsymbol{E}|=1$. 故选 B.

**方法 2**　由 $\boldsymbol{\alpha}^{\mathrm{T}}\boldsymbol{\alpha}=\begin{pmatrix}\frac{1}{4}&0&\cdots&0&\frac{1}{4}\\0&0&\cdots&0&0\\\vdots&\vdots&&\vdots&\vdots\\0&0&\cdots&0&0\\\frac{1}{4}&0&\cdots&0&\frac{1}{4}\end{pmatrix}$，有

$$|\boldsymbol{A}|=|\boldsymbol{E}-\boldsymbol{\alpha}^{\mathrm{T}}\boldsymbol{\alpha}|=\begin{vmatrix}\frac{3}{4}&0&\cdots&0&-\frac{1}{4}\\0&1&\cdots&0&0\\\vdots&\vdots&&\vdots&\vdots\\0&0&\cdots&1&0\\-\frac{1}{4}&0&\cdots&0&\frac{3}{4}\end{vmatrix},$$

$$|\boldsymbol{C}|=|\boldsymbol{E}+2\boldsymbol{\alpha}^{\mathrm{T}}\boldsymbol{\alpha}|=\begin{vmatrix}\frac{3}{2}&0&\cdots&0&\frac{1}{2}\\0&1&\cdots&0&0\\\vdots&\vdots&&\vdots&\vdots\\0&0&\cdots&1&0\\\frac{1}{2}&0&\cdots&0&\frac{3}{2}\end{vmatrix},$$

将行列式 $|\boldsymbol{A}|$，$|\boldsymbol{C}|$ 都按第 1 行展开，得

$$|\boldsymbol{A}|=\frac{9}{16}+(-1)^{2n+1}\frac{1}{16}=\frac{1}{2},$$

$$|\boldsymbol{C}|=\frac{9}{4}+(-1)^{2n+1}\frac{1}{4}=2,$$

因此 $|\boldsymbol{AC}|=|\boldsymbol{A}||\boldsymbol{C}|=1$. 故选 B.

**【评注】** 本题方法 1 显然比方法 2 要简单得多. 再次表明线性代数中数值计算前的代数简化运算多么重要. 解题过程中，将 $(\boldsymbol{\alpha}^{\mathrm{T}}\boldsymbol{\alpha})^2$ 转换为 $(\boldsymbol{\alpha}^{\mathrm{T}}\boldsymbol{\alpha})\boldsymbol{\alpha}^{\mathrm{T}}\boldsymbol{\alpha}=\frac{1}{2}\boldsymbol{\alpha}^{\mathrm{T}}\boldsymbol{\alpha}$ 是关键的一步.

**45.【参考答案】**D

**【答案解析】**由

$$\boldsymbol{A}=\boldsymbol{\alpha}^{\mathrm{T}}\boldsymbol{\beta}=\begin{pmatrix}1&\frac{1}{2}&\frac{1}{3}\\2&1&\frac{2}{3}\\3&\frac{3}{2}&1\end{pmatrix},\boldsymbol{\beta}\boldsymbol{\alpha}^{\mathrm{T}}=3,\boldsymbol{A}^2=(\boldsymbol{\alpha}^{\mathrm{T}}\boldsymbol{\beta})(\boldsymbol{\alpha}^{\mathrm{T}}\boldsymbol{\beta})=3\boldsymbol{\alpha}^{\mathrm{T}}\boldsymbol{\beta}=3\boldsymbol{A},$$

有

$$|\boldsymbol{A}^2-3\boldsymbol{E}|=|3\boldsymbol{A}-3\boldsymbol{E}|=\begin{vmatrix}0&\frac{3}{2}&1\\6&0&2\\9&\frac{9}{2}&0\end{vmatrix}=54,$$

故选 D.

**46.【参考答案】**B

**【答案解析】**由 $\boldsymbol{A}\neq\boldsymbol{O}$,知 $\boldsymbol{A}$ 至少有一个非零元素,不妨设 $a_{11}\neq0$,于是有

$$|\boldsymbol{A}|=a_{11}A_{11}+a_{12}A_{12}+a_{13}A_{13}=a_{11}^2+a_{12}^2+a_{13}^2>0,$$

又由 $\boldsymbol{A}=(a_{ij})=(A_{ij})=(\boldsymbol{A}^*)^{\mathrm{T}}(i,j=1,2,3)$,得 $\boldsymbol{A}^{\mathrm{T}}=\boldsymbol{A}^*$,则有 $|\boldsymbol{A}|=|\boldsymbol{A}^*|=|\boldsymbol{A}|^2$,从而得 $|\boldsymbol{A}|=1$. 故选 B. 同时可知选项 A,C 均不正确.

对选项 D 和 E,可举反例:令 $\boldsymbol{A}=\begin{pmatrix}0&0&1\\0&1&0\\-1&0&0\end{pmatrix}$,同样满足条件 $a_{ij}=A_{ij}(i,j=1,2,3)$,而此时 $\boldsymbol{A}^2\neq\boldsymbol{A},\boldsymbol{A}\neq\boldsymbol{E}$,故选项 D,E 均不正确.

**【评注】**由条件 $a_{ij}=A_{ij}(i,j=1,2,3)$,还可以推出 $\boldsymbol{A}^{\mathrm{T}}\boldsymbol{A}=\boldsymbol{A}^*\boldsymbol{A}=|\boldsymbol{A}|\boldsymbol{E}=\boldsymbol{E}$,即满足条件的矩阵一定是正交矩阵.

**47.【参考答案】**A

**【答案解析】**由 $\boldsymbol{P}^{-1}\boldsymbol{A}\boldsymbol{P}=k\boldsymbol{E}$,则

$$(\boldsymbol{P}^{-1}\boldsymbol{A}\boldsymbol{P})^2=\boldsymbol{P}^{-1}\boldsymbol{A}^2\boldsymbol{P}=k^2\boldsymbol{E},$$

于是有

$$\begin{aligned}|\boldsymbol{E}-\boldsymbol{A}^2|&=|\boldsymbol{P}^{-1}||\boldsymbol{E}-\boldsymbol{A}^2||\boldsymbol{P}|=|\boldsymbol{E}-\boldsymbol{P}^{-1}\boldsymbol{A}^2\boldsymbol{P}|\\&=|\boldsymbol{E}-k^2\boldsymbol{E}|=|(1-k^2)\boldsymbol{E}|=(1-k^2)^4.\end{aligned}$$

故选 A.

**【评注】**一般地,形如 $\boldsymbol{P}^{-1}\boldsymbol{A}\boldsymbol{P}$ 结构的矩阵以及对应的行列式有下列运算公式:

$$(\boldsymbol{P}^{-1}\boldsymbol{A}\boldsymbol{P})^k=\boldsymbol{P}^{-1}\boldsymbol{A}^k\boldsymbol{P},$$

$$|\boldsymbol{E}-\boldsymbol{A}|=|\boldsymbol{E}-\boldsymbol{P}^{-1}\boldsymbol{A}\boldsymbol{P}|=|\boldsymbol{E}-\boldsymbol{P}\boldsymbol{A}\boldsymbol{P}^{-1}|,$$

此公式在线性代数中应用广泛,应注意掌握.

**48.【参考答案】** E

**【答案解析】** 由题设，$|A^TA|=|A|^2=1$,且 $|A|<0$,得 $|A|=-1$. 由 $A^TA=AA^T=E$,有

$$|E+A|=|A||A^T+E|=|A||(A^T+E)^T|=|A||E+A|,$$

从而有

$$(1-|A|)|E+A|=2|E+A|=0,$$

即 $|E+A|=0$,故选 E.

**【评注】** 计算抽象非数值型的矩阵的行列式,只能依靠矩阵自身的性质进行推导,其结果通常是零或一些特殊的数值. 如本题求解的结果为零.

**49.【参考答案】** E

**【答案解析】** 由于 $A^TA=B^TB=E$,则有

$$AA^T=E,\ |A^TA|=|A|^2=1,$$

得 $|A|=\pm1$,同理得 $|B|=\pm1$. 又因 $|A|+|B|=0$,知 $|A|$, $|B|$ 异号.

不妨设 $|A|=1$, $|B|=-1$,从而有

$$\begin{aligned}|A+B|&=|AB^TB+AA^TB|=|A||B^T+A^T||B|\\&=-|(A+B)^T|=-|A+B|,\end{aligned}$$

即 $2|A+B|=0$,因此得 $|A+B|=0$,故选 E.

**【评注】** 本题与第 48 题类似,需要利用矩阵与行列式的关系及行列式的性质构造出一个关于 $|A+B|$ 的方程.

**50.【参考答案】** B

**【答案解析】** 由

$$B=\begin{pmatrix}A_{11}+A_{21} & A_{12}+A_{22} & A_{13}+A_{23}\\ A_{21}+A_{31} & A_{22}+A_{32} & A_{23}+A_{33}\\ A_{31}-2A_{11} & A_{32}-2A_{12} & A_{33}-2A_{13}\end{pmatrix}=\begin{pmatrix}1&1&0\\0&1&1\\-2&0&1\end{pmatrix}\begin{pmatrix}A_{11}&A_{12}&A_{13}\\A_{21}&A_{22}&A_{23}\\A_{31}&A_{32}&A_{33}\end{pmatrix},$$

有 $$|B|=\begin{vmatrix}1&1&0\\0&1&1\\-2&0&1\end{vmatrix}\cdot\begin{vmatrix}A_{11}&A_{12}&A_{13}\\A_{21}&A_{22}&A_{23}\\A_{31}&A_{32}&A_{33}\end{vmatrix}=-|(A^*)^T|=-|A^*|=-|A|^2,$$

其中 $$|A|=\begin{vmatrix}1&2&4\\1&3&3\\2&2&3\end{vmatrix}=7\begin{vmatrix}1&2&4\\1&3&3\\1&2&3\end{vmatrix}=7\begin{vmatrix}1&0&1\\1&1&0\\1&0&0\end{vmatrix}=-7,$$ 故 $|B|=-49$,故选 B.

# 第六章 矩阵

答案速查表

| | | | | | |
|---|---|---|---|---|---|
| 1 ～ 5 | BCDAD | 6 ～ 10 | CCCEA | 11 ～ 15 | BCDBE |
| 16 ～ 20 | AEECC | 21 ～ 25 | DBCCC | 26 ～ 30 | EABCB |
| 31 ～ 35 | CBADB | 36 ～ 40 | CCCDC | 41 ～ 45 | CBBAA |
| 46 ～ 50 | CBCCA | 51 ～ 55 | CBECA | 56 ～ 60 | DAECD |
| 61 ～ 65 | ABCDC | 66 ～ 68 | BEB | | |

## 【考向 1】矩阵的运算

**1.【参考答案】** B

**【答案解析】** 由矩阵乘法运算规则，有

$$\boldsymbol{A}^2-2\boldsymbol{AB}+\boldsymbol{B}^2=\begin{pmatrix}1&2\\-2&3\end{pmatrix}\begin{pmatrix}1&2\\-2&3\end{pmatrix}-2\begin{pmatrix}1&2\\-2&3\end{pmatrix}\begin{pmatrix}1&0\\-1&1\end{pmatrix}+\begin{pmatrix}1&0\\-1&1\end{pmatrix}\begin{pmatrix}1&0\\-1&1\end{pmatrix}$$

$$=\begin{pmatrix}-3&8\\-8&5\end{pmatrix}-\begin{pmatrix}-2&4\\-10&6\end{pmatrix}+\begin{pmatrix}1&0\\-2&1\end{pmatrix}=\begin{pmatrix}0&4\\0&0\end{pmatrix},$$

故选 B.

**【评注】** 矩阵乘法无交换律，故本题不可以用配平方计算.

**2.【参考答案】** C

**【答案解析】** 由矩阵乘法运算规则，有 $\begin{pmatrix}a&1&1\\3&0&1\\0&2&-1\end{pmatrix}\begin{pmatrix}3\\a\\-3\end{pmatrix}=\begin{pmatrix}4a-3\\6\\2a+3\end{pmatrix}=\begin{pmatrix}b\\6\\-b\end{pmatrix}$，得 $4a-3=b,2a+3=-b$，解得 $a=0,b=-3$，故选 C.

**3.【参考答案】** D

**【答案解析】** 由矩阵乘法运算规则，有

$$\begin{pmatrix}a&b\\c+1&0\end{pmatrix}=\begin{pmatrix}1&-1\\0&1\end{pmatrix}\begin{pmatrix}2&1\\b&-c\end{pmatrix}\begin{pmatrix}1&0\\-1&1\end{pmatrix}$$

$$=\begin{pmatrix}2-b&1+c\\b&-c\end{pmatrix}\begin{pmatrix}1&0\\-1&1\end{pmatrix}=\begin{pmatrix}1-b-c&1+c\\b+c&-c\end{pmatrix},$$

得 $a=1-b-c,b=1+c,c+1=b+c,0=-c$，解得 $a=0,b=1,c=0$，故选 D.

**4.【参考答案】** A

**【答案解析】** 矩阵的乘法运算是矩阵运算中最重要的运算. 运算时，首先要关注矩阵乘法的可行性，即须有左侧矩阵的列标等于右侧矩阵的行标.

选项 A,$\boldsymbol{C}(\boldsymbol{AB})^{\mathrm{T}}=\boldsymbol{C}_{m\times n}(\boldsymbol{B}^{\mathrm{T}})_{n\times l}(\boldsymbol{A}^{\mathrm{T}})_{l\times m}$ 为 $m$ 阶方阵,从而对应有行列式 $|\boldsymbol{C}(\boldsymbol{AB})^{\mathrm{T}}|$,故选 A.

选项 B,由 $(\boldsymbol{CA})^{\mathrm{T}}\boldsymbol{B}=(\boldsymbol{A}^{\mathrm{T}})_{l\times m}(\boldsymbol{C}^{\mathrm{T}})_{n\times m}\boldsymbol{B}_{l\times n}$,知此运算不符合矩阵乘法规则.

选项 C,由 $(\boldsymbol{CB})^{\mathrm{T}}\boldsymbol{A}=(\boldsymbol{B}^{\mathrm{T}})_{n\times l}(\boldsymbol{C}^{\mathrm{T}})_{n\times m}\boldsymbol{A}_{m\times l}$,知此运算不符合矩阵乘法规则.

选项 D,由 $\boldsymbol{A}_{m\times l},\boldsymbol{B}_{l\times n},\boldsymbol{C}_{m\times n}$ 均不是方阵,知不存在对应的行列式.

选项 E,由 $\boldsymbol{AB}=\boldsymbol{A}_{m\times l}\boldsymbol{B}_{l\times n}$ 为 $m\times n$ 矩阵,知不存在对应的行列式,运算不成立.

5.【参考答案】D

【答案解析】两矩阵乘积为零,两矩阵未必为零矩阵,这是矩阵乘法不同于数的乘法的特点之一.如 $\boldsymbol{A}=\begin{pmatrix}2&4\\-3&-6\end{pmatrix},\boldsymbol{B}=\begin{pmatrix}-2&4\\1&-2\end{pmatrix}$ 均为非零矩阵,但有 $\boldsymbol{AB}=\boldsymbol{O}$.故选 D.

选项 A,$\boldsymbol{AB}=\boldsymbol{O}$ 与 $\boldsymbol{B}^2\boldsymbol{A}^2=\boldsymbol{O}$ 之间不存在因果关系,如上例中,

$$\boldsymbol{A}^2=\begin{pmatrix}-8&-16\\12&24\end{pmatrix},\boldsymbol{B}^2=\begin{pmatrix}8&-16\\-4&8\end{pmatrix},$$

$$\boldsymbol{B}^2\boldsymbol{A}^2=\begin{pmatrix}8&-16\\-4&8\end{pmatrix}\begin{pmatrix}-8&-16\\12&24\end{pmatrix}=\begin{pmatrix}-256&-512\\128&256\end{pmatrix}\neq\boldsymbol{O}.$$

选项 B,因矩阵乘法无交换律,由 $\boldsymbol{AB}=\boldsymbol{O}$ 未必有 $\boldsymbol{BA}=\boldsymbol{O}$,因此

$$(\boldsymbol{A}+\boldsymbol{B})^2=\boldsymbol{A}^2+\boldsymbol{AB}+\boldsymbol{BA}+\boldsymbol{B}^2=\boldsymbol{A}^2+\boldsymbol{BA}+\boldsymbol{B}^2\neq\boldsymbol{A}^2+\boldsymbol{B}^2.$$

选项 C,同选项 B,由 $\boldsymbol{AB}=\boldsymbol{O}$ 未必有 $\boldsymbol{BA}=\boldsymbol{O}$,因此

$$(\boldsymbol{A}-\boldsymbol{B})(\boldsymbol{A}+\boldsymbol{B})=\boldsymbol{A}^2-\boldsymbol{BA}-\boldsymbol{B}^2\neq\boldsymbol{A}^2-\boldsymbol{B}^2.$$

选项 E,选项 D 的例子即可作为选项 E 的反例,从而说明选项 E 不正确.

【评注】本题涉及矩阵乘法运算的两个重要特点,一是无交换律;二是两个非零矩阵相乘可能得到零矩阵.这两点往往成为重要考点,应注意掌握.

6.【参考答案】C

【答案解析】选项 C,依题设,

$$\boldsymbol{A}=\begin{pmatrix}\boldsymbol{\alpha}_1\\\boldsymbol{\alpha}_2\\\vdots\\\boldsymbol{\alpha}_n\end{pmatrix}=(\boldsymbol{\beta}_1,\boldsymbol{\beta}_2,\cdots,\boldsymbol{\beta}_n),\boldsymbol{E}=(\boldsymbol{e}_1,\boldsymbol{e}_2,\cdots,\boldsymbol{e}_n),$$

于是有

$$\boldsymbol{A}=\boldsymbol{AE}=\boldsymbol{A}(\boldsymbol{e}_1,\boldsymbol{e}_2,\cdots,\boldsymbol{e}_n)=(\boldsymbol{Ae}_1,\boldsymbol{Ae}_2,\cdots,\boldsymbol{Ae}_n),$$

即有 $\boldsymbol{Ae}_j=\boldsymbol{\beta}_j(j=1,2,\cdots,n)$,故选 C.

选项 A,由 $\boldsymbol{A}_{n\times n}(\boldsymbol{e}_j)_{n\times 1}$ 知 $\boldsymbol{Ae}_j$ 是 $n\times 1$ 矩阵,而 $\boldsymbol{\alpha}_j$ 是 $1\times n$ 矩阵,显然两者不相等.

选项 B,D,$\boldsymbol{e}_j$ 是 $n\times 1$ 矩阵,$\boldsymbol{A}$ 是 $n\times n$ 矩阵,两者不能相乘.

选项 E,

$$\boldsymbol{A}^{\mathrm{T}}=\boldsymbol{A}^{\mathrm{T}}\boldsymbol{E}\Rightarrow(\boldsymbol{\alpha}_1^{\mathrm{T}},\boldsymbol{\alpha}_2^{\mathrm{T}},\cdots,\boldsymbol{\alpha}_n^{\mathrm{T}})=(\boldsymbol{A}^{\mathrm{T}}\boldsymbol{e}_1,\boldsymbol{A}^{\mathrm{T}}\boldsymbol{e}_2,\cdots,\boldsymbol{A}^{\mathrm{T}}\boldsymbol{e}_n),$$

即有 $\boldsymbol{A}^{\mathrm{T}}\boldsymbol{e}_j=\boldsymbol{\alpha}_j^{\mathrm{T}}(j=1,2,\cdots,n)$,显然,$\boldsymbol{\alpha}_j^{\mathrm{T}}\neq\boldsymbol{\beta}_j$.

【评注】本题的意义是说明以下重要结论：矩阵左乘单位矩阵的某列相当于提取该矩阵的对应列. 类似地，矩阵右乘单位矩阵的某行相当于提取该矩阵的对应行.

7.【参考答案】C

【答案解析】由 $\boldsymbol{A}^2=\boldsymbol{A}$，即 $\frac{1}{4}(\boldsymbol{B}+\boldsymbol{E})^2=\frac{1}{4}(\boldsymbol{B}^2+2\boldsymbol{B}+\boldsymbol{E})=\frac{1}{2}(\boldsymbol{B}+\boldsymbol{E})$，得 $\boldsymbol{B}^2=\boldsymbol{E}$. 反之，由 $\boldsymbol{B}^2=(2\boldsymbol{A}-\boldsymbol{E})^2=4\boldsymbol{A}^2-4\boldsymbol{A}+\boldsymbol{E}=\boldsymbol{E}$，得 $\boldsymbol{A}^2=\boldsymbol{A}$，从而验证选项 A，B，D 正确.

又 $\boldsymbol{A}^{\mathrm{T}}=\frac{1}{2}(\boldsymbol{B}+\boldsymbol{E})^{\mathrm{T}}=\frac{1}{2}(\boldsymbol{B}^{\mathrm{T}}+\boldsymbol{E})=\boldsymbol{A}=\frac{1}{2}(\boldsymbol{B}+\boldsymbol{E})$，得 $\boldsymbol{B}^{\mathrm{T}}=\boldsymbol{B}$，选项 E 成立.

综上分析，故选 C.

8.【参考答案】C

【答案解析】矩阵 $\boldsymbol{A}$ 与 $\boldsymbol{A}^{\mathrm{T}}$ 的乘积在结构上最主要的特点是，其主对角线上的元素为 $\boldsymbol{A}$ 的各行元素的平方和. 若设 $\boldsymbol{A}=\begin{pmatrix}a_{11}&a_{12}&\cdots&a_{1n}\\a_{21}&a_{22}&\cdots&a_{2n}\\\vdots&\vdots&&\vdots\\a_{n1}&a_{n2}&\cdots&a_{nn}\end{pmatrix}$，则

$$\boldsymbol{A}\boldsymbol{A}^{\mathrm{T}}=\begin{pmatrix}a_{11}&a_{12}&\cdots&a_{1n}\\a_{21}&a_{22}&\cdots&a_{2n}\\\vdots&\vdots&&\vdots\\a_{n1}&a_{n2}&\cdots&a_{nn}\end{pmatrix}\begin{pmatrix}a_{11}&a_{21}&\cdots&a_{n1}\\a_{12}&a_{22}&\cdots&a_{n2}\\\vdots&\vdots&&\vdots\\a_{1n}&a_{2n}&\cdots&a_{nn}\end{pmatrix}$$

$$=\begin{pmatrix}a_{11}^2+a_{12}^2+\cdots+a_{1n}^2&&&\\&a_{21}^2+a_{22}^2+\cdots+a_{2n}^2&&\\&&\ddots&\\&&&a_{n1}^2+a_{n2}^2+\cdots+a_{nn}^2\end{pmatrix}=\boldsymbol{O},$$

从而得

$$a_{i1}^2+a_{i2}^2+\cdots+a_{in}^2=0,i=1,2,\cdots,n,$$

其充分必要条件是 $a_{ij}=0,i,j=1,2,\cdots,n$，即 $\boldsymbol{A}=\boldsymbol{O}$. 故选 C.

【评注】本题的结论也适用于一般的 $m\times n$ 矩阵，在解题时经常会用到此结论，应牢记.

9.【参考答案】E

【答案解析】由第 8 题的结论知，选项 E 正确，D 不正确，故选 E.

选项 A，$\boldsymbol{A}\neq\boldsymbol{O}$，但 $\boldsymbol{A}^2$ 可能为零矩阵，如 $\boldsymbol{A}=\begin{pmatrix}1&1\\-1&-1\end{pmatrix}\neq\boldsymbol{O}$，但 $\boldsymbol{A}^2=\boldsymbol{O}$，故 A 不正确.

选项 B，见选项 A 的反例，不正确.

选项 C，由 $\boldsymbol{A}(\boldsymbol{B}-\boldsymbol{C})=\boldsymbol{O}$ 未必有 $\boldsymbol{B}-\boldsymbol{C}=\boldsymbol{O}$，不正确.

10.【参考答案】A

【答案解析】由 $\boldsymbol{AB}=\boldsymbol{E}$，知 $\boldsymbol{A},\boldsymbol{B}$ 为可逆矩阵，但两个可逆矩阵之和未必可逆，如 $\boldsymbol{A},\boldsymbol{B}$ 分别为可逆矩阵 $\begin{pmatrix}0&-1\\1&0\end{pmatrix}$，$\begin{pmatrix}0&1\\-1&0\end{pmatrix}$，满足条件 $\boldsymbol{AB}=\boldsymbol{E}$，但 $\boldsymbol{A}+\boldsymbol{B}=\boldsymbol{O}$，并不可逆，故选 A.

选项 B,由 $A^2B^2 = A(AB)B = AB = E = E^2 = (AB)^2$,知结论正确.

选项 C,由 $AB = E$,有$(AB)^{-1} = E$,也有 $BA = E$,从而有 $A^{-1}B^{-1} = (BA)^{-1} = E$,知结论正确.

选项 D,由$(AB)^{\mathrm{T}} = E^{\mathrm{T}} = E, A^{\mathrm{T}}B^{\mathrm{T}} = (BA)^{\mathrm{T}} = E^{\mathrm{T}} = E$,知结论正确.

选项 E,由 $AB = BA$,有 $A^2 - B^2 = A^2 - AB + BA - B^2 = (A+B)(A-B)$,知结论正确.

**【评注】**由 $AB = E$,不仅可以确定 $A,B$ 可逆且互逆,还可以推出矩阵 $A$ 与 $B$,$A^{-1}$ 与 $B^{-1}$,$A^{\mathrm{T}}$ 与 $B^{\mathrm{T}}$,$A^*$ 与 $B^*$ 可交换.

**11.【参考答案】**B

**【答案解析】**选项 B,由 $kA = (ka_{ij}), i,j = 1,2,\cdots,n, (kA)^{\mathrm{T}} = (ka_{ij})^{\mathrm{T}} = (ka_{ji}) = kA^{\mathrm{T}}$,知此结论正确,故选 B.

选项 A,由
$$kA^{-1}kA = k^2A^{-1}A = k^2E,$$
知$(kA)^{-1} \neq kA^{-1}$.本选项正确的结论应该是$(kA)^{-1} = k^{-1}A^{-1}$.

选项 C,由 $|kA| = k^n|A|$,知 $|kA| \neq k|A|$.

选项 D,由伴随矩阵的性质,应有 $kA(kA)^* = |kA|E = k^n|A|E$,但若$(kA)^* = kA^*$,则
$$kA(kA)^* = kAkA^* = k^2AA^* = k^2|A|E,$$
显然不等于 $k^n|A|E$,本选项正确的结论应该是$(kA)^* = k^{n-1}A^*$.

选项 E,由矩阵幂的运算性质,应有$(kA)^2 = (kA)(kA) = k^2A^2$.

**12.【参考答案】**C

**【答案解析】**由$(A^{-1})^{\mathrm{T}}A^{\mathrm{T}} = (AA^{-1})^{\mathrm{T}} = E$,知
$$[(A^{-1})^{\mathrm{T}}]^{-1} = A^{\mathrm{T}}.$$
故选 C.

**13.【参考答案】**D

**【答案解析】**$B$ 为 $n$ 阶对角矩阵,设 $B$ 的对角线元素为 $x_i(i = 1,2,\cdots,n)$,则
$$AB = \begin{pmatrix} x_1a_{11} & x_2a_{12} & \cdots & x_na_{1n} \\ x_1a_{21} & x_2a_{22} & \cdots & x_na_{2n} \\ \vdots & \vdots & & \vdots \\ x_1a_{n1} & x_2a_{n2} & \cdots & x_na_{nn} \end{pmatrix} = \begin{pmatrix} x_1a_{11} & x_1a_{12} & \cdots & x_1a_{1n} \\ x_2a_{21} & x_2a_{22} & \cdots & x_2a_{2n} \\ \vdots & \vdots & & \vdots \\ x_na_{n1} & x_na_{n2} & \cdots & x_na_{nn} \end{pmatrix} = BA,$$
即有 $x_ja_{ij} = x_ia_{ij}$,得 $x_j = x_i = a$($a$ 为任意常数),$i,j = 1,2,\cdots,n$,因此 $B = aE$,即 $B$ 为数量矩阵,故选 D.

**14.【参考答案】**B

**【答案解析】**选项 B,设 $A = \begin{pmatrix} 0 & 1 \\ 2 & 0 \end{pmatrix}$,则
$$AA^{\mathrm{T}} = \begin{pmatrix} 0 & 1 \\ 2 & 0 \end{pmatrix}\begin{pmatrix} 0 & 2 \\ 1 & 0 \end{pmatrix} = \begin{pmatrix} 1 & 0 \\ 0 & 4 \end{pmatrix}, A^{\mathrm{T}}A = \begin{pmatrix} 0 & 2 \\ 1 & 0 \end{pmatrix}\begin{pmatrix} 0 & 1 \\ 2 & 0 \end{pmatrix} = \begin{pmatrix} 4 & 0 \\ 0 & 1 \end{pmatrix},$$
知 $A$ 与 $A^{\mathrm{T}}$ 不可交换,该结论不正确.故选 B.

选项 A,由 $\boldsymbol{A}\boldsymbol{A}^{*}=\boldsymbol{A}^{*}\boldsymbol{A}=|\boldsymbol{A}|\boldsymbol{E}$,知 $\boldsymbol{A}$ 与 $\boldsymbol{A}^{*}$ 可交换,原结论正确.

选项 C,由 $\boldsymbol{A}\boldsymbol{A}^{-1}=\boldsymbol{A}^{-1}\boldsymbol{A}=\boldsymbol{E}$,知 $\boldsymbol{A}$ 与 $\boldsymbol{A}^{-1}$ 可交换,原结论正确.

选项 D,由 $\boldsymbol{A}\boldsymbol{A}^{2}=\boldsymbol{A}^{2}\boldsymbol{A}=\boldsymbol{A}^{3}$,知 $\boldsymbol{A}$ 与 $\boldsymbol{A}^{2}$ 可交换,原结论正确.

选项 E,由 $\boldsymbol{A}^{-1}=\dfrac{1}{|\boldsymbol{A}|}\boldsymbol{A}^{*}$,有 $\boldsymbol{A}^{-1}\boldsymbol{A}^{*}=\boldsymbol{A}^{*}\boldsymbol{A}^{-1}=\dfrac{1}{|\boldsymbol{A}|}(\boldsymbol{A}^{*})^{2}$,知 $\boldsymbol{A}^{*}$ 与 $\boldsymbol{A}^{-1}$ 可交换,原结论正确.

15.【参考答案】E

【答案解析】由

$$\boldsymbol{A}^{2}=\begin{pmatrix}1&-1&-1&-1\\-1&1&-1&-1\\-1&-1&1&-1\\-1&-1&-1&1\end{pmatrix}\begin{pmatrix}1&-1&-1&-1\\-1&1&-1&-1\\-1&-1&1&-1\\-1&-1&-1&1\end{pmatrix}=\begin{pmatrix}4&0&0&0\\0&4&0&0\\0&0&4&0\\0&0&0&4\end{pmatrix}=2^{2}\boldsymbol{E},$$

从而有
$$\boldsymbol{A}^{6}=(\boldsymbol{A}^{2})^{3}=(2^{2}\boldsymbol{E})^{3}=2^{6}\boldsymbol{E},\boldsymbol{A}^{7}=2^{6}\boldsymbol{A}=64\boldsymbol{A},$$

故选 E.

【评注】矩阵的高幂次计算,一般从两个矩阵的乘积开始,找出规律,再利用矩阵幂运算的性质尽可能减少运算的次数.

16.【参考答案】A

【答案解析】由

$$\boldsymbol{A}^{2}=\begin{pmatrix}0&-1&0\\1&0&0\\0&0&-1\end{pmatrix}\begin{pmatrix}0&-1&0\\1&0&0\\0&0&-1\end{pmatrix}=\begin{pmatrix}-1&0&0\\0&-1&0\\0&0&1\end{pmatrix},$$

$$\boldsymbol{A}^{4}=\boldsymbol{E},$$

得

$$\boldsymbol{B}^{2\,004}-2\boldsymbol{A}^{2}=\boldsymbol{P}^{-1}(\boldsymbol{A}^{4})^{501}\boldsymbol{P}-2\boldsymbol{A}^{2}=\boldsymbol{P}^{-1}\boldsymbol{P}-2\boldsymbol{A}^{2}$$
$$=\begin{pmatrix}1&0&0\\0&1&0\\0&0&1\end{pmatrix}-\begin{pmatrix}-2&0&0\\0&-2&0\\0&0&2\end{pmatrix}=\begin{pmatrix}3&0&0\\0&3&0\\0&0&-1\end{pmatrix},$$

故选 A.

【评注】本题是方阵幂的运算,其运算的关键是从 $\boldsymbol{A}^{2}$ 及 $\boldsymbol{A}^{4}$ 的运算结果中找出规律.另外题中出现 $\boldsymbol{B}=\boldsymbol{P}^{-1}\boldsymbol{A}\boldsymbol{P}$,可通过公式 $\boldsymbol{B}^{m}=\boldsymbol{P}^{-1}\boldsymbol{A}^{m}\boldsymbol{P}$ 将 $\boldsymbol{B}^{m}$ 的运算转化为 $\boldsymbol{A}^{m}$ 的运算.

17.【参考答案】E

【答案解析】由 $\boldsymbol{\beta}\boldsymbol{\alpha}^{\mathrm{T}}=\left(1,\dfrac{1}{2},\dfrac{1}{3}\right)(1,2,3)^{\mathrm{T}}=3$,有

$$\boldsymbol{A}^{k}=3^{k-1}\boldsymbol{A},$$

因此

$$\boldsymbol{A}^{3}-2\lambda\boldsymbol{A}^{2}-\lambda^{2}\boldsymbol{A}=9\boldsymbol{A}-6\lambda\boldsymbol{A}-\lambda^{2}\boldsymbol{A}=(9-6\lambda-\lambda^{2})\boldsymbol{A}=\boldsymbol{O},$$

由于 $A \neq O$,因此必有 $9-6\lambda-\lambda^2=0$,解得 $\lambda=-3\pm 3\sqrt{2}$,故选 E.

**18.【参考答案】** E

**【答案解析】** 由于 $A=\begin{pmatrix}1&-1&2\\2&-2&4\\1&-1&2\end{pmatrix}=\begin{pmatrix}1\\2\\1\end{pmatrix}(1,-1,2)$,$(1,-1,2)\begin{pmatrix}1\\2\\1\end{pmatrix}=1$,则由矩阵乘法的结合律,有 $A^n=1^{n-1}A=A$,因此,$f(A)=E+A+\cdots+A^n=E+nA$,故选 E.

**【评注】** 方阵 $A$ 高幂次的运算,要注意方阵的结构特征,除较为简单的对角矩阵外,常见的一种类型就是本题的形式,其特点是,矩阵等于非零列向量 $\boldsymbol{\alpha}$ 与非零行向量 $\boldsymbol{\beta}^{\mathrm{T}}$ 的乘积 $\boldsymbol{\alpha\beta}^{\mathrm{T}}$,$\boldsymbol{\beta}^{\mathrm{T}}\boldsymbol{\alpha}$ 为常数 $k$,从而有简化计算的公式 $(\boldsymbol{\alpha\beta}^{\mathrm{T}})^m=k^{m-1}(\boldsymbol{\alpha\beta}^{\mathrm{T}})$,应熟悉并记忆.

**19.【参考答案】** C

**【答案解析】** 同结构的三角矩阵(同为上三角矩阵或同为下三角矩阵)的运算(含线性运算,乘法和幂运算,转置运算等)结果仍然为三角矩阵. 由于题设没有明确 $A,B$ 是否为同结构的三角矩阵,因此它们之间的运算结果不能保证仍然为三角矩阵,而 $A^m$ 属于同结构的三角矩阵幂的运算,满足条件,故选 C.

**20.【参考答案】** C

**【答案解析】** 选项 C,由题设,$A^{\mathrm{T}}A$ 是 $n$ 阶方阵,$AA^{\mathrm{T}}$ 是 $m$ 阶方阵,两者加法运算不成立,故选 C.

选项 A,由 $(A^{\mathrm{T}}A)^{\mathrm{T}}=A^{\mathrm{T}}(A^{\mathrm{T}})^{\mathrm{T}}=A^{\mathrm{T}}A$,知 $A^{\mathrm{T}}A$ 是对称矩阵.

选项 B,由 $(AA^{\mathrm{T}})^{\mathrm{T}}=(A^{\mathrm{T}})^{\mathrm{T}}A^{\mathrm{T}}=AA^{\mathrm{T}}$,知 $AA^{\mathrm{T}}$ 是对称矩阵.

选项 D,两个 $m$ 阶对称矩阵 $E$ 与 $AA^{\mathrm{T}}$ 的和构成的矩阵仍为对称矩阵.

选项 E,两个 $m$ 阶对称矩阵 $E$ 与 $AA^{\mathrm{T}}$ 的差构成的矩阵仍为对称矩阵.

**【评注】** 考虑任何一个选项时,首先要考查运算能否成立.

**21.【参考答案】** D

**【答案解析】** 矩阵的对称性主要通过运算进行判断,由

$$[(A+E)^2]^{\mathrm{T}}=[(A+E)^{\mathrm{T}}]^2=(A+E)^2,$$

$$A^{\mathrm{T}}(A^{-1})^{\mathrm{T}}=(A^{-1}A)^{\mathrm{T}}=E\Rightarrow(A^{-1})^{\mathrm{T}}=(A^{\mathrm{T}})^{-1}=A^{-1},$$

$$(A^*)^{\mathrm{T}}=(|A|A^{-1})^{\mathrm{T}}=|A|(A^{\mathrm{T}})^{-1}=|A|A^{-1}=A^*,$$

$$(A+2B)^{\mathrm{T}}=A^{\mathrm{T}}+2B^{\mathrm{T}}=A+2B,$$

$$(AB)^{\mathrm{T}}=B^{\mathrm{T}}A^{\mathrm{T}}=BA\neq AB,$$

知 $AB$ 不是对称矩阵,故选 D.

**22.【参考答案】** B

**【答案解析】** 依题设,$A(\boldsymbol{\alpha},\boldsymbol{\beta})=(\boldsymbol{\alpha},\boldsymbol{\beta})\begin{pmatrix}1&0\\0&-2\end{pmatrix}$,且 $|\boldsymbol{\alpha},\boldsymbol{\beta}|=\begin{vmatrix}1&1\\2&3\end{vmatrix}=1\neq 0$,故 $(\boldsymbol{\alpha},\boldsymbol{\beta})$ 可逆,因此

$$A=(\boldsymbol{\alpha},\boldsymbol{\beta})\begin{pmatrix}1&0\\0&-2\end{pmatrix}(\boldsymbol{\alpha},\boldsymbol{\beta})^{-1}=\begin{pmatrix}1&1\\2&3\end{pmatrix}\begin{pmatrix}1&0\\0&-2\end{pmatrix}\begin{pmatrix}3&-1\\-2&1\end{pmatrix}=\begin{pmatrix}7&-3\\18&-8\end{pmatrix},$$

故选 B.

**23.【参考答案】**C

**【答案解析】**当 $\boldsymbol{A}=\boldsymbol{P}^{-1}\boldsymbol{BP}$ 时，

$$f(x)=|\boldsymbol{A}-x\boldsymbol{E}|=|\boldsymbol{P}^{-1}\boldsymbol{BP}-x\boldsymbol{E}|=|\boldsymbol{P}^{-1}(\boldsymbol{B}-x\boldsymbol{E})\boldsymbol{P}|=|\boldsymbol{B}-x\boldsymbol{E}|=g(x),$$

因此，方程 $f(x)=0$ 与方程 $g(x)=0$ 同解. 故选 C. 另外，由 $f(x)=g(x)$，推不出 $\boldsymbol{A}=\boldsymbol{P}^{-1}\boldsymbol{BP}$ 的结论.

**【评注】**以行列式形式表示的多项式 $f(x)$ 是一种特殊结构的函数形式，正如以上题目所看到的. 围绕 $f(x)$ 所展开的问题有多种题型，涉及行列式特定项的选取及行列式性质的应用.

## 【考向 2】方阵的行列式

**24.【参考答案】**C

**【答案解析】**由 $(\boldsymbol{\alpha}_1+\boldsymbol{\alpha}_2+\boldsymbol{\alpha}_3,\boldsymbol{\alpha}_1+2\boldsymbol{\alpha}_2+4\boldsymbol{\alpha}_3,\boldsymbol{\alpha}_1+3\boldsymbol{\alpha}_2+9\boldsymbol{\alpha}_3)=(\boldsymbol{\alpha}_1,\boldsymbol{\alpha}_2,\boldsymbol{\alpha}_3)\begin{pmatrix}1&1&1\\1&2&3\\1&4&9\end{pmatrix}$，

从而有 $\boldsymbol{B}=\boldsymbol{A}\begin{pmatrix}1&1&1\\1&2&3\\1&4&9\end{pmatrix}$，两边取行列式，得

$$|\boldsymbol{B}|=|\boldsymbol{A}|\begin{vmatrix}1&1&1\\1&2&3\\1&4&9\end{vmatrix}=(3-2)(3-1)(2-1)=2,$$

故选 C.

**【评注】**题中矩阵 $\boldsymbol{B}$ 的列向量是已知矩阵 $\boldsymbol{A}$ 的列向量的线性组合，因此，解决这类问题的关键是找出矩阵 $\boldsymbol{A},\boldsymbol{B}$ 之间的转换矩阵，转化为行列式求值问题.

**25.【参考答案】**C

**【答案解析】**将 $\boldsymbol{A}^2\boldsymbol{B}-\boldsymbol{A}-\boldsymbol{B}=\boldsymbol{E}$ 因式分解，即由 $(\boldsymbol{A}^2-\boldsymbol{E})\boldsymbol{B}-(\boldsymbol{A}+\boldsymbol{E})=\boldsymbol{O}$，得

$$(\boldsymbol{A}+\boldsymbol{E})(\boldsymbol{A}-\boldsymbol{E})\boldsymbol{B}=\boldsymbol{A}+\boldsymbol{E}.$$

由于 $|\boldsymbol{A}+\boldsymbol{E}|=\begin{vmatrix}2&0&1\\0&3&0\\-2&0&2\end{vmatrix}\neq 0$，知 $\boldsymbol{A}+\boldsymbol{E}$ 可逆，上式两边右乘 $(\boldsymbol{A}+\boldsymbol{E})^{-1}$，得

$$(\boldsymbol{A}-\boldsymbol{E})\boldsymbol{B}=\boldsymbol{E},\ |\boldsymbol{A}-\boldsymbol{E}||\boldsymbol{B}|=|\boldsymbol{E}|=1.$$

又 $|\boldsymbol{A}-\boldsymbol{E}|=\begin{vmatrix}0&0&1\\0&1&0\\-2&0&0\end{vmatrix}=2$，从而 $|\boldsymbol{B}|=\dfrac{1}{|\boldsymbol{A}-\boldsymbol{E}|}=\dfrac{1}{2}$，故选 C.

**【评注】**在矩阵方程中求某矩阵的行列式，应设法通过因式分解，将方程化为以该矩阵为一个因式的若干因式乘积的形式，再进行行列式的计算.

26. **【参考答案】** E

**【答案解析】** 在方程两边左乘 $\boldsymbol{A}$，得

$$\boldsymbol{ABA}^*\boldsymbol{A}=2\boldsymbol{BA}^*\boldsymbol{A}+\boldsymbol{A},$$

由 $\boldsymbol{A}^*\boldsymbol{A}=|\boldsymbol{A}|\boldsymbol{E}$ 及 $|\boldsymbol{A}|=3$，方程化简为 $3\boldsymbol{AB}=6\boldsymbol{B}+\boldsymbol{A}$，因式分解化为 $(3\boldsymbol{A}-6\boldsymbol{E})\boldsymbol{B}=\boldsymbol{A}$，两边取行列式，有

$$|3\boldsymbol{A}-6\boldsymbol{E}||\boldsymbol{B}|=|\boldsymbol{A}|=3,$$

又由
$$|3\boldsymbol{A}-6\boldsymbol{E}|=\begin{vmatrix}0&3&0\\3&0&0\\0&0&-3\end{vmatrix}=27,$$

从而
$$|\boldsymbol{B}|=\frac{3}{|3\boldsymbol{A}-6\boldsymbol{E}|}=\frac{1}{9},$$

故选 E.

**【评注】** 本题与第 25 题相似，但式中含有 $\boldsymbol{A}$ 的伴随矩阵，应首先利用公式 $\boldsymbol{A}^*\boldsymbol{A}=|\boldsymbol{A}|\boldsymbol{E}$ 将方程化简为仅含有已知矩阵 $\boldsymbol{A}$ 和未知矩阵 $\boldsymbol{B}$ 的方程.

27. **【参考答案】** A

**【答案解析】** 依题设，$|\boldsymbol{A}|\neq 0$，

$$(\boldsymbol{\beta}_1,\boldsymbol{\beta}_2,\boldsymbol{\beta}_3)=(\boldsymbol{\alpha}_1,\boldsymbol{\alpha}_2,\boldsymbol{\alpha}_3)\begin{pmatrix}1&1&-2\\1&k&1\\k&1&-3\end{pmatrix}=(\boldsymbol{\alpha}_1,\boldsymbol{\alpha}_2,\boldsymbol{\alpha}_3)\boldsymbol{Q},$$

从而有 $|\boldsymbol{B}|=|\boldsymbol{Q}||\boldsymbol{A}|$，其中 $|\boldsymbol{Q}|=\begin{vmatrix}1&1&-2\\1&k&1\\k&1&-3\end{vmatrix}=2k(k-1)$，即有 $2k(k-1)=4$，$k^2-k-2=0$，解得 $k=-1$ 或 2，故选 A.

28. **【参考答案】** B

**【答案解析】** 选项 A 和 B，由于 $\boldsymbol{AB}$ 是 $m$ 阶方阵，$r(\boldsymbol{AB})\leqslant\min\{r(\boldsymbol{A}),r(\boldsymbol{B})\}\leqslant\min\{m,n\}$，可以判断，当 $m>n$ 时，$r(\boldsymbol{AB})<m$，必有行列式 $|\boldsymbol{AB}|=0$，可知选项 A 不正确，B 正确，故选 B.

选项 C 和 D，当 $m<n$ 时，$r(\boldsymbol{AB})\leqslant\min\{r(\boldsymbol{A}),r(\boldsymbol{B})\}\leqslant\min\{m,n\}=m$，不能确定 $\boldsymbol{AB}$ 的秩是等于 $m$ 还是小于 $m$，因此，无法判断 $|\boldsymbol{AB}|$ 是否为零，故 C，D 都不正确.

选项 E，当 $m=n$ 时，$r(\boldsymbol{AB})\leqslant\min\{r(\boldsymbol{A}),r(\boldsymbol{B})\}\leqslant m$，不能确定 $\boldsymbol{AB}$ 的秩是等于 $m$ 还是小于 $m$，因此，未必有行列式 $|\boldsymbol{AB}|\neq 0$.

**【评注】** 本题设定的 $\boldsymbol{A}$，$\boldsymbol{B}$ 是抽象矩阵，不能通过数值计算判断 $|\boldsymbol{AB}|$ 是否为零，唯一可选择的角度是考查矩阵的秩，可见，矩阵及其运算可以为矩阵行列式的求值提供多个角度和渠道.

## 【考向 3】伴随矩阵

29. **【参考答案】** C

【答案解析】由 $|\boldsymbol{A}|=1$，知 $\boldsymbol{A}$ 可逆，则 $\boldsymbol{A}^*=|\boldsymbol{A}|\boldsymbol{A}^{-1}=\boldsymbol{A}^{-1}$，从而得

$$(\boldsymbol{A}^*)^*=(\boldsymbol{A}^{-1})^*=|\boldsymbol{A}^{-1}|(\boldsymbol{A}^{-1})^{-1}=\boldsymbol{A},$$

故选 C.

【评注】一般地，对于 $n$ 阶可逆矩阵 $\boldsymbol{A}$，有公式

$$(\boldsymbol{A}^*)^*=|\boldsymbol{A}|^{n-2}\boldsymbol{A},(\boldsymbol{A}^*)^{-1}=(\boldsymbol{A}^{-1})^*=|\boldsymbol{A}|^{-1}\boldsymbol{A}.$$

**30.**【参考答案】B

【答案解析】由题设知 $\boldsymbol{P},\boldsymbol{Q}$ 均为初等矩阵，因此，有 $\boldsymbol{P}^{-1}=\boldsymbol{P},\boldsymbol{Q}^{-1}=\boldsymbol{Q}$，且 $|\boldsymbol{P}|=|\boldsymbol{Q}|=-1$，又 $\boldsymbol{A}^*=|\boldsymbol{A}|\boldsymbol{A}^{-1},\boldsymbol{B}^*=|\boldsymbol{B}|\boldsymbol{B}^{-1},\boldsymbol{B}=\boldsymbol{PAQ}$，从而有

$$\boldsymbol{B}^*=|\boldsymbol{B}|(\boldsymbol{PAQ})^{-1}=|\boldsymbol{B}|\boldsymbol{Q}^{-1}\boldsymbol{A}^{-1}\boldsymbol{P}^{-1}=\frac{|\boldsymbol{B}|}{|\boldsymbol{A}|}\boldsymbol{QA}^*\boldsymbol{P}=\boldsymbol{QA}^*\boldsymbol{P},$$

故选 B.

**31.**【参考答案】C

【答案解析】依题设，$|\boldsymbol{A}|=\begin{vmatrix}1&0&1\\1&1&0\\0&1&1\end{vmatrix}=2$，

$$(\boldsymbol{A}^*)^{-1}=(|\boldsymbol{A}|\boldsymbol{A}^{-1})^{-1}=|\boldsymbol{A}|^{-1}\boldsymbol{A},$$

$$(\boldsymbol{A}^*)^*=|\boldsymbol{A}^*|(\boldsymbol{A}^*)^{-1}=|\boldsymbol{A}|^{3-2}\boldsymbol{A}=|\boldsymbol{A}|\boldsymbol{A},$$

即有

$$|(\boldsymbol{A}^*)^*+(\boldsymbol{A}^*)^{-1}|=\left|2\boldsymbol{A}+\frac{1}{2}\boldsymbol{A}\right|=\left(\frac{5}{2}\right)^3|\boldsymbol{A}|=\frac{125}{4},$$

故选 C.

**32.**【参考答案】B

【答案解析】由题设可知 $\boldsymbol{A},\boldsymbol{B}$ 可逆，且 $\boldsymbol{A}^*=|\boldsymbol{A}|\boldsymbol{A}^{-1}=-2\boldsymbol{A}^{-1},\boldsymbol{B}^*=|\boldsymbol{B}|\boldsymbol{B}^{-1}=3\boldsymbol{B}^{-1}$，于是

$$\begin{aligned}\boldsymbol{A}^2(\boldsymbol{BA})^*(\boldsymbol{AB}^{-1})^{-1}&=\boldsymbol{A}^2\boldsymbol{A}^*\boldsymbol{B}^*(\boldsymbol{B}^{-1})^{-1}\boldsymbol{A}^{-1}\\&=\boldsymbol{A}(\boldsymbol{AA}^*)(\boldsymbol{B}^*\boldsymbol{B})\boldsymbol{A}^{-1}=\boldsymbol{A}(|\boldsymbol{A}|\boldsymbol{E})(|\boldsymbol{B}|\boldsymbol{E})\boldsymbol{A}^{-1}\\&=|\boldsymbol{A}||\boldsymbol{B}|\boldsymbol{E}=-6\boldsymbol{E}.\end{aligned}$$

故选 B.

【评注】无论做什么矩阵运算，都要养成一个好习惯，就是要在代数层面尽可能采用所掌握的运算性质对算式进行化简，直至最简形式，这样做往往可以避免很多烦琐的运算过程，既高效又能减少出错的概率，尤其在数值计算时更是如此. 还需要注意的是，矩阵运算的结果仍为同阶矩阵，但在表示运算结果时，往往容易忘记式中的单位矩阵，如将本题结果直接表示为 $-6$，这是错误的.

**33.**【参考答案】A

【答案解析】由于矩阵乘法无交换律，因此不能直接化简整理，但在行列式中可以进行，故

$$|\boldsymbol{D}|=|\boldsymbol{A}^2||\boldsymbol{B}+\boldsymbol{E}||\boldsymbol{A}^*||\boldsymbol{B}^{-1}|$$

$$\begin{aligned}&= |A^2|\,|(E+B^{-1})B|\,|A^*|\,|B^{-1}|\\&= |E+B^{-1}|\,|A^2A^*|\,|BB^{-1}|\\&= |E+B^{-1}|\,|\,|A|A\,|\\&= (-2)^3\cdot(-2)\,|E+B^{-1}| = -16,\end{aligned}$$

从而得 $|E+B^{-1}|=-1$,故选 A.

**34.【参考答案】** D

**【答案解析】** 由 $|A|=1$,知 $A$ 可逆,且 $A^*A=|A|E=E$. 于是,在等式两边分别右乘 $A^{-1}$,左乘 $A$,得 $BA^*A=3BA-2A^{-1}A$,即 $B=3BA-2E$,整理得 $B(3A-E)=2E$,由 $|3A-E|=$

$\begin{vmatrix}-4&0&6\\0&-4&0\\3&0&-4\end{vmatrix}\neq 0$,知 $3A-E$ 可逆,由

$$(3A-E\,\vdots\,E)=\left(\begin{array}{ccc:ccc}-4&0&6&1&0&0\\0&-4&0&0&1&0\\3&0&-4&0&0&1\end{array}\right)\to\left(\begin{array}{ccc:ccc}1&0&0&2&0&3\\0&1&0&0&-\frac{1}{4}&0\\0&0&1&\frac{3}{2}&0&2\end{array}\right),$$

得
$$(3A-E)^{-1}=\begin{pmatrix}2&0&3\\0&-\frac{1}{4}&0\\\frac{3}{2}&0&2\end{pmatrix},$$

因此,$B=2(3A-E)^{-1}=\begin{pmatrix}4&0&6\\0&-\frac{1}{2}&0\\3&0&4\end{pmatrix}$,故选 D.

**【评注】** 本题求解过程再次说明,线性代数中数值计算必须在充分整理化简的基础上进行,前提是对于相关运算性质要十分熟悉,如题中用到逆矩阵的运算性质,伴随矩阵的运算性质等.

**35.【参考答案】** B

**【答案解析】** 将 $A^*=|A|A^{-1}$ 代入方程,有 $|A|A^{-1}BA+|A|A^{-1}B=5E$,方程两边分别右乘 $A$,左乘 $A^{-1}$,得 $|A|B(E+A^{-1})=5E$,$B=\frac{5}{|A|}(E+A^{-1})^{-1}$,其中

$$|A^{-1}|=-6,\ |A|=-\frac{1}{6},E+A^{-1}=\begin{pmatrix}2&0&0\\0&3&0\\0&0&-2\end{pmatrix},(E+A^{-1})^{-1}=\frac{1}{6}\begin{pmatrix}3&0&0\\0&2&0\\0&0&-3\end{pmatrix},$$

因此,$B=-30(E+A^{-1})^{-1}=\begin{pmatrix}-15&0&0\\0&-10&0\\0&0&15\end{pmatrix}$,故选 B.

【评注】由矩阵方程求未知矩阵，首先需要通过变换将方程中未知矩阵用题目提供的已知矩阵替换，再化简，然后尽可能将要求的矩阵用因式分解的方式剥离出来，最后利用逆矩阵运算求出未知矩阵.

## 【考向 4】矩阵的逆

36. **【参考答案】** C

**【答案解析】** 由题设，矩阵 $\boldsymbol{A}$ 与 $\boldsymbol{B}$，$\boldsymbol{B}$ 与 $\boldsymbol{C}$，$\boldsymbol{C}$ 与 $\boldsymbol{A}$ 互逆，从而知 $\boldsymbol{A}$，$\boldsymbol{B}$ 同为 $\boldsymbol{C}$ 的逆矩阵，由逆矩阵的唯一性，知 $\boldsymbol{A}=\boldsymbol{B}$，同理，有 $\boldsymbol{A}=\boldsymbol{C}$，于是，$\boldsymbol{AB}=\boldsymbol{A}^2=\boldsymbol{B}^2=\boldsymbol{E}$，$\boldsymbol{CA}=\boldsymbol{C}^2=\boldsymbol{E}$，因此，$\boldsymbol{A}^2+\boldsymbol{B}^2+\boldsymbol{C}^2=3\boldsymbol{E}$，故选 C.

37. **【参考答案】** C

**【答案解析】** 由 $\boldsymbol{A}^2-\boldsymbol{E}=(\boldsymbol{A}-\boldsymbol{E})(\boldsymbol{A}+\boldsymbol{E})=(\boldsymbol{A}+\boldsymbol{E})(\boldsymbol{A}-\boldsymbol{E})$，知 $\boldsymbol{A}+\boldsymbol{E}$ 与 $\boldsymbol{A}-\boldsymbol{E}$ 可交换，选项 B 正确；上式两边同时左乘和右乘 $(\boldsymbol{A}+\boldsymbol{E})^{-1}$，有 $(\boldsymbol{A}+\boldsymbol{E})^{-1}(\boldsymbol{A}-\boldsymbol{E})=(\boldsymbol{A}-\boldsymbol{E})(\boldsymbol{A}+\boldsymbol{E})^{-1}$，知 $(\boldsymbol{A}+\boldsymbol{E})^{-1}$ 与 $\boldsymbol{A}-\boldsymbol{E}$ 可交换，选项 A 正确；$\boldsymbol{A}+\boldsymbol{E}$ 可逆与 $\boldsymbol{A}-\boldsymbol{E}$ 是否可逆无必然联系，$\boldsymbol{A}-\boldsymbol{E}$ 未必可逆，选项 D 正确；由 $\boldsymbol{A}^2=\boldsymbol{E}$，有 $(\boldsymbol{A}+\boldsymbol{E})(\boldsymbol{A}-\boldsymbol{E})=\boldsymbol{O}$，又因为 $\boldsymbol{A}+\boldsymbol{E}$ 可逆，则必有 $\boldsymbol{A}-\boldsymbol{E}=\boldsymbol{O}$，即 $\boldsymbol{A}=\boldsymbol{E}$，选项 E 正确. 综上，由排除法，故选 C.

38. **【参考答案】** C

**【答案解析】** 选项 A，$(\boldsymbol{A}^{-1}+\boldsymbol{B}^{-1})^{-1}\neq(\boldsymbol{A}^{-1})^{-1}+(\boldsymbol{B}^{-1})^{-1}=\boldsymbol{A}+\boldsymbol{B}$.

选项 B，显然，$\boldsymbol{A}+\boldsymbol{B}\neq\boldsymbol{A}^{-1}+\boldsymbol{B}^{-1}$，故 $(\boldsymbol{A}^{-1}+\boldsymbol{B}^{-1})^{-1}\neq(\boldsymbol{A}+\boldsymbol{B})^{-1}$.

选项 D，一般情况下，$(\boldsymbol{A}^{-1}+\boldsymbol{B}^{-1})^{-1}\neq\boldsymbol{A}^{-1}+\boldsymbol{B}^{-1}$.

选项 E，$(\boldsymbol{A}^{-1}+\boldsymbol{B}^{-1})^{-1}=\dfrac{1}{|\boldsymbol{A}^{-1}+\boldsymbol{B}^{-1}|}(\boldsymbol{A}^{-1}+\boldsymbol{B}^{-1})^*\neq\boldsymbol{A}^*+\boldsymbol{B}^*$.

选项 C，由

$$\begin{aligned}&\boldsymbol{A}(\boldsymbol{A}+\boldsymbol{B})^{-1}\boldsymbol{B}(\boldsymbol{A}^{-1}+\boldsymbol{B}^{-1})\\=&\boldsymbol{A}(\boldsymbol{A}+\boldsymbol{B})^{-1}\boldsymbol{B}(\boldsymbol{E}+\boldsymbol{B}^{-1}\boldsymbol{A})\boldsymbol{A}^{-1}=\boldsymbol{A}(\boldsymbol{A}+\boldsymbol{B})^{-1}\boldsymbol{B}\boldsymbol{B}^{-1}(\boldsymbol{B}+\boldsymbol{A})\boldsymbol{A}^{-1}\\=&\boldsymbol{A}(\boldsymbol{A}+\boldsymbol{B})^{-1}(\boldsymbol{B}+\boldsymbol{A})\boldsymbol{A}^{-1}=\boldsymbol{A}\boldsymbol{A}^{-1}=\boldsymbol{E},\end{aligned}$$

知 $(\boldsymbol{A}^{-1}+\boldsymbol{B}^{-1})^{-1}=\boldsymbol{A}(\boldsymbol{A}+\boldsymbol{B})^{-1}\boldsymbol{B}$，故选 C.

【评注】本题重点考查逆矩阵的运算性质. 如果直接证明选项 C 正确，有一定难度，但其他四个选项所反映的是在矩阵运算中常犯的错误，容易识别，因此采用排除法推断更为简便.

39. **【参考答案】** D

**【答案解析】** 将矩阵方程整理为 $\boldsymbol{A}(2\boldsymbol{E}-\boldsymbol{A})=\boldsymbol{E}$，两边取行列式，得

$$|\boldsymbol{A}||2\boldsymbol{E}-\boldsymbol{A}|=|\boldsymbol{E}|=1\neq0,$$

从而有 $|\boldsymbol{A}|\neq0$，$|2\boldsymbol{E}-\boldsymbol{A}|\neq0$，知 $\boldsymbol{A}$，$\boldsymbol{A}-2\boldsymbol{E}$ 可逆.

类似地，将矩阵方程整理为 $(\boldsymbol{A}+\boldsymbol{E})(\boldsymbol{A}-3\boldsymbol{E})=-4\boldsymbol{E}$，两边取行列式，得

$$|\boldsymbol{A}+\boldsymbol{E}||\boldsymbol{A}-3\boldsymbol{E}|=|-4\boldsymbol{E}|=(-4)^n\neq0,$$

从而有 $|\boldsymbol{A}+\boldsymbol{E}|\neq0$，$|\boldsymbol{A}-3\boldsymbol{E}|\neq0$，知 $\boldsymbol{A}+\boldsymbol{E}$，$\boldsymbol{A}-3\boldsymbol{E}$ 可逆.

综上，选项 A，B，C，E 均正确，由排除法，故选 D.

**【评注】**由矩阵的线性方程确定矩阵的可逆性，经常采用的方法是通过配置整理，在方程的一侧将要讨论的矩阵写成与其他矩阵相乘的形式，另一侧为一个可逆矩阵，进而取行列式，判断其可逆性.

另外，本题若将方程整理为$(\boldsymbol{A}-\boldsymbol{E})^2=\boldsymbol{O}$形式，进而推得$\boldsymbol{A}-\boldsymbol{E}=\boldsymbol{O}$，即选项 D 的结论，显然是错误的，因为由$(\boldsymbol{A}-\boldsymbol{E})^2=\boldsymbol{O}$，未必有$\boldsymbol{A}-\boldsymbol{E}=\boldsymbol{O}$. 这是大家应避免犯的错误.

**40.【参考答案】**C

**【答案解析】**将方程展开并整理为$\boldsymbol{A}^2-4\boldsymbol{A}=\boldsymbol{O}$，从而$\boldsymbol{A}(\boldsymbol{A}-4\boldsymbol{E})=\boldsymbol{O}$，则$|\boldsymbol{A}||\boldsymbol{A}-4\boldsymbol{E}|=0$；

将方程整理为$(\boldsymbol{A}-\boldsymbol{E})(\boldsymbol{A}-3\boldsymbol{E})=3\boldsymbol{E}$，则$|\boldsymbol{A}-\boldsymbol{E}||\boldsymbol{A}-3\boldsymbol{E}|\neq 0$；

将方程整理为$(\boldsymbol{A}-2\boldsymbol{E})^2=4\boldsymbol{E}$，则$|\boldsymbol{A}-2\boldsymbol{E}|\neq 0$.

综上，可以确定$|\boldsymbol{A}-\boldsymbol{E}|\neq 0$，$|\boldsymbol{A}-2\boldsymbol{E}|\neq 0$，$|\boldsymbol{A}-3\boldsymbol{E}|\neq 0$，即矩阵$\boldsymbol{A}-\boldsymbol{E}$，$\boldsymbol{A}-2\boldsymbol{E}$，$\boldsymbol{A}-3\boldsymbol{E}$必定可逆，但不能确定矩阵$\boldsymbol{A}$，$\boldsymbol{A}-4\boldsymbol{E}$的可逆性，故选 C.

**【评注】**一般地，若将方程整理为$\boldsymbol{A}_1\boldsymbol{A}_2\cdots\boldsymbol{A}_n=\boldsymbol{O}$形式，只能推断出矩阵$\boldsymbol{A}_1,\boldsymbol{A}_2,\cdots,\boldsymbol{A}_n$中至少有一个矩阵不可逆，但无法确定其中任何一个矩阵的可逆性，因此，对求解问题实际意义不大.

**41.【参考答案】**C

**【答案解析】**由$(\boldsymbol{E}-\boldsymbol{A})(\boldsymbol{E}+\boldsymbol{A}+\boldsymbol{A}^2)=\boldsymbol{E}-\boldsymbol{A}^3=\boldsymbol{E}$，知$\boldsymbol{E}-\boldsymbol{A}$，$\boldsymbol{E}+\boldsymbol{A}+\boldsymbol{A}^2$互逆，则$\boldsymbol{E}-\boldsymbol{A}$可逆. 又由$(\boldsymbol{E}+\boldsymbol{A})(\boldsymbol{E}-\boldsymbol{A}+\boldsymbol{A}^2)=\boldsymbol{E}+\boldsymbol{A}^3=\boldsymbol{E}$，知$\boldsymbol{E}+\boldsymbol{A}$，$\boldsymbol{E}-\boldsymbol{A}+\boldsymbol{A}^2$互逆，则$\boldsymbol{E}+\boldsymbol{A}$可逆. 因此，$\boldsymbol{E}-\boldsymbol{A}$，$\boldsymbol{E}+\boldsymbol{A}$均可逆，故选 C.

**42.【参考答案】**B

**【答案解析】**由$\boldsymbol{B}=\boldsymbol{E}+\boldsymbol{AB}$，$\boldsymbol{C}=\boldsymbol{A}+\boldsymbol{CA}$，知

$$(\boldsymbol{E}-\boldsymbol{A})\boldsymbol{B}=\boldsymbol{E},\boldsymbol{C}(\boldsymbol{E}-\boldsymbol{A})=\boldsymbol{A},$$

可见$\boldsymbol{E}-\boldsymbol{A}$，$\boldsymbol{B}$互为逆矩阵，也有$\boldsymbol{B}(\boldsymbol{E}-\boldsymbol{A})=\boldsymbol{E}$，于是有

$$\boldsymbol{B}(\boldsymbol{E}-\boldsymbol{A})-\boldsymbol{C}(\boldsymbol{E}-\boldsymbol{A})=(\boldsymbol{B}-\boldsymbol{C})(\boldsymbol{E}-\boldsymbol{A})=\boldsymbol{E}-\boldsymbol{A},$$

因为$\boldsymbol{E}-\boldsymbol{A}$可逆，从而有$\boldsymbol{B}-\boldsymbol{C}=\boldsymbol{E}$，故选 B.

**【评注】**本题的求解充分利用了逆矩阵的性质. 在从条件中剥离矩阵$\boldsymbol{B}$，$\boldsymbol{C}$的过程中，首先由等式$(\boldsymbol{E}-\boldsymbol{A})\boldsymbol{B}=\boldsymbol{E}$确定了$\boldsymbol{E}-\boldsymbol{A}$的可逆性，而且与其逆矩阵$\boldsymbol{B}$可交换，最终都化为统一的结构形式$\boldsymbol{B}(\boldsymbol{E}-\boldsymbol{A})=\boldsymbol{E}$，$\boldsymbol{C}(\boldsymbol{E}-\boldsymbol{A})=\boldsymbol{A}$，为之后的运算奠定了基础.

**43.【参考答案】**B

**【答案解析】**由$\boldsymbol{AB}=2\boldsymbol{A}+2\boldsymbol{B}$，整理得

$$(\boldsymbol{A}-\boldsymbol{E})(\boldsymbol{B}-2\boldsymbol{E})=2\boldsymbol{E}+\boldsymbol{B},$$

其中$\boldsymbol{B}-2\boldsymbol{E}=\begin{pmatrix}1&2&0\\0&1&2\\0&0&1\end{pmatrix}$，由$|\boldsymbol{B}-2\boldsymbol{E}|=1\neq 0$，知$\boldsymbol{B}-2\boldsymbol{E}$可逆. 下面用两种方法求解.

**方法 1**　先求逆矩阵，再求解. 由

$$(\boldsymbol{B}-2\boldsymbol{E} \vdots \boldsymbol{E})=\left(\begin{array}{ccc:ccc}1&2&0&1&0&0\\0&1&2&0&1&0\\0&0&1&0&0&1\end{array}\right)\xrightarrow[r_1-2r_2]{r_2-2r_3}\left(\begin{array}{ccc:ccc}1&0&0&1&-2&4\\0&1&0&0&1&-2\\0&0&1&0&0&1\end{array}\right),$$

得
$$(\boldsymbol{B}-2\boldsymbol{E})^{-1}=\begin{pmatrix}1&-2&4\\0&1&-2\\0&0&1\end{pmatrix},$$

因此

$$\boldsymbol{A}-\boldsymbol{E}=(2\boldsymbol{E}+\boldsymbol{B})(\boldsymbol{B}-2\boldsymbol{E})^{-1}=\begin{pmatrix}5&2&0\\0&5&2\\0&0&5\end{pmatrix}\begin{pmatrix}1&-2&4\\0&1&-2\\0&0&1\end{pmatrix}=\begin{pmatrix}5&-8&16\\0&5&-8\\0&0&5\end{pmatrix}.$$

故选 B.

**方法 2**　直接用初等列变换,由

$$\begin{pmatrix}\boldsymbol{B}-2\boldsymbol{E}\\ \hdashline \boldsymbol{B}+2\boldsymbol{E}\end{pmatrix}=\left(\begin{array}{ccc}1&2&0\\0&1&2\\0&0&1\\ \hdashline 5&2&0\\0&5&2\\0&0&5\end{array}\right)\xrightarrow[c_3-2c_2]{c_2-2c_1}\left(\begin{array}{ccc}1&0&0\\0&1&0\\0&0&1\\ \hdashline 5&-8&16\\0&5&-8\\0&0&5\end{array}\right),$$

得 $\boldsymbol{A}-\boldsymbol{E}=\begin{pmatrix}5&-8&16\\0&5&-8\\0&0&5\end{pmatrix}$,故选 B.

**【评注】**使用上述方法的前提是 $\boldsymbol{B}-2\boldsymbol{E}$ 可逆. 还必须要注意的是,系数矩阵 $\boldsymbol{B}-2\boldsymbol{E}$ 在所求矩阵右侧,方法 1 应在 $2\boldsymbol{E}+\boldsymbol{B}$ 的右侧乘逆矩阵,方法 2 应采用初等列变换求解. 相对而言,方法 2 更为简便.

**44.【参考答案】**A

**【答案解析】**等式两边右乘 $\boldsymbol{E}+\boldsymbol{A}$,得 $\boldsymbol{B}+\boldsymbol{A}\boldsymbol{B}=\boldsymbol{E}-\boldsymbol{A}$,整理为

$$(\boldsymbol{A}+\boldsymbol{E})(\boldsymbol{E}+\boldsymbol{B})=2\boldsymbol{E},$$

两边求逆,得
$$(\boldsymbol{E}+\boldsymbol{B})^{-1}(\boldsymbol{A}+\boldsymbol{E})^{-1}=\frac{1}{2}\boldsymbol{E},$$

因此
$$(\boldsymbol{E}+\boldsymbol{B})^{-1}=\frac{1}{2}(\boldsymbol{A}+\boldsymbol{E})=\frac{1}{2}\begin{pmatrix}2&0&0\\-2&4&0\\0&-4&6\end{pmatrix}=\begin{pmatrix}1&0&0\\-1&2&0\\0&-2&3\end{pmatrix}.$$

故选 A.

**【评注】**本题利用了逆矩阵的运算性质,要注意 $(2\boldsymbol{E})^{-1}\neq 2\boldsymbol{E}$.

**45.【参考答案】**A

**【答案解析】** 方程整理为 $(\boldsymbol{A}-\boldsymbol{E})\boldsymbol{X}=\boldsymbol{A}^2-\boldsymbol{E}=(\boldsymbol{A}-\boldsymbol{E})(\boldsymbol{A}+\boldsymbol{E})$，其中 $|\boldsymbol{A}-\boldsymbol{E}|=\begin{vmatrix}0&0&1\\0&1&0\\1&0&0\end{vmatrix}=-1\neq 0$，知 $\boldsymbol{A}-\boldsymbol{E}$ 可逆，从而 $\boldsymbol{X}=\boldsymbol{A}+\boldsymbol{E}=\begin{pmatrix}2&0&1\\0&3&0\\1&0&2\end{pmatrix}$，故选 A.

**【评注】** 本题关键有两点，一是 $\boldsymbol{A}^2-\boldsymbol{E}$ 能够因式分解，二是验证 $\boldsymbol{A}-\boldsymbol{E}$ 可逆，能够消去公因式，其做法不具有一般性.

46. **【参考答案】** C

**【答案解析】方法 1**　直接求解矩阵方程，即将矩阵方程整理为 $(\boldsymbol{B}-2\boldsymbol{E})\boldsymbol{X}=\boldsymbol{A}^{\mathrm{T}}$.

由 $|\boldsymbol{B}-2\boldsymbol{E}|=\begin{vmatrix}1&0&0\\0&0&-1\\0&1&0\end{vmatrix}=1\neq 0$，知 $\boldsymbol{B}-2\boldsymbol{E}$ 可逆，且 $(\boldsymbol{B}-2\boldsymbol{E})^{-1}=\begin{pmatrix}1&0&0\\0&0&1\\0&-1&0\end{pmatrix}$，

因此，

$$\boldsymbol{X}=(\boldsymbol{B}-2\boldsymbol{E})^{-1}\boldsymbol{A}^{\mathrm{T}}=\begin{pmatrix}1&0&0\\0&0&1\\0&-1&0\end{pmatrix}\begin{pmatrix}a&-1\\0&3\\b&1\end{pmatrix}=\begin{pmatrix}a&-1\\b&1\\0&-3\end{pmatrix}=\begin{pmatrix}2&-1\\-4&1\\0&-3\end{pmatrix},$$

从而解得 $a=2,b=-4$，故选 C.

**方法 2**　直接作矩阵运算，即

$$\begin{pmatrix}3&0&0\\0&2&-1\\0&1&2\end{pmatrix}\begin{pmatrix}2&-1\\-4&1\\0&-3\end{pmatrix}=\begin{pmatrix}6&-3\\-8&5\\-4&-5\end{pmatrix}=\begin{pmatrix}a&-1\\0&3\\b&1\end{pmatrix}+2\begin{pmatrix}2&-1\\-4&1\\0&-3\end{pmatrix}=\begin{pmatrix}a+4&-3\\-8&5\\b&-5\end{pmatrix},$$

比较对应元素，得 $a=2,b=-4$. 故选 C.

## 【考向 5】矩阵的秩

47. **【参考答案】** B

**【答案解析】** 若 $r(\boldsymbol{A})=r$，则 $\boldsymbol{A}$ 的所有 $r+1$ 阶子式全为零，且 $\boldsymbol{A}$ 至少有一个 $r$ 阶子式不为零；$r$ 不大于 $\boldsymbol{A}$ 的行、列数；对于一般矩阵 $\boldsymbol{A}$，经过若干次初等行、列变换才可化为标准形 $\begin{pmatrix}\boldsymbol{E}_r&\boldsymbol{O}\\\boldsymbol{O}&\boldsymbol{O}\end{pmatrix}$. 故选 B.

48. **【参考答案】** C

**【答案解析】** 由

$$\boldsymbol{A}=\begin{pmatrix}a&1&1\\1&a&1\\1&1&a\end{pmatrix}\xrightarrow[r_3-r_1]{r_2-r_1}\begin{pmatrix}a&1&1\\1-a&a-1&0\\1-a&0&a-1\end{pmatrix}$$

$$\xrightarrow{c_1+c_2+c_3}\begin{pmatrix}a+2&1&1\\0&a-1&0\\0&0&a-1\end{pmatrix},$$

又 $\boldsymbol{A}$ 的秩为 2,则 $a=-2$,故选 C.

【评注】已知矩阵的秩定常数是线性代数的一种基本题型,主要解题思路是先运用初等变换将矩阵化简至对角矩阵或三角矩阵,然后根据矩阵秩的概念确定常数的取值. 当方阵中含有参数不便于进行初等变换时,可直接计算方阵的行列式,解出零点,再讨论矩阵的秩.

**49.【参考答案】**C

【答案解析】由

$$|\boldsymbol{A}|=\begin{vmatrix}1-a & a & 0\\ -1 & 1-a & a\\ 0 & -1 & 1-a\end{vmatrix}\xlongequal{r_3+r_1+r_2}\begin{vmatrix}1-a & a & 0\\ -1 & 1-a & a\\ -a & 0 & 1\end{vmatrix}$$

$$=\begin{vmatrix}1-a & a\\ -1 & 1-a\end{vmatrix}-a^3=1-a+a^2-a^3,$$

当 $a=1$ 时,$\boldsymbol{A}$ 的行列式为零且有二阶非零子式,知 $r(\boldsymbol{A})=2$;当 $a\neq 1$ 时,$|\boldsymbol{A}|\neq 0$,知 $r(\boldsymbol{A})=3$,故选 C.

**50.【参考答案】**A

【答案解析】由

$$\boldsymbol{A}^4=\begin{pmatrix}0&1&0&0\\0&0&1&0\\0&0&0&1\\0&0&0&0\end{pmatrix}^2\begin{pmatrix}0&1&0&0\\0&0&1&0\\0&0&0&1\\0&0&0&0\end{pmatrix}^2$$

$$=\begin{pmatrix}0&0&1&0\\0&0&0&1\\0&0&0&0\\0&0&0&0\end{pmatrix}\begin{pmatrix}0&0&1&0\\0&0&0&1\\0&0&0&0\\0&0&0&0\end{pmatrix}=\begin{pmatrix}0&0&0&0\\0&0&0&0\\0&0&0&0\\0&0&0&0\end{pmatrix},$$

知当 $k>3$ 时,$\boldsymbol{A}^k=\boldsymbol{O}$,$r(\boldsymbol{A}^k)=0$. 故选 A.

**51.【参考答案】**C

【答案解析】由于 $\boldsymbol{P}$ 为可逆矩阵,因此 $r(\boldsymbol{AP})=r(\boldsymbol{A})$,于是,由

$$\boldsymbol{A}=\begin{pmatrix}1&2&-1&1\\2&0&2&1\\0&-4&4&-1\end{pmatrix}\xrightarrow{r}\begin{pmatrix}1&2&-1&1\\0&-4&4&-1\\0&0&0&0\end{pmatrix},$$

知 $\boldsymbol{AP}$ 的秩为 2,故选 C.

**52.【参考答案】**B

【答案解析】本题应注意满足 $\boldsymbol{AB}=\boldsymbol{E}$ 中的矩阵 $\boldsymbol{A}$,$\boldsymbol{B}$ 未必是方阵,如取

$$\boldsymbol{A}=\begin{pmatrix}1&0&0\\0&1&0\end{pmatrix},\boldsymbol{B}=\begin{pmatrix}1&0&0\\0&1&0\end{pmatrix}^{\mathrm{T}},$$

仍然有 $\boldsymbol{AB}=\boldsymbol{E}$,因此,选项 A,C,D,E 均不正确,故选 B.

**53.【参考答案】**E

【答案解析】由非零列向量 $\boldsymbol{\alpha}$,$\boldsymbol{\beta}$ 构造的矩阵 $\boldsymbol{A}$,其秩等于 1,且 $\boldsymbol{A}^k=(\boldsymbol{\alpha}\boldsymbol{\beta}^{\mathrm{T}})^k=(\boldsymbol{\beta}^{\mathrm{T}}\boldsymbol{\alpha})^{k-1}\boldsymbol{A}$.

若常数$\boldsymbol{\beta}^{\mathrm{T}}\boldsymbol{\alpha}=0$,则恒有$r(\boldsymbol{A}^{k_1})=r(\boldsymbol{A}^{k_2})=0$,若常数$\boldsymbol{\beta}^{\mathrm{T}}\boldsymbol{\alpha}\neq 0$,则恒有$r(\boldsymbol{A}^{k_1})=r(\boldsymbol{A}^{k_2})=1$,故选 E.

**54.【参考答案】**C

**【答案解析】**容易证明方程组$\boldsymbol{Ax}=\boldsymbol{0}$与$\boldsymbol{A}^{\mathrm{T}}\boldsymbol{Ax}=\boldsymbol{0}$为同解方程组,因此,$r(\boldsymbol{A}^{\mathrm{T}}\boldsymbol{A})=r(\boldsymbol{A})$,故选 C. 若$\boldsymbol{A}\neq\boldsymbol{O}$,仍然可能$0<r(\boldsymbol{A})<n$,从而$r(\boldsymbol{A}^{\mathrm{T}}\boldsymbol{A})<n$,$|\boldsymbol{A}^{\mathrm{T}}\boldsymbol{A}|=0$,一般而言,对于任意的$m\times n(m>n)$非零矩阵$\boldsymbol{A},\boldsymbol{B}$,仍然可能有$\boldsymbol{A}^{\mathrm{T}}\boldsymbol{B}=\boldsymbol{O}$,但对于形如$\boldsymbol{A}^{\mathrm{T}}\boldsymbol{A}$的矩阵而言,若$\boldsymbol{A}\neq\boldsymbol{O}$,必有$\boldsymbol{A}^{\mathrm{T}}\boldsymbol{A}\neq\boldsymbol{O}$,这一点也可以由选项 C 推出.

**55.【参考答案】**A

**【答案解析】**两个方阵的行列式相等，两个方阵未必相等；$r(\boldsymbol{A})<3$是$|\boldsymbol{A}^2|=|\boldsymbol{A}|$的充分条件但非必要条件;由反例:矩阵$\boldsymbol{A}=\begin{pmatrix}2&-2&0\\1&-1&0\\0&0&0\end{pmatrix}$,满足等式$\boldsymbol{A}^2=\boldsymbol{A}$,但并没有$\boldsymbol{A}=\boldsymbol{E}$或$\boldsymbol{A}=\boldsymbol{O}$. 由排除法，仅结论④正确,故选 A. 事实上，由$\boldsymbol{A}^2=\boldsymbol{A}$,即$\boldsymbol{A}(\boldsymbol{E}-\boldsymbol{A})=\boldsymbol{O}$,有$r(\boldsymbol{A})+r(\boldsymbol{E}-\boldsymbol{A})\leqslant 3$,同时有$r(\boldsymbol{A})+r(\boldsymbol{E}-\boldsymbol{A})\geqslant r(\boldsymbol{A}+\boldsymbol{E}-\boldsymbol{A})=r(\boldsymbol{E})=3$,因此,$r(\boldsymbol{A}-\boldsymbol{E})+r(\boldsymbol{A})=3$.

**56.【参考答案】**D

**【答案解析】**由于$\boldsymbol{E}^k=\boldsymbol{E},\boldsymbol{O}^k=\boldsymbol{O}$,可逆矩阵的乘积仍为可逆矩阵,对角矩阵的幂运算最终是其对角线元素的幂运算,不会改变其非零对角线元素的个数,因此,也不会改变对角矩阵的秩,而三角矩阵的幂运算可能会改变矩阵的秩，所以共有 4 种矩阵满足$r(\boldsymbol{A})=r(\boldsymbol{A}^k)$,故选 D.

**【评注】**一般情况下,$r(\boldsymbol{A}^k)\neq r(\boldsymbol{A})$,仅当$\boldsymbol{A}$为对角矩阵、可逆矩阵或零矩阵时,结论才成立. 因此,对于三角矩阵(除对角矩阵、可逆矩阵或零矩阵外),必须先计算再作判断.

**57.【参考答案】**A

**【答案解析】**本题主要考查矩阵的秩的性质,即对任意$m\times n$矩阵$\boldsymbol{A}$,$n\times m$矩阵$\boldsymbol{B}$,总有

$$r(\boldsymbol{A})\leqslant\min\{m,n\}\leqslant m,r(\boldsymbol{B})\leqslant\min\{m,n\}\leqslant m,$$

同时有

$$m=r(\boldsymbol{E})=r(\boldsymbol{AB})\leqslant\min\{r(\boldsymbol{A}),r(\boldsymbol{B})\},$$

从而有

$$m\leqslant r(\boldsymbol{A}),m\leqslant r(\boldsymbol{B}),$$

知$r(\boldsymbol{A})=m,r(\boldsymbol{B})=m$. 故选 A.

## 【考向 6】分块矩阵

**58.【参考答案】**E

**【答案解析】**记$\boldsymbol{A}_1=\begin{pmatrix}1&2\\3&5\end{pmatrix}$,$\boldsymbol{A}_2=\begin{pmatrix}1&-4\\0&2\end{pmatrix}$,则$\boldsymbol{A}=\begin{pmatrix}\boldsymbol{O}&\boldsymbol{A}_1\\\boldsymbol{A}_2&\boldsymbol{O}\end{pmatrix}$,$\boldsymbol{A}^{-1}=\begin{pmatrix}\boldsymbol{O}&\boldsymbol{A}_2^{-1}\\\boldsymbol{A}_1^{-1}&\boldsymbol{O}\end{pmatrix}$,其中$\boldsymbol{A}_1^{-1}=\begin{pmatrix}-5&2\\3&-1\end{pmatrix}$,$\boldsymbol{A}_2^{-1}=\frac{1}{2}\begin{pmatrix}2&4\\0&1\end{pmatrix}$,因此得

$$\boldsymbol{A}^* = |\boldsymbol{A}|\boldsymbol{A}^{-1} = (-1)^{2\times 2}|\boldsymbol{A}_1||\boldsymbol{A}_2|\begin{pmatrix}\boldsymbol{O} & \boldsymbol{A}_2^{-1}\\ \boldsymbol{A}_1^{-1} & \boldsymbol{O}\end{pmatrix} = \begin{pmatrix}0 & 0 & -2 & -4\\ 0 & 0 & 0 & -1\\ 10 & -4 & 0 & 0\\ -6 & 2 & 0 & 0\end{pmatrix},$$

故选 E.

【评注】线性代数的数值计算要注意方法，本题采用公式 $\boldsymbol{A}^* = |\boldsymbol{A}|\boldsymbol{A}^{-1}$ 要比采用代数余子式计算 $\boldsymbol{A}^*$ 简单得多.

## 【考向 7】初等矩阵

**59.【参考答案】** C

**【答案解析】** 初等矩阵是由单位矩阵作一次初等变换得到的矩阵. 易知，选项 C 中矩阵是由单位矩阵经过两次初等变换得到的矩阵，故不是初等矩阵，故选 C.

选项 A 中矩阵是单位矩阵交换第 2，3 行(列) 得到的矩阵，为初等矩阵.

选项 B 中矩阵是将单位矩阵的第 2 行(列) 乘以 $-3$ 倍得到的矩阵，为初等矩阵.

选项 D 中矩阵是将单位矩阵的第 3 行(第 1 列) 乘以 3 倍加至第 1 行(第 3 列) 得到的矩阵，为初等矩阵.

选项 E 中矩阵是将单位矩阵的第 1 行(第 2 列) 乘以 $-1$ 倍加至第 2 行(第 1 列) 得到的矩阵，为初等矩阵.

**60.【参考答案】** D

**【答案解析】** 依题设，$\boldsymbol{AE}(1,2) = \boldsymbol{B}$，$\boldsymbol{BE}(2,3(1)) = \boldsymbol{C}$，即有 $\boldsymbol{AE}(1,2)\boldsymbol{E}(2,3(1)) = \boldsymbol{C}$，记

$$\boldsymbol{Q} = \boldsymbol{E}(1,2)\boldsymbol{E}(2,3(1)) = \begin{pmatrix}0 & 1 & 0\\ 1 & 0 & 0\\ 0 & 0 & 1\end{pmatrix}\begin{pmatrix}1 & 0 & 0\\ 0 & 1 & 1\\ 0 & 0 & 1\end{pmatrix} = \begin{pmatrix}0 & 1 & 1\\ 1 & 0 & 0\\ 0 & 0 & 1\end{pmatrix},$$

由于初等矩阵可逆，因此 $\boldsymbol{Q}$ 可逆，且 $\boldsymbol{AQ} = \boldsymbol{C}$，故选 D.

【评注】在矩阵的初等变换与矩阵乘以同种初等矩阵的运算之间进行转换，是线性代数中经常会遇到的一种基本运算. 要重点解决的是，如何将对矩阵的初等变换过程的表述具体转换为对应的初等矩阵乘积的形式. 要保证正确推导，准确使用初等矩阵的符号十分重要. 一般来说，对于初等矩阵 $\boldsymbol{E}(i,j)$，$\boldsymbol{E}(i(k))$ 的理解不会产生分歧，但 $\boldsymbol{E}(i,j(k))$ 在左乘矩阵和右乘矩阵时的含义是不同的，应注意重点掌握.

**61.【参考答案】** A

**【答案解析】** 依题设，$\boldsymbol{B} = \boldsymbol{E}(2,3)\boldsymbol{E}(2,1(2))\boldsymbol{A}$，从而有

$$\boldsymbol{B}^{-1} = \boldsymbol{A}^{-1}\boldsymbol{E}^{-1}(2,1(2))\boldsymbol{E}^{-1}(2,3) = \boldsymbol{A}^{-1}\boldsymbol{E}(2,1(-2))\boldsymbol{E}(2,3),$$

因此

$$\boldsymbol{AB}^{-1} = \boldsymbol{AA}^{-1}\boldsymbol{E}(2,1(-2))\boldsymbol{E}(2,3)$$

$$= \begin{pmatrix}1 & 0 & 0\\ -2 & 1 & 0\\ 0 & 0 & 1\end{pmatrix}\begin{pmatrix}1 & 0 & 0\\ 0 & 0 & 1\\ 0 & 1 & 0\end{pmatrix} = \begin{pmatrix}1 & 0 & 0\\ -2 & 0 & 1\\ 0 & 1 & 0\end{pmatrix},$$

故选 A.

【评注】本题关键是将由文字表述的初等变换过程用左乘或右乘初等矩阵来表示，这类初等变换的文字表述与左乘或右乘初等矩阵间的相互转换是处理相关问题的出发点.

**62.【参考答案】**B

【答案解析】由于 $\boldsymbol{E}^m(i,j)=\begin{cases}\boldsymbol{E}(i,j), & m\text{ 为奇数},\\ \boldsymbol{E}, & m\text{ 为偶数},\end{cases}$因此 $\boldsymbol{E}^{10}(1,2)=\boldsymbol{E}$，

$$[\boldsymbol{E}^{-1}(2,3(-1))]^6=\boldsymbol{E}^6(2,3(1))=\boldsymbol{E}(2,3(6)),$$

因此

$$\boldsymbol{E}^{10}(1,2)\begin{pmatrix}1&2&3\\4&5&6\\7&8&9\end{pmatrix}[\boldsymbol{E}^{-1}(2,3(-1))]^6=\begin{pmatrix}1&2&3\\4&5&6\\7&8&9\end{pmatrix}\boldsymbol{E}(2,3(6))=\begin{pmatrix}1&2&15\\4&5&36\\7&8&57\end{pmatrix},$$

故选 B.

【评注】矩阵左乘初等矩阵 $\boldsymbol{E}(2,3(6))$，相当于将第 2 列元素的 6 倍加至第 3 列.

**63.【参考答案】**C

【答案解析】依题设，$\boldsymbol{B}$ 是将 $\boldsymbol{A}$ 的第 1 列和第 4 列交换、第 2 列和第 3 列交换后得到的矩阵，$\boldsymbol{P}_1,\boldsymbol{P}_2$ 分别是初等矩阵 $\boldsymbol{E}(1,4),\boldsymbol{E}(2,3)$，即有 $\boldsymbol{B}=\boldsymbol{AP}_1\boldsymbol{P}_2$ 或 $\boldsymbol{B}=\boldsymbol{AP}_2\boldsymbol{P}_1$，从而有 $\boldsymbol{B}^{-1}=\boldsymbol{P}_2^{-1}\boldsymbol{P}_1^{-1}\boldsymbol{A}^{-1}$ 或 $\boldsymbol{B}^{-1}=\boldsymbol{P}_1^{-1}\boldsymbol{P}_2^{-1}\boldsymbol{A}^{-1}$，又 $\boldsymbol{P}_1^{-1}=\boldsymbol{P}_1,\boldsymbol{P}_2^{-1}=\boldsymbol{P}_2$，因此，$\boldsymbol{B}^{-1}=\boldsymbol{P}_2\boldsymbol{P}_1\boldsymbol{A}^{-1}$ 或 $\boldsymbol{P}_1\boldsymbol{P}_2\boldsymbol{A}^{-1}$，故选 C.

【评注】将由矩阵初等变换连接的两矩阵之间的关系用初等矩阵的运算表现出来，是常见的一种重要题型. 关键是要把握初等变换与初等矩阵的关系，同时也要掌握初等矩阵本身的运算性质，如初等矩阵的行列式、幂运算和逆.

**64.【参考答案】**D

【答案解析】注意到 $\boldsymbol{B},\boldsymbol{C}$ 均为初等矩阵，且 $\boldsymbol{B}=\boldsymbol{E}(2,3),\boldsymbol{C}=\boldsymbol{E}(1,3(-2))$，故有

$$\boldsymbol{B}^{\mathrm T}=\boldsymbol{B}^{-1}=\boldsymbol{B},\boldsymbol{B}^2=\boldsymbol{E},\boldsymbol{C}^m=\boldsymbol{E}(1,3(-2m)),$$

因此

$$\begin{aligned}\boldsymbol{A}^{200}&=\boldsymbol{B}^{\mathrm T}\boldsymbol{CBB}^{\mathrm T}\boldsymbol{CB}\cdots\boldsymbol{B}^{\mathrm T}\boldsymbol{CB}=\boldsymbol{BC}^{200}\boldsymbol{B}\\&=\begin{pmatrix}1&0&0\\0&0&1\\0&1&0\end{pmatrix}\begin{pmatrix}1&0&-400\\0&1&0\\0&0&1\end{pmatrix}\begin{pmatrix}1&0&0\\0&0&1\\0&1&0\end{pmatrix}\\&=\begin{pmatrix}1&0&-400\\0&0&1\\0&1&0\end{pmatrix}\begin{pmatrix}1&0&0\\0&0&1\\0&1&0\end{pmatrix}=\begin{pmatrix}1&-400&0\\0&1&0\\0&0&1\end{pmatrix},\end{aligned}$$

故选 D.

【评注】本题计算过程用到一系列初等矩阵的性质，如初等矩阵的转置、初等矩阵的幂及初等矩阵的逆等. 注意符号 $\boldsymbol{E}(i,j(k))$ 表示将单位矩阵中第 $j$ 行的 $k$ 倍加至第 $i$ 行得到的初等矩阵，或将单位矩阵中第 $i$ 列的 $k$ 倍加至第 $j$ 列得到的初等矩阵，矩阵左乘与右乘

$\boldsymbol{E}(i,j(k))$ 的含义不同.

**65.【参考答案】**C

**【答案解析】**由 $\boldsymbol{Q}=(\boldsymbol{\alpha}_1+\boldsymbol{\alpha}_2,\boldsymbol{\alpha}_2,\boldsymbol{\alpha}_3)=(\boldsymbol{\alpha}_1,\boldsymbol{\alpha}_2,\boldsymbol{\alpha}_3)\begin{pmatrix}1&0&0\\1&1&0\\0&0&1\end{pmatrix}=\boldsymbol{P}\begin{pmatrix}1&0&0\\1&1&0\\0&0&1\end{pmatrix}$,于是有

$$\boldsymbol{Q}^{\mathrm{T}}\boldsymbol{A}\boldsymbol{Q}=\begin{pmatrix}1&0&0\\1&1&0\\0&0&1\end{pmatrix}^{\mathrm{T}}\boldsymbol{P}^{\mathrm{T}}\boldsymbol{A}\boldsymbol{P}\begin{pmatrix}1&0&0\\1&1&0\\0&0&1\end{pmatrix}$$

$$=\begin{pmatrix}1&1&0\\0&1&0\\0&0&1\end{pmatrix}\begin{pmatrix}1&0&0\\0&1&0\\0&0&2\end{pmatrix}\begin{pmatrix}1&0&0\\1&1&0\\0&0&1\end{pmatrix}$$

$$=\begin{pmatrix}1&1&0\\0&1&0\\0&0&2\end{pmatrix}\begin{pmatrix}1&0&0\\1&1&0\\0&0&1\end{pmatrix}=\begin{pmatrix}2&1&0\\1&1&0\\0&0&2\end{pmatrix},$$

故选 C.

**【评注】**本题求解的关键是找出 $\boldsymbol{Q}$ 与 $\boldsymbol{P}$ 之间的转换矩阵,而且该转换矩阵是初等矩阵,后续运算可以由该初等矩阵的性质直接得出结果.

**66.【参考答案】**B

**【答案解析】**由 $|\boldsymbol{A}|=\begin{vmatrix}1&3&-1\\0&-2&1\\0&0&3\end{vmatrix}=-6\neq 0$,知 $\boldsymbol{A},\boldsymbol{A}^*$ 可逆,且 $\boldsymbol{A}^*=|\boldsymbol{A}|\boldsymbol{A}^{-1}$.

依题设,$\boldsymbol{B}=\boldsymbol{E}(3,2(-2))\boldsymbol{A}^*$,从而有

$$\boldsymbol{B}^{-1}=(\boldsymbol{A}^*)^{-1}\boldsymbol{E}^{-1}(3,2(-2))=|\boldsymbol{A}|^{-1}(\boldsymbol{A}^{-1})^{-1}\boldsymbol{E}(3,2(2))=-\frac{1}{6}\boldsymbol{A}\boldsymbol{E}(3,2(2)),$$

因此 $\boldsymbol{A}^{-1}\boldsymbol{B}^{-1}=-\dfrac{1}{6}\boldsymbol{A}^{-1}\boldsymbol{A}\boldsymbol{E}(3,2(2))=-\dfrac{1}{6}\begin{pmatrix}1&0&0\\0&1&0\\0&2&1\end{pmatrix}$. 故选 B.

**67.【参考答案】**E

**【答案解析】**本题主要考查矩阵的初等变换、初等矩阵、矩阵乘积的逆运算. 关键是将矩阵 $\boldsymbol{B}$ 与 $\boldsymbol{A}$ 之间用初等矩阵建立关系式. 依题设,有

$$\boldsymbol{E}(2,1(1))=\boldsymbol{P}_1,\boldsymbol{E}(2,3)=\boldsymbol{P}_2.$$

因为 $\boldsymbol{B}=\boldsymbol{A}\boldsymbol{E}(2,1(1)),\boldsymbol{E}=\boldsymbol{E}(2,3)\boldsymbol{B}$,于是

$$\boldsymbol{E}=\boldsymbol{E}(2,3)\boldsymbol{A}\boldsymbol{E}(2,1(1)),$$

$$\boldsymbol{A}=\boldsymbol{E}^{-1}(2,3)\boldsymbol{E}^{-1}(2,1(1)),$$

又 $\boldsymbol{E}^{-1}(2,3)=\boldsymbol{E}(2,3)=\boldsymbol{P}_2,\boldsymbol{E}^{-1}(2,1(1))=\boldsymbol{P}_1^{-1}$,因此

$$\boldsymbol{A}=\boldsymbol{P}_2\boldsymbol{P}_1^{-1},$$

故选 E.

**68.【参考答案】** B

**【答案解析】** 由于 $\boldsymbol{E}^{m}(i,j)=\begin{cases}\boldsymbol{E}(i,j), & m\text{ 为奇数},\\ \boldsymbol{E}, & m\text{ 为偶数},\end{cases}$ 因此

$$\boldsymbol{E}^{2\,017}(1,2)\begin{pmatrix}1&2&3\\4&5&6\\7&8&9\end{pmatrix}\boldsymbol{E}^{2\,018}(2,3)=\boldsymbol{E}(1,2)\begin{pmatrix}1&2&3\\4&5&6\\7&8&9\end{pmatrix}\boldsymbol{E}=\begin{pmatrix}4&5&6\\1&2&3\\7&8&9\end{pmatrix}.$$

故选 B.

# 第七章　向量和线性方程组

## 答案速查表

| | | | | | |
|---|---|---|---|---|---|
| 1～5 | CBAAC | 6～10 | EEBBB | 11～15 | ECBEE |
| 16～20 | CECDD | 21～25 | DDCED | 26～30 | CBDED |
| 31～35 | CEBAE | 36～40 | BEBBE | 41～45 | ECECD |
| 46～50 | EDACA | 51～55 | EBADE | 56～60 | ADECD |
| 61～65 | BADCB | 66～70 | EAEBE | 71～75 | EEEDE |
| 76～80 | EDBDE | 81～85 | BEEEC | 86～90 | CAEAE |
| 91～95 | ADABA | 96～100 | DCEBA | 101～105 | ABCDA |
| 106～110 | ACECA | 111～115 | EDCED | 116～120 | ACCBA |

## 【考向 1】向量的运算

**1.【参考答案】** C

**【答案解析】** 令 $\boldsymbol{P}=(\boldsymbol{\alpha}_1,\boldsymbol{\alpha}_2,\boldsymbol{\alpha}_3)$，则

$$\begin{aligned}\boldsymbol{AP}&=\boldsymbol{A}(\boldsymbol{\alpha}_1,\boldsymbol{\alpha}_2,\boldsymbol{\alpha}_3)=(\boldsymbol{A\alpha}_1,\boldsymbol{A\alpha}_2,\boldsymbol{A\alpha}_3)\\&=(-\boldsymbol{\alpha}_1+\boldsymbol{\alpha}_2+\boldsymbol{\alpha}_3,\boldsymbol{\alpha}_1-2\boldsymbol{\alpha}_2+\boldsymbol{\alpha}_3,\boldsymbol{\alpha}_1+\boldsymbol{\alpha}_2-3\boldsymbol{\alpha}_3)\\&=(\boldsymbol{\alpha}_1,\boldsymbol{\alpha}_2,\boldsymbol{\alpha}_3)\begin{pmatrix}-1&1&1\\1&-2&1\\1&1&-3\end{pmatrix}=\boldsymbol{P}\begin{pmatrix}-1&1&1\\1&-2&1\\1&1&-3\end{pmatrix}.\end{aligned}$$

因为 $\boldsymbol{\alpha}_1,\boldsymbol{\alpha}_2,\boldsymbol{\alpha}_3$ 线性无关，所以 $\boldsymbol{P}$ 可逆. 于是，$|\boldsymbol{A}|=\begin{vmatrix}-1&1&1\\1&-2&1\\1&1&-3\end{vmatrix}=2$. 应选 C.

## 【考向 2】向量组的秩

**2.【参考答案】** B

**【答案解析】** 对矩阵 $(\boldsymbol{\alpha}_1^{\mathrm{T}},\boldsymbol{\alpha}_2^{\mathrm{T}},\boldsymbol{\alpha}_3^{\mathrm{T}},\boldsymbol{\alpha}_4^{\mathrm{T}})$ 作初等行变换得：

$$(\boldsymbol{\alpha}_1^{\mathrm{T}},\boldsymbol{\alpha}_2^{\mathrm{T}},\boldsymbol{\alpha}_3^{\mathrm{T}},\boldsymbol{\alpha}_4^{\mathrm{T}})=\begin{pmatrix}1&2&0&4\\2&-1&5&1\\3&1&a&a\\4&3&a&9\end{pmatrix}\to\begin{pmatrix}1&2&0&4\\0&-5&5&-7\\0&-5&a&a-12\\0&-5&a&-7\end{pmatrix}$$

$$\rightarrow\begin{pmatrix}1&2&0&4\\0&-5&5&-7\\0&0&a-5&a-5\\0&0&a-5&0\end{pmatrix}\rightarrow\begin{pmatrix}1&2&0&4\\0&-5&5&-7\\0&0&a-5&0\\0&0&0&a-5\end{pmatrix}.$$

由于向量组 $\boldsymbol{\alpha}_1,\boldsymbol{\alpha}_2,\boldsymbol{\alpha}_3,\boldsymbol{\alpha}_4$ 线性相关，故 $a=5$. 此时，向量组 $\boldsymbol{\alpha}_1,\boldsymbol{\alpha}_2,\boldsymbol{\alpha}_3,\boldsymbol{\alpha}_4$ 的秩为 2. 应选 B.

**3.【参考答案】**A

**【答案解析】**由于 $\boldsymbol{B}^{\mathrm{T}}\boldsymbol{A}=\boldsymbol{O}$，故 $r(\boldsymbol{A})+r(\boldsymbol{B}^{\mathrm{T}})\leqslant 4$. 由于 $r(\boldsymbol{A})=r(\boldsymbol{\alpha}_1,\boldsymbol{\alpha}_2,\boldsymbol{\alpha}_3)=3$，故 $r(\boldsymbol{B})=r(\boldsymbol{B}^{\mathrm{T}})\leqslant 4-r(\boldsymbol{A})=1$. 又 $\boldsymbol{\beta}_1,\boldsymbol{\beta}_2$ 为 4 维非零列向量组，故 $r(\boldsymbol{B})\geqslant 1$. 于是，$r(\boldsymbol{\beta}_1,\boldsymbol{\beta}_2)=r(\boldsymbol{B})=1$，从而 $\boldsymbol{\beta}_1,\boldsymbol{\beta}_2$ 线性相关. 应选 A.

**4.【参考答案】**A

**【答案解析】**令 $\boldsymbol{A}=(\boldsymbol{\alpha}_1,\boldsymbol{\alpha}_2,\boldsymbol{\alpha}_3,\boldsymbol{\alpha}_4)$，$\boldsymbol{B}=(\boldsymbol{\beta}_1,\boldsymbol{\beta}_2,\boldsymbol{\beta}_3,\boldsymbol{\beta}_4,\boldsymbol{\beta}_5)$，则 $\boldsymbol{A}$ 是 $5\times 4$ 矩阵，$\boldsymbol{B}$ 是 5 阶方阵，由于 $\boldsymbol{\alpha}_i^{\mathrm{T}}\boldsymbol{\beta}_j=0(i=1,2,3,4;j=1,2,3,4,5)$，故

$$\boldsymbol{A}^{\mathrm{T}}\boldsymbol{B}=\begin{pmatrix}\boldsymbol{\alpha}_1^{\mathrm{T}}\\\boldsymbol{\alpha}_2^{\mathrm{T}}\\\boldsymbol{\alpha}_3^{\mathrm{T}}\\\boldsymbol{\alpha}_4^{\mathrm{T}}\end{pmatrix}(\boldsymbol{\beta}_1,\boldsymbol{\beta}_2,\boldsymbol{\beta}_3,\boldsymbol{\beta}_4,\boldsymbol{\beta}_5)=\boldsymbol{O}_{4\times 5}.$$

于是，$r(\boldsymbol{A})+r(\boldsymbol{B})=r(\boldsymbol{A}^{\mathrm{T}})+r(\boldsymbol{B})\leqslant 5$. 由于 $\boldsymbol{\alpha}_1,\boldsymbol{\alpha}_2,\boldsymbol{\alpha}_3,\boldsymbol{\alpha}_4$ 线性无关，故 $r(\boldsymbol{A})=4$，从而 $r(\boldsymbol{B})\leqslant 5-r(\boldsymbol{A})=1$. 又 $\boldsymbol{\beta}_1,\boldsymbol{\beta}_2,\boldsymbol{\beta}_3,\boldsymbol{\beta}_4,\boldsymbol{\beta}_5$ 是非零列向量组，故 $r(\boldsymbol{B})\geqslant 1$. 因此，$r(\boldsymbol{B})=1$，即向量组 $\boldsymbol{\beta}_1,\boldsymbol{\beta}_2,\boldsymbol{\beta}_3,\boldsymbol{\beta}_4,\boldsymbol{\beta}_5$ 的秩为 1. 应选 A.

**5.【参考答案】**C

**【答案解析】**对矩阵 $(\boldsymbol{\alpha}_1,\boldsymbol{\alpha}_2,\boldsymbol{\beta}_1,\boldsymbol{\beta}_2)$ 及 $(\boldsymbol{\beta}_1,\boldsymbol{\beta}_2,\boldsymbol{\alpha}_1,\boldsymbol{\alpha}_2)$ 分别作初等行变换，得

$$(\boldsymbol{\alpha}_1,\boldsymbol{\alpha}_2,\boldsymbol{\beta}_1,\boldsymbol{\beta}_2)=\begin{pmatrix}1&0&1&2\\1&1&0&1\\0&1&1&1\end{pmatrix}\rightarrow\begin{pmatrix}1&0&1&2\\0&1&-1&-1\\0&1&1&1\end{pmatrix}\rightarrow\begin{pmatrix}1&0&1&2\\0&1&-1&-1\\0&0&2&2\end{pmatrix},$$

$$(\boldsymbol{\beta}_1,\boldsymbol{\beta}_2,\boldsymbol{\alpha}_1,\boldsymbol{\alpha}_2)=\begin{pmatrix}1&2&1&0\\0&1&1&1\\1&1&0&1\end{pmatrix}\rightarrow\begin{pmatrix}1&2&1&0\\0&1&1&1\\0&-1&-1&1\end{pmatrix}\rightarrow\begin{pmatrix}1&2&1&0\\0&1&1&1\\0&0&0&2\end{pmatrix}.$$

由此可知，向量组（Ⅰ）与向量组（Ⅱ）的秩均为 2，但向量组（Ⅰ）不能由向量组（Ⅱ）线性表示，向量组（Ⅱ）也不能由向量组（Ⅰ）线性表示. 因而，它们不等价. 应选 C.

**6.【参考答案】**E

**【答案解析】**对矩阵 $(\boldsymbol{\alpha}_1,\boldsymbol{\alpha}_2,\boldsymbol{\alpha}_3,\boldsymbol{\alpha}_4)$ 作初等行变换，得

$$(\boldsymbol{\alpha}_1,\boldsymbol{\alpha}_2,\boldsymbol{\alpha}_3,\boldsymbol{\alpha}_4)=\begin{pmatrix}2&2&2&0\\a&5&7&-1\\1&a&5&2\end{pmatrix}\rightarrow\begin{pmatrix}1&1&1&0\\0&5-a&7-a&-1\\0&a-1&4&2\end{pmatrix}$$

$$\to\begin{pmatrix}1&1&1&0\\0&4&11-a&1\\0&a-1&4&2\end{pmatrix}\to\begin{pmatrix}1&1&1&0\\0&4&11-a&1\\0&0&\frac{1}{4}(a-3)(a-9)&-\frac{1}{4}(a-9)\end{pmatrix}.$$

因为 $r(\boldsymbol{\alpha}_1,\boldsymbol{\alpha}_2,\boldsymbol{\alpha}_3,\boldsymbol{\alpha}_4)=2$，所以 $a=9$. 应选 E.

**7.【参考答案】** E

**【答案解析】** 对矩阵$(\boldsymbol{\alpha}_1,\boldsymbol{\alpha}_2,\boldsymbol{\alpha}_3)$与$(\boldsymbol{\beta}_1,\boldsymbol{\beta}_2,\boldsymbol{\beta}_3)$分别作初等行变换：

$$(\boldsymbol{\alpha}_1,\boldsymbol{\alpha}_2,\boldsymbol{\alpha}_3)=\begin{pmatrix}1&1&1\\4&t+3&0\\4&5&2\end{pmatrix}\to\begin{pmatrix}1&1&1\\0&t-1&-4\\0&1&-2\end{pmatrix}\to\begin{pmatrix}1&1&1\\0&1&-2\\0&0&2(t-3)\end{pmatrix},$$

$$(\boldsymbol{\beta}_1,\boldsymbol{\beta}_2,\boldsymbol{\beta}_3)=\begin{pmatrix}1&0&1\\8&-5&t\\-3&t&0\end{pmatrix}\to\begin{pmatrix}1&0&1\\0&-5&t-8\\0&t&3\end{pmatrix}\to\begin{pmatrix}1&0&1\\0&-5&t-8\\0&0&\frac{1}{5}(t-3)(t-5)\end{pmatrix}.$$

可见 $2\leqslant r(\boldsymbol{\alpha}_1,\boldsymbol{\alpha}_2,\boldsymbol{\alpha}_3)\leqslant 3,2\leqslant r(\boldsymbol{\beta}_1,\boldsymbol{\beta}_2,\boldsymbol{\beta}_3)\leqslant 3$. 由于 $r(\boldsymbol{\alpha}_1,\boldsymbol{\alpha}_2,\boldsymbol{\alpha}_3)>r(\boldsymbol{\beta}_1,\boldsymbol{\beta}_2,\boldsymbol{\beta}_3)$，故 $r(\boldsymbol{\alpha}_1,\boldsymbol{\alpha}_2,\boldsymbol{\alpha}_3)=3,r(\boldsymbol{\beta}_1,\boldsymbol{\beta}_2,\boldsymbol{\beta}_3)=2$. 于是，$\begin{cases}t-3\neq 0,\\(t-3)(t-5)=0,\end{cases}$ 从而 $t=5$. 应选 E.

**8.【参考答案】** B

**【答案解析】** 对矩阵$(\boldsymbol{\alpha}_1^{\mathrm{T}},\boldsymbol{\alpha}_2^{\mathrm{T}},\boldsymbol{\alpha}_3^{\mathrm{T}},\boldsymbol{\alpha}_4^{\mathrm{T}},\boldsymbol{\alpha}_5^{\mathrm{T}})$作初等行变换得：

$$(\boldsymbol{\alpha}_1^{\mathrm{T}},\boldsymbol{\alpha}_2^{\mathrm{T}},\boldsymbol{\alpha}_3^{\mathrm{T}},\boldsymbol{\alpha}_4^{\mathrm{T}},\boldsymbol{\alpha}_5^{\mathrm{T}})=\begin{pmatrix}1&0&1&1&2\\-2&1&-1&-3&-1\\1&2&3&-1&8\\3&-1&2&4&3\end{pmatrix}\to\begin{pmatrix}1&0&1&1&2\\0&1&1&-1&3\\0&2&2&-2&6\\0&-1&-1&1&-3\end{pmatrix}$$

$$\to\begin{pmatrix}1&0&1&1&2\\0&1&1&-1&3\\0&0&0&0&0\\0&0&0&0&0\end{pmatrix}.$$

故向量组 $\boldsymbol{\alpha}_1,\boldsymbol{\alpha}_2,\boldsymbol{\alpha}_3,\boldsymbol{\alpha}_4,\boldsymbol{\alpha}_5$ 的秩为 2. 应选 B.

**9.【参考答案】** B

**【答案解析】** 令 $\boldsymbol{A}=(\boldsymbol{\alpha}_1^{\mathrm{T}},\boldsymbol{\alpha}_2^{\mathrm{T}},\boldsymbol{\alpha}_3^{\mathrm{T}},\boldsymbol{\alpha}_4^{\mathrm{T}})$，对矩阵 $\boldsymbol{A}$ 作初等行变换化为阶梯形：

$$\boldsymbol{A}=\begin{pmatrix}1&2&0&1\\0&1&1&1\\2&3&b&1\\-1&a&0&b\end{pmatrix}\to\begin{pmatrix}1&2&0&1\\0&1&1&1\\0&-1&b&-1\\0&a+2&0&b+1\end{pmatrix}\to\begin{pmatrix}1&2&0&1\\0&1&1&1\\0&0&b+1&0\\0&0&-a-2&b-a-1\end{pmatrix}.$$

由于 $r(\boldsymbol{A})=r(\boldsymbol{\alpha}_1,\boldsymbol{\alpha}_2,\boldsymbol{\alpha}_3,\boldsymbol{\alpha}_4)=2$，故 $a=-2,b=-1$. 应选 B.

**10.【参考答案】** B

**【答案解析】**

$$(\boldsymbol{\beta}_1,\boldsymbol{\beta}_2,\boldsymbol{\beta}_3,\boldsymbol{\beta}_4)=(\boldsymbol{\alpha}_1,\boldsymbol{\alpha}_2,\boldsymbol{\alpha}_3,\boldsymbol{\alpha}_4)\begin{pmatrix}1&0&0&1\\2&2&0&0\\0&3&3&0\\0&0&4&4\end{pmatrix},$$

$$(\boldsymbol{\gamma}_1,\boldsymbol{\gamma}_2,\boldsymbol{\gamma}_3,\boldsymbol{\gamma}_4)=(\boldsymbol{\alpha}_1,\boldsymbol{\alpha}_2,\boldsymbol{\alpha}_3,\boldsymbol{\alpha}_4)\begin{pmatrix}1&0&0&-1\\-2&2&0&0\\0&-3&3&0\\0&0&-4&4\end{pmatrix}.$$

由于 $\boldsymbol{\alpha}_1,\boldsymbol{\alpha}_2,\boldsymbol{\alpha}_3,\boldsymbol{\alpha}_4$ 线性无关，因此$(\boldsymbol{\alpha}_1,\boldsymbol{\alpha}_2,\boldsymbol{\alpha}_3,\boldsymbol{\alpha}_4)$是可逆矩阵，故 $r_1=r(\boldsymbol{\beta}_1,\boldsymbol{\beta}_2,\boldsymbol{\beta}_3,\boldsymbol{\beta}_4)=r(\boldsymbol{B}),r_2=r(\boldsymbol{\gamma}_1,\boldsymbol{\gamma}_2,\boldsymbol{\gamma}_3,\boldsymbol{\gamma}_4)=r(\boldsymbol{C})$，其中 $\boldsymbol{B}=\begin{pmatrix}1&0&0&1\\2&2&0&0\\0&3&3&0\\0&0&4&4\end{pmatrix},\boldsymbol{C}=\begin{pmatrix}1&0&0&-1\\-2&2&0&0\\0&-3&3&0\\0&0&-4&4\end{pmatrix}$.

分别对矩阵 $\boldsymbol{B},\boldsymbol{C}$ 作初等行变换使之化为阶梯形：

$$\boldsymbol{B}=\begin{pmatrix}1&0&0&1\\2&2&0&0\\0&3&3&0\\0&0&4&4\end{pmatrix}\to\begin{pmatrix}1&0&0&1\\0&1&0&-1\\0&1&1&0\\0&0&1&1\end{pmatrix}\to\begin{pmatrix}1&0&0&1\\0&1&0&-1\\0&0&1&1\\0&0&0&0\end{pmatrix},$$

$$\boldsymbol{C}=\begin{pmatrix}1&0&0&-1\\-2&2&0&0\\0&-3&3&0\\0&0&-4&4\end{pmatrix}\to\begin{pmatrix}1&0&0&-1\\0&1&0&-1\\0&-1&1&0\\0&0&-1&1\end{pmatrix}\to\begin{pmatrix}1&0&0&-1\\0&1&0&-1\\0&0&1&-1\\0&0&0&0\end{pmatrix}.$$

故 $r_1=r_2=3$. 应选 B.

**11.【参考答案】** E

**【答案解析】** 对矩阵$(\boldsymbol{\alpha}_1^{\mathrm{T}},\boldsymbol{\alpha}_2^{\mathrm{T}},\boldsymbol{\alpha}_3^{\mathrm{T}},\boldsymbol{\alpha}_4^{\mathrm{T}},\boldsymbol{\alpha}_5^{\mathrm{T}})$作初等行变换得：

$$(\boldsymbol{\alpha}_1^{\mathrm{T}},\boldsymbol{\alpha}_2^{\mathrm{T}},\boldsymbol{\alpha}_3^{\mathrm{T}},\boldsymbol{\alpha}_4^{\mathrm{T}},\boldsymbol{\alpha}_5^{\mathrm{T}})=\begin{pmatrix}1&1&1&-1&0\\1&0&2&2&2\\0&2&-2&k&3\\1&0&2&k&k\end{pmatrix}\to\begin{pmatrix}1&1&1&-1&0\\0&-1&1&3&2\\0&2&-2&k&3\\0&-1&1&k+1&k\end{pmatrix}$$

$$\to\begin{pmatrix}1&1&1&-1&0\\0&-1&1&3&2\\0&0&0&k+6&7\\0&0&0&k-2&k-2\end{pmatrix}\to\begin{pmatrix}1&1&1&-1&0\\0&-1&1&3&2\\0&0&0&8&9-k\\0&0&0&k-2&k-2\end{pmatrix}$$

$$\rightarrow\begin{pmatrix}1&1&1&-1&0\\0&-1&1&3&2\\0&0&0&8&9-k\\0&0&0&0&(k-1)(k-2)\end{pmatrix}.$$

故向量组 $\boldsymbol{\alpha}_1,\boldsymbol{\alpha}_2,\boldsymbol{\alpha}_3,\boldsymbol{\alpha}_4,\boldsymbol{\alpha}_5$ 的秩为 3 的充分必要条件为 $k=1$ 或 2. 应选 E.

**12.【参考答案】**C

**【答案解析】**对矩阵 $(\boldsymbol{\alpha}_1^{\mathrm{T}},\boldsymbol{\alpha}_2^{\mathrm{T}},\boldsymbol{\alpha}_3^{\mathrm{T}},\boldsymbol{\alpha}_4^{\mathrm{T}})$ 作初等行变换得：

$$(\boldsymbol{\alpha}_1^{\mathrm{T}},\boldsymbol{\alpha}_2^{\mathrm{T}},\boldsymbol{\alpha}_3^{\mathrm{T}},\boldsymbol{\alpha}_4^{\mathrm{T}})=\begin{pmatrix}1&0&1&1\\0&-k&2&1\\0&-k&2&-k\\k&0&k&k\end{pmatrix}\rightarrow\begin{pmatrix}1&0&1&1\\0&-k&2&1\\0&0&0&-k-1\\0&0&0&0\end{pmatrix}.$$

故向量组 $\boldsymbol{\alpha}_1,\boldsymbol{\alpha}_2,\boldsymbol{\alpha}_3,\boldsymbol{\alpha}_4$ 的秩为 3 的充分必要条件是 $k\neq-1$. 应选 C.

**13.【参考答案】**B

**【答案解析】**因为 4 维列向量组 $\boldsymbol{\alpha}_1,\boldsymbol{\alpha}_2,\boldsymbol{\alpha}_3,\boldsymbol{\alpha}_4$ 线性无关，所以矩阵 $(\boldsymbol{\alpha}_1,\boldsymbol{\alpha}_2,\boldsymbol{\alpha}_3,\boldsymbol{\alpha}_4)$ 可逆.

由于 $(\boldsymbol{\beta}_1,\boldsymbol{\beta}_2,\boldsymbol{\beta}_3,\boldsymbol{\beta}_4,\boldsymbol{\beta}_5)=(\boldsymbol{\alpha}_1,\boldsymbol{\alpha}_2,\boldsymbol{\alpha}_3,\boldsymbol{\alpha}_4)\begin{pmatrix}1&2&3&4&5\\2&3&4&5&6\\3&4&5&6&7\\4&5&6&7&8\end{pmatrix}$，故 $r(\boldsymbol{\beta}_1,\boldsymbol{\beta}_2,\boldsymbol{\beta}_3,\boldsymbol{\beta}_4,\boldsymbol{\beta}_5)=r(\boldsymbol{A})$，

其中 $\boldsymbol{A}=\begin{pmatrix}1&2&3&4&5\\2&3&4&5&6\\3&4&5&6&7\\4&5&6&7&8\end{pmatrix}$. 对矩阵 $\boldsymbol{A}$ 作初等行变换，使之变为阶梯形：

$$\boldsymbol{A}=\begin{pmatrix}1&2&3&4&5\\2&3&4&5&6\\3&4&5&6&7\\4&5&6&7&8\end{pmatrix}\rightarrow\begin{pmatrix}1&2&3&4&5\\0&1&2&3&4\\0&0&0&0&0\\0&0&0&0&0\end{pmatrix}.$$

由此得 $r(\boldsymbol{A})=2$. 于是，向量组 $\boldsymbol{\beta}_1,\boldsymbol{\beta}_2,\boldsymbol{\beta}_3,\boldsymbol{\beta}_4,\boldsymbol{\beta}_5$ 的秩为 2. 应选 B.

**14.【参考答案】**E

**【答案解析】**对矩阵 $(\boldsymbol{\alpha}_1,\boldsymbol{\alpha}_2,\boldsymbol{\alpha}_3)$ 与 $(\boldsymbol{\beta}_1,\boldsymbol{\beta}_2,\boldsymbol{\beta}_3)$ 分别作初等行变换：

$$(\boldsymbol{\alpha}_1,\boldsymbol{\alpha}_2,\boldsymbol{\alpha}_3)=\begin{pmatrix}1&1&2\\-2&-1&-k\\1&2&k\end{pmatrix}\rightarrow\begin{pmatrix}1&1&2\\0&1&4-k\\0&1&k-2\end{pmatrix}\rightarrow\begin{pmatrix}1&1&2\\0&1&4-k\\0&0&2k-6\end{pmatrix},$$

$$(\boldsymbol{\beta}_1,\boldsymbol{\beta}_2,\boldsymbol{\beta}_3)=\begin{pmatrix}1&-2&2\\1&3&1\\2&1&k\end{pmatrix}\rightarrow\begin{pmatrix}1&-2&2\\0&5&-1\\0&5&k-4\end{pmatrix}\rightarrow\begin{pmatrix}1&-2&2\\0&5&-1\\0&0&k-3\end{pmatrix}.$$

由于 $r(\boldsymbol{\alpha}_1,\boldsymbol{\alpha}_2,\boldsymbol{\alpha}_3)=r(\boldsymbol{\beta}_1,\boldsymbol{\beta}_2,\boldsymbol{\beta}_3)<3$，故 $k=3$. 应选 E.

15. **【参考答案】** E

**【答案解析】** 对矩阵$(\boldsymbol{\alpha}_1,\boldsymbol{\alpha}_2,\boldsymbol{\alpha}_3,\boldsymbol{\alpha}_4)$作初等行变换：

$$(\boldsymbol{\alpha}_1,\boldsymbol{\alpha}_2,\boldsymbol{\alpha}_3,\boldsymbol{\alpha}_4)=\begin{pmatrix}1&1&a&a^2\\1&a&a^2&1\\1&a^2&1&a\end{pmatrix}\to\begin{pmatrix}1&1&a&a^2\\0&a-1&a^2-a&1-a^2\\0&a^2-1&1-a&a-a^2\end{pmatrix}$$

$$\to\begin{pmatrix}1&1&a&a^2\\0&a-1&a^2-a&1-a^2\\0&0&(1-a)(a^2+a+1)&(a-1)(a^2+a+1)\end{pmatrix}$$

$$\to\begin{pmatrix}1&1&a&a^2\\0&a-1&a^2-a&1-a^2\\0&0&1-a&a-1\end{pmatrix}.$$

故对任意的$a\neq1$，向量组的秩均为3. 应选E.

16. **【参考答案】** C

**【答案解析】** 因为向量组(Ⅰ)可由向量组(Ⅱ)线性表示，所以向量组(Ⅰ)的秩小于或等于向量组(Ⅱ)的秩. 又向量组(Ⅰ)线性无关，故向量组(Ⅱ)的秩至少为3. 而3维向量组的秩至多为3，故向量组(Ⅱ)的秩为3. 应选C.

## 【考向3】极大线性无关组

17. **【参考答案】** E

**【答案解析】** 令$\boldsymbol{A}=(\boldsymbol{\alpha}_1^{\mathrm{T}},\boldsymbol{\alpha}_2^{\mathrm{T}},\boldsymbol{\alpha}_3^{\mathrm{T}},\boldsymbol{\alpha}_4^{\mathrm{T}},\boldsymbol{\alpha}_5^{\mathrm{T}})$，对矩阵$\boldsymbol{A}$作初等行变换化为阶梯形：

$$\boldsymbol{A}=\begin{pmatrix}1&1&1&1&0\\-1&-2&3&2&1\\3&4&-1&0&-1\\-1&-1&-1&-1&0\end{pmatrix}\to\begin{pmatrix}1&1&1&1&0\\0&-1&4&3&1\\0&1&-4&-3&-1\\0&0&0&0&0\end{pmatrix}\to\begin{pmatrix}1&1&1&1&0\\0&-1&4&3&1\\0&0&0&0&0\\0&0&0&0&0\end{pmatrix}.$$

由此可得，向量组$\boldsymbol{\alpha}_1,\boldsymbol{\alpha}_2,\boldsymbol{\alpha}_3,\boldsymbol{\alpha}_4,\boldsymbol{\alpha}_5$的秩为2，且该向量组中任意两个向量所组成的部分组均线性无关，从而均为其极大线性无关组. 因此，向量组$\boldsymbol{\alpha}_1,\boldsymbol{\alpha}_2,\boldsymbol{\alpha}_3,\boldsymbol{\alpha}_4,\boldsymbol{\alpha}_5$的极大线性无关组的个数为$C_5^2=10$. 应选E.

18. **【参考答案】** C

**【答案解析】** 对矩阵$(\boldsymbol{\alpha}_1^{\mathrm{T}},\boldsymbol{\alpha}_2^{\mathrm{T}},\boldsymbol{\alpha}_3^{\mathrm{T}},\boldsymbol{\alpha}_4^{\mathrm{T}},\boldsymbol{\alpha}_5^{\mathrm{T}})$作初等行变换得：

$$(\boldsymbol{\alpha}_1^{\mathrm{T}},\boldsymbol{\alpha}_2^{\mathrm{T}},\boldsymbol{\alpha}_3^{\mathrm{T}},\boldsymbol{\alpha}_4^{\mathrm{T}},\boldsymbol{\alpha}_5^{\mathrm{T}})=\begin{pmatrix}1&1&1&2&1\\-4&2&-1&1&-2\\1&3&2&5&2\\2&6&4&10&4\end{pmatrix}\to\begin{pmatrix}1&1&1&2&1\\0&6&3&9&2\\0&2&1&3&1\\0&4&2&6&2\end{pmatrix}$$

$$\to\begin{pmatrix}1&1&1&2&1\\0&2&1&3&1\\0&0&0&0&-1\\0&0&0&0&0\end{pmatrix}.$$

故向量组 $\boldsymbol{\alpha}_1,\boldsymbol{\alpha}_2,\boldsymbol{\alpha}_3,\boldsymbol{\alpha}_4,\boldsymbol{\alpha}_5$ 的秩为 3，且其极大线性无关组一定含有 $\boldsymbol{\alpha}_5$. 应选 C.

**19.【参考答案】** D

**【答案解析】** $(\boldsymbol{\beta}_1,\boldsymbol{\beta}_2,\boldsymbol{\beta}_3)=(\boldsymbol{\alpha}_1,\boldsymbol{\alpha}_2,\boldsymbol{\alpha}_3)\begin{pmatrix} k & k+2 & k+2 \\ k+1 & k & k+1 \\ k+2 & k+1 & k \end{pmatrix}$.

由于 $\boldsymbol{\alpha}_1,\boldsymbol{\alpha}_2,\boldsymbol{\alpha}_3$ 线性无关，所以 $(\boldsymbol{\alpha}_1,\boldsymbol{\alpha}_2,\boldsymbol{\alpha}_3)$ 是可逆矩阵，故 $r(\boldsymbol{\beta}_1,\boldsymbol{\beta}_2,\boldsymbol{\beta}_3)=r(\boldsymbol{B})$，其中 $\boldsymbol{B}=\begin{pmatrix} k & k+2 & k+2 \\ k+1 & k & k+1 \\ k+2 & k+1 & k \end{pmatrix}$. 由于向量组 $\boldsymbol{\beta}_1,\boldsymbol{\beta}_2,\boldsymbol{\beta}_3$ 线性相关，故

$$|\boldsymbol{B}|=\begin{vmatrix} k & k+2 & k+2 \\ k+1 & k & k+1 \\ k+2 & k+1 & k \end{vmatrix}=\begin{vmatrix} -1 & 2 & 1 \\ k+1 & k & k+1 \\ k+2 & k+1 & k \end{vmatrix}=\begin{vmatrix} -1 & 2 & 1 \\ 0 & 3k+2 & 2k+2 \\ 0 & 3k+5 & 2k+2 \end{vmatrix}=6(k+1)=0,$$

从而 $k=-1$. 此时，$\boldsymbol{\beta}_1=-\boldsymbol{\alpha}_1+\boldsymbol{\alpha}_3,\boldsymbol{\beta}_2=\boldsymbol{\alpha}_1-\boldsymbol{\alpha}_2,\boldsymbol{\beta}_3=\boldsymbol{\alpha}_1-\boldsymbol{\alpha}_3$. 显然，$\boldsymbol{\beta}_3=-\boldsymbol{\beta}_1$，故 $\boldsymbol{\beta}_1,\boldsymbol{\beta}_3$ 线性相关，从而 $\boldsymbol{\beta}_1,\boldsymbol{\beta}_3$ 不是向量组 $\boldsymbol{\beta}_1,\boldsymbol{\beta}_2,\boldsymbol{\beta}_3$ 的极大线性无关组. 由于 $\boldsymbol{\beta}_2$ 不能由 $\boldsymbol{\beta}_1,\boldsymbol{\beta}_3$ 线性表示，故向量组 $\boldsymbol{\beta}_1,\boldsymbol{\beta}_2,\boldsymbol{\beta}_3$ 的极大线性无关组共有两个，为 $\boldsymbol{\beta}_1,\boldsymbol{\beta}_2$ 和 $\boldsymbol{\beta}_2,\boldsymbol{\beta}_3$. 应选 D.

**20.【参考答案】** D

**【答案解析】** 对矩阵 $(\boldsymbol{\alpha}_1^{\mathrm{T}},\boldsymbol{\alpha}_2^{\mathrm{T}},\boldsymbol{\alpha}_3^{\mathrm{T}},\boldsymbol{\alpha}_4^{\mathrm{T}},\boldsymbol{\alpha}_5^{\mathrm{T}})$ 作初等行变换得：

$$(\boldsymbol{\alpha}_1^{\mathrm{T}},\boldsymbol{\alpha}_2^{\mathrm{T}},\boldsymbol{\alpha}_3^{\mathrm{T}},\boldsymbol{\alpha}_4^{\mathrm{T}},\boldsymbol{\alpha}_5^{\mathrm{T}})=\begin{pmatrix} 1 & -2 & 3 & 6 & -1 \\ 0 & 3 & -1 & 2 & 1 \\ 0 & -3 & 1 & -1 & -1 \\ 1 & 1 & 2 & 8 & 0 \end{pmatrix}\to\begin{pmatrix} 1 & -2 & 3 & 6 & -1 \\ 0 & 3 & -1 & 2 & 1 \\ 0 & -3 & 1 & -1 & -1 \\ 0 & 3 & -1 & 2 & 1 \end{pmatrix}$$

$$\to\begin{pmatrix} 1 & -2 & 3 & 6 & -1 \\ 0 & 3 & -1 & 2 & 1 \\ 0 & 0 & 0 & 1 & 0 \\ 0 & 0 & 0 & 0 & 0 \end{pmatrix}.$$

故向量组 $\boldsymbol{\alpha}_1,\boldsymbol{\alpha}_2,\boldsymbol{\alpha}_3,\boldsymbol{\alpha}_4,\boldsymbol{\alpha}_5$ 的秩为 3，且 $\boldsymbol{\alpha}_1,\boldsymbol{\alpha}_2,\boldsymbol{\alpha}_4$；$\boldsymbol{\alpha}_1,\boldsymbol{\alpha}_3,\boldsymbol{\alpha}_4$；$\boldsymbol{\alpha}_2,\boldsymbol{\alpha}_3,\boldsymbol{\alpha}_4$；$\boldsymbol{\alpha}_3,\boldsymbol{\alpha}_4,\boldsymbol{\alpha}_5$ 都是向量组 $\boldsymbol{\alpha}_1,\boldsymbol{\alpha}_2,\boldsymbol{\alpha}_3,\boldsymbol{\alpha}_4,\boldsymbol{\alpha}_5$ 的极大线性无关组. 而不含 $\boldsymbol{\alpha}_4$ 的向量组一定不是向量组 $\boldsymbol{\alpha}_1,\boldsymbol{\alpha}_2,\boldsymbol{\alpha}_3,\boldsymbol{\alpha}_4,\boldsymbol{\alpha}_5$ 的极大线性无关组. 于是，向量组 $\boldsymbol{\alpha}_2,\boldsymbol{\alpha}_3,\boldsymbol{\alpha}_4$ 与向量组 $\boldsymbol{\alpha}_3,\boldsymbol{\alpha}_4,\boldsymbol{\alpha}_5$ 等价. 应选 D.

**21.【参考答案】** D

**【答案解析】** 对矩阵 $(\boldsymbol{\alpha}_1^{\mathrm{T}},\boldsymbol{\alpha}_2^{\mathrm{T}},\boldsymbol{\alpha}_3^{\mathrm{T}},\boldsymbol{\alpha}_4^{\mathrm{T}},\boldsymbol{\alpha}_5^{\mathrm{T}})$ 作初等行变换得：

$$(\boldsymbol{\alpha}_1^{\mathrm{T}},\boldsymbol{\alpha}_2^{\mathrm{T}},\boldsymbol{\alpha}_3^{\mathrm{T}},\boldsymbol{\alpha}_4^{\mathrm{T}},\boldsymbol{\alpha}_5^{\mathrm{T}})=\begin{pmatrix} 1 & 0 & 3 & 1 & 2 \\ -1 & 3 & 0 & -2 & 1 \\ 2 & 1 & 7 & 2 & 5 \\ 4 & 2 & 14 & 0 & 10 \end{pmatrix}\to\begin{pmatrix} 1 & 0 & 3 & 1 & 2 \\ 0 & 3 & 3 & -1 & 3 \\ 0 & 1 & 1 & 0 & 1 \\ 0 & 2 & 2 & -4 & 2 \end{pmatrix}$$

$$\to\begin{pmatrix}1&0&3&1&2\\0&1&1&0&1\\0&3&3&-1&3\\0&2&2&-4&2\end{pmatrix}\to\begin{pmatrix}1&0&3&1&2\\0&1&1&0&1\\0&0&0&-1&0\\0&0&0&-4&0\end{pmatrix}\to\begin{pmatrix}1&0&3&1&2\\0&1&1&0&1\\0&0&0&1&0\\0&0&0&0&0\end{pmatrix}.$$

故向量组 $\boldsymbol{\alpha}_1,\boldsymbol{\alpha}_2,\boldsymbol{\alpha}_3,\boldsymbol{\alpha}_4,\boldsymbol{\alpha}_5$ 的极大线性无关组一定含有 $\boldsymbol{\alpha}_4$，且 $\boldsymbol{\alpha}_3,\boldsymbol{\alpha}_4,\boldsymbol{\alpha}_5$ 与 $\boldsymbol{\alpha}_2,\boldsymbol{\alpha}_3,\boldsymbol{\alpha}_4$ 都是向量组 $\boldsymbol{\alpha}_1,\boldsymbol{\alpha}_2,\boldsymbol{\alpha}_3,\boldsymbol{\alpha}_4,\boldsymbol{\alpha}_5$ 的极大线性无关组，故向量组 $\boldsymbol{\alpha}_3,\boldsymbol{\alpha}_4,\boldsymbol{\alpha}_5$ 与向量组 $\boldsymbol{\alpha}_2,\boldsymbol{\alpha}_3,\boldsymbol{\alpha}_4$ 等价. 应选 D.

**22.【参考答案】**D

**【答案解析】**因为线性方程组 $\boldsymbol{Ax}=\boldsymbol{0}$ 有非零解，且 $A_{21}A_{34}\neq0$，所以 $r(\boldsymbol{A})=4$，且向量组 $\boldsymbol{\alpha}_2,\boldsymbol{\alpha}_3,\boldsymbol{\alpha}_4,\boldsymbol{\alpha}_5$ 与 $\boldsymbol{\alpha}_1,\boldsymbol{\alpha}_2,\boldsymbol{\alpha}_3,\boldsymbol{\alpha}_5$ 都是向量组 $\boldsymbol{\alpha}_1,\boldsymbol{\alpha}_2,\boldsymbol{\alpha}_3,\boldsymbol{\alpha}_4,\boldsymbol{\alpha}_5$ 的极大线性无关组. 因此，向量组 $\boldsymbol{\alpha}_2,\boldsymbol{\alpha}_3,\boldsymbol{\alpha}_4,\boldsymbol{\alpha}_5$ 与向量组 $\boldsymbol{\alpha}_1,\boldsymbol{\alpha}_2,\boldsymbol{\alpha}_3,\boldsymbol{\alpha}_5$ 等价. 应选 D.

**23.【参考答案】**C

**【答案解析】**因为 $\boldsymbol{A}$ 是不可逆矩阵，且 $A_{23}\neq0$，所以 $r(\boldsymbol{A})=4$，且 $\boldsymbol{\alpha}_1,\boldsymbol{\alpha}_2,\boldsymbol{\alpha}_4,\boldsymbol{\alpha}_5$ 线性无关，故向量组 $\boldsymbol{\alpha}_1,\boldsymbol{\alpha}_2,\boldsymbol{\alpha}_3,\boldsymbol{\alpha}_4,\boldsymbol{\alpha}_5$ 的一个极大线性无关组为 $\boldsymbol{\alpha}_1,\boldsymbol{\alpha}_2,\boldsymbol{\alpha}_4,\boldsymbol{\alpha}_5$. 应选 C.

**24.【参考答案】**E

**【答案解析】**对矩阵 $(\boldsymbol{\alpha}_1,\boldsymbol{\alpha}_2,\boldsymbol{\alpha}_3)$ 作初等行变换：

$$(\boldsymbol{\alpha}_1,\boldsymbol{\alpha}_2,\boldsymbol{\alpha}_3)=\begin{pmatrix}1&1&1\\1&2&3\\1&3&k\end{pmatrix}\to\begin{pmatrix}1&1&1\\0&1&2\\0&2&k-1\end{pmatrix}\to\begin{pmatrix}1&1&1\\0&1&2\\0&0&k-5\end{pmatrix}.$$

由此可知，$r(\boldsymbol{\alpha}_1,\boldsymbol{\alpha}_2,\boldsymbol{\alpha}_3)\geqslant2$，且向量组 $\boldsymbol{\alpha}_1,\boldsymbol{\alpha}_2,\boldsymbol{\alpha}_3$ 中任意两个向量组成的部分组均线性无关. 因此，若 $r(\boldsymbol{\alpha}_1,\boldsymbol{\alpha}_2,\boldsymbol{\alpha}_3)=2$，则其极大线性无关组不唯一. 于是，若向量组 $\boldsymbol{\alpha}_1,\boldsymbol{\alpha}_2,\boldsymbol{\alpha}_3$ 的极大线性无关组是唯一的，则 $r(\boldsymbol{\alpha}_1,\boldsymbol{\alpha}_2,\boldsymbol{\alpha}_3)>2$，即 $r(\boldsymbol{\alpha}_1,\boldsymbol{\alpha}_2,\boldsymbol{\alpha}_3)=3$. 由此得 $k\neq5$. 应选 E.

**25.【参考答案】**D

**【答案解析】**对矩阵 $(\boldsymbol{\alpha}_1,\boldsymbol{\alpha}_2,\boldsymbol{\alpha}_3,\boldsymbol{\alpha}_4)$ 作初等行变换：

$$(\boldsymbol{\alpha}_1,\boldsymbol{\alpha}_2,\boldsymbol{\alpha}_3,\boldsymbol{\alpha}_4)=\begin{pmatrix}1&1&1&1\\0&1&-1&2\\2&3&a&4\\3&5&1&a+7\end{pmatrix}\to\begin{pmatrix}1&1&1&1\\0&1&-1&2\\0&1&a-2&2\\0&2&-2&a+4\end{pmatrix}\to\begin{pmatrix}1&1&1&1\\0&1&-1&2\\0&0&a-1&0\\0&0&0&a\end{pmatrix}.$$

由于向量组 $\boldsymbol{\alpha}_1,\boldsymbol{\alpha}_2,\boldsymbol{\alpha}_3,\boldsymbol{\alpha}_4$ 的秩为 3，且其极大线性无关组中必含有 $\boldsymbol{\alpha}_4$，故 $a=1$. 应选 D.

**26.【参考答案】**C

**【答案解析】**对矩阵 $(\boldsymbol{\alpha}_1,\boldsymbol{\alpha}_2,\boldsymbol{\alpha}_3,\boldsymbol{\alpha}_4)$ 作初等行变换：

$$(\boldsymbol{\alpha}_1,\boldsymbol{\alpha}_2,\boldsymbol{\alpha}_3,\boldsymbol{\alpha}_4)=\begin{pmatrix}1&1&2&1\\1&3&1&2\\3&5&a&4\\5&9&8&a+3\end{pmatrix}\to\begin{pmatrix}1&1&2&1\\0&2&-1&1\\0&2&a-6&1\\0&4&-2&a-2\end{pmatrix}\to\begin{pmatrix}1&1&2&1\\0&2&-1&1\\0&0&a-5&0\\0&0&0&a-4\end{pmatrix}.$$

由于向量组 $\boldsymbol{\alpha}_1,\boldsymbol{\alpha}_2,\boldsymbol{\alpha}_3,\boldsymbol{\alpha}_4$ 的秩为 3，且向量组 $\boldsymbol{\alpha}_1,\boldsymbol{\alpha}_2,\boldsymbol{\alpha}_3,\boldsymbol{\alpha}_4$ 与向量组 $\boldsymbol{\alpha}_1,\boldsymbol{\alpha}_2,\boldsymbol{\alpha}_3$ 等价，所以 $\boldsymbol{\alpha}_1,\boldsymbol{\alpha}_2,\boldsymbol{\alpha}_3$ 是向量组 $\boldsymbol{\alpha}_1,\boldsymbol{\alpha}_2,\boldsymbol{\alpha}_3,\boldsymbol{\alpha}_4$ 的一个极大线性无关组，故常数 $a=4$. 应选 C.

**27.【参考答案】** B

**【答案解析】** 对矩阵 $(\boldsymbol{\alpha}_1,\boldsymbol{\alpha}_2,\boldsymbol{\alpha}_3,\boldsymbol{\alpha}_4)$ 作初等行变换：

$$(\boldsymbol{\alpha}_1,\boldsymbol{\alpha}_2,\boldsymbol{\alpha}_3,\boldsymbol{\alpha}_4)=\begin{pmatrix}1&1&2&3\\1&2&3&2\\1&3&4&1\\1&4&5&4\end{pmatrix}\to\begin{pmatrix}1&1&2&3\\0&1&1&-1\\0&2&2&-2\\0&3&3&1\end{pmatrix}\to\begin{pmatrix}1&1&2&3\\0&1&1&-1\\0&0&0&4\\0&0&0&0\end{pmatrix}.$$

可见，向量组 $\boldsymbol{\alpha}_1,\boldsymbol{\alpha}_2,\boldsymbol{\alpha}_3,\boldsymbol{\alpha}_4$ 的秩为 3，且其极大线性无关组中一定含有 $\boldsymbol{\alpha}_4$，又 $\boldsymbol{\alpha}_1,\boldsymbol{\alpha}_2,\boldsymbol{\alpha}_3$ 中任意两个向量均线性无关. 故向量组 $\boldsymbol{\alpha}_1,\boldsymbol{\alpha}_2,\boldsymbol{\alpha}_3,\boldsymbol{\alpha}_4$ 的极大线性无关组的个数为 3. 应选 B.

## 【考向 4】向量组线性相关与线性无关

**28.【参考答案】** D

**【答案解析】** 因为 $|\boldsymbol{AB}|=|\boldsymbol{A}||\boldsymbol{B}|$，所以若向量组（Ⅲ）线性相关，则 $|\boldsymbol{A}||\boldsymbol{B}|=0$，即 $|\boldsymbol{A}|=0$ 或 $|\boldsymbol{B}|=0$，从而 $r(\boldsymbol{A})<n$ 或 $r(\boldsymbol{B})<n$. 于是，向量组（Ⅰ）与（Ⅱ）至少有一个线性相关. 应选 D.

**29.【参考答案】** E

**【答案解析】**

$$(\boldsymbol{\alpha}_1,\boldsymbol{\alpha}_1+\boldsymbol{\alpha}_2,\boldsymbol{\alpha}_1+\boldsymbol{\alpha}_2+\boldsymbol{\alpha}_3)=(\boldsymbol{\alpha}_1,\boldsymbol{\alpha}_2,\boldsymbol{\alpha}_3)\begin{pmatrix}1&1&1\\0&1&1\\0&0&1\end{pmatrix},$$

$$(\boldsymbol{\alpha}_1,\boldsymbol{\alpha}_1-\boldsymbol{\alpha}_2,\boldsymbol{\alpha}_1-\boldsymbol{\alpha}_2-\boldsymbol{\alpha}_3)=(\boldsymbol{\alpha}_1,\boldsymbol{\alpha}_2,\boldsymbol{\alpha}_3)\begin{pmatrix}1&1&1\\0&-1&-1\\0&0&-1\end{pmatrix},$$

$$(\boldsymbol{\alpha}_1+\boldsymbol{\alpha}_2,\boldsymbol{\alpha}_2+\boldsymbol{\alpha}_3,\boldsymbol{\alpha}_3+\boldsymbol{\alpha}_1)=(\boldsymbol{\alpha}_1,\boldsymbol{\alpha}_2,\boldsymbol{\alpha}_3)\begin{pmatrix}1&0&1\\1&1&0\\0&1&1\end{pmatrix},$$

$$(\boldsymbol{\alpha}_1-2\boldsymbol{\alpha}_2,\boldsymbol{\alpha}_2-2\boldsymbol{\alpha}_3,\boldsymbol{\alpha}_3-2\boldsymbol{\alpha}_1)=(\boldsymbol{\alpha}_1,\boldsymbol{\alpha}_2,\boldsymbol{\alpha}_3)\begin{pmatrix}1&0&-2\\-2&1&0\\0&-2&1\end{pmatrix},$$

$$(\boldsymbol{\alpha}_1-2\boldsymbol{\alpha}_2,2\boldsymbol{\alpha}_2-3\boldsymbol{\alpha}_3,3\boldsymbol{\alpha}_3-\boldsymbol{\alpha}_1)=(\boldsymbol{\alpha}_1,\boldsymbol{\alpha}_2,\boldsymbol{\alpha}_3)\begin{pmatrix}1&0&-1\\-2&2&0\\0&-3&3\end{pmatrix}.$$

由于 $\begin{vmatrix}1&1&1\\0&1&1\\0&0&1\end{vmatrix}=1\neq0$，$\begin{vmatrix}1&1&1\\0&-1&-1\\0&0&-1\end{vmatrix}=1\neq0$，$\begin{vmatrix}1&0&1\\1&1&0\\0&1&1\end{vmatrix}=2\neq0$，$\begin{vmatrix}1&0&-2\\-2&1&0\\0&-2&1\end{vmatrix}=$

$-7\neq0$，$\begin{vmatrix}1&0&-1\\-2&2&0\\0&-3&3\end{vmatrix}=0$，故向量组 $\boldsymbol{\alpha}_1-2\boldsymbol{\alpha}_2,2\boldsymbol{\alpha}_2-3\boldsymbol{\alpha}_3,3\boldsymbol{\alpha}_3-\boldsymbol{\alpha}_1$ 线性相关. 应选 E.

**30.【参考答案】**D

**【答案解析】**$\boldsymbol{A\xi}=\begin{pmatrix}4&6&6\\-3&-5&-6\\0&0&1\end{pmatrix}\begin{pmatrix}a\\b\\0\end{pmatrix}=\begin{pmatrix}4a+6b\\-3a-5b\\0\end{pmatrix}$. 由于 $\boldsymbol{A\xi}$ 与 $\boldsymbol{\xi}$ 线性相关，故存在常数 $k$，使得 $\boldsymbol{A\xi}=k\boldsymbol{\xi}$，即$\begin{cases}4a+6b=ka,\\-3a-5b=kb,\end{cases}$ 故 $a+b=k(a+b)$. 由于 $\boldsymbol{A\xi}\neq\boldsymbol{\xi}$，故 $k\neq1$，从而 $a+b=0$. 应选 D.

**31.【参考答案】**C

**【答案解析】**因为 $\boldsymbol{A\alpha},\boldsymbol{\alpha}$ 线性相关，故存在数 $m$，使得 $\boldsymbol{A\alpha}=m\boldsymbol{\alpha}$，即

$$\begin{pmatrix}2&1&a\\a&2&-1\\1&b&2\end{pmatrix}\begin{pmatrix}1\\-2\\3\end{pmatrix}=m\begin{pmatrix}1\\-2\\3\end{pmatrix},$$

从而$\begin{cases}3a=m,\\a-7=-2m,\\-2b+7=3m,\end{cases}$ 解得 $a=1,b=-1$，故 $a+b=0$. 应选 C.

**32.【参考答案】**E

**【答案解析】**由题设，向量组 $\boldsymbol{\alpha}_1,\boldsymbol{\alpha}_2,\boldsymbol{\alpha}_3$ 线性相关，故其组成的行列式等于零；向量组 $\boldsymbol{\beta}_1,\boldsymbol{\beta}_2,\boldsymbol{\beta}_3$ 线性无关，故其组成的行列式不等于零. 于是有

$$|\boldsymbol{\alpha}_1,\boldsymbol{\alpha}_2,\boldsymbol{\alpha}_3|=\begin{vmatrix}1&3&k\\0&k&k-1\\1&0&1\end{vmatrix}=\begin{vmatrix}0&3&k-1\\0&k&k-1\\1&0&1\end{vmatrix}=-(k-1)(k-3)=0,$$

$$|\boldsymbol{\beta}_1,\boldsymbol{\beta}_2,\boldsymbol{\beta}_3|=\begin{vmatrix}2&3&-5\\-1&-3&k\\1&4&0\end{vmatrix}=\begin{vmatrix}2&-5&-5\\-1&1&k\\1&0&0\end{vmatrix}=-5(k-1)\neq0.$$

故 $k=3$. 应选 E.

**33.【参考答案】**B

**【答案解析】**由题设，向量组 $\boldsymbol{\alpha}_1,\boldsymbol{\alpha}_2,\boldsymbol{\alpha}_3$ 与向量组 $\boldsymbol{\beta}_1,\boldsymbol{\beta}_2,\boldsymbol{\beta}_3$ 均线性相关，故其组成的行列式都等于零. 于是有

$$|\boldsymbol{\alpha}_1,\boldsymbol{\alpha}_2,\boldsymbol{\alpha}_3|=\begin{vmatrix}1&1&0\\1&k&2\\2&5&k\end{vmatrix}=\begin{vmatrix}1&0&0\\1&k-1&2\\2&3&k\end{vmatrix}=k^2-k-6=(k+2)(k-3)=0,$$

$$|\boldsymbol{\beta}_1,\boldsymbol{\beta}_2,\boldsymbol{\beta}_3|=\begin{vmatrix}3&2&5\\k&k&3\\-5&-4&k\end{vmatrix}=\begin{vmatrix}1&2&5\\0&k&3\\-1&-4&k\end{vmatrix}=\begin{vmatrix}1&2&5\\0&k&3\\0&-2&k+5\end{vmatrix}=(k+2)(k+3)=0.$$

故 $k=-2$. 应选 B.

**34.【参考答案】**A

**【答案解析】**$|\boldsymbol{\alpha}_1,\boldsymbol{\alpha}_2,\boldsymbol{\alpha}_3|=\begin{vmatrix}1&1&2\\3&k&3\\k&3&k\end{vmatrix}=\begin{vmatrix}1&1&2\\0&k-3&-3\\0&3-k&-k\end{vmatrix}=-(k+3)(k-3)$. 由向量组 $\boldsymbol{\alpha}_1,\boldsymbol{\alpha}_2,\boldsymbol{\alpha}_3$ 线性相关得,$k=-3$ 或 $k=3$. 由于当 $k=3$ 时向量组 $\boldsymbol{\alpha}_1,\boldsymbol{\alpha}_2,\boldsymbol{\alpha}_3$ 的部分组 $\boldsymbol{\alpha}_1,\boldsymbol{\alpha}_2$ 线性相关,与题设不符,故 $k=-3$. 应选 A.

**35.【参考答案】**E

**【答案解析】**由于 $\boldsymbol{AB}=\boldsymbol{O}$,故 $r(\boldsymbol{A})+r(\boldsymbol{B})\leqslant n$,又 $\boldsymbol{A},\boldsymbol{B}$ 均为非零矩阵,故 $0<r(\boldsymbol{A})<n$,$0<r(\boldsymbol{B})<n$. 于是,$\boldsymbol{A}$ 的列向量组线性相关,$\boldsymbol{B}$ 的行向量组线性相关. 应选 E.

**36.【参考答案】**B

**【答案解析】**由于 $\boldsymbol{A}$ 为 $m\times n$ 矩阵,且齐次线性方程组 $\boldsymbol{Ax}=\boldsymbol{0}$有非零解,而方程组$\boldsymbol{A}^{\mathrm{T}}\boldsymbol{y}=\boldsymbol{0}$只有零解,故 $r(\boldsymbol{A})=m<n$. 而 $\boldsymbol{A}$ 的秩等于 $\boldsymbol{A}$ 的行秩,也等于 $\boldsymbol{A}$ 的列秩,所以 $\boldsymbol{A}$ 的行向量组线性无关,列向量组线性相关. 应选 B.

**37.【参考答案】**E

**【答案解析】**对矩阵$(\boldsymbol{\alpha}_1,\boldsymbol{\alpha}_2,\boldsymbol{\alpha}_3)$作初等行变换:

$$(\boldsymbol{\alpha}_1,\boldsymbol{\alpha}_2,\boldsymbol{\alpha}_3)=\begin{pmatrix}1&1&-1\\1&-1&1\\1&0&t\\1&t&-1\end{pmatrix}\to\begin{pmatrix}1&1&-1\\0&-1&1\\0&-1&t+1\\0&t-1&0\end{pmatrix}\to\begin{pmatrix}1&1&-1\\0&-1&1\\0&0&t\\0&0&t-1\end{pmatrix}\to\begin{pmatrix}1&1&-1\\0&-1&1\\0&0&1\\0&0&0\end{pmatrix}.$$

故 $r(\boldsymbol{\alpha}_1,\boldsymbol{\alpha}_2,\boldsymbol{\alpha}_3)=3$,从而对任意的实数 $t$,向量组 $\boldsymbol{\alpha}_1,\boldsymbol{\alpha}_2,\boldsymbol{\alpha}_3$ 线性无关. 应选 E.

**38.【参考答案】**B

**【答案解析】**$|\boldsymbol{\alpha}_1,\boldsymbol{\alpha}_2,\boldsymbol{\alpha}_3|=\begin{vmatrix}1&1&2\\2&3-t&6\\3&2&7\end{vmatrix}=\begin{vmatrix}1&1&2\\0&1-t&2\\0&-1&1\end{vmatrix}=-(t-3)$,

$$|\boldsymbol{\beta}_1,\boldsymbol{\beta}_2,\boldsymbol{\beta}_3|=\begin{vmatrix}1&2&1\\-2&1&t\\3&t&0\end{vmatrix}=\begin{vmatrix}1&2&1\\0&5&t+2\\0&t-6&-3\end{vmatrix}=-(t-1)(t-3).$$

当 $t=1$ 时,$|\boldsymbol{\alpha}_1,\boldsymbol{\alpha}_2,\boldsymbol{\alpha}_3|\neq0$,$|\boldsymbol{\beta}_1,\boldsymbol{\beta}_2,\boldsymbol{\beta}_3|=0$,向量组 $\boldsymbol{\alpha}_1,\boldsymbol{\alpha}_2,\boldsymbol{\alpha}_3$ 线性无关,而向量组 $\boldsymbol{\beta}_1,\boldsymbol{\beta}_2,\boldsymbol{\beta}_3$ 线性相关. 应选 B.

**39.【参考答案】**B

**【答案解析】**$(k\boldsymbol{\alpha}_1+\boldsymbol{\alpha}_2+\boldsymbol{\alpha}_3,\boldsymbol{\alpha}_1+k\boldsymbol{\alpha}_2+\boldsymbol{\alpha}_3,\boldsymbol{\alpha}_1+\boldsymbol{\alpha}_2+k\boldsymbol{\alpha}_3)=(\boldsymbol{\alpha}_1,\boldsymbol{\alpha}_2,\boldsymbol{\alpha}_3)\begin{pmatrix}k&1&1\\1&k&1\\1&1&k\end{pmatrix}.$

由于 $\boldsymbol{\alpha}_1,\boldsymbol{\alpha}_2,\boldsymbol{\alpha}_3$ 线性无关，因此 $(\boldsymbol{\alpha}_1,\boldsymbol{\alpha}_2,\boldsymbol{\alpha}_3)$ 是可逆矩阵，故 $r(k\boldsymbol{\alpha}_1+\boldsymbol{\alpha}_2+\boldsymbol{\alpha}_3,\boldsymbol{\alpha}_1+k\boldsymbol{\alpha}_2+\boldsymbol{\alpha}_3,$ $\boldsymbol{\alpha}_1+\boldsymbol{\alpha}_2+k\boldsymbol{\alpha}_3)=r(\boldsymbol{B})$，其中 $\boldsymbol{B}=\begin{pmatrix}k&1&1\\1&k&1\\1&1&k\end{pmatrix}$. 由于

$$|\boldsymbol{B}|=\begin{vmatrix}k&1&1\\1&k&1\\1&1&k\end{vmatrix}=\begin{vmatrix}k+2&1&1\\k+2&k&1\\k+2&1&k\end{vmatrix}=\begin{vmatrix}k+2&1&1\\0&k-1&0\\0&0&k-1\end{vmatrix}=(k-1)^2(k+2),$$

所以在 $k\neq1$ 的前提下，向量组 $k\boldsymbol{\alpha}_1+\boldsymbol{\alpha}_2+\boldsymbol{\alpha}_3,\boldsymbol{\alpha}_1+k\boldsymbol{\alpha}_2+\boldsymbol{\alpha}_3,\boldsymbol{\alpha}_1+\boldsymbol{\alpha}_2+k\boldsymbol{\alpha}_3$ 线性相关的充分必要条件为 $k=-2$. 应选 B.

**40.【参考答案】**E

**【答案解析】**

$$(\boldsymbol{\beta}_1,\boldsymbol{\beta}_2,\boldsymbol{\beta}_3)=(\boldsymbol{\alpha}_1,\boldsymbol{\alpha}_2,\boldsymbol{\alpha}_3)\begin{pmatrix}1&k&-1\\-1&1&k\\k&-1&1\end{pmatrix}.$$

由于 $\boldsymbol{\alpha}_1,\boldsymbol{\alpha}_2,\boldsymbol{\alpha}_3$ 线性无关，所以 $(\boldsymbol{\alpha}_1,\boldsymbol{\alpha}_2,\boldsymbol{\alpha}_3)$ 是可逆矩阵，故 $r(\boldsymbol{\beta}_1,\boldsymbol{\beta}_2,\boldsymbol{\beta}_3)=r(\boldsymbol{B})$，其中 $\boldsymbol{B}=\begin{pmatrix}1&k&-1\\-1&1&k\\k&-1&1\end{pmatrix}$. 由于

$$|\boldsymbol{B}|=\begin{vmatrix}1&k&-1\\-1&1&k\\k&-1&1\end{vmatrix}=\begin{vmatrix}1&k&-1\\0&k+1&k-1\\0&-k^2-1&k+1\end{vmatrix}=k(k^2+3)\neq0(k\neq0).$$

故对任意的 $k\neq0$，向量组 $\boldsymbol{\beta}_1,\boldsymbol{\beta}_2,\boldsymbol{\beta}_3$ 均线性无关. 应选 E.

**41.【参考答案】**E

**【答案解析】方法 1**　取 $\boldsymbol{\alpha}_1=\begin{pmatrix}1\\0\\0\end{pmatrix},\boldsymbol{\alpha}_2=\begin{pmatrix}0\\1\\0\end{pmatrix},\boldsymbol{\alpha}_3=\begin{pmatrix}0\\0\\0\end{pmatrix}$，则 $\boldsymbol{\alpha}_1,\boldsymbol{\alpha}_2,\boldsymbol{\alpha}_3$ 线性相关，但 $\boldsymbol{\alpha}_1-\boldsymbol{\alpha}_3,$ $\boldsymbol{\alpha}_2-\boldsymbol{\alpha}_3$线性无关，故选项 A 应排除. 由于 $-(\boldsymbol{\alpha}_1-\boldsymbol{\alpha}_2)-(\boldsymbol{\alpha}_2-\boldsymbol{\alpha}_3)=\boldsymbol{\alpha}_3-\boldsymbol{\alpha}_1$，故 $\boldsymbol{\alpha}_1-\boldsymbol{\alpha}_2,$ $\boldsymbol{\alpha}_2-\boldsymbol{\alpha}_3,\boldsymbol{\alpha}_3-\boldsymbol{\alpha}_1$ 线性相关，选项 B 应排除. 取 $\boldsymbol{\alpha}_1=\begin{pmatrix}1\\0\\0\end{pmatrix},\boldsymbol{\alpha}_2=\begin{pmatrix}2\\0\\0\end{pmatrix},\boldsymbol{\alpha}_3=\begin{pmatrix}0\\1\\0\end{pmatrix}$，则 $\boldsymbol{\alpha}_1,\boldsymbol{\alpha}_3$ 线性无关，$\boldsymbol{\alpha}_2,\boldsymbol{\alpha}_3$ 线性无关，但 $\boldsymbol{\alpha}_1,\boldsymbol{\alpha}_2$ 线性相关. 故选项 C 应排除. 取 $\boldsymbol{\alpha}_1=\begin{pmatrix}1\\0\\0\end{pmatrix},\boldsymbol{\alpha}_2=\begin{pmatrix}0\\1\\0\end{pmatrix},\boldsymbol{\alpha}_3=$ $\begin{pmatrix}1\\1\\0\end{pmatrix}$，则 $\boldsymbol{\alpha}_1,\boldsymbol{\alpha}_2,\boldsymbol{\alpha}_3$ 中任意两个向量组成的向量组均线性无关，但 $\boldsymbol{\alpha}_1,\boldsymbol{\alpha}_2,\boldsymbol{\alpha}_3$ 线性相关，故选项 D 应排除. 应选 E.

**方法 2** 若 $\boldsymbol{\alpha}_1,\boldsymbol{\alpha}_2$ 线性无关，$\boldsymbol{\alpha}_1,\boldsymbol{\alpha}_2,\boldsymbol{\alpha}_3$ 线性相关，则 $\boldsymbol{\alpha}_3$ 能由 $\boldsymbol{\alpha}_1,\boldsymbol{\alpha}_2$ 线性表示. 因此，若 $\boldsymbol{\alpha}_1$，$\boldsymbol{\alpha}_2$ 线性无关，且 $\boldsymbol{\alpha}_3$ 不能由 $\boldsymbol{\alpha}_1,\boldsymbol{\alpha}_2$ 线性表示，则 $\boldsymbol{\alpha}_1,\boldsymbol{\alpha}_2,\boldsymbol{\alpha}_3$ 线性无关. 应选 E.

**42.【参考答案】**C

**【答案解析】**当向量组中所含向量的个数大于向量的维数时，该向量组一定线性相关，故 4 个 3 维向量组成的向量组一定线性相关. 应选 C.

**43.【参考答案】**E

**【答案解析】方法 1** 取 $\boldsymbol{\alpha}_1=(1,0),\boldsymbol{\alpha}_2=(0,1),\boldsymbol{\alpha}_3=(2,1)$，则向量组 $\boldsymbol{\alpha}_1,\boldsymbol{\alpha}_2,\boldsymbol{\alpha}_3$ 中任意两个向量组成的部分组均线性无关. 由于 $\boldsymbol{\alpha}_1+\boldsymbol{\alpha}_2=\frac{1}{2}(\boldsymbol{\alpha}_2+\boldsymbol{\alpha}_3)=(1,1)$，故向量组 $\boldsymbol{\alpha}_1+\boldsymbol{\alpha}_2$，$\boldsymbol{\alpha}_2+\boldsymbol{\alpha}_3$ 线性相关. 取 $\boldsymbol{\alpha}_1=(1,0),\boldsymbol{\alpha}_2=(0,1),\boldsymbol{\alpha}_3=(-1,2)$，则向量组 $\boldsymbol{\alpha}_1,\boldsymbol{\alpha}_2,\boldsymbol{\alpha}_3$ 中任意两个向量组成的部分组均线性无关. 由于 $\boldsymbol{\alpha}_1-\boldsymbol{\alpha}_2=\boldsymbol{\alpha}_2-\boldsymbol{\alpha}_3=(1,-1)$，故向量组 $\boldsymbol{\alpha}_1-\boldsymbol{\alpha}_2,\boldsymbol{\alpha}_2-\boldsymbol{\alpha}_3$ 线性相关. 取 $\boldsymbol{\alpha}_1=(1,0),\boldsymbol{\alpha}_2=(0,1),\boldsymbol{\alpha}_3=(1,1)$，则向量组 $\boldsymbol{\alpha}_1,\boldsymbol{\alpha}_2,\boldsymbol{\alpha}_3$ 中任意两个向量组成的部分组均线性无关. 由于 $\boldsymbol{\alpha}_1+\boldsymbol{\alpha}_2=\boldsymbol{\alpha}_3$，故向量组 $\boldsymbol{\alpha}_1+\boldsymbol{\alpha}_2,\boldsymbol{\alpha}_3$ 线性相关. 取 $\boldsymbol{\alpha}_1=(1,0),\boldsymbol{\alpha}_2=(0,1),\boldsymbol{\alpha}_3=(1,-1)$，则向量组 $\boldsymbol{\alpha}_1,\boldsymbol{\alpha}_2,\boldsymbol{\alpha}_3$ 中任意两个向量组成的部分组均线性无关. 由于 $\boldsymbol{\alpha}_1-\boldsymbol{\alpha}_2=\boldsymbol{\alpha}_3$，故向量组 $\boldsymbol{\alpha}_1-\boldsymbol{\alpha}_2,\boldsymbol{\alpha}_3$ 线性相关. 于是，选项 A,B,C,D 均应排除. 应选 E.

**方法 2** 直接证明向量组 $\boldsymbol{\alpha}_1+\boldsymbol{\alpha}_2,\boldsymbol{\alpha}_1-\boldsymbol{\alpha}_2$ 一定线性无关. 若存在数 $k_1,k_2$，使得 $k_1(\boldsymbol{\alpha}_1+\boldsymbol{\alpha}_2)+k_2(\boldsymbol{\alpha}_1-\boldsymbol{\alpha}_2)=\mathbf{0}$，即 $(k_1+k_2)\boldsymbol{\alpha}_1+(k_1-k_2)\boldsymbol{\alpha}_2=\mathbf{0}$. 由于 $\boldsymbol{\alpha}_1,\boldsymbol{\alpha}_2$ 线性无关，因此 $\begin{cases}k_1+k_2=0,\\k_1-k_2=0.\end{cases}$ 此方程组只有零解. 因此，$\boldsymbol{\alpha}_1+\boldsymbol{\alpha}_2,\boldsymbol{\alpha}_1-\boldsymbol{\alpha}_2$ 一定线性无关. 应选 E.

**44.【参考答案】**C

**【答案解析】**对矩阵 $(\boldsymbol{\alpha}_1,\boldsymbol{\alpha}_2,\boldsymbol{\alpha}_3,\boldsymbol{\alpha}_4)$ 作初等行变换得：

$$(\boldsymbol{\alpha}_1,\boldsymbol{\alpha}_2,\boldsymbol{\alpha}_3,\boldsymbol{\alpha}_4)=\begin{pmatrix}1&1&-2&0\\1&0&2&a\\0&1&3&b\\2&2&3&c\end{pmatrix}\to\begin{pmatrix}1&1&-2&0\\0&-1&4&a\\0&1&3&b\\0&0&7&c\end{pmatrix}\to\begin{pmatrix}1&1&-2&0\\0&-1&4&a\\0&0&7&a+b\\0&0&7&c\end{pmatrix}$$

$$\to\begin{pmatrix}1&1&-2&0\\0&-1&4&a\\0&0&7&a+b\\0&0&0&c-a-b\end{pmatrix}.$$

由于向量组 $\boldsymbol{\alpha}_1,\boldsymbol{\alpha}_2,\boldsymbol{\alpha}_3,\boldsymbol{\alpha}_4$ 线性相关，因此 $r(\boldsymbol{\alpha}_1,\boldsymbol{\alpha}_2,\boldsymbol{\alpha}_3,\boldsymbol{\alpha}_4)<4$，从而 $c=a+b$. 应选 C.

**45.【参考答案】**D

**【答案解析】方法 1** 取 $b=a^2,c=a^3,a\neq\pm1,0$，则 $\boldsymbol{\alpha}_4=\boldsymbol{\alpha}_1$，从而向量组 $\boldsymbol{\alpha}_1,\boldsymbol{\alpha}_2,\boldsymbol{\alpha}_3,\boldsymbol{\alpha}_4$ 线性相关. 因此，选项 B 应排除. 取 $a=0,b=1,c=-1$，则

$$|\boldsymbol{\alpha}_1,\boldsymbol{\alpha}_2,\boldsymbol{\alpha}_3,\boldsymbol{\alpha}_4|=\begin{vmatrix}1&1&1&1\\0&1&-1&0\\0&1&1&1\\0&1&-1&-1\end{vmatrix}=-2\neq0,$$

故向量组 $\boldsymbol{\alpha}_1,\boldsymbol{\alpha}_2,\boldsymbol{\alpha}_3,\boldsymbol{\alpha}_4$ 线性无关，从而向量组 $\boldsymbol{\alpha}_1,\boldsymbol{\alpha}_2,\boldsymbol{\alpha}_3$ 与 $\boldsymbol{\alpha}_1,\boldsymbol{\alpha}_2,\boldsymbol{\alpha}_4$ 也线性无关. 因此，选项 A,C,E 均应排除. 应选 D.

**方法 2**　因为 $a,b,c$ 为互不相等的实数，所以

$$\begin{vmatrix}1&1&1\\a&b&c\\a^2&b^2&c^2\end{vmatrix}=(b-a)(c-a)(c-b)\neq 0.$$

因而向量组 $\begin{pmatrix}1\\a\\a^2\end{pmatrix},\begin{pmatrix}1\\b\\b^2\end{pmatrix},\begin{pmatrix}1\\c\\c^2\end{pmatrix}$ 线性无关，从而其增维向量组 $\boldsymbol{\alpha}_1,\boldsymbol{\alpha}_2,\boldsymbol{\alpha}_3$ 也线性无关. 应选 D.

**46.【参考答案】** E

**【答案解析】** 对矩阵 $(\boldsymbol{\alpha}_1^{\mathrm{T}},\boldsymbol{\alpha}_2^{\mathrm{T}},\boldsymbol{\alpha}_3^{\mathrm{T}},\boldsymbol{\alpha}_4^{\mathrm{T}})$ 作初等行变换得：

$$(\boldsymbol{\alpha}_1^{\mathrm{T}},\boldsymbol{\alpha}_2^{\mathrm{T}},\boldsymbol{\alpha}_3^{\mathrm{T}},\boldsymbol{\alpha}_4^{\mathrm{T}})=\begin{pmatrix}1&0&2&2\\0&1&-1&0\\1&0&k&k\\0&-1&k&3\end{pmatrix}\to\begin{pmatrix}1&0&2&2\\0&1&-1&0\\0&0&k-2&k-2\\0&0&k-1&3\end{pmatrix}$$

$$\to\begin{pmatrix}1&0&2&2\\0&1&-1&0\\0&0&k-1&3\\0&0&k-2&k-2\end{pmatrix}\to\begin{pmatrix}1&0&2&2\\0&1&-1&0\\0&0&1&5-k\\0&0&0&(k-2)(k-4)\end{pmatrix}.$$

故向量组 $\boldsymbol{\alpha}_1,\boldsymbol{\alpha}_2,\boldsymbol{\alpha}_3,\boldsymbol{\alpha}_4$ 线性相关的充分必要条件是 $k=2$ 或 $k=4$. 应选 E.

**47.【参考答案】** D

**【答案解析】** 对矩阵 $(\boldsymbol{\alpha}_1^{\mathrm{T}},\boldsymbol{\alpha}_2^{\mathrm{T}},\boldsymbol{\alpha}_3^{\mathrm{T}},\boldsymbol{\alpha}_4^{\mathrm{T}})$ 作初等行变换得：

$$(\boldsymbol{\alpha}_1^{\mathrm{T}},\boldsymbol{\alpha}_2^{\mathrm{T}},\boldsymbol{\alpha}_3^{\mathrm{T}},\boldsymbol{\alpha}_4^{\mathrm{T}})=\begin{pmatrix}1&2&3&4\\2&3&4&5\\3&4&5&6\\4&5&6&7\end{pmatrix}\to\begin{pmatrix}1&2&3&4\\0&1&2&3\\0&0&0&0\\0&0&0&0\end{pmatrix}.$$

故向量组 $\boldsymbol{\alpha}_1,\boldsymbol{\alpha}_2,\boldsymbol{\alpha}_3,\boldsymbol{\alpha}_4$ 线性相关，其秩为 2，且其中任意两个向量组成的部分向量组均为其极大线性无关组. 应选 D.

**48.【参考答案】** A

**【答案解析】** 因为向量组 $\boldsymbol{\beta}_1,\boldsymbol{\beta}_2,\boldsymbol{\beta}_3$ 线性相关，所以存在不全为零的数 $l_1,l_2,l_3$，使得 $l_1\boldsymbol{\beta}_1+l_2\boldsymbol{\beta}_2+l_3\boldsymbol{\beta}_3=\mathbf{0}$，即

$$l_1(2\boldsymbol{\alpha}_1+k\boldsymbol{\alpha}_2)+l_2(4\boldsymbol{\alpha}_2+k\boldsymbol{\alpha}_3)+l_3(8\boldsymbol{\alpha}_3+k\boldsymbol{\alpha}_1)=\mathbf{0},$$

也即

$$(2l_1+kl_3)\boldsymbol{\alpha}_1+(kl_1+4l_2)\boldsymbol{\alpha}_2+(kl_2+8l_3)\boldsymbol{\alpha}_3=\mathbf{0}.$$

由于向量组 $\boldsymbol{\alpha}_1,\boldsymbol{\alpha}_2,\boldsymbol{\alpha}_3$ 线性无关，故 $\begin{cases}2l_1+kl_3=0,\\kl_1+4l_2=0,\\kl_2+8l_3=0.\end{cases}$ 由于 $l_1,l_2,l_3$ 不全为零，故上述关于 $l_1$，

$l_2,l_3$ 的方程组有非零解,因而其系数行列式 $\begin{vmatrix}2&0&k\\k&4&0\\0&k&8\end{vmatrix}=k^3+64=0$,从而 $k=-4$. 应选 A.

**49.【参考答案】** C

**【答案解析】** 由于向量组 $\boldsymbol{\alpha}_1,\boldsymbol{\alpha}_2,\boldsymbol{\beta}$ 线性相关,故存在不全为零的数 $l_1,l_2,l_3$,使得 $l_1\boldsymbol{\alpha}_1+l_2\boldsymbol{\alpha}_2+l_3\boldsymbol{\beta}=\mathbf{0}$. 将 $\boldsymbol{\beta}=k_1\boldsymbol{\alpha}_1+k_2\boldsymbol{\alpha}_2+k_3\boldsymbol{\alpha}_3$ 代入得

$$l_1\boldsymbol{\alpha}_1+l_2\boldsymbol{\alpha}_2+l_3(k_1\boldsymbol{\alpha}_1+k_2\boldsymbol{\alpha}_2+k_3\boldsymbol{\alpha}_3)=\mathbf{0},$$

即

$$(l_1+k_1l_3)\boldsymbol{\alpha}_1+(l_2+k_2l_3)\boldsymbol{\alpha}_2+k_3l_3\boldsymbol{\alpha}_3=\mathbf{0}.$$

由于向量组 $\boldsymbol{\alpha}_1,\boldsymbol{\alpha}_2,\boldsymbol{\alpha}_3$ 线性无关,故 $\begin{cases}l_1+k_1l_3=0,\\l_2+k_2l_3=0,\\k_3l_3=0.\end{cases}$ 由于 $l_1,l_2,l_3$ 不全为零,故上述关于 $l_1$,$l_2,l_3$ 的方程组有非零解,因而其系数行列式 $\begin{vmatrix}1&0&k_1\\0&1&k_2\\0&0&k_3\end{vmatrix}=k_3=0$. 应选 C.

## 【考向 5】向量间的线性表示

**50.【参考答案】** A

**【答案解析】** 因为 $\boldsymbol{\alpha}_1$ 能由向量组 $\boldsymbol{\alpha}_2,\boldsymbol{\alpha}_3,\boldsymbol{\alpha}_4$ 线性表示,所以向量组 $\boldsymbol{\alpha}_1,\boldsymbol{\alpha}_2,\boldsymbol{\alpha}_3,\boldsymbol{\alpha}_4$ 线性相关. 若向量组 $\boldsymbol{\alpha}_1,\boldsymbol{\alpha}_2,\boldsymbol{\alpha}_3$ 线性无关,则 $\boldsymbol{\alpha}_4$ 能由向量组 $\boldsymbol{\alpha}_1,\boldsymbol{\alpha}_2,\boldsymbol{\alpha}_3$ 线性表示,这与题设条件矛盾. 因此,向量组 $\boldsymbol{\alpha}_1,\boldsymbol{\alpha}_2,\boldsymbol{\alpha}_3$ 线性相关. 应选 A.

**51.【参考答案】** E

**【答案解析】** 因为齐次线性方程组 $\boldsymbol{Ax}=\mathbf{0}$有非零解,而 $\boldsymbol{A}=(\boldsymbol{\alpha}_1,\boldsymbol{\alpha}_2,\boldsymbol{\alpha}_3,\boldsymbol{\alpha}_4)$,所以向量组 $\boldsymbol{\alpha}_1,\boldsymbol{\alpha}_2,\boldsymbol{\alpha}_3,\boldsymbol{\alpha}_4$ 线性相关. 因为齐次线性方程组 $\boldsymbol{Bx}=\mathbf{0}$ 只有零解,而 $\boldsymbol{B}=(\boldsymbol{\alpha}_2,\boldsymbol{\alpha}_3,\boldsymbol{\alpha}_4,\boldsymbol{\alpha}_5)$,所以向量组 $\boldsymbol{\alpha}_2,\boldsymbol{\alpha}_3,\boldsymbol{\alpha}_4,\boldsymbol{\alpha}_5$ 线性无关,从而向量组 $\boldsymbol{\alpha}_2,\boldsymbol{\alpha}_3,\boldsymbol{\alpha}_4$ 也线性无关. 于是,$\boldsymbol{\alpha}_1$ 可由 $\boldsymbol{\alpha}_2$,$\boldsymbol{\alpha}_3,\boldsymbol{\alpha}_4$ 线性表示. 应选 E.

**52.【参考答案】** B

**【答案解析】** 对矩阵$(\boldsymbol{\alpha}_1,\boldsymbol{\alpha}_2,\boldsymbol{\alpha}_3)$作初等行变换:

$$(\boldsymbol{\alpha}_1,\boldsymbol{\alpha}_2,\boldsymbol{\alpha}_3)=\begin{pmatrix}1&-1&2\\-1&1&k-1\\2&k&-1\end{pmatrix}\to\begin{pmatrix}1&-1&2\\0&0&k+1\\0&k+2&-5\end{pmatrix}\to\begin{pmatrix}1&-1&2\\0&k+2&-5\\0&0&k+1\end{pmatrix}.$$

由题设知,向量组 $\boldsymbol{\alpha}_1,\boldsymbol{\alpha}_2,\boldsymbol{\alpha}_3$ 线性相关,故 $k=-1$ 或 $k=-2$. 当 $k=-2$ 时,

$$(\boldsymbol{\alpha}_1,\boldsymbol{\alpha}_2,\boldsymbol{\alpha}_3)\to\begin{pmatrix}1&-1&2\\0&0&-5\\0&0&-1\end{pmatrix}\to\begin{pmatrix}1&-1&2\\0&0&1\\0&0&0\end{pmatrix}.$$

$\boldsymbol{\alpha}_3$ 不能由 $\boldsymbol{\alpha}_1,\boldsymbol{\alpha}_2$ 线性表示,与题意不符,故 $k=-1$. 应选 B.

**53.【参考答案】** A

**【答案解析】** 因为 $\boldsymbol{A}$ 是 $5\times8$ 矩阵，所以矩阵 $\boldsymbol{A}$ 的列向量组由 8 个 5 维列向量组成. 而由 8 个 5 维向量组成的向量组一定线性相关，其秩至多为 5，故 $\boldsymbol{A}$ 的列向量组中至少有三个向量可以由其余向量线性表示. 应选 A.

**54.【参考答案】** D

**【答案解析】** 因为 $\boldsymbol{\alpha}_1,\boldsymbol{\alpha}_2,\boldsymbol{\alpha}_3,\boldsymbol{\alpha}_4$ 是 3 维向量组，而 4 个 3 维向量组成的向量组一定线性相关，故 $\boldsymbol{\alpha}_1,\boldsymbol{\alpha}_2,\boldsymbol{\alpha}_3,\boldsymbol{\alpha}_4$ 线性相关. 由于向量组 $\boldsymbol{\alpha}_1,\boldsymbol{\alpha}_2,\boldsymbol{\alpha}_3,\boldsymbol{\alpha}_4$ 中任一含 3 个向量的部分组均线性无关，故向量组 $\boldsymbol{\alpha}_1,\boldsymbol{\alpha}_2,\boldsymbol{\alpha}_3,\boldsymbol{\alpha}_4$ 中任一向量均可由其余向量线性表示. 应选 D.

**55.【参考答案】** E

**【答案解析】** 对矩阵 $(\boldsymbol{\alpha}_1^{\mathrm{T}},\boldsymbol{\alpha}_2^{\mathrm{T}},\boldsymbol{\alpha}_3^{\mathrm{T}},\boldsymbol{\alpha}_4^{\mathrm{T}},\boldsymbol{\alpha}_5^{\mathrm{T}})$ 作初等行变换得：

$$(\boldsymbol{\alpha}_1^{\mathrm{T}},\boldsymbol{\alpha}_2^{\mathrm{T}},\boldsymbol{\alpha}_3^{\mathrm{T}},\boldsymbol{\alpha}_4^{\mathrm{T}},\boldsymbol{\alpha}_5^{\mathrm{T}})=\begin{pmatrix}1&1&1&2&1\\-4&2&-1&1&-2\\1&3&2&5&2\\2&6&4&10&4\end{pmatrix}\to\begin{pmatrix}1&1&1&2&1\\0&6&3&9&2\\0&2&1&3&1\\0&4&2&6&2\end{pmatrix}$$

$$\to\begin{pmatrix}1&1&1&2&1\\0&2&1&3&1\\0&0&0&0&-1\\0&0&0&0&0\end{pmatrix}.$$

故向量组 $\boldsymbol{\alpha}_1,\boldsymbol{\alpha}_2,\boldsymbol{\alpha}_3,\boldsymbol{\alpha}_4,\boldsymbol{\alpha}_5$ 的秩为 3，向量组 $\boldsymbol{\alpha}_1,\boldsymbol{\alpha}_2,\boldsymbol{\alpha}_3,\boldsymbol{\alpha}_4$ 的秩为 2，且向量组 $\boldsymbol{\alpha}_1,\boldsymbol{\alpha}_2,\boldsymbol{\alpha}_3,\boldsymbol{\alpha}_4$ 中任意两个向量组成的部分组均为向量组 $\boldsymbol{\alpha}_1,\boldsymbol{\alpha}_2,\boldsymbol{\alpha}_3,\boldsymbol{\alpha}_4$ 的极大线性无关组. 于是，$\boldsymbol{\alpha}_1$ 能由 $\boldsymbol{\alpha}_2,\boldsymbol{\alpha}_3,\boldsymbol{\alpha}_4$ 线性表示，$\boldsymbol{\alpha}_2$ 能由 $\boldsymbol{\alpha}_3,\boldsymbol{\alpha}_4,\boldsymbol{\alpha}_5$ 线性表示，$\boldsymbol{\alpha}_3$ 能由 $\boldsymbol{\alpha}_1,\boldsymbol{\alpha}_2,\boldsymbol{\alpha}_4$ 线性表示，$\boldsymbol{\alpha}_4$ 能由 $\boldsymbol{\alpha}_2,\boldsymbol{\alpha}_3,\boldsymbol{\alpha}_5$ 线性表示，而 $\boldsymbol{\alpha}_5$ 不能由 $\boldsymbol{\alpha}_1,\boldsymbol{\alpha}_3,\boldsymbol{\alpha}_4$ 线性表示. 因此，选项 A,B,C,D 均应排除. 应选 E.

**56.【参考答案】** A

**【答案解析】** 因为 $\boldsymbol{\alpha}_1,\boldsymbol{\alpha}_2,\boldsymbol{\alpha}_3,\boldsymbol{\alpha}_4,\boldsymbol{\alpha}_5$ 是 5 阶矩阵 $\boldsymbol{A}$ 的行向量组，$|\boldsymbol{A}|=0$，且 $A_{12}\neq0$，所以 $r(\boldsymbol{A})=4$，且向量组 $\boldsymbol{\alpha}_2,\boldsymbol{\alpha}_3,\boldsymbol{\alpha}_4,\boldsymbol{\alpha}_5$ 是向量组 $\boldsymbol{\alpha}_1,\boldsymbol{\alpha}_2,\boldsymbol{\alpha}_3,\boldsymbol{\alpha}_4,\boldsymbol{\alpha}_5$ 的极大线性无关组. 因此，$\boldsymbol{\alpha}_1$ 可由向量组 $\boldsymbol{\alpha}_2,\boldsymbol{\alpha}_3,\boldsymbol{\alpha}_4,\boldsymbol{\alpha}_5$ 线性表示. 应选 A.

**57.【参考答案】** D

**【答案解析】** 设 $\boldsymbol{A}$ 的列向量组为 $\boldsymbol{\alpha}_1,\boldsymbol{\alpha}_2,\cdots,\boldsymbol{\alpha}_n$，$\boldsymbol{C}$ 的列向量组为 $\boldsymbol{\gamma}_1,\boldsymbol{\gamma}_2,\cdots,\boldsymbol{\gamma}_n$，则 $\boldsymbol{A}=(\boldsymbol{\alpha}_1,\boldsymbol{\alpha}_2,\cdots,\boldsymbol{\alpha}_n)$，$\boldsymbol{C}=(\boldsymbol{\gamma}_1,\boldsymbol{\gamma}_2,\cdots,\boldsymbol{\gamma}_n)$. 由 $\boldsymbol{AB}+\boldsymbol{A}=\boldsymbol{C}$ 得，$\boldsymbol{A}(\boldsymbol{B}+\boldsymbol{E})=\boldsymbol{C}$，即

$$(\boldsymbol{\alpha}_1,\boldsymbol{\alpha}_2,\cdots,\boldsymbol{\alpha}_n)(\boldsymbol{B}+\boldsymbol{E})=(\boldsymbol{\gamma}_1,\boldsymbol{\gamma}_2,\cdots,\boldsymbol{\gamma}_n).$$

这表明：$\boldsymbol{C}$ 的列向量组可由 $\boldsymbol{A}$ 的列向量组线性表示. 又由 $\boldsymbol{B}^2-\boldsymbol{B}-3\boldsymbol{E}=\boldsymbol{O}$ 得，$(\boldsymbol{B}+\boldsymbol{E})(\boldsymbol{B}-2\boldsymbol{E})=\boldsymbol{E}$，故 $\boldsymbol{B}+\boldsymbol{E}$ 可逆，且 $(\boldsymbol{B}+\boldsymbol{E})^{-1}=\boldsymbol{B}-2\boldsymbol{E}$. 再由 $\boldsymbol{AB}+\boldsymbol{A}=\boldsymbol{C}$ 得，$\boldsymbol{A}=\boldsymbol{C}(\boldsymbol{B}+\boldsymbol{E})^{-1}=\boldsymbol{C}(\boldsymbol{B}-2\boldsymbol{E})$，即

$$(\boldsymbol{\alpha}_1,\boldsymbol{\alpha}_2,\cdots,\boldsymbol{\alpha}_n)=(\boldsymbol{\gamma}_1,\boldsymbol{\gamma}_2,\cdots,\boldsymbol{\gamma}_n)(\boldsymbol{B}-2\boldsymbol{E}).$$

这表明：$\boldsymbol{A}$ 的列向量组可由 $\boldsymbol{C}$ 的列向量组线性表示. 综上，$\boldsymbol{A}$ 的列向量组与 $\boldsymbol{C}$ 的列向量组

等价. 应选 D.

**58.【参考答案】**E

**【答案解析】方法 1** 取 $\boldsymbol{\beta}_1=\boldsymbol{\alpha}_1,\boldsymbol{\beta}_2=\boldsymbol{\alpha}_2$，则向量组 $\boldsymbol{\alpha}_1,\boldsymbol{\alpha}_2,\boldsymbol{\beta}_1,\boldsymbol{\beta}_2$ 的秩为 2. 故应排除 A. 取 $\boldsymbol{\alpha}_1=\begin{pmatrix}1\\0\\0\end{pmatrix},\boldsymbol{\alpha}_2=\begin{pmatrix}0\\1\\0\end{pmatrix},\boldsymbol{\beta}_1=\begin{pmatrix}1\\0\\0\end{pmatrix},\boldsymbol{\beta}_2=\begin{pmatrix}0\\0\\1\end{pmatrix}$，则向量组 $\boldsymbol{\alpha}_1,\boldsymbol{\alpha}_2$ 线性无关，向量组 $\boldsymbol{\beta}_1,\boldsymbol{\beta}_2$ 也线性无关；但向量组 $\boldsymbol{\alpha}_1,\boldsymbol{\alpha}_2,\boldsymbol{\beta}_1,\boldsymbol{\beta}_2$ 线性相关，向量组 $\boldsymbol{\alpha}_1,\boldsymbol{\beta}_1$ 与向量组 $\boldsymbol{\alpha}_2,\boldsymbol{\beta}_2$ 不等价，向量组 $\boldsymbol{\alpha}_1,\boldsymbol{\alpha}_2$ 与向量组 $\boldsymbol{\beta}_1,\boldsymbol{\beta}_2$ 也不等价. 故选项 B,C,D 均应排除. 应选 E.

**方法 2** 由于 4 个 3 维向量构成的向量组一定线性相关，故向量组 $\boldsymbol{\alpha}_1,\boldsymbol{\alpha}_2,\boldsymbol{\beta}_1,\boldsymbol{\beta}_2$ 线性相关，从而存在不全为零的数 $k_1,k_2,k_3,k_4$，使得 $k_1\boldsymbol{\alpha}_1+k_2\boldsymbol{\alpha}_2+k_3\boldsymbol{\beta}_1+k_4\boldsymbol{\beta}_2=\mathbf{0}$，即 $k_1\boldsymbol{\alpha}_1+k_2\boldsymbol{\alpha}_2=-k_3\boldsymbol{\beta}_1-k_4\boldsymbol{\beta}_2$. 令 $\boldsymbol{\gamma}=k_1\boldsymbol{\alpha}_1+k_2\boldsymbol{\alpha}_2=-k_3\boldsymbol{\beta}_1-k_4\boldsymbol{\beta}_2$，则 $\boldsymbol{\gamma}$ 可同时由向量组 $\boldsymbol{\alpha}_1,\boldsymbol{\alpha}_2$ 与向量组 $\boldsymbol{\beta}_1,\boldsymbol{\beta}_2$ 线性表示. 由于向量组 $\boldsymbol{\alpha}_1,\boldsymbol{\alpha}_2$ 与向量组 $\boldsymbol{\beta}_1,\boldsymbol{\beta}_2$ 均线性无关，故数 $k_1,k_2$ 与 $k_3,k_4$ 均不全为零(事实上，若 $k_3,k_4$ 全为零，则 $k_1\boldsymbol{\alpha}_1+k_2\boldsymbol{\alpha}_2=\mathbf{0}$，从而 $k_1,k_2$ 也全为零，这与 $k_1,k_2,k_3,k_4$ 不全为零矛盾！同理，$k_1,k_2$ 也不全为零)，故 $\boldsymbol{\gamma}$ 为非零向量. 应选 E.

**59.【参考答案】**C

**【答案解析】**
$$(\boldsymbol{\alpha}_1,\boldsymbol{\alpha}_2,\boldsymbol{\alpha}_3\vdots\boldsymbol{\beta}_1,\boldsymbol{\beta}_2)=\left(\begin{array}{ccc:cc}1&1&1&1&1\\-2&0&2&2&0\\0&2&a&4&b\end{array}\right)\to\left(\begin{array}{ccc:cc}1&1&1&1&1\\0&2&4&4&2\\0&2&a&4&b\end{array}\right)$$
$$\to\left(\begin{array}{ccc:cc}1&1&1&1&1\\0&1&2&2&1\\0&0&a-4&0&b-2\end{array}\right).$$

由于 $\boldsymbol{\alpha}_1,\boldsymbol{\alpha}_2,\boldsymbol{\alpha}_3$ 与 $\boldsymbol{\beta}_1,\boldsymbol{\beta}_2$ 等价，向量组 $\boldsymbol{\alpha}_1,\boldsymbol{\alpha}_2,\boldsymbol{\alpha}_3$ 与向量组 $\boldsymbol{\beta}_1,\boldsymbol{\beta}_2$ 可互相线性表示，故 $a=4$，$b=2$，从而 $a+b=6$. 应选 C.

**60.【参考答案】**D

**【答案解析】**
$$(\boldsymbol{\alpha}_1,\boldsymbol{\alpha}_2,\boldsymbol{\alpha}_3\vdots\boldsymbol{\beta}_1,\boldsymbol{\beta}_2,\boldsymbol{\beta}_3)=\left(\begin{array}{ccc:ccc}1&1&1&1&0&1\\1&0&2&1&2&3\\4&4&a^2+3&a+3&1-a&a^2+3\end{array}\right)$$
$$\to\left(\begin{array}{ccc:ccc}1&1&1&1&0&1\\0&-1&1&0&2&2\\0&0&a^2-1&a-1&1-a&a^2-1\end{array}\right).$$

由向量组(Ⅰ)和(Ⅱ)等价，则 $r(\boldsymbol{\alpha}_1,\boldsymbol{\alpha}_2,\boldsymbol{\alpha}_3)=r(\boldsymbol{\beta}_1,\boldsymbol{\beta}_2,\boldsymbol{\beta}_3)=r(\boldsymbol{\alpha}_1,\boldsymbol{\alpha}_2,\boldsymbol{\alpha}_3\vdots\boldsymbol{\beta}_1,\boldsymbol{\beta}_2,\boldsymbol{\beta}_3)$，得 $a\neq-1$. 应选 D.

## 【考向 6】解的判定

**61.【参考答案】**B

**【答案解析】**对原方程组的增广矩阵作初等行变换使之变成阶梯形：

$$\overline{\mathbf{A}}=\left(\begin{array}{cccc:c}1&1&1&1&0\\1&2&3&3&1\\3&2&1&1&-1\\1&-1&-3&-3&-2\end{array}\right)\rightarrow\left(\begin{array}{cccc:c}1&1&1&1&0\\0&1&2&2&1\\0&-1&-2&-2&-1\\0&-2&-4&-4&-2\end{array}\right)\rightarrow\left(\begin{array}{cccc:c}1&1&1&1&0\\0&1&2&2&1\\0&0&0&0&0\\0&0&0&0&0\end{array}\right).$$

故 $r(\mathbf{A})=r(\overline{\mathbf{A}})=2<4$. 于是,原方程组有无穷多解,且其通解中自由未知量的个数为 2. 应选 B.

**62.【参考答案】**A

**【答案解析】**对原方程组的增广矩阵作初等行变换使之变成阶梯形:

$$\overline{\mathbf{A}}=\left(\begin{array}{cccc:c}1&-1&-2&2&-1\\2&1&-1&1&1\\1&2&1&-1&2\\1&1&2&1&3\end{array}\right)\rightarrow\left(\begin{array}{cccc:c}1&-1&-2&2&-1\\0&3&3&-3&3\\0&3&3&-3&3\\0&2&4&-1&4\end{array}\right)\rightarrow\left(\begin{array}{cccc:c}1&-1&-2&2&-1\\0&1&1&-1&1\\0&2&4&-1&4\\0&0&0&0&0\end{array}\right)$$

$$\rightarrow\left(\begin{array}{cccc:c}1&-1&-2&2&-1\\0&1&1&-1&1\\0&0&2&1&2\\0&0&0&0&0\end{array}\right).$$

故 $r(\mathbf{A})=r(\overline{\mathbf{A}})=3<4$. 于是,原方程组有无穷多解,且其通解中自由未知量的个数为 1. 应选 A.

**63.【参考答案】**D

**【答案解析】**对原方程组的增广矩阵作初等行变换使之变成阶梯形:

$$\overline{\mathbf{A}}=\left(\begin{array}{ccc:c}1&-1&1&1\\1&-2&a&2\\1&a&-7&3\end{array}\right)\rightarrow\left(\begin{array}{ccc:c}1&-1&1&1\\0&-1&a-1&1\\0&a+1&-8&2\end{array}\right)\rightarrow\left(\begin{array}{ccc:c}1&-1&1&1\\0&-1&a-1&1\\0&0&a^2-9&a+3\end{array}\right).$$

当 $a=-3$ 时,$r(\mathbf{A})=r(\overline{\mathbf{A}})=2<3$,方程组有无穷多解. 应选 D.

**64.【参考答案】**C

**【答案解析】**由于 $\mathbf{A}$ 是 $m\times n$ 矩阵,$\mathbf{B}$ 是 $n\times m$ 矩阵,故 $\mathbf{AB}$ 是 $m$ 阶方阵. 由于齐次线性方程组 $(\mathbf{AB})\mathbf{x}=\mathbf{0}$ 只有零解,故 $r(\mathbf{AB})=m$. 由于 $m\geqslant r(\mathbf{A})\geqslant r(\mathbf{AB})=m$,$m\geqslant r(\mathbf{B})\geqslant r(\mathbf{AB})=m$,故 $r(\mathbf{A})=m$,$r(\mathbf{B})=m$. 又 $m<n$,故方程组 $\mathbf{Ay}=\mathbf{0}$ 与 $\mathbf{B}^{\mathrm{T}}\mathbf{y}=\mathbf{0}$ 有非零解,方程组 $\mathbf{A}^{\mathrm{T}}\mathbf{x}=\mathbf{0}$ 与 $\mathbf{Bx}=\mathbf{0}$ 只有零解. 应选 C.

**65.【参考答案】**B

**【答案解析】**因为向量组 $\boldsymbol{\alpha}_2,\boldsymbol{\alpha}_3,\boldsymbol{\alpha}_4$ 线性无关,所以其部分组 $\boldsymbol{\alpha}_2,\boldsymbol{\alpha}_3$ 也线性无关. 又向量组 $\boldsymbol{\alpha}_1,\boldsymbol{\alpha}_2,\boldsymbol{\alpha}_3$ 线性相关,所以 $\boldsymbol{\alpha}_1$ 可由向量组 $\boldsymbol{\alpha}_2,\boldsymbol{\alpha}_3$ 线性表示,从而可由向量组 $\boldsymbol{\alpha}_2,\boldsymbol{\alpha}_3,\boldsymbol{\alpha}_4$ 线性表示. 令 $\overline{\mathbf{A}}=(\boldsymbol{\alpha}_1,\boldsymbol{\alpha}_2,\boldsymbol{\alpha}_3,\boldsymbol{\alpha}_4)$,$\overline{\mathbf{B}}=(\boldsymbol{\alpha}_2,\boldsymbol{\alpha}_3,\boldsymbol{\alpha}_4,\boldsymbol{\alpha}_1)$,则 $r(\mathbf{A})=r(\boldsymbol{\alpha}_1,\boldsymbol{\alpha}_2,\boldsymbol{\alpha}_3)<3$,$r(\mathbf{B})=r(\boldsymbol{\alpha}_2,\boldsymbol{\alpha}_3,\boldsymbol{\alpha}_4)=3$,$r(\overline{\mathbf{A}})=r(\overline{\mathbf{B}})=r(\boldsymbol{\alpha}_1,\boldsymbol{\alpha}_2,\boldsymbol{\alpha}_3,\boldsymbol{\alpha}_4)=r(\boldsymbol{\alpha}_2,\boldsymbol{\alpha}_3,\boldsymbol{\alpha}_4)=3$. 因此,$r(\mathbf{A})\neq r(\overline{\mathbf{A}})$,$r(\mathbf{B})=r(\overline{\mathbf{B}})=3$. 于是,线性方程组 $\mathbf{Ax}=\boldsymbol{\alpha}_4$ 无解,线性方程组 $\mathbf{Bx}=\boldsymbol{\alpha}_1$ 有唯一解. 应选 B.

**66.【参考答案】**E

**【答案解析】**设 $\boldsymbol{A}$ 为 $m\times n$ 矩阵，由于 $\boldsymbol{A}$ 为行满秩矩阵，所以 $m=r(\boldsymbol{A})\leqslant r(\overline{\boldsymbol{A}})\leqslant m$，从而 $r(\boldsymbol{A})=r(\overline{\boldsymbol{A}})=m$. 其中 $\overline{\boldsymbol{A}}$ 为非齐次线性方程组 $\boldsymbol{Ax}=\boldsymbol{b}$ 的增广矩阵.

若方程组 $\boldsymbol{Ax}=\boldsymbol{0}$ 有非零解，则 $r(\boldsymbol{A})=m<n$，从而 $r(\boldsymbol{A})=r(\overline{\boldsymbol{A}})<n$. 故方程组 $\boldsymbol{Ax}=\boldsymbol{b}$ 有无穷多解. 命题①是正确结论.

若方程组 $\boldsymbol{Ax}=\boldsymbol{0}$ 只有零解，则 $r(\boldsymbol{A})=m=n$，从而 $r(\boldsymbol{A})=r(\overline{\boldsymbol{A}})=n$，故方程组 $\boldsymbol{Ax}=\boldsymbol{b}$ 有唯一解. 命题②是正确结论.

若方程组 $\boldsymbol{Ax}=\boldsymbol{b}$ 有无穷多解，则 $r(\boldsymbol{A})<n$，故方程组 $\boldsymbol{Ax}=\boldsymbol{0}$ 有非零解. 命题③是正确结论.

若方程组 $\boldsymbol{Ax}=\boldsymbol{b}$ 有唯一解，则 $r(\boldsymbol{A})=n$，故方程组 $\boldsymbol{Ax}=\boldsymbol{0}$ 只有零解. 命题④是正确结论.

应选 E.

**67.【参考答案】**A

**【答案解析】**对方程组的增广矩阵 $\overline{\boldsymbol{A}}$ 作初等行变换：

$$\overline{\boldsymbol{A}}=\left(\begin{array}{ccc:c}1&1&\lambda&1\\2&\lambda&4&\lambda\\\lambda&2&4&\lambda\end{array}\right)\to\left(\begin{array}{ccc:c}1&1&\lambda&1\\0&\lambda-2&4-2\lambda&\lambda-2\\0&2-\lambda&4-\lambda^2&0\end{array}\right)\to\left(\begin{array}{ccc:c}1&1&\lambda&1\\0&\lambda-2&4-2\lambda&\lambda-2\\0&0&(2-\lambda)(4+\lambda)&\lambda-2\end{array}\right).$$

当 $\lambda=-4$ 时，$r(\boldsymbol{A})=2\neq r(\overline{\boldsymbol{A}})=3$，方程组无解；当 $\lambda=2$ 时，$r(\boldsymbol{A})=r(\overline{\boldsymbol{A}})=1<3$，方程组有无穷多解；当 $\lambda\neq2$ 且 $\lambda\neq-4$ 时，$r(\boldsymbol{A})=r(\overline{\boldsymbol{A}})=3$，方程组有唯一解. 应选 A.

**68.【参考答案】**E

**【答案解析】**对方程组的系数矩阵 $\boldsymbol{A}$ 作初等行变换：

$$\boldsymbol{A}=\begin{pmatrix}1&1&2\\2&\lambda&1\\\lambda&2&1\end{pmatrix}\to\begin{pmatrix}1&1&2\\0&\lambda-2&-3\\0&2-\lambda&1-2\lambda\end{pmatrix}\to\begin{pmatrix}1&1&2\\0&\lambda-2&-3\\0&0&-2-2\lambda\end{pmatrix}.$$

故当且仅当 $\lambda=-1$ 或 $\lambda=2$ 时原方程组有非零解. 应选 E.

**69.【参考答案】**B

**【答案解析】** $|\boldsymbol{\alpha}_1^{\mathrm{T}},\boldsymbol{\alpha}_2^{\mathrm{T}},\boldsymbol{\alpha}_3^{\mathrm{T}}|=\begin{vmatrix}1&1&0\\1&k&2\\1&2&k\end{vmatrix}=\begin{vmatrix}1&1&0\\0&k-1&2\\0&1&k\end{vmatrix}=(k+1)(k-2)$，

$$|\boldsymbol{\beta}_1^{\mathrm{T}},\boldsymbol{\beta}_2^{\mathrm{T}},\boldsymbol{\beta}_3^{\mathrm{T}}|=\begin{vmatrix}1&-3&0\\-1&k&-1\\-1&5&k\end{vmatrix}=\begin{vmatrix}1&-3&0\\0&k-3&-1\\0&2&k\end{vmatrix}=(k-1)(k-2).$$

由题设知，$|\boldsymbol{\alpha}_1^{\mathrm{T}},\boldsymbol{\alpha}_2^{\mathrm{T}},\boldsymbol{\alpha}_3^{\mathrm{T}}|=0$，$|\boldsymbol{\beta}_1^{\mathrm{T}},\boldsymbol{\beta}_2^{\mathrm{T}},\boldsymbol{\beta}_3^{\mathrm{T}}|\neq0$. 故 $k=-1$. 应选 B.

**70.【参考答案】**E

**【答案解析】** $|\boldsymbol{\alpha}_1^{\mathrm{T}},\boldsymbol{\alpha}_2^{\mathrm{T}},\boldsymbol{\alpha}_3^{\mathrm{T}}|=\begin{vmatrix}1&1&0\\1&k&2\\1&2&k\end{vmatrix}=\begin{vmatrix}1&1&0\\0&k-1&2\\0&1&k\end{vmatrix}=(k+1)(k-2)$，

$$|\boldsymbol{\beta}_1^{\mathrm T},\boldsymbol{\beta}_2^{\mathrm T},\boldsymbol{\beta}_3^{\mathrm T}|=\begin{vmatrix}1&-3&0\\-1&k&-1\\-1&5&k\end{vmatrix}=\begin{vmatrix}1&-3&0\\0&k-3&-1\\0&2&k\end{vmatrix}=(k-1)(k-2).$$

由题设知，$|\boldsymbol{\alpha}_1^{\mathrm T},\boldsymbol{\alpha}_2^{\mathrm T},\boldsymbol{\alpha}_3^{\mathrm T}|=0$，$|\boldsymbol{\beta}_1^{\mathrm T},\boldsymbol{\beta}_2^{\mathrm T},\boldsymbol{\beta}_3^{\mathrm T}|=0$. 故 $k=2$. 应选 E.

**71.【参考答案】** E

**【答案解析】** 由于 $m\geqslant r(\boldsymbol{A})\geqslant r(\boldsymbol{AB})=r(\boldsymbol{E})=m$，$m\geqslant r(\boldsymbol{B})\geqslant r(\boldsymbol{AB})=r(\boldsymbol{E})=m$，故 $r(\boldsymbol{A})=m$，$r(\boldsymbol{B})=m$. 又 $m<n$，故齐次线性方程组 $\boldsymbol{A}^{\mathrm T}\boldsymbol{y}=\boldsymbol{0}$ 只有零解，齐次线性方程组 $\boldsymbol{Ax}=\boldsymbol{0}$ 有非零解；齐次线性方程组 $\boldsymbol{B}^{\mathrm T}\boldsymbol{x}=\boldsymbol{0}$ 有非零解，齐次线性方程组 $\boldsymbol{By}=\boldsymbol{0}$ 只有零解. 应选 E.

**72.【参考答案】** E

**【答案解析】** 原方程组的系数行列式为

$$|\boldsymbol{A}|=\begin{vmatrix}1+a&2&3&\cdots&n\\1&2+a&3&\cdots&n\\1&2&3+a&\cdots&n\\\vdots&\vdots&\vdots&&\vdots\\1&2&3&\cdots&n+a\end{vmatrix}=\begin{vmatrix}\frac{n(n+1)}{2}+a&2&3&\cdots&n\\\frac{n(n+1)}{2}+a&2+a&3&\cdots&n\\\frac{n(n+1)}{2}+a&2&3+a&\cdots&n\\\vdots&\vdots&\vdots&&\vdots\\\frac{n(n+1)}{2}+a&2&3&\cdots&n+a\end{vmatrix}$$

$$=\begin{vmatrix}\frac{n(n+1)}{2}+a&2&3&\cdots&n\\0&a&0&\cdots&0\\0&0&a&\cdots&0\\\vdots&\vdots&\vdots&&\vdots\\0&0&0&\cdots&a\end{vmatrix}=a^{n-1}\left[\frac{n(n+1)}{2}+a\right].$$

故齐次线性方程组 $\boldsymbol{Ax}=\boldsymbol{0}$ 只有零解的充分必要条件是 $a\neq-\frac{n(n+1)}{2}$ 且 $a\neq0$. 应选 E.

**73.【参考答案】** E

**【答案解析】** 对原方程组的增广矩阵作初等行变换：

$$\overline{\boldsymbol{A}}=\left(\begin{array}{ccc:c}1&1&2&1\\2&3&5&2\\1&a&-3&b\end{array}\right)\to\left(\begin{array}{ccc:c}1&1&2&1\\0&1&1&0\\0&a-1&-5&b-1\end{array}\right)\to\left(\begin{array}{ccc:c}1&1&2&1\\0&1&1&0\\0&0&a+4&1-b\end{array}\right).$$

当 $a\neq-4$，$b$ 为任意实数时，$r(\boldsymbol{A})=r(\overline{\boldsymbol{A}})=3$，方程组有唯一解.

当 $a=-4$，$b=1$ 时，$r(\boldsymbol{A})=r(\overline{\boldsymbol{A}})=2<3$，方程组有无穷多解.

当 $a=-4$，$b\neq1$ 时，$r(\boldsymbol{A})=2\neq r(\overline{\boldsymbol{A}})=3$，方程组无解.

因此，选项 A，B，C，D 都是正确结论，而选项 E 是错误的. 应选 E.

**74.【参考答案】** D

**【答案解析】** 对原方程组的增广矩阵作初等行变换：

$$\overline{\mathbf{A}}=\left(\begin{array}{cccc:c}1&1&1&1&0\\4&3&2&2&-1\\1&2&3&3&1\\3&2&a&1&b\end{array}\right)\to\left(\begin{array}{cccc:c}1&1&1&1&0\\0&-1&-2&-2&-1\\0&1&2&2&1\\0&-1&a-3&-2&b\end{array}\right)\to\left(\begin{array}{cccc:c}1&1&1&1&0\\0&-1&-2&-2&-1\\0&0&a-1&0&b+1\\0&0&0&0&0\end{array}\right).$$

当 $a\neq1$ 时，$r(\mathbf{A})=r(\overline{\mathbf{A}})=3<4$，方程组有无穷多解，且其通解中含有 1 个自由未知量.

当 $a=1,b=-1$ 时，$r(\mathbf{A})=r(\overline{\mathbf{A}})=2<4$，方程组有无穷多解，且其通解中含有 2 个自由未知量. 当 $a=1,b\neq-1$ 时，$r(\mathbf{A})=2\neq r(\overline{\mathbf{A}})=3$，方程组无解. 因此选项 D 中的说法是错误的. 应选 D.

**75.【参考答案】**E

**【答案解析】**对原方程组的增广矩阵作初等行变换，使之变为阶梯形：

$$\overline{\mathbf{A}}=\left(\begin{array}{ccc:c}1&2&3&4\\2&3&4&5\\3&4&a&b\end{array}\right)\to\left(\begin{array}{ccc:c}1&2&3&4\\0&-1&-2&-3\\0&-2&a-9&b-12\end{array}\right)\to\left(\begin{array}{ccc:c}1&2&3&4\\0&-1&-2&-3\\0&0&a-5&b-6\end{array}\right).$$

故原方程组有唯一解的充分必要条件是 $a\neq5$. 应选 E.

**76.【参考答案】**E

**【答案解析】**对原方程组的系数矩阵 $\mathbf{A}$ 作初等行变换：

$$\mathbf{A}=\begin{pmatrix}1&2&-2\\4&k&3\\3&-1&1\\1&1&k\end{pmatrix}\to\begin{pmatrix}1&2&-2\\0&-1&1\\0&k-8&11\\0&-1&k+2\end{pmatrix}\to\begin{pmatrix}1&2&-2\\0&-1&1\\0&0&k+3\\0&0&k+1\end{pmatrix}.$$

由于对任意的实数 $k$，$k+1$ 与 $k+3$ 不可能同时为零，故 $r(\mathbf{A})=3$. 从而对任意的实数 $k$，方程组均只有零解. 应选 E.

**77.【参考答案】**D

**【答案解析】**对原方程组的增广矩阵 $\overline{\mathbf{A}}$ 作初等行变换：

$$\overline{\mathbf{A}}=\left(\begin{array}{ccc:c}1&2&-2&1\\1&1&-1&1\\2&k&-3&k-1\\3&-1&k&k+2\end{array}\right)\to\left(\begin{array}{ccc:c}1&2&-2&1\\0&-1&1&0\\0&k-4&1&k-3\\0&-7&k+6&k-1\end{array}\right)\to\left(\begin{array}{ccc:c}1&2&-2&1\\0&-1&1&0\\0&0&k-3&k-3\\0&0&k-1&k-1\end{array}\right).$$

由于对任意的实数 $k$，$k-1$ 与 $k-3$ 不可能同时为零，故 $r(\mathbf{A})=r(\overline{\mathbf{A}})=3$. 从而对任意的实数 $k$，方程组均有唯一解. 应选 D.

**78.【参考答案】**B

**【答案解析】**当 $a=0$ 时，若 $b=0$，则方程组无解，若 $b\neq0$，则方程组有唯一解，均不符合题意，故 $a\neq0$. 对原方程组的增广矩阵 $\overline{\mathbf{A}}$ 作初等行变换，使之变为阶梯形：

$$\overline{\mathbf{A}}=\left(\begin{array}{ccc:c}a&a&b&-2\\a&b&a&-a\\b&a&a&4\end{array}\right)\to\left(\begin{array}{ccc:c}a&a&b&-2\\0&b-a&a-b&2-a\\0&a-b&a-\dfrac{b^2}{a}&4+\dfrac{2b}{a}\end{array}\right)$$

$$\rightarrow\left(\begin{array}{ccc:c} a & a & b & -2 \\ 0 & b-a & a-b & 2-a \\ 0 & 0 & \frac{1}{a}(a-b)(2a+b) & 6-a+\frac{2b}{a} \end{array}\right).$$

当 $a=b$ 时，$r(\mathbf{A})=1$，$r(\overline{\mathbf{A}})=2$，方程组无解. 由于方程组有解但不唯一，所以 $r(\mathbf{A})=r(\overline{\mathbf{A}})<3$，故 $\begin{cases}2a+b=0,\\ 6-a+\frac{2b}{a}=0,\end{cases}$ 解得 $\begin{cases}a=2,\\ b=-4.\end{cases}$ 应选 B.

## 【考向 7】解的性质

**79.【参考答案】** D

**【答案解析】** 容易证明：若 $\boldsymbol{\alpha}_1,\boldsymbol{\alpha}_2,\boldsymbol{\alpha}_3$ 是非齐次线性方程组 $\mathbf{A}\boldsymbol{x}=\boldsymbol{b}$ 的解，则当 $k_1+k_2+k_3=1$ 时，$k_1\boldsymbol{\alpha}_1+k_2\boldsymbol{\alpha}_2+k_3\boldsymbol{\alpha}_3$ 也是方程组 $\mathbf{A}\boldsymbol{x}=\boldsymbol{b}$ 的解；当 $k_1+k_2+k_3=0$ 时，$k_1\boldsymbol{\alpha}_1+k_2\boldsymbol{\alpha}_2+k_3\boldsymbol{\alpha}_3$ 是导出组 $\mathbf{A}\boldsymbol{x}=\mathbf{0}$ 的解. 由此可知，$\boldsymbol{\alpha}_1+\boldsymbol{\alpha}_2-\boldsymbol{\alpha}_3$ 不是方程组 $\mathbf{A}\boldsymbol{x}=\mathbf{0}$ 的解，而 $2\boldsymbol{\alpha}_1+3\boldsymbol{\alpha}_2-4\boldsymbol{\alpha}_3$ 是方程组 $\mathbf{A}\boldsymbol{x}=\boldsymbol{b}$ 的解. 由于 $\mathbf{A}$ 是行满秩的 $3\times5$ 矩阵，故方程组 $\mathbf{A}\boldsymbol{x}=\mathbf{0}$ 的基础解系含有 2 个解. 由于 $\boldsymbol{\alpha}_1-\boldsymbol{\alpha}_2,\boldsymbol{\alpha}_1-\boldsymbol{\alpha}_3$ 未必线性无关，故选项 A,B,C,E 都是错误的. 应选 D.

**80.【参考答案】** E

**【答案解析】** 因为 $\mathbf{A}$ 是 $5\times6$ 矩阵，且 $r(\mathbf{A})=4$，所以方程组 $\mathbf{A}\boldsymbol{x}=\boldsymbol{b}$ 的导出组 $\mathbf{A}\boldsymbol{x}=\mathbf{0}$ 的基础解系所含解的个数为 2. 由于 $\boldsymbol{\alpha}_1,\boldsymbol{\alpha}_2,\boldsymbol{\alpha}_3$ 是非齐次线性方程组 $\mathbf{A}\boldsymbol{x}=\boldsymbol{b}$ 的 3 个线性无关的解，故 $\boldsymbol{\alpha}_1-\boldsymbol{\alpha}_2,\boldsymbol{\alpha}_1-\boldsymbol{\alpha}_3$ 是导出组 $\mathbf{A}\boldsymbol{x}=\mathbf{0}$ 的 2 个线性无关的解（事实上，若有常数 $l_1,l_2$，使得 $l_1(\boldsymbol{\alpha}_1-\boldsymbol{\alpha}_2)+l_2(\boldsymbol{\alpha}_1-\boldsymbol{\alpha}_3)=\mathbf{0}$，则 $(l_1+l_2)\boldsymbol{\alpha}_1-l_1\boldsymbol{\alpha}_2-l_2\boldsymbol{\alpha}_3=\mathbf{0}$. 由于 $\boldsymbol{\alpha}_1,\boldsymbol{\alpha}_2,\boldsymbol{\alpha}_3$ 线性无关，故 $l_1=l_2=0$）. 因而 $\boldsymbol{\alpha}_1-\boldsymbol{\alpha}_2,\boldsymbol{\alpha}_1-\boldsymbol{\alpha}_3$ 是导出组 $\mathbf{A}\boldsymbol{x}=\mathbf{0}$ 的基础解系. 容易验证：$\boldsymbol{\alpha}_1+\boldsymbol{\alpha}_2-\boldsymbol{\alpha}_3$ 是方程组 $\mathbf{A}\boldsymbol{x}=\boldsymbol{b}$ 的一个解. 于是，方程组 $\mathbf{A}\boldsymbol{x}=\boldsymbol{b}$ 的通解为 $\boldsymbol{x}=k_1(\boldsymbol{\alpha}_1-\boldsymbol{\alpha}_3)+k_2(\boldsymbol{\alpha}_2-\boldsymbol{\alpha}_3)+(\boldsymbol{\alpha}_1+\boldsymbol{\alpha}_2-\boldsymbol{\alpha}_3)=(k_1+1)\boldsymbol{\alpha}_1+(k_2+1)\boldsymbol{\alpha}_2-(k_1+k_2+1)\boldsymbol{\alpha}_3$.

应选 E.

**81.【参考答案】** B

**【答案解析】** 由于 $\mathbf{A}$ 为 $4\times5$ 矩阵，且 $r(\mathbf{A})=3$，因此齐次线性方程组 $\mathbf{A}\boldsymbol{x}=\mathbf{0}$ 的基础解系所含解向量的个数为 $5-r(\mathbf{A})=5-3=2$. 因为 $\boldsymbol{\alpha}_1,\boldsymbol{\alpha}_2,\boldsymbol{\alpha}_3$ 是非齐次线性方程组 $\mathbf{A}\boldsymbol{x}=\boldsymbol{b}$ 的三个线性无关的解，所以 $\boldsymbol{\alpha}_1-\boldsymbol{\alpha}_2,\boldsymbol{\alpha}_1-\boldsymbol{\alpha}_3$ 是导出组 $\mathbf{A}\boldsymbol{x}=\mathbf{0}$ 的两个线性无关的解（事实上，$\boldsymbol{\alpha}_1-\boldsymbol{\alpha}_2,\boldsymbol{\alpha}_1-\boldsymbol{\alpha}_3$ 是方程组 $\mathbf{A}\boldsymbol{x}=\mathbf{0}$ 的解是显然的. 若有常数 $k_1,k_2$，使得 $k_1(\boldsymbol{\alpha}_1-\boldsymbol{\alpha}_2)+k_2(\boldsymbol{\alpha}_1-\boldsymbol{\alpha}_3)=\mathbf{0}$，即 $(k_1+k_2)\boldsymbol{\alpha}_1-k_1\boldsymbol{\alpha}_2-k_2\boldsymbol{\alpha}_3=\mathbf{0}$，则由 $\boldsymbol{\alpha}_1,\boldsymbol{\alpha}_2,\boldsymbol{\alpha}_3$ 线性无关，得 $k_1=k_2=0$，故 $\boldsymbol{\alpha}_1-\boldsymbol{\alpha}_2,\boldsymbol{\alpha}_1-\boldsymbol{\alpha}_3$ 线性无关）. 从而 $\boldsymbol{\alpha}_1-\boldsymbol{\alpha}_2,\boldsymbol{\alpha}_1-\boldsymbol{\alpha}_3$ 是导出组 $\mathbf{A}\boldsymbol{x}=\mathbf{0}$ 的一个基础解系. 于是，方程组 $\mathbf{A}\boldsymbol{x}=\boldsymbol{b}$ 的通解为

$$\boldsymbol{x}=k_1(\boldsymbol{\alpha}_1-\boldsymbol{\alpha}_2)+k_2(\boldsymbol{\alpha}_1-\boldsymbol{\alpha}_3)+\boldsymbol{\alpha}_1=(k_1+k_2+1)\boldsymbol{\alpha}_1-k_1\boldsymbol{\alpha}_2-k_2\boldsymbol{\alpha}_3.$$

应选 B.

## 【考向 8】解的结构

**82.【参考答案】** E

**【答案解析】** 对方程组 $\boldsymbol{A}\boldsymbol{x}=\boldsymbol{\alpha}$ 的增广矩阵作初等行变换：

$$(\boldsymbol{A}\,\vdots\,\boldsymbol{\alpha})=\begin{pmatrix}0&1&2&\vdots&1\\1&-1&2&\vdots&0\\1&0&a&\vdots&m\end{pmatrix}\rightarrow\begin{pmatrix}1&-1&2&\vdots&0\\0&1&2&\vdots&1\\0&1&a-2&\vdots&m\end{pmatrix}\rightarrow\begin{pmatrix}1&-1&2&\vdots&0\\0&1&2&\vdots&1\\0&0&a-4&\vdots&m-1\end{pmatrix}.$$

当且仅当 $a=4$，且 $m=1$ 时，方程组 $\boldsymbol{A}\boldsymbol{x}=\boldsymbol{\alpha}$ 有无穷多解. 此时，$\boldsymbol{A}=\begin{pmatrix}0&1&2\\1&-1&2\\1&0&4\end{pmatrix}$，$\boldsymbol{\beta}=\begin{pmatrix}1\\-1\\0\end{pmatrix}$. 对方程组 $\boldsymbol{A}\boldsymbol{x}=\boldsymbol{\beta}$ 的增广矩阵作初等行变换：

$$(\boldsymbol{A}\,\vdots\,\boldsymbol{\beta})=\begin{pmatrix}0&1&2&\vdots&1\\1&-1&2&\vdots&-1\\1&0&4&\vdots&0\end{pmatrix}\rightarrow\begin{pmatrix}1&-1&2&\vdots&-1\\0&1&2&\vdots&1\\0&0&0&\vdots&0\end{pmatrix}\rightarrow\begin{pmatrix}1&0&4&\vdots&0\\0&1&2&\vdots&1\\0&0&0&\vdots&0\end{pmatrix}.$$

由此得方程组 $\boldsymbol{A}\boldsymbol{x}=\boldsymbol{\beta}$ 有无穷多解，其通解为 $\begin{pmatrix}x_1\\x_2\\x_3\end{pmatrix}=\begin{pmatrix}0\\1\\0\end{pmatrix}+k\begin{pmatrix}-4\\-2\\1\end{pmatrix}$（$k$ 为任意常数）. 应选 E.

**83.【参考答案】** E

**【答案解析】** 对方程组 $\boldsymbol{A}\boldsymbol{x}=\boldsymbol{b}$ 的增广矩阵作初等行变换：

$$\overline{\boldsymbol{A}}=\begin{pmatrix}1&1&2&\vdots&1\\1&0&1&\vdots&m\\1&-1&a&\vdots&3\end{pmatrix}\rightarrow\begin{pmatrix}1&1&2&\vdots&1\\0&-1&-1&\vdots&m-1\\0&-2&a-2&\vdots&2\end{pmatrix}\rightarrow\begin{pmatrix}1&1&2&\vdots&1\\0&-1&-1&\vdots&m-1\\0&0&a&\vdots&4-2m\end{pmatrix}.$$

当且仅当 $a=0$，且 $m=2$ 时，方程组 $\boldsymbol{A}\boldsymbol{x}=\boldsymbol{b}$ 有无穷多解. 此时，

$$\overline{\boldsymbol{A}}\rightarrow\begin{pmatrix}1&1&2&\vdots&1\\0&1&1&\vdots&-1\\0&0&0&\vdots&0\end{pmatrix}\rightarrow\begin{pmatrix}1&0&1&\vdots&2\\0&1&1&\vdots&-1\\0&0&0&\vdots&0\end{pmatrix}.$$

由此得方程组 $\boldsymbol{A}\boldsymbol{x}=\boldsymbol{b}$ 的通解为 $\begin{pmatrix}x_1\\x_2\\x_3\end{pmatrix}=\begin{pmatrix}2\\-1\\0\end{pmatrix}+k\begin{pmatrix}-1\\-1\\1\end{pmatrix}$（$k$ 为任意常数）. 在通解中取 $k=-1$ 得，$\begin{pmatrix}x_1\\x_2\\x_3\end{pmatrix}=\begin{pmatrix}3\\0\\-1\end{pmatrix}$，故 $\begin{pmatrix}3\\0\\-1\end{pmatrix}$ 是方程组 $\boldsymbol{A}\boldsymbol{x}=\boldsymbol{b}$ 的一个解. 应选 E.

**84.【参考答案】**E

**【答案解析】**令 $\boldsymbol{A}=(\boldsymbol{\alpha}_1,\boldsymbol{\alpha}_2,\boldsymbol{\alpha}_3)$，则由题设知，

$$(\boldsymbol{\alpha}_1,\boldsymbol{\alpha}_2,\boldsymbol{\alpha}_3)\begin{pmatrix}-1\\1\\0\end{pmatrix}=\boldsymbol{0},(\boldsymbol{\alpha}_1,\boldsymbol{\alpha}_2,\boldsymbol{\alpha}_3)\begin{pmatrix}1\\0\\1\end{pmatrix}=\boldsymbol{0},(\boldsymbol{\alpha}_1,\boldsymbol{\alpha}_2,\boldsymbol{\alpha}_3)\begin{pmatrix}1\\0\\0\end{pmatrix}=\begin{pmatrix}1\\2\\-1\end{pmatrix},$$

即 $\begin{cases}-\boldsymbol{\alpha}_1+\boldsymbol{\alpha}_2=\boldsymbol{0},\\ \boldsymbol{\alpha}_1+\boldsymbol{\alpha}_3=\boldsymbol{0},\\ \boldsymbol{\alpha}_1=(1,2,-1)^{\mathrm{T}}.\end{cases}$ 故 $\boldsymbol{\alpha}_1=\begin{pmatrix}1\\2\\-1\end{pmatrix},\boldsymbol{\alpha}_2=\begin{pmatrix}1\\2\\-1\end{pmatrix},\boldsymbol{\alpha}_3=\begin{pmatrix}-1\\-2\\1\end{pmatrix}$，从而 $\boldsymbol{A}=\begin{pmatrix}1&1&-1\\2&2&-2\\-1&-1&1\end{pmatrix}$，

于是，矩阵 $\boldsymbol{A}$ 的主对角线元素之和为 4. 应选 E.

**85.【参考答案】**C

**【答案解析】**对原方程组的增广矩阵作初等行变换：

$$\overline{\boldsymbol{A}}=\left(\begin{array}{ccc:c}1&-3&-2&3\\1&-3&-7&b\\1&a&-3&2\end{array}\right)\to\left(\begin{array}{ccc:c}1&-3&-2&3\\0&0&-5&b-3\\0&a+3&-1&-1\end{array}\right)\to\left(\begin{array}{ccc:c}1&-3&-2&3\\0&a+3&-1&-1\\0&0&-5&b-3\end{array}\right).$$

当 $a=-3,b=-2$ 时，$r(\boldsymbol{A})=r(\overline{\boldsymbol{A}})=2<3$，方程组有无穷多解. 此时，

$$\overline{\boldsymbol{A}}\to\left(\begin{array}{ccc:c}1&-3&-2&3\\0&0&1&1\\0&0&0&0\end{array}\right)\to\left(\begin{array}{ccc:c}1&-3&0&5\\0&0&1&1\\0&0&0&0\end{array}\right),$$

故原方程组的通解为 $\begin{pmatrix}x_1\\x_2\\x_3\end{pmatrix}=\begin{pmatrix}5\\0\\1\end{pmatrix}+k\begin{pmatrix}3\\1\\0\end{pmatrix}$（$k$ 为任意常数）. 应选 C.

**86.【参考答案】**C

**【答案解析】**对方程组的增广矩阵作初等行变换：

$$\overline{\boldsymbol{A}}=\left(\begin{array}{ccc:c}1&-1&-1&3\\1&1&\lambda&1\\\lambda&1&1&4\lambda+1\end{array}\right)\to\left(\begin{array}{ccc:c}1&-1&-1&3\\0&2&\lambda+1&-2\\0&\lambda+1&\lambda+1&\lambda+1\end{array}\right)$$

$$\to\left(\begin{array}{ccc:c}1&-1&-1&3\\0&2&\lambda+1&-2\\0&0&-(\lambda+1)(\lambda-1)&4(\lambda+1)\end{array}\right).$$

由于方程组有无穷多解，故 $r(\boldsymbol{A})=r(\overline{\boldsymbol{A}})<3$，从而 $\lambda=-1$. 此时，

$$\boldsymbol{A}=\begin{pmatrix}1&-1&-1\\1&1&-1\\-1&1&1\end{pmatrix}\to\begin{pmatrix}1&-1&-1\\0&2&0\\0&0&0\end{pmatrix}\to\begin{pmatrix}1&0&-1\\0&1&0\\0&0&0\end{pmatrix}.$$

于是，原方程组的导出组的一个基础解系为 $\begin{pmatrix}1\\0\\1\end{pmatrix}$. 应选 C.

**87.【参考答案】**A

**【答案解析】**对方程组的增广矩阵作初等行变换：

$$\overline{\boldsymbol{A}}=\begin{pmatrix}1&-1&-1&\vdots&3\\1&1&\lambda&\vdots&1\\\lambda&1&1&\vdots&4\lambda+1\end{pmatrix}\to\begin{pmatrix}1&-1&-1&\vdots&3\\0&2&\lambda+1&\vdots&-2\\0&\lambda+1&\lambda+1&\vdots&\lambda+1\end{pmatrix}$$

$$\to\begin{pmatrix}1&-1&-1&\vdots&3\\0&2&\lambda+1&\vdots&-2\\0&0&-(\lambda+1)(\lambda-1)&\vdots&4(\lambda+1)\end{pmatrix}.$$

由于方程组无解，故 $r(\boldsymbol{A})\neq r(\overline{\boldsymbol{A}})$，从而 $\lambda=1$. 此时，

$$\boldsymbol{A}=\begin{pmatrix}1&-1&-1\\1&1&1\\1&1&1\end{pmatrix}\to\begin{pmatrix}1&-1&-1\\0&1&1\\0&0&0\end{pmatrix}\to\begin{pmatrix}1&0&0\\0&1&1\\0&0&0\end{pmatrix}.$$

于是，原方程组的导出组的一个基础解系为 $\begin{pmatrix}0\\-1\\1\end{pmatrix}$. 应选 A.

**88.【参考答案】**E

**【答案解析】**由于线性方程组 $\boldsymbol{Ax}=\boldsymbol{0}$ 有非零解，且 $A_{21}\neq0$，故 $r(\boldsymbol{A})=3$，从而 $r(\boldsymbol{A}^*)=1$，且 $\boldsymbol{\alpha}_2,\boldsymbol{\alpha}_3,\boldsymbol{\alpha}_4$ 线性无关. 由 $\boldsymbol{A}^*\boldsymbol{A}=|\boldsymbol{A}|\boldsymbol{E}=\boldsymbol{O}$，故 $\boldsymbol{A}$ 的列向量 $\boldsymbol{\alpha}_1,\boldsymbol{\alpha}_2,\boldsymbol{\alpha}_3,\boldsymbol{\alpha}_4$ 都是方程组 $\boldsymbol{A}^*\boldsymbol{x}=\boldsymbol{0}$ 的解. 于是，方程组 $\boldsymbol{A}^*\boldsymbol{x}=\boldsymbol{0}$ 的基础解系为 $\boldsymbol{\alpha}_2,\boldsymbol{\alpha}_3,\boldsymbol{\alpha}_4$. 应选 E.

**89.【参考答案】**A

**【答案解析】**因为 $A_{ij}=-a_{ij}$，所以 $\boldsymbol{A}^*=-\boldsymbol{A}^{\mathrm{T}}$，从而 $\boldsymbol{A}^{-1}=\frac{1}{|\boldsymbol{A}|}\boldsymbol{A}^*=\boldsymbol{A}^{\mathrm{T}}$. 故方程组 $\boldsymbol{Ax}=\begin{pmatrix}0\\0\\-1\end{pmatrix}$ 的解为

$$\boldsymbol{x}=\boldsymbol{A}^{-1}\begin{pmatrix}0\\0\\-1\end{pmatrix}=\boldsymbol{A}^{\mathrm{T}}\begin{pmatrix}0\\0\\-1\end{pmatrix}=\begin{pmatrix}a_{11}&a_{21}&a_{31}\\a_{12}&a_{22}&a_{32}\\a_{13}&a_{23}&a_{33}\end{pmatrix}\begin{pmatrix}0\\0\\-1\end{pmatrix}=\begin{pmatrix}-a_{31}\\-a_{32}\\-a_{33}\end{pmatrix}.$$

应选 A.

**90.【参考答案】**E

**【答案解析】**因为 $A_{ij}=2a_{ji}$，所以 $\boldsymbol{A}^*=2\boldsymbol{A}$，从而 $\boldsymbol{A}^{-1}=\frac{1}{|\boldsymbol{A}|}\boldsymbol{A}^*=\frac{1}{4}\boldsymbol{A}$. 故方程组 $\boldsymbol{A}\begin{pmatrix}x_1\\x_2\\x_3\end{pmatrix}=\begin{pmatrix}1\\0\\-1\end{pmatrix}$ 的解为

$$\begin{pmatrix} x_1 \\ x_2 \\ x_3 \end{pmatrix} = \boldsymbol{A}^{-1}\begin{pmatrix} 1 \\ 0 \\ -1 \end{pmatrix} = \frac{1}{4}\boldsymbol{A}\begin{pmatrix} 1 \\ 0 \\ -1 \end{pmatrix} = \frac{1}{4}\begin{pmatrix} a_{11} & a_{12} & a_{13} \\ a_{21} & a_{22} & a_{23} \\ a_{31} & a_{32} & a_{33} \end{pmatrix}\begin{pmatrix} 1 \\ 0 \\ -1 \end{pmatrix} = \frac{1}{4}\begin{pmatrix} a_{11}-a_{13} \\ a_{21}-a_{23} \\ a_{31}-a_{33} \end{pmatrix}.$$

应选 E.

**91.【参考答案】** A

**【答案解析】** 设 $\boldsymbol{A}=(\boldsymbol{\alpha}_1,\boldsymbol{\alpha}_2,\boldsymbol{\alpha}_3)$，则由题设知，

$$(\boldsymbol{\alpha}_1,\boldsymbol{\alpha}_2,\boldsymbol{\alpha}_3)\begin{pmatrix} -3 \\ 1 \\ 0 \end{pmatrix}=\boldsymbol{0},(\boldsymbol{\alpha}_1,\boldsymbol{\alpha}_2,\boldsymbol{\alpha}_3)\begin{pmatrix} -1 \\ 0 \\ 1 \end{pmatrix}=\boldsymbol{0},(\boldsymbol{\alpha}_1,\boldsymbol{\alpha}_2,\boldsymbol{\alpha}_3)\begin{pmatrix} 1 \\ 0 \\ 0 \end{pmatrix}=\begin{pmatrix} 1 \\ -1 \\ 2 \end{pmatrix},$$

即 $\begin{cases} -3\boldsymbol{\alpha}_1+\boldsymbol{\alpha}_2=\boldsymbol{0}, \\ -\boldsymbol{\alpha}_1+\boldsymbol{\alpha}_3=\boldsymbol{0}, \\ \boldsymbol{\alpha}_1=(1,-1,2)^{\mathrm{T}}. \end{cases}$ 故 $\boldsymbol{\alpha}_1=\begin{pmatrix} 1 \\ -1 \\ 2 \end{pmatrix},\boldsymbol{\alpha}_2=\begin{pmatrix} 3 \\ -3 \\ 6 \end{pmatrix},\boldsymbol{\alpha}_3=\begin{pmatrix} 1 \\ -1 \\ 2 \end{pmatrix}$，从而 $\boldsymbol{A}=\begin{pmatrix} 1 & 3 & 1 \\ -1 & -3 & -1 \\ 2 & 6 & 2 \end{pmatrix}$.

$$\boldsymbol{A}^{\mathrm{T}}=\begin{pmatrix} 1 & -1 & 2 \\ 3 & -3 & 6 \\ 1 & -1 & 2 \end{pmatrix}\rightarrow\begin{pmatrix} 1 & -1 & 2 \\ 0 & 0 & 0 \\ 0 & 0 & 0 \end{pmatrix}.$$

故齐次线性方程组 $\boldsymbol{A}^{\mathrm{T}}\boldsymbol{x}=\boldsymbol{0}$ 的通解为 $\boldsymbol{x}=k_1\begin{pmatrix} 1 \\ 1 \\ 0 \end{pmatrix}+k_2\begin{pmatrix} -2 \\ 0 \\ 1 \end{pmatrix}$. 应选 A.

**92.【参考答案】** D

**【答案解析】** 令 $\boldsymbol{A}=(\boldsymbol{\alpha}_1,\boldsymbol{\alpha}_2,\boldsymbol{\alpha}_3)$，则由题设知，

$$(\boldsymbol{\alpha}_1,\boldsymbol{\alpha}_2,\boldsymbol{\alpha}_3)\begin{pmatrix} 1 \\ 1 \\ 0 \end{pmatrix}=\boldsymbol{0},(\boldsymbol{\alpha}_1,\boldsymbol{\alpha}_2,\boldsymbol{\alpha}_3)\begin{pmatrix} 0 \\ 2 \\ 1 \end{pmatrix}=\boldsymbol{0},$$

即 $\begin{cases} \boldsymbol{\alpha}_1+\boldsymbol{\alpha}_2=\boldsymbol{0}, \\ 2\boldsymbol{\alpha}_2+\boldsymbol{\alpha}_3=\boldsymbol{0}. \end{cases}$ 故 $\begin{cases} \boldsymbol{\alpha}_2=-\boldsymbol{\alpha}_1, \\ \boldsymbol{\alpha}_3=2\boldsymbol{\alpha}_1. \end{cases}$ 从而 $\boldsymbol{A}=(\boldsymbol{\alpha}_1,-\boldsymbol{\alpha}_1,2\boldsymbol{\alpha}_1)$. 由于 $\boldsymbol{A}$ 的每行元素之和均为 4，

故 $\boldsymbol{\alpha}_1+(-\boldsymbol{\alpha}_1)+2\boldsymbol{\alpha}_1=2\boldsymbol{\alpha}_1=\begin{pmatrix} 4 \\ 4 \\ 4 \end{pmatrix}$，从而 $\boldsymbol{\alpha}_1=\begin{pmatrix} 2 \\ 2 \\ 2 \end{pmatrix}$. 于是，$\boldsymbol{A}$ 的第 1 列元素之和为 6.

应选 D.

**93.【参考答案】** A

**【答案解析】** 对方程组的增广矩阵 $\overline{\boldsymbol{A}}$ 作初等行变换：

$$\overline{\boldsymbol{A}}=\left(\begin{array}{ccc:c} 1 & 1 & a & a-2 \\ 1 & a & 1 & -1 \\ a & 1 & 1 & a-2 \end{array}\right)\rightarrow\left(\begin{array}{ccc:c} 1 & 1 & a & a-2 \\ 0 & a-1 & 1-a & 1-a \\ 0 & 1-a & 1-a^2 & (a-2)(1-a) \end{array}\right)$$

$$\rightarrow\left(\begin{array}{ccc:c} 1 & 1 & a & a-2 \\ 0 & a-1 & 1-a & 1-a \\ 0 & 0 & (a-1)(a+2) & (a-1)^2 \end{array}\right).$$

当且仅当 $a=-2$ 时，$r(\boldsymbol{A})=2\neq r(\overline{\boldsymbol{A}})=3$，方程组无解. 此时，

$$\boldsymbol{A}=\begin{pmatrix}1&1&-2\\1&-2&1\\-2&1&1\end{pmatrix}\to\begin{pmatrix}1&1&-2\\0&1&-1\\0&0&0\end{pmatrix}\to\begin{pmatrix}1&0&-1\\0&1&-1\\0&0&0\end{pmatrix}.$$

故齐次线性方程组$\begin{cases}x_1+x_2+ax_3=0,\\x_1+ax_2+x_3=0,\\ax_1+x_2+x_3=0\end{cases}$的通解为$\begin{pmatrix}x_1\\x_2\\x_3\end{pmatrix}=k\begin{pmatrix}1\\1\\1\end{pmatrix}$. 应选 A.

**94.【参考答案】** B

**【答案解析】** 对方程组的增广矩阵作初等行变换：

$$\overline{\boldsymbol{A}}=\left(\begin{array}{ccc:c}1&1&\lambda&1\\\lambda&\lambda&1&-1\\\lambda&1&1&-2\end{array}\right)\to\left(\begin{array}{ccc:c}1&1&\lambda&1\\0&0&1-\lambda^2&-1-\lambda\\0&1-\lambda&0&-1\end{array}\right)\to\left(\begin{array}{ccc:c}1&1&\lambda&1\\0&1-\lambda&0&-1\\0&0&1-\lambda^2&-1-\lambda\end{array}\right).$$

由于方程组有无穷多解，故 $r(\boldsymbol{A})=r(\overline{\boldsymbol{A}})<3$，从而 $\lambda=-1$. 此时，

$$\overline{\boldsymbol{A}}\to\left(\begin{array}{ccc:c}1&1&-1&1\\0&2&0&-1\\0&0&0&0\end{array}\right).$$

故原方程组的通解为$\begin{pmatrix}x_1\\x_2\\x_3\end{pmatrix}=\begin{pmatrix}\frac{3}{2}\\-\frac{1}{2}\\0\end{pmatrix}+k\begin{pmatrix}1\\0\\1\end{pmatrix}$. 应选 B.

**95.【参考答案】** A

**【答案解析】** $|\boldsymbol{\alpha}_1^{\mathrm{T}},\boldsymbol{\alpha}_2^{\mathrm{T}},\boldsymbol{\alpha}_3^{\mathrm{T}}|=\begin{vmatrix}1&1&1\\1&k&1\\1&2&k\end{vmatrix}=\begin{vmatrix}1&1&1\\0&k-1&0\\0&1&k-1\end{vmatrix}=(k-1)^2$. 由题设知，$|\boldsymbol{\alpha}_1^{\mathrm{T}},\boldsymbol{\alpha}_2^{\mathrm{T}},\boldsymbol{\alpha}_3^{\mathrm{T}}|=0$. 故 $k=1$. 此时，

$$\boldsymbol{A}^{\mathrm{T}}=\begin{pmatrix}1&1&1\\1&1&2\\1&1&1\end{pmatrix}\to\begin{pmatrix}1&1&1\\0&0&1\\0&0&0\end{pmatrix}\to\begin{pmatrix}1&1&0\\0&0&1\\0&0&0\end{pmatrix}.$$

故齐次线性方程组 $\boldsymbol{A}^{\mathrm{T}}\boldsymbol{x}=\boldsymbol{0}$ 的一个基础解系为$\begin{pmatrix}-1\\1\\0\end{pmatrix}$. 应选 A.

**96.【参考答案】** D

**【答案解析】** 因为齐次线性方程组 $\boldsymbol{A}^{\mathrm{T}}\boldsymbol{x}=\boldsymbol{0}$的基础解系所含解的个数为 3，而 $\boldsymbol{A}^{\mathrm{T}}\boldsymbol{x}=\boldsymbol{0}$ 为 5 元方程组，故 $r(\boldsymbol{A})=r(\boldsymbol{A}^{\mathrm{T}})=5-3=2$. 由于 $\boldsymbol{A}\boldsymbol{y}=\boldsymbol{0}$ 为 6 元方程组，故齐次线性方程组 $\boldsymbol{A}\boldsymbol{y}=\boldsymbol{0}$的基础解系所含解的个数为 4. 应选 D.

**97.【参考答案】** C

**【答案解析】** 由题设知，$r(\boldsymbol{A})=4$. 因此，齐次线性方程组 $\boldsymbol{Ax}=\boldsymbol{0}$ 的基础解系所含解的个数为 $7-r(\boldsymbol{A})=7-4=3$. 由于方程组$(\boldsymbol{A}^{\mathrm{T}}\boldsymbol{A})\boldsymbol{x}=\boldsymbol{0}$ 与 $\boldsymbol{Ax}=\boldsymbol{0}$同解，所以齐次线性方程组$(\boldsymbol{A}^{\mathrm{T}}\boldsymbol{A})\boldsymbol{x}=\boldsymbol{0}$的基础解系所含解的个数为 3. 应选 C.

**98.【参考答案】** E

**【答案解析】** 由于齐次线性方程组 $\boldsymbol{Ax}=\boldsymbol{0}$有非零解，且任意两个非零解均线性相关，故齐次线性方程组 $\boldsymbol{Ax}=\boldsymbol{0}$的基础解系所含解的个数为 1，又 $\boldsymbol{A}$ 为 $7\times6$ 矩阵，故 $r(\boldsymbol{A})=6-1=5$. 应选 E.

**99.【参考答案】** B

**【答案解析】** 因为 $\boldsymbol{A}$ 为 6 阶矩阵，且 $r(\boldsymbol{A})=6$，所以 $\boldsymbol{A}$ 与 $\boldsymbol{A}^*$ 均可逆，从而 $r(\boldsymbol{A}^*\boldsymbol{B})=r(\boldsymbol{B})=r(\boldsymbol{AB})=4$. 因此，齐次线性方程组$(\boldsymbol{A}^*\boldsymbol{B})\boldsymbol{x}=\boldsymbol{0}$ 的基础解系所含解的个数为 2. 应选 B.

**100.【参考答案】** A

**【答案解析】** 由于齐次线性方程组 $\boldsymbol{Ax}=\boldsymbol{0}$只有零解，且 $\boldsymbol{A}$ 是 6 阶矩阵，故 $r(\boldsymbol{A})=6$，从而 $r(\boldsymbol{A}^*)=6$. 由于齐次线性方程组 $\boldsymbol{B}^*\boldsymbol{x}=\boldsymbol{0}$ 的基础解系所含解的个数为 5，又 $\boldsymbol{B}$ 是 6 阶矩阵，故 $r(\boldsymbol{B}^*)=1$，从而 $r(\boldsymbol{A}^*\boldsymbol{B})=r(\boldsymbol{B})=5$. 于是，齐次线性方程组$(\boldsymbol{A}^*\boldsymbol{B})\boldsymbol{x}=\boldsymbol{0}$ 的基础解系所含解的个数为 1. 应选 A.

**101.【参考答案】** A

**【答案解析】** 对 $\boldsymbol{A}$ 作初等行变换，将其变为阶梯形：

$$\boldsymbol{A}=\begin{pmatrix}1&1&0\\0&t&t\\1&2t+1&t^2\end{pmatrix}\to\begin{pmatrix}1&1&0\\0&t&t\\0&2t&t^2\end{pmatrix}\to\begin{pmatrix}1&1&0\\0&t&t\\0&0&t^2-2t\end{pmatrix}.$$

由于齐次线性方程组 $\boldsymbol{Ax}=\boldsymbol{0}$ 的基础解系只含一个解，因此 $r(\boldsymbol{A})=3-1=2$，从而 $t=2$. 此时，

$$\boldsymbol{A}\to\begin{pmatrix}1&1&0\\0&2&2\\0&0&0\end{pmatrix}\to\begin{pmatrix}1&0&-1\\0&1&1\\0&0&0\end{pmatrix}.$$

故方程组 $\boldsymbol{Ax}=\boldsymbol{0}$ 的一个基础解系为 $\begin{pmatrix}1\\-1\\1\end{pmatrix}$. 应选 A.

**102.【参考答案】** B

**【答案解析】** 对 $\boldsymbol{A}$ 作初等行变换，将其变为阶梯形：

$$\boldsymbol{A}=\begin{pmatrix}1&1&0\\0&t&t\\1&2t+1&t^2\end{pmatrix}\to\begin{pmatrix}1&1&0\\0&t&t\\0&2t&t^2\end{pmatrix}\to\begin{pmatrix}1&1&0\\0&t&t\\0&0&t^2-2t\end{pmatrix}.$$

由于齐次线性方程组 $\boldsymbol{Ax}=\boldsymbol{0}$ 的基础解系所含解的个数为 2，因此 $r(\boldsymbol{A})=3-2=1$，从而 $t=0$. 此时，

$$A^T=\begin{pmatrix}1&0&1\\1&0&1\\0&0&0\end{pmatrix}\to\begin{pmatrix}1&0&1\\0&0&0\\0&0&0\end{pmatrix}.$$

故齐次线性方程组 $A^Tx=0$ 的通解为 $x=k_1\begin{pmatrix}0\\1\\0\end{pmatrix}+k_2\begin{pmatrix}-1\\0\\1\end{pmatrix}$. 应选 B.

**103.【参考答案】**C

**【答案解析】**由于齐次线性方程组 $Ax=0$的通解为 $x=k\begin{pmatrix}1\\0\\0\end{pmatrix}$，且 $A$ 为 3 阶矩阵，故 $\alpha_1=0$，且 $r(A)=2$，从而 $r(A^*)=1$，齐次线性方程组 $A^*x=0$ 的基础解系含有两个解. 又由 $A^*A=|A|E=O$ 知，$A$ 的列向量均为方程组 $A^*x=0$的解. 由于 $\alpha_1=0$，故 $\alpha_2,\alpha_3$ 一定线性无关. 于是，齐次线性方程组 $A^*x=0$ 的一个基础解系为 $\alpha_2,\alpha_3$. 应选 C.

**104.【参考答案】**D

**【答案解析】**由于 $Ax=b$ 是 3 元线性方程组，且 $r(A)=2$，故导出组 $Ax=0$ 的任一非零解均可作为 $Ax=0$的基础解系. 由于 $\alpha_1,\alpha_2,\alpha_3$ 是 $Ax=b$ 的 3 个不同的解向量，故

$$A[3(\alpha_1+\alpha_2)-2(\alpha_1+\alpha_2+\alpha_3)]=3(A\alpha_1+A\alpha_2)-2(A\alpha_1+A\alpha_2+A\alpha_3)=6b-6b=0.$$

于是，$3(\alpha_1+\alpha_2)-2(\alpha_1+\alpha_2+\alpha_3)=3(3,2,-3)^T-2(3,0,-6)^T=(3,6,3)^T=3(1,2,1)^T$ 是 $Ax=0$ 的一个非零解，从而$(1,2,1)^T$ 是 $Ax=0$的一个基础解系. 应选 D.

**105.【参考答案】**A

**【答案解析】**因为线性方程组 $Ax=0$有非零解，所以 $|A|=\begin{vmatrix}1&2&a\\a&0&-1\\a&1&0\end{vmatrix}=(a-1)^2=0.$

解得 $a=1$，从而 $A=\begin{pmatrix}1&2&1\\1&0&-1\\1&1&0\end{pmatrix}$. 对非齐次线性方程组 $Ax=\begin{pmatrix}4\\0\\2\end{pmatrix}$的增广矩阵 $\overline{A}$ 作初等行变换得：

$$\overline{A}=\left(\begin{array}{ccc:c}1&2&1&4\\1&0&-1&0\\1&1&0&2\end{array}\right)\to\left(\begin{array}{ccc:c}1&2&1&4\\0&-2&-2&-4\\0&-1&-1&-2\end{array}\right)\to\left(\begin{array}{ccc:c}1&2&1&4\\0&1&1&2\\0&0&0&0\end{array}\right)\to\left(\begin{array}{ccc:c}1&1&0&2\\0&1&1&2\\0&0&0&0\end{array}\right).$$

因此，非齐次线性方程组 $Ax=\begin{pmatrix}4\\0\\2\end{pmatrix}$的通解为 $x=\begin{pmatrix}2\\0\\2\end{pmatrix}+k\begin{pmatrix}-1\\1\\-1\end{pmatrix}$（$k$ 为任意常数）. 应选 A.

**106.【参考答案】**A

**【答案解析】**由于 $A$ 是 5 阶矩阵，齐次线性方程组 $Ax=0$ 有非零解，且任意两个非零解均线性相关，故齐次线性方程组 $Ax=0$的基础解系只含 1 个解，从而 $r(A)=4$. 由于齐次

线性方程组 $\boldsymbol{Bx}=\boldsymbol{0}$ 只有零解，故 $\boldsymbol{B}$ 可逆，从而 $r(\boldsymbol{AB})=r(\boldsymbol{A})=4$. 于是，齐次线性方程组 $(\boldsymbol{AB})\boldsymbol{x}=\boldsymbol{0}$有非零解，又 $\boldsymbol{AB}$ 是 5 阶矩阵，故方程组$(\boldsymbol{AB})\boldsymbol{x}=\boldsymbol{0}$ 的基础解系含有 1 个解. 应选 A.

**107.【参考答案】** C

**【答案解析】** 由于 $\boldsymbol{A}^*\boldsymbol{A}=|\boldsymbol{A}|\boldsymbol{E}=0\boldsymbol{E}=\boldsymbol{O}$，而 $\boldsymbol{A}=(\boldsymbol{\alpha}_1,\boldsymbol{\alpha}_2,\boldsymbol{\alpha}_3,\boldsymbol{\alpha}_4)$，因此 $\boldsymbol{\alpha}_1,\boldsymbol{\alpha}_2,\boldsymbol{\alpha}_3,\boldsymbol{\alpha}_4$ 均为齐次线性方程组 $\boldsymbol{A}^*\boldsymbol{x}=\boldsymbol{0}$ 的解. 因为齐次线性方程组 $\boldsymbol{Ax}=\boldsymbol{0}$的通解为 $\boldsymbol{x}=k(0,-1,0,1)^{\mathrm{T}}$（$k$ 为任意常数），所以 $r(\boldsymbol{A})=3$，且$-\boldsymbol{\alpha}_2+\boldsymbol{\alpha}_4=\boldsymbol{0}$. 从而 $r(\boldsymbol{A}^*)=1$，且向量组 $\boldsymbol{\alpha}_1,\boldsymbol{\alpha}_2,\boldsymbol{\alpha}_4$ 及 $\boldsymbol{\alpha}_2,\boldsymbol{\alpha}_3,\boldsymbol{\alpha}_4$ 均线性相关. 而向量组 $\boldsymbol{\alpha}_1,\boldsymbol{\alpha}_2,\boldsymbol{\alpha}_3$ 线性无关. 事实上，若 $\boldsymbol{\alpha}_1,\boldsymbol{\alpha}_2,\boldsymbol{\alpha}_3$ 线性相关，则由 $\boldsymbol{\alpha}_4=\boldsymbol{\alpha}_2$ 知，$\boldsymbol{\alpha}_1,\boldsymbol{\alpha}_3,\boldsymbol{\alpha}_4$ 也线性相关. 于是，向量组 $\boldsymbol{\alpha}_1,\boldsymbol{\alpha}_2,\boldsymbol{\alpha}_3,\boldsymbol{\alpha}_4$ 的所有由三个向量组成的部分组均线性相关，从而 $r(\boldsymbol{\alpha}_1,\boldsymbol{\alpha}_2,\boldsymbol{\alpha}_3,\boldsymbol{\alpha}_4)=r(\boldsymbol{A})<3$，这与 $r(\boldsymbol{A})=3$ 矛盾！因此，方程组 $\boldsymbol{A}^*\boldsymbol{x}=\boldsymbol{0}$ 的基础解系为 $\boldsymbol{\alpha}_1,\boldsymbol{\alpha}_2,\boldsymbol{\alpha}_3$，从而齐次线性方程组 $\boldsymbol{A}^*\boldsymbol{x}=\boldsymbol{0}$ 的通解为 $\boldsymbol{x}=k_1\boldsymbol{\alpha}_1+k_2\boldsymbol{\alpha}_2+k_3\boldsymbol{\alpha}_3$. 应选 C.

**108.【参考答案】** E

**【答案解析】** 由于 $\boldsymbol{B}$ 是非零矩阵，故 $r(\boldsymbol{B})\geqslant 1$. 由 $\boldsymbol{AB}=\boldsymbol{O}$ 得，$r(\boldsymbol{A})+r(\boldsymbol{B})\leqslant 6$，故 $r(\boldsymbol{A})\leqslant 6-r(\boldsymbol{B})\leqslant 5$，由此得 $r(\boldsymbol{A}^*)=0$ 或 $r(\boldsymbol{A}^*)=1$，又 $\boldsymbol{A}^*$ 是 6 阶非零矩阵，故 $r(\boldsymbol{A}^*)=1$，从而 $r(\boldsymbol{A})=5$. 于是，$r(\boldsymbol{B})\leqslant 6-r(\boldsymbol{A})=6-5=1$，从而 $r(\boldsymbol{B})=1$. 齐次线性方程组 $\boldsymbol{Bx}=\boldsymbol{0}$ 的基础解系所含解的个数为 5. 应选 E.

**109.【参考答案】** C

**【答案解析】** 对原方程组的增广矩阵作初等行变换：

$$\overline{\boldsymbol{A}}=\left(\begin{array}{ccc:c}1&1&2&3\\1&a&1&2\\1&1&a&2\end{array}\right)\to\left(\begin{array}{ccc:c}1&1&2&3\\0&a-1&-1&-1\\0&0&a-2&-1\end{array}\right).$$

当 $a=2$ 时，$r(\boldsymbol{A})=2\neq r(\overline{\boldsymbol{A}})=3$，原方程组无解. 此时，

$$\boldsymbol{A}\to\begin{pmatrix}1&1&2\\0&1&-1\\0&0&0\end{pmatrix}\to\begin{pmatrix}1&0&3\\0&1&-1\\0&0&0\end{pmatrix},$$

故原方程组的导出组的通解为 $\begin{pmatrix}x_1\\x_2\\x_3\end{pmatrix}=k\begin{pmatrix}-3\\1\\1\end{pmatrix}$（$k$ 为任意常数）. 应选 C.

**110.【参考答案】** A

**【答案解析】** 因为方程组 $\boldsymbol{Ax}=\boldsymbol{\beta}$ 的通解为$(1,-1,2,1)^{\mathrm{T}}+k_1(1,2,0,1)^{\mathrm{T}}+k_2(-1,1,1,0)^{\mathrm{T}}$，而 $\boldsymbol{A}$ 为 4 阶方阵，所以 $r(\boldsymbol{A})=4-2=2$，且$(1,2,0,1)^{\mathrm{T}}$，$(-1,1,1,0)^{\mathrm{T}}$ 是齐次线性方程 $\boldsymbol{Ax}=\boldsymbol{0}$ 的基础解系. 于是，$\begin{cases}\boldsymbol{\alpha}_1+2\boldsymbol{\alpha}_2+\boldsymbol{\alpha}_4=\boldsymbol{0}\\-\boldsymbol{\alpha}_1+\boldsymbol{\alpha}_2+\boldsymbol{\alpha}_3=\boldsymbol{0},\\\boldsymbol{\alpha}_1-\boldsymbol{\alpha}_2+2\boldsymbol{\alpha}_3+\boldsymbol{\alpha}_4=\boldsymbol{\beta}.\end{cases}$ 故 $\boldsymbol{\alpha}_4=-\boldsymbol{\alpha}_1-2\boldsymbol{\alpha}_2$，$\boldsymbol{\beta}=-3\boldsymbol{\alpha}_2+$

$2\boldsymbol{\alpha}_3$，且 $r(\boldsymbol{B})=r(\boldsymbol{\alpha}_1,\boldsymbol{\alpha}_2,\boldsymbol{\alpha}_3)=r(\boldsymbol{\alpha}_1,\boldsymbol{\alpha}_2,\boldsymbol{\alpha}_3,\boldsymbol{\alpha}_4)=r(\boldsymbol{A})=2$. 从而 $(\boldsymbol{\alpha}_1,\boldsymbol{\alpha}_2,\boldsymbol{\alpha}_3)\begin{pmatrix}-1\\1\\1\end{pmatrix}=\boldsymbol{0}$，

$(\boldsymbol{\alpha}_1,\boldsymbol{\alpha}_2,\boldsymbol{\alpha}_3)\begin{pmatrix}0\\-3\\2\end{pmatrix}=\boldsymbol{\beta}$，因此，方程组 $\boldsymbol{B}\boldsymbol{y}=\boldsymbol{\beta}$ 的通解为

$$\boldsymbol{y}=\begin{pmatrix}0\\-3\\2\end{pmatrix}+k\begin{pmatrix}-1\\1\\1\end{pmatrix}\ (k\text{ 为任意常数}).$$

应选 A.

**111.【参考答案】**E

**【答案解析】**因为齐次线性方程组 $\boldsymbol{A}\boldsymbol{x}=\boldsymbol{0}$ 有非零解，所以

$$|\boldsymbol{A}|=\begin{vmatrix}1&2&0\\2&a&a\\a&3&1\end{vmatrix}=2(a+1)(a-2)=0.$$

解得 $a=2$ 或 $a=-1$. 由于 $a>0$，故 $a=2$，从而 $\boldsymbol{A}=\begin{pmatrix}1&2&0\\2&2&2\\2&3&1\end{pmatrix}$. 由于 $\boldsymbol{A}$ 中有一个 2 阶子式 $\begin{vmatrix}1&2\\2&2\end{vmatrix}=-2\neq0$，而 $|\boldsymbol{A}|=0$，故 $r(\boldsymbol{A})=2$，从而 $r(\boldsymbol{A}^*)=1$. 于是，齐次线性方程组 $\boldsymbol{A}^*\boldsymbol{x}=\boldsymbol{0}$ 的基础解系含有 2 个解. 由于 $\boldsymbol{A}^*\boldsymbol{A}=|\boldsymbol{A}|\boldsymbol{E}=\boldsymbol{O}$，故 $\boldsymbol{A}$ 的列向量都是方程组 $\boldsymbol{A}^*\boldsymbol{x}=\boldsymbol{0}$ 的解. 因此方程组 $\boldsymbol{A}^*\boldsymbol{x}=\boldsymbol{0}$ 的通解为 $k_1\begin{pmatrix}1\\2\\2\end{pmatrix}+k_2\begin{pmatrix}2\\2\\3\end{pmatrix}$（$k_1,k_2$ 为任意常数）. 显然，$\begin{pmatrix}1\\0\\1\end{pmatrix}$ 与 $\begin{pmatrix}1\\4\\3\end{pmatrix}$ 是方程组 $\boldsymbol{A}^*\boldsymbol{x}=\boldsymbol{0}$ 的两个线性无关的解，故 $\begin{pmatrix}1\\0\\1\end{pmatrix}$，$\begin{pmatrix}1\\4\\3\end{pmatrix}$ 就是方程组 $\boldsymbol{A}^*\boldsymbol{x}=\boldsymbol{0}$ 的一个基础解系. 应选 E.

**112.【参考答案】**D

**【答案解析】**由题设知，$r(\boldsymbol{A})\geqslant1$，$r(\boldsymbol{B})=2$. 由 $\boldsymbol{AB}=\boldsymbol{O}$，得 $r(\boldsymbol{A})\leqslant3-r(\boldsymbol{B})=1$. 因而 $r(\boldsymbol{A})=1$，从而齐次线性方程组 $\boldsymbol{A}\boldsymbol{x}=\boldsymbol{0}$ 的基础解系含有两个解. 又由 $\boldsymbol{AB}=\boldsymbol{O}$ 知 $\boldsymbol{B}$ 的列向量均为方程组 $\boldsymbol{A}\boldsymbol{x}=\boldsymbol{0}$ 的解. 由于 $\begin{pmatrix}1\\0\\1\end{pmatrix}$ 是方程组 $\boldsymbol{B}\boldsymbol{x}=\boldsymbol{0}$ 的解，而 $\boldsymbol{B}=(\boldsymbol{\beta}_1,\boldsymbol{\beta}_2,\boldsymbol{\beta}_3)$，故 $\boldsymbol{\beta}_1+\boldsymbol{\beta}_3=\boldsymbol{0}$，从而 $\boldsymbol{\beta}_1,\boldsymbol{\beta}_3$ 线性相关. 因此，$\boldsymbol{\beta}_1,\boldsymbol{\beta}_2$ 一定线性无关. 事实上，若 $\boldsymbol{\beta}_1,\boldsymbol{\beta}_2$ 线性相关，则存在不全为零的数 $k_1,k_2$，使得 $k_1\boldsymbol{\beta}_1+k_2\boldsymbol{\beta}_2=\boldsymbol{0}$. 由于 $\boldsymbol{\beta}_1=-\boldsymbol{\beta}_3$，故 $-k_1\boldsymbol{\beta}_3+k_2\boldsymbol{\beta}_2=\boldsymbol{0}$，这表明

$\boldsymbol{\beta}_2,\boldsymbol{\beta}_3$ 线性相关，即矩阵 $\boldsymbol{B}$ 的任意两个列向量均线性相关，从而 $r(\boldsymbol{B})<2$，这与 $r(\boldsymbol{B})=2$ 矛盾．故齐次线性方程组 $\boldsymbol{Ax}=\boldsymbol{0}$ 的一个基础解系为 $\boldsymbol{\beta}_1,\boldsymbol{\beta}_2$ 或 $\boldsymbol{\beta}_2,\boldsymbol{\beta}_3$．应选 D.

**113.【参考答案】**C

**【答案解析】**由于方程组 $\boldsymbol{Ax}=\boldsymbol{0}$的通解为 $\boldsymbol{x}=k_1(1,0,1,1)^{\mathrm{T}}+k_2(0,1,2,1)^{\mathrm{T}}$，所以 $r(\boldsymbol{A})=4-2=2$，且

$$\boldsymbol{\alpha}_1+\boldsymbol{\alpha}_3+\boldsymbol{\alpha}_4=(\boldsymbol{\alpha}_1,\boldsymbol{\alpha}_2,\boldsymbol{\alpha}_3,\boldsymbol{\alpha}_4)(1,0,1,1)^{\mathrm{T}}=\boldsymbol{0},$$

$$\boldsymbol{\alpha}_2+2\boldsymbol{\alpha}_3+\boldsymbol{\alpha}_4=(\boldsymbol{\alpha}_1,\boldsymbol{\alpha}_2,\boldsymbol{\alpha}_3,\boldsymbol{\alpha}_4)(0,1,2,1)^{\mathrm{T}}=\boldsymbol{0}.$$

所以 $\boldsymbol{\alpha}_3=\boldsymbol{\alpha}_1-\boldsymbol{\alpha}_2,\boldsymbol{\alpha}_4=-2\boldsymbol{\alpha}_1+\boldsymbol{\alpha}_2$．从而 $\boldsymbol{\alpha}_1,\boldsymbol{\alpha}_2$ 是向量组 $\boldsymbol{\alpha}_1,\boldsymbol{\alpha}_2,\boldsymbol{\alpha}_3,\boldsymbol{\alpha}_4$ 的极大线性无关组．因此，$r(\boldsymbol{B})=r(\boldsymbol{\alpha}_1,\boldsymbol{\alpha}_2,\boldsymbol{\alpha}_3)=2$，从而齐次线性方程组 $\boldsymbol{By}=\boldsymbol{0}$ 的基础解系所含解的个数为 1．注意到

$$\boldsymbol{\alpha}_1+\boldsymbol{\alpha}_3+\boldsymbol{\alpha}_4=\boldsymbol{\alpha}_1+\boldsymbol{\alpha}_3-2\boldsymbol{\alpha}_1+\boldsymbol{\alpha}_2=-\boldsymbol{\alpha}_1+\boldsymbol{\alpha}_2+\boldsymbol{\alpha}_3=(\boldsymbol{\alpha}_1,\boldsymbol{\alpha}_2,\boldsymbol{\alpha}_3)(-1,1,1)^{\mathrm{T}}=\boldsymbol{0},$$

故$(-1,1,1)^{\mathrm{T}}$ 是方程组 $\boldsymbol{By}=\boldsymbol{0}$ 的非零解，从而$(-1,1,1)^{\mathrm{T}}$ 是方程组 $\boldsymbol{By}=\boldsymbol{0}$ 的一个基础解系．应选 C.

**114.【参考答案】**E

**【答案解析】**因为 $r(\boldsymbol{B})=3$，且 $\boldsymbol{AB}=\begin{pmatrix}1&1&1\\1&1&1\\1&1&1\end{pmatrix}$，故 $r(\boldsymbol{A})=r(\boldsymbol{AB})=1$，从而齐次线性方程组 $\boldsymbol{Ax}=\boldsymbol{0}$ 的基础解系所含解的个数为 2．因为 $\boldsymbol{A}(\boldsymbol{\alpha}_1,\boldsymbol{\alpha}_2,\boldsymbol{\alpha}_3)=\boldsymbol{AB}=\begin{pmatrix}1&1&1\\1&1&1\\1&1&1\end{pmatrix}$，故$\boldsymbol{A\alpha}_1=\boldsymbol{A\alpha}_2=\boldsymbol{A\alpha}_3=\begin{pmatrix}1\\1\\1\end{pmatrix}$，从而 $\boldsymbol{A}(2\boldsymbol{\alpha}_1)=\boldsymbol{A}(2\boldsymbol{\alpha}_2)=\boldsymbol{A}(2\boldsymbol{\alpha}_3)=\begin{pmatrix}2\\2\\2\end{pmatrix}=\boldsymbol{\beta}$．因此，$2\boldsymbol{\alpha}_1,2\boldsymbol{\alpha}_2,2\boldsymbol{\alpha}_3$ 均为非齐次线性方程组 $\boldsymbol{Ax}=\boldsymbol{\beta}$ 的解．因为 $r(\boldsymbol{\alpha}_1,\boldsymbol{\alpha}_2,\boldsymbol{\alpha}_3)=r(\boldsymbol{B})=3$，所以向量组 $\boldsymbol{\alpha}_1,\boldsymbol{\alpha}_2,\boldsymbol{\alpha}_3$ 线性无关，从而向量组 $\boldsymbol{\alpha}_1-\boldsymbol{\alpha}_2,\boldsymbol{\alpha}_1-\boldsymbol{\alpha}_3$ 也线性无关．故 $\boldsymbol{\alpha}_1-\boldsymbol{\alpha}_2,\boldsymbol{\alpha}_1-\boldsymbol{\alpha}_3$ 为齐次线性方程组 $\boldsymbol{Ax}=\boldsymbol{0}$ 的一个基础解系．于是，非齐次线性方程组 $\boldsymbol{Ax}=\boldsymbol{\beta}$ 的通解为

$$\boldsymbol{x}=2\boldsymbol{\alpha}_1+k_1(\boldsymbol{\alpha}_1-\boldsymbol{\alpha}_2)+k_2(\boldsymbol{\alpha}_1-\boldsymbol{\alpha}_3)(k_1,k_2\text{ 为任意常数}).$$

应选 E.

## 【考向 9】方程组公共解问题

**115.【参考答案】**D

**【答案解析】**构造齐次线性方程组$\begin{cases}\boldsymbol{Ax}=\boldsymbol{0},\\\boldsymbol{Bx}=\boldsymbol{0},\end{cases}$设 $\boldsymbol{\alpha}_1,\boldsymbol{\alpha}_2,\cdots,\boldsymbol{\alpha}_r$ 与 $\boldsymbol{\beta}_1,\boldsymbol{\beta}_2,\cdots,\boldsymbol{\beta}_t$ 分别是 $\boldsymbol{A}$ 与 $\boldsymbol{B}$ 的行向量组的极大线性无关组，则矩阵 $\begin{pmatrix}\boldsymbol{A}\\\boldsymbol{B}\end{pmatrix}$ 的行向量组可以由向量组 $\boldsymbol{\alpha}_1,\boldsymbol{\alpha}_2,\cdots,\boldsymbol{\alpha}_r,\boldsymbol{\beta}_1,$

$\boldsymbol{\beta}_2,\cdots,\boldsymbol{\beta}_t$ 线性表示. 于是，$r\begin{pmatrix}\boldsymbol{A}\\ \boldsymbol{B}\end{pmatrix}\leqslant r(\boldsymbol{\alpha}_1,\boldsymbol{\alpha}_2,\cdots,\boldsymbol{\alpha}_r,\boldsymbol{\beta}_1,\boldsymbol{\beta}_2,\cdots,\boldsymbol{\beta}_t)\leqslant r+t=r(\boldsymbol{A})+r(\boldsymbol{B})$.

故当 $r(\boldsymbol{A})+r(\boldsymbol{B})<n$ 时，$r\begin{pmatrix}\boldsymbol{A}\\ \boldsymbol{B}\end{pmatrix}<n$，此时方程组 $\begin{cases}\boldsymbol{Ax}=\boldsymbol{0},\\ \boldsymbol{Bx}=\boldsymbol{0}\end{cases}$ 有非零解，而方程组 $\begin{cases}\boldsymbol{Ax}=\boldsymbol{0},\\ \boldsymbol{Bx}=\boldsymbol{0}\end{cases}$ 有非零解等价于方程组 $\boldsymbol{Ax}=\boldsymbol{0}$ 与 $\boldsymbol{Bx}=\boldsymbol{0}$ 有非零公共解. 于是，方程组 $\boldsymbol{Ax}=\boldsymbol{0}$ 与 $\boldsymbol{Bx}=\boldsymbol{0}$ 有非零公共解的一个充分条件是 $r(\boldsymbol{A})+r(\boldsymbol{B})<n$. 应选 D.

**116.【参考答案】**A

**【答案解析】**方程组（Ⅰ）：$\begin{cases}x_1-x_2+2x_3=0,\\ x_1+kx_2+3x_3=0\end{cases}$ 与方程组（Ⅱ）：$\begin{cases}x_1-x_2+2x_3=0,\\ 2x_1+x_2+x_3=0\end{cases}$ 有非零公共解，即方程组（Ⅲ）：$\begin{cases}x_1-x_2+2x_3=0,\\ x_1+kx_2+3x_3=0,\\ x_1-x_2+2x_3=0,\\ 2x_1+x_2+x_3=0\end{cases}$ 有非零解. 对方程组（Ⅲ）的系数矩阵作初等行变换：

$$\begin{pmatrix}1&-1&2\\1&k&3\\1&-1&2\\2&1&1\end{pmatrix}\to\begin{pmatrix}1&-1&2\\0&k+1&1\\0&0&0\\0&3&-3\end{pmatrix}\to\begin{pmatrix}1&-1&2\\0&1&-1\\0&k+1&1\\0&0&0\end{pmatrix}\to\begin{pmatrix}1&-1&2\\0&1&-1\\0&0&k+2\\0&0&0\end{pmatrix}.$$

方程组（Ⅲ）有非零解，即方程组（Ⅲ）的系数矩阵的秩小于 3，故 $k=-2$. 应选 A.

**117.【参考答案】**C

**【答案解析】**方程组 $\begin{cases}x_1-x_2=b_1,\\ x_3-x_4=b_2\end{cases}$ 与 $\begin{cases}x_1-x_4=b_3,\\ x_2-x_3=b_4\end{cases}$ 有公共解，即方程组 $\begin{cases}x_1-x_2=b_1,\\ x_3-x_4=b_2,\\ x_1-x_4=b_3,\\ x_2-x_3=b_4\end{cases}$ 有解.

对方程组的增广矩阵作初等行变换使之变成行阶梯形：

$$\overline{\boldsymbol{A}}=\left(\begin{array}{cccc:c}1&-1&0&0&b_1\\0&0&1&-1&b_2\\1&0&0&-1&b_3\\0&1&-1&0&b_4\end{array}\right)\to\left(\begin{array}{cccc:c}1&-1&0&0&b_1\\0&0&1&-1&b_2\\0&1&0&-1&b_3-b_1\\0&1&-1&0&b_4\end{array}\right)$$

$$\to\left(\begin{array}{cccc:c}1&-1&0&0&b_1\\0&1&0&-1&b_3-b_1\\0&0&1&-1&b_2\\0&0&-1&1&b_4-b_3+b_1\end{array}\right)\to\left(\begin{array}{cccc:c}1&-1&0&0&b_1\\0&1&0&-1&b_3-b_1\\0&0&1&-1&b_2\\0&0&0&0&b_1+b_2-b_3+b_4\end{array}\right).$$

故当 $b_1+b_2-b_3+b_4=0$ 时，原方程组有解. 应选 C.

**118.【参考答案】**C

【答案解析】方程组$\begin{cases}x_1+x_2+x_3+x_4=0,\\x_1+2x_2+3x_3+3x_4=1,\\3x_1+2x_2+ax_3+x_4=2\end{cases}$与方程 $x_1-x_2-3x_3+ax_4=-2$ 没有公共解，即方程组$\begin{cases}x_1+x_2+x_3+x_4=0,\\x_1+2x_2+3x_3+3x_4=1,\\3x_1+2x_2+ax_3+x_4=2,\\x_1-x_2-3x_3+ax_4=-2\end{cases}$无解.对该方程组的增广矩阵作初等行变换使之变成阶梯形：

$$\overline{\boldsymbol{A}}=\left(\begin{array}{cccc:c}1&1&1&1&0\\1&2&3&3&1\\3&2&a&1&2\\1&-1&-3&a&-2\end{array}\right)\to\left(\begin{array}{cccc:c}1&1&1&1&0\\0&1&2&2&1\\0&-1&a-3&-2&2\\0&-2&-4&a-1&-2\end{array}\right)\to\left(\begin{array}{cccc:c}1&1&1&1&0\\0&1&2&2&1\\0&0&a-1&0&3\\0&0&0&a+3&0\end{array}\right).$$

方程组无解$\Leftrightarrow r(\boldsymbol{A})=3\neq r(\overline{\boldsymbol{A}})=4\Leftrightarrow a=1$.故 $a=1$.应选 C.

**119.【参考答案】** B

【答案解析】方程组$\begin{cases}x_1+x_2+x_3+x_4=0,\\x_1+2x_2+3x_3+3x_4=-1\end{cases}$与$\begin{cases}2x_1+x_2+x_4=2,\\x_1-x_2-3x_3+ax_4=3\end{cases}$有公共解，即方程组$\begin{cases}x_1+x_2+x_3+x_4=0,\\x_1+2x_2+3x_3+3x_4=-1,\\2x_1+x_2+x_4=2,\\x_1-x_2-3x_3+ax_4=3\end{cases}$有解.对该方程组的增广矩阵作初等行变换使之变成阶梯形：

$$\overline{\boldsymbol{A}}=\left(\begin{array}{cccc:c}1&1&1&1&0\\1&2&3&3&-1\\2&1&0&1&2\\1&-1&-3&a&3\end{array}\right)\to\left(\begin{array}{cccc:c}1&1&1&1&0\\0&1&2&2&-1\\0&-1&-2&-1&2\\0&-2&-4&a-1&3\end{array}\right)\to\left(\begin{array}{cccc:c}1&1&1&1&0\\0&1&2&2&-1\\0&0&0&1&1\\0&0&0&a+3&1\end{array}\right)$$

$$\to\left(\begin{array}{cccc:c}1&1&1&1&0\\0&1&2&2&-1\\0&0&0&1&1\\0&0&0&0&a+2\end{array}\right).$$

方程组有解$\Leftrightarrow r(\boldsymbol{A})=r(\overline{\boldsymbol{A}})\Leftrightarrow a=-2$.故 $a=-2$.应选 B.

**120.【参考答案】** A

【答案解析】方程组（Ⅰ）与（Ⅱ）有唯一公共解，即方程组（Ⅲ）$\begin{cases}x_1+x_2+x_3=0,\\x_1+3x_2+ax_3=0,\\x_1+3x_2+a^2x_3=0,\\x_1+3x_2+x_3=a-1,\\x_1+x_2+x_3=a^2-a\end{cases}$有唯

一解. 对方程组(Ⅲ)的增广矩阵 $\overline{\boldsymbol{A}}$ 作初等行变换:

$$\overline{\boldsymbol{A}}=\left(\begin{array}{ccc:c}1&1&1&0\\1&3&a&0\\1&3&a^2&0\\1&3&1&a-1\\1&1&1&a^2-a\end{array}\right)\to\left(\begin{array}{ccc:c}1&1&1&0\\0&2&a-1&0\\0&2&a^2-1&0\\0&2&0&a-1\\0&0&0&a^2-a\end{array}\right)\to\left(\begin{array}{ccc:c}1&1&1&0\\0&2&0&a-1\\0&0&a-1&1-a\\0&0&a^2-1&1-a\\0&0&0&a^2-a\end{array}\right)$$

$$\to\left(\begin{array}{ccc:c}1&1&1&0\\0&2&0&a-1\\0&0&a-1&1-a\\0&0&0&a^2-a\\0&0&0&a^2-a\end{array}\right)\to\left(\begin{array}{ccc:c}1&1&1&0\\0&2&0&a-1\\0&0&a-1&1-a\\0&0&0&a^2-a\\0&0&0&0\end{array}\right).$$

因此,方程组(Ⅰ)与(Ⅱ)有唯一公共解当且仅当 $a=0$. 此时,

$$\overline{\boldsymbol{A}}\to\left(\begin{array}{ccc:c}1&1&1&0\\0&2&0&-1\\0&0&-1&1\\0&0&0&0\\0&0&0&0\end{array}\right)\to\left(\begin{array}{ccc:c}1&1&1&0\\0&1&0&-\frac{1}{2}\\0&0&1&-1\\0&0&0&0\\0&0&0&0\end{array}\right)\to\left(\begin{array}{ccc:c}1&0&0&\frac{3}{2}\\0&1&0&-\frac{1}{2}\\0&0&1&-1\\0&0&0&0\\0&0&0&0\end{array}\right),$$

故方程组(Ⅰ)与(Ⅱ)的唯一公共解为 $\left(\frac{3}{2},-\frac{1}{2},-1\right)^{\mathrm{T}}$. 应选 A.

# 第三部分

# 概率论

# 第八章　随机事件与概率

## 答案速查表

| | | | | | |
|---|---|---|---|---|---|
| 1 ～ 5 | BEEDE | 6 ～ 10 | BCDDE | 11 ～ 15 | AADCE |
| 16 ～ 20 | CBBEB | 21 ～ 25 | BAABC | 26 ～ 30 | CCDBE |
| 31 ～ 35 | BEADD | 36 ～ 40 | AACEB | 41 ～ 45 | BEDAD |
| 46 ～ 50 | BAADE | 51 ～ 55 | BEADC | 56 ～ 58 | DCC |

## 【考向 1】事件的关系与运算

**1.【参考答案】** B

**【答案解析】方法 1**　由文氏图可以看到(见图)，对于任意的事件 $A$ 和 $B$，总有 $(A+B)-A=\overline{A}B$，故选 B.

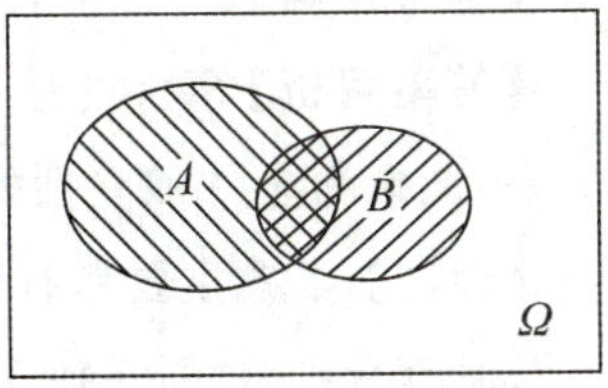


**方法 2**　选项 A，仅当事件 $A$ 和 $B$ 不相容时成立；选项 C，仅当事件 $A$ 包含 $B$ 时成立；选项 D 和 E，只要 $A$ 和 $B$ 不相容就成立，不一定要求 $A$ 和 $B$ 对立，$A$ 和 $B$ 相互独立，因此，除了选项 B，其他选项都不正确. 故选 B.

**【评注】** 随机事件的设定及其运算是概率计算的基础，本题是讨论用运算符描述两个事件是否相等或等价的问题. 一般来说，判断两个事件相等或等价有两个途径：一是通过事件的恒等运算，将两个事件联系起来；二是通过文氏图，考查两个事件所表示的是否为同一个区域.

**2.【参考答案】** E

**【答案解析】方法 1**　因为

$$(\overline{A}+B)(A+B)(\overline{A}+\overline{B})(A+\overline{B})=(\overline{A}B+AB+B)(\overline{A}\,\overline{B}+A\overline{B}+\overline{B})=B\overline{B}=\varnothing,$$

且不可能事件一定与任何一个事件互不相容，故选 E.

**方法 2**　选项 A，$A(\overline{ABC})=A(\overline{A}+\overline{B}+\overline{C})=A\overline{B}+A\overline{C}$；

选项 B，$A(\overline{A+B+C}+\overline{B+C})=A\overline{A}\,\overline{B}\,\overline{C}+A\overline{B}\,\overline{C}=A\overline{B}\,\overline{C}$；

选项 C，$A\,\overline{A(B+C)}=A(\overline{A}+\overline{B+C})=A\overline{B}\,\overline{C}$；

选项 D，$A\,\overline{B(A+C)}=A\overline{B}+A\overline{A}\,\overline{C}=A\overline{B}$.

因此，排除选项 A,B,C,D. 故选 E.

**3.【参考答案】** E

**【答案解析】方法 1**　事件 $A$ 与 $B$ 互不相容，则 $P(A\cap B)=0$，进而有

$$P(\overline{A}\cup\overline{B})=P(\overline{A\cap B})=1-P(A\cap B)=1,$$

故选 E.

**方法 2**　$A$ 与 $B$ 互不相容，未必相互对立，因此，仍有可能 $A+B\neq\Omega$，即 $\overline{A+B}=\overline{A}\,\overline{B}\neq$

$\overline{\Omega}=\varnothing$. $\overline{A}$,$\overline{B}$仍有可能相容，所以选项 A,B,D 都不正确. $\overline{A}$,$\overline{B}$的相容性与独立性是两个不同的概念，所以 C 也不正确. 故选 E.

**4.【参考答案】**D

**【答案解析】方法 1**　由 $\overline{B}\supset A$，有

$$AB=\varnothing,$$

故选 D.

**方法 2**　如图所示，只要 $\overline{A}\supset B$，就有 $\overline{B}\supset A$，但 $A$,$B$ 和 $A+B$ 都不是必然事件，也未必有 $B=\overline{A}$，因此，不能保证选项 A,B,C,E 正确. 故选 D.

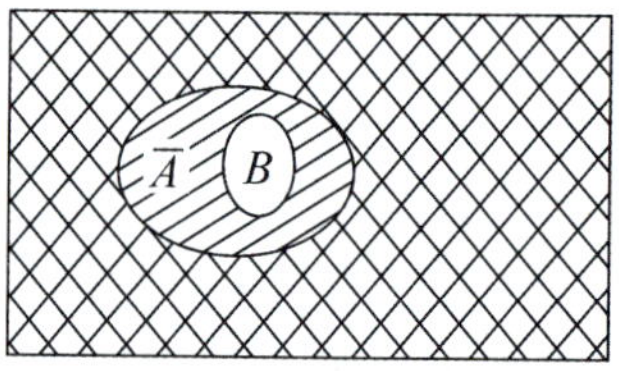


**5.【参考答案】**E

**【答案解析】**对于任意两个事件 $A$ 和 $B$，总有 $A\cap B\subset B$，因此，$A$ 和 $B$ 之间的关系有各种可能，选项 A,B,C,D 未必正确，故选 E.

**6.【参考答案】**B

**【答案解析】**事件的独立性只能由概率公式 $P(A)P(B)=P(AB)$ 判断，仅由事件的关系是不能推断事件独立性的. 因此，$A$ 和 $B$ 不相容时，$A$,$B$ 可能独立，也可能不独立，故选 B.

**【评注】**本题主要考查事件的相容性和独立性的关系. 严格地说，两个事件之间的"不相容"即"互斥"与"相互独立"之间没有任何关系，它们是不同层面上的两个概念.

**7.【参考答案】**C

**【答案解析】**由于 $A=B$，因此 $AB=A=B$，又 $A$ 与 $B$ 互不相容，即 $AB=\varnothing$，从而知 $A=B=\varnothing$，$A+B=\varnothing$，$P(A+B)=0$，故选 C.

**8.【参考答案】**D

**【答案解析】方法 1**　$P(\overline{A}+\overline{B})=P(\overline{AB})=1-P(AB)$，故选 D.

**方法 2**　在事件 $A$ 和 $B$ 的关系不确定的情况下，$\overline{A}+\overline{B}$ 可能为必然事件，也可能为不可能事件，因此，不能保证选项 A,B,C 正确，E 推导错误. 故选 D.

**9.【参考答案】**D

**【答案解析】**事件 $A$ 与 $B$ 互斥，事件 $A$ 与 $B$ 对立及事件 $A$ 与 $B$ 相互独立是三个不同的概念，不可混淆. 因此，未必有 $A+B=\Omega$，故 $\overline{A+B}=\overline{A}\,\overline{B}=\overline{\Omega}=\varnothing$，$P(A)=1-P(B)$，及 $P(AB)=P(A)P(B)$ 未必成立. 由 $A$ 与 $B$ 互斥，知 $A\cap B=\varnothing$，则 $P(A\cap B)=0$，进而有 $P(\overline{A}\cup\overline{B})=P(\overline{A\cap B})=1-P(A\cap B)=1$，故选 D.

**【评注】**讨论事件的关系时，考生往往将事件不相容（即互斥）与事件的独立性及事件的对立关系相混淆，应注意区分.

## 【考向 2】概率的性质及公式

**10.【参考答案】**E

**【答案解析】**由条件概率公式，有

$$P(A-C \mid AB \cup C)=\frac{P(A\overline{C}AB+A\overline{C}C)}{P(AB+C)}=\frac{P(AB\overline{C})}{P(AB)+P(C)-P(ABC)}$$

$$=\frac{P(A)P(B)[1-P(C)]}{P(A)P(B)+P(C)-P(A)P(B)P(C)}$$

$$=\frac{0.4\times 0.5\times 0.5}{0.4\times 0.5+0.5-0.4\times 0.5\times 0.5}$$

$$=\frac{1}{6},$$

故选 E.

**11.【参考答案】** A

**【答案解析】** 由 $P(AB)=P(A)+P(B)-P(A\cup B)=0.3$，得 $P(A\overline{B})=P(A)-P(AB)=0.1$，从而有 $P(A\mid \overline{B})=\frac{P(A\overline{B})}{1-P(B)}=\frac{0.1}{0.6}=\frac{1}{6}$，故选 A.

**【评注】** $P(A\mid \overline{B})\neq 1-P(A\mid B)=1-\frac{3}{4}=\frac{1}{4}$.

**12.【参考答案】** A

**【答案解析】** 由于 $A,C$ 互不相容，因此 $AC=\varnothing$，$P(AC)=0$，又 $ABC\subset AC$，得 $P(ABC)=0$，于是 $P(AB\overline{C})=P(AB)-P(ABC)=\frac{1}{2}-0=\frac{1}{2}$，代入条件概率公式，得

$$P(AB\mid \overline{C})=\frac{P(AB\overline{C})}{P(\overline{C})}=\frac{P(AB\overline{C})}{1-P(C)}=\frac{1}{2}\times\frac{3}{2}=\frac{3}{4},$$

故选 A.

**【评注】** 本题主要考查条件概率公式、概率性质和概率计算公式，属于基本运算的题型.

**13.【参考答案】** D

**【答案解析】** 由乘法公式，$P(AB)=P(B)P(A\mid B)=\frac{1}{18}$，得

$$P(B\mid \overline{A})=\frac{P(B\overline{A})}{P(\overline{A})}=\frac{P(B)-P(AB)}{1-P(A)}=\frac{\frac{1}{3}-\frac{1}{18}}{1-\frac{1}{3}}=\frac{5}{12},$$

故选 D.

**14.【参考答案】** C

**【答案解析】方法 1**　由 $P(A+B)=P(A)+P(B)-P(AB)=1-P(AB)$，而 $P(AB)$ 不一定为 0，知选项 C 不一定正确，故选 C.

**方法 2**　在无条件下，有概率运算式 $P(A)+P(B)=1$，在 $C$ 发生或 $\overline{C}$ 发生的条件下，等式结构不变，因此有 $P(A\mid C)=1-P(B\mid C)$ 和 $P(A\mid \overline{C})=1-P(B\mid \overline{C})$，所以选项 A，B 正确. 选项 D 显然正确. 又 $P(\overline{A})=1-P(A)=1-[1-P(B)]=1-P(\overline{B})$，所以选项 E 也正确. 故选 C.

**【评注】** 在概率计算时，经常遇到由无条件下的概率运算向有条件下的概率运算的转换. 一般的结论是，无条件下的概率运算及其关系式可以推至有条件下的概率运算，而且关

系式不变.

## 【考向 3】三大概型

15. **【参考答案】** E

**【答案解析】** 设事件 $A_i=\{$第 $i$ 号球装对口袋$\}(i=1,2,3,4)$，$B=\{4$ 个球都按号码正确装入口袋$\}$，则$B=A_1A_2A_3A_4$，装口袋过程可以视为依次从 4 个球中随机取 1 个装入 1 号，2 号，3 号，4 号口袋中，先从 4 个球中取 1 个装入 1 号口袋，装对的概率为 $P(A_1)=\frac{1}{4}$，再从 3 个球中取 1 个装入 2 号口袋，装对的概率为 $P(A_2\mid A_1)=\frac{1}{3}$，以此类推，可知 $P(A_3\mid A_1A_2)=\frac{1}{2}$，$P(A_4\mid A_1A_2A_3)=1$，于是

$$\begin{aligned}P(B)&=P(A_1A_2A_3A_4)=P(A_1)P(A_2\mid A_1)P(A_3\mid A_1A_2)P(A_4\mid A_1A_2A_3)\\&=\frac{1}{4}\times\frac{1}{3}\times\frac{1}{2}\times1=\frac{1}{24},\end{aligned}$$

故选 E.

16. **【参考答案】** C

**【答案解析】** 记事件 $A$ 为指定的一本书的排放位置既不在中间也不在两端，由题设，该随机试验的总样本点数为7!，7 个位置按从左到右的方式排放，先从 7 个位置中的第 2、第 3、第 5 和第 6 个位置选出一个放置指定书，共有 4 种放法，再将余下的 6 本书任意放置在剩下的 6 个位置上，共有 6!种放法，因此，事件 $A$ 所含样本点数应为 $4\times6!$，从而得到

$$P(A)=\frac{4\times6!}{7!}=\frac{4}{7},$$

故选 C.

17. **【参考答案】** B

**【答案解析】** 设 $A=\{$甲系统单独工作时有效$\}$，$B=\{$乙系统单独工作时有效$\}$，依题设，

$$P(A)=0.92,P(B)=0.93,P(B\mid\overline{A})=0.85,$$

于是

$$\begin{aligned}P(A+B)&=P(A)+P(\overline{A}B)=P(A)+P(\overline{A})P(B\mid\overline{A})\\&=0.92+0.85(1-0.92)=0.988,\end{aligned}$$

故选 B.

18. **【参考答案】** B

**【答案解析】** 依题设，两次投掷，出现点数的全部组合即总样本数为 $6^2$，设 $X,Y$ 分别表示第一次和第二次投掷得到的点数，事件 $A$ 表示得到的点数乘积恰好为一个数的平方，两个点数乘积的各种可能的结果如表所示：

| Y / X | 1 | 2 | 3 | 4 | 5 | 6 |
|---|---|---|---|---|---|---|
| 1 | 1 | 2 | 3 | 4 | 5 | 6 |
| 2 | 2 | 4 | 6 | 8 | 10 | 12 |
| 3 | 3 | 6 | 9 | 12 | 15 | 18 |
| 4 | 4 | 8 | 12 | 16 | 20 | 24 |
| 5 | 5 | 10 | 15 | 20 | 25 | 30 |
| 6 | 6 | 12 | 18 | 24 | 30 | 36 |

从表中看到，乘积恰好为一个数的平方的共有 8 项，因此

$$P(A)=\frac{8}{36}=\frac{2}{9},$$

故选 B.

**19.【参考答案】**E

**【答案解析】**设事件 $A_i(i=1,2,3)$ 表示第 $i$ 次输对密码，事件 $B$ 表示账户能够启动，于是

$$P(B)=P(A_1)+P(A_2)+P(A_3)=\frac{1}{10}+\frac{9}{10}\times\frac{1}{9}+\frac{9}{10}\times\frac{8}{9}\times\frac{1}{8}=\frac{3}{10},$$

故选 E.

**20.【参考答案】**B

**【答案解析】**从 10 到 99 的所有两位数中，任取一个数，总样本点数为 90.

设 $A=\{$取出的两位数能被 3 整除$\}$，$B=\{$取出的两位数能被 5 整除$\}$，则所求事件$\{$取出的两位数能被 3 或 5 整除$\}=A+B$，而

$$AB=\{\text{取出的两位数能同时被 3 和 5 整除}\},$$

显然，$A$ 包含的样本点数为$[99\div3]-3=30$(个)，$B$ 包含的样本点数为$[99\div5]-1=18$(个)，$AB$ 包含的样本点数为$[99\div15]=6$(个)，其中符号$[x]$表示数字 $x$ 的整数部分.于是

$$P(A+B)=P(A)+P(B)-P(AB)=\frac{30}{90}+\frac{18}{90}-\frac{6}{90}=\frac{7}{15},$$

故选 B.

**【评注】**在概率计算中，古典概型是常见的基本概型，其中一些概率计算不一定可以套用某个特定的概型模式，尤其在找不到模式可套用时，只要用最简单的方法，找到事件所含的样本点数和总样本点数，就可以求出所求事件的概率. 显然，题中总样本点数为 90，能被 3 整除的两位数的个数是 1 到 99 的整数中 3 的倍数的个数，再减去 10 以内能被 3 整除的 3 个数，即$[99\div3]-3=30$(个)；能被 5 整除的两位数的个数是 1 到 99 的整数中 5 的倍数的个数，再减去 10 以内能被 5 整除的 1 个数，即$[99\div5]-1=18$(个)；同时能被 3 和 5 整除的两位数的个数是 1 到 99 的整数中 15 的倍数的个数，即$[99\div15]=6$(个). 在分析的基础上就可以求解得出结果.

**21.【参考答案】**B

**【答案解析】**三条线段能构成三角形，必须满足其中两两之和大于第三边，且两两之差小于第三边，由此判断长度分别为 3,5,7;3,7,9;5,7,9 的 3 个线段组合能构成三角形，即所求事件含有 3 个样本点，而样本空间含样本点的总数为 $C_5^3 = 10$(个)，所以所求事件的概率为

$$p = 3/C_5^3 = 0.3,$$

故选 B.

**22.【参考答案】**A

**【答案解析】**设事件 $A=\{$有一个信箱有 2 封信$\}$，5 封信投入 3 个信箱，每封信都有 3 种投递选择，总样本点数为 $3^5$. 有一个信箱有 2 封信，可以先从 3 个信箱中取出 1 个，从 5 封信中取出 2 封投入其中，再把剩下的 3 封信投入余下的 2 个信箱. 分为两种情况，一是将 2 封信投入其中 1 个信箱，余下 1 封信投入另一个信箱，含样本点数为 $C_5^2C_3^1C_3^2C_2^1/2$，这里除以 2 是因为所描述事件有重复，比如，先将 2 封信投入甲信箱再将 1 封信投入乙信箱，与先将 1 封信投入乙信箱再将 2 封信投入甲信箱得到的结果相同；二是将 3 封信投入 1 个信箱，含样本点数为 $C_5^2C_3^1C_2^1$，因此，所求事件的概率为

$$\frac{C_5^2C_3^1C_3^2C_2^1/2 + C_5^2C_3^1C_2^1}{3^5} = \frac{50}{81},$$

故选 A.

**【评注】**$n$ 封信投入 $m$ 个信箱，称之为“投信问题”，是典型的古典概型问题之一，其总样本点数为 $m^n$，事件所含的样本点数需视问题而定，所求概率为事件所含的样本点数与 $m^n$ 的比值.

**23.【参考答案】**A

**【答案解析】方法 1**　“$n$ 件产品含有 $m$ 件次品，从中任取 $k$ 件”是一个组合问题，共有 $C_n^k$ 种组合方式，即总样本点数为 $C_n^k$. 其中至少有 1 件次品，其对立事件为所取 $k$ 件产品都为正品，此对立事件意味着抽取的 $k$ 件产品均取自 $n-m$ 件正品之中，即所含的样本点数为 $C_{n-m}^k$. 所以至少有 1 件次品的概率为

$$p = 1 - \frac{C_{n-m}^k}{C_n^k},$$

故选 A.

**方法 2**　依题意可知选项 C,D 显然不成立. 又由于题中未明确 $k$ 与 $m$ 的大小关系，因此，选项 B 仅在 $k \geqslant m$ 时成立，选项 E 仅在 $k \leqslant m$ 时成立. 故选 A.

**【评注】**$N$ 件物品有 $m(m<N)$ 件特定的物品，从中抽取 $n(n \leqslant N)$ 件，其中含 $k(\max\{0, n-N+m\} \leqslant k \leqslant \min\{m,n\}$；$k$ 为整数) 件特定的物品的概率问题，称之为“超几何概型”，是典型的古典概型之一，其概率计算公式为

$$p = \frac{C_m^k C_{N-m}^{n-k}}{C_N^n}.$$

**24.【参考答案】**B

**【答案解析】方法1** 设 $A=\{$指定的 $n$ 个格子中各有一个质点$\}$，依题意，$n$ 个不同的质点等可能地落到 $N(n\leqslant N)$ 个格子中，总样本点数为 $N^n$. $n$ 个质点在指定的 $n$ 个格子中全排列，共有 $n!$ 种不同的落入法，于是，事件 $A$ 包含的样本点数 $m_A=n!$，则

$$P(A)=\frac{n!}{N^n}.$$

故选 B.

**方法2** 选项 A 是从 $N$ 个格子中任取 $n$ 个格子且每个格子里各有一个质点的事件的概率；选项 C 是从 $N$ 个格子中指定一个格子放入 $m$ 个质点，剩下的 $n-m$ 个质点随机落入其余的 $N-1$ 个格子中的事件的概率；选项 D，E 中总样本点数不正确. 故选 B.

**【评注】**$n$ 个不同的质点等可能地落到 $N(n\leqslant N)$ 个格子中，是古典概型中的“蹲坑问题”. 其特点是，质点等可能落入，而且每个格子容纳质点数没有限制，即每个质点都有 $N$ 种不同的落入法，$n$ 个质点共有 $N^n$ 种不同的落入法，即总样本点数为 $N^n$.

**25.【参考答案】**C

**【答案解析】**依题设，从 10 件产品中任意抽取 3 件，总样本点数为 $C_{10}^3$，设 3 件产品中出现的次品数为 $X$，事件 $A$ 表示 3 件产品中出现次品数大于正品数，则

$$P(A)=P\{X=3\}+P\{X=2\}=\frac{C_4^3+C_4^2C_6^1}{C_{10}^3}=\frac{1}{3},$$

故选 C.

**26.【参考答案】**C

**【答案解析】**设 $A=\{$有 3 张点数相同$\}$，从 52 张牌中任取 4 张，总样本点数为 $C_{52}^4$，若按点数抽取，共有 13 个点数，每个点数有 4 张牌，选取方式可以为，先从 13 个点数中取出 1 个，再从相同点数的 4 张牌中任取 3 张，剩下的 1 张牌从其余 48 张牌中任取，于是

$$P(A)=\frac{C_{13}^1C_4^3C_{48}^1}{C_{52}^4}=\frac{192}{20\ 825}.$$

故选 C.

**27.【参考答案】**C

**【答案解析】**设事件 $A_i=\{$第 $i$ 个人取到红球$\}$，则 $A_3$ 是在前两个人抽取后进行的，前两个人的抽取结果有 4 种可能：$A_1A_2$，$A_1\overline{A_2}$，$\overline{A_1}A_2$，$\overline{A_1}\,\overline{A_2}$，于是，$A_3=(A_1A_2+A_1\overline{A_2}+\overline{A_1}A_2+\overline{A_1}\,\overline{A_2})A_3$，即有

$$\begin{aligned}P(A_3)&=P(A_1A_2A_3)+P(A_1\overline{A_2}A_3)+P(\overline{A_1}A_2A_3)+P(\overline{A_1}\,\overline{A_2}A_3)\\&=\frac{2}{n}\frac{1}{n-1}\frac{0}{n-2}+\frac{2}{n}\frac{n-2}{n-1}\frac{1}{n-2}+\frac{n-2}{n}\frac{2}{n-1}\frac{1}{n-2}+\frac{n-2}{n}\frac{n-3}{n-1}\frac{2}{n-2}=\frac{2}{n},\end{aligned}$$

故选 C.

**【评注】**从 $n$ 个物件中连续抽取，每次抽取一件，简称为连续抽取问题，抽取方式又分为有放回，每次抽取结果相互独立；无放回，前后抽取结果有相关性，属于条件概率问题. 本题求解结果表明，第 3 个人取到红球的概率与第 1 个人和第 2 个人取到红球的概率相

同.实际上验证了一个重要原理:从 $n$ 个物件中逐次连续无放回地抽取,每次抽到特定物件的概率是相同的,与抽取的先后次序无关,称为抽签原理.

**28.【参考答案】** D

**【答案解析】** 设 $A_k=\{$第 $k$ 次取到一等品$\}$,$B_k=\{$第 $k$ 次取到次品$\}$,$A=\{$取到二等品之前取到一等品$\}$,于是

$$A=A_1+B_1A_2+B_1B_2A_3,$$

显然,事件 $A_1$,$B_1A_2$,$B_1B_2A_3$ 互斥,从而有

$$\begin{aligned}P(A)&=P(A_1)+P(B_1A_2)+P(B_1B_2A_3)\\&=\frac{5}{10}+\frac{2}{10}\times\frac{5}{9}+\frac{2}{10}\times\frac{1}{9}\times\frac{5}{8}=\frac{5}{8},\end{aligned}$$

故选 D.

**【评注】** 本题是古典概型中的连续抽取问题.这类问题设定很重要,一般用带有下标的字母描述基本事件,下标标明第几次抽取,在此基础上进一步给出所求事件的运算组合,最后用概率计算公式求出结果.

**29.【参考答案】** B

**【答案解析】** 落点问题是典型的几何概型问题.如图所示,其中 $D$ 为样本空间,质点落在区域 $A$ 内的概率即为区域 $A$ 与 $D$ 的面积比,即

$$P(A)=\frac{L(A)}{L(\Omega)}=\frac{\int_{-1}^{1}(1-x^2)\mathrm{d}x}{2}=\frac{2}{3},$$

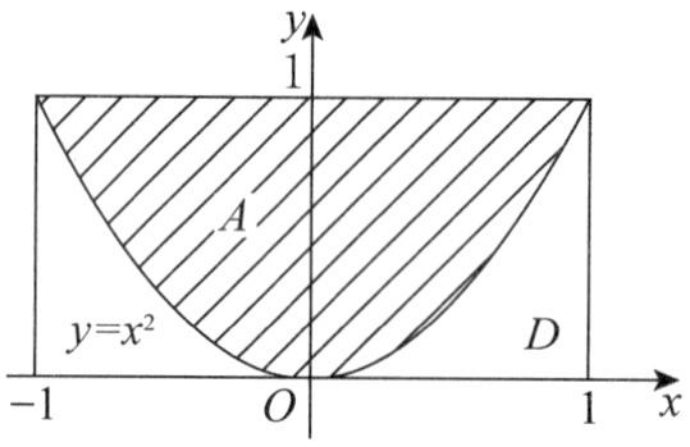


故选 B.

**30.【参考答案】** E

**【答案解析】** 这是一个几何概型问题.设 $A=\{$他们会面$\}$,$B=\{$乙到达会面地点时间不早于甲$\}$,又设甲、乙两人到达时间分别为 $x$,$y$,一般情况下,若要两人会面,应满足

$$|x-y|\leqslant 20,$$

在事件 $B$ 发生的条件下,有 $x\leqslant y$,如图所示,两人到达时间所在范围为图中三角形区域,$L(\Omega)$ 的面积为 $S=\frac{1}{2}\times 60^2$.两人能够会面的区域为(图中阴影部分):$0\leqslant x\leqslant y\leqslant 60$,且 $y-x\leqslant 20$,$L(A)$ 的面积为 $S_1=\frac{1}{2}(60^2-40^2)$,因此,所求概率为

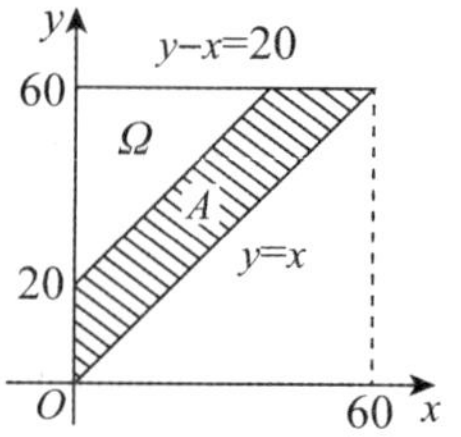

$$P(A \mid B)=\frac{L(A)}{L(\Omega)}=\frac{60^2-40^2}{60^2}=\frac{5}{9},$$

故选 E.

**31.【参考答案】** B

**【答案解析】** 依题设，第 5 次取球时，恰好第 2 次取出黑球，意味着前 4 次取球中有 1 次取到黑球，直到第 5 次又取出一个黑球，刚好两次取得黑球，符合伯努利试验中二项分布概型的特点. 根据二项分布计算公式，前 4 次有 1 次取得黑球的概率为

$$P\{\xi=1\}=C_4^1\times\frac{1}{3}\times\left(1-\frac{1}{3}\right)^3,$$

又第 5 次取得黑球的概率是$\frac{1}{3}$，从而所求事件发生的概率为 $C_4^1\times\frac{1}{3}\times\left(1-\frac{1}{3}\right)^3\times\frac{1}{3}=C_4^1\left(\frac{1}{3}\right)^2\left(1-\frac{1}{3}\right)^3$，故选 B.

**【评注】** 连续 $n$ 次从袋中有放回地取球，其中取出黑球（或白球）的次数，符合典型的伯努利概型. 其特点是随机试验在相同条件下重复进行 $n$ 次，某事件每次出现是相互独立的而且概率 $p$ 是相等的，那么出现 $k$ 次的概率为 $P\{\xi=k\}=C_n^k p^k(1-p)^{n-k}$. 另外，连续从袋中有放回地取球，恰好第 $n$ 次取出黑球（或白球）的概率问题具有典型的二项分布特点，一般地，若随机试验重复进行 $n$ 次，某事件每次出现是相互独立的而且概率 $p$ 是相等的，则恰好仅最后一次出现该事件的概率为 $p(1-p)^{n-1}$. 本题是两种概型复合的问题.

**32.【参考答案】** E

**【答案解析】** 独立地重复射击 5 次，靶子被击中次数的概率问题是典型的二项分布概型，设 $A=\{$靶子被击中$\}$，$A_i=\{$5 次射击有 $i$ 次击中$\}$，$i=0,1,\cdots,5$，则

$$P(A_i)=C_5^i\,0.7^i(1-0.7)^{5-i},$$

又 $A=A_1+A_2+A_3+A_4+A_5=\Omega-A_0$，于是所求概率为

$$P(A)=\sum_{i=1}^{5}C_5^i\,0.7^i(1-0.7)^{5-i}=1-(0.3)^5,$$

故选 E.

**33.【参考答案】** A

**【答案解析】** 依题设，9 名顾问独立对某个事项可行性做出决策，每个顾问贡献正确意见的概率为 0.7，则能做出正确决策的顾问人数 $X$ 服从二项分布，即

$$P\{X=k\}=C_9^k\,0.7^k(1-0.7)^{9-k},k=0,1,2,\cdots,9,$$

从而有

$$P\{X\geqslant 5\}=\sum_{k=5}^{9}C_9^k\,0.7^k(1-0.7)^{9-k}\approx 0.901,$$

故选 A.

**34.【参考答案】** D

**【答案解析】** 这是三重伯努利试验，设 $A=\{$三次试验全失败$\}$，$q=1-p$，则

$$P(A)=q^3=1-\frac{19}{27}=\frac{8}{27},$$

得 $q=\frac{2}{3}$，$p=1-\frac{2}{3}=\frac{1}{3}$，故选 D.

**35.【参考答案】** D

**【答案解析】** 由题意知，甲、乙两人全部掷完后出现正面的次数 $\xi$ 服从参数为 $4,\frac{1}{2}$ 的二项分布，即 $\xi\sim B\left(4,\frac{1}{2}\right)$，从而有

$$P\{\xi=k\}=C_4^k\left(\frac{1}{2}\right)^k\left(\frac{1}{2}\right)^{4-k}=C_4^k\left(\frac{1}{2}\right)^4(k=0,1,2,3,4).$$

由于两人是独立投掷，因此硬币出现正面的次数相等的概率为

$$p=\sum_{k=0}^{4}\left[C_4^k\left(\frac{1}{2}\right)^4\right]^2=\frac{1}{2^8}\sum_{k=0}^{4}C_4^kC_4^{4-k}=\frac{1}{2^8}C_8^4=\frac{35}{128},$$

故选 D.

## 【考向 4】随机事件的独立性

**36.【参考答案】** A

**【答案解析】** 设事件 $A$ 为两人打靶所得环数之和 $Z$ 超过 15 环，$Z=X+Y$，于是

$$\begin{aligned}P(A)&=P\{Z>15\}\\&=P\{X=6,Y=10\}+P\{X=7,Y=10\}+P\{X=8,Y=8\}+\\&\quad P\{X=8,Y=10\}+P\{X=9,Y=8\}+P\{X=9,Y=10\}\\&=0.2\times0.1+0.3\times0.1+0.4\times0.3+0.4\times0.1+0.1\times0.3+0.1\times0.1\\&=0.25,\end{aligned}$$

故选 A.

**37.【参考答案】** A

**【答案解析】** 设事件 $A_i(i=1,\cdots,100)$ 表示第 $i$ 个人的血清含有 $a$ 号病毒，则 100 人都不含有 $a$ 号病毒的概率为

$$P(\overline{A_1}\,\overline{A_2}\cdots\overline{A_{100}})=\prod_{i=1}^{100}P(\overline{A_i})=(1-0.004)^{100}=0.996^{100},$$

因此，混合 100 人的血清，混合后的血清含有 $a$ 号病毒的概率为

$$p=1-P(\overline{A_1}\,\overline{A_2}\cdots\overline{A_{100}})=1-0.996^{100},$$

故选 A.

**38.【参考答案】** C

**【答案解析】** 这是一个条件概率问题，设 $A=\{$发车时有10位乘客上车$\}$，$B=\{$中途有3位乘客下车$\}$，则 $P(B\mid A)=C_{10}^3 0.3^3 0.7^7$，故选 C.

**【评注】** 本题形式上是一个条件概率问题，但没有用到条件概率公式. 解决这类问题不能简单套用公式，关键是真正理解条件概率的含义，实际上就是把条件作为新的样本空间，

即 10 位乘客中有 3 位中途下车.

**39.【参考答案】** E

**【答案解析】方法 1**　设事件 $A=\{$甲击中目标$\}$,$B=\{$乙击中目标$\}$,则 $P(A)=0.8$,$P(B)=0.7$.目标被击中,即甲、乙两人至少有一人击中,于是

$$\begin{aligned}P(A+B)&=P(A)+P(B)-P(AB)=P(A)+P(B)-P(A)P(B)\\&=0.8+0.7-0.8\times0.7=0.94,\end{aligned}$$

故选 E.

**方法 2**　利用对立事件,得

$$P(A+B)=1-P(\overline{A}\ \overline{B})=1-(1-0.8)(1-0.7)=0.94,$$

故选 E.

**【评注】** 本题是常见的概率应用题.求解的一般步骤:首先,将实际问题符号化和模型化,即用符号及其运算来描述事件,这种描述既反映了考生对问题的理解程度,也体现出考生求解问题的思路,这直接关系到问题能否正确求解;其次,在事件设定的基础上,利用概率计算公式和相关性质计算所求事件的概率.

**40.【参考答案】** B

**【答案解析】** 在事件 $A,B,C$ 相互独立的条件下,其中由事件 $A$ 和 $B$ 运算生成的事件 $\overline{AB}$,$A-\overline{B}$,$A\overline{B}$,$\overline{A}+\overline{B}$ 与事件 $C$ 或其逆运算生成的事件 $\overline{C}$ 仍然相互独立.因此,选项 A,C,D,E 中 4 对随机事件均相互独立,根据排除法,故选 B.

**【评注】** 事件的独立性是事件之间最为重要的关系之一,而且贯穿概率论的所有章节,因此要重点把握.本题主要考查的是事件独立性的一个重要性质,即如果有若干个事件相互独立,则其中一部分事件运算生成的事件与另一部分事件运算生成的事件仍然相互独立.

**41.【参考答案】** B

**【答案解析】** 由 $P(A)P(B)=\frac{2}{3}\times\frac{1}{2}=\frac{1}{3}$,$P(AB)=\frac{1}{3}$,可知 $P(A)P(B)=P(AB)$,因此 $A$ 与 $B$ 相互独立,故选 B.

**【评注】** 正如前面强调的,概率计算除了能够推断事件的独立性外不能推断事件之间的其他关系,而其他选项涉及事件的包含关系、互斥关系及必然事件的推断,均应排除,可以直接选 B.

**42.【参考答案】** E

**【答案解析】** 由 $P(\overline{B})=a-1$,得 $P(B)=2-a$,于是

$$P(A+B)=P(A)+P(B)-P(A)P(B)=a-1+2-a-(a-1)(2-a)=\frac{7}{9},$$

即 $a^2-3a+\frac{20}{9}=0$,得 $a=\frac{4}{3}$ 或 $\frac{5}{3}$,故选 E.

**43.【参考答案】** D

**【答案解析】** 由题设,$A$ 与 $\overline{B}$ 相互独立,$P(B)=1-P(\overline{B})=1-P(A)$,于是有

$P(A \cup B)=P(A\overline{B})+P(B)=P(A)P(\overline{B})+1-P(\overline{B})=P^2(A)-P(A)+1=\frac{7}{9}$,

求解方程,得 $P(A)=\frac{2}{3}$ 或 $\frac{1}{3}$,故选 D.

**44.【参考答案】** A

**【答案解析】** 用 $A,B,C$ 分别表示这段时间内甲、乙、丙机床不需要工人照管并工作,依题设,$A,B,C$ 相互独立,$P(A)=0.9$,$P(B)=0.8$,$P(C)=0.85$,则在这段时间内因无人照管三部机床都不工作的事件为 $\overline{A}\,\overline{B}\,\overline{C}$,于是

$$P(\overline{A}\,\overline{B}\,\overline{C})=0.1\times 0.2\times 0.15=0.003,$$

故选 A.

**45.【参考答案】** D

**【答案解析】** 只有 $A$ 发生,即指 $A\overline{B}$,又 $A,B$ 相互独立,有 $P(A\overline{B})=P(A)P(\overline{B})=P(A)\cdot[1-P(B)]$. 类似地,有 $P(\overline{A}B)=[1-P(A)]P(B)$. 联立得方程组

$$\begin{cases}P(A)[1-P(B)]=\frac{1}{3},\\[1-P(A)]P(B)=\frac{1}{6},\end{cases}$$

解得 $P(A)=\frac{1}{2}$,$P(B)=\frac{1}{3}$ 或 $P(A)=\frac{2}{3}$,$P(B)=\frac{1}{2}$,故选 D.

**【评注】** 本题的关键是正确理解"只有 $A$ 发生"的含义,并将事件准确地描述出来.

**46.【参考答案】** B

**【答案解析】** 由 $P(A+B)=P(\overline{A}\,\overline{B})=P(\overline{A+B})=1-P(A+B)$,得 $P(A+B)=\frac{1}{2}$.

因为

$$P(A+B)=P(A)+P(B)-P(A)P(B)=\frac{1}{2},$$

且 $P(A)=\frac{1}{3}$,所以 $P(B)=\frac{1}{4}$,故选 B.

**47.【参考答案】** A

**【答案解析】** 设 $A,B,C,D$ 分别表示开关 $a,b,c,d$ 关闭,$E$ 表示灯亮. 若要灯亮,则开关 $a,b$ 同时关闭,或开关 $c,d$ 中至少有一个关闭,即 $E=AB+C+D$,因此

$$\begin{aligned}P(E)&=P(AB)+P(C)+P(D)-P(ABC)-P(ABD)-P(CD)+P(ABCD)\\&=\frac{1}{2}\times\frac{1}{2}+\frac{1}{2}+\frac{1}{2}-\frac{1}{2}\times\frac{1}{2}\times\frac{1}{2}-\frac{1}{2}\times\frac{1}{2}\times\frac{1}{2}-\frac{1}{2}\times\frac{1}{2}+\frac{1}{2}\times\frac{1}{2}\times\frac{1}{2}\times\frac{1}{2}\\&=\frac{13}{16},\end{aligned}$$

其中,由独立性可知,

$$P(ABC)=P(A)P(B)P(C)=\left(\frac{1}{2}\right)^3,$$

$$P(ABD)=\left(\frac{1}{2}\right)^3,P(ABCD)=\left(\frac{1}{2}\right)^4,P(AB)=\left(\frac{1}{2}\right)^2,P(CD)=\left(\frac{1}{2}\right)^2.$$

故选 A.

**48.【参考答案】** A

**【答案解析】** 三个同种电气元件中有 $\xi$ 个无故障工作的概率服从二项分布，即

$$P\{\xi=k\}=C_3^k\,0.8^k\,(1-0.8)^{3-k}(k=0,1,2,3).$$

于是，在三个元件并联的情况下，只要其中一个元件无故障工作，电路即正常工作. 因此，所求概率为

$$1-P\{\xi=0\}=1-C_3^0\,0.8^0\,(1-0.8)^3=1-0.2^3=0.992.$$

故选 A.

**【评注】** 本题的基本概型是二项分布概型，涉及由若干个部件组合而成的系统的可靠性问题，常见的系统结构有串联和并联两种，前者只有在所有部件都处在正常工作状态下时，系统才能正常工作，后者只要有一个部件正常工作，系统就能正常工作.

## 【考向 5】五大公式

**49.【参考答案】** D

**【答案解析】** 由 $A\supset B,A\supset C$，知 $A\supset BC$. 又 $P(\overline{B}\cup\overline{C})=P(\overline{BC})=0.8$，则 $P(BC)=1-0.8=0.2$，因此，

$$P(A-BC)=P(A)-P(BC)=0.7,$$

故选 D.

**50.【参考答案】** E

**【答案解析】** 设 $D=\{A,B,C$ 中至少有一个发生$\}$，即 $D=A+B+C$，依题设，$P(AB)=0$，则有 $P(AB\mid C)=0,P(ABC)=P(C)P(AB\mid C)=0$. 于是

$$\begin{aligned}P(D)&=P(A+B+C)\\&=P(A)+P(B)+P(C)-P(AB)-P(BC)-P(AC)+P(ABC)\\&=\frac{1}{3}\times 3-\frac{1}{7}+0=\frac{6}{7}.\end{aligned}$$

故选 E.

**【评注】** 注意，$P(AB)=0$，不能理解为事件 $A,B$ 互斥，并由此推出 $ABC$ 为不可能事件. 推导 $P(ABC)=0$ 的方法应该是由在无条件下 $P(AB)=0$，得出在有条件下 $P(AB\mid C)=0$，从而有 $P(ABC)=P(C)P(AB\mid C)=0$.

**51.【参考答案】** B

**【答案解析】** 设 $A=\{$任找一名男生，爱好踢足球$\}$，$B=\{$任找一名男生，爱好打篮球$\}$，$AB=\{$任找一名男生，两种运动都爱好$\}$，$C=\{$任找一名男生，两种运动都不爱好$\}$，则

$$P(A)=0.6,P(B)=0.45,P(AB)=0.3,$$

于是

$$P(C)=P(\overline{A}\,\overline{B})=P(\overline{A+B})=1-P(A+B)$$
$$=1-[P(A)+P(B)-P(AB)]=1-(0.6+0.45-0.3)=0.25,$$

故选 B.

**52.【参考答案】** E

**【答案解析】** 由加法公式，$P(A\cup B)-P(AB)=P(A)+P(B)-2P(AB)$，因此，要使 $P(A\cup B)-P(AB)$ 最大，只需 $P(AB)$ 最小，由

$$P(A\cup B)=P(A)+P(B)-P(AB)\leqslant 1,$$

有 $P(AB)\geqslant P(A)+P(B)-1=0.5$，从而有

$$P(A\cup B)-P(AB)=P(A)+P(B)-2P(AB)\leqslant 0.6+0.9-2\times 0.5=0.5,$$

即 $P(A\cup B)-P(AB)$ 的最大值为 0.5，故选 E.

**53.【参考答案】** A

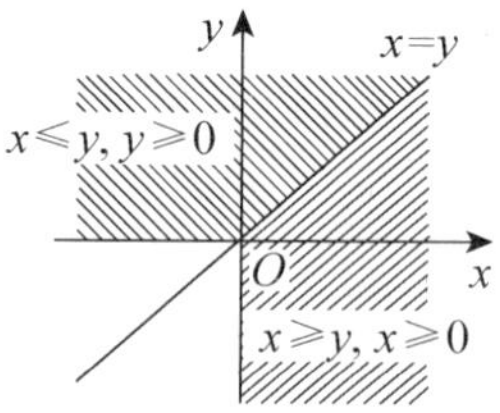


**【答案解析】** 事件 $\{\max\{X,Y\}\geqslant 0\}$ 等价于 $\{X\geqslant Y$ 且 $X\geqslant 0$，或 $X\leqslant Y$ 且 $Y\geqslant 0\}$，如图所示，事件 $\{\max\{X,Y\}\geqslant 0\}$ 所占区域即为事件 $A+B=\{X\geqslant 0$ 或 $Y\geqslant 0\}$ 所占的区域，因此

$$P\{\max\{X,Y\}\geqslant 0\}$$
$$=P\{X\geqslant 0 \text{ 或 } Y\geqslant 0\}=P(A+B)$$
$$=P(A)+P(B)-P(AB)$$
$$=\frac{4}{7}+\frac{4}{7}-\frac{3}{7}=\frac{5}{7}.$$

故选 A.

**【评注】** 本题有两个特点：一是事件 $\{\max\{X,Y\}\geqslant 0\}$ 无法直接计算概率，需要转化，并用事件 $A,B$ 表示，这是解题的关键；二是事件有明确的几何背景，属于几何概型，几何概型可以看作古典概型的特例，但是在几何概型中，样本空间 $\Omega$ 中的所有基本事件不能一一列举出来，而是用一个有界闭区域描述，若其中一部分区域可以表示事件 $A$ 所包含的基本事件，则事件 $A$ 发生的概率可定义为

$$P(A)=\frac{L(A)}{L(\Omega)},$$

其中 $L(A)$ 和 $L(\Omega)$ 分别为 $A$ 和 $\Omega$ 的几何测度. 由上述公式计算概率的数学模型称为几何概型，借助几何直观，可以厘清事件的转换关系，这是求解问题的简单有效的途径.

**54.【参考答案】** D

**【答案解析】** 事件 $\{Y=2\}$ 是在 $X$ 取各种可能数的情况下发生的，其中 $\{X=i\}(i=2,3,4,5)$ 构成一个完备事件组. 由于 $X$ 等可能取到数 2,3,4,5，因此有

若 $X$ 取 2，则 $\quad P\{X=2\}=\frac{1}{4},P\{Y=2\mid X=2\}=1;$

若 $X$ 取 3，则 $\quad P\{X=3\}=\frac{1}{4},P\{Y=2\mid X=3\}=\frac{1}{2};$

若 $X$ 取 4，则 $\quad P\{X=4\}=\frac{1}{4},P\{Y=2\mid X=4\}=\frac{1}{3};$

若 $X$ 取 5，则 $$P\{X=5\}=\frac{1}{4},P\{Y=2\mid X=5\}=\frac{1}{4},$$

于是 $$P\{Y=2\}=\sum_{i=2}^{5}P\{X=i,Y=2\}=\sum_{i=2}^{5}P\{X=i\}P\{Y=2\mid X=i\}$$
$$=\frac{1}{4}\left(1+\frac{1}{2}+\frac{1}{3}+\frac{1}{4}\right)=\frac{25}{48},$$

故选 D.

**【评注】**本题属于全概率公式的计算题，其典型特征是题中必含一个完备事件组. 完备事件组中的事件两两互斥，且覆盖事件 $A$ 所在的样本空间. 若事件 $A$ 是在完备事件组的条件下发生的，计算 $P(A)$ 要综合考虑完备事件组中所有事件发生的情况下事件 $A$ 发生的概率和，即用全概率公式计算.

**55.【参考答案】**C

**【答案解析】**设 $A_i=\{$顾客购到第 $i$ 个分厂生产的产品$\}$，$i=1,2,3$，$B=\{$顾客购到不合格品$\}$，则

$$P(A_1)=\frac{4}{9},P(A_2)=\frac{2}{9},P(A_3)=\frac{1}{3},$$

又由题设，$P(B\mid A_1)=1\%$，$P(B\mid A_2)=4\%$，$P(B\mid A_3)=5\%$，于是由全概率公式，有

$$P(B)=\sum_{i=1}^{3}P(A_i)P(B\mid A_i)=\frac{4}{9}\times 0.01+\frac{2}{9}\times 0.04+\frac{1}{3}\times 0.05=0.03,$$

故选 C.

**【评注】**本题属于全概率公式应用的计算题，其完备事件组即为顾客购到的分别由三个分厂生产的不合格品.

**56.【参考答案】**D

**【答案解析】**设 $A_i,B_i,C_i$ 分别表示第一、二、三次比赛时取出 $i(i=0,1,2,3)$ 个新球，显然，$A_i=\varnothing\ (i=0,1,2)$，且 $B_i(i=0,1,2,3)$ 是一个完备事件组，并有

$$P(B_i)=\frac{C_9^iC_3^{3-i}}{C_{12}^3},P(C_3\mid B_i)=\frac{C_{9-i}^3}{C_{12}^3},i=0,1,2,3,$$

于是 $P(C_3)=\sum_{i=0}^{3}P(B_i)P(C_3\mid B_i)=\sum_{i=0}^{3}\frac{C_9^iC_3^{3-i}}{C_{12}^3}\cdot\frac{C_{9-i}^3}{C_{12}^3}\approx 0.146$，故选 D.

**57.【参考答案】**C

**【答案解析】**设 $A=\{$产品属于工厂 $A\}$，$B=\{$产品属于工厂 $B\}$，$C=\{$产品为次品$\}$. 则

$$P(A)=0.6,P(B)=0.4,P(C\mid A)=0.01,P(C\mid B)=0.02,$$

由贝叶斯公式有

$$P(B\mid C)=\frac{P(B)P(C\mid B)}{P(A)P(C\mid A)+P(B)P(C\mid B)}$$
$$=\frac{0.4\times 0.02}{0.6\times 0.01+0.4\times 0.02}=\frac{4}{7},$$

故选 C.

**【评注】** 在多个工厂生产的同一种产品中随机抽取一件，追溯该产品为某工厂生产的概率问题属于贝叶斯公式的应用，其中一个特征是题中有一个完备事件组，即生产该种产品的工厂 $A$ 和工厂 $B$.

**58.【参考答案】** C

**【答案解析】** 每个球是黑球还是白球的机会均等，则袋中每个球是白球的概率为 $\frac{1}{2}$，若设 $A_k=\{$口袋中有 $k$ 个白球$\}$，$k=0,1,2,\cdots,5$，$B=\{$两次取得的都是白球$\}$，则袋中的白球数 $k\sim B\left(5,\frac{1}{2}\right)$，即

$$k\sim\begin{pmatrix}0 & 1 & 2 & 3 & 4 & 5\\ \frac{1}{2^5} & \frac{5}{2^5} & \frac{10}{2^5} & \frac{10}{2^5} & \frac{5}{2^5} & \frac{1}{2^5}\end{pmatrix},$$

且 $P(B\mid A_k)=\left(\frac{k}{5}\right)^2$，则

$$\begin{aligned}P(B)&=\sum_{k=0}^{5}P(A_k)P(B\mid A_k)\\&=0+\frac{5}{2^5}\times\frac{1}{5^2}+\frac{10}{2^5}\times\frac{2^2}{5^2}+\frac{10}{2^5}\times\frac{3^2}{5^2}+\frac{5}{2^5}\times\frac{4^2}{5^2}+\frac{1}{2^5}\times1^2=\frac{3}{10}.\end{aligned}$$

于是，在两次取得的都是白球的条件下，口袋中有 2 个白球的概率为

$$P(A_2\mid B)=\frac{P(A_2)P(B\mid A_2)}{P(B)}=\frac{\frac{10}{2^5}\times\frac{2^2}{5^2}}{\frac{3}{10}}=\frac{1}{6},$$

故选 C.

# 第九章　随机变量及其分布

## 答案速查表

| | | | | | |
|---|---|---|---|---|---|
| 1 ~ 5 | DECEA | 6 ~ 10 | CBABB | 11 ~ 15 | ACEDB |
| 16 ~ 20 | CEBDE | 21 ~ 25 | ACADA | 26 ~ 30 | CBDBA |
| 31 ~ 35 | BEBDA | 36 ~ 40 | BDABC | 41 ~ 45 | ACDCC |
| 46 ~ 50 | DAADB | 51 ~ 55 | CBABE | 56 ~ 60 | CEDEC |
| 61 ~ 65 | EDDAB | 66 | B | | |

## 【考向 1】分布函数

**1.【参考答案】** D

**【答案解析】** 分布函数的概念适用于所有类型的随机变量，因此，在讨论其性质时应区分其一般性和特殊性. 选项 A，只在 $X$ 是离散型随机变量时成立；选项 B，只在 $X$ 是连续型随机变量时成立；选项 C，一般情况下不成立，如正态分布的分布函数就无极值点；由定义，知 $F(x)$ 是概率，有界，选项 E 也不正确. 由排除法，本题应选择 D.

事实上，$F(x_0)$，$P\{X=x_0\}$ 分别表示 $X$ 在区间 $(-\infty,x_0]$ 上和点 $X=x_0$ 处的概率，显然 $F(x_0)\geqslant P\{X=x_0\}$. 故选 D.

**2.【参考答案】** E

**【答案解析】** 由定义式 $F(x)=P\{X\leqslant x\}$，知

$$P\{X<b\}=P\{X\leqslant b\}-P\{X=b\}=F(b-0),$$

其中 $F(b-0)=\lim\limits_{x\to b^-}F(x)$，则有

$$P\{a<X<b\}=P\{X<b\}-P\{X\leqslant a\}=F(b-0)-F(a),$$

故选 E.

**【评注】** 由分布函数 $F(x)$ 计算事件 $\{a<X<b\}$ 的概率，应该了解 $F(x)$ 的基本性质，本题在未明确 $X$ 的类型的情况下，只能利用 $F(x)$ 的一般性质，即 $F(x)$ 在 $X$ 的任意取值点右连续，即 $F(a)=\lim\limits_{x\to a^+}F(x)=F(a+0)$，及

$$P\{X=a\}=P\{X\leqslant a\}-P\{X<a\}=F(a)-F(a-0).$$

而不一定有 $F(a)=F(a-0)$，如果明确 $X$ 为连续型随机变量，则 $F(a)=F(a-0)=F(a+0)$，那么，本题的所有选项都是正确的.

**3.【参考答案】** C

**【答案解析】** 选项 A，D，由函数 $F_1(2x)$，$F_1^3(x)$ 单调不减，$0\leqslant F_1(2x)$，$F_1^3(x)\leqslant 1$，及

$$\lim_{x\to-\infty}F_1(2x)=0,\ \lim_{x\to+\infty}F_1(2x)=1,$$

$$\lim_{x\to-\infty} F_1^3(x)=0, \lim_{x\to+\infty} F_1^3(x)=1,$$

知 $F_1(2x)$,$F_1^3(x)$ 能作为某个随机变量的分布函数；

选项 B,由函数 $F_1(x)$,$F_2(x)$ 单调不减，$0\leqslant F_1(x)\leqslant 1$，$0\leqslant F_2(x)\leqslant 1$，知 $F_1(x)\cdot F_2(x)$ 单调不减，且 $0\leqslant F_1(x)\cdot F_2(x)\leqslant 1$. 又由 $\lim\limits_{x\to-\infty}F_1(x)=0$，$\lim\limits_{x\to+\infty}F_1(x)=1$，$\lim\limits_{x\to-\infty}F_2(x)=0$，$\lim\limits_{x\to+\infty}F_2(x)=1$，知 $\lim\limits_{x\to-\infty}F_1(x)\cdot F_2(x)=0$，$\lim\limits_{x\to+\infty}F_1(x)\cdot F_2(x)=1$，故 $F_1(x)\cdot F_2(x)$ 能作为某个随机变量的分布函数；

选项 C,由 $\lim\limits_{x\to-\infty}F_1(x^2)=1$，知 $F_1(x^2)$ 不能作为某个随机变量的分布函数；

选项 E,由函数 $aF_1(x)$,$bF_2(x)$ 单调不减，$a,b>0$，知 $aF_1(x)+bF_2(x)$ 单调不减，又由 $0\leqslant F_1(x)\leqslant 1$，$0\leqslant F_2(x)\leqslant 1$，知 $0\leqslant aF_1(x)+bF_2(x)\leqslant a+b=1$，且 $\lim\limits_{x\to-\infty}[aF_1(x)+bF_2(x)]=0$，$\lim\limits_{x\to+\infty}[aF_1(x)+bF_2(x)]=a+b=1$，故当 $a,b>0$，$a+b=1$ 时，$aF_1(x)+bF_2(x)$ 能作为某个随机变量的分布函数. 故选 C.

**【评注】** 判断 $F(x)$ 能否作为某个随机变量的分布函数，要从其函数特征和概率特征两个方面一一验证. 需满足以下条件：$F(x)$ 单调不减，值域为 $[0,1]$，$\lim\limits_{x\to-\infty}F(x)=0$，$\lim\limits_{x\to+\infty}F(x)=1$.

**4.【参考答案】** E

**【答案解析】** 选项 A，在 $\left(\frac{1}{2},1\right)$ 内，$F'(x)=-x+\frac{1}{2}<0$，$F(x)$ 单调减少；选项 B,D，$F(x)$ 出现负值；选项 C，$F(x)$ 有无定义点 $x=1$，因此均不满足分布函数的条件. 选项 E，$F(-\infty)=0$，$F(+\infty)=1$，$F'(x)=\frac{1}{\pi(1+x^2)}>0$，满足分布函数的条件，故选 E.

**5.【参考答案】** A

**【答案解析】** 一般地，若 $F_1(x)$，$F_2(x)$ 是随机变量的分布函数，$\alpha,\beta$ 为任意非负常数，且 $\alpha,\beta$ 满足 $\alpha+\beta=1$，则 $\alpha F_1(x)+\beta F_2(x)$ 也必为某一随机变量的分布函数. 以此判断，选项 A 正确，其余选项均不正确，故选 A.

**6.【参考答案】** C

**【答案解析】** $P\{X=2\}=F(2)-F(2-0)=1-\frac{1}{4}-\lim\limits_{x\to2^-}F(x)=\frac{1}{4}$，故选 C.

**【评注】** 从分布函数结构观察，由于 $F(x)$ 有两个间断点，且同时又在区间 $[2,+\infty)$ 上取概率 $P\{X\leqslant x\}=1-\frac{1}{x^2}$，可以确定对应的随机变量既非连续型也非离散型. 实际上，在 $X=2$ 处由分布函数计算概率，完全不必考虑随机变量的类型，因为概率计算公式

$$P\{X=x_0\}=F(x_0)-F(x_0-0)$$

适用于所有类型.

**7.【参考答案】** B

**【答案解析】** 若 $a\geqslant\frac{1}{2}$，则与 $P\left\{X\leqslant\frac{1}{2}\right\}=\frac{1}{4}\neq 0$ 矛盾，若 $b\leqslant\frac{1}{2}$，则与 $P\left\{X\leqslant\frac{1}{2}\right\}=\frac{1}{4}\neq 1$ 矛盾，因此，$a<\frac{1}{2}<b$，于是，$P\left\{X\leqslant\frac{1}{2}\right\}=F\left(\frac{1}{2}\right)=\frac{1}{4}+c=\frac{1}{4}$，得 $c=0$.

又由分布函数的性质，知 $F(a+0)=F(a)=a^2+c=0$；$F(b+0)=F(b)=b^2+c=1$，从而得 $a=0,b=1,c=0$，故选 B.

## 【考向 2】离散型随机变量

**8.【参考答案】** A

**【答案解析】** 由 $X$ 的分布函数，知其正概率点为 $-1,1,3$，由 $\lim\limits_{x\to+\infty}F(x)=\lim\limits_{x\to+\infty}0.5a=1$，得 $a=2$，且

$$P\{X=-1\}=F(-1)-F(-1-0)=0.3-0=0.3,$$
$$P\{X=1\}=F(1)-F(1-0)=0.8-0.3=0.5,$$
$$P\{X=3\}=F(3)-F(3-0)=2\times0.5-0.8=0.2,$$

因此
$$X\sim\begin{pmatrix}-1 & 1 & 3\\ 0.3 & 0.5 & 0.2\end{pmatrix},$$

故选 A.

**【评注】** 由离散型随机变量 $X$ 的分布函数 $F(x)$ 求分布阵（或分布列），首先，要确定分布函数中的待定常数，及确定 $X$ 的正概率点，即 $F(x)$ 的分段点；然后，确定每个正概率点对应的概率，即该点处两侧分布函数 $F(x)$ 的差值，又称为跃度；最后，列表生成分布阵（或分布列）.

**9.【参考答案】** B

**【答案解析】方法 1**　直接用分布函数计算.

$$P\{X=1.5\}=F(1.5)-F(1.5-0)=0,$$
$$P\{-2<X<1\}=F(1-0)-F(-2)=0.4-0=0.4,$$
$$P\{X<3\}=F(3-0)=0.7, P\{X\leqslant3\}=F(3)=1,$$
$$P\{1\leqslant X<3\}=F(3-0)-F(1-0)=0.7-0.4=0.3.$$

故选 B.

**方法 2**　用分布阵计算. 随机变量 $X$ 的正概率点为 $-1,2,3$，且

$$P\{X=-1\}=F(-1)-F(-1-0)=0.4,$$
$$P\{X=2\}=F(2)-F(2-0)=0.3,$$
$$P\{X=3\}=1-P\{X=-1\}-P\{X=2\}=0.3,$$

因此
$$X\sim\begin{pmatrix}-1 & 2 & 3\\ 0.4 & 0.3 & 0.3\end{pmatrix},$$

于是
$$P\{X=1.5\}=0, P\{-2<X<1\}=P\{X=-1\}=0.4,$$
$$P\{X<3\}=P\{X=-1\}+P\{X=2\}=0.7,$$
$$P\{X\leqslant3\}=P\{X=-1\}+P\{X=2\}+P\{X=3\}=1,$$
$$P\{1\leqslant X<3\}=P\{X=2\}=0.3,$$

故选 B.

**10.【参考答案】**B

**【答案解析】**根据分布律的性质，有

$$3a^2-a+2a-1=1,$$

即 $3a^2+a-2=0$，得 $a=\frac{2}{3}$ 或 $a=-1$，其中当 $a=-1$ 时，$2a-1<0$，舍去；当 $a=\frac{2}{3}$ 时，$3a^2-a>0,2a-1>0$，符合条件，故选 B.

**11.【参考答案】**A

**【答案解析】**一般地，若随机变量的取值点（即正概率点）为 $x_i(i=0,1,2,\cdots)$，则

$$P\{X=x_i\}=p_i(i=0,1,2,\cdots)$$

为 $X$ 的分布律的充分必要条件是 $p_i>0(i=0,1,2,\cdots)$ 且 $\sum\limits_{i=0}^{\infty}p_i=1$. 因此

$$\sum_{k=0}^{\infty}P\{X=k\}=\sum_{k=0}^{\infty}\frac{1}{4}p^k=\frac{1}{4}\cdot\frac{1}{1-p}=1,$$

得 $p=\frac{3}{4}$，故选 A.

**12.【参考答案】**C

**【答案解析】**由离散型随机变量 $X$ 的分布律的性质，知 $a$ 应满足的条件是

$$\frac{1}{3a}+\frac{2}{9a}+\frac{5}{27a}+\frac{1}{27a}=\frac{7}{9a}=1,$$

得 $a=\frac{7}{9}$. 于是

$$P\left\{|X|\geqslant\frac{1}{2}\right\}=P\left\{X=\frac{2}{3}\right\}+P\{X=2\}=\left(\frac{5}{27}+\frac{1}{27}\right)\frac{1}{a}=\frac{2}{7},$$

故选 C.

**13.【参考答案】**E

**【答案解析】**由离散型随机变量 $X$ 的分布律的性质，知 $a$ 应满足的条件是

$$\frac{3}{7}+\frac{2}{7}+\frac{5}{27a}+\frac{1}{27a}=1,$$

得 $a=\frac{7}{9}$. 于是

$$P\{|X|\geqslant 2\}=P\{X=-3\}+P\{X=2\}=\frac{3}{7}+\frac{1}{27a}=\frac{10}{21},$$

故选 E.

**14.【参考答案】**D

**【答案解析】**由离散型随机变量 $X$ 的分布律的性质，知 $a$ 应满足的条件是

$$0.16+0.1a+a^2+0.2a+0.3=1,$$

即

$$a^2+0.3a-0.54=(a-0.6)(a+0.9)=0,$$

解得 $a=0.6$ 或 $a=-0.9$（舍去），于是

$$X \sim \begin{pmatrix} -1 & 0 & 1 & 2 & 3 \\ 0.16 & 0.06 & 0.36 & 0.12 & 0.3 \end{pmatrix},$$

因此 $$P\{1 < X < 3 \mid X \geqslant 0\} = \frac{P\{1 < X < 3\}}{P\{X \geqslant 0\}} = \frac{0.12}{1-0.16} = \frac{1}{7},$$

故选 D.

**15.【参考答案】** B

**【答案解析】** $X$ 的可能取值，即正概率点为 1,2,3,4. 设事件 $\{X = i\}(i = 1,2,3,4)$ 表示第 $i$ 次取到白球，由古典概率公式有

$$P\{X=1\} = \frac{6}{9} = \frac{2}{3}, P\{X=2\} = \frac{3}{9} \times \frac{7}{9} = \frac{7}{27},$$

$$P\{X=3\} = \frac{3}{9} \times \frac{2}{9} \times \frac{8}{9} = \frac{16}{243}, P\{X=4\} = \frac{3}{9} \times \frac{2}{9} \times \frac{1}{9} \times 1 = \frac{2}{243},$$

因此 $X$ 的分布阵为 $\begin{pmatrix} 1 & 2 & 3 & 4 \\ \frac{2}{3} & \frac{7}{27} & \frac{16}{243} & \frac{2}{243} \end{pmatrix}$，故选 B.

**16.【参考答案】** C

**【答案解析】** 依题设，$X$ 的可能取值为 1,2,3，由于

$$P\{X=1\} = \frac{S(A)}{S(\Omega)} = \frac{1}{4}\int_0^1 (2-2x^2)\mathrm{d}x = \frac{1}{3},$$

$$P\{X=3\} = \frac{S(C)}{S(\Omega)} = \frac{1}{4}\int_0^2 \frac{1}{2}x^2 \mathrm{d}x = \frac{1}{3},$$

$$P\{X=2\} = 1 - \frac{1}{3} \times 2 = \frac{1}{3},$$

因此 $X$ 的分布阵为 $\begin{pmatrix} 1 & 2 & 3 \\ \frac{1}{3} & \frac{1}{3} & \frac{1}{3} \end{pmatrix}$，故选 C.

## 【考向 3】连续型随机变量

**17.【参考答案】** E

**【答案解析】** 首先，密度函数 $f(x)$ 不是概率，只是描绘连续型随机变量概率分布密集程度的度量，因此，只要求函数值非负，不要求 $f(x) \leqslant 1$，也不可能为奇函数；其次，连续型随机变量只要求 $F(x)$ 连续，但 $f(x)$ 未必连续，$P\{X = x\}$ 是连续型随机变量在一定点 $x$ 的概率，由于连续型随机变量在任何一点 $X = x$ 的概率均为零，有 $P\{X = x\} = 0$，但 $F'(x)$ 为密度函数，未必为零；最后，分布函数 $F(x)$ 的值是概率，即 $F(x) = P\{X \leqslant x\}$，所以总有 $0 \leqslant F(x) \leqslant 1$. 综上分析，结论 $P\{X = x\} = 0 \leqslant F(x)$ 恒成立，故选 E.

**【评注】** 连续型随机变量 $X$ 的密度函数和分布函数是描述连续型随机变量概率分布的最基本的概念，也是求解连续型随机变量相关问题的关键点，本题重点是密度函数、分布函数及连续型随机变量在一个定点的概率三者之间的关系.

**18.【参考答案】**B

**【答案解析】**$f(x)$ 为连续型随机变量 $X$ 的密度函数，只需满足两个条件：一是非负性，$f(x)\geqslant 0$；二是规范性，即$\int_{-\infty}^{+\infty}f(x)\mathrm{d}x=1$. 在这个前提下，对 $f(x)$ 的函数类型没有特别限定. 故选 B.

选项 A，依题设，$f(x)$ 是连续型随机变量 $X$ 的密度函数，则在$(-\infty,+\infty)$上总有 $f(x)\geqslant 0$. 若 $f(x)$ 是奇函数，则有 $f(-x)=-f(x)\leqslant 0$，与它的非负性矛盾.

选项 C，连续型随机变量 $X$ 的密度函数未必连续，但一般只允许有若干个间断点，如当 $X$ 服从区间$[a,b]$上的均匀分布时，其密度函数即为分段函数，有两个间断点.

选项 D，若 $f(x)$ 是单调增加函数，又 $f(x)\geqslant 0$，则至少存在一点 $x_0$，使得 $f(x_0)>0$，于是，当 $x>x_0$ 时，总有 $f(x)>f(x_0)>0$，因此，有

$$\int_{-\infty}^{+\infty}f(x)\mathrm{d}x=\int_{-\infty}^{x_0}f(x)\mathrm{d}x+\int_{x_0}^{+\infty}f(x)\mathrm{d}x\geqslant\int_{-\infty}^{x_0}f(x)\mathrm{d}x+\lim_{x\to+\infty}f(x_0)(x-x_0),$$

知$\int_{-\infty}^{+\infty}f(x)\mathrm{d}x$ 发散. 显然，选项 D 不正确.

选项 E，$f(x)$ 不是概率，因此不受小于 1 的限制.

**【评注】**对连续型随机变量 $X$ 的密度函数的判定是常见的题型，判断的依据：一是 $f(x)\geqslant 0$；二是$\int_{-\infty}^{+\infty}f(x)\mathrm{d}x=1$，二者缺一不可，务必牢记.

**19.【参考答案】**D

**【答案解析】方法 1**　直接法. 由

$$\int_{-\infty}^{+\infty}2f_1(x)F_1(x)\mathrm{d}x=2\int_{-\infty}^{+\infty}F_1(x)\mathrm{d}[F_1(x)]=F_1^2(x)\Big|_{-\infty}^{+\infty}=1,$$

及 $2f_1(x)F_1(x)\geqslant 0$，知 $2f_1(x)F_1(x)$ 必为某一随机变量的密度函数，故选 D.

**方法 2**　排除法. 由

$$\int_{-\infty}^{+\infty}f_1(x)F_1(x)\mathrm{d}x=\frac{1}{2},\int_{-\infty}^{+\infty}\frac{1}{2}f_1(x)F_1(x)\mathrm{d}x=\frac{1}{4},\int_{-\infty}^{+\infty}f_1(x)F_2(x)\mathrm{d}x\neq 1,$$

知选项 A，B，C 不正确，又$\frac{3}{2}f_1(x)-\frac{1}{2}f_2(x)$ 未必非负，故 E 也不正确. 故选 D.

**【评注】**以上判断的重点是计算对应函数在$(-\infty,+\infty)$上的积分是否等于1，用到了分部积分法，及分布函数与密度函数的关系. 由此可知，处理连续型随机变量的相关问题时，微积分是不可缺少的工具，考生应该熟练掌握这一方面的知识.

**20.【参考答案】**E

**【答案解析】**选项 E，当$-\frac{\pi}{2}\leqslant x<0$时，$f(x)=\sin x<0$，因此，该函数不能作为连续型随机变量的密度函数，故选 E.

其余选项均满足 $f(x)\geqslant 0$，$\int_{-\infty}^{+\infty}f(x)\mathrm{d}x=1$，因此都可以作为某个连续型随机变量的密度函数.

**21.【参考答案】**A

**【答案解析】**各个选项均满足 $f(x)$ 在$[0,\pi]$上非负，由

$$\int_0^{\pi}\frac{1}{2}\sin x\mathrm{d}x=1,\int_0^{\pi}\sin x\mathrm{d}x=2,\int_0^{\pi}\cos\frac{x}{2}\mathrm{d}x=2,\int_0^{\pi}|\cos x|\mathrm{d}x=2,\int_0^{\pi}\frac{2x}{\pi}\mathrm{d}x=\pi,$$

知仅选项 A 满足$\int_{-\infty}^{+\infty}f(x)\mathrm{d}x=1$，故选 A.

**22.【参考答案】**C

**【答案解析】**依题设，当 $x<0$ 时，$F(x)=P\{X\leqslant x\}=0$；当 $x\geqslant 0$ 时，

$$F(x)=P\{X\leqslant x\}=\frac{1}{2}+\int_0^x \mathrm{e}^{-at}\mathrm{d}t=\frac{1}{2}-\frac{1}{a}\mathrm{e}^{-at}\Big|_0^x=\frac{1}{2}+\frac{1}{a}-\frac{1}{a}\mathrm{e}^{-ax},$$

由 $\lim\limits_{x\to+\infty}F(x)=\frac{1}{2}+\frac{1}{a}=1$，得 $a=2$，因此 $X$ 的分布函数为

$$F(x)=\begin{cases}1-\frac{1}{2}\mathrm{e}^{-2x}, & x\geqslant 0,\\ 0, & x<0,\end{cases}$$

故选 C.

**23.【参考答案】**A

**【答案解析】**由密度函数的性质，得

$$\int_{-\infty}^{+\infty}f(x)\mathrm{d}x=\int_1^a\ln x\mathrm{d}x=(x\ln x-x)\Big|_1^a=a\ln a-a+1=1,$$

解得 $a=\mathrm{e}$($a=0$ 舍去)，于是，

$$F(x)=\int_{-\infty}^x f(t)\mathrm{d}t=\begin{cases}0, & x<1,\\ x\ln x-x+1, & 1\leqslant x<\mathrm{e},\\ 1, & x\geqslant \mathrm{e},\end{cases}$$

故选 A.

**24.【参考答案】**D

**【答案解析】**对于连续型随机变量 $X$，其密度函数 $f(x)=F'(x)$.

于是，当 $x>100$ 时，$f(x)=\left(1-\frac{10}{\sqrt{x}}\right)'=\frac{5}{x\sqrt{x}}$；

当 $x\leqslant 100$ 时，$f(x)=(0)'=0$.

因此

$$f(x)=\begin{cases}\frac{5}{x\sqrt{x}}, & x>100,\\ 0, & x\leqslant 100.\end{cases}$$

故选 D.

**【评注】**因为连续型随机变量 $X$ 的分布函数通常是分段函数，所以此类问题的重点是分段函数的求导问题. 计算过程中，对于分段点处的导数不必如同微积分中处理同类问题一样的方式，只需在正概率对应的开区间内求导，其余部分取零即可.

**25.【参考答案】**A

**【答案解析】**计算概率前,先确定密度函数,由$\int_{-\infty}^{+\infty} f(x)\mathrm{d}x=1$,即有

$$\int_{0}^{+\infty} k\mathrm{e}^{-\frac{x}{2}}\mathrm{d}x=-2k\mathrm{e}^{-\frac{x}{2}}\Big|_{0}^{+\infty}=2k=1,$$

得$k=\frac{1}{2}$.于是

$$P\{X\geqslant 2\}=\int_{2}^{+\infty} f(x)\mathrm{d}x=\int_{2}^{+\infty}\frac{1}{2}\mathrm{e}^{-\frac{x}{2}}\mathrm{d}x=-\mathrm{e}^{-\frac{x}{2}}\Big|_{2}^{+\infty}=\mathrm{e}^{-1},$$

故选A.

**26.【参考答案】**C

**【答案解析】**由密度函数的性质,知

$$\int_{-\infty}^{+\infty} f(x)\mathrm{d}x=\int_{-1}^{1}\frac{A}{\sqrt{1-x^2}}\mathrm{d}x=A\arcsin x\Big|_{-1}^{1}=\pi A=1,$$

得$A=\frac{1}{\pi}$,于是

$$\begin{aligned}P\left\{|X|<\frac{1}{2}\right\}&=\int_{-\frac{1}{2}}^{\frac{1}{2}}\frac{1}{\pi\sqrt{1-x^2}}\mathrm{d}x\\&=\frac{1}{\pi}\arcsin x\Big|_{-\frac{1}{2}}^{\frac{1}{2}}=\frac{1}{\pi}\times\frac{\pi}{3}\\&=\frac{1}{3},\end{aligned}$$

故选C.

**27.【参考答案】**B

**【答案解析】**由分布函数的性质,有

$$F(+\infty)=\lim_{x\to+\infty}F(x)=\lim_{x\to+\infty}a\arctan x=\frac{\pi}{2}a=1,$$

得$a=\frac{2}{\pi}$.又分布函数在点$x=0$处右连续,故

$$\lim_{x\to0^+}F(x)=\lim_{x\to0^+}(a\arctan x)=b=0,$$

得$b=0$,故选B.

**【评注】**由连续型随机变量的分布函数定常数,主要依据是连续型随机变量的分布函数的性质.由分布函数入手的题型,其处理的工具主要属于微分学范畴,如通过极限或连续或求导解决定常数、求密度函数等问题;而由密度函数入手的题型,其处理的工具主要属于积分学范畴,即通过积分运算解决定常数、求分布函数等问题.因此,针对不同对象采用不同的工具是考生应该把握的大方向.

**28.【参考答案】**D

**【答案解析】**由题图,知$X$的分布函数为

$$F(x)=\begin{cases}0, & x<-1,\\ \dfrac{1}{4}(x+1), & -1\leqslant x<3,\\ 1, & x\geqslant 3.\end{cases}$$

因此 $f(x)=F'(x)=\begin{cases}\dfrac{1}{4}, & -1<x<3,\\ 0, & \text{其他},\end{cases}$ 故选 D.

**29.【参考答案】** B

**【答案解析】** 由题图,知 $X$ 的分布函数为

$$F(x)=\begin{cases}0, & x<0,\\ x^2, & 0\leqslant x<1,\\ 1, & x\geqslant 1.\end{cases}$$

因此 $f(x)=F'(x)=\begin{cases}2x, & 0<x<1,\\ 0, & \text{其他},\end{cases}$ 故选 B.

**30.【参考答案】** A

**【答案解析】方法 1**　用分布函数计算.

由题图,知 $X$ 的分布函数为

$$F(x)=\begin{cases}0.5\mathrm{e}^x, & x<0,\\ 1-\dfrac{1}{2x+2}, & x\geqslant 0,\end{cases}$$

因此

$$P\{-1<X\leqslant 1\}=F(1)-F(-1)=\frac{3}{4}-\frac{1}{2\mathrm{e}}.$$

故选 A.

**方法 2**　用密度函数计算.由题图易得 $X$ 的密度函数为

$$f(x)=F'(x)=\begin{cases}0.5\mathrm{e}^x, & x<0,\\ \dfrac{1}{2(x+1)^2}, & x\geqslant 0,\end{cases}$$

从而得

$$\begin{aligned}P\{-1<X\leqslant 1\}&=\int_{-1}^{0}0.5\mathrm{e}^x\mathrm{d}x+\int_0^1\frac{1}{2(x+1)^2}\mathrm{d}x\\&=0.5\mathrm{e}^x\Big|_{-1}^{0}-\frac{1}{2(x+1)}\Big|_0^1=\frac{3}{4}-\frac{1}{2\mathrm{e}},\end{aligned}$$

故选 A.

**31.【参考答案】** B

**【答案解析】** 依题设,可知 $0<a<1$,否则,若 $a\leqslant 0$,则 $P(A\cup B)=1$,若 $a\geqslant 1$,则 $P(A\cup B)=0$,因此

$$P(A)=P(B)=\int_a^1\frac{5}{3}\sqrt[3]{x^2}\,\mathrm{d}x=\sqrt[3]{x^5}\Big|_a^1=1-\sqrt[3]{a^5},$$

又 $A,B$ 相互独立,故 $\overline{A},\overline{B}$ 也相互独立,于是

$$P(A\cup B)=1-P(\overline{A}\cap\overline{B})=1-P(\overline{A})P(\overline{B})=1-\sqrt[3]{a^{10}}=\frac{3}{4},$$

得 $a=\frac{1}{\sqrt[5]{8}}$,故选 B.

**32.【参考答案】** E

**【答案解析】** 由 $f(2-x)=f(2+x)$,知 $f(x)$ 关于直线 $x=2$ 对称,于是有

$$P\{X<2\}=P\{X>2\}=0.5,$$
$$P\{-3<X<2\}=P\{2<X<7\}=0.4,$$

则

$$P\{X\leqslant -3\}=P\{X<2\}-P\{-3<X<2\}=0.5-0.4=0.1,$$

故选 E.

**【评注】** 一般地,若密度函数 $f(x)$ 满足 $f(a-x)=f(a+x)$,则称 $f(x)$ 关于直线 $x=a$ 对称,就有 $P\{X<a\}=P\{X>a\}=0.5$ 及对任意 $b>0$,有

$$P\{a-b<X<a\}=P\{a<X<a+b\}=\frac{1}{2}P\{a-b<X<a+b\}.$$

**33.【参考答案】** B

**【答案解析】** 依题设,$P\{X\geqslant k\}=\frac{1}{4}$,则 $1<k<3$. 否则,若 $k\leqslant 1$,有 $P\{X\geqslant k\}\geqslant\frac{1}{2}$;若 $k\geqslant 3$,有 $P\{X\geqslant k\}=0$,不符合题意,于是

$$P\{X\geqslant k\}=\int_k^3\frac{1}{4}\mathrm{d}x=\frac{1}{4}(3-k)=\frac{1}{4},$$

得 $k=2$,因此

$$P\left\{\frac{1}{2}\leqslant X\leqslant k\right\}=\int_{\frac{1}{2}}^{1}\frac{1}{2}\mathrm{d}x+\int_1^2\frac{1}{4}\mathrm{d}x=\frac{1}{2},$$

故选 B.

**34.【参考答案】** D

**【答案解析】**

$$P\left\{X\leqslant 1\,\middle|\,\frac{1}{2}\leqslant X\leqslant 2\right\}=\frac{P\left\{X\leqslant 1,\frac{1}{2}\leqslant X\leqslant 2\right\}}{P\left\{\frac{1}{2}\leqslant X\leqslant 2\right\}}=\frac{P\left\{\frac{1}{2}\leqslant X\leqslant 1\right\}}{P\left\{\frac{1}{2}\leqslant X\leqslant 2\right\}}=\frac{\int_{\frac{1}{2}}^{1}x\mathrm{d}x}{\int_{\frac{1}{2}}^{1}x\mathrm{d}x+\int_1^2(2-x)\mathrm{d}x}=\frac{3}{7},$$

故选 D.

## 【考向 4】七大分布

**35.【参考答案】**A

**【答案解析】**由题设，

$$P\{X \geqslant 1\} = \frac{19}{27} = 1 - P\{X = 0\} = 1 - C_3^0 p^0 (1-p)^3,$$

即 $(1-p)^3 = \frac{8}{27}$，解得 $p = \frac{1}{3}$，从而有

$$P\{Y \leqslant 1\} = P\{Y = 0\} + P\{Y = 1\} = C_6^0 p^0 (1-p)^6 + C_6^1 p^1 (1-p)^5 = 4\left(\frac{2}{3}\right)^6,$$

故选 A.

**36.【参考答案】**B

**【答案解析】**依题设，

$$p = P\left\{X \geqslant \frac{\pi}{4}\right\} = \int_{\frac{\pi}{4}}^{\pi} \frac{1}{2}\sin x\mathrm{d}x = -\frac{1}{2}\cos x\Big|_{\frac{\pi}{4}}^{\pi} = \frac{1}{2}\left(1+\frac{\sqrt{2}}{2}\right),$$

于是，$Y \sim B(3,p)$，因此，

$$P\{Y = 2\} = C_3^2 p^2 (1-p) = \frac{3}{16}\left(1+\frac{\sqrt{2}}{2}\right),$$

故选 B.

**37.【参考答案】**D

**【答案解析】**因为 $X$ 服从参数为 $\lambda$ 的泊松分布，则有

$$P\{X = k\} = \frac{\lambda^k}{k!}e^{-\lambda}(\lambda > 0; k = 0,1,2,\cdots),$$

由题设，$P\{X = 1\} = P\{X = 3\}$，即有

$$\frac{\lambda}{1!}e^{-\lambda} = \frac{\lambda^3}{3!}e^{-\lambda},$$

从而有 $\lambda^3 - 6\lambda = 0$，解得 $\lambda = \sqrt{6}$（$\lambda = -\sqrt{6}$，$\lambda = 0$ 舍去），故选 D.

**38.【参考答案】**A

**【答案解析】**依题设，1 分钟内汽车通过数 $X$ 服从参数为 $\lambda$ 的泊松分布，则在 1 分钟内有汽车通过的概率为

$$P\{X \geqslant 1\} = 1 - \frac{\lambda^0}{0!}e^{-\lambda} = 0.8,$$

得 $\lambda = \ln 5$，因此

$$P\{X \leqslant 1\} = P\{X = 0\} + P\{X = 1\} = 0.2 + \frac{\ln 5}{1!}e^{-\ln 5} = 0.2(1+\ln 5),$$

故选 A.

**39.【参考答案】**B

**【答案解析】**设 $\xi_1,\xi_2,\xi_3$ 分别表示三个粮仓的老鼠数量，依题设，$\xi_1,\xi_2,\xi_3$ 独立同分布，均服

从参数为 $\lambda$ 的泊松分布，且 $P\{\xi_i=0\}=P\{\xi_i\geqslant 1\}=\frac{1}{2}$，即$\frac{\lambda^0}{0!}e^{-\lambda}=\frac{1}{2}$，得 $\lambda=\ln 2$.

由于 $\xi_1,\xi_2,\xi_3$ 独立同服从参数为 $\lambda=\ln 2$ 的泊松分布，因此 $\xi_1+\xi_2+\xi_3$ 服从参数为 $3\lambda=3\ln 2$ 的泊松分布，于是

$$\begin{aligned}P\{\xi_1+\xi_2+\xi_3\leqslant 1\}&=P\{\xi_1+\xi_2+\xi_3=0\}+P\{\xi_1+\xi_2+\xi_3=1\}\\&=\frac{(3\lambda)^0}{0!}e^{-3\lambda}+\frac{(3\lambda)^1}{1!}e^{-3\lambda}=\frac{1+3\ln 2}{8}.\end{aligned}$$

故选 B.

**40.【参考答案】** C

**【答案解析】** 本题属于几何概型，依题设，$X$ 的可能取值为 10，9，8，7，由

$$P\{X=10\}=\frac{\pi 10^2}{\pi 50^2}=\frac{1}{25},P\{X=9\}=\frac{\pi 20^2-\pi 10^2}{\pi 50^2}=\frac{3}{25},$$

$$P\{X=8\}=\frac{\pi 35^2-\pi 20^2}{\pi 50^2}=\frac{33}{100},P\{X=7\}=\frac{\pi 50^2-\pi 35^2}{\pi 50^2}=\frac{51}{100},$$

得 $X$ 的分布阵为 $\begin{pmatrix}10 & 9 & 8 & 7\\0.04 & 0.12 & 0.33 & 0.51\end{pmatrix}$，

故选 C.

**41.【参考答案】** A

**【答案解析】** 依题设，此人每次购买是否中奖相互独立，购买次数 $X$ 应服从参数为 $p$ 的几何分布，即

$$P\{X=k\}=(1-p)^{k-1}p,k=1,2,\cdots,$$

故选 A.

**42.【参考答案】** C

**【答案解析】** 依题设，

$$\begin{aligned}\int_{-\infty}^{+\infty}f(x)dx&=a\int_{-\infty}^{1}f_1(x)dx+b\int_{1}^{+\infty}f_2(x)dx\\&=a\Phi\left(\frac{1-1}{1}\right)+b\int_{1}^{+\infty}3e^{-3x}dx\\&=\frac{1}{2}a+be^{-3}=1,\end{aligned}$$

即得 $a+2be^{-3}=2$，故选 C.

**43.【参考答案】** D

**【答案解析】** 对于任意实数$\alpha$，总有 $F(-\alpha)+F(\alpha)=1$ 的充要条件是其密度函数满足 $f(x)=f(-x)$，即 $\mu=0$，而与 $\sigma^2$ 的取值无关，故选 D.

**【评注】** 正态分布 $N(\mu,\sigma^2)$ 的对称性是我们经常关注的一个考点，如图所示，正态分布的密度函数 $y=f(x)$ 的图形是以 $x=\mu$ 为对称轴的钟形曲线，参数$\mu$决定其对称轴，同时还表示随机变量 $X$ 的平均值，$\sigma^2$ 描绘的是曲线的宽窄程度及高度. 了解相关知识将有助于求解正态分布的问题.

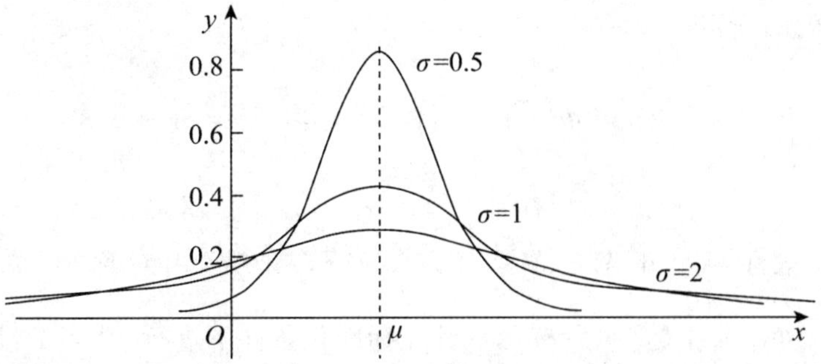


**44.【参考答案】**C

**【答案解析】**对随机变量标准化，即有

$$P\{|X-\mu|<\sigma\}=P\left\{\left|\frac{X-\mu}{\sigma}\right|<1\right\}=2\Phi(1)-1,$$

知 $P\{|X-\mu|<\sigma\}$ 与 $\sigma$ 无关，所以随着 $\sigma$ 增加，概率 $P\{|X-\mu|<\sigma\}$ 的值不变，故选 C.

**【评注】**需要强调的是，处理正态分布相关问题，尤其是概率的计算时，首先必须要将其标准化，即对一般的正态分布 $X\sim N(\mu,\sigma^2)(\sigma>0)$，通过变换，有 $\frac{X-\mu}{\sigma}\sim N(0,1)$，称为标准化过程，在标准化下再讨论本题，结论就会一目了然.

**45.【参考答案】**C

**【答案解析】**比较正态分布相关的概率大小，首先标准化.

$$p_1=P\{X\leqslant\mu-3\}=P\left\{\frac{X-\mu}{3}\leqslant-1\right\}=\Phi(-1)=1-\Phi(1),$$

$$p_2=P\{Y\geqslant\mu+4\}=P\left\{\frac{Y-\mu}{2}\geqslant2\right\}=1-P\left\{\frac{Y-\mu}{2}<2\right\}=1-\Phi(2),$$

由于 $\Phi(x)$ 为单调增加函数，因此对于任何实数 $\mu$，都有 $p_1>p_2$，故选 C.

**46.【参考答案】**D

**【答案解析】**二次方程 $y^2+4y+3X=0$ 无实根等价于 $\{16-12X<0\}=\left\{X>\frac{4}{3}\right\}$，于是依题设，

$$P\left\{X>\frac{4}{3}\right\}=1-P\left\{X\leqslant\frac{4}{3}\right\}=\frac{1}{2},\text{即}\ \Phi\left(\frac{\frac{4}{3}-\mu}{\sigma}\right)=\frac{1}{2},$$

从而得 $\frac{4}{3}-\mu=0$，则 $\mu=\frac{4}{3}$，故选 D.

**【评注】**本题涉及正态分布的密度函数关于直线 $x=\mu$ 对称，特别地，对于标准正态分布 $N(0,1)$，其密度函数关于 $y$ 轴对称，因此本题可在标准化的基础上充分利用对称性求解.

**47.【参考答案】**A

**【答案解析】**由 $X\sim N(1,\sigma^2)$，则

$$\begin{aligned}P\{1<X<4\}&=P\{X<4\}-P\{X\leqslant1\}\\&=\Phi\left(\frac{4-1}{\sigma}\right)-\Phi\left(\frac{1-1}{\sigma}\right)=\Phi\left(\frac{3}{\sigma}\right)-0.5=0.3,\end{aligned}$$

得 $\Phi\left(\frac{3}{\sigma}\right)=0.8$，所以

$$P\{X<-2\}=\Phi\left(\frac{-2-1}{\sigma}\right)=1-\Phi\left(\frac{3}{\sigma}\right)=1-0.8=0.2,$$

故选 A.

【评注】$\Phi(x)$ 表示标准正态分布 $N(0,1)$ 的分布函数，由对称性，知 $\Phi(0)=\frac{1}{2}$，且 $\Phi(-x)=1-\Phi(x)$. 本题中，所有运算都在标准化条件下进行，计算 $P\{X<-2\}$ 需要知道 $\Phi\left(\frac{3}{\sigma}\right)$的值，而 $\Phi\left(\frac{3}{\sigma}\right)$的值需从 $P\{1<X<4\}=0.3$ 过渡得到.

**48.【参考答案】** A

【答案解析】依题设，$X$ 的密度函数关于 $y$ 轴对称，于是有

$$F(-\alpha)+F(\alpha)=1,$$

从而知 $x^2-1=-(2x+1)$，解得 $x=0,-2$，故选 A.

**49.【参考答案】** D

【答案解析】从分布函数的结构看，$X$ 服从指数分布，指数分布的分布函数的标准形式为

$$X\sim F(x)=\begin{cases}1-\mathrm{e}^{-x\ln 2}, & x\geqslant 0,\\ 0, & x<0,\end{cases}$$

于是 $X$ 服从参数为 $\lambda=\ln 2$ 的指数分布，则

$$P\{X>15\mid X>10\}=P\{X>5\}=1-F(5)=\mathrm{e}^{-5\lambda}=\mathrm{e}^{-5\ln 2}.$$

故选 D.

**50.【参考答案】** B

【答案解析】由分布函数的结构看，$X$ 服从指数分布，首先，要对分布函数 $F(x)$ 定常数.
由 $\lim\limits_{x\to 0^+}F(x)=F(0)$，得 $1-a=0$，解得 $a=1$.
其次，利用指数分布的无记忆性，有

$$P\{X>20\mid X>10\}=P\{X>10\}=1-F(10)=3^{-10},$$

故选 B.

**51.【参考答案】** C

【答案解析】依题设，

$$f_1(x)=\begin{cases}\frac{1}{3}, & -2\leqslant x\leqslant 1,\\ 0, & \text{其他},\end{cases}\quad f_2(x)=\begin{cases}\frac{1}{4}, & 1\leqslant x\leqslant 5,\\ 0, & \text{其他},\end{cases}$$

又 $f(x)$ 为密度函数，则应同时满足 $f(x)\geqslant 0$ 和$\int_{-\infty}^{+\infty}f(x)\mathrm{d}x=1$，于是有

$$\begin{aligned}\int_{-\infty}^{+\infty}f(x)\mathrm{d}x&=\int_{-\infty}^{0}af_1(x)\mathrm{d}x+\int_{0}^{+\infty}bf_2(x)\mathrm{d}x\\&=a\int_{-2}^{0}\frac{1}{3}\mathrm{d}x+b\int_{1}^{5}\frac{1}{4}\mathrm{d}x\end{aligned}$$

$$=\frac{2a}{3}+b=1,$$

即 $2a+3b=3$，故选 C.

【评注】本题求解的重点仍然是积分 $\int_{-\infty}^{+\infty}f(x)\mathrm{d}x$ 的计算，一般地，若 $X$ 服从区间 $[a,b]$ 上的均匀分布，则其密度函数为

$$f(x)=\begin{cases}\frac{1}{b-a}, & a\leqslant x\leqslant b,\\ 0, & \text{其他}.\end{cases}$$

**52.【参考答案】** B

【答案解析】由于 $X$ 服从 $[-2,4]$ 上的均匀分布，因此 $X$ 的密度函数为

$$f(x)=\begin{cases}\frac{1}{6}, & -2\leqslant x\leqslant 4,\\ 0, & \text{其他}.\end{cases}$$

于是，若 $a\leqslant -2$，则 $P\{X\geqslant a\}=1$，若 $a\geqslant 4$，则 $P\{X\geqslant a\}=0$，所以 $-2<a<4$，从而

$$P\{X\geqslant a\}=\int_a^4\frac{1}{6}\mathrm{d}x=\frac{4-a}{6}=\frac{1}{2},$$

得 $a=1$，故选 B.

【评注】题中对常数 $a$ 的取值范围的讨论很有必要，只有确定了 $-2<a<4$，才有计算公式 $P\{X\geqslant a\}=\int_a^4\frac{1}{6}\mathrm{d}x$. 借助几何直观，也可以确定 $a$ 为区间 $[-2,4]$ 的中点.

## 【考向 5】一维随机变量函数的分布

**53.【参考答案】** A

【答案解析】依题设，$X$ 的正概率点为 $k=1,2,\cdots$，于是有

$$Y=\cos\left(\frac{\pi}{2}X\right)=\begin{cases}-1, & X=4n-2,\\ 0, & X=2n-1,(n=1,2,\cdots),\\ 1, & X=4n\end{cases}$$

从而有

$$P\{Y=-1\}=\sum_{n=1}^{\infty}P\{X=4n-2\}=\frac{1}{2^2}+\frac{1}{2^6}+\cdots+\frac{1}{2^{4n-2}}+\cdots=\frac{1/4}{1-1/16}=\frac{4}{15},$$

$$P\{Y=0\}=\sum_{n=1}^{\infty}P\{X=2n-1\}=\frac{1}{2}+\frac{1}{2^3}+\cdots+\frac{1}{2^{2n-1}}+\cdots=\frac{1/2}{1-1/4}=\frac{2}{3},$$

$$P\{Y=1\}=\sum_{n=1}^{\infty}P\{X=4n\}=\frac{1}{2^4}+\frac{1}{2^8}+\cdots+\frac{1}{2^{4n}}+\cdots=\frac{1/16}{1-1/16}=\frac{1}{15},$$

因此 $Y$ 的分布阵为

$$\begin{pmatrix}-1 & 0 & 1\\ \frac{4}{15} & \frac{2}{3} & \frac{1}{15}\end{pmatrix},$$

故选 A.

**54.【参考答案】** B

**【答案解析】方法 1** 按计算离散型随机变量 $X$ 的概率分布的一般步骤进行计算.

随机变量 $X$ 的正概率点为 $-1,0,3$,则随机变量 $Y=(X-1)^2$ 的正概率点为 $1,4$,且

$$P\{Y=1\}=P\{X=0\}=\frac{1}{3},P\{Y=4\}=1-P\{Y=1\}=\frac{2}{3},$$

因此 $Y\sim\begin{pmatrix}1 & 4\\ \frac{1}{3} & \frac{2}{3}\end{pmatrix}$,故选 B.

**方法 2** 作离散型随机变量 $X$ 和随机变量函数 $Y=f(X)$ 的概率分布对照表.

离散型随机变量 $X$ 和随机变量函数 $Y=f(X)$ 的概率分布对照表如下：

| $X$ | $-1$ | $0$ | $3$ |
|---|---|---|---|
| $Y=(X-1)^2$ | $4$ | $1$ | $4$ |
| $P$ | $\frac{1}{2}$ | $\frac{1}{3}$ | $\frac{1}{6}$ |

因此 $Y\sim\begin{pmatrix}1 & 4\\ \frac{1}{3} & \frac{2}{3}\end{pmatrix}$,故选 B.

**55.【参考答案】** E

**【答案解析】** 从计算 $P\{Y=e^X\leqslant y\}$ 入手.由于 $X$ 的正值区间为$(0,+\infty)$,则 $Y=e^X>1$.设随机变量 $Y$ 的分布函数为 $G(y)$,显然,当 $y\leqslant 1$ 时,$G(y)=0$;当 $y>1$ 时,

$$\begin{aligned}G(y)&=P\{Y\leqslant y\}=P\{e^X\leqslant y\}\\&=P\{X\leqslant \ln y\}=\int_0^{\ln y}e^{-x}dx,\end{aligned}$$

因此随机变量 $Y=e^X$ 的密度函数为

$$f_Y(y)=G'(y)=\begin{cases}\frac{1}{y^2}, & y>1,\\ 0, & y\leqslant 1,\end{cases}$$

故选 E.

**56.【参考答案】** C

**【答案解析】** 从计算 $P\{Y=|X|\leqslant y\}$ 入手.设随机变量 $Y=|X|$ 的分布函数为 $F_Y(y)$,显然当 $y<0$ 时,$F_Y(y)=0$;当 $y\geqslant 0$ 时,

$$\begin{aligned}F_Y(y)&=P\{Y\leqslant y\}=P\{|X|\leqslant y\}=P\{-y\leqslant X\leqslant y\}\\&=\frac{1}{\sqrt{2\pi}}\int_{-y}^{y}e^{-\frac{1}{2}x^2}dx=\frac{2}{\sqrt{2\pi}}\int_0^y e^{-\frac{1}{2}x^2}dx,\end{aligned}$$

因此,随机变量 $Y=|X|$ 的密度函数为

$$f_Y(y)=F'_Y(y)=\begin{cases}\sqrt{\dfrac{2}{\pi}}\mathrm{e}^{-\frac{1}{2}y^2}, & y\geqslant 0,\\ 0, & y<0,\end{cases}$$

故选 C.

**57.【参考答案】** E

**【答案解析】** 由分布函数的性质,知 $1=\lim\limits_{x\to 1^+}F(x)=F(1)=A$,得 $A=1$,于是,

$$F_Y(y)=P\{Y\leqslant y\}=P\{2X+1\leqslant y\}=P\left\{X\leqslant\frac{y-1}{2}\right\}=F\left(\frac{y-1}{2}\right),$$

$$f_Y(y)=F'_Y(y)=\frac{1}{2}F'\left(\frac{y-1}{2}\right)=\begin{cases}\dfrac{1}{\sqrt{8(y-1)}}, & 1<y<3,\\ 0, & \text{其他},\end{cases}$$

故选 E.

**58.【参考答案】** D

**【答案解析】** 依题设,$X$ 的密度函数为

$$f_X(x)=\begin{cases}\dfrac{2}{\pi}, & 0<x<\dfrac{\pi}{2},\\ 0, & \text{其他},\end{cases}$$

当随机变量 $X$ 在 $\left[0,\dfrac{\pi}{2}\right]$ 上取值时,随机变量 $Y=\sin X$ 在 $[0,1]$ 上取值,且单调增加,于是,$Y$ 的分布函数为

$$F_Y(y)=\begin{cases}0, & y<0,\\ P\{Y\leqslant y\}, & 0\leqslant y\leqslant 1,\\ 1, & y>1\end{cases}=\begin{cases}0, & y<0,\\ F_X(\arcsin y), & 0\leqslant y\leqslant 1,\\ 1, & y>1,\end{cases}$$

因此,

$$f_Y(y)=F'_Y(y)=\begin{cases}\dfrac{2}{\pi\sqrt{1-y^2}}, & 0<y<1,\\ 0, & \text{其他},\end{cases}$$

故选 D.

## 【考向 6】二维离散型随机变量

**59.【参考答案】** E

**【答案解析】** $Z$ 的正概率点为 $1,2,4,8$,于是

$$P\{Z=1\}=P\{X=1,Y=1\}=P\{X=1\}P\{Y=1\}=0.12,$$

$$P\{Z=2\}=P\{X=1,Y=2\}+P\{X=2,Y=1\}=0.16+0.18=0.34,$$

$$P\{Z=4\}=P\{X=2,Y=2\}+P\{X=1,Y=4\}=0.24+0.12=0.36,$$

$$P\{Z=8\}=P\{X=2,Y=4\}=0.18,$$

因此 $Z$ 的分布律为

| $Z$ | 1 | 2 | 4 | 8 |
|---|---|---|---|---|
| $P$ | 0.12 | 0.34 | 0.36 | 0.18 |

故选 E.

**60.【参考答案】** C

**【答案解析】** 随机变量 $Z=X+Y$ 的正概率点为 0,1,2,3,于是

$$P\{Z=0\}=P\{X=0,Y=0\}=\frac{1}{2}\times\frac{1}{3}=\frac{1}{6},$$

$$P\{Z=1\}=P\{X=0,Y=1\}+P\{X=1,Y=0\}=\frac{1}{2}\times\frac{2}{3}+\frac{3}{8}\times\frac{1}{3}=\frac{11}{24},$$

$$P\{Z=2\}=P\{X=1,Y=1\}+P\{X=2,Y=0\}=\frac{3}{8}\times\frac{2}{3}+\frac{1}{8}\times\frac{1}{3}=\frac{7}{24},$$

$$P\{Z=3\}=P\{X=2,Y=1\}=\frac{1}{8}\times\frac{2}{3}=\frac{1}{12},$$

因此,$Z=X+Y$ 的分布列为

| $Z$ | 0 | 1 | 2 | 3 |
|---|---|---|---|---|
| $P$ | 1/6 | 11/24 | 7/24 | 1/12 |

故选 C.

**61.【参考答案】** E

**【答案解析】** 事件 $\{X-Y\geqslant 1\}$ 含样本点

$$\{X=0,Y=-1\},\{X=2,Y=-1\},\{X=2,Y=0\},$$

且互斥,故

$$\begin{aligned}P\{X-Y\geqslant 1\}&=P\{X=0,Y=-1\}+P\{X=2,Y=-1\}+P\{X=2,Y=0\}\\&=P\{X=0\}P\{Y=-1\}+P\{X=2\}P\{Y=-1\}+P\{X=2\}P\{Y=0\}\\&=\frac{1}{2}\times\frac{1}{6}+\frac{1}{3}\times\frac{1}{6}+\frac{1}{3}\times\frac{1}{2}=\frac{11}{36},\end{aligned}$$

故选 E.

**62.【参考答案】** D

**【答案解析】**

$$\begin{aligned}P\{Z=2\}&=P\{\min\{X,Y\}=2\}\\&=P\{X=2,Y=2\}+P\{X=2,Y=3\}\\&=P\{X=2\}P\{Y=2\}+P\{X=2\}P\{Y=3\}\\&=0.7\times 0.2+0.7\times 0.5=0.49,\end{aligned}$$

故选 D.

**63.【参考答案】** D

**【答案解析】** 已知 $X,Y$ 相互独立,且分别服从参数为 $\lambda_1=2,\lambda_2=3$ 的泊松分布,因此,$Z$ 服从参数为 $\lambda=\lambda_1+\lambda_2=5$ 的泊松分布,于是有

$$P\{2 \leqslant Z < 4\} = P\{Z=2\} + P\{Z=3\} = \frac{5^2}{2!}e^{-5} + \frac{5^3}{3!}e^{-5} = \frac{100}{3}e^{-5},$$

故选 D.

**64.【参考答案】** A

**【答案解析】** 设 $X,Y$ 分别表示第一天和第二天试验成功的次数，依题设，

$$X \sim B(10,0.6),Y \sim B(6,0.6),$$

由于 $X,Y$ 相互独立，同服从二项分布，因此，$X+Y \sim B(16,0.6)$，从而得

$$P\{X+Y=10\} = C_{16}^{10}0.6^{10}0.4^{6},$$

故选 A.

## 【考向 7】二维常见分布

**65.【参考答案】** B

**【答案解析】** 随机变量 $X,Y$ 独立同分布与两个随机变量相等是两个不同的概念. 对于连续型随机变量构成的平面区域上任何函数关系 $y=f(x)$ 形成的随机事件发生的概率都为零，因此，

$$P\{X=Y\}=0,P\{X=Y^2\}=0,$$

但概率为零的事件未必是不可能事件，故选 B.

**66.【参考答案】** B

**【答案解析】** 依题设，随机变量 $X,Y$ 相互独立，同服从正态分布，于是 $Z=X+Y$ 也服从正态分布，其参数为两个分布参数之和，即 $Z \sim N(-1,5)$，因此，$Z=X+Y$ 的密度函数为

$$f(z) = \frac{1}{\sqrt{2\pi \cdot 5}}e^{-\frac{(z+1)^2}{10}}, -\infty < z < +\infty.$$

故选 B.

# 第十章　随机变量的数字特征

答案速查表

| | | | | | |
|---|---|---|---|---|---|
| 1 ~ 5 | ABBEB | 6 ~ 10 | AEEBA | 11 ~ 15 | EEDBD |
| 16 ~ 20 | CBCDA | 21 ~ 25 | AAACD | 26 ~ 30 | DDAAE |
| 31 ~ 35 | BABAC | 36 ~ 40 | EDDAD | 41 ~ 45 | BCDCE |
| 46 ~ 50 | DDAAB | 51 ~ 55 | CEACC | 56 ~ 60 | BBDCB |
| 61 ~ 65 | AEEBE | 66 ~ 70 | CEECB | 71 ~ 73 | CEB |

## 【考向 1】期望和方差的定义与性质

**1.【参考答案】** A

**【答案解析】** 依题设，

$$X \sim \begin{pmatrix} 0 & 1 & a \\ \frac{1}{3} & \frac{1}{6} & \frac{1}{2} \end{pmatrix}, E(X) = 0 \times \frac{1}{3} + 1 \times \frac{1}{6} + a \times \frac{1}{2} = \frac{7}{6},$$

解得 $a = 2$，于是

$$X \sim \begin{pmatrix} 0 & 1 & 2 \\ \frac{1}{3} & \frac{1}{6} & \frac{1}{2} \end{pmatrix}, P\left\{1 < X \leqslant \frac{5}{2}\right\} = P\{X = 2\} = \frac{1}{2},$$

故选 A.

**2.【参考答案】** B

**【答案解析】** 求离散型随机变量 $X$ 的期望值必须先求出 $X$ 的分布阵. 由题设知

$$X \sim \begin{pmatrix} -1 & 3 & 6 \\ 0.2 & 0.3 & 0.5 \end{pmatrix}.$$

于是，$E(X) = -1 \times 0.2 + 3 \times 0.3 + 6 \times 0.5 = 3.7$，故选 B.

**【评注】** 计算离散型随机变量的数学期望的前提是求出该随机变量的分布律，仅由分布函数是不能直接计算出数学期望的.

**3.【参考答案】** B

**【答案解析】** 投信问题属于古典概型问题，求 $E(X)$，首先要确定 $X$ 的分布阵. 因 $X$ 的正概率点为 0,1,2,3,4，将 4 封信随机投入 3 个信箱，总样本点数为 $3^4$，于是

$$P\{X = 0\} = \frac{2^4}{3^4} = \frac{16}{81}, P\{X = 1\} = \frac{C_4^1 2^3}{3^4} = \frac{32}{81}, P\{X = 2\} = \frac{C_4^2 2^2}{3^4} = \frac{24}{81},$$

$$P\{X = 3\} = \frac{C_4^3 2^1}{3^4} = \frac{8}{81}, P\{X = 4\} = \frac{C_4^4 2^0}{3^4} = \frac{1}{81},$$

于是 $X$ 的分布阵为

$$X\sim\begin{pmatrix}0 & 1 & 2 & 3 & 4\\ \frac{16}{81} & \frac{32}{81} & \frac{24}{81} & \frac{8}{81} & \frac{1}{81}\end{pmatrix},$$

因此，$E(X)=0\times\frac{16}{81}+1\times\frac{32}{81}+2\times\frac{24}{81}+3\times\frac{8}{81}+4\times\frac{1}{81}=\frac{4}{3}$，故选 B.

4.【参考答案】E

【答案解析】由离散型随机变量 $X$ 的期望值的计算公式，得

$$E(X)=\sum_{k=1}^{\infty}x_kp_k=3\sum_{k=1}^{\infty}\left(\frac{2}{3}\right)^k=2\times\frac{1}{1-\frac{2}{3}}=6,$$

故选 E.

【评注】当离散型随机变量 $X$ 的正概率点为无限可列时，其期望是一个无穷级数之和，因此，期望是否存在取决于该无穷级数是否收敛．题中的无穷级数是公比为 $q=\frac{2}{3}$ 的无穷递减等比数列之和，因为 $|q|<1$，所以级数是收敛的，即期望存在.

5.【参考答案】B

【答案解析】首先确定 $X$ 的分布列，由分布列及期望值的计算公式，有

$$a+b=1-\frac{1}{6}-\frac{1}{3}-\frac{1}{4}=\frac{1}{4},E(X)=-\frac{1}{6}+0+2b+1+\frac{5}{4}=\frac{9}{4},$$

解得 $a=\frac{1}{6},b=\frac{1}{12}$，于是，

$$P\{0<X\leqslant 3\}=P\{X=2\}+P\{X=3\}=\frac{5}{12},$$

故选 B.

6.【参考答案】A

【答案解析】由离散型随机变量 $X$ 的期望值的计算公式，得

$$E(X)=\sum_{k=1}^{\infty}x_kp_k=2\sum_{k=1}^{\infty}\left(\frac{3}{3}\right)^k=+\infty,$$

可知无穷级数发散，$E(X)$ 不存在，故选 A.

7.【参考答案】E

【答案解析】不妨设袋中有 $m$ 个白球，$n$ 个黑球（$m\geqslant 5,n\geqslant 5$），并设所取 5 个球分 5 次取出，每次 1 个，其中共有白球数为 $X$. 记

$$X_i=\begin{cases}0,\text{从袋中第 } i \text{ 次取出的球是黑球},\\ 1,\text{从袋中第 } i \text{ 次取出的球是白球},\end{cases}\quad i=1,2,3,4,5.$$

根据“抽签原理”，每次取到白球的概率与抽取次序无关，因此 $X_i$ 的概率分布为

| $X_i$ | 0 | 1 |
|---|---|---|
| $P$ | $\frac{n}{m+n}$ | $\frac{m}{m+n}$ |

显然有

$$E(X_1)=E(X_2)=E(X_3)=E(X_4)=E(X_5)=\frac{m}{m+n},$$

于是，从袋中取出 1 个球，取出白球数的期望即为 $E(X_1)=\frac{m}{m+n}=a$，取出 5 个球，取到白球数的期望为

$$E(X)=E(X_1+X_2+X_3+X_4+X_5)=E(X_1)+E(X_2)+E(X_3)+E(X_4)+E(X_5)$$
$$=\frac{5m}{m+n}=5a,$$

故选 E.

**【评注】** 取 5 次球，求 5 次中取出白球数的期望，有两种方法：一种方法是按照求离散型随机变量数学期望的一般步骤，先求出 $X$ 的分布列，再套用公式计算；另一种方法是利用连续抽取问题中的"抽签原理"，每次取到白球的概率与抽取次序无关，因此，问题可以分解为同分布的 5 个阶段，再利用数学期望的性质，求出总的期望值，即本题提供的方法. 显然，第二种方法更简便.

**8.【参考答案】** E

**【答案解析】** 求 $X$ 的期望，首先要求出分布律，分布函数的分段点即为离散型随机变量的正概率点，即 $X=-1,0,2$. 正概率点的概率即为分布函数在对应点的跃度，即

$$P\{X=-1\}=a+0.2,P\{X=0\}=a,P\{X=2\}=0.8-2a,$$

即有 $X\sim\begin{pmatrix}-1 & 0 & 2\\ a+0.2 & a & 0.8-2a\end{pmatrix}$，其中 $a>0,0.8-2a>0$，即 $0<a<0.4$，且

$$E(X)=-1\times(a+0.2)+0\times a+2\times(0.8-2a)=1.4-5a,$$

故选 E.

**9.【参考答案】** B

**【答案解析】** 设 $X$ 的分布律为

| $X$ | $-1$ | $0$ | $1$ |
|---|---|---|---|
| $P$ | $a$ | $b$ | $c$ |

则 $a+b+c=1,E(X)=-a+0+c=0.1,E[(X+1)^2]=0+b+4c=2,$

联立以上三个方程，解得 $a=0.35,b=0.2,c=0.45$，因此，$X$ 的分布律为

| $X$ | $-1$ | $0$ | $1$ |
|---|---|---|---|
| $P$ | 0.35 | 0.2 | 0.45 |

故选 B.

**10.【参考答案】** A

**【答案解析】** 求连续型随机变量 $X$ 的期望值必须先给出 $X$ 的密度函数. 由题设，

$$f(x)=F'(x)=\begin{cases}\dfrac{1}{2}, & -1\leqslant x<0,\\ \dfrac{1}{4}, & 0\leqslant x<2,\\ 0, & 其他,\end{cases}$$

于是　$E(X)=\int_{-\infty}^{+\infty}xf(x)\mathrm{d}x=\int_{-1}^{0}\dfrac{x}{2}\mathrm{d}x+\int_{0}^{2}\dfrac{x}{4}\mathrm{d}x=\dfrac{1}{4}x^2\Big|_{-1}^{0}+\dfrac{1}{8}x^2\Big|_{0}^{2}=\dfrac{1}{4}$,

故选 A.

**【评注】**计算连续型随机变量的数学期望,前提是先计算出该连续型随机变量的密度函数,直接由其分布函数是不可能计算出相关的数字特征的.

**11.【参考答案】**E

**【答案解析】**求连续型随机变量 $X$ 的期望值必须先给出 $X$ 的密度函数.由题设,

$$f(x)=F'(x)=\begin{cases}0, & x<0,\\ \dfrac{1}{4}, & 0\leqslant x<2,\\ \dfrac{1}{x^2}, & x\geqslant 2,\end{cases}$$

于是 $E(X)=\int_{-\infty}^{+\infty}xf(x)\mathrm{d}x=\int_{0}^{2}\dfrac{x}{4}\mathrm{d}x+\int_{2}^{+\infty}\dfrac{1}{x}\mathrm{d}x$,其中 $\int_{2}^{+\infty}\dfrac{1}{x}\mathrm{d}x=+\infty$,知 $E(X)$ 不存在,

故选 E.

**12.【参考答案】**E

**【答案解析】**由于

$$E(X)=\int_{-\infty}^{+\infty}xf(x)\mathrm{d}x=\int_{-\infty}^{+\infty}\frac{x}{\pi(4+x^2)}\mathrm{d}x=\frac{1}{2\pi}\ln(4+x^2)\Big|_{-\infty}^{+\infty}$$

不存在,故选 E.

**【评注】**由于 $\lim\limits_{x\to\infty}[\ln(4+x^2)]$ 不存在,因此,本题不适用奇函数在对称区间上定积分为零的性质.说明连续型随机变量的数学期望未必存在,也说明正确的判断必须具备必要的微积分知识,尤其是一元函数积分学.

**13.【参考答案】**D

**【答案解析】**由对称性,

$$\begin{aligned}E(\min\{|X|,1\})&=\int_{-\infty}^{+\infty}\min\{|x|,1\}f(x)\mathrm{d}x=2\int_{0}^{+\infty}\min\{x,1\}f(x)\mathrm{d}x\\&=2\left[\int_0^1 xf(x)\mathrm{d}x+\int_1^{+\infty}f(x)\mathrm{d}x\right]=\frac{2}{\pi}\left(\int_0^1\frac{x}{1+x^2}\mathrm{d}x+\int_1^{+\infty}\frac{1}{1+x^2}\mathrm{d}x\right)\\&=\frac{1}{\pi}\ln(1+x^2)\Big|_0^1+\frac{2}{\pi}\arctan x\Big|_1^{+\infty}=\frac{1}{\pi}\ln 2+\frac{1}{2}.\end{aligned}$$

故选 D.

**【评注】**套用公式求 $E(\min\{|X|,1\})$ 并不难,难的是积分运算,要利用对称性去绝对值符号,划分区间去 $\min\{\}$ 符号,化为常见积分形式.

**14.【参考答案】**B

**【答案解析】**由连续型随机变量 $X$ 的密度函数性质，有

$$\int_{-\infty}^{+\infty} f(x)\mathrm{d}x=\int_{0}^{+\infty} Cx\mathrm{e}^{-\frac{1}{2}x}\mathrm{d}x=-2Cx\mathrm{e}^{-\frac{1}{2}x}\Big|_{0}^{+\infty}+2C\int_{0}^{+\infty}\mathrm{e}^{-\frac{1}{2}x}\mathrm{d}x$$

$$=-4C\mathrm{e}^{-\frac{1}{2}x}\Big|_{0}^{+\infty}=4C=1,$$

得 $C=\frac{1}{4}$. 于是

$$E(X)=\int_{-\infty}^{+\infty} xf(x)\mathrm{d}x=\frac{1}{4}\int_{0}^{+\infty} x^{2}\mathrm{e}^{-\frac{1}{2}x}\mathrm{d}x=-\frac{1}{2}x^{2}\mathrm{e}^{-\frac{1}{2}x}\Big|_{0}^{+\infty}+\int_{0}^{+\infty} x\mathrm{e}^{-\frac{1}{2}x}\mathrm{d}x=4,$$

故选 B.

**15.【参考答案】**D

**【答案解析】**依题设，$X$ 为连续型随机变量，根据连续型随机变量分布函数性质，有

$$\lim_{x\to 1^{-}} F(x)=A=1,$$

因此，$X$ 的密度函数为

$$f(x)=F'(x)=\begin{cases}2x, & 0<x<1,\\ 0, & \text{其他},\end{cases}$$

从而得

$$E(X)=\int_{-\infty}^{+\infty} xf(x)\mathrm{d}x=\int_{0}^{1} 2x^{2}\mathrm{d}x=\frac{2}{3},$$

故选 D.

**16.【参考答案】**C

**【答案解析】**$X$ 的密度函数为

$$f(x)=F'(x)=\begin{cases}2x, & 0<x<\frac{1}{2},\\ 1, & \frac{1}{2}<x<1,\\ 3-2x, & 1<x<\frac{3}{2},\\ 0, & \text{其他},\end{cases}$$

于是

$$E(X)=\int_{0}^{\frac{1}{2}} 2x^{2}\mathrm{d}x+\int_{\frac{1}{2}}^{1} x\mathrm{d}x+\int_{1}^{\frac{3}{2}}(3x-2x^{2})\mathrm{d}x$$

$$=\frac{2}{3}x^{3}\Big|_{0}^{\frac{1}{2}}+\frac{1}{2}x^{2}\Big|_{\frac{1}{2}}^{1}+\left(\frac{3}{2}x^{2}-\frac{2}{3}x^{3}\right)\Big|_{1}^{\frac{3}{2}}$$

$$=\frac{3}{4},$$

故选 C.

**17.【参考答案】**B

**【答案解析】**

$$E(|\sin X|)=\int_{-\infty}^{+\infty}|\sin x|f(x)\mathrm{d}x$$

$$=-\frac{1}{2}\int_{-\frac{\pi}{2}}^{0}\sin x\cos x\mathrm{d}x+\frac{1}{2}\int_{0}^{\frac{\pi}{2}}\sin^2 x\mathrm{d}x$$

$$=-\frac{1}{4}\sin^2 x\Big|_{-\frac{\pi}{2}}^{0}+\frac{1}{2}\cdot\frac{1}{2}\cdot\frac{\pi}{2}=\frac{\pi}{8}+\frac{1}{4},$$

故选 B.

**【评注】**华里士公式

$$\int_0^{\frac{\pi}{2}}\sin^n x\mathrm{d}x=\int_0^{\frac{\pi}{2}}\cos^n x\mathrm{d}x=\begin{cases}\dfrac{n-1}{n}\cdot\dfrac{n-3}{n-2}\cdot\cdots\cdot\dfrac{1}{2}\cdot\dfrac{\pi}{2}, & n\text{ 为正偶数},\\ \dfrac{n-1}{n}\cdot\dfrac{n-3}{n-2}\cdot\cdots\cdot\dfrac{2}{3}\cdot 1, & n\text{ 为大于 1 的奇数}.\end{cases}$$

**18.【参考答案】**C

**【答案解析】**依题设，$X$ 的分布函数为

$$F_X(x)=\begin{cases}\int_0^x\frac{3}{2}t^2\mathrm{e}^{-\frac{1}{2}t^3}\mathrm{d}t, & x\geqslant 0,\\ 0, & x<0\end{cases}=\begin{cases}1-\mathrm{e}^{-\frac{1}{2}x^3}, & x\geqslant 0,\\ 0, & x<0.\end{cases}$$

设 $Y=X^3$，有

$$F(y)=P\{Y\leqslant y\}=P\{X\leqslant\sqrt[3]{y}\}=F_X(\sqrt[3]{y})=\begin{cases}0, & y<0,\\ 1-\mathrm{e}^{-\frac{1}{2}y}, & y\geqslant 0,\end{cases}$$

从而知 $Y$ 服从参数为$\frac{1}{2}$ 的指数分布，于是有

$$E(Y)=2,D(Y)=4,E(X^6)=D(Y)+[E(Y)]^2=8,$$

故选 C.

**19.【参考答案】**D

**【答案解析】**由$\int_{-\infty}^{+\infty}f(x)\mathrm{d}x=\int_0^1 kx^\alpha\mathrm{d}x=k\frac{1}{\alpha+1}x^{\alpha+1}\Big|_0^1=\frac{k}{\alpha+1}=1$，得 $k-\alpha=1$.

由 $E(X)=\int_{-\infty}^{+\infty}xf(x)\mathrm{d}x=\int_0^1 kx^{\alpha+1}\mathrm{d}x=k\frac{1}{\alpha+2}x^{\alpha+2}\Big|_0^1=\frac{k}{\alpha+2}=\frac{2}{3}$，得 $3k-2\alpha=4$.

联立方程解得 $k=2,\alpha=1$. 故选 D.

**【评注】**本题是已知密度函数定常数，由于函数含两个未知参数，因此需要从两个角度建立两个方程. 通常选取的角度是密度函数的性质和期望值的计算，这也是本题考查的重点.

**20.【参考答案】**A

**【答案解析】**由于 $X$ 与 $Y$ 同分布，因此 $E(X)=E(Y)$，于是

$$\begin{aligned}E[a(2X-Y)]&=a[2E(X)-E(Y)]\\&=aE(X)=a\int_{-\infty}^{+\infty}xf(x)\mathrm{d}x=3a\theta^3\int_0^{\frac{1}{\theta}}x^3\mathrm{d}x\\&=3a\theta^3\cdot\frac{1}{4}x^4\Big|_0^{\frac{1}{\theta}}=\frac{3a}{4\theta}=\frac{1}{\theta},\end{aligned}$$

解得 $a=\frac{4}{3}$，故选 A.

【评注】本题与上题类似，由已知的连续型随机变量函数的数学期望值定常数，本题中虽有两个不同的随机变量，但由于它们同分布，因此有相同的数学期望.

**21.【参考答案】**A

**【答案解析】**依题设，$X$ 的密度函数为

$$f(x)=\begin{cases}2e^{-2x}, & x\geqslant 0,\\ 0, & x<0,\end{cases}$$

从而有 $E(X)=\dfrac{1}{2}$，因此

$$E(2X-e^{-3X})=2E(X)-E(e^{-3X})=1-\int_0^{+\infty}2e^{-3x}e^{-2x}dx=1-2\int_0^{+\infty}e^{-5x}dx=0.6,$$

故选 A.

**22.【参考答案】**A

**【答案解析】**依题设，$X$ 的密度函数为

$$f(x)=F'(x)=\begin{cases}\cos x, & 0<x<\dfrac{\pi}{2},\\ 0, & \text{其他},\end{cases}$$

于是 $$E(\sin^2 X)=\int_0^{\frac{\pi}{2}}\sin^2 x\cos x\,dx=\frac{1}{3}(\sin^3 x)\Big|_0^{\frac{\pi}{2}}=\frac{1}{3},$$

$$E(\sin^4 X)=\int_0^{\frac{\pi}{2}}\sin^4 x\cos x\,dx=\frac{1}{5}(\sin^5 x)\Big|_0^{\frac{\pi}{2}}=\frac{1}{5},$$

因此， $$D(\sin^2 X)=E(\sin^4 X)-[E(\sin^2 X)]^2=\frac{1}{5}-\frac{1}{9}=\frac{4}{45},$$

故选 A.

**23.【参考答案】**A

**【答案解析】**依题设，

$$E(X)=0\times\frac{1}{4}+a\times\frac{1}{2}+1\times\frac{1}{4}=\frac{1}{2}a+\frac{1}{4},E(X^2)=\frac{1}{2}a^2+\frac{1}{4},$$

因此有

$$D(X)=E(X^2)-[E(X)]^2=\frac{1}{2}a^2+\frac{1}{4}-\left(\frac{1}{2}a+\frac{1}{4}\right)^2=\frac{1}{4}\left(a-\frac{1}{2}\right)^2+\frac{1}{8},$$

所以 $a=\dfrac{1}{2}$ 使方差 $D(X)$ 取最小值，故选 A.

**24.【参考答案】**C

**【答案解析】**根据抽签原理，从 10 个数字中抽取任何一个特定数码与抽取的前后次序无关，因此，第 $k$ 次抽出特定数码，并打开保险箱的概率都为 $\dfrac{1}{10}$，即 $P\{X=k\}=\dfrac{1}{10}(k=1,\cdots,10)$，于是，

$$E(X)=\sum_{k=1}^{10}\frac{k}{10}=\frac{1}{10}\times\frac{1}{2}\times10\times(10+1)=5.5,$$

$$E(X^2)=\sum_{k=1}^{10}\frac{k^2}{10}=\frac{1}{10}\times\frac{1}{6}\times 10\times(10+1)(20+1)=38.5,$$

$$D(X)=E(X^2)-[E(X)]^2=8.25,$$

故选 C.

**25.【参考答案】** D

**【答案解析】** $X$ 可能出现的正概率点数为 0,1,2,所属概型为连续抽取问题,于是

$$P\{X=0\}=\frac{8}{10}=\frac{4}{5},P\{X=1\}=\frac{2}{10}\times\frac{8}{9}=\frac{8}{45},P\{X=2\}=1-\frac{4}{5}-\frac{8}{45}=\frac{1}{45},$$

因此
$$X\sim\begin{pmatrix}0 & 1 & 2\\ \frac{4}{5} & \frac{8}{45} & \frac{1}{45}\end{pmatrix},$$

$$E(X)=0\times\frac{4}{5}+1\times\frac{8}{45}+2\times\frac{1}{45}=\frac{2}{9},E(X^2)=0^2\times\frac{4}{5}+1^2\times\frac{8}{45}+2^2\times\frac{1}{45}=\frac{4}{15},$$

从而得 $D(X)=E(X^2)-[E(X)]^2=\frac{4}{15}-\frac{4}{81}=\frac{88}{405}$,故选 D.

**26.【参考答案】** D

**【答案解析】** $Z$ 的正概率点取值为 $-2,-1,0,1$,有

$$P\{Z=-2\}=P\{X=-1,Y=1\}=P\{X=-1\}P\{Y=1\}=0.1,$$

$$\begin{aligned}P\{Z=-1\}&=P\{X=-1,Y=0\}+P\{X=0,Y=1\}\\&=P\{X=-1\}P\{Y=0\}+P\{X=0\}P\{Y=1\}\\&=0.1+0.25=0.35,\end{aligned}$$

$$P\{Z=1\}=P\{X=1,Y=0\}=P\{X=1\}P\{Y=0\}=0.15,$$

$$P\{Z=0\}=1-P\{Z=-2\}-P\{Z=-1\}-P\{Z=1\}=0.4,$$

因此 $Z\sim\begin{pmatrix}-2 & -1 & 0 & 1\\ 0.1 & 0.35 & 0.4 & 0.15\end{pmatrix}$,从而有

$$E(Z)=-2\times0.1-1\times0.35+0\times0.4+1\times0.15=-0.4,$$

$$E(Z^2)=(-2)^2\times0.1+(-1)^2\times0.35+0^2\times0.4+1^2\times0.15=0.9,$$

$$D(Z)=E(Z^2)-[E(Z)]^2=0.74,$$

故选 D.

**27.【参考答案】** D

**【答案解析】** $Y$ 的可能取值为 0,1,且

$$\begin{aligned}P\{Y=1\}&=P\{\min\{X_1,X_2\}=1\}=P\{X_1=1,X_2=1\}\\&=P\{X_1=1\}P\{X_2=1\}=\frac{9}{16},\end{aligned}$$

$$P\{Y=0\}=1-P\{Y=1\}=1-\frac{9}{16}=\frac{7}{16},$$

故 $Y$ 的分布律为

| Y | 0 | 1 |
|---|---|---|
| P | $\frac{7}{16}$ | $\frac{9}{16}$ |

于是

$$E(Y^2)=1\times\frac{9}{16}=\frac{9}{16},E(Y^4)=\frac{9}{16},D(Y^2)=E(Y^4)-[E(Y^2)]^2=\frac{63}{256},$$

故选 D.

**28.【参考答案】** A

**【答案解析】** 要求 $X^2$ 的方差,先求 $X$ 的分布阵,即有

$$X\sim\begin{pmatrix}-1 & 0 & 1\\ 0.2 & 0.6 & 0.2\end{pmatrix},$$

于是

$$E(X^2)=(-1)^2\times 0.2+0^2\times 0.6+1^2\times 0.2=0.4,$$
$$E(X^4)=(-1)^4\times 0.2+0^4\times 0.6+1^4\times 0.2=0.4,$$

因此 $$D(X^2)=E(X^4)-[E(X^2)]^2=0.4-0.4^2=0.24,$$

故选 A.

**29.【参考答案】** A

**【答案解析】** 依题设,有

$$E(X)=\int_0^{\theta}\frac{3x^3}{\theta^3}\mathrm{d}x=\frac{3x^4}{4\theta^3}\Big|_0^{\theta}=\frac{3}{4}\theta=\frac{3}{2},$$

解得 $\theta=2$. 于是

$$E(X^2)=\int_0^2\frac{3}{8}x^4\mathrm{d}x=\frac{3}{40}x^5\Big|_0^2=\frac{12}{5},$$

所以 $$D(2X+1)=4D(X)=4\{E(X^2)-[E(X)]^2\}=4\left(\frac{12}{5}-\frac{9}{4}\right)=\frac{3}{5},$$

故选 A.

**30.【参考答案】** E

**【答案解析】** 由

$$\int_{-\infty}^{+\infty}|x|f(x)\mathrm{d}x=\int_{-\infty}^{+\infty}|x|\mathrm{e}^{-|2x|}\mathrm{d}x=2\int_0^{+\infty}x\mathrm{e}^{-2x}\mathrm{d}x=-\frac{1}{2}\mathrm{e}^{-2x}\Big|_0^{+\infty}=\frac{1}{2}<+\infty,$$

知 $E(X)$ 存在,由于 $f(x)=\mathrm{e}^{-|2x|}$ 关于 $y$ 轴对称,因此 $E(X)=0$,故

$$D(X)=E(X^2)-[E(X)]^2=\int_{-\infty}^{+\infty}x^2f(x)\mathrm{d}x=\int_{-\infty}^{+\infty}x^2\mathrm{e}^{-|2x|}\mathrm{d}x=2\int_0^{+\infty}x^2\mathrm{e}^{-2x}\mathrm{d}x$$
$$=-x^2\mathrm{e}^{-2x}\Big|_0^{+\infty}+2\int_0^{+\infty}x\mathrm{e}^{-2x}\mathrm{d}x=\frac{1}{2},$$

故选 E.

**31.【参考答案】** B

**【答案解析】** 注意到 $X$ 的密度函数的非零区域关于 $y$ 轴对称,因此 $E(X)=0$,故

$$D(X)=E(X^2)=\int_{-\infty}^{+\infty}x^2f(x)\mathrm{d}x$$
$$=\frac{1}{2}\int_0^2x^2(2-x)\mathrm{d}x=\left(\frac{1}{3}x^3-\frac{1}{8}x^4\right)\Big|_0^2=\frac{2}{3},$$

故选 B.

【评注】一般来说,连续型随机变量的方差若由定义$\int_{-\infty}^{+\infty}[x-E(X)]^2f(x)\mathrm{d}x$ 计算要烦琐得多,改用公式 $D(X)=E(X^2)-[E(X)]^2$ 计算更为简便.

**32.【参考答案】**A

**【答案解析】**求 $X$ 的期望与方差必须先求 $X$ 的密度函数,即有

$$X\sim f(x)=F'(x)=\begin{cases}1, & 1<x<2,\\ 0, & \text{其他},\end{cases}$$

知 $X\sim U(1,2)$,$E(X^2)=\int_1^2x^2\mathrm{d}x=\frac{7}{3}$,$E(X^4)=\int_1^2x^4\mathrm{d}x=\frac{31}{5}$,因此

$$D(2-3X^2)=9D(X^2)=9\left(\frac{31}{5}-\frac{49}{9}\right)=\frac{34}{5},$$

故选 A.

**33.【参考答案】**B

**【答案解析】**由于 $f(x)$ 关于 $y$ 轴对称,因此,$E(X)=0$,从而得

$$D(X)=\int_{-\infty}^{+\infty}x^2f(x)\mathrm{d}x=4\int_0^1x^2\ (1-x)^3\mathrm{d}x$$
$$\xlongequal{u=1-x}4\int_0^1(1-u)^2u^3\mathrm{d}u=4\int_0^1(u^3-2u^4+u^5)\mathrm{d}u$$
$$=4\left(\frac{1}{4}-\frac{2}{5}+\frac{1}{6}\right)=\frac{1}{15},$$

故选 B.

**34.【参考答案】**A

**【答案解析】**依题设,

$$E(\cos^2X)=\int_{-\infty}^{+\infty}\cos^2x\cdot f(x)\mathrm{d}x=\int_0^{\frac{\pi}{2}}\cos^2x\cdot\sin x\mathrm{d}x=-\frac{1}{3}\cos^3x\Big|_0^{\frac{\pi}{2}}=\frac{1}{3},$$

$$E(\cos^4X)=\int_{-\infty}^{+\infty}\cos^4x\cdot f(x)\mathrm{d}x=\int_0^{\frac{\pi}{2}}\cos^4x\cdot\sin x\mathrm{d}x=-\frac{1}{5}\cos^5x\Big|_0^{\frac{\pi}{2}}=\frac{1}{5},$$

因此 $$D(\cos^2X)=E(\cos^4X)-[E(\cos^2X)]^2=\frac{1}{5}-\frac{1}{9}=\frac{4}{45},$$

故选 A.

**35.【参考答案】**C

**【答案解析】**题中 $X$ 为连续型随机变量,$Y$ 为离散型随机变量. 用连续型随机变量函数的数学期望公式,得

$$E(Y)=\int_{-\infty}^{+\infty}y(x)f(x)\mathrm{d}x=\int_{\frac{1}{2}}^1\frac{1}{2}\mathrm{d}x+\int_1^2\frac{1}{2x^2}\mathrm{d}x+\int_2^{+\infty}\frac{1}{x^2}\mathrm{d}x=\frac{1}{4}+\frac{1}{4}+\frac{1}{2}=1,$$

$$E(Y^2)=\int_{-\infty}^{+\infty}y^2(x)f(x)\mathrm{d}x=\int_{\frac{1}{2}}^{1}\frac{1}{2}\mathrm{d}x+\int_{1}^{2}\frac{1}{2x^2}\mathrm{d}x+\int_{2}^{+\infty}\frac{2}{x^2}\mathrm{d}x$$

$$=\frac{1}{4}+\frac{1}{4}+1=\frac{3}{2},$$

因此 $D(Y)=E(Y^2)-[E(Y)]^2=\frac{3}{2}-1=\frac{1}{2}$，故选 C.

**36.【参考答案】** E

**【答案解析】** 由性质，$E(\xi^2)=D(\xi)+[E(\xi)]^2$.

当 $\xi=X-C$ 时，

$$E[(X-C)^2]=D(X-C)+[E(X-C)]^2\geqslant D(X),$$

当且仅当 $C=\mu$ 时等号成立，知选项 A，B 不正确.

当 $\xi=X-\mu$ 时，

$$E[(X-\mu)^2]=D(X-\mu)+[E(X-\mu)]^2=D(X),$$

从而有 $E[(X-C)^2]\geqslant D(X)=E[(X-\mu)^2]$，知选项 C，D 不正确，仅 E 正确，故选 E.

**【评注】** 计算随机变量的数字特征除了套用定义式外，还可利用其性质. 其中经常用到的恒等式之一就是 $E(\xi^2)=D(\xi)+[E(\xi)]^2$. 本题就是利用该公式来比较 $E[(X-C)^2]$，$E[(X-\mu)^2]$ 的大小. 一个重要结论是随机变量离差平方的均值最小.

**37.【参考答案】** D

**【答案解析】方法 1** 因为 $E(Y)$ 是常数，所以有 $E[X\cdot E(Y)]=E(X)E(Y)$，故选 D.

**方法 2** 选项 A 的结论成立的前提是 $E(X)$ 收敛，选项 B 的结论成立的前提是 $X,Y$ 相互独立，选项 C 中运算式应为 $D(2X+C)=4D(X)$，选项 E 的结论无论 $X,Y$ 是否独立，都不正确. 故选 D.

**38.【参考答案】** D

**【答案解析】** 由关系式 $E(X^2)=D(X)+[E(X)]^2=3$，可得

$$E[2(X^2-3)]=2E(X^2)-6=2\times3-6=0,$$

故选 D.

## 【考向 2】七大分布期望和方差公式的应用

**39.【参考答案】** A

**【答案解析】** 注意到 $X$ 的概率分布为 $P\{X=k\}=\frac{C^k}{2\cdot k!}$，$k=0,1,2,\cdots$，与参数为 $\lambda=\ln 2$ 的泊松分布 $P\{X=k\}=\frac{(\ln 2)^k}{k!}\mathrm{e}^{-\ln 2}$，$k=0,1,2,\cdots$ 结构完全一致，因此可以推出 $C=\ln 2$. 故 $E(X)=D(X)=\ln 2$，不难得到 $E(X^2)=D(X)+[E(X)]^2=\ln 2(1+\ln 2)$，故选 A.

**【评注】** 本题表明，熟悉重要分布，如二项分布、泊松分布、均匀分布、正态分布、指数分布等概率分布的标准结构形式十分重要，从这些标准结构形式中可以找到其中隐含的分布

参数,从而进一步与它们的期望和方差联系起来.

**40.【参考答案】**D

**【答案解析】**根据泊松分布的数学期望和方差的性质,由 $E(X)=1,E(Y)=3$,知 $X,Y$ 各自服从参数为 $\lambda_1=1,\lambda_2=3$ 的泊松分布,从而知方差 $D(X)=1,D(Y)=3$.

又由于 $X,Y$ 相互独立,于是有

$$E(2X-Y)=2E(X)-E(Y)=-1,D(2X-Y)=4D(X)+D(Y)=7,$$

从而得

$$E[(2X-Y)^2]=D(2X-Y)+[E(2X-Y)]^2=7+1=8,$$

故选 D.

**41.【参考答案】**B

**【答案解析】**由题设,$E(X)=D(X)=\lambda$,从而有

$$\begin{aligned}E[(X-1)(X+2)]&=E(X^2+X-2)=E(X^2)+E(X)-2\\&=D(X)+[E(X)]^2+E(X)-2=\lambda^2+2\lambda-2=1,\end{aligned}$$

即求解方程 $\lambda^2+2\lambda-3=0$,得 $\lambda=1$($\lambda=-3$ 不合题意,舍去),故选 B.

**【评注】**本题主要是利用泊松分布的参数与其数学期望及方差的关系计算其参数 $\lambda$,关键是代入等式,将各种运算关系转换为参数 $\lambda$ 的运算,在此基础上求解关于参数 $\lambda$ 的方程,解出 $\lambda$.求解时注意参数的取值范围.

**42.【参考答案】**C

**【答案解析】**平均电话呼叫次数即该段时间间隔内电话呼叫次数 $X$ 的期望值,因此 $E(X)=\lambda=3$,于是

$$P\{X\geqslant 2\}=1-P\{X=0\}-P\{X=1\}=1-\frac{3^0}{0!}e^{-3}-\frac{3^1}{1!}e^{-3}=1-4e^{-3},$$

故选 C.

**【评注】**本题重点是要充分理解数学期望的实际含义,即随机变量的加权平均值.

**43.【参考答案】**D

**【答案解析】**根据泊松分布的参数和其数字特征的关系,随机变量 $X,Y$ 分别服从参数为 2 和 3 的泊松分布,又根据泊松分布的可加性,在相互独立的条件下,同服从泊松分布的随机变量 $X,Y$ 之和也服从泊松分布,其分布参数为两分布参数之和,即 $X+Y$ 服从参数为 5 的泊松分布,因此有

$$P\{X+Y\leqslant 1\}=P\{X+Y=0\}+P\{X+Y=1\}=\frac{5^0}{0!}e^{-5}+\frac{5^1}{1!}e^{-5}=6e^{-5},$$

故选 D.

**44.【参考答案】**C

**【答案解析】**依题设,$P\{X=0\}=\frac{\lambda^0}{0!}e^{-\lambda}=e^{-2}$,得 $\lambda=2,E(X)=D(X)=2$,因此,有

$$E(X^2)=D(X)+[E(X)]^2=6,$$

$$P\{X=E(X^2)\}=P\{X=6\}=\frac{2^6}{6!}e^{-2}=\frac{4}{45e^2},$$

故选 C.

**45.【参考答案】**E

**【答案解析】**依题设，$E(X)=\lambda=2,D(X)=\lambda=2$,因此有

$$E(X^2)=D(X)+[E(X)]^2=2+4=6,$$

从而有

$$P\{X\geqslant\sqrt{E(X^2)}\}=P\{X\geqslant\sqrt{6}\}=1-P\{X=0\}-P\{X=1\}-P\{X=2\}$$

$$=1-\frac{2^0}{0!}e^{-2}-\frac{2}{1!}e^{-2}-\frac{2^2}{2!}e^{-2}=1-5e^{-2},$$

故选 E.

**46.【参考答案】**D

**【答案解析】**依题设，手榴弹投入靶区的概率为几何概型，$p=\frac{5^2\pi}{30^2}=\frac{\pi}{36}$，且 $X\sim B\left(6,\frac{\pi}{36}\right)$,因此 $E(X)=6p=\frac{\pi}{6}$,故选 D.

**47.【参考答案】**D

**【答案解析】**依题设，有

$$E(3X)=3np=12,D(5X)=25D(X)=25np(1-p)=60,$$

解得 $n=10,p=0.4$,因此

$$P\{X=3\}=C_{10}^3(0.4)^3(0.6)^7=120\times(0.4)^3(0.6)^7,$$

故选 D.

**48.【参考答案】**A

**【答案解析】**利用二项分布的数字特征与参数之间的关系，确定 $X$ 的分布律，由题设，有

$$np=2.4,np(1-p)=1.44,$$

解得 $1-p=0.6,p=0.4,n=6$,所以 $X\sim B(6,0.4)$,从而有

$$P\{X\geqslant1\}=1-P\{X=0\}=1-C_6^0(0.4)^0(0.6)^6=1-(0.6)^6,$$

故选 A.

**49.【参考答案】**A

**【答案解析】**设 $X_i(i=1,2,\cdots,5)$ 为第 $i$ 期试验成功的次数，则 $X_i\sim B(3,p)$. 由于 $X_i$ 独立同分布，根据二项分布的可加性，有 $X=\sum_{i=1}^{5}X_i\sim B(15,p)$. 依题设，$E(X)=15p=12$, 得 $p=0.8$,从而知连续 6 次试验中成功次数 $Y\sim B(6,0.8)$,因此，

$$P\{Y>4\}=P\{Y=5\}+P\{Y=6\}=C_6^5\,0.8^5\,0.2+0.8^6=2\times0.8^5,$$

故选 A.

**【评注】**在相互独立的条件下，与二项分布性质类似的重要分布还有正态分布、泊松分布，即在相互独立的条件下，同服从正态分布或泊松分布的随机变量之和也分别服从正态分

布或泊松分布，其分布参数为各随机变量分布参数之和.

**50.【参考答案】** B

**【答案解析】** 依题设，$X$ 服从参数为 200，$p$ 的二项分布，即 $X \sim B(200,p)$，得

$$D(X)=200p(1-p),$$

从而有

$$\sqrt{D(X)}=\sqrt{200p(1-p)}=\sqrt{200\left[\frac{1}{4}-\left(p-\frac{1}{2}\right)^2\right]},$$

因此，当 $p=\frac{1}{2}$ 时，成功次数的标准差最大. 故选 B.

**51.【参考答案】** C

**【答案解析】** 由于 $X \sim N(2,3^2)$，$Y \sim N(3,2^2)$，因此

$$E(X)=2, E(Y)=3, D(X)=9, D(Y)=4,$$

$$E(X^2)=D(X)+[E(X)]^2=13, E(Y^2)=D(Y)+[E(Y)]^2=13,$$

又因为 $X$ 与 $Y$ 相互独立，所以 $E[(XY)^2]=E(X^2)\cdot E(Y^2)=169$，故选 C.

**52.【参考答案】** E

**【答案解析】** 由

$$P\left\{X \geqslant \frac{\pi}{6}\right\}=\int_{\frac{\pi}{6}}^{\pi}\frac{1}{2}\mid\cos x\mid \mathrm{d}x=\frac{1}{2}\sin x\Big|_{\frac{\pi}{6}}^{\frac{\pi}{2}}-\frac{1}{2}\sin x\Big|_{\frac{\pi}{2}}^{\pi}=\frac{1}{2}\left(1-\frac{1}{2}+1\right)=\frac{3}{4},$$

知 $Y$ 服从二项分布 $B\left(4,\frac{3}{4}\right)$，因此

$$E(Y)=4\times\frac{3}{4}=3, D(Y)=4\times\frac{3}{4}\times\left(1-\frac{3}{4}\right)=\frac{3}{4},$$

从而得

$$E(Y^2)=D(Y)+[E(Y)]^2=\frac{3}{4}+3^2=\frac{39}{4},$$

故选 E.

**53.【参考答案】** A

**【答案解析】** 由题设，$X$ 服从参数为 $1-p$ 的 $0-1$ 分布，即

$$X \sim \begin{pmatrix} 0 & 1 \\ p & 1-p \end{pmatrix}.$$

因此，$E(X)=0\times p+1\times(1-p)=1-p$，故选 A.

**【评注】** 计算随机变量 $X$ 的期望，首先要确定其分布类型及概率分布. 本题介绍的是参数为 $1-p$ 的 $0-1$ 分布，也是离散型随机变量中较为常见的重要分布，其期望和方差都很特别，$E(X)=1-p$，$E(X^2)=1-p$，$D(X)=(1-p)p$，考生应熟练掌握.

**54.【参考答案】** C

**【答案解析】** 依题设，$X$ 的密度函数为 $f(x)=\begin{cases}\frac{1}{4}, & -1\leqslant x\leqslant 3,\\ 0, & \text{其他},\end{cases}$ 且

$$P\left\{X \geqslant \frac{1}{2}\right\}=\int_{\frac{1}{2}}^{3} f(x)\mathrm{d}x=\frac{5}{8},$$

因此，$Y$ 服从参数为 $12,\frac{5}{8}$ 的二项分布，从而有 $E(Y)=12\times\frac{5}{8}=\frac{15}{2}$，故选 C.

**55.【参考答案】** C

**【答案解析】** 依题设，$X$ 服从区间$[0,1]$上的均匀分布，密度函数为

$$f(x)=\begin{cases}1, & 0\leqslant x\leqslant 1,\\ 0, & \text{其他},\end{cases}$$

由 $Y=\frac{1}{2}bX$，知 $E(Y)=\int_0^1\frac{1}{2}bx\,\mathrm{d}x=\frac{1}{4}bx^2\Big|_0^1=\frac{1}{4}b$，故选 C.

**56.【参考答案】** B

**【答案解析】** 依题设，$X$ 的密度函数为

$$f(x)=\begin{cases}\frac{1}{3}, & -1\leqslant x\leqslant 2,\\ 0, & \text{其他},\end{cases}$$

且 $E(X)=\frac{-1+2}{2}=\frac{1}{2}$，因此

$$P\{X\leqslant E(X)\}=P\left\{X\leqslant\frac{1}{2}\right\}=\int_{-1}^{\frac{1}{2}}\frac{1}{3}\mathrm{d}x=\frac{1}{2},$$

故选 B.

**57.【参考答案】** B

**【答案解析】** 依题设，$X$ 服从区间$[a,b]$上的均匀分布，且 $E(X)=0,D(X)=1$.

**方法 1** 由题设，直接计算 $E(X)=\frac{1}{2}(a+b)=0,D(X)=\frac{1}{12}(b-a)^2=1$. 联立方程，解得 $a=-\sqrt{3},b=\sqrt{3}$，故选 B.

**方法 2** 对各选项一一验证.

选项 A，由 $E(X)=\frac{1}{2}(-\sqrt{2}+\sqrt{2})=0,D(X)=\frac{1}{12}[\sqrt{2}-(-\sqrt{2})]^2=\frac{2}{3}$，选项 A 不正确；

选项 B，由 $E(X)=\frac{1}{2}(-\sqrt{3}+\sqrt{3})=0,D(X)=\frac{1}{12}[\sqrt{3}-(-\sqrt{3})]^2=1$，选项 B 正确；

选项 C，由 $E(X)=\frac{1}{2}(1-\sqrt{2}+1+\sqrt{2})=1,D(X)=\frac{1}{12}(1+\sqrt{2}-1+\sqrt{2})^2=\frac{2}{3}$，选项 C 不正确；

选项 D，由 $E(X)=\frac{1}{2}(1-\sqrt{3}+1+\sqrt{3})=1,D(X)=\frac{1}{12}(1+\sqrt{3}-1+\sqrt{3})^2=1$，选项 D 不正确；

选项 E，由 $E(X)=\frac{1}{2}(1+2)=\frac{3}{2},D(X)=\frac{1}{12}(2-1)^2=\frac{1}{12}$，选项 E 不正确.

故选 B.

**58.【参考答案】**D

**【答案解析】**依题设，$(X,Y)$在矩形区域$D=\{(x,y)\mid 0\leqslant x\leqslant 3,0\leqslant y\leqslant 2\}$上服从均匀分布，直线$x+2y=3$，$x+2y=4$将$D$分割为$A$，$B$，$C$三个部分，如图所示，于是

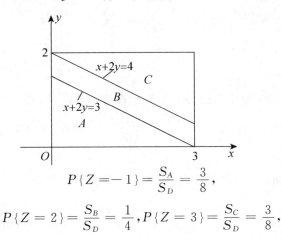

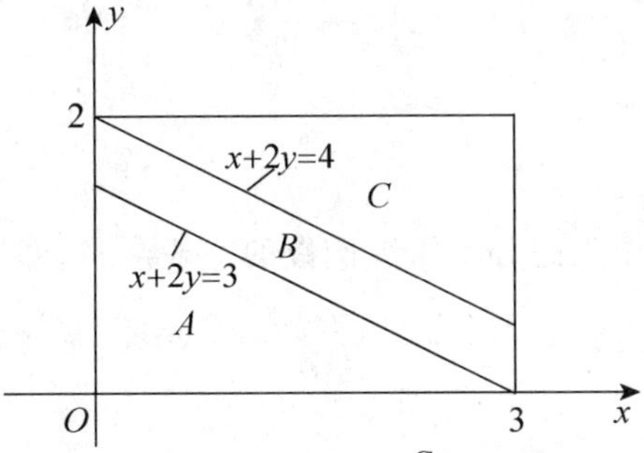


$$P\{Z=-1\}=\frac{S_A}{S_D}=\frac{3}{8},$$

$$P\{Z=2\}=\frac{S_B}{S_D}=\frac{1}{4},P\{Z=3\}=\frac{S_C}{S_D}=\frac{3}{8},$$

于是

$$E(Z)=(-1)\times\frac{3}{8}+2\times\frac{1}{4}+3\times\frac{3}{8}=\frac{5}{4},$$

$$E(Z^2)=(-1)^2\times\frac{3}{8}+2^2\times\frac{1}{4}+3^2\times\frac{3}{8}=\frac{19}{4},$$

$$D(3Z-1)=9D(Z)=9\{E(Z^2)-[E(Z)]^2\}=9\left(\frac{19}{4}-\frac{25}{16}\right)=\frac{459}{16},$$

故选D.

**59.【参考答案】**C

**【答案解析】**依题设，$X$的密度函数为

$$f(x)=\begin{cases}\dfrac{1}{4}, & -1\leqslant x\leqslant 3,\\ 0, & \text{其他},\end{cases}$$

于是，

$$E(|X-1|)=\int_{-\infty}^{+\infty}|x-1|f(x)\mathrm{d}x=\frac{1}{4}\int_{-1}^{1}(1-x)\mathrm{d}x+\frac{1}{4}\int_{1}^{3}(x-1)\mathrm{d}x=1,$$

$$E(|X-1|^2)=\int_{-\infty}^{+\infty}(x-1)^2f(x)\mathrm{d}x=\frac{1}{4}\int_{-1}^{3}(x-1)^2\mathrm{d}x=\frac{4}{3},$$

得
$$D(|X-1|)=E(|X-1|^2)-[E(|X-1|)]^2=\frac{1}{3},$$

故选C.

**60.【参考答案】**B

**【答案解析】**由题设，$E(X)=\dfrac{-1+a}{2}=\dfrac{1}{2}$，得$a=2$，因此$X$的密度函数为

$$f(x)=\begin{cases}\dfrac{1}{3}, & -1\leqslant x\leqslant 2,\\ 0, & \text{其他},\end{cases}$$

由 $D(XY)=D(X^3)$，从而有

$$D(X^3)=\int_{-\infty}^{+\infty}x^6f(x)\mathrm{d}x-\left[\int_{-\infty}^{+\infty}x^3f(x)\mathrm{d}x\right]^2=\int_{-1}^{2}\frac{1}{3}x^6\mathrm{d}x-\left(\int_{-1}^{2}\frac{1}{3}x^3\mathrm{d}x\right)^2$$

$$=\frac{1}{21}x^7\Big|_{-1}^{2}-\left(\frac{1}{12}x^4\Big|_{-1}^{2}\right)^2=\frac{513}{112},$$

故选 B.

**61.【参考答案】**A

**【答案解析】**将 $f(x)$ 写作正态分布密度函数的一般形式，即

$$f(x)=\frac{1}{\sqrt{2\pi}\frac{1}{\sqrt{2}}}\mathrm{e}^{-\frac{(x-2)^2}{2\left(\frac{1}{\sqrt{2}}\right)^2}}(-\infty<x<+\infty),$$

对照正态分布密度函数的一般形式中参数与其数字特征的关系，可得

$$E(X)=\mu=2,D(X)=\sigma^2=\frac{1}{2}.$$

故选 A.

**【评注】**一般地，在已知密度函数的情况下计算随机变量的数学期望与方差，有两种方法：第一种是由数学期望与方差的公式计算，即 $E(X)=\int_{-\infty}^{+\infty}xf(x)\mathrm{d}x,D(X)=\int_{-\infty}^{+\infty}x^2f(x)\mathrm{d}x-[E(X)]^2$. 第二种是根据密度函数的类型和结构特点，确定该随机变量的分布类型及特定位置的参数值，并由参数与分布的数学期望与方差的关系，直接给出其数学期望与方差. 就本题而言，由于密度函数 $f(x)$ 最主要的特征是形如 $\mathrm{e}^{-ax^2+bx+c}$ 的指数型复合函数，是正态分布密度函数的典型模式，显然，用第二种方法最为简便.

**62.【参考答案】**E

**【答案解析】**依题设，$X$ 的密度函数为 $f(x)=F'(x)=0.4\Phi'(x)+0.3\Phi'\left(\frac{x-1}{2}\right)$，令 $\varphi(x)=\Phi'(x)$，于是由连续型随机变量的数学期望的计算公式有

$$E(X)=\int_{-\infty}^{+\infty}xf(x)\mathrm{d}x=0.4\int_{-\infty}^{+\infty}x\varphi(x)\mathrm{d}x+0.3\int_{-\infty}^{+\infty}x\varphi\left(\frac{x-1}{2}\right)\mathrm{d}x$$

$$=0.6\int_{-\infty}^{+\infty}x\varphi\left(\frac{x-1}{2}\right)\mathrm{d}\left(\frac{x-1}{2}\right)\xlongequal{u=\frac{x-1}{2}}0.6\int_{-\infty}^{+\infty}(2u+1)\varphi(u)\mathrm{d}u$$

$$=0.6\int_{-\infty}^{+\infty}\varphi(u)\mathrm{d}u=0.6,$$

其中，由对称性及密度函数性质，可知 $\int_{-\infty}^{+\infty}u\varphi(u)\mathrm{d}u=\int_{-\infty}^{+\infty}x\varphi(x)\mathrm{d}x=0,\int_{-\infty}^{+\infty}\varphi(u)\mathrm{d}u=1$.

故选 E.

**【评注】**求连续型随机变量的数学期望，必须先求出密度函数. 计算 $\left[\Phi\left(\frac{x-1}{2}\right)\right]'$ 时，不要忘记复合求导，计算 $E(X)$ 时，要注意充分利用标准正态分布密度函数的性质及换元积分法，不断简化运算过程.

63.【参考答案】E

【答案解析】由于 $\xi,\eta$ 是两个相互独立且均服从正态分布 $N\left(0,\left(\frac{1}{\sqrt{2}}\right)^2\right)$ 的随机变量，故 $Z=\xi-\eta$ 也服从正态分布，由

$$E(Z)=E(\xi)-E(\eta)=0,D(Z)=D(\xi)+D(\eta)=\frac{1}{2}+\frac{1}{2}=1,$$

知 $Z\sim N(0,1)$. 于是

$$E(|\xi-\eta|)=\frac{1}{\sqrt{2\pi}}\int_{-\infty}^{+\infty}|z|\mathrm{e}^{-\frac{1}{2}z^2}\mathrm{d}z$$

$$=\frac{2}{\sqrt{2\pi}}\int_0^{+\infty}z\mathrm{e}^{-\frac{1}{2}z^2}\mathrm{d}z=-\frac{2}{\sqrt{2\pi}}\mathrm{e}^{-\frac{1}{2}z^2}\Big|_0^{+\infty}=\sqrt{\frac{2}{\pi}},$$

故选 E.

64.【参考答案】B

【答案解析】将两个密度函数整理如下：

$$f_1(x)=\frac{1}{\sqrt{2\pi}\sqrt{2}}\mathrm{e}^{-\frac{(x-1)^2}{2(\sqrt{2})^2}},f_2(y)=\frac{1}{\sqrt{2\pi}\sqrt{3}}\mathrm{e}^{-\frac{(y+2)^2}{2(\sqrt{3})^2}},$$

知 $X\sim N(1,2),Y\sim N(-2,3),E(X)=1,D(X)=2,E(Y)=-2,D(Y)=3$.

因此有 $E(X)>E(Y),D(X)<D(Y)$，故选 B.

65.【参考答案】E

【答案解析】本题是求线性随机变量函数的分布问题. 相关的结论是，随机变量的线性函数与随机变量服从同一分布类型，因此，$Y=2X-3$ 仍服从正态分布 $N(\mu,\sigma^2)$，又根据正态分布的参数与其数字特征的关系，由 $E(X)=0,D(X)=1$，从而有

$$\mu=E(Y)=2E(X)-3=-3,\sigma^2=D(Y)=4D(X)=4,$$

所以 $Y=2X-3\sim N(-3,4)$，故选 E.

【评注】本题主要考查正态分布的参数与其数字特征的关系、线性随机变量函数的分布性质及数字特征的性质. 一般情况下，随机变量 $X$ 与其线性函数 $Y=aX+b$ 有相同的分布类型.

66.【参考答案】C

【答案解析】随机变量 $X$ 服从正态分布 $N(-1,2)$，则 $X$ 的线性函数 $Y=2+X$ 仍服从正态分布，且 $E(Y)=2+E(X)=2-1=1,D(Y)=D(X)=2$，从而有 $Y\sim N(1,2)$，因此 $Y$ 的密度函数为

$$\varphi_Y(y)=\frac{1}{2\sqrt{\pi}}\mathrm{e}^{-\frac{(y-1)^2}{4}},$$

故选 C.

【评注】实际问题中，随机变量的重要分布参数与其对应的密度函数的结构形式密不可分，往往可以双向命题，如本题就是从重要分布参数入手，反过来构造对应的密度函数. 因此，大家不可忽视.

67.【参考答案】E

【答案解析】在 $X,Y$ 相互独立的条件下，同服从正态分布的随机变量之和 $Z=X+Y$ 仍然服从正态分布，且

$$E(Z)=E(X+Y)=E(X)+E(Y)=0,$$
$$D(Z)=D(X+Y)=D(X)+D(Y)=5,$$

从而有 $Z=X+Y\sim N(0,5)$，因此 $Z=X+Y$ 的密度函数为

$$\varphi_Z(z)=\frac{1}{\sqrt{10\pi}}\mathrm{e}^{-\frac{z^2}{10}},$$

故选 E.

68.【参考答案】E

【答案解析】依题设，$E(X)=\frac{1}{\lambda}$，$D(X)=\frac{1}{\lambda^2}$，$E(X^2)=D(X)+[E(X)]^2=\frac{2}{\lambda^2}$，从而有

$$E(X^2+X+1)=\frac{2}{\lambda^2}+\frac{1}{\lambda}+1=2,$$

即 $\frac{2}{\lambda^2}+\frac{1}{\lambda}-1=0$，解得 $\lambda=2$（$\lambda=-1$ 舍去），因此，$P\{X>3\}=\int_3^{+\infty}2\mathrm{e}^{-2x}\mathrm{d}x=\mathrm{e}^{-6}$，故选 E.

69.【参考答案】C

【答案解析】该产品的平均寿命即期望值 $E(X)$，若记 $X$ 的分布参数为 $\lambda$，知 $E(X)=\frac{1}{\lambda}=1\ 000$，即有 $\lambda=0.001$，因此 $D(X)=\frac{1}{\lambda^2}=1\ 000^2$，$\sqrt{D(X)}=1\ 000$，于是

$$P\{X\leqslant\sqrt{D(X)}\}=\int_0^{1\ 000}0.001\mathrm{e}^{-0.001x}\mathrm{d}x=-\mathrm{e}^{-0.001x}\Big|_0^{1\ 000}=1-\mathrm{e}^{-1},$$

故选 C.

70.【参考答案】B

【答案解析】依题设，$P\{X>2\}=\int_2^{+\infty}\lambda\mathrm{e}^{-\lambda x}\mathrm{d}x=\mathrm{e}^{-2\lambda}=\frac{1}{2}$，解得 $\lambda=\frac{1}{2}\ln 2$. 从而知 $X$ 服从参数为 $\frac{1}{2}\ln 2$ 的指数分布，因此有

$$\frac{E(X)}{D(X)}=\frac{1}{\lambda}\cdot\frac{\lambda^2}{1}=\lambda=\frac{\ln 2}{2},$$

故选 B.

71.【参考答案】C

【答案解析】依题设，$X$ 的密度函数为

$$f(x)=\begin{cases}\mathrm{e}^{-x}, & x\geqslant 0,\\ 0, & x<0,\end{cases}$$

因此
$$E(\mathrm{e}^{-2X})=\int_0^{+\infty}\mathrm{e}^{-2x}\mathrm{e}^{-x}\mathrm{d}x=\int_0^{+\infty}\mathrm{e}^{-3x}\mathrm{d}x=\frac{1}{3},$$

$$D(e^{-2X}) = E[(e^{-2X})^2] - [E(e^{-2X})]^2$$
$$= \int_0^{+\infty} e^{-4x} e^{-x} dx - \left(\frac{1}{3}\right)^2 = \frac{1}{5} - \frac{1}{9} = \frac{4}{45},$$

故选 C.

**【评注】**本题主要考查连续型随机变量函数的数学期望和方差的计算及指数分布的数学期望和方差.

**72.【参考答案】**E

**【答案解析】**由方差的性质,有

$$D(Y) = D(X_1) + (-2)^2 D(X_2) + 3^2 D(X_3) = \frac{(5-2)^2}{12} + 4 \times 4 + 9 \times 3 = \frac{175}{4},$$

故选 E.

**73.【参考答案】**B

**【答案解析】**由题设,

$$E(X_1) = \frac{1}{2} \times (6+0) = 3, D(X_1) = \frac{1}{12} \times (6-0)^2 = 3,$$

$$E(X_2) = \frac{1}{2}, D(X_2) = \frac{1}{4}, E(X_3) = D(X_3) = 2,$$

从而有

$$E[(X_1 X_2 X_3)^2] = E(X_1^2)E(X_2^2)E(X_3^2)$$
$$= \{D(X_1) + [E(X_1)]^2\}\{D(X_2) + [E(X_2)]^2\}\{D(X_3) + [E(X_3)]^2\}$$
$$= (3+3^2) \times \left(\frac{1}{4} + \frac{1}{4}\right) \times (2+2^2) = 36,$$

故选 B.